现代光学与光子学理论和进展丛书

丛书主编：李　林
名誉主编：周立伟

现代激光理论与技术

Modern Laser Theory and Technology

[德] 弗兰克 · 特雷格（Frank Träger）
李林 北京永利信息技术有限公司 译
陈瑶 审

北京理工大学出版社
BEIJING INSTITUTE OF TECHNOLOGY PRESS

图书在版编目（CIP）数据

现代激光理论与技术 /（德）弗兰克·特雷格主编；李林，北京永利信息技术有限公司译. --北京：北京理工大学出版社，2022.6

书名原文：Springer Handbook of Lasers and Optics 2nd Edition

ISBN 978-7-5763-1399-4

Ⅰ ①现…　Ⅱ. ①弗…　②李…　③北…　Ⅲ. ①激光理论②激光技术　Ⅳ. ①TN24

中国版本图书馆 CIP 数据核字（2022）第 102567 号

北京市版权局著作权合同登记号　图字：01-2022-1757号

出版发行 / 北京理工大学出版社有限责任公司
社　　址 / 北京市海淀区中关村南大街 5 号
邮　　编 / 100081
电　　话 /（010）68914775（总编室）
（010）82562903（教材售后服务热线）
（010）68944723（其他图书服务热线）
网　　址 / http://www.bitpress.com.cn
经　　销 / 全国各地新华书店
印　　刷 / 三河市华骏印务包装有限公司
开　　本 / 710 毫米 × 1000 毫米　1/16
印　　张 / 46.25
字　　数 / 927 千字
版　　次 / 2022 年 6 月第 1 版　2022 年 6 月第 1 次印刷
定　　价 / 168.00 元

责任编辑 / 刘　派
文案编辑 / 李丁一
责任校对 / 周瑞红
责任印制 / 李志强

图书出现印装质量问题，请拨打售后服务热线，本社负责调换

丛书序

光学与光子学是当今最具活力和发展最迅速的前沿学科之一。近半个世纪尤其是进入 21 世纪以来，光学和光子学技术已经发展成为跨越各行各业，独立于物理学、化学、电子科学与技术、能源技术的一个大学科、大产业。组织编撰一套全面总结光学与光子学领域最新研究成果的现代光学与光子学理论和进展丛书，全面展现光学与光子学的理论和整体概貌，梳理学科的发展思路，对于我国的相关学科的科学研究、学科发展以及产业发展具有非常重要的理论意义和实用价值。

为此，我们编撰了《现代光学与光子学理论和进展》丛书，作者包括了德国、美国、日本、澳大利亚、意大利、瑞士、印度、加拿大、挪威、中国等数十位国际和国内光学与光子学领域的顶级专家，集世界光学与光子学研究之大成，反映了现代光学和光子学技术及其各分支领域的理论和应用发展，囊括了国际及国内光学与光子学研究领域的最新研究成果，总结了近年来现代光学和光子学技术在各分支领域的新理论、新技术、新经验和新方法。本丛书包括了光学基本原理、光学设计与光学元件、现代激光理论与技术、光谱与光纤技术、现代光学与光子学技术、光信息处理、光学系统像质评价与检测以及先进光学制造技术等内容。

《现代光学与光子学理论和进展》丛书获批“十三五”国家重点图书出版规划项目。本丛书不仅是光学与光子学领域研究者之所需，更是物理学、电子科学与技术、航空航天技术、信息科学技术、控制科学技术、能源技术、生物技术等各相关研究领域专业人员的重要理论与技术书籍，同时也可作为高等院校相关专业的教学参考书。

光学与光子学将是未来最具活力和发展最迅速的前沿学科，随之不断发展，丛书中难免存在不足之处，敬请读者不吝指正。

作　者
于北京

作者简介

Andreas Assion 第2章

飞秒激光器制造有限公司
奥地利维也纳

andreas.assion@femtolasers.com

2005年1月，Andreas Assion 加入飞秒激光器制造有限公司。在加入该公司之前，他的工作是利用超快激光器观察及控制原子和分子中的量子光学现象。他在读大学和读博士时的专业都是研究分子动力学效应，包括复杂分子的相干控制。在德国航天局获得博士后学位之后，他于 2004 年完成了他的教授论文。

Thomas Baumert 第2章

卡塞尔大学
物理研究所
德国卡塞尔

baumert@physik.uni-kassel.de

1992 年，Baumert 教授从德国弗莱堡大学的 Gerber 教授那里获得博士学位。在他的职业生涯中，从事过的职位有：1992－1993 年，从帕萨迪纳市加州理工学院的 Zewail 教授那里获得博士后学位；1993－1997 年，从德国维尔茨堡大学获得教授资格；1998－1999 年，担任德国奥博珀法芬霍芬 DLR（德国航空航天中心）LIDAR 小组的组长；1999 年，被德国卡塞尔大学聘为实验物理学正教授。他的研究领域是：飞秒光谱学、物质的超快激光控制。奖项：古德库克论文奖（1992）、DFG 海森堡奖学金（1997－1998 年）、菲利普－莫里斯奖（2000 年）。

Annette Borsutzky

Kardinal－von－Galen－Gy－mnasium Hiltrup
德国明斯特
bor@kvg－gymnasium.de

第 1 章 1.9 节

Annette Borsutzky 在德国比勒菲尔德和汉诺威学习物理,并于 1992 年在那里获得晶体和气体非线性混频专业的自然科学博士学位。进入凯泽斯劳滕大学之后，她的主要工作是研究光参量振荡器和二极管泵浦固态激光器以及描述新型非线性材料和激光活性材料的特性。

Hans Brand

埃朗根－纽伦堡大学
LHFT
电气、电子与通信工程系
德国埃朗根
hans@lhft.eei.uni－erlangen.de

第 1 章 1.4 节

1956 年，Hans Brand 从德国亚琛工业大学获得硕士学位，1962 年获得博士学位，同年获得博士级教授资格。在 1969 年，他成为德国埃朗根弗里德里希－亚历山大大学的微波工程系教授。他的主要研究领域是微波、毫米波和太赫兹部件及系统以及气体激光器和红外线激光器技术。1996 年，他成为电气与电子工程师协会（IEEE）的会员。自 1998 年以来，他就名誉退休了。

Giuseppe Della Valle

米兰理工大学
物理系
意大利米兰
giuseppe.dellavalle@polimi.it

第 1 章 1.1 节

2005 年，Giuseppe Della Valle 从米兰理工大学获得博士学位。2007 年，他获得了欧洲物理学会颁发的“QEOD 论文奖”。目前他是米兰理工大学的物理系助理教授。Giuseppe Della Valle 已经在激光物理学、光子学和纳米光学领域的同行评议性国际刊物中发表了 50 多篇论文。

Frank J.Duarte

干涉仪光学
美国纽约州罗切斯特市
新墨西哥大学
电气与计算机工程系
美国阿尔伯克基
drfjduarte@gmail.com

第 1 章 1.8 节

Frank J.Duarte 为可调谐激光器的开发做出了重要贡献，并引入了适用于窄线宽振荡器设计和脉冲压缩的多棱镜光栅色散理论。他还研究了极大型的 N－缝激光干涉仪以及狄拉克符号在经典光学和半经典光学中的应用。他的研究成果在大约 140 部学术著作（包括几部经典著作）中被引用。

Rainer Engelbrecht　　第 1 章 1.4 节

埃朗根－纽伦堡大学
电气－电子－通信工程系
德国埃朗根
rainer@lhft.eei.uni－erlangen.de

Rainer Engelbrecht 毕业于埃朗根－纽伦堡弗雷德里希－亚历山大大学（FAU）电气工程系，并于 2001 年因为利用二极管激光光谱对 CO_2 激光器中的气体进行分析而获得了博士学位。目前，他是 FAU 的教务处主任、光子实验室组长以及微波工程与高频技术系的教授。他目前的研究领域包括：非线性光纤光学、拉曼光纤激光器、光纤传感器，以及激光器和光子学在医学中的应用。

Michele Gianella　　第 1 章 1.10 节

苏黎世联邦理工学院
量子电子学院
物理系
瑞士苏黎世
michele.gianella@phys.ethz.ch

2011 年，Michele Gianella 从瑞士苏黎世联邦理工学院获得物理博士学位，在那期间他利用近中红外激光光谱研究了手术烟雾中的化学成分。自 2011 年以来，他就已经是苏黎世联邦理工学院量子电子学院的博士后。他在那里的研究工作是利用激光光谱法测定唾液中的可卡因。

Joachim Hein　　第 1 章 1.13 节

弗里德里希－席勒大学
光学与量子电子学研究所
德国耶拿
jhein@ioq.uni－jena.de

多年来，Joachim Hein 博士一直是耶拿大学物理系的一名科学家。他正在研究飞秒激光器、用于宽带放大用途的新型激光材料以及超高峰值功率光源的应用。他是二极管泵浦高能激光系统以及固态激光器设计与建模方面的专家。

Jürgen Helmcke　　第 1 章 1.14 节

德国物理技术研究院（PTB）
德国布伦瑞克
juergen.helmcke@ptb.de

在 2003 年年底退休之前，Jürgen Helmcke 博士一直是德国布伦瑞克德国物理技术研究院量子光学与长度单位部门的负责人。他的主要研究领域是精密激光光谱学、激光冷却、光学/原子干涉测量法和光学频率测量。1977－1978 年，他与博尔德有限公司天体物理学联合研究所的 John L. Hall 博士一起，担任了一年的“北约学者”。1999 年，J.Helmcke 与 F.Riehle、H.Schnatz 和 T.Trebst 一起，凭借他们合著的论文《原子干涉仪在时域中的精确测量》获得了“亥姆霍兹计量奖”。

Hartmut Hillmer 第 1 章 1.3 节

卡塞尔大学
纳米结构技术与分析研究所（INA）
德国卡塞尔
hillmer@ina.uni-kassel.de

Hillmer 教授的博士学位和教授资格分别从斯图加特大学和达姆施塔特大学获得。他在远程通信行业（德国电信公司和日本电报电话公司）工作了 10 年，从事快速可调谐半导体激光器的设计、实施和特性描述。自 1999 年以来，他就成为了卡塞尔大学的正教授，致力于光学 MEMS 和纳米技术，也是赫斯纳米网络（nnh10-9）的协调员。他发表了 200 多篇论文，拥有 15 项专利，还获得了"2006 年欧洲创新大奖赛"。

Günter Huber 第 1 章 1.2 节

汉堡大学
激光物理学院
物理系
德国汉堡
huber@physnet.uni-hamburg.de

Guenter Huber 是德国汉堡大学激光物理学院的物理教授。他在固体激光器方面的研究内容包括：激光材料、近红外与可见光光谱区内的新型二极管泵浦激光器以及上转换激光器和波导激光器的成长、发展和光谱学。他是美国光学学会和欧洲物理学会的会员，并于 2003 年获得由欧洲物理学会颁发的"量子电子学与光学奖"。

Jeffrey Kaiser 第 1 章 1.5 节

理波公司光谱-物理部
美国加州山景城
jeff.kaiser@spectra-physics.com

Jeffrey Kaiser 是理波公司光谱-物理部的一名产品经理。他在气体激光器的市场销售、产品开发、工程设计和制造方面拥有多个头衔。他拥有好几项与气体激光技术有关的专利。他本科毕业于普杜大学的物理系，后来在斯坦福大学应用物理系获得硕士学位。

Stefan Kück 第 1 章 1.2 节

德国物理技术研究院
光学部
德国布伦瑞克
stefan.kueck@ptb.de

Kück 博士是德国物理技术研究院（德国国家计量研究院）光学部的部门领导。他于 1994 年获得博士学位，2001 年获得固体激光器领域的教授资格。他的主要研究课题包括：开发用于对激光功率和激光脉冲能量进行高精度测量以及对单个光子源和探测器进行计量的新方法、程序和标准。

Thomas Kusserow

卡塞尔大学
纳米结构技术与分析学院（INA）
德国卡塞尔
kusserow@ina.uni-kassel.de

第 1 章 1.3 节

Thomas Kusserow 拥有光学图像工程专业的本科毕业证书和光学工程与光子学专业的硕士学位。2010 年，他从卡塞尔大学获得博士学位。目前他是卡塞尔大学纳米结构技术与分析学院纳米光子研究小组的组长。他的主要研究领域是周期性光学结构、空腔装置和微米/纳米技术。

Johannes A.L'huillier

凯泽斯劳滕光子中心
德国凯泽斯劳滕
johannes.lhuillier@pzkl.de

第 1 章 1.9 节

Johannes L'huillier 曾在凯泽斯劳滕大学（德国）攻读物理专业，并于 2003 年因为对新型激光活性材料的特性研究而获得博士学位。如今，他的研究焦点是新型非线性激光活性材料、光参量过程和超短脉冲激光器的特性描述以及激光微型加工。自 2009 年以来，他一直是凯泽斯劳滕光子中心协会的 CEO。

Stefano Longhi

米兰理工大学
物理系
意大利米兰
longhi@fisi.polimi.it

第 1 章 1.1 节

Stefano Longhi 是米兰理工大学物质物理系的副教授。他在激光物理学、光子学、非线性光学和量子光学领域撰写了 200 多篇论文。Longhi 教授是该大学物理学院的研究员。2003 年，他因为在光学和光子学领域的杰出贡献而被欧洲物理学会授予“菲涅耳奖”。

Ralf Malz

LASOS 激光技术有限公司
研究与开发部
德国耶拿
ralf.malz@lasos.com

第 1 章 1.6 节

Ralf Malz 于 1984–1989 年在耶拿弗雷德里希–席勒大学读物理专业，并于 1993 年在该大学获得博士学位。然后他加入卡尔–蔡司–耶拿公司，后来又进入 LASOS 公司，从事 CO_2 波导激光器和板条激光器的研究。他目前的工作是研究氩离子激光器和 He：Ne 激光器、二极管激光器模块以及光纤耦合。

Klaus Mann 第 1 章 1.7 节

哥廷根激光实验室
光学/短波长部门
德国哥廷根
kmann@llg－ev.de

Klaus Mann 于 1981 年获得物理系硕士学位，并于 1984 年从哥廷根大学获得博士学位。在 IBM 约克敦海茨公司（美国）和 Alcan 德国公司被任命为博士后之后，他于 1988 年进入哥廷根激光实验室，目前他在那里担任“光学/短波长”部门的主管。他的研究活动包括研究光学特性、激光光束传播以及 EUV/XUV 辐射线的生成。他已发表了 100 多篇科技论文。

Gerd Marowsky 第 1 章 1.7 节

哥廷根激光实验室
哥廷根
gmarows@gwdg.de

Marowsky 博士于 1969 年毕业于德国哥廷根大学，其专业领域是实验/理论物理学和矿物学。目前他是哥廷根激光实验室的主任。他为一般领域的激光器和强电场相互作用撰写了很多科技论文。他目前的研究方向包括：一般量子电子学、激光器、激光在环境研究中的应用、非线性光学、非线性无机/有机材料、紫外激光短脉冲的应用。Gerd Marowsky 还是哥廷根大学的教授。他在休斯顿莱斯大学和多伦多大学的电气与计算机工程系都担任着兼职教授一职。

Katsumi Midorikawa 第 1 章 1.12 节

日本理化研究所（RIKEN）
激光技术实验室
日本和光
kmidori@riken.jp

Katsumi Midorikawa 博士是 RIKEN 激光技术实验室的主任兼首席科学家。他从庆应义塾大学获得电气工程博士学位。他目前的研究方向集中于超短高强度激光–物质相互作用及其应用，包括利用高阶谐波和阿秒科学生成相干 X 射线。

Markus Pollnau 第 1 章 1.2.2 节

特温特大学
MESA＋纳米技术研究所
荷兰恩斯赫德
m. pollnau@ewi.utwente.nl

Markus Pollnau 从德国汉堡大学获得物理系学士学位，后来又从瑞士伯尔尼大学获得物理博士学位。在英国南安普敦大学和瑞士联邦技术研究所（瑞士洛桑市）从事研究工作之后，他于 2004 年被荷兰特温特大学任命为正教授。目前他正在研究集成电介质结构中的光生成。他与他人合著了 200 多部国际出版物。

Hans－Dieter Reidenbach 第 3 章

科隆应用科学大学
应用光学与电子学院
德国科隆
hans.reidenbach@fh－koeln.de

Reidenbach 博士是科隆应用科学大学的一名退休教授，但仍是医学技术与非电离辐射研究实验室的负责人。他从埃朗根大学获得了工程博士学位。他的科研工作使激光光束、不相干光学辐射和高频电流在手术内窥镜检查、经肛外科和填隙热疗法中得到新的应用。他发表了 200 多篇科技论文。他的研究方向是光学辐射和精神物理学行为，尤其是厌光反应（包括瞬目反射和瞳孔收缩）。目前他正在参加一个与临时致盲及其保护措施有关的研究项目，尤其是对保护飞行员不受手持式激光笔滥用之危害而言。

Charles K.Rhodes 第 1 章 1.7 节

伊利诺伊大学芝加哥分校
物理系
美国伊利诺伊州芝加哥
rhodes@uic.edu

Rhodes 博士是“阿尔伯特 · A · 迈克尔逊物理教授”——这是伊利诺伊大学系统里的一次杰出的任命。他也是伊利诺伊大学芝加哥分校物理系 X 射线缩微成像与生物信息学实验室的主任。

Fritz Riehle 第 1 章 1.14 节

德国物理技术研究院
光学部
德国布伦瑞克
fritz.riehle@ptb.de

Fritz Riehle 博士是德国物理技术研究院（德国布伦瑞克）光学部的主管。他的研究方向是实现光学时钟与频率标准、高分辨率光谱、激光冷却以及原子干涉测量。他还在为德国汉诺威莱布尼兹大学量子工程与时空研究中心工作。

Frank Rohlfing（已故） 第 1 章 1.4 节

Evgeny Saldin 第 1 章 1.11 节

德国电子同步加速器中心（DESY）
德国汉堡
evgueni.saldin@desy.de

Evgeny Saldin 博士是带电粒子束、加速器和自由电子激光器等物理领域的一位专家。他已编写了一部关于自由电子激光器的书籍，并在同行评议性期刊中发表了 100 多篇论文。

Roland Sauerbrey　　第 1 章 1.13 节

德累斯顿－罗森道夫亥姆霍兹中心
德国德累斯顿
r. sauerbrey@hzdr.de

Roland Sauerbrey 是德累斯顿－罗森道夫研究中心的科研主任，也是德累斯顿科技大学的教授。在 1981 年从维尔茨堡大学获得物理博士学位之后，他在得克萨斯州休斯顿莱斯大学担任教授。1994 年，他调到位于耶拿的弗里德里希－席勒大学，在那里担任理系教授，一直到 2006 年。在过去 20 年里，他一直积极参与新兴的相对论光－物质相互作用领域，并开发具有超短脉冲超高强度的激光器。他是美国光学学会和物理学会的会员。

Evgeny Schneidmiller　　第 1 章 1.11 节

德国电子同步加速器中心（DESY）
德国汉堡
evgeny.schneidmiller@desy.de

Evgeny Schneidmiller 是带电粒子束、加速器和自由电子激光器等物理领域的一位专家。他已编写了一部关于自由电子激光器的书籍，并在同行评议性期刊中发表了 100 多篇论文。

Markus W.Sigrist　　第 1 章 1.10 节

苏黎世联邦理工学院
量子电子学院物理系
瑞士苏黎世
sigrist@iqe.phys.ethz.ch

Markus W.Sigrist 是苏黎世联邦理工学院（瑞士）的物理系教授，又是休斯顿莱斯大学（美国）的兼职教授。他目前的研究工作是开发及实施可调谐中红外激光源和感光检测方案，以便在环保、工业和医疗应用环境中用于光谱微量分析。他出版了 2 部专著，发表了好几个专著章节和 150 多篇论文。他还是美国光学学会的会员、《分析化学百科全书》的副主编以及好几种期刊的编辑委员。

Peter Simon　　第 1 章 1.7 节

哥廷根激光实验室
超短脉冲光子学部门
哥廷根
peter.simon@llg－ev.de

Simon 博士分别在 1982 年和 1986 年从塞格德大学获得物理系学士学位和博士学位。1988 年，他进入哥廷根激光实验室，继续他的研究工作。1992 年，Simon 博士被任命为“高光强激光技术小组”的组长。自 2005 年以来，他一直是超短脉冲光子学部门的负责人。他的研究课题包括：紫外超短脉冲的生成和放大；真空紫外光谱范围内相干辐射的生成；高亮度飞秒激光系统的开发；工业材料的亚微细米级表面纹理。

Steffen Steinberg 第 1 章 1.6 节

LASOS 激光技术有限公司
德国耶拿
steffen.steinberg@lasos.com

Steffen Steinberg 曾在德国耶拿弗里德里希-席勒大学攻读物理专业，并通过研究用集成光学器件来控制激光而获得博士学位。后来，他集中研究了气体和固体激光器的不同用途，尤其是激光显示技术和光纤器件。目前他是德国耶拿 LASOS 的销售经理。

Orazio Svelto 第 1 章 1.1 节

米兰理工大学
物理系
意大利米兰
orazio.svelto@fisi.polimi.it

Orazio Svelto 是米兰理工大学的名誉教授。他的研究活动包括：超短脉冲的生成和应用；激光谐振腔的物理原理和选模方法；激光在生物学和生物医学中的应用；固体激光器的物理现象；还包括飞秒激光脉冲（最短可达到由他的研究小组最近记录的 3.8 fs）的生成，以及这些超短脉冲的应用。他是《激光原理》的作者。Svelto 教授是美国光学学会和电气与电子工程师协会的会员，还是几所意大利研究院（包括意大利科学院）的院士。他曾获得“Italgas 研究与技术创新奖”、由欧洲物理学会颁发的“量子电子学奖”、由美国光学学会颁发的“查尔斯・H・汤斯奖”以及“2011 年朱利叶斯・施普林格应用物理学奖”。

Helen Wächter 第 1 章 1.10 节

皇后大学
化学系
加拿大安大略省金斯顿
helen.wachter@chem.queensu.ca

HelenWächter 在 2007 年从瑞士苏黎世联邦理工学院获得物理学博士学位，其间她从事红外激光光谱和微量气体监测领域的研究，包括通过差频发生（DFG）和新的感光检测方案来开发新的相干光源，重点是进行同位素选择性微量气体分析。2008 年，她成为加拿大金斯顿皇后大学的博士后。目前她在那里的研究工作聚焦于光纤环形腔衰荡光谱技术，用于在纳升体积的稀释液样中进行吸收光谱探测。

Matthias Wollenhaupt 第 2 章

卡塞尔大学
物理学院
德国卡塞尔
wollenha@physik.uni-kassel.de

Matthias Wollenhaupt 教授在哥廷根德国航空航天中心（DLR）研究了高分辨率激光光谱在再入飞行器气动热力学中的应用。在马克斯-普朗克化学研究所（美因茨），他研究了大气化学中的自由基反应。他目前在卡塞尔大学研究飞秒激光光谱，主要是利用脉冲整形法来设计定制的飞秒激光脉冲，作为一种用于控制超快光致过程的工具。他的科研范围从非线性光学的基础研究（例如对强激光场中分子动力学的相干控制）到非线性光学在显微镜检查和材料加工中的应用。

Mikhail Yurkov 第 1 章 1.11 节

德国电子同步加速器中心（DESY）
德国汉堡
mikhail.yurkov@desy.de

Mikhail Yurkov 博士是带电粒子束、加速器和自由电子激光器物理领域的专家。他撰写了一本关于自由电子激光器的专著，还在同行评议性期刊中发表了 150 多篇论文。

目 录

第1章

激光器和相干光源

本章描述了在宽波长范围内工作的激光器及其他相干光源。首先，本章将阐述相干连续波/脉冲辐射光生成的一般原理，包括光与物质的相互作用、光学共振腔的特性及其模式，以及光量开关和锁模等过程。总体介绍之后，将分几节描述多种激光器类型，重点介绍当今最重要的相干光源，尤其是固态激光器和几类气体激光器。本章的一个重要部分是利用光参量振荡器、差频与和频产生以及高次谐波通过非线性过程生成相干光；远紫外线（EUV）和X射线范围内的光可通过自由电子激光器（FEL）和先进的X射线源生成；10^{21} W/cm^{2}的超高光强度为我们研究相对论激光–物质相互作用和激光粒子加速开辟了道路。本章最后一节介绍了激光的稳定化。

1.1 激光器的原理

1.1.1 一般原理

激光器（“受激辐射式光放大器”的首字母缩写词）是一种能够产生并放大一束高度相干定向强光的装置。在 Townes 和 Schawlow 于 1958 年提出建议之后[1.2]，1960 年 Maiman[1.1]利用一根两端抛光的闪光灯泵浦红宝石棒（红宝石激光器），率先提出将“maser”（受激辐射式微波放大器）概念延伸到电磁（EM）光谱的红外光或可见光谱域，从而发明了激光器。如今，激光装置的尺寸小到一粒盐似的半导体激光器，大到仓库那么大的固态激光器。激光器已广泛应用于金属及其他材料的切割和焊接、外科医学、光通信、光学计量和科研等行业。这些激光器是超市中使用的条形码扫描器、激光打印机、激光唱片和数码多功能视频光盘（DVD）播放器等熟悉装置的一个不可分割的部分。激光器的输出波长由其激活介质的性质决定。目前已报道有数千条激光线——范围从软 X 射线一直到远红外光谱区。在光学期刊和激光期刊中，也频繁出现新的激光线。根据激光器类型及其工作机制的不同，在连续波工作模式下相应的输出功率可能在几分之一毫瓦特到几百千瓦之间变化，而在脉冲工作模式下输出功率可能在几十千瓦到拍瓦级最大功率之间变化。

激光器由至少三个部件组成（图 1.1）：

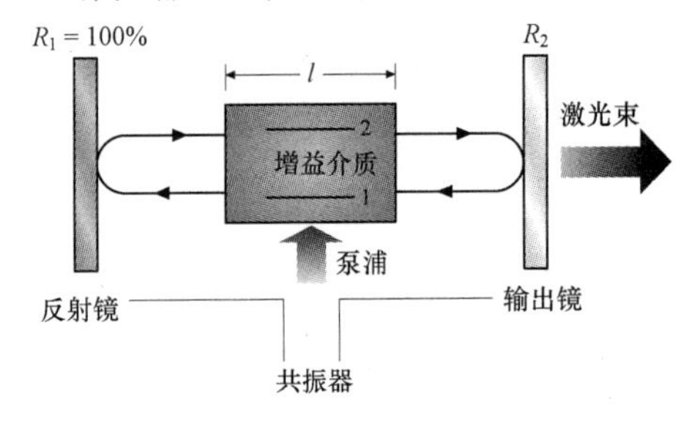

图 1.1　激光振荡器示意图

（1）一个增益介质：可通过受激辐射的基本过程使光放大。

（2）一个泵浦源：在增益介质中造成粒子数反转。

（3）两个反射镜：构成一个共振器或光共振腔，用于俘获在反射镜之间来回行进的光。

激光光束通常是从其中一个（共两个）反射镜（输出耦合器）中射出，但被俘获在共振腔中光的一部分，其在激光振荡波长下具有非零透射率。增益介质可能为固态（包括半导体）、液态或气态，泵浦源可能为放电管、灯或另一个激光器。根据增益介质的不同以及激光器的工作模式是连续波还是脉冲波，激光器的其他组成部分会随之不同。事实上，激光器可能分为两大类：一是（连续波（CW）或准 CW）；二是（脉冲）。

CW 激光器会产生稳定的相干能量流，其输出功率不会随时间变化，或几乎不变化。很多气体激光器，例如 He：Ne 激光器和氩离子激光器，都在 CW 模式下工作；有几种固态激光器，例如 Nd^{3+}和 Ti^{3+}：Al_2O_3 激光器，也常常在 CW 模式下工作。在脉冲激光器中，输出光束功率随时间变化，因此常常会反复产生短光脉冲，脉冲持续时间一般从纳秒（1 ns=10^{-9} s）到飞秒（1 fs=10^{-15} s）的范围内。脉冲激光器的典型实例包括很多固态激光器和液体激光器，例如 Nd：YAG、Ti：Al_2O_3 和染料激光器。

1. 自发辐射和受激辐射、吸收

激光器利用了电磁波与某种物质相互作用时出现的三种基本现象，即自发辐射和受激辐射过程、吸收过程（图 1.2）。

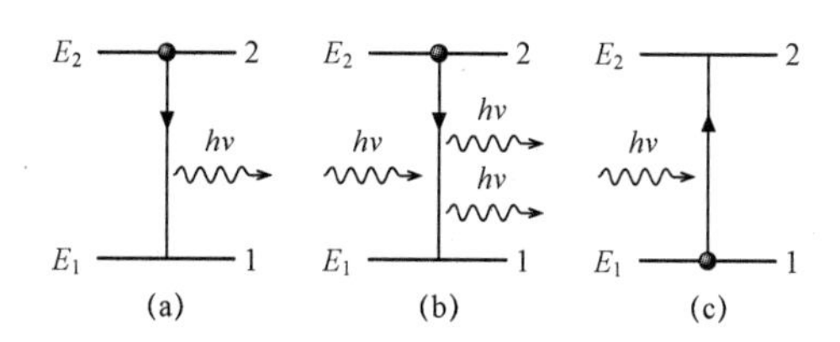

图 1.2　量子化原子与电磁波之间的基本相互作用过程

（a）自发辐射；（b）受激辐射；（c）吸收

（1）自发辐射和非辐射衰减。下面研究一些指定材料的能级，并用 E_1 和 E_2 表示介质的基态能级 1 和受激能级 2。如果原子一开始时处于能量较高的受激态 2，原子会自发地衰减为稳定的基态 1。如果可供跃迁使用的能量 E_2-E_1 以电磁波形式释放，则这个过程称为“自发（或辐射）”发射［图 1.2（a）］。由于能量守恒，发射光的频率 v_0 可由下式求出：

$$v_0 = \frac{(E_2 - E_1)}{h} \tag{1.1}$$

式中，h 是普朗克常数。

由于式（1.1）还可以写成 $E_2-E_1=hv_0$，因此可以说，在每个自发辐射过程中都会发射一个能量为 hv_0 的光子。还要注意的是，即使原子是孤立的，而且无外部微扰，这个过程也会发生。自发辐射的概率可以用以下方式来描述。让我们来研究一个原子系统，并假设在时间 t 时，在能级 2 中单位体积有 N_2 个原子（粒子数）。量子力学计算表明，由自发辐射造成的原子衰变率（即 $(dN_2/dt)_{sp}$）与 N_2 成正比，如下式：

$$\left(\frac{dN_2}{dt}\right)_{sp} = -\frac{N_2}{\tau_s} \tag{1.2}$$

式中，τ_s 称为“自发辐射寿命”，其取决于所涉及的特定跃迁。发射事件的方向、偏振和相位是随机的，因此由规定原子数内不同原子发射的所有光据说都是不相干的。

如果原子不是孤立的，而是经过碰撞与其他原子相互作用，那么受激态 2 可能会衰变为基态 1——通过将内能（E_2-E_1）释放为除电磁辐射外的一些其他能量形式（例如，变成在气体中周围原子的动能或内能，或者晶体中的晶格振动），这种现象称为“非辐射衰减”。受激态 2 的相应衰减率通常用与式（1.2）类似的方式来表示，即

$$(dN_2/dt)_{nr}=-N_2/\tau_{nr}$$

式中，τ_{nr}是非辐射寿命。当同时考虑到辐射衰减和非辐射衰减时，原子数N_2的衰减率可写成

$$\left(\frac{dN_2}{dt}\right)_{衰减}=-\frac{N_2}{\tau_s}-\frac{N_2}{\tau_{nr}}\equiv-\frac{N_2}{\tau} \tag{1.3}$$

式中，时间常数τ又称为“受激态 2 的寿命”，定义为$1/\tau=1/\tau_s+1/\tau_{nr}$。

（2）受激辐射。如果频率接近于v_0的电磁波入射到处于受激态 2 的原子上，则在电磁波发射的同时，电磁波与原子之间的相互作用可能会激励原子衰减到能级 1。这个过程称为“受激辐射”。在这种情况下，原子会发射出一个与入射光具有相同频率v、相同传播方向、相同偏振态和相同相位的光子［图 1.2（b）］。这种发射与自发辐射有着重大区别，这就是激光器为什么会发射相干光，而相比之下其他光源（例如灯或 LED）利用自发辐射机制发射非相干光的根本原因。量子力学计算表明，受激辐射过程可描述为

$$\left(\frac{dN_2}{dt}\right)_{st}=-W_{21}N_2 \tag{1.4}$$

式中，W_{21}是受激辐射速率。这个速率与入射波的光子通量$F=I/(hv)$成正比，其中I是波强度。事实上，可以得到$W_{21}=\sigma_{21}F$。其中，σ_{21}是一个具有面积维度的量（受激辐射横截面），取决于规定跃迁的特性和频差$\Delta v=v-v_0$，即$\sigma_{21}=\sigma_{21}(\Delta v)$。由于在受激辐射过程中能量守恒，因此当$\Delta v=0$时函数$\sigma_{21}(\Delta v)$很窄。

（3）吸收。最后，让我们来研究原子一开始时处于基态 1 时的情形。在没有微扰（例如与其他原子碰撞或与光子碰撞）的情况下，原子将稳定地保持基态状态。但如果频率为$v\simeq v_0$的电磁波入射到原子上，则在有限概率下，原子能级将提高到 2 级。原子发生跃迁所需要的能量差E_2-E_1是从电磁波能量中获得的，即入射波的一个光子会被破坏。这个过程称为“吸收”［图 1.2（c）］。就受激辐射而论，吸收过程可描述为

$$\left(\frac{dN_2}{dt}\right)_{a}=-W_{12}N_2 \tag{1.5}$$

式中，W_{12}是吸收速率。在这里，可以再次看到$W_{12}=\sigma_{12}F$，其中σ_{12}是吸收截面。在 20 世纪初，爱因斯坦证实：对于非简并能级，$W_{12}=W_{21}$，因此$\sigma_{12}=\sigma_{21}$。如果能级 1 和能级 2 分别是g_1倍简并和g_2倍简并，则可得到$g2\sigma_{21}=g_1\sigma_{12}$。

2. 光的相干放大

下面研究在由一系列原子组成的介质内沿z向传播、频率为v的单色电磁平面波。令E_1和E_2分别为原子在非简并能级 1 和 2 时的能量（这时 1 不一定是基态）。假设跃迁的共振频率$v_0=(E_2-E_1)/h$与v一致（或非常接近）。如果$F(z)$是电磁波在平面z上的光子通量，N_1和N_2分别是在能级 1 和能级 2 时的原子数（假设与z无关），则在材料的基本长度（dz）方向上由吸收和激致发射过程导致的光子通量变化量dF

可由下式求出 [图 1.3（a）]：

$$\mathrm{d}F = \sigma(N_2 - N_1)F(z)\mathrm{d}z \tag{1.6}$$

式中，$\sigma \equiv \sigma_{21} = \sigma_{12}$ 是跃迁截面。请注意：在写方程（1.6）时，并没有考虑辐射衰减和非辐射衰减，因为非辐射衰减不会引入新的光子，而自发辐射虽然会生成光子，但这些光子会向任何方向发射，因此对入射光子通量做出的贡献可忽略不计。最重要的是，当 $N_2 > N_1$ 时，$\mathrm{d}F/\mathrm{d}z > 0$，而且电磁波在传播期间被放大，也就是说，介质起着相干光学放大器的作用；相反，当 $N_2 < N_1$ 时，$\mathrm{d}F/\mathrm{d}z < 0$，介质起着吸收器的作用。如果 l 为介质长度，则输出平面上的光子通量 $F(l)$ 与输入平面上的一个 $F(0)$ 有关，关系式为 $F(l) = F(0)\exp(g)$，其中，$g = (N_2 - N_1)\sigma l$ 是增益系数。因此，光放大（$g > 0$）的条件是 $N_2 > N_1$，这个条件通常称为“粒子数反转”。应注意到，在前面的计算中，N_1 和 N_2 被假定为与行波的强度 I 无关，但条件是 I 足够弱，以至于由吸收和激致发射导致的 N_1 和 N_2 变化量可忽略不计，但在行波强度高时，需要考虑饱和现象。

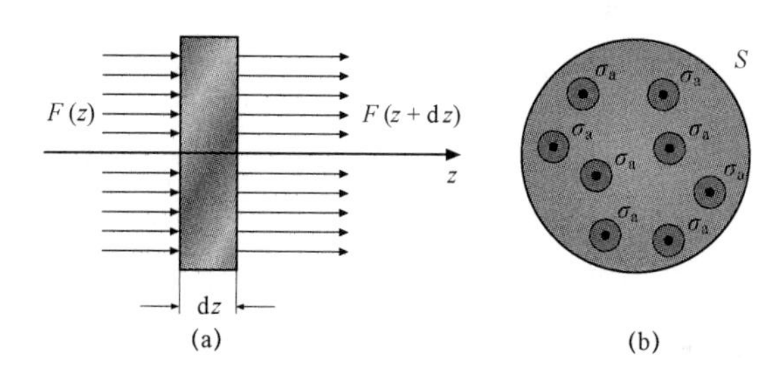

图 1.3　电磁波的相干放大

（a）在放大器的无穷小截面 dz 内的光子通量 – 平衡图；（b）跃迁横截面的物理意义

最后，通过检查方程（1.6），可以得到对跃迁截面 σ 的简单物理解释。首先，假设介质中的所有原子均处于基态，同时将每个原子与有效吸收截面 σ_a 联系起来，也就是说，如果一个光子进入此截面，这个光子将会被原子吸收 [图 1.3（b）]。如果 S 是电磁波的截面面积，则材料单元 dz 中的原子数量为 $N_t S\ \mathrm{d}z$（N_t 是总的原子数，即 $N_1 = N_t$，$N_2 = 0$），因此总的吸收截面为 $\sigma_a N_t S\ \mathrm{d}z$。因此，在材料单元 dz 中光子通量的损失份额为 $(\mathrm{d}F/F) = -(\sigma_a N_t S\ \mathrm{d}z/S) = -\sigma_a N_t\ \mathrm{d}z$。如果将这个表达式与式（1.6）做比较，则会推断出 $\sigma_a = \sigma$，因此赋予 σ 的意义是刚定义的有效吸收截面。

3. 粒子数反转：泵浦过程

在热平衡状态下，任何材料都表现得像吸收器一样。实际上，在热平衡状态下能级 1 和 2 的原子数 N_2^e 和 N_1^e 的分布可用玻耳兹曼统计公式来描述：

$$\frac{N_2^e}{N_1^e} = \exp\left(-\frac{E_2 - E_1}{k_B T}\right) \tag{1.7}$$

式中，k_B 是玻耳兹曼常量；T 是绝对温度。请注意，$N_2^e < N_1^e$；尤其要提的是，如果 $k_BT \ll E_2 - E_1$，则 N_2^e 与 N_1^e 相比可忽略不计，在室温下（T=300 K），可得到 $k_BT \simeq 208\ cm^{-1}$。（cm^{-1} 是在光谱学中用于测量能量的一个简单方便的单位，指的是拥有规定能量 E 的光子波长倒数。国际单位制中的实际能量 E（焦耳）可通过用 cm^{-1} 乘以 hc 来得到，其中 $c=3\times10^{10}$ cm/s，$h=6.63\times10^{-34}$ J·s。）因此，对于在近红外光和可见光中的跃迁，条件 $N_2^e \ll N_1^e$ 已充分满足。为实现光学放大（而非光吸收），需要利用泵浦过程在介质中建立粒子数反转[1,3,4]，当远未达到热平衡时用泵浦过程来驱动粒子数分布。乍一看，可能认为需要通过材料与一些频率为 ν_0 的强电磁波（例如由闪光灯或弧光灯发出的光）之间的相互作用来实现粒子数反转。由于在热平衡状态下 $N_1^e > N_2^e$，吸收过程将强于受激辐射，由此导致 N_2 高于其热平衡值，而 N_1 低于其热平衡值；但当 N_1 趋近于与 N_2 的值时，吸收与受激辐射过程会相互补偿，也就是说，介质会变得透明，这种现象称为“二能级跃迁的饱和”。因此，由于饱和，在二能级系统（至少在恒稳态）中是不可能产生粒子数反转的。但当考虑采用两个以上的能级时，这个目标可以达到。一般要涉及三个或四个能级（图 1.4），相应的激光器为三能级或四能级激光器。在三能级激光器［图 1.4（a）］中，原子通过泵浦机制从基态能级 1 提高到能级 3。如果材料中的原子一开始时被激发为能级 3，后来快速衰减为低一级的能级 2（例如通过快速非辐射衰减），则在能级 2 和能级 1 之间可获得粒子数反转。请注意，在三能级激光器方案中，要实现粒子数反转，必须将至少一半的原子从基态 1 提升到受激态 3。在四能级激光器［图 1.4（b）］中，原子仍然是先从基态能级 0 提升到受激态 3，然后快速衰减到激光上能级 2，但这时激光又从能级 2 衰减到受激低能级 1。一旦激光振荡开始，能级 1 会因受激辐射而获得原子；因此，为了在静止条件（连续波工作）下保持粒子数反转，低激光能级 1 应当极快速地非辐射衰减为基态 0 来迅速使原子数减少。与三能级激光器相比，四能级激光器具有只要有一个原子提高到泵浦能级 3 时能完美实现粒子数反转这一极大优势。因此，在可能的情况下，四能级激光器的使用比三能级激光器更加广泛。最近，所谓的“准三能级激光器”也成为一种相当重要的激光器。这些激光器的能级图与四能级激光器类似，但能级 0 和能级 1 如今成了基态能级的非简并亚能级。根据玻耳兹曼统计，基态原子数分布在所有的亚能级中，因此在室温下，一些原子数仍处于能级 1 中。

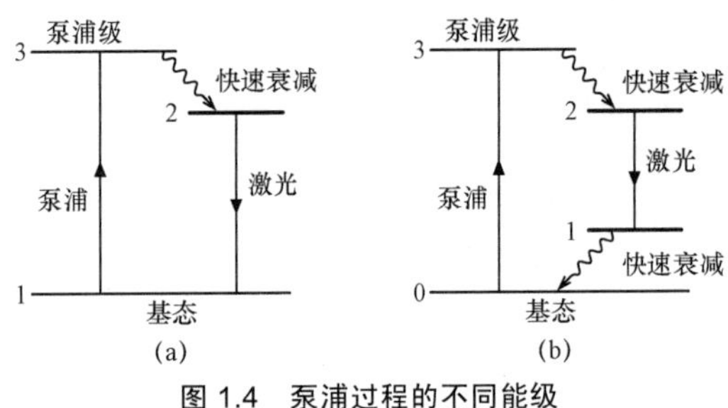

图 1.4　泵浦过程的不同能级

（a）三能级激光器的能级图；（b）四能级激光器的能级图

使原子能够从基能级激发到受激泵浦级 3 的机理称为“泵浦过程”。由泵浦造成的高能态 2 的粒子数分布率（dN_2/dt）$_p$ 可写成

$$\left(\frac{dN_2}{dt}\right)_p = W_p N_g \tag{1.8}$$

式中，W_p 是泵浦速率；N_g 是基态原子数。对于四能级激光器来说，可以假设 N_g 是常量（比 N_2 大得多）。在这种情况下，可以由式（1.8）写出（dN_2/dt）$_p$=R_p，其中 R_p=W_pN_g 是每单位体积的泵浦速率。泵浦所需要的能量通常通过光或电来提供。在生成规定泵浦速率 R_p 时所需的最小泵浦功率 P_m 由式

$$P_m=(dN_2/dt)_p Vh\nu_{mp}$$

求出，其中（dN_2/dt）$_p$ 是每单位体积的原子数以及通过泵浦过程将原子提高到激光上能级所需要的时间，V 是激活介质的体积，ν_{mp} 是最小泵浦频率，由基态能级和激光上能级之差来求出。不管是对于电泵浦还是光泵浦来说，实际泵浦功率 P_p 都大于最小值 P_m，因此可以把泵浦效率定义为 $\eta_p=P_m/P_p$。因此，泵浦速率 R_p 和实际泵浦功率 P_p 之间的关系为

$$R_p = \eta_p \left(\frac{P_p}{Vh\nu_{mp}}\right) \tag{1.9}$$

（1）光泵浦。在非相干光源的光泵浦中，由高功率灯（通常为脉冲激光器的中高压 Xe 和 Kr 闪光灯，或者连续波激光器的高压 Kr 灯）发出的光会被激活介质吸收。固态增益介质（例如 Nd：YAG）和液体激光器尤其适于光泵浦：吸收谱线实际上很宽，这使得灯的（宽波段）光吸收效率很高。闪光灯产生大量热进入材料中，这些热量必须通过水冷来驱散。但泵浦源本身就可能是一个激光器，这种情况称为“激光泵浦”。在最常用的激光泵浦源中，本书将只提到半导体激光器（二极管激光器泵浦）、氩离子激光器以及钕激光器的二次/三次谐波产生。随着可靠的大功率半导体激光器的出现，如今，二极管激光器泵浦在很多固态激光器和纤维激光器中已很常见。

（2）电泵浦。在气体激光器和半导体激光器中，激发机制通常由流经激活介质的电流组成。因为吸收谱线的宽度小，所以光泵浦效率很低。气体激光器通常需要进行电泵浦，在气体激光器中，电泵浦是通过让射频连续波电流或脉冲电流直接穿过气体本身来实现的。在放电过程中，所产生的离子和自由电子从外加电场中获得动能，并能够通过碰撞激发中性原子，即：$A+e\rightarrow A^*+e$，其中 A^* 表示处于受激态的原子种类。由于电子碰撞激励是一个非共振过程，因此对于气体激光器来说这是一种效率相当高的泵浦方法。在有的情况下，气体可能含有两种物质，其中一种物质先是被放电管激发，然后通过碰撞与另一种物质进行共振能量转换（氦氖激光器就是一个例子）。半导体激光器中的电泵浦是通过让大电流密度流经 p–n 或 p–i–n 二极管来实现的。虽然光泵浦可用于半导体激光器，但电泵浦经证明要方便得多。

某些特殊激光器还可能采用与光泵浦或电泵浦不同的泵浦过程，在此，本书将只提到化学激光器中的化学泵浦，其中的粒子数反转由放热反应直接形成。

4. 激光振荡

为获得激光振荡，将放大介质置于两个反射镜之间，形成了一个激光腔(图 1.1)。沿着激光腔轴线传播并穿过泵浦激光介质的光通过激光腔被反射回来，激励着在同一方向上的进一步光发射。这意味着激光光子在激光腔内要受到多次反射，每穿过一次激光介质都会被放大。其中一个反射镜（全反射镜）把几乎所有的入射光通过激光介质反射回来，而另一个反射镜（部分反射镜或输出耦合器）将只传输一部分光，即 $T_2=1-R_2$，这部分光构成了输出激光光束。激光增益介质、泵浦源和光共振腔结合起来，形成了一个简单的激光振荡器：如果其放大倍数很大，足以克服损失（即当达到阈值条件时），则单个光子（由于有量子噪声，因此光子总是存在）会被放大好几个数量级，以相干方式生成大量的光子，这些光子会被俘获在共振腔内。此外，对于开式谐振腔来说，只有那些沿共振腔轴线旁轴方向传播的光子才能达到振荡阈值，因此输出激光光束的一个重要特性是具有方向性。根据在一个腔内往返行程中可见光子的增益/损失平衡，可以利用以此为基础的一个简单证据，以获得激光作用的阈值条件。实际上，在一个往返行程中，光子会两次穿过增益介质，因此光子的往返增益为 $\exp(2\sigma Nl)$，其中 $N=N_2-N_1$ 是粒子数反转，l 是激活介质的长度；光子的往返损失可写成 $(1-T_1)(1-T_2)(1-L_i)^2$，其中 $T_1=1-R_1$ 和 $T_2=1-R_2$ 是两个反射镜的功率传输，L_i 是在共振腔中的单程内部损失（例如由开式谐振腔的散射损耗或衍射损耗造成）。可通过让往返增益等于往返损失来简单地求出达到阈值所需要的粒子数反转(又称为“临界反转”)。设 $\gamma_1=-\ln(1-T_1)$，$\gamma_2=-\ln(1-T_2)$，$\gamma_i=-\ln(1-L_i)$，临界反转可由下式求出：

$$N_c=\frac{\gamma}{\sigma l} \tag{1.10}$$

$$\gamma=\gamma_i+\frac{\gamma_1+\gamma_2}{2} \tag{1.11}$$

式中，γ称为“共振腔的单程对数损失”。一旦达到临界反转，自发辐射将会增强振荡。

为计算在达到阈值条件时所需要的泵浦速率 R_{cp}（临界泵浦速率），可以先研究四能级激光器[图 1.4（b）]。在稳态条件以及无激光的情况下，积聚在激光上能级的原子数可通过在激光上能级每单位体积和时间内泵浦的原子数与通过辐射和非辐射方式衰减的原子数之间的平衡简单计算出来。假设 $N_1\simeq 0$，则 $\Delta N\simeq N_2=R_p\tau$。当 $N_2=N_c$ 时，由式（1.11）和式（1.10），可以得到临界泵浦速率：

$$R_{cp}=\gamma/(\sigma\tau l)$$

请注意，随着$\sigma\tau$减小，临界泵浦速率会增加。因此，乘积$\sigma\tau$取决于规定跃迁的特性，可视为指定激光器的一个品质因数。

5. 激光光束的特性

与其他非相干光源相比，激光辐射表现出极高的单色性、相干性、定向性和亮度[1.3]。

激光辐射的单色性源于在光共振腔的一个共振频率下发生光振荡的情形。由于在连续波工作模式下增益和损失之间的平衡，这种振荡模式的谱线宽度 $\Delta\nu_L$ 最终会受到量子噪声的限制。相反，非相干光源（包括 LED）利用自发辐射发出的光具有低得多的单色性（低了 11 个数量级），因为在原子共振频率 ν_0 时，出于各种展宽机理，自发辐射光子的光谱分布会展宽。对于在可见光或近红外光谱范围内的激光辐射，实际上在稳频激光源中可以得到低至几赫兹的谱线宽度 $\Delta\nu_L$。

激光辐射的相干性指时间相干性或空间相干性。为了确定空间相干性，让我们来研究两个点 P_1 和 P_2。当 $t=0$ 时，这两个点属于相同的波前，也就是当 $t=0$ 时，它们之间的电场相位差为 0。如果当 $t>0$ 时，这两个点的相位差 $\varphi_2(t)-\varphi_1(t)$ 也为 0，那么点 P_1 和 P_2 之间有着完美的空间相干性。实际上，对于点 P_1，为了获得一定程度的相位相关性，点 P_2 必须位于 P_1 周围的某个有限区域内，这个区域称为“相干区”。激光辐射的高度空间相干性仍然源于一个事实，即由受激辐射产生的光束的空间场分布是光学共振器的一个模式。

为确定在已知点 P 处的时间相干性，需要研究在时间 $t+\tau$ 和 t 时电场的相位差 $\phi(t+\tau)-\phi(t)$。在给定的延迟时间 τ 内，如果相位差与时间 t 无关，那么在时间 τ 内存在时间相干性。如果这种情况对于任何一个 τ 值都成立，那么电磁波具有完美的时间相干性；如果恰恰相反，这种情况仅在延迟时间 τ 小于已知延迟时间 τ_0 时才成立，那么电磁波具有部分时间相干性，τ_0 是在点 P 处电磁波的相干时间。时间相干性概念与单色性概念密切相关，事实上，对于连续波激光器，相干时间 τ_0 与激光谱线宽度 $\Delta\nu_L$ 相关，它们之间的简单关系式为 $\tau_0\approx 1/\Delta\nu_L$。因此，激光辐射的高度时间相干性是由其极端单色度造成的。

激光光束的定向性是因为增益介质位于开式光学共振腔内，因此受激辐射优先出现在与腔内两个反射镜垂直的方向上（图 1.1）。在这个方向，由反射镜产生的反馈最有效，衍射损耗最小。由输出耦合器发射的激光光束有一个发散角，在理想的情况下，这个发散角会受到衍射的限制。根据衍射理论，波长为 λ 的单色光束发散角由下式求出：

$$\theta_d = \beta\left(\frac{\lambda}{2w}\right) \tag{1.12}$$

式中，β 是（1 阶）数字系数，其具体值取决于特定的横向场分布；$2w$ 是光束的直径。例如，对于在可见光波长（λ=500 nm）下的激光辐射，横径为 $2w\approx 1$ cm 的激光光束其发散角是唯一的，为 $\theta_d \approx \lambda/2w \simeq 5\times10^{-5}$ rad。这意味着，在传播一段长度（L=1 km）之后，光束尺寸增加到 $w+\theta_d L\approx 6$ cm。

激光辐射的亮度与定向性密切相关，并取决于激光振荡器在较小的空间立体角内发射高光功率的能力。对于面积为 ΔS 的已知发射源，如果 P 表示在部分空间立体角 $\Delta\Omega$ 中提供的光功率，则发射源的亮度定义为 $B=P/(\Delta S\Delta\Omega)$。激光源的发射立体角 $\Delta\Omega$ 由发散角 θ_d 决定，其亮度由下式求出：

$$B = \left(\frac{2}{\beta\pi\lambda}\right)^2 P \tag{1.13}$$

具有中等功率（例如几毫瓦特）的激光器，其亮度比传统最亮光源的亮度还要高好几个数量级。

1.1.2 发射的光与原子的相互作用

1. 吸收率和受激辐射率

下面研究入射在一个跃迁频率为 $v_0=(E_2-E_1)/h$（接近于 v）的二能级原子上的、频率为 v 的一束单色电磁波。吸收率 W_{12} 和受激辐射率 W_{21} 的计算可按照半经典方法进行：将原子用量子力学来处理，而电磁波则用经典力学来处理[1.3,5-9]。如果原子一开始处于基态（能级 1），则由于电磁场与原子的电磁偶极（和多极）矩耦合，入射波可能会诱发从能级 1 到能级 2 的跃迁。电磁波的电场 $\boldsymbol{E}(t)=\boldsymbol{E}_0\cos(2\pi vt)$ 和跃迁的电偶极矩之间的相互作用通常最强，并通过偶极振子矩阵 $\mu_{12}=\int u_2^*(r)eru_1(r)\mathrm{d}r$ 定义，其中，r 是原子中带电荷 e 的电子到原子核的距离，$u_1(r)$ 和 $u_2(r)$ 分别是原子能级 1 和能级 2 的电子本征函数。在这种电偶极子近似法中，由微扰理论（假设电磁波和原子之间的相互作用不会被碰撞或其他现象（包括自发辐射）干扰）可得到吸收率和受激辐射率的下列表达式：

$$W_{12}=W_{21}=\frac{2\pi^2}{3n^2\epsilon_0h^2}|\mu_{12}|^2\rho\delta(v-v_0) \tag{1.14}$$

式中，$\rho=n^2\epsilon_0E_0^2/2$ 是电磁波的能量密度；n 是介质的折射率；δ 是脉冲狄拉克函数。尤其需要指出的是，对于强度为 $I=c\rho/n$ 的平面波，由式（1.14）可推导出截面 $\sigma_{12}=W_{12}/F=hvW_{12}/I$ 的下列表达式：

$$\sigma_{12}=\frac{2\pi^2}{3n\epsilon_0ch}|\mu_{12}|^2v\delta(v-v_0) \tag{1.15}$$

同理，如果开始时电子处于能级 2，则由于与电磁波的相互作用，电子可能会衰减为能级 1，通过受激辐射作用发射出一个光子。由半经典微扰计算得到受激辐射截面 $\sigma_{21}=hvW_{21}/I$，与 σ_{12} 的表达式相同，即 $\sigma_{21}=\sigma_{12}$，条件是这两个能级不简并。

$\sigma_{12}=\sigma_{21}$ 的表达式［式（1.15）］为非物理方程，因为当 $v\neq v_0$ 时，跃迁概率为 0；而当 $v=v_0$ 时，跃迁概率为∞。但通过观察到如下现象，这种不一致性能够被排除：单色电磁波与原子的相互作用并非完全相干，但会因为与其他原子或晶格声子之间的碰撞、自发辐射以及原子的非辐射衰减而受到微扰。这种微扰相互作用的效应是展宽了原子系统中每个原子的跃迁线，从某种意义上来说就是在式（1.15）中用一个围绕 $v=v_0$ 与 9 $g(v-v_0)\,\mathrm{d}v=1$ 对称的新函数 $g(v-v_0)$ 来替代狄拉克函数 $\delta(v-v_0)$。9 $g(v-v_0)\,\mathrm{d}v=1$ 通常是由如下洛伦兹函数求出的［图 1.5（a）］：

$$g(v-v_0)=\frac{2}{\pi\Delta v_0}\frac{1}{1+[2(v-v_0)/\Delta v_0]^2} \tag{1.16}$$

式中，Δv_0 取决于相关的特定展宽机理。请注意洛伦兹函数的半峰全宽（FWHM）

为 $\Delta\nu_0$。受激辐射与吸收过程保持着共振特性，因为谱线展宽 $\Delta\nu_0$ 通常比 ν_0 小好几个数量级（例如，在低压气体中，对于可见光中的跃迁，$\nu_0 \approx 5\times10^{14}$ Hz，而 $\Delta\nu_0 \approx 10^6 \sim 10^8$ Hz）。由于上述展宽机理对原子系统中每个原子的作用方式都相同，因此称为“均匀展宽”机理。

当系统内原子的共振频率 ν_0' 围绕着中心频率 ν_0 分布（非均匀展宽）时，情况稍有不同。这种分布用函数 $g^*(\nu_0'-\nu_0)$ 来描述，因此 $\int g^*(\nu_0'-\nu_0)\,\mathrm{d}\nu_0' = 1$。$g^*(\nu_0'-\nu_0)\mathrm{d}\nu_0'$ 是系统内原子数的一部分，其共振频率在 $(\nu_0', \nu_0'+\mathrm{d}\nu_0')$ 区间内。对于最常见的不均匀线展宽机理（例如气体中的多普勒展宽、离子晶体或玻璃中的局部场效应）来说，分布函数 $g^*(\nu_0'-\nu_0)$ 由高斯函数给定［图 1.5（b）］：

$$g^*(\nu_0'-\nu_0) = \frac{2}{\Delta\nu_0^*}\left(\frac{\ln 2}{\pi}\right)^{1/2} \times \exp\left(-\frac{4\ln 2(\nu_0'-\nu_0)^2}{\Delta\nu_0^{*2}}\right) \tag{1.17}$$

式中，$\Delta\nu_0^*$ 是跃迁线宽度（FWHM），取决于特定的展宽机理。

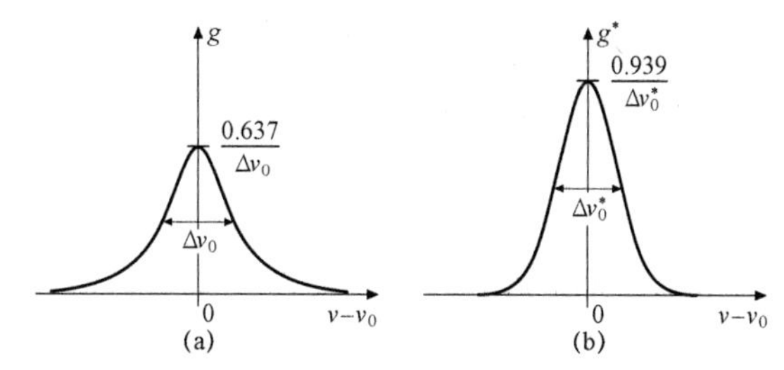

图 1.5　与均匀跃迁展宽和非均匀跃迁展宽分别对应的线形

（a）洛伦兹线形；（b）高斯线形

考虑到均匀展宽机理和非均匀展宽机理同时存在，因此可以看到受激辐射与吸收截面 $\sigma=\sigma_{12}=\sigma_{21}$ 具有如下最一般的形式：

$$\sigma = \frac{2\pi^2}{3n\epsilon_0 ch}\left|\mu_{12}\right|^2 \nu g_t(\nu-\nu_0) \tag{1.18}$$

式中，总线形 g_t 由卷积求出：

$$g_t(\nu-\nu_0) = \int g^*(\nu_0'-\nu_0)g(\nu-\nu_0')\mathrm{d}\nu_0' \tag{1.19}$$

如果研究一个原子系统，并用 N_1 和 N_2 分别表示处于能级 1 和能级 2 的原子数（就像在上一节中探讨的那样），那么在介质内传播的频率为 ν 的小信号电磁波将会被放大（当 $N_2>N_1$ 时）或被吸收（当 $N_2<N_1$ 时）。在前一种情况下，可以引入单位长度的吸收系数 $\alpha(\nu)=\sigma(\nu-\nu_0)(N_1-N_2)$；而在后一种情况下，可以引入单位长度的增益系数 $g(\nu)=\sigma(\nu-\nu_0)(N_2-N_1)$。对于弱信号波，饱和度可忽略，因此行波强度会沿着传播方向呈指数级衰减［$I(z)=I(0)\exp(-\alpha z)$］或放大［$I(z)=I(0)\exp(gz)$］。

这些考虑因素适用于允许电偶极子存在的原子跃迁或分子跃迁，即跃迁的偶极矩阵元 μ_{12} 不会变为 0。具有相同宇称的原子能级或分子能级之间的跃迁（例如在同

一个原子的 s 状态之间跃迁）不允许有电偶极子，但这并不意味着当原子或分子与电磁波相互作用时不能从能级 1 跃迁到能级 2，在这种情况下，由于电磁波与跃迁磁偶极矩（或电四极矩）相互作用，因此可能会发生跃迁，虽然用于描述此过程的截面强度远远小于容许电偶极跃迁的截面强度。对于电偶极跃迁来说，吸收跃迁率 We 与$|\mu_e E_0|^2$ 成比例，其中，μ_e 是跃迁的电偶极矩，E_0 是电磁波的电场振幅，$-\mu_e E_0$ 是外电场 E_0 中电偶极子的经典能量。同理，对于磁偶极相互作用来说，跃迁率 W_m 与$|\mu_m B_0|^2$ 成比例，其中，μ_m 是跃迁的磁偶极子，B_0 是电磁波的磁场振幅，$-\mu_m B_0$ 是外磁场 B_0 中磁偶极子的经典能量。令 $\mu_e \approx ea$，$\mu_m \approx \beta$，其中 $a=0.529\times10^{-10}$ m 为玻耳半径，$\beta=9.27\times10^{-24}$ A・m^2 为玻耳磁子，可以得到：

$$\left(\frac{W_e}{W_m}\right)=\left(\frac{eaE_0}{\beta B_0}\right)^2=\left(\frac{eac}{\beta}\right)^2\simeq10^5 \tag{1.20}$$

2. 自发辐射

自发辐射就是处于受激能级的原子通过发射电磁波（即一个光子）向基态衰减（甚至在没有外部扰动时也如此）的现象。要正确地解释自发辐射，需要采用一种量子电动力学方法，将原子和电磁场都量子化。实际上，由于电磁场的量子化，E^2 场和 H^2 场的平均值不等于零，甚至在没有（经典的）电磁波（零点磁通波动）时也如此。这些本征波动一直在扰动着处于激发态的原子，促使其衰减至低能级，同时发射一个频率 ν 与原子跃迁频率 ν_0 接近的光子。由自发放射造成的原子衰减遵循着具有时间常量 τ_s 的指数定律，τ_s 称为“自发放射寿命”［式（1.2）］。Weisskopf 和 Wigner 利用电偶极子近似法，对被置入光学共振腔中的一个原子进行了量子电动力学计算[1.10]。可利用爱因斯坦在开发量子电动力学之前提出的简练的热力学理论得到 τ_s 的一种简单严谨计算法[1.11]。假设将材料放置在一个四壁保持恒温 T 的黑体腔中。一旦达到热力学平衡，共振腔内部的光谱电磁能量密度分布 ρ（ν）由普朗克分布给定：

$$\rho(\nu)=\left(\frac{8\pi\nu^2}{c^3}\right)\frac{h\nu}{\exp(h\nu/k_B T)-1} \tag{1.21}$$

式中，对于 ρ（ν），ρ（ν）dν 是腔内每单位体积的电磁能量，与（ν，ν+dν）区间内的频率模式有关。式（1.21）中，因子（$8\pi\nu^2/c^3$）代表腔内每单位体积的电磁模式密度，而 $h\nu/[\exp(h\nu/k_B T)-1]$项是每种模式的能量。在热平衡状态下处于能级 1 和能级 2 的原子数 N_1^e 和 N_2^e 用玻耳兹曼统计公式来描述［式（1.7）］；在稳定状态下，由黑体辐射吸收造成的、从能级 1 到能级 2 的单位时间内激发次数应当与由受激辐射和自发辐射造成的、从能级 2 到能级 1 的单位时间内衰减次数保持平衡，即 $W_{12}N_1^e=W_{21}N_2^e+N_2^e/\tau_s$。然后，可以得到

$$1/\tau_s=W_{12}\exp(h\nu_0/k_B T)-W_{21}$$

对于宽谱辐射（例如黑体辐射），可以写出

$$W_{12}=W_{21}=\int d\nu c\sigma(\nu-\nu_0)\rho(\nu)/(nh\nu)=2\pi^2|\mu_{12}|^2\rho(\nu_0)/(3n^2\epsilon_0 h^2)$$

其中用到了式（1.15）。通过利用 $W_{12}=W_{21}$ 以及 ρ（v_0）的式（1.21），最终得到

$$\tau_s = \frac{3h\epsilon_0 c^3}{16\pi^3 v_0^3 n|\mu_{12}|^2} \tag{1.22}$$

通过利用类似的热力学理论，可以看到通过自发辐射作用发射的光子谱由跃迁线形 g_t（$v-v_0$）[式（1.19）] 决定，即通过自发辐射作用发射的光子在（v，v+dv）频率范围内的概率由 g_t（$v-v_0$）dv 决定。通过让自发辐射的光经过分辨率足够高的分光仪，可以在发射实验中简单地测量跃迁线形 g_t（$v-v_0$）。

为估算辐射寿命 τ_s，可以研究在与光谱可见区中间波长（$\lambda_0=c/v_0$=500 nm）相对应的频率下发生的电偶极子容许跃迁。假设 $|\mu_{12}| \simeq ea$（其中 $a \simeq 0.1$ nm 是原子半径），由式（1.22）可得 $\tau_s \simeq 1$ ns。对于磁偶极子跃迁来说，$1/\tau_s$ 经证实为电偶极子跃迁的 $1/10^5$，即 $\tau_s \simeq 1$ ms。请注意，根据式（1.22），τ_s 会随着跃迁频率的降低而减小，因此自发辐射的重要性随着频率的提高而快速增加。这意味着：由于在以非辐射衰减为主的中红外到远红外范围内自发辐射常常可以忽略不计，因此在 X 射线区（例如 λ_0<5 nm），自发辐射是主要的衰减过程，τ_s 会变得极其短（10～100 fs）。这样短的寿命给 X 射线激光器实现粒子数反转构成了一大挑战。还应当注意的是，当原子在电磁模密度（即共振腔模数/单位频率・单位体积）因空间严重受限（例如在微型激光器中）而偏离（$8\pi v^2/c^3$）值的介质谐振腔中辐射时，由式（1.22）得到的自发辐射率会提高或降低。例如，对于被置入光激性晶体中的一个原子来说，当原子跃迁频率 v_0 在光激性晶体的能带隙内时，自发衰减被完全禁止。

3. 谱线展宽机理

（1）均匀展宽。谱线展宽机理据说是均匀的，能以同样的方式展宽每个原子的谱线。在这种情况下，单原子截面的线形与总吸收截面的线形是相同的。均匀展宽机理主要有两种：碰撞展宽和自然展宽。

碰撞展宽可能发生在气体中，也可能发生在固体中。在气体中，一个原子可能与其他原子、离子、自由电子或容器壁发生碰撞；在固体中，原子因为与晶格声子的相互作用而发生碰撞。在携带单色电磁波的两能级原子的吸收或受激辐射过程中，碰撞会使电磁波与原子之间的相干相互作用中断。如果将跃迁期间原子的电子波函数写成 $\psi= c_1(t)u_1(r)\exp[-\mathrm{i}E_1t/\hbar] + c_2(t)u_2(r)\exp[-\mathrm{i}E_2t/\hbar]$，并假设碰撞不会诱发衰减，则碰撞只会引发随机的瞬间相对相位跃变（具有系数 c_1 和 c_2），从而引发与 $c_1c_2^*$ 成正比的原子偶极振荡部分 $\mu = \int -er|\psi(r,t)|^2\,\mathrm{d}r$。由于在电偶极子的相互作用中，辐射－原子耦合用能量项 $-\mu_e \boldsymbol{E}$ 来表达，因此，一种等效的方法是假设电场相位（而不是原子偶极矩）呈现出随机相变（图 1.6）。因此，可以考虑二能级原子与电磁波之间发生相干（即未被干扰）相互作用的情况，其中的电磁波非单色，但由于相位跃变，其光谱含量已围绕着 v 展宽。令 $I(v') = Ig(v'-v)$ 为具有随机相变的电磁波的光谱密度分布（图 1.6），其中 I 为总的场强度，g 为其谱形（$\int g(v'-v)\mathrm{d}v' = 1$）。对于电磁波的每

个光谱分量 $Ig(v'-v)\mathrm{d}v'$，可以引入单元吸收跃迁率 $\mathrm{d}W_{12}$。根据式（1.14），可推导出 $\mathrm{d}W_{12}=[2\pi^2|\mu_{12}|^2/(3n\epsilon_0 ch^2)]\delta(v'-v_0)Ig(v'-v)\mathrm{d}v'$。然后，根据 $W_{12}=\sigma_{12}(v-v_0)I/(hv)$，得到总跃迁率 $W_{12}=\int\mathrm{d}W_{12}$，其中的截面 σ_{12} 是在式（1.15）中用 $g(v-v_0)$ 替代狄拉克函数 $\delta(v-v_0)$ 之后求出的。为计算出线形 g，假设两次连续碰撞之间的时间区间 τ 分布用指数概率密度来描述，即 $p(\tau)=[\exp(-\tau/\tau_c)]/\tau_c$，其中 τ_c 是 τ 的平均值。根据 Wiener–Kintchine 定理，光谱 g 可计算为正弦场的自相关函数在时间区间 τ 内随相位跃变发生的傅里叶变换（图 1.6）。这样能得到其 FWHM 为 Δv_0 的洛伦兹线形（1.16），Δv_0 与碰撞时间平均值 τ_c 之间的关系式为

$$\Delta v_0=\frac{1}{\pi\tau_c} \tag{1.23}$$

例如，对于压力为 p、绝对温度为 T 的原子气体或分子气体，根据分子运动论并利用气体的硬球模型，得到 $\tau_c=(2Mk_BT/3)^{1/2}[1/(8\pi pa^2)]$，其中 M 是原子质量，a 是原子半径。请注意，τ_c 与气体压力 p 成反比，因此 Δv_0 与气体压力 p 成正比。根据粗略的经验法则，可以判定，对于气体中的任何原子，碰撞都会促成谱线展宽，谱线展宽量为 $(\Delta v_{coll}/p)\approx 1$ MHz/Torr。

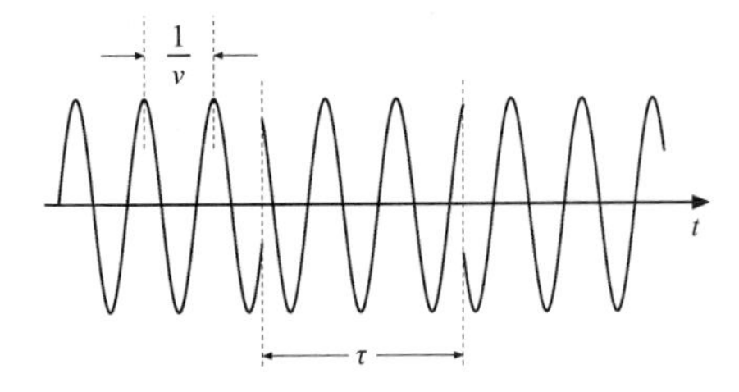

图 1.6　频率为 v 的正弦电场示意图，显示了在时间区间 τ 内的随机相变

晶体中的原子或离子会与晶格声子发生碰撞。由于在给定的晶格振动中声子数量在很大程度上取决于晶格温度 T，因此相应的谱线展宽量 Δv_0 会随着 T 值的增加而增加。例如，在 Nd:YAG 激光器中，Nd^{3+} 离子群集在 YAG 晶体中，碰撞谱线增宽量从室温（T=300 K）下的 $\Delta v_0\approx$126 GHz 增加到 T=400 K 下的大约 250 GHz。

第二种均匀谱线增宽机理源于自发辐射，因此称为“自然（或本征）谱线展宽”。可以看到，自然展宽仍然用 FWHM 为 Δv_0 的洛伦兹函数来描述。Δv_0 由下式求出：

$$\Delta v_0=\frac{1}{2\pi\tau_s} \tag{1.24}$$

式中，τ_s 是自发寿命。例如，对于处于可见光谱区中心（$\lambda\approx$500 nm）的电偶极跃迁来说，能得到 $\Delta v_{nat}\approx$16 MHz。由于 $\tau_s\approx 1/v^3$，在较短波长下跃迁（至紫外线或 X 射线光谱区）时自然线宽会快速增加。

当上述两种均匀谱线增宽机理同时起作用时，总的谱线形状可由两个相应洛伦兹函数的卷积得到。然后，就可以得到一个洛伦兹函数，其 FWHM 为

$\Delta\nu_0=\Delta\nu_{coll}+\Delta\nu_{nat}$。

（2）非均匀展宽。当原子共振频率在一些光谱范围内分布时，谱线展宽机理可能是非均匀的。非均匀展宽的第一个案例是离子晶体或玻璃中离子的非均匀展宽。在这些介质中，局部晶场通过斯塔克效应，诱发了离子能级分离的局部变化。对于随机局部场的变化，跃迁频率 $g^*(\nu-\nu_0)$ 的相应分布由线宽为 $\Delta\nu_0^*$ 的高斯函数式（1.17）求出，$\Delta\nu_0^*$ 取决于晶体或玻璃内的场不均匀量。

第二种非均匀展宽机理通常发生在气体中，并由原子运动引起，称为“多普勒展宽”。事实上，由于原子的运动，在原子静止参考系中看到的电磁波频率 ν' 与实验室参考系中的电磁波频率 ν 相比发生了频移。频移关系式为 $\nu'=\nu[1-(\nu_z/c)]$，其中 ν_z 是在电磁波的 z 传播方向上原子速度的分量。从原子–辐射相互作用的观点来看，此频移量等于原子的共振频率变化量，而不是电磁频率的变化量。考虑到气体中分子速度的麦克斯韦分布，可以看到跃迁频率 $g^*(\nu-\nu_0)$ 的分布仍然由线宽为 $\Delta\nu_0^*$ 的高斯函数式（1.17）求出：

$$\Delta\nu_0^*=2\nu_0\left(\frac{2k_\mathrm{B}T\ln 2}{Mc^2}\right)^{1/2} \tag{1.25}$$

式中，M 是原子（或分子）的质量；T 是气体温度。例如，对于氦氖激光器的 λ=632.8 nm 谱线，在 T=300 K 的温度下通过利用合适的 Ne 质量，可以得到 $\Delta\nu_0^*\simeq1.7$ GHz。一般来说，当气体压力低于大气压力时，气体中的多普勒展宽通常大于碰撞展宽；反之，碰撞展宽通常大于自然展宽。

4. 非辐射衰减

除通过辐射发射衰减外，受激态原子还可能以非辐射方式衰减至更低的能级。非辐射衰减的第一种机理源于碰撞，称为“碰撞消激活”。对于液体或气体来说，在这种情况下，跃迁能将以碰撞物质的激发能或动能形式释放，或者转移到容器壁上；对于晶体或玻璃中的离子来说，消激活是通过离子与晶格声子或玻璃振动模之间的相互作用来实现的。例如，当气体中原子激发物质 B*的激发能以物质 A 的动能形式释放时，碰撞消激活过程通过超弹性碰撞 $B^*+A\rightarrow B+A+\Delta E$ 来实现，其中 ΔE 是待释放的激发能，是以碰撞双方的动能形式留下的；当物质 B*的电子能以物质 A 的内能形式释放时，相反会得到 $B^*+A\rightarrow B+A^*+\Delta E$，此时 ΔE 是两种碰撞物质的内能之差。在后一种情况下，消激活过程的效率很高，但条件是 ΔE 比碰撞物质的热能 $k_\mathrm{B}T$ 明显更小。对于处于激发态的指定物质，可以用非辐射寿命 τ_{nr} 来简单描述其非辐射衰减，因此 N_2/τ_{nr} 是因为消激活过程而衰减的、单位体积和时间内的原子数量。

非辐射衰减与自发辐射共同作用。根据式（1.3），激发态物质的总寿命 τ 为

$$\tau=(1/\tau_{nr}+1/\tau_s)^{-1}$$

结论

根据前面的探讨，我们可以看到对激光器来说最重要的相关材料参数有：跃迁波长λ、在峰值时的跃迁截面σ_p、激光上能级的寿命 τ 以及跃迁线形的线宽 $\Delta\nu_0$。表1.1 中总结了最常见气体激光器、液体激光器和固体激光器的这些参数。可以注意到，与气体激光器和液体激光器相比，固体激光器（Nd：YAG、Nd：玻璃、Ti_3+：Al_2O_3）的截面相对较小，而寿命相应地相对较长，因为在这些激光器的跃迁中，电偶极子是被禁止的（或弱允许）；此外，气体激光器的线宽比固体激光器或染料激光器的线宽小得多。

表 1.1　在最常见的气体激光器、液体激光器和固体激光器中的主要跃迁参数

跃迁	λ/nm	σ_p/cm^2	$\tau/\mu s$	$\Delta\nu_0$
He：Ne	632.8	5.8×10^{-13}	30×10^{-3}	1.7 GHz
Ar^+	514.5	2.5×10^{-13}	6×10^{-3}	3.5 GHz
Nd：YAG	1 064	2.8×10^{-19}	230	120 GHz
Nd：玻璃	1 054	4×10^{-20}	300	5.4 THz
若丹明 6 G	570	3.2×10^{-16}	5.5×10^{-3}	46 THz
Ti^{3+}：Al_2O_3	790	4×10^{-19}	3.9	100 THz

1.1.3　激光谐振器与激光模式

前面讲到，在激光振荡器中，将倒置的放大介质放在激光谐振器或激光腔中。激光腔可视为辐射光的俘获箱，用于俘获在一些选定光频段下能够保持静态（即单色）电磁场配置或弱阻尼电磁场配置的辐射光[1,3,5]。这些电磁场配置和相应的光频段分别称为“空腔共振模”和“共振频率”。激光器中最广泛采用的谐振器为开式谐振腔，由至少两个前后放置、相距 L 的圆形平面镜或球面镜（球状谐振器）组成。除微型激光器外，在普通激光器中谐振器的长度 L 通常比振荡波长λ大得多，范围从几厘米到几十厘米，而反射镜的尺寸范围从几分之一厘米到几厘米。光学共振腔为开式，可以大大减少随低损耗而变动的模态数。实际上，如果共振腔为封闭式，则发生振荡的共振模态数 N（即共振频率在激活介质增益线内时的模态数）可近似地估算为 $N\approx(8\pi\nu^2/c^3)V\Delta\nu_0$，其中（$8\pi\nu^2/c^3$）是模密度，$\Delta\nu_0$ 是增益介质的线宽，V 是共振腔体积。请注意，在光波长下，V 通常比λ^3 大好几个数量级。为估算出 N，让我们来研究具有窄线宽的激活介质，例如氦氖激光器的λ=633 nm 跃迁（$\Delta\nu_0^*$=1.7 GHz）。假设谐振器长度为 L=50 cm，被一个直径为 $2a$=3 mm 的横向圆柱体封闭。然后得到共振腔体积为 $V=\pi a^2L$，在氦氖激光器的增益线内的共振腔模态数为 $N\approx1.2\times10^9$。在开式光学谐振腔中，只有那些与谐振器轴线几乎平行的振荡模才会出现低损耗，从而实现激光振荡。因此，振荡模的场分布预计主要限制在谐振器的光轴周围，并沿着光轴进行轴旁传播，使输出激光光束呈现出高度方向性。这些空腔共振模和相应的共振频率取决于三个整数，即 n、m、l，称为“模指数”。指数 m 和 l（横模指数）决定着模的横向场分布（即在垂直于旁轴谐振器轴线的一个平面内），指数 n（纵模指数）决定着模的纵向场分布（即沿着谐振器轴线），给出了驻波纵向节点的数量。对于光阑足够宽的球面镜来说，横向模用高斯–厄米特函数或高斯–拉盖尔函数来表示，具体要视矩形边界条件或圆形边界条件而定。尤其要指出的是，与横模指数 $m=l=0$ 相对应的领头阶模是一个高斯光束，代表着输出激光光束的最常见横向场分布。由于这个原因，激光模的研究与高斯（或高斯–厄米特）光束的传播特性密切相关。

1. 高斯光束

沿着与 xyz 笛卡儿坐标系的 z 向成极小角度（即近轴）方向传播的单色（且均匀极化）光波的电场可用如下公式描述：

$$E(x,y,z,t) = E_0 u(x,y,z) \mathrm{e}^{\mathrm{i}(\omega t - kz)} + \text{c.c.} \tag{1.26}$$

式中，$\omega=2\pi v$，v 是光频；$k=2\pi/\lambda$ 是波数，λ 是光波长；$u(x, y, z)$ 是遵循近轴波动方程的复场包络。在自由空间传播的情况下，近轴波动方程为

$$\frac{\partial^2 u}{\partial x^2} + \frac{\partial^2 u}{\partial y^2} - 2\mathrm{i}k\frac{\partial u}{\partial z} = 0 \tag{1.27}$$

在传播期间保持函数形式的方程（1.27）解中，基模高斯光束解经证实尤其适于描述谐振器内外的激光光束[1.12]。高斯光束是近轴方程（1.27）的一个解，其形式为

$$u(x,y,z) = \frac{w_0}{w(z)} \exp\left(-\frac{x^2+y^2}{w^2(z)}\right) \times \exp\left(-\mathrm{i}k\frac{x^2+y^2}{2R(z)}\right) \times \exp[\mathrm{i}\varphi(z)] \tag{1.28}$$

式中，$w(z)$、$R(z)$ 和 $\varphi(z)$ 由下式求出：

$$w(z) = w_0\sqrt{1+\left(\frac{z}{z_\mathrm{R}}\right)^2} \tag{1.29}$$

$$R(z) = z\left[1+\left(\frac{z_\mathrm{R}}{z}\right)^2\right] \tag{1.30}$$

$$\varphi(z) = \tan^{-1}\left(\frac{z}{z_\mathrm{R}}\right) \tag{1.31}$$

式中，$z_\mathrm{R} = \pi w_0^2/\lambda$ 是一个参数，称为“瑞利距离”。请注意，$u(x, y, z)$ 是以下三个项之积：具有横向正态分布的振幅因数 $(w_0/w)\exp[-(x^2+y^2)/w^2]$［图 1.7（a）］；横向相位因数 $\exp[-\mathrm{i}k(x^2+y^2)/(2R)]$；纵向相位因数 $\exp(\mathrm{i}\varphi)$。式（1.28）中的振幅因数表明，在传播时，光束强度分布仍保持原有形状，但其横向尺寸 w（“束斑尺寸”）会沿着 z 传播方向按照式（1.29）发生变化。请注意，$w(z)$ 是 z 的一个对称函数，$z=0$

在平面上的最小光斑尺寸为 $w=w_0$，因此称为“束腰”[图 1.7（b）]。对于 $z=z_R$，可以得到 $\omega=\sqrt{2}w_0$，因此瑞利距离 z_R 代表着到束腰的距离 c。在束腰处，束斑尺寸增加了 $\sqrt{2}$ 倍。当瑞利距离较大时（即 $z \gg z_R$），w 随着 z 呈线性增加趋势，即 $w \approx (w_0/z_R)z$。因此，可以把由衍射造成的射束发射定义为 $\theta_d=\lim_{z\to\infty}w(z)/z$，从而得到

$$\theta_d=\frac{\lambda}{\pi w_0} \tag{1.32}$$

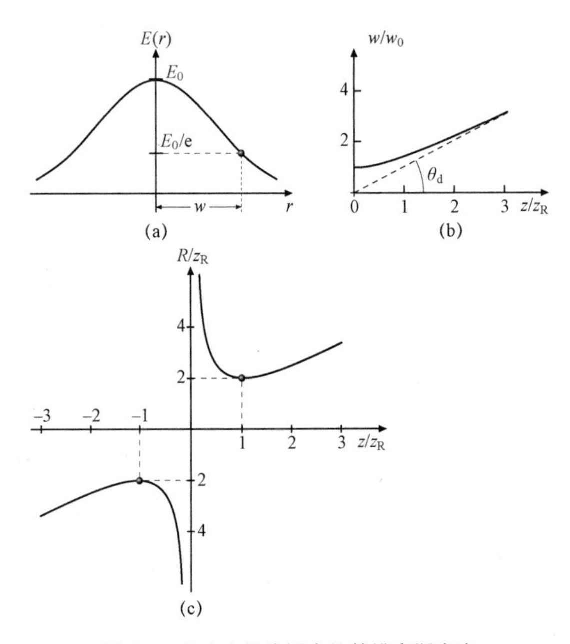

图 1.7 自由空间传播中的基模高斯光束

（a）高斯横向振幅剖面，为 $r=(x^2+y^2)^{1/2}$；（b）束斑尺寸 $w(z)$；（c）波阵面的曲率半径 $R(z)$

式（1.28）中的横向相位因数与近轴近似法中球面波的横向相位因数有着相同的形式，其中 R 起着球面波前曲率半径的作用。因此，高斯光束有一个大致呈球形的波前，波前的曲率半径按照式（1.30）沿着传播方向变化。请注意，$R(z)$ 是 z 的一个奇函数[图 1.7（c）]，表明当 $z=z_R$ 时，$R_{min}=2z_R$；当 $z \gg z_R$ 时，R 随着 z 呈线性增加趋势；当 $z=0$ 时，$R\to\infty$。因此，当 $z=0$ 时波前是平的，而当此距离较大时，波前半径会随着 z 呈线性增加趋势——但仅对球面波而言。纵向相位因数 φ 除提供平面波的平常相移 $-kz$ 之外，还提供了一个纵向相移（有时称为“古伊相移”）；纵向相移随着 z 缓慢变化：当 z 从 $z \ll z_R$ 变为 $z \gg z_R$ 时，此相移从 $-(\pi/2)$ 变为 $(\pi/2)$。

在指定传播平面 z 上，高斯光束的一个重要参数是所谓的“复 q”参数，此参数通过下列关系式定义：

$$\frac{1}{q}=\frac{1}{R}-\mathrm{i}\frac{\lambda}{\pi w^2} \tag{1.33}$$

可以看到，对于在自由空间中传播的高斯光束，参数 q 会根据下列公式沿着传

播方向发生变化：

$$q(z)=z+\mathrm{i}z_{\mathrm{R}} \tag{1.34}$$

通过将参数 q 从式（1.33）代入式（1.34），然后分离所得方程的实部和虚部，就能获得方程（1.29）和（1.30）。

上述基波高斯光束属于式（1.27）的一个更一般的本征解集合。式（1.27）可写成一个厄米特多项式与一个高斯函数的乘积。这些光束称为“厄米特-高斯光束”，并具有如下形式[1.3,5]：

$$u_{l,m}(x,y,z)=\frac{w_0}{w(z)}H_l\left(\frac{\sqrt{2}x}{w(z)}\right)H_{\mathrm{m}}\left(\frac{\sqrt{2}y}{w(z)}\right)\times\exp\left(-\frac{x^2+y^2}{w^2(z)}\right)\times\exp\left[-\mathrm{i}k\frac{x^2+y^2}{2R(z)}\right]\times\exp[\mathrm{i}(1+l+m)\varphi(z)] \tag{1.35}$$

式中，$w(z)$、$R(z)$ 和 $\varphi(z)$ 分别由式（1.29）－（1.31）求出；H_l 和 H_{m} 是 l 阶和 m 阶的厄米特多项式。最低阶的厄米特-高斯光束是通过在式（1.35）中令 $l=m=0$ 得到的。这些解通常称为“TEM_{lm} 光束”，其中 TEM 代表横向电磁：在近轴近似法中，电磁波的电场和磁场实际上与 z 向大致垂直。请注意，对于 TEM_{lm} 光束来说，在 x 轴和 y 轴方向上的电磁场零点个数分别用下标 l 和 m 表示，因此 TEM_{lm} 光束的强度分布由水平方向的 $l+1$ 个波瓣和垂直方向的 $m+1$ 个波瓣组成（图 1.8）。

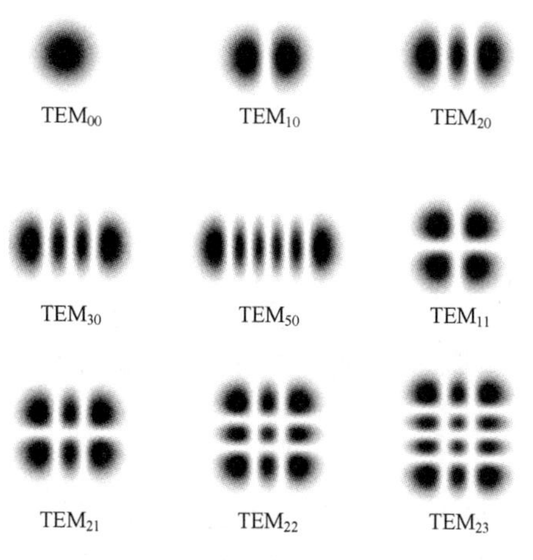

图 1.8　几个低阶厄米特-高斯模的灰度强度图

最后应当注意的是：当高斯-厄米特光束沿着一个任意近轴光学系统（用近轴光线矩阵 $ABCD$ 来描述）传播时，会保持其函数形状。在这种情况下，光束传播通过高斯光束的一个复 q 参数代数关系式来简单地描述，这个关系式称为“$ABCD$ 定律”。实际上，如果 $z=z_1$ 和 $z=z_2$ 分别是 $ABCD$ 近轴光学系统的输入平面和输出平面，则在输出平面 $z=z_2$ 上，输入平面 $z=z_1$ 的高斯-厄米特场分布 $u(x, y, z_1)=H_l(\sqrt{2}x/w_1)H_{\mathrm{m}}(\sqrt{2}y/w_1)\exp[-\mathrm{i}k(x^2+y^2)/(2q_1)]$ 将会变成如下分布形式：

$$u(x,y,z_2)=\left(\frac{1}{A+(B/q_1)}\right)^{1+l+m}\times H_l\left(\frac{\sqrt{2}x}{w_2}\right)H_{\mathrm{m}}\left(\frac{\sqrt{2}y}{w_2}\right)\times\exp[-\mathrm{i}k(x^2+y^2)/(2q_2)] \tag{1.36}$$

式中，在输入平面（$z=z_1$）和输出平面（$z=z_2$）上复 q 参数的 q_1 和 q_2 值通过“*ABCD* 定律”关联起来：

$$q_2=\frac{Aq_1+B}{Cq_1+D} \tag{1.37}$$

请注意，在特殊情况下，当光束在自由空间中从 $z_1=0$ 平面传播到 $z_2=z$ 平面时，可以得到 $A=1$，$B=z$，$C=0$，$D=1$，因此由 *ABCD* 定律式（1.37）可得到式（1.34）。

2. 光学谐振器：入门概念

最简单的光学谐振器是平行平面谐振器或法布里–珀罗谐振器，由两组相互平行的平面金属镜或平面介质镜组成[1.13]。在采用第一种近似法时，这种谐振器的模可视为沿着谐振腔轴线从两个相反方向传播的两束平面电磁波的叠加［图 1.9（a）］。在这种近似法中，共振频率可通过强加如下条件来求出：谐振腔长度 L 必须是半波长的整数倍数，即 $L=n(\lambda/2)$，其中 n 是正整数。这是让电磁驻波在两个（例如）金属镜上的电场为零的必要条件。由此，共振频率可由下式求出：

$$v_n=n\left(\frac{c}{2L}\right) \tag{1.38}$$

请注意，式（1.38）通过强加另一个条件也可以推导出：光束在谐振腔内完成一次往返行程而导致的平面波相移必须等于 2π 的整数倍，即 $2kL=2n\pi$。这个条件可通过一个自洽性论据来获得：如果平面波的频率等于空腔谐振模的频率，则平面波经过一次往返行程之后的相移必须为 0（除 2π 的整数倍数之外）。事实上，只有在这种情况下，在任意点由于连续反射造成的振幅才会出现同相叠加，得到相当大的总场。根据式（1.38），两个连续模（即纵模指数 n 之间相差 1）之间的频差由下式求出：

$$\Delta v=\frac{c}{2L} \tag{1.39}$$

这个差值称为“两个连续纵向（或轴向）模之间的频差”。请注意，由于数字 n 表示模在谐振器轴线上的半波长数量，因此这两个连续模有不同的纵向波型。

一种更常见的激光谐振器是球状谐振器，由两个曲率半径分别为 R_1 和 R_2，以任意距离 L 放置的凹面球面镜（$R>0$）或凸面球面镜（$R<0$）组成［图 1.9（b）］。这些谐振器可分为两类：稳定谐振器和不稳定谐振器。当一束在两个反射镜之间来回反弹的任意近轴光线沿径向或一定角度方向不确定地偏离谐振器轴线时，谐振器处于不稳定状态。相反，近轴光线受约束的谐振器将处于稳定状态。图 1.9（c）显示了不稳定谐振器的一个例子。在稳定的球状谐振器中，对称谐振器（即 $R_1=R_2$）尤其重要，拥有两个共焦球面镜（$R_1=R_2=L$）的共焦谐振器是一个值得注意的球形

对称谐振器例子。另一种重要的激光腔方案是采用环形谐振器，其中的光线路径已布置成闭环回路［图 1.9（d）］。在这种情况下，共振频率也可通过强加“沿环形路径上的总相移必须等于 2π 的整数倍”这一条件来获得。因此，纵向（或轴向）模的共振频率表达式由下式给出：

$$\nu_n = n\left(\frac{c}{L_\mathrm{p}}\right) \tag{1.40}$$

式中，L_p 是闭合环路的长度。一般来说，环形谐振器中可能会形成驻波波型，因为光束会沿着回路顺时针或逆时针传播。总之，通过在光束路径上插入光二极管，可以实现单向环形谐振器。

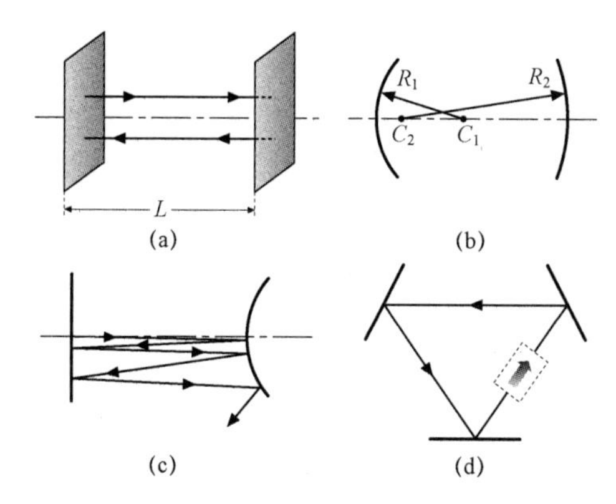

图 1.9 几种激光谐振器

（a）平行平面谐振器；（b）球面双镜谐振器；（c）不稳定谐振器；（d）单向环形谐振器

3. 稳定条件

一般来说，激光腔可视为由两个球面镜组成，每个球面镜包含一组中间光学元件，例如透镜、反射镜、棱镜等［图 1.10（a）］。如果将任意平面 β 定义为与激光腔的光轴垂直，则凭直觉（也可严格论证）可判定，光束在整个腔中往返传播，相当于在以 β 为输入/输出平面的合适光学系统 S 中传播，这种转换称为“谐振器展开”。在这种系统中的近轴传播可利用 $ABCD$ 腔内往返矩阵描述［图 1.10（b）］。因此，如果令 r_0 和 r_0' 分别为在 $t=0$ 时刻截断平面 β 时光线的横坐标以及光线与光轴之间形成的角度，r_n 和 r_n' 是在 n 次腔内往返行程之后同一束光线的坐标，则可得到

$$\begin{vmatrix} r_n \\ r_n' \end{vmatrix} = \begin{vmatrix} A & B \\ C & D \end{vmatrix}^n \begin{vmatrix} r_0 \\ r_0' \end{vmatrix} = M^n \begin{vmatrix} r_0 \\ r_0' \end{vmatrix} \tag{1.41}$$

因此，当且仅当与任何一组初始坐标（r_0，r_0'）相对应的坐标（r_n，r_n'）都不会随着 n 的增加而发生偏离时，光学谐振器才是稳定的。满足此条件的前提是在模量中，M 的本征值$\lambda_{1,2} \leqslant 1$。由于$\lambda_{1,2}=\exp(\pm \mathrm{i}\theta)$，其中 $\cos(\theta)=(A+D)/2$，因此要达到稳定条件，θ 应当为实数，即

$$\left|\frac{A+D}{2}\right| \leqslant 1 \tag{1.42}$$

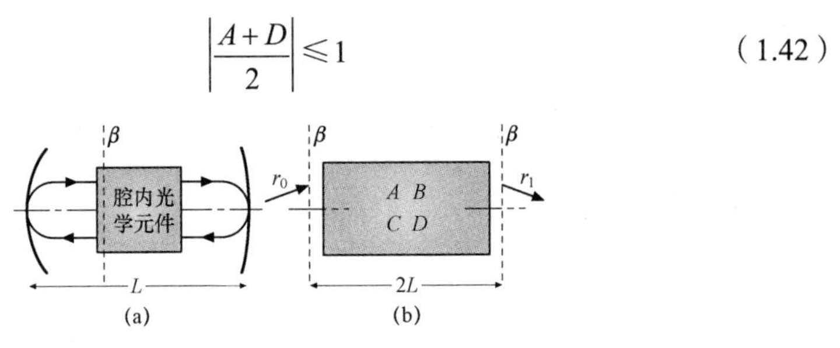

图 1.10　激光腔示意图

（a）一般激光腔；（b）等效表现形式，由谐振器相对于任意 β 平面展开后得到

对于双镜谐振器这种特殊情况，可以明确地计算出相应的 *ABCD* 矩阵。通过被光束横穿过的光学元件矩阵乘以按光线穿过相应元件时相反的顺序写出的矩阵，可以获得指定的总矩阵。在本书的案例中，*ABCD* 矩阵是下列矩阵的有序积：镜面 1 的反射，从镜面 1 到镜面 2 的自由空间传播，镜面 2 的反射，从镜面 2 到镜面 1 的自由空间传播。

$$\begin{vmatrix} AB \\ CD \end{vmatrix} = \begin{vmatrix} 1 & 0 \\ -2/R_1 & 1 \end{vmatrix} \begin{vmatrix} 1 & L \\ 0 & 1 \end{vmatrix} \begin{vmatrix} 1 & 0 \\ -2/R_2 & 1 \end{vmatrix} \begin{vmatrix} 1 & L \\ 0 & 1 \end{vmatrix}$$

在进行矩阵乘法之后，得到

$$\frac{A+D}{2} = \left(1-\frac{L}{R_1}\right)\left(1-\frac{L}{R_2}\right)-1 \tag{1.43}$$

无量纲量（称为“g_1”和“g_2”参数）通常定义为 $g_1=1-L/R_1$ 和 $g_2=1-L/R_2$。根据这些参数，稳定条件可转变成很简单的关系式：

$$0 < g_1 g_2 < 1 \tag{1.44}$$

式（1.44）中给出的稳定条件可在（g_1，g_2）平面中很方便地表示出来，如图 1.11 中的说明。稳定谐振器对应于平面灰色区域中的那些点，不包括那些位于边界上的点（即满足条件 $g_1g_2=0$ 或 $g_1g_2=1$），因此称为“临界稳定谐振器”。请注意，对称谐振器（即里面的反射镜具有相同的曲率半径 $R_1=R_2=R$）位于二等分线 *b* 上。这些对称谐振器的特殊例子是与图中点 *A*、*B*、*C* 相对应的那些谐振器，分别是同心谐振器（$L=2R$）、共焦谐振器（$L=R$）和平面谐振器（$R=\infty$）。由于点 *A*、*B*、*C* 位于稳定区的边界，因此相应的谐振器只是处于临界稳定状态。

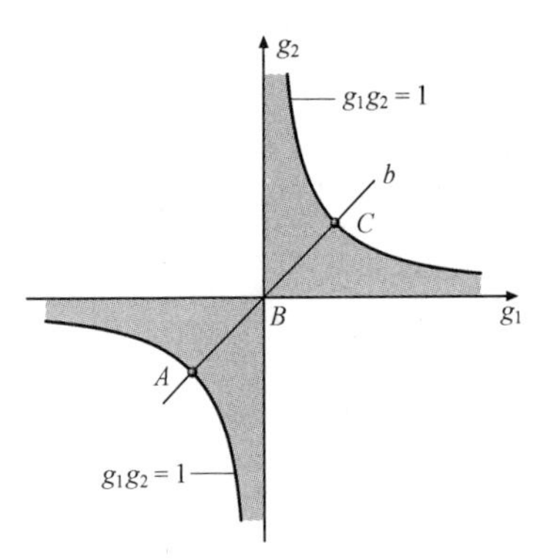

图 1.11　一般双镜球形谐振器的稳定性图。稳定谐振器对应于平面灰色区域中的（g_1，g_2）点

4. 激光模态

光学谐振器的模态定义为可在共振腔内持续不变并满足由腔反射镜强加边界条件的那些静态（即

单色）场分布或弱阻尼场分布。应注意到，在开式谐振器中，由反射镜的有限光阑造成的衍射损耗使得模态始终有漏溢，因此，漏溢谐振器中某种模态的电场通常表示为

$$\boldsymbol{E}(x,y,z,t)=\boldsymbol{a}(x,y,z)\cos(\omega t)\times\exp\left[\frac{-t}{2\tau_c}\right]\quad ,\ t>0 \tag{1.45}$$

式中，$\boldsymbol{a}$（x，y，z）是模场分布；ω 是共振频率；τ_c 描述了由腔内损耗造成的场衰减，称为“腔内光子寿命”。为确定谐振腔模以及相应的共振频率和衍射损耗，可以研究［图 1.10（a）］相当普通的、具有光轴 z 的谐振器。电磁波在谐振腔的两个端面镜之间往返传播，相当于电磁波在周期性光学元件序列中的单向传播（例如透镜波导）。周期性光学元件序列是通过将谐振器展开后得到的，如图 1.10（b）所示。在展开方案中，应当用焦距等于镜面曲率半径的薄球面透镜来替代两端的球面镜。

首先考虑在周期性透镜波导中单色电磁场的传播。通过将沿透镜波导方向分布的电场写成 $E(x,y,z,t)=\tilde{E}(x,y,z)e^{i\omega t}+c.c.$，由于惠更斯–菲涅耳积分的线性，经过一个透镜波导周期之后复场振幅 $\tilde{E}$ 通常可通过积分变换写出，即（图 1.12）

$$\tilde{E}(x,y,2L)=\exp(-i2kL)\times\iint_1 K(x,y;x_1,y_1)\tilde{E}(x_1,y_1,0)dx_1dy_1 \tag{1.46}$$

式中，K（x,y,x_1,y_1）是输入平面和输出平面的横坐标的一个函数，称为“传播核”。请注意，相位项（$-2kL$）代表着当电磁波为平面波时的相移。核函数 K 考虑了在从输入平面 1（$z=0$）传播到输出平面 2（$z=2L$）的过程中遇到的所有元件，而且从物理观点来看代表当位于点（x_1',y_1'）处的点光源被放置在 $z=0$ 输入平面上时在（x,y）平面（即当 $z=2L$ 时）观察到的场分布。事实上，如果 $\tilde{E}$（$x_1,y_1,0$）是以 $x_1=x_1'$ 和 $y_1=y_1'$ 为中心的二维狄拉克 δ 函数，也就是如果 $\tilde{E}$（$x_1,y_1,0$）$=\delta$（x_1-x_1',y_1-y_1'），那么根据式（1.46），很容易就能得到 $\tilde{E}(x,y,2L)=K(x,y,x_1',y_1')\exp(-2ikL)$。对于一般光学系统来说，核函数 K 的计算通常相当复杂。但若假设所有光学元件的光阑都无穷大，则可根据往返谐振器–矩阵元 $ABCD$，用如下关系式简单地表示核函数 K（惠更斯–菲涅耳–基尔霍夫核）：

$$\begin{aligned}&K(x,y;x_1,y_1)\\&=\frac{i}{\lambda B}\exp\left\{-\frac{ik}{2B}\times[A(x_1^2+y_1^2)+D(x^2+y^2)-(2xx_1+2yy_1)]\right\}\end{aligned} \tag{1.47}$$

式（1.46）中的积分可从$-\infty$延伸到∞。

除了由透镜波导损耗造成的总减幅以及致使场传播发生的相移 $\Delta\phi$之外，现在将周期性透镜波导模定义为经过一个导向周期之后能自我复制的一种场分布，因此，$\tilde{E}(x,y,2L)=|\tilde{\sigma}|\exp(i\Delta\varphi)\tilde{E}(x,y,0)$，其中 $|\tilde{\sigma}|<1$。将相移写成 $\Delta\phi=-2kL+\phi$，其中，$-2kL$ 是平面波的移动量，ϕ 是因为透镜波导模不是平面波而形成的另一个相位项。因此，对于透镜波导模，要求满足以下条件：

$$\tilde{E}(x,y,2L)=\tilde{\sigma}\exp(-2ikL)\tilde{E}(x,y,0) \tag{1.48}$$

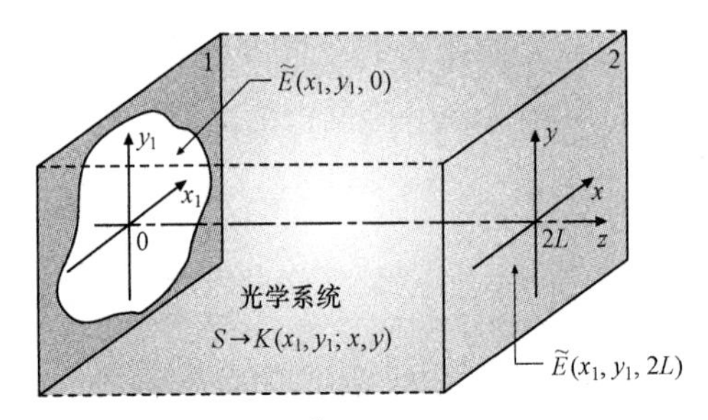

图 1.12　当平面 1（$z=0$）上的电场 $\tilde{E}(x_1,y_1,0)$已知时平面 2（$z=2L$）的电场计算

式中，$\tilde{\sigma}=|\tilde{\sigma}|\exp(\mathrm{i}\varphi)$。将式（1.48）代入式（1.46），得到

$$\begin{aligned}&\iint_1 K(x,y;x_1,y_1)\tilde{E}(x_1,y_1,0)\mathrm{d}x_1\mathrm{d}y_1\\&=\tilde{\sigma}\tilde{E}(x,y,0)\end{aligned} \tag{1.49}$$

请注意，模分布 $\tilde{E}(x,y,0)$ 是第二类弗雷德霍姆齐次积分方程的一个本征函数，对应的本征值为 $\tilde{\sigma}$。弗雷德霍姆齐次积分方程的一个普通的性质是允许有一个有限本征解的双无穷离散集，可分别用一对正整数 l 和 m 来表示。因此，相应的本征值通常表示为 $\tilde{\sigma}_{lm}=|\tilde{\sigma}_{lm}|\exp(\mathrm{i}\varphi_{lm})$。由于在一个透镜波导传播周期中遇到各种损耗（即衍射损耗、由光学元件造成的散射损耗等），因此$|\tilde{\sigma}_{lm}|<1$。

现在，回到空腔谐振模计算这个问题上。在这种情况下，透镜波导模 $\tilde{E}$ 相当于图 1.10（a）中的谐振器模，但条件是经过一次腔内往返行程之后，在一次腔内往返行程中累积的总相移 $\Delta\phi$ 为 0 或者 2π 的整数倍，即 $\Delta\phi=-2kL+\phi\, lm=-2\pi n$。在这个条件下，通过利用空腔谐振模的波数 k 和频率 v 之间的关系式 $k=2\pi v/c$，可以毫不费力地得到空腔共振频率，即

$$v_{nlm}=\frac{c}{2L}\left(n+\frac{\varphi_{lm}}{2\pi}\right) \tag{1.50}$$

请注意，已经明确地指出这些频率取决于三个整数 l，m 以及 n。整数 l 和 m 决定着空腔谐振模的横向场分布（图 1.8），分别代表在 x 坐标和 y 坐标上的电磁场零点个数。整数 n 决定着纵向场配置，即电磁驻波（节点）的零点个数，就像前面关于平行平面谐振器的探讨那样［式（1.38）］。

对于具有无穷大光圈的稳定谐振器来说，弗雷德霍姆齐次方程的本征模通过高斯–厄米特函数来给定，其共振频率可利用传播定律由式（1.50）计算出来［式（1.36）］。例如，对于双镜球形谐振器这个重要案例来说，$\varphi_{lm}=2(1+l+m)\cos^{-1}(\pm\sqrt{g_1g_2})$，其中的 ± 号取决于 g_2（以及由此得到的 g_1）是正还是负。因此，双镜球形谐振器的共振频率由下式求出：

$$v_{nlm}=\frac{c}{2L}\left[n+\frac{1+l+m}{\pi}\arccos(\pm\sqrt{g_1g_2})\right] \tag{1.51}$$

例如，对于共焦谐振器来说，$g_1=g_2=0$，因此 $v_{nlm}=[c/(4L)](2n+1+l+m)$。具有相

同（$2n+l+m$）值的谐振模其共振频率也相同，可以说是频率简并。另外还要注意的是，对于共焦谐振器来说，模间隔为 $c/(4L)$。

5. 光子寿命与谐振腔 Q

光学谐振腔模始终有漏隙，因此具有有限的光子腔内寿命 τ_c。事实上，除了由反射镜或腔内光学元件的有限光阑效应造成的衍射损耗之外，在激光谐振器中还一直存在其他的损耗机理。例如，输出耦合器的镜面反射率始终小于 100%，这意味着在每一次往返行程中，腔内储存的光子 φ 都会有一部分会逃离谐振器。腔内光学元件的散射或吸收损失是造成光子泄漏的另一个常见原因。为计算在指定空腔谐振模中的能量衰减率，令 I_0 为与腔内某固定点的场振幅相对应的初始强度，R_1 和 R_2 分别为两个反射镜的（功率）反射率，令 L_i 为单程内部损耗部分，其中包括散射损耗、吸收损耗和衍射损耗。经过一次往返时间 $\tau_R=2L_e/c$ 之后，在同一点的强度为

$$I(\tau_R)=R_1R_2(1-L_i)^2\,I_0=I_0\exp(-2\gamma)$$

式中，L_e 是腔内光程长；γ 是单程对数损失，通过以下关系式定义：

$$\gamma=\frac{\gamma_1+\gamma_2}{2}+\gamma_i \tag{1.52}$$

式中，$\gamma_1=-\ln(R_1)$, $\gamma_2=-\ln(R_2)$, $\gamma_i=-\ln(1-L_i)$。鉴于在式（1.45）中引入了指数衰减律，因此经过一次往返时间之后得到 $I(\tau_R)=I_0\exp(-\tau_R/\tau_c)$，因此推断光子寿命为

$$\tau_c=\frac{\tau_R}{2\gamma}=\frac{L_e}{c\gamma} \tag{1.53}$$

计算光子寿命之后，在谐振器内部任意一点的电场时变性能都可写成

$$E(t)=E_0\exp(-t/2\tau_c+i\omega t)+\text{c.c.}$$

式中，ω 是谐振模的角频率。这种时变性能也适用于通过输出镜离开谐振器的电磁波的电场。通过采用这个电场的傅里叶变换形式（$t>0$ 时），可以发现发射光的功率谱具有洛伦兹线形，其线宽（FWHM）为

$$\Delta\nu_c=\frac{1}{2\pi\tau_c} \tag{1.54}$$

现在引入与光子寿命严格相关的一个重要的品质因数，这就是腔内 Q 因素（Q 因数）。对于任何共振系统，Q 因数都可定义为谐振器中储存的能量与一个振荡周期中损失的能量之比的 2π 倍。因此，空腔 Q 因数较高，意味着共振系统中的损耗低。在本书的案例中，储存的能量为 $\varphi h\nu$，每个周期中损失的能量为（$-\mathrm{d}\varphi/\mathrm{d}t$）$h\nu$，因此得到

$$Q=-\frac{2\pi\nu\phi}{\mathrm{d}\phi/\mathrm{d}t}=\frac{\nu}{\Delta\nu_c} \tag{1.55}$$

式中，为腔内储存的光子 φ 采用了指数衰减律 $\varphi(t)=\varphi_0\exp(-t/\tau_c)$，还采用了式（1.54）中给出的 $\Delta\nu_c$ 表达式。

例如，研究具有 $R_1=R_2=R=0.98$ 的双镜球形谐振器，并假设 $L_i\simeq 0$。根据式（1.53），

可以得到 $\tau_c=\tau_T/[-\ln(R)]=49.5\tau_T$，其中 $\tau_T=L/c$ 是光子在腔内的单程通过时间。对于低损耗谐振腔来说，典型的计算结果是光子寿命比通过时间长得多。如果假设 $L=90$ cm，将得到 $\tau_T=3$ ns，$\tau_c\simeq150$ ns。然后，根据式（1.54），可以算出 $\Delta\nu_c\simeq1.1$ MHz。最后，假设激光波长为 $\lambda\simeq630$ nm，相应的光频为 $\nu=5\times10^{14}$ Hz，则根据式（1.55），得到 $Q=4.7\times10^8$。因此，激光谐振器具有明显较高的 Q 值，这意味着在一个振荡周期中只损失了很小一部分能量。

1.1.4 激光器速率方程与连续波运行

一种能简单有效地了解激光器的基本动力学行为的方法是速率方程模型，这个模型给出了与发生跃迁的原子总数和生成或湮灭的光子总数有关的简单平衡方程[1.3]。在半经典电动力学方法或全量子电动力学方法的基础上对激光动力学进行的更精确描述（其中可能考虑了激光器的动力学不稳定性、激光相干性、光子统计学等一些现象），我们建议读者参考更专业的文献[1.6,8]。

先来考虑一种四能级激光器方案［图 1.4（b）］，并做如下假设：

（1）激光跃迁被均匀地展宽；

（2）低激光能级 1 的寿命 τ_1 足够短，以至于可以忽略处于能级 1 的原子数；

（3）单个纵模和横模在腔内振荡；

（4）忽略空腔谐振模的精确纵横向空间变化；

（5）假设激活介质的泵浦一致。

在这些假设条件下，可以写出与激活介质中的粒子数反转 $N=N_2-N_1\simeq N_2$ 和腔内储存的振荡模光子数 ϕ 有关的下列速率方程：

$$\frac{\mathrm{d}N}{\mathrm{d}t}=R_p-B\phi N-\frac{N}{\tau} \tag{1.56}$$

$$\frac{\mathrm{d}\phi}{\mathrm{d}t}=-\frac{\phi}{\tau_c}+V_aB\phi N \tag{1.57}$$

式中，R_p 是每单位体积内的泵浦率；τ 是激光上能级 2 的寿命；τ_c 是振荡模的光子寿命。在方程（1.56）中，R_p、N/τ 和 $B\phi N=W_{21}N$ 项分别考虑了泵浦过程、辐射衰减和非辐射衰减以及受激辐射。常数 B 代表每模中每个光子的受激跃迁率，与跃迁截面 σ 之间的关系用一次方程式 $B=\sigma c/V$ 描述，其中 V 是激光腔中的模体积[1.3]。方程（1.57）中右侧第一项 ϕ/τ_c 代表在单位时间内由于内部损耗、绕射损耗和输出耦合而通过反射镜损失的腔内光子数；方程（1.57）中右侧第二项代表在振荡模中由于受激辐射而生成的光子数（每单位时间内），由于 $B\varphi N$ 代表单位体积和单位时间内衰减并在空腔振荡模中生成了一个光子的原子数，因此单位时间内生成的光子总数可表示为 $B\varphi N$ 与增益介质内被空腔振荡模占用的体积 V_a 之乘积。平衡方程中方程（1.57）不包括自发辐射，因为只有可忽略不计的一部分自发辐射光子属于振荡模，但自发辐射光子对于激光作用启动来说很重要。

激光输出功率 P_{out} 与光子数 φ 的关系可用下列简单关系式表示：

$$P_{out} = \frac{\gamma_2}{2\gamma}(h\nu)\frac{\phi}{\tau_c} = \frac{\gamma_2 c}{2L_e}h\nu\phi \tag{1.58}$$

事实上，$(h\nu)(\phi/\tau_c)$ 是单位时间内在空腔中损失的总电磁能量，这部分能量中只有一部分 $\gamma_2/(2\gamma)$ 能用，主要因为其他能量通过输出镜传输走了。对于以连续波机制工作的典型连续波激光器来说，激光腔内储存的光子数 φ 可能从低功率激光器（例如当λ=632.8 nm 时输出功率为 P_{out}=10 mW 的氦氖激光器）中的大约 10^{10} 个光子到高功率激光器（例如当λ=10.6 μm 时输出功率为 P_{out}=10 kW 的 CO_2 激光器）中的 10^{17} 个光子。

1. 阈值条件

通过令 $d\varphi/dt=0$，达到激光振荡阈值所需要的粒子数反转可由方程（1.57）简单地求出。一开始数量很少的光子在 $N<N_c$ 时会呈指数级衰减，或在 $N>N_c$ 时会呈指数级放大，其中，

$$N_c \equiv \frac{1}{\tau_c B V_a} = \frac{\gamma}{\sigma l} \tag{1.59}$$

称为“临界反转”（或阈值反转）。在这个方程中，l 是激活介质的长度，当反转介质中的增益 $g=\sigma Nl$ 等于激光腔的对数损失 γ 时即达到了阈值条件$\sigma N_c l=\gamma$。与阈值条件相对应的泵浦率为 $R_{cp}=N_c/\tau=\gamma/(\sigma l\tau)$，与阈值功率 P_{th} 相对应的泵浦功率可用方程（1.9）求出。当泵浦率 R_p 达到临界值 R_{cp} 时，使激光作用启动的扰动是由自发辐射提供的。

2. 输出功率与斜率效率

当泵浦率 $R_p>R_{cp}$ 时，由速率方程（1.56）和（1.57）可得到解 $N_0=N_c$ 和 $\varphi_0=[1/(B\tau)](x-1)$，意味着激光高于阈值（图 1.13）。其中，$x=R_p/R_{cp}=P_p/P_{th}>1$ 是超阈值泵浦参数，P_p 是泵浦功率，P_{th} 是阈值。由式（1.58）可计算出相应的输出激光功率，并表现为如下形式：

$$P_{输出} = \eta_s(P_p - P_{th}) \tag{1.60}$$

式中，

$$\eta_s = \eta_p\eta_c\eta_q\eta_t \tag{1.61}$$

方程（1.60）表明，所做的近似计算得到了输出功率和泵浦功率之间的线性关系。然后，可以将激光器的斜率效率定义为 $\eta_s=dP_{out}/dP_p$。根据式（1.61），η_s 可表示为以下四个组成部分的乘积：

（1）泵浦效率 η_p；

（2）输出耦合效率 $\eta_c=\gamma_2/(2\gamma)$；

（3）激光量子效率 $\eta_q=(h\nu)/(h\nu_{mp})$；

（4）横向效率 $\eta_t=A_b/A$。

式中，$A_b=V_a/l$ 是在激活介质中的横模面积；A 是横向泵浦面积。激光器的斜率效率变化范围通常可能从低效率激光器（例如氦氖激光器）中的不到 1%到高效率激光器中的 20%～50%甚至更高。

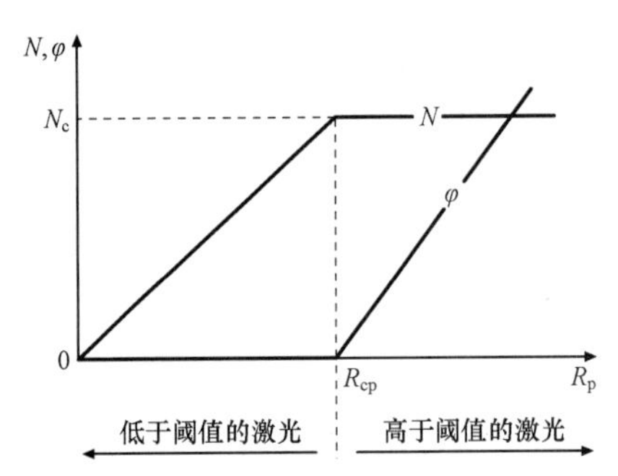

图 1.13　在振荡模中粒子数反转 N 和光子数 φ 的行为－四能级激光器的泵浦率 R_p。R_{cp} 是临界泵浦率，高于此值会导致激光作用发生

3. 张弛振荡

可以看到，上面给出的超阈值激光器的解是稳定的，也就是说，这个系统的初始微扰(例如腔内损耗的微扰)被阻抑。当激光上能级的寿命与腔内光子寿命之比 τ/τ_c 大于 1（或者大得多，例如在电偶极子被禁止的激光跃迁中）时，通过光子数和粒子数反转中的阻尼振荡，谐振器能张弛到稳定状态。这导致输出功率的阻尼振荡，称为“张弛振荡”。在固体激光器中，张弛振荡频率一般在 10 kHz～10 MHz，而在半导体激光器中，张弛振荡频率在 GHz 区域内。由技术噪声或泵浦功率波动触发的慢增益介质（例如在固体激光器中）中的张弛振荡是导致输出激光功率中出现振幅噪声的主要原因。当需要高度的强度稳定性时，可利用合适的主动反馈回路来提供激光振幅稳定性。

4. 激光调谐

一些激光器（例如染料激光器电子振动固体激光器）的增益线宽很宽。在一些应用领域中，需要调节激光输出波长，使其远离谱线中心，跨越整个有效谱线宽度。在其他情况下，可能要采用不同的激光跃迁，这需要从中选出一种跃迁机制。在这两种情况下，都可以在激光腔中使用一种波长选择元件，这种元件常常称为“激光调谐器”。对于中红外激光器（例如二氧化碳激光器），常常采用具有“利特罗配置”[图 1.14（a）] 的衍射光栅作为其中一个腔镜。波长调谐可通过光栅旋转来简单地实现，在可见光或近红外光谱区（例如 Ar^{3+}激光器），色散棱镜应用更普遍，波长调谐可通过棱镜、视镜或旋转来简单地实现 [图 1.14（b）]。为减少接入损耗，两个棱镜面应大致倾斜成布儒斯特角。在可见光或近红外光谱区中越来越受欢迎的第三种波长选择元件采用了腔内双折射滤光器，这种装置利用了一块倾斜成布儒斯特角的双折射板，用于改变腔内激光光束的偏振态。由于存在腔内偏振器，或利用了布儒斯特角滤波器的偏振特性，因此双折射滤光器通常会造成额外的腔内损耗。但在某些波长λ下，双折射板不会改变光束的偏振态，因此激光振荡具有低损耗。在双折射板围绕着垂直于板面的轴线旋转时（图 1.15），双折射板的轴线方向会改变，因此导致当低损耗出现时的波长发生变化。

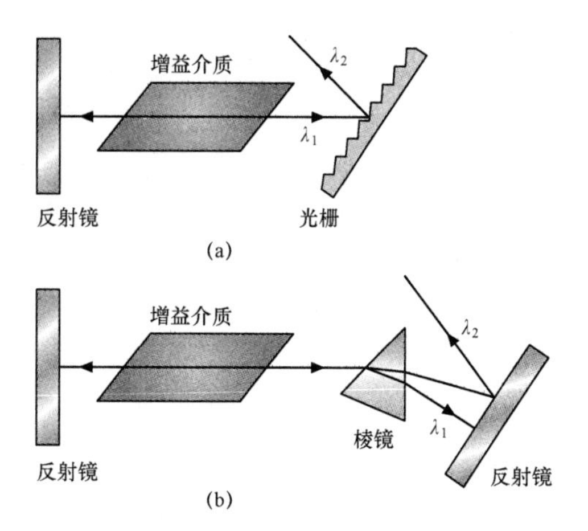

图 1.14　激光调谐器

（a）在利特罗配置中基于衍射光栅的激光调谐器；（b）基于色散棱镜的激光调谐器

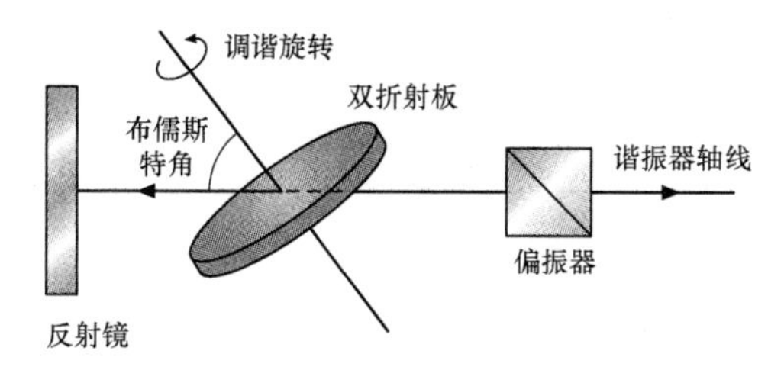

图 1.15　由腔内双折射板和偏振器组成的双折射激光调谐器示意图

5. 单模选择和激光单色性限制

很多时候，激光器都会自发地在几种横模和纵模上振荡，尤其是当增益线相对较宽时。多模振荡的原因相当复杂，超出了本书的研究范围。很多应用领域都可能要求单模运行，因此需要迫使激光器在单个横模（通常是基波 TEM_{00} 高斯模）和纵模上振荡。对于稳定谐振器来说，通过在尺寸合适的空腔内放置一个光阑，以增加高阶模相对于 TEM_{00} 模的衍射损耗，可以轻松实现单横模振荡。在有些情况下，例如在纵向泵浦的固体激光器中，对泵浦光斑尺寸的限制有助于 TEM_{00} 模选择。

甚至当激光器在单横模上振荡时，激光器仍能在几种纵模上振荡。由于纵模间隔 $\Delta\nu=c/(2L)$ 小于（或远远小于）增益线宽 $\Delta\nu_0$，因此这种情况通常会出现。对于一些增益线宽相对较小（达到几个 GHz）的气体激光器来说，通过让空腔长度足够短以使纵模间隔 $\Delta\nu>\Delta\nu_0/2$，就可以实现单纵模选择。例如，对于氦氖激光器来说

（ $\Delta\nu_0^*\approx1.7$ GHz ），这个条件意味着 $L\leqslant17.5$ cm。对于带宽高达几百 GHz 的固体激光器来说，要达到这个条件，空腔长度需要在亚毫米范围内（微芯片激光器）。对于带宽大得多的激光器（例如染料激光器或可调谐固体激光器）来说，所要求的空腔长度太小，以至于无法采用具有实际相关性的单模选择方法，也无法让中波范围内的增益大到足以达到阈值。在这些情况下，应当采用不同的方法。对于固体激光器或染料激光器来说，最简单的方法是在激光腔内采用一个（或多个）法布里–珀罗标准具，用作窄频光谱选择元件（图 1.16）。标准具的厚度和技术应当设计成能保证单模选择，这意味着：

（1）法布里–珀罗透射峰的半宽 $\Delta\nu_{FP}/2$ 必须小于纵模间隔 $\Delta\nu=c/(2L)$；

（2）标准具的自由光谱区 $\Delta\nu_{FSR}$ 必须大于增益线的半宽 $\Delta\nu_0/2$（图 1.16）。

对于半导体激光器来说，单模挑选是利用分布反馈（DFB）结构实现的。根据布拉格散射理论，在这种结构中，半导体内折射率的纵向波动会诱发频模选择。

值得注意的一个单模选择特例是具有均匀展宽线的激光器（例如 Nd：YAG 激光器和染料激光器）的单模选择。在这种情况下，多模振荡主要由激光模的驻波特性造成，而驻波由两个腔镜之间形成的对向传播波的干涉引起。在这种情况下，用环形谐振器代替线形腔可能足以实现单纵模运行。在线形腔中，单向运行是由腔内的一个光学二极管强行实现的。

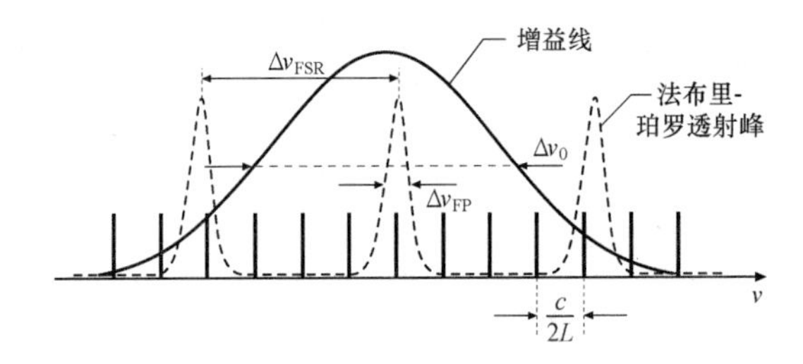

图 1.16　利用腔内法布里–珀罗标准具进行单纵模选择的示意图

最后，我们来探讨激光器的单色性限制（以及由此形成的时间相干性限制）。在单纵模上振荡的激光器的线宽 $\Delta\nu_L$ 由自发辐射噪声最终决定。激光器的量子论表明，发射光的谱型为洛伦兹型，其 FWHM 由知名的肖洛–汤斯公式求出：

$$\Delta\nu_L=\frac{N_2}{N_2-N_1}\frac{2\pi h\nu_L(\Delta\nu_C)^2}{P} \tag{1.62}$$

式中，P 是输出功率；$\Delta\nu_C=1/(2\pi\tau_c)$ 是冷腔模的线宽；N_2 和 N_1 分别是激光上能级和激光下能级中的稳态原子数；ν_L 是发射频率。一般来说，除很重要的半导体激光器类型之外。由肖洛–汤斯公式预测的线宽与由其他腔内扰动（例如空腔长度或技术噪声的波动）产生的线宽相比小到可以忽略不计，例如，对于在红光跃迁区（$\lambda=632.8$ nm）振荡的典型氦氖激光器来说，τ_c 为几十 μs，因此 $\Delta\nu_L\approx1$ mHz，与技术噪声造成的谱线展宽相比小得多；再如，由技术噪声造成的空腔长度少量变化 ΔL 会导致频率展宽，频率展宽量 $\Delta\nu_L$ 为 $|\Delta\nu_L|=(\Delta L/L)\nu_L$，当 $L=1$ m、$\nu_L=4.7\times10^{14}$ Hz（可见光跃迁）时，约为 10^{-8} 倍原子尺寸的 ΔL 变化量都会导致与量子极限相当的 $\Delta\nu_L$。

相反，在半导体激光器中，由于光子寿命很短（τ_c只有几 ps），因此 $\Delta\nu_L$ 的量子极限相当大，通常在 MHz 范围内。因此，典型半导体激光器的激光线宽由量子噪声引起。

1.1.5　脉冲激光器的特性

在连续波或准连续波机制下工作的激光器中，最大可达光学输出功率会受到最大可用泵浦功率的限制。高功率连续波激光器（例如二氧化碳激光器）可达到约 100 kW 的功率级，但令很多应用领域感兴趣的更大功率级在连续波机制中却无法达到。而激光瞬态性能通过将可用的能量集中在单个短光学脉冲或一个周期性序列的光学脉冲中，能够获得更高的峰值功率[1,3,5]。此外，激光瞬态性能是用于生成超短光学脉冲的一种强有力的工具，在具有宽增益线的激光器（值得注意的有 Ti^{3+}：Al_2O_3 激光器）中脉冲持续时间低至大约 10 fs。从动力学观点来看，脉冲激光器的特性可分为两种相当不同的类别：

（1）在腔内光子寿命 τ_c（即比腔内往返时间大得多）的时间范围内出现的激光器瞬态，包括“光量开关”和“增益开关”机制，这些机制能够生成短至几纳秒、光学峰值功率一般在兆瓦范围内的光学脉冲。这些机制主要是单纵模机制，可利用速率方程模型式（1.56）和式（1.57）来描述。

（2）在比腔内往返时间明显更短（通常短得多）的时间范围内出现的激光器瞬态。这些特性主要为多纵模机制（即很多纵向激光模同时振荡），包括能够生成数列超短激光脉冲且脉冲持续时间低至几飞秒的锁模机制。

1. 激光光量开关：动力学方面

光量开关是一种能够通过腔内 Q 值(即腔内损耗 γ)的转换生成短光学脉冲(约等于腔内光子寿命 τ_c）的方法。原则上，光量变化是在将一个可打开或关闭的不透明光闸放置在激光腔内之后产生的。当光闸关闭时（即腔内光量低），激光不起作用，由于泵浦，粒子数反转 N 能达到相对较大的值（远远超过临界值 N_c）；当光闸打开时，Q 值突然切换到一个高值，激光器的增益 $g=\sigma lN$ 大大超过损耗 γ，然后通过生成一个短而强的激光脉冲，光发射现象就出现了。光量开关脉冲的持续时间一般在几纳秒到几十纳秒范围内，而其峰值功率在兆瓦范围内。为了在激光作用受阻碍时获得足够的粒子数反转，激光上能级需要达到较长的寿命 τ。因此，光量开关可有效地应用在电偶极子被禁止的激光跃迁中，其中 τ 通常在毫秒范围内。大多数的固体激光器（例如在不同基质材料中的 Nd、Yb、Er，掺铬材料，例如紫翠玉、Cr：LiSAF、红宝石）和一些气体激光器（例如 CO_2 激光器或碘激光器）就是这种情况。

为了解光量开关的基本动力学，先来考虑一个四能级激光器，并假设当时间 $t=0$ 时外加一个阶跃泵浦脉冲，即当 $t<0$ 时，$R_p(t)=0$；当 $0<t<t_p$ 时，R_p=常量，其中 t_p 是泵浦脉冲的持续时间，其间光闸是关闭的[图 1.17(a)]，激光作用受到阻止。当 $\varphi=0$ 时，根据式(1.56)可知瞬态粒子数反转基于关系式 $N(t)=N_\infty[1-\exp(-t/\tau)]$

相应地增加，其中的渐近值 N_∞ 由 $N_\infty=R_p\tau$ 求出［图 1.17（a）］。经过大约 2τ 的泵浦时间之后，粒子数反转已达到接近于其渐近极限 N_∞ 的值，因此泵浦脉冲可关掉，光闸打开。事实上，当 $t_p>2\tau$ 时，提供给介质的能量并不能用于进一步增加粒子数反转，而是会以辐射衰减和非辐射衰减的形式损失掉。现在假设在时间 t_p 时光闸快速地打开（快速切换），并以切换发生那一瞬间为时间起点［图 1.17（b）］。从这个时间开始，激光腔内粒子数反转和光子数的演变都可通过在初始条件 $\phi(0)\approx1$ 和 $N(0)=R_p\tau[1-\exp(-t_p/\tau)]\equiv N_i$ 下求解速率方程（1.56）和（1.57）来进行数值计算，其中的初始条件 $\phi(0)\approx1$ 考虑了激光作用通过自发辐射（“多余光子”）来启动这一事实。图 1.17（b）显示了 N 和 φ 的定性瞬态性能，可通过观察到在切换时间 $t=0$ 之后增益介质中的增益 $g=\sigma Nl$ 大大超过单程腔内损耗 γ 来简单地了解，因此，光子数量（从由自发辐射造成多余光子之时起随时间呈几乎指数级增长）通常要花几百到几千次腔内往返行程才达到使激光跃迁饱和的足够高的光子数量值，从而导致现有的粒子数反转减小［图 1.17（b）］，这意味着激光脉冲峰值的延迟时间 τ_{delay} 一般在从几十纳秒到几百纳秒的范围。请注意，在这样的时间范围内，原子数 N 的辐射衰减和非辐射衰减（一般发生在毫秒时间范围内）可以忽略不计，因此原子数衰减仅通过受激辐射才会出现。N 随 φ 的增加而减小，进而导致增益 $g=\sigma Nl$ 减小。脉冲峰值在延迟时间 τ_{delay} 时出现，以至于粒子数反转 N 减小到其临界值 N_c。事实上，在这种情况下，激光增益 g 等于腔内损耗 γ，根据式（1.57）可得到 $d\varphi/dt=0$。当 $t>\tau_{delay}$ 时，可得到 $N<N_c$，$d\varphi/dt<0$，这意味着，此时光子数将减少，直至为 0。与此同时，由于受激辐射，粒子数反转会继续减小，直到光子脉冲减少到 0。此时，在调 Q 之后，一些粒子数反转（即 N_f）通常会留在介质中［图 1.17（b）］。请注意，量 $\eta_E=(N_i-N_f)/N_i$ 代表着一开始时储存在材料中、后来进入受激辐射光子中的能量部分，通常称为“反转”，或者能量利用系数。Q 开关脉冲的持续时间 $\Delta\tau_p$、输出能量 $E=(1/\tau_c)[9\ \varphi(t)dt]\ (h\nu)(\gamma_2/(2\gamma))$、能量利用系数 η_E 以及脉冲形成所需要的延迟时间 τ_{delay} 可通过分析速率方程（1.56）和（1.57）（泵浦、辐射衰减和非辐射衰减可忽略不计）以闭型形式推导出来，于是得到

$$\Delta\tau_p=\tau_c\frac{(N_i/N_c)\eta_E}{(N_i/N_c)-\ln(N_i/N_c)-1} \tag{1.63}$$

$$E=\left(\frac{\gamma_2}{2\gamma}\right)(N_i\eta_E V_a)(h\nu) \tag{1.64}$$

$$\tau_{delay}\approx\frac{\tau_c}{(N_i/N_c)-1}\ln(\phi_p/10) \tag{1.65}$$

式中，N_i/N_c 是一开始储存的粒子数反转和临界反转之比；ϕ_p 是调 Q 脉冲的最大光子数，由 $\varphi_p=V_a(N_i-N_c)-N_cV_a\ln(N_i/N_c)$ 求出；η_E 是能量利用系数。η_E 的值可由隐式方程 $(N_i/N_c)\eta_E=-\ln(1-\eta_E)$ 计算出来，由此方程很容易得到 $(N_i/N_c)-\eta_E$ 图（图 1.18）。请注意，通过利用一个简单的能量平衡论据（如下），可以得到式（1.64），在介质中储存并以电磁波形式释放的能量事实上为 $h\nu(N_i-N_f)V_a=h\nu(\eta_E N_i)V_a$。在这些能量中，只

有$[\gamma_2/(2\gamma)]$部分进入了输出光束。

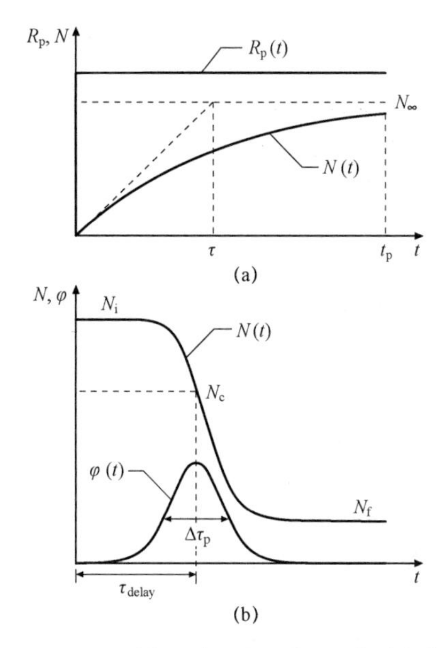

图 1.17　四能级激光器中的高速转换动力学

（a）当腔内 Q 值较低时泵浦率和粒子数反转的时间特性；（b）当腔内 Q 值突然切换到一个高值（表明形成了光量开关脉冲）时粒子数反转和腔内光子数的时间特性

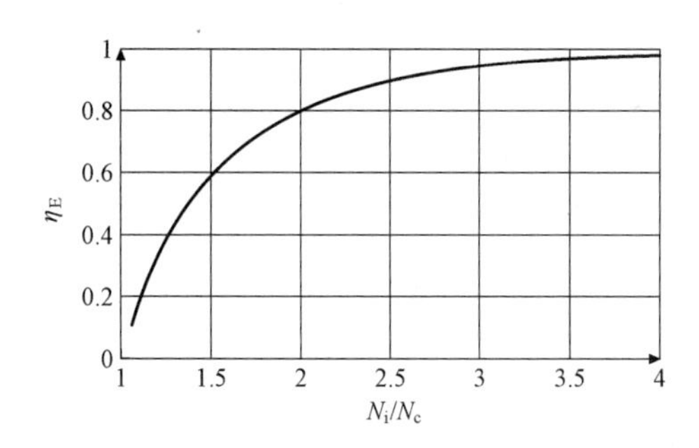

图 1.18　能量利用系数 η_E 的特性—归一化初始反转 N_i/N_c

调 Q 激光器通常可能有两种不同的工作机制。在“脉冲调 Q”过程中，泵浦率 $R_p(t)$ 通常由持续时间与上能级寿命 τ 相当的一个脉冲组成（如上所述）。当然，在重复脉冲泵浦（通常达到几十赫兹的速率）之后，脉冲工作状态可定期重复。在“连续波重复性调 Q”过程中，泵浦率 R_p 保持恒定，腔内损耗定期地从高损耗值转换为低损耗值（切换速率通常从几千赫到几十千赫）。

目前已研究了与快速切换相对应的动态特性。在快速切换过程中，腔内损耗的转换按瞬态处理（实际上比延迟时间 τ_{delay} 短得多）；在慢速切换的情况下，激光器的动态特性要复杂一些，因此可能形成多个脉冲，如图 1.19 所示。图中描述了腔内损耗 γ 和激光增益 $g=\sigma Nl$ 的特性。腔内损耗的慢衰减曲线 $\gamma(t)$ 与增益曲线 $g(t)$ 的多个交点就是形成的多个调 Q 脉冲。

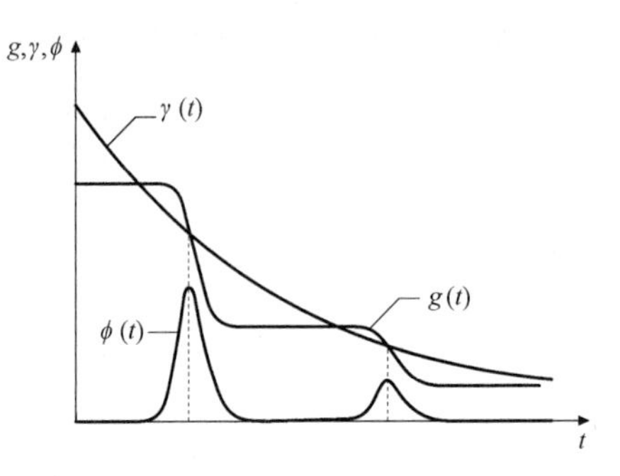

图 1.19 在慢转换激光器中的增益动态和光子动态，可看到形成了多个脉冲

2. 调 Q 方法

我们已开发了好几种方法来实现空腔光量（Q）切换，其中最常见的有[1,3,4]：① 电光调 Q；② 旋转棱镜；③ 声光调 Q；④ 可饱和吸收器调 Q。

（1）电光调 Q。在这种情况下，放置在激光腔内的光闸由一个普克尔斯盒和一个偏振器组成，其配置如图 1.20 所示（电光光闸）。普克尔斯盒由合适的非线性电光晶体(例如适于可见光–近红外光区的 KD*P 或铌酸锂，或者适于中红外区的碲化镉）组成，在晶体中外加直流电压会诱发晶体折射率的变化，所诱发的双折射率与外加电压成比例。偏振器的透射轴线与晶体的双折射轴线成 45°。当晶体上无外加的直流电场时，电光光闸不会在激光腔内引发极化损耗，也就是说腔内损耗较低；但当有外加的直流电场时，双折射诱导晶体内寻常波和异常波之间的相位差 $\Delta\phi=\pi/2$，普克尔斯盒以$\lambda/4$ 双折射板形式工作，因此，在往返穿过此盒之后，来自偏振器的线性偏振光会旋转 90°，然后被偏振器从激光腔中完全反射出来。现在，电光光闸会关闭，腔内 Q 值为 0。为产生相移 $\Delta\phi=\pi/2$ 而外加在晶体上的直流电压称为“1/4 波长电压”，通常在 1～5 kV 范围内。为避免产生多个脉冲，此电压必须在小于 20 ns 的时间内关掉。

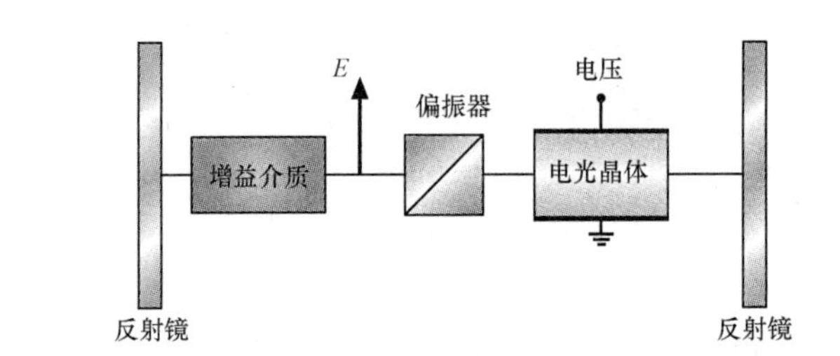

图 1.20 采用了普克尔斯盒的调 Q 激光器示意图

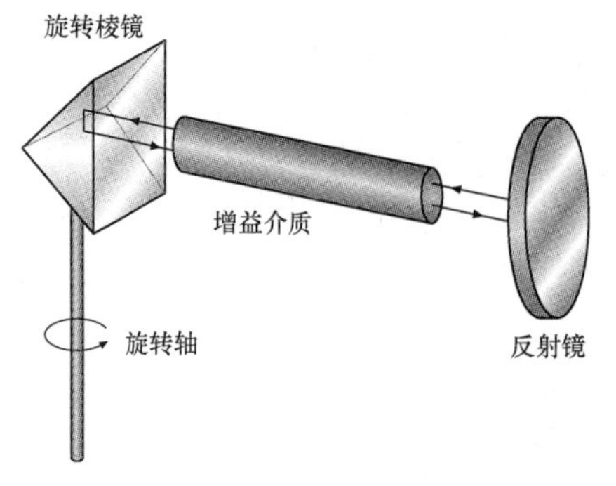

图 1.21 采用了旋转棱镜的调 Q 激光器示意图

（2）旋转棱镜。在这种简单的调 Q 方法中，其中一个腔镜通常由一个顶置棱镜组成，并围绕着与另一个腔镜平行且垂直于棱镜边缘的轴线旋转（图 1.21）。当棱镜边缘穿过与另一个腔镜平行的位置时，即达到了高 Q 条件。虽然旋转棱镜能够在任何波长下使用简单的廉价装置，但却受到了有限旋转速度（≈400 Hz）带来的限制；而且，调 Q

时间相当长（通常≈400 ns），常常会导致多个脉冲的产生（慢速切换）。

（3）声光调 Q。在这种情况下，光闸由一个声光调制器组成，而声光调制器由位于激光腔内部的一个射频（RF）振荡器驱动。声光调制器由一块透明材料制成（通常是可见光–近红外光区内的熔融石英，或者是中远红外光区内的硒化镉），材料的一侧与一个压电传感器黏结，另一侧与一个吸声器黏结（图 1.22）。当传感器打开时，在材料内与传感器平面垂直的方向上会产生行进声波。由于光弹性效应，材料内产生的应变会导致材料折射率产生局部变化，也就是说会生成在材料内部行进的折射率光栅。因此，传播并横穿此光栅的激光光束发生布拉格散射（图 1.22），形成衍射光束，从而增加了腔内损耗（低 Q 状态）。当入射光角度 θ_B 满足布拉格条件 $\theta_B=\lambda/(2\lambda_a)$（其中$\lambda$和$\lambda_a$ 分别是光学波长和声学波长）时，衍射效率达到最大。高 Q 状态可通过断开传感器电压来简单地获得。声光调制器的优势是引入的光学插入损耗值较低，而且能以较高的重复频率（kHz）被驱动。因此，声光调制器主要用于低增益连续波泵浦激光器（例如 Nd：YAG 或氩离子激光器）的重复性调 Q。

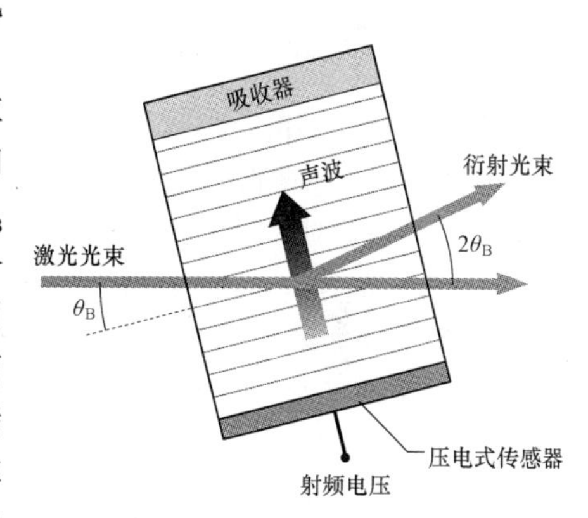

图 1.22　用于实现激光调 Q 的声光调制器示意图（θ_B 是布拉格角）

（4）可饱和吸收器调 Q。目前探讨的调 Q 方法采用了主动 Q 开关，因为需要用到外部控制源。一种值得注意的被动调 Q 方法（其中不需要外部驱动控制）是在激光腔内部放置一个合适的可饱和吸收器。此吸收器基本上是一种未泵浦的二能级介质，能够以相对较低的饱和强度在激光波长下吸收光。因此，由于饱和现象，吸收器的吸收系数会随着腔内激光光束强度的增加而减小。为了给这个现象建模，可以将吸收器的速率方程写成

$$(dN_2/dt)=\sigma_a(N_1-N_2)I/(h\nu)-N_2/\tau$$

式中，N_2 和 τ 是受激能级 2 的原子数和寿命；N_1 是下（基态）能级 1 中的原子数；$I=I(t)$ 是腔内激光强度。在连续波运行时，或如果 τ 与 $I(t)$的变化相比足够短，可以假设 $(dN_2/dt)\approx 0$，从而得到

$$N_1-N_2\simeq N_t/(1+I/I_s)$$

式中 $N_t=N_1+N_2$ 是总的吸收原子数，$I_s\equiv h\nu/(2\sigma\tau)$是吸收器的饱和强度。现在，由于吸收系数为 $\alpha=\sigma_a(N_1-N_2)$，因此根据前两个方程，可以得到

$$\alpha=\frac{\alpha_0}{1+I/I_s} \tag{1.66}$$

式中，$\alpha_0=N_t\sigma_a$ 是吸收器的非饱和吸收系数。由方程（1.66）可看到，随着腔内激光强度 I 增加，可饱和吸收器导致的损耗会减少，而谐振腔 Q 值会相应地增加，即实现了调 Q。但是利用可饱和吸收器的 Q 开关形成调 Q 脉冲——这背后的详细动力学

比本书之前探讨的更复杂。在此指出，可饱和吸收器应当具有较低的饱和强度值，以使激光作用启动时，吸收器的漂白时间（即在强度较低时）早于当增益介质中的粒子数反转因受激辐射而开始明显减少时的时间。

用于实现被动调 Q 的典型吸收器由合适溶剂中的染料组成，这些吸收器的主要缺点是光化降解，即化学稳定性差、热性能不足。最近出现的固态吸收器（值得注意的是在各种晶体基质中掺入铬的那些吸收器）正在取代染色吸收器，因此避免了降解问题。

3. 激光器锁模：动力学方面

锁模是激光器的一种运行机制，其中激光腔的很多纵模都被迫按照精确的相位关系同时振荡，以使输出激光光束呈现出一列重复的超短光学脉冲[1,3,5]。为实现锁模运行，必须将一种合适的装置（通常叫做“锁模器”）放置在激光腔内。对于指定的激光介质来说，可达脉冲持续时间 $\Delta\tau_p$ 的下限由增益线宽（$\Delta\tau_p \geqslant 1/\Delta\nu_0$）设定，而脉冲重复率 $1/\tau_p$ 通常等于两个连续纵模之间的差频 $\Delta\nu$（或对于谐波锁模来说，是 $\Delta\nu$ 的整数倍数）。因此，脉冲持续时间（取决于增益线宽）通常上至气体激光器中的大约 1 ns，下至宽频带固态激光器中的 10 fs。当然，脉冲重复率取决于空腔长度，通常在 100 MHz 至几 GHz 的范围内。

（1）频域描述。激光器锁模的基本原理可解释如下。为简单起见，先来考虑具有光程长 L_e 的行波环形激光器，并假设激光腔纵模间隔 $\Delta\nu=c/L_e$ 小于（通常远远小于）增益线宽 $\Delta\nu_0$。在这种情况下，甚至在没有锁模器时，激光器都会自发地在几个纵模（自由振荡机制）上振荡。令 $\nu_l=\nu_0+l\Delta\nu$ 为频率，$E_l=A_l\exp(\mathrm{i}\phi_l)$ 为第 l 个腔内振荡纵模的复振幅，其中 l 是整数，$l=0$ 对应的是与增益线中心最靠近的纵模（图 1.23）。激光腔内的电场可通过振荡纵模的叠加来求出，并且能够写成如下形式：

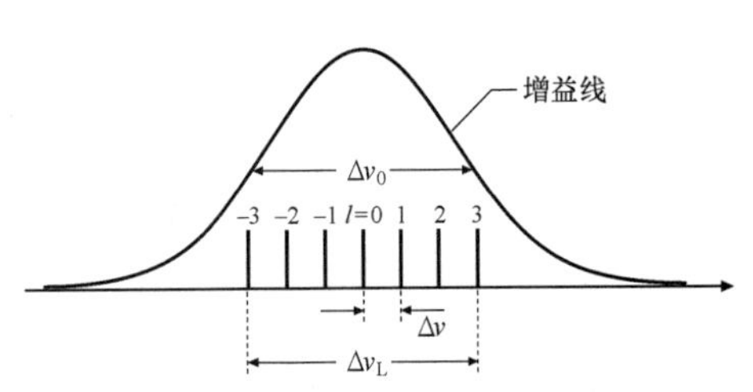

图 1.23　在频域中，在几个纵模上振荡的激光器示意图

$$E(z,t)=A(t-z/c)\exp[2\pi\mathrm{i}\nu_0(t-z/c)]$$

式中，z 是在环形腔的周向轴线上测量的纵坐标；包线 $A(t')$ 由下式给定：

$$A(t')=\sum_l A_l\exp(2\pi\mathrm{i}l\Delta\nu t'+\mathrm{i}\phi_l) \tag{1.67}$$

式中，$t'=t-z/c$ 是延迟时间。请注意，由于电场取决于 $t-z/c$，因此激光腔内的场分布是一个以光速传播的行波，因此，本书可以只探讨在给定基准面 $z=0$（例如激光器的输出耦合器）上的电场特性，在快速变化的光学周期中的平均输出激光功率与 $|A(t)|^2$ 成正比。请注意，如果模振幅 A_l 和相位 ϕ_l 恒定不变，或者随着腔内往返时间 $\tau_R=L_e/c=1/\Delta\nu$ 的推移只发生缓慢变化，则信号 $A(t)$ 可视为基本上是周期性的，其周期等于 τ_R。在一个周期内信号的具体形式取决于模振幅 A_l 的精确分布——更重要的是，取决于模振幅的相位 ϕ_l。

在自由振荡激光器中，相位ϕ_l不存在精确的相互关系，而且还可能会随时间而波动。当振幅 $A_l=A_0$ 相同而相位随机分布时，N 模的叠加通常会导致尖峰信号$|A(t)|^2$生成。这个尖峰信号由一个周期性的不规则脉冲序列［图 1.24（a）］组成，每个脉冲的持续时间 $\Delta\tau_p\approx 1/\Delta\nu_L$。其中，$\Delta\nu_L=N\Delta\nu$ 是振荡带宽。请注意，由于传统光电探测器的响应时间通常远远不止几皮秒，因此对于自由振荡式多模激光器来说，图 1.24（a）中显示的复杂时间特性通常无解，而只是观察到其平均值——与 NA_0^2 成正比。

在锁模激光器中，锁模器的作用是精确地锁住振荡模的相位。最常见、最有趣的情况是能强加线性锁相状态的锁模器，即$\varphi_l=l\varphi$，其中φ是常量。在这种情况下，可得到

$$A(t'')=\sum_{l=-\infty}^{\infty}A_l\exp(2\pi \mathrm{i} l\Delta\nu t'') \tag{1.68}$$

式中，t''是由 $t''=t'+\phi/(2\pi\Delta\nu)$ 求出的转换时间。通常，在锁模激光器中，模振幅 A_l的包线与增益线的形状相同，也就是说，在增益线中心（$l=0$）处，A_l最大，然后随着$|l|$的增加而减小至 0，例如，对于均匀展宽介质中的主动锁模而言，可以看到 A_l呈高斯分布。但为了简单地计算式（1.68）中的模振幅系列，假设当$|l|\leqslant N$ 时，$A_l=A_0=$常量；当$|l|>N$ 时，$A_l=0$；并假设有奇数个（$2N+1$）具有相同振幅的振荡模。在这种情况下，由式（1.68）得到一个能够以闭型形式计算的几何级数：

$$A(t'')=A_0\frac{\sin[(2N+1)\pi\Delta\nu t'']}{\sin(\pi\Delta\nu t'')} \tag{1.69}$$

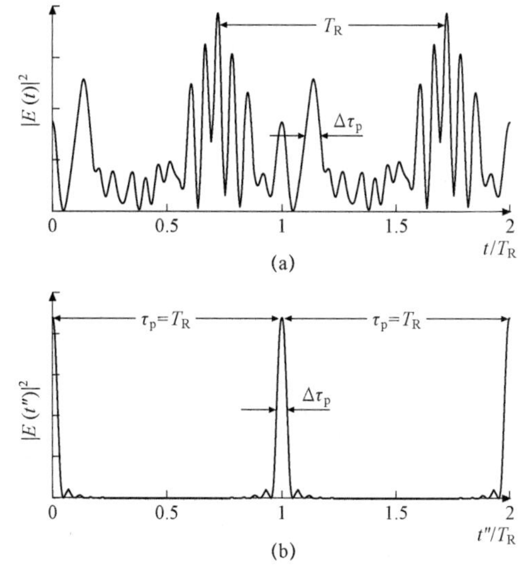

图 1.24　在多个等幅纵模上振荡的激光器中的输出功率特性

（a）与随机相位相对应的自由振荡机制 φ_l；（b）与线性锁相 $\varphi_l=l\varphi$ 相对应的锁模机制

图 1.24（b）中为电场$|A(t'')|^2$的振幅平方图。请注意，此时将得到一个与腔内往返时间 τ_R 相等、重复率为 $\tau_p=1/\Delta\nu$ 的脉冲序列。在尖峰脉冲时电场的振幅平方为$(2N+1)^2 A_0^2$，而 FWHM 脉冲持续时间：

$$\Delta\tau_p \approx \frac{1}{(2N+1)\Delta\nu} = \frac{1}{\Delta\nu_L} \tag{1.70}$$

式中，$\Delta\nu_L=(2N+1)\Delta\nu$ 仍然是振荡带宽。因此，对于宽振荡带宽来说，纵模之间的锁相会导致具有高峰值功率的短激光脉冲生成。被迫振荡的锁相模最大数量的物理极限最终由工作物质的增益带宽决定，即 $\Delta\tau_p \geqslant 1/\Delta\nu_0$。

一般来说，当考虑到模振幅 A_l 的实际形状（例如高斯分布）时，总的场振幅 $A(t'')$ 可利用式（1.68）将所有模的振幅之和转化为积分之后近似地算出，即 $A(t'') \simeq \int_{-\infty}^{+\infty} A(l)\exp(2\pi i l\Delta\nu t'')\mathrm{d}l$。然后，由上一个方程可以看到，脉冲振幅 $A(t'')$ 是光谱模包迹 $A(l)$ 的傅里叶变换。因此，在这种情况下，也就是在线性锁相状态下，脉冲振幅的变换受到限制。但是，请注意，在非线性锁相状态下（例如$\phi_l=\phi_1 l+\phi_2 l^2$，就像在“频率锁模”情形中那样），锁模脉冲不再受到变换限制，也就是说，其时距大于傅里叶变换极限所预测的时距。

（2）时域描述。以前的锁模分析常常称为“频域描述”，因为周期性脉冲列被视为由激光腔纵模的相干叠加激发的。在时域中也可能有关于锁模机制的另一种描述，作为对频域方法的补充。事实上，按照图 1.24（b）中所示的结果，由于 τ_R 是往返时间，因此可知持续时间为 $\Delta\tau_p$ 的单个脉冲在激光腔内循环行进[图 1.25（a）]。请注意，脉冲的空间扩展 $\Delta z=c\Delta\tau_p$，由式（1.70）可得到 $\Delta z=L_e/(2N+1)$，其中 L_e 是环形激光腔的周长长度。当振荡模的数量（$2N+1$）足够大时，Δz 远远小于激光腔长度 L_e。腔内循环脉冲连续通过输出镜（时间间隔为 $\tau_p=L_e/c$，与腔内通过时间相等）会导致输出激光光束的时间周期性。根据此图很容易知道：通过在激光腔内放置一个合适的快速光闸，可实现锁模机制。事实上，如果激光腔内有一束开始未锁模的激光光束，则该光束的空间振幅分布可用图 1.24（a）表示，只是将时间 t 用 z/c 替代。通过以短时间间隔（大约 $\Delta\tau_p$）定期打开光闸，直至周期 $\tau_p=L_e/c$（可能就是当图 1.24（a）中的最强噪声脉冲到达光闸时）这个唯一的脉冲将在激光腔内存续，形成图 1.24（b）中所示的锁模状态。经过从图 1.24（a）中的时间格局变为图 1.24（b）中的时间格局这一瞬态之后，这个锁模脉冲将在每次通过腔内输出镜之后始终如一地自我复制。

应当注意的是，上述针对环形激光谐振器做的所有研究加以必要的变更之后，适用于线形（即法布里–珀罗）激光腔。但在这种情况下，在一次腔内往返中要实现锁模脉冲的自洽性传播，要求光闸必须靠近腔内的一个端面镜[图 1.25（b）]。如果将光闸放置在距其中一个端面镜的距离为 $L/2, L/3, \cdots, L/n$ 的地方，并以 $\tau_R/2, \tau_R/3, \cdots, \tau_R/n$ 的时间间隔打开，其中 L 是空腔长度，则可能会同时生成多个脉冲（精确地说是 2，3，…，n 个脉冲），而且脉冲序列的重复率会相应地增加 2 倍，3 倍，…，n

倍（例如，当 n=3 时为图 1.25（c）中的情形）。这种锁模机制称为“谐波锁模”。谐波锁模通常在主动锁模光纤激光器中使用，用于增加脉冲重复率（1～40 GHz），由于激光腔的长度相对较长（1～10 m），因此通常需要达到约 1 000 次的高重复率谐波次数 n。

4. 锁模方法

用于实现锁模的方法通常可分为两类：

主动锁模——锁模器由外部动力源驱动。

被动锁模——锁模器不是由外部动力源驱动，但利用了一些非线性光学效应，例如饱和吸收剂的饱和效应或者在克尔介质中折射率的非线性变化。

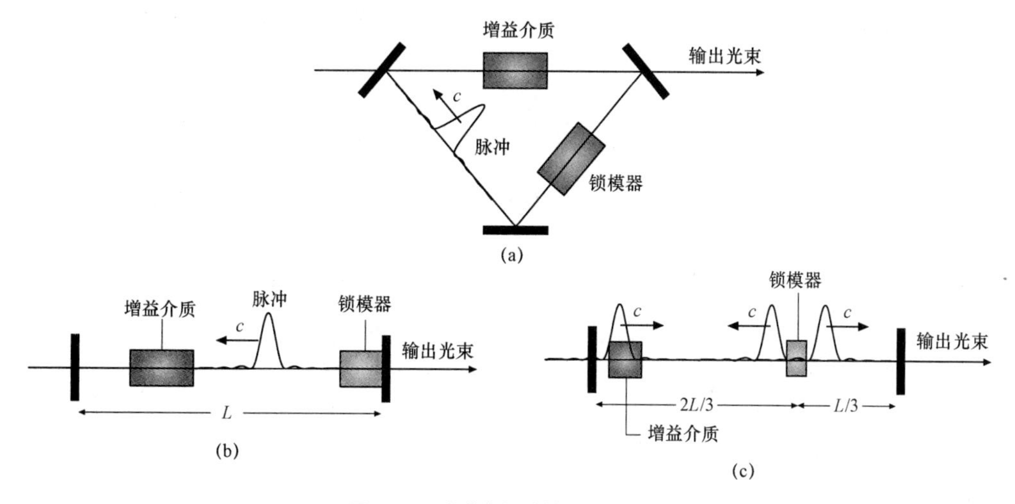

图 1.25　时域中的锁模机制示意图

（a）环形腔中的锁模；（b）线形腔中的锁模；（c）线形腔中的谐波锁模（谐波次数 n=3）

（1）主动锁模。主动锁模通常是通过如下两种方式实现：一是在激光腔内放置一个发生腔内损耗时能进行周期性调制的调幅器（调幅（AM）锁模）；二是放置一个能定期改变谐振器光程的调相器（调频（FM）锁模）。在上能级寿命比腔内往返时间更短的激光器（例如染料激光器）中，主动锁模还可通过激光增益的周期性调制来实现，周期性调制的重复率等于纵模间隔 $\Delta\nu$（同步泵浦）。在这方面，本书只描述 AM 锁模的基本原理，因为这是上述三种方法中最常见的。在 AM 锁模过程中，锁模器通常是脉冲高增益激光器的普克尔斯盒电光调制器，或者是低增益激光器的声光调制器。电光或声光调制器按照给定的调制频率 ν_m 使腔内损耗 $\gamma(t)$ 发生正弦变化（图 1.26），因此，在腔内循环行进的锁模脉冲［图 1.25（b）］预计会在此循环中的 t_1 时刻（也就是当腔内损耗 $\gamma(t)$ 最小时）穿过调制器。由于在腔内传播的脉冲会在 $t_2=t_1+\tau_R$、$t_3=t_2+\tau_R$ 等时刻（其中 $\tau_R=1/\Delta\nu$ 是腔内往返时间）再次穿过调制器，因此可达到稳定的锁模状态，但是需要满足同步条件 $\Delta\nu=\nu_m$。应当注意的是，稳态

脉冲持续时间 $\Delta\tau_p$ 由振荡带宽（$2N+1$）Δv 的倒数给定，因此最终由增益带宽 Δv_0 决定；但增益介质的有限带宽影响着稳态脉冲持续时间，但对于均匀谱线或不均匀谱线来说影响的方式截然不同。对于不均匀展宽谱线来说，当激光远远超过阈值时，振荡带宽会覆盖整个增益带宽 Δv_0^*，甚至在 AM 调制不存在时也如此，而锁模器的主要作用只是为了锁止这些振荡模的相位。因此，所得到的锁模脉冲时距由下式近似地算出：

$$\Delta\tau_p \approx \frac{0.44}{\Delta v_0^*} \tag{1.71}$$

相反，对于均匀展宽的增益介质来说，以自由振荡方式振荡的纵模数量通常都相当少，锁模器的作用是既扩大激光器的振荡带宽（通过将功率从中心纵模转移到横向纵模），又锁止振荡模的相位。在稳态条件下，由调制器造成的带宽扩大与由增益介质造成的带宽减小相抵消，脉冲持续时间由下式求出[1.14]：

$$\Delta\tau_p \approx \frac{0.45}{\sqrt{v_m \Delta v_0}} \tag{1.72}$$

例如，考虑在均匀展宽谱线上振荡的锁模 Nd：YAG 激光器λ=1 064 nm。假设 $\Delta v_0 \simeq 126$ GHz（T=300 K），线形腔的长度为 L_e=1.5 m，而且其中一个腔镜附近放置有一个 AM 锁模器，则调制器的损耗一定是以 $v_m = \Delta v = c/(2L_e) \approx 100$ MHz 的频率产生，而根据式（1.72）计算出的预期锁模脉冲持续时间为 $\Delta\tau_p \approx 125$ ps 。

应当注意的是，在 AM 锁模激光器中（以及在其他主动锁模技术中），甚至调制频率 v_m 相对于腔内轴向模间隔 Δv 的少量失谐量都可能会导致锁模运行状态遭到破坏。实际上，约 10^{-4} 的失谐量$|v_m - \Delta v|/v_m$就足以破坏锁模。为获得稳定的 AM 锁模，有时需要主动控制激光腔长度，尤其是当采用相对较长的激光腔（例如 AM 锁模光纤激光器的腔）时。

（2）被动锁模。被动锁模（ML）主要有两类。

① 快速可饱和吸收器 ML：利用了具有极短上能级寿命的适宜吸收器（例如染料或半导体）的饱和特性。

② 克尔透镜锁模（KLM）：利用了适当的透明克尔介质的自聚焦特性。

快速可饱和吸收器 ML[1.15]。让我们来研究具有低饱和强度且其弛豫时间比锁模脉冲持续时间更短的可饱和吸收器。根据式（1.66），穿过吸收器的脉冲所受到的吸收损失取决于瞬时脉冲强度 I（t），并随着强度的增加而减小。因此，从解锁情况下［图 1.24（a）］发生的光爆随机序列开始，增益－损失平衡将有利于具有最高强度噪声脉冲的增长和稳定化。在这种情况下出现的稳态情形可利用图 1.27 描述。此时，

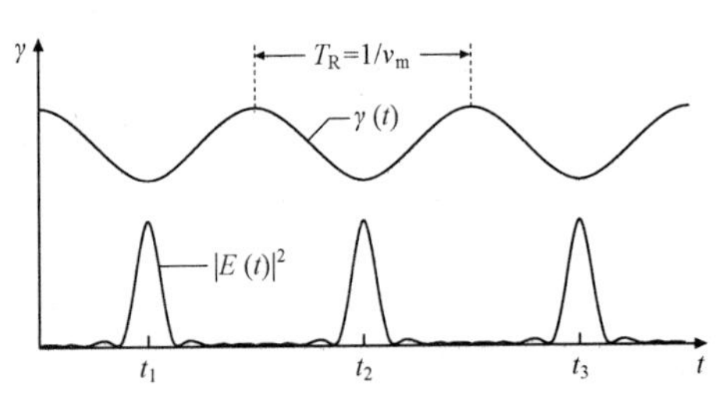

图 1.26　AM 主动锁模的示意图

增益饱和会迫使增益 g 低于腔内损耗 $\gamma(t)$，除由于脉冲 $I(t)$ 到达可饱和吸收器而导致腔内损耗因吸收器饱和而减小的那些时刻之外；在与图 1.27 中的阴影区相对应的时间间隔期间，增益会大于瞬时损耗 $\gamma(t)$。由此产生一个“净增益窗”，使脉冲峰值增加而两侧值减小，也就是说会使脉冲变窄。这种脉冲变窄效应又会被由有限的放大器带宽导致的脉冲展宽所抵消，直到最终达到稳态脉冲持续时间——此持续时间仍然取决于增益带宽的倒数。可饱和吸收器的良好候选形式必须拥有较短的弛豫时间 τ（几皮秒或更短）和较小的饱和强度，其饱和强度为 $I_s=h\nu/(2\sigma_a\tau)$，因此，需要很大的吸收截面值 σ_a（$\approx 10^{-16}$ cm^2 或更大）。理想的吸收器是染料分子（例如花青染料），或者用半导体更好。一种可饱和吸收器几何形状是在两个腔镜之间引入一个多量子阱吸收器，腔镜之间的间隔能让法布里–珀罗标准具在反共振中工作。有确凿证据证明，这样的装置能利用几个宽频带固态激光器同时生成皮秒脉冲和飞秒激光脉冲。

克尔–透镜锁模。这种方法采用了一个仅由放置在光阑前面的非线性克尔介质组成的非线性损耗元件（图 1.28）。通过光学克尔效应，这种非线性介质显示出具有与强度相关的折射率 $n=n_0+n_2 I$，其中 n_0 是介质的线性折射率，I 是局部光强度，n_2 是正系数（对于自聚焦介质而言），并取决于非线性强度（例如，在熔融石英中 $n_2\approx 4.5\times10^{-16}$ cm^2/W，在蓝宝石中 $n_2\approx 3.45\times10^{16}$ cm^2/W）。因此，具有横向高斯强度分布 $I(r)=I_p\exp[-2(r/w)^2]$ 并穿过一长度为 l 的薄片克尔介质的光束会产生横向变化的相移：

$$\delta\phi=2\pi l n_2 I(r)/\lambda=(2\pi l n_2/\lambda)I_p\exp[-2(r/w)^2]$$

在靠近光束中心（$r=0$）的地方，可以推导出 $\delta\phi\approx(2\pi l n_2 I_p/\lambda)[1-2(r/w)^2]$，也就是说，薄介质会导致电场的二次相变，因此当 $n_2>0$ 时，能当作屈光度为 $1/f=4n_2 l I_p/(n_0 w^2)$ 的正透镜（叫做“克尔透镜”）使用。当光束强度 I_p 增加时，屈光度也会增加。如果将光阑放置在距克尔介质适当距离的地方，则会有一束强度更高的光以更紧密的方式聚焦，同时该光束中将有更大一部分光会经过光圈，因此，含光阑的克尔介质（例如快速可饱和吸收器）会导致损耗。当瞬时脉冲强度增加时，损耗会减小，从而造成锁模。请注意，通过适当控制腔内色散，可以利用这种方法在 Ti^{3+}：Al_2O_3 激光器中获得最短的锁模脉冲（$\approx$6 fs）。

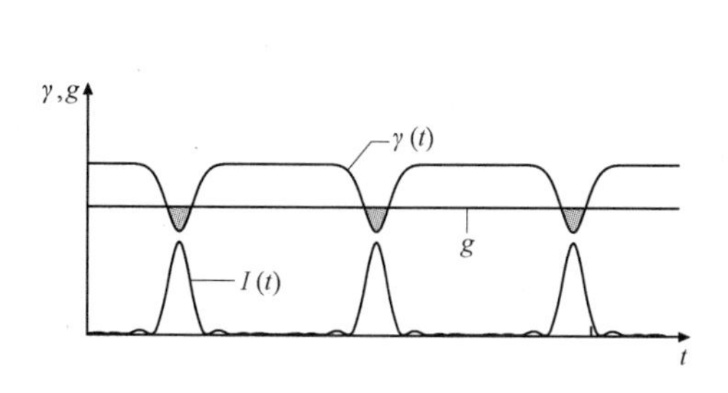

图 1.27　利用快速可饱和吸收器进行锁模

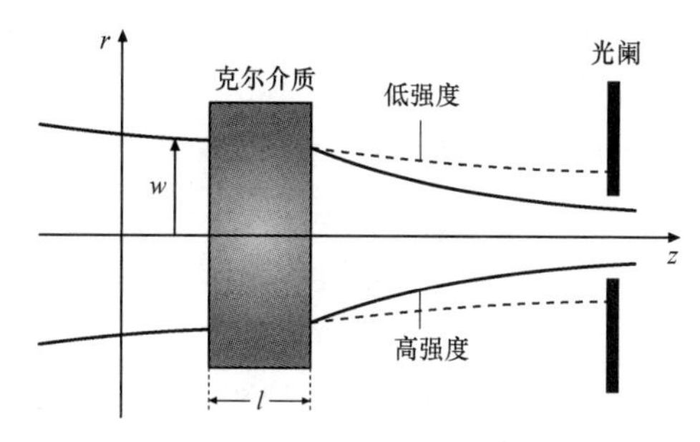

图 1.28　在克尔透镜锁模中使用的具有光阑的克尔透镜示意图

1.2 固体激光器

1.2.1 基本原理

1. 基于介电绝缘体的固体激光器

1960 年红宝石激光器的演示[1.16]（Cr^{3+}：Al_2O_3）导致在 10 年内实现了很多晶体激光器和玻璃激光器，尤其是 Nd：YAG[1.17]，即掺 Nd 钇铝石榴石（Nd：$Y_3Al_5O_{12}$），快速成为最重要的晶体电介质激光器。第一个玻璃激光器是光纤激光器[1.18]，几十年之后发展成为在光通信中用得比较多的高效掺 Er 光纤放大器（EFDA）。

在过去 20 年里，二极管泵浦激光器方面取得的进展对固体激光器领域的复兴做出了很大贡献。通过利用二极管激光器泵浦，就有可能获得更高的效率，并制造出具有更简单更紧凑设计形式的刚性全固态装置。除 Nd^{3+}外，研究人员们还制造出了利用 Er^{3+}、Tm^{3+}、Ho^{3+}[1.19－21]和 Yb^{3+}[1.22,23]工作的各种高效的二极管泵浦稀土激光器。此外，作为可调谐的室温激光器，掺 Cr^{3+}晶体[1.24－27]和掺 Ti^{3+}晶体[1.28,29]的成功运行已激励了与过渡金属离子有关的进一步研究。人们已利用 Cr^{4+}离子[1.30－33]——最近是利用二价 Cr^{2+}离子[1.34]——获得了有趣的新结果。

如今，在市场上能买到的掺 Nd^{3+}晶体和掺 Yb^{3+}晶体的平均输出功率和连续波输出功率在 kW 范围内。光纤激光器达到了 100 W 级的输出功率，并具有衍射几乎受限的光束质量。

在可见光谱区内的小型固体激光器（例如见文献［1.35］）可能较重要，尤其是对于显示和高密度光数据存储用途来说。在含非线性晶体的钕激光器中，通过内部倍频，可以获得高于 20%的光效率（相对于泵浦功率而言）。另一种方法是通过升频转换方案来产生可见激光辐射，升频转换方案包括能量转移过程或两步泵浦过程，作为基态和激发态吸收过程。

在最常见的情况下，固体激光器既可利用电介质绝缘体作为增益介质，又可利用半导体作为增益介质。在过去的发展历程中已形成了两种基于固体的激光器：固体激光器（本章的主题）和半导体激光器（1.3 节）。

几乎所有的现代重要固体激光器都基于掺杂质的晶体或玻璃。一般情况下，杂质离子都有未填满的电子壳层，目前只知道铁族、稀土族和锕系元素族的激光离子，这些离子的最重要的激光谱线与 4f−4f、4f−5d 和 3d−3d 跃迁相对应。在特殊情况下，激光活性离子还能被完全带入晶格（化学计量激光材料）中。应当注意的是，在过去的晶格中，晶格缺陷还被用作激光活性中心（彩色中心激光器），但本章的内容不包括这些激光器。

2. 固体激光器中稀土离子和过渡金属离子的光谱

稀土离子中的 4f–4f 跃迁。在自由稀土离子中，4f 电子之间的静电相互作用会导致 $4f^n$ 配置的能级分裂成不同的 LS 项。合成波函数以量子数 L、S、M_L 和 M_S 为特征。${}^{\{2S+1\}}L$ 项的静电能级裂距通常为 $10^4\ cm^{-1}$。关于 M_L 和 M_S，每个能级为（$2L+1$）（$2S+1$）倍简并。

此外，通过自旋–轨道耦合使能级进一步分裂。如果不同 LS 项之间的能量间隔与自旋–轨道耦合能相比较大，则 LS 项只表现出轻微混合；如果混合程度很轻，则罗素–桑德斯近似法成立，波函数的特点是量子数为 L、S、J 和 M_J，简并度为（$2J+1$）。${}^{\{2S+1\}}L_J$项的典型裂距大约为 1 000 cm^{-1}。虽然 LS 耦合并非严格适用于稀土离子，但通常还是用罗素–桑德斯近似法来描述 4f 能态[1.36]。

4f 电子与晶场之间的相互作用，即周围配体的静电场，会导致自由离子 ${}^{\{2S+1\}}L_J$ 项的斯塔克分裂，这种相互作用可视为对自由离子水平的扰动。晶体场分裂和剩余的简并度取决于局部晶场的对称性，对称性降低会导致分裂能级的数量增加，但按照克拉默斯理论，奇数电子数常常会得到至少 2 倍的简并度。斯塔克裂距一般在几个 100 cm^{-1} 的能量范围内。特殊 $4f^n$ 配置（4f 电子的数量为 $n=1-14$）的基态可根据洪德规则来确定。图 1.29 显示了稀土离子的 $4f^n$ 能级（Dieke 图[1.37]）。

在自由离子中，4f–壳层内部的电偶极跃迁要受到宇称禁戒；但当掺在固体中时，晶场的离心扰动能形成反宇称性波函数（例如 $4f^{n-1}5d^1$ 能态）的不同混合形式，得到"强迫性电偶极跃迁"。由于筛除了已填满的外部 $5s^2$ 和 $5p^6$ 轨道，因此晶场扰动很小，电子–声子耦合作用很弱。对于处于离心晶位的稀土离子，可以观察到具有极弱电子振动边带的电偶极子零声子跃迁。当在中心晶位出现掺杂时，宇称性仍然表现为一个良好的量子数，所有的 4f–4f 跃迁仍处于电偶极子禁戒状态。因此，磁偶极子发射截面很小，不能用于激光用途。

$4f^n$ 能态之间电偶极跃迁的进一步选择规则是：

- $\Delta J \leqslant 6$，$\Delta S=0$，$\Delta L \leqslant 6$（罗素–桑德斯近似法）；
- $J=0 \Leftrightarrow J'=0$ 被禁止。

（1）过渡金属离子中的 3d–3d 跃迁。过渡金属离子中的 3d 电子没有屏蔽，受到了由周围配体离子的晶场造成的强扰动，因此，能级图以及过渡金属离子的光谱特性在很大程度上取决于由周围离子形成的结晶区的强度和对称性。晶体基质中过渡金属离子的能级图通过"田边–菅野图"来描述[1.38]，这些图通过 3d 电子壳层内部的电子数来区分，在这些图中，过渡金属离子的能级与晶场强度成函数关系（关于一些例子，见 1.2.3 节）。关于详细的资料，在文献［1.36，39–42］中能找到。

由于过渡金属离子与晶格中的周围离子之间存在很强的相互作用，电子 3d 能级和晶格振动之间进行了电子–声子耦合，因此过渡金属离子主要表现出宽带发射特性，就像在 4f–4f 跃迁案例中那样，只有离心扰动才会诱发电偶极跃迁。通常情况

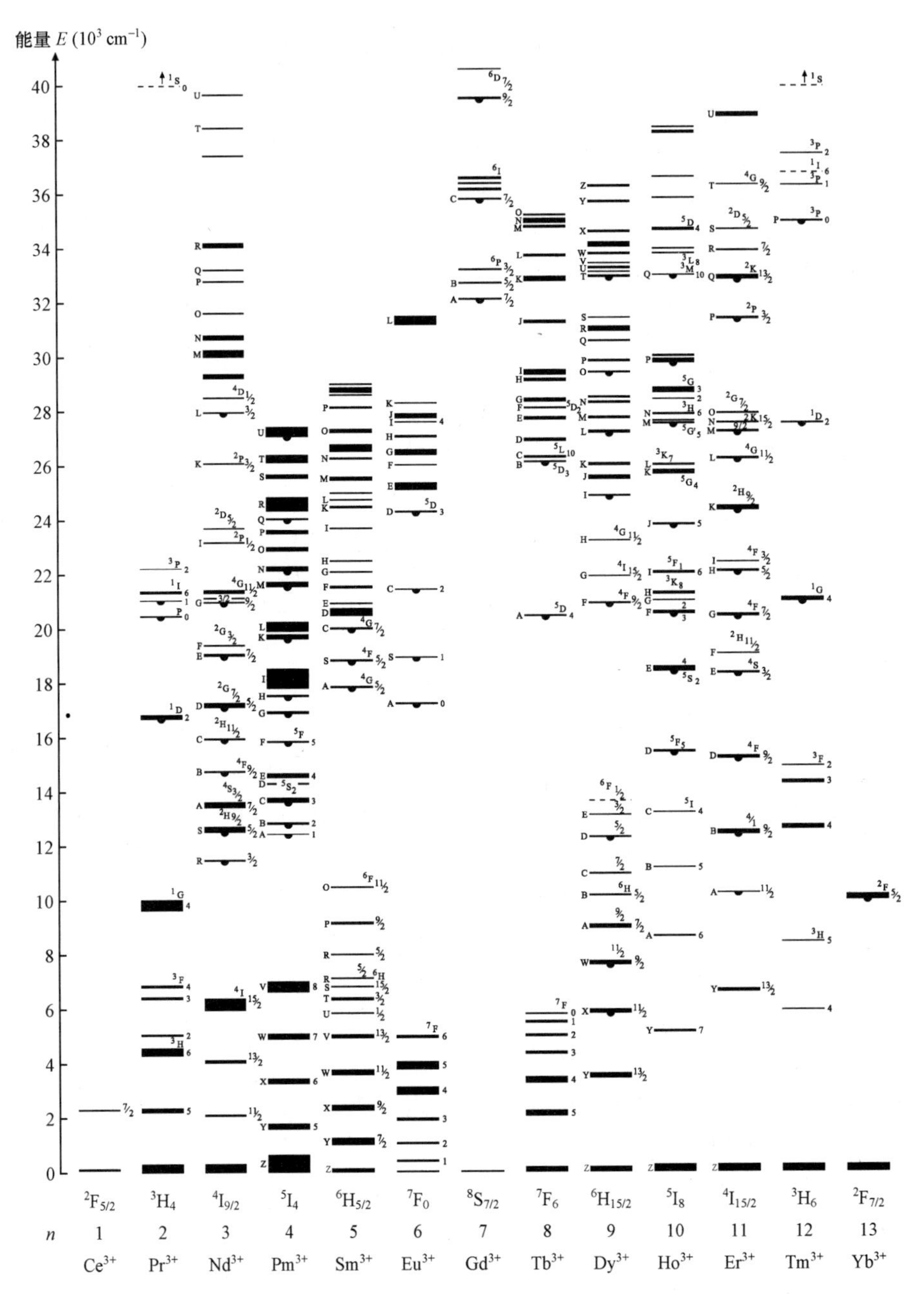

图 1.29　在 $LaCl_3$ 中三价稀土离子 RE^{3+} 的能级图（Dieke 图）（根据文献［1.37］）

下，光谱由具有电子振动边带的纯电子零声子线组成。与稀土离子情形大不相同的是，因为具有不同宇称性的波函数通过离心声子实现了动态混合；位于中心晶位的过渡金属离子也可能具有合理的跃迁概率；另外，与 4f−4f 跃迁相比，电子−声子的强耦合能得到与温度有关的、更高的非辐射衰减率。过渡金属离子的主要关注点是其很宽的调谐范围。

（2）稀土离子中的组态间 4f–5d 跃迁。通常情况下，稀土离子的组态间 4f↔5d 跃迁位于紫外光谱范围；有时，在可见光谱范围内也能观察到 4f↔5d 跃迁。与 3d↔3d 和 4f↔4f 跃迁大不相同的是，在 4f↔5d 跃迁中，电偶极子是容许的，因为 4f↔5d 跃迁遵循宇称选择规则。因此，可以观察到稀土离子中的跃迁概率高，所以吸收系数和发射截面较大（10^{-18}～10^{-17} cm^2）。

与 3d↔3d 跃迁类似的是，电子–声子的强耦合会得到较宽的吸收与发射光谱，光谱的半宽度超过了 1 000 cm^{-1}。因此，原则上 4f↔5d 组态间跃迁适于产生可调谐激光振荡。.

但 5d–4f 激光器实现过程的主要缺点是难以找到合适的泵浦源和激发态吸收法。

3. 基本的光谱性质和激光参数

（1）基态吸收。离子的基态吸收以吸收系数 α 和基态吸收截面σ_{GSA}为特征，这些值是利用朗伯–比尔定律推导出的：

$$I(\lambda)=I_0(\lambda)e^{-\alpha(\lambda)d}=I_0(\lambda)e^{-n_{ion}\sigma_{GSA}(\lambda)d} \tag{1.73}$$

式中，$I(\lambda)$ 是在波长λ下通过晶体传播的激光强度；$I_0(\lambda)$ 是晶体前的强度；n_{ion} 是离子浓度；$\alpha(\lambda)$ 是吸收系数；$\sigma_{GSA}(\lambda)$ 是吸收截面；d 是晶体厚度。

基态吸收光谱包含了与离子能级结构、吸收截面$\sigma_{GSA}(\lambda)$以及所观察到的跃迁的振子强度有关的信息。请注意，要计算截面，还需要通过 X 射线微探针分析再次单独测量离子浓度。吸收系数和跃迁矩阵元之间的关系可利用费米黄金法则推导出来[1.36]。过渡金属离子的能级结构从理论上可用配合基场理论和角重叠模型来描述（AOM），例如见文献［1.43］。

（2）自发辐射和发射截面。自发辐射以爱因斯坦系数 A 为特征。在发射测量中，通常测量的是光子通量［光子数/（面积 · 时间）］。仪器响应函数的归一化过程可针对光子通量或光谱密度分布 $I\lambda(\lambda)$［能量/（面积 · 时间）］来执行。光谱密度分布 $I\lambda(\lambda)$、爱因斯坦系数 $A(A=\tau_{rad}^{-1})$ 和发射截面$\sigma_{em}(\lambda)$之间的关系由 Füchtbauer-Ladenburg 方程确定[1.44]：

$$\sigma_{em}(\lambda)=\frac{\lambda^5 I_\lambda(\lambda)A}{8\pi n^2 c\int I_\lambda(\lambda)\lambda d\lambda} \tag{1.74}$$

式中，n 是折射率；c 是光速。

还可以利用倒易法，由吸收截面计算出发射截面：

$$\sigma_{em}(\lambda)=\sigma_{GSA}(\lambda)\frac{Z_l}{Z_u}\exp\left(\frac{E_{zl}-hc/\lambda}{kT}\right) \tag{1.75}$$

式中，Z_l 和 Z_u 分别是下能级和上能级的配分函数；E_{zl} 是相应跃迁的零光子线能量；k 是玻耳兹曼常数；T 是温度。

对于在过渡金属离子的发射光谱中常常观察到的高斯谱带形来说，麦坎伯公式可用于确定峰值发射截面[1.45,46]：

$$\sigma_{em}=\sqrt{\frac{\ln 2}{\pi}}\frac{A}{4\pi cn^2}\frac{\lambda_0^4}{\Delta\lambda} \tag{1.76}$$

式中，λ_0 是峰值发射波长；$\Delta\lambda$ 是半峰全宽（FWHM）。

（3）激发光谱。激发光谱可用于确定吸收跃迁，从而求出比发射率。对于不同的吸收和放射中心以及在不同光学活性中心之间找到能量传递通道来说，这些测量是有意义的。

（4）发射寿命。在晶体中，离子亚稳能级的衰减时间通常是在用短脉冲激发之后测量的。所测量的衰减率（每单位时间内的跃迁次数）是辐射衰减率和非辐射衰减率之和。总的来说，一个离子的非辐射衰减可由离子间多声子过程和离子间非辐射能量转移过程组成（关于能量转移过程的详情，见文献［1.36］）。衰减方程为

$$\frac{1}{\tau}=A+\frac{1}{\tau_{nr}}=\frac{1}{\tau_r}+\frac{1}{\tau_{nr}} \tag{1.77}$$

或

$$W=A+W_{nr}=W_r+W_{nr}$$

式中，τ、τ_r 和 τ_{nr} 分别是总衰减时间、辐射衰减时间和非辐射衰减时间；W、W_r 和 W_{nr} 分别是总衰减率、辐射衰减率和非辐射衰减率。

爱因斯坦系数 A 的确定绝非易事，因为在简单的衰减测量中，测量的总是总寿命。通过增加对发射量子效率 η_{QE} 的测量，可以求出辐射衰减率和非辐射衰减率：

$$\eta_{QE}=\frac{\tau}{\tau_r}=\frac{W_r}{W}=\frac{W_r}{W_r+W_{nr}}$$

$$\Rightarrow \tau_r=\frac{\tau}{\eta_{QE}} \text{ and } \tau_{nr}=\frac{\tau_r\tau}{\tau_r-\tau} \tag{1.78}$$

但直接测量量子效率比较难，通常会引入较高的误差。

另一种方法是通过分析发射寿命与温度之间的关系，间接地求出量子效率。两种最常用的模型是简单的活化能莫特（Mott）模型[1.47]以及 Struck 和 Fonger 利用“单组态坐标”模型得到的更复杂模型[1.48]，后一种模型以简化方式描述了电子中心和振动晶体环境之间的相互作用。

（5）激发态吸收（ESA）。ESA 光谱的测量让我们进一步了解了离子的能级结构。在基态吸收测量中，主要观察到的是容许自旋的跃迁。在这些吸收谱带下面，常常隐藏着自旋翻转跃迁，因此，常常不可能确定这些自旋翻转跃迁的能量。如果离子的亚稳能级与基态之间有着不同的自旋方式（例如，强晶场中的 Cr^{3+}、Mn^{5+}和 Fe^{6+}），则 ESA 光谱将揭示这些具有不同自旋方式的能态的能量位置。通过利用这些数据，晶场参数就能更精确地确定。了解 ESA 过程对于确定 ESA 过程对激光材料效率的影响来说也很有用，ESA 还可能抑制增益，由此抑制激光作用。

（6）激光方面。本节将只探讨激光振荡的稳态条件，关于更多详情以及脉冲激

发情况，请参见文献［1.49－52］。

激光系统的效率可利用激光阈值 P_{thr} 和斜率效率 $\eta = dP_{out}/dP_{abs}$ 来描述，其中 P_{out} 和 P_{abs} 分别是激光输出功率和吸收泵浦功率。通过假设只有一个亚稳能级（即激光上能级）、泵浦光束和谐振腔模之间完美重叠、泵浦分布均匀、输出镜透射率低、被动损耗低而且不存在激发态吸收，下列方程将适用于连续波运行[1.49,50]：

$$P_{thr} = \frac{h\nu_p}{\eta_p \sigma_{se}(\lambda_1)\tau} \times [T + L + 2d\sigma_{GSA}(\lambda_1)(n_{ion} - n_{thr})]\frac{V}{2d} (\text{三能级系统}) \quad (1.79)$$

$$P_{thr} = \frac{h\nu_p}{\eta_p \sigma_{se}(\lambda_1)\tau}(T + L)\frac{V}{2d} (\text{四能级系统}) \quad (1.80)$$

$$\eta = \eta_p \frac{\lambda_p}{\lambda_1}\frac{T}{T + L} \quad (1.81)$$

式中，$h\nu_p$ 是泵浦光子的能量；η_p 是泵浦效率，也就是在激光上能级中被转变为受激离子的那部分吸收泵浦光子；σ_{se} 是受激辐射截面；τ 是激光上能级的寿命；T 是输出镜透射率；L 是被动损耗；d 是激光晶体的长度；σ_{GSA} 是基态吸收截面；n 是激光离子的浓度；n_{thr} 是阈值反转密度；λ_p 是泵浦波长；λ_1 是激光波长；V 是泵浦体积。

下面将探讨对泵浦功率阈值和斜率效率有影响的几个因素。

① 发射量子效率 η_{QE} 的影响。量子效率小于 1，会导致发射寿命缩短，从而导致激光阈值增加——这由式（1.79）和式（1.80）中用 $\eta_{qe}\tau_r$ 替代 τ 之后能看到

$$P_{thr} = \frac{h\nu_p}{\eta_p \sigma_{se}(\lambda_1)\eta_{qe}\tau_r} \times [T + L + 2d\sigma_{GSA}(\lambda_1)(n_{ion} - n_{thr})] \times \frac{V}{2d} \propto \frac{1}{\eta_{qe}} \quad (\text{三能级系统}) \quad (1.82)$$

$$P_{thr} = \frac{h\nu_p}{\eta_p \eta_{qe} \sigma_{se} \tau_r}(T + L)\frac{V}{2d} \propto \frac{1}{\eta_{qe}} \quad (\text{四能级系统}) \quad (1.83)$$

量子效率不会直接影响斜率效率［式（1.81）］，但实际上，非辐射跃迁的相应重要贡献率会使泵浦体积内的温度增加，通常还会因为发射寿命进一步缩短以及其他问题（例如热透镜效应）导致斜率效率降低。

② 被动损耗 L 的影响。激光系统中的被动损耗是由激光谐振器中光学元件的缺陷造成的。这可能是由杂散中心和剩余吸收造成的。被动损耗同时影响着泵浦功率阈值和斜率效率［式（1.79，80，81）］。在四能级系统中，被动损耗可利用 Findlay－Clay 方法求出[1.53]。在这样的分析中，激光阈值按输出镜透射率的函数来测量。因此，下列方程成立：

$$P_{thr} = \frac{h\nu_p}{\eta_p \sigma_{se}\tau}\frac{V}{2d}T + \frac{h\nu_p}{\eta_p \sigma_{se}\tau}\frac{V}{2d}L = mT + b \quad (1.84)$$

式中，斜率 $m=h\nu_p/(\eta_p\sigma_{se}\tau)\,V/(2d)$，轴参数 $b=mL$。根据与 $P_{thr}=P_{thr}(T)$ 的线性拟合，可求出 m 和 b，从而求出被动损耗 L 的值。另一种求被动损耗的方法是针对

“Caird 图” [式（1.81）] 改写[1.54]：

$$\frac{1}{\eta}=\frac{\lambda}{\eta_{\mathrm{p}}\lambda_{\mathrm{p}}}\frac{L}{T}+\frac{\lambda}{\eta_{\mathrm{p}}\lambda_{\mathrm{p}}}=m'\frac{1}{T}+b' \tag{1.85}$$

式中，斜率 $m'=\lambda/(\eta_{\mathrm{p}}\lambda_{\mathrm{p}})L=b'L$。根据与 $1/\eta=1/\eta$（$1/T$）的线性拟合，可求出 m' 和 b'，从而得到被动损耗 L 的值。

③ 激发态吸收的影响。在泵浦波长下的 ESA 可使转变为亚稳激光能级受激离子的泵浦光子数量减少，如下式所示：

$$\eta_{\mathrm{p}}=\eta_{\mathrm{p},0}\times\left(1-\frac{n_1\sigma_{\mathrm{ESA}}(\lambda_{\mathrm{p}})}{n_1\sigma_{\mathrm{ESA}}(\lambda_{\mathrm{p}})+(n_{\mathrm{ion}}-n_1)\sigma_{\mathrm{GSA}}(\lambda_{\mathrm{p}})}\right) \tag{1.86}$$

式中，$\eta_{\mathrm{p},0}$ 是没有 ESA 时的泵浦效率；n_{ion} 是活性离子的浓度；n_1 是激光上能级中的粒子数密度。因此，根据式（1.79）和式（1.81），泵浦阈值会增加，而激光斜率效率会降低。

在激光波长下的 ESA 还会影响激光阈值和斜率效率。用 $\sigma_{\mathrm{EFF}}(\lambda_1)=\sigma_{\mathrm{se}}(\lambda_1)-\sigma_{\mathrm{ESA}}(\lambda_1)$ 替代式（1.79）和式（1.80）中的受激辐射截面 $\sigma_{\mathrm{se}}(\lambda_1)$，使式（1.81）扩展[1.54]：

$$\eta=\eta_{\mathrm{p}}\frac{\lambda_{\mathrm{p}}}{\lambda_1}\frac{\sigma_{\mathrm{se}}(\lambda_1)-\sigma_{\mathrm{ESA}}(\lambda_1)}{\sigma_{\mathrm{se}}(\lambda_1)}\frac{T}{T+L}\propto\frac{\sigma_{\mathrm{EFF}}}{\sigma_{\mathrm{se}}} \tag{1.87}$$

如果 $\sigma_{\mathrm{ESA}}(\lambda_1)>\sigma_{\mathrm{se}}(\lambda_1)$，则不可能有激光振荡。

1.2.2 紫外光和可见光稀土离子激光器

1. 基于三价和二价稀土离子的 5d↔4f 跃迁的激光器

本节将概述在紫外光和可见光谱范围内振荡并基于稀土离子跃迁的激光器，本节的第一部分将描述基于组态间跃迁（即 $4f^{n-1}5d\to4f^{n}$）的激光器和可能的激光系统，第二部分将探讨基于组态间 $4f^{n}\to4f^{n}$ 跃迁的可见光激光器和紫外激光器，这两部分都将用晶体作为基质材料；最后，第三部分将概述可见光谱范围内的光纤激光器。

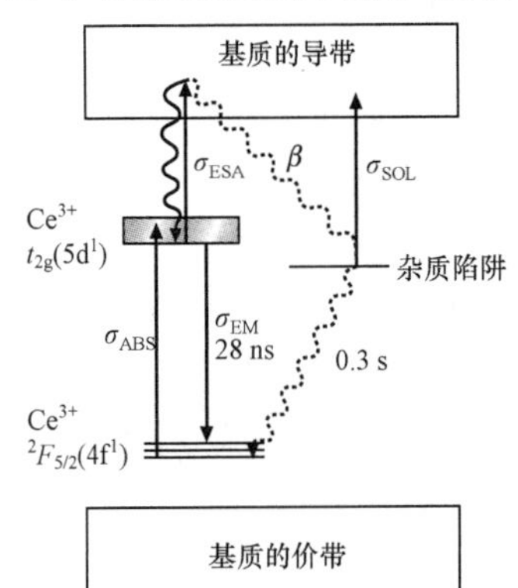

图 1.30　掺 Ce^{3+} 的 $LiCaAlF_6$ 和 $LiSrAlF_6$ 中的能级示意图，其中 s_{ABS}、s_{EM}、s_{ESA} 和 s_{SOL} 分别是吸收截面、发射截面、ESA 截面和负感截面（根据文献 [1.55]）

一些二价（RE^{2+}）和三价（RE^{3+}）稀土离子的 4f ↔5d 组态间跃迁位于可见光和紫外光谱范围内。原则上，这些跃迁适于实现（可调谐的）激光振荡，容许生成电偶极子，并具有较高的跃迁概率和 $10^{-17}\sim10^{-18}\ \mathrm{cm}^2$ 的较大吸收发射截面。由于电子和声子之间的强耦合，可以观察到吸收跃迁和发射跃迁很宽（>1 000 cm^{-1}）。激光器运行中遇到的困难是无法获得简单高效的激发光源，而且激发态吸收和负感作用（光致电离）的发生概率高，例如图 1.30 中描绘的 Ce^{3+}：$LiCaAlF_6$ 和 Ce^{3+}：$LiSrAlF_6$。

下面将简要探讨进行短波长发射的三价和二价稀土离子，并总结所得到的激光结果。

（1）Ce^{3+}激光器。$Ce^{3+}$$4f^1$ 基态配置分裂成 $^2F_{5/2}$ 基态和能量间隔约为 2 000 cm^{-1} 的 $^2F_{7/2}$ 多重激发态。5d 激发配置由具有理想的八面体或立体对称性的一个三重轨道简并 $^2T_2$ 能态和一个二重轨道简并 ^2E 能级组成，由此得到的 $^2T_2$（^2E）能态能量更低，也具有八面体（立体）对称性。图 1.31 中显示了 Ce^{3+}：$LiYF_4$ 的室温吸收与发射光谱。一般来说，吸收光谱中会有 2～5 个宽带，具体要视晶场的对称性而定。在发射中，可以观察到有两个能带，分别与 5d→$^2F_{5/2}$ 和 5d→$^2F_{7/2}$ 跃迁相对应，其能量间隔大约为 2 000 cm^{-1}。容许电偶极子和自旋的 $4f^1$ ↔$5d^1$ 跃迁的高截面与 ns 范围内的发射寿命相对应。因此，全面研究了掺 Ce^{3+}材料在可调谐固体激光器和闪烁体中的应用，例如 Coutts 等人[1.56]和 Dorenbos[1.57]的综述文献中所描述的那样。目前，激光振荡已在 $YLiF_4$[1.58]、$LuLiF_4$[1.59]、$LiCaAlF_6$[1.60]、$LiSrAlF_6$[1.55,61]、LaF_3[1.62]和 BaY_2F_8[1.63]晶体中实现。表 1.2 中总结了激光数据。对于掺 Ce^{3+}的材料来说，激光振荡遇到的主要障碍是为导带跃迁指定的激发态吸收，如 Ce^{3+}：YAG 案例中看到的那样[1.64,65]。对于掺 Ce^{3+}的 $LiCaAlF_6$ 和 $LiSrAlF_6$ 来说，ESA 跃迁会导致负感作用，也就是说具有长寿命的杂质陷阱数会增加（图 1.30）。在反负感泵浦的帮助下，这些陷阱被耗尽，从而提高了效率[1.66,67]。

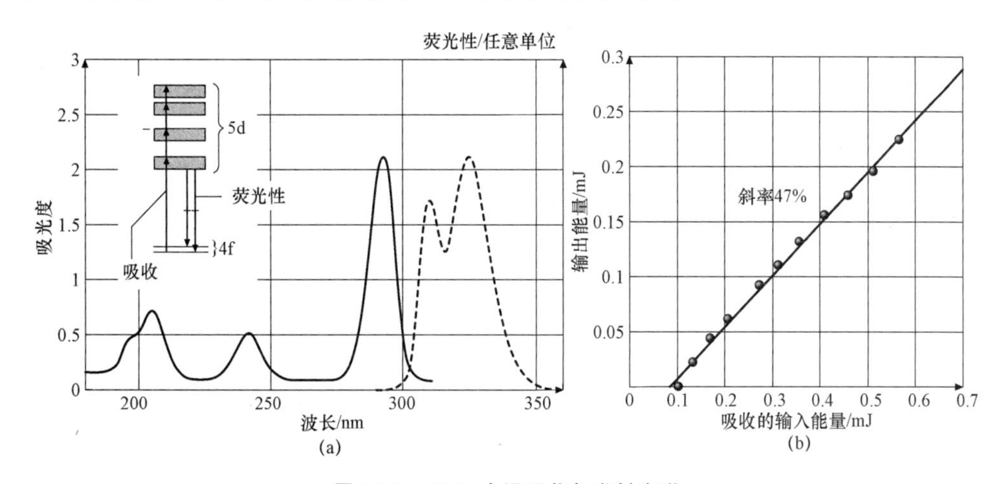

图 1.31 $LiYF_4$ 室温吸收与发射光谱

（a）Ce^{3+}：$LiYF_4$ 的吸收（实线）光谱和发射（虚线）光谱。插图中为能级示意图（根据文献［1.58］）；（b）2%Ce^{3+}的输入/输出特性，2%Na：$LiSrAlF_6$

（2）Pr^{3+}（$4f^2$）。图 1.32 中显示了 Pr^{3+}的能级示意图。Pr^{3+}具有 $4f^2$ 基态配置，在这个配置中有 91 个能级，分布在超过 11 种多重激发态中，其中 $^3H_4$ 能级为基态，$^1S_0$

是最高能级，大约为 46 500 cm^{-1}。在 $4f^15d^1$ 配置中有 140 个能级，最低的 $4f^15d^1$ 能级或 $^1S_0$ 能态的能量更低，具体要视晶场强度和裂距而定。因此，在紫外光激发之后，发射光谱要么源于 $4f^15d^1$ 能级的 $4f^15d^1\to4f^2$ 跃迁，要么源于 $^1S_0$ 能级的 $4f^2\to4f^2$ 跃迁。在任何情况下，发射光谱都由多个能带组成，因为始终都有几个 $4f^2$ 终端能级。目前，研究人员已对 $Y_3Al_5O_{12}$[1.68,69]、$YAlO_3$[1.68,70,71]、CaF_2、$LiYF_4$[1.71－73]和 $K_5PrLi_2F_{10}$[1.71]等很多材料实施了与 4f ↔5d 跃迁有关的光谱研究，但目前还没有实现基于 Pr^{3+}的 $4f^15d^1\to4f^2$ 或 $^1S_0\to4f^2$ 发射的激光振荡。主要的原因是通过激发态吸收进入了导带（例如对 $YLiF_4$[1.73]而言），以及进入了更高的 $4f^15d^1$ 能级（例如对 $Y_3Al_5O_{12}$ 而言）[1.74]。

表 1.2　基于三价和二价稀土离子的 5d→4f 跃迁的激光器示意图
（CVL：铜蒸汽激光器，RS：拉曼频移）

激光材料	λ_{las}/nm	E_{out}，P_{out}	η_{sl}	调谐范围/nm	泵浦源	参考文献
Ce^{3+}：$LiYF_4$	325.5				KrF，249 nm	[1.58]
Ce^{3+}：$LiLuF_4$	309	27 mJ	17%	307.8～31.7，323.5～326.5	KrF，249 nm	[1.75]
		2.1 mJ	55%	307.6～313.5，324～328.5	Ce：LiSAF，290 nm	[1.76，77]
	309	77 μJ		309.5～312.3，324.5～327.7	Nd：YAG，5ω（213 nm）	[1.78]
	309.5	300 mW	38%	305.5～316，323～331	CVL，2ω（289 nm），7 kHz	[1.79]
	309	67 mW	62%		RS Nd：YAG，4ω（289 nm），10 kHz	[1.80]
Ce^{3+}：$LiCaAlF_6$	290		21%		Nd：YAG，4ω（266 nm）	[1.55]
	289	60 mJ	26%		Nd：YAG，4ω（266 nm）	[1.81]
	289	30 mJ	39%	284～294	Nd：YAG，4ω（266 nm）	[1.82]
	289	550 mW	27%	280～311	Nd：YAG，4ω（266 nm），1 kHz	[1.83]
	288.5	530 mW	32%	280.5～316	2ω CVL，271 nm，7 kHz	[1.79]
	289	0.53 μJ	31%	283～314	Nd：YVO_4，4ω（266 nm），1 kHz	[1.84]
	289	230 μJ	49%	280～317	Nd：$YLiF_4$，4ω（263.3 nm），0.1～4.3 kHz	[1.85]

续表

激光材料	λ_{las}/nm	E_{out}，P_{out}	η_{sl}	调谐范围/nm	泵浦源	参考文献
Ce^{3+}：$LiSrAlF_6$	290		29%		Nd：YAG，4ω（266 nm）	[1.55]
	290		47%		Nd：YAG，4ω（266 nm）+2ω（532 nm）	[1.66]
				281～315 nm	Nd：YAG，4ω（266 nm）	[1.86]
Ce^{3+}：LaF_3	286	≈5 μJ			KrF，249 nm	[1.62]
Ce^{3+}：BaY_2F_8	345				XeCl，308 nm	[1.63]
Nd^{3+}：LaF_3	172				Kr，146 nm	[1.87，88]
					F_2 激光器，157 nm	[1.89，90]
Sm^{2+}：CaF_2	708.5（20 K）			708.5～745 nm（20～210 K）	Xe 闪光灯	[1.91，92]

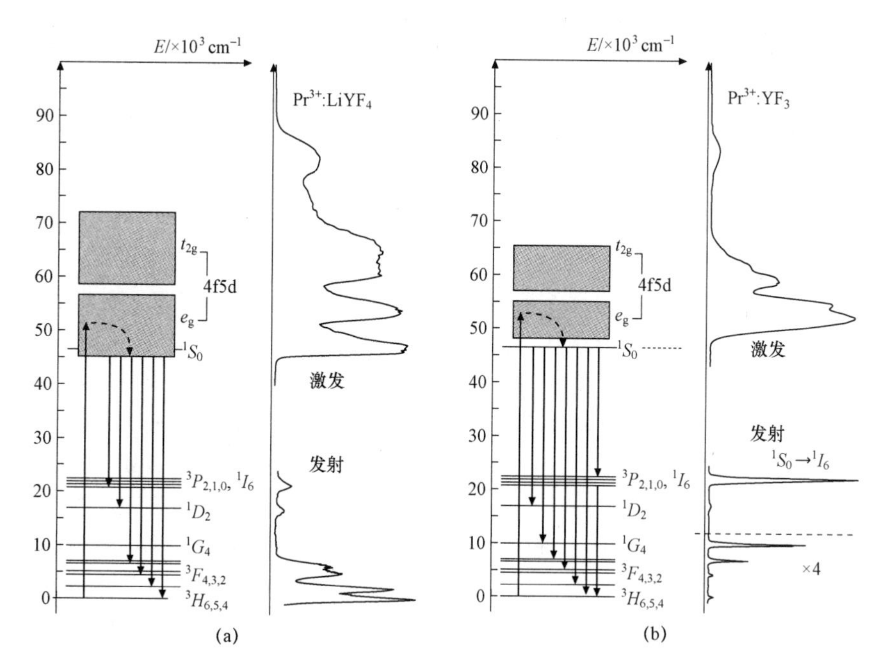

图 1.32　Pr^{3+}的能级图

（a）Pr^{3+}：$LiYF_4$，E（$4f^15d^1$）$<E$（$^1S_0$）；（b）Pr^{3+}：YF_3，E（$4f^15d^1$）$>E$（$^1S_0$）（根据文献 [1.93]）

（3）其他 RE^{3+}离子。离子（从 Nd^{3+}到 Yb^{3+}）的最低 $4f^{n-1}5d^1$ 能级获得更高的能量，因此其处于真空紫外（VUV）光谱区，利用光谱方法不容易进入相应的跃迁。Wegh 等人对三价稀土离子的 VUV 光谱进行了系统性研究和详细分析[1.94]，但要将这些 VUV 跃迁应用于激光振荡，还需要做大量实验。目前仅当以 146 nm 的 Kr_2 激光器为泵浦源时利用 Nd^{3+}：LaF_3 在 172 nm 波长下实现了在 5d→4f 跃迁上的激光振荡（除 Ce^{3+}外）[1.87]。

（4）三价稀土离子。稀土离子很容易以三价态被融入晶体中，为了获得二价态，需要将 RE^{3+}离子还原。通过利用含有二价阳离子晶位的合适晶格、合适的共掺质和还原性生长气氛，能够在晶体生长期间获得大量的 Eu^{2}+、Yb^{2+}、Sm^{2+}和 Tm^{2+}（有一些限制），其他的 RE^{2+}离子则很难在晶体中获得，通常需要特殊的生长条件及预处理和后处理，例如在晶体生长期间采用密封的 Ta 安瓿、预合成 REF_2 和 $RECl_2$、电子束辐射等。

5d→4f 跃迁预计会发生在“$4f^{n-1}5d$ 能级，就能量来看位于 $4f^n$ 多重谱线之间的大能隙里”的系统中，这些离子是 Sm^{2+}、Eu^{2+}、Tm^{2+}和 Yb^{2+}。

① Sm^{2+}（$4f^6$）。从光谱角度来看，Sm^{2+}的 $4f^6$ 能级图与 Eu^{3+}类似（图 1.29）。对于大多数晶体来说，Sm^{2+}发射以始于亚稳态 $^5D_0$ 能级（位于大约 15 000 cm^{-1} 处）的 $4f^6$→$4f^6$ 跃迁形式出现。在 CaF_2 中，最低的 $4f^55d^1$ 能级恰好位于 $^5D_0$ 能级之下，并发生宽带发射。基于 $4f^55d^1$→$4f^6$ 跃迁的激光振荡是利用 Sm^{2+}：CaF_2 实现的[1.91,92]，激光波长随温度而增加——从 20K 温度下的 708.5 nm 增加到 210 K 温度下的 745 nm。210 K 是 Sm^{2+}：CaF_2 激光器的最高工作温度。为以导带和高能级 $4f^6$ 为终点的跃迁指定的激发态吸收对这种激光器有影响[1.95,96]。

② Eu^{2+}（$4f^7$）。从光谱角度来看，Eu^{2+}的 $4f^7$ 能级图与 Gd^{3+}类似（图 1.29）。$^8S_{7/2}$ 基态和 $^6P_{7/2}$ 第一激发态之间存在较大的能隙。最低的 $4f^65d^1$ 能级可能高于 $^6P_{7/2}$ 能级，也可能低于 $^6P_{7/2}$ 能级，具体要视晶场强度而定。因此，紫外区内的 $^6P_{7/2}$→$^8S_{7/2}$ 跃迁会导致窄谱线发射，或者蓝光-黄光光谱范围内的 $4f^65d^1$→$^8S_{7/2}$ 跃迁会导致宽带发射。由于从最低的 $4f^65d^1$ 能级跃迁到导带和 $4f^7$ 高能级时发生激发态吸收，因此迄今还没有实现基于 Eu^{2+}的 $4f^65d^1$→$4f^7$ 跃迁的激光振荡[1.96]。

③ Tm^{2+}（$4f^{13}$）。从光谱角度来看，Tm^{2+}的 $4f^{13}$ 能级图与 Yb^{3+}类似（图 1.29）。Tm^{2+}的激光振荡是在低于 27 K 的温度下在 CaF_2 内部进行 $^2F_{5/2}$→$^2F_{7/2}$ 跃迁（波长为 1 116 nm）时实现的[1.97,98]（表 1.9）。目前还没有获得基于 $4f^{12}5d^1$→$4f^{13}$ 跃迁的激光振荡，但 Tm^{2+}是在 $4f^{12}5d^1$→$4f^{13}$ 跃迁中实现激光振荡的一种令人关注的候选物质，因为它没有 $4f^{13}$ 高能级——这个能级可能与 $4f^{12}5d^1$ 能级干涉，从而可能成为激发态吸收跃迁或猝熄过程的终端能级。最低的 $4f^{12}5d^1$ 能级和基态之间的跃迁允许存在宇称性，但禁止自旋。因此，与 Ce^{3+}的 5d→4f 跃迁发射截面相比，Tm^{2+}的发射截面预计要低 1～2 个数量级。Tm^{2+}→ Tm^{3+}在 UV/VIS 灯激发状态[1.98]下观察到的转换表明，Tm 离子很可能会变成三价态，这必定会成为 Tm 离子在激光器中应用时可能有的一个主要缺点。

④ Yb^{2+}（$4f^{14}$）。Yb^{2+}离子的基态配置是 $4f^{14}$。这个完全填满的壳层导致形成自由离子的 $^1S_0$ 基态，其他 $4f^{14}$ 能级则不存在。在八面固体晶体场中，这种能态转变成像 $^1A_1$ 不可约表现形式那样。受激的 $4f^{13}5d^1$ 配置由总共 140 个能级组成。在高度对称的晶场中，$4f^{13}5d$ 能级分裂成一个三重简并 T_2 能级和一个二重简并 E 能级。$4f^{13}$ 电子可视为 Yb^{3+}离子配置，两个多重激发态 $^2F_{7/2}$ 和 $^2F_{5/2}$ 之间的能量间隔为 $\Delta E_{4f} \approx 10\,000\ cm^{-1}$。5d 电子的自旋方向与 $4f^{13}$ 活性中心的自旋方向平行或反平行，因此整个能级图包括单重态和三重态，其中三重态的能量更低（根据亨德规则）。此外还要注意，对于 Yb^{2+}自由离子来说，6s 能级的能量比 5d 能级低。因此，在一些材料中，$4f^{13}6s$ 能级可能也是最低的激发态。这将导致宇称性和自旋禁戒跃迁，要求 $\Delta L=3$ 且 $\Delta S=1$。掺 Yb^{2+}材料的发射光谱由一个宽带（$\approx 6\,000\ cm^{-1}$）组成，其峰值发射波长在很大程度上取决于基质材料（λ_{peak}=390～575 nm）[1.99－103]。目前这种材料还没有实现激光振荡，主要原因在于激发态吸收。在 Yb^{2+}：MgF_2 中，可以观察到在整个吸收－发射光谱范围内有很强的 ESA 跃迁，阻止了激光振荡。ESA 截面比吸收截面大大约 1 个数量级，比受激辐射截面大 3 个数量级[1.102,103]。

2. 基于三价和二价稀土离子的 4f↔4f 跃迁的激光器

本节将探讨基于三价和二价稀土离子的 4f↔4f 跃迁的紫外线激光器和可见光激光器。这些激光器已经在闪光灯泵浦、直接激光泵浦（进入激光上能级或更高的能级）和升频转换泵浦下实现了激光振荡。

（1）Pr^{3+}激光器。Pr^{3+}离子是用于获得高效可见激光振荡的一种很有趣、很有希望的离子。其能级图如图 1.33 所示。可见光谱范围内的激光跃迁始于 $^3P_0$ 能级以及用热方法使粒子数增加的 $^3P_1$、$^3P_2$ 能级。图 1.34 中显示了 Pr^{3+}：BaY_2F_8 的发射光谱。峰值截面在（1～5）$\times 10^{-19}\ cm^2$ 范围内，因此与 Nd^{3+} $^4F_{3/2} \rightarrow {}^4I_{11/2}$ 跃迁的值相当。最高的截面位于橙光和红光光谱范围内，因此在这个光谱区，激光器的效率预计最高。早在 1962 年，Yariv 等人就在 $CaWO_4$ 中实现了第一个 Pr^{3+}激光器（λ=1 047 nm）[1.104]。之后，他们又在几种跃迁以及不同的泵浦条件下在 20 多种材料中获得了激光振荡，例如见 Kaminskii 的评论文章[1.105]。Pr^{3+}激光器的主要缺点是激发，见 Pr^{3+}激光器一节中的探讨。

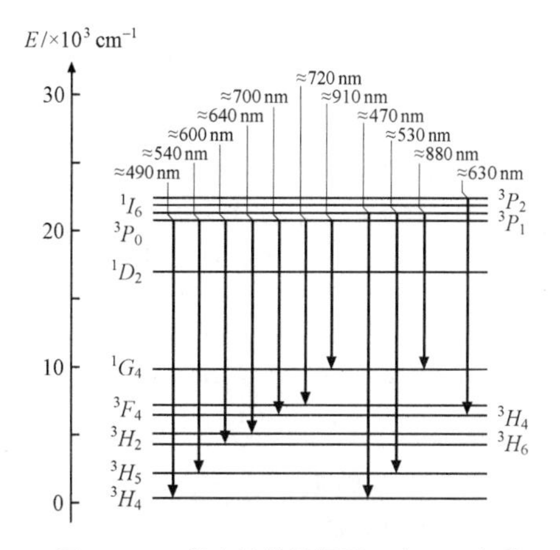

图 1.33　Pr^{3+}离子的能级图。在可见光谱范围内观察到的激光跃迁用箭头表示

直接泵浦的 Pr^{3+}激光器。图 1.35 显示了 Pr^{3+}: BaY_2F_8 在 420～500 nm 光谱范围内的吸收光谱。在蓝光光谱范围内与 $^3H_4 \rightarrow {}^3P_2$，$^3P_1$，$^3P_0$，$^1I_6$ 跃迁相对应的几个波长下，$^3P_0$ 激光上能级可能出现直接泵浦。原则上，

直接激发可能存在如下泵浦机制：

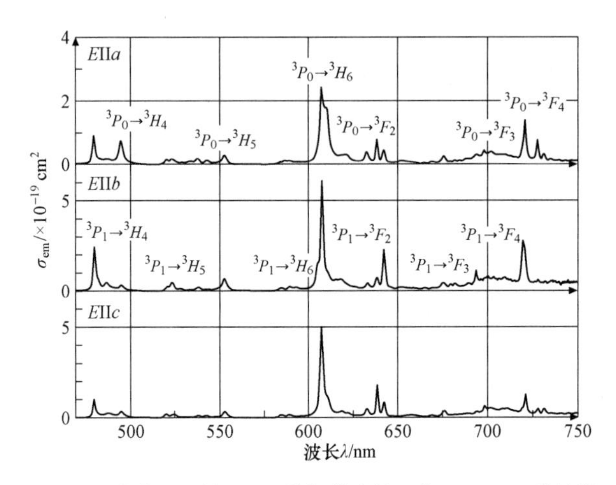

图 1.34　在室温下处于不同偏振模式的 Pr^{3+}：BaY_2F_8 发射谱

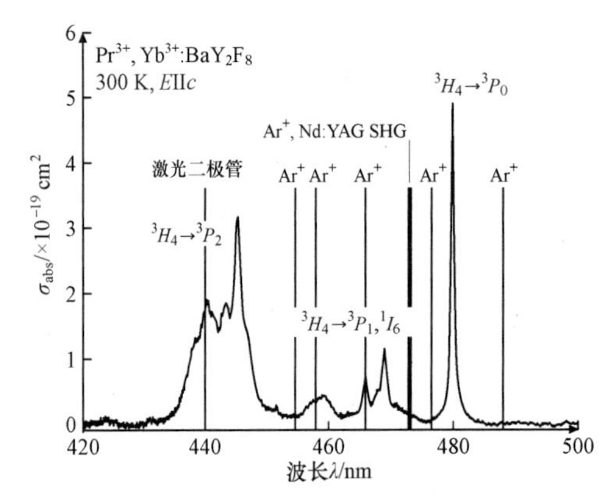

图 1.35　在室温下 Pr^{3+}，Yb^{3+}：BaY_2F_8 的吸收截面光谱。已指定相关的跃迁。还显示了可能的泵浦激光波长

① Ar^+离子激光泵浦。Ar^+离子激光器可能提供连续波泵浦以及一束高质量泵浦光束。因此，掺 Pr^{3+}激光材料的特性能够描述出来。对于 Pr^{3+}：$LiYF_4$，已利用高达 26%的斜率效率和 270 mW 的输出功率，获得了在几种跃迁途径下的激光振荡[1.106]（图 1.36 和图 1.37）。但 Ar^+泵浦和 Pr^{3+}吸收之间的波长匹配不好（图 1.35）。此外，Ar^+离子激光泵浦本身效率很低，因此用气体激光器泵浦的 Pr^{3+}激光器的总效率很低。

② 利用在 $^4F_{3/2} \to ^4I_{9/2}$ 基态跃迁模式上工作的倍频 Nd^{3+}激光器进行泵浦。这些基态激光器在 910～960 nm 的波长下工作（具体要视基质材料而定），即倍频会得到 455～480 nm 的波长。Heumann 等人已成功演示了由一个在 473 nm 的波长下工作的倍频 Nd^{3+}：YAG 基态激光器直接泵浦的 Pr^{3+}激光器[1.108]。Pr^{3+}激光振荡发生的条件是：639.5 nm 的波长，$^3P_0 \to ^3F_2$ 跃迁，输出功率将近 100 mW，斜率效率为 12%。另外，对于倍频 Nd^{3+}基态激光器来说，泵浦与吸收波长之间的匹配至关重要。

③ 倍频光学泵浦半导体激光器（OPS）。这些激光器在市场上可买到，功能达到几瓦特[1.109]。原则上，激光波长可调节（通过选择半导体的材料参数），可调谐至与 Pr^{3+}离子的吸收谱线匹配。利用在大约 480 nm 的波长下工作的 OPS，连续波激光器实现了正常运行[1.107,110－113]。Pr^{3+}：$YLiF_4$ 和 Pr^{3+}：$YLuF_4$ 获得了高达 56%的斜率效率

和大约 600 mW 的输出功率。另外，我们做了主动调 Q 实验，使 Pr^{3+}：$YLiF_4$ 和 Pr^{3+}：$YLuF_4$ 的输出功率分别达到 1.5 W 和 0.75 W，脉冲长度大约为 100 ns，重复率为 200 Hz。值得注意的是，腔内倍频导致 Pr^{3+}：$YLiF_4$ 的连续波紫外辐射（≈320 mW）大约为 360 mW，Pr^{3+}：$YLuF_4$ 的连续波紫外辐射为 260 mW，Pr^{3+}：BaY_2F_8 的连续波紫外辐射为 19 mW[1.107,111,112]。由于 Pr^{3+} 激光器的多波长运行，这类激光器可能在 360 nm、303 nm 甚至 261 nm 的波长下生成紫外光。这些泵浦激光器仍很昂贵，但 OPS 激光器预计会进一步缩放功率，这使得这些泵浦源对于 Pr^{3+} 激光器来说很有吸引力。

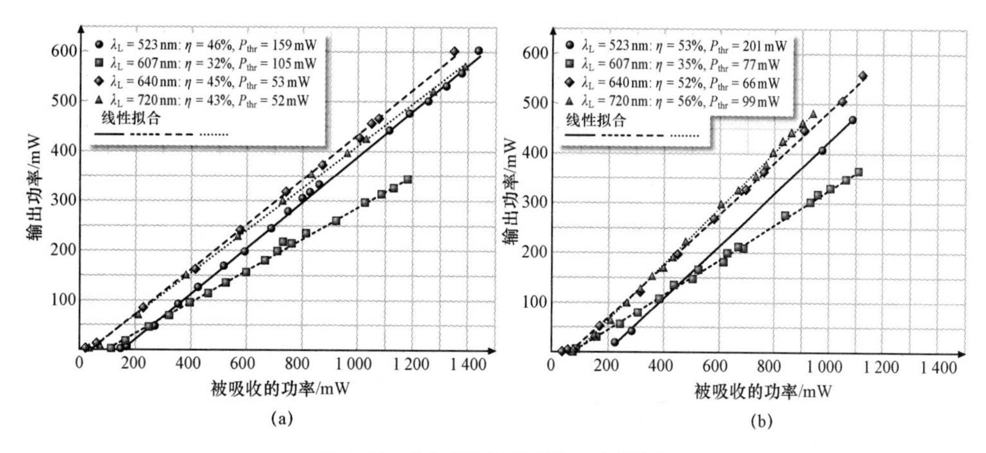

图 1.36　Ar^+ 离子激光泵浦可见光输出

（a）在可见光谱区内以不同跃迁方式工作的 OPS 泵浦 Pr：YLF 激光器的激光特性；（b）在可见光谱区内以不同跃迁方式工作的 OPS 泵浦 Pr：LLF 激光器的激光特性（根据文献［1.107］）

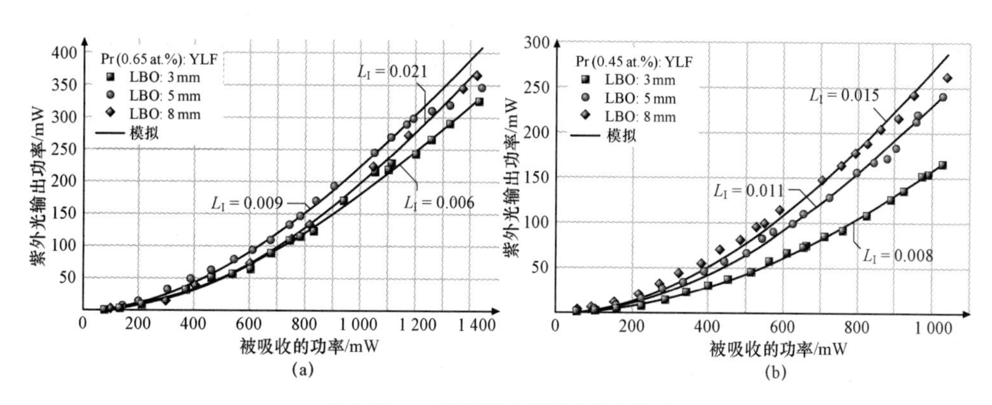

图 1.37　Ar^+ 离子激光泵浦紫外光输出

（a）Pr：YLF 激光器在 640 nm 波长下工作时腔内 SHG 的功率特性；（b）Pr：LLF 激光器在 640 nm 波长下工作时腔内 SHG 的功率特性。实线代表模拟（见正文）（根据文献［1.107］）

④ 蓝光和紫外光 GaN 激光二极管。目前，这些二极管在低于 450 nm 的光谱范围、输出功率在 mW 范围内工作。近年来，人们利用 Pr^{3+}：$YLiF_4$、Pr^{3+}：$YLuF_4$、

Pr^{3+}：$GdLiF_4$、KY_3F_{10}：Pr 和 Mg：$SrAl_{12}O_{19}$，在室温和泵浦下用 442 nm 的 GaN 激光二极管获得了激光振荡[1.35,107,112,131－135]。Pr^{3+}激光器在 640 nm 的波长下发射高达 930 mW 的激光。获得的斜率效率高达 63%。在大约 522 nm、545.9 nm、607 nm 和 720 nm 波长下的其他跃迁中也实现了激光振荡。如果这些二极管继续朝着更高的输出功率方向开发，则激光二极管一定会成为 Pr^{3+}激光器直接泵浦的最佳选择之一。

⑤ 闪光灯泵浦[1.114]。在闪光灯激发中，因为 Pr^{3+}吸收谱线的宽度窄、光谱范围小。闪光灯发射的辐射光中只有一小部分用于激发 $Pr^{3+3}P_0$ 能级，闪光灯泵浦已能获得高达 87 mJ 的输出能量和 0.3%的斜率效率[1.114]。

⑥ 染料激光器泵浦。泵浦激光波长可调，可调节至与 Pr^{3+}离子的吸收谱线相匹配。因此，所获得的激光器具有高效率。根据报道，Pr^{3+}：$LiGdF_4$ 激光器已在几个波长及几次跃迁中以最高 37%的斜率效率实现振荡[1.122]。但染料激光器的实际应用受到限制。

表 1.3 列出了在可见光光谱范围内处于直接激发态的 Pr^{3+}激光器。表 1.4 中概述了可见光 Pr^{3+}激光器的室温激光数据。

表 1.3 在可见光光谱范围内处于直接激发态的 Pr^{3+}激光器（粗体：在室温下获得的、在一些跃迁中出现的激光振荡）

晶体	跃迁	波长/nm	参考文献
$LiYF_4$	$^3P_0 \to ^3H_4$	479.0	[1.35，106，108，111，114－119]
	$^3P_1 \to ^3H_5$	522.0	
	$^3P_0 \to ^3H_5$	537.8，545.0	
	$^3P_0 \to ^3H_6$	604.4，607.2，609.2，613.0	
	$^3P_1 \to ^3F_2$	615.8，618，620.1	
	$^3P_0 \to ^3F_2$	638.8，639.5，644.4	
	$^3P_1 \to ^3F_3$	670.3	
	$^3P_0 \to ^3F_3$	695.4，697.7，705.5	
	$^3P_1 \to ^3F_4$	699.4	
	$^1I_6 \to ^3F_4$	708.2	
	$^3P_0 \to ^3F_4$	719.5，720.9，722.2	
$LiLuF_4$	$^3P_0 \to ^3H_5$	538	[1.120，121]
	$^3P_0 \to ^3H_6$	604.2，607.1	
	$^3P_0 \to ^3F_2$	639.9，640.1	

续表

晶体	跃迁	波长/nm	参考文献
$LiLuF_4$	${}^3P_0 \to {}^3F_3$	695.8，697.7	[1.120，121]
	${}^3P_0 \to {}^3F_4$	719.2，721.5	
$LiGdF_4$	${}^3P_1 \to {}^3H_5$	522	[1.106，122]
	${}^3P_0 \to {}^3H_5$	545	
	${}^3P_0 \to {}^3H_6$	604.5，607	
	${}^3P_0 \to {}^3F_2$	639	
	${}^3P_0 \to {}^3F_3$	697	
	${}^3P_0 \to {}^3F_4$	720	
KYF_4	${}^3P_0 \to {}^3F_2$	642.5	[1.106，122]
BaY_2F_8	${}^3P_0 \to {}^3H_6$	607.1	[1.111，118，123-125]
	${}^3P_0 \to {}^3F_2$	638.8	
	${}^3P_0 \to {}^3F_3$	693.5～693.8	
	${}^3P_0 \to {}^3F_4$	719.1	
LaF_3	${}^3P_0 \to {}^3H_6$	598.5，600.1	[1.126-129]
	${}^3P_0 \to {}^3F_4$	719.4，719.8	
PrF_3	${}^3P_0 \to {}^3H_6$	598.4	[1.130]
$LaCl_3$	${}^3P_0 \to {}^3H_4$	489.2	[1.136-138]
	${}^3P_1 \to {}^3H_5$	529.8	
	${}^3P_0 \to {}^3H_6$	616.4，619.0	
	${}^3P_0 \to {}^3F_2$	645.1	
$PrCl_3$	${}^3P_0 \to {}^3H_4$	489.2	[1.136，139]
	${}^3P_1 \to {}^3H_5$	529.8，531	
	${}^3P_0 \to {}^3H_6$	617，620，622	
	${}^3P_0 \to {}^3F_2$	645.2，647	
$LaBr_3$	${}^3P_1 \to {}^3H_5$	532.0	[1.139]
	${}^3P_0 \to {}^3H_6$	621.0	
	${}^3P_2 \to {}^3F_3$	632.0	

续表

晶体	跃迁	波长/nm	参考文献
$LaBr_3$	$^3P_0 \to {}^3F_2$	647.0	[1.139]
$PrBr_3$	$^3P_0 \to {}^3H_6$	622	[1.136，139]
	$^3P_0 \to {}^3F_2$	645.1，649	
$Y_3Al_5O_{12}$	$^3P_0 \to {}^3H_4$	487.2	[1.140，141]
	$^3P_0 \to {}^3H_6$	616	
	$^3P_0 \to {}^3F_4$	747	
$YAlO_3$	$^3P_0 \to {}^3H_6$	613.9，621.3，621.6	[1.142–146]
	$^3P_0 \to {}^3F_2$	662	
	$^3P_0 \to {}^3F_3$	719.5，719.7，722	
	$^3P_0 \to {}^3F_4$	746.9	
	$^1D_2 \to {}^3F_3$	743.7，753.7	
$LuAlO_3$	$^3P_0 \to {}^3H_6$	615.5	[1.143，144，146]
	$^3P_0 \to {}^3F_3$	722.0	
	$^3P_0 \to {}^3F_4$	749.6	
$SrLaGa_3O_7$	$^3P_0 \to {}^3H_4$	488	[1.147]
	$^3P_0 \to {}^3F_2$	645	
$CaWO_4$	$^3P_0 \to {}^3F_2$	649.7	[1.148]
$Ca(NbO_3)_2$	$^3P_0 \to {}^3H_6$	610.5	[1.148]
$LiPrP_4O_{14}$	$^3P_0 \to {}^3H_6$	604.8，608.5	[1.149]
	$^3P_0 \to {}^3F_2$	639.6	
	$^3P_0 \to {}^3F_4$	720.4	
LaP_5O_{14}	$^3P_0 \to {}^3F_2$	637	[1.150]
	$^3P_0 \to {}^3F_4$	717	
PrP_5O_{14}	$^3P_0 \to {}^3F_2$	637.4	[1.151–153]
LaP_5O_{14}	$^3P_0 \to {}^3F_2$	637.0	[1.150]

表 1.4　在可见光光谱范围内直接泵浦式 Pr^{3+} 激光器的室温激光数据一览表

基质	跃迁	λ_{laser}/nm	泵浦	P_{thr}/E_{thr}	P_{out}/E_{out}	η/%	参考文献
$LiYF_4$	$^3P_1 \to {}^3H_5$	522.0	457.9 nm CW，Ar^+离子激光器	163 mW	144 mW	14.5	[1.106]
	$^3P_0 \to {}^3H_5$	545.0			19 mW		
	$^3P_0 \to {}^3H_6$	607		110 mW	7 mW	1.2	
	$^3P_0 \to {}^3F_2$	639.5		8 mW	266 mW	25.9	
	$^3P_0 \to {}^3F_3$	697		105 mW	71 mW	10.3	
	$^3P_0 \to {}^3F_4$	720		98 mW	40 mW	7.2	
	$^3P_0 \to {}^1G_4$	907.4		280 mW	23 mW	7.3	
$LiYF_4$	$^3P_0 \to {}^3F_2$	639.5	473 nm CW, SHG Nd：YAG	40 mW	≈100 mW	12	[1.108]
$LiYF_4$	$^3P_0 \to {}^3H_6$	613	476 nm CW，Ar^+ 离子激光器		45 mW	≈400 fs（ML）	[1.117]
$LiYF_4$	$^3P_0 \to {}^3F_2$	639.5	442 nm CW, GaN 激光二极管	5.5 mW	≈1.8 mW	24	[1.35]
$LiYF_4$	$^3P_1 \to {}^3H_5$	≈522	442 nm CW，GaN/444 nm CW，InGaN	148 mW	773 mW	61	[1.131，132]
	$^3P_0 \to {}^3H_5$	≈546		728 mW	384 mW	52	
	$^3P_0 \to {}^3H_6$	≈607		30 mW	418 mW	32	
	$^3P_0 \to {}^3F_2$	≈640		125 mW	938 mW	64	
	$^3P_0 \to {}^3F_4$	≈720		157 mW	129 mW	30	
$LiYF_4$	$^3P_0 \to {}^3F_2$	639.5	480 nm CW, OPS	37 mW	72 mW	40	[1.111]
$LiYF_4$	$^3P_1 \to {}^3H_5$	522.6	≈480 nm CW，OPS	159 mW	600 mW	46	[1.107，112]
	$^3P_0 \to {}^3H_6$	607.2		105 mW	350 mW	32	
	$^3P_0 \to {}^3F_2$	639.5		53 mW	600 mW	45	
	$^3P_0 \to {}^3F_4$	720.8		52 mW	570 mW	43	
$LiLuF_4$	$^3P_1 \to {}^3H_5$	523.9	≈480 nm CW，OPS	201 mW	480 mW	53	[1.107，112]
	$^3P_0 \to {}^3H_6$	607.0		77 mW	370 mW	35	

续表

基质	跃迁	λ_{laser}/nm	泵浦	P_{thr}/E_{thr}	P_{out}/E_{out}	η/%	参考文献
$LiLuF_4$	$^3P_0 \to ^3F_2$	640.1		66 mW	550 mW	52	[1.107, 112]
	$^3P_0 \to ^3F_4$	721.4		99 mW	490 mW	56	
$LiLuF_4$	$^3P_0 \to ^3H_6$	≈607	442 nm CW, GaN 激光二极管	122 mW	36 mW	12	[1.131]
	$^3P_0 \to ^3F_2$	≈640		111 mW	208 mW	38	
	$^3P_0 \to ^3F_4$	≈720		133 mW	149 mW	24	
$LiYF_4$	$^3P_0 \to ^3F_2$	639.5	Xe 闪光灯（60 μs）	≈7 J	87 mJ	≈0.3	[1.114]
$LiGdF_4$	$^3P_1 \to ^3H_5$	522	468 nm 脉冲染料激光器	197 μJ	83 μJ	27	[1.122]
	$^3P_0 \to ^3H_5$	545		49 μJ	2 μJ		
	$^3P_0 \to ^3H_6$	604.5		144 μJ	32 μJ	37	
	$^3P_0 \to ^3H_6$	607		50 μJ	2 μJ		
	$^3P_0 \to ^3F_2$	639		4 μJ	98 μJ	32	
	$^3P_0 \to ^3F_3$	697		73 μJ	31 μJ	26	
	$^3P_0 \to ^3F_4$	720		6 μJ	80 μJ	35	
$LiGdF_4$	$^3P_1 \to ^3H_5$	≈522	442 nm CW, GaN 激光二极管	288 mW	18 mW	28	[1.131]
	$^3P_0 \to ^3H_6$	≈607		128 mW	56 mW	20	
	$^3P_0 \to ^3F_2$	≈640		106 mW	175 mW	45	
	$^3P_0 \to ^3F_4$	≈720		82 mW	105 mW	33	
KYF_4	$^3P_0 \to ^3F_2$	642.5	457.9 nm CW, Ar^+离子激光器		15 mW		[1.106]
KYF_4	$^3P_0 \to ^3F_2$	642.5	465 nm 脉冲染料激光器				[1.122]
BaY_2F_8	$^3P_0 \to ^3F_2$	≈640 nm	≈480 nm CW, OPS	33 mW	51 mW	30	[1.111]
$YAlO_3$	$^3P_0 \to ^3F_4$	746.9	476.5 nm CW, Ar^+离子激光器	25 mW	130 mW	24.6	[1.145, 154]
$SrAl_{12}O_{19}$	$^3P_0 \to ^3F_2$	≈640 nm	444 nm CW, InGaN		75 mW	47	[1.135]
KY_3F_{10}	$^3P_0 \to ^3F_2$	644.5 nm	446 nm CW, GaN	125 mW	39 mW	23	[1.134]

上转换泵浦 Pr^{3+}激光器。由于以前遇到的直接激发困难，目前正在研究 Pr^{3+}激光器其他基于上转换过程的泵浦方案。上转换就是激发光（泵浦光）的光子能量通过与光学材料内部的活性离子相互作用而转变为高能量光子的过程[1.156－159]。对于具有高能级的 Pr^{3+}来说，上转换是在红外光泵浦作用下获得可见激光振荡的一种合适方式。尤其要提及的是，掺 Pr–Yb 系统高效地利用了光子雪崩泵浦方案——不同上转换过程和能量转移过程的结合。对于晶体来说，Ti：Al_2O_3 激光器主要用作激发源，但目前正在研究市售激光二极管的使用。在光纤中，高效的激光运行已经在激光二极管泵浦条件下实现（关于可见光玻璃纤维激光器，见第 70 页）。

图 1.38 显示了光子雪崩过程的原理图。基态吸收弱，会使一些离子激发为中间（储能）能级。ESA 过程强，则会使这些离子高效地激发为发射能级。储能能级必须具有有效的反馈机制（在我们的系统中为交叉弛豫过程），将发射能级、储能能级和基态能级耦合起来。经过这两个步骤之后，储能能级中将有两个离子。这个循环过程不断重复，因此发射能级（激光上能级）中的原子数会像雪崩一样增加。如果达到了原子数阈值，则在始于激光上能级的任何跃迁过程中都可能开始出现激光振荡。文献［1.156，157，160–162］中详细描述了雪崩机制的一般特性，本书只给出 Pr^{3+}，Yb^{3+}：BaY_2F_8 例子的主要要点[1.155,163]。发射强度与泵浦功率之间的关系表现出像阈值一样的特性。在这个阈值，斜率显著增加。雪崩机制的第二个特性是上转换发射的 S 形时间演化（图 1.39）。

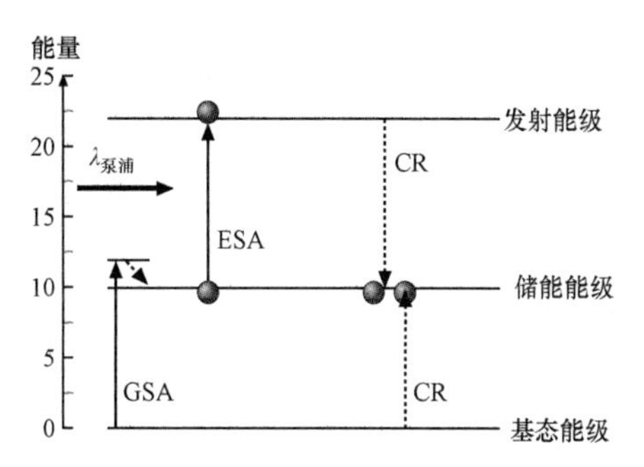

图 1.38　光子雪崩过程示意图（GSA：基态吸收，ESA：激发态吸收，CR：交叉弛豫）

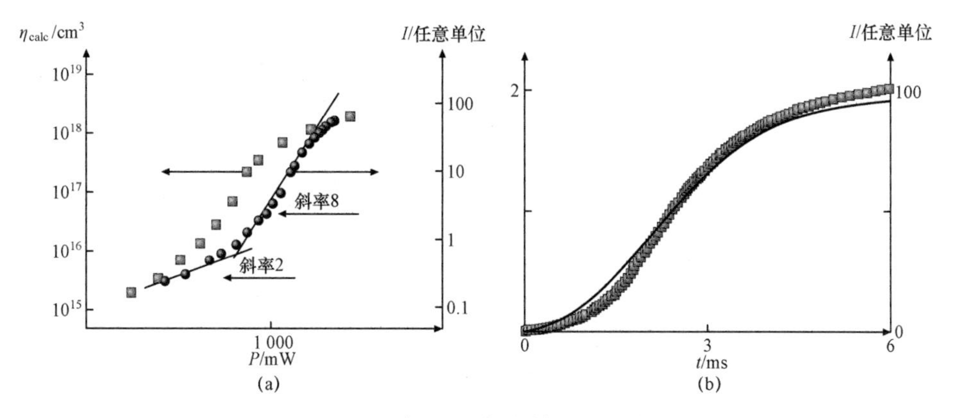

图 1.39　光子－雪崩激发机理的特性

（a）上转换发射强度（实验值，空心圈）和 $^3P_0$ 原子数（计算值，实心方形）与泵浦功率之间的关系；（b）上转换发射强度（实线：实验值，方形：速率方程模型）与时间之间的关系（根据文献［1.155］）

在各种材料中均可以观察到光子－雪崩过程，见文献［1.156，157］。但只在几种材料中获得了激光振荡，见表 1.5 中的 Pr^{3+}系统和表 1.6 中的其他掺稀土离子系统。原因是高效的雪崩过程存在特殊要求，雪崩效率在很大程度上取决于离子之间的能量转移速率、基态和激发态的吸收截面、离子浓度、发射分支比以及相关能级的寿命。原则上，利用速率方程系统来描述掺 Pr－Yb 系统的光子－雪崩激发机理是可能的[1.155－157,160,161]，但由于雪崩机理的复杂性，仅靠所了解的光谱参数来预测总的雪崩效率是不可能的。

表 1.5 概述了光子－雪崩泵浦 Pr^{3+}激光系统。人们在 $YLiF_4$（YLF）[1.164－166]和 BaY_2F_8（BYF）[1.163]的 Pr^3、Yb^{3+}共掺系统中获得了固体晶体的室温雪崩－泵浦激光振荡，即“敏化光子雪崩”。Pr－Yb 系统的原理图如图 1.40 所示[1.167－171]。在大约 840 nm 波长下的激发是一个很弱的基态吸收过程（很可能是 Yb^{3+}吸收的声子尾部），之后是从 Yb^{3+}到 Pr^{3+}的能量转移（$^2F_{5/2}$，$^3H_4$）→（$^2F_{7/2}$，$^1G_4$）（图 1.40 中的过程 r）。ESA 过程（$^1G_4$→（$^1I_6$，$^3P_1$））以及随后的快速声子消激发［（$^1I_6$，$^3P_1$）→$^3P_0$］提供了 $^3P_0$ 能级（即发射能级）。交叉弛豫过程 s（$^3P_0$，$^2F_{7/2}$）→（$^1G_4$，$^2F_{5/2}$）以及随后的能量转移过程 r 再次提供了储能能级。利用这种方式，在每一步，$^1G_4$ 能级中的原子数都会增加，因此在 $^3P_0$ 能级中将积累很多的原子数（因为存在很强的 $^1G_4$→（$^1I_6$，$^3P_1$）ESA 过程）。图 1.41 中显示了上转换发射激发光谱和激发态吸收光谱，可看到这两个光谱之间匹配良好。$^1G_4$→（$^1I_6$，$^3P_1$）跃迁的峰值激发态吸收截面大约为 1.5×10^{-19} cm^2。

图 1.42 中显示了在 Ti：蓝宝石泵浦下 Pr－Yb：YLF 和 Pr－Yb：BYF 的激光输入－输出曲线，表 1.5 中总结了相关结果。目前，几个科研小组正在研究利用市场上可买到的红外激光二极管来实现二极管泵浦。但目前，掺离子光纤——作为上转换－雪崩泵浦激光器的材料——更加高效，因为这种光纤能实现泵浦光束和激光光束的波导。因此，光纤激光器可能在远距离上获得较高的泵浦强度，从而提高雪崩泵浦机制的总效率，见 1.2.2 节中的可见光光纤激光器一节。

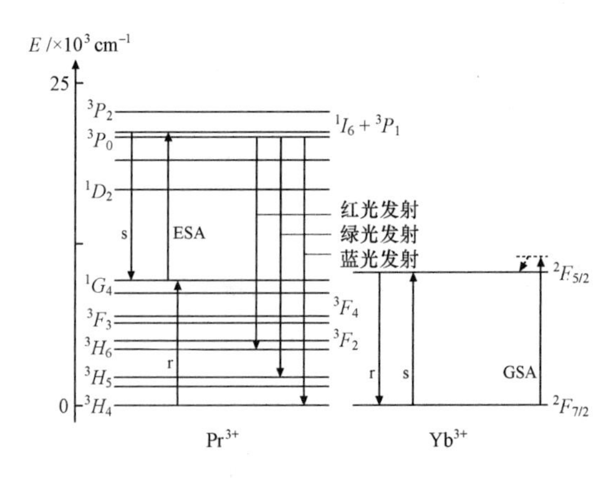

图 1.40　掺 Pr－Yb 系统的雪崩机理示意图

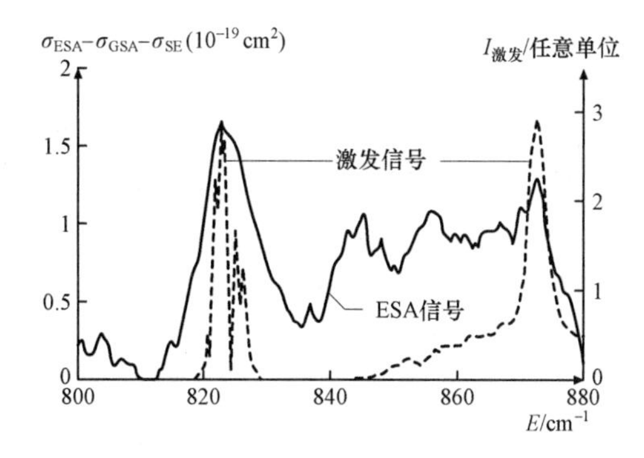

图 1.41　$Pr^{3+}-Yb^{3+}$：BaY_2F_8 的上转换发射激发光谱和激发态吸收光谱（根据文献［1.155］）

表 1.5　在可见光光谱范围内的光子−雪崩泵浦晶体连续波 Pr^{3+} 激光器（*T*：温度，*η*：斜率效率）

掺杂离子	基质	$\lambda_{激光}$/nm	跃迁	$\lambda_{泵浦}$/nm	*T*	输出/mW	*η* /%	参考文献
Pr^{3+}	$LaCl_3$	644	$^3P_0 \to {}^3F_2$	677	80～210 K	240	25	［1.172］
Pr^{3+}/Yb^{3+}	$YLiF_4$	522	$^3P_1 \to {}^3H_5$	830	RT	143	7.5	［1.164−166］
		639.5	$^3P_0 \to {}^3F_2$	830		276	15	
		720	$^3P_0 \to {}^3F_3$	830				
Pr^{3+}/Yb^{3+}	BaY_2F_8	607.5	$^3P_0 \to {}^3H_6$	822，841	RT	98	30	［1.163］
		638.5	$^3P_0 \to {}^3F_2$	822，841		60	15	
		720.5	$^3P_0 \to {}^3F_3$	822		45	16	

表 1.6　其他掺稀土固体上转换激光器，关于详情，见文献［1.157，159］中的概述（ETU：能量转移上转换，STPA：连续双光子吸收，CT：合作能量转移，PA：光子雪崩，CW：连续波，p：脉冲，SP：自调脉冲，QS：调 *Q*，ML：锁模，IR−fl：红外闪光灯，RT：室温）。* 基于上转换过程的激光振荡的初次观察结果[1.177]

掺杂离子	基质	$\lambda_{激光}$ /nm	$\lambda_{泵浦}$ /nm	泵浦机制	*T* /K	输出	*η* /%	参考文献
Nd^{3+}	LaF_3	380	788+591	STPA	≤90	12 mW，CW	3	［1.173，174］
Nd^{3+}	LaF_3	380	578	STPA	≤20	4 mW，CW	0.7	［1.173，174］
Nd^{3+}	$LiYF_4$	730	603.6	PA	≤40		11	［1.173，175］
Nd^{3+}	$LiYF_4$	413	603.6	PA	≤40	10 μW，CW	4.3	［1.173，175］

续表

掺杂离子	基质	$\lambda_{激光}$ /nm	$\lambda_{泵浦}$ /nm	泵浦机制	T /K	输出	η /%	参考文献
Ho^{3+}/Yb^{3+}	KYF_4	551	960	ETU	77	CW		[1.176]
Ho^{3+}/Yb^{3+}	BaY_2F_8	551.5	IR－fl	ETU	77			[1.177]*
Tm^{3+}	$YLiF_4$	450.2，453	781＋647.9（脉冲激光器）	STPA	77－RT	0.2 mJ，p	1.3	[1.178]
Tm^{3+}	$YLiF_4$	450.2	784.5＋648	STPA	≤70	9 mW，SP	2	[1.179，180]
Tm^{3+}	$YLiF_4$	483	628	PA	≤160	30 mW	7.5	[1.179，180]
Tm^{3+}	$YLiF_4$	483	647.9	PA	≤160	30 mW，SP	8	[1.179，180]
Tm^{3+}	$Y_3Al_5O_{12}$	486	785＋638	STPA	≤3	0.07 mW，SP	0.01	[1.181]
Tm^{3+}/Yb^{3+}	BaY_2F_8	455，510，649，799	960	ETU	RT			[1.182]
Tm^{3+}/Yb^{3+}	BaY_2F_8	348	960	ETU	77	CW		[1.183]
Tm^{3+}/Yb^{3+}	BaY_2F_8	348	960	ETU	RT	SP		[1.183]
Tm^{3+}/Yb^{3+}	BaY_2F_8	649	1 054	ETU	RT		1	[1.184]
Tm^{3+}/Yb^{3+}	$YLiF_4$	810，792	969	ETU	RT	80 mW，CW		[1.185]
Tm^{3+}/Yb^{3+}	$YLiF_4$	650	969	ETU	RT	5 mW，CW	0.2	[1.185]

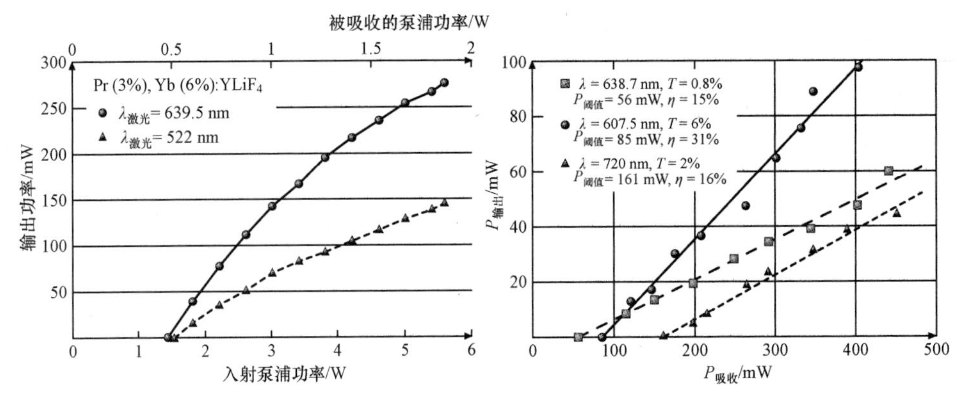

图 1.42　采用了 Ti：蓝宝石激光器的 Pr－Yb：YLF[1.165,166]（左）和 Pr－Yb：BYF（右）在雪崩泵浦状态下的输入－输出曲线

（2）Er^{3+}激光器。直接泵浦的可见光 Er^{3+}激光器在实现时遇到的问题是缺乏与 Er^{3+}离子的吸收谱线高度匹配的高效泵浦源。因此，大多数的可见光 Er^{3+}激光器方案是通过近红外光谱范围内的上转换泵浦来实现的，如图 1.43 所示。表 1.7 总结了用 Xe 灯泡和染料激光器获得的一些 Er^{3+}直接泵浦结果。

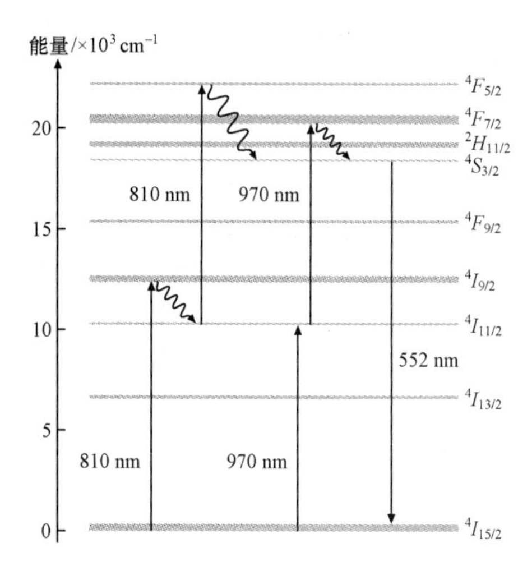

图 1.43　Er^{3+}：$LiLuF_4$ 的能级图[1.120,121]，这种材料有两条可能的上转换激发路线：在 810 nm 或 970 nm 波长下的连续双光子吸收（STPA）[1.189,190]，在 552 nm 波长下的发射

表 1.7　具有直接泵浦的可见光 Er^{3+}激光器（p=脉冲工作模式）

晶体	激光跃迁	$\lambda_{激光}$/μm	泵浦	T	输出模式	参考文献
Ba（Y，Er）$_2$F$_8$	$^4S_{3/2}\to{}^4I_{15/2}$	0.554 0	Xe 灯	77	p	[1.186]
	$^2H_{9/2}\to{}^4I_{13/2}$	0.561 7	Xe 灯	77	p	[1.177，186]
	$^4F_{9/2}\to{}^4I_{15/2}$	0.670 9	Xe 灯	77	p	[1.186]
	$^2H_{9/2}\to{}^4I_{11/2}$	0.703 7	Xe 灯	77	p	[1.186]
Ba（Y，Yb）$_2$F$_8$	$^4F_{9/2}\to{}^4I_{15/2}$	0.670 0	Xe 灯	77	p	[1.177]
$BaYb_2F_8$	$^4F_{9/2}\to{}^4I_{15/2}$	0.670 0	Xe 灯	110	p	[1.177，187]
$LiYF_4$	$^4S_{3/2}\to{}^4I_{11/2}$	0.551	染料激光器	300	p	[1.188]

掺铒晶体（例如 $LiYF_4$ 和 $LiLuF_4$）的能级图[1.120,121]提供了在绿光光谱范围内发射上转换激光（$^4S_{3/2}\to{}^4I_{15/2}$ 跃迁）的可行性。如图 1.43 所示，激光上能级 $4S_{3/2}$ 的上转换激发需要在 810 nm 或 970 nm 波长下进行连续双光子吸收（STPA）。在 810 nm 泵浦波长下的基态吸收（GSA）$^4I_{15/2}\to{}^4I_{9/2}$ 之后是以非辐射方式衰减至 $^4I_{11/2}$ 能级。然后，原子数通过激发态吸收（ESA），从这个能级跃迁到 $^4F_{5/2}$ 能级。最终，非辐射衰减使 $^4S_{3/2}$ 能级的原子数增加了。在大约 970 nm 的泵浦波长下，激光上能级的上转换激发方案与前面很相似，只是要涉及 GSA 过程 $^4I_{15/2}\to{}^4I_{11/2}$ 和 ESA 过

程 $^4I_{11/2}\to{}^4F_{7/2}$。

通过利用 Ti：蓝宝石激光器进行激发，各种掺稀土的氟化物晶体已在可见光光谱范围内表现出室温连续波上转换激光作用，例如 Er^{3+}：$LiYF_4$[1.191]和 Er^{3+}：$LiLuF_4$[1.189]。绿光掺铒上转换激光器在 Er^{3+}：$LiLuF_4$[1.190]和混合氟化物晶体 Er^{3+}：$LiKYF_5$[1.192]中的二极管泵浦已得到演示。但在后一种情况下，激光工作模式只能在占空比为 20%的斩波激发状态下实现。

表 1.8 综述了在不同晶体中处于各种波长下的掺铒上转换激光器。

表 1.8　可见光 Er^{3+}激光器（ETU：能量转移上转换，STPA：连续双光子吸收，CT：合作能量转移，PA：光子雪崩，CW：连续波，p：脉冲，SP：自调脉冲，QS：调 *Q*，ML：锁模，IR－fl：红外闪光灯，OPS：光学泵浦半导体，RT：室温）

基质	$\lambda_{激光}$/nm	$\lambda_{泵浦}$/nm	泵浦机制	*T*/K	输出	η/%	参考文献
BaY_2F_8	670	IR－fl	ETU	77			[1.177]
$YAlO_3$	550	792＋840	STPA	≤77	0.8mW，CW	0.2	[1.195]
$YAlO_3$	550	785＋840	STPA	34	8mW，CW	1.8	[1.196，197]
$YAlO_3$	550	807	ETU	7～63	166 mW，CW	13	[1.196]
$YAlO_3$	550	791.3	STPA＋循环	7～34	33 mW，CW	3.3	[1.196，198]
$Y_3Al_5O_{12}$	561	647＋810	STPA	RT			[1.199]
CaF_2	855	1 510	CT	77	64 mW，CW	18	[1.200]
$LiYF_4$	551	797 或 791（二极管）	STPA	≤90		0.2	[1.201－204]
$LiYF_4$	551	791（二极管）	ETU/STPA	≤90	0.1 mW，SP	0.03	[1.203]
$LiYF_4$	551	802（二极管）	ETU/STPA	≤77	2.3 mW，SP		[1.205]
$LiYF_4$	551	797（二极管）	CT	48	100 mW，SP	5.5	[1.206]
$LiYF_4$	702	1 500	CT	10	360 μW，CW	0.06	[1.207]
$LiYF_4$	551	810	STPA	RT	40 mW，CW	1.4	[1.191]
$LiYF_4$	551	974	STPA	RT	45 mW，CW	2	[1.208，209]
$LiYF_4$	551	1 500	ETU	80	10 mW，SP	2.9	[1.210]
$LiYF_4$	561	1 500	ETU	80	12 mW，SP	3.4	[1.210]
$LiYF_4$	468	1 500	ETU	80	0.7 mW，SP	0.2	[1.210]
$LiYF_4$	561，551，544	797	ETU	49	467 mW，CW	11	[1.211]

续表

基质	$\lambda_{激光}$/nm	$\lambda_{泵浦}$/nm	泵浦机制	*T*/K	输出	*η*/%	参考文献
$LiYF_4$	551，544	1 550	CT	9～95	34 mW，CW	8.5	[1.212，213]
$LiYF_4$	551，544	1 500	CT	≤95	0.6 μJ（50 ns），QS	2 mW，ML	[1.214]
$LiYF_4$	551	647+810	STPA	RT	0.95 mJ，p	8.5	[1.199]
$LiYF_4$	467	1 550	CT	70			[1.159]
$LiYF_4$	469.7	969.3	ETU	≤35	2 mW，CW	0.3	[1.215]
$LiYF_4$	469.7	653.2	ETU	≤35	6 mW，CW	4.8	[1.215]
$LiYF_4$	560.6	969.3	ETU	≤35		2	[1.215]
$LiYF_4$	551	802	ETU	≤90	5 mW，SP	2	[1.173]
$LiYF_4$	1 230，850	1 530	ETU	110			[1.216]
$LiLuF_4$	552	970 968（二极管）	STPA	RT	213 mW 8 mW	35 14	[1.190]
$LiLuF_4$	552	970（OPS）	STPA	RT	500 mW（CW） 800 mW （DC：50）	30	[1.217]
KYF_4	562	647+810	STPA	RT	0.95 mJ，p	0.5	[1.199]
$LiKYF_5$	550	488（Ar_+） 651（二极管） 808（二极管）	STPA	RT	40 mW 50 mW（DC：20） 150 mW（DC：20）	18 6 12	[1.192]
$BaYb_2F_8$	670	1 540+1 054 或 1 054	ETU	RT			[1.218]
BaY_2F_8	470，554，555	792.4	CT	10			[1.219]
BaY_2F_8	552	792.4	CT	40			[1.219]
BaY_2F_8	617，669	792.4	CT	20			[1.219]
BaY_2F_8	552，470	≈790 或≈970	STPA	10	CW		[1.220]

除 $YAlO_3$ 外，大多数值得注意的候选材料都是氟化物，因为它们的声子能量相对较小，而中间能态的寿命较长。与 $LiYF_4$ 和 $LiGdF_4$ 相比，掺稀土的 $LiLuF_4$ 被晶场分裂成更多的多重态，为激光上能级和激光下能级生成了更有利的热占据因子[1.193,194]。在只有一个泵浦波长的情况下，GSA 和 ESA 之间的合理重叠使得两步激发到 Er^{3+} 的 $^4S_{3/2}$ 能级成为可能。在 552 nm 波长（π 偏振）下的发射截面 σ_{em} 为 $\sigma_{em}=3.5\times10^{-21}$ cm^2，

此值以及在大约 970 nm 波长下的 GSA 截面比在 Er^{3+}（1%）：$LiYF_4$ 中的相应截面稍大。在 $LiLuF_4$ 中，激光上能级的寿命 τ（$^4S_{3/2}$［τ（$^4S_{3/2}$）=400 μs］）比在 $LiYF_4$ 中稍长。

采用多程泵浦装置可以增加被吸收的泵浦功率（图 1.44）。1.6 mm 长的 Er^{3+}（1%）：$LiLuF_4$ 晶体的两个端面装有直接喷涂过的介质镜[1.190]，其中一个介质镜用于高度折射泵浦波长而高度反射激光波长，另一个介质镜用于高度折射激光波长而高度反射泵浦波长（图 1.44，分别为涂层 L 和 P）。用一个稍稍偏离轴线钻孔的凹透镜来实现穿过激光晶体有效体积的最多四个泵浦辐射行程，准直泵浦光束通过端面镜孔聚焦到晶体内。关于单程泵浦，可利用这种装置在 Ti：蓝宝石激光器激发作用下大大改善 Er^{3+}：$LiLuF_4$ 上转换激光器的性能。在 2.6 W 的入射泵浦功率下，最大连续波输出功率为 213 mW，与入射泵浦功率和吸收泵浦功率有关的斜率效率分别为 12%和 35%。在用一个 3 W 二极管替代 Ti：蓝宝石激光器时，有可能在室温下首次实现上述掺铒上转换激光器的激光二极管泵浦连续波运行[1.190]。在 2.6 W 的入射泵浦功率下，改进后的最大输出功率为 8 mW。在四行程泵浦作用下的被吸收功率很小，据估算在 10%～12%。此时，与吸收泵浦功率有关的斜率效率为 14%。通过利用在 970 nm 波长下工作的光学泵浦半导体激光器进行泵浦，研究人员用 Er^{3+}：$LiLuF_4$ 在 550 nm 波长下实现了连续波激光振荡，并获得 500 mW 的输出功率和大约 30%的斜率效率[1.120,121,189,190]。

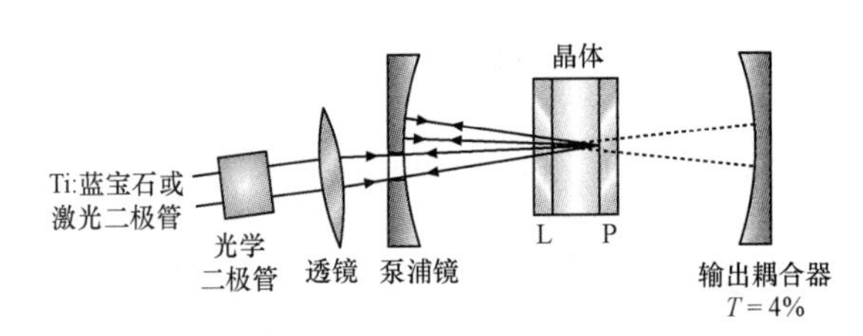

图 1.44　四行程泵浦的实验装置[1.190]（HR：高反射，AR：防反射）

（3）其他 4f–4f 二价和三价稀土离子激光器。除基于 Pr^{3+}和 Er^{3+}的 4f–4f 跃迁的可见光激光器之外，基于 4f–4f 跃迁的其他几种可见光激光器也已实现，如表 1.6 所示。表 1.6 中所有系统的激光性能与 Pr^{3+}和 Er^{3+}激光器相比更差，但至少上转换泵浦 Tm^{3+}和 Ho^{3+}激光器在可见光谱区的激光性能看起来有改善潜能。

掺 Tm 晶体中的蓝光上转换激光发射可利用 STPA 泵浦来实现。图 1.45 中描绘了 Tm^{3+}中的能级和上转换泵浦机制。

图 1.45（a）显示了纯 STPA 泵浦上转换激光器方案；而在图 1.45（b）中，上转换泵浦还需要增加在两个 Tm^{3+}离子之间的交叉弛豫步骤。这个交叉弛豫过程使中间 $^3F_4$ 能态的原子数增加，而能态是 STPA 过程第二步的起动能级。

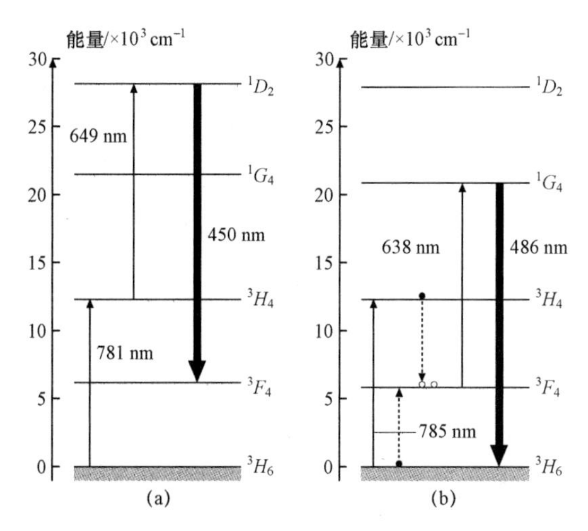

图 1.45 Tm^{3+}的上转换泵浦机制

（a）连续双光子吸收；（b）连续双光子吸收+交叉弛豫（虚线）

在敏化上转换激光器中，施体离子 D（敏化剂）会吸收泵浦光，将其激发能转移给受体离子 A。在很多情况下，Yb^{3+}都被用作三价稀土离子活化剂 A 的施体。通过上转换能量转移（ETU），两个施体离子将它们的激发能相继转移给一个受体离子；最终，施体的激发能高于受激 Yb^{3+}离子的能量。

表 1.9 基于二价和三价稀土离子的可见光激光器和紫外激光器

掺杂离子	基质	跃迁	$\lambda_{激光}$/nm	T/K	参考文献
Sm^{3+}	TbF_3	$^4G_{5/2}\rightarrow{}^6H_{7/2}$	593.2	116	[1.221]
Sm^{2+}	SrF_2	$^5D_0\rightarrow{}^7F_1$	696.9	4.2	[1.222]
Eu^{3+}	Y_2O_3	$^5D_0\rightarrow{}^7F_2$	611.3	220	[1.223]
Eu^{3+}	YVO_4	$^5D_0\rightarrow{}^7F_2$	619.3	90	[1.224]
Gd^{3+}	$Y_3A_{15}O_{12}$	$^6P_{7/2}\rightarrow{}^8S_{7/2}$	314.5	300	[1.225]
Tb^{3+}	$LiYF_4$	$^5D_4\rightarrow{}^7F_5$	544.5	300	[1.226]
Ho^{3+}	CaF_2	$^5S_2\rightarrow{}^5I_8$	551.2	77	[1.227]
Tm^{2+}	CaF_2	$^2F_{5/2}\rightarrow{}^2F_{7/2}$	1 116	<27	[1.97，98]
Ag^{+}	KI，RbBr，CsBr		335	5	[1.228]

图 1.46 显示了具有 $D=Yb^{3+}$、$A=Tm^{3+}$的系统。在这种情况下，可能会出现一个三步 STPA 过程，在可见光谱区产生各种各样的激光跃迁。

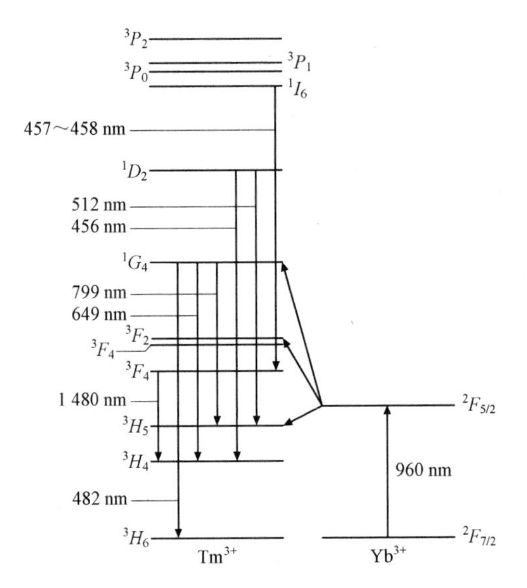

图 1.46　在掺 Yb^{3+} – Tm^{3+}的 BaY_2F_8 晶体中的敏化上转换，在 STPA 过程中有 2～3 个步骤（根据 Trash and Johnson[1.182]）

图 1.47 描绘了在 Ho^{3+}以及 Yb^{3+}–Ho^{3+}施体–受体系统中的 STPA 和 ETU 上转换机制。激光发射可在接近 750 nm 和 550 nm 的波长下产生，是由 $^5S_2$，$^3F_4$ 亚稳能态导致的。

在表 1.6 中可看到，除 STPA 和 ETU 泵浦之外，在几种情况（Nd^{3+}和 Tm^{3+}）下还采用了光子雪崩（PA）泵浦。

表 1.9 列出了基于可见光光谱范围内 4f–4f 跃迁的其他稀土离子激光器。相关的数据取自文献［1.229］。

3. 可见光光纤激光器

另一种很有希望实现高效上转换室温激光振荡的方法是采用掺稀土离子的光纤。光纤的几何形状为泵浦辐射和受激辐射提供了波导，因此能实现较长的相互作用长度，能在远距离上得到高强度激光——这是上转换激光器的一个关键要求。这是光纤概念相对于固体晶体材料的一个优势（关于光纤概念的详细说明，见 1.2.2 节对 Yb

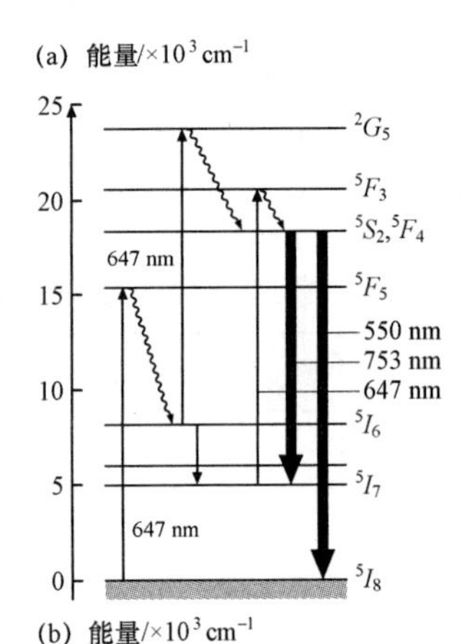

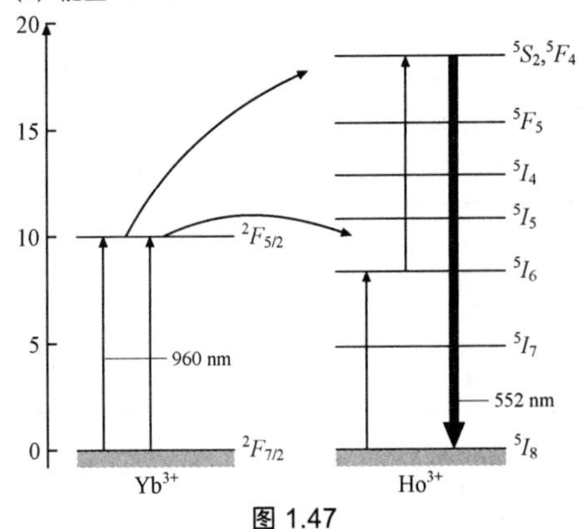

图 1.47

（a）Ho^{3+}上转换激光器的 STPA 泵浦；

（b）ETU 泵浦

光纤激光器的描述）。可见光上转换激光器的另一个要求是存在亚稳中间能级，作为受激态吸收或能量转移过程的初始能级。就像在晶体中那样，氟化物材料也是光纤的首选材料，因为声子能量低，而带隙通常较大，常选的光纤材料是氟锆酸盐玻璃 ZBLAN（$ZrF_4-BaF_2-LaF_3-AlF_3-NaF$）。光纤与固体晶体相比的另一个优势是玻璃中的跃迁范围展宽了，因此提高了共振跃迁或能量转移的可能性。文献［1.244］中综述了可见光氟化物光纤。

几乎所有的掺稀土离子的氟化物光纤激光器都可在 0.63～1.2 μm 区域内泵浦，因此能利用成熟的半导体技术［例如 AlGaInP（0.63～0.69 μm）、GaAlAs（0.78～0.88 μm）和 InGaAs（0.90～1.2 μm）］以及高度发达的固体激光器技术（例如近红外光谱范围内的 Nd^{3+}和 Yb^{3+}激光器）。

（1）可见光 Pr^{3+}光纤激光器。就像在晶体中那样，镨离子对于可见光光纤激光器来说也很有吸收力，因为其能级图（图 1.33）适宜，而且可能通过两步吸收、光子雪崩或能量转移过程实现上转换泵浦。Pr^{3+}激光器的激光振荡已在室温下在红光、橙光、绿光和蓝光光谱范围内实现，这些跃迁中有的甚至是同时进行的[1.235]。此激光器在室温下的激光振荡源于经过热耦合的 $^3P_0$、$^3P_1$ 和 $^1I_6$ 能级。在 Pr^{3+}：ZBLAN 中，这些耦合多重态的寿命在 40～50 μs 范围内[1.245,246]。Richter 等人和 Okamoto 等人已利用蓝光半导体激光器的直接泵浦作用获得了掺 Pr^{3+}ZBLAN 光纤的激光振荡[1.243,247]，在 635 nm 的波长下得到 94 mW 的输出功率和 41.5%的斜率效率。Okamoto 等人演示了在 GaN 激光二极管的泵浦作用下 Pr^{3+}：ZBLAN 光纤的宽调谐范围（479～497 nm，515～548 nm，597～737 nm，849～960 nm）[1.248]。

表 1.10 总结了掺 Pr^{3+}ZBLAN 光纤迄今为止得到的研究结果。迄今获得的最佳结果：在 635 nm 的最高效波长下，2W 的输出功率和 45%的斜率效率[1.238]。在绿光和蓝光波长范围内的效率要低大约 1 个数量级。

表 1.10 掺 Pr^{3+}的可见光 ZBLAN 光纤激光器（ESA：激发态吸收（即连续两步吸收），ETU：能量转移上转换，PA：光子雪崩，RT：室温）

掺杂离子	$\lambda_{激光}$/nm	跃迁	$\lambda_{泵浦}$/nm	泵浦机制	T/K	输出	η/%	参考文献
Pr^{3+}	635	$^3P_0\to^3F_2$	1 010+835	ESA	RT	180 mW	10	［1.230］
	605	$^3P_0\to^3H_6$	1 010+835	ESA	RT	30 mW	3.3	
	520	$^3P_1\to^3H_5$	1 010+835	ESA	RT	1 mW		
	491	$^3P_0\to^3H_4$	1 010+835	ESA	RT	1 mW		
Pr^{3+}	635	$^3P_0\to^3F_2$	1 020+840	ESA	RT	54 mW	14	［1.231］
	520	$^3P_1\to^3H_5$	1 020+840	ESA	RT	20 mW	5	
	491	$^3P_0\to^3H_4$	1 020+840	ESA	RT	7 mW	1.5	

续表

掺杂离子	$\lambda_{激光}$/nm	跃迁	$\lambda_{泵浦}$/nm	泵浦机制	T/K	输出	η/%	参考文献
Pr^{3+}，Yb^{3+}	635	$^3P_0 \to ^3F_2$	849	ETU	RT	20 mW		[1.232]
Pr^{3+}，Yb^{3+}	635	$^3P_0 \to ^3F_2$	1 016 二极管	ETU	RT	6.2 mW	3.2	[1.233]
			+833 二极管					
	532	$^3P_1 \to ^3H_5$		ETU	RT	0.7 mW	0.3	
Pr^{3+}，Yb^{3+}	635	$^3P_0 \to ^3F_2$	860 二极管	ETU	RT	4 mW	2.2	[1.234]
	602	$^3P_0 \to ^3H_6$	860 二极管	ETU		0.2 mW		
Pr^{3+}，Yb^{3+}	520+490	$^3P_1 \to ^3H_5$	856 二极管		RT	1.4 mW		[1.235]
		$+^3P_0 \to ^3H_4$						
Pr^{3+}，Yb^{3+}	492	$^3P_0 \to ^3H_4$	1 017 二极管		RT	1.2 mW	8.5	[1.236]
			+835 二极管					
Pr^{3+}，Yb^{3+}	635-637	$^3P_0 \to ^3F_2$	780-880	PA	RT	300 mW	16.8	[1.169]
	605-622	$^3P_0 \to ^3H_6$	780-880	PA	RT	45 mW	4.6	
	517-540	$^3P_1 \to ^3H_5$	780-880	PA	RT	20 mW	5	
	491-493	$^3P_0 \to ^3H_4$	780-880	PA	RT	4 mW	1.2	
Pr^{3+}，Yb^{3+}	635	$^3P_0 \to ^3F_2$	850	PA	RT	1 020 mW	19	[1.170]
Pr^{3+}，Yb^{3+}	635	$^3P_0 \to ^3F_2$	850 二极管	PA	RT	440 mW	17	[1.237]
	520	$^3P_1 \to ^3H_5$	850 二极管	PA	RT	100 mW	≈4	
Pr^{3+}，Yb^{3+}	635	$^3P_0 \to ^3F_2$	850 二极管	PA	RT	2 W	45	[1.238，239]
	520	$^3P_1 \to ^3H_5$	850 二极管	PA	RT	0.3 W	17	
Pr^{3+}，Yb^{3+}	491	$^3P_0 \to ^3H_4$	850	PA	RT	165 mW	12.1	[1.240]
	491+520	$^3P_0 \to ^3H_4$	850	PA	RT	230 mW	14.3	
		$+^3P_1 \to ^3H_5$						
	491	$^3P_0 \to ^3H_4$	840 二极管	PA	RT	8 mW	≈6	
Pr^{3+}，Yb^{3+}	635	$^3P_0 \to ^3F_2$	838 二极管	PA	RT	ML：550 ps（239 MHz）		[1.241]
Pr^{3+}，Yb^{3+}	603（可调谐）	$^3P_0 \to ^3H_6$	840，Ti：蓝宝石	PA	RT	55 mW	19	[1.242]

续表

掺杂离子	$\lambda_{激光}$/nm	跃迁	$\lambda_{泵浦}$/nm	泵浦机制	*T*/K	输出	η/%	参考文献
Pr^{3+}，Yb^{3+}	634	$^3P_0 \to ^3F_2$				100 mW		[1.242]
Pr^{3+}	635	$^3P_0 \to ^3F_2$	480，二极管	直接	RT	94 mW	41.5	[1.243]

通常情况下，双包层光纤可用于将近红外大功率激光二极管的高度发散泵浦辐射线耦合到大数值孔径的内包层中，并使其沿着光纤轴线传播。在沿着光纤传播时，泵浦辐射线逐渐被吸收到嵌入式小数值孔径活性纤芯中。由于在圆柱形纤芯中被支持的横向辐射模数量只取决于辐射波长、纤芯直径及其数值孔径，因此可适当选择活性纤芯的几何形状和材料，以支持由近红外泵浦作用在活性纤芯内产生的辐射光的一个或几个横向模。因此，具有优选掺稀土离子活性纤芯的上转换双包层光纤可用于将大功率近红外激光二极管阵列的多模强辐射光转变为具有优质光束质量的单模或少模激光发射可见光，当优质光束激光源的泵浦辐射线被直接发射到所述光纤的活性纤芯中时，可得到上转换激光输出功率的最佳结果。这是因为光子雪崩上转换需要局部的高泵浦强度，这最好通过聚焦到光纤端面上，并被导入掺稀土离子活性纤芯中的衍射限制泵浦辐射线来提供。

例如，图 1.48 显示了用两个调至 850 nm 泵浦波长的双色耦合 Ti^{3+}：Al_2O_3 激光器进行泵浦时的大功率上转换激光器运行模式[1.170]。在 5.51 W 的入射近红外总泵浦功率下，最大上转换激光输出功率为 1 020 mW（图 1.49），与入射泵浦功率相对应的总斜率效率为 19%[1.170]。

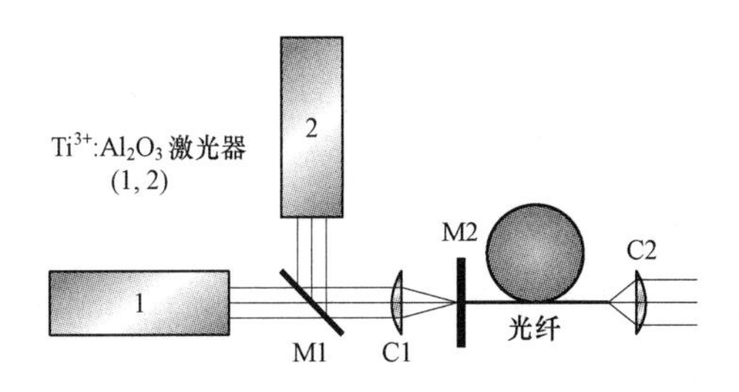

图 1.48 掺 Pr^{3+}，Yb^{3+}上转换 ZBLAN 光纤激光器的实验装置[1.170]
M1 – 双色镜；C1 – 非球面透镜；M2 –介质谐振腔镜；C2 –准直仪

另外，还可以利用含光束整形光学元件的近红外大功率二极管激光棒来泵浦由常见单包层结构和一个大面积多模活性纤芯组成的（掺 Pr^{3+}，Yb^{3+}）ZBLAN 光纤。在这种情况下，4.5 W 的泵浦功率被发射到纤芯中，在 635 nm 的波长下生成超过 2 W 的红光输出功率[1.238]。我们已在蓝光光谱范围内演示了在 491 nm 发射波长下的（掺 Pr^{3+}，Yb^{3+}）ZBLAN 上转换光纤激光器（Pr^{3+}的 $^3P_0 \to ^3H_4$ 跃迁），泵浦源是在 840 nm

波长下发射光的一个单模二极管激光器，在 200 mW 的入射泵浦功率下，最大蓝光输出功率为 8 mW[1.240]。

（2）其他可见光光纤激光器。在 ZBLAN 中，利用其他稀土离子也在可见光光谱范围内获得了激光振荡。表 1.11 综述了这些激光系统；文献［1.244］中详细描述了这些系统及其前景。

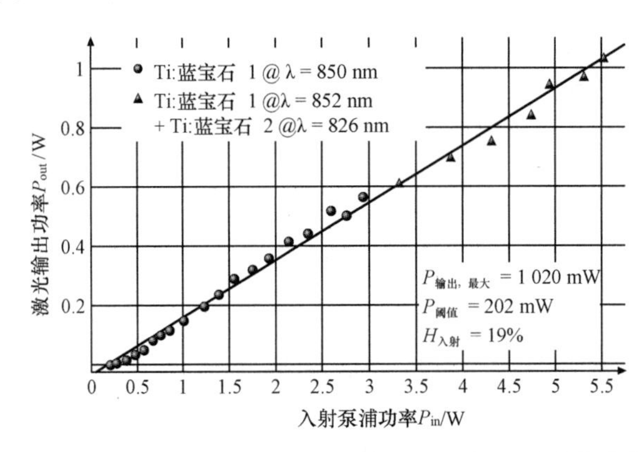

图 1.49　掺 Pr^{3+}，Yb^{3+}上转换 ZBLAN 光纤激光器的输入–输出特性［1.170］

表 1.11　室温掺稀土离子上转换光纤激光器的总览表

活性离子	$\lambda_{激光}$/nm	跃迁	$\lambda_{泵浦}$/nm	$P_{输出}$/mW	η/%	参考文献
Nd	381	$^4D_{3/2}\to{}^4I_{11/2}$	590	0.076	0.25（1）	［1.249］
Nd	412	$^2P_{3/2}\to{}^4I_{11/2}$	590	0.470	1.7（1）	［1.250］
Tm	455	$^1D_2\to{}^3F_4$	645+1 064	3	1.5	［1.251］
Tm	480	$^1G_4\to{}^3H_4$	1 130 1 123 680+≈1 100	33 230 14.8	34.6（吸收） 25（入射） 18.9（吸收）	［1.252］ ［1.253］ ［1.254–259］
Tm/Yb	480	$^1G_4\to{}^3H_4$	1 070 1 065 1 120，1 140	375 106 116	6.6（入射） 15	［1.260］ ［1.261］ ［1.262］
Dy	478 575	$^4F_{9/2}\to{}^6H_{15/2}$ $^4F_{9/2}\to{}^6H_{13/2}$	457（Ar^+）	2.3 10	0.9 1.5	［1.263］
Er	540	$^4S_{3/2}\to{}^4I_{15/2}$	801	23	16	［1.264，265］
Er	540	$^4S_{3/2}\to{}^4I_{15/2}$	970	50	51	［1.266–268］
Ho	544/549	$^5F_4\to{}^5I_8/{}^5S_2\to{}^5I_8$	≈640	40	22.4（发射）	［1.269–273］
Ho	753		647	0.54	3.3	［1.269］
Tm	810		1 064	1 200	37	［1.274］

1.2.3　近红外稀土激光器

1. Nd 激光器

最集中的研究过的固体激光器是掺 Nd^{3+}离子的材料。Nd^{3+}离子提供了近红外光谱范围内的各种激光谱线组。

（1）能级图。图 1.50 显示了从 $^4F_{3/2}$ 激光上能级到 $^4I_{13/2}$、$^4I_{11/2}$ 和 $^4I_{9/2}$ 多重态的跃迁。具体的吸收波长和发射波长取决于晶场，晶场影响着在一个多重态内部和不同多重态之间的裂距。如图 1.50 所示，^4I 多重态之间（以及 ^4F 之间）的裂距由 4f 电子的 *LS* 耦合决定，在由晶场引起的共价效应下只被影响到二阶。^4F 和 ^4I 能级之间的能量裂距由 4f 电子的库仑相互作用决定,在晶场的共价效应下也只被影响到二阶。因此，掺 Nd 晶体的跃迁波长在图 1.50 中为 Nd：$Y_3Al_5O_{12}$（Nd：YAG）指定的值附近的某个范围内变化。最强最常用的激光跃迁 $^4F_{3/2}\rightarrow{}^4I_{11/2}$ 在接近 1 060 nm 的波长下发射光（图 1.50）。

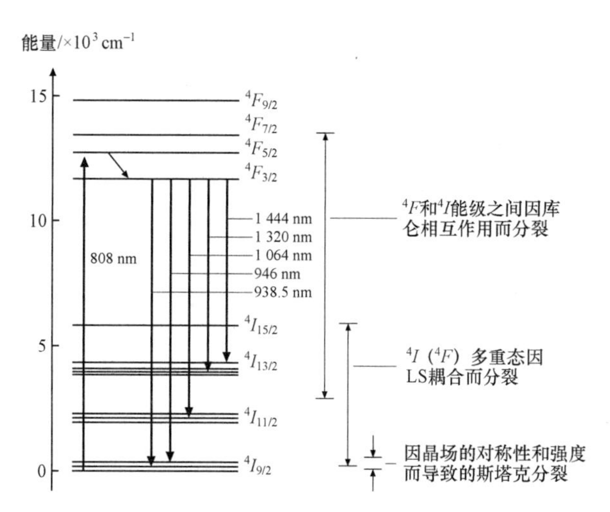

图 1.50　在 YAG 中 Nd^{3+}的能级图、泵浦和激光跃迁

图 1.51 和图 1.52 显示了在 300 K 温度下测量的 Nd：YAG 吸收与发射光谱。最强的吸收位置位于 808 nm 附近，最强的激光跃迁位于 1 064 nm 处。

（2）纵向和横向二极管泵浦。Nd 激光器通常由灯或二极管激光器来泵浦。第一代掺 Nd 固体激光器是利用连续波氪气灯或脉冲氙气灯来泵浦的。这些灯具有较高的电–光效率（大约 70%），而且能以合理的价格买到。令人遗憾的是，这些灯的发射光谱与掺 Nd 固态激光材料的 4f–4f 窄吸收谱之间常常重叠度较差，因此其电–光泵浦效率低——一般只有百分之几。

在现代钕激光器中，808 nm 波长下的二极管激光器常被用作泵浦源。激光二极管的效率一般大约为 50%，与灯泵浦相比有几个优点。从光谱角度来看，二极管发

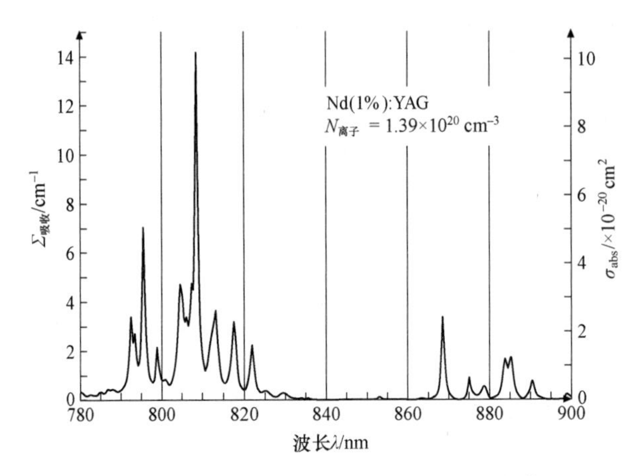

图 1.51　Nd（1%）：YAG 的吸收光谱和吸收截面

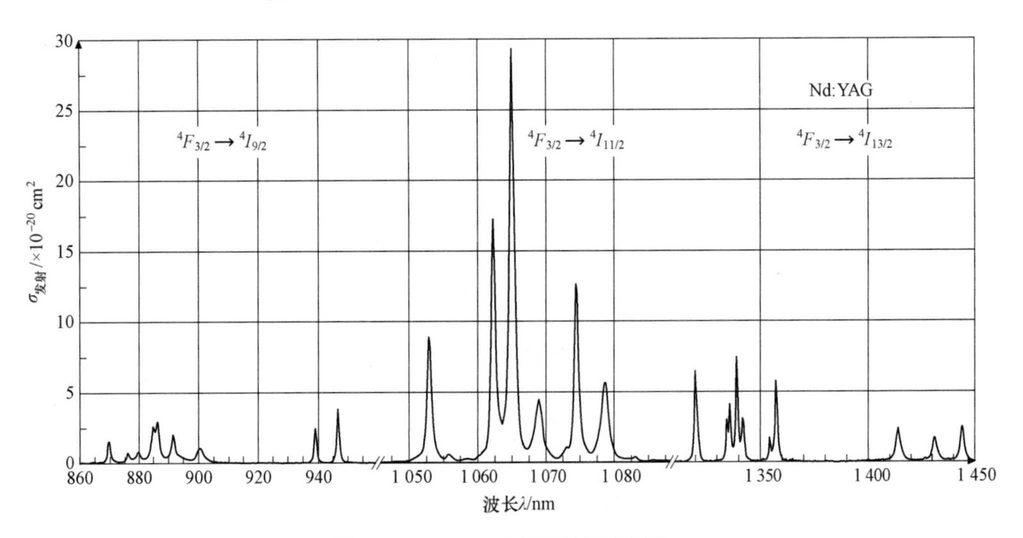

图 1.52　Nd：YAG 的发射截面光谱

射的是窄带光（1～5 nm），因此，二极管的发射光谱与 Nd 的 4f−4f 吸收光谱之间重叠度要好得多，由于光谱匹配度良好，因此二极管泵浦的总泵浦效率比灯泵浦高得多。此外，二极管泵浦在将光泵浦到晶体中时的能量转换效率要高得多，因此将电功率转换为激光功率时能达到 10%～30%的总效率。

用二极管进行选择性光谱泵浦还能减少激光晶体中的热量沉积，并降低热透镜效应，从而导致光束质量提高，衍射限制光束也更容易实现。

但二极管激光器也有缺点。由于激光工作横截面积小，而折射率相对较大，二极管激光器的光束发射度较大；其光束在横向和矢状方向上的质量差异也比较大，因为这些光束的工作面积尺寸通常约为 1 μm×100 μm，仅在一个维度上受到限制。对于功率缩放而言，必须使用条型或阵列型二极管，这会导致输出功率高达几十瓦特。但令人遗憾的是，很多单个条型二极管组合起来之后，也会使发射光谱展宽，同时组合辐射线的光束质量会进一步降低。因此，通常必须采用复杂的泵浦光学机制，例如光束整形[1.275]。

二极管激光器的激发可与好几种泵浦几何形状结合使用。泵浦激光器的常见几何形状是端面泵浦，能够产生几瓦特的输出功率以及极好的光束质量（图 1.53）。在这种几何形状中，泵浦辐射光沿着激光谐振腔轴线被聚焦到激光晶体中。泵浦模和激光模之间能达到很好的重叠度。可以采用吸收长度短的小体积增益介质，在低泵浦功率级下获得较高的粒子数反转。由于大多数的泵浦功率都储存在 TEM_{00} 激光模的体积内，因此高阶模通常无法振荡；端面泵浦激光器本身就具有极好的光束质量，但端面泵浦激光器很难缩放至高于 20 W 的输出功率，因为在较小的泵浦吸收体积内激光晶体可能会发生热致破裂。

另一种二极管泵浦方法是侧面泵浦（图 1.54[1.276]）。这种方法中的泵浦几何形状与灯泵浦的布局基本相似。在激光晶体的侧面放置有一个或几个线性泵浦二极管棒，通常将泵浦辐射线成像到与激光谐振腔轴线垂直的晶体内。在侧面泵浦中，晶体在其总体积内被相对均匀地泵浦，所实现的激发强度通常比在二极管激光器的端面泵浦系统中更小。但由于采用了更大的增益介质，因此可以将更多的能量存储在激光晶体中，从而获得更高的输出功率。由于在晶体内存在更大的激光模，因此高阶模也通常在这些激光器中振荡，故光束质量常常也相当低。

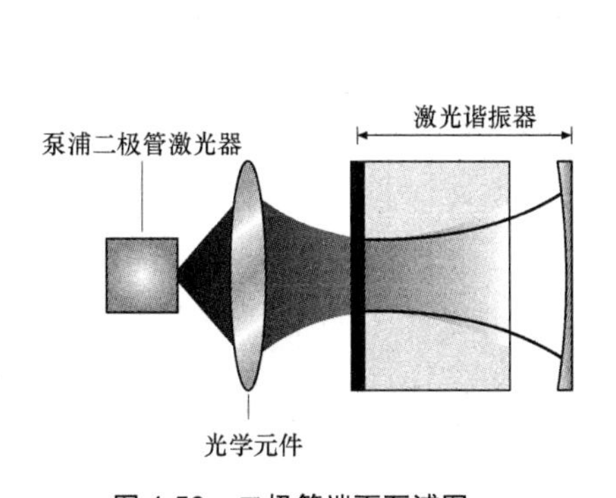

图 1.53　二极管端面泵浦图

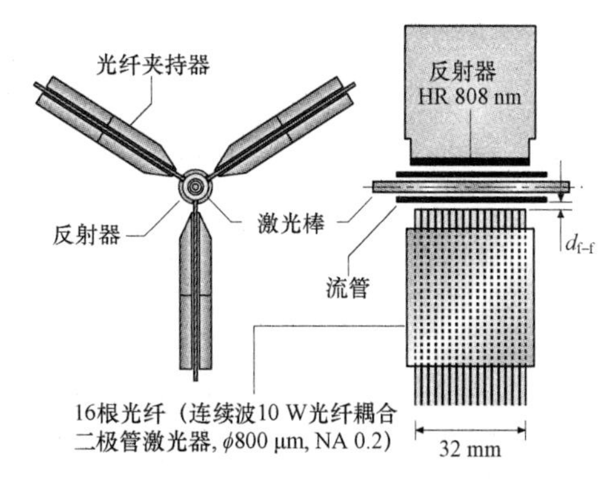

图 1.54　二极管侧面（横向）泵浦示意图[1.276]

掺 Nd 光纤激光器还能以特殊配置运行（例如见文献［1.277–288］），并在很多用途中使用。对于大功率激光的产生，通常要采用双包层光纤。本章稍后将描述这种激光器的基本方面。

（3）最重要的 Nd 激光器。最重要的掺 Nd 激光材料具有相对较高的发射截面、相对较长的 Nd^{3+} 上能级寿命、高损伤阈值、高机械/化学稳定性、良好的热导率和很好的光学质量，见表 1.12。科研人员已研究过很多主晶，包括钇铝石榴石（YAG）、钇铝钙钛矿（YAP 或 YALO）、钇锂氟化物（YLF）和钒酸钇（YVO），已在很多掺 Nd 激光材料中演示了斜率效率超过 60%的、极高效的小型二极管泵浦激光器。

表 1.12　Nd^{3+}的重要基质材料[1.293]

基质	YAG	YAlO（FAP）	YVO	GVO	YLF
化学式	$Y_3Al_5O_{12}$	$YAlO_3$	YVO_4	$GdVO_4$	$YLiF_4$
晶格对称性	立方晶系	斜方晶系	正方晶系	正方晶系	正方晶系
空间群	$1a3d$	$Pnma$	$14_1/amd$	$14_1/amd$	$14_1/a$
晶格常数/Å	12.00	a=5.33 b=7.37 c=5.18	a=7.120 c=6.289	a=7.123 b=6.291	a=5.18 c=10.74
Nd 晶位的密度/$\times 10^{20}$ cm^{-3}	1.39	1.96	1.255	1.25	1.39
热导率/（$W \cdot m^{-1} \cdot K^{-1}$）	11－13	11	5～12 [a]	8～12 [a]	6
$dn_i/dT/\times 10^{-6}$ K^{-1}	9.9	14.5（a） 9.7（b）	8.5（a） 3.0（c）		−0.9（a） −2.9（c）
$dL/dT/\times 10^{-6}$ K^{-1}	8.2	4.4（a） 10.8（b） 9.5（c）	3.1（a） 7.2（c）	1.6（a） 7.3（c）	13（a） 8（c）
最大声子能量/cm^{-1}	700	550	850		490
折射率@1 060 nm	n=1.822	n_a=1.926 0 n_b=1.911 8 n_c=1.934 6	n_o=1.958 n_e=2.168	n_o=1.972 n_e=2.192	n_o=1.454 n_e=1.477
τ（$^4F_{3/2}$）/μs	250	160	97	100	500
$\lambda_{吸收}$/nm	808	813（E ‖ a）	808	808	792
$\sigma_{吸收}/\times 10^{-20}$ cm^2	7.9	7.2（E ‖ a）	60（π） 12（σ）	54（π） 12（σ）	14（π） 1.2（σ）
$\lambda_{激光}$（$^4I_{11/2}$）/nm	1 064	1 080（E ‖ a）	1 064	1 063	1 047（π） 1 054（σ）
$\sigma_{发射}$（$^4I_{11/2}$）/$\times 10^{-20}$ cm^2	29	25（E ‖ a）	123（π） 52（σ）	125（π） 61（σ）	1.5（π） 1.5（σ）
$\Delta\lambda$（$^4I_{11/2}$）/nm	0.8	2.5（E ‖ a）	1.0（π） 1.5（σ）	1.2（π） 1.3（σ）	1.5（π） 1.5（σ）
$\lambda_{激光}$（$^4I_{9/2}$）/nm	946	930	914（π） 915（σ）	912（π） 912（σ）	904（π） 909（σ）
$\sigma_{发射}$（$^4I_{9/2}$）/$\times 10^{-20}$ cm^2	3.9	4.1（E ‖ a）	4.8（π） 4.3（σ）	6.6（π） 5.6（σ）	1.2（π） 1.3（σ）
$\Delta\lambda$/nm	1.0	2.5（E ‖ a）	2.8（π） 3.4（σ）	2.5（π） 3.3（σ）	3.0（π） 3.0（σ）

[a] 钒酸盐 YVO 和 GVO 的热导率发表数据相差很大[1.289－292]

Nd: YAG 仍被视为最重要的固体激光器，由于具有很好的光学性能和力学性能，二极管泵浦 Nd：YAG 激光器很稳固可靠，这种激光器应用很广泛。在最近几年，Nd：YAG 还被用作具有高光学质量的陶瓷。

钒酸盐 Nd：YVO 和 Nd：GVO 将发出偏振辐射光，并呈现较大的截面和增益。

（4）Nd 激光波长和材料。迄今为止，已有各种 Nd 激光器被报道。表 1.13～表 1.15 列出了激光材料以及在 300 K 温度下的 $^4F_{3/2}\to{}^4I_{9/2}$，$^4I_{11/2}$，$^4I_{13/2}$ 跃迁中观察到的激光波长。这些表还列出了已开发的、具有极好光学质量和低散射损耗的掺 Nd 陶瓷。因此，陶瓷激光器的效率可达到与晶体激光器一样高。

除非另有规定，激光材料相关数据可从文献［1.229］中找到。

表 1.13　在 300 K 温度下，$^4F_{3/2}\to{}^4I_{9/2}$ 跃迁的激光波长[1.229]

波长/nm	材料
0.891 0	$Y_3Al_5O_{12}$
0.899 9	$Y_3Al_3O_{12}$
0.901	$Sr_{1-x}La_xMg_xAl_{12-x}O_{19}$[1.294]
0.910 6	$Ba_3LaNb_3O_{12}$
0.910	$LiLuF_4$[1.293]
0.912	Y_2SiO_5
0.912	YVO_4[1.295]
0.912	$GdVO_4$[1.296-298]
0.914	YVO_4[1.299]
0.916	$LuVO_4$[1.300,301]
0.930	$YAlO_3$[1.229,302]
0.931 2	$YAlO_3$
0.936	$Gd_3Sc_2Ga_3O_{12}$
0.938 5	$Y_3Al_5O_{12}$
≈0.94	$Y_3Al_5O_{12}$[1.303]
0.941	$CaY_2Mg_2Ge_3O_{12}$
0.945 8～0.946 4	$Y_3Al_5O_{12}$[1.304]
0.946	$Y_3Al_5O_{12}$[1.229,305-313]
0.946	$Y_3Al_5O_{12}$ 陶瓷[1.314]
0.966	Sc_2O_3[1.315]

2. Yb 激光器

Yb^{3+}的相干振荡最初是在 YAG 中在 77 K 温度下观察到的[1.316]。1991 年，二极管泵浦 Yb：YAG 激光器[1.317]在室温下首次实现，使人们对掺 Yb 激光材料在 300 K 温度下的激光二极管泵浦重新燃起浓厚的研究兴趣。与其他稀土激光器相比，掺 Yb^{3+} 固体激光器有如下几个重要优势。

① Yb^{3+}离子只有两个能态：基态 $^2F_{7/2}$ 和激发态 $^2F_{5/2}$，其能量间隔大约为 10 000 cm^{-1}。因此，泵浦辐射和激光辐射不存在激发态吸收（图 1.55）。

② Yb^{3+}的量子效率接近于 1。

③ 由于斯托克斯频移小，而且相关的量子数亏损也小（一般为 500 cm^{-1}），因此 Yb^{3+}在激光过程中的热生成量少，使得 Yb^{3+}成为适于高平均功率激光器的一种离子。

④ Yb^{3+}的离子半径与其他稀土离子的半径相比较小，这有利于 Yb^{3+}融入基于 Y 的主晶（例如 YAG）中，从而得到更高的掺杂剂浓度和更短的增益元件（例如磁盘）。

⑤ Yb^{3+}离子具有相对较宽的发射带，导致可调谐性并生成超短脉冲。

⑥ 在不同的晶体内，激光能级的辐射寿命范围从几百微秒到几毫秒。这意味着储能效率更大，尤其是在用二极管泵浦进行调 Q 运行时。

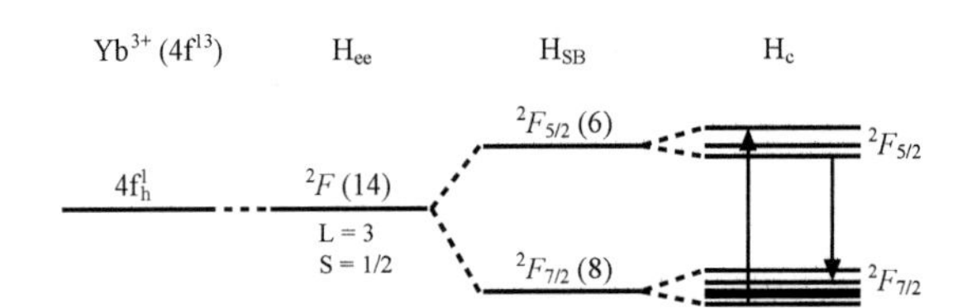

图 1.55　Yb^{3+}的能级图：自由离子状态（一个 4f 空穴 $4f_h^1$），电子－电子相互作用（H_{ee}），因自旋－轨道相互作用 H_{SB} 和晶场 H_c 而分裂。泵浦和激光跃迁用箭头表示

掺 Yb^{3+}激光器的一个缺点是按准三能级图来运行，在激光波长下进行随温度而变的再吸收。因此与四能级图相比阈值增加了，因为泵浦必须“漂白”再吸收损失（见 1.2.1 节中的基本光谱特性部分）。

图 1.56 和图 1.57 显示了 Yb:YAG 的吸收和发射截面光谱例子[1.318]。当在 940 nm 或 970 nm 的吸收峰附近泵浦时，至 1 030 nm 激光波长的斯托克斯频移小于 10%，因此原则上允许斜率效率超过 90%。

（1）Yb^{3+}薄片激光器。关于二极管泵浦 Yb 激光器的功率调节，Giesen 等人[1.319]发明了薄片激光器概念，作为大功率激光器的一种泵浦和共振器设计（图 1.58）。

表 1.14　在 300 K 温度下 $^4F_{3/2}\to{}^4I_{11/2}$ 跃迁的激光波长[1.229]

波长	材料
0.97（跃迁 $^4F_{5/2}$，$^2H_{9/2}\to{}^4I_{11/2}$）	$RbPb_2Br_5$[1.321]
1.036 9	CaF_2-SrF_2
1.037 0	CaF_2
1.037 0～1.039 5	SrF_2
1.040 65～1.041 0	LaF_3
1.041 0	CeF_3
1.041 2	KYF_4
1.042～1.075	$Na_{0.4}Y_{0.6}F_{2.2}$
1.044 5	SrF_2
1.046～1.064	$LiNdP_4O_{12}$
1.046 1	CaF_2-YF_3
1.046 1～1.046 8	CaF_2
1.047	$LiGdF_4$
1.047	$LiNdP_4O_{12}$
1.047	$LiYF_4$
1.047～1.078	NdP_5O_{14}
1.047 1	$LiYF_4$
1.047 2	$LiLuF_4$
1.047 5	$LaBGeO_5$
1.047 7	$Li(Nd,La)P_4O_{12}$
1.047 7	$Li(Nd,Gd)P_4O_{12}$
1.048	$Li(Bi,Nd)P_4O_{12}$
1.048	$Li(Nd,La)P_4O_{12}$
1.048	$Li(Nd,Gd)P_4O_{12}$
1.048	$K_5(Nd,Ce)Li_2F_{10}$
1.048 1	$LiKYF_5$
1.048 2	$LaBGeO_5$
1.048 2	$NaLa(MoO_4)_2$
1.048 6	LaF_3-SrF_2
1.049～1.077	$NaNdP_4O_{12}$
1.049 1	$SrAl_{12}O_{19}$

续表

波长	材料
1.049 3	$Sr_2Y_5F_{19}$
1.049 5	BaY_2F_8
1.049 5	GdF_3-CaF_2
1.049 7	$SrAl_2O_4$
1.049 8	$Ca_2Y_5F_{19}$
1.049 8	$SrAl_{12}O_{19}$
1.05	$KNdP_4O_{12}$
1.05	NdP_5O_{14}
1.05	LaP_5O_{14}
1.05	$LiLuF_4$
1.050 0	CaF_2-ScF_3
1.050 5	$(Nd,La)P_5O_{14}$
1.050 5	$5NaF-9YF_3$
1.050 6	$5NaF-9YF_3$
1.050 7	CdF_2-ScF_3
1.051	$NaNdP_4O_{12}$
1.051	YP_5O_{14}
1.051	$(La,Nd)P_5O_{14}$
1.051	CeP_5O_{14}
1.051	GdP_5O_{14}
1.051	NdP_5O_{14}
1.051 1	$(Nd,La)P_5O_{14}$
1.051 2	NdP_5O_{14}
1.051 2	$(Nd,La)P_5O_{14}$
1.051 2	$(Y,Nd)P_5O_{14}$
1.051 3	NdP_5O_{14}
1.051 5	YP_5O_{14}
1.051 5	NdP_5O_{14}
1.052	$(Nd,La)P_5O_{14}$
1.052	$KNdP_4O_{12}$
1.052	$K_5NdLi_2F_{10}$

续表

波长	材料
1.052	$Y_3Al_5O_{12}$
1.052 1	BaF_2-YF_3
1.052 1	NdP_5O_{14}
1.052 1	YF_3
1.052 5	YP_5O_{14}
1.052 6	BaF_2-GdF_3
1.052 8	SrF_2-GdF_3
1.052 9	NdP_5O_{14}
1.053	$LiYF_4$
1.053	$(La,Nd)P_5O_{14}$
1.053～1.062	$Ca_3(Nb,Ga)_2Ga_3O_{12}$
1.053 0	$LiYF_4$
1.053 0	BaY_2F_8
1.053 0	CaF_2-LuF_3
1.053 0～1.059	$LaMgAl_{11}O_{19}$
1.053 1	$LiLuF_4$
1.053 2	$LiKYF_5$
1.053 4～1.056 3	BaF_2-LaF_3
1.053 5	$Lu_3Al_5O_{12}$
1.053 5～1.054 7	$CaF_2-SrF_2-BaF_2-YF_3-LaF_3$
1.053 7	BaF_2-CeF_3
1.053 9～1.054 9	$\alpha-NaCaYF_6$
1.054	$Gd_3Ga_5O_{12}$
1.054	$LaAl_{11}MgO_{19}$
1.054～1.086	$LaAl_{11}MgO_{19}$
1.054 0	CaF_2-YF_3
1.054 0	BaF_2
1.054 0	CaF_2-YF_3
1.054 3	BaF_2-CeF_3
1.054 3	SrF_2-ScF_3

续表

波长	材料
1.054 36	$Ba_2MgGe_2O_7$
1.054 37	$Ba_2ZnGe_2O_7$
1.054 7	$LaMgAl_{11}O_{19}$
1.054 99	CsY_2F_7
1.055	$Na_3Nd(PO_4)_2$
1.055	$K_3(La,Nd)(PO_4)_2$
1.055	$Na_3(La,Nd)(PO_4)_2$
1.055 1	$Pb_5(PO_4)_3F$
1.055 2	$LaMgAl_{11}O_{19}$
1.055 4	$LiNdP_4O_{12}$
1.055 4	KY_3F_{10}
1.055 5	$CsGd_2F_7$
1.055 5	$Ba_5(PO_4)_3F$
1.055 6	SrF_2-LuF_3
1.056 0	SrF_2-LuF_3
1.056 6	$La_2Si_2O_7$
1.056 7	SrF_2YF_3
1.056 9	$NdGaGe_2O_7$
1.057 0	$GdGaGe_2O_7$
1.057 2	$LaSr_2Ga_{11}O_{20}$
1.057 3	$CaMoO_4$
1.057 5	$CsLa(WO_4)_2$
1.057 6	$SrAl_4O_7$
1.057 6	$SrMoO_4$
1.057 6	$La_2Si_2O_7$
1.058	$Gd_3Sc_2Ga_3O_{12}$
1.058 2	$Ca_3Ga_4O_9$
1.058 2～1.059 7	$CaWO_4$
1.058 3	$Y_3Sc_2Ga_3O_{12}$
1.058 4	$Y_3Sc_2Ga_3O_12:Cr$
1.058 4	$Y_3Sc_2Ga_3O_{12}$

续表

波长	材料
1.058 4	$CaY_2Mg_2Ge_3O_{12}$
1.058 5	$YAlO_3$
1.058 5	$LiLa(MoO_4)_2$
1.058 5	$Sr_5(PO_4)_3F$
1.058 5	$CaF_2-SrF_2-BaF_2-YF_3-LaF_3$
1.058 5	$KLa(MoO_4)_2$
1.058 6	$Sr_5(PO_4)_3F$
1.058 6	$PbMoO_4$
1.058 7	$KLa(MoO_4)_2$
1.058 7	$CaWO_4$
1.058 8	$Ca_3(Nb,Ga)_2Ga_3O_{12}$
1.058 9	$SrF_2-CeF_3-GdF_3$
1.058 9	$Y_3Ga_5O_{12}$
1.058 96	$CaMg_2Y_2Ge_3O_{12}$
1.059	$(La,Sr)(Al,Ta)O_3$
1.059	$BaLaGa_3O_7$
1.059	$NaY(WO_4)_2$
1.059	$Na_{1+x}Mg_xAl_{11-x}O_{17}$
1.059	$Na_2Nd_2Pb_6(PO_4)_6Cl_2$
1.059	$Sr_5(PO_4)_3F$[1.322]
1.059 0	SrF_2-CeF_3
1.059 0	Gd_3Ga5O_{12} 波导[1.323]
1.059 1	Gd_3Ga5O_{12}
1.059 1	$Lu_3Sc_2Al_3O_{12}$
1.059 1	$LaGaGe_2O_7$
1.059 3	$Sr_4Ca(PO_4)_3F$
1.059 4	$Lu_3Ga_5O_{12}$
1.059 5	$5NaF-9YF_3$
1.059 5	$Y_3Sc_2Al_3O_{12}$
1.059 5	$NaLa(MoO_4)_2$
1.059 5	$BaLaGa_3O_7$

续表

波长	材料
1.059 6	$CaAl_4O_7$
1.059 6	$Ca_3Ga_2Ge_3O_{12}$
1.059 6	SrF_2
1.059 7	$Ca_3Ga_2Ge_3O_{12}$
1.059 7～1.058 3	SrF_2-LaF_3
1.059 7～1.062 9	$\alpha-NaCaYF_6$
1.059 9	$Lu_3Sc_2Al_3O_{12}$
1.059 9	$LiGd(MoO_4)_2$
1.059 95	$Gd_3Sc_2Al_3O_{12}$
≈1.06	$(Gd,Ca)_3(Ga,Mg,Zr)_5O_{12}$:Cr
≈1.06	$CaGd_4(SiO_4)_3O$
≈1.06	$Ca_4YO(BO_3)_3$[1.324]
≈1.06	$Y_3Al_5O_{12}$[1.303]
≈1.06	$Y_3Sc_{1.0}Al_{4.0}O_{12}$ 陶瓷[1.325]
≈1.06	$Gd_3Sc_2Al_3O_{12}$
≈1.06	$GdAl_3(BO_3)_4$[1.326]
≈1.06	$NaLa(MoO_4)_2$
≈1.06	$NaGd(WO_4)_2$
≈1.06	$NdAl_3(BO_3)_4$
≈1.06	$YAl_3(BO_3)_4$[1.229,327]
≈1.06	$Gd_3Ga_5O_{12}$
≈1.06	$GdVO_4$[1.229,328－330]
≈1.06	YVO_4[1.329,330]
≈1.06	$La_{0.2}Gd_{0.8}VO_4$[1.329,331]
1.060	$Gd_3Ga_5O_{12}$:Cr
1.060	$Ca_4GdO(BO_3)_3$[1.229,332－334]
1.060	$Ca_4YO(BO_3)_3$[1.335]
1.060	LaB_3O_6[1.336]
1.060 0	$Gd_3Ga_5O_{12}$
1.060 1	$GdGaGe_2O_7$
1.060 3	$Y_3Ga_5O_{12}$

续表

波长	材料
1.060 3	$Gd_2(WO_4)_3$
1.060 3～1.063 2	CaF_2-YF_3
1.060 4	$HfO_2-Y_2O_3$
1.060 4	$NaLuGeO_4$
1.060 5	SrF_2-ScF_3
1.060 6	$Gd_2(MoO_4)_3$
1.060 6	$Gd_3Ga_5O_{12}$
1.060 6	$Gd_3Ga_5O_{12}$ 波导[1.323]
1.060 7	$Sr_3Ca_2(PO_4)_3$
1.060 7	CaF_2-ScF_3
1.060 8	$ZrO_2-Y_2O_3$
1.060 8	$Nd_3Ga_5O_{12}$
1.060 8	$NaGaGe_2O_7$
1.060 9	$Lu_3Ga_5O_{12}$
1.060 9	$NaYGeO_4$
1.061	$Ca_2Al_2SiO_7$
1.061	$BaGd_2(MoO_4)_4$
1.061	$CaMoO_4$
1.061	YVO_4[1.337]
1.061	$CaLa_4(SiO_4)_3O$
1.061 0	$Ca_2Ga_2SiO_7$
1.061 0	$7La_2O_3-9SiO_2$
1.061 0～1.062 7	$Y_3Al_5O_{12}$
1.061 2	$Gd_3Sc_2Ga_3O_{12}$
1.061 2	$CaLa_4(SiO_4)_3O$
1.061 2	$Ca_3(Nb,Ga)_2Ga_3O_{12}$
1.061 3	$Ca_4La(PO_4)_3O$
1.061 3	$Ba_2NaNb_5O_{15}$
1.061 3	$Gd_3Sc_2Ga_3O_{12}$
1.061 5	$Ca(NbO_3)_2$
1.061 5	$Y_3Al_5O_{12}$

续表

波长	材料
1.061 5	$Lu_3Al_5O_{12}$
1.061 5	$Y_3Sc_2Ga_3O_{12}$
1.061 5	$Ba_{0.25}Mg_{2.75}Y_2Ge_3O_{12}$
1.061 5	$NaGdGeO_4$
1.061 5	$Y_3Al_5O_{12}$
1.061 5～1.062 5	$Ca(NbO_3)_2$
1.061 8	$Sr_2Ca_3(PO_4)_3F$
1.061 8	$SrAl_{12}O_{19}$
1.061 8	CaF_2-ScF_3
1.061 8	$LaNbO_4$
1.062	$LaSc_3(BO_3)_4$[1.229,338]
1.062 0	$Gd_3Sc_2Al_3O_{12}$
1.062 0	$Lu_3Sc_2Al_3O_{12}$
1.062 1	$SrAl_{12}O_{19}$
1.062 1	$Gd_3Ga_5O_{12}$
1.062 2	$Y_3Sc_2Al_3O_{12}$
1.062 3～1.105 85	$CaF_2-SrF_2-BaF_2-YF_3-LaF_3$
1.062 3	$Lu_3Ga_5O_{12}$
1.062 3	CaF_2-LuF_3
1.062 3～1.062 8	CaF_2
1.062 4	$LaNbO_4$
1.062 5	$Y_3Ga_5O_{12}$
1.062 5	YVO_4
1.062 8	$SrWO_4$
1.062 9	$Ca_5(PO_4)_3F$
1.062 9	$\alpha-NaCaYF_6$
1.062 9	$Bi_4Si_3O_{12}$
1.062 9～1.065 6	CdF_2-YF_3
1.063	$GdVO_4$[1.339]
1.063	$Gd_3Sc_2Ga_3O_{12}:Cr$
1.063	$SrWO_4$

续表

波长	材料
1.063	$Na_5(Nd,La)(WO_4)_4$
1.063	$NdAl_3(BO_3)_4$
1.063	$(La,Nd)P_5O_{14}$
1.063	$NdAl_3(BO_3)_4$
1.063 0	$Ca_5(PO_4)_3F$
1.063 2	$CaF_2-YF_3-NdF_3$
1.063 2	CaF_2-YF_3
1.063 3～1.065 3	$\alpha-NaCaCeF_6$
1.063 35～1.063 8	LaF_3
1.063 4	YVO_4
1.063 5	LaF_3-SrF_2
1.063 5	$NdAl_3(BO_3)_4$
1.063 5	$NaLa(WO_4)_2$
1.063 5	$(Nd,Gd)Al_3(BO_3)_4$
1.063 5	$Bi_4(Si,Ge)_3O_{12}$
1.063 5	CaF_2-LuF_3
1.063 7～1.067 0	$Y_3Al_5O_{12}$
1.063 75～1.067 2	$Lu_3Al_5O_{12}$
1.063 8	CeF_3
1.063 8	$CaAl_4O_7$
1.063 8	$NaBi(WO_4)_2$
1.063 8	NdP_5O_{14}
1.063 8	$Ca_3Ga_2Ge_3O_{12}$
1.063 8～1.064 4	$(Y,Ce)_3Al_5O_{12}$
1.063 9	$Ca_3Ga_2Ge_3O_{12}$
1.064	$Y_3Al_5O_{12}$[1.229,308,340－342]
1.064	$Y_3Al_5O_{12}$ 陶瓷[1.325,343－356]
1.064	$Y_3Al_5O_{12}$:Fe
1.064	$Y_3Al_5O_{12}$:Ti
1.064	$Y_3Al_5O_{12}$:Cr,Ce
1.064	$Y_3Al_5O_{12}$:Ho

续表

波长	材料
1.064	$Y_3Al_5O_{12}$:Er
1.064	YVO_4[1.357－360]
1.064	YVO_4单晶光纤[1.361]
1.064	LaF_3
1.064	$KGd(WO_4)_2$[1.362]
1.064	$La_3Ga_{5.5}Ta_{0.5}O_{14}$[1.363]
1.064 0	$La_3Ga_5SiO_{14}$
1.064 0～1.065 7	CaF_2-CeF_3
1.064 05～1.065 4	$YAlO_3$
1.064 1	$Y_3Al_5O_{12}$:Cr
1.064 1	YVO_4
1.064 1	$La_3Ga_{5.5}Ta_{0.5}O_{14}$
1.064 15	$Y_3Al_5O_{12}$
1.064 15	Y_3Al5O_{12}[1.364]
1.064 2	$Ca_3Ga_2Ge_3O_{12}$
1.064 2	$NaBi(WO_4)_2$
1.064 25	$Lu_3Al_5O_{12}$
1.064 3	$SrMO_4$
1.064 4	$Bi_4Ge_3O_{12}$
1.064 5	CaF_2-LaF_3
1.064 5	$La_3Ga_{5.5}Nb_{0.5}O_{14}$
1.064 5	$La_3Ga_5SiO_{14}$
1.064 5	$YAlO_3$
1.064 5	YAlO:Cr
1.064 6	$Y_3Al_5O_{12}$
1.064 6	$KLa(MoO_4)_2$
1.064 7	$CeCl_3$
1.064 8	YVO_4
1.064 9	$CaY_2Mg_2Ge_3O_{12}$
1.065	$GdVO_4$
1.065	$(Nd,Gd)Al_3(BO_3)_4$

续表

波长	材料
1.065	$Sr_5(VO_4)_3Cl$
1.065	$Sr_5(VO_4)_3F$
1.065 0	$La_3Ga_5GeO_{14}$
1.065 0	$RbNd(WO_4)_2$
1.065 2	$CaWO_4$
1.065 2	CdF_2-LuF_3
1.065 3～1.063 3	$\alpha-NaCaCeF_6$
1.065 3	$NaLa(MoO_4)_2$
1.065 3～1.066 5	$NaLa(MoO_4)_2$
1.065 4	CaF_2-GdF_3
1.065 4	$NdGaGe_2O_7$
1.065 6	CdF_2-YF_3
1.065 7～1.064 0	CaF_2-CeF_3
1.065 7	CaF_2
1.065 8	$LiLa(MoO_4)_2$
1.065 8	$CsNd(MoO_4)_2$
1.065 8	$LuVO_4$[1.365]
1.065 9	$GdGaGe_2O_7$
1.066	$Nd(Ga,Cr)_3(BO_3)_4$
1.066	$K_5Nd(MoO_4)_4$
1.066	$K_5Bi(MoO_4)_4$
1.066 1	CaF_2
1.066 4～1.067 2	YVO_4
≈1.066 5	CdF_2-LaF_3
1.066 6	CdF_2
1.066 7	CdF_2-GeF_3
1.066 7	$NaGd(MoO_4)_2$
1.066 8	CdF_2-LaF_3
1.066 9	$KY(MoO_4)_2$
1.067	$Ca_3(VO_4)_2$
1.067 0	$La_3Ga_5SiO_{14}$

续表

波长	材料
1.067 2	$CaY_4(SiO_4)_3O$
1.067 2	CdF_2-GdF_3
1.067 2	$KGd(WO_4)_2$
1.067 2	$La_3Ga_5SiO_{14}$
1.067 3	$GaMoO_4$
1.067 3	$La_3Ga_5SiO_{14}$
1.067 4	$NaY(MoO_4)_2$
1.067 5	$LuAlO_3$
1.067 5	$Na_2Nd_2Pb_6(PO_4)_6Cl_2$
1.067 5	$Nd3Ga5SiO_{14}$
1.067 5	$Nd_3Ga_5GeO_{14}$
1.068	$Na_2Nd_2Pb_6(PO_4)_6Cl_2$
1.068 0	$Nd_3Ga_5GeO_{14}$
1.068 2	$Y_3Al_5O_{12}$
1.068 7～1.069 0	$KY(WO_4)_2$
1.068 8	$Ga_3Ga_2SiO_7$
1.068 8	$Ca_2Ga_2Ge_4O_{14}$
1.068 8	$KY(WO_4)_2$
1.068 9	$NdGaGe_2O_7$
1.069 0	$GdAlO_3$
1.069 0	$Ca_3Ga_2Ge_4O_{14}$
1.069 4	$Sr_3Ga_2Ge_4O_{14}$
1.069 8	$La_2Be_2O_5$
1.07	KPb_2Br_5[1.321]
1.07	$RbPb_2Br_5$[1.321]
1.070	$La_2Be_2O_5$
1.070 1	$Gd_2(MoO_4)_3$
1.070 1～1.070 6	$KLu(WO_4)_2$
1.070 6	$KY(WO_4)_2$
1.070 6	$LaSr_2Ga_{11}O_{20}$
1.071 1	Y_2SiO_5

续表

波长	材料
1.071 4	$KLu(WO_4)_2$
1.071 4～1.071 6	$KLu(WO_4)_2$
1.071 5	Y_2SiO_5
1.071 6～1.072 1	$KLu(WO_4)_2$
1.072 0	$CaSc_2O_4$
1.072 1	$KLu(WO_4)_2$
1.072 55～1.073 0	$YAlO_3$
1.072 6	$YAlO_3$
1.072 9	$YAlO_3$
1.073	$KLu(WO_4)_2$[1.366]
1.073 7	$Y_3Al_5O_{12}$
≈1.074	$Y_2O_3-ThO_2-Nd_2O_3$
1.074	$SrAl_{12}O_{19}$
1.074 1	Gd_2O_3
1.074 1	Y_2SiO_5
1.074 2	Y_2SiO_5
1.074 6	Y_2O_3
1.074 6	Y_2O_3 陶瓷[1.367]
1.075	La_2O_2S
1.075 7	$Sr_3Ga_2Ge_4O_{14}$
1.075 9	$LuAlO_3$
1.075 9	Lu_2O_3 陶瓷[1.368]
1.076 0	$GdAlO_3$
1.077 5～1.084 5	$CaYAlO_4$
1.078 0	$Y_3Al_5O_{12}$
1.078 0～1.086	$LaMgAl_{11}O_{19}$
1.078 2	Y_2SiO_5
1.078 2～1.081 5	$YAlO_3$
1.078 5	$LuScO_3$
1.078 6	$CaAl_4O_7$
1.078 6	Y_2O_3 陶瓷[1.367]

续表

波长	材料
1.078 8	$Ca_2Ga_2SiO_7$
1.078 9	Gd_2O_3
1.079	$La_2Be_2O_5$
1.079 0	$La_2Be_2O_5$
1.079 0	Lu_2SiO_5
1.079 25	Lu_2SiO_5
1.079 5	$YAlO_3$
1.079 5～1.080 2	$YAlO_3$
1.079 6	$YAlO_3$
1.08	Y_2O_3
1.08	$YAlO_3$[1.369]
1.080	Lu_2O_3 陶瓷[1.368]
1.080 4	$LaAlO_3$
1.080 6	$CaYAlO_4$
1.081 2	Sc_2SiO_5
1.081 45	Sc_2SiO_5
1.081 7	$LaMgAl_{11}O_{19}$
1.082 4	$LaMgAl_{11}O_{19}$
1.082	Sc_2O_3[1.315]
1.082～1.084	$LaMgAl_{11}O_{19}$
1.082 8	$SrAl_4O_7$
1.082 9～1.085 9	$LiNbO_3$
1.083	$YAlO_3$
1.083 2	$LuAlO_3$
1.083 2～1.085 5	$YAlO_3$
1.084 3	$YScO_3$
1.084 5	$YAlO_3$
1.084 6	$LiNbO_3$

续表

波长	材料
1.085	$LiNbO_3$:Mg
1.085 15	$GdScO_3$
1.086 8	$CaSc_2O_4$
≈1.088 5	CaF_2-CeO_2
1.088 5～1.088 9	CaF_2
1.090 9	$YAlO_3$
1.091	$Ca_4GdO(BO_3)_3$[1.332]
1.092 1	$YAlO_3$
1.092 2～1.093 3	$LiNbO_3$
1.093	$LiNbO_3$
1.093 3	$LiNbO_3$
≈1.094	$LiNbO_3$:MgO
1.098 9	$YAlO_3$
1.105 4	$Y_3Al_5O_{12}$
1.111 9	$Y_3Al_5O_{12}$
1.115 8	$Y_3Al_5O_{12}$
1.122 5	$Y_3Al_5O_{12}$

激活介质是一个薄圆片，已针对泵浦波长和激光波长进行涂膜，在背侧有一个高反射率（HR）介质镜，在前侧有一层抗反射膜；此圆片与背部 HR 侧的一个散热器粘结。共振器由已涂膜的晶体和输出耦合器形成。泵浦光由聚焦到晶体上的光纤耦合激光二极管提供。由于在泵浦光单程通过晶体时薄晶体片只吸收一小部分泵浦光，因此泵浦光会被抛物面反射镜和可折叠的棱镜多次反射回晶体片中[1.320]。可能要用到总共 32 个泵浦光程。

由于几何设置的原因，在晶体内的激光轴方向可达到几乎一维的热梯度。这种设置使得形成的热透镜数最少，因此与棒状激光器相比在高功率下能得到更好的光束质量。泵浦辐射线多次穿过晶体，提高了吸收效率，并增大了晶体中的有效泵浦功率密度。因此，薄片设计适于准三能级系统（例如）Yb^{3+}。图 1.59 显示了薄片 Yb：YAG 激光器的输入–输出功率[1.320]。一个薄晶片可能产生千瓦范围内的连续波输出功率。另外，还有可能在共振腔中利用几个薄晶片进行进一步的功率调节[1.320]。

表 1.15 在 300 K 温度下 $^4F_{3/2} \to ^4I_{13/2}$ 跃迁的激光波长[1.229]

波长	材料
1.18（透 $^4F_{5/2}$，$^2H_{9/2} \to ^4I_{13/2}$）	$RbPb_2Br_5$[1.321]
1.3	$KNdP_4O_{12}$
1.3	$NdAl_3(BO_3)_4$
1.302	KYF_4
1.304～1.372	$(La,Nd)P_5O_{14}$
1.306 5	$SrAl_{12}O_{19}$
1.307	KYF_4
1.307 0	$5NaF-9YF_3$
1.311～1.334	$NaNdP_4O_{12}$
1.313	$LiYF_4$
1.313 3	$LiLuF_4$
1.315 0	$Ca_3Ga_2Ge_3O_{12}$
1.316～1.340	$LiNdP_4O_{12}$
1.317	$Li(La,Nd)P_4O_{12}$
1.317	$LiNdP_4O_{12}$
1.317 0	CeF_3
1.317 5	BaF_2
1.318	$Y_3Al_5O_{12}$
1.318	BaY_2F_8
1.318 5	CaF_2-GdF_3
1.318 5	BaF_2-LaF_3
1.318 5	KY_3F_{10}
1.318 7	$Y_3Al_5O_{12}$
1.318 8	$Y_3Al_5O_{12}$
1.319	$Y_3Al_5O_{12}$[1.340,370]
1.319	$LiNdP_4O_{12}$
1.319	$Y_3Ga_5O_{12}$
1.319	$Y_3Al_5O_{12}$ 陶瓷[1.371]
1.319～1.325	$(Y,Nd)P_5O_{14}$
1.319 0	$Ca_2Y_5F_{19}$

续表

波长	材料
1.319 0	CaF_2-LaF_3
1.319 0	CaF_2-CeF_3
1.319 0	$Sr_2Y_5F_{19}$
1.319 0	$\alpha-NaCaCeF_6$
≈1.32	$Y_3Al_5O_{12}$ 陶瓷[1.344]
1.32	$Gd_3Sc_2Ga_3O_{12}$:Cr
1.32	NdP_5O_{14}
1.32	$(La,Nd)P_5O_{14}$
1.32	$K(Nd,Gd)P_4O_{12}$
1.32	$YLiF_4$[1.372]
1.320	$NaNdP_4O_{12}$
1.320 0	SrF_2-LuF_3
1.320 0	BaF_2-YF_3
1.320 0	$Y_3Al_5O_{12}$
1.320 0	YP_5O_{14}
1.320 8	$LiLuF_4$
1.320 9	$Lu_3Al_5O_{12}$
1.320 9	$Ba_5(PO_4)_3F$
1.321 2	$LiYF_4$
1.322 5	CaF_2
1.323	NdP_5O_{14}
1.323	$(La,Nd)P_5O_{14}$
1.324	$(La,Nd)P_5O_{14}$
1.324 5	CdF_2-YF_3
1.325 0	SrF_2-LaF_3
1.325 0	SrF_2
1.325 5	SrF_2-CeF_3
1.326 0	SrF_2-GdF_3
1.327 0	CaF_2-YF_3
1.327 0	BaF_2
1.327 0	$Ca_3(Nb,Ga)_2Ga_3O_{12}$

续表

波长	材料
1.328	$Sr_5(PO_4)_3F$[1.229,373]
1.328 0	BaF_2-LaF_3
1.328 5	$\alpha-NaCaYF_6$
1.328 5	SrF_2-ScF_3
1.329 8	$CsLa(WO_4)_2$
1.329 8	$GdGaGe_2O_7$
1.330	CaF_2-LuF_3
1.330 0	$Gd_3Ga_5O_{12}$
1.330 0	CdF_2-ScF_3
1.330 3	$NdGaGe_2O_7$
1.330 5	$HfO_2-Y_2O_3$
1.330 5	$Y_3Ga_5O_{12}$
1.331 0	LaF_3
1.331 0	$Y_3Sc_2Ga_3O_{12}$
1.331 0	$NaLuGeO_4$
1.331 5	LaF_3-SrF_2
1.331 5	$Lu_3Ga_5O_{12}$
1.331 5	$Gd_3Ga_5O_{12}$
1.331 5	$Ca_3Ga_2Ge_3O_{12}$
1.331 7	$Ca_3Ga_2Ge_3O_{12}$
1.332 0	CeF_3
1.332 0	$ZrO_2-Y_2O_3$
1.332 0	$Ca_3Ga_4O_9$
1.332 5	$SrMoO_4$
1.332 5	$NaYGeO_4$
1.332 6	$Lu_3Al_5O_{12}$
1.333 4	$NaGdGeO_4$
1.333 8	$Y_3Al_5O_{12}$
1.334 0	$CaWO_4$
1.334 0	$PbMoO_4$
1.334 2	$KLa(MoO_4)_2$

续表

波长	材料
1.334 2	$Lu_3Al_5O_{12}$
1.334 2	$NaBi(WO_4)_2$
1.334 5	$SrAl_4O_7$
1.334 7	$Ca_5(PO_4)_3F$
1.334 7	$SrWO_4$
1.335 0	$KLa(MoO_4)_2$
1.335 0	$Y_3Al_5O_{12}$
1.335 4	$CaLa_4(SiO_4)_3O$
1.335 5	$NaLa(WO_4)_2$
1.336 0	$Y_3Sc_2Al_3O_{12}$
1.336 0	$Gd_3Sc_2Al_3O_{12}$
1.336 0	$Lu_3Sc_2Al_3O_{12}$
13 360	$Y_3Sc_2Al_3O_{12}$
1.336 0	CdF_2-CeF_3
1.336 5	$Ca_2Ga_2SiO_7$
1.336 5	CdF_2-GaF_3
1.336 5	CdF_2-LaF_3
1.337 0	CaF_2-YF_3
1.337 0	$CaWO_4$
1.337 0	$Gd_3Ga_5O_{12}$
1.337 0	$LiLa(MoO_4)_2$
1.337 5	$\alpha-NaCaYF_6$
1.338	$Y_3Al_5O_{12}$[1.374]
1.338	$Y_3Ga_5O_{12}$
1.338	$Sr_5(PO_4)_3F$[1.375]
1.338 0	$Ca(NbO_3)_2$
1.338 0	$NaLa(MoO_4)_2$
1.338 1	$Y_3Al_5O_{12}$
1.338 2	$Y_3Al_5O_{12}$
1.338 5	$NaGd(MoO_4)_2$
1.338 7	$Lu_3Al_5O_{12}$

续表

波长	材料
1.339	YF_3
1.339 0	$CaWO_4$
≈1.34	$Y_3Al_5O_{12}$[1.303,376]
≈1.34	$YAlO_3$[1.369]
≈1.34	$GdVO_4$[1.229,329,330,377 – 381]
≈1.34	YVO_4[1.229,329,330]
≈1.34	$La_{0.2}Gd_{0.8}VO_4$[1.329,331]
≈1.34	$LuVO_4$[1.382]
≈1.34	$GdAl_3(BO_3)_4$[1.326]
1.340 0	$LiGd(MoO_4)_2$
1.340 0	$YAlO_3$
1.340 7	$Bi_4Si_3O_{12}$
1.341	$NdAl_3(BO_3)_4$
1.341 0	$Y_3Al_5O_{12}$
1.341 0	$Lu_3Al_5O_{12}$
1.341 0	$YAlO_3$
1.341 3	$YAlO_3$
1.341 4	$YAlO_3$[1.229,383,384]
1.341 6	$YAlO_3$
1.341 8	$Bi_4Ge_3O_{12}$
1.342	YVO_4[1.357,385 – 393]
1.342 0	$CaAl_4O_7$
1.342 5	$Ca(NbO_3)_2$
1.342 5	YVO_4
1.342 5	$PbMoO_4$
1.342 5	CdF_2-YF_3
1.343 7	$LuAlO_3$
1.344 0	$NaLa(MoO_4)_2$
1.345	$NdAl_3(BO_3)_4$
1.347 5	$CaWO_4$
1.348 2	$KLu(WO_4)_2$

续表

波长	材料
1.348 5	$KY(MoO_4)_2$
1.349 3	$Ca_3Ga_2Ge_4O_{14}$
1.35	$KGd(WO_4)_2$ [1.394,395]
1.350 0	CdF_2-LuF_3
1.350 5	CaF_2-ScF_3
1.351	$La_2Be_2O_5$
1.351	$KGd(WO_4)_2$ [1.362]
1.351 0	$KGd(WO_4)_2$
1.351 0	$La_2Be_2O_5$
1.351 0	$Sr_3Ga_2Ge_4O_{14}$
1.351 2	$YAlO_3$
1.351 4	$YAlO_3$
1.352 0	CdF_2-GdF_3
1.352 5	$Ca_2Y_5F_{19}$
1.352 5	$KY(WO_4)_2$
1.352 5	$Lu_3Al_5O_{12}$
1.353 2	$Lu_3Al_5O_{12}$
1.353 3	$Y_3Al_5O_{12}$
1.353 3	$KLa(MoO_4)_2$
1.353 3	$KLu(WO_4)_2$
1.354	$La_2Be_2O_5$
1.354 5	$KY(WO_4)_2$
1.355 0	$LiNbO_3$
1.355 0	$KLu(WO_4)_2$
1.356 5	$CaSc_2O_4$
1.357 2	$Y_3Al_5O_{12}$
≈1.358	Y_2O_3
1.358 5	CaF_2-YF_3
1.358 5	Y_2SiO_5
1.358 5	Lu_2SiO_5
1.359 5	LaF_3

续表

波长	材料
1.360 0	$\alpha-NaCaYF_6$
1.362 8	$LaSr_2Ga_{11}O_{20}$
1.363 0	$KLa(MoO_4)_2$
1.363 0～1.363 2	Sc_2SiO_5
1.365	$La_2Be_2O_5$
1.365 7	$KLa(MoO_4)_2$
1.366 5	$SrAl_4O_7$
1.367 5	LaF_3
1.368 0	$SrAl_4O_7$
1.369 0	CeF_3
1.370 7	$La_3Ga_{5.5}Nb_{0.5}O_{14}$
1.371 0	$CaAl_4O_7$
1.373 0	$La_3Ga_5GeO_{14}$
1.373 0	$La_3Ga_5SiO_{14}$
1.373 0	$La_3Ga_{5.5}Ta_{0.5}O_{14}$
1.374 5	$LiNbO_3$
1.376 0	$LaMgAl_{11}O_{19}$
1.386	YVO_4[1.387,396]
1.386 8	$LaBGeO_5$
1.387 0	$LiNbO_3$
1.388 5	$CaWO_4$
1.415 0	$Y_3Al_5O_{12}$
1.430	$YAlO_3$[1.397]
1.44	$SrGd_4(SiO_4)_3O$
1.444 4	$Y_3Al_5O_{12}$[1.229,397]
1.486	Sc_2O_3[1.315]

（2）Yb 光纤激光器。光纤激光器提供了另一种生成高功率及衍射限制光束质量的方法。自从在 20 多年前引进双包层光纤以来，随着最近在光纤制造和光束整形大功率二极管激光器领域的技术进步，二极管泵浦光纤激光器的性能已明显改善。如今，光纤激光器在某些用途上能与相对应的固体晶体激光器系统相媲美，尤其是当激光器需要在从毫瓦特到千瓦特的输出功率范围内进行基横模连续波（CW）运行时。

光纤激光器的基本方面。双包层光纤几何形状和多孔光纤概念的发明加速了输出功率的调节速度，从而加快了大功率 Er、Nd 和 Yb 光纤激光器的成功。关于更详细的资料，可以从文献［1.398］中找到关于掺稀土光纤激光器领域的全面介绍。

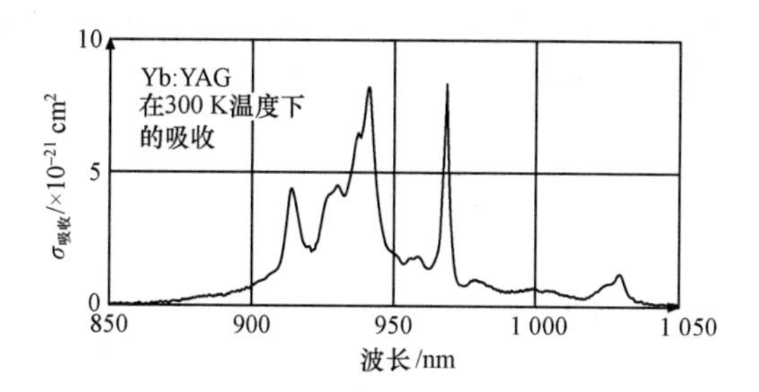

图 1.56　在 300 K 温度下 Yb：YAG 的吸收光谱

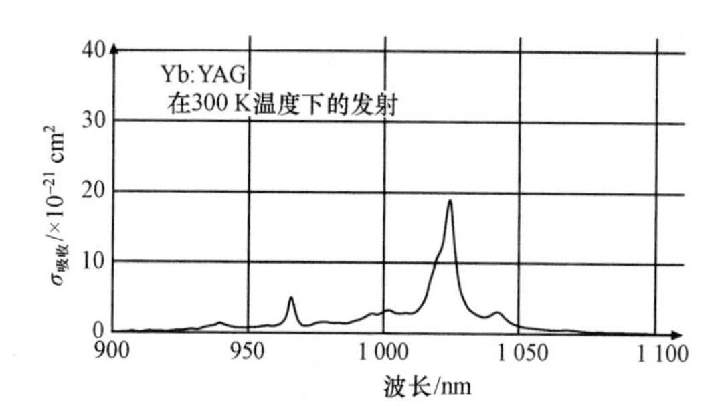

图 1.57　在 300 K 温度下 Yb：YAG 的发射光谱

在选择光纤材料时要考虑很多因素：最大声子能量、环境耐久性、可拉性和稀土溶解度。玻璃的最大声子能量设定了光纤的总体红外透明度范围以及多声子弛豫速率。通过非辐射衰减，多声子弛豫速率影响着辐射电子跃迁的量子效率。表 1.16 中显示了光纤中常用玻璃的重要物理性能。

① 硅酸盐玻璃。这种玻璃是光纤生产中最重要的材料[1.398,399]。但这种材料的最大声子能量较高（≈1 100 cm^{-1}），因此在采用这种材料后，红外光纤激光器的发射波长被限制在大约 2.2 μm[1.400]。二氧化硅很坚固耐用，因此由这种材料制成的光纤需采用很有效的改进化学气相沉积（MCVD）方法。通过减少玻璃中的 OH^- 含量（玻璃在 1.3~2.0 μm 范围内主要有两个吸收峰）可以降低光纤的背景吸收率[1.401]。

② 氟化物玻璃。这些玻璃，尤其是重金属氟化物[1.402,403]，被用作中红外光纤激光器的基质材料。最普遍使用的氟化物光纤材料是 ZBLAN[1.404]，即 53 mol%ZrF_4、20 mol%BaF_2、4 mol%LaF_3、3 mol%AlF_3 和 20 mol%NaF 的混合物。由于这种材料很容易拉伸成单模光纤[1.405]，因此对于中红外光纤激光器[1.406]来说尤其重要，能获得高达 6 μm 的较高的红外透明度。但对于波长大于 3 μm 时的跃迁，由多声子弛豫造成的非辐射衰减变得很重要。除中红外应用领域之外，ZBLAN 还主要用于需要亚稳中间泵浦水平和低多声子弛豫速率的上转换光纤激光器。文献[1.407]中概述了掺入

ZBLAN 中的稀土离子的光谱特性。

③ 硫系化合物玻璃。硫系化合物由硫族元素 S、Se 和 Te 组成[1.413,414]。当稀土离子掺入这些玻璃中时[1.415]，由于玻璃的折射率（约为 2.6）和共价度高，因此辐射跃迁概率以及随之形成的吸收/发射截面也高。300~450 cm^{-1} 的低声子能量导致中红外跃迁时的多声子弛豫速率较低。在硫系化合物激光器的设计中，低热导率（表 1.16）是应当考虑的一个重要因素。目前，最重要的玻璃是硫化物玻璃 GaLaS（GLS）[1.416] 和 GeGaS[1.417]，因为其稀土溶解度相对较高。

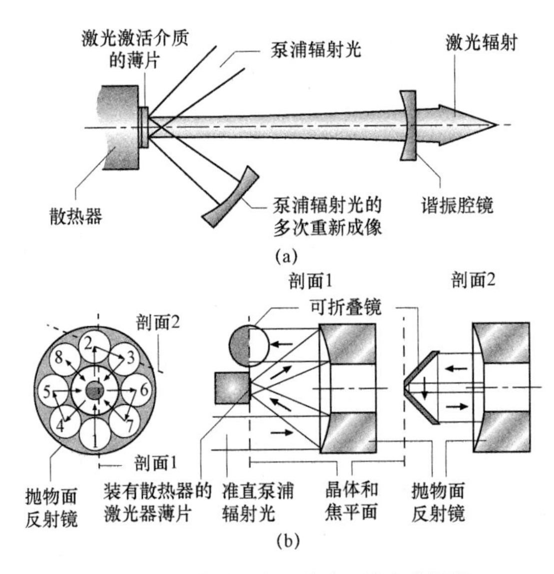

图 1.58　薄片激光器作为泵浦和共振器

（a）薄片激光器装置；（b）用于实现 16 个光程的多程泵浦光学元件

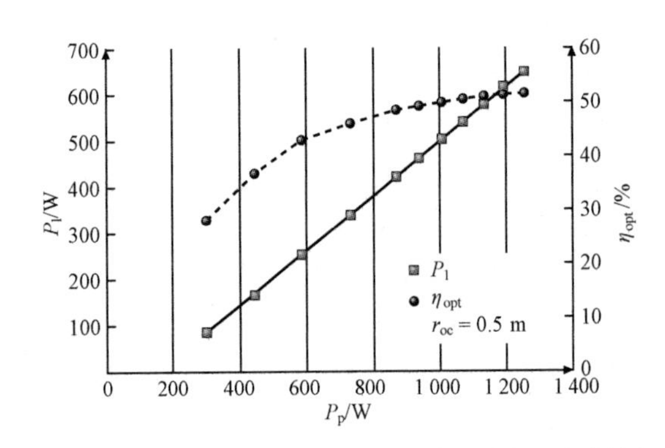

图 1.59　单薄片 Yb：YAG 激光器的输出功率和光学效率

P_p—泵浦功率；P_l—激光输出功率；η_{opt}—光学－光学效率

表 1.16　常用光纤材料的特性

光纤材料	最大声子能量 /cm^{-1}	红外透明度 /μm	传播损耗（λ最小时）/（$dB \cdot km^{-1}$）	热导率 /（$W \cdot m^{-1} \cdot K^{-1}$）
二氧化硅	1 100[1.408]	<2.5	0.2（1.55 μm）	1.38［1.409］
ZBLAN	550[1.407]	<6.0	0.05（2.55 μm）	0.7~0.8［1.410］
GaLaS	425[1.411]	<8.0	0.5（3.50 μm）	0.43~0.5［1.412］

光纤、泵浦和谐振器的几何形状。作为固体晶体激光器，光纤激光器的工作模式可能是连续波、脉冲（包括调 Q）和锁模。研究人员已经针对在 Nd^{3+}和 Yb^{3+}中接近 1 μm 波长以及在 Er^{3+}中接近 1.5 μm 波长的常见激光跃迁，集中研究了这些工作模式，但由于光纤直径小，峰值功率通过损伤阈值强度受到限制。因此，当需要高能短脉冲时，首选的是体积状的晶体激光器。与体积状增益介质的光激发（见 1.2.2 节中的纵向和横向泵浦部分）相类似的是，掺杂光纤既可采用端面泵浦（纤芯泵浦），也可采用侧面泵浦（包层泵浦）。前一种方法（端面泵浦）的可扩展性较差，因为纤芯面积通常小于 100 μm^2，因此这种方法依赖于使用昂贵的高光束质量泵浦源；另一方面，较大的包层面积（$>10^4$ μm^2）可以实现大功率二极管阵列泵浦[1.418-421]。本书将在此描述包层泵浦方法——这是大功率光纤激光器技术中最重要的进展之一。

① 包层泵浦的光纤设计。在包层泵浦设计中，纤芯通常用于引导单个横向 LP_{01} 模。多模泵浦包层（图 1.60）的外形可以做成很多种几何形状。泵浦包层被低折射率透明聚合物或玻璃所包围，能提供 0.3~0.55 的高数值孔径（NA）。光激性晶体结构还可用于改善包层泵浦[1.422]，以使激光器在几百瓦功率下工作。双包层布局主要有三种：圆形、圆形+偏置纤芯、矩形，见图 1.60 中的示意图。在圆形泵浦包层的情况下[1.53]，入纤泵浦光的一部分将向光纤轴偏斜，生成一束绝不会穿过纤芯的内部泵浦焦散光束。非对称配置明显改善了纤芯的泵浦光束吸收率[1.423,424]。双包层泵浦方案已用多孔晶体纤维或光激性晶体纤维来证实[1.425]，在这些纤维中，单模导向和很大的模面积是可能的[1.426]。

② 光纤激光谐振器。图 1.61 是典型自由振荡光纤激光谐振器的示意图。在最简单的谐振器［图 1.61（a）］中，泵浦光穿过一个能高度反射振荡激光的二向色镜。在光纤的解理输出端面发生的菲涅耳反射能为激光振荡提供足够的反馈，利用光纤输出端的输出耦合器镜，光学效率可以达到最高。在另一种配置中，泵浦光可射入光纤输出端［图 1.61（b）］。为调节输出功率，光纤的每一端都可泵浦［图 1.61（c）］。由于其几何形状的原因，光纤可能提供较高的泵浦强度和信号波束强度，而没有显著的热效应和热光效应等缺点。光纤的表面积/体积比大，意味着在纤芯内产生的热量会通过辐射和对流从光纤表面有效地消散。

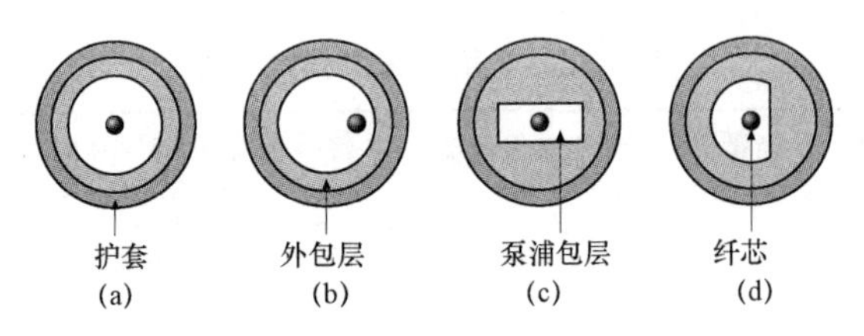

图 1.60 主要的双包层光纤几何形状

（a）纤芯在轴向上的圆形泵浦包层；（b）纤芯偏离轴向的圆形泵浦包层；（c）矩形泵浦包层；（d）D 形泵浦包层

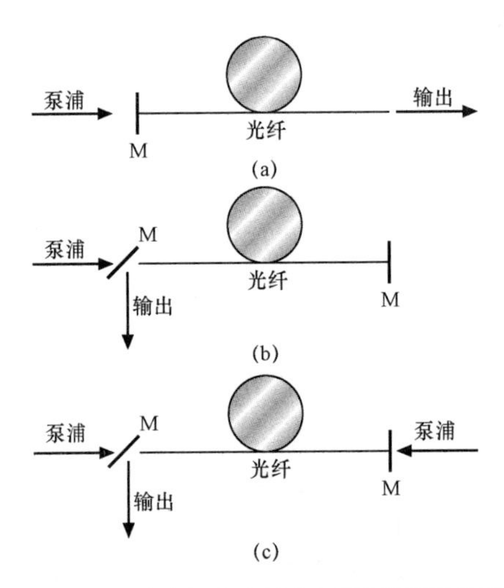

图 1.61 用于自由振荡光纤激光器的谐振器示意图

（a）单端同向传播泵浦；（b）单端反向传播泵浦；（c）双端泵浦 M – mirror

大功率 Yb 光纤激光器。掺 Yb 光纤激光器已在超过 10 W[1.427－432]、超过 100 W[1.433－439]和高于 1 kW[1.440]的连续波平均输出功率下工作。另外，还利用 30 μm 的掺 Yb 大模面积光纤，在 3～50 kHz 的重复频率和不超过 100 W 的平均输出功率下放大调 Q 的 Nd：YAG 脉冲。在这种情况下，获得了具有衍射限制光束质量、高达 4 mJ 的脉冲能量[1.441]。

（3）Yb^{3+}晶体激光器。表 1.17 中列出了 Yb：YAG 的特性和激光参数。除 Yb：YAG 外，研究人员还开发了很多掺 Yb 的激光材料，并在连续波、调 Q 和锁模工作模式下进行测试。表 1.18 概述了掺 Yb 的激光晶体。

3. 在 1.5 μm 波长下的 Er 激光器（$^4I_{13/2}\rightarrow{}^4I_{15/2}$）

多年来，研究人员已广泛研究了掺 Er^{3+}材料在大约 1.6 μm 的光谱范围内的激光用途[1.447]。这种激光跃迁（$^4I_{13/2}\rightarrow{}^4I_{15/2}$，见图 1.62 中描绘的 Er^{3+}能级图）用于医学、远程通信、遥感和光探测与测距（LIDAR）领域的眼安全激光器。适于 1.6 μm 激光跃迁的掺铒材料应首先具有较高的声子能量，以便能够通过非辐射衰减使泵浦能级 $^4I_{11/2}$ 中的原子数快速减少，从而防止激发态吸收（ESA，$^4I_{11/2}\rightarrow{}^2H_{11/2}$，$^4S_{3/2}$），阻止 $^4I_{11/2}$ 能级的上转换（UC1，($^4I_{11/2}$，$^4I_{11/2}$）→（$^4I_{15/2}$，$^4F_{7/2}$)），并让 $^4I_{13/2}$ 激光上能级中的原子数高效地增加（图 1.62）。第二个重要的条件是 ESA 跃迁 $^4I_{13/2}\rightarrow{}^4I_{9/2}$ 的光谱范围不应与激发发射的光谱范围（约 1.6 μm）重叠，同时上转换过程［UC2，（$4I_{13/2}$，$4I_{13/2}$）→（$4I_{9/2}$，$4I_{15/2}$）］较弱。此外，基态多重谱线的显著分裂有利于获得一个准四能级系统。这些条件可通过掺 Er^{3+}玻璃和光纤来满意地达到，因为它们是这个跃迁过程中最高效的激光器。但玻璃的热稳定性和机械稳定性差，因此目前仍在集中研究掺 Er^{3+}晶体阵列，目的是找到适于此激光跃迁过程的晶体。

表 1.17　Yb：YAG 的材料参数和激光参数

晶体生长方法	提拉法	［1.442］
温度/℃	1 930	［1.442］
坩锅	Ir（Re）	［1.442］
Yb 分布系数	1.0	［1.442］
最大掺杂度/%	≤100	［1.442］
结构	立方晶系	［1.442］
空间群	$Ia3\mathrm{d}-O_{\mathrm{h}}^{10}$	［1.442］
热导率/（W・m^{-1}・K^{-1}） 未掺杂的 YAG 掺 Yb（5%）	 11.0 6.8	 ［1.442］ ［1.442］
RE 密度/×10^{21} cm^{-3}	14	［1.442］
$\lambda_{激光}$/nm	1 030 1 050	［1.442］
$\sigma_{发射}$/cm^2@1 030 nm	19×10^{-21} 20×10^{-21} 21×10^{-21}	［1.318］ ［1.443］ ［1.444］
$\sigma_{发射}$/cm^2@1 050 nm	3×10^{-21}	［1.318］
$\sigma_{吸收}$/cm^2@969 nm	8.3×10^{-21} 7.7×10^{-21}	［1.318］ ［1.444］
$\sigma_{吸收}$/cm^2@941 nm	8.2×10^{-21}	［1.318］
$\tau_{辐射}$/μs	1 040 951	［1.442］ ［1.445］

在掺 Er^{3+}激光材料的大多数用途中，在约 975 nm 的波长范围内（$^4I_{15/2}\rightarrow{}^4I_{11/2}$ 跃迁）工作的激光二极管被用作泵浦源，从而使全固态激光系统成为可能。一般来说，通过利用 Ti：蓝宝石泵浦激光器，可以获得更好的激光结果，但总效率较低。另一种可能的泵浦波长在 1.5 μm 左右，即直接跃迁至激光上级多重态。但在这个波长范围内的高功率激光二极管仍买不到，因此通常利用 Erglass 激光器作为泵浦源。

在任何情况下，这些波长范围内的 Er 吸收率相当小，因为其吸收截面为（1～2）$\times 10^{-20}$ cm^2（图 1.62，图 1.63）。1%＜掺杂度≤2%是个临界条件，因为在这样的条件下，再吸收损失增加，而能量转移过程的速率更高，因此激光上能级中的原子数减少（$^4I_{13/2}$，$^4I_{13/2}$）→（$^4I_{15/2}$，$^4I_{9/2}$）。为了让 Er^{3+}保持低浓度而吸收率更高，常见的方法是将掺 Er^{3+}的激光材料与 Yb^{3+}共掺杂，得到的材料在 975～980 nm 的光谱范围内能够被很高效地泵浦，然后，能够利用能量转移过程（$^2F_{5/2}$，$^4I_{15/2}$）→（$^2F_{7/2}$，$^4I_{11/2}$）（图 1.62）。因此，为了优化在 1.55 μm 光谱区的 Er 激光器，主要任务是找到这两种掺杂离子的最佳浓度。

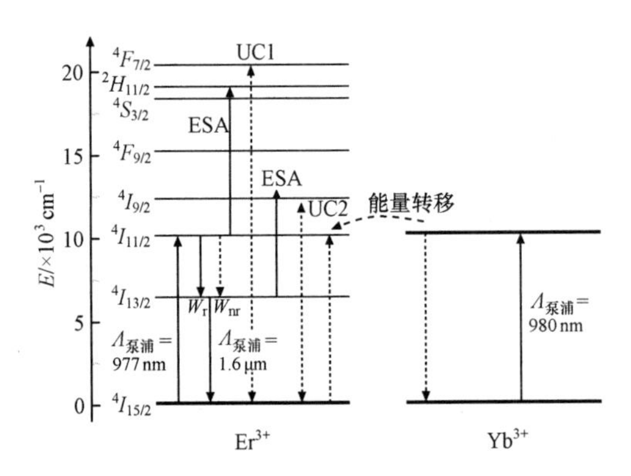

图 1.62 在 YVO_4 晶体中 Er^{3+}和 Yb^{3+}的能级图

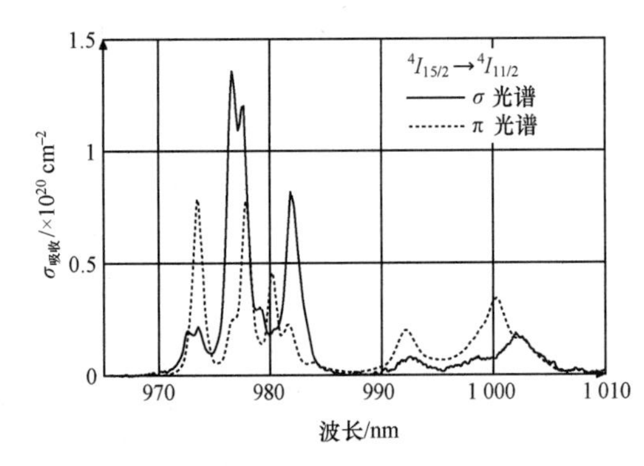

图 1.63 在 $^4I_{15/2}\rightarrow{}^4I_{11/2}$ 跃迁的光谱范围内，Er^{3+}：YVO_4 晶体的室温偏振吸收谱[1.446]

表 1.18 掺 Yb^{3+}的激光晶体与激光跃迁 $^2F_{5/2}\rightarrow{}^2F_{7/2}$

晶体		$\lambda_{激光}$/μm	泵浦	T/K	输出模	参考文献
Al_2O_3	波导（非晶形）	1.021 2	激光二极管	300	CW	[1.448]
$BaCaBO_3F$		1.034	TiS 激光器	300	p	[1.449]
BaY_2F_8		1.013～1.067	激光二极管	300	CW，ML	[1.450]

续表

晶体	$\lambda_{激光}$/μm	泵浦	*T*/K	输出模	参考文献
CaF_2	0.992～0.993	激光二极管	77	CW	[1.451]
CaF_2:Na	≈1.046～1.048	激光二极管	300	ML	[1.452]
	1.051	激光二极管	300	*Q* 开关	[1.452]
CaF_2:Nd	1.033 6	Xe 灯	120	p	[1.453]
	1.030～1.055	TiS 激光器	300	CW	[1.454]
$Ca_4GdO(BO_3)_3$	–	激光二极管	300	CW	[1.455]
	1.030	激光二极管	300	CW	[1.456]
	1.032	TiS 激光器	300	CW	[1.457]
	1.035～1.088	激光二极管	300	CW	[1.458]
	1.050	激光二极管	300	CW	[1.458,459]
	1.050	TiS 激光器	300	CW	[1.459]
	1.082	TiS 激光器	300	CW	[1.457]
	1.082	激光二极管	300	CW	[1.459]
$CaNb_2O_6$	1.062	激光二极管	300	CW	[1.460]
$Ca_5(PO_4)_3F$	1.043	TiS 激光器	300	CW	[1.461,462]
$Ca_3Sr_2(PO_4)_3F$	1.046	TiS 激光器	300	CW	[1.463]
$Ca_4Sr(PO_4)_3F$	0.985	TiS 激光器	300	CW	[1.463]
	1.046	TiS 激光器	300	CW	[1.463]
	1.110	TiS 激光器	300	CW	[1.463]
$CaYAlO_4$	1.008～1.063	激光二极管	300	CW	[1.464]
$Ca_3Y_2B_4O_{12}$	1.020～1.057	激光二极管	300	CW，*Q* 开关	[1.465]
$Ca_4YO(BO_3)_3$	1.018～1.087	TiS 激光器	300	CW	[1.466]
	1.032	激光二极管	300	CW	[1.467]
	1.035	激光二极管	300	CW	[1.468]
	1.060	TiS 激光器	300	CW	[1.469]
	1.084～1.096	TiS 激光器	300	CW	[1.470]
$Gd_3Ga_5O_{12}$	1.039	激光二极管	300	*Q* 开关	[1.471]
$Gd_3Ga_5O_{12}$:Nd	1.023 2	Xe 灯	77	p	[1.472]
$Gd_3Sc_2Al_3O_{12}$:Nd	1.029 9	Xe 灯	77	p	[1.473]

续表

晶体		$\lambda_{激光}$/μm	泵浦	T/K	输出模	参考文献
Gd_2SiO_5		1.028～1.093	激光二极管	300	CW	[1.474]
		1.030～1.039	激光二极管	300	CW	[1.475]
		1.045～1.070	激光二极管	300	CW	[1.475]
		1.081～1.097	激光二极管	399	CW	[1.475]
		1.089	激光二极管	300	CW	[1.476,477]
		1.090	激光二极管	300	CW	[1.478,479]
		1.090	激光二极管	300	CW, Q开关, ML	[1.480]
		1.091～1.105	激光二极管	300	p	[1.475]
		1.094	激光二极管	300	CW	[1.477]
$(Gd,Y)_2SiO_5$		1.030～1.089	激光二极管	300	CW	[1.481]
$GdVO_4$		1.015	激光二极管	300	CW	[1.482]
		1.015	TiS 激光器	300	CW	[1.483]
		1.015～1.019	激光二极管	300	CW	[1.484]
		1.026～1.031	激光二极管	300	CW	[1.484]
		1.029	激光二极管	300	CW	[1.482]
		1.029	TiS 激光器	300	CW	[1.483]
		1.040	激光二极管	300	CW	[1.484]
		1.045	激光二极管	300	CW	[1.484]
$(Gd,Y)_2SiO_5$		1.030～1.089	激光二极管	300	CW	[1.474]
$KGd(WO_4)_2$		1.025～1.040	激光二极管	300	CW	[1.485]
		1.026～1.044	激光二极管	300	CW	[1.486]
		1.029	激光二极管	300	CW	[1.487]
		1.030～1.051	激光二极管	300	CW	[1.488]
		1.031～1.037 4	激光二极管	300	ML	[1.489]
		1.037	激光二极管	300	CW	[1.456]
$KLu(WO_4)_2$		1.030	激光二极管	300	CW	[1.490]
		1.030	TiS 激光器	300	CW	[1.491]
		1.044	TiS 激光器	300	CW	[1.492]
		1.043 5	激光二极管	300	CW	[1.492]

续表

晶体		$\lambda_{激光}$/μm	泵浦	T/K	输出模	参考文献
$KY(WO_4)_2$	波导	1.025	激光二极管	300	CW	[1.493]
		1.026	激光二极管	300	CW	[1.442]
		1.026～1.042	激光二极管	300	CW	[1.486]
		1.030	TiS 激光器	300	CW	[1.494]
		1.048	激光二极管	300	ML	[1.495]
		≈1.028	激光二极管	300	ML	[1.496]
		1.030	激光二极管	300	CW	[1.497]
		0.987～1.051	激光二极管	300	CW	[1.498]
$KYb(WO_4)_2$		1.068	TiS 激光器	300	CW	[1.499]
		1.074	TiS 激光器	300	qCW	[1.500]
$LaSc_3(BO_3)_4$		1.044	TiS 激光器	300	CW	[1.442]
		1.045	TiS 激光器	300	CW	[1.501]
		0.991～1.085	激光二极管	300	CW	[1.502]
		0.995～1.087	激光二极管	300	CW	[1.503]
$LiGd(MoO_4)_2$		1.027～1.033 5	激光二极管	300	CW	[1.504]
$LiLuF_4$			激光二极管	300	CW	[1.505]
$LiNbO_3$	波导	1.008	TiS 激光器	300	CW	[1.506]
		1.030	TiS 激光器	300	CW	[1.506]
		1.060	TiS 激光器	300	CW	[1.506]
$LiNbO_3$:MgO		1.063	激光二极管	300	CW	[1.507]
$Li_6Y(BO_3)_3$		1.040	激光二极管	300	CW	[1.508,509]
$Lu_3Al_5O_{12}$		1.029 7	Xe 灯	77	p	[1.472]
		1.03	激光二极管	175	CW	[1.510]
		1.03	激光二极管	300	CW	[1.511,512]
$Lu_3Al_5O_{12}$:Nd,Cr		1.029 4	Xe 灯	77	p	[1.472]
$Lu_3Ga_5O_{12}$:Nd		1.023 0	Xe 灯	77	p	[1.472]
$(Lu,Gd)(WO_4)_2$	波导	1.028	TiS	300	CW	[1.513]
Lu_2O_3	波导	0.976 8	TiS	300	CW	[1.514]
		0.987～1.127	激光二极管	300	CW	[1.515]

续表

晶体		$\lambda_{激光}$/μm	泵浦	*T*/K	输出模	参考文献
Lu_2O_3		1.029～1.038	TiS 激光器	300	ML	[1.516]
		1.032	激光二极管	300	CW	[1.442]
		1.034	激光二极管	300	CW	[1.517]
		≈1.034	激光二极管	300	CW，ML	[1.518,519]
	陶瓷	1.032 5，1.078	激光二极管	300	qCW	[1.520]
	陶瓷	1.035	激光二极管	300	CW	[1.521]
	陶瓷	1.079	激光二极管	300	CW	[1.521]
	陶瓷	1.080	激光二极管	300	CW	[1.522]
	陶瓷	1.081	激光二极管	300	CW	[1.523]
			激光二极管	300	CW	[1.497]
$LuScO_3$		1.041	激光二极管	300	CW，ML	[1.517]，[1.524]
$Lu_3Sc_2Al_3O_{12}$:Nd		1.029 9	Xe 灯	77	p	[1.473]
$LuVO_4$		1.022～1.040	激光二极管	300	CW	[1.525]
		1.031	激光二极管	300	CW	[1.526]
		1.034 7	激光二极管	300	CW	[1.527]
		1.041	Ti 激光器	300	CW	[1.527]
		1.044 4	激光二极管	300	CW	[1.527]
		1.052 7	激光二极管	300	CW	[1.527]
$NaGd(WO_4)_2$		1.016～1.049	TiS 激光器	300	CW	[1.528]
		1.023	TiS 激光器	300	CW	[1.529]
		1.033	激光二极管	300	CW	[1.529]
		1.048	激光二极管	300	CW	[1.530]
		0.997～1.075	激光二极管	300	CW	[1.531]
$NaLa(MoO_4)_2$		1.016～1.064	TiS 激光器	300	CW	[1.532]
		1.017	激光二极管	300	CW	[1.533]
		≈1.020	激光二极管	300	*Q* 开关	[1.533]
		1.023	激光二极管	300	CW	[1.533]
		1.035	激光二极管	300	CW	[1.532]

续表

晶体		$\lambda_{激光}$/μm	泵浦	*T*/K	输出模	参考文献
$NaLa(WO_4)_2$		1.017～1.057	TiS 激光器	300	CW	[1.534]
Na_4Y6F_{22}		1.005～1.061	激光二极管	300	CW	[1.505]
$NaY(WO_4)_2$		≈1.030	激光二极管	300	p	[1.535]
Sc_2O_3		1.041	TiS 激光器	300	CW	[1.536]
		1.041 6	TiS 激光器	300	CW	[1.537]
		1.042	激光二极管	300	CW	[1.517]
		1.094 6	TiS 激光器	300	CW	[1.537]
	陶瓷	1.040 5	激光二极管	300	qCW	[1.520]
	陶瓷	1.041	激光二极管	300	CW	[1.538]
	陶瓷	1.094	激光二极管	300	CW	[1.538]
Sc_2SiO_5		1.064	激光二极管	300	CW	[1.539]
SrF_2		1.003～1.077	激光二极管	300	qCW	[1.540]
$Sr_5(PO_4)_3F$		0.985	Cr：LiSAF	300	p	[1.541]
		0.985	TiS 激光器	300	CW	[1.542,543]
		1.047	TiS 激光器	300	CW，qCW	[1.544,545]
			激光二极管	300	p	[1.546]
$Sr_{5-x}Ba_x(PO_4)_3F$		≈1.048	TiS 激光器	300	CW	[1.544]
$(Sr_{0.7}Ca_{0.3})_3Y(BO_3)_3$			激光二极管	300	CW，qCW	[1.547]
$Sr_5(VO_4)_3F$		1.044	TiS 激光器	300	p	[1.463]
$Sr_3Y(BO_3)_3$			激光二极管	300	CW，qCW	[1.536]
$SrY_4(SiO_4)_3$		1.020～1.095	激光二极管	300	CW	[1.548]
		≈1.068	激光二极管	300	ML	[1.548]
$Y_3Al_5O_{12}$		1.016～1.095	TiS 激光器	300	CW	[1.549]
		1.029 3	Xe 灯	77	p	[1.472]
		1.029 6	Xe 灯	77	p	[1.316]
		1.023～1.052	激光二极管	300	CW	[1.550]
		1.029	激光二极管	300	CW，qCW	[1.551]
		1.030	激光二极管	80	CW	[1.552]
	陶瓷	1.030	激光二极管	300	CW，qCW	[1.553]

续表

晶体		$\lambda_{激光}$/μm	泵浦	T/K	输出模	参考文献
$Y_3Al_5O_{12}$	波导	1.03	TiS 激光器	300	CW	[1.554]
		1.030	TiS 激光器	300	CW	[1.555-557]
		1.03	激光二极管	300	CW	[1.317,442,551，558，559]
		1.03	激光二极管	300	Q 开关	[1.560,561]
		1.03	激光二极管	300	ML	[1.562]
		1.03	TiS 激光器	300	Q 开关	[1.563,564]
	波导	1.03	激光二极管	300	CW	[1.565]
	波导	1.03	激光二极管	300	CW	[1.566]
	波导	1.03	激光二极管	300	Q 开关	[1.566]
		1.031	激光二极管	300	p	[1.545]
		1.031	激光二极管	300	CW	[1.567,568]
		≈1.031 2	激光二极管	300	ML	[1.568]
		1.049 4～1.050 4	激光二极管	300	CW	[1.569]
		1.070	激光二极管	300	CW	[1.320]
$Y_3Al_5O_{12}$:Nd		1.029 7	Xe 灯	200	p	[1.472]
	波导	1.03	TiS 激光器	300	CW	[1.570]
$Y_3Al_5O_{12}$:Nd,Cr		1.029 8	Xe 灯	210	P	[1.472]
$YAl_3(BO_3)_4$		≈1.040	激光二极管	300	CW	[1.571,572]
		1.120～1.140	激光二极管	300	CW	[1.573,574]
$YbAl_3(BO_3)_4$		1.076	TiS	300	CW	[1.575]
$YAl_3(BO_3)_4$:Cr^{4+}		1.041 3	激光二极管	300	Q 开关	[1.576]
$Y_3Ga_5O_{12}$:Nd		1.023 3	Xe 灯	77	P	[1.472]
$YLiF_4$		≈0.991～1.022	激光二极管	77	P	[1.577]
		0.995	激光二极管	80	CW	[1.578]
		1.022～1.075	激光二极管	300	CW，qCW	[1.579]
YKF_4		1.013～1.078	激光二极管	300	CW	[1.580]
$YLuSiO_5$		1.014～1.091	激光二极管	300	CW	[1.581]
Y_2O_3	陶瓷	1.040，1.078	激光二极管	300	CW	[1.582]

续表

晶体		$\lambda_{激光}$/μm	泵浦	T/K	输出模	参考文献
Y_2O_3	陶瓷	≈1.076	激光二极管	300	CW	[1.583]
	陶瓷	≈1.076	激光二极管	300	ML	[1.583,584]
	陶瓷	1.076 7～1.078 4	激光二极管	300	CW	[1.569]
	陶瓷	1.078	激光二极管	300	CW	[1.585,586]
$(Y_{0.9},La_{0.1})_2O_3$	陶瓷	1.018～1.086	激光二极管	300	CW	[1.587]
Y_2SiO_5		1.000～1.010	激光二极管	300	CW	[1.588]
		1.082	激光二极管	300	CW	[1.588]
Y_2SiO_5	波导	1.082	激光二极管	300	CW	[1.589]
$Y_3Sc_2Al_3O_{12}$		≈1.032	激光二极管	300	CW，Q 开关	[1.590]
$Y_3Sc_{1.0}Al_{4.1}O_{12}$	陶瓷	≈1.060	激光二极管	300	CW，ML	[1.591]
YVO_4		1.020～1.027	激光二极管	300	CW	[1.592]
		1.037	TiS 激光器	300	CW	[1.593]
		1.039	激光二极管	300	CW	[1.593]
$(Y,Gd)VO_4$		1.028 4～1.042 2	激光二极管	300	CW	[1.594]

① 晶体。在 $^4I_{15/2}\rightarrow{}^4I_{11/2}$ 和 $^4I_{15/2}\rightarrow{}^4I_{13/2}$ 跃迁过程中，Er^{3+}：YVO_4 的吸收光谱分别如图 1.63 和图 1.64 所示[1.446]。在大约 970 nm 的波长下，$^4I_{15/2}\rightarrow{}^4I_{11/2}$ 跃迁的峰值吸收截面为 2×10^{-20} cm^2；而在大约 1 500 nm 的波长下，$^4I_{15/2}\rightarrow{}^4I_{13/2}$ 跃迁的吸收截面更大，约为 4×10^{-20} cm^2，发射光谱如图 1.64 所示。在 Er^{3+}：YVO_4 中，$^4I_{13/2}\rightarrow{}^4I_{15/2}$ 发射的峰值发射截面为 2×10^{-20} cm^2，在发生激光振荡的长波长尾部，峰值截面大约为 0.5×10^{-20} cm^2。这些值是掺 Er^{3+}晶体的典型值，例如，在大约 1 550 nm 的波长下，Er：$YAlO_3$ 的峰值发射截面为 0.31×10^{-20} cm^2[1.447]，Er：Y_2SiO_5 的峰值发射截面为 0.33×10^{-20} cm^2[1.595]，Er：YAG 的峰值发射截面为 0.45×10^{-20} cm^2[1.447]，Er：YLF 的峰值发射截面为 0.42×10^{-20} cm^2[1.447]，Er：$LaGaO_3$ 的峰值发射截面为 0.59×10^{-20} cm^2[1.596]。

根据吸收与发射光谱，增益系数曲线（图 1.65）可由下式计算出来：

$$g=N[P\sigma_{发射}-(1-P)\sigma_{吸收}]$$

其中，N 是离子浓度；P 是反转系数，定义为 $^4I_{13/2}$ 和 $^4I_{15/2}$ 能级的原子数之比。可以看到，对于 Er^{3+}：YVO_4 来说，当反转系数为 $P\approx0.2$ 时，在 1 530～1 610 nm 的光谱范围内可能会出现激光振荡。

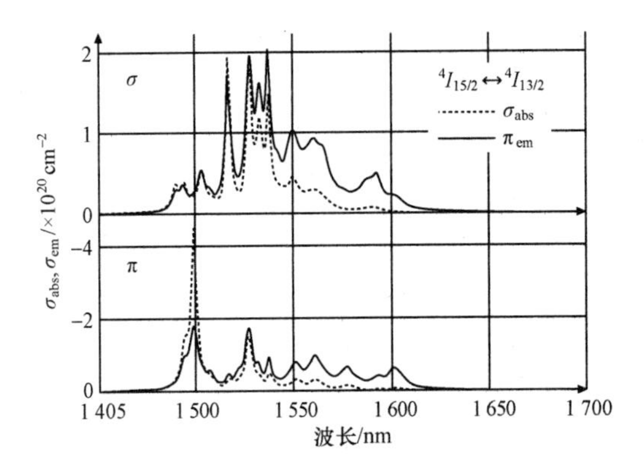

图 1.64　由 YVO_4 晶体中 Er^{3+}的 $^4I_{15/2}\rightarrow{}^4I_{13/2}$ 跃迁造成的吸收截面光谱（虚线），以及σ和 π 偏振的发射截面（$^4I_{13/2}\rightarrow{}^4I_{15/2}$）（实线）（根据文献［1.446］）

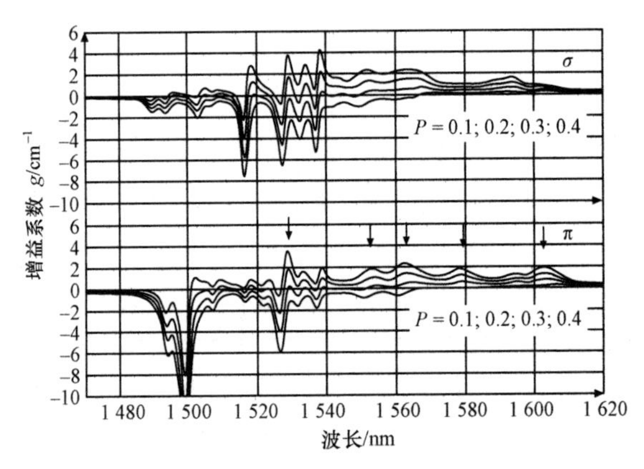

图 1.65　在 $^4I_{15/2}\rightarrow{}^4I_{11/2}$ 激光跃迁的光谱范围内针对四个反转参数 P 值为 Er^{3+}: YVO_4 的两种偏振态推导出的增益系数曲线（P 越大，增益值也越大）。箭头表示已实现激光振荡的波长（根据文献［1.446］）

图 1.66（a）中显示了分别掺有 0.5%Er 和 1%Er，并在 1 604 nm 波长下工作的 Ti：蓝宝石泵浦 Er^{3+}：YVO_4 晶体的输入－输出特性。与入射功率相对应的斜率效率为 7%～8%。应当注意的是，在吸收功率下，0.5%Er：YVO_4 晶体表现出更高的斜率效率。这表明，在掺杂度更高的样品（1%Er）中，前面提到的由再吸收和上转换造成的损耗机制早已发生，激光阈值是低于 200 mW 的入射功率以及低于 100 mW 的吸收泵浦功率。

这些斜率效率值、激光阈值和输出功率值是掺 Er^{3+}晶体在正常工作时的典型值，例如对 $Y_3Al_5O_{12}$[1.597]和 $LaSc_3(BO_3)_4$[1.598]而言。

最近，研究人员利用在 1 532 nm 波长下工作的大功率光纤激光器作为泵浦源（“带内泵浦”）［图 1.66（b）］，演示了 Er：YAG 激光器在接近 1 645 nm 的波长以及大约 60 W[1.599－602]的输出功率下的大功率超高效率激光工作模式。此次研究证实，泵浦辐射和激光辐射（1 532 nm/1 645 nm）之间的少量斯托克斯频移能使 Er 激光器得到很高的效率以及高达 80%的斜率效率。

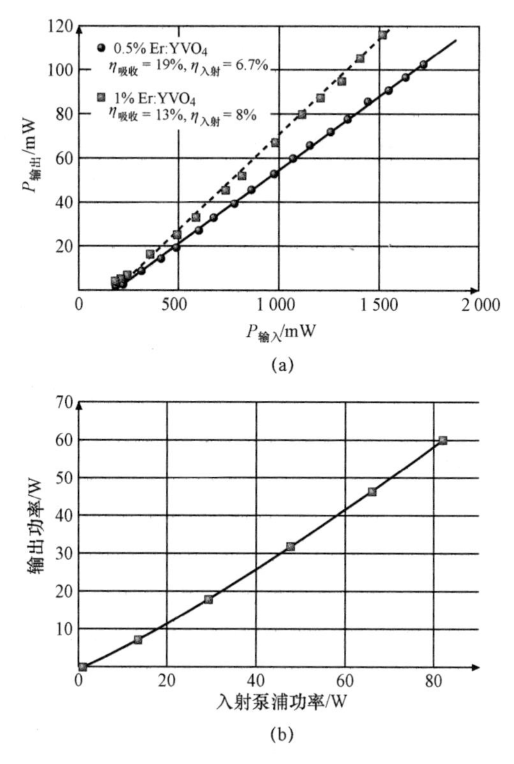

图 1.66　掺不同 Er 的输入输出特性

（a）Er^{3+}（0.5%）：YVO_4 晶体的连续波激光振荡的输入－输出曲线（$\lambda_{激光}$ = 1 604 nm，输出镜透射率 = 1%）。斜率效率是相对于吸收功率（$\eta_{吸收}$）和入射功率（$\eta_{入射}$）给出的。（结果源自文献［1.446］）。（b）带光纤激光器的 Er：YAG 在 1 532 nm 波长下的带内泵浦以及在 $\lambda_{激光}$ = 1 645 nm 波长下的激光发射（根据文献［1.599］）

表 1.19 综述了晶体室温 Er^{3+}激光器。请注意该表还列出了 $^4S_{3/2} \to {}^4I_{9/2}$ 跃迁的相关激光器。

② 玻璃。早在 20 世纪 60 年代中期，就有人研究了在掺 Er^{3+}和 Yb^{3+}，Er^{3+}共掺硅酸盐/磷酸盐玻璃中的激光振荡[1.603－605]。Er^{3+}系统的三能级特性以及由低掺杂剂浓度（通常为（2～5）×10^{19} cm^{-3}）引起的泵浦辐射线弱吸收使得该系统很难在掺 Er^{3+}玻璃中实现高效的激光器运行。因此，必须采用 Yb^{3+}共掺杂，以便在大约 1 μm 的波长下高效地吸收泵浦光。脉冲能量达到 35 J、平均输出功率达到 20 W 的连续波激光振荡、调 Q[1.606,607]和准连续波运行已经实现[1.608－612]。Xe 闪光灯的脉冲持续时间是几毫秒，因此与 Er^{3+} $^4I_{13/2}$ 能级的激光上能级寿命相配。另外，激光二极管被有效地用作泵浦源，Wu 等人[1.613]在横向激发方案中采用了脉冲激光二极管。通过利用 50 Hz 的重复频率、2.5 ms 的泵浦脉冲持续时间以及约 1.5 kW 的峰值泵浦功率，研究人员获得了 8.5 W 的平均输出功率，相当于 170 mJ/脉冲的输出能量。文献［1.614］中对比并探讨了不同的泵浦方案，在所有的实验中，玻璃材料与晶体相比的主要

问题是热导率低（Kigre QE7 的热导率为 0.82 W/（m·K）[1.611]，而 YAG 的热导率为 13 W/（m·K））。因此，所引入的加热功率以及可提取的输出功率及/或重复频率是有限的，掺 Er^{3+}玻璃的高功率连续波激发变得很难。尽管如此，Kigre QE7 和 QX 玻璃的总体性能比掺 Er^{3+}晶体更好。Obaton 等人[1.615]在 QX 玻璃的二极管端面泵浦装置中获得了21%的斜率效率。Diening[1.616]在这个装置中将Kigre QE7 玻璃与 Er^{3+}：$LaSc_3(BO_3)_4$和 $Y_3Al_5O_{12}$ 做了比较（图 1.67），QE7 玻璃获得的输出功率和斜率效率是 Er^{3+}：$LaSc_3（BO_3）_4$的大约 2 倍。

③ 光纤。已广泛研究了掺铒光纤激光器在大约 1.55 μm 的第三通信窗口中作为通信系统工作源的潜在用途，所有这些激光器都在 $^4I_{13/2}$→$^4I_{15/2}$ 跃迁上振荡——要么是以连续波模式，要么是以脉冲模式。在仅掺 Er^{3+}的光纤中，适于使用激光二极管的泵浦波长是 810 nm（$^4I_{15/2}$→$^4I_{9/2}$）、980 nm（$^4I_{15/2}$→$^4I_{11/2}$）和 1 480 nm（$^4I_{15/2}$→$^4I_{13/2}$），其他可能的泵浦波段大约为 660 nm（$^4I_{15/2}$→$^4F_{9/2}$）、532 nm 和 514.5 nm（$^4I_{15/2}$→$^4H_{11/2}$）。810 nm 和 514.5 nm 的泵浦波长受到很强的激发态吸收，因此泵浦光子受到损失[1.617]。由于在石英光纤中峰值发射截面相当高［（4～7）$\times10^{-21}$］，而 $^4I_{13/2}$能级的寿命长（8～10 ms），因此掺 Er 光纤的增益系数相当高（11 dB/mW[1.618]），尽管在这个波长下这种光纤的三能级激光特性会造成基态吸收，就像在掺 Er^{3+}的晶体和玻璃中那样，掺 Er 光纤中也会出现浓度猝灭。为增强吸收效率而不增加 Er^{3+}的浓度或光纤长度，采用了 Yb^{3+}共掺杂，尤其是当二极管泵浦在 900～1 000 nm 时。掺 Er 光纤高效工作的要求是（就像在晶体和玻璃中那样）高效地将能量从 Yb^{3+} $^2F_{5/2}$能级转移到 Er^{3+} $^4I_{13/2}$能级（图 1.62）。表 1.20 中总结了在大约 1.55 μm 波长下工作的一些掺 Er 激光器。关于掺 Er 光纤激光器和放大器的详细探讨，见文献［1.619］。总之，在大约 1.55 μm 波长下工作的掺 Er^{3+}光纤激光器是极其高效的。输出功率在瓦特范围内是可能的。如今，高达 100 W 的输出功率已能从市场上购到[1.620]。大多数的高效泵浦都发生在 1 480 nm 的波长下，因为在这个波长下，斜率效率可能接近 95%的量子极限。在 980 nm 波长下，由于量子数亏损更大，因此泵浦效率较低，但在这个波长下，可以获得高效可靠的大功率激光二极管。

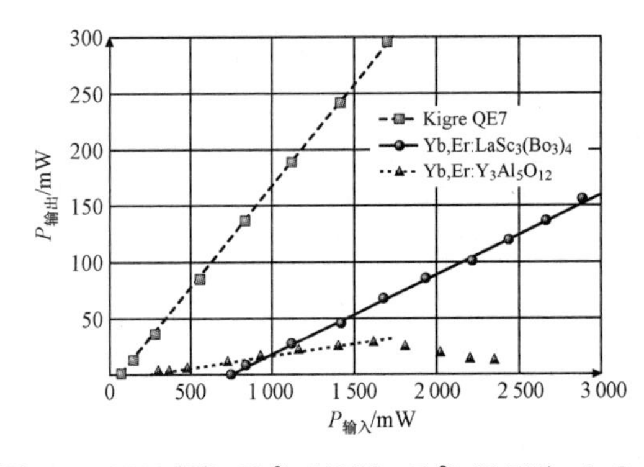

图 1.67 利用 Kigre QE7 玻璃、Yb^{3+}（10%）、Er^{3+}（0.5%）：$LaSc_3（BO_3）_4$和 Yb^{3+}，Er^{3+}（0.5%）：$Y_3AL_5O_{12}$做激光实验得到的结果（根据文献［1.616］）

④ 其他近红外 Er^{3+}激光器。在其他波长下也观察到了掺 Er^{3+}晶体在近红外光谱范围内的室温激光振荡。在 Yb^{3+}共掺的 Er^{3+}: $YLiF_4$ 中，1 234 nm 波长下的 $^4S_{3/2} \to ^4I_{11/2}$ 跃迁已实现了一种上转换泵浦方案，因此使得连续波室温 Ti：蓝宝石–二极管泵浦激光振荡成为可能[1.621,622]。在大约 966 nm 波长下的 Ti：蓝宝石激发中，可以得到 160 mW 的输出功率和不超过 22%的斜率效率。请注意，如果没有 Yb 共掺杂，输出功率将低一个数量级。在 966 nm 波长下的二极管激光器泵浦中，Yb^{3+}，Er^{3+}：$YLiF_4$ 显示出 80 mW 的输出功率和 7%的斜率效率。

表 1.19 在 $^4I_{13/2} \to ^4I_{15/2}$ 和 $^4S_{3/2} \to ^4I_{9/2}$ 跃迁中并在大约 1.6 μm 波长下工作的室温掺 Er^{3+}激光器一览表

晶体	$\lambda_{激光}$/nm	跃迁	斜率效率/%	工作模式	泵浦源/备注	参考文献
$Ca_2Al_2SiO_7$	1 530 nm	$^4I_{13/2} \to ^4I_{15/2}$	1.1	CW	Ti：蓝宝石 940 nm，975 nm	[1.623]
	1 550 nm	$^4I_{13/2} \to ^4I_{15/2}$	1.5	CW	Ti：蓝宝石 940 nm，975 nm	[1.623]
	1 555 nm	$^4I_{13/2} \to ^4I_{15/2}$	5	CW	Ti：蓝宝石 940 nm，975 nm	[1.623]
$LiNbO_3$:Ti	1 532 nm	$^4I_{13/2} \to ^4I_{15/2}$	6	CW	Tl: KCl，1 477 nm	[1.624]
	1 563 nm	$^4I_{13/2} \to ^4I_{15/2}$	3	CW，脉冲	Tl: KCl 1 479 nm，1 484 nm	[1.625]
	1 576 nm	$^4I_{13/2} \to ^4I_{15/2}$		CW，脉冲	Tl: KCl 1 479 nm，1 484 nm	[1.625]
$SrY_4(SiO_4)_3O$	1 554 nm	$^4I_{13/2} \to ^4I_{15/2}$	0.4	CW	激光二极管 980 nm	[1.626]
$YAlO_3$	1 662 nm	$^4S_{3/2} \to ^4I_{9/2}$	10.1	CW	Kr^+	[1.627]
	1 663 nm	$^4S_{3/2} \to ^4I_{9/2}$	0.07	脉冲	Xe–闪光灯	[1.628]
	1 663 nm	$^4S_{3/2} \to ^4I_{9/2}$		脉冲	Xe–闪光灯	[1.629，630]
	1 663.2 nm	$^4S_{3/2} \to ^4I_{9/2}$		脉冲	Xe–闪光灯	[1.631–633]
	1 663.2 nm	$^4S_{3/2} \to ^4I_{9/2}$		CW	Ar^+，488 nm	[1.634]
	1 667 nm	$^4S_{3/2} \to ^4I_{9/2}$	0.02	脉冲	Xe–闪光灯	[1.635]
	1 677.6 nm	$^4S_{3/2} \to ^4I_{9/2}$	2.2	CW	Ar^+，488 nm	[1.634]
	1 706 nm	$^4S_{3/2} \to ^4I_{9/2}$	0.02	脉冲	Xe–闪光灯	[1.635]
	1 706.1 nm	$^4S_{3/2} \to ^4I_{9/2}$		CW	Ar^+，488 nm	[1.634]
	1 729 nm	$^4S_{3/2} \to ^4I_{9/2}$	0.02	脉冲	Xe–闪光灯	[1.635]
	1 729.6 nm	$^4S_{3/2} \to ^4I_{9/2}$		CW	Ar^+，488 nm	[1.634]

续表

晶体	$\lambda_{激光}$/nm	跃迁	斜率效率/%	工作模式	泵浦源/备注	参考文献
$LiYF_4$	1 620 nm	$^4I_{13/2}\to^4I_{15/2}$		CW	Kr^+，647 nm	[1.636]
	1 640 nm	$^4I_{13/2}\to^4I_{15/2}$		CW	Kr^+，647 nm	[1.636]
	1 664.0 nm	$^4S_{3/2}\to^4I_{9/2}$		脉冲	Xe 闪光灯	[1.637]
	1 730 nm	$^4S_{3/2}\to^4I_{9/2}$	0.6	脉冲	Xe 闪光灯	[1.638]
	1 732.0 nm	$^4S_{3/2}\to^4I_{9/2}$		脉冲	Xe 闪光灯	[1.639]
$Y_3Al_5O_{12}$	1 617 nm	$^4I_{13/2}\to^4I_{15/2}$	10	调 Q（4 kHz）	Er－光纤激光器，1 543 nm	[1.640]
	1 632 nm	$^4I_{13/2}\to^4I_{15/2}$		脉冲	Xe 闪光灯	[1.641]
	1 634 nm	$^4I_{13/2}\to^4I_{15/2}$		脉冲，腔内	Er:玻璃 1 549 nm	[1.642]
	1 640 nm	$^4I_{13/2}\to^4I_{15/2}$	12.7	CW	Kr^+，647 nm	[1.597]
	1 640 nm	$^4I_{13/2}\to^4I_{15/2}$	0，5	调 Q	Er：玻璃 1 534 nm	[1.643]
	1 644 nm	$^4I_{13/2}\to^4I_{15/2}$	7	脉冲	Er：玻璃 1 535 nm	[1.644]
	1 644.9 nm	$^4I_{13/2}\to^4I_{15/2}$		脉冲	Xe 闪光灯	[1.645]
	1 645 nm	$^4I_{13/2}\to^4I_{15/2}$	40	脉冲	Er:玻璃 1 532 nm	[1.646]
	1 645 nm	$^4I_{13/2}\to^4I_{15/2}$	40	调 Q	掺 Yb，Er－光纤 1 530 nm	[1.647]
	1 645 nm	$^4I_{13/2}\to^4I_{15/2}$	46	脉冲	1.5 μm 激光二极管	[1.648]
	1 645 nm	$^4I_{13/2}\to^4I_{15/2}$	40	CW	Er－光纤激光器，1 543 nm	[1.640]
	1 645.3 nm	$^4I_{13/2}\to^4I_{15/2}$	81	CW，调 Q	掺 Yb，Er－光纤 1 530 nm	[1.599]
	1 645.9 nm	$^4I_{13/2}\to^4I_{15/2}$		脉冲	Xe 闪光灯	[1.649]
	1 646 nm	$^4I_{13/2}\to^4I_{15/2}$	7	CW	激光二极管	[1.650]
	1 775.7 nm	$^4S_{3/2}\to^4I_{9/2}$		脉冲	Xe 闪光灯	[1.633，641，651]
$Y_3Ga_5O_{12}$	1 640 nm	$^4I_{13/2}\to^4I_{15/2}$	0.9	CW	Kr^+，647 nm	[1.597]
$Y_3Sc_2Ga_3O_{12}$	1 643 nm	$^4I_{13/2}\to^4I_{15/2}$	10	脉冲	Er:玻璃，1 532 nm	[1.652]
$Lu_3Al_5O_{12}$	1 776.2 nm	$^4S_{3/2}\to^4I_{9/2}$		脉冲	Xe 闪光灯	[1.633]
$KGd(WO_4)_2$	1 715.5 nm	$^4S_{3/2}\to^4I_{9/2}$		脉冲	Xe 闪光灯	[1.653]
	1 732.5 nm	$^4S_{3/2}\to^4I_{9/2}$		脉冲	Xe 闪光灯	[1.653]

续表

晶体	$\lambda_{激光}$/nm	跃迁	斜率效率/%	工作模式	泵浦源/备注	参考文献
$KGd(WO_4)_2$	1 733.0 nm	$^4S_{3/2}\to^4I_{9/2}$		脉冲	Xe 闪光灯	[1.654]
$KY(WO_4)_2$	1 540 nm	$^4I_{13/2}\to^4I_{15/2}$	1	CW	Ti：蓝宝石	[1.655]
	1 737.2 nm	$^4S_{3/2}\to^4I_{9/2}$		脉冲	Xe 闪光灯	[1.654]
$KLa(MoO_4)_2$	1 730 nm	$^4S_{3/2}\to^4I_{9/2}$		脉冲	Xe 闪光灯	[1.656]
$LiLuF_4$	1 734.5 nm	$^4S_{3/2}\to^4I_{9/2}$		脉冲	Xe 闪光灯	[1.657，658]
$KLu(WO_4)_2$	1 739.0 nm	$^4S_{3/2}\to^4I_{9/2}$		脉冲	Xe 闪光灯	[1.654]
$KEr(WO_4)_2$	1 737.2 nm	$^4S_{3/2}\to^4I_{9/2}$		脉冲	Xe 闪光灯	[1.654]
YVO_4	1 604 nm（1 531 nm，1 553 nm，1 564 nm，1 580 nm）	$^4I_{13/2}\to^4I_{15/2}$	19	CW	Ti：蓝宝石	[1.446]
Y_2SiO_5	1 617 nm（1 545 nm，1 567 nm，1 576 nm）	$^4I_{13/2}\to^4I_{15/2}$	5.6	CW	激光二极管	[1.650]
Sc_2SiO_5	1 558 nm	$^4I_{13/2}\to^4I_{15/2}$		CW	Ti：蓝宝石 979 nm	[1.659]
	1 551 nm	$^4I_{13/2}\to^4I_{15/2}$	1.8	CW	Ti：蓝宝石 920 nm	[1.659]
	1 551 nm	$^4I_{13/2}\to^4I_{15/2}$	2.4	CW	激光二极管 968 nm	[1.659]
$Sc_2Si_2O_7$	1 545 nm	$^4I_{13/2}\to^4I_{15/2}$	2.6	CW	Ti：蓝宝石 980 nm	[1.659]
	1 556 nm	$^4I_{13/2}\to^4I_{15/2}$	2.3	CW	Ti：蓝宝石 978 nm	[1.659]
$LaSc_3(BO_3)_4$	1 563 nm	$^4I_{13/2}\to^4I_{15/2}$	6	CW	激光二极管 975 nm	[1.598]
$Ca_4YO(BO_3)_3$	1.5～1.6 μm	$^4I_{13/2}\to^4I_{15/2}$	26.8	CW	激光二极管	[1.660，661]
$Ca_4GdO(BO_3)_3$	1.54 μm	$^4I_{13/2}\to^4I_{15/2}$	15	CW	激光二极管 975 nm	[1.662]
			7	Ti:蓝宝石 902 nm		

在这个跃迁中，还有可能发生 Xe 信号灯激发，使室温激光振荡在 $YLiF_4$[1.663－665]、$LuLiF_4$[1.666]和 $YAlO_3$[1.667]中出现。在 $BaYb_2F_8$ 中，在脉冲 Nd 激光器激发或 Xe 闪光灯激发下，1 260 nm 波长的 $^4F_{9/2}\to^4I_{13/2}$ 跃迁呈现出激光振荡[1.668]。在 $^4F_{9/2}\to^4I_{11/2}$ 跃

迁中的激光振荡是在脉冲钕激光器激发和Xe信号灯激发作用下利用$BaYb_2F_8$[1.669－671]在大约1.96 μm的波长范围得到的。

1.2.4 中红外激光器

1. 基本原理

对很多用途来说，中红外波长范围1.9～5.0 μm是值得关注的。中红外固体激光器被用作光谱光源，例如在大气层遥感中，因为很多分子的内部振动运动频率都能在这个光谱区内找到。中红外激光器的其他用途包括医学，例如在2.7～3 μm的光谱范围内处于高吸水率区的显微外科学和牙科学，接近2 μm的激光波长适于组织焊接和碎石术。

表1.20 掺Er^{3+}和掺Yb^{3+}：Er^{3+}石英光纤激光器一览表
$\lambda_{激光}$－激光波长；$\lambda_{泵浦}$－泵浦波长；$l_{光纤}$－光纤长度；$P_{阈值}$－激光阈值；η－斜率效率；
$P_{输出}$－输出功率；$P_{泵浦}$－泵浦功率；(l)－入纤；(inc)－入射；(abs)－吸收；NA－无。
（根据文献［1.619］）

$\lambda_{激光}$/nm	$\lambda_{泵浦}$/nm	Er浓度	Yb浓度	$l_{光纤}$/m	备注	$P_{阈值}$/mW	η/%	$P_{输出}$/mW	最大$P_{泵浦}$/mW	参考文献
1 566	514.5	35 ppm Er	–	13	Ar^+泵浦	44 (l)	10 (l)	56	600 (l)	[1.672]
1 560	532	150 ppm Er_2O_3	–	1	环形激光器	10 (l)	5.1 (l)	1.8	45 (l)	[1.673]
1 535	532	100 ppm Er	–	15	双Nd：YAG	NA	28	1 000	3 600	[1.674]
1 560	806	500 ppm Er	–	3.7	激光二极管	10 (l)	16 (l)	8	56 (l)	[1.675]
1 620	808	300 ppm Er	–	1.5	激光二极管	3 (abs)	3.3 (abs)	0.13	7 (abs)	[1.676]
1 560	980	0.08 wt%	–	0.9	染料激光器	2.5 (abs)	58 (abs)	4.7	1.3 (abs)	[1.677]
1 540	980	1 100 ppm Er	–	9.5	Ti：蓝宝石	>10 (l)	>49 (l)	260	540 (l)	[1.678]
1 552	1 460	1 370 ppm Er	–	5	2个激光二极管	37 (l)	14 (l)	8	93 (l)	[1.679]
1 552	1 470	1 370 ppm Er	–	7	激光二极管	44 (abs)	6.3 (abs)	1	60 (abs)	[1.680]
1 555	1 480	45 ppm Er	–	60	激光二极管	6.5 (l)	38.8 (l)	3.3	15 (l)	[1.681]
1 560	1 480	110 ppm Er_2O_3	–	42.6	激光二极管	4.8 (abs)	58.6 (abs)	14.2	29 (abs)	[1.682]
1 570	810	0.06 wt%	1.3 wt%	1.45	2个激光二极管	12.7 (l)	15.4 (l)	2.3	28 (l)	[1.683]
1 560	820	0.08%	1.7%	0.7	染料激光器	3.7 (abs)	7 (abs)	NA	NA	[1.684]

续表

$\lambda_{激光}$ /nm	$\lambda_{泵浦}$ /nm	Er 浓度	Yb 浓度	$l_{光纤}$ /m	备注	$P_{阈值}$ /mW	η/%	$P_{输出}$ /mW	最大 $P_{泵浦}$ /mW	参考文献
1 560	832	0.08%	1.7%	0.7	染料激光器	5（abs）	8.5（abs）	NA	NA	[1.685]
1 537	962	900 ppm	1.1%	1.6	激光二极管	130（l）	19（l）	96	620（l）	[1.686]
1 545	980	NA	NA	0.07	激光二极管	1（abs）	25（inc）	18.6	95（inc）	[1.687]
1 535	1 047	0.06%	1.8%	4	Nd：YLF	20（l）	23（l）	285	640（l）	[1.688]
1 560	1 064	0.08%	1.7%	0.91	Nd：YAG	8（abs）	4.2（abs）	1.3（abs）	80（abs）	[1.684]
1 535	1 064	880 ppm	7 500 ppm	NA	Nd：YAG	37（abs）	27（abs）	NA	NA	[1.689]
1 545.6	980/ 1 480	NA	NA	0.07	激光二极管	10（l）	50（l）	166	340（l）	[1.690]

第一个中红外激光器于 1960 年启用，也就是在激光器被发明之后不久。这个激光器是在掺有三价铀的氟化钙晶体内在 2.6 μm 的波长下工作的[1.691]。在最初几年，新型激光跃迁通常需要脉冲式激发并且冷却至低温。两年之后，研究人员在连续波工作模式下演示了 2.36 μm 波长的掺 $Dy^{2+}CaF_2$ 激光器[1.692,693]。在基于三价稀土离子的激光器中，基于 Tm^{3+}和 Ho^{3+}的 $CaWO_4$ 于 1962 年在接近 2 μm 的波长下实现跃迁操作[1.694,695]。1967 年，据报道铒离子在接近 3 μm 的波长下被首次观察到发生了相干发射[1.696]。之后，研究人员开发了大量的新型基质材料，并在中红外光谱区演示了各种新的激光跃迁（关于离子–基质组合的全面概述，见文献［1.697］）。在 1990 年左右，$Y_3Al_5O_{12}$（YAG）、$YLiF_4$（YLF）、YVO_4 和 $Y_3Sc_2Ga_3O_{12}$（YSGG）中的掺 Tm^{3+}和 Ho^{3+}固体激光系统经显示在 1.86～2.46 μm 的波长范围内工作[1.698–701]，类似基质系统中的掺 Er^{3+}激光器能在 2.66～2.94 μm 的波长范围内工作。短脉冲激光器在这些波长下的工作状况也得到演示[1.702,703]。

如今，众所周知，二价 Dy、三价 Tm、Ho、Er、Dy、Pr、Tb 和 Nd 以及三价 U 能够在 1.8～7.2 μm 范围内进行中红外激光跃迁[1.704]。本节将根据这些离子的光谱特性，探讨在固体激光器中 Tm^{3+}、Ho^{3+}、Er^{3+}及其他稀土离子的最新发展状况以及它们的粒子数机理。近年来，研究人员们已演示了连续波基模功率级——从将近 4 μm 波长下的几 mW 到将近 2 μm 波长下的大约 100 W。本节将描述功率调节法及其局限性、优化粒子数机制及提高这些激光器的效率的可能性，以及未来中红外激光器中很多稀土离子在 3～5 μm（不包括 3 μm）波长范围内发生能级跃迁的发展前景。

下面将介绍与掺稀土离子的中红外固体激光器有关的方面，例如辐射衰减和多声子衰减之间的竞争以及最后为这些波长选择的基质材料；然后将详细探讨在 2～3 μm 波长范围内最重要的中红外激光跃迁的性能：在 1.9 μm 和 2.3 μm 波长下的掺 Tm^{3+}激光器、在 2.1 μm 和 2.9 μm 波长下的掺 Ho^{3+}激光器、在 2.7～2.9 μm 波长范围内的掺 Er^{3+}激光器以及在 2.9～3.4 μm 波长范围内的掺 Dy^{3+}激光器。在超过 3 μm 的波长下，我们将越来越难以找到适于主动掺杂激光系统的基质材料，这种说法对玻璃纤维来说站得住脚，对晶体材料来说也如此。本节末尾将探讨未来中红外固体激光器在这个波长范围内的发展前景。

文献[1.707]和[1.708]分别介绍了中红外固体晶体体激光器和光纤激光器领域。

2. 衰减机制、基质材料和热问题

本部分将探讨激光器的一些基本方面，重点强调这些方面对中红外固体激光器的影响。

（1）辐射衰减与多声子衰减相比较。在选择中红外固体激光器的基质材料时，要考虑很多因素。其中，最大声子能量是最重要的方面。光学透明度范围与带隙尺寸和红外吸收截止有关，因此也与材料阴离子–阳离子键的振动频率 v 有关。对于有序结构，可知

$$v=\left(\frac{1}{2\pi}\right)\sqrt{\frac{k}{M}} \tag{1.88}$$

其中，$M=m_1 m_2/(m_1+m_2)$ 是在弹性恢复力 k 的作用下振动的两个物体 m_1 和 m_2 的折算质量。阳离子–阴离子的相对键强度与场强 Z/r^2 有关，其中 Z 是阳离子或阴离子的价态，r 是离子半径。通常，由具有低场强的大阴离子和大阳离子组成的材料在中红外光谱区呈现出较高的透明度。

激发态的辐射衰减与非辐射多声子衰减相互竞争。材料的最大声子能量决定着多声子弛豫速率，后者又影响着量子效率。多声子弛豫过程的速率恒量随着能隙的减小而呈指数级降低，直到下一个低能态，并随着弛豫过程的阶数（也就是弥合能隙所需要的声子数）减小而降低[1.705,709]。例如，由图 1.68 可看到，常见玻璃纤维的多声子弛豫速率与能级之间的能隙有关。

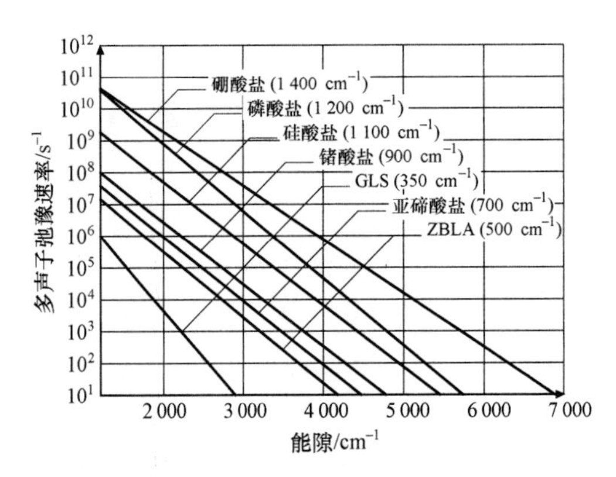

图 1.68　对于具有不同最大声子能量的玻璃而言，所计算出的多声子弛豫速率和所测得的多声子弛豫速率与能级之间的能隙有关（根据文献［1.705，706］）

多声子衰减对氧化物的影响比对氟化物的影响更强，因为阴离子的原子质量 m_2 更小，而弹性恢复力 k 更大［式（1.88）］——这是由于氧化物中的共价键更强[1.706]。这两个因素导致氧化物中的最大声子能量更高。一般情况下，如果需要用于弥合能隙的声子数不超过 5 个，则非辐射衰减将成为主要的衰减机制[1.710]。由于 3 300 cm^{-1} 的能隙相当于 3 μm 的跃迁波长，因此当声子能量低于 600 cm^{-1}（大致等于氟化物的最大声子能量）时，辐射衰减会成为主要的衰减机制。因此，对于大多数的中红外激光跃迁，氟化物是优先于氧化物的基质材料。

图 1.69 所示的例子中指出了主要的激光器（实线）以及从 Er^{3+} 的 3 个最低能级开始的多声子（虚线）跃迁，还显示了不同基质材料中各能级的相应寿命。在具有高声子能的氧化物基质材料中，只有 1.5 μm 的激光跃迁能达到足够高的频率和较大的能隙，从而得到较长的 $^4I_{13/2}$ 寿命。另一方面，$^4I_{11/2}$ 的寿命被多声子弛豫大大缩短，而源于此能级的 2.8 μm 激光器更易于在氟化物基质材料中工作。最终，需要采用氯化物等低声子能基质材料，以确保较长的 $^4I_{9/2}$ 寿命，使 4.5 μm 激光器得以应用。

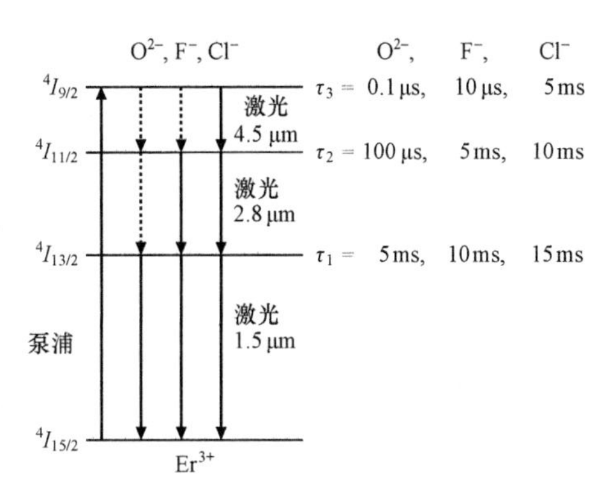

图 1.69　在氧化物、氟化物和氯化物基质材料中，Er^{3+} 的 3 个最低激发态的辐射与激光衰减（实线）与非辐射衰减（虚线）相比较[1.710]

（2）中红外激光器的基质材料。几十年来，晶态氧化物材料一直都是上选的激光基质材料，因为很多氧化物晶体相对容易生长、在环境中稳定，并拥有较高的热导率[1.711]、断裂极限和折射率，而高折射率会导致吸收截面和发射截面变大。最突出的晶态氧化物材料是 $Y_3Al_5O_{12}$（YAG）以及其他石榴石。但近年来，混合石榴石、钒酸盐 YVO_4 和 $GdVO_4$、复式钨酸盐 KY（WO_4）$_2$ 和 KGd（WO_4）$_2$、倍半氧化物 Y_2O_3、Sc_2O_3 和 Lu_2O_3 以及其他材料在与各种稀土离子掺杂时显示出极大的高效激光发射潜能。当激光器在高于 2.5～3 μm 的波长下工作时，这些材料的性能会大幅降低，因为它们的最大声子能量较高（700～900 cm^{-1}）。硅酸盐玻璃可能是用于制造光纤的最重要材料[1.706,712]，但在这种材料中，最大声子能量（≈1 100 cm^{-1}）[1.713]会更高。通过利用这种材料，中红外光纤激光器的发射波长目前已被限制在约 2.2 μm[1.714]。二氧化硅很坚固耐用，因此在用这种材料制造光纤时需采用很有效的改进化学气相沉积（MCVD）方法。通过减少玻璃中的 OH^- 含量（玻璃在 1.3～2.0 μm 范围内有两个主要的吸收峰[1.715])。可以改善近中红外功能。Nd^{3+}和 Er^{3+}等拥有高场强的稀土离子在硅酸盐玻璃中的溶解度低，这会导致离子团簇和微尺度相位分离。

利用氟化物晶体和玻璃作为中红外固体激光器的基质材料，这一点已被广泛认可。重金属氟化物[1.716,717]已成为首选的光纤材料，尤其是 ZBLAN[1.718,719]——53 mol%ZrF_4、20 mol%BaF_2、4 mol%LaF_3、3 mol%AlF_3和 20 mol%NaF 的混合物。由于重金属氟化物能够毫不费力地拉伸成单模光纤[1.720]，因此这种材料对于中红外光纤激光器来说尤其重要[1.721]。锆原子与相对较弱的键结合后，得到较大的原子量，因此能为 ZBLAN 提供 550 cm^{-1}[1.722]的最大声子能量，使红外透明度高达 6 μm。多声子弛豫对于在大于 3～3.5 μm 波长下的跃迁来说变得很重要。与二氧化硅相比，ZBLAN 的损伤阈值更低，晶场强度也更弱[1.723]，文献［1.722］中概述了掺入 ZBLAN 中的稀土离子的光谱特性，而文献［1.724］中总结了最近的 ZBLAN 光纤激光器。在晶体侧，基质材料 $LiYF_4$和 BaY_2F_8及其相关的同构相对物已成为很多中红外激光跃迁过程的主力[1.725,726]。由于含有氟，这些晶体材料必须在无氧的气氛中成长。

在低声子能基质材料中，很多化合物天生就具有较低的热导率，而且吸湿，这适用于大多数的卤化物——从氯化物到碘化物，吸湿性逐渐增强；另外，这些材料提供了 350～150 cm^{-1} 的声子能量[1.727]。最近，KPb_2Cl_5 及相关的化合物以不吸湿形式出现，因此成为很有希望的中红外激光器候选材料[1.728－730]；硫系化合物玻璃由硫族元素 S、Se 和 Te 组成[1.731－733]，这些玻璃在环境中稳定，并有相当大的玻璃形成区。当稀土离子被掺入这些玻璃中时[1.734]，辐射跃迁概率以及由此形成的吸收截面和发射截面较高，因为玻璃的折射率高（≈2.6），稀土离子与周围介质之间的共价度也高。300～450 cm^{-1}[1.735]的最大声子能量导致多声子弛豫速率较低（图 1.68），因此得到较高的量子效率。最重要的玻璃是硫化物玻璃 GaLaS（GLS）[1.736]和 GeGaS[1.737]，因为稀土溶解度相当高。

最近，在研究将陶瓷用作稀土的基质材料方面已取得了重大进展[1.738]。这些陶瓷由 YAG 等材料的纳米微晶组成，能够在相对较低的温度下以简单划算的工艺制成。这样就能制造出在其他方法（例如提拉法）中难以生长的、具有极高熔点[1.739]的晶体材料，这类材料还能制造成纤维形状［1.740］。陶瓷纤维将晶体材料的特性（例如吸收截面和发射截面高、热导率大以及可能与过渡金属离子掺杂[1.740]）与光纤引导泵浦光和信号光的方便性相结合，虽然体积状陶瓷已成为成熟的激光基质材料，但陶瓷纤维的损耗仍然相对较高。

（3）中红外激光器的具体工作方面。由于激光二极管系统可得到更高的泵浦功率，因此通常认为热问题和热光学问题限制了端面泵浦体积激光系统的功率可调节性。由于热参数和热光学参数与温度之间存在着不利的相关性[1.711]，因此晶体中的高热负荷会首先导致激光棒内的温度显著升高，其次会造成较强的热透镜效应以及明显的球面像差，最终会导致具有高平均功率的端面泵浦系统中出现激光棒破裂。当希望输出功率很高时，还需要进行热管理。尤其是，对于大功率中红外激光器来说，热管理可能很重要，因为这种激光器的量子效率更低，散热量也就更高[1.741]。

由于几何形状的原因，光纤可能提供较高的泵浦强度和信号波束强度，而没有显著的热效应和热光效应等缺点。光纤的表面积–体积比大，意味着在纤芯内由多声子弛豫产生的热量会通过辐射和对流从光纤表面有效地消散。在表面积/体积比最高的单包层纤芯泵浦单模光纤中，这种情况尤其真实[1.742]。双包层光纤激光器的包层面积更大（$>10^4\ \mu m^2$），因此能实现大功率二极管阵列泵浦[1.418,743–746]。另外，双包层光纤的表面积–体积比较小，因此需要考虑散热问题[1.747–750]。

虽然固体晶体中红外激光器在 20 世纪 90 年代已经成熟，但在中红外光谱区内要制造出损耗足够低的光纤，需要较高的制作成本，这阻碍了在中红外光纤激光器领域的必要研究工作。但随着双包层光纤的引入以及最近在光纤制造和光束整形大功率二极管激光器领域中取得的技术进步，二极管泵浦光纤激光器的性能已大大改善。如今，中红外光纤激光器在某些应用领域已能与相当的固体晶体系统竞争，尤其是当需要通过基横模连续波激光运行来获得从毫瓦特到百瓦特的输出功率。

研究人员已经探究过很多脉冲工作方法，包括光纤激光器的调 Q 和锁模，已针对常见激光跃迁在 Nd^{3+}和 Yb^{3+}中在 1 μm 波长下以及在 Er^{3+}中在 1.5 μm 波长下集中研究了这些方法，并通常将这些方法与这些激光器结合起来描述。由于光纤直径小，峰值功率通过损伤阈值强度（传播功率/纤芯面积）受到限制，因此当需要高能短脉冲时，通常首选的是固体晶体激光器或光学参变过程。这个说法尤其适于基于 ZBLAN 的中红外光纤激光器，因为这些光纤与石英光纤相比损伤阈值更低。因此，中红外光纤激光器的描述仅限于连续波运行，本章将不探讨具体的光纤激光器脉冲工作方法。

3. 在 1.9～2.0 μm 和 2.3～2.5 μm 波长范围内的掺铥固体激光器

Tm^{3+}离子已在中红外固体激光器中广泛应用，部分原因是在接近 0.79 μm 的波长下有适当的吸收谱带，这使得 AlGaAs 二极管激光器能够实现直接泵浦。与中红外激光发射相关的 Tm^{3+}的主要发光跃迁是在 2.3 μm 波长下的 $^3F_4 \to {}^3H_5$ 跃迁以及在 1.9 μm 波长下的 $^3H_4 \to {}^3H_6$ 基态跃迁，见图 1.70 中的能级图。$^3F_4$ 能级是由 0.79 μm 泵浦波长激发的。

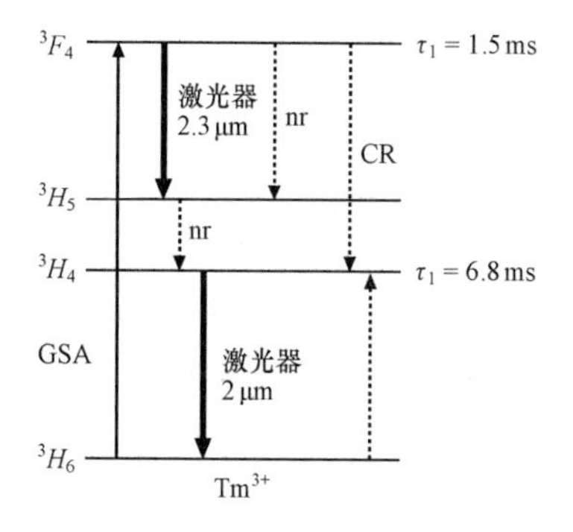

图 1.70 当被掺入氟化物玻璃中时 Tm^{3+}的局部能级图[1.751]，给出了测量的寿命，NR 和 CR 分别代表非辐射衰减和交叉弛豫

（1）在 1.9～2.0 μm 波长范围内的三能级激光器。据报道，1962 年，Tm^{3+}离子的首次激光发射在 $CaWO_4$：Tm^{3+}的声子终止 2 μm 跃迁 $^3H_4 \rightarrow {}^3H_6$ 过程中被观察到[1.694]。1975 年，研究人员在 Cr^{3+}共掺的 YAG 和 $YAlO_3$ 中演示了室温下的脉冲工作模式[1.752]。Cr^{3+}共掺杂使得实验人员能够改善信号灯或离子－激光器泵浦光在可见光光谱范围内被激活介质和随后从 Cr^{3+}到 Tm^{3+}激光离子的能量转换所吸收的情况[1.753,754]。交叉弛豫过程（$^3F_4$，$^3H_6$）→（$^3H_4$，$^3H_4$）能将在 $^3F_4$ 或更高能级中被吸收的一个泵浦光子转变为在 2 μm 跃迁的 $^3H_4$ 激光上能级中的两个激发态[1.699,755]（图 1.70），从而使这个激光器的量子效率提高 2 倍。20 世纪 80 年代后期，在 YAG 中实现了在 $^3F_4$ 能级的二极管泵浦下 780～790 nm 波长范围内的激光发射[1.756]。另外，有人还报道了在 YAG：Tm^{3+}中的单频单片激光器[1.757]。

最近，研究人员利用厚片状[1.759]和体积状[1.760]的 YAG：Tm^{3+}[1.758]和 $LiYF_4$：Tm^{3+}在室温下通过二极管泵浦获得了 14 W、18 W 和 36 W 的输出功率以及较高的光束质量，后一种方法能上调到 70 W，但目前光束质量较低[1.761]。两个科研小组分别报道了由二极管－泵浦 YAG:Tm^{3+}激光器输出的约 115 W 和 120 W 多模输出功率[1.762,763]。他们在 $GdVO_4$：Tm^{3+}中演示了一种微芯片激光器[1.764]，还在 YAG 中演示了一种薄片激光器[1.765]。在 Lu_2O_3：Tm^{3+}中，当在 796 nm 的波长下泵浦时，有关人员在 Ti：蓝宝石泵浦下获得了 68%的斜率效率[1.766]，并在二极管泵浦下演示了 75 W 的输出功率[1.767]。

$^3H_6$ 基态下较大的斯塔克分裂度与光谱的电子振动展宽[1.768]相结合，为 $^3H_4 \rightarrow {}^3H_6$ 跃迁提供了很宽的发射谱带（在很多基质中达到约 400 nm 的跨度）——这是从稀土离子中可得到的最宽发光跃迁之一。因此，稀土离子的可调谐范围相当大，包括 YAG 中的 1.87～2.16 μm[1.769]、YSGG 中的 1.84～2.14 μm[1.769]、$YAlO_3$ 中的 1.93～2.00 μm[1.770]、Y_2O_3 中的 1.93～2.09 μm[1.771]、Sc_2O_3 中的 1.93～2.16 μm[1.771]、Lu_2O_3 中的 1.92～2.12 μm[1.767]、CaF_2 中的 1.83～1.97 μm[1.772]、$LiYF_4$ 中的 1.91～2.07 μm[1.759]、BaY_2F_8 中的 1.85～2.06 μm[1.773]、$GdVO_4$ 中的 1.86～1.99 μm[1.774]、$LuVO_4$ 中的 1.84～1.95 μm[1.775]、$KGd(WO_4)_2$ 中的 1.79～2.04 μm[1.776]以及 $NaGd(WO_4)_2$ 中的 1.81～2.03 μm[1.777]。至于其他很多跃迁，在中心发射波长下的频移可通过替换基质离子（例如从 $Y_3Al_5O_{12}$ 替换为 $Lu_3Al_5O_{12}$）来实现[1.778]。钒酸盐晶体 $GdVO_4$ 和 YVO_4 以及双钨酸盐晶体拥有相对较高的吸收系数[1.764,779,780]，使得在 805～810 nm 波长范围内的泵浦成为可能。在这个波长范围，泵浦二极管比在 780～790 nm 范围内更便宜、更可靠。研究人员利用较大的增益带宽，报道了在 YAG：Tm^{3+}[1.781]和 YAG：Cr^{3+}，Tm^{3+}[1.782]中当脉冲持续时间为 35 ps 和 41 ps 时 Tm^{3+}2 μm 激光器的锁模工作模式。主动[1.783,784]或被动[1.785]调 Q 激光器运行对于显微外科学来说很有用[1.786]。

最近在玻璃和晶体的晶体外延生长及体内折射率修改过程方面取得的进展已使具有波导几何形状的新型固体激光器成为可能[1.787]。第一个 2 μm 介质波导激光器是在一块掺铥锗酸铅玻璃中演示的[1.788]。研究人员在 YAG：Tm^{3+}中操作了在大功率二极管侧面泵浦[1.790]下斜率效率达到 68%[1.789]、输出功率达到 15 W 的平面型波导激光器，结果表明，第一个 KY（WO_4）$_2$ 平面型波导激光器[1.791]的性能不如由相同材料制成但掺有 Yb^{3+}并在 1 μm[1.793]波长下发射激光的体积状[1.792]或波导形激光器那样好，后两种激光器提供的斜率效率分别为 69%和 80%。通道波导几何形状能更好地控制光束形状，并使掺杂区内的泵浦模和激光模能被更好地限制，并相互重叠。掺 Tm^{3+}的通道波导激光器经证实能在氧化物[1.794]和玻璃[1.795]中工作，但输出功率和斜率效率较低。在掺 Tm^{3+}的 KY（WO_4）$_2$ 中，通过将外延层与具有光学惰性的 Gd^{3+} 和 Lu^{3+}离子[1.796]共掺杂以及通过 Ar^+离子束蚀刻[1.797]进行显微结构成型，折射率对比度提高了，通道波导激光器分别达到了 13%[1.798]和 31.5%[1.799]的斜率效率。通过将 Tm 浓度增加到 8%，从而高效地利用交叉弛豫过程，并为每个被吸收的泵浦光子在激光上能级生成将近两个激发态，有关人员最近证实通道波导激光器能达到 70%的斜率效率以及高达 300 mW 的输出功率[1.800]。通过飞秒激光直写被刻入掺 Tm^{3+}ZBLAN 体积状玻璃中的通道波导生成了斜率效率达 50%的激光[1.801]。由 Tm：KLu（WO_4）$_2$/KLu（WO_4）$_2$ 组成的外延层还与垂直于外延层（在 2 μm 光谱范围内）的激光腔结合使用[1.802]。

首次探究基于 1.9 μm 基态跃迁的光纤激光器关系到在掺 Tm^{3+}石英光纤激光器中 797 nm 波长下的染料激光器泵浦[1.803]。AlGaAs 二极管激光器的主要吸收谱带与发射波长之间的重叠会很快导致基于二氧化硅[1.804]或氟化物[1.805]玻璃基质的这些光纤激光器中出现二极管激光泵浦。交叉弛豫过程（$^3F_4$，$^3H_6$）→（$^3H_4$，$^3H_4$）以及在 2 μm 跃迁的 $^3H_4$激光上能级中受激离子的增强（图 1.70）高度取决于 Tm^{3+}离子的总浓度以及由 $^3F_4$ 能级的多声子弛豫形成的竞争。虽然在低声子能玻璃中 Tm^{3+}的高浓度通常使这个有益的过程能被充分利用，但这个交叉弛豫过程在二氧化硅基质中是共振的，因此要对交叉弛豫加以利用，只需要适度的（2%～3% wt）Tm^{3+}离子浓度即可[1.806]。尽管如此，最近的研究表明，在适度的泵浦功率下（泵浦波长为 800 nm），氟化物中的输出功率和效率比石英光纤中的更高[1.807]。

另外，在光纤中宽发射光谱能达到较大的波长可调谐度[1.808]。最近，研究人员已证实调谐范围为从 1.86～2.09 μm 到 230 nm[1.809]，以及从 1.72～1.97 μm 到 250 nm[1.810]。由于石英光纤与 ZBLAN 光纤相比峰值功率损伤阈值更高，使石英光纤适于 Tm^{3+}1.9 μm 跃迁的脉冲工作模式，因此有关人员已利用这个宽发射光谱在叠加脉冲[1.811]锁模机制或被动[1.812]锁模机制中获得了 190～500 fs 的脉冲。最近有人报道了具有将近 12 W 的高平均功率、小于 40 ps 的脉冲持续时间和大于 300 nJ 的脉冲能量的锁模机制[1.813]。这种激光器的发射截面更小，且激光跃迁具有三能级性质，因此与标准的掺 Nd^{3+}石英光纤激光器相比泵浦阈值更高。Tm^{3+}离子基态的再吸收必须克服，因为基态多重谱线是激光下能级。通过用光纤冷却法来减少基态中斯塔克高能级的原子数，可造成短波长发射。可通过改变光纤长度来获得调至更大波长时的可调谐性，因为基态的再吸收程度随着光纤长度的增加而增加[1.814]。研究人员利用一个 Ho^{3+}光纤可饱和吸收器，演示了二极管泵浦双包层掺 Tm^{3+}石英光纤的被动调

Q[1.815]。在主动调 Q 氟化物光纤中，有关人员利用 160 ns 脉冲以 100 kHz 的重复频率获得 90 μJ 脉冲能量，从而得到 9 W 的平均输出功率[1.816]，这种方法在应用于石英光纤时，得到 270 μJ 的脉冲能量、41 ns 的脉冲以及 30 W 的平均功率[1.817]。

早期的功率调节实验涉及使用适当的 1.064 μm YAG：Nd^{3+}激光器，对 $^3H_5$ 能级的短波长侧进行纤芯泵浦[1.818]。通过利用大功率 1.319 μm YAG：Nd^{3+}激光器来泵浦 $^3H_5$ 能级的长波长侧，还能得到高效的输出[1.819]。另外，有关人员还研究了在 1 150 nm 波长下的二极管泵浦[1.820]。研究人员还演示了在二氧化硅中 1.57 μm 波长下跃迁时的带内泵浦[1.821]，以及在氟化物玻璃中 1.58～1.60 μm 波长下跃迁时的带内泵浦[1.822,823]。虽然掺 Tm^{3+}石英光纤激光器的理论模型[1.824]表明，由于斯托克斯效率高，带内泵浦对于二氧化硅光纤激光器来说是效率最高的泵浦方法，但在 790～800 nm 波长范围内大功率 AlGaAs 二极管激光器的广泛可获得性以及在掺 Tm^{3+}二氧化硅中较强的交叉弛豫程度意味着在驻波[1.814,825]和环形谐振器[1.826]机制中这些二极管包层泵浦系统可能是用这种离子生成高输出功率的最实用方法（图 1.71）。通过利用 Yb^{3+}敏化作用以及在 975 nm 波长下的泵浦作用，研究人员得到了 75 W 的输出功率[1.827]。掺 Tm^{3+}石英光纤激光器的最大输出功率目前达到约 85 W[1.825]；最近，研究人员在泵浦波长为 800 nm 的掺 Tm^{3+}锗酸盐光纤中，在 68%的斜率效率（相当于 1.8 的量子效率）下得到了 64 W 的输出功率，还在更低的效率下得到了 104 W 的输出功率[1.828]。研究人员在掺 Tm^{3+}光敏铝硅酸盐光纤中获得了用 Er^{3+}光纤激光器泵浦的带内窄线宽分布反馈激光器运行模式[1.829]，并证实能够将功率放大到 100 W 的单频输出功率[1.830]。在装有分布布拉格反射镜的谐振腔中，无跳模单频运行已得到演示[1.831]。最终，研究人员报道：在氟化物光纤中，Tm^{3+}光纤激光器的功率发生了拉曼转换——从 1 940 nm 波长下的将近 10 W 到 2 185 nm 波长下的 580 mW[1.832]。

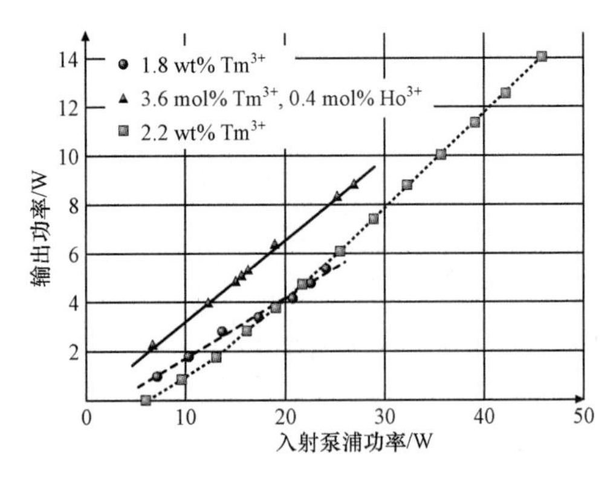

图 1.71　在采用掺 Tm^{3+}（1.8 wt%）二氧化硅[1.812]、掺 Tm^{3+}（2.2 wt%）二氧化硅[1.833]以及掺 Tm^{3+}（3.6 mol%）和 Ho^{3+}（0.4 mol%）的氟化物玻璃时，二极管包层泵浦光纤激光器的输出功率测量值[1.834]

（2）在 2.3～2.5 μm 波长范围内的四能级激光器。研究人员利用在约 2.3 μm 波长下进行 $^3F4 \rightarrow ^3H_5$ 跃迁的中红外四能级连续波激光器在 GSGG : Tm^{3+}和 LiYF4 : Tm^{3+}中运行，其波长可调谐性范围分别为 2.2～2.37 μm[1.835]和 2.2～2.46 μm[1.836]。这种激光器在小于 2 at.%（原子百分比）的低 Tm^{3+}浓度下工作性能最好。采用低 Tm^{3+}浓度是为了避免前面提到的交叉弛豫，交叉弛豫在这个案例中会使处于激光上能级的原子数减少（图 1.70）。$^3F4 \rightarrow ^3H_5$ 跃迁的激光下能级寿命相当短，导致泵浦阈值低。

通过将 Tm^{3+}离子掺入 ZBLAN 光纤，$^3F_4$ 能级的量子效率会提高[1.837-839]。可以将光纤故意设计成相对较低的 Tm^{3+}离子浓度，以减轻交叉弛豫，由此大大缩短 $^3F_4$ 能级的寿命。可调谐性范围为 2.25～2.5 μm[1.751]。通过在 1.9 μm 波长下的 $^3H_4 \rightarrow ^3H_6$ 跃迁中进行同时激射，可以得到一个双色光纤激光器[1.840]。需要高效输出或中红外多波长输出的应用领域将从掺 Tm^{3+}ZBLAN 光纤的使用中受益。

4. 在 2.1～2.9 μm 波长范围内的掺钬固体激光器

通过用 Ho^{3+}离子作为固体激光器的主动掺杂剂，发现了很多非常有用的中红外跃迁。本节将集中探讨在约 2.1 μm 波长下的 $^5I_7 \rightarrow ^5I_8$ 基态跃迁以及在约 2.9 μm 波长下的 $^5I_6 \rightarrow ^5I_7$ 跃迁，见图 1.72 中的能级图。Ho^{3+}的主要缺点之一是缺乏与方便的大功率泵浦源相一致的基态吸收（GSA）跃迁[1.841]，因此，掺 Ho^{3+}室温晶体连续波激光器[1.699]的很多早期演示活动包括将这种激光器与 Tm^{3+}一起进行光敏处理，以使激光进入适宜的吸收谱带以及由 Tm^{3+}提供的实用交叉弛豫过程，就像本书在 1.3.1 节中探讨的那样。Tm^{3+}离子之间的能量迁移以及合适的 Tm^{3+}：Ho^{3+}浓度比确保了能量高效地转移给 Ho^{3+}[1.842,843]（图 1.72）。

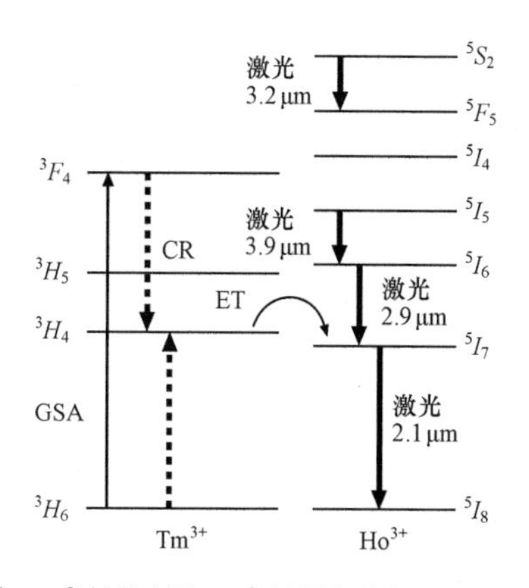

图 1.72　含有 Tm^{3+}敏化剂的 Ho^{3+}的局部能级图。ET 代表能量转移

（1）在 2.1 μm 波长下的三能级激光器。Ho^{3+}离子中的 2 μm 跃迁 $^5I_7 \rightarrow ^5I_8$ 于 1962 年在 $CaWO_4$：Ho^{3+}中以激光器形式首次演示[1.695]，并于 1963 年在掺 Tm^{3+}的 $CaWO_4$：Ho^{3+}中首次演示[1.844]。该三能级激光跃迁的室温脉冲工作模式在 $LiYF_4$ 中

得到演示[1.845]。1986 年，Cr^{3+}，Tm^{3+}共掺 YSAG：Ho^{3+}和 YSGG：Ho^{3+}在 Kr^+激光器泵浦下实现了连续波激光发射[1.846]。就像在 2 μm Tm^{3+}激光器（第 1.3.1 节）中那样，Cr^{3+}共掺质在这个激光器中仍是在可见光光谱范围内吸收泵浦光时以及通过能量转移来激发 Tm^{3+}离子时的一种敏化剂。因 Tm^{3+}能量转移导致的后续 Ho^{3+}离子激发[1.847,848]得益于与 1.3.1 节的 2 μm Tm^{3+}激光器中相同的 $Tm^{3+}-Tm^{3+}$交叉弛豫（图 1.72），20 世纪 80 年代，在 $Tm^{3+3}F_4$能级的二极管泵浦（780～790 nm）下，在 YAG 的 Ho^{3+}中实现了 2.1 μm 波长的激光发射，泵浦阈值低至 5 mW[1.849－851]。用这种方法可以得到小型单片低阈值激光装置[1.852]。除很多不同的石榴石晶体系统外，1990 年左右，$LiYF_4$作为连续波二极管泵浦 2 μm Ho^{3+}激光器的一种基质材料重新燃起了人们的兴趣[1.853,854]。研究人员还演示了在 2.1 μm 波长下一种 Yb^{3+}共掺杂二极管泵浦 Ho^{3+}激光器[1.855]，并研究了 2 μm Ho^{3+}激光器的噪声抑制[1.856,857]、振幅与频率稳定化[1.858－860]。

20 世纪 90 年代初，有报道称研究人员试图通过调节发射波长利用接近 2.0～2.1 μm 的波长范围内 Ho^{3+}的相当大的增益带宽[1.861,862]。如今，大于 80 nm 的调谐范围已能在一些基质材料中实现，例如在混合 YSGG：GSAG[1.863]、BaY_2F_8：Ho^{3+}[1.864]和 KYF4[1.865]中。锁模实验已导致在 YAG：Cr^{3+}，Tm^{3+}，Ho^{3+}[1.782]、$LiYF_4$：Tm^{3+}，Ho^{3+}[1.866]和 BaY_2F_8：Tm^{3+}，Ho^{3+}[1.867]中分别得到 800 ps、370 ps 和 70 ps 的脉冲持续时间。在 YSGG：GSAG：Cr^{3+}，Tm^{3+}，Ho^{3+}的混合晶体中（这类晶体能够提供非均匀展宽的、从而更平滑的增益形状）已能获得短至 25 ps 的脉冲持续时间[1.863]。调 Q 激光运行[1.868－870]已被研究过，并应用于显微外科[1.871]。

除了图 1.72 中所示的交叉弛豫和能量转移过程之外，在 Tm^{3+}，Ho^{3+}共掺杂材料中还会出现其他几个能量转移过程[1.872－876]，因此使得这个系统相当复杂，并会引入寄生过程。寄生过程能耗尽 $Ho^{3+5}I_7$ 激光上能级，增加激光阈值，并降低激光效率。不用将基质与 Tm^{3+}离子共掺杂，然后通过 Tm^{3+}离子的非辐射能量转移来激发 Ho^{3+}离子，而是可以利用激光二极管[1.877]以及由 1.9 μm Tm^{3+}激光器[1.878]提供的最多 15 W 输出功率[1.879]，或者由 Ho^{3+}或 MgF_2：Co 激光器[1.880]提供的 19 W 输出功率[1.760]，在 1.9 μm 波长下直接泵浦 $Ho^{3+5}I_7$激光上能级。这种方法确保了较低的量子数亏损，从而使激光晶体的热生成量少，这个方案通过利用大功率 Tm^{3+}光纤激光器作为泵浦源，已获得了很大的成功，在 1.9 μm 波长的入射泵浦功率下能提供 6.4 W 的输出功率和 80%的斜率效率[1.881]。另外，研究人员还用这种方法演示了一种高效的 2 μmHo^{3+}单频环形激光器[1.882]。最近，有人用掺 Tm^{3+}板条激光器对 YAG：Ho^{3+}晶体进行腔内侧面泵浦，得到一个输出功率为 14 W 的小型激光器[1.883]，并用 Tm^{3+}带内泵浦 $LuLiF_4$：Ho^{3+}激光器获得了 5.1 W 的输出功率和 70%的斜率效率[1.884]。通过利用基于 GaSb 的激光二极管进行直接带内泵浦，研究人员从 Lu_2O_3：Ho^{3+}晶体中获得了 15 W 的输出功率[1.885]，并从 YAG：Ho^{3+}晶体中获得 55 W 的输出功率和 62%的斜率效率，在输出功率为 18 W 时该晶体能进行窄线宽运行[1.886]。

采用这种跃迁的第一个光纤激光器配置使用的是 ZBLANP 玻璃（ZBLAN 的一

种变体）和氩离子泵浦[1.887]；一年之后，氩离子泵浦掺 Ho^{3+}石英光纤激光器面世[1.888]。在这两种情况下，光纤都只掺有 Ho^{3+}，输出功率均小于 1 mW，而且各自都需要相对较高的泵浦功率来达到激光阈值。最近，有人利用 $^5I_6$能级的掺 Yb^{3+}石英光纤激光器泵浦提高了光纤激光器的输出功率和效率[1.889]，但输出功率只增加到 280 mW，因为泵浦光纤激光器是在低效 1 150 nm 波长下工作。通过利用 1 100 nm 的泵浦波长——与掺 Yb^{3+}石英光纤激光器的运行状况相比更好，输出功率已增加了大约 1 个数量级，达到 2.7 W[1.890]。掺 Ho^{3+}石英光纤在 1 150 nm 波长下的二极管包层泵浦得到了 2.2 W 的输出功率和 51%的斜率效率[1.891]。

如上所述，一种在 $^5I_7 \to {}^5I_8$ 跃迁上实现高效激光发射的实用方法是将 Ho^{3+}激光离子与 Tm^{3+}敏化剂离子共掺。利用 $Tm^{3+}-Ho^{3+}$系统工作的光纤激光器在 1991 年被首次演示[1.892]，当时研究人员用 Ti：蓝宝石泵浦氟化物光纤激光器在 52%的斜率效率下生成了 250 mW 的输出功率。一年之后[1.893]，研究人员又增加了 Tm^{3+}浓度，以改善交叉弛豫，结果得到更高的斜率效率。很快，开展了掺 $Tm^{3+}-Ho^{3+}$石英光纤激光器的演示工作[1.894,895]，但由于 Tm^{3+}浓度较低，迫使交叉弛豫变弱，因此测出的斜率效率明显下降，尤其是当在 1.064 μm 波长下泵浦时[1.896]。当 Tm^{3+}浓度增加并采用双包层泵浦装置时，输出功率经证实会大幅增至 5.4 W[1.897]。有关人员利用一个二极管包层泵浦掺 $Tm^{3+}-Ho^{3+}$氟化物光纤激光器，从一个以 $^5I_7 \to {}^5I_8$ 跃迁模式工作的光纤激光器中获得了 8.8 W 的输出功率[1.834]（图 1.71）。迄今为止，研究人员已在采用了二极管包层双向泵浦（793 nm）的 $Tm^{3+}-Ho^{3+}$共掺石英光纤中，在 2.1 μm 的波长下获得了 83 W 的最高输出功率[1.898]，得到的斜率效率为 42%。有关人员在输出功率不超过 6.8 W 的铝硅酸盐光纤中演示了在 280 nm 波长下可调谐的窄带工作模式[1.899]。在纤芯泵浦式石英光纤中进行被动调 Q，能以 57 kHz 的重复频率和 15 μJ 的脉冲能量提供 20 ns 的脉冲[1.900]。双包层二极管泵浦石英光纤激光器的主动调 Q 能在 2 072 nm 的波长以及短至 45 nm 的脉冲下获得 12.3 W 的平均输出功率[1.901]。通过利用与最近在体积状激光系统中的演示相类似的方式，串联泵浦 Ho^{3+}在工作波长为 1.9 μm 的单独 Tm^{3+}激光器中经证明对光纤也很有效，因为其也同样地利用了 Tm^{3+}离子之间的交叉弛豫过程，但避免了 $^5I_7$ 激光上能级中的 Ho^{3+}离子和 Tm^{3+}受激离子之间的 ETU[1.876]。据报道，带内泵浦掺 Ho^{3+}–氟化物光纤激光器能获得 6.7 W 的输出功率[1.902]。通过利用调增益 Tm^{3+}光纤激光器作为泵浦源，能在 80 kHz 的重复频率下生成 3.2 μJ 的输出脉冲能量[1.903]。在双纤芯几何形状中，拥有外层 Tm^{3+}纤芯的激光器在吸收了二极管泵浦光之后，会以共振方式泵浦内层 Ho^{3+}纤芯，从而表现出脉冲输出特性[1.904]；或者，掺 Ho^{3+}氟化物光纤在 1.94 μm 波长下的带内二极管泵浦会以 78%的斜率效率发射激光[1.905]。当与 Yb^{3+}离子一起敏化时，在 2.1 μm 波长下的掺 Ho^{3+}石英光纤激光器经显示[1.906]会以中等效率水平工作，尽管从 Yb^{3+}到 Ho^{3+}的能量转换具有极强的非共振性（图 1.73）。

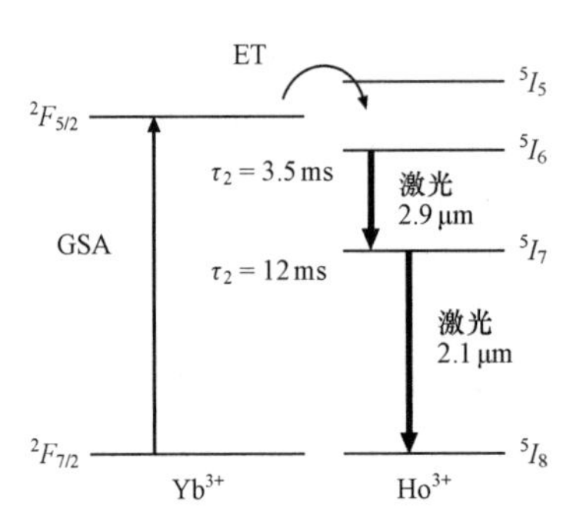

图 1.73 具有 Yb^{3+}敏化剂的 Ho^{3+}的能级图，显示了当 Ho^{3+}被掺入氟化物玻璃基质中时 Ho^{3+}的寿命测量值[1.907]

（2）在 2.9 μm 波长下的四能级激光器。1976 年，在将近 3 μm 波长下 $^5I_6 \rightarrow {}^5I_7$ 跃迁的激光发射在掺 Ho^{3+}晶体中得到演示[1.908]。研究人员在二极管泵浦晶体激光器中将 Ho^{3+}与 Yb^{3+}离子一起敏化（见图 1.73 中的能级图），以利用 Yb3+的更有利的吸收特性，生成 2.9 μm 输出[1.909]。最近关于这种跃迁的报道包括：关于 $YAlO_3$：Ho^{3+}的激光器研究[1.910]，输出能量为 10 mJ 的二极管泵浦 Yb^{3+}共掺杂 YGSS：Ho^{3+}[1.911]，调 Q 工作模式下在 2.84～3.05 μm 范围内[1.912]可调谐的 $Cr^{3+}-Yb^{3+}$共掺杂 YGSS：Ho^{3+}[1.913]。由于 $^5I_7$ 激光下能级是一种亚稳激发态，其寿命比 $^5I_6$ 激光上能级更长，因此很难在这种跃迁中实现连续波反转。在 3 μm 和 2 μm 波长下 $^5I_6 \rightarrow {}^5I_7$ 和 $^5I_7 \rightarrow {}^5I_8$ 跃迁的级联激光作用[1.914,915]可能有助于以辐射方式耗尽 $^5I_7$ 能级，也就是说不会产生大量的热量。研究人员还演示了这种跃迁的被动调 Q 方式[1.913]。

纯石英玻璃约为 2.5 μm 红外吸收截止波长与这种基质中由稀土离子的中红外跃迁所导致的极强多声子弛豫猝灭相结合，意味着在 2.9 μm 的波长下以 $^5I_6 \rightarrow {}^5I_7$ 跃迁方式工作的四能级光纤激光器只能利用氟化物玻璃作为基质材料。在首次演示基于此跃迁[1.916]的光纤激光器时，在 640 nm 的波长下泵浦只生成了大约 13 mW 的输出功率。研究人员利用在 2.9 μm 和 2.1 μm 波长下的大功率级联激光发射，通过在 2.1 μm 波长下的第二次激光跃迁消除了 $^5I_7$ 能级的瓶颈效应[1.907]，从而使输出功率增加到 1.3 W[1.917]。他们还得到了激光器级联的二极管包层泵浦[1.918]。

与下面探讨的掺 Er^{3+}氟化物玻璃系统相似的是，迄今为止用于从这种跃迁中提取高功率的最成功的配置也涉及利用 Pr^{3+}作为 $^5I_7$ 能级的退敏剂：当采用掺 Yb^{3+}石英光纤激光器的 1 100 nm 泵浦波长时，能生成 2.5 W 的最大输出功率[1.920]。1 150 nm 波长下的二极管包层泵浦也能得到类似的输出功率[1.921]。另外，研究人员还演示了在 2 825～2 900 nm 的窄线宽运行及调谐[1.922]。

用 Yb^{3+}敏化的掺 Ho^{3+}ZBLAN 光纤可以用二极管激光器直接泵浦，并可能高效地提供高功率的 2.9 μm 输出，而不需要昂贵的中间激光系统。初期光谱结果看起来令人鼓舞[1.923]，但由氟化物基质提供的很多受激离子相互作用可能有问题。最近的演示表明，掺 Ho^{3+}氟化物玻璃中的离子–离子相互作用（具体地说是 ETU）对于从仅掺 Ho^{3+}的氟化物玻璃光纤激光器中生成 2.9 μm 输出来说很关键[1.924]。

5. 在2.7～2.9 μm波长范围内的掺铒固体激光器

很长时间以来，在接近3 μm波长下以$^4I_{11/2}\to{}^4I_{13/2}$跃迁方式工作的铒激光器开发一直都以晶体系统为主。铒3 μm晶体激光器的早期成功开发导致人们对光谱展开大量研究，这促使人们去深入了解这种激光系统的复杂粒子数机制，并开发了很多合适的基质材料。

（1）晶体激光器。1967年，据报道铒离子在接近3 μm的波长下被首次观察到发生了相干发射[1.696]。1975年，研究人员演示了将钇铝石榴石（YAG）用作铒3 μm激光器[1.925]的基质的情形。1983年，用这种材料在将近3 μm的波长下实现了第一次连续波激射[1.926]。几乎与此同时，有关人员发现[1.927-930]，基质晶格中相邻铒离子之间的能量转移过程[1.931]在这个激光系统中起着重要作用。在高激发密度下，能量转移过程会变得效率很高[1.932]，并在铒浓度较高时控制着3 μm激光器的粒子数机制。图1.74（a）中的能级图引入了重要的ETU和交叉弛豫过程，ETU过程（$^4I_{13/2}$，$^4I_{13/2}$）→（$^4I_{15/2}$，$^4I_{9/2}$）导致激光下能级快速耗损，并使激光跃迁的连续波运行成为可能；否则，激光跃迁就可能因为激光上能级与激光下能级之间的寿命比值不良而自行终止。$^4I_{13/2}$的ETU过程占据优势，以至于在$^4I_{13/2}$激光下能级的直接泵浦作用下以及随后ETU对$^4I_{11/2}$激光上能级的激发作用下，3 μm激光工作模式经证实都能存在于多种基质材料中[1.933]。

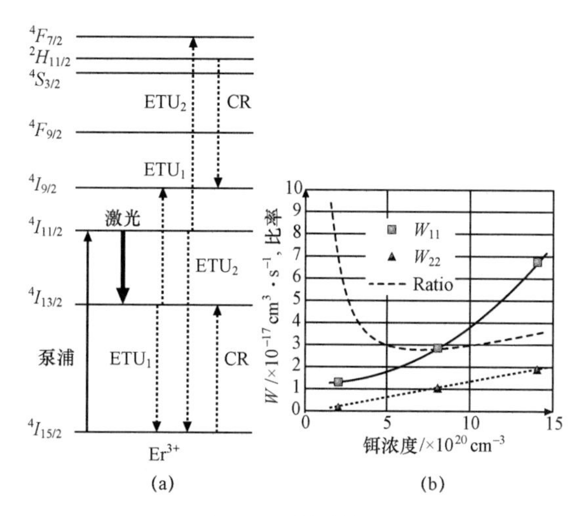

图1.74 掺铒能级图

（a）铒的局部能级图，其中显示了泵浦和激光跃迁、$^4I_{13/2}$的ETU$_1$、$^4I_{11/2}$的ETU$_2$以及$^4S_{3/2}$和$^2H_{11/2}$热耦合能级的交叉弛豫（CR）；（b）在ZBLAN：Er^{3+}体积状玻璃中，$^4I_{13/2}$（W_{11}）的ETU$_1$和$^4I_{11/2}$（W_{22}）的ETU$_2$的宏观参数以及W_{11}/W_{22}比率（根据文献［1.919］）

这个ETU过程还有另外一个很大的优势，即经历此过程的一半离子均向上转换为$^4I_{9/2}$能级，并通过后续的多声子弛豫又重新循环到$^4I_{11/2}$激光上能级。在这个能级，这些离子各自发出第二个激光光子，用于进行一次泵浦–光子吸收。参与此过程的很多离子都能得到相当于 2 倍斯托克斯效率 $\eta_{St}=\lambda_{泵浦}/\lambda_{激光}$的斜率效率 η_{sl}[1.934]，因为被转变为激光光子的泵浦光子其量子效率 $\eta_{QE}=n_{激光}/n_{泵浦}$从 1 增加到了 2（λ和 n 分别为激光跃迁和泵浦跃迁中的波长和光子数）：

$$\eta_{sl}=\eta_{QE}\eta_{St}=2\eta_{St} \tag{1.89}$$

图 1.75 说明了这一点。

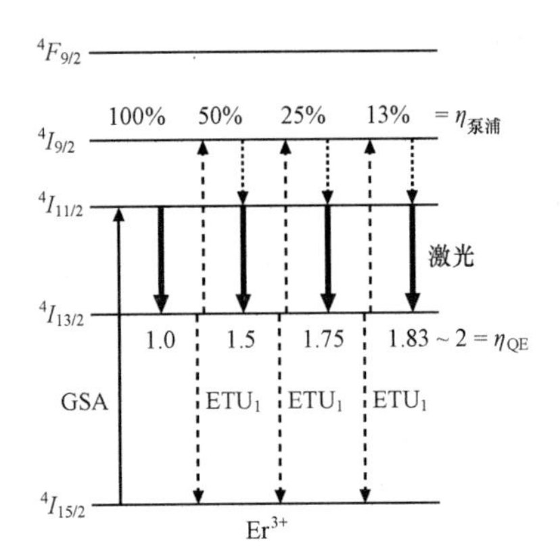

图 1.75　铒的局部能级图，其中描绘了能量通过 ETU 从激光下能级重新循环到激光上能级的过程。图中指出了激光上能级的相对泵浦速率 η_p 以及量子效率 η_{QE}。如果有很多离子参与此过程，则量子效率会从 1 增加到 2（根据文献［1.935］）

在简单的速率方程系统（包括图 1.74（a）中所示的过程）中，斜率效率由文献［1.934］求出：

$$\eta_{sl}=\eta_{St}\frac{\ln(1-T)}{\ln[(1-T)(1-L)]}\left(2-\frac{b_1^2}{b_2^2}\frac{W_{22}}{W_{11}}\right) \tag{1.90}$$

其中，T 是出耦合镜；L 是谐振腔内部损耗；b_i和 W_{ii}分别是激光上能级（i=2）和激光下能级（i=1）的玻耳兹曼因子和 ETU 参数。如果 ETU 只发生在激光下能级，即 $W_{22}=0$，那么可以从式（1.90）中求出斜率效率的预测增大因子为 2；但当 $W_{22}>0$ 时，谐振腔损耗、有缺陷的模重叠以及始于激光上能级的 ETU 过程会使斜率效率降低。在被研究的基质材料中，因为能量在铒 $^4I_{11/2}$ 和 $^4I_{13/2}$ 能级内部的迁移对 ETU 有影响，两个 ETU 过程的参数 W_{ii} 会随着铒浓度的增加而增加。在 W_1/W_2 比率最大时，式（1.89）中的斜率效率最佳。在晶体基质和激光器的实验中，这些过程的光谱表明，当 BaY_2F_8 中的掺杂浓度为 12%～15%[1.936,937]、$LiYF_4$ 中的掺杂浓度约为 15%[1.726]、YSGG 中的掺杂浓度约为 30%[1.938]以及 $Y_3Al_5O_{12}$ 中的掺杂浓度约为 50%[1.939]时，能获得最大的 W_1/W_2 比率。这个材料系列的一个趋势是最佳铒浓度会随着基质材料的声子能量增加而增加。

ETU 的能量回收是让连续波铒激光器在接近 3 μm 波长下工作的最有效方法。在 $LiYF_4$:15%Er^{3+}中，目前用实验方法获得的最高斜率效率为 50%[1.940]。能提供最高斯托克斯效率（$\eta_{St}=\lambda_{泵浦}/\lambda_{激光}=35\%$）的泵浦波长为 980 nm，也就是直接泵浦到激光上能级时的波长[1.941]［图 1.74（a）］。在 $LiYF_4$:15%Er^{3+}中，目前用实验方法获得的最高斜率效率[1.940]为 η_{sl}=50%。这个结果表明，这种材料的能量回收效率确实很高，在连续波泵浦下能够获得远远高于斯托克斯效率的斜率效率。在准连续波激发状态下，斜率效率大幅降低[1.942]，因为在这种状态下激光下能级的原子数比稳态机制下少得多，而且 ETU 效率也更低[1.943,944]。其他使激光下能级耗尽但不将能量回收到激光上能级的工作机制则没那么高效。因此，从激光下能级到基态的 1.6 μm 跃迁中共发射激光[1.945]或者能量从铒激光下能级转移到稀土共掺质[1.725]都不能达到回收机制那样高的效率。

在氧化物中，$^4I_{11/2}$ 激光上能级寿命因多声子弛豫而猝灭的程度比在氟化物基质材料中更强，因为氧化物中的最大声子能量更大。当 $^4I_{11/2}$ 激光上能级和 $^4I_{13/2}$ 激光下能级之间的能隙为 3 400～3 500 cm^{-1} 而且声子能量低于 550 cm^{-1} 时，辐射衰减成为主要的衰减机制。由于 $^4I_{11/2}$ 激光上能级的长寿命提供了较小的泵浦阈值，因此氟化物是这种激光跃迁的首选基质材料[1.946]，条件是泵浦功率不会比阈值高出很多倍。

20 世纪八九十年代，有关人员研究了很多基质材料中 Er^{3+}在 2.7～2.9 μm 波长区的连续波工作模式和脉冲激光工作模式。石榴石晶体系列 YAG、YSGG、YSAG、YGG 和 GGG 在其中起了主要作用[1.698,947,948]。在最初几年，Cr^{3+}共掺杂用于改善宽带闪光灯泵浦光在可见光谱范围内的吸收率，并将被吸收的能量从 Cr^{3+}转移到 Er^{3+}。所获得的典型输出特性是：平均功率为 2.7 W，泵浦能量为 5 J，重复频率为 10 Hz[1.948]。研究人员做了掺杂度实验，直到将 Y^{3+}全部替换为 Er^{3+}[1.949]。20 世纪 80 年代后期，一类新的基质材料（即 $LiYF_4$、BaY_2F_8 等氟化物晶体）变得重要起来[1.950－953]。在二极管激光器的连续波激发下，激光阈值低至 5 mW[1.952]。

近年来，研究人员已在 3 μm 波长下从氟化物[1.726]和氧化物[1.954－956]晶体基质材料中获得了超过 1 W 的连续波和准连续波二极管泵浦输出功率级。能量回收机制中存在的一个重要问题是：由于在激光下能级的每个 ETU 过程之后出现多声子弛豫 $^4I_{9/2}\rightarrow{}^4I_{11/2}$，因此热生成量增加了[1.741]。体积状玻璃材料[1.957]具有与固体晶体材料一样的热学缺点和热光学缺点，而且玻璃中的热导率甚至更低，这个问题的一种可能的解决方案是二极管侧面泵浦。二极管侧面泵浦会导致激发密度降低以及 ETU 过程相应地变弱，同时使板条激光器中的散热效果更好。研究人员已用这种方法从铒 3 μm 晶体激光器[1.958,959]中获得了较高的输出功率——最初是 1.8 W，后来是 4 W。铒浓度降低以及 ETU 过程参数相应地减小——这可能对这种方法有所帮助。对于在 3 μm 波长范围内工作的晶体 Er^{3+}激光器，迄今为止所报道的最高输出功率是 14 W（在 Y_2O_3 陶瓷样品中），斜率效率为 26%[1.960]。

其他空间构型包括掺 Er^{3+}YAG、GGG 和 YSGG 激光器在单体式谐振腔中工作，输出功率达到 0.5 W 且单频输出可调谐[1.961]，还包括 YSGG 中的微型激光器[1.962]。研究人员已从具有很多配置和机制的掺铒晶体材料中获得了在 3 μm 波长下的脉冲输出，这些不同的机制包括准连续波泵浦[1.942,944]、主动[1.963－972]与被动[1.973－976]调 Q、锁模[1.702,973,977]等。

（2）光纤激光器。掺铒氟化物光纤是在 3 μm 跃迁发射激光的小型高效全固态激光器中一种有希望的替代材料。由于其几何形状的原因，光纤可能提供较大的弹性以及较高的泵浦光束强度和信号波束强度，而没有显著的热效应和热光效应等缺点。1988 年，第一个铒 3 μm 光纤激光器面世[1.978]；之后不久，研究人员演示了单模[1.979]工作模式和二极管泵浦[1.980]工作模式。虽然 $^4I_{13/2}$ 激光下能级的寿命超过了 $^4I_{11/2}$ 激光上能级的寿命，但连续波激射可在 ZBLAN 这种四能级激光跃迁中获得（以及在氟化物晶体中获得，见“晶体激光器”部分），因为激光上能级的发光衰减或多声子弛豫不会让激光下能级的原子数明显增加[1.981]，而不必使用特殊的方法使 $^4I_{13/2}$ 激光下能级的原子数减少。此外，因为激光跃迁出现在激光上能级的低位斯塔克分量和激光下能级的高位斯塔克分量之间[1.935]，激光能级的斯塔克分裂有助于实现粒子数反转。在激射开始时的张弛振荡期间，铒 3 μm 激光系统中通常会观察到激光波长的红移[1.982－985]，激发能积聚在长寿命的 $^4I_{13/2}$ 激光下能级中，激光过程的特征从四能级激光发射变成三能级激光发射[1.935]。出于同样的原因，3 μm 连续波激光器[1.986]的可调谐性范围变窄，随着泵浦功率的增加而红移。

在 Er^{3+} 几乎所有可用 GSA 波长[1.987]下都存在泵浦激发态吸收（ESA）对低掺杂纤芯泵浦铒 2.7 μm ZBLAN 光纤激光器的性能有重大影响，在这些条件下会出现大量的基态“漂白”和激光能级激发[1.988]。通过在波长下直接泵浦到激光上能级，可以提供最高的斯托克斯效率 $\eta_{St}=\lambda_{泵浦}/\lambda_{激光}=35\%$[1.941]，但在 980 nm 波长下始于 $^4I_{11/2}$ 激光上能级的 ESA[1.989]对激光发射不利。从实验角度来看，最佳泵浦波长[1.988]是当 $^4I_{13/2}$ 激光下能级的 ESA 处于峰值时，并接近 792 nm[1.990]，见图 1.76（a）中所测得的 GSA 和 ESA 截面。ESA 的激光下能级耗尽有利于促进粒子数密度重新分配，并克服由下能级的长寿命带来的瓶颈状态。但用这种方法得到的斜率效率为小于 15%。此外，在 2.7 μm 的波长下观察到了输出功率饱和，所报道的最高输出功率在 20 mW 区[1.991,992]。亚稳 $^4S_{3/2}$ 能级（寿命≈580 μs[1.919]）的激发导致相对于 $^4I_{13/2}$ 能级的粒子数反转。在 850 nm 波长下的第二次激光跃迁使 2.7 μm 跃迁的 $^4I_{13/2}$ 激光下能级原子数重新增加［图 1.76（b）］，造成 2.7 μm 激光器在低输出功率下饱和[1.988]。通过在 1.7 μm 波长下运行第三个激光跃迁 $^4S_{3/2}\to{}^4I_{9/2}$，从而使竞争性激光器在 850 nm 波长下受到抑制，并将 $^4S_{3/2}$ 能级中积聚的激发能回收到激光上能级（见图 1.76（b）中的能级图），这个激光系统的性能已显著改善。2.7 μm 跃迁的斜率效率已明显增加到 23%[1.993]，接近于在 800 nm 泵浦作用下的斯托克斯效率极限 29%。研究人员已用实验方法证实输出功率能达到 150 mW[1.993]。另外，他们还演示了通过在接近 1.6 μm 波长下的 $^4I_{13/2}\to{}^4I_{15/2}$ 跃迁中引入激光发射而实现的三跃迁级联激光机制[1.994]。

在具有较高掺杂浓度［一般为 1%～5% mol（≈（1.6～8）×10^{20} cm^{-3}）］和双包层几何形状的 ZBLAN 光纤中，ESA 无足轻重，因为此时泵浦强度降低，二极管激光器的亮度也低，导致激发密度减小。实现大功率铒 2.7 μm 光纤激光器的一种成功的方法是将光纤与 Pr^{3+} 共掺杂[1.995,996]。这个概念已在文献［1.991，997，998］中报道，是在文献［1.999］中为双包层光纤激光器提出的。在这种方法中，Er^{3+}2.7 μm 跃迁以简单的四能级激光器形式工作，见图 1.77（a）中的能级图。由于转至 Pr^{3+}共掺质的能量转移过程 ET_1 以及通过 Pr^{3+}内部的多声子弛豫使基态快速衰减，$^4I_{13/2}$激光下能级的原子数减少了，从 $^4I_{11/2}$激光上能级到 Pr^{3+}共掺质的能量转移过程 ET_2 较弱[1.919]。$^4I_{13/2}$激光下能级的寿命强猝灭使基态"漂白"和激光能级激发大大减弱，从而使 ESA 的影响可以忽略不计，但同样也能通过 ETU 来防止能量回收[1.1000]。每个泵浦光子最多能在 $Er^{3+}-Pr^{3+}$共掺杂系统中生成一个激光光子。斜率效率的理论极限由斯托克斯效率给定。在 800 nm 泵浦下，斯托克斯效率为 29%。有人用实验方法获得了 17%的斜率效率和 1.7 W 的输出功率[1.995]［图 1.77（b）］。据其他研究人员[1.1001]报道，输出功率为 660 mW。由于这两个激光能级的 ESA 可以忽略不计，因此这个系统可以在将近 980 nm 的波长下被泵浦，从而提供 35%的斯托克斯效率。通过用这种方法，在实验中获得的斜率效率可能增加到 25%[1.1002]。通过改进二极管激光技术以及优化光纤设计，研究人员最近证实能够从 $Er^{3+}-Pr^{3+}$共掺 ZBLAN 光纤激光器中获得 5.4 W 的输出功率@2.7 μm 以及 21%的斜率效率[1.996,1003,1004]。

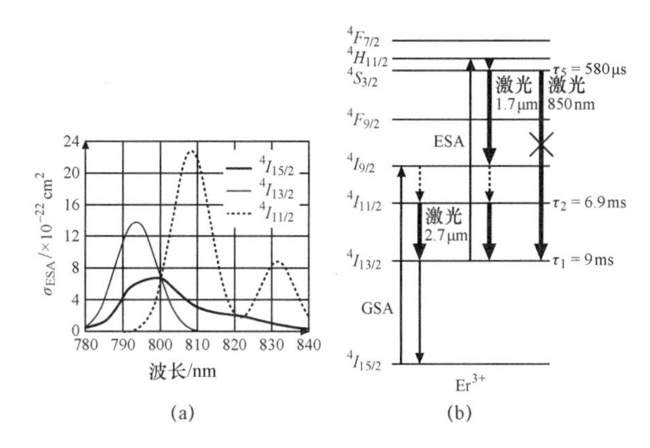

图 1.76　掺铒激光器吸收特性

（a）在将近 800 nm 的波长下 ZBLAN：Er^{3+}中的吸收截面：GSA $^4I_{15/2}\to{}^4I_{9/2}$ 以及 ESA $^4I_{13/2}\to{}^2H_{11/2}$、$^4I_{11/2}\to{}^4F_{3/2}$ 和 $^4I_{11/2}\to{}^4F_{5/2}$（根据文献［1.990］）；（b）铒的局部能级图，显示了与 ZBLAN：Er^{3+}级联激光器有关的过程：至 $^4I_{9/2}$ 的下能级回路（含 GSA），多声子弛豫，激光跃迁@2.7 μm，发光衰减，至 $^2H_{11/2}$ 的上能级回路（含 ESA），热弛豫，激光跃迁@1.7 μm，多声子弛豫，激光跃迁@2.7 μm。在级联机制中，竞争性激光器在 850 nm 波长下受到抑制

研究人员还试图让 ZBLAN 光纤激光器在能量回收机制下工作。图 1.74（b）显示了在 ZBLAN 体积状玻璃[1.919]中这两个 ETU 过程的参数 W_{ii} 与 Er^{3+}浓度之间的关系。式（1.89）中斜率效率的优化标准是让 W_{11}/W_{22} 比值达到最大。当 Er^{3+}摩尔浓度＞2%～3%使得 ETU 过程变得很重要时，这个比值约为 3（见图 1.74（b）中的虚线），比所报道的 $LiYF_4$：Er^{3+}相关比值更有利[1.954]。在高 Er^{3+}浓度下由 ETU 造成的能量回收[1.1005]会导致斜率效率超过斯托克斯极限——在 975 nm 泵浦下，斯托克斯效率为 35%。在早期的尝试中，两个研究小组试图应用能量回收机制[1.1006,1007]，但在这

些实验中的斜率效率并没有超过在相应泵浦波长下被泵浦的 $Er^{3+}-Pr^{3+}$共掺杂光纤中获得的斜率效率[1.995,996,1002]。当在 975 nm 波长下利用 24.8 W 的入纤泵浦功率对光纤进行端面泵浦时，研究人员在 Er 高掺（60 000 ppm）ZBLAN 光纤中得到了 9 W 的输出功率和 21.3%的斜率效率[1.1008]，所达到的斜率效率与在 $Er^{3+}-Pr^{3+}$共掺杂光纤中利用相同的泵浦波长得到的斜率效率（25%）很相似[1.1002]。最近的研究表明，Er^{3+}高掺 ZBLAN 光纤的输出功率已进一步提高。在具有双端面二极管泵浦的液冷式光纤中，输出功率经证实为 24 W，斜率效率为 13%～16%[1.1009]。在具有光纤布拉格光栅（被写入一根无掺杂的熔接 ZBLAN 光纤中，作为入耦合镜）的被动冷却式 Er^{3+}高掺光纤中[1.1010]，研究人员得到了 20.6 W 的单模输出功率和 34.5%的斜率效率（当功率升高时会降到 28.2%[1.1011]），从而首次证实在掺 Er^{3+}的 ZBLAN 光纤激光器中也能实现所预测的能量回收机制[1.1005]，但仍无法实现高效的能量回收以及与晶体基质材料中的结果（50%）很类似的、已相应提高的斜率效率[1.940]，其中的潜在原因在文献［1.1012］中分析。

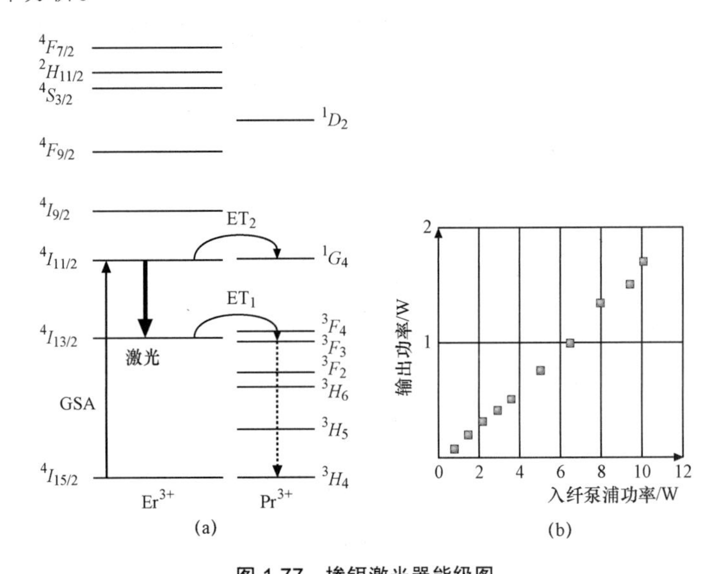

图 1.77 掺铒激光器能级图

（a）铒的局部能级图，显示了与 ZBLAN：Er^{3+}寿命猝灭激光器有关的过程：至 $^4I_{11/2}$ 激光上能级的 GSA@980 nm（或者至 $^4I_{9/2}$ 泵浦能级的 GSA@790 nm 以及随后至 $^4I_{11/2}$ 能级的多声子弛豫），至 $^4I_{13/2}$ 激光下能级的激光跃迁，通过转至 Pr^{3+}共掺质的能量转换过程 ET1 弛豫至基态。从 $^4I_{11/2}$ 激光上能级到 Pr^{3+}共掺质的能量转移过程 ET_2 较弱。（b）在 792 nm 泵浦下的输出功率@2.7 μm（根据文献［1.995］）

利用能量回收机制的缺点是被吸收的泵浦功率密度高以及热生成量增加，因为在每个 ETU 过程之后都会出现激光下能级的多声子弛豫 $^4I_{9/2}\to{}^4I_{11/2}$[1.413]。因此，当在高于 10 W 的输出功率下操作 Er^{3+}高掺 ZBLAN 3 μm 光纤激光器时，光纤需要进行被动或主动式冷却。一种潜在的解决方案（虽然斜率效率仍被限制在不超过斯托克斯极限）是通过在 2.8 μm 和 1.6 μm 波长下的 $^4I_{11/2}\to{}^4I_{13/2}\to{}^4I_{15/2}$ 跃迁中进行级联激光发射，以几乎完全辐射的方式提取泵浦功率[1.981]。最近，人们发现这种方法能大大减少热生成量，目前在掺 5 000 ppm Er^{3+}的 ZBLAN 光纤中已能获得 8.2 W@2.8 μm 的输出功率以及 16%的斜率效率[1.750]。与此同时，光纤在 1.6 μm 的波长下发射 6.5 W 的输出功率，否则这些能量会基本上转变成热量。这可能是在 3 μm 波长范围内获得真正大功率掺 Er^{3+}ZBLAN 光纤激光器的最实用方法。

通过对铒 3 μm ZBLAN 激光器中的时间动态进行研究，研究人员发现了光谱波动和功率波动的情况[1.1013]。铒 3 μm ZBLAN 激光器[1.975,993,994]的最初脉冲输出步骤从输出能量和平均功率来看并不令人满意。通过主动调 Q，平均输出功率提高了 1 个数量级，达到 19 mW，脉冲持续时间为 250 ns[1.1014]。在横向多模式下工作的纤芯直径相对较大掺 Er 光纤中（掺杂浓度小于高效能量回收所需要的浓度），研究人员获得了 3 W 的输出功率[1.999]。这些研究人员通过将纤芯直径进一步增加到 90 μm，证实脉冲输出大于 0.5 mJ。研究人员最近利用一个脉冲持续时间为 300 ns、峰值功率为 68 W 且重复频率为 100 kHz 的增益开关光纤激光器，得到了 2 W 的平均功率[1.1015]。主动调 Q 能提供大于 12 W 的平均输出功率、100 μJ 的脉冲能量以及 90 ns 的脉冲持续时间，从而得到 900 W 的峰值功率[1.1016]。在演示 120 nm 范围内调节 2.71～2.83 μm 波长的过程（尽管输出功率只有约 1 mW[1.976]）之后，研究人员又在掺 Er^{3+}光纤和 $Er^{3+}-Pr^{3+}$共掺光纤中演示了在 100 nm 范围内调节 2.7～2.8 μm 大功率波长的过程，输出功率为 1～2 W[1.1017,1018]。最近，他们又证实在 110 nm 范围内调节 2.77～2.88 μm 波长时激光器能以接近 10 W 的输出功率稳定工作，并证实 2.71～2.88 μm 波长的总调谐范围为 170 nm[1.1019]。在长波长末端，实现了在 2.94 μm 波长下的激光发射，输出功率为 5.2 W，斜率效率为 26.6%[1.1020]。

6. 2.3～2.4 μm 和 2.9～3.4 μm 波长下的掺镝固体激光器

新型中红外激光跃迁状态的研究完全取决于稀土离子的能级图结构。Dy^{3+}离子在红外光谱范围内提供了一个相当密集的能级结构，导致形成一系列吸收峰以及在 2.3～2.4 μm 波长下的四能级激光跃迁、声子终止型 3 μm 激光跃迁。2.3～2.4 μm 波长下的跃迁是所报道的最初激光跃迁之一，也是在连续波工作模式中演示的第一个跃迁[1.692,693]。由于 Dy^{3+}的能级密集，因此多声子弛豫是该离子中存在的一个令人担忧的问题，而低声子能基质材料可能有助于提高其激光性能。最近，有人报道了在低声子能基质材料 $CaGa_2S_4$：Dy^{3+}和 KPb_2Cl_5：Dy^{3+}中的 2.43 μm 室温激光发射，还有人报道了在 3.4 μm 跃迁过程中 Dy^{3+}在 $BaYb_2F_8$ 里的室温激光振荡[1.1021]。掺 Yb^{3+}石英光纤激光器的 1 100 nm 输出已被成功地用于泵浦掺 Dy^{3+}氟化物光纤激光器[1.1022]，在这种情况下，仅用 5%的斜率效率就得到了 275 mW 的最大输出功率。但当利用 YAG：Nd^{3+}激光器将泵浦波长增加到约 1.3 μm 时，斜率效率变成了大约 4 倍，达到 20%[1.1023]。泵浦 ESA 的程度降低是造成斜率效率增大的原因。最近，有关人员证实在 1 088 nm 的泵浦作用下，斜率效率达到 23%[1.1024]。未来的掺 Dy^{3+}氟化物光纤激光器可能从泵浦波长的进一步增加（达到 1.7 μm 或 2.8 μm）中受益。

在将注意力转向在＞3 μm 波长范围内的掺稀土离子固体激光器之前，我们应当注意到基于锕系离子 U^{3+}的固体激光器在前不久也吸引了人们的注意力[1.1025,1026]。

7. 大于 3 μm 波长下的固体激光器

在固态基质材料中，通常难以通过稀土离子或过渡金属离子直接产生 3 μm 的激光波长，因为激光上能级和下能级之间的能隙必定很小，而且所有的常见氧化物和氟化物基质材料都拥有最大声子能量，导致激光上能级激发态的快速多声子弛豫。因此，在文献中报道的很多激光跃迁都需要冷却工作装置。对于很多应用领域来说，这个波长范围的吸引力鼓舞着人们研究最大声子能量低于≈300 cm^{-1} 的基质材料。

在晶体基质中，研究人员演示了在 4.75 μm 波长下用闪光灯泵浦的冷却式 Er^{3+}激光器[1.697]、在 3.41 μm 波长下用连续波二极管泵浦的冷却式 Er^{3+}激光器[1.1027]以及在 4.6 μm 波长下用脉冲二极管泵浦的室温 Er^{3+}激光器[1.1028]，他们还演示了在 3.9 μm 波长下的室温 BaY_2F_8：Ho^{3+}激光器[1.1029]。由于能级密集，Dy^{3+}提供了较大的中红外跃迁范围。最近，研究人员演示了 Dy^{3+}跃迁在低声子能基质材料 $CaGaS_2$ 和 KPb_2Cl_5 中的室温激光发射[1.1030]，甚至让前一种材料处于 4.31 μm 波长下。最近，研究人员在 $PbGa_2S_4$ 基质中获得了 4.29 μm 波长下的脉冲激光，其输出能量为 90 μJ，平均功率为 1.8 mW[1.1031]。在固态材料中工作且具有最长波长的激光器是 $LaCl_3$：Pr^{3+}中的室温 5 μm 和 7 μm 激光器[1.1032,1033]。

研究人员演示了在掺 Ho^{3+}ZBLAN 光纤中激光器在 3.22 μm[1.1034]和 3.95 μm[1.1035]波长下的工作状态，以及 Er^{3+}ZBLAN 掺光纤激光器在 3.45 μm[1.1036,1037]波长下的工作状态。但在 3.45 μm 和 3.95 μm 跃迁中，必须冷却 ZBLAN 光纤，这两个激光跃迁过程覆盖了 ZBLAN 中的 5 个或 6 个最大声子能量，因此其中每个跃迁过程的激光上能级寿命都很短，导致与在较短中红外波长下工作的其他 ZBLAN 光纤激光器相比泵浦阈值增加了。此外，这些跃迁过程的激光低能级拥有相当长的寿命，并且观察到输出功率达到一定的饱和度[1.1038]。这个问题（虽然可通过级联激光来减轻）再加上所使用的泵浦源不方便，已阻碍了这些激光跃迁被充分利用。由冷却式 ZBLAN 光纤激光器发射的 3.95 μm 波长目前是从光纤激光器中生成的最长激光波长。超连续光谱的生成不会受到寿命猝灭的限制，因此将脉冲泵浦掺 Tm 光纤放大器在 1.9 m 波长下的脉冲输出转变为在 ZBLAN 光纤中延伸到 4.5 μm 的超连续光谱是可能的[1.1039]。

利用光纤激光器生成超过 3 μm 的波长是为了检测当前玻璃技术的极限。对低声子能量的需求必须与可接受的力学性能、化学性能和热性能相平衡。由于高度成熟的 ZBLAN 玻璃只适用于 3～3.5 μm 的激光跃迁，因此硫系化合物等玻璃制品[1.1040,1041]需要填补这个空白。这是因为这些易碎的玻璃制品必须拉伸成低损耗光纤，以阻止长波长发射，直至达到晶态固体激光器中可能允许的程度。当前光纤激光器研究工作的重中之重是制造出输出波长大于 3 μm 的高效大功率中红外光纤激光器。

如上所述，在波长大于 3 μm 时进行激光跃迁的光纤激光器需要使用具有极低声子能量的玻璃。虽然掺稀土离子重金属氧化物[1.1045]的 2～3 μm 中红外发射已被研究过，但迄今为止还没有关于由这种玻璃组成的光纤激光器的激光作用报道。重金属氧化物似乎不适于波长大于 3 μm 的激光器，因为它们的最大声子能量与氟化物玻璃差不多，对于超过 3 μm 的激光跃迁来说太高了。

虽然硫系化合物玻璃在稀土掺杂剂中的溶解度较低，只有大约 0.1 mol.%，但这类玻璃已被很多稀土离子激活（包括 Ho^{3+}[1.1044]、Tm^{3+}[1.1043]、Tb^{3+}[1.1043]、Dy^{3+}[1.1042]、Pr^{3+}[1.1046]和 Er^{3+}离子[1.1047,1048]）以研究大于 3 μm 的中红外发光现象（表 1.21）。但光纤激光作用的报道仅针对在大约 1 μm 波长下工作的掺 Nd^{3+}GLS 玻璃[1.1049]。最近关于用硫系化合物玻璃制造布拉格光栅[1.1050]、单模光纤[1.1051]和多孔光纤[1.1052]的演示活动突出了这种玻璃对于光纤用途的适用性，但原材料的纯度和毒性以及制造超低损耗光纤的难度目前正在阻碍硫系化合物玻璃在中红外光纤激光器应用领域中的广泛应用。一旦这些障碍能够克服，未来的大于 3 μm 光纤激光器将很可能涉及将稀土离子 Pr^{3+}、Nd^{3+}、Dy^{3+}和 Ho^{3+}掺入硫系化合物玻璃中，因为与这些离子有关的大多数重要的中红外跃迁都可在泵浦光子波数小于 10 000 cm^{-1} 时实现。掺杂离子总浓度的明智选择以及特定敏化剂和猝灭离子的采用将使得在将来某个时间产生高效的大于 3 μm 输出成为可能。

表 1.21　在硫化物玻璃中作为中红外激光器的候选形式而被研究的发光跃迁例子

离子	$\lambda_{激光}$/μm	跃迁	参考文献
Dy^{3+}	3.2	$^6H_{13/2}\rightarrow{}^6H_{15/2}$	[1.1042]
Tm^{3+}	3.8	$^3H_5\rightarrow{}^3H_4$	[1.1043]
Ho^{3+}	3.9	$^5I_5\rightarrow{}^5H_6$	[1.1044]
Dy^{3+}	4.3	$^6H_{11/2}\rightarrow{}^6H_{13/2}$	[1.1042]
Tb^{3+}	4.8	$^7F_5\rightarrow{}^7F_6$	[1.1043]
Ho^{3+}	4.9	$^5I_4\rightarrow{}^5I_5$	[1.1044]

结论

在首批中红外固体激光器演示之后的大约 50 年里，已有数千篇科技论文发表，其中报道了新型基质材料中的激光作用、用离子激光器及后来的二极管激光泵浦源替代闪光灯、不断增加的输出功率、更高的效率、更大的可调谐性范围、更短的脉冲持续时间等。总的趋势是：波长越短，激光器性能就越好。当处理中红外光谱中的长波长时，可以发现所需低声子能基质材料的质量和耐久性降低，斯托克斯效率和斜率效率减小了，而热问题却增加了。很多晶体基质材料以及相应的激光技术在 20 世纪 90 年代已经成熟，大功率基模光纤激光器（在 1 μm 光谱范围内）的快速发展如今也已达到中红外光谱区。但最近在近中红外光谱区内做的几个大功率光纤激光器实验已对“由于表面积/体积比大，光纤的几何形状可能会避开所有的热问题”这一假设提出质疑。原则上，这些现象与晶体激光器中发现的情形没多大区别，但这两大类基质之间仍有明显的差异。当需要灵活的谐振器设计、短脉冲和高峰值功率时，晶体激光器是有优势的。另外，当希望高光束质量或低泵浦阈值与中高连续波输出功率相结合时，光纤激光器是首选的激光器。当需要通过级联激光器运行使一个激光跃迁过程的长寿命终端能级原子数被第二个激光跃迁过程削减时，光纤激光器的低泵浦阈值是一个宝贵的优势。在光纤激光器中有用的、由长时间相互作用造成的相对较低的掺杂浓度能通过离子间的过程使能量损耗最小化，但也限制了这些过程作为一种工具在某个激光系统的粒子数机制优化过程中的应用，无法像在上述几个中红外晶体激光器系统中那样顺利地实现粒子数机制优化。虽然低声子能晶体和光纤基质材料在制造过程和耐久性方面仍面临着重大挑战，但这些材料有可能使 3～5 μm 波长范围内的连续波中红外激光器发生革命性剧变。

1.2.5 过渡金属离子激光器

1. 基本原理

本节将概述过渡金属离子激光器。主要焦点是激光器的特性和结果，文献[1.1053]中给出了具有更强光谱导向性的综述。过渡金属是元素周期表中第三、四、五排的元素。目前，激光振荡仅用第三排过渡金属（Fe 那一行，从 Ti 到 Cu）的离子获得。由于过渡金属离子的电子能级与由晶体环境建立的周围晶体场之间存在强耦合，因此过渡金属离子激光器通常在几百纳米的宽光谱区内可调谐。这些激光器对很多应用领域来说是值得关注的，例如对科研、医学、测量与测试方法、超短脉冲生成、通信等领域。这些激光器还可用作二次谐波生成、光参量振荡器使用以及和频与差频生成时的相干光源。

能级图以及晶体场中过渡金属离子的光谱特性和激光特性在很大程度上取决于离子的价态、配体的数量（即配位数）以及周围晶体场的强度和对称性。因此，为过渡金属离子绘制某种 Dieke 图是不可能的，但对于三价稀土离子来说却是可能的（见 1.2.1 节“4f–4f 跃迁”部分）。原则上，晶体基质中过渡金属离子的能级图可用“田边–菅野图”来描述[1.1054–1056]，这些图通过 3d 电子壳层中的电子数量来区分。在这些图中，过渡金属离子的特定能量级用晶场强度的函数来描述。本书将不讲述这些图的量子力学背景，这超出了本书的框架范围，建议读者参考相关的文献[1.1057–1062]。

与基于三价稀土离子的 4f↔4f 跃迁的激光系统相比，基于 3d↔3d 跃迁的激光器总的来说具有更高的激发态吸收概率、更高的非辐射衰减概率以及更高的饱和强度，因此激光阈值更高。激光振荡常常完全无法获得。在下面一节，文章将聚焦于特定的过渡金属离子激光器，并按照其激光波长从可见光到近红外、中红外进行排序。本综述包括 Ti^{3+}激光器，尤其是 Ti^{3+}：Al_2O_3，Cr^{3+}激光器、Cr^{4+}激光器，以及 Cr^{2+}激光器。在本节末尾，将介绍其他过渡金属离子激光器，包括 Co^{2+}和 Ni^{2+}激光器。最后，将在最后一节给出关于过渡金属离子激光器的一些总评。图 1.78 综述了基于过渡金属离子的 3d↔3d 跃迁的激光器。可以看到，该图覆盖了在 650～4 500 nm 的几乎整个光谱范围。

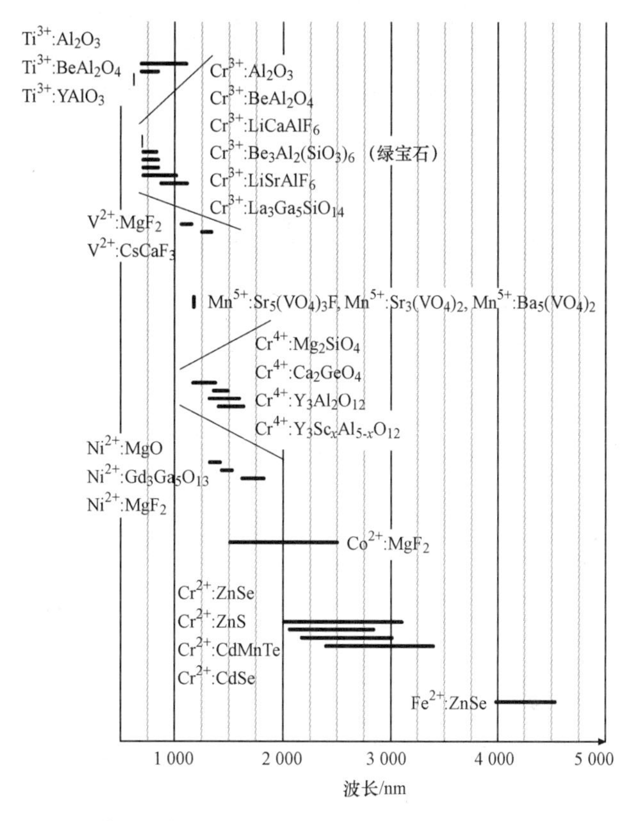

图 1.78 基于（掺过渡金属离子）晶体的可调谐固体激光器一览图

2. 关于过渡金属离子激光器的综述

（1）Ti^{3+}激光器。

自从第一次激光器运行被报道以来，掺 $Ti^{3+}Al_2O_3$（Ti：蓝宝石）作为一种可调谐激光器材料已被大量研究过[1.1063,1064]。在脉冲[1.1063,1065,1066]和连续波[1.1065,1067,1068]工作模式下，我们在 Al_2O_3 中获得了高效的激光振荡。关于更多的参考文献，见文献［1.229］。整个调谐范围的宽度超过了 400 nm，跨越了 670～1 100 nm 光谱区间[1.1069]。这种激光器的发射截面相当高，在发射光谱的最大值处发射截面大约为 4.1×10^{-19} cm^2[1.1070]。据报道其斜率效率为 62%[1.1071]，在该实验中接近于量子极限 78%（泵浦波长为 589 nm，发射波长为 750 nm），这表明该系统的本征损耗低。

Ti^{3+}离子属于 $3d^1$ 配置，这种配置对于激光器用途来说很有利，因为其能级图简单（见图 1.79，图 1.80）。掺激光器只有两个 $3d^1$ 能级，因此排除了激光辐射的激发态吸收可能性，而激发态吸收会限制其他过渡金属离子激光器的调谐范围和效率。由于姜–泰勒（Jahn–Teller）效应，d 能级的轨道简并度被移除，因此得到较大的吸收与发射带宽。图 1.81 中显示了室温下的吸收与发射光谱。激发态吸收跃迁发生在与电荷转移有关的能级和导带能级上，以及在上（^2E）d 能级的两个姜–泰勒分裂分量之间。在 Ti：蓝宝石激光器中，在发射光谱范围内没有观察到激发态吸收[1.1072]，表 1.22 中列出了 Ti：蓝宝石激光器的激光相关参数。除提供有利的光谱特性和激光特性之外，Al_2O_3 基质材料还提供了其他很多种有利的特性，如高热导率、机械硬度和化学硬度。

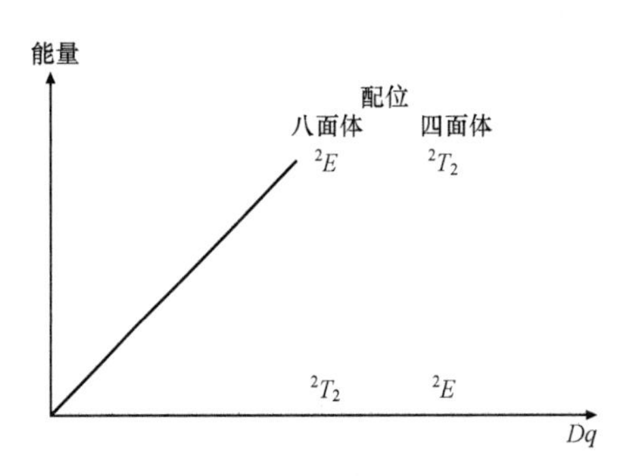

图 1.79　3d^1 离子在八面体配位和四面体配位中的基本能级图

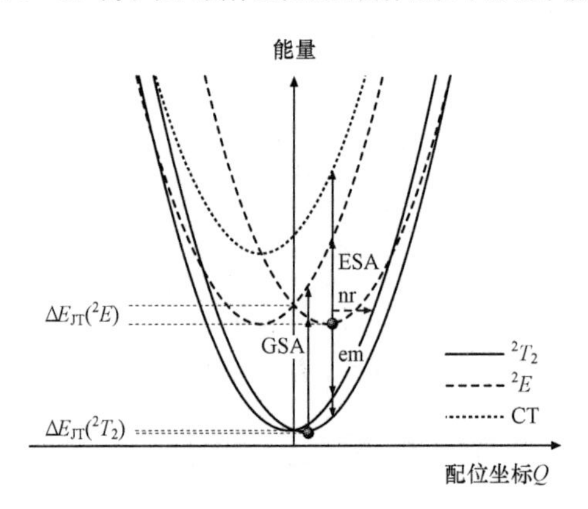

图 1.80　八面体配位 d^1 系统的姜–泰勒效应示意图。^2E、$^2T_2$ 和 CT（电荷转移）是能级，GSA、ESA 和 em 分别是基态吸收、激发态吸收和发射。nr 代表通过激发态和基态之间的隧道效应进行的非辐射衰减。ΔE_{JT} 是姜–泰勒稳定能

目前，Ti^{3+}：Al_2O_3 激光器是在市场上可买到的、最常见的可调谐固体激光器。如今，这种激光器能够用波长大约为 532 nm 的倍频钕激光器来泵浦，因此可能实现高效的全固态激光器工作模式，以前采用的是 Ar^+ 离子激光泵浦。在商用激光系统中，总效率高达 30%。

除宽调谐能力外，Ti：蓝宝石激光器的超短脉冲生成与放大能力也得到了开发利用。在锁模工作模式下，能获得短至 5 fs 的脉冲[1.1073–1077]和倍频程光谱（例如 600～1 200 nm[1.1077]）。

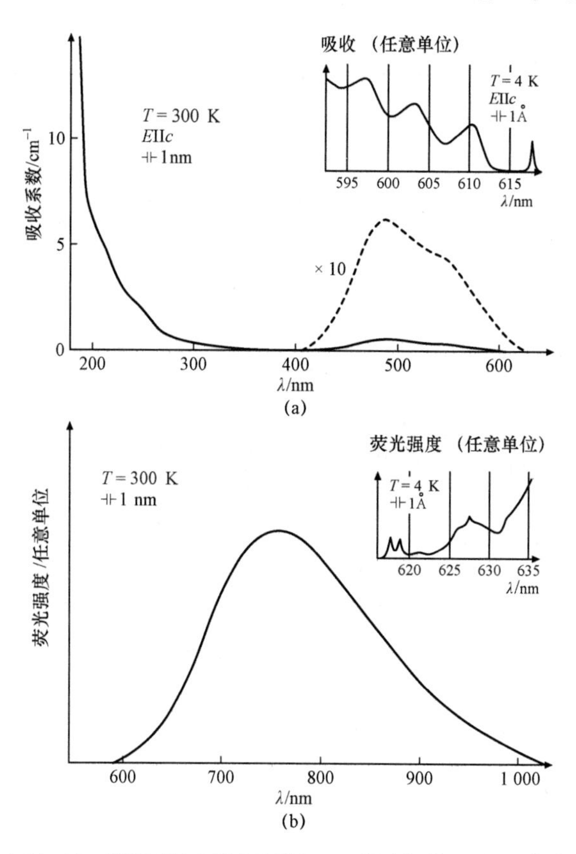

图 1.81　Ti：蓝宝石激光器在室温和 4 K 温度下的（a）吸收谱和（b）发射谱（根据文献［1.1068］）

据报道，Ti^{3+}：$BeAl_2O_4$ 还能以合理的效率进行激光振荡[1.1078-1081]（表 1.23），但其效率和调谐范围比 Ti^{3+}：Al_2O_3 小，因此这种激光器还没有实现商业性应用。在掺 Ti^{3+}的 $Y_3Al_5O_{12}$[1.1082]和 $YAlO_3$[1.1083,1084]中，所观察到的效率很低（表 1.23），主要原因是在发射与吸收光谱范围内存在激发态吸收[1.1072,1085]。在掺 Ti^{3+}的系统中，在姜－泰勒分裂激发态和基态之间还发生了由声助隧穿导致的非辐射衰减过程，因此阻止了高效的激光振荡，例如在 Ti^{3+}：$Y_3Al_5O_{12}$ 激光器中[1.1086,1087]。

表 1.22　Ti^{3+}：Al_2O_3 激光器相关参数一览表[1.1068,1070]

参数	数值
折射率	1.76
吸收截面	6.5×10^{-20} cm^2（E∥c）
荧光寿命	3.2 μs
荧光带宽（FWHM）	≈200 nm
峰值发射波长	790 nm
峰值受激辐射截面	4.1×10^{-19} cm^2（E∥c）
	2.0×10^{-19} cm^2（E⊥c）

续表

量子效率	≈0.9^{-1}
饱和通量	0.9 J/cm^2
掺杂剂浓度	0.1%（重量）
生长方法	提拉法，热交换
T_m	2 050 ℃
热导率	28 W/（m·K）
热透镜（dn/dT）	12×10^{-19} K^{-1}

表 1.23　其他 Ti^{3+}激光材料一览表

晶体	$\lambda_{激光}$/nm	调谐范围/nm	斜率效率/%	工作模式	泵浦源	参考文献
$BeAl_2O_4$	810 –	730～950 753～949	15 0.013	脉冲 脉冲	SHG 调 Q Nd：YAG（532 nm） 闪光灯（10 μs）	[1.1079] [1.1081]
$Y_3Al_5O_{12}$	这份参考文献中没有提供详情					[1.1082]
$YAlO_3$	615	–	0.3	脉冲	SHG 调 Q Nd：$YAlO_3$（540 nm）	[1.1083，1084]

（2）Cr^{3+}激光器。

基本原理。在八面体配位中几乎总是能发现 Cr^{3+}离子。Cr^{3+}的能级图用图 1.82 中所示的田边–菅野图来描述。在低晶场中，第一激发态是 $^4T_2$ 能级，而在强晶场中，^2E 能级是第一激发态。这意味着，宽带发射（$^4T_2\to{}^4A_2$）或窄线发射（$^2E\to{}^4A_2$）会发生。吸收光谱中主要是四极子–四极子跃迁，而激发态吸收光谱中主要是四极子–四极子或偶极子–偶极子跃迁，具体要视最低激发态的总自旋而定。

激光器特性。第一个激光器是在1960年用红宝石实现的，即掺Cr^{3+}的Al_2O_3[1.1088]。在红宝石中（由于 Cr^{3+}离子受到强晶场作用），在 $^2E\to{}^4A_2$ 跃迁中会出现激光振荡，因此，红宝石是一种三能级激光器，在宽波段内不可调谐。红宝石还是一种在市场上可买到的脉冲激光系统，其最大输出功率在 MW 范围内，可用于测量和脉冲全息摄影用途。红宝石有非凡的热力学性能，因此能够在较高的峰值功率下工作，尤其是在调 Q 机制中。1976 年，Morris 等人[1.1089]利用掺 $Cr^{3+}$$BeAl_2O_4$（变石）实现了基于 Cr^{3+}离子的第一个可调谐激光器。其激光跃迁为 $^4T_2\to{}^4A_2$，当基态的电子振动加剧时会终止。因此，能实现四能级激光系统。目前，变石激光器已在工业（例如标记、书写和打印）、科研（例如荧光动力学、荧光成像、LIDAR）和医学（例如脱毛、去纹身）中实现了重要的商用价值。这种激光器的优势是在 700～820 nm 之间可调谐、热导率高达 23 W/（m·K）（因此实现了大功率脉冲工作模式）以及斜率效率高达 51%[1.1090,1091]。利用掺 Cr^{3+}colquirite 晶体 $LiCaAlF_6$、$LiSrAlF_6$和 $LiSrGaF_6$，有关人员甚至获得了更宽的激光器调谐范围，而效率与变石激光器类似[1.1092]（表 1.24），但这

些晶体的热力学性能差（表1.25），因此只能得到相对较低的泵浦功率和激光功率。研究人员还利用宽调谐范围，在 Cr^{3+}：LiCAF 激光器中实现脉冲长度短至 9 fs 的锁模工作模式[1.1093]。这些晶体还有可能在 670～690 nm 的波长下，通过激光二极管提供高效的激光二极管泵浦。因此，在低功率范围内工作的小型锁模激光器系统是可能实现的[1.1094－1096]。值得注意的是，在 Cr^{3+}：$Be_3Al_2(SiO_3)_6$（绿宝石）中，研究人员曾经利用基于 Cr^{3+}的激光器获得了最高的斜率效率，但这种绿宝石晶体的热力学性能很差，而且在激光材料中很难生长。对于最高效的 Cr^{3+}激光材料，表1.25列出了相关的激光参数和材料参数。掺 Cr^{3+}系统的激光振荡已在30多种材料中实现。表1.24综述了所报道的激光系统[1.103,1097]。一般来说，Cr^{3+}激光器的调谐范围不如 Ti^{3+}：Al_2O_3 激光器那样宽，但具有在大约 670 nm 的波长下（也就是说 $^4A_2 \to {}^4T_2$ 在吸收过程的光谱范围内）进行直接二极管激光器泵浦的优势。

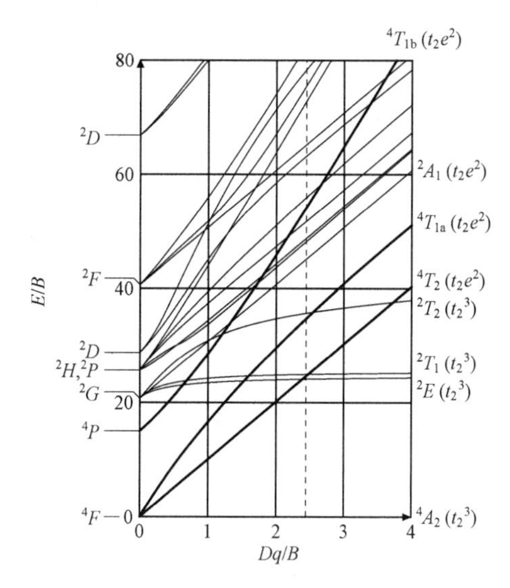

图1.82　八面体配位 $3d^3$ 离子的田边－菅野图，例如具有 $C/B=5.5$ 的 Cr^{3+}。垂直虚线表示低晶场强度和高晶场强度之间的边界

表1.24　Cr^{3+}激光材料的自由振荡激光波长、调谐范围、激光器温度、斜率效率、工作模式与输出功率/输出能量

（CW－连续波；p－脉冲；SHG－二次谐波；fl－闪光灯；dc－占空比；QS－调 Q；g－sw－增益开关；ML－锁模；* 不连续地）

基质材料	波长/nm	调谐范围/nm	T/K	η/%	模	$P_{输出}/E_{输出}$	参考文献
$Be_3Al_2(SiO_3)_6$	684.8		300		p(SHG QS Nd:YAG)		[1.1098]
	757.4	751～759.2	300		p(fl)	6.8 mJ	[1.1099]
	765	728.8～809.0	300	34	CQ(Kr^+)	≈330 mW	[1.1100]
	768	720～840	300	64	q－CW(3%Dc)	1.6 W	[1.1101，1102]
$LiCaAlF_6$	780	720～840		52.4	CW(5% DC)Kr^+	850 mW	[1.1092]
	780	720～840	300	52	CW(5% DC)Kr^+		[1.1103]
	780			1.55	p/fl	1.8 J	[1.1103]

续表

基质材料	波长/nm	调谐范围/nm	T/K	η/%	模	$P_{输出}/E_{输出}$	参考文献
$LiSrGaF_6$	820	—	300	51		1 W	[1.1104]
		800～900	300		CW，Kr^+QS（10 kHz），激光二极管	12 μJ	[1.1105] [1.1106]
$BeAl_2O_4$	679.9		77				[1.1107]
	680.3		77		p(fl)		[1.1108，1109]
	680.3	700～800	300		p(fl)		[1.1110]
	750	701～794	300		p(fl)	500 mJ	[1.1110，1111]
	765	744～788	300	≈0.7	q－CW（交流汞灯）	6.5 W	[1.1112]
		745～785	300	2.3	CW（直流汞灯和氙灯）	20 W	[1.1113]
	750	700～820	300		p(fl 125 Hz)	150 W	[1.1114]
	755		300	1.2	CW	60 W	[1.1114]
	750		300		ML(38 ps)		[1.1114]
		752～790	300～583		p（fl），时间调谐		[1.1115]
		700～820	300～583				[1.1090，1091，1107，1116－1121]
		701～818	300				[1.1110]
		744～788	300				[1.1112]
		701～818	300	2.5	fl	35 W/5 J	[1.1090]
	680.4		300	0.15	fl－QS(20 ns)	500 mJ	[1.1090，1122]
	680.4		300	0.15	fl	400 mJ	[1.1090]
	752	726～802	300	51	CW,Kr^+	600 mW	[1.1091]
	752	700～820					[1.1089]
	753		300	63.8	染料 645 nm	150 mW	[1.1123]
	753		300		激光二极管≈640 nm	25 mW	[1.1123]
	765		300	28	QS SHG Nd:GVO, 671 nm(80 kHz)	150 mW	[1.1124]
$LiSrAlF_6$	825	780～920	300	36	CW,Kr^+	650 mW	[1.1103，1125]
	865	815～915	300		a－ML(30 ps,160 fs)	3.5 mW	[1.1126]
	845	780～1 010	300	5	p(fl)	2.7 J	[1.1127]
	834		300		CW(激光二极管)	20 mW	[1.1128]
	870	858～920	300		激光二极管，电子调谐	4.3 mW	[1.1129]
	849	810～860	300		激光二极管	43 mW	[1.1130]
			300		p(fl,5 Hz)	44 W/8.8 J	[1.1131]
$ScBO_3$	843	787～892	300	25	CW(3%),Kr^+	250 mW	[1.1132]
			300	26	CW(10%),Kr^+	275 mW	[1.1092]
$Gd_3Sc_2Ga_3O_{12}$	777	745～805	300	11	CW(1:50DC)	60 mW	[1.1133]
	785	742～842	300	28	Quasi－CW	200 mW	[1.1134－1136]
	790		300	1	p(10 μs,染料)	10 μJ	[1.1137]
		766～820	300	0.06	p/fl	20 mJ	[1.1138]
			300	0.02	p/fl	10 mJ	[1.1139]
				0.57	p/fl	≈70 mJ	[1.1140]

续表

基质材料	波长/nm	调谐范围/nm	T/K	η/%	模	$P_{输出}/E_{输出}$	参考文献
$Na_3Ga_2Li_3F_{12}$	791	741～841	300	18.4	CW		[1.54]
$Y_3Sc_2Al_3O_{12}$	769			9	q－CW,Kr^+	50 mW	[1.1141]
$Gd_3Sc_2Al_3O_{12}$	780	750～800	300	0.24	p/fl	200 mJ	[1.1139]
	784	765～801	300	0.12	p/fl	110 mJ	[1.1142]
	784		300	18.5	CW Kr^+	90 mW	[1.1135，1136，1143]
	780	750～810	300	0.38	p/fl	260 mJ	[1.1144]
			300		QS(p/fl)	30 mJ	[1.1144]
	784	735～820	300	19	CW,Kr^+	200 mW	[1.1141]
	780	750～803	300	0.24	p/fl	206 mJ	[1.1141]
$SrAlF_5$	921.935	852～947	300	3.6	q－CW(DC 3%),Kr^+	35 mW	[1.1145]
	910			15	q－CW(DC 2%),Kr^+		[1.1146]
	932	825～1 011					[1.1147]
	930	825～1 010	300	10	Kr^+		[1.1148]
$KZnF_3$	810,826		300	1	p/dye(0.5 μs)		[1.1149，1150]
	790～826	775～825	20～260	0.1	CW,Kr^+		[1.1149，1150]
							[1.1151]
		785～865	300	14	CW,Kr^+	85 mW	[1.1152]
		785～865			p/ruby		[1.1153]
		780～845	300	3	CW,Kr^+	55 mW	[1.1154]
	820	766～865	300	14			
$ZnwO_4$		980～1 090	77	13	CW	110 mW	[1.1136，1155]
			300		p/染料		[1.1155]
$La_3Ga_5SiO_{14}$	930	862～1 107	300	7.6	CW(3% DC)	80 mW	[1.1156]
		815～1 110	300	10	P	10 mJ	[1.1157]
	968						[1.1158]
$Gd_3Ga_5O_{12}$	769	—	300	10	Quasi－CW		[1.1133，1134，1136]
$La_3Ga_{5.5}Nb_{0.5}O_{14}$	1 040	900～1 250	300	5	P	10 mJ	[1.1157,1159]
$Y_3Ga_5O_{12}$	740	—		5	Quasi－CW		[1.1133，1136]
$Y_3Sc_2Ga_3O_{12}$	750	—		5	Quasi－CW		[1.1133，1136]
$La_3Lu_2Ga_3O_{12}$	830	790～850		3	Quasi－CW		1.1134, 1136, 1158]
MgO	830	824～878*		2.3	CW,Ar^+	48 mW	[1.1160－1162]
$Al_2(WO_4)_3$	800				q－CW,Kr^+		[1.1163]
$BeAl_6O_{10}$	820	780～920	300	≈0.03	p/fl	6 mJ	[1.1164]
	834	795～874	300	—	p/SHG Nd:YAG		[1.1165]

续表

基质材料	波长/nm	调谐范围/nm	T/K	η/%	模	$P_{输出}/E_{输出}$	参考文献
Al_2O_3	692.9(R2) 693.4 693.4 694.3(R1) 700.9(N2) 704.1(N1) 767		300 300 77 77 300 77 77 300	 12	p/fl p/fl CW,汞灯 CW,Ar^+	 4 mW 42 mW	[1.1166] [1.1167] [1.1168] [1.1169] [1.1088, 1170–1175] [1.1176] [1.1176] [1.1177]
$Y_3Al_5O_{12}$	687.4	不可调	≈77				[1.1178]
$LiSr_{0.8}Ca_{0.2}AlF_6$	835 847	750～950 783～945	300 300	1.25	p/fl CW,Kr^+	1.2 J 300 mW	[1.1179] [1.1180]
$LiSrCrF_6$	890		300	33	q–CW,TiSa(DC:2%)	200 mW	[1.1181]
$ScBeAlO_4$	792	740～828	300	31	CW,Kr^+		[1.1182]
$La_3Ga_5GeO_{14}$		880～1 220	300	5	p	8 mJ	[1.1157, 1183]
$Sr_3Ga_2Ge_4O_{14}$		895～1 150	300	3	p	4 mJ	[1.1157, 1183]
$Ca_3Ga_2Ge_4O_{14}$		870～1 210	300	6	p		[1.1157, 1159]
$La_3Ga_{5.5}Ta_{0.5}O_{14}$		925～1 240	300	5	p		[1.1157, 1159]
$(Ca,Gd)_3(Ga,Mn,Zr)_5O_{12}$	≈777	774～814	300 300	12 0.08	p/ruby p/fl	170 mJ 40 mJ	[1.1184] [1.1184]
$LaSc_3(BO_3)_4$	934		300	0.65	q–CW,Kr^+ (DC:10%)	3 mW	[1.1185]
$LiInGeO_4$		1 150～1 480	300		p(g–sw,Ti:Al_2O_3)		[1.1186]
$LiScGeO_4$		1 220～1 380	300		p(g–sw,Ti:Al_2O_3)		[1.1186]
Li:Mg_2SiO_4	1 121 1 120, 1 130, 1 140	1 030～1 180	300 285	 1.27	p(QS Cr^{3+}:$BeAl_2O_4$) CW(Ar^+)	5.5 mW	[1.1187] [1.1187]

对于 Cr^{3+}激光系统来说，激发态吸收（ESA）起着很重要的作用，是导致激光效率出现较大差异的主要原因。由于其能级结构（图 1.82）的原因，容许自旋的 ESA 跃迁预计出现在四重态之间（对于低晶场基质）或双重态之间（在强晶场基质中）。由于电子–声子的强耦合，这些跃迁覆盖了很宽的光谱范围，因此，这些 ESA 跃迁与吸收带和发射带相重叠。ESA 的影响在很大程度上取决于基质晶格，即 Cr^{3+}离子所处的晶场。一般来说，我们能观察到让离子处于中等晶场中的晶体是比较好的；此外，在一些晶体（例如 colquirites、变石、绿宝石等）中，可以采用与偏振相关的选择规则，立方晶系基质通常更容易受影响。

Cr^{3+}激光器的小结和展望。对于激光用途来说，Cr^{3+}激光器通常是值得关注的。在很多种晶体中，都能够获得高效二极管泵浦激光振荡、宽调谐连续波激光振荡和锁模激光振荡。一些激光系统已能在市场上买到。但所有这些晶体都有如下缺点：

热力学性能差，晶体生长过程很难或者调谐范围小，因此，一般来说，Cr^{3+}激光器目前无法与 Ti^{3+}：Al_2O_3 激光器竞争，后者能提供更宽的调谐范围，在锁模机制中允许有更短的脉冲，因此具有更好的热力学性能。Ti^{3+}：Al_2O_3 不能用二极管激光器直接泵浦，但在钕激光器的倍频技术上取得的进展已使得高效的全固态泵浦激光器出现，用于替换氩离子激光器，作为泵浦源。此外，在 630～700 nm 光谱范围内且具有较高光束质量和输出功率的泵浦激光二极管目前还不能以令人满意的方式获得。关于新型 Cr^{3+}激光系统的研究，必须考虑到 Cr^{3+}离子已经在很多系统中被研究过。原则上，以高效激光器运行特性目标的新型基质材料应当为 Cr^{3+}离子提供中等晶场，并具有取决于偏振的光学性质，以帮助避免或至少大大减少发射光谱范围内的激发态吸收；此外，还需要有良好的热力学性能。

表 1.25　最重要 Cr^{3+}激光器的材料、光谱参数和激光参数

名称	$LiCaAlF_6$	$LiSrAlF_6$	变石	红宝石
结构	三方晶系 $P\bar{3}1c$	三方晶系 $P\bar{3}1c$	斜方晶系 $Pnma$	六方晶系 $R\bar{3}c$
晶格参数/Å	5.007（a） 9.641（c）	5.084（a） 10.21（c）	9.404（a） 5.476（b） 4.425（c）	4.759（a） 12.989（c）
典型的 Cr^{3+}浓度/cm^{-3}	≈10^{19}～10^{20}	≈10^{19}～10^{20}	≈10^{19}～10^{20}	≈1.6×10^{19}
生长方法	提拉法	提拉法	提拉法	提拉法
T_m/℃	810±10	766±10	1 870	2 050
密度/（$g\cdot cm^{-3}$）	2.99	3.45	3.69	3.98
热导率/（$W\cdot m^{-1}\cdot K^{-1}$）	4.58（‖a） 5.14（‖c）	3.0（‖a） 3.3（‖c）	20	33（‖a） 35（‖c）
热膨胀/$\times10^{-6}\ K^{-1}$	22（‖a） 3.6（‖c）	25（‖a） −10（‖c）	6（‖a） 6（‖b） 7（‖c）	6.65（‖a） 7.15（‖c）
n	1.390（a） 1.389（c）	1.405（a） 1.407（c）	n_a=1.738 1（800 nm） n_b=1.743 6（800 nm） n_c=1.736 1（800 nm）	1.763（o） 1.755（e）
dn/dT/$\times10^{-6}\ K^{-1}$	−4.2（‖a） −4.6（‖c）	−2.5（‖a） −4（‖c）		13.6（o） 14.7（e）
$\sigma_{发射}$/$\times10^{-20}\ cm^2$	1.3（π）	4.8（π）	0.7	2.5
$\tau_{发射}$（300 K）/μs	170	67	260	3 000
$\sigma_{发射}\tau$/$\times10^{-24}\ cm^{-2}\cdot s^{-1}$	2.2	3.2	1.8	75
$\lambda_{峰值,发射}$/nm	763	846	697	694.3
Δλ/nm	≈120	≈200	≈75	—
$\Delta\lambda/\lambda_{峰值,发射}$	≈0.16	≈0.24	≈0.11	—

（3）Cr^{4+}激光器。

基本原理。自 20 世纪 80 年代后期以来，掺 Cr^{4+}晶体一直是令人关注的可调谐室温激光材料。在各种各样的材料中，激光振荡已在不同的工作模式下实现，见表 1.26 和表 1.27，这两张表综述了所获得的激光结果。Cr^{4+}离子在晶体中的能级图可用图 1.83 中的田边–菅野图来描述，其吸收光谱以 $^3A_2$ 基态和 $^3T_2$（^3F），$^3T_1$（^3F），$^3T_1$（^3P）激发态之间的三个自旋容许跃迁为主。通常，能级在很大程度上取决于晶场并被晶场分裂，因此不同材料的吸收光谱都千差万别。在迄今被研究过的所有材料中，都观察到了由 $^3T_2$ 激发态和 $^3A_2$ 基态之间的跃迁造成的宽带发射。根据 Cr^{4+}离子的田边–菅野图以及所显示的晶场值区域，可推断出（至少在一些材料中）存在窄谱线发射；但由于激发态的晶格弛豫和晶体场分裂，$^3T_2$ 或其晶场的其中一个分量变得比 ^1E 能级还低。

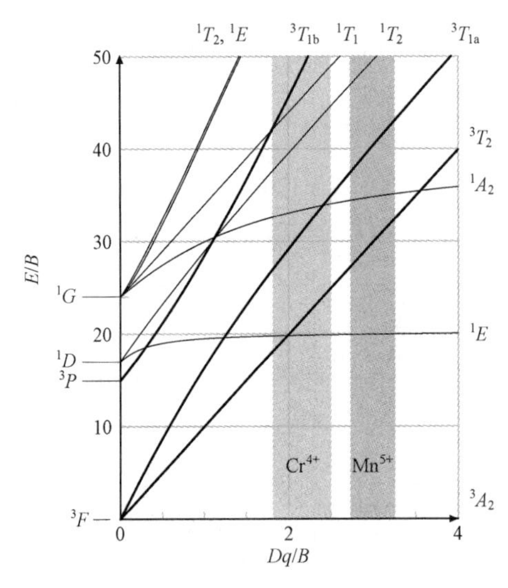

图 1.83　四面体配位 $3d^2$ 离子的田边–菅野图。被标记区大致为 Cr^{4+}和 Mn^{5+}的 Dq/B 值域。为简单起见，我们将 C/B 设置为 5.6，虽然此值随系统的不同而不同

掺 Cr^{4+}材料的最高效激光振荡是在 Mg_2SiO_4 和 $Y_3Al_5O_{12}$（YAG）中实现的。表 1.26 和表 1.28 列出了这些材料的激光数据和主要光谱数据。我们还研究了 Cr^{4+}离子的其他各种基质材料，但要么效率极低（表 1.27），要么没有实现激光振荡。文献[1.1053]中详述了掺 Cr^{4+}的系统。

在迄今被研究过的所有掺 Cr^{4+}材料中，就高效激光振荡或完全激光振荡而言这些材料有两大缺点，即激发态吸收和非辐射衰减。有关人员研究了石榴石[1.1235–1237]、镁橄榄石[1.1238–1241]、cunyite[1.1242]、硅酸盐[1.1239]和纤维锌矿类晶体[1.1241,1243,1244]的激发态吸收。在室温下，由多声子弛豫造成的非辐射衰减会导致量子效率远远低于 100%，见文献[1.1053]中的综述。对大多数的材料来说，要制备掺 Cr^{4+}晶体，需要在晶体生长过程之前、期间或之后达到一些特殊条件。Cr^{4+}离子的价态不如 Cr^{3+}那样稳定。

表 1.26 利用 Cr^{4+}：YAG 和 Cr^{4+}：Mg_2SiO_4 获得的激光结果一览表
（CW–连续波；lp–长脉冲泵浦；g–sw–增益开关；DP–二极管泵浦；ML–锁模；CF–晶体纤维）

晶体	$\lambda_{激光}$/nm	输出	η_{sl}/%	调谐范围/nm	工作模式	参考文献
$Y_3Al_5O_{12}$	1 430	7.5 mJ	22	1 350～1 530	g–sw（55 ns）	[1.1188–1193]
	1 450	1900 mW	42	1 340～1 570	CW（T=3 ℃）	[1.1191，1193–1195]
	1 420	58 mJ	28	1 309～1 596	lp（200 μs）	[1.1192，1193，1196，1197]
					ML	[1.1198，1199]
	1 440	20 mW	5	1 396～1 482	CW–ML（26 ps）	[1.1200]
	1 520	360 mW	8	1 510～1 530	CW–ML（120 fs）	[1.1201]
	1 510	50 mW	<1	1 490～1 580	CW–ML（70 fs）	[1.1202]
	1 540	—	—	—	CW–ML（53 fs）	[1.1203]
	1 569	30 mW			DP–ML（65 fs）	[1.1204，1205]
	1 450	400 mW			Nd–YVO_4，ML（20 fs）	[1.1206]
	1 470	80 mW	5.5	1 420～1 530	DP	[1.1207]
	1 420	150 mW	1.9	—	DP–CF	[1.1208]
	1 440				腔内 Nd：YAG	[1.1209]
Mg_2SiO_4					CW	[1.1210]
	1 242		38	—	CW（占空比 1:15）	[1.1211，1212]
		1.1 W	26	—	CW	[1.1213]
					DP	[1.1214，1215]
					lp	[1.1216]
					闪光灯泵浦	[1.1217]
		4.95 mJ	—	1 206～1 250	闪光灯泵浦	[1.1218]
					g–sw	[1.1216，1219–1223]
	1 235			1 170～1 370	g–sw	[1.1224]
		370 mJ	13	1 173～1 338	g–sw（1.5 kHz/10 kHz）	[1.1225]
					ML	[1.1226–1232]
		300 mW	—	—	ML（25 fs）	[1.1232]
	1 300				Nd：YAG，ML（14 fs）	[1.1233]
	1 260	10 pJ	—	—	DP–ML（1.5 ps）	[1.1234]
	1 260	10 mW	5	1 236～1 300	CW–DP（T=–10 ℃）	[1.1214]

因此，目前的趋势是将具有不同化合价的铬离子掺入晶体中，尤其是对于没有合适的四价四面体配位晶格格位的材料来说，对于 $Y_3Al_5O_{12}$ 来说尤其如此，因此必

须还要与二价阳离子（Mg，Ca）共掺。在 Mg_2SiO_4 中，还要将 Cr^{3+}掺入 Mg 晶格中。在这些材料（例如 Ca_2GeO_4 和 Y_2SiO_5）中没有观察到 Cr^{3+}的痕迹，因为这些材料没有适于 Cr^{3+}离子的晶格格位，但利用 $Y_3Al_5O_{12}$ 和 Mg_2SiO_4 得到的激光结果表明，激光器的效率未必会因为 Cr^{3+}的存在而受到影响。

表 1.27 其他掺 Cr4⁺激光材料一览表
（CW－连续波；lp－长脉冲泵浦；g－sw－增益开关；DP－二极管泵浦；*在文献［1.1186］的表 1.25 中指定给 Cr^{3+}的激光工作中心）

晶体	$\lambda_{激光}$/nm	输出	η_{sl}/%	调谐范围/nm	工作模式	参考文献
$Y_3Sc_xAl_{5-x}O_{12}$（YSAG）	1 498（x=0.5）	23 mJ	10	1 394～1 628	lp（100μs）	［1.1197］
	1 548（x=1.0）	4.5 mJ	3	1 464～1 604	lp（100μs）	［1.1197］
	1 584（x=1.5）	0.9 mJ	0.5		lp（100μs）	［1.1197］
$Lu_3Al_5O_{12}$	未给出	50 mW	1.5	—	准连续波	［1.1245，1246］
Ca_2GeO_4						［1.1214，1247－1249］
	1 400	0.4 mJ	6.1	1 348～1 482	g－sw（T=0 ℃）	［1.1247,1250］
	1 410	20 mW	8.5	1 390～1 475	CW－DP（T=－10 ℃）	［1.1214］
$LiScGeO_4^*$	1 300	0.1 mJ	3	1 220～1 380	g－sw	［1.1251］
Y_2SiO_5						［1.1252，1253］
	1 304	20 mW	0.4	—	准连续波（1:8）	［1.1194，1254］
	1 348	0.55 mJ	0.4	—	lp（20μs）	［1.1194，1254］
$LiNbGeO_5$	—	—	–	1 320～1 430	g－sw（110 K）	［1.1255－1257］
$CaGd_4(SiO_4)_3O$	1 370	37 μJ	≈1		g－sw	［1.1258］
$SrGd_4(SiO_4)_3O$	1 440				g－sw	［1.1258］

激光器特性。表 1.26 综述了利用具有最高效激光工作模式的 Cr^{4+}：YAG 和 Cr^{4+}：Mg_2SiO_4 激光器得到的激光结果。在 YAG 中，迄今在连续波机制下获得的最高斜率效率是 42%[1.1195]。图 1.84（a）显示了相应的输入－输出曲线。研究人员曾试图通过改变晶体成分（也就是用 Lu 代替十二面固体晶体位上的 Y 或者用 Sc 代替八面固体晶体位上的 Al）来提高激光器的效率，但没有成功[1.1196,1197]，激光器的效率反而大幅下降，主要原因是激发态吸收，但跟晶体质量下降和非辐射速率增加也有关系[1.1259]。Cr^{4+}：YAG 激光器的一个显著特性（乍看起来）是这种激光器沿着与其中一条主要结晶轴线平行的方向进行偏振振荡。当在 1 064 nm 波长下工作并沿着 Cr^{4+}：YAG 晶体的［001］轴线方向传播的 Nd：YAG 激光器泵浦光束发生偏振，且偏振方向平行于 Cr^{4+}：YAG 晶体的其中一条结晶<100>轴线时，激光输出功率最高，但当

偏振方向平行于其中一条<110>轴线时，激光输出功率最低［图 1.84（b）］。Cr^{4+}：YAG 激光器的输出光束会偏振并保持其偏振方向，同时让泵浦光束的偏振方向旋转；当泵浦光束的偏振方向平行于其中一条<110>轴线时，Cr^{4+}：YAG 激光器的偏振会关掉[1.1194]。这种特性可利用晶体结构、Cr^{4+}离子的位置以及这些离子所经历的局部对称性来解释，详情见文献［1.1260,1261］。

表 1.28　掺 Cr^{4+}的 $Y_3Al_5O_{12}$ 和 Mg_2SiO_4 的参数

名称	$Y_3Al_5O_{12}$（YAG）	Mg_2SiO_4（镁橄榄石）
结构	$Ia3d$（O^{10}_h）	$Pbnm$（D^{16}_{2h}）
硬度	8.25～8.5	7
晶位对称性	S_4	m
生长方法	提拉法，需要二价共掺质	提拉法
T_m	（1 930±20）℃	（1 890±20）℃
Cr^{4+}浓度	≈10^{17}～10^{18} cm^{-3}	10^{18}～10^{19} cm^{-3}
热导率	0.13 W/（cm·K）	0.08 W/（cm·K）
折射率（$\lambda_{峰值}$）	1.81	1.669（a） 1.651（b） 1.636（c）
dn/dT（无掺杂）	（7.7～8.2）×10^{-6}/K	9.5×10^{-6}/K
密度	4.56 g/cm^3	3.22 g/cm^3
$\sigma_{吸收}$（1 064 nm）	≈6.5×10^{-18} cm^2	≈5.0×10^{-19} cm^2
$\sigma_{发射}$（$\lambda_{峰值}$）	≈3.3×10^{-19} cm^2	≈2.0×10^{-19} cm^2
σ_{ESA}（$\lambda_{峰值}$）	<0.3×10^{-19} cm^2	<0.2×10^{-19} cm^2
$\tau_{发射}$（300 K）	4.1 μs	3.0 μs
$\sigma_{发射}\tau$	1.35×10^{-24} cm^{-2}·s^{-1}	0.6×10^{-24} cm^{-2}·s^{-1}
量子效率	≈0.2	≈0.16
$\lambda_{峰值,发射}$	1 380 nm	1 140 nm
$\Delta\lambda$	≈300 nm	≈250 nm
$\Delta\lambda/\lambda_{峰值,发射}$	≈0.22	≈0.22

Cr^{4+}：Mg_2SiO_4 激光器已在室温下的连续波工作模式中实现了斜率效率达到 38%[1.1212]，输出功率大约为 1.1 W[1.1213]［图 1.84（c）］。对于由镁橄榄石族组成的晶体，研究人员曾试图通过取代基质晶格中的成分离子来获得更好的激光结果，但也没有成功。他们已研究了很多种晶体[1.1262－1264]（见文献［1.1053］中的综述），但只

在 Ca_2GeO_4 中获得了激光振荡，对于 Ca_2GeO_4 来说，激光波长上的激发态吸收是有害的[1.1242]。

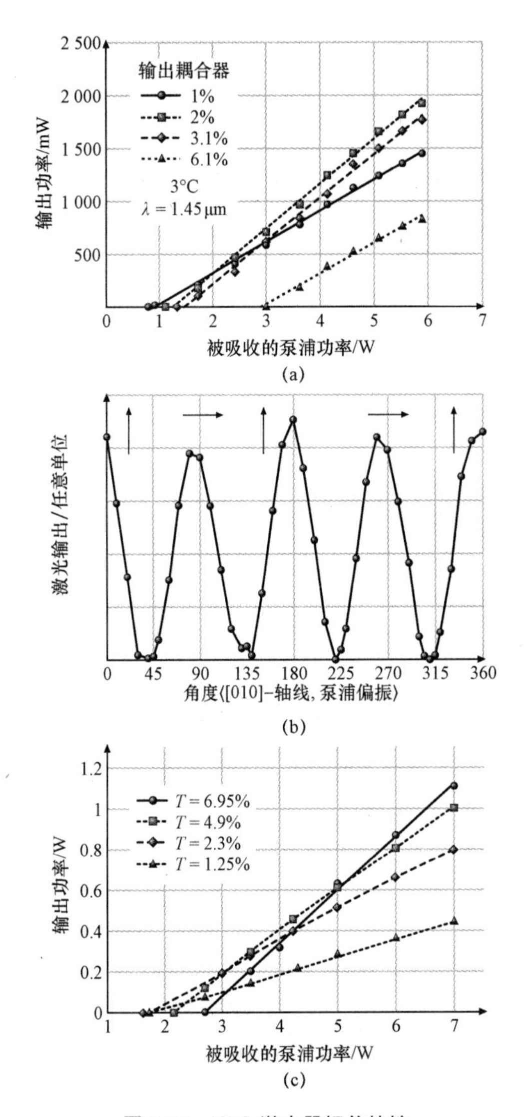

图 1.84　YAG 激光器相关特性

（a）Cr^{4+}：YAG 激光器的输入－输出特性（根据文献［1.1195］）；（b）Cr^{4+}：YAG 激光器的偏振依赖性（根据文献［1.1053，1194］）；（c）Cr^{4+}：Mg_2SiO_4 激光器的输入－输出特性（根据文献［1.1213］）

在掺 Cr^{4+}的 Y_2SiO_5、$LiGeNbO_5$、$CaGd_4(SiO_4)_3O$ 和 $SrGd_4(SiO_4)_3O$ 中也得到了激光振荡。效率低很可能是由激发态吸收和较高的非辐射衰减速率造成的。

Cr^{4+}激光器的小结和展望。Cr^{4+}：YAG 和 Cr^{4+}：Mg_2SiO_4 是红外光谱范围内（包括很值得关注的 1.3～1.55 μm 远程通信光谱区）的高效宽调谐激光系统。研究人员在 Cr^{4+}：YAG 激光器中获得了脉冲长度短至 20 fs 的锁模工作模式[1.1206]，并在 Cr^{4+}：

Mg_2SiO_4 激光器中获得了脉冲长度短至 14 fs 的锁模工作模式[1.1233]。还实现了直接二极管泵浦激光器运行，但效率较低[1.1204,1207]。对于这两个系统来说，功率处理是个问题，这两种材料的离子浓度都相当低，因此泵浦光的吸收效率也低。

Cr^{4+}激光材料遇到的主要障碍是发射波长下的激发态吸收——实际上这在所有的晶体中都存在。在具有有利能级结构的系统及/或遵循强偏振相关选择原则的晶体结构系统中，激发态吸收的影响很小。与 Cr^{4+}激光材料有关的第二个但不太重要的要点是非辐射衰减速率，为减小此速率，应当将具有低声子能量及/或电子-声子弱耦合的晶体（也就是那些用锗替代硅或用镓替代铝的晶体）用作基质材料，但在这个方向上做出的尝试迄今尚未成功。

（4）Cr^{2+}激光器。

基本原理。图 1.85 显示了四面体配位 Cr^{2+}的能级图。Cr^{2+}离子处于低晶场中，例如，在 ZnSe 中，Dq/B 值大约为 0.9。$^5T_2$ 能级为基态，^5E 能级为第一个激发态，而所有的高能级为三重态和单重态，因此，$^5E \rightarrow {}^5T_2$ 发射是自旋容许跃迁，而所有的离子间激发态跃迁为自旋禁阻跃迁。一般来说，这些系统很有希望实现高效的可调谐激光振荡，因为当受激辐射和激发态吸收之间存在光谱重叠时，后者（激发态吸收）的跃迁概率预计只有前者（受激辐射）的大约 1/10。

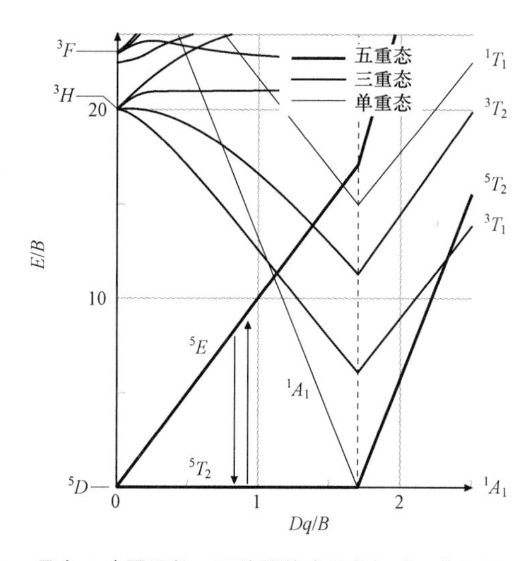

图 1.85　具有 $3d^4$ 配置的四面体配位离子的田边-菅野图，$C/B=4$

掺 Cr^{2+}硫族化物晶体经证实是在 2～3 μm 红外光谱范围内的高效宽频带可调谐固体激光器。近年来，脉冲、连续波、锁模和二极管泵浦这四种激光工作模式已被演示过，这些中红外激光器的可能用途包括科研、遥测、微量气体分析、医学、生物学、材料处理和超短脉冲生成。

材料。Cr^{2+}激光离子的基质材料选择要受到特殊条件的限制。首先，这些材料必须具有四面体配位晶格格位，最好是二价晶格格位，否则必须在晶格内建立一种电荷补偿机制；此外，还必须选择具有低声子频率的基质晶体，以便通过多声子弛豫减小非辐射衰减的可能性。因此，具有四面体配位二价阳离子晶格格位且声子能量低于 400 cm^{-1} 的硫族化物晶体非常适于在这个中红外光谱范围内实现高效的宽带发射。表 1.29 中将被研究的硫族化物晶体的一些材料参数与 Al_2O_3 的数据做了比较。硫系化合物的热导率相当高，与 Al_2O_3 的值差不多；但硫族化物晶体的主要缺点是晶体生长方法为布里奇曼（Bridgman）法或气相输运法，得到的晶体质量通常比提拉法低，同时 dn/dt 值较高，导致在激光器运行期间产生较强的热透镜效应，尤其是在大功率运行情况下。

表 1.29　适于 Cr^{2+} 的一些硫族化物晶体的材料参数。表中给出了 $Y_3Al_5O_{12}$ 的数据作为比较（*–适于 CdTe）（根据文献［1.1266–1268］）w–纤维锌矿；z–闪锌矿

名称	ZnS	ZnSe	$Cd_{1-x}Mn_xTe$	CdSe	$Y_3Al_5O_{12}$
结构	纤维锌矿：六方晶系 闪锌矿：立方晶系	闪锌矿： 立方晶系	闪锌矿： 立方晶系	纤维锌矿： 六方晶系	石榴石： 立方晶系
晶位对称性	C_{3v}（六方） T_d（立方）	T_d	T_d	C_{3v}	D_2，C_{3i}，S_4
生长方法	垂直，布里奇曼法	垂直，布里奇曼法	垂直，布里奇曼法	气相输运法	提拉法
T_m/℃	w：1 700 z：1 020	1 525	1 070～1 092	1 250～1 350	1 930
硬度（努普）	w：210～240 z：150～160	130	45*	70	1 250
折射率	2.29	2.48	2.75	2.57	1.8
热导率/($W \cdot m^{-1} \cdot K^{-1}$)	w：17 z：27	18	≈2 （6.2*）	6.2	10
dn/dT /$\times10^{-6}$ K^{-1}	w：46	70	107*		9
传输距离/μm	w：0.4～17 z：0.4～14	0.5～18	1～28*	0.8～18	0.2～10

光谱。过去，硫族化物晶体中离子的光谱已被详细研究过[1.1269–1277]。由于在最大值为 1.7～1.9 μm 的红外光谱范围内发生 $^5T_2 \rightarrow {}^5E$ 跃迁，因此通过四面体配位的 Cr^{2+} 离子在吸收光谱内呈现出宽谱带。由 $^5E \rightarrow {}^5T_2$ 跃迁形成的发射光谱也宽，而且出现在 2～3 μm 吸收光谱范围内。掺 Cr^{2+}硫系化合物的吸收截面和发射截面为 10～18 cm^2，这些值是四面体配位过渡金属离子的预计值，比 Ti^{3+}：Al_2O_3 的值大[1.1068]。图 1.86 显示了室温吸收谱和发射谱。在室温下的发射寿命为几 μs，发射量子效率接近于 1。$\sigma_{发射}\tau$ 的乘积表示预期的激光阈值，因为 $P_{阈值} \propto (\sigma_{发射}\tau)^{-1}$。掺 Cr^{2+}硫系化合物的值比 Ti^{3+}：Al_2O_3 的值高，因此总的来说，掺 Cr^{2+}材料的激光阈值预计会更低。发射带

宽与中心发射波长 $\Delta\lambda/\lambda_{峰值,发射}$之比用于测定在锁模机制中生成超短脉冲的能力，此值越高，脉冲就越短。掺 Cr^{2+}晶体的值与 Ti^{3+}：Al_2O_3 的值差不多，在 Ti^{3+}：Al_2O_3 中已实现了激光脉冲比 5 fs 短。但带宽对于超短脉冲生成来说并不是唯一重要的参数，其他重要的参数包括材料的非线性以及由高峰值功率带来的热透镜效应，后者出现在锁模机制中。只是在最近，Sorokina 等人[1.1278]在做了大量的工作以了解脉冲形成机理以及如何能够控制这些过程之后，才在飞秒（fs）机制中实现了锁模。表 1.30 总结了掺 Cr^{2+}硫系化合物的主要光谱数据，并将这些数据与 Ti^{3+}：Al_2O_3 的数据进行对比。

对于四面体配位 Cr^{2+}离子来说，预计不会出现由内壳层 3d 跃迁造成的 ESA 强跃迁，因为所有可能的跃迁都应该会是自旋禁阻跃迁，这种假设已通过 ESA 测量值得到证实[1.1265,1285]（图 1.86），在基态吸收的光谱区或发射区内都没有观察到 ESA。Cr^{2+}：ZnSe 的可调谐性预计不小于 3 μm[1.1265]，这个预测结果后来已通过激光器实验得到证实。在实验中观察到激光振荡达到 3 100 nm[1.1286]。

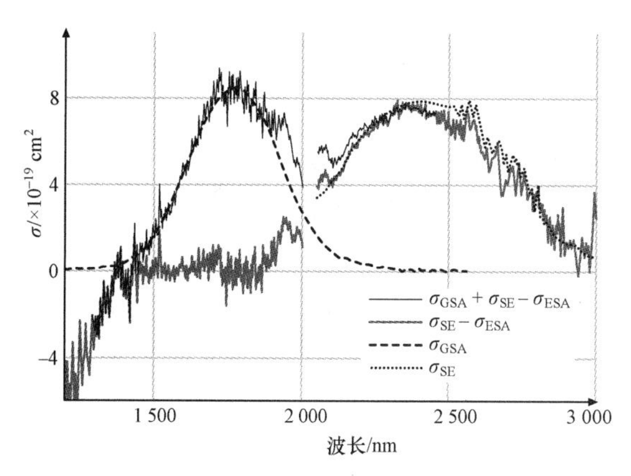

图 1.86　Cr^{2+}：ZnSe 在室温下的 σ_{GSA}（短划线）、σ_{SE}（点划线）、（$\sigma_{GSA}+\sigma_{SE}-\sigma_{ESA}$）（细实线）和（$\sigma_{SE}-\sigma_{ESA}$）光谱（粗实线）。在超过 2 500 nm 时的较陡光谱结构是由空气中吸收的水分以及随后的归一化过程造成的（根据文献［1.1265］）

表 1.30　掺 Cr^{2+}硫族化物晶体的光谱特性一览表。表中给出了 Ti^{3+}：Al_2O_3 的数据作为对比

名称	ZnS［1.1279－1281］	ZnSe［1.1279－1282］	ZnTe［1.1279－1281］	$Cd_{0.85}Mn_{0.15}Te$［1.1283］	$Cd_{0.55}Mn_{0.45}Te$［1.1284］	CdSe［1.1277］	Ti^{3+}:Al_2O_3［1.1068］
σ_{abe} /×10^{-20} cm^2	52	87	123	≈270	≈170	300	6.5
σ_{em} /×10^{-20} cm^2	75	90	188	270	170	200	45
τ_{em}（300K）（μs）	8	9	3	1.4	4.8	6	3

续表

名称	ZnS [1.1279–1281]	ZnSe [1.1279–1282]	ZnTe [1.1279–1281]	$Cd_{0.85}Mn_{0.15}Te$ [1.1283]	$Cd_{0.55}Mn_{0.45}Te$ [1.1284]	CdSe [1.1277]	Ti^{3+}:Al_2O_3 [1.1068]
$\tau_{em}\tau$ /$\times10^{-22}$ $cm^{-2}\cdot s^{-1}$	6.0	8.1	5.6	3.8	8.2	12.0	1.4
η	≈0.73	≈1	≈1	≈0.38	≈1	≈1	≈0.9
$\lambda_{峰值,发射}$/nm	2 300	2 300	2 400	2 250	2 480	2 200	800
$\Delta\lambda$/nm	≈780	1 200	≈900	≈500	770	≈550	300
$\Delta\lambda/\lambda_{峰值,发射}$	≈0.34	≈0.49	≈0.38	≈0.22	0.31	≈0.25	0.38

就中红外光谱范围内的电泵浦发射和受激辐射而言，Cr^{2+}：ZnSe 是最受关注的材料之一。在最近的研究中，研究人员观察了单晶与多晶体积状 Cr^{2+}：ZnSe 的室温电致发光[1.1287,1288]。对 Cr^{2+}：ZnSe 的下一步研究内容是制造出可用作激活材料的薄膜，以获得波导作用。Vivet 等人[1.1289]利用射频磁控管溅射，在室温下将 Cr^{2+}：ZnSe 薄膜沉积在玻璃衬底、Si 衬底或 GaAs 衬底上。通过在 458 nm 波长下将 Cr^{2+}激发到 $^5T_2\to{}^5E$ Cr^{2+}吸收谱带和 Cr^{2+}/Cr^{+}电荷转移带内，得到了以大约 2 200 nm 处为中心的典型宽谱带 Cr^{2+}发射。

激光结果。自 20 世纪 90 年代中期以来，人们已研究了以 Cr^{2+}离子为激活离子的激光材料。如今，Cr^{2+}激光器正在各种不同的工作机制和激发光源下运行，表 1.31 综述了所获得的激光结果。

到目前为止，Cr^{2+}：ZnSe 的最佳激光结果已获得。在采用了不同泵浦源（Tm^{3+}激光器、Co^{2+}：MgF_2 激光器、1.54～2.0 μm 二极管激光器和掺铒光纤放大器）的不同设置中，得到了高达 73%的斜率效率、高达 7 W 的输出功率、低于 100 mW 的阈值、2 000～3 100 nm 的调谐范围以及脉冲持续时间短至约为 100 fs 的锁模状态（表 1.31）。McKay 等人[1.1290]报道了 Cr^{2+}：ZnSe 激光器的薄片设置结果，这种设置已成功地应用于掺 Yb 的激光材料中[1.1291]。这种设置对于 Cr^{2+}：ZnSe 来说似乎也是有利的，因为 Wagner 和 Carrig[1.1292]已报道了大功率泵浦情况下的热反转。在 McKay 的实验中，利用在 2.05 μm 波长下以 10 kHz 的重复频率工作的（调 Q）Tm，Ho：YLF 激光器作为泵浦源。在被吸收的泵浦功率下，该激光器的输出功率为 4.27 W，斜率效率为 47%。另一种可能性是采用相当大的泵浦光束半径——260 μm（$1/e^2$ 半径），就像 Alford 等人所做的那样[1.1293]。通过利用 35 W 的 Tm^{3+}：$YAlO_3$ 作为泵浦激光器，在 2.51 μm 波长下得到了 7 W 的连续波输出功率。

表 1.31 掺 Cr^{2+}材料获得的激光结果一览表

名称	ZnS	ZnSe	$Cd_{0.85}Mn_{0.15}Te$	$Cd_{0.55}Mn_{0.45}Te$	CdSe	CdTe
$\lambda_{激光}$/nm	2 350[1.1279,1296]	2 350[1.1279] 2 500[1.1285] 2 600[1.1285] 3 000[1.1285]	2 515 nm[1.1283] 2 660 nm[1.1298]	2 550[1.1284]	2 600[1.1297]	2 535[1.1299]
η_{sl}/%	40[1.1294]	73[1.1265]	44[1.1298]	64[1.1284]	50[1.1300]	1[1.1299]
调谐/nm	2 050～2 400 [1.1301] 2 110～2 840 [1.1294]	2 000～3 100 [1.1286] 1 880～3 100 [1.1282]	2 300～2 600 [1.1298]	2 170～3 010 [1.1284]	2 400～3 400 [1.1302]	
$P_{输出}$或$E_{输出}$	0.1 mJ [1.1279,1296]	7W [1.1293]	0.6 mJ [1.1298]	170 mW（2 Hz） [1.1284]	0.5 mJ	脉冲模式
脉冲长度（ML）		4.4ps[1.1303,1304] ≈4ps[1.1305] ≈100fs[1.1278]				
其他参考文献						
脉冲	[1.1279－1281，1294－1296，1301]	[1.1279－1281,1296]	[1.1283，1298，1306]	[1.1284，1306]	[1.1297，1300，1302，1307]	
连续波		[1.1265，1285，1292，1308－1312]				
增益开关		[1.1313]				
二极管泵浦		[1.1265，1286，1314－1323]				
锁模		[1.1303，1305]				
薄片		[1.1290]				
多波长		[1.1324]				

除 ZnSe 之外，离子的其他硫族化物基质材料和混合硫族化物基质材料也适用于高效的激光振荡。对于掺 Cr^{2+}的 ZnS，其光谱特性与 Cr^{2+}：ZnSe 的光谱特性很相似。从材料的角度来看，ZnS 与 ZnSe 相比具有一些优势，因为 ZnS 的带隙能量更高（对 ZnS 而言，为 3.84 eV，对 ZnSe 而言，为 2.83 eV）、硬度更高、热导率更高［对 ZnS（立方相）而言，为 27 W/（m•K），对 ZnSe 而言，为 19 W/（m•K）］、dn/dT 更低（对 ZnS 而言，为 46×10^{-6} /K，对 ZnSe 而言，为 70×10^{-6} /K）（表 1.29）。但 ZnS 更难以生长，而且存在很多不同的结构类型。迄今，Cr^{2+}：ZnS 获得的激光结果不如 Cr^{2+}：ZnSe 的结果理想（表 1.31）。在 2.65 W 的被吸收泵浦功率下从掺 Er 光纤激光器中获得的最高输出功率大约为 700 mW[1.1294,1295]，阈值功率为 100 mW 左右，因此

与在 Cr^{2+}：ZnSe 中观察到的阈值功率差不多。迄今所获得的最宽调谐范围为 2 110～2 840 nm。在连续波机制下的最高斜率效率大约为 40%，还实现了直接二极管泵浦，当被吸收的泵浦功率为 570 mW 时输出功率为 25 mW[1.1294]。但在相同的设置下，Cr^{2+}：ZnSe 激光器得到的结果更好。通过研究发现，Cr^{2+}：ZnS 晶体的被动损耗（14%/cm）比 Cr^{2+}：ZnSe 晶体的损耗（4%/cm）高得多。这表明与 Cr^{2+}：ZnSe 相比，Cr^{2+}：ZnS 在晶体生长率和晶体质量上存在着更大的问题。

与 ZnSe 和 ZnS 相比，$Cd_{0.55}Mn_{0.45}Te$ 的热特性和材料参数要差得多，即 dn/dT 更高、热导率更低（表 1.29）。因此，仅当在脉冲泵浦下，该激光器才能高效运行[1.1284]。该激光器以 2 Hz 的重复频率实现了 170 mW 的输出功率和 64%的斜率效率，其调谐范围为 2.17～3.01 μm[1.1284]。Mond 等人[1.1315]报道了输出功率为 6 mW、斜率效率为 4%的二极管泵浦连续波工作模式。可以观察到当泵浦功率升高时出现热反转，表明存在强热透镜效应问题。阈值泵浦功率只有 120 mW，这个低值是根据光谱参数预测的。在占空比为 1:4 的二极管泵浦下，在现有的泵浦功率下没有观察到热反转，最高输出功率为 15 mW，斜率效率为 5%，阈值功率约为 100 mW。

Cr^{2+}：CdSe 表现出与 Cr^{2+}：Cd0.55Mn0.45Te 类似的特性，就像从材料参数和光谱特性中能看到的那样。因此在激光器实验中，还遇到了强热透镜效应问题和功率处理问题。连续波激光运行尚未被报道，但在脉冲泵浦下的激光结果是很有希望的。通过利用在 2.05 μm 波长下以 1 kHz 的重复频率工作的（调 Q）Tm，Ho：YAG 激光器，研究人员获得了 0.5 mJ/脉冲的最大输出能量和 50%的斜率效率[1.1300]，最高平均输出功率为 815 mW[1.1307]，而目前的最大调谐范围为 2.4～3.4 μm[1.1302]。

为了克服单晶掺 Cr^{2+}硫系化合物的晶体生长难问题，人们对使用和研究多晶材料产生了兴趣。对于多晶 Cr^{2+}：ZnS，研究人员在室温下获得了大于 7 W@2 410 nm 的输出功率以及 1 940～2 780 nm 的调谐范围[1.1330]。还应当注意的是，对于中红外光谱范围内的随机激光发射来说，掺 Cr^{2+}硫系化合物也是值得关注的。研究人员利用不同的半导体混合物（这些混合物基于掺 Cr^{2+}的 ZnSe、ZnS 和 CdSe 粉末以及嵌入聚合物液体溶液和聚合物膜中的粉末）在 2 240～2 630 nm 波长范围内获得了室温激光振荡[1.1331]。

Cr^{2+}系统的前景。掺 Cr^{2+}的材料是在非常值得关注的波长应用范围内工作的高效激光器，见表 1.31 中的综述。在所有被研究过的材料中，材料参数仍然是个大问题，即晶体质量差、热透镜效应强、非线性程度高，因此形成很强的自聚焦趋势和相对较低的损伤阈值。对于 CdMnTe 和 CdSe 来说，这些问题最严重。薄片结构可能是克服其中一些问题的一种途径。另一种办法是采用更大的泵浦模和激光模。就超短脉冲生成而言，Sorokina 等人最近已在飞秒机制下实现了锁模[1.1332]。到目前为止，只有几种材料的激光器用途被研究过，因此，研究人员可能会探究四面体 Cr^{2+}离子的其他基质材料，例如，$ZnGa_2S_4$、$ZnGa_2Se_4$、$CaGa_2S_4$ 和 $CaGa_2Se_4$。另外，最近关于薄膜和电致发光的研究工作可能为电泵浦激光振荡铺平道路，这种振荡将有助于增强量子效率。

表 1.32　V^{2+}激光材料一览表

基质材料	$\lambda_{激光}$/nm	调谐范围/nm	T/K	工作模式	$P_{输出}/E_{输出}$	η/%	参考文献
MgF_2	1 121	1 070～1 150	77	脉冲			[1.1325－1327]
$CsCaF_3$	1 280	1 240～1 330	80	连续波	≈15 μW	0.06	[1.1328，1329]

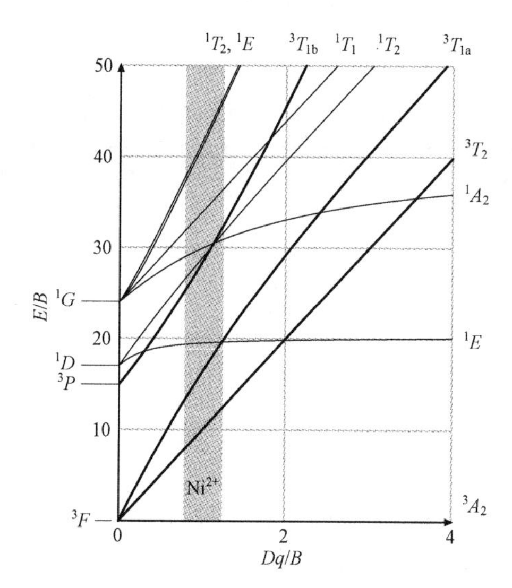

图 1.87　d^8 电子构型的田边－菅野图。阴影线部分是 Ni^{2+}的 Dq/B 值

（5）其他过渡金属离子激光器。

V^{2+}激光器。V^{2+}离子是 Cr^{3+}离子的等电子。因此，其能级图也能用图 1.82 中的田边－菅野图来描述。八面体配位 V^{2+}的吸收光谱与 Cr^{3+}的类似，但 V^{2+}离子的化合价更低，因此会发生红移。由于 $^4A_2$（^4F）基态和 $^4T_2$（^4F）、$^4T_1$（^4F）、$^4T_1$（^4P）激发态之间的跃迁，V^{2+}的吸收光谱主要被 3 个自旋容许宽谱带所占领。由于 $^4T_2$（^4F）→$^4A_2$（^4F）跃迁，其发射光谱由一个宽带组成，而且与 Cr^{3+}的发射光谱相比也会移向更长的波长。仅在 MgF_2[1.1325－1327]和 $CsCaF_3$ 中，V^{2+}才在 $^4T_2$（^4F）→$^4A_2$（^4F）跃迁时实现了激光振荡[1.1328,1329]。表 1.32 综述了得到的激光结果。V^{2+}激光器的效率极低。Payne 等人[1.44,1333]和 Moncorgé 等人[1.1334]发现，ESA 是激光振荡的主要损耗机理。在一些材料中，非辐射衰减还会与发射对抗，导致发射量子效率较低。

Ni^{2+}激光器。晶体中八面体配位 Ni^{2+}的能级图能够用图 1.87 中的田边－菅野图来描述。在吸收光谱中，可以观察到与从 $^3A_2$（^3F）基态到 $^3T_2$（^3F）、$^3T_1$a（^3F）和 $^3T_1$b（^3P）激发态的自旋容许跃迁相对应的三个谱带。由于 $^3T_2$（^3F）→$^3A_2$（^3F）跃迁，Ni^{2+}的激光跃迁位于红外光谱范围内。Ni^{2+}的光谱位置在很大程度上取决于波长（表 1.33）。在大多数的材料中，Ni^{2+}的发射寿命一般为毫秒级，在室温下的发射量子效率接近于 1。

尽管有这些有利的光谱数据，Ni^{2+}的激光振荡仅在几种材料中当温度低于 240 K 时才能得到（表 1.33）。在室温下激光振荡的缺乏可通过激发态吸收（ESA）来解释——ESA 与发射光谱范围重叠了。Koetke 等人仔细测量了几种掺 Ni^{2+}晶体的 ESA[1.1344,1346]。随着温度的增加，激发态吸收谱带和基态吸收谱带会变得越来越宽，从而与受激辐射重叠得更多。因此，与$\sigma_{eff}=\sigma_{se}-\sigma_{ESA}>0$ 相对应的光谱区变得越来越窄。此外，由基态吸收造成的损耗会增加。但在低温下，输出功率达到 10 W，斜率效率达到 57%[1.1327]。

表 1.33　Ni^{2+}激光器的结果一览表

基质材料	$\lambda_{激光}$/nm	调谐范围/nm	T/K	工作模式	$P_{输出}/E_{输出}$	η/%	参考文献
MgO	1 314.4		77	脉冲			[1.1325]
	1 318		80	连续波	10 W	57	[1.1327，1335]
	≈1 320						[1.1327]
	≈1 410						[1.1327]
MgF_2		1 610～1 740	89	连续波，连续波-Q-qw	1.85 W	28	[1.1327]
		1 608～170	80	连续波	185 mW	10	[1.1336]
		1 610～1 740	80	连续波	≈100 mW		[1.1337，1338]
	1 670		80	QS（480 ns）	25 mW（1 kHz）		[1.1337]
		1 610～1 730		ML（23 ps）	≈100 mW		[1.1339]
	1 623		77	脉冲			[1.1325，1340，1341]
	1 630		20～90	连续波	1.74 W	37	[1.1342]
		1 730～1 750	100～200	连续波	≈0.5 W		[1.1342]
	1 636		72～82	脉冲			[1.1325]
		1 674～1 676	82～100	脉冲，连续波			[1.1325]
		1 731～1 756	100～192	脉冲，连续波			[1.1325]
		1 785～1 797	198～240	脉冲			[1.1325]
MnF_2	1 865		20	脉冲			[1.1325]
	1 915		77	脉冲			[1.1325]
	1 922		77	脉冲			[1.1325]
	1 929		85	连续波（exc.）			[1.1325]
	1 939		85	连续波（exc.）			[1.1325]

续表

基质材料	$\lambda_{激光}$/nm	调谐范围/nm	T/K	工作模式	$P_{输出}/E_{输出}$	η/%	参考文献
$KMgF_3$	1 591		77	脉冲			[1.1343]
$CaY_2Mg_2Ge_3O_{12}$	1 460		80	脉冲	≈38 mJ	0.7	[1.1327，1341]
$Gd_3Ga_5O_{12}$		1 434～1 520	100	脉冲		6	[1.1344，1345]

Mn^{5+}激光器。Mn^{5+}主要在四面体配位晶格格位上与晶体结合，其能级图能用图 1.83 中的田边–菅野图来描述。与 Cr^{4+}相比，Mn^{5+}离子由于价态更高，晶场也更高，因此会因为 $^1E(^1D)\rightarrow{}^3A_2(^3F)$ 跃迁而出现窄谱线发射。固体中 Mn^{5+}离子的光学特性已被研究了 30 多年[1.1347,1349–1356]。Merkle 等人在 $Ba_3(VO_4)_2$、$Sr_3(VO_4)_2$ 和 $Sr_5(VO_4)_3F$ 中演示了室温下的 Mn^{5+}激光器运行状态[1.1357–1359]，见表 1.34。这些激光器的激光跃迁在 $^1E(^1D)$ 激发态和 $^3A_2(^3F)$ 基态之间实现，因此这些激光器是三能级系统。这些激光器的效率相当低（激光输出能量≈μJ，$\eta_{sl}\leqslant 1.6\%$），目前还没有关于其他 Mn^{5+}系统的激光振荡报道。这些激光器的主要缺点是在受激辐射波长下存在激发态吸收。Verdún[1.1356]、Merkle 等人[1.1357]、Manaa 等人[1.1360]和 Kück 等人已详细研究了激发态吸收和增益[1.1053,1348]。

表 1.34　Mn^{5+}激光器材料一览表。表中数据摘自文献［1.1347，1348］中规定的文献

	$Ba_3(VO_4)_2$	$Sr_3(VO_4)_2$	$Sr_5(VO_4)_3F$
结构	六方晶系，$R-3m$	六方晶系，$R-3m$	六方晶系，$P6_3/m$
晶位对称性	C_{3v}（V 晶位）	C_{3v}（V 晶位）	C_s（V 晶位）
生长方法	提拉法/LHPG	提拉法/LHPG	提拉法
T_m/℃	1 560		1 923
$\sigma_{abs}/\times10^{-20}$ cm^2	≈300（800 nm）	≈300（800 nm）	
$\sigma_{em}/\times10^{-20}$ cm^2	10～20		27（$E\parallel c$），13（$E\perp c$）
$\sigma_{ESA}/\times10^{-20}$ cm^2			14（$E\parallel c$），24（$E\perp c$）
τ_{em}（300 K）/μs	430～480	525	475～500
$\sigma_{em}\tau/\times10^{-22}$ cm$^{-2}\cdot$s^{-1}	≈0.7		≈1.3（$E\parallel c$），≈0.6（$E\perp c$）
$\lambda_{激光}$/nm	1 181.0	1 168.0	1 163.7
η_{sl}/%	0.21	0.08	1.6
$P_{输出}$或 $E_{输出}$	≈2 μJ	≈1 μJ	

为获得四能级系统，应当探究具有低晶体场强或大能级裂距的晶体，$^3T_2(^3F)$ 或其中一个晶体场分量将成为最低能级。但到目前为止，具有宽带发射特点的 Mn^{5+}系统尚不可知。

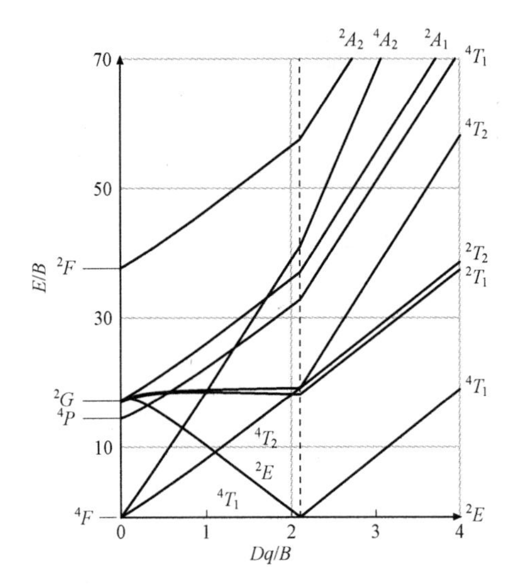

图 1.88 d^7 构型的田边–菅野图（根据文献［1.36］）

Co^{2+}激光器。八面体配位的 Co^{2+}离子在 1.5～2.5 μm 的中红外光谱区内表现出激光振荡，其能级图能用图 1.88 中 3d^7 电子构型的田边–菅野图来描述。在 $^4T_{1a}$ 基态和 $^4T_2$、$^4A_2$、$^4T_{1b}$ 激发态之间存在着 3 个范围较宽的自旋容许跃迁。在 MgF_2 中，这些跃迁分别位于 7 000 cm^{-1}、15 000 cm^{-1} 和 20 000 cm^{-1} 处[1.1361]。根据 $^4T_2 \rightarrow {}^4T_{1a}$ 跃迁来看，发射过程出现在 1.5～2.5 μm。在低温下，发射寿命为几毫秒，而在室温下，由于非辐射衰减，发射寿命通过多声子弛豫被大大缩短，因此得到的量子效率极低[1.1362]。激发态吸收与 $^4T_{1a} \rightarrow {}^4T_2$ 吸收谱带（激光器工作时的主要泵浦带）重叠，在受激辐射区，激发态吸收可以忽略不计[1.1361]。

对于掺 Co^{2+}的 MgF_2 和 $KZnF_3$ 来说，激光振荡仅在深冷温度下通过连续波机制获得，而脉冲激光工作模式在室温下也能实现。表 1.35 综述了激光系统的激光结果。在商用 Co^{2+}: MgF_2 激光系统中得到了最好的激光结果，利用 4.2 W 的输出功率、1.6 J 的输出能量和 65%的斜率效率，实现了 1.5～2.5 μm 的总调谐范围。1.3 μm 波长的 Nd：YAG 或 Nd：玻璃激光器通常被用作泵浦源，但在闪光灯泵浦、氩离子激光器激发和氧碘激光器激发下也实现了激光振荡。激光器的工作机制为连续波、脉冲、调 Q 和锁模。

Fe^{2+}激光器。Fe^{2+}离子有一个 3d^6 电子构型，作为对 Cr^{2+}电子构型的补充。但 ^5D 自由离子态还分裂为一个 $^5T_2$ 和一个 ^5E 态，因为对于 Fe^{2+}离子来说，^5E 是基态，$^5T_2$ 是第一激发态。因此，只有一次自旋容许吸收（$^5E \rightarrow {}^5T_2$）和发射（$^5T_2 \rightarrow {}^5E$）跃迁。对于 Cr^{2+}离子，所有的激发态跃迁都是自旋禁阻跃迁，因此，我们可能会认为掺 Fe^{2+}激光器的激光特性与 Cr^{2+}激光器相似，但 Fe^{2+}激光器的 $^5T_2$ 激发态和 ^5E 基态之间的能隙更小，因此发射波长更长，非辐射衰减率更高，导致其寿命缩短且在高温下量子效率低。对于 Fe^{2+}: ZnSe 来说，发射寿命首先从 33 μs@12 K 增加到 105 μs@120 K，然后由于热激活多声子衰减，再减至大约 5 μs@250 K[1.1366,1367]。在 14 K 温度下，$^5E \rightarrow {}^5T_2$ 吸收带在 2.5～3.75 μm，而 $^5T_2 \rightarrow {}^5E$ 发射带在 3.7～4.8 μm。

表 1.35　Fe^{2+}：ZnSe 激光器的室温激光结果
λ_p–泵浦波长；λ_c–中心激光波长；E_{out}–输出能量；η_s–斜率效率；
E_{in}–输入能量；E_{abs}–被吸收的输入能量

泵浦源	λ_p/μm	λ_c/μm	调谐范围/μm	E_{out}	η_s/%	参考文献
Nd：YAG，二阶斯托克斯	2.92		3.9～4.8	1 μJ	–	[1.1363]
Er：YAG	2.94	4.4	3.9～5.1	1.4 mJ	11（相对于 E_{in}）	[1.1364]
Er：YAG	2.94		3.95～4.05	–	13（相对于 E_{abs}）	[1.1365]

据报道，通过利用 Er：YAG 激光器或 Nd：YAG 激光器的二阶斯托克斯分量，在大约 2.9 μm 的波长下 Fe^{2+}：ZnSe 激光器在脉冲机制中实现了室温可调谐激光振荡[1.1363–1365]，见表 1.35。所获得的输出能量达到 1.4 mJ，斜率效率达到 11%，激光器的最大调谐范围为 3.9～5.1 μm。文献［1.1366–1369］中报道了 Fe^{2+}：ZnSe 激光器在低温下的激光振荡。在 n–InP 中，Fe^{2+}激光器的振荡是在 2 K 温度及 3.53 μm 的波长下获得的，即在零声子跃迁中获得的[1.1370]。

基于铋离子的激光器。最近，研究人员利用铋离子作为激活离子，在玻璃光纤中实现了激光振荡[1.1371,1372]，得到的可调谐性在 1 150～1 215 nm，输出功率在瓦特范围内，斜率效率不小于 20%。此外，在大约 1 450 nm 的波长范围内也得到了激光振荡。通过利用掺 Bi 的光纤激光器，实现了锁模工作模式，最小脉冲长度为 0.9 ps。虽然研究人员已做了详细的光谱研究[1.1373,1374]，但铋离子的价态还没有确定，还正在讨论中。表 1.36 总结了所获得的激光结果。

总结

本节概述了用作固态激光材料的掺过渡金属离子晶体。可以看到，这些晶体是高效的（通常可调谐）激光源，覆盖了较宽的光谱范围（图 1.78）。但与基于三价稀土离子 $4f^n \rightarrow 4f^n$ 跃迁的激光器相比，这些激光器就商业用途而言只起着很小的作用。原则上，只有 Ti^{3+}：Al_2O_3和 Cr^{3+}：$BeAl_2O_4$（有局限性）激光器值得一提，这些激光器主要用于科研领域，主要原因是它们的优势（即可调谐性和生成超短脉冲的能力）与大多数的工业用途无关。这些激光器的输出功率比基于三价稀土离子（例如 Nd^{3+}：YAG、Yb^{3+}：YAG）$4f^n \rightarrow 4f^n$ 跃迁的激光器更低，却又比二极管激光器更贵、效率更低。直接二极管激光泵浦要么效率低，要么（在采用 Cr^{3+}和 Cr^{2+}激光器的情况下）所需要的激光二极管不能以满意的价格和质量从市场上买到。

表 1.36　Bi 光纤激光器的室温激光结果
λ_p－泵浦波长；λ_c－中心激光波长；E_{out}－输出能量；η_s－斜率效率；
E_{in}－输入能量；E_{abs}－被吸收的输入能量；ML－锁模工作

泵浦源	λ_p/μm	λ_c/μm	调谐范围/μm	P_{out}/E_{out}	η_s/%	参考文献
Nd：YAG	1 064	1 146，1 215	1 150～1 300	460 mW	14	[1.1371]
Yb 光纤	1 070，1 085	1 160	1 150～1 215	15 W	22	[1.1372]
拉曼光纤激光器	1 340～1 370		1 443～1 459 1 430～1 500 1 150～1 225	≤0.5 mW	0.15 8 24	[1.1375] [1.1376] [1.1377]
Yb 光纤	1 062		1 153～1 170	ML：0.2 nJ（7.5 MHz，0.9 ps）		[1.1378]

过渡金属离子系统（尤其是可调谐激光系统）的电子能级与晶体振荡晶格之间呈现出更强的耦合作用，导致这些系统的跃迁与晶体中三价稀土离子的 $4f^n \to 4f^n$ 跃迁相比更有可能发生 ESA 和非辐射衰减。

在实现高效激光振荡的过程中遇到的主要问题是对亚稳激光上能级的激发态吸收。由式（1.86）和式（1.87）可明显看到激发态吸收对激光阈值和斜率效率的影响。原则上，激发态吸收出现在每个电子构型中，要么表现为组态内或组态间的跃迁，要么表现为电荷转移跃迁或与导带有关的能级跃迁。总的来说，当组态内激发态吸收跃迁不可能实现（例如在 d^1 和 d^9 构型中）或者由于选择规则的原因不太强（例如在 d^4 和 d^6 构型中）时，这些电子构型是有利的。其他构型具有更复杂的能级图，因此在发射与激发光谱区，组态间 ESA 跃迁的发生概率较高。但在这种情况下，ESA 的影响仍能通过利用偏振相关跃迁规则来降低，因为这些规则能使受激辐射截面比 ESA 截面更高，就像 Cr^{3+}：$LiSrAlF_6$ 和 Cr^{4+}：$Y_3Al_5O_{12}$ 的情况那样。

非辐射衰减在实现高效激光器运行的过程中起的作用不太重要，但不可忽略。非辐射衰减大致上只对激光阈值有影响，也就是说会使激光阈值增加［式（1.83）］；但非辐射衰减率会使泵浦通道内的温度升高，这也会影响激光器的总体性能。因此，非辐射衰减的总体影响在很大程度上取决于激光系统的材料参数——主要是基质材料的参数。热导率和机械强度较高的材料为首选材料。例如，可以采用 Cr^{4+}：$Y_3Al_5O_{12}$。这种材料的量子效率小于 20%，而激光器工作时斜率效率接近于 40%。

表 1.37 综述了迄今所研究的八面体/四面体配位过渡金属离子，按照这些离子的相应能级图（即田边－菅野图）将它们列了出来，并指出了激光活性过渡金属离子。到目前为止，有关人员已研究了几乎所有具有不同价态和配位体的过渡金属离子，但在室温下，只获得了八面体配位 Ti^{3+}和 Cr^{3+}离子以及四面体配位 Cr^{2+}和 Cr^{4+}离子的高效激光振荡。其他离子是否也能实现激光器高效运行将在很大程度上取决于所选

择的基质材料，例如，仅在 Al_2O_3 中，Ti^{3+}离子激光器才会高效地工作。因此，尚不能先验性地断定其他离子是不是高效的激光器离子。

表 1.37　按照相应的田边－菅野图 d″（TSD－d″）分类的过渡金属离子一览表
正常：八面体配位，斜体：四面体配位。第 1 行、第 3 行、第 5 行、第 7 行方框标识：八面体配位中的激光振荡，第 2 行、第 4 行方框标识：四面体配位中的激光振荡
（根据文献［1.1053］）

Ion	TSD－d^1	TSD－d^2	TSD－d^3	TSD－d^4	TSD－d^5	TSD－d^6	TSD－d^7	TSD－d^8	TSD－d^9
Ti	Ti^{3+}	Ti^{2+}							
V	V^{4+}	V^{3+}	V^{2+}					V^{3+}	V^{4+}
Cr		Cr^{4+}	Cr^{3+}	Cr^{2+}		Cr^{2+}		Cr^{4+}	Cr^{5+}
Mn		Mn^{5+}	Mn^{4+}	Mn^{3+}	Mn^{2+}，Mn^{2+}	Mn^{3+}		Mn^{5+}	Mn^{6+}
Fe				Fe^{2+}	Fe^{3+}，Fe^{3+}	Fe^{2+}		Fe^{6+}	
Co		Co^{3+}	Co^{2+}			Co^{3+}	Co^{2+}		
Ni		Ni^{2+}	Ni^{3+}				Ni^{3+}	Ni^{2+}	
Cu	Cu^{2+}							Cu^{3+}	Cu^{2+}

1.2.6　固体激光器中最重要的激光器离子

激光材料的研究人员已制造出了适于多种用途的大量小型高效固体激光源。具有各种波长（近红外光、可见光、紫外光）和功率机制（从 mW 到 kW）的激光材料已被开发出来。激活材料的特殊几何形状（微芯片、棒、圆片、纤维）与激活离子的浓度以及吸收跃迁截面和增益跃迁截面高度相关。

截面值取决于最终能态和初始能态的量子数以及材料中激活离子格位的局部环境，辐射跃迁和非辐射跃迁对能态的寿命有影响，因此，微观晶体特性在激光晶体的静态与动态过程中起着重要的作用。

在近红外光谱范围内，掺有稀土离子 Nd^{3+}、Tm^{3+}、Ho^{3+}、Er^{3+}和 Yb^{3+}的二极管泵浦氧化物和氟化物激光材料已获得高效率。对于高平均功率运行来说，掺 Nd^{3+}和 Yb^{3+}的晶体是最受关注的。尤其要提到的是，Yb^{3+}离子具有很小的斯托克斯损耗和最低的热生成量，这有助于减少热透镜效应及提高光束质量。基于 Ti^{3+}、Cr^{2+}、Cr^{3+}和 Cr^{4+}离子的掺过渡金属晶体在 680～3 000 nm 光谱范围内提供了宽调谐辐射光。在可见光谱区，掺 Er^{3+}、Tm^{3+}和 Pr^{3+}的激光材料在几次红光、绿光和蓝光跃迁中利用激光二极管上转换及/或直接泵浦来工作。迄今为止，Ce^{3+}是在紫外光中具有合理的直接激光性能的唯一一种离子。

下列波长数据为各种激光离子的光谱范围提供了大致的指南。

（1）近红外稀土激光器：

Nd^{3+}	0.9 μm，1.06 μm，1.3 μm
Yb^{3+}	1～1.1 μm
Tm^{3+}	2 μm，1.5 μm（上转换）
Ho^{3+}	2 μm
Er^{3+}	1.6 μm，3 μm，0.85 μm（上转换）

（2）可见光稀土激光器：

Pr^{3+}	0.64 μm（二极管泵浦）
Pr^{3+}，Yb^{3+}	0.52 μm，0.63 μm（上转换）
Er^{3+}	0.55 μm（上转换）
Tm^{3+}	0.45 μm，0.48 μm，0.51 μm，0.65 μm，0.79 μm（上转换）

近红外稀土激光器的倍频（Nd，Yb）

（3）紫外稀土激光器：

Ce^{3+}	0.3 μm

可见光稀土激光器的倍频

近红外激光器的三倍频/四倍频

（4）过渡金属激光器：

Ti^{3+}	0.68～1.1 μm
Cr^{3+}	0.7～1.1 μm
Cr^{4+}	1.2～1.6 μm
Cr^{2+}	2～3 μm

1.3 半导体激光器

1.3.1 综述

在结晶固体中，原子能级之间的相互作用会导致能带产生。在单电子近似法中，量子力学处理能提供相互重叠或通过带隙相互隔开的能带。在半导体中，在最高能带（在 T=0 K 时被电子完全占据，即价带（VB））和最低能带（在 T=0 K 时完全是空的，即导带（CB））之间存在一个能量范围，其中找不到容许的能态——不管能态来自何种掺杂剂。这个带隙 E_g 是导带下缘 E_C 和价带上缘 E_V 之间的能量差。要让激光器工作，需要最大程度地偏离热平衡（非热载流子分布）：载流子反转。当 C_B 接近于 E_C 时，载流子反转意味着电子密度比空穴密度高得多，当 V_B 接近于 E_V 时，载流子反转意味着空穴密度比电子密度高得多。这种极端的非热能状态是由激光器激活材料的强电（或光）泵浦生成的。在大多数情况下，电载流子注入是通过由Ⅲ/V半导体材料制成的一个 p–i–n 异质结获得的。图 1.89 选择 InP 作为典型实例，显示了真实三维闪锌矿晶体结构的平面化（为简便起见，可投影到二维空间），下面是相应的能带结构，从左到右分别是 p−InP、本征 i−InP 和 n−InP[图 1.89（a），（c），（e）]。

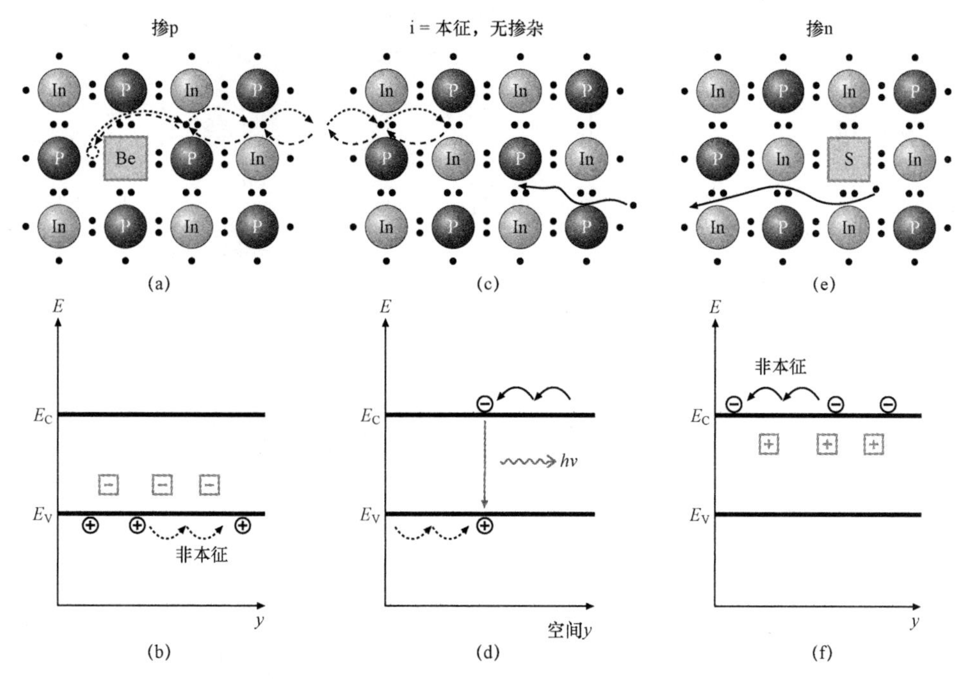

图 1.89　掺 p、无掺杂和掺 n InP 的平面化晶格结构示意图（a，c，e）。其下是相应的空间能带结构（b，d，f）。掺杂剂用方块表示，实线指电子运动，折线指缺陷电子（= 空穴）在空间的运动，点线指空穴在 V_B 上的运动

在高度掺 p 的 InP 本体区，在室温下几乎所有的受体都将其空穴释放到了价带中。在远离 p−n 结处，空穴场电流（漂移电流）控制着载流子的输送。在装置的左边缘，空穴在 p 型触点下生成。在装置的右边缘，电子通过 n 型触点被注入。在远离 p−n 结处，电子场电流控制着那里的载流子输送，带隙 E_g 差不多等于在中心本征区内生成的光子能量。但这样的单质结结构（图 1.89）会导致大量载流子泄漏，而且缺乏对所产生的光进行引导的介质。为实现激光器的室温运行并大大降低阈值电流，至少需要一个双异质结构（异质结 p−i−n 结构）（图 1.90）。这个由诺贝尔获奖者 Kroemer 和 Alferov 提出的想法[1.1379,1380]通过一次重大修改就实现了载波限制和光学限制，即在 p 区和 n 区采用与中心本征激活层相比带隙更高的 E_g 材料。因此，对于半导体激光器来说，至少需要两种不同的材料，就像在无掺杂无偏压结构的空间 $z(x, y)$[图 1.90（a）] 和空间能带结构 $E(y, z)$[图 1.90（b）] 中那样。中间层（材料 1）的 E_g 比嵌入式主体层（材料 2）低，因此从电气上限制着 C_B 中的电子和 V_B（通过带边实现可视化）中的空穴。因为对于半导体来说，在几乎所有的情况下减少 E_g 都会使折射率 n 增加，因此获得了一个光波导：嵌在低折射率材料中的一种高折射率中心材料 [图 1.90（c）]。因此，激光器激活层同时也是波导的芯层。通过正确地

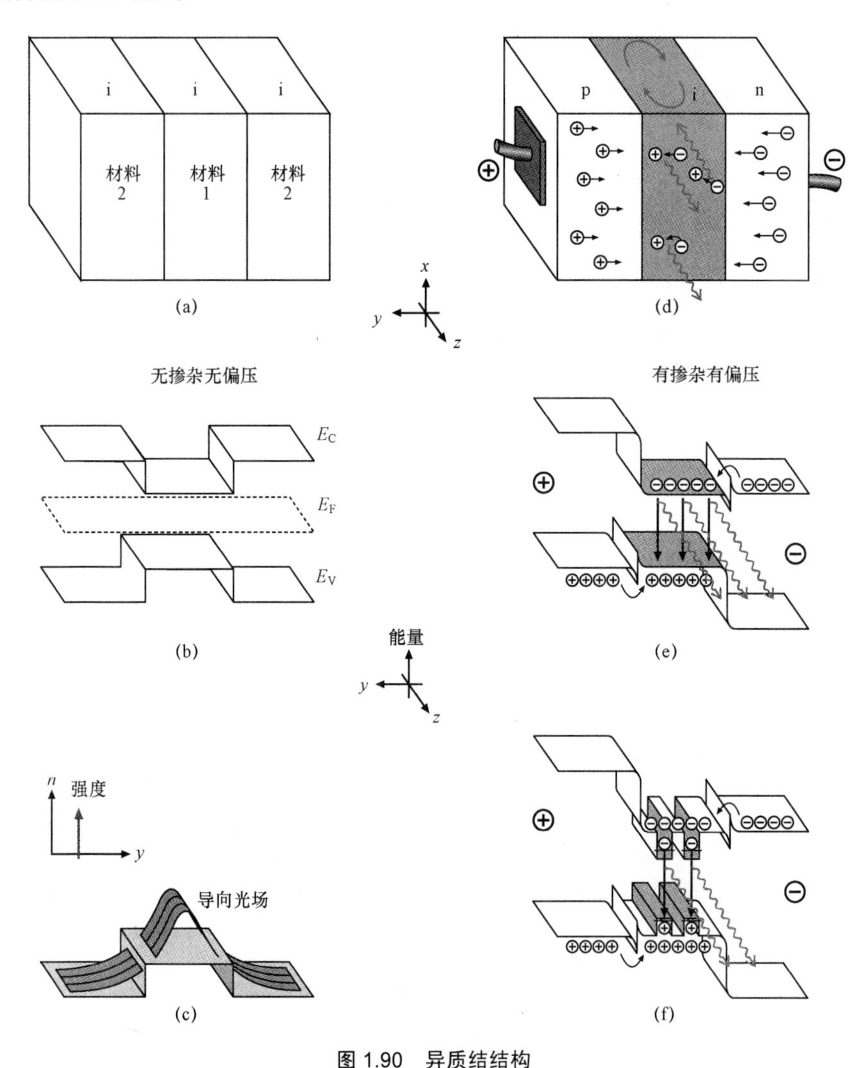

图 1.90　异质结结构

(a)，(b) 无掺杂无偏压的分别限制异质结构；(d)，(e)，(f) 有掺杂有偏压的分别限制异质结构；(a)，(d) 空间中的层型结构示意图；(b)，(e)，(f) 在空间中的相应能带结构。激光活性层为 3–D (e) 或 2–D (f)；(c) 在 (a) – (d) 情况下的折射率分布图和基本导模

设计折射率差值和尺寸，能够在与单模光纤相似的基谐模[关于其外形，见图 1.90(c)]中高效地引导所生成的光。考虑到采用的是边缘发射式激光器，因此这个结构如今为掺 p–i–n 及正向偏压 [图 1.90 (d)]，实现了上面描述的载流子输送，空穴从左边注入，电子从右边注入。这种掺杂偏压激光器结构的能带结构 [图 1.90 (e)] 使 p–i 异质结面的运行可视化，异质结面成为电子的边界（电气限制）。在 i–n 异质结面上的小势垒并不构成真正的障碍，电子能够以隧穿或者热跳方式越过这些小势垒。同理，p–i 异质结面对于空穴来说也不构成真正的障碍，而 n–i 异质结面甚至还会提供所需要的边界（电气限制）。但现代半导体激光器包括作为激光活性介质的量子阱

（QW，一种二维载波系统）[1.1381]或量子点（QD，一种零维载波系统）[1.1382]，而不是体积状激光器中的三维激光激活区［图 1.90（e）］。图 1.90（f）中绘制了两个 QW 作为例子，这些 QW 提供发射能，作为阱中能量最低的束缚能态之差（请注意坐标表示电子能）。

最后，y 方向上的电气限制和光学限制［图 1.90（c）］必须通过 x 方向上的电气限制和光学限制来完成（图 1.91）。请注意，此图相对于图 1.90 旋转了 90°。在图 1.91 中，活性材料被半绝缘（Si）材料嵌入在 x 方向，迫使电流主要在活性层内流动（横向电气限制）。之所以选硅材料，是因为与活性材料相比，硅的带隙更高，因此折射率更低（横向光学限制）。另外，在这种情况下，波导外加方向在 x 和 z 方向上。这在两张插图上用两个截面 A 和 B 表示，A 和 B 分别为折射率分布图和光强度分布图。在整体三维活性层的情况下，显示了基谐模中的波导。

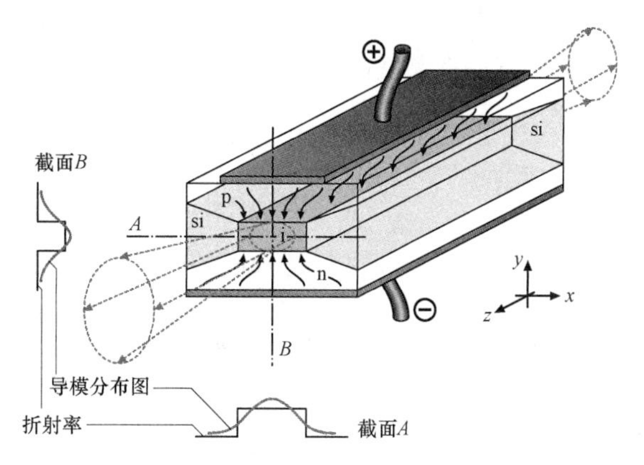

图 1.91　具有三维激光活性层和隐埋式波导的半导体激光器示意图。插图：在 x 和 y 方向上的折射率分布图和导模分布图，分别在 A 和 B 处与活性层相交

1.3.2　谐振器类型和现代活性层材料：量子效应和应变

现代光电子半导体器件基于一系列具有不同成分的材料。通过在一种具有较大 E_g 的材料之间嵌入一张低 E_g 膜，当膜厚 $L_y \leqslant$ 电子波长时，可以获得量子化效应（QW）[1.1381]。利用薛定谔方程，在 C_B 和 V_B 势阱中分别获得了至少一个束缚态；在 x 和 z 方向上，电子和空穴仍完全可移动，这意味着，存在着一个与异质结面平行的波矢 $\boldsymbol{k}_{\parallel}$。电子和空穴在 y 方向上的运动大大受限，可用量子力学进行统计性描述。图 1.92 显示了在 k空间（$\boldsymbol{E}$（$\boldsymbol{k}_{\parallel}$））内的 V_B 结构。k空间是通过基于薛定谔方程为 4 个不同 Ga（In）As/（Al）GaAs 量子阱实施的理论模型计算[1.1383]而得到的（$\boldsymbol{k}_{\parallel}$与异质结面平行）。

此外，在大多数情况下，活性层中的量子阱和势垒会发生应变[1.1384]。量子阱通常发生压缩应变，这意味着，活性层的晶格常数在 x 和 z 方向上被压缩减小，以匹配衬底的晶格常数 a_0。在很多情况下，势垒承受着拉力。这意味着，势垒的晶格常数在 x 和 z 方向上因拉伸应变而增加，以达到与衬底的晶格常数 a_0 相同。

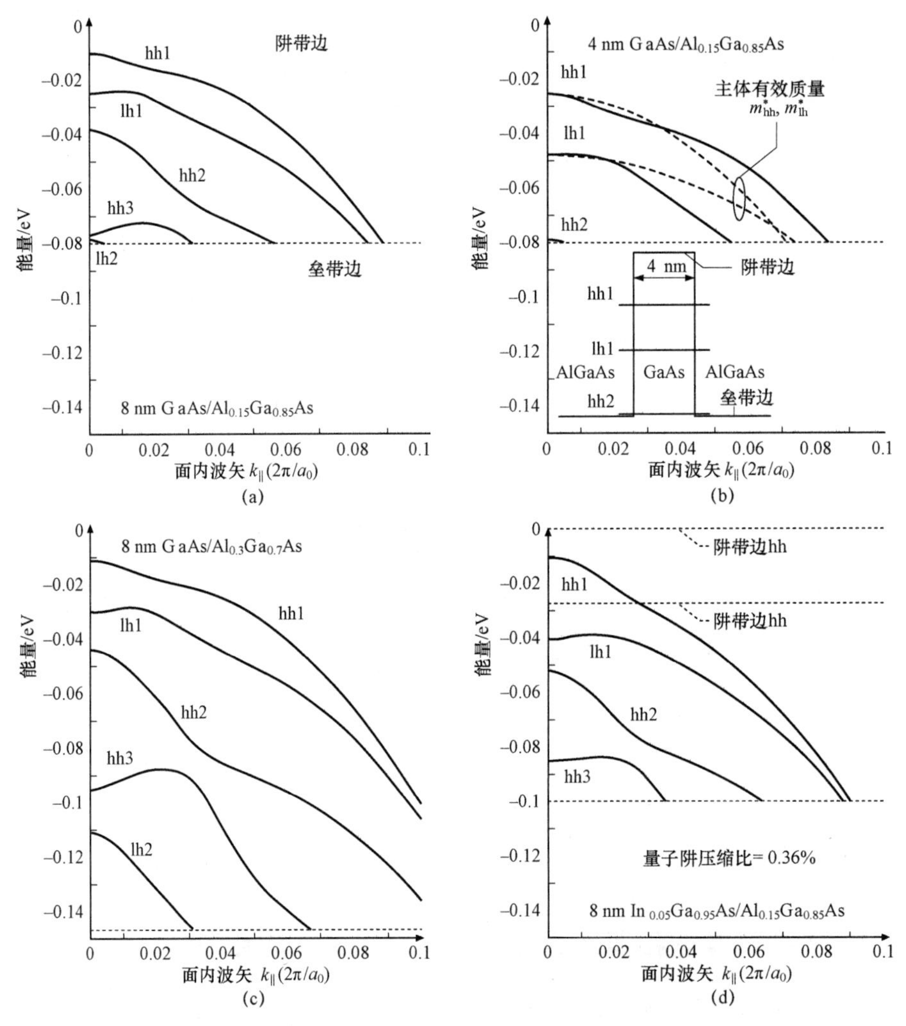

图 1.92 各种 Ga（In）As/AlGaAs 量子阱的价带结构 E（$k_{\|}$）（根据文献［1.1383］）

半导体激光器活性层中的应变和量子化效应用于提高装置性能。对于这种激光器来说，有益的做法是让电子和空穴的有效质量尽可能相似，增加材料的增益，减小阈值，调节态密度直至合适，以及增加微分增益，这可通过强加应变及/或量子化效应来实现。在图 1.93 中，三维材料的态密度与能量之间的相关性为“根状”，而在二维材料中则是恒定的。

图 1.94 描绘了 InAs[1.1385]和 CdSe[1.1386]的量子点例子。图 1.94（a）以示意图形式揭示了晶体结构截面内量子点的形成，可以看到 GaAs 衬底上部有 3 个单层。在量子

点的自组织生长过程中，InAs 相对于 GaAs 的有意整合应变（详细解释如下）起着重要的作用。

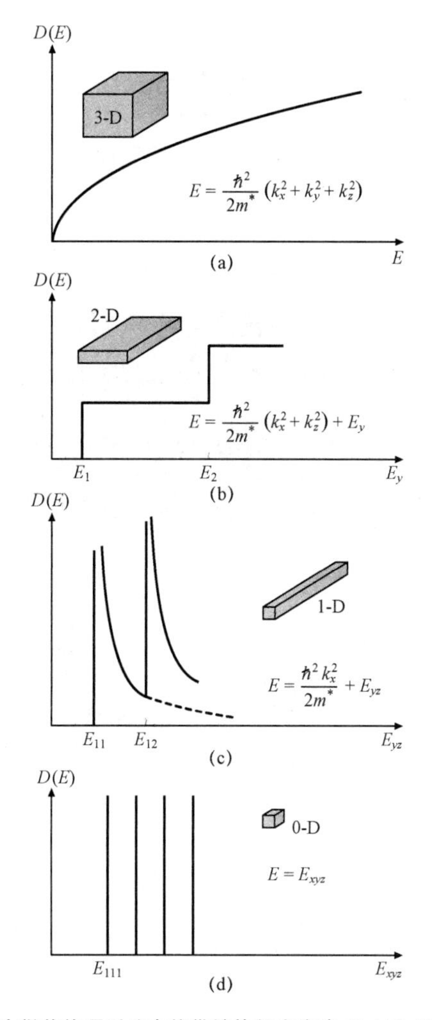

图 1.93　在抛物线逼近法中能带结构的态密度 $D(E)$ 和相应公式

（a）在全部三个空间方向（三维）上延伸的半导体；（b）量子阱（QW）；（c）量子线；（d）量子点（QD）

出于热力学和弹性力学的原因，发生应变的 InAs 会首先形成两个单层。要让晶体继续生长，出于总能量的原因，让半导体表面继续呈局部岛状生长态势是非常有利的。在这种情况下，一种可能的几何形状是基面与 InAs 单层顶部直接接合的金字塔形。从实验角度来看，这个阶段可利用原子力显微镜来直接研究（AFM）[1.1382,1387,1388]。图 1.94（b）、（c）的顶视图显示了典型的 AFM 表面轮廓。在下一过程步骤［图 1.94（d）］中，AlGaInAs 生长得比量子点快，因此量子点呈嵌入态。从实验角度来看，最终层序可在晶体端面裂开之后通过透射电子显微镜（TEM）来研究。为了使在垂直于衬底界面的方向上量子点的数量增加，可以在规定的分隔层厚度后面根据需要重复整个 InAs 过程[1.1389]，由此可得到分层的量子点配置。

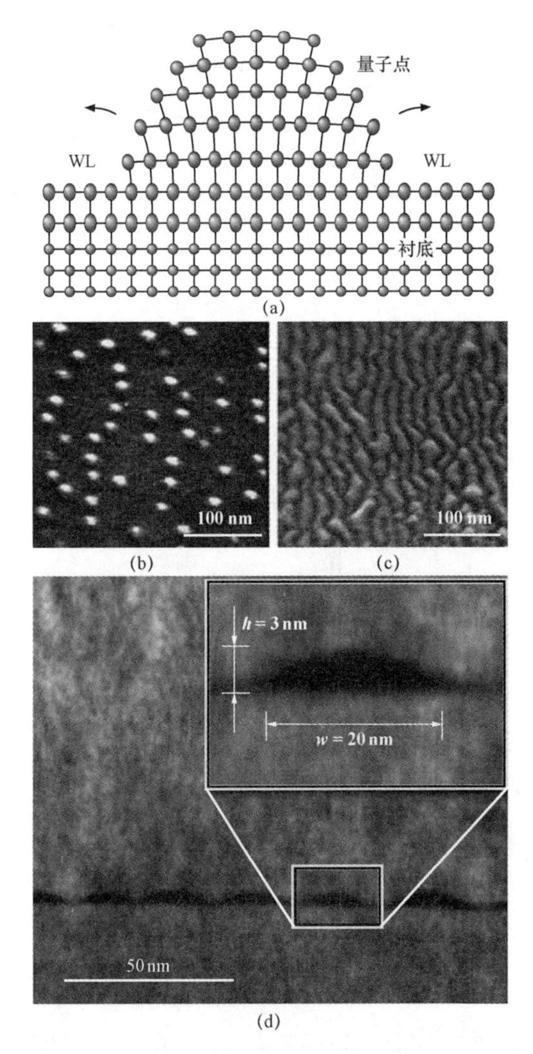

图 1.94　InAs 和 CdSe 量子点（a）从下到上，我们可以依次看到：GaAs 衬底的三个顶部单层，然后是两个发生压缩应变的 InAs 单层（润湿层，WL），最上面是量子点的主体；（b）在 GaAs 上，InAs 量子点的 SEM 表面图像（根据文献［1.1387］）；（c）在与 InP 匹配的 GaInAlAs 晶格上的 InAs 量子短划线；（d）与延长方向垂直的量子短划线层的 XTEM 图像。此插图是放大的单个短划线（根据文献［1.1388］）

但量子化作用并不仅限于一个方向。如果限制另一个方向上（例如在图 1.93 中的 z 和 y 方向）的载流子移动，那么就能得到一个一维载波系统，从而获得一条具有双曲线态密度分支的量子线[1.1390]。载流子在全部三个空间方向上的移动受限导致量子点生成[1.1382,1383,1385,1386,1390－1397]，即形成一个具有 δ 类态密度的零维（0–D）载波系统［图 1.93（d）］。对于半导体的很多物理性能（例如载流子迁移率、在量子化状态下的载流子俘获率、光的自发辐射或受激辐射）来说，态密度起着重要的作用。通过在激光器设计过程中高效地利用维度和应变，可以增强想要的特性而抑制不想要的特性。在这方面，现代外延（例如金属有机化学气相沉积（MOCVD）和分子束外延（MBE））是强有力的工具。目前，二维和零维结构已被成功地用在激光装置上。一维结构由于动态性能不好，还没有取得突破性进展。如今，量子点已能在 Stranski–Krastanow 生长模式下以自组织方式生长[1.1385,1390,1392,1396]。通过让激光活性层长出很多具有相同量子化能级的量子点，将获得大大降低的温度易感性和很高的微分增益，由此在光通信中获得极高的比特率。虽然很多量子点激光器已付诸实施，但金字塔状的量子点在尺寸和能级上仍波动很大。

但基于这些量子点，装置性能并没有出现前面提到的改进。另外，量子点的大幅波动会造成增益谱线明显加宽，这对其他用途来说是有利的——例如，通过锁模生成短脉冲或者激光装置的光谱宽调谐。当然，还应当记得，在首批量子阱激光器实现之后，花了整整 10 年这些激光器才被证实比其他激光器更优越；同样，量子点激光器在取得最终突破之前，也需要时间。我们相信，量子阱激光器和量子点激光器一定会共享未来的应用领域，但取决于具体的要求。

图 1.95 显示了在各种Ⅲ/Ⅴ和Ⅱ/Ⅵ半导体中带隙与晶格常数的关系。左边深色区域是四元 $Al_zGa_{1-x-z}In_xN$，棕色区域描述的是四元 $Ga_{1-x}In_xAs_{1-y}P_y$。要让带间激光器的效率提高，需要采用具有直接带隙的活性材料，而不管目前一些带内激光器采用的是何种材料。请注意，简单的体硅为间接能带结构，不能提供高效的辐射复合。改进的硅结构经证实有很强的发光性，能实现 LED 工作模式或激光振荡（例如，来自 Si/Ge 超晶格以及在硅/硅基拉曼激光器结构中的量子点）[1.1398]。位于其中一条灰色垂直线（图）上的所有化合物半导体（这些垂直线表示重要半导体衬底材料的晶格常数）都可与相应的衬底进行晶格匹配。根据图 1.95，三元化合物 $Al_{0.48}In_{0.52}As$（E_g=1.43 eV）和 $Ga_{0.47}In_{0.53}As$（E_g=0.75 eV）的晶格常数与 InP（E_g=1.34 eV）相同，后者如今已能在直径达 150 mm 的晶片中获得。

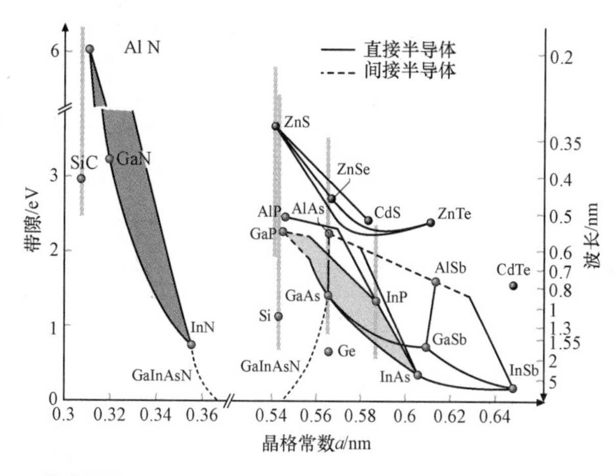

图 1.95　带隙能量 E_g（左）和带隙波长（右）与晶格常数 a 之间的函数关系

QW 宽度（或 QD 尺寸）、有效质量（更确切地说是 E（k）函数）以及量子阱材料和势垒材料的带隙从能量方面决定着量子化状态，因此决定着激光器的光谱增益曲线，即激光发射的可能范围。图 1.95 表明这些激光器能覆盖适于不同用途很大的波长范围。这方面的一些例子是可用于分别在数字多功能光盘和蓝光光盘中存储数据的红光激光器和蓝光激光器。大约 850 nm 波长下的发射适用于短程光纤通信装置和 CD 装置，980 nm 的激光器适用于泵浦掺 Er 光纤放大器，而 1.25～1.65 μm 的激光器适用于具有超高比特率的远程光纤通信。可见光波长和红外波长对于光学传感来说很有吸引力。0.8～1 μm 的光谱范围适用于直接激光用途（焊接、钻孔、切割和软焊），因为这个光谱范围包含了具有极高输出功率、最高功率转换效率和每瓦（光功率）最低价格的激光器。

受激辐射和光增益（图 1.96）基本上由折算的电子态密度和费米因子（f_c-f_v）之积决定。这个费米因子由 f_c（$1-f_v$）$-f_v$（$1-f_c$）推导出来，即光子生成过程（发射）的概率（也就是 C_B 态被电子占据而 V_B 态未被电子占据的概率，f_c（$1-f_v$））减去光子毁灭过程（再吸收）的概率（也就是 V_B 态被电子占据而 C_B 态未被电子占据的概率，f_v（$1-f_c$））。图 1.96（a），（b）中的实线分别显示了三维半导体和二维半导体的光谱材料增益曲线。从光谱来看，增益范围为从带隙 E_g 到两个准费米能级之差 ΔE_F。实际上，还存在其他效应，例如费米能级填充、光谱线型展宽[1.1383]（粗虚线）或多体效应。用材料增益减去损耗，可得到净增益［图 1.96（c），（d）］。如果将这些激光活性材料置入法布里–珀罗（FP）激光器中，则净增益会为图中所示的模态（垂直线）提供支持。在图 1.96 中，自发辐射用细虚线表示，揭示了一种对 LED 来说很重要的不同的光谱线型。

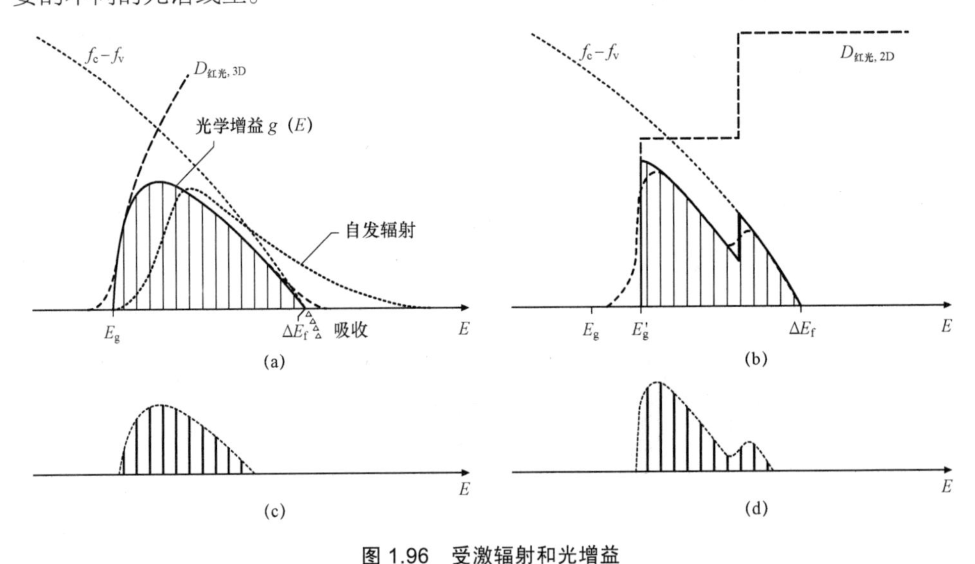

图 1.96　受激辐射和光增益

（a）在三维材料中，光学材料增益、自发辐射、费米因子和态密度与能量之间的关系图；（b）在二维材料中的此关系图；（c）三维材料的净增益曲线；（d）二维材料的净增益曲线通过利用量子点材料，可以获得更高的自由度，以适应光谱增益，如图 1.97（a）所示。通过生成适度平缓的增益曲线［图 1.97（b）］，就可以利用能态填充效应（右下部曲线）从激光器内部补偿随温度而变的带隙收缩量（左上部曲线），从而使激光器的发射波长变得稳定[1.1400]。

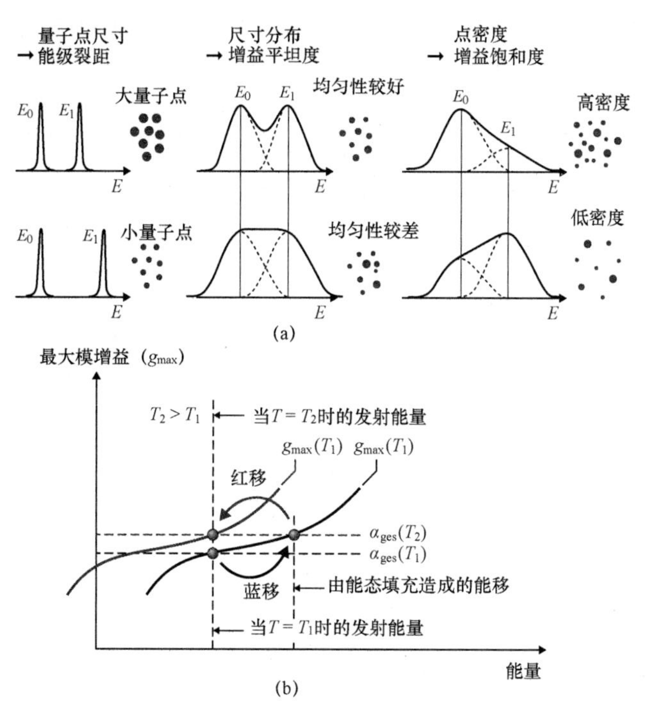

图 1.97　利用量子点材料提高自由度

（a）量子点的三个主要几何参数对光学材料特性的影响（根据文献［1.1399］）；
（b）量子点增益材料中激光发射能移的内部补偿法（根据文献［1.1400］）

图 1.98 对最重要的半导体激光器几何形状进行了分类总结，本书将在下面详细探讨其中的大多数。通常情况下，异质结面位于水平方向。研究人员对横向（左）谐振腔结构和垂直（右）谐振腔结构进行了区分，并用宽箭头的方向来表示。因此，可分为水平腔激光器（面内激光器）和垂直腔（VC）激光器。

第一个案例：法布里–珀罗（FP）结构。在这个案例中，光反射（反馈）由谐振器边界（腔面）提供。在很多情况下，半导体和空气之间的折射率差值都足够大，能提供大约 30%的光反射系数。通过增加腔面镀膜，这个系数可在 0%（抗反射）和 100%（全反射）之间持续调节。谐振腔模由下式给定：

$$m_{FP}\left(\frac{\lambda_B}{2n_{eff}}\right) = L \tag{1.91}$$

凭直觉，谐振腔长度 L 必须是介质中光波长的 1/2 的正整数倍，其中 n_{eff} 是波导的有效折射率（亥姆霍兹方程的特征值，见下文）。在第二个案例中，即“分布反馈

（DFB）”结构中，光反射遍布整个谐振腔。在此，一个很重要的设计参数是布拉格波长λ_B，λ_B与DFB光栅周期Λ之间的相关性通过布拉格条件来反映：

$$m_{DFB}(\lambda_B / n_{eff}) = 2\Lambda \tag{1.92}$$

m_{DFB}是正整数，用于描述光栅级。需要一个单模DFB激光器的例子[图1.103（c）]，这个激光器在λ_B=1.55 μm波长下发光，并拥有一阶光栅（mDFB=1）、有效的折射率n_{eff}=3.27以及Λ=237 nm的光栅周期。凭直觉，介质中波长的整数倍必须根据式（1.93），与双光栅周期一致。请注意，式（1.92）和式（1.93）的数学结构相同。在典型长度为200 μm的激光器中，为增益轮廓曲线内的FP激光模获得了很大的m_{FP}（约为1 000）；而对于DFB激光器来说，在大多数情况下m_{DFB}为1（适于一阶光栅）。

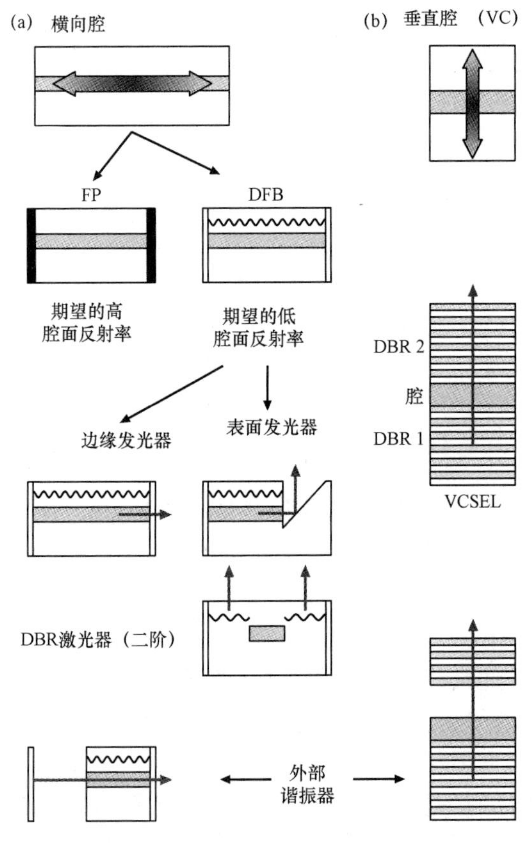

图1.98 半导体激光器几何形状比较

（a）具有横向谐振腔的激光器的不同几何形状；（b）具有垂直谐振腔的激光器的不同几何形状

正如预期的那样，光沿着边缘发射激光器的水平方向发射（图1.98）。表面发光器可通过蚀刻呈45°斜角的出耦合镜来实现，或通过二阶DFB光栅（注意图中的二倍光栅周期）来实现。在二阶光栅中，光场沿水平方向（180°）反射，沿垂直方向耦合出来。如果恰好达到布拉格条件，则会在刚好垂直于表面的地方出现光发射（90°）。但式（1.92）中的偏差在（>）方向或（<）方向上越大，这个角度就会相

应地变大或变小。如果光栅被中断，将得到一个分布布拉格反射镜（DBR）结构。通常情况下，在两个 DBR 截面之间嵌有一个无光栅中心截面。在 DFB 和 DBR 结构中，沿水平方向传播的光场也可选择穿过折射率稍有不同的两个虚拟准层。对于具有真实层（1.3.4 节或下一节）的 DBR 谐振器来说，这些工作原理变得更加明显。

第二个案例：VCSEL。这种激光器也基于 DBR 结构，相比之下，第一个案例由折射率相差很大的多个真实层组成，其中央腔没有光栅，并嵌入两个 DBR 反射镜之间，因此形成一个类似于 FP 的结构。但这种激光器的反馈在两个 DBR 结构上分布，在大多数情况下，单个周期（相当于一对相邻层）的厚度等于介质中光波长（设计波长）的 1/2，这相当于式（1.92）中的一阶光栅。由于谐振器沿垂直方向布置，而发射方向垂直于与衬底区平行的主要芯片表面，因此这种激光器叫做“垂直腔表面发射激光器”（VCSEL）。两个反射镜必须具有很高的反射率，以达到激光阈值，因为激光活性层相对较薄，与谐振器中的光场之间重叠得不好。

在后面几节里，本书将详细介绍边缘发射激光器以及 VCSEL。基于这两个案例（A 和 B），就有可能实现带外部谐振器的激光器，见图 1.98 的最后一排。

1.3.3　具有横向谐振器的边缘发射激光二极管

如上所述，价带和导带之间的粒子数反转对于辐射光的相干放大来说很有必要[1.1401]，而且可通过电子和空穴的注入经正向偏压 p−n 结获得（图 1.90，图 1.91）。被注入 n 型半导体中的电子以及被注入 p 型半导体中的空穴扩散到 p−n 结，在那里以辐射方式复合，生成一个能量为 $\hbar\omega$ 的光子（图 1.89）。如果外加电压增加，载流子密度超过了在 $10^{18}\ \mathrm{cm}^{-3}$ 范围中的临界值，那么光子发射速率会变得比吸收速率高，使入射波能够通过受激辐射以相干方式放大。这种粒子数反转的前提条件是准费米能级 E_{f_c} 和 E_{f_v}（用于描述导带和价带的填充状态）之间的差距大于带隙 E_g（Bernard−Durafourg 条件）：

$$E_{f_c} - E_{f_v} \geqslant \hbar\omega \geqslant E_g \tag{1.93}$$

在这种情况下，半导体材料对于所生成的波来说是透明的——所生成的波长由带隙决定。由于载流子密度高，所得到的增益值很高（在 $10^3\ \mathrm{cm}^{-1}$ 的范围内）。如果在提供反馈的光学谐振器中新增的损耗已得到补偿，则会出现激光。

1. 双异质结构激光器

实现了粒子数反转的激活区在同质结激光器中很薄，阈值电流很高，因为只有一小部分被注入的载流子用在了激光发射过程中。通过利用双异质结构激光器，在室温下可以获得低阈值电流并实现连续工作。在这种激光器中，掺 n 包层和掺 p 包层之间夹有低带隙激活层，在衬底上外延地生长出更高的带隙（图 1.90）。如果材料系统不同层之间的晶格失配率不超过临界值，则这些结构的技术实现是可能的。双异质结构[1.1379]在激光器运行方面有三大优势：

（1）层间带隙差分布在价带和导带之间，为被注入的电子和空穴创建势垒。如果掺杂电压和外加电压选择得合适，则可得到近乎矩形的势阱（图 1.90），当势差高于热激活能 k_BT 时势阱能有效地将载流子限制在低带隙激活层内。激活层的宽度 d_{act} 由异质结构的几何形状决定。从 p-n 结处注入的载流子被俘获在势阱中，并限制在一个较小的体积内，因此导致对实现反转来说必需的注入电流减小。

（2）由于存在带隙能量差，从周围层中的激活层里发射出的辐射光不会被再吸收。

（3）在用于半导体激光器的材料系统中，低带隙激活层的折射率比周围的包层更高。因此，双异质结构起着介电平面板条形波导的作用，由于存在层间折射率差，将生成的光场限制在激活区。这个光波导在给定波长下所支持的模数量取决于各层的厚度和折射率。通过正确地选择设计参数，可以选出一个单横向模（垂直于 p-n 结），将受激辐射的光子密度集中在增益区。

因此，双异质结构能够将载流子和生成的光子限制在激活层。对于体积激活层来说，载流子的德布罗意波长与激活层厚度相比较小，导致载流子被高度限制；但光子的波长与双异质结构的尺寸差不多，因此只有一部分光强被限制在激活区。双异质结构中光强度的横向分布由平面板条形波导的波动方程解决定，平面板条形波导以有效折射率 n_{eff} 为相应的特征值，为 TE 模和 TM 模提供支持。图 1.90（c）给出了在双异质结构中 TE 基谐模的光强与横向坐标 y 的函数关系，表明光场未被完全限制在激活区内。在激活层内的模强度分率叫做“光学限制”或“填充因子 Γ_{act}”，是半导体激光器的一个重要设计参数：

$$\Gamma_{激活} = \frac{\int_0^{d_{激活}} |E(y)|^2 \mathrm{d}y}{\int_{-\infty}^{+\infty} |E(y)|^2 \mathrm{d}y} \tag{1.94}$$

其中，$E(y)$ 是电场。如果光在激光器的横向方向上也受到限制，则此定义必须相应地修改。

图 1.99 显示了导模的光场限制因子与层结构厚度 d 之间的关系。当波导厚度增加时，限制因子趋近于 1，为其他模提供支持。

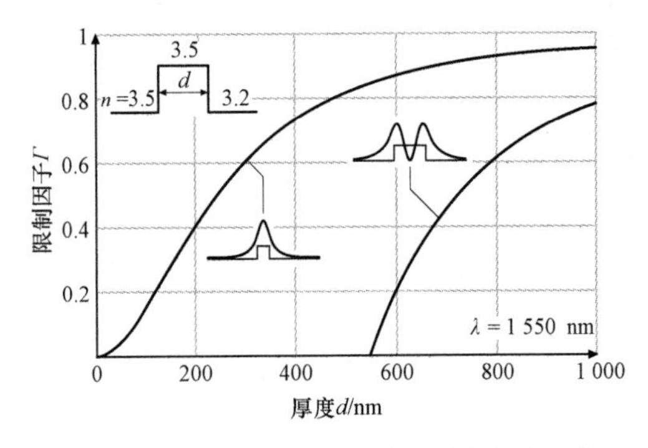

图 1.99　光场限制因子 Γ 与 InP/InGaAsP/InP 层结构的厚度 d 之间的关系

在含激活层的波导中，具有有效折射率 n_{eff} 的光模会获得有效增益 g_{eff}。激活层能提供材料增益 g_{act} 和折射率 n_{act}：

$$g_{eff} = \frac{n_{act}}{n_{eff}} \Gamma_{act} g_{act} \tag{1.95}$$

校正因子 n_{act}/n_{eff} 考虑了波导对模增益的影响[1.1402]。

2. 激光器结构

通过利用现代外延生长方法，就有可能很精确地实现半导体多层结构，从而利用介质波导获得稳定的横向单模工作模式[1.1403]。但在大多数应用领域中，激光器结构还需要有横向（与 p－n 结平行）图案，以实现横向载流子限制和光子限制，这对于获得具有高光谱纯度的、稳定高效的激光器工作模式以及良好的入纤耦合效率来说是很重要的。此外，对注入电流必须进行横向限制，以避免渗漏电流绕过激活区。光子、载流子和电流的限制已利用很多反映了装置具体目的的方法实施过。半导体激光器可根据横向波导机理分为增益导引或折射率导引，具体要视光增益的横向变化还是折射率限制了光模而定。折射率导引激光器可进一步细分为弱折射率导引和强折射率导引激光器，具体要视横向折射率步长的大小而定。在增益导引激光器结构（氧化物条形激光器，图 1.100，左图）中，电流通过在横向上尚未图案化的激活层中的一个条形触点（宽度 $w \approx 5\ \mu m$）被注入，光场主要由所形成的增益变化来导引。横向波导较弱，以至于很小的折射率变化（例如由于温度变化或载流子注入所致）都会导致激光器运行不稳定。在折射率导引激光器结构（隐埋式激光器结构，图 1.100，右图）中，激活层（$w \approx 2\ \mu m$）沿横向方向被嵌入到一种具有较低折射率（$n < n_{act}$）、较高带隙和较高电阻率的材料中，以实现稳定的横向波导、载流子限制和电流限制。图 1.100 中总结了折射率导引激光器结构和增益导引激光器结构的典型特征。增益导引激光器的功率－电流特性（P–I 曲线）以高阈值电流（一般为 50～100 mA）和源于不稳定横向波导的扭结为特征。由于自发辐射增强，因此光学光谱为多模光谱。在谐振器内，相前为曲面，远场显示了由横向非均匀增益分布造成的特性双波瓣。增益导引激光器的主要优势是制造简单，当条带宽度很大(50～100 μm)时，会得到“宽发射域激光器”，电流通过一个大触点沿横向方向均匀地注入该激光器。由于在宽发射域激光器中没有横向波导，因此阈值电流很高（通常为几安培），多模发射不能高效地耦合到光纤中。由于输出功率高，因此宽发射域激光器用于为固体激光器提供光泵浦。

折射率导引激光器具有稳定的横向单模发射和较低的阈值电流(一般为 10 mA)，其 P–I 曲线没有扭结。每个光模中的自发辐射都明显更小，因此光谱仅由几个主模组成。相前为平面状，远场的形状平滑，使得发射光能够高效地耦合到单模光纤中。

（1）弱折射率导引激光器结构。在弱折射率导引激光器中，活性纤芯周围层的厚度可变，因此得到一个有效的横向波导结构。横向单模发射可通过正确选择周围层的厚度和宽度来实现。横向折射率步长必须超过由载流子诱发的折射率缩减量（$\Delta n \approx 5\times10^{-3}$），以使折射率导引成为主要导引方式。弱折射率导引激光器结构可分为两类：脊形波导激光器和沟道衬底激光器。

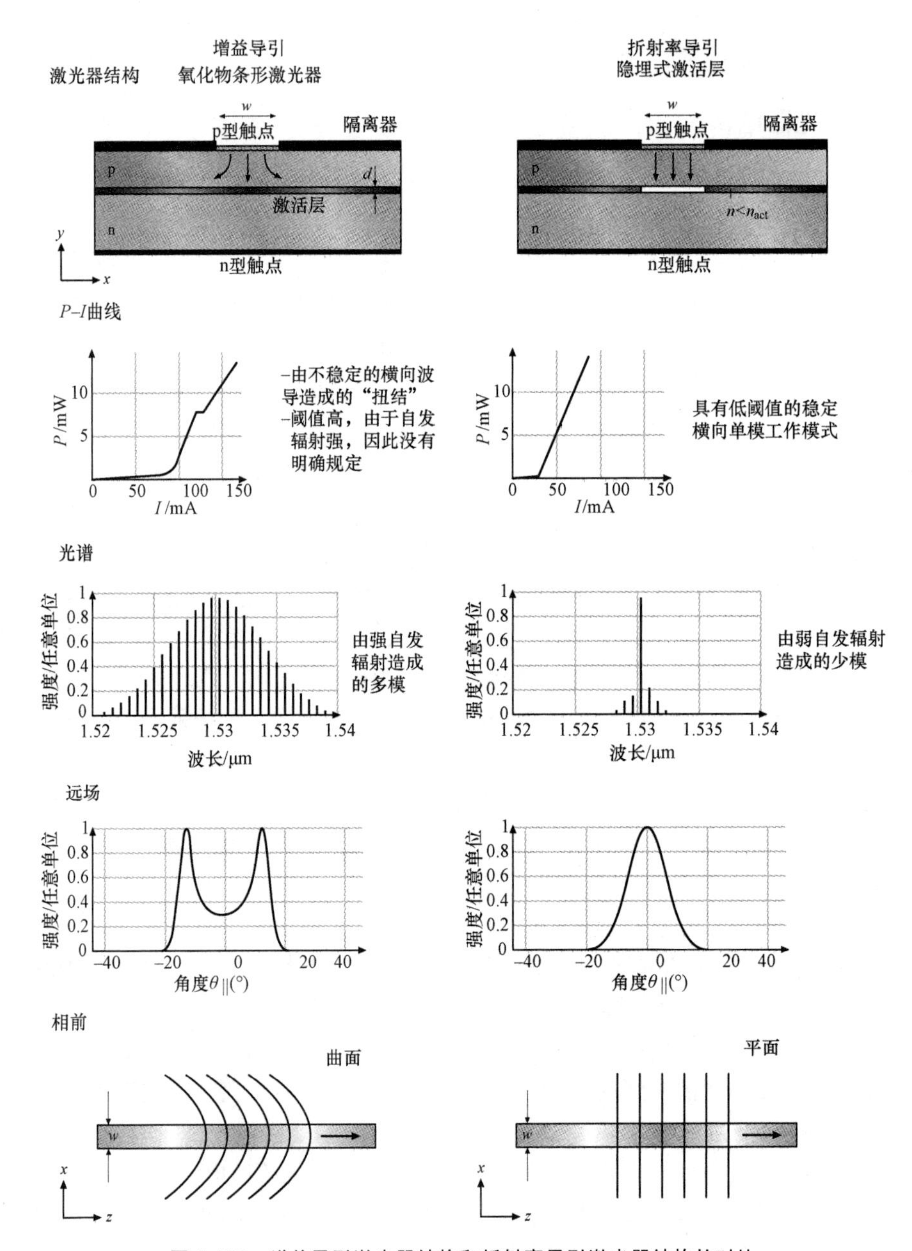

图 1.100　增益导引激光器结构和折射率导引激光器结构的对比

在脊形波导激光器中，脊形波导定义为将窄条带（3～5 μm）蚀刻到靠近激活层（典型距离为 200 nm）。因此，电流注入集中在脊下的激活层区内，这种电流限制还会得到其他隔离层的支持，例如 SiO_2 层（图 1.101）。横向波导是通过半导体材料的更高折射率（与周围的 SiO_2 和空气相比）来实现的。蚀刻深度必须小心控制（例如通过利用停蚀层），以便选出一个横模并使旁路电流降到最低。

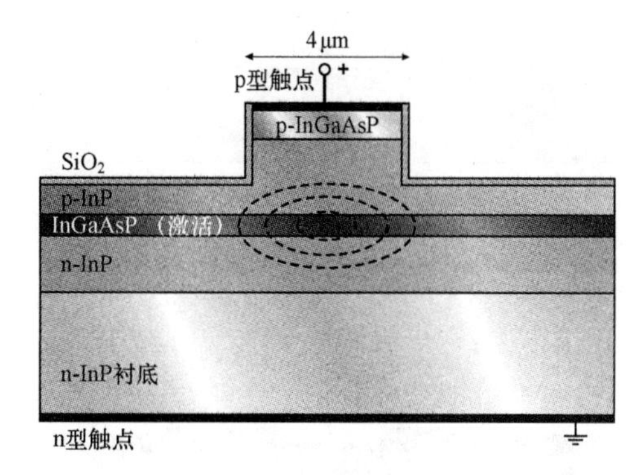

图 1.101　弱折射率导引激光器结构：脊形波导激光器

弱折射率导引激光器适于利用横向单模发射获得 20～40 mA 的低阈值电流和高输出功率。弱波导允许采用与隐埋式激光器结构相比更宽的激活层，这对串联电阻会产生积极的影响。脊形波导激光器中的低电流泄漏量通常会导致 $P\text{–}I$ 曲线呈现出良好的线性。这种激光器的发射比隐埋式激光器更复杂，因为折射率导引和增益导引都很重要，由温度或电流注入导致的、甚至很小的折射率变化都会影响激光器的性能。在加工过程中，弱折射率导引激光器的激活层不会受影响，因此激活层中的横向载流子扩散不能避免；但另一方面，未图案化的激活层对于确保激光装置的可靠性来说是有利的。由于只需要一个外延生长步骤，因此这些激光器的制造与隐埋式半导体激光器相比要容易得多。

（2）强折射率导引激光器结构。强折射率导引可通过隐埋式激光器结构实现，也就是把一小条具有高折射率的激活层材料嵌入具有较低折射率和较大带隙的半导体材料中。为达到此目的，激活层必须图案化，然后以外延方式重新生长。如果激活层的条带宽度不超过由高横模的截止所确定的临界值，那么这种激光器就可能实现横向单模运行[1.1404]。

图 1.102 给出了强折射率导引激光器结构的一些例子。InGaAsP/InP 采用的是 BH 结构［蚀刻台面隐埋异质结构激光器，图 1.102（a）］。但利用交替的掺 n 和掺 p 层来减小泄漏电流会导致激光器的寄生电容量大大增加，从而削弱激光装置的高频响应；或者，用于限制电流的电隔离区可利用半绝缘材料（例如掺 Fe 的 InP）或质子注入法来制造。伞状激光器［图 1.102（b）］的加工最初是蚀刻层状结构中 6 μm 宽的台面，让这个台面穿过在第一外延结构中生长的激活层[1.1405]。通过利用选择性的湿法化学蚀刻工艺，激活区的宽度可减小到 1～2 μm，以实现横向单模运行。然后，用外延方式重新填充所得到的凹陷区，例如利用气相处延（VPE）和半绝缘 InP[1.1406]。

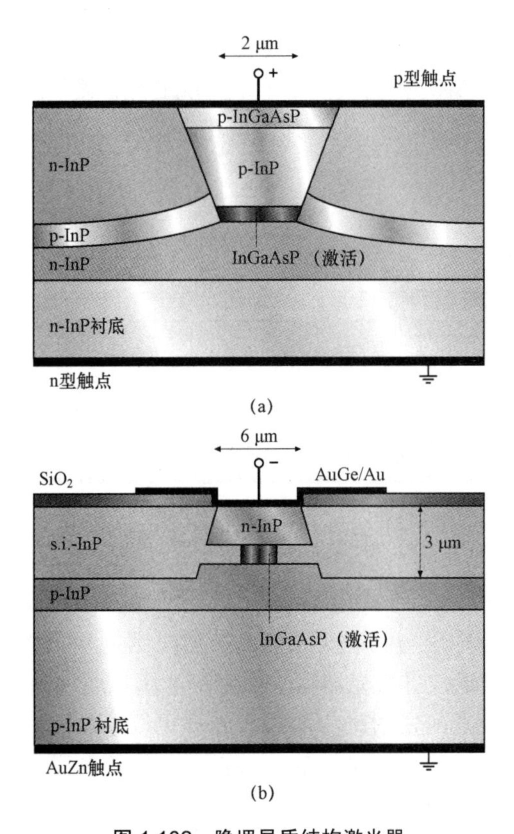

图 1.102　隐埋异质结构激光器

（a）蚀刻台面隐埋异质结构（EMBH）；（b）伞形激光器

除这个具有平面激活层并可用于与 DFB 光栅集成的强折射率导引激光器结构之外，还存在着采用了非平面激活层（基于 V 形沟或台面的再生长）的隐埋激光器结构。

通过利用强折射率导引结构，可以实现很稳定的横向单模激光器运行以及极低的阈值电流（$<$10 mA）、极好的高速特性，因为这种激光器将稳定的波导、载流子限制和电流限制结合了起来。但由于增加了外延步骤，这些装置的制造过程很复杂。

3. 边缘发射法布里–珀罗激光二极管

在法布里–珀罗（FP）激光器中，半导体固体晶体的解理面构成了光学谐振器，通过为被激发的放大辐射提供光反馈来实现激光器运行。这个谐振器会根据方向和波长选择由受激辐射生成的光子。如果波长与谐振器的纵模匹配，那么垂直于晶面传播的光波会被放大（式（1.91），图 1.91，96，98，103（a））。如果在一个腔内往返行程中获得的增益等于由吸收、散射和晶面光输出造成的损耗，则激光发射过程会启动。

（1）激光条件。谐振腔的长度 L 一般为几百微米。端面的光强反射系数和透射系数可利用菲涅耳方程估算，但忽略波导的横向和侧向结构，并假设空气（n=1）在谐振腔外：

$$R=\frac{(n_{\text{eff}}-1)^2}{(n_{\text{eff}}+1)^2},\quad T=\frac{4n_{\text{eff}}}{(n_{\text{eff}}+1)^2} \tag{1.96}$$

其中，n_{eff} 是所研究的波导模的有效折射率。

在这个一维模型中，具有电场振幅 E（z）的平面波沿 FP 谐振器的纵向（z）传播，由于受激辐射的原因获得了模强度增益 g。激光器工作阈值由往返条件决定，即在静止状态下，光波在经过一个完整的腔内往返行程之后仍保持不变。根据这个往返条件，可求出 FP 谐振器的镜面损耗：

$$g=\alpha_{\text{m}}=\frac{1}{2L}\ln(R_1R_2) \tag{1.97}$$

其中，R_1 和 R_2 表示端面的光强反射系数。由于谐振腔的净增益 g 由半导体的材料增益 g_{eff} 和波导损耗 α_{s} 组成，因此激光条件可写成

$$g_{\text{thr}}=\frac{n_{\text{act}}}{n_{\text{eff}}}\varGamma_{\text{act}}g_{\text{act}}(N_{\text{thr}})=\alpha_{\text{s}}+\alpha_{\text{m}} \tag{1.98}$$

条件是自发辐射对增益的贡献可忽略不计。N_{thr} 表示载流子密度阈值。波导的光损耗由体积状介质内部或界面上的缺陷发生光学散射，以及由激活层和包层中的自由载流子吸收造成。

有源 FP 谐振器内光子密度 s（z）的纵向分布就是以指数级增长（由于增益 g 的原因）的正向和反向传播光子密度之和。对于对称谐振器（R=R_1=R_2），总光子密度 s（z）是一个双曲函数 [图 1.103（a）]，在谐振器中间取最小值。对于具有解理面（R=0.28）的激光二极管，强度分布相对较平，而对于抗反射镀膜面，会形成很不均匀的光子分布。

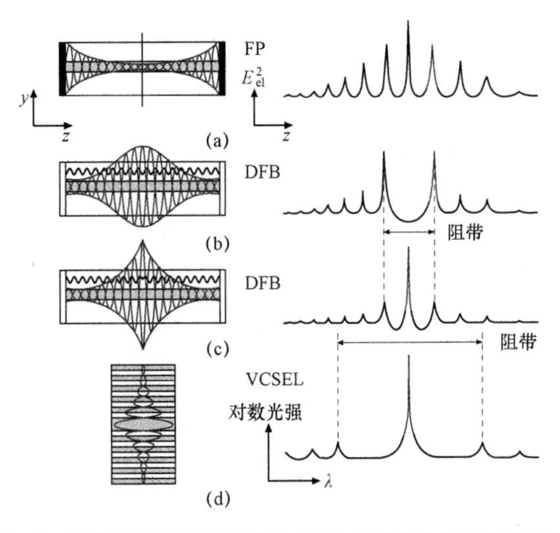

图 1.103　各种二极管激光器的结构截面（左）示意图和相应的发射光谱（右）

往返条件还决定着 FP 谐振器的纵模的光频，即 $\nu_q=qc/(2Ln_{\text{eff}})$，其中 $q=1$，2，3，…，c 表示光在真空中的速度。相邻模的频率间隔 $\Delta\nu$ 会受到波导色散的影响，并通过群折射率 n_{g} 来考虑：

$$\Delta\nu=\frac{c}{2Ln_{\text{g}}} \tag{1.99}$$

其中，

$$n_{\text{g}}=n_{\text{eff}}+\nu\frac{\text{d}n_{\text{eff}}}{\text{d}\nu} \tag{1.100}$$

对于典型的 FP 激光二极管，群折射率为 $n_{\text{g}}=3.5$～5，比有效折射率 $n_{\text{eff}}=3$～3.5 高。对于 300 μm 长的谐振腔来说，等距波模频率的间隔大约为 150 GHz，与半导体增益曲线的宽度（≈5 THz）相比较小。因此，对于 FP 激光二极管来说，纵向多模工作模式预计会高于阈值。

对于很多应用领域来说，单模发射度很重要，这个参数可通过边模抑制比（SMSR）来量化：

$$\text{SMSR}=10\lg(P_1/P_2) \tag{1.101}$$

其中，P_1 和 $P_2\leqslant P_1$ 表示光谱中两个最强光模的输出功率。典型的 FP 激光二极管能达到大约 20 dB 的最大 SMSR。

（2）速率方程。半导体激光二极管的基本静态和动态性能可利用一组速率方程[1.1407]来建模，这些方程描述了在激活层中电子–空穴对和光子之间的相互作用。科研人员研究了一种强折射率导引双异质结构，这种结构支持以平面波形式沿轴向在谐振腔内传播的单个光模。电流 I 被假定为均匀地注入体积为 V 的激活层中，并在那里复合，而泄漏电流完全忽略不计。激活层内的载流子密度被视为在横向和侧向上均匀分布，因为光子密度在横向和侧向上的不均匀性较低，而在载流子密度中形成的梯度也能通过扩散来消除。在镜面反射率足够高的 FP 激光器中，光子密度 s 和载流子密度 N 的轴向变化可忽略不计，因此速率方程可写成

$$\frac{\text{d}N}{\text{d}t}=\frac{I}{eV}-\frac{N}{\tau_{\text{nr}}}-BN^2-CN^3-v_{\text{g}}\frac{n_{\text{act}}}{n_{\text{eff}}}g_{\text{act}}(N,s)s+\frac{F_N(t)}{V} \tag{1.102}$$

$$\frac{\text{d}s}{\text{d}t}=v_{\text{g}}\left[\Gamma_{\text{act}}\frac{n_{\text{act}}}{n_{\text{eff}}}g_{\text{act}}(N,s)-g_{\text{thr}}\right]s+\frac{\Gamma_{\text{act}}[R_{\text{sp}}+F_s(t)]}{V} \tag{1.103}$$

$$\frac{\text{d}\Phi}{\text{d}t}=\frac{1}{2}\alpha_{\text{H}}v_{\text{g}}\Gamma_{\text{act}}\frac{n_{\text{act}}}{n_{\text{eff}}}g_{\text{act}}(N,s)+F_{\Phi}(t) \tag{1.104}$$

其中，e 是元电荷；$1/\tau_{\text{nr}}$、B 和 C 分别是用于描述非辐射复合、双分子复合和俄歇复合的参数；$v_{\text{g}}=c/n_{\text{g}}$ 是波导的群速。激活层的材料增益为 g_{act}，$F_s(t)$、$F_N(t)$和 $F_{\Phi}(t)$代表郎之万噪声源，并考虑了自发辐射的统计性质以及载流子复合与生成过程的散粒噪声特性。导致载流子密度和光子密度波动的郎之万力相互关联，其平均值

为 0[1.1407]，Γ_{act} 是激活层的光学限制因子，Φ 是复电场 E 的相位，通过下式与光子数量 $S=sV/\Gamma_{\mathrm{act}}$ 联系起来：

$$E(t)=\sqrt{S(t)}\exp[\mathrm{i}\Phi(t)] \tag{1.105}$$

R_{sp} 是发射到激光模中的自发辐射时均速率。

由于复电场 E（z，t）的轴向相关性，纵向过剩因子 K_z 能增强自发辐射噪声：

$$K_z(t)=\frac{\left|\int_0^L \left|E(z,t)^2\,\mathrm{d}z^2\right.\right.}{\left|\int_0^L E^2(z,t)\mathrm{d}z\right|^2} \tag{1.106}$$

就横向单模折射率导引 FP 激光器而言，因子 K_z 由下式求出[1.1408]：

$$K_z^{\mathrm{FP}}=\left(\frac{(\sqrt{R_1}+\sqrt{R_2})(1-\sqrt{R_1R_2})}{\sqrt{R_1R_2}\ln(1/R_1R_2)}\right)^2 \tag{1.107}$$

第一个速率方程（1.102）可由量子力学密度矩阵形式体系正式推导出来。这个方程可解释为一系列平衡载流子以电流 I 形式被注入，导致受激辐射或通过不同的复合过程损失在激光发射过程中。第二和第三个方程［方程（1.103），（1.104）］可利用旋转波近似法和缓变振幅近似法由麦克斯韦方程推导出来。

对于具有体积激活层的半导体激光器来说，增益 g_{act}（N）与载流子密度之间的相关性可近似地视为线性关系[1.1409]：

$$g_{\mathrm{act}}(N)=\frac{\mathrm{d}g}{\mathrm{d}N}(N-N_{\mathrm{tr}}) \tag{1.108}$$

其中，$\mathrm{d}g/\mathrm{d}N$ 是微分增益；N_{tr} 是透明载流子密度。在量子阱结构中（图 1.92，图 1.93），这种相关性通常用一个对数函数来描述[1.1410,1411]：

$$g_{\mathrm{act}}(N)=\frac{\mathrm{d}g}{\mathrm{d}N}N\ln\frac{N}{N_{\mathrm{tr}}}\quad,\quad g_{\mathrm{act}}\geqslant 0 \tag{1.109}$$

通过引入非线性增益系数 ε，可将光子密度对增益的影响考虑进来：

$$g_{\mathrm{act}}(N,s)=\frac{g_{\mathrm{act}}(N)}{1+\varepsilon s} \tag{1.110}$$

非线性增益压缩是由光谱烧孔和载流子加热造成的。如果受激辐射的时间常数变得与带内弛豫时间相当，非线性增益压缩会很显著。

（3）折射率变化。在半导体中，因为存在各种物理机制，折射率的实部取决于载流子密度。随着注入量增加，由于带填充效应，带间吸收会减少。此外，由于带隙减小（由多体效应导致的带隙再归一化），带间吸收会增加，而所吸收的自由载流子增加也会导致带间吸收增加。所得到的折射率实部总变化量通过 Kramers–Kronig 关系式与增益谱关联起来，并取决于与增益最大值相对应的波长。当波长为 1.5 μm 时，InGaAsP 的折射率随着载流子注入量的减少而减小。在理论上，折射率与载流子密度的关系可利用有效线宽增强因子或亨利因子 α 来描述：

$$\alpha = \frac{\partial n_{\text{eff}}}{\partial \gamma_{\text{eff}}} \tag{1.111}$$

其中，有效复折射率由 $n_{\text{eff}}-\mathrm{i}\gamma_{\text{eff}}$ 定义。有效折射率随载流子密度的变化可写成

$$\delta n_{\text{eff}} \cong \Gamma_{\text{act}} \frac{n_{\text{act}}}{n_{\text{eff}}} \delta n_{\text{act}} = -\Gamma_{\text{act}} \frac{n_{\text{act}}}{n_{\text{eff}}} \frac{\alpha\lambda}{4\pi} \frac{\partial g_{\text{act}}(N)}{\partial N} \delta N \tag{1.112}$$

线宽增强因子对于处理调制中的线宽和频率啁啾来说很重要[1.1408]，这个因子的范围通常为 3～5，从增益曲线的长波长侧减小到短波长侧[1.1409]。

（4）稳态特性。单模速率方程可用于分析半导体激光器的稳态特性。通过在式（1.102）中将时间导数设置为 0，可以得到了在连续波（CW）工作模式下光子数量 S 的隐式：

$$S = \frac{R_{\text{sp}}}{v_{\text{g}}[g_{\text{thr}} - \Gamma_{\text{act}} g_{\text{act}}(N,s)]} \tag{1.113}$$

随着增益值渐近地接近增益损耗值 g_{thr}，光子数量会增加。这个小增益差值通过自发辐射来补偿，自发辐射能提供被受激辐射放大的噪声输入。在低于阈值电流时，光子密度较小。式（1.101）根据 $N \propto I/eV$，给出了载流子密度的线性增加函数。在高于阈值电流时，增益被大致箝在 $g(N_{\text{thr}})=g_{\text{thr}}$ 处，相应的阈值电流（在自发辐射消失（$R_{\text{sp}}=0$）的极限情况下确定）变成

$$I_{\text{thr}} = eV\left(\frac{N_{\text{thr}}}{\tau_{\text{nr}}} + BN_{\text{thr}}^2 + CN_{\text{ttr}}^3\right) \tag{1.114}$$

通过利用（1.101），高于阈值电流时的光子数量可以写成 $S=(I-I_{\text{thr}})/ev_{\text{g}}g_{\text{thr}}$。由于载流子密度被箝在阈值处，因此所有超过阈值电流的、被注入的载流子都对受激辐射有贡献，光子数量会随着（$I-I_{\text{thr}}$）成比例地增加。由这两个晶面发射的总输出功率 $P=v_{\text{g}}\hbar\omega\alpha_{\text{m}}S$ 变成

$$P = \frac{\hbar\omega}{e}\eta_i \frac{\alpha_{\text{m}}}{g_{\text{thr}}}(I - I_{\text{thr}}) \tag{1.115}$$

其中，假设只有一部分（η_i）外部驱动电流会到达激活区，剩余的那部分（$1-\eta_i$）电流则会通过泄漏电流或非辐射复合而损失。因此，在高于阈值电流时，半导体激光二极管的 $P-I$ 曲线是一条直线（图 1.104），其斜率由外量子效率 η_{ext} 决定：

$$\eta_{\text{ext}} = \frac{\mathrm{d}P}{\mathrm{d}I}\frac{e}{\hbar\omega} = \eta_i \frac{\alpha_{\text{m}}}{g_{\text{thr}}} \tag{1.116}$$

η_{ext} 可理解为每次所发射的光子数量与被注入的电子数量之比。从低于阈值电流时的自发辐射跃迁到高于阈值电流时的受激辐射——这个过程中的跃迁锐度取决于进入激光模的自发辐射量。目前被忽略的渗漏电流、热效应和光谱烧孔会导致 $P-I$ 曲线弯曲。

（5）特性温度。半导体激光器的阈值电流取决于温度 T，从现象学角度可描述为

$$I_{\text{thr}}(T)=I_0\exp\frac{T}{T_0} \tag{1.117}$$

其中，T_0 是特性温度，也是用于描述装置电阻对温度变化耐受性的一个质量参数。对于在大约 1 550 nm 波长下发光的半导体激光器来说，温度范围一般在 40～90 K。

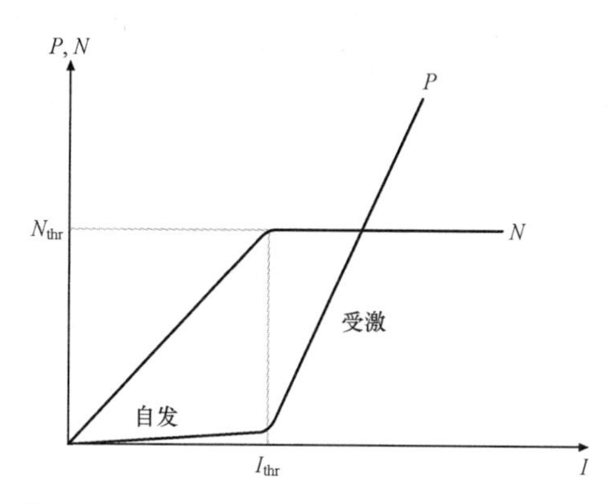

图 1.104　输出功率（P）和载流子密度（N）与注入电流之间的相关性

4. 单模激光器结构

所采用的发光器（例如在光纤通信系统中）应当主要以单纵模形式发光，因为旁模的出现限制了光传播能力，原因是光纤色散会造成脉冲展宽。装有 FP 谐振器的半导体激光器通常表现出多模工作模式，因为其增益光谱比纵模间距宽，还因为增益轮廓曲线展宽（由于光谱烧孔的原因分布得不是十分均匀）提供了几个其增益足以导致振荡的光模。用于在高比特率调制下实现可靠纵模控制的方法可分为两大类：

（1）短激光器。在 FP 谐振器中对旁模的抑制作用可通过减小谐振腔长度 L 来增强。如果模间距 $\Delta\nu\propto L^{-1}$ 变得与增益曲线的宽度差不多，那么将只有一个模在增益峰值附近振荡。但为了获得稳定的单模工作模式，激光器必须极其短。这就要求晶体端面具有很好的反射率，以克服较大的镜面损耗 $\alpha_{\text{m}}\propto L^{-1}$，得到较高的阈值电流密度。短半导体器件的制作问题可利用垂直腔面发射激光器（VCSEL）结构（图 1.98）来解决。

（2）频率选择性反馈。用于获得单模工作模式的第二种方法是将一个频率选择性元件并入谐振器结构中，可利用几个耦合腔和一个外部光栅或布拉格光栅来实现：

① 耦合腔。如果将一个或多个辅助反射镜装入 FP 谐振器中，则由每个界面处的反射造成的附加边界条件会严重限制纵模的数量。但要实现单模运行，通常必须通过改变驱动电流或温度来进行谐振器调谐。单模结构通常较小，因此这些结构只能在有限的电流范围内调谐，而无须跳模。此外，复制性制造几乎完全相同的装置也很难，因为光谱特性在很大程度上取决于截面的准确长度。

② 外部光栅。频率选择还可以通过谐振器外的一个外部光栅来实现。但这些激光器的机械稳定性是一个关键点，因为外部光栅不是集成在晶片上的。因此，具有

外部光栅的激光器是昂贵的装置［图 1.113（a）］。

③ 布拉格光栅。最经常用于实现单模发射的方法是引入一个布拉格光栅，以促成复折射率的周期性变化，使反馈在整个腔内分布。如果振荡模的阈值增益比其他模的阈值增益明显更小，则可实现动态单模运行。采用了布拉格光栅的装置可大致分为三类：分布布拉格反射镜（DBR）、分布反馈（DFB）（图 1.98，103，105，1.3.2 节中的“法布里–珀罗结构”一节，以及 1.3.6 节）和增益耦合（GC）激光器。

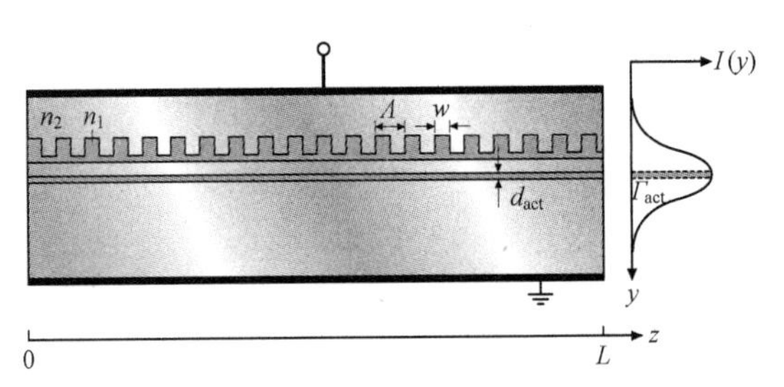

图 1.105 具有集成矩形布拉格光栅（占空比：w/Λ）的 DFB 激光器结构图，包括相应的横向光强分布 $I(y)$

在 DBR 激光器中，布拉格光栅被蚀刻到谐振腔两端附近的无源区。折射率光栅（折射率实部的变化）起着有效反射镜的作用，其反射率与波长有关，此光栅包围着谐振腔的活性无波纹中心部分，可以选择波长位于光栅反射率最大值附近的纵模。由于 DBR 激光器是将反射镜用无源光栅替代后形成的，因此其特性可以用有效反射镜模型来描述。活性截面和无源光栅之间的跃迁通常使面内 DBR 激光器的技术实现变得很复杂。DBR 激光器的一个重要优势是：如果光栅区装有单独的电极，能够通过由载流子诱发的折射率变化来调节布拉格频率，那么波长就能改变。因此，DBR 光栅常常用于可调谐激光器中。

在 DFB 激光器中，折射率光栅覆盖了整个谐振腔长度。在与光栅波纹周期相一致的波长下，由布拉格散射造成的正向行波和反向行波被限制在谐振腔的中心部分，因此镜面损耗随波长而变。对这种激光器，可以选择最低镜面损耗与腔内光子的最有效浓度相一致的纵模。

在增益耦合装置中，增益或损耗的周期性变化用于支持 FP 谐振器的纵模。在理想的情况下，在增益光栅处没有布拉格散射，纵向光子分布和镜面损耗与 FP 腔相比保持不变。但纵模与损耗或增益光栅之间的重叠度随 FP 谐振器纵模的不同而不同。对这种装置，选择与增益光栅之间重叠度最大（或与损耗光栅之间重叠度最小）的纵模。

① DFB 激光器。DFB 激光器的光谱特性[1.1412]主要由集成布拉格光栅决定，这种周期性结构中的波导可利用耦合模理论来分析[1.1413]。耦合模理论可得到近似解析解，用于描述在复折射率呈周期性变化的波导中光的传播情况——利用通过散射来交换能量的对向传播模。在光栅结构中相互作用的强度和反馈量由复耦合系数决定：

$$\kappa = \pi\Delta n / \lambda_0 + \mathrm{i}\Delta g / 4 \tag{1.118}$$

这个系数与折射率步长的变化量 Δn、增益变化量 Δg 和光栅中波纹数量/长度成比例。布拉格波长λ_B由有效折射率、波纹周期 Λ 和光栅阶次 m_{DFB} 决定，见式（1.92）。对于长度为 L、轴向均匀且在晶面上有完美抗反射膜（$R_1=R_2=0$）的一阶光栅（$m_{DFB}=1$）来说，这个理论可得到下列解：

- 在纯折射率耦合（$\Delta n_{eff}\neq 0$，$\Delta g=0$）的情况下，透射谱相对于布拉格波长 $\lambda_B=2n_{eff}\Lambda$ 对称，其中振荡被禁阻。当耦合系数较小时，模间距大致为 FP 谐振器的模间距值 $\Delta\lambda=\lambda^2/2n_{eff}\,L$，但与 FP 腔大不相同的是，此时模的阈值增益与波长相关，而且会随着到布拉格波长的距离增大而增大。强耦合会产生一个透射阻带，带宽为 $\Delta\lambda\approx\kappa\lambda_B^2/(\pi n_{eff})$，以布拉格波长为中心。在这个阻带中，透射受到强阻尼。具有最低阈值增益 $g\approx2\pi^2/(\kappa^2L^3)$的两个模位于阻带边缘，并相对于布拉格波长对称。
- 在纯增益耦合（$\Delta g\neq 0$，$\Delta n_{eff}=0$）的情况下，波模简并度被取消。这意味着，具有最低阈值增益的波模在布拉格波长处振荡，周围对称地环绕着具有更高阈值增益的其他波模。此时，模间距为 $\Delta\lambda=\lambda^2/2n_{eff}\,L$，没有阻带出现，因为在光栅内的折射率步长处没有后向散射。之所以要进行模选择，是因为在 FP 谐振器中驻波与增益光栅之间的重叠度不同。

在二阶光栅（$m_{DFB}=2$）中，横向方向上会出现附加散射，导致损耗更高。此外，二阶光栅的耦合系数对光栅的具体形状更敏感，因此更难以控制，这就是一阶光栅虽然波纹周期更小（当$\lambda=1.55\ \mu m$ 时，$\Lambda\approx240\ nm$）但却成为首选光栅的原因。由于二阶光栅的散射方向垂直于光轴（图 1.98），因此二阶光栅可用于从边缘发射激光二极管中垂直发光[1.1414,1415]。

② 折射率耦合 DFB 激光器的基本性质。折射率耦合 DFB 激光器的光谱主要由阻带边缘的两个简并激光模组成［图 1.103（b）］。要消除折射率耦合 DFB 激光器结构的这种波模简并度，通常需要在光栅中引入$\lambda/4$ 相移，这在技术上可通过在光栅中间插入一个长度为$\lambda_0/(4n_{eff})=\Lambda/2$ 的光栅段实现。$\lambda/4$ 相移的引入使得位于阻带中间的布拉格模被选中，由此得到最低的镜面损耗，从而可以实现单模运行且 SMSR＞40 dB［图 1.103（c）］。

谐振腔内光强度的轴向分布与通过往返条件形成的镜面损耗 α_m 有关，因此，在 DFB 光栅中纵模镜面损耗减少相当于增加了纵向光学限制，意味着光子集中在谐振腔内，只有一小部分光强度会通过晶体端面离开谐振器。图 1.103 显示了有/无$\lambda/4$ 相移的 DFB 激光器的典型纵向光子分布，在谐振器中间可以看到一个很明显的最大值——甚至在耦合系数中等时也如此。由于 DFB 激光器中光子密度分布的这种高度不均匀性，当高于阈值电流时由受激辐射促成的复合会导致载流子密度分布不均匀。随着注入过程的继续，在光子密度较高的地方会出现载流子密度耗竭。这个现象叫做“纵向空间烧孔”（LSHB），在高于阈值电流时会对 DFB 激光器的静态和动态特性带来严重的后果。首先，波模识别会受到影响，因为载流子密度分布的变化会改变具有不同光子密度分布的各种波模的往返增益，因此，由于 LSHB 的原因，随着输出功率增加，旁模抑制会减弱；其次，模波长会改变——甚至在高于阈值电流时也会如此，因为由 LSHB 造成的载流子密度不均匀性会导致有效折射率的轴向分布不均匀。这种效应已在几种可调谐 DFB 激光器中应用。

具有更复杂光栅结构的各种 DFB 激光器已被开发出来，以使单模装置获得较高的光输出、均匀的轴向光子分布以及更少的 LSHB。这方面的一些例子如下：

- $2\times\lambda/8$ 相移。但相移之间的距离必须优化，以获得较高的光输出[1.1416]。
- 波峰间距调制（CPM）。DFB 光栅分为三个部分。中间段的波纹周期比外段的稍高，因此相移在整个谐振腔内以准连续方式分布[1.1417]。
- 通过利用全息双重曝光方法，使占空比发生轴向变化[1.1418]。
- 通过改变蚀刻深度[1.1419]或抽样的光栅[1.1420]，使耦合系数发生轴向变化。
- 在均匀光栅场上叠加的弯曲波导可用于获得具有高空间分辨率的准连续性任意啁啾光栅[1.1421]。
- 利用三电极结构进行轴向非均匀注入。如果在光子密度峰值附近的中间段中注入的电流密度更高，则空间烧孔可得到补偿，从而减小由外段中的低电流造成的旁模增益[1.1422]。

在 DFB 激光器的解理过程中，光栅和晶体端面之间的相位关系难以控制，因为一阶光栅（λ=1.55 μm）的波纹周期一般为 240 nm。实验与理论研究表明，解理 DFB 激光器的所有静态和动态光学性质都会因光栅和晶面之间的这种相位关系而大受影响。各种纵模的镜面损耗、模式识别、强度分布、光谱、动态性能和噪声特性会随着端晶面相位的变化而大幅波动[1.1423]。由于这些端晶面相位在解理过程之后随机分布，因此优质 DFB 装置的光输出受到限制。端晶面相位不确定问题可通过采用合适的防反射敷层来减少。

③ 增益耦合激光器。在增益耦合激光器结构中，FP 谐振器的纵模是通过轴向增益光栅或损耗光栅来选择的。与折射率耦合 DFB 激光器大不相同的是，这种激光器的增益光栅中几乎没有反射光波。因此，各种光模的纵向强度分布和光谱位置等于 FP 谐振器的纵向强度分布和光谱位置，模选择是由纵模和增益光栅之间的不同重叠度造成的，纵向场分布与增益光栅之间的重叠度最大或与损耗光栅之间的重叠度最小的模会被选中。

增益耦合可用不同的方法来实现：

- 光栅结构可直接蚀刻到激活层中，随后在对于激光发射来说透明的半导体材料[1.1424]中重新生长［图 1.106（b）］。由于激活层和再生材料之间的折射率差异大，因此在这个光栅结构中得到的增益耦合还伴有较强的折射率耦合。根据折射率光栅和增益光栅之间的相位差，可以将同相光栅和反相光栅区分开来。
- 在激活层上方的阻流 p－n－p 层状结构被挤成波纹形并重新生长，因此可以周期性改变被注入激活层中的电流密度[1.1425]。在这类增益光栅中，寄生折射率耦合可控制在很小的程度。但由于存在 Kramers–Kronig 关系，增益光栅不可避免地伴有折射率光栅。

如果光栅被蚀刻到一个与激活层分离并正在吸收发射光的附加层中，则可获得损耗耦合［图 1.106（c）］。对于从激活层中发射的激光来说，这个光栅起着周期性可饱和吸收器的作用[1.1426]。与折射率耦合［图 1.106（a）］相反，在增益耦合中，光栅的带隙 E_g 小于激活层的带隙 $E_{g,act}$。通常情况下，吸收光栅层的折射率不同于再生材料的折射率，因此会出现相当强的折射率耦合；或者，损耗光栅可集成到装置表面的金属镀层中，因此不需要外延再生[1.1427]。

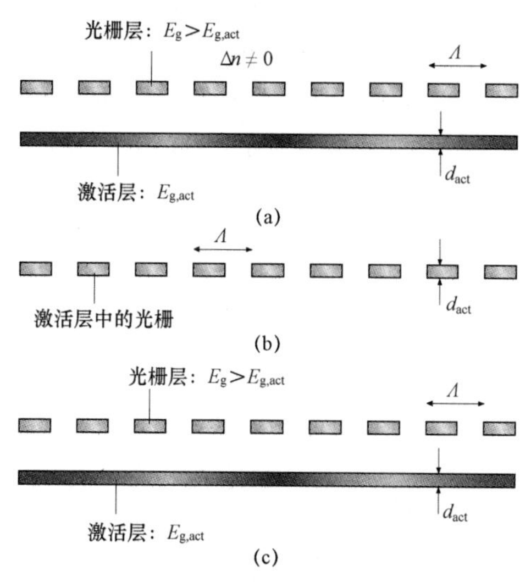

图 1.106　各种类型的布拉格光栅

（a）折射率耦合；（b）增益耦合；（c）损耗耦合

与折射率耦合 DFB 激光器相比，增益耦合和损耗耦合半导体激光器的特性明显不同：

- 与折射率耦合装置相反，在理想的增益光栅内几乎没有光波反射。因此，避免了在光栅内部和晶面上的反射波干涉，使端晶面相位的影响与折射率耦合 DFB 激光器相比大大降低。因此，可以得到较高的单模光输出，而不必在端晶面上采用防反射敷层。
- 在寄生折射率耦合较小的情况下，纵向光子分布与 FP 谐振器中的相似。因此，DFB 激光器的高度不均匀光子分布以及所产生的纵向空间烧孔问题在增益耦合装置中没那么严重。

5. 具有高调制带宽的激光器的基本原理

对于高比特率光纤数据传输（1.26～1.68 μm）来说，数据以超快速度从电子比特序列转换到合适的光学比特模式中是通过半导体激光器发生的。实现途径有两种：

一是将一个连续波激光器与其后的超快光学调制器相结合；二是直接调制激光器（强度调制或频率调制）。本节描述了激光器的强度调制，作为最简单的例子。激光器将以超短电流脉冲序列形式出现的比特模式转换为合适的超短光脉冲序列，然后光脉冲序列通过光纤传播到接收器；光电探测器再把光脉冲重新转换为电子比特序列。从双语字典中可以看到，激光器以超快速度将电子脉冲序列转换为光脉冲序列，而光电探测器以超快速度将光脉冲序列转换为电子脉冲序列。

为达到此目的，通过半导体激光器中的 n 型触点被注入的电子必须尽快到达导带量子阱的最深层束缚能态，而通过 p 型触点被注入的空穴必须尽快进入价带量子阱的基态（图 1.107），这要涉及几个延迟的物理传输与弛豫过程，但这些过程的总时延效应可减到最小[1.1428,1429]。由于在始于触点的长传导路径中掺杂度很高，因此在那里会出现很短的介电弛豫时间。这可利用一根装满乒乓球（在整个传导路径长度上的高掺杂度）的管子来直观地描述，在管子一端被注入的一个球会导致另一个球从管子的另一端被射出。通过用这样的方式，电流脉冲会被转移到管子的另一端，在重掺杂半导体中几乎无时延。

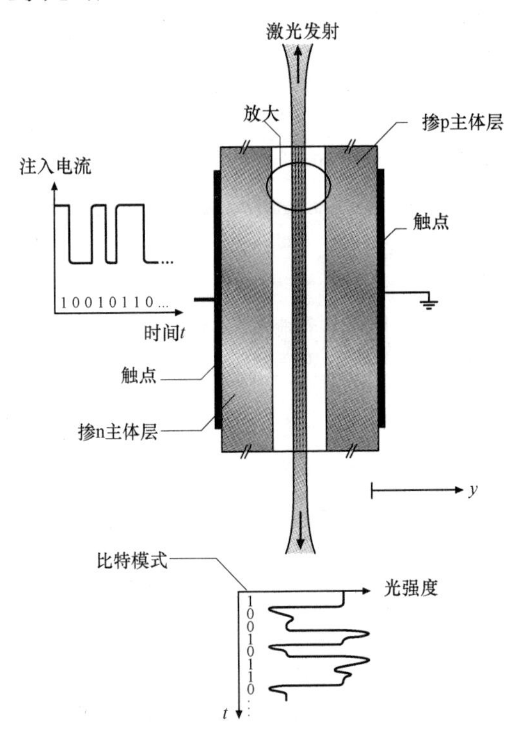

图 1.107　半导体激光器的直接调制示意图：将电子比特模式（左）通过量子阱（中）中的相应时间载流子分布转换为光学比特模式（下）。关于放大图，见图 1.109

为了通过再吸收降低光损耗，限制层应当无掺杂或仅为弱掺杂，延迟效应是由电荷–载流子输送造成的［图 1.108 中的（1）］。在上述的球–管子类比法中，空管子（无掺杂）中的球必须通过整个管长度（限制层的长度），才能最终从管子的另一端退出。

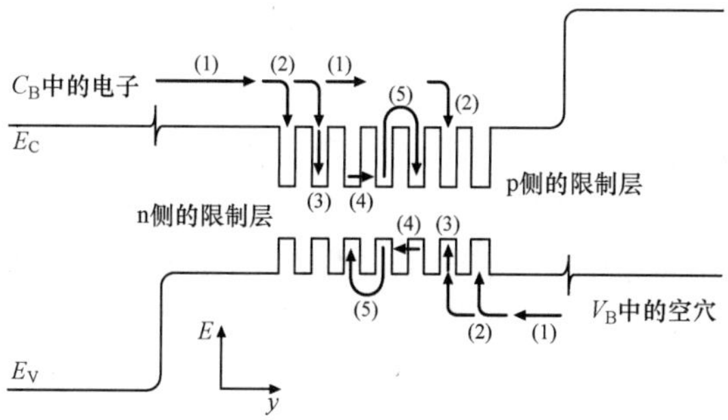

图 1.108 在非对称激光器结构的空间能带结构中靠近激活区（在这里有 7 个量子阱）的电荷载流子动力学示意图（根据文献 [1.1428]）（图 1.107 中椭圆区的放大图）

其他延迟效应则源于电荷载流子俘获（2）、相应量子阱基态中的弛豫（3）、单个阱之间的电荷载流子不均匀性调节以及隧道效应（4）和热再发射（5）。由于电子的迁移率基本上比空穴的迁移率高，因此在非对称激光器结构[1.1428]中，p 侧的限制层厚度会减小，以有利于 n 侧。这有利于移动能力较弱的空穴实现转移。此外，这种非对称激光器结构设计还考虑了不同的俘获概率：将空穴俘获到量子阱中要比俘获电子高效得多。因此，采用更小的 p 侧限制层（储存未俘获的电子，导致比特干涉）是有益的。在如今的最快激光二极管（最大的调制带宽）中，可以获得高达 40 GHz 的 3 dB 调制频率。

6. 可调谐激光器

边缘发射 DFB 半导体激光器的波长调谐可由式（1.92）获得，在最简单的情况下可通过不同组成部分中的注入电流来改变有效折射率——用热方法或等离子体效应（载流子密度变化）。在这些案例中，注入电流上升会导致：① 通过热效应使发射波长增加（红移）；② 通过等离子体效应发生蓝移。

因为在所有分段中都存在增益、调谐和 DFB 光栅 [图 1.109（a）]，在多段 DFB 激光器中发现这两种效应叠加了[1.1430]。为了增加总调谐范围，必须将增益和调谐分开[1.1431,1432]。在三段式 DBR 激光器 [图 1.109（b）] 中，这是利用一个增益段（右，激活区用黑色表示）、一个光栅段（左）和一个相位段（中）沿纵向实现的[1.1433]。相位段只包括中间灰色区域波导层，用于在一个腔内往返行程之后与驻波的相位相匹配。增益通过右上触点和下触点之间的电流来控制；与此相反，在可调谐双波导（TTG）激光器中采用了垂直隔距[1.1431,1432,1434] [图 1.109（c）]，从左侧触点流到上触点的电流只控制棕色波导层里的载流子密度，增益通过左侧触点和下触点之间的电流控制。在三段式 DBR 和 TTG 激光器中，如果只采用正向偏压，则调谐将基于等离子体效应。

另一个很重要的调谐原理是基于两个模间距稍有不同的模梳。与基于两种刻度的游标尺相似的是[1.1431,1432]，模梳的少量去谐能处理好光谱中相距较大的单个模：只有那些恰好同时出现在这两个模梳中的模才会振荡，因为只有这种情形能提供足够的反射率，从而提供足够的净增益。这个原理已应用于 C³ 激光器、Y 激光器、马赫-曾德尔干涉仪激光器、超结构光栅（SSG）DBR 激光器和取样光栅（SG）激光器。在 Y 激光器［图 1.110（a）］和 C³ 激光器（两个长度稍有不同的耦合 FP 激光器，未显示）中采用了两个长度不同的 FP 腔，因此有两个 FP 模梳。在 SSG 激光器[1.1435]和 SG DBR 激光器[1.1436]［图 1.109（e）］中，两个超结构模梳彼此发生相对位移。在装有光栅辅助耦合器（GAC）的激光器中，两个波导之间的同向耦合实现了另一种能以受控方式相对于 FP 模谱发生光谱位移的光谱滤器，这两个波导能在横向或垂直方向上［图 1.109（d）］耦合。根据光栅周期的长短，光栅能反射光［传播波矢量反转、反方向耦合光栅、短光栅周期，例如图 1.109（a），（b），（c），（e）］或者改变传播向量的大小（保持传播方向、同向耦合光栅、长周期，见图 1.109（d）中中间触点的下面）。表 1.38 对比了不同类可调谐激光器的重要装置特性和属性。

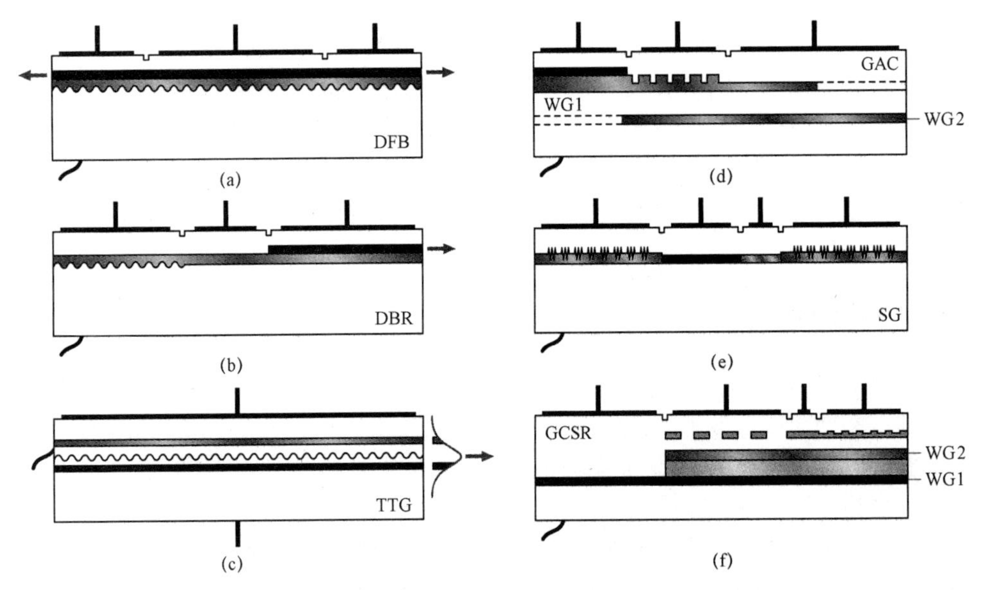

图 1.109　在不同激光器类型的 $y-z$ 平面中的截面示意图

（a）三段式 DFB；（b）三段式 DBR；（c）TTG；（d）GAC；

（e）SG；与 SSG 激光器（未显示）有关；（f）GCSR

通常，到现在为止所探讨的激光器类型不能保证在所有的功能中都提供极好的特性，例如简单调谐（控制参数数量少）、高 SMSR、宽调谐、连续调谐和高效率。这促使人们去研究如何以可行的方式将上述原理结合起来。通过利用 GAC 从 SG 中选择模，研究人员得到了装有后部取样光栅反射镜（GCSR）[1.1439,1440]［图 1.109（f）］的光栅辅助同向耦合激光器。另一种分成 11 段的激光器将一个 SSG 或 SG 与很多 DBR 段（每段都有不同的光栅周期）结合起来[1.1441]。有人提出将 SSG 或 SG 激光器与 TTG 激光器相结合[1.1442]。将 SSG 激光器与 Y 激光器相结合，可以得到调制光栅 Y 激光器[1.1443]。关于可调谐激光器的全面细节，读者可以参见文献［1.1431，1432］。

耦合马赫–曾德尔干涉仪或阵列波导（AWG）结构也可用作激光器中的滤波结构，例如在数字可调谐环状激光器中采用了一梯队环形谐振腔滤波器[1.1444,1445]。

具有轴向可变光栅周期的 DFB 激光器对于定制具体的装置特性来说很有吸引力。通过在均匀 DFB 光栅（Λ_z=常量）上采用弯曲波导，可以形成一个局部有效间距 Λ（z）。Λ（z）超出 Λ_z 越多，弯曲波导的局部倾斜角与间距垂直交点之间偏离得就越多，也就是说局部倾斜角 ϑ（z）就越大。图 1.110（b）显示了一个覆盖均匀光栅的弯曲波导，通过选择合适的弯曲函数 x（z），就能够生成具有可变有效间距 Λ（z）= Λ_z/cos（ϑ（z））的啁啾 DFB 光栅，如图 1.110（b）中的插图所示[1.1421]。其制造方法如图 1.110（c）所示，此图显示了在沿 x 方向于装置的 z 向侧面中心剖视图 1.110（b）中所示的结构之后形成的两个啁啾 DFB 激光器。由于光沿着弯曲 w 向受到强有力的导引，因此光会顺次通过准连续可变间距 Λ（w），如图 1.110（c）所示。由于在图 1.110（b）的中心，ϑ 最大，因此两个啁啾 DFB 激光器在中心晶面上拥有最大间距。

研究人员已演示了啁啾 DFB 光栅的各种用途[1.1421,1438,1446,1454]，包括轴向分布的相移、更高的 SMSR、更强的单模稳定性和更低的谱线宽度。此外，啁啾三段式 DFB 激光器［图 1.110（d）］已证明具有更强的调谐范围[1.1421,1438,1454]（表 1.38）。伞状激光器结构［图 1.102（d）］已应用于调制带宽达到 26 GHz[1.1428]的啁啾三段式 DFB 激光器［图 1.110（d）］中。

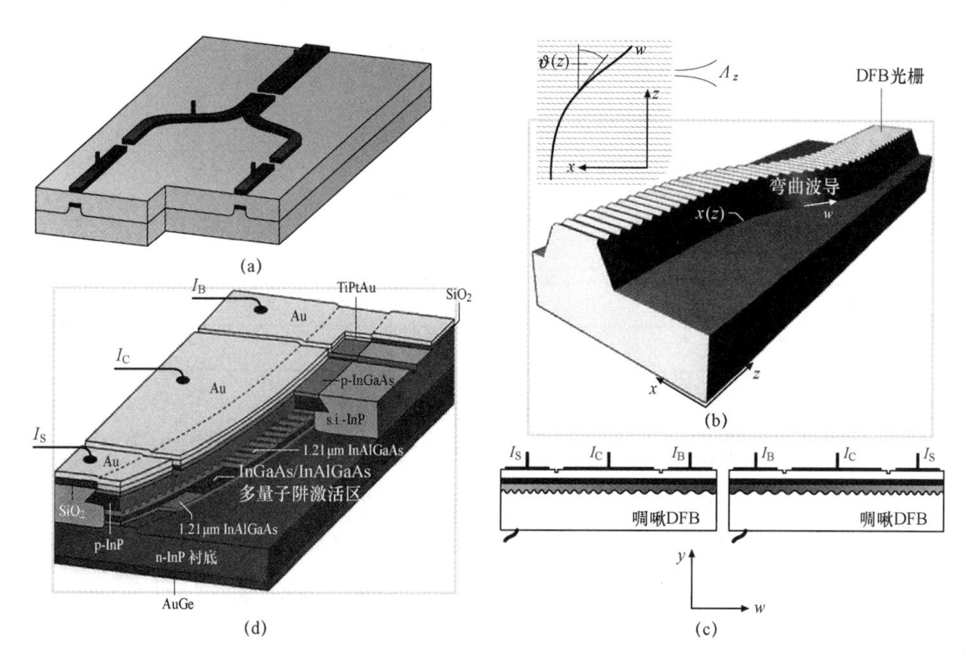

图 1.110　不同激光器透视示意图

（a）Y 激光器[1.1437]的透视示意图；（b）–（d）三段式弯曲波导啁啾 DFB 激光器[1.1438]的透视示意图，（b）利用均匀光栅场上特意弯曲的波导生成啁啾 DFB 光栅时的原理，以及由（b）中显示的弯曲度得到的两个独立激光器的截面；（d）图（c）中所示装置的透视示意图。图 1.123 中显示了这种可调谐三段式啁啾 DFB 激光器的扫描电子显微照片（SEM）

表 1.38　不同 1.55 μm 激光器类型的调谐特性
DFB－分布反馈；DBR－分布布拉格反射镜；TTG－可调谐双波导；SSG－超结构光栅；SG－取样光栅；GAC－光栅辅助耦合器；GCSR－装有后部取样光栅反射镜的光栅辅助同向耦合激光器。调谐方法为热方法（t）、等离子体效应（p）、同向耦合器（CC）光栅、游标尺效应（V）或微电机驱动（MEMS）。TR－调谐范围

激光器类型	控制电流	调谐（实验）Δλ/nm	调谐（最大连续）	调谐原理	其他	参考文献
3 段式 DFB	2	3	3	t，p	连续 TR	[1.1430]
3 段式 DFB	2	5.5	3	t，p	弯曲波长，准连续 TR	[1.1421，1438，1446]
3 段式 DBR	3	10	7	p，(t)	准连续 TR	[1.1447]
3 段式 DBR	3	22	7	p，t	包括两个极性，准连续 TR	[1.1448]
3 段式 DBR	3		7	p	无跳模，真正连续 TR	[1.1449]
TTG	2	7	13	p，(t)	连续 TR	[1.1431，1434]
TTG	2	13	13	p，t	包括两个极性，连续 TR	[1.1431]
Y	4	51	—	V，p	无连续 TR	[1.1437]
SSG/SG	4	95	—	V，p	准连续 TR，在总 TR 中有间隔	[1.1435，1436]
SSG/SG	11	38～50	—	V，p	准连续 TR，在总 *TR* 中无间隔	[1.1441]
GAC	3	50～70	—	CC，p	无连续 TR	[1.1384，1450，1451]
GCSR	4	100	—	CC，p	准连续 TR，在总 *TR* 中无间隔	[1.1439]
GCSR	4	50～114	—	CC，p	准连续 TR，在总 TR 中有间隔	[1.1440]
SSG/SG TTG	3	30～50	—	V，p	准连续 TR	[1.1442]
MG－Y	4～5	46	—	V，p	准连续 TR	[1.1443]
双芯片 VCSEL	1	76	76	MEMS	连续 TR（图 1.124）	[1.1452]
悬臂 VCSEL	1	17	17	MEMS	连续 TR	[1.1453]

7. 具有横向谐振腔的其他激光器类型

（1）在迄今所研究过的双极型激光器中，激活层里的光发射是通过将导带中的电子与价带中的空穴重新组合（带－带跃迁或带间跃迁）之后发生的。在单极型激光器中，辐射复合发生在单带内某势阱的两个束缚态之间（在图 1.111 中显示了导带的带内跃迁）。通过“电子回收”，这个过程实现了分阶段级联（解释了“量子级联激光器”这个名字，图 1.111），因此，能带边缘被外加电压（电场）变得倾斜。图 1.111 显示的多量子阱结构[1.1455]具有一致的量子阱成分和不同的一致性势垒成分，但在每种情况下都有 6 种不同的量子阱宽度（下面一列数字）和势垒宽度（上面一列数字）。

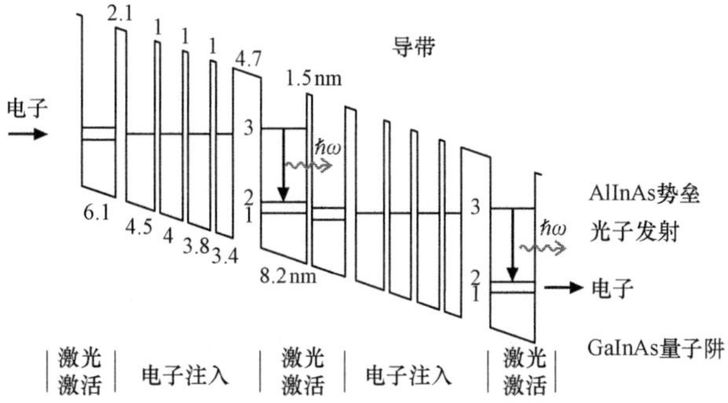

图 1.111　量子级联激光器的原理[1.1455]

通过定制尺寸，确保了在共振的情况下（对于某外加电压）4 个最窄量子阱中的每一个都具有一个束缚态，这 4 个能态的能量相同（即它们恰好在水平方向排成一行）。此外，最宽量子阱的尺寸定义为 3 个束缚态中的最高能态（在图 1.111 中标有数字“3”），与上述 4 个相同能级之间的偏差微不足道。由于势垒薄以及所得到的隧穿过程，从左侧注入的电子会沿水平方向隧穿到激发能级 3 中；经过辐射跃迁后，这个电子又回到能级 2。由于势垒非常薄，因此波函数通常表现出很强的非定域化。通过优化量子阱的几何形状，从能态 2 到能态 1 的弛豫时间被设计得很小，以至于能态 2 的波函数最大值位于两个宽量子阱的左边，而能态 1 的波函数最大值位于两个宽量子阱的右边。

这个隧穿过程以阶梯式的级联过程进行着（图 1.111 中仅以两个阶段对这一点进行了说明）。这个例子还说明了最近大获成功的、基于各种不同量子级联结构的复量子阱结构。量子级联激光器能成功地在中红外范围内（3.5～19 μm[1.1457]，在有的情况下甚至在几百微米的波长下[1.1458,1459]）发射激光——在中红外光谱范围没有几种合适的、带隙极小的半导体材料可用于制造双极型激光器。

传统的量子级联激光器（图 1.111）由两部分组成：① 一个有源发光部分；② 一个无源注入部分，用作掺杂储层，促进后续阶段之间的载流子输送。由于注入段有掺杂，因此会出现附加的自由载流子损耗。注入部分的长度为总周期长度的 1/2，使装置尺寸和外延生长时间以不必要的方式增加。图 1.112[1.1456]中为略去注入级[1.1461]的一种新型设计，这种设计要紧凑得多。这种设计可在相同的厚度内得到大约

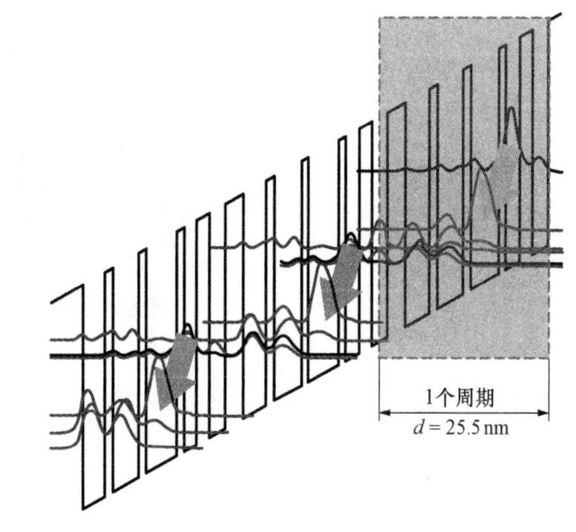

图 1.112　在 6.36 μm 波长下发光的新型无注入级量子级联激光器的能带示意图（根据文献［1.1456］）

2 倍的激活周期数量，从而获得更高的增益、更快的载流子输送、更低的损耗、低电压和最低的阈值电流密度。

（2）一种用于在 FP 激光器中获得纵向单模振荡的很“高雅”的方式是采用一个高反射率（HR）晶面和一个带防反射（AR）镀膜的晶面［后者与一块光纤进行光学耦合，图 1.113（a）］，还包括一个 DBR 光栅，其周期［式（1.92）］能确保恰好从光谱放大图中滤掉一个单振荡模，这种激光器设计叫做“（半导体-）光纤激光器”；相比之下，光学泵浦光纤激光器的激活介质是掺杂光纤。

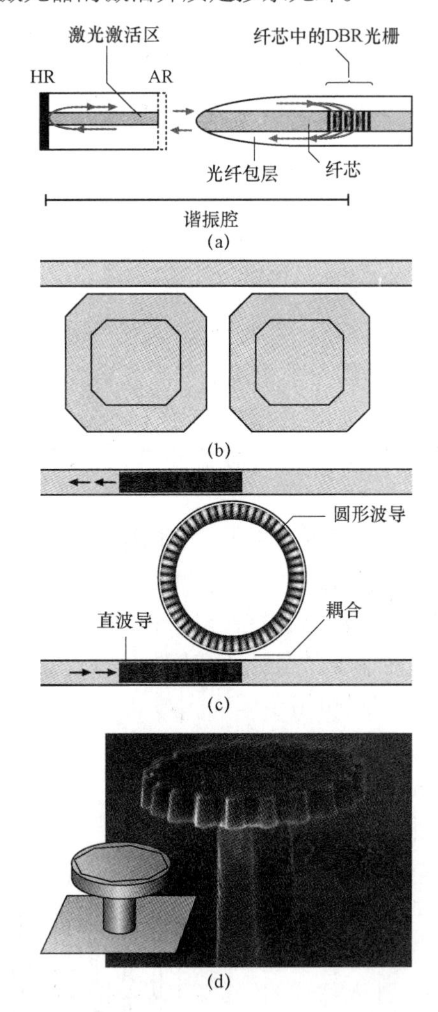

图 1.113　具有水平谐振腔的各种激光器设计

（a）装有外部光纤反射镜的 FP 激光器；（b）与直波导耦合的双轮谐振腔；
（c）与两个波导耦合的单环谐振腔中的驻波；（d）DFB 微片式激光器[1.1460]；
插图：FP 具有“回音廊”模式的微片式激光器

（3）本书已研究过带直列谐振腔的激光器设计，但在环形激光器［图 1.113（b），（c）］和微片式激光器［图 1.113（d）］中，谐振腔的首尾端彼此熔合。就波导［图 1.113

（b）] 而言，如果圆形光轴的长度接近于介质中波长的整数倍，则可得到模态解。类似的选择规则也适用于微片式激光器，这一点也可利用在外表面进行多次反射（在图 1.113（d）中为 8 次）的射线模型来说明，这些模型又叫做“回音廊”模式，是根据伦敦圣保罗大教堂走廊和印度比贾布尔市 Gol Gumgaz 陵墓中的声学现象提出的。在那里，当声波从圆屋顶的内壁经过多次反射回到说话人的耳朵里之后，连低声的耳语都可听得一清二楚。在环形或片状的激光器结构中，半径越小，波导损耗越大。因此，在设计这些激光装置时必须考虑这些波导损耗，以获得较低的阈值电流。

（4）发射波长大于 2.4 μm 的半导体激光器对于传感用途来说越来越重要，并可能开启有前景的 THz 频率范围，这些激光器可能采用不同的激光方法。首先，在量子级联激光器（图 1.112）中采用的带内复合仅在 CB 量子阱内进行电子跃迁或仅在 VB 量子阱内进行空穴跃迁；其次，带间复合（第 1.3 节中讲述）基于电子−空穴对复合，并同时涉及 CB 和 VB。在这个长波长范围内的带间复合已在以下三方面被报道：① 仅在深冷温度下工作的铅盐化合物 Pb−Salz（PbS，PbEu Se）；② 在光谱上相互很靠近地振荡且只提供有限功率的两个Ⅲ−Ⅴ半导体激光器的输出差频生成；③ 在Ⅲ/Ⅴ半导体中的Ⅱ类异质结构。下面，本书将更详细地探讨Ⅱ类激光器，因为这些激光器也允许有较高的输出功率[1.1462]。图 1.114 显示了在一个Ⅰ类异质结构和三个不同的Ⅱ类异质结构中带隙（灰色）的光谱位置，所有的光谱位置都允许有良好的光学限制［图 1.90（c）］。在Ⅰ类异质结构［图 1.114（a）］中，低带隙完全位于周围的宽带隙内。在错列的Ⅱ类异质结构中，低带隙部分位于周围的宽带隙内［图 1.114（b）］；在断裂的Ⅱ类异质结构［图 1.114（c）］中，低带隙完全位于周围的宽带隙之外。图 1.114（d）表现为图 1.114（b）和图 1.114（c）的混合形式。因此，Ⅰ类异质结构［图 1.114（a）］提供了更大的 CB 和 VB 能级差，适于较高的激光发射能（短波长）；Ⅱ类异质结构［图 1.114（b）−（d）］则提供了小得多的 CB 和 VB 能级差，适于较低的激光发射能（长波长）。在图 1.114（c）中，大带隙材料的价带边缘高于低带隙材料的导带边缘。由于图 1.114（d）中的混合情形，激光装置的特性可以定制并很好地优化，以适于高功率运行等目的。请注意，在Ⅰ类异质结构中，电子和空

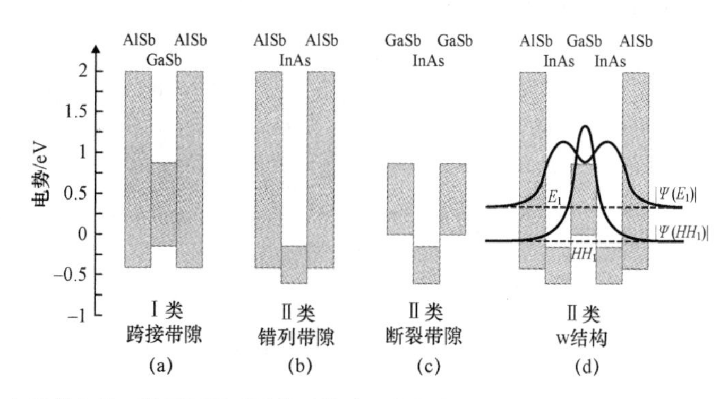

图 1.114 在平带条件下的不同异质结构（带隙用灰色表示，量子化能态和波函数用灰色表示）

穴波函数的最大值位于相同的材料膜内（局部直接跃迁），而在Ⅱ类异质结构中则不是（图 1.114（d）中的局部间接跃迁）。AlGaInAsSb Ⅱ 类量子阱激光器在传统的宽面积几何形状中显示出较高的输出功率，以避免灾难性的光学（镜面）损伤。但这会带来很多不受欢迎的后果：若干横模、不稳定性和激光成丝。下面例子提供了高功率，并利用图 1.115 中所示的单片集成横模选择器（TMS）提供单横模工作模式。关于非半导体 MIR 激光器，见 1.2.1 节。

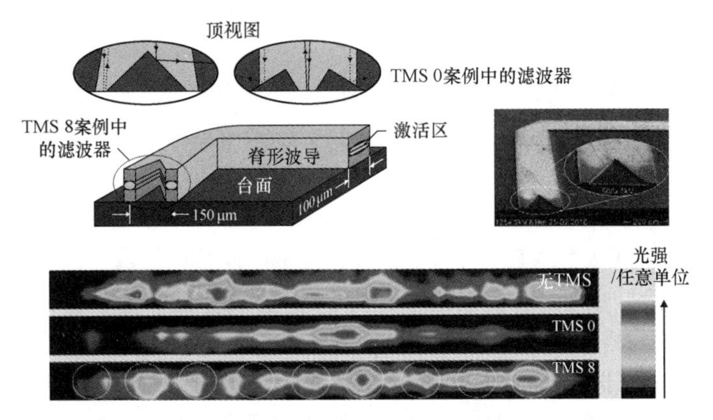

图 1.115 单片集成 AlGaInAsSb Ⅱ 类量子阱激光器。下图显示了实验中的近场图。“无 TMS”表示多模工作，“TMS 0”表示选择基谐模，“TMS 8”表示选择 8 阶模（根据文献［1.1462］）

1.3.4 带垂直谐振腔的表面发射激光器（VCSEL）的基本原理

VCSEL 在实现具有极高反射率的 DBR 反射镜方面存在很大的技术挑战。与边缘发射 DFB 或 DBR 激光器相比，在 VCSEL 中 DBR 反射镜的各层是陆续沉积之后形成的（例如通过外延），通过用这种方法，A 层和附近的 B 层共同构成一个周期。由于 DBR 反射镜的反射率随着周期数和折射率对比度的增加而增加，因此最好选择折射率对比度较大的材料，以减少周期总数，从而降低装置成本。图 1.116 中的插图显示了一个 DBR 反射镜（左图）以及由镜面反射的光强度与波长之间的函数关系（反射光谱，右图）。当λ=1.55 μm 时，在不同的材料系统中阻带内的最大反射率 R_{max} 与周期数成函数关系（见主图）。这些数据是由理论模型计算得到的，并考虑了折射率和吸收系数的光谱变化[1.1463,1464]。图中出现了较大的差值，因为吸收系数不同，折射率对比度也不同 $2(n_A-n_B)/(n_A+n_B)$。半导体外延层的吸收系数取决于掺杂浓度，并能够很好地控制；介电层的吸收系数则较难控制，在很大程度上取决于工艺流程。令人遗憾的是，在 GaInAsP 材料系统内不能实现较大的折射率对比度。要达到 99.8% 的反射率，这个系统需要 50 个周期——这个数字实际上太高了；相比之下，在 AlAs/GaAs 中只需要 20 个周期就能达到此反射率。如果将 Si_3N_4 和 SiO_2 这两种电介质相结合，则需要 13 个周期甚至就足够了——因为这两种材料的相对折射率对比度很高。

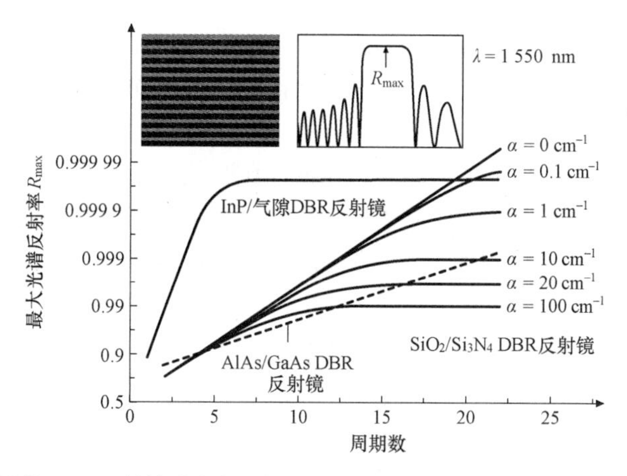

图 1.116 在不同的 DBR 反射镜系统中，在λ= 1.55 μm 波长下阻带中的最大光谱反射率 R_{max} 与周期数之间的函数关系。左插图：DBR 反射镜的截面。右插图：反射率与波长之间的函数关系

这个极高的反射率是通过在所有异质结面上反射部分波的相长干涉来达到的。请注意，通过在界面上将光从光疏介质反射到光密介质中，相变 π 会出现，但反过来不成立[1.1465,1466]。通过将$\lambda/4$ 厚的 A 层和 B 层相结合，可以达到相长干涉的条件，就像在图 1.116 中的情况那样。在这里，d_A 和 d_B 是物理厚度，$\lambda/4\ n_A$ 和$\lambda/4\ n_B$ 是光学厚度。在基本配置中，下列关系式适用于利用相长干涉来得到高反射率：

$$n_A d_A + n_B d_A = m\frac{\lambda}{2}, m = 1,3,5,\cdots \qquad (1.119)$$

在 GaAs 衬底上，晶格几乎匹配的 AlAs/（Al）GaAs 组合是 800～1 300 nm 波长范围内的理想激光器材料。虽然与边缘发光器一样，长波长 VCSEL 也通过实验在 GaAs 衬底上实现过，但 1.55 μm VCSEL 仍基于 InP。这是因为在接近于 1.55 μm 的光谱范围内，激光器激活层（例如 GaInAsP 和 AlGaInAs）在 InP 衬底上能以最佳状态实现。在 InP 衬底上实现高反射率 1.55 μm DBR 反射镜的可能性有多种：用一种压力粘结法（晶片熔合）把 AlAs/GaAs DBR[1.1467,1468]嵌入 GaInAsP 激活区，采用强晶格失配态的“假晶” AlAs/GaAs DBR[1.1469]、晶格匹配的 AlGaInAs、AlAsSb/AlGaAsSb、AlGaAsSb/InP DBR[1.1470,1471]或者将含激活层的低周期 GaInAsP/InP DBR 熔合在 AlAs/GaAs DBR[1.1472]上。

一个谐振器是由两个 DBR 反射镜组合而成，其中在 DBR 镜端之间并朝向中心的那部分体积叫做“谐振腔”。如果谐振腔材料是无源的，则这种设置为滤光器；如果是有源的，则为 VCSEL。图 1.117 显示了具有两个多层半导体 DBR 反射镜的 VCSEL 结构，图中，上反射镜的反射率高，因此激光基本上向下发射（深黑色箭头）。下面探讨的垂直光强分布的包线用深黑色箭头的横向胀曲（图 1.98，用灰色调变化来描绘）来表示。空穴从上面经过上部掺 p DBR 反射镜被注入激光激活区，电子则从下面经过下部掺 n DBR 反射镜被注入。外部弯曲黑色箭头指电流。通过复杂掺杂过程（杂质浓度图）来减小掺 p DBR 反射镜的电阻，从而降低工作电压和累积的焦耳加热量是很有挑战性的。图 1.117（a）描绘了带两个介电 DBR 反射镜的 VCSEL 结构，空穴和电子通过环形触点注入，因此电流会绕过绝缘的 DBR 反射镜。此外，至关重要的一点是通过横向电气限制使较高的电子–空穴对密度在激活区的中心部分生成，从而使阈值电流密度变得很小，因此，在横向激光模周围会形成一个绝缘环。此实现过程的技术要求很高，可通过离子注入或选择性氧化来达到。对于将激活区的热量（必要时包括在 DBR 反射镜内生成的热量）高效地驱散到散热器来说，DBR 反射镜具有足够高的热导率更加重要。

对于具有两个介电 DBR 反射镜和 $3\lambda/2$ 谐振腔长度的 VCSEL［图 1.117（a）］来说，驻光波的电场已算出[1.1463,1464]，并在图 1.118 中与整个多层结构一起描绘出来。为了在激光器设计中获得高增益，应当将量子阱置于半波的最大值（波腹）处。在理想的情况下，应当将三个单量子阱、三个双量子阱或三个三重量子阱放置在图示的 $3\lambda/2$ 谐振腔中。由于 DBR 反射镜的分布式反射效应，驻波场的包线将逐渐从中心向外退出。再次强调，应当给每个反射镜层（$\lambda/4$ 层）分配恰好 1/4 的波长，让设计波长的节点恰好位于界面上。

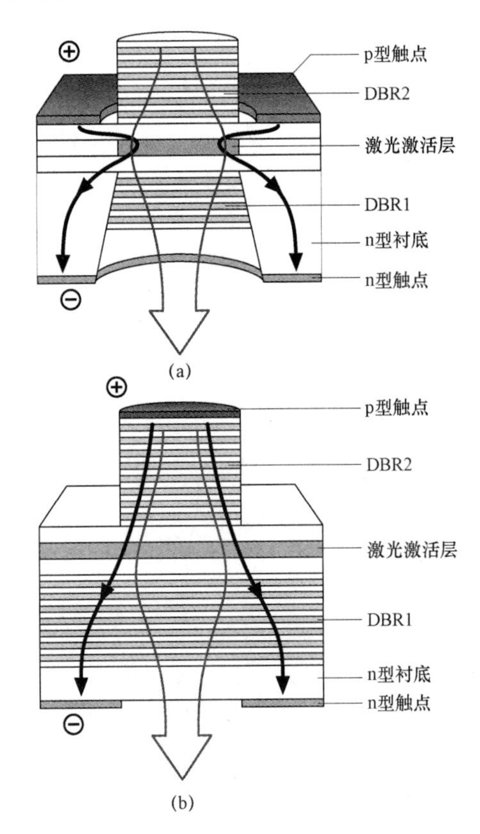

图 1.117　VCSEL 的设置示意图

（a）装有绝缘 DBR 反射镜；（b）装有导电 DBR 反射镜

下面，本书将直观地构建 VCSEL 光谱。为推导出这个光谱，将考虑在图 1.119 左上部显示的两个反射镜之间设置一个半导体空腔。根据固定腔的长度，由式（1.91）得到了三个模，显示为图右侧光谱中的谱线。镜面反射率越高，这些谱线就越陡。这意味着：如果驻波在其峰值（波腹）处获得足够大的光增益，那么这个长度的谐振腔将适于所有这些（激光）波长；相反，在期望的（固定的）激光波长λ下，谐振腔长度可直接选为$\lambda/2$、$2\lambda/2$ 或 $3\lambda/2$。如果这两个反射镜以 DBR（图中的左下部）形式实现，那么右上方的线谱将与 DBR 反射镜的已知反射光谱（图 1.119 右下部）叠加，从而得到图 1.103（d）所示的激光光谱。VCSEL 的阻带要大得多，因为 DBR 反射镜的折射率对比度与 DFB 激光器相比更高，DFB 光栅准层之间的折射率对比度相对较小。根据图 1.103（c）和（d），相移为$\lambda/4$ 的 DFB 激光器与有一个$\lambda/2$ 谐振腔和两个很长 DBR 反射镜（折射率对比度较小）的 VCSEL 之间有很多相似之处。

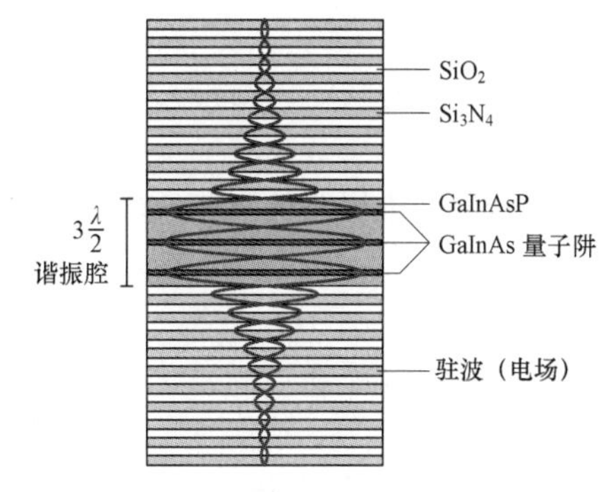

图 1.118　VCSEL 的分层结构，包括电场的驻波

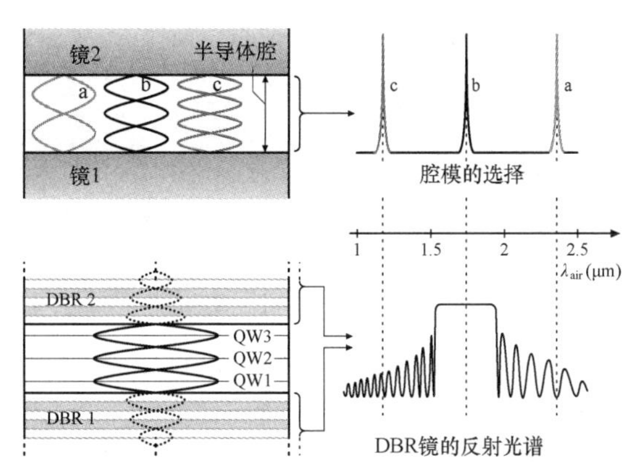

图 1.119　VC 谐振器的特性光谱分量。谐振腔中的三个驻波（左上图的 a–c 用括号标出）会造成 FP 模（右上图）增强。DBR 反射镜（左下图）以反射光谱（右下图）为特征，用双括号表示。当谐振腔长度很短时，阻带内只有一个 FP 模（沿垂直虚线）

请注意，下列数值在很大程度上取决于波长和材料，而相应的深入全面探讨不在本卷的框架范围之内。对于 VCSEL，典型的光功率输出为小于 1 mW（横单模工作模式）；利用横向扩展的激活区，即横向多模 VCSEL，光功率输出可达到 120 mW。典型的阈值电流在 1 mA 左右，记录值大约为 0.06 mA（相当于 350 A/cm^2）。VCSEL 在 850～1 000 nm 的光谱范围内得到最高的功率输出和最低的阈值，与边缘发光器相比，其阈值电流惊人地低，但最大功率输出相当适度。例如，在宽发射域边缘发光器中，已得到了 19 W 的连续波发射和超过 60%的外量子效率[1.1473]。VCSEL 因光束

发散度小和模分布对称而具有巨大优势，而边缘发光器由于光束发散度高、模分布呈椭圆形，因此光耦合间接费用很高，在实践中是利用非球面透镜或者激光器或光纤中的复杂锥形波导结构实现的。VCSEL 还提供了其他重大优势，因为其使得简单的光学在片测试（与集成电子电路的测试相似）成为可能。相反，边缘发光器必须单独隔开以便进行特性描述，即至少要劈成条状；或者，为了实现表面出耦合，必须将一个 45° 反射镜（图 1.98）与蚀刻镜结合使用。图 1.120 显示了 VCSEL 的典型 SEM 电子显微照片[1.1387,1474]。

VCSEL 的调制带宽大约为 5 GHz（记录值为 17 GHz，在 850 nm 波长范围内为 23 GHz），相比之下，边缘发光器的典型值为 15 GHz（记录值为 40 GHz）。如果与没有外部谐振器的激光装置进行激光谱线宽度比较，则可看到 VCSEL 一般能达到 200 MHz（记录值为 50 MHz），而边缘发光器一般能达到 1 MHz（记录值为 10 kHz）。边缘发射半导体激光器处于 340～12 μm 范围内，而在绿光和中红外光谱区内或者没有激光装置，或者元件寿命不足以在实际中应用。电泵浦 VCSEL 目前只在小得多的光谱范围内存在（420～2.6 μm）[1.1475−1477]。在 VCSEL 中，利用电荷−载流子诱导的（电流诱导）折射率变化或热致折射率变化进行波长调谐尤其困难。在 l=2.3 μm VCSEL 中，最大连续调谐范围为 10 nm；相比之下，在单模 1.55 μm 边缘发光器中为 80 nm（表 1.38）。

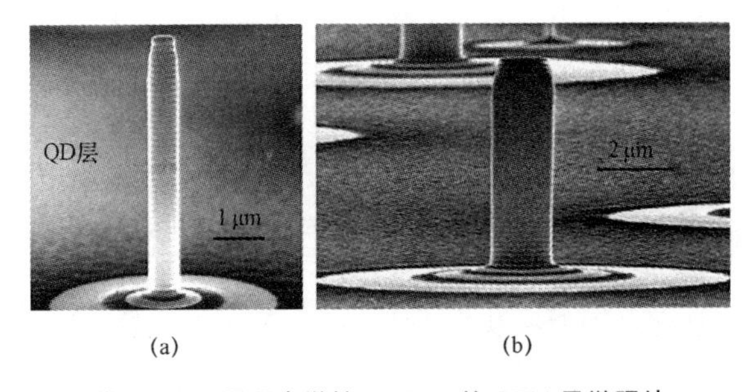

图 1.120　量子点微柱 VCSEL 的 SEM 显微照片

（a）微柱直径为大约 650 nm；（b）微柱直径为大约 1.7 μm。蚀刻深度大约为 5 μm。量子点层的位置在（a）中指出。这些结构用于在单粒子能级（单激子和光子）上获得强耦合光　物质相互作用（根据文献［1.1387，1474］）

基于 GaSb 的电泵浦单模连续波 VCSEL 利用隐埋隧道结作为电流孔径，其发射波长可达到 2.6 μm。通过利用这种装置最有吸引力的特征（例如电子波长调谐），单一气体种类的几条吸收谱线可在 l=2.3 μm 的波长下利用全调谐范围=10 nm 来扫描（$\Delta\lambda$=10 mA）[1.1478]。这不仅是基于 I 型异质结构的最长Ⅲ/V 半导体激光发射（图 1.121），令人惊讶的是——还是一种 VCSEL。

为了增加 VCSEL 的调制带宽：① 寄生限制通过采用小芯片直径来解决，以减小接触垫和芯片的电容[1.1479]；② 通过在两个介电激光镜的帮助下本征调制−带宽限制利用短腔概念[1.1480]缩短光子寿命来解决。在当前的研究中，下列值可以得到：输出功率≥2.5 mW，SMSR≥50 dB，调制带宽≥17 GHz（图 1.122）。这些激光器能在

4.2 km 的光纤长度上实现 25 Gb/s 的无差错传输。

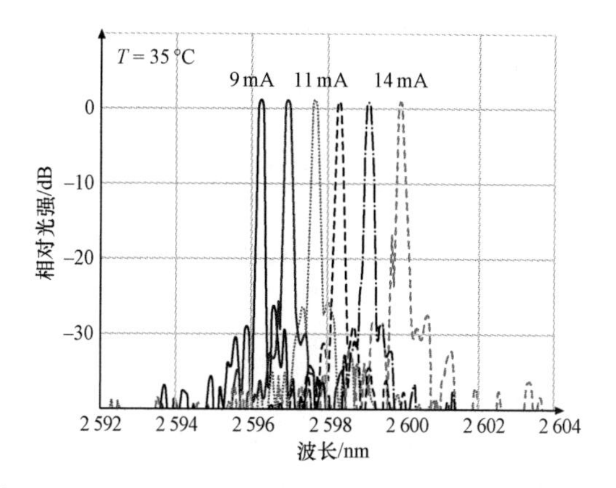

图 1.121 基于 GaSb 的 VCSEL 在不同注入电流下的光谱（根据文献［1.1478］）（在 2.6 μm 波长下的 VCSEL）

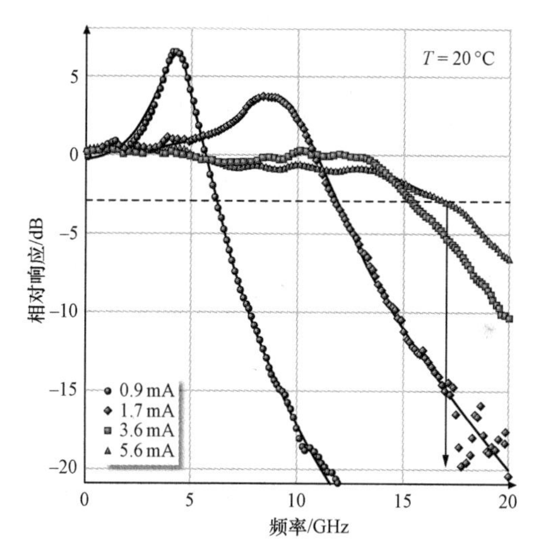

图 1.122 1.53 μm VCSEL 在不同注入电流下的振幅调制响应

最后，本书将介绍带垂直谐振腔的光电装置的一种调谐概念，即仅根据一个控制参数进行超宽波长调谐。

微机械可调谐滤光器和 VCSEL

在垂直入射时，光波（波长λ_D）通过一个 DBR 反射镜以高达 99.9%的反射率发生反射，所选择的周期通常应确保λ_D位于阻带的中心（图 1.122，右下图）。当第二个相同的反射镜与第一个反射镜平行并与之相距 $1.5\times\lambda_D$ 时（图 1.122），在实验中观察到第一个反射镜不再反射波长λ_D。虽然乍一看很令人吃惊，但这种由两个 DBR 反射镜组成的配置如今对于λ_D 来说几乎为 100%透明，不过在其余阻带中反射率仍较高，使这种配置成为一种优质滤光器，例如对于基于密集波分复用系统或传感器系统的光纤远程通信来说。

对于 DBR 反射镜中的λ_D来说，所有的光波都在每个界面上多次部分地反射，导致在反射镜的入射侧发生相长干涉（99.9%的反射），而在另一侧发生相消叠加。光波穿透反射镜，但不传输能量。通过在两个反射镜之间引入一个空腔，所有在这两个 DBR 镜上反射的分波都叠加到一个共振模上，从而在腔内形成λ_D的一个驻波并发生相长干涉（图 1.122）。

图 1.116 中还包含一个迄今尚未被探讨过的材料系统，该系统有着极高的折射率（$n_{InP}=3.2$，$n_{air}=1$），这个系统只有 4 个周期，却能获得超过 99.8%的反射率。这种不寻常的结构可通过 GaInAs 层的选择性蚀刻（微机械牺牲层技术）由交错的 InP 和 $Ga_{0.43}In_{0.57}As$ 半导体多层结构组成。如果在上部掺 p DBR 反射镜和下部掺 n DBR 反射镜之间外加一个反向偏压，则薄膜（包括夹在中间的空气腔）可以用静电驱动，从而在这种方法下只用一个控制参数（电压）就能改变滤波器的波长。通过用这种光学滤波器，在实验中只用 3.2 V 的电压就能得到 142 nm 的连续波长调谐范围[1.1463,1464,1481,1482]；而在另一种激光装置中，甚至获得了 221 nm 的最大连续调谐范围[1.1481]。这样的调谐原理也出现在了图 1.123（c），（d）中，该图展现了由 InP/多气隙 DBR 反射镜、GaInAsP 激光激活量子阱层和一个 InP 衬底组成的 VCSEL。这些可调谐激光器承受着相当复杂的调谐方案、大量不同的注入电流（≤14）以及不连续的调谐范围。最近，微机械可调谐 VCSEL 已取得了重大进展，研究人员在 1.55 μm 激光器中获得了 17 nm 的调谐范围。这个激光器有 20 个通道，通道间隔为 100 Hz，以实现密集波分多路复用[1.1453]。图 1.124 显示了另一个基于一层介电 DBR 顶部反射镜薄膜和一个半 VCSEL（由底部 DBR 和激活区组成）的 1.55 μm 双芯片 VCSEL。底部 DBR 由 CaF2/ZnS 和黄金组成，能够使周期数减少到最低值 3.5。通过利用 SiO_x/SiN_y 顶部 DBR 的热驱动，连续调谐范围可达到极大值 76 nm[1.1452]。

总之，根据图 1.123，可以在量子电子学［图 1.123（a），（b）］和量子光子学［图 1.123（c），（d）］之间进行很有意思的对比。为了定制电子和空穴的电子能级，采用具有预定成分和厚度的半导体异质结构。如果具有较小带隙材料的层厚度约为电子波长值，则量子化作用会发生，导致量子阱内出现规定的量子化能级。这些量子化能级（本征值）和相应的电子波函数（本征函数，即模）是薛定谔方程的解。在这个例子中，材料、应力和层厚均利用 10 个 AlGaInAs 量子阱［图 1.123（b）］来设置，使光发射波长达到 1.55 μm。这些量子阱成为超快半导体二极管激光器的激光激活介质［图 1.123（a）］[1.1428,1483]。简言之，多个量子阱确定了电子波的谐振器。

右侧的电子显微镜照片显示了与光子的精确类比。为了在 VCSEL 的谐振腔中选择规定的模，在考虑了折射率之后，可以选择约为光子波长的层厚。在这种情况下，还会出现一种量子化作用。有效折射率（本征值）和相应的光子波函数（本征函数，即模）是亥姆霍兹方程的解。从数学的观点来看，薛定谔方程和亥姆霍兹方程的空间相关部分具有等效的特性。图 1.123（d）中再次利用了 InP/气隙多膜结构的强折射率对比度来实现 1.55 μm VCSEL［图 1.123（c）］[1.1481,1482]的高反射率 DBR 镜。同样，周期性折射率变化也决定着光子波的谐振腔。

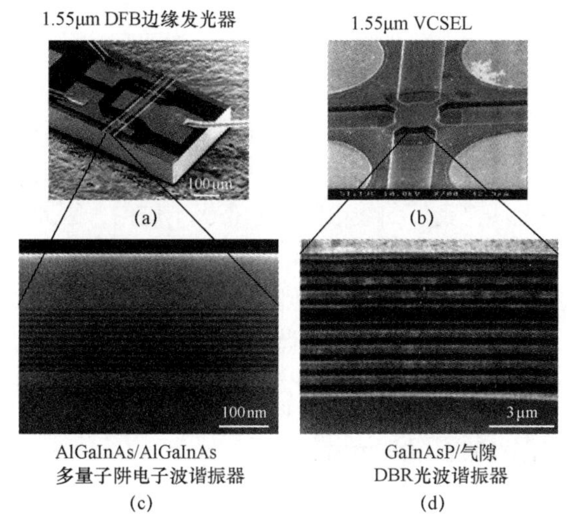

图 1.123　量子电子学和量子光子学的对比

（a）可调谐边缘发射三段式激光器，具有轴向可变的 DFB 光栅，叫做“啁啾 DFB 光栅”[1.1421]；（b）应变补偿型多量子阱结构，具有受拉伸应变的 AlGaInAs 势垒和受压缩应变的 AlGaInAs 量子阱[1.1483]；（c）基于多层 InP/空气薄膜（中间）的 VCSEL，每层膜由与方形支柱连接的 4 个悬挂装置支撑[1.1482]；（d）垂直谐振腔的截面，由嵌在两个 InP/气隙 DBR 反射镜之间的激光激活 GaInAsP 量子阱区组成（根据文献［1.1481］）

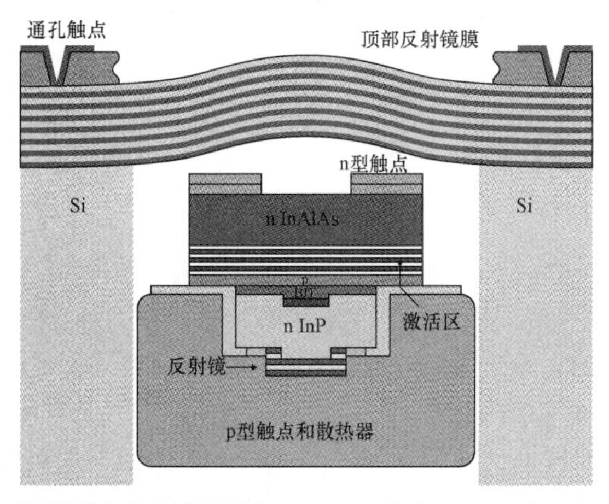

图 1.124　采用了隐埋式隧道结的微机械可调谐 1.55 μm 双芯片 VCSEL（BJT）（根据文献［1.1452］）

在这方面，研究人员对周期性二维量子点场和二维光子晶体或光子能带结构和电子能带结构做了进一步的类比。

1.3.5　具有低维激活区的边缘发射激光器和 VCSEL

在商用半导体激光二极管中，25 年来体积半导体材料（三维）一直专用于激活区。从 1990 年开始，具有量子阱（二维）的边缘发光器就已在实验室中实现，并不断地改进。5 年之后，量子阱激光器才实现商业化，随后以更低的阈值电流密度、更高的功率输出、更高的特性温度 T_0 和更高的比特率（由于增益曲线更有利、电子限制更好）超越了三维激光器。虽然量子线（一维）激光器应当具有甚至更好的特性，但由于技术限制和几何约束，这些激光器迄今为止还不是很成功，尤其是，长时间的载流子传输和载流子俘获会大大限制量子线激光器中的比特率。量子点（零维）激光器结构[1.1385,1386,1390−1397]要有前途得多，但目前存在的问题是量子点尺寸变化大（图 1.94）。由于理论上能态密度曲线很陡，分布极不均匀，因此所预测的高微分增益 dg/dn 实际上不会出现。与三维和二维结构相比，这种结构迄今还没有获得具有更窄光谱和更高增益的谱线图，但对于可调谐范围极宽的激光器（见 1.3.3 节中的“可调谐激光器”部分和 1.3.4 节中的“微机械可调谐 VCSEL”部分）来说，尤其宽的增益谱是有利的。但如前所述，通过进一步的研发工作，预计能提供极好的量子点激光器。

1.3.6 具有外部谐振腔的激光器

边缘发光器和 VCSEL 可利用外部共振腔反射镜来实现（图 1.98），而且与图 1.123 相反的是气隙相对较大。这种结构可达到以下几个目的：

（1）延长谐振腔长度，以获得更窄的谱线宽度；

（2）通过插入波长选择性旋转元件（棱镜、标准具、光栅）进行波长调谐；

（3）通过模耦合，生成超短脉冲的周期性序列；

（4）通过插入光学非线性晶体，实现波长转换。

上面（4）的例子是在谐振腔气隙中的倍频晶体将从一侧覆有抗反射膜的边缘发光器中发出的或从半腔 VCSEL（激活区+一个 DBR 反射镜）中发出的红外光转换为黄光、绿光和蓝光。

1.3.7 光子晶体半导体激光器

光子晶体是在一维、二维或三维维度上光学性质呈周期性变化的结构，能提供不同的方案来影响光波的传播特性，见本卷第 8.10 节或文献［1.1484，1.1485］中的介绍。对于半导体激光器装置，这些结构还能提供其他新的设计参数，以便更好地控制横模或偏振态并对珀塞尔效应加以利用。大多数的光子晶体激光器都可归类为下列三组激光器中的其中一组。

1. 基于法布里–珀罗配置并采用其他光子结晶结构的 VCSEL 装置

通过将有中心缺陷的周期性通气孔布局引入顶部 DBR 反射镜的晶面中，可以控制横模的出现，实现具有更大发光面积和激光光阑的 VCSEL，同时保持横向单模运行[1.1486,1487]。还可以选择光子晶体点阵的某些特性，例如基本元件的形状，以破坏空间对称性，从而引入偏振发射的稳定条件[1.1488]。法布里–珀罗配置可以用具有相移层的类似三维光子晶体结构来代替传统的谐振腔，由此得到较低的阈值和空间噪声值[1.1489]。

2. 与 MEMS VCSEL 装置集成并利用导模共振效应的光子晶体半导体膜

当光波垂直入射到薄膜上时，代表板条形波导的膜内周期摄动会导致波导的共振模与自由空间模发生干涉。通过选择合适的设计，可以获得窄带滤波器、宽带反射镜和偏振选择性的特性[1.1490–1492]。一种典型的方法是用光子晶体膜替代顶部 DBR 反射镜，得到一个具有可选偏振控制功能[1.1493]的极小型装置，甚至还能因为被驱动的顶部反射镜尺寸减小而改善谐振腔的可调谐性[1.1494,1495]。

3. 由光子晶体制成的薄膜激光装置

由于对这些设计来说，具有周期性结构的层必须是激光激活区，因此量子阱从几个位置引入[1.1496]。传统边缘发射激光器的概念可调节，以适应二维光子晶体激光器，就像在多方向 DFB 激光器中那样[1.1497]。薄膜装置的主要关注点是控制由珀塞尔效应给定的自发辐射比率[1.1498]，在这个用途中，需要采用小体积的纳米腔。在调节相应的 Q 因子的同时，可以在光子晶体结构中设计缺陷。通过实现与正常光子晶体点阵之间有少量偏离度的点移结构、边缘位错或单极模腔，可以进一步减小纳米腔的模体积，由此得到较大的自发辐射系数和较低的激光阈值[1.1499–1501]。

真实三维光子晶体的制造仍是一项苛求的任务，几乎所有的激光装置都由与折射率限制板或周期性 DBR 反射镜集成的二维周期性结构组成。由于光子晶体结构的基本元件尺寸小，只有几百 nm（图 1.125），因此这些结构通常通过电子束

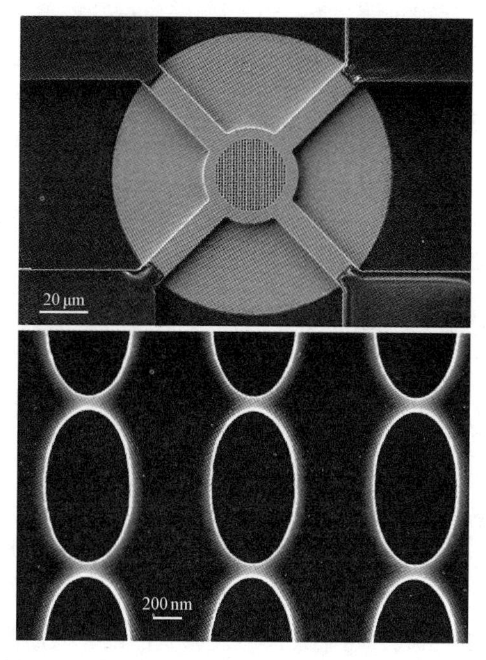

图 1.125 具有光子晶体结构（上图）、在 1 550 nm 光谱范围内工作并基于被释放的 InP 薄膜的光电装置。由椭圆形基本元件组成并得到一个偏振选择性反射镜（下图）的光子晶体点阵的详情。这个特殊结构的制造采用了硬膜层的 FIB 光刻技术，并将 RIE 干蚀刻法嵌入标准的 MEMS 加工技术中

蚀刻法[1.1502,1503]或者硬膜层上的 FIB 光刻过程[1.1504,1505]和 ICP−RIE 等干蚀刻过程来生成。在后一种步骤中，如果载流子输送与复合特性很重要，则必须考虑由离子轰击造成的表面损坏[1.1506]。获准的薄膜装置通常通过增加一道选择性湿蚀刻工序来制造，以移除牺牲层[1.1507]。

1.4 CO_2激光器

CO_2激光器是工业、医疗和科学用途中最重要的激光器之一，这些用途包括高精度材料加工、金属薄片的切断与焊接、各种材料的编码和标记、纸和织物的裁剪、钢淬火之后的表面处理或者组织凝固等医疗用途。

CO_2激光器利用氦、氮和二氧化碳的气体混合物作为激活介质，这种介质通常通过电致气体放电来激发。CO_2激光器的关键特性是在大约 10 μm 的中红外波长下发光，其连续波输出功率的范围从小型密封激光器模块中的几瓦特到具有快速气流的大功率 CO_2激光器中的超过 10 kW。虽然大多数的 CO_2激光器都以连续波模式工作，并通过电激发调制来实现相当快的功率调制，但仍存在基于调 Q 激光器或“横向激发大气压”（TEA）激光器的脉冲系统。这种激光器的光束质量通常极好，在很多情况下衍射几乎都被限制，这一点对于精密切割、遥控焊接或编码标记等用途来说很重要。中红外发射意味着不能使用标准的玻璃透镜和玻璃光纤波导，这是因为硅基玻璃的红外线吸收率高。发射光学装置（例如聚焦透镜或部分反射镜衬底）一般由硒化锌、硅或锗组成。在波束制导方面，采用的是安装在线性轴和旋转轴上的移动镜系统。原则上，CO_2激光器可以采用柔性光波导，但由于吸收损失大，因此柔性光波导只能在中等光学功率下使用[1.1508]。除了最常见的发射波长 10.6 μm 之外，特殊的可调谐 CO_2激光器还能在 9.2～11 μm 的数十条不同发射谱线下生成激光。这些激光器可用于科技用途，例如分子光谱学和远红外气体激光器的光泵浦。

下面几节描述了典型 CO_2激光器的物理原理和技术实现。

1.4.1 CO_2激光器的关键原理

1. CO_2激光管的基本原理

1964 年，Patel 首先报道了 CO_2气体中的激光作用[1.1509,1510]，从那以后，CO_2激光器的基本原理几乎没有改变。文献［1.1511］中深入详细地探讨了 CO_2激光器的基本原理，而文献［1.1512，1.1513］也描述了一般激光物理学和原理。图 1.126 给出了基本纵向直流（DC）激发式 CO_2激光器的示意图。这种激光器通常由混合比例为 1:2:8 的 CO_2、N_2和 He 组成，这个直流激发激光器的总气压为几十 hPa。激光器中的气体由电致气体放电来激发，例如，通过石英玻璃管里的稳定纵向直流辉光放电来激发。所需要的典型电压为 15 kV/m 放电管长度，电流为几十 mA 的直流电流。

但在启动放电过程时需要的电压可能要高得多。为保持稳定的 α 类辉光放电[1.1514]，需要将一个外部镇流电阻 R_b 与高压电源串联起来，这补偿了气体放电的微分负阻抗特性，并限制了放电电流，以避免形成电弧。这个简单电路的缺点是在镇流电阻 R_b 中耗散的电功率较高。或者，可以采用含有电压电流快速调节电子元件的电源。气体放电管的典型长度为 1 m 到几米，具体要视期望的输出功率而定。

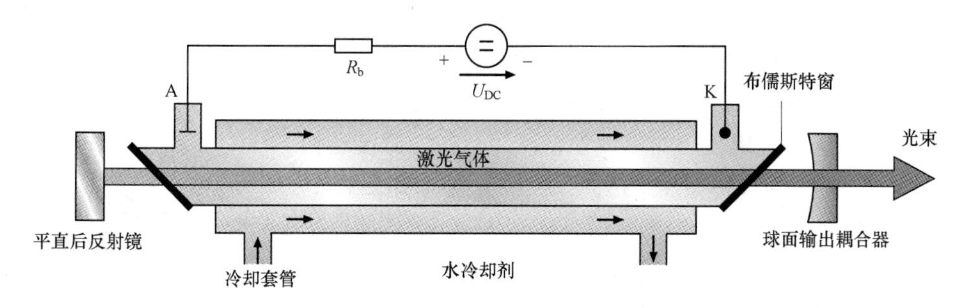

图 1.126 基本的纵向直流激发 CO_2 激光器

这些激光管可一次性充满激光气体混合物，然后密封，供激光管“一生享用”。其他激光器则有一个进气口和一个出气口，以保证气体流经激光管；这种设计能提高激光功率，因为有新的激光气体不断地提供给激光器，但同时还需要其他外围设备，例如储气罐和真空泵。用于密封激光管的光学窗口可利用相对于光束轴成布儒斯特角的平面透明板来实现。激光的一个偏振态能穿过布儒斯特窗而不会产生不需要的反射光，因此，布儒斯特窗在激光谐振器内也起着偏振选择性元件的作用。

这些激光器里的 CO_2-N_2 分子混合物通常通过与气体放电管里的自由电子相碰撞来激发[1.1515]；另一种激发方法是在气动激光器中采用极快的气流[1.1516]。这些激光器能产生很高的输出功率，但需要庞大的气体循环设施，目前仅限于在科技或军事研究项目中使用。被激发的旋转–振动态能在红外光谱范围内的某些波长下提供光增益。简单的平面–凹面稳定光学谐振器（在放电管的每一端都有两个反射镜）可用于提供连续激光振荡。全反射镜或后反射镜常常由铜制成，也可选择镀金或镀防护性介电层，以延长寿命及提高反射率。输出耦合器可由硒化锌（ZnSe）、锗或硅制成，因为这些材料与常见的硅基玻璃相比，在中红外波长下具有良好的透明度。所要求的反射率可利用反射镜衬底上的介电多层涂层来获得，由于有源 CO_2 气体介质的光学小信号增益在 $1m^{-1}$ 范围内，与氦氖气体激光器相比相当高，因此输出耦合器的反射率范围可能达到 20%～90%。在最大激光功率下的输出耦合器最佳反射率常常用实验方法来确定；或者，可以通过 Rigrod 分析来计算，前提是介质的小信号增益和饱和强度等参数已知[1.1517,1518]。

典型的效率 η_E 定义为所提取的光学激光功率 P_L 与外加在放电管中的电功率 P_E 之比，该值在 10%～20%范围内。电激发功率的最主要部分以热能形式消散在气体体积内。为避免激光能量下能级中出现较高的热粒子数，必须让 CO_2 激光气体冷却，保持在低于 400～500 K 的温度——这主要取决于不同的 CO_2 激光器类型。图 1.126

显示了一种简单的冷却方法，这种冷却方法是利用一根同轴玻璃外管作为冷却套管。可以用水或空气来冷却内管。

这些扩散冷却式直流激发激光器的粗略估算值是，输出功率/放电管长度=80 W/m。不能利用较大截面的激光管来测量，因为会使本来能够通过扩散冷却法从气体放电管中心排到管壁的热能量减少，气体过热以及在激光跃迁下能级中得到的热粒子数会导致光增益降低。事实上，为优化冷却效果，玻璃管的直径应当尽可能小，而不会通过截短自由空间的激光光束造成重大的光阑损耗。典型的玻璃管直径为 5～10 mm，具体要视玻璃管的长度和光学谐振器的设计而定[1.1519]。在“波导激光器”中可以采用较小的玻璃管直径，而在气体流动快的激光器中可以采用较大的管径，以达到冷却目的，见 1.4.2 节中的描述。

2. CO_2 分子的振动和转动

CO_2 激光器的发射波长由 CO_2 分子的振动和转动能级决定，见文献［1.1520，1521］或［1.1522］中的更详细探讨。下面几节中的所有数据都是针对天然最丰富同位素体 ^{16}O、^{12}C、^{16}O 给出的。图 1.127 显示了三种基本的振动模：对称的拉伸模 v_1、C 原子在垂直于分子轴的平面内运动的弯曲模 v_2、不对称的拉伸模 v_3。因为在该平面的两个直角坐标上可能有弯曲运动，弯曲模具有二重简并度。

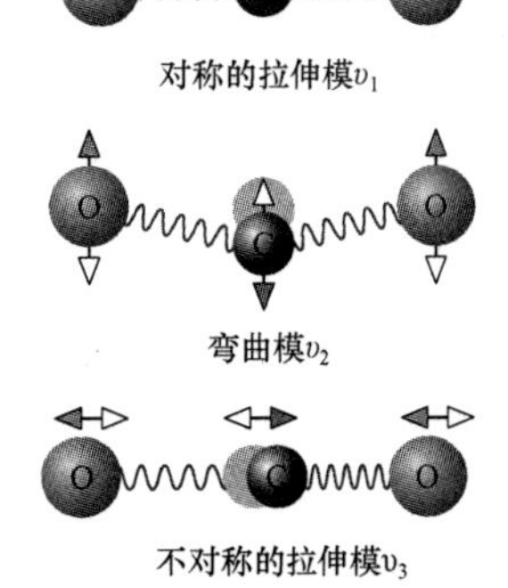

图 1.127 CO_2 分子的振动模

在传统的无微扰谐波振荡器模型[1.1520]中，每个模都有相关的振动频率：

$$f_1 = 40.51\ \text{THz},\ f_2 = 20.15\ \text{THz},\ f_3 = 71.84\ \text{THz} \tag{1.120}$$

在量子力学模型中，分子振动态的能量只能有离散值，叫做“振动能级”。通过利用整数振动量子数 n_1、n_2 和 n_3 来描述振动模的激发度，分子的总振动能 W_v 可写成单振动能之和：

$$W_v = hf_1\left(n_1 + \frac{1}{2}\right) + hf_2(n_2 + 1) + hf_3\left(n_3 + \frac{1}{2}\right) \tag{1.121}$$

振动振荡器的更详细分析包括分析非谐力。非谐力导致与简谐模型之间出现少量偏差，尤其是在振动量子数和转动量子数较高时。

即使不存在振动激发（n_i=0），而且分子处于其基态，在分子内部储存的能量也不能交换。由于主要关注的是振动模之间的能量差，因此可以忽略这个零点能量——因为零点能量是所有的模都共有的。

为了充分地描述振动态，需要利用角动量的另一个量子数 l 来定义 v_2 中弯曲振动量子在两个直角坐标中的分布和相位。对于每个 n_2 值，角动量 l 都有（n_2+1）个可能的值：

$$|l|=\begin{cases}n_2,n_2-2,n_2-4,\cdots,0; & n_2\text{ 为偶数}\\ n_2,n_2-2,n_2-4,\cdots,1; & n_2\text{ 为奇数}\end{cases} \tag{1.122}$$

例如，当 $n_2=2$ 时，值 $l=0$ 描述了线性弯曲运动，$l=-2$ 或 $l=2$ 则描述了 C 原子在垂直于分子轴的平面内沿相反方向进行两种圆周运动。CO_2 分子的振动态用常见的赫茨伯格符号（$n_1n_2^ln_3$）来标记，例如用（0000）来标记基态，或者用（12^20）来标记当几个振动模同时激发时的能态[1.1520]。

图 1.128 显示了一些最低振动态的能量。通过辐射发射与吸收观察到的能级（表 1.39）与利用简谐振子理论［式（1.121）］计算出的能级稍有不同，因此，需要利用非谐修正值进行更精确的计算，并考虑三个振动模的互耦合。

对于 CO_2 激光器中的激光过程来说，“费米共振”尤其重要。

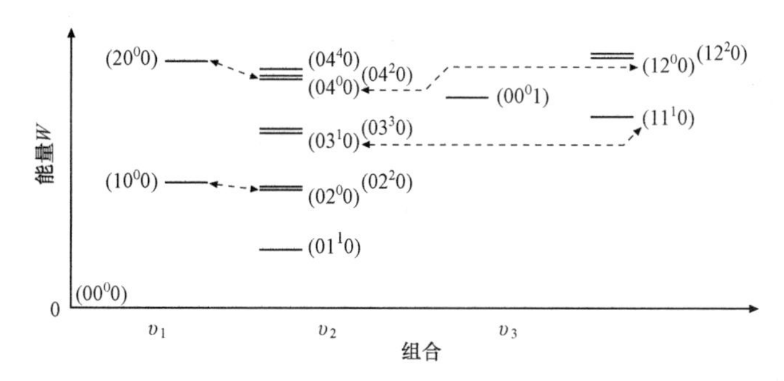

图 1.128　CO_2 分子的一些最低振动能级。费米共振把用虚线表示的能级耦合起来

表 1.39　CO_2 分子的一些低振动态的标记、对称性/宇称性分类和能量[1.1525]

振动态			波数、频率和能量		
赫茨伯格	AFGL	类型	$\bar{\nu}$ / cm^{-1}	f/THz	W/meV
（00^00）	00001	Σ_g^+	0	0	0
（01^10）	01101	Π_u	667.380	20.008	82.745
（02^00）	10002	Σ_g^+	1 285.408	38.536	159.370
（02^20）	02201	Δ_g	1 335.132	40.026	165.535
（10^00）	10001	Σ_g^+	1 388.184	41.617	172.113
（03^10）	11102	Π_u	1 932.470	57.934	239.596
（03^30）	03301	Φ_u	2 003.246	60.056	248.371
（11^10）	11101	Π_u	2 076.856	62.263	257.497
（00^01）	00011	Σ_u^+	2 349.143	70.426	291.257

当 l=0 时，有着相等（$2n_1+n_2$）值的振动态具有几乎相同的能量，并呈现出强耦合。由于存在费米共振，（10^00）态的能量上移，（02^00）态的能量下移，这些能态能够通过分子碰撞毫不费力地交换粒子数密度；另外，量子力学波函数和所得到的两个能级的振动运动是无扰振动态的强混合结果。在 CO_2 激光器文献中，对于更像（10^00）的能态，有时会在所得到的能级上标记“（Ⅰ）”，对于更像（02^00）的能态则标记“（Ⅱ）”。作为 CO_2 分子的精确吸收与发射波长的极佳参考资料，光谱数据库常常采用与简单赫茨伯格方案不同的标号方案，例如“AFGL”（美国空军地球物理实验室）符号，对费米共振进行更好的处理[1.1523,1524]。

CO_2 分子的旋转运动（图 1.129）在振动上叠加，只有围绕着与分子轴垂直的轴线旋转，才会产生较大的惯性矩并值得进一步研究。量子力学刚性旋转体模型的分立能级由下式求出：

$$W_r = B \cdot J(J+1) \tag{1.123}$$

其中，B 是转动常数；J 是转动态的量子数。J 值越高，在传统力学模型中分子旋转得就越快。例如，对于（00^01）振动态，B 值为

$$B = 48.0\ \text{meV} = hf_r = h\ \ 11.6\ \text{GHz} \tag{1.124}$$

更精确的计算表明，由于存在非简谐性，转动常数 B 与振动态之间存在弱相关性；又由于离心力的原因，因此转动常数与转动量子数 J 本身也相关[1.1520]。

CO_2 分子的总内能 $W=W_v+W_r$ 是振动能和转动能之和，旋转运动中储存的能量通常比振动运动能量小得多，因此，转动能级可视为是在每个振动能级上叠加的。

3. CO_2激光器的发射谱线

当光子能量 $W_p=h\,f_p$ 等于相应原子或分子的两个规定能级之能量差 $\Delta W=W_2-W_1$ 时，光吸收以及光的自发辐射和受激辐射会发生；另外，由于波函数的对称特性，还必须考虑基于自旋动量或角动量守恒原理的选择规则。根据振动矩阵偶极振子的形式体系，只有某些跃迁是容许的[1.1522]。容许的 CO_2 激光器最强发射谱线源于以大约 10.4 μm（10 μm 谱带）的波长为中心的（00^01）→（10^00）振动跃迁，以及以大约 9.4 μm（9 μm 谱带）的波长为中心的（00^01）→（02^00）振动跃迁。对于这些定期跃迁，与上下能级中的转动量子数有关的下列选择规则是适用的：

$$\Delta J = J_2 - J_1 = \pm 1 \tag{1.125}$$

对于指定的下转动态 J_1，光子发射有两种不同的可能性，如图 1.130 所示。跃迁是以低能态的转动量子数命名的。此外，当 $\Delta J=-1$ 时，跃迁被标记为“P”（P 分支）；当 $\Delta J=+1$ 时，跃迁被标记为“R”（R 分支）。例如，CO_2 激光器的其中一条最强发射谱线被标记为“10P（20）”，表示从具有低转动态 J=20 且 $\Delta J=-1$ 的 10 μm 能带处发生的跃迁。不同的跃迁有不同的能量差 ΔW，因此也有着不同的发射频率 f 或波长 λ，因为根据式（1.123），转动能与量子数 J 之间成平方函数关系。这是 CO_2 激光器可能有很多条发射谱线的原因。

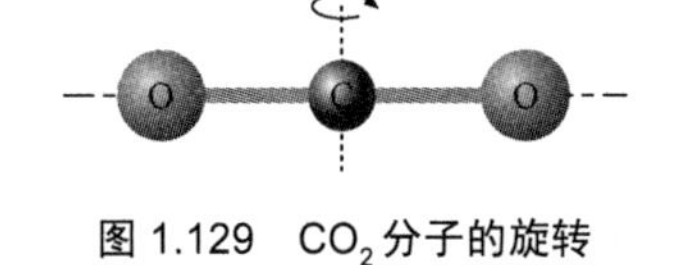

图 1.129　CO_2 分子的旋转

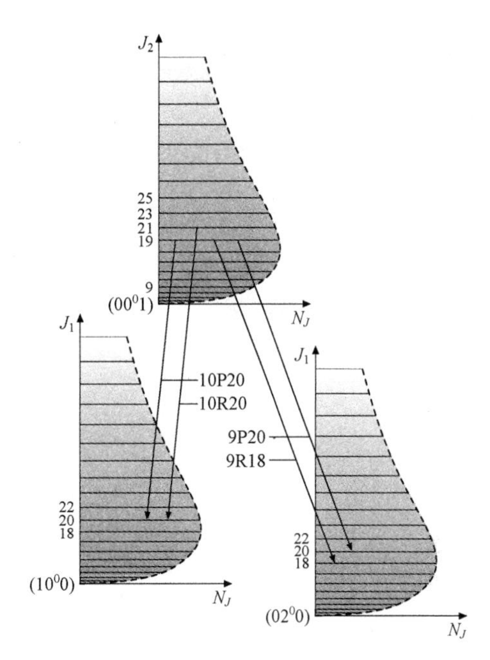

图 1.130　常规谱带的容许转动–振动跃迁的命名示例。T=400 K 时的转动分布已计算出来

图 1.131 显示了典型 CO_2 激光器的常规谱带的相对增益计算值。由于转动能级叠加以及选择规则，这两个振动跃迁都具有特性 R 分支和 P 分支。根据文献［1.1526］，精确的谱线位置已在文献［1.1511］中列出，或列在了文献［1.1523］等光谱数据库中，文献［1.1523］还列出了可用于计算跃迁中的吸收和增益[1.1527]的跃迁偶极矩。请注意，在图 1.130 中，对于低能态（10^00）和（02^00）只给出了偶数阶的转动态 J。由于在 $^{16}O^{12}C^{16}O$ 同位素体中这些能态的对称特性和宇称性选择规则（Σ_g^+），因此奇态缺失[1.1521]。这些说法对于常规带（00^01）的上能态（Σ_g^+ 态）来说也是适用的，因为常规带的上能态只有奇数的转动量子数 J。

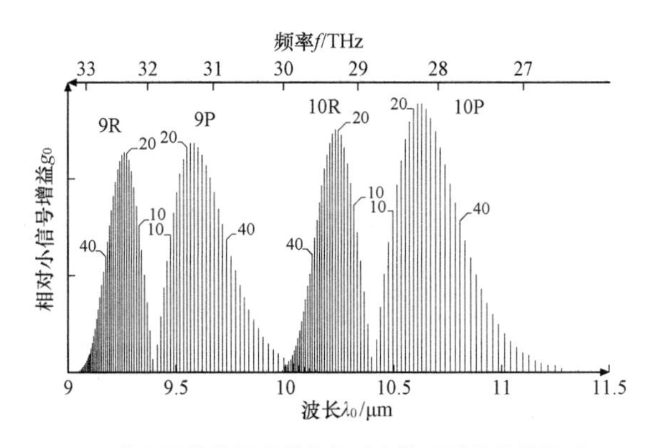

图 1.131　CO_2 激光器的常规谱带的相对小信号增益计算值（T=500 K）

除上面探讨的常规谱带之外，只发生少量波长移动的其他振动跃迁也能以激光器形式工作，这些振动跃迁就是所谓的“热带”和“序列带”，表 1.40 总结了振动跃迁。实现抑制的一种方法是利用充满了热 CO_2 气体并位于谐振腔内部的无源吸收池[1.1511]；如果需要特定的发射波长，那么就可以在光谱中采用这些热带激光器或序列带激光器，但几乎所有的技术激光器都在常规谱带内工作。

表 1.40　可能的振动激光跃迁

振动带	注释
$(00^01)\rightarrow(10^00)$ $(00^01)\rightarrow(02^00)$	常规带，10 μm 常规带，9 μm
$(01^11)\rightarrow(11^10)$ $(01^11)\rightarrow(03^10)$	热带 热带
$(00^02)\rightarrow(10^01)$ $(00^02)\rightarrow(02^01)$	序列带 序列带

在指定跃迁中单位长度上的光学小信号强度增益 g_0 与上能态和下能态的粒子数密度差成比例，并利用各自的简并因子来加权：

$$g_0 \propto \left(N_{n_2J_2} - \frac{2J_2-1}{2J_1-1}N_{n_1}J_1\right) \tag{1.126}$$

粒子数密度 N_{nJ} 是在转动－振动能级 n 和 J 中每单位体积内的分子数。在总粒子数为 N_n 的每个振动态 n 里，分子在不同转动态中的分布 N_{nJ} 用热玻耳兹曼分布描述，并用总转动配分和以及每个 J 的简并因子来加权：

$$N_{nJ} = N_n\left(\frac{2B}{kT}\right)(2J+1)\exp\left(-\frac{W_{\rm f}}{kT}\right) \tag{1.127}$$

其中，T 是平移气体温度；k 是玻耳兹曼常数。在规定温度下，当此分布处于最大值时的转动能级可大致计算为

$$J_{\max} \approx \sqrt{\frac{kT}{2B}} - \frac{1}{2} \tag{1.128}$$

在 T=400 K 的典型气体温度下，在 J=19 左右的能级拥有最大粒子数。在不含其他波长选择性元件的 CO_2 激光器中，通常只有在 10.59 μm 波长下 10P（20）谱线周围的一次跃迁会发出激光，因为该跃迁具有最强增益（图 1.131）。但在谐振腔较短的激光器中，可以观察到一种叫做“跳线”的效应。当谐振腔的本征频率 f_q 因热膨胀而开始在频率轴上漂移时，在谱线轮廓的边缘（即 10P（20）谱线），此频率 f_q 下的增益将会低于在完全不同的跃迁线 10P（28）的增益轮廓内由另一个截然不同的本征频率 f_x 得到的增益。因此，即使转动－振动跃迁线的最大增益低于较强的 10P（20）跃迁线，转动－振动跃迁线也能发出激光。小信号增益 g_0 的典型值

在 0.5～1.5 m^{-1} 范围内。

甚至在激光条件下，转动分布仍会保持其热玻耳兹曼形状，因为转动能级之间会因为分子碰撞而发生快速的粒子数交换。因此，在振动上能级内，几乎所有转动态中的粒子数（而不只是特定上能级的粒子数（例如（0001）振动能级的 J=19 能态））都会促成一次激光跃迁。这主要对光增益的饱和强度 I_s 有影响，I_s 比单个转动能级 J 中的粒子数 N_{nJ} 大得多，饱和强度 I_s 的范围从密封大径直流激发激光器中的 100 W/cm² 到快流激光系统中的超过 1 000 W/cm²。请注意，饱和强度 I_s 还取决于实际发射激光的特定跃迁线[1.1528]。

4. 电激发和气体成分

在无任何激发的情况下，处于热平衡中的振动态粒子数由玻耳兹曼分布决定。由于在 296 K 温度振动下能级的能量与热能 kT=25.5 meV 几乎相同，因此在高于基态的能级中的热粒子数不能忽略。规定振动能级 n 中的粒子数 N_n 由下式求出：

$$N_n = N_0 \frac{\exp\left(-\frac{d_n W_n}{kT}\right)}{Q_{\text{vib}}} \tag{1.129}$$

其中，N_0 是 CO_2 分子的总密度；d_n 是简并因子；W_n 是能级 n 的能量；Q_{vib} 是总的振动配分和。如果没有激发，激光上能态（00^01）的粒子数将永远小于激光下能级（10^00）或（02^00）。这对无源介质来说是常态，无源介质在各自的跃迁波长下有相应的吸收谱线。

为实现粒子数反转从而获得光增益，人们常常在激活介质中利用气体放电管来激发 CO_2 激光器。在放电管中出现的加速电子与分子相撞，损失掉一部分动能，这些能量中的一部分会转变成分子的振动激发能，或者通过纯平移运动变成动能。分子中某振动态的激发有效性通常用激发截面来描述，而激发截面又与电子能量成函数关系；为实现常规 CO_2 激光谱线的粒子数反转，激光上能态（00^01）需要有较高的选择性粒子数（图 1.132），但这在纯 CO_2 气体放电管中是几乎不可能的，因为不同振动态的激发截面具有相同的数量级。因此，研究人员在激光气体中添加了氮（N_2）[1.1515]。作为由两个原子组成的一种分子，N_2 只有一个振动模。N_2 是一种同核分子，在所有的振动能级中都没有电偶极矩，其激发振动态无辐射衰减；因此，氮气能将能量高效地储存在其振动激发态中。在气体放电管中，超过 50%的 N_2 分子都能激发至更高的振动能级。第一个激发振动态 n=1 拥有与激光上能级（00^01）几乎相同的能量（289 meV）。由于激发氮原子之间发生共振碰撞，因此振动能会毫不费力地转移给期望的 CO_2 能态：

$$N_2(n) + CO_2(00^00) \rightleftharpoons N_2(n-1) + CO_2(00^0\text{I}) + \Delta W \tag{1.130}$$

能量差 $\Delta W = -2.2$ meV $\ll kT$ 可从分子的热动能中轻松获得。能级的这种相似性是一种非常幸运的巧合，否则激光器将不能正常工作。一氧化碳（CO）也能用于激光上能级的选择性激发，但效率较低，因为存在较大的能量差以及容许其振动激发态有辐射衰减（另请参阅关于离解和气体添加剂的那一节）。

图 1.132 显示了 CO_2 激光过程的能级图。气体放电管中的加速电子通过碰撞，将氮分子激发到更高的振动能级，这些被激发的氮分子将其能量转移给 CO_2 分子的激光上能级（00^01），从而使激光上能级获得与激光下能级相比明显更高的粒子数。由此，CO_2 分子便实现了粒子数反转。通过光子的受激辐射，激光上能级（00^01）可能会发生两次较强的激光跃迁：一次是以（02^00）为激光下能级的 9 μm 能带；另一次是以（10^00）为激光下能级的 10 μm 能带。

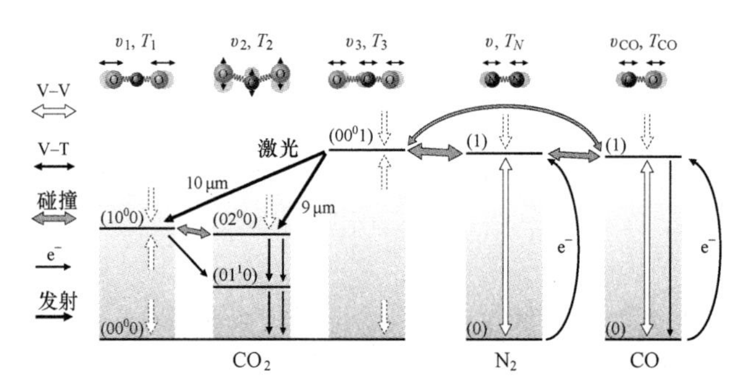

图 1.132　CO_2 激光过程（包含激发路径和衰减路径）的能级图

为保持较大的粒子数反转，必须通过对激光气体的高效冷却来避免激光下能级的热粒子数，因此，需要在激光气体中添加氦（He）。氦是仅次于氢气的第二大高热导率气体，氦还通过振动–平移（V–T）弛豫，在（02^00）和（01^10）能级的粒子数衰减中起着重要作用。由此，CO_2 分子的振动能被转移给动能，使分子发生平移运动。（02^00）和（01^10）能级也有可能通过自发辐射出现辐射衰减，但（10^00）能级不会。在振动过程中，（10^00）能级的偶极矩无变化。（10^00）能级不但能通过 V–T 弛豫将粒子数直接减少到（01^10）能级，还能通过碰撞后的费米共振以及与（02^00）能态之间的能量交换来实现此粒子数反转。事实上，由于费米耦合，这两个振动模的振动激发度几乎相同。在弛豫到基态（00^00）之后，CO_2 分子可用于重新激发，于是新的激光过程又开始了。

在一个振动模（例如 CO_2 分子的 v_1）内，通过碰撞时的振动–振动（V–V）弛豫和激发过程，振动能级之间出现了很强的相互作用：

$$CO_2(n_1') + CO_2(n_1'') = CO_2(n_1'+1) + CO_2(n_1''-1) + \Delta W \tag{1.131}$$

其中，小能量差 ΔW 是由非谐力造成的，几乎可以忽略不计。在这个快速热化过程中，一个模（v_i）内振动能级的粒子数分布可用与式（1.129）类似的玻耳兹曼分布来描述，只是在这个特定振动模中具有特定的振动温度 T_i。需要用三个振动温度 T_1、T_2 和 T_3 来描述 CO_2 分子的三个振动模 v_1、v_2 和 v_3。这些温度与氮气的振动温度 T_N 和实际气体温度 T 一起，构成了 CO_2 激光器“五温度模型”，这个模型可用于量化在指定激光系统中的振动激发度，并计算不同跃迁的光增益[1.1511,1529–1531]。

请注意，气体放电管内的振动温度可能明显高于平常的实际气体温度 T，因此后者只反映了平移动能。对于典型的激光条件，温度 T_3 和 T_N 可能超过 1 000 K，即使实际气体温度 T 只有 450 K 也如此，这些温度反映了在强反转作用下这些模的期望高激发水平，尤其是当没有激光作用，不能通过受激辐射减少（00^01）中的粒子数时。由于强耦合，振动温度 T_1 和 T_2 几乎相等，这些温度只比实际温度高一点，因为其过剩粒子数衰减（至基态）仅以有限的速率发生。在这种情况下，振动温度应当尽可能地低，使激光低能级中的粒子数较少。当然，振动温度不可能比实际气体温度 T 还低。温度 T 还适用于描述旋转粒子数分布。

典型 CO_2 激光器的气体混合物是 $He:N_2:CO_2=8:2:1$，根据激光器的具体设计会有一些变化。气体混合物通常用实验方法进行优化，以获得最佳输出功率。对于纵向直流激发激光器，气压 p 一般为几十 hPa；对于装有横向 RF 放电管的激光器，p 在 100 hPa 范围内；对于装有脉冲横向放电管“TEA”（横向激发大气压）激光器，p 可能等于大气压。气体压力会影响气体放电管的稳定性，以及为了在不同的激发频率和放电管几何形状下启动并保证放电管稳定工作所需要的电场强度。气体压力 p 和放电管里的外加电场 E 一起，共同影响着电子能量分布函数（EEDF）。要想高效地激发期望的氮振动态，电子能量需达到 2～3 eV，此时 N_2 振动激发的有效截面最大[1.1511]。

5. 离解和气体添加剂

在激光气体放电管中，电子能量分布函数（EEDF）的形状可能相当复杂，但总是有一个“尾巴”延伸到相当高的电子能范围内。高能电子可能会在气体放电管内诱发 CO_2 分子的化学离解过程，从而给激光器的性能和寿命带来不利影响。这些反应的例子如下：

$$CO_2+e^- \rightleftharpoons CO+O^-, \Delta W=-3.85\ \text{eV} \tag{1.132}$$

$$CO_2+e^- \rightleftharpoons CO+O+e^-, \Delta W=-5.5\ \text{eV} \tag{1.133}$$

这是在复杂气体化学中导致 CO_2 浓度降低以及激光气体管内 CO 浓度高的原因[1.1532]。通过利用质量作用定律，如果没有离解降低机制，CO_2 和 CO 之间将会建立起大约 1:1 的典型平衡比。很明显，这将使总的激光输出功率和效率降低。

表 1.41　不同工业 CO_2 激光器类型的一些商用气体预混物[1.1533,1534]

预混物名称/（厂家）	成分							激光器类型，模型系列
	He	N_2	CO_2	CO	O_2	Xe	H_2	
Lasermix 322（林德集团）	65.5	29	5.5					快速轴流，通快公司（Trumpf）的 TLF 系列
Lasermix 690（林德集团）	65	19	4	6	3	3		扩散冷却密封，罗芬公司（Rofin）的板条直流 0XX
Lasal 81（液化空气集团）	80.8	15	4				0.2	直流激发缓流，FEHA SM 系列

在拥有连续激光气体流（与密封系统相反）的激光器中，激光气体可以用预混瓶中的气体来代替，或者可以在强制循环中通过催化剂进行部分再生，以防止过度离解。显然，气体离解对于无气体交换的密封激光器来说更加重要。为减少离解过程以及保持较高的输出功率，有关人员研究了在基本混合物中添加多种不同的气体添加剂[1.1511]。表 1.41 显示了在大功率 CO_2 激光器中一些商用激光气体预混合物的成分。

毫无疑问，氙（Xe）是密封 CO_2 激光器中最高效、最广泛使用的添加剂[1.1535–1537]。Xe 具有 12.1 eV 的第一电离势，比其他气体小几 eV，因此，在较低的外加电场中，放电管中的电流密度能够保持不变，这反过来会使 EEDF 移向更低的能量。低能级能够更高效地实现振动激发，用更少的快电子就能促发离解过程。另外，由于原子量高，Xe 的热导率极低。Xe 还是很稀有昂贵的惰性气体，密封的激光混合气体中一般都含有百分之几的 Xe。

水蒸气（H_2O）和氢分子（H_2）也被广泛研究过[1.1511,1538]。这两种气体在气体放电管里与氧自由基发生反应，生成羟基－OH，这种羟基是将 CO 氧化成 CO_2 的一种高效催化剂。另外，具有多种振动态的水蒸气能够快速解除激光上能级（00^01）的激发态，并快速减小这个能级的期望粒子数密度。所报道的、用于达到最佳催化作用和低振动猝熄作用的水蒸气浓度相当低[1.1511]，经发现在真实的激光系统中难以控制。在其他激光系统中，还没有找到关于存在最佳水蒸气含量的明显证据[1.1539,1540]。根据经验，激光气体的露点应当低于－40 ℃，相当于 0.13 hPa 的水蒸气分压。必须避免由冷却系统中的剩余水带来的污染。但一些激光气体预混合物可能含有少量氢气——在激光系统厂家做的实验中就发现有适量的氢气。

其他气体预混合物包括一氧化碳（CO）或氧气（O_2）。根据质量作用定律，这两种添加剂会使离解反应式（1.132）和式（1.133）的平衡式向左移动。因为 O_2 是一种强电负性气体，过高的 O_2 浓度会给放电稳定性和 EEDF 造成不利影响。作为一种双原子分子，CO 有着与氮气类似的振动能级，还能通过与 CO_2 分子的激光上能态发生共振碰撞转移振动能（图 1.132）。最初在用于填充激光器的气体预混物中添加 CO 和 O_2——这样做的另一个好处是气体已经接近离解过程中的平衡组分，因此当激光器在充满新配制的气体混合物之后首次工作时，激光功率不会出现过冲或下冲。但在振动激发中，CO 并不像氮气那样有效。CO（n=1）振动能级和 CO_2（0001）能级之间的能量差为 25.5 meV，与 CO_2 和 N_2 之间的能量差（2.2 meV）相比较大；此外，CO 还允许通过自发辐射进行以基态为目标的偶极跃迁，因此与氮气相比能减少振动激发。所储存的振动能在 CO 中这种更快速弛豫会在电激发关掉之后使激光发射的衰减时间缩短，这对于快速调制激光器（例如用于编码和标记的激光器）来说很重要。CO 是在这里探讨的气体种类中唯一有毒的气体，在处理这些气体混合物时，一定要小心。

6. CO_2 激光器的材料

激光管的材料必须按照前面几节中描述的激光原理和技术问题来认真选择。要

制造出可靠的商用 CO_2 激光系统，需要在真空技术和洁净室操作规范方面掌握扎实的知识。必须采用具有低除气压力和低蒸汽压力的材料，这通常会限制塑料和聚合物胶在 CO_2 激光管中的应用；此外，气体放电管的紫外辐射会使大多数有机化合物的性能快速退化。在 CO_2 激光器中，只有几种环氧基胶可以使用。

很多低功率密封激光器（甚至是具有慢速或快速气体循环的大功率激光器）都利用石英玻璃管来限制激光气体。石英（SiO_2）玻璃具有热稳定性、化学惰性、耐紫外辐射能力和低介质损耗。但硅基玻璃的红外线吸收系数高——甚至当光掠射到玻璃表面时也如此。因此，石英玻璃管的直径需要比由共振腔反射镜形成的激光光束大得多。对于波导激光器（见 1.4.2 节），必须使用由其他材料制成的激光管[1.1541,1542]，通常采用氧化铝（多晶 Al_2O_3 陶瓷）。氧化铝是一种致密的真空密封陶瓷材料，还具有尺寸稳定性和热稳定性；氧化铝的红外线吸收系数低于石英玻璃，因此适于制造中空介质波导。此外，氧化铝在射频下介电损耗极低，这使得它成为横向电容耦合射频（CCRF）放电激发的一种理想材料。

用于限制气体体积的首选材料也是惰性钝化金属，例如不锈钢[1.1543]和钝化铝。钢能通过传统方法或激光毫不费力地焊接成真空密封激光管，铝的焊接要难一些；另外，铝的热导率和电导率与钢相比要好得多，红外反射率也更高。这使得铝成为波导板和横向射频放电电极的一种很好的材料[1.1544]。

也可以采用电解铜或无氧高导电性（OFHC）铜，因为它们拥有极好的热导率和电导率以及较高的红外反射率。另外，从气体放电管内部的离解过程中释放出的氧自由基可以把铜氧化，铜不会在表面上形成稳定的惰性氧化物，而是会吸收氧气并将其约束在体积内。这会导致离解平衡式向管内低 CO_2 含量方向移动。因此，无涂层的铜不适于与气体放电管直接接触。但在远离放电管的地方，铜是一种极好的反射镜材料。铜反射镜能被后侧的水道有效地冷却，这对于大功率激光器内部的谐振腔和偏转镜来说很重要。例如，当输出耦合器的反射率为 50%时，谐振腔内的循环光功率是激光系统中额定激光功率的 2 倍。即使红外反射率很高，若反射镜无冷却设计，这样高的光功率仍会导致大量的热量和较高的机械应力。铜可用镍（Ni）电镀，然后镀金（Au），这使得铜表面的抗氧化性更强。

7. 催化剂与气体分析

设计人员已做过大量研究，以找到合适的催化剂来减少 CO_2 的离解并保持高输出功率。在有气体流动的激光器中，激光气体通过外部催化剂实现循环流动，可在表面积较大的金属氧化物(例如氧化锡)[1.1546,1547]上采用常见的催化剂，例如热铂[1.1545]或铂。但快流系统需要提供几升/小时的气体补充量，以补偿余气真空泄漏或材料污染。由于高纯度激光气体混合物与催化剂系统的安装成本相比很便宜，因此后者通常不适用于快流系统。

对于没有气体流动的密封激光器来说，情况则迥然不同。在气体放电管里的离解反应很快，放电管内 0.1 s 就能达到平衡；对于放电区外部或单独储气罐内的催化表面来说，扩散时间常量在分钟范围内。因此，催化表面需要与放电管本身密切接触。例如，有人已报道催化活性铂阴极[1.1538]和分布式铂[1.1548]或纵向放电管内侧的溅射金涂层[1.1549]。有人报道，对于波导激光器来说，经发现镀金电极很有效[1.1550,1551]。这些方法中的催化活性以及给激光输出功率带来的优势取决于催化表面的制备、气体成分和激光器自身的几何形状，还有很多问题没有解决，给人留下了一种“炼金术”的印象。一些商用激光器设计就采用了这样的方法——所用的方法对指定的激光器设计来说被认为是最好的。

为了研究催化剂对气体成分的影响，或者更笼统地说，为了获得更多关于激活介质的数据（例如振转温度），可以采用各种方法。

一般用质谱仪进行气体分析，但由放电管产生的短寿命气体种类无法轻松测定。所要求的压降（从几十 hPa 一直降到 10×10^{-7} hPa）会改变最初的气体组分。必须小心处理由 N_2 和 CO 带来的模糊性，因为这两种气体有着相同的质量数。研究人员已在实验激光系统中采用了特殊的方法来测量由气体放电管直接生成的气体组分，并且深入剖析了复杂的气体化学性质[1.1532,1552]。

另一种方法是研究由气体放电管内部的电子激发态造成的可见光/紫外光自发辐射[1.1554]，这甚至可以用裸眼来做到，图 1.133 显示了典型的光谱。不含有大量 CO 的气体放电管看起来呈粉红色或红–紫色，因为在红光和蓝光可见光谱内有电子振动氮气发射谱线；由于含有大量的一氧化碳，在蓝光–紫外线光谱区的强发射带还分布有一些 CO 发射谱线，因此，离解度较高的气体放电管看起来更显蓝白色。例如，在带玻璃管的缓流直流激发气体激光器中，可以观察到从进气口到出气口的颜色变化。在量化研究中，可以利用具有快速读数功能的光纤耦合分光仪来获得时间分辨浓度数据[1.1553]。通过利用高分辨率光谱（例如紫外氮气发射带），可以测量气体的转动温度。研究人员利用成像系统，已经在射频激发大功率板条激光器的放电间隙中测出了这些参数的空间分辨数据[1.1555]。

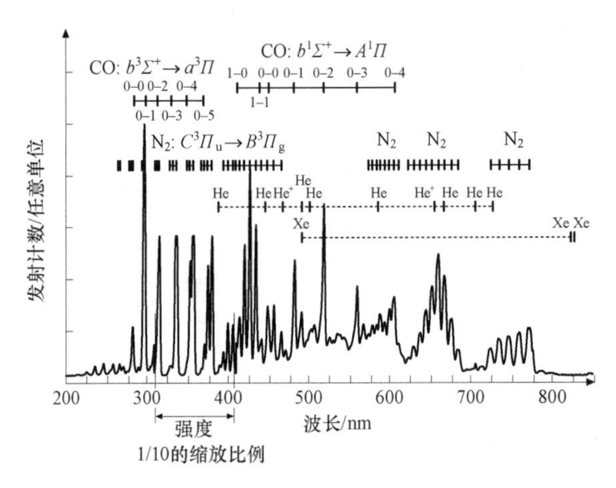

图 1.133　CO_2 激光器气体放电管的横向自发辐射可见光谱（根据文献［1.1540，1553］）

吸收光谱和可调谐二极管激光器也能够非常有效地直接测量激光管或气体放电管内的气体浓度和转振温度。因此，可以调节波长可调二极管激光器，以适应相关分子的各种吸收跃迁（即 CO_2、CO、N_2O 和 NO）。通过将二极管激光光束瞄准并穿过气体体积，同时测量几次转动–振动跃迁的相对强度，就有可能精确地诊断激活介质[1.1556–1560]。最近，有人利用这种方法在射频激发板条激光器的电极上验证了特殊镀金层的催化活性[1.1561]。

8. 输出光谱和谱线展宽

由于转动能级之间存在快速粒子数弛豫，因此通常只能观察到具有最大增益的转动跃迁。研究人员还为两次常规振动跃迁描绘了类似的旋转谱线竞争情形（图 1.132），由于这两次跃迁有着相同的激光上能级（00^01），而且下能态（10^00）和（02^00）的粒子数水平通过费米共振进行耦合并有着类似的衰减率，因此只有具有最大增益的振动跃迁会存续下来。对于很多激光器来说，这通常就是 10P（20）跃迁或它的其中一个相邻跃迁。

每一条转振跃迁谱线都有几种展宽机理。当气体压力高于 10 hPa 时，碰撞展宽或压致增宽强于多普勒展宽。碰撞展宽谱线的形状用线宽（FWHM）Δf_L 与总气压 p 成正比的洛伦兹函数来描述：

$$\Delta f_{\mathrm{L}} = 2p(\psi_{\mathrm{CO_2}} b_{\mathrm{CO_2}} + \psi_{\mathrm{N_2}} b_{\mathrm{N_2}} + \psi_{\mathrm{He}} b_{\mathrm{He}}) \times \left(\frac{300}{T}\right)^n \qquad (1.134)$$

其中，ψ_i 是相应气体的百分比；T 是气体温度。在恒压下，温度指数 $n=0.58$[1.1562]，在文献中还会发现其取值范围为 0.5～0.7。b_i 是由与气体种类 i 碰撞所得到的压致增宽系数，可通过下式求出[1.1562]：

$$b_{\mathrm{CO_2}} = (3,40 - |m| \cdot 0.027\,2)\mathrm{MHz/hPa} \qquad (1.135)$$

$$b_{\mathrm{N_2}} = (2.35 - |m| \cdot 0.012\,7)\mathrm{MHz/hPa} \qquad (1.136)$$

$$b_{\mathrm{He}} = (1.77 - |m| \cdot 0.000\,83)\mathrm{MHz/hPa} \qquad (1.137)$$

其中，$m=-J$ 适于 P 分支，$m=J+1$ 适于 R 分支。例如，表 1.41 中的 Lasermix 322 在 100 hPa 和 500 K 条件下的最常见 10P（20）谱线具有 284 MHz 的 FWHM。在此温度下的多普勒线宽为 Δf_D=36.2 MHz。如果用福格特（Voigt）谱线形状来代替纯洛伦兹线形[1.1563]，则可考虑采用这样的多普勒线宽。

在这个线宽内，可能存在一种或多种纵向谐振腔本征频率 f_q。例如，如果 CO_2 激光谐振腔的长度为 L_{res}=2 m，则相邻本征频率之间的间隔为 $\Delta f_q=c/2L$=75 MHz。由于碰撞展宽谱线均匀地饱和，因此只有与跃迁中心频率最靠近的本征频率才会在饱和之后稳态发射激光，如图 1.134 所示。因此，CO_2 激光器一般为纵向单模激光器。

9. 效率、输出功率和冷却

谐振腔长度 L_{res} 的少量变化会导致谐振腔本征频率 f_q 的频移。L_{res} 的变化一般是

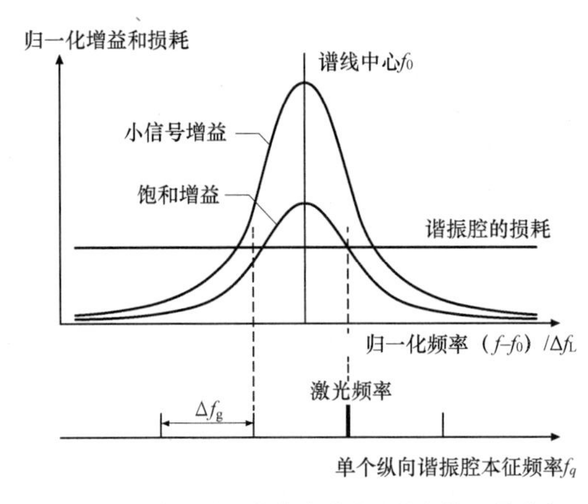

图 1.134　洛伦兹增益轮廓曲线的均匀饱和导致在单个纵向谐振腔本征频率下发射激光

由激光管或激光外壳材料的热膨胀或机械力所致。当单个本征频率f_q开始在增益轮廓（图 1.134）下移动时，这会导致输出功率波动，因为激光功率取决于在规定频率下增益相对于损耗的裕量。一旦下一个本征频率f_{q+1}或f_{q-1}靠近谱线中心f_0，成为初始f_q，激光频率将跳转至这个新的频率（跳模）。当这个新频率也要在增益轮廓下移动时，一个新的输出功率升–降循环又开始了。这就是激光器打开之后出现典型功率波动直至达到热平衡时为止的原因。请注意，这种效应在谐振腔长度较短的激光器中更显著，因为这些激光器的本征频率间隔δf_q更大。这种效应可通过以下方法来减轻：采用热膨胀系数低的材料，利用压电致动器或光学上不稳定的谐振器，主动地使谐振腔长度变得稳定。如果只有功率需要稳定，则可通过测量输出功率和固定电激发功率，启用一个快速封闭式控制回路。

激光器效率的理论极限是内量子效率ηq。对于CO_2激光器来说，ηq是激光光子的能量与激光上能级（00^01）的能量之比，大约为 40%，这对气体激光器来说已经相当高了。出于一些原因，真实技术激光器的效率要低得多。气体放电管内部的电子不仅会激发所需要的分子振动态，还会激发其他能态。另外，电子动能的很大一部分都转移到了分子的纯平移运动中，因此变成了热量，其余能量则损失在了用于保证气体放电的电离过程以及化学离解过程中。此外，并非每个振动激发分子都对激光过程有贡献。振动能会因为振动–平移弛豫而衰减，然后振动能再次生成，并通过激发态的自发辐射进行辐射衰减。最后，光能在反射镜和波导的吸收损耗中消散，或通过受限的光阑直径来消散。

典型电效率η_E的定义是所提取的激光功率P_L与直接外加给放电管的电功率P_E之比。对于缓流直流激发激光器，$\eta_E \leqslant 10\%$；对于射频激发式波导激光器，$\eta_E \leqslant 15\%$；对于快流系统，$\eta_E \leqslant 20\%$。总的功率转换效率η_{tot}定义为激光功率P_L与电源功率P_{mains}之比，并且总是小于η_E。这是因为电子电源在提供所需要的直流高压功率或射频功率时发生了转换损耗，另外还有大量能量消散在了快流激光器的气体循环系统中。

指定CO_2激光器的输出功率可利用简单的热动力学来大致估算。如果光学设计、电激发和气体组分的所有方面都已优化，则可假设电效率η_E为上面探讨的范围。激光功率最终要受到激光系统的冷却排热能力的限制，通过电激发被耗散的功率不应当将激光气体加热至超过某一温度（例如 450 K）。

在扩散冷却式激光器中，强制气流对于散热没有帮助。气体混合物的热导率以及激发振动态扩散至壳（管）壁的速度决定着热传输过程。对于激光气体在放电区内的规定容许温升 ΔT，适用的最大耗散热功率 P_{diss} 可通过求解已知几何形状激光器的微分传热方程来计算。对于快流系统，散热量由气体的比热容 c_p 和质量流量 $\dot{m}$ 决定。

假设几乎所有的电激发功率 P_{E} 最后都会消散为热量 P_{diss}，则在已知温升 ΔT 时的最大容许激发功率 $P_{\text{E,max}}$ 能够轻易地计算出来。这个激光系统的最大可能输出功率 $P_{\text{L,max}}$ 能够用假设的电效率 η_{E} 算出，但这种想法夸大了冷却方法对大功率激光器的重要性。本书将在下一节中探讨不同的方法。

1.4.2 典型的技术设计

虽然在玻璃管内含有一根纵向直流放电管的 CO_2 激光器（如 1.4.1 节所述，因为结构简单已经在使用并销售），但在过去几十年里人们还开发了 CO_2 激光器的其他很多类型和实现形式。这些激光器可根据各种特性进行系统的分类，如下所示：

（1）激光器内部的气流：

- 无气流，密封；
- 准密封，周期性气体交换；
- 在激光光束轴向上的慢气流；
- 在激光光束轴向上的快气流；
- 在激光光束横向上的快气流。

（2）气体冷却：

- 用扩散冷却法冷却气体放电管的壁；
- 用外部换热器冷却快速气流。

（3）电激发：

- 纵向直流放电（连续）；
- 在高气压下的横向直流放电（脉冲）；
- 电容耦合式横向射频放电；
- 电感耦合式射频放电；
- 微波激发式气体放电管。

（4）光学谐振腔：

- 稳定的光学谐振腔；
- 不稳定的光学谐振腔；
- 反射镜之间的自由空间传播；
- 反射镜之间的光波导；
- 这些特性在不同平面上的组合。

原则上，这些特性中的几乎任何特性都可能组合，从而提供特定的优势。一般来说，激光光束、气流和激发电场的三根轴线可以相互平行，也可相互垂直。在下面几节中，本书将进一步探讨一些最重要的激光器设计及其具体的技术特性。CO_2

激光器的商业制造商常常采用大相径庭的设计方法——这要视他们自己的知识产权和专利而定。总的设计方面有：散热效率尽可能地高，用小型光学谐振腔获得较小的“足迹”（甚至在功率级很高时也如此），采用坚固稳健的设计，以实现免维护长期工业运行。

在此，不再进一步详细探讨更加怪异的激光器类型，例如光泵浦 CO_2 激光器、黑体辐射泵浦激光器、含有电子束持续气体放电管的激光器、气体动力 CO_2 激光器。

1. 直流激发快速轴向气流激光器

纵向直流激发激光器的优势是设计相当简单、划算。现代直流激发激光器采用了先进的电控高压（HV）供电电路，能够同时控制电压和电流，因此省略了镇流电阻，如图 1.126 所示，使高压电路中的欧姆损耗减少。这类激光器还采用了基于真空管或基于更现代化的半导体的电流调节器和开关式电压转换器。

对于大功率激光器来说，可以利用快速轴向气流来冷却气体。20 世纪 70 年代后期，有人演示了具有 kW 级功率的激光器[1.1564,1565]。图 1.135 显示了现代直流激发快流大功率激光器的一个例子。气体管中的气体放电管分为四个独立的部分，以使所需要的高压电平保持适度。所示的放电管和流管中有两根可以平行使用，并拥有 U 形折叠的光路和谐振腔，以使激活介质的长度加倍，这是因为输出功率与增益介质的长度成比例。

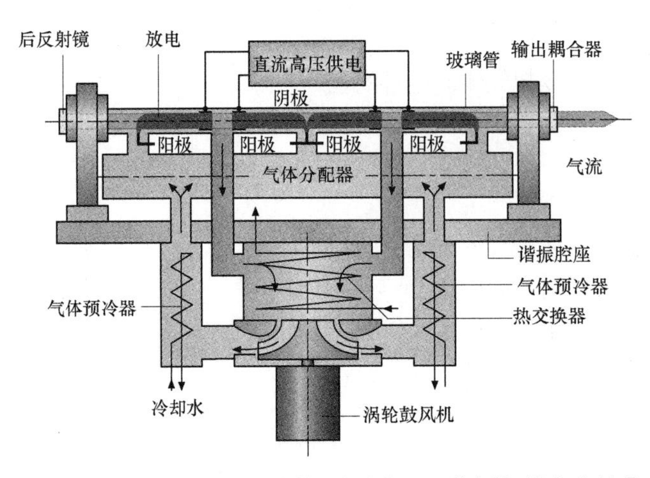

图 1.135　具有快速轴向气流的纵向直流激发大功率 CO_2 激光器（根据文献［1.1566］）

在 1.4.1 节中探讨提到，CO_2 激光器的最大输出功率基本上由其散热能力决定，快速气体循环可由涡轮鼓风机驱动。从热力学角度考虑，快流激光器的最大激光功率 $P_{\mathrm{L,max}}$ 可利用给定的电效率 η_{E} 来计算：

$$P_{\mathrm{L,max}} = \eta_E P_{\mathrm{E,max}} = \left(\frac{\eta_E}{1-\eta_E}\right) P_{\mathrm{th}} = \left(\frac{\eta_E}{1-\eta_E}\right) \dot{m} c_p \Delta T \qquad (1.138)$$

其中，$P_{E,max}$ 是适用的最大电功率；P_{th} 是消散在放电管里并从放电管中排除的热功率，$\dot{m}$ 是质量流量；c_p 是气体混合物的比热容，一般为 2 500 J/（kg · m^3）；ΔT 是可容许的最大气体温升，一般为 250 K。可以明显地看到，激光功率与质量流量成正比，因此与流速成正比，而流速要受到涡流运动开始时间和声速的限制。假设效率为 $P_E=15\%$，则每千瓦激光功率可得到大约 0.1 kg/s 的所需质量流量。气体通过放气管段之后，扩散到气体中的热量将会被热交换器带走。由涡轮鼓风机对气体进行压缩之后产生的热量会被预冷却器带走，然后气体再次进入放电管。

除快速气流之外，这种激光器中还存在着与新制气体混合物之间的永久性慢速气体交换，例如在特定的商用激光系统中，系统内的气体以 37 L/h（在标准气压和温度下）的速率与混合比例为 $He:N_2:CO_2=25:12:2$ 的气体混合物进行气体交换。激光功率达到几千瓦的纵向直流激发激光器现在已能买到，根据激光功率和用途的不同，这些激光系统可能会发射出理想 TEM_{00} 模和混合 TEM^*_{10} 环形模的组合形式。

2. 射频激发气体放电管

气体放电管的射频（RF）激发已在 CO_2 激光器中广泛应用。在这个背景下，RF 意味着频率范围为 1～500 MHz。图 1.136 显示了在 CO_2 激光器中发现的典型几何形状的截面。在电容耦合 RF（CCRF）放电管中，外加电场通过两个金属电极（中间为气体体积）来实现。在气体体积中的电场 $\boldsymbol{E}$ 很高，足以启动并保持自持辉光放电[1.1514]。射频电压 U_{RF} 和射频电场 $\boldsymbol{E}$ 一般从横向方向外加给激光光束，因此，与纵向激发放电管相比，射频激发所需要的电压 U_{RF} 要低得多。在每毫米的放电间隙宽度 d 上，$U_{RF}\approx 100$ V，主要取决于气体压力。

电极可能通过一种介电材料（例如玻璃管或氧化铝管，如图 1.136（a）所示）与放电管绝缘。气体一定不能与电极直接接触。射频电流接近于位移电流，按照麦克斯韦定律，位移电流$\propto \partial \boldsymbol{E}/\partial t$。

在金属电极可以与气体体积直接接触［图 1.136（b）］。这种情况下，两个电极边界上的表层区具有更低的自由电子浓度，叫做“离子壳层”。在这些离子壳层中，不会发生高效的振动态激发，消散在壳层中的功率不会成为激光功率的组成部分。壳层的宽度 d_s 与激发频率成反比，$d_s\sim 1/f$，在 $p=90$ hPa 的压力下，当 $f=125$ MHz 时，$d_s=0.35$ mm[1.1567]。电极间距必须明显大于此值，以确保气体体积被充分地激发；另外，这会使扩散冷却（将热量从气体中排到电极）的效率降低。为获得小间隙和高效冷却，常常选择在 100 MHz 范围内的激发频率，在这些条件下，电极间距 d 的最佳值一般为 2 mm。

一种采用了绝缘电极的“介质阻挡放电”装置已有报道。这种装置能够在低得多的频率（大约 1 MHz）下高效地激发，同时仍能保持稳定放电、高效振动激发和良好的气体冷却[1.1568]。

α 类射频放电是一种体积放电现象，其中所有的电离过程和电子碰撞过程都在整个气体体积内发生，在电极上不需要有电离过程，因此，这些射频放电装置叫做“无电极放电”装置。但就非隔离电极［图 1.136（b）］而言，在较高的电流密度下还会发生γ类放电，此时表面电离过程起着重要作用[1.1514]。对于激光激发来说，这通常不是期望的放电类型。

射频气体放电还可以是电感耦合形式［图 1.136（c）］。根据 curl$\boldsymbol{E}$=$-\partial \boldsymbol{B}/\partial t$，流经线圈的射频电流 I_{RF} 会产生一个时变磁场 $\boldsymbol{B}$，并伴有一个电场 $\boldsymbol{E}$。在 CO_2 激光器中通常不采用电感耦合放电，因为这种放电形式的气体冷却效果和电场几何形状不如 CCRF 那样好。

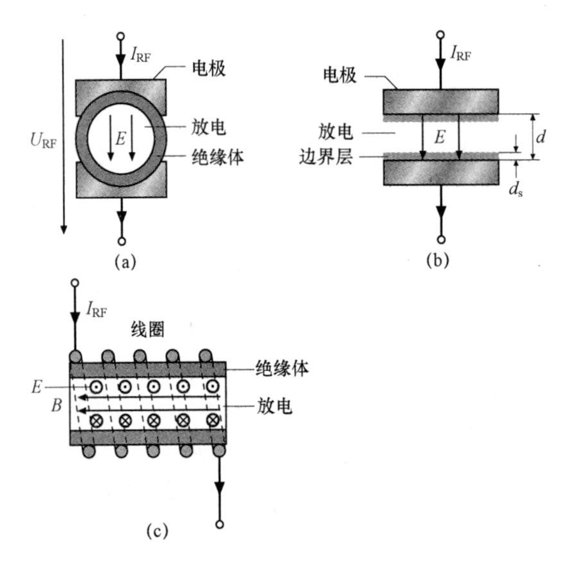

图 1.136　具有电流 I_{RF} 和电场 E 的射频激发装置的几何形状

（a）电容耦合射频放电装置，绝缘电极；（b）电容耦合射频放电装置，非绝缘电极；（c）电感耦合射频放电装置

射频激发放电有几个优势，其中之一是这种无电极放电没有源于阴极或阳极的材料溅射，不会污染激光气体，也不会通过材料烧蚀使材料性能退化；而且，可以给气体体积外加很高的能量密度，同时仍保持稳定的辉光放电，不会形成电弧。可以使用较高的气体压力，一般大约为 100 hPa，因此，每单位体积内有更多的激活介质和更高的激光功率。射频激发所需要的电压低于直流激发，电线和气压侧部件的绝缘可通过足够大的气隙或常见电介质轻松实现。气体放电装置的阻抗能够以强损耗电容器形式建模[1.1569]，并且能够通过几乎无损耗的电抗分量（LC 匹配电路）与射频发生器阻抗相匹配。这种放电装置的稳定化不需要欧姆镇流电阻。

但在设计射频激发激光器时，还要适当地考虑一些问题，其中之一是沿着射频电极方向的电压均匀性和放电均匀性。在 100 MHz 的频率下，真空波长λ_0为 3 m，如果采用一个尺寸 $\ell>\lambda_0/10$ 的结构，则必须考虑波传播效应和输电线路理论。典型射频激发波导激光器的长度就是这种情况，因此，要采用与电极平行的等距电感器[1.1536,1570,1571]。图 1.137 显示了带气体放电管的电极的电路模型例子。射频电激发场沿电极方向的波传播用特性阻抗 Z_l 和有损耗传输线的复值传播常数 γ 描述。并联电感器 L_i 用于补偿每单位电极长度上的电量，使电压分布变得均匀，射频频率越高，在短距离内就必须使用越多的电感器 L_i。图中还显示了一个阻抗匹配网络，用于使激光器的复数阻抗 $Z_{激光器}$ 与共有射频发生器的系统阻抗 Z_0（50 Ω）相匹配。

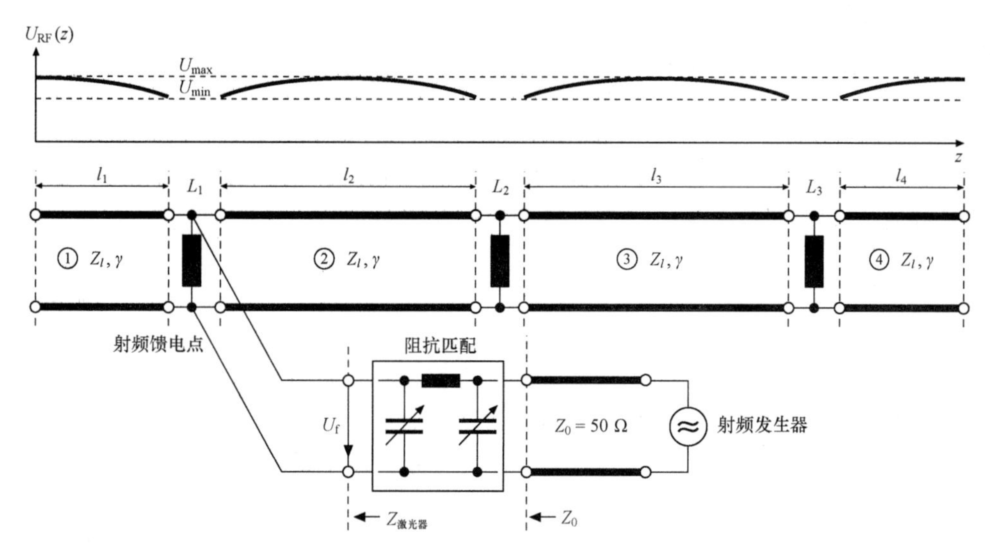

图 1.137 在带并联电感器的长电极上，射频电压分布 U_{RF}（z）的均匀化（根据文献［1.1572］）

或者，可以采用比射频电激发波长小得多的一排分段电极。如果电极还要起到激光波导的作用，那么分段电极就有问题，分段电极的机械不同轴度可能造成过度的光损耗。

射频功率发生器比直流高压电源要稍微复杂些。射频功率发生器必须提供大约 10 倍的名义激光功率，作为在射频频率下的电功率。对于功率达 500 W 的中低功率 CO_2 激光器来说，基于半导固体晶体体管（大部分是金属氧化物半导体场效应晶体管，MOSFET）的固态射频功率发生器已能够在所要求的频率下获得。这些射频发生器能够直接集成到激光系统壳体中，电源则采用空冷或水冷法。

当射频功率远远高于这个水平时，需要采用基于电子管的发生器，还要采用同轴功率四极管，就像在调幅（AM）短波射频发射台中一般安装的那样。这是一种能够在期望的频率范围内生成数十千瓦射频功率的成熟可靠的方法。这些电子管能够耐受由严重不匹配的荷载带来的高反射功率级，而无永久性损伤。与晶体管相比，电子管承受过电压和电流瞬态的能力更强。但电子管的一个缺点是管自身需要高压直流电源，另外还要耗散一部分功率用于加热阴极。这些电子管的寿命约为 10 000 h，但更换管的成本不高。

最后，我们还必须考虑电磁兼容性（EMC）问题。很多射频激发激光器都在 13.6 MHz、27 MHz 或 40.6 MHz 的 ISM（工业、科学和医用）频带内工作，因此可以遵循不太严格的法规。不同频率的激光系统（尤其是在大约 100 MHz 的调频（FM）无线电波段内）需要有适当屏蔽的壳体，最好是由全金属制成。在激光器壳体的所有维修盖上都应当有接触片。

频率为 2.45 GHz 的微波激发已被大量研究过[1.1573−1575]。在这个频率下，大功率的磁控管是效率很高的微波生成管，而且能够以低成本购得，它们在大量生产的产品（例如厨房的微波炉）中应用。但短波长使磁控管难以实现高度均匀的大面积放电。另外，为保持微波激发气体放电所需要的功率密度大于在常见射频下的功率密度，因此会使气体过热。因此，用微波激发的 CO_2 激光器主要在脉冲工作模式[1.1576]下应用，或利用较快的气流来工作[1.1577]，研究人员还演示了扩散冷却式激光系统[1.1578]。尽管用磁控管生成微波具有成本优势，但前面提到的缺点以及射频激发激光器取得的进展目前阻碍了微波激发在商业上获得成功。

3. 波导激光器

关于图 1.126 中所示的基本激光器设计，最好是减小玻璃管的直径，以更好地冷却激光气体，但这会因为阻碍了谐振腔内部的激光光束而造成过高的光损耗。文献［1.1579］中计算了在长度为 l 的双镜稳定谐振腔中常见的高斯 TEM 模式下这些半径为 a 的限制性孔径造成的光损耗。如果菲涅耳数 $N=a^2/\lambda l$ 小于 1，那么这些损耗会快速上升。

如果充气管在激光频率下具有波导特性，那么这个问题就能解决，文献［1.1570］中全面概述了波导激光器设计。图 1.138 显示了在 CO_2 激光器中采用的波导的主要几何形状，最简单的形式是圆形中空介质波导，文献［1.1580］从理论上对这种波导进行了描述。但圆形金属波导不可选，因为它们会明显缩短放电激发时所需要的电场。矩形波导可以四面都做成介质壁，也可以做成一对介质壁和一对金属壁[1.1581,1582]。这些波导支持在光频段的混合 EH_{mn} 模，并且损耗极低。这些模可视为在沿着与波导轴成不同角度的方向上传播，并在掠入射时被波导壁反射的电磁波的一种叠加形式，因此，所使用的材料应当在红外范围内有较低的吸收损耗[1.1541,1542]。氧化铝或氧化铍陶瓷是首选的电介质，因为它们的力学稳定性、化学稳定性和热稳定性高，而且热导率也高，有利于散热。镀铝或镀金的铜表面可用作金属波导边界。

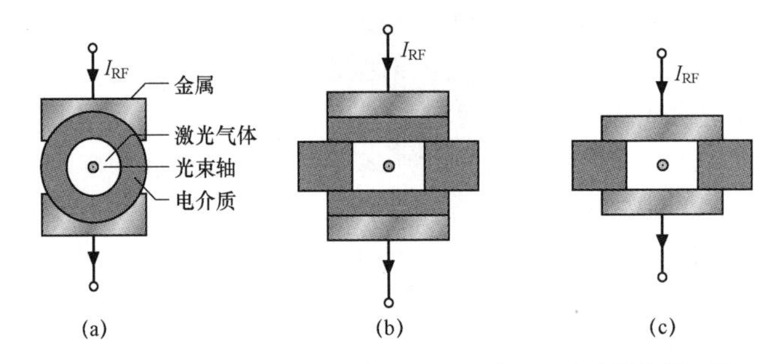

图 1.138　在装有射频电极的 CO_2 激光器中，一些波导的截面图

（a）圆形介质波导；（b）全介质矩形波导；（c）混合金属–介质波导

最低圆形模 EH_{11} 与高斯自由空间模 TEM_{00} 很相似，功率重叠度达到 98%。因此，仅在最低可能模中工作的波导激光器具有极好的光束质量。

为制造出波导激光器，这些波导应充满激光气体，气体放电激发常常通过横向射频放电装置来实现。把一对金属电极放置在介质波导的相对侧［图 1.138（a），（b）］，或使其成为波导的一部分［图 1.138（c）］。光学谐振器通过位于波导两端的反射镜来实现。文献［1.1583］和［1.1584］中给出了低损耗耦合和良好模识别方法的设计规则。可以将平面境放置在靠近波导的地方。

波导激光器的功率与长度之间成几乎线性的比例关系。据报道，每米长度所对应的激光功率可达到 110 W[1.1585]。

很多商用 CO_2 激光器都采用了波导技术。图 1.139 显示了特定商用波导激光器的截面[1.1586]。谐振腔光路以之字形折叠三次，穿过由陶瓷板和铝型材组成的多个波导通道。因为激光功率与波导长度成正比，这样能得到大功率的小型激光头设计。铝型材被用作射频接地电极、波导的一侧、冷却板以及射频/气体密封壳体（在密封工作模式下）。第二个射频电极位于陶瓷板的顶部，等距螺旋电感器使沿着波导结构方向的射频电压分布变得均匀，可通过型材内部的冷却通道实现空冷或水冷。100 W 的输出功率可利用小型包装尺寸获得[1.1587]。可以选择通过调 Q 来实现具有高峰值功率的脉冲激光器，尤其是用于标记用途的激光器。

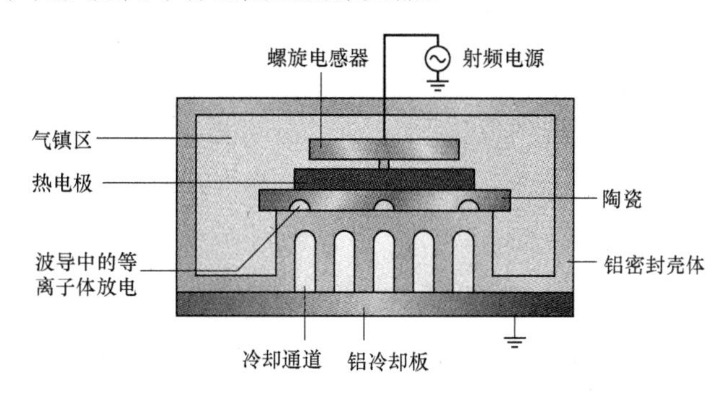

图 1.139　具有折叠谐振腔光路的商用射频激发波导激光器的截面

图 1.140 显示了另一种值得注意的波导激光器结构[1.1588]，这种波导由两对金属铝电极和金属壳体轮廓的两条脊形成。射频功率以相对于接地壳体的推挽模式外加在两个电极上，这意味着这两个电极上的射频电压振幅相同，但相互之间存在 180° 的相移。这两个电极与壳体脊之间以小间隙隔开，使气体在整个结构中循环流动，以达到冷却和散热的目的。电极经过阳极化处理，因此氧化层能为壳体的接地脊提供足够好的绝缘效果。激光器中还采用了其他绝缘体在壳体内

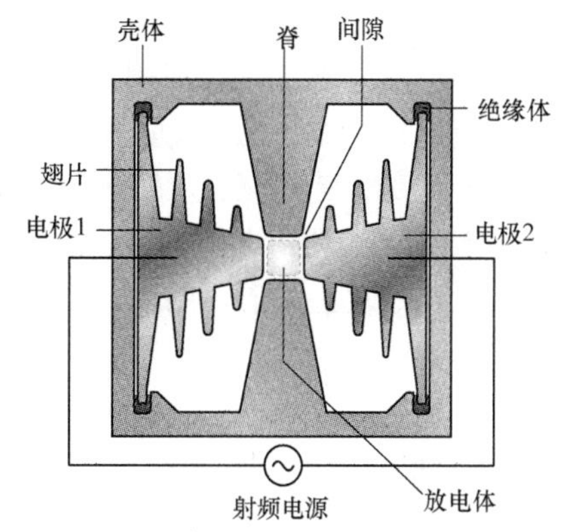

图 1.140　全金属波导激光器的截面

托住电极，在波导激光器结构的中间形成了一个均质气体放电体，其横向尺寸只有几毫米。尽管间隙小，这个结构仍能在所有方向上起到光波导的作用，以形成优质的激光光束。

这个全金属结构的优势是不需要陶瓷–金属接缝，由于热膨胀系数不匹配，这样的接缝可能会造成整个结构失效。电极和壳体都能通过挤出铝型材经济地制造出来，通过热传导或被动热对流，热量能被轻易地带走。由于在电极之间没有具有高介电常数的陶瓷，电波导的电容性负载比较低，因此，只需要较少的电感器，就能实现电压均化。另外，金属壳体可以用金属钎焊法来密封，以制造出长寿命的密封激光器。通过用这种技术[1.1589]，可以获得一系列 240 W 的中功率小型激光器，其中有的激光器可利用折叠式谐振腔使功率与波导长度成比例。

4. 板条激光器

图 1.141 显示了射频激发板条激光器的结构。这种设计是由几个研究小组率先开发的[1.1590–1593]，同时还取得了有名的“郁金香”专利[1.1594]。这种激光器结构由两个用小间隙隔开的大面积金属电极形成，电极可能长 1 m，宽几十厘米，典型的间隙高度为 2 mm。在电极之间外加了 100 MHz 级频率的射频电压，使电极之间的激光气体混合物内始终存在气体放电。电极上有冷却水通道，在气体放电装置中散发的热能通过传导冷却或扩散冷却有效地排走。在这个激光几何体中，面积很大的气体放电装置能够稳定地工作。

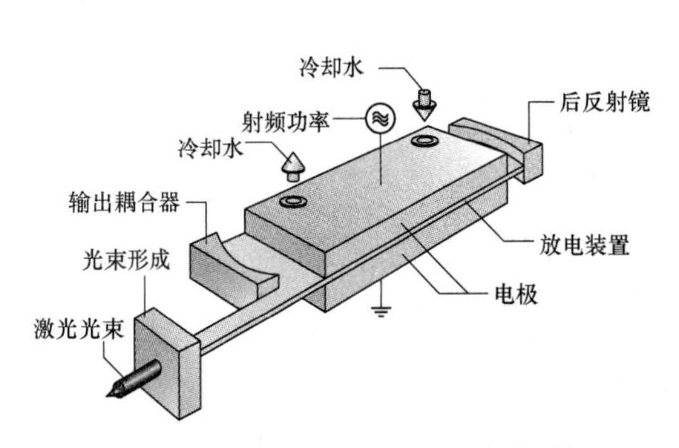

图 1.141　具有混合波导不稳定谐振腔的射频激发板条激光器（根据文献［1.1595］）

在垂直于大面积表面的平面内，电极对起着光频段波导的作用，在这个波导方向上能够轻易获得一个低阶模。在平行于电极表面的平面内，自由空间条件是成立的，因为在电极侧面没有限制性边界。如果采用常见的稳定谐振腔，这样宽的尺寸会导致在这个方向上形成明显的多模光束轮廓，因此，应当采用不稳定的谐振腔。这种谐振腔的优势是能够从横向尺寸较大的激光激活介质中提取高质量波束[1.1512,1597]。不稳定谐振腔的特点是有两个曲率半径分别为 ρ_1 和 ρ_2 的反射镜，而反射镜的间距为 L，达不到稳定高斯光束谐振腔的稳定性标准：

$$0 \leqslant \left(1-\frac{L}{\rho_1}\right)\left(1-\frac{L}{\rho_2}\right) \leqslant 1 \tag{1.139}$$

这种谐振腔不会将高斯光束反射回腔内，而是利用反射镜一侧的光束局部透射作为输出耦合。可以看到，在不稳定谐振腔的平面内，光束轮廓可能拥有衍射几乎受限制的光束质量。在波导平面内，反射镜的表面曲率可能几乎是平的。这两个反射镜可由固体铜制成，经过冷却后能耐受很高的功率密度。通过适当的设计，反射镜和板条形波导之间的耦合损耗可减到最少[1.1598]。

从这类谐振腔中直接发射的激光光束为椭圆形，在波导平面和自由空间平面上有不同的发散角，这可利用由至少一个柱面反射镜组成的光束整形光学器件来修正。另外，用空间滤模器消除光束翼在自由空间不稳定谐振腔方向上的阴影。之后，光束呈几乎圆形，光束质量极好，即 $M^2=1.1$。

这种结构的主要优势是激光功率与气体放电体在两个维度上的伸展面积 A_e 成正比。这与管类激光器或波导激光器大不相同，这两种激光器的功率只与一个维度（即管长度 L）成正比。根据热力学计算以及由传统波导激光器得到的拓展结果，电极面积为 A_e、电极间距为 d_e 的板条激光器的最大激光功率 P_L 可近似地估算为

$$R_L = C\frac{A_e}{d_e},\ C \approx 3\frac{\mathrm{W \cdot mm}}{\mathrm{cm^2}} \tag{1.140}$$

通过利用的这种面积比例关系，可以制造出很紧凑但功率很大的激光器。就像所有的大型射频激发激光系统那样，并联电感器用于实现在电极方向上的均匀射频电压分布。高效的扩散冷却不需要气流，因此节约了系统成本和运行成本。中功率激光器能以完全密封的形式工作，并达到 500 W 的功率级[1.1599]，有的中功率激光器装有基于晶体管的射频发生器。大功率板条激光器一般要进行周期性气体交换，例如在连续工作 72 h 之后，以补偿从这种大型激光结构中漏出的剩余气体。功率达 8 kW 的商用板条激光器将板条结构和基于电子管的自激振荡射频发生器集成到一个小型壳体中，还并入了一个预混合气源，能连续使用大约 12 个月[1.1595]。

5. 射频激发快流 CO_2 激光器

1.4.2 节中描述的快速轴流激光器的基本原理可与射频激发优势相结合，图 1.142 就显示了这样一种激光系统。在激光器中心的涡轮径流式鼓风机的驱动下，气体在

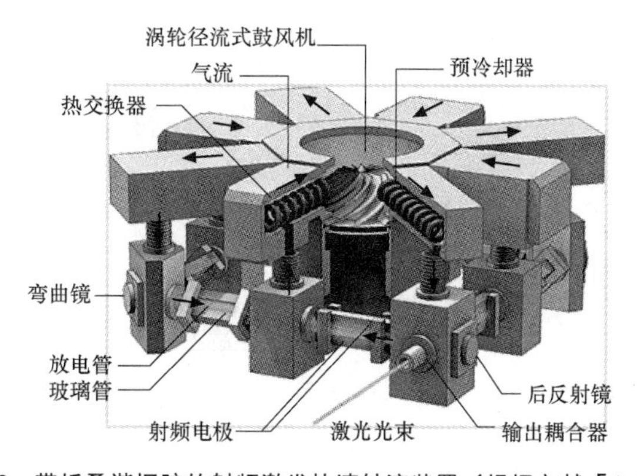

图 1.142　带折叠谐振腔的射频激发快速轴流装置（根据文献［1.1596］）

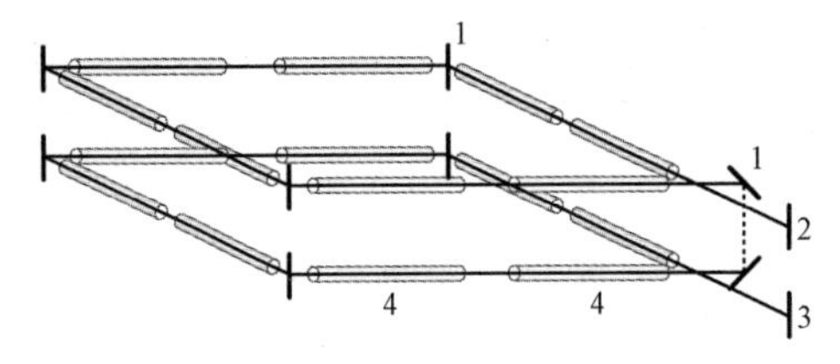

图 1.143 在两个平面内的二次折叠谐振腔（根据文献［1.1596］）
1—弯曲镜；2—后镜；3—输出耦合器；3—气体放电管

玻璃管中循环流动。光学谐振腔要折叠两次，要得到更长的放电长度和更高的输出功率，可将谐振腔在由 16 根分段放电管组成的两个平面内折叠（图 1.143）。激光器采用了具有光学稳定性的谐振腔构型。射频放电管与电极对（每侧两对）进行电容耦合，电极以 45° 的角度相互转动，以确保在平均超过一个谐振腔周期的截面内均匀激发。还有一个热交换器，用于冷却来自放电管段的气体，在气体再次进入放电管段之前，预冷却器会带走鼓风机后面的压缩热。典型的气体压力在 150 hPa 范围内。在式（1.138）中与质量流量成正比的功率也适用于这种系统。对于每千瓦所提取的激光功率，气体的体积流率可达到 500 m^3/h，气体流速为 100 m/s。输出功率达到 20 kW 的激光器能在市场上买到，而高于 30 kW 的激光功率也已用实验方法演示过[1.1601]。在功率达到 4 kW 的高质量激光器系列中，光束质量接近于完美的衍射限制 TEM_{00} 模，M^2=1.1；在高功率端，20 kW 激光系统的 M^2 值仍低至 5。这些系统的功率转换效率为 10%，包括在射频电源和气体循环系统中的损耗。激光器采用了在 13.6 MHz 工业标准频率下工作、基于电子管的大功率射频振荡器。

6. 其他射频激发式 CO_2 激光系统

基于射频激发且谐振腔或冷却结构几何形状比较特殊的其他商用激光器设计还有很多，在这里，本书将简要探讨一些值得注意的设计。

图 1.144 显示了在两个大面积射频电极之间的一个折叠式自由空间谐振腔。光束折叠只需要三个反射镜。输出耦合器和平面总反射镜甚至可以集成为一个具有非均匀反光涂层的反射镜。目前，功率达 120 W 的小型稳固密封原始设备制造商（OEM）激光器模块已能买到[1.1600]。

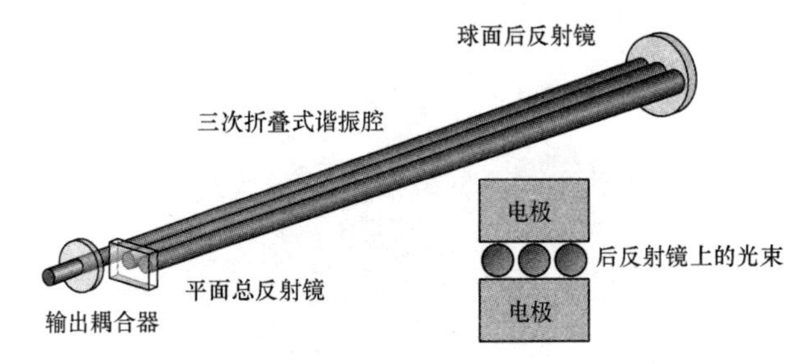

图 1.144 大面积板条电极之间的折叠式自由空间谐振腔（根据文献［1.1600］）

文献［1.1602］和［1.1603］中描述了大面积电极和混合稳定–不稳定谐振腔的组合形式。与具有平行板电极的板条激光器不同的是，电极在这里起不到波导的作用。相反，这些电极在反射镜之间的光束传播方向上呈现稍微 V 形的表面几何形状，以便在垂直于电极的平面内选择最低阶自由空间模，而在自由空间平面内则仍然采用不稳定谐振腔。在全金属设计中，可以实现密封的 OEM 模块和 400 W 的最高功率[1.1604]。

大面积射频激发气体放电装置还能与电极板之间的快速气流相结合，电极板横贯光学谐振腔和激光光束（图 1.145）。气流被一个切向鼓风机驱动，这个鼓风机已集成到大直径圆柱形气体容器中。激光器中有一个折叠谐振腔，用于从大型激活介质中提取能量。这些激光器能从很紧凑的体积中生成 8 kW 的激光功率。$M^2 \approx 5$ 的光束质量仍然很适于焊接和表面处理用途。

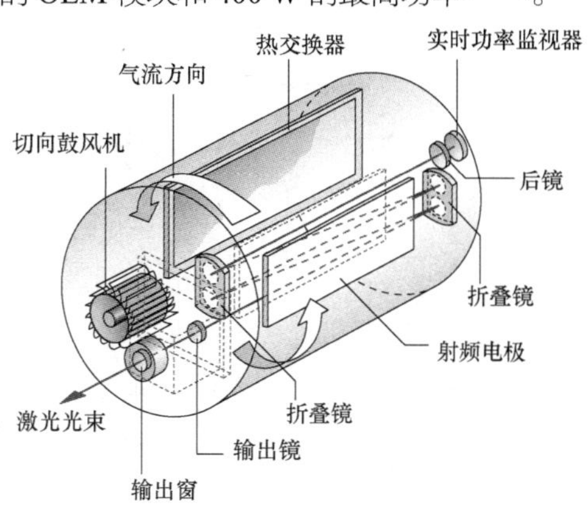

图 1.145　具有快速横向气流的射频激发激光器（根据文献 [1.1605]）

有一个环形气体放电装置（图 1.146）的同轴激光系统可视为板条型激光器，激光器中有一个电极对，电极对向上卷起，形成同轴管[1.1607]。RF 功率外加在内管上，而外管接地。这个同轴管与同轴电缆的情况类似，只是后者的内导线直径为 10 cm，放电间隙宽度为 7 cm。在这种设计中，电极没有光学波导特性，因此这种激光器在机械应力和热应力下不容易受功率变化和光束质量变化的影响。谐振腔由一个螺旋镜和一个轴棱镜组成，使光束弯曲到管对面，并在每次光通过谐振腔之后使方位角稍有移动[1.1608]。在径向方向上，光学谐振腔的构型稳定，而在方位角方向上，使用的是不稳定的谐振腔。激光气体通过水冷电极管被扩散冷却。这种激光器能利用周期性气体交换实现准密封式工作。功率为 2 kW 的小型稳固激光器已能实现[1.1609]。这些激光器非常适于安装在机器人等移动系统上，不需要用弯曲镜进行光束控制。

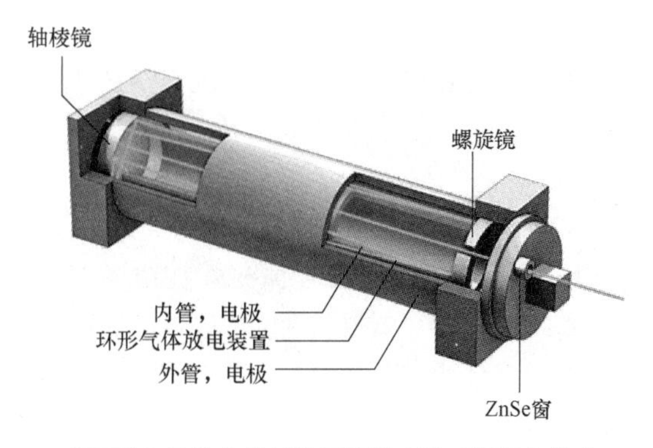

图 1.146　带环形气体放电装置的同轴激光器（根据文献 [1.1606]）

7. 脉冲 TEA 激光器

从原理上看，迄今所探讨的所有激光器设计都是连续波（CW）激光器。这些激光器的功率可通过电激发功率来调制，直流激发式激光器的频率为几千赫，一些射频激发激光器的频率可达到 100 kHz。相比之下，横向激发大气压（TEA）激光器是一种 CO_2 激光器，只能以脉冲模式工作，但能够生成用连续波 CO_2 激光器无法获得的很高的脉冲能量和峰值功率。这是在大于或等于大气压的高气体压力来实现的。在激光成丝和电弧作用发生之前，均匀直流放电装置只能在这些条件下短时间（1 μs）工作，在这种压力下所需要的电压约为 100 kV 米。纵向放电装置需要的电压是无法实现的，不会产生稳定的放电现象。因此，设计采用了脉冲横向放电装置，图 1.147 显示了一种基本的 TEA 激光器电路。高压电源（HV）通过电阻 R_{V1} 和 R_{V2} 给储能电容器 C 充电，当电容器达到最大电压时，能够传输高电流的快速高压开关被触发，使通往电极的电路迅速关闭。电容器的电压外加在电极对上，于是电极对开始沿垂直于谐振腔轴线和激光光束的方向进行短时间的猛烈放电。当储存在电容器里的能量消散时，放电现象自行终止。之后，高压开关自动复位至打开状态，电容器重新开始充电，然后又可以触发下一个脉冲了。

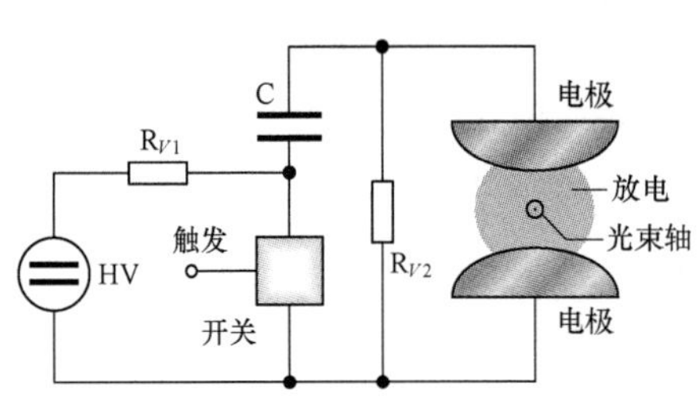

图 1.147　基本 TEA 激光器的激发电路

通过利用 TEA 激光器，可以获得在 10 J/（升激活体积 · bar 气压）范围内的脉冲能量，峰值光强为 MW 级[1.1611,1612]。对于大功率系统来说，脉冲重复频率为几十赫兹；而对于小型 TEA 激光器来说，脉冲重复频率为千赫级[1.1613]。

关键的设计问题是获得在截面内和电极长度上保持稳定均匀放电的电极轮廓。因此，设计中常常采用基于附加电极、电晕放电产生的紫外光或者甚至电子束的预电离技术。高压开关也是一个至关紧要的零件。一般情况下采用触发式火花放电器或闸流管，这些元件在经过规定的脉冲次数之后必须更换。最近在半导体技术上取得的进展使得用固态开关代替这些电子管成为可能，一种叫做“可控硅整流器”（SCR）的装置能够很快地开/关强电流。通过与升压变压器和可饱和电感器/电容器梯形网络相结合，就可以获得高电压，并能够在规定的快速上升时间内达到电极电压。

20 世纪 80 年代，人们对 TEA 激光器做了大量研究，尤其是在等离子物理学、激光雷达和军事应用领域。有几种商用 TEA 激光器在市场上已能买到，部分原因是在大功率快流射频激发系统中取得了成功。例如，重复频率为 125 Hz、脉冲能量为 2.4 J 的系统已能买到。TEA 激光器的用途包括非金属加工，例如标记和喷漆或者在汽车行业内使橡胶化合物从车身表面剥离[1.1614]。

8. 波长选择与可调谐 CO_2 激光器

如果没有波长选择性元件，CO_2 激光器将在 10P（20）谱线附近大约 10.6 μm 的波长下发射激光。一些商用激光器可选择在其他波段的最强谱线波长下工作，例如在 9.3 μm、9.6 μm 或 10.3 μm 波长下（图 1.131），这是利用弱波长选择性元件（例如反射镜涂层）从四个准备开始在最强谱线下振荡的常规发射带中选择其中一个来实现的。例如，这样的激光器对于塑料制品加工、编码或标记来说是值得关注的，因为这些材料的吸光率随波长发生强烈波动。

为精确地选择特定的转动–振动跃迁，设计采用了衍射光栅。图 1.148 显示了利特罗构型中的直流激发可调谐激光器。根据入射光束相对于光栅垂直表面的角度 α，只有在特定波长λ_L下的光束才能恰好反射回入射光束中。λ_L为

$$\lambda_L = 2\Lambda\sin\alpha \tag{1.141}$$

其中，Λ 是光栅周期。在这个特定的波长λ_L下，光栅起着平面反射镜的作用，并与第二个共振腔反射镜的轴线对准，这个波长被选择为激光发射波长。其它波长λ_x（如果存在）将从不平行于谐振腔轴线的其他角度反射，这些波长将因为激光管孔径而受到重大损耗，因为激光管孔径会阻止它们发射激光。通过旋转光栅，角度 α 可改变，以便逐一选择不同的转动–振动跃迁。这些光栅主要由铜或钢制成，并带有精确横隔线沟槽和镀金膜，用于增强红外反射率。所选择的光栅周期 Λ 比激光波长稍小，以抑制更高的衍射级。沟槽的几何形状可调节，以使在指定的波长以及期望的–1 衍射级中光栅的反射率达到最大（闪耀光栅、闪耀波长）。

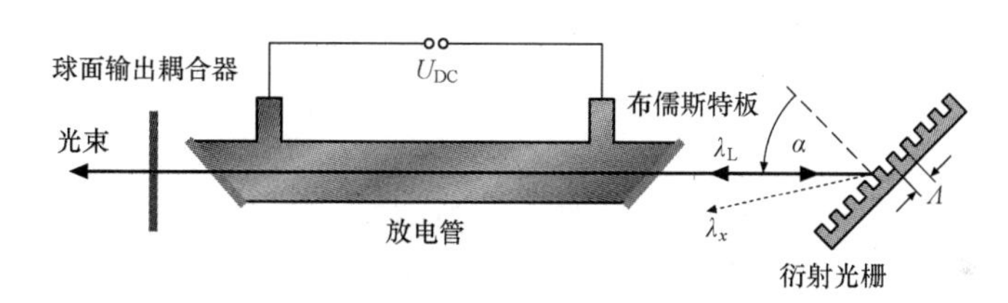

图 1.148　利特罗构型中的可调谐 CO_2 激光器

表 1.42 显示了商用可调谐 CO_2 激光器的调谐范围。请注意，由于在 30～90 GHz 范围内旋转谱线有间隔以及压力增宽谱线宽度 Δf_L 只有大约 100 MHz，因此在整个光谱范围内进行连续调谐是不可能的。在一个谱线宽度内，通过利用压电致动器来改变谐振腔长度，可以实现微调谐。例如，在最强谱线下可达到 180 W 的输出功率，在能带边缘的弱谱线下输出功率超过 20 W。

表 1.42　可调谐 CO_2 激光器的发射范围[1.1610]

频带	波长/μm 最小–中间–最大	谱线 最小–中间–最大
9R	9.158–9.271–9.367	9R（44）–9R（20）–9R（4）
9P	9.443–9.552–9.836	9P（6）–9P（20）–9P（50）
10R	10.095–10.247–10.365	10R（46）–10R（20）–10R（4）
10P	10.441–10.591–10.936	10P（4）–10P（20）–10R（50）

远红外分子气体激光器的用途包括科学光谱以及通过吸收光谱或光泵浦进行工业微量气体监测。通过富含特殊同位素体（例如 $^{13}CO_2$）的气体混合物，在其他波长下也可以获得发射谱线。文献［1.1511］中给出了这些波长的列表。

除纵向直流激发式激光器之外，射频激发波导激光器也是通过标准利特罗光栅来调谐的极好的候选激光器。具有宽激活介质的可调谐板条类激光器需要用特殊的光栅结构来提取低阶模，这可通过切趾利特罗光栅来实现。在切趾利特罗光栅中，衍射级 $m=0$ 和 $m=-1$ 之间的分光比在光栅方向上可变[1.1615]。这些光栅既能以具有空间可变反射率的输出耦合器形式用于形成光束，又能以谱线选择性元件形式用于波长调谐。这些光栅已通过光刻法和微电蚀过程在铜镜衬底上实现，并通过光刻和各向异性蚀刻在硅衬底上实现[1.1616]。

1.5 离子激光器

在 20 世纪 60 年代被发明之后，离子激光器很快便获得了成功。在之后的几十年里，成千上万的低功率空冷氩激光器被制造出来，在打印、分色和医学技术中应用。中功率离子激光器是娱乐行业的主要激光器类型，用于灯光表演、特技效果、全息照相以及光盘刻录。在全世界，设备精良的化学与生物实验室中大型离子激光器无处不在。离子激光器是主要商用激光器制造商的龙头产品。

但即使是在离子激光器如日中天的时候，人们仍在渴望找到离子激光器的替代产品。原因有几个，离子激光器在早期存在着可靠性差、寿命短、成本高等问题，但这种激光器最不让人满意的是基本效率低，这样低的效率意味着离子激光器又大又笨重，需要用大功率电源来带动较大的电力设施负荷。此外，这些激光器还必须通过空气或水进行主动冷却。

20 世纪 90 年代，随着固体激光器（尤其是在 532 nm 波长下具有倍频绿光输出的二极管泵浦激光器）的开发，很多人认为离子激光器技术将变得过时，但这并没有发生。虽然在 90 年代离子激光器与 80 年代相比相差很远，但这些激光器的销售仍然很稳定，在传统应用领域中仍能发现它们的身影。离子激光器成为很多公司的基本激光器产品中的一个主要分支——既当作新的激光系统使用，又出现在替换品市场上。目前能买到的新型离子激光器越来越少，同时这些系统在性能、尺寸、使用要求和成本方面仍千差万别。

离子激光系统由电源、电子控制元件和激光头组成。激光头本身含有等离子体管，该管位于谐振器（或腔）结构内。离子激光器通常通过电源内部的一个接口来控制，而电源的尺寸、复杂性和冷却要求可能变化很大。

小型离子激光器采用空冷方式，只需要标准的功率转换供电装置，激光头的尺寸与烤面包器大致相同。这些激光器一般只用于在 5～100 mW 功率范围内生成 488 nm 的蓝绿光输出。当在低电流范围内工作时，这些激光器预计能在稳定的环境中连续用很多年。在必要时，用户自己就能更换等离子体管，既快又省钱。

在 1～5 W 激光输出功率的中频性能范围内，离子激光器产品最为多样化。这些系统从基于最原始的离子技术、具有空冷管和陶瓷等离子体管的简单模型，到生成单波长输出、用于特定工业用途的专业化激光系统，再到在先进实验室中使用的复杂大型激光系统的略微缩小版。

高性能离子系统的激光头为大约 1.5 m 长，重 100 kg。在 480 V 的三相供电电路中，这种系统的每相电流可能需要达到 70 A，此外还需要几升/min 的冷却水流量。但为了补偿，这些激光器能够在其他商用激光系统无法提供的一系列可选波长下生成很多瓦特的连续激光功率。

从离子激光器中可获得的波长从红外光一直延伸到紫外线范围。最常见的离子激光器类型（即氩激光器）主要在从蓝绿光到紫外光的光谱范围内发射[1.1617,1618]。具体的波长输出或者由所选择的激光输出镜涂层决定，或者通过置于激光器共振腔内的利特罗棱镜将波长调谐至期望的波长来决定。下面一节在探讨激光器共振腔的同时，将进一步描述如何控制离子激光器输出的光谱特性。

氪离子激光器远不及氩离子激光器那样受欢迎，部分原因是功率低，但氪激光器在市场上还是能生存的，因为氪与氩一样，能够在其他激光器无法轻易获得的波长下提供较高的连续输出功率水平。例如，从黄光范围内的一根谱线中可得到超过 1 W 的连续波输出功率——黄光区是激光源很稀少的彩色区。紫光和紫外光区里的谱线也有重要的用途。

离子激光器的输出功率取决于两组变量。其中一组源自激光谐振腔的设计，例如包括激光光束的横截面积，本书将在谐振腔一节中探讨这组变量。另一组变量决定着在惰性气体制成的等离子体中由激光物理学得到的激光功率结果，这些变量包括可由等离子体获得的总光放大系数。

1.5.1 离子激光器物理学

能级图用于显示可从已激发至粒子数反转状态的激光材料中获得的波长。图 1.149 简要说明了在单电离氩气中生成了可见激光的跃迁过程[1.1619]。所显示的跃迁源于从图中未显示的高能级衰减至 4p 激光上能级的那些高能电子。电子从激光上能级被激发至 4s 能态，能得到最高输出功率最重要的单次跃迁是蓝绿光范围内 488.0 nm 波长下的跃迁以及绿光范围内 514.5 nm 波长下的跃迁。

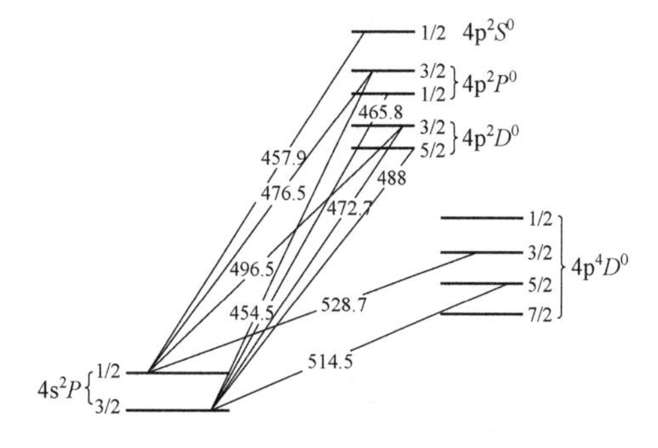

图 1.149 电离氩气的可见激光跃迁（波长单位：nm）

通过让很多激光上能级只跃迁到两个下能级，可以提高低能态竞争的可能性，从而限制激光输出。但就氩气而论，低能态的粒子数会很快减少至基态，避免了这种潜在的瓶颈状态。在 4p 上能态的其中一个能态中，电子的寿命大约为 10 ns，而 4s 下能态在短短的 0.5 ns 内就能跃迁至基态。通过正确选择反射镜膜，全谱线可见光工作模式将能够从大部分的这些可见谱线中同时生成激光功率，而且在任何一条谱线中存在的功率都不会比在单谱线工作模式下获得的功率低太多。

能级图还能说明在特定激光系统的设计中存在的问题或要求。图 1.150 显示了单电离氩气的 4p 和 4s 激光能级与氩气基态之间的关系。为使粒子数开始反转而需要的氩气电离能量大约为 16 eV，另外还需要 20 eV 来达到可衰减至激光上能级的能态。通过将这个总输入能量（36 eV）与激光跃迁本身所发射的能量（大约 2 eV）做比较，可以明显看到氩离子激光器的效率较低。此外，为使生成的电子具有足够的动能以达到所要求的离子化能级，所需要的气体放电温度在 3 000 K 左右。这一点（再加上效率低）表明热量管理是离子激光器设计中的一个核心关注点[1.1620]。

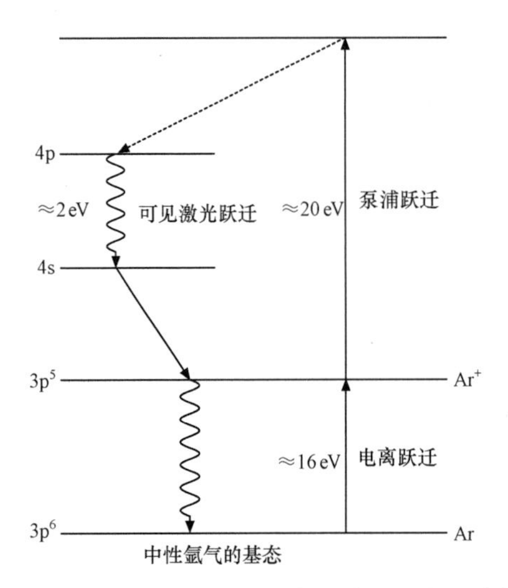

图 1.150　两步离子–激光器激发。第一次电子碰撞会使中性的氩气电离，第二次碰撞将离子泵浦到激发态，然后离子从激发态衰减到激光上能级

离子激光器利用放电管来给气体通电。从图 1.150 能看到，自由电子之间需要进行两次碰撞，以便将氩离子中的一个电子激发到可见光激光跃迁的上能级。因此，从电离气体中获得的增益会随着电流密度的平方而变化，直到增益饱和（即其他气相过程开始限制增益时）为止[1.1621]。

能生成最大激光输出的最佳气压是竞争因子之间达到平衡时的气压。高气压能提供更多的电位离子，以激励激光发射；而低气压会使电压沿着等离子体方向下降更长的时间，从而使自由电子在两次碰撞之间加速至更大的能量。不同的波长有不同的最佳压力。对于在多个波长下工作的激光器来说，最终选择的气压是一种折中方案。一般而言，最佳气压属于低压机制，氩等离子体管的填充压力约为 1 torr[1.1622]。

在等离子体放电管长度方向上的磁场使放电性能提高，有助于将放电方向限制在等离子体管的中心[1.1620]。在强电流下工作的激光器受益最大。再次重申：不同的波长有不同的最佳条件。我们采用了磁场强度的折中值。空冷激光器通常不采用磁铁，因为磁场给低功率激光器带来的好处不能证明增加的费用是合适的，而磁铁的添加还会使冷却空气的流动变得复杂。

如果氩气被电离两次（即被剥夺了两个电子），则一组能生成紫外激光的新跃迁将会出现[1.1623]。Ar^{2+}的基态比中性原子高大约 43 eV，相比之下，前面提到的 Ar^+基态比中性原子高 16 eV，因此在紫外光中工作预计效率会更低。一旦超过阈值电流上限，紫外光输出将会比可见光输出上升得更快。

氪的能级图与氩的能级图类似。在可见光范围内，氪的激光跃迁态会移动到稍低的光子能——从 5p 上能带移到 5s 下能带[1.1624]。重要的谱线是红光区的 647.1 nm 谱线（相当于 514.5 nm 的绿光氩谱线）以及黄光区的 568.2 nm 谱线（相当于 488 nm 的蓝绿光氩谱线）。但与氩气不同的是，在氪气中，这些强谱线确实面临着对同一低能态的竞争，因此在氪气中的全谱线工作模式不会生成单谱线状态下的预计输出功率。

氩和氪可在同一激光管中混合在一起，生成一种具有多种耀眼可见波长的激光。填充压力、磁场等参数之间必须达到一个折中点，使每一类激光器的优化效果都不同。这种采用了宽带反射镜涂层的混合气体激光器已被用于制造白光激光器，但由于气体溅射率的不同，氩-氪混合物会很快变得不平衡；而且，随着分量波长相对于输出强度发生变化，白光平衡将会丧失。

1.5.2 等离子体管结构

离子激光器的核心是等离子体管。等离子体管通过将强电流放电限制在一个窄孔内，放大了可从低压惰性气体中获得的激光波长。因为需要一次性限制并保持高达 70A 的放电电流达数小时，对管结构的要求极其苛刻。管径必须能承受高能离子（溅射）的轰击以及由放电装置释放的热量——在某些工作条件下可能超过 50 kW，这些热量必须高效地从等离子体管中排出，否则管部件会熔化或破裂。

早期的等离子体管设计是陶瓷氧化铍（或 BeO）圆柱体，其直径为 1～2 cm，有一个大约 1 mm 的中心钻孔，以形成管径。如今，10～15 cm 长的氧化铍圆柱体仍在低功率离子激光器中使用，尤其是对空冷氩离子激光器而言。图 1.151 显示了空冷等离子体管的截面。但氧化铍经证实不能完全承受大功率离子激光器或紫外线离子激光器的等离子体溅射，因此研究人员在探索替代方案。

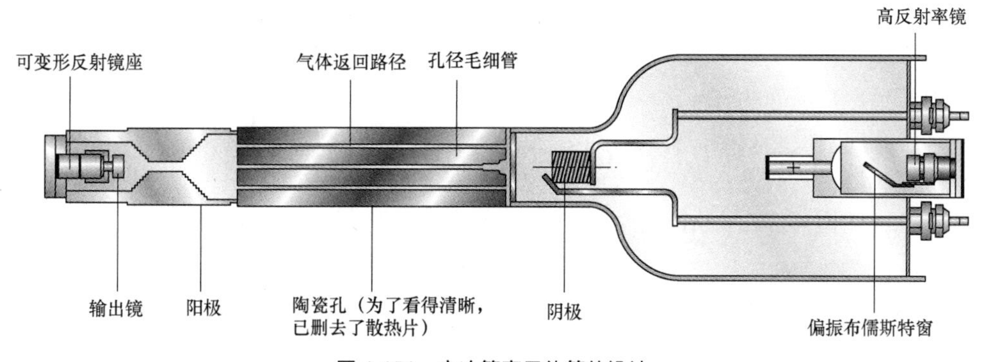

图 1.151 空冷等离子体管的设计

经过多年的研发，研究人员得到了强电流管的精密设计，即用复合材料结构的管代替氧化铍管[1.1622,1625]。这些复杂的（也更昂贵）设计能在更长的时间内承受高电流密度，因此使得离子激光器在大功率或不太高效的波长下工作显得切实可行。下面的描述基于由光谱物理公司在制造水冷式离子激光器时使用的分段孔技术。

图 1.152 描述了相关的总体设计。

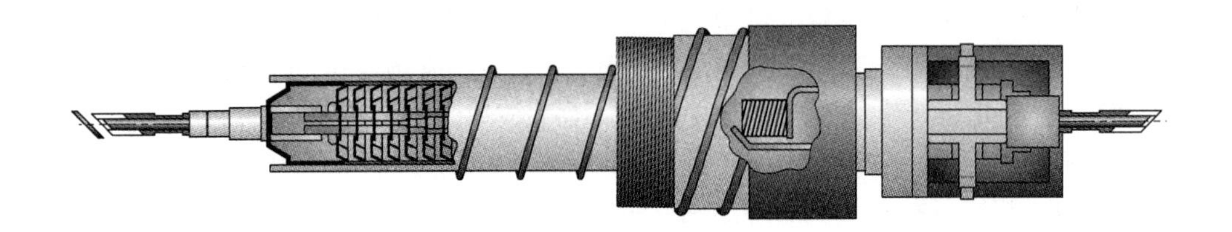

图 1.152 水冷等离子体管的设计

等离子体管的外面是一根直径为几厘米的空心薄壁长陶瓷管（或筒）。在这个筒内有很多相距大约 1 cm 的薄圆盘，这些薄圆盘钎焊在陶瓷内部。薄圆盘由铜制成，中心有一个钨环，环上有一个直径为几毫米的孔。等离子体管的孔径由钨孔段里的孔直径决定(图 1.153)。

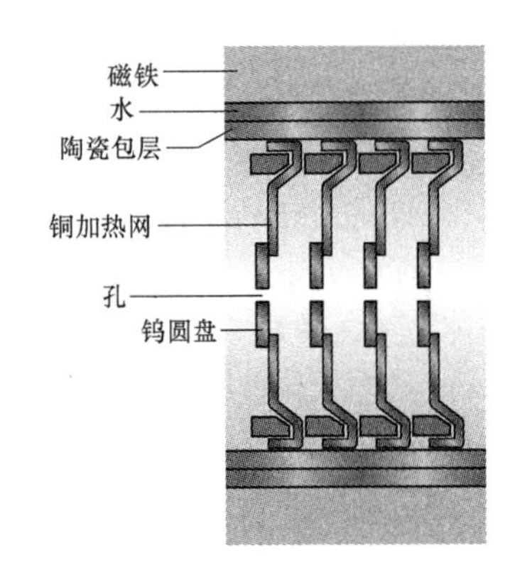

图 1.153 分段孔设计

钨孔段对溅射作用有极强的耐受能力，能承受放电高温。钨孔段上焊接的铜圆盘将放电热量从钨传导到外筒的薄陶瓷壁，同时冷却水流以几升/min 的流量冲刷外筒表面，这些冷却水的流量已设计成能防止局部热应力影响等离子体管。

等离子体管必须确保气体压力在孔长度方向上均匀分布。在低压气体的电弧放电过程中，离子在与管壁的频繁碰撞中失去动量；相比之下，电子丧失的动量很少，因此气体的净动量不平衡，因此，中性气体原子被驱赶到等离子体管的阳极端。为了使管长度方向上的气体压力均衡，铜圆盘内的孔提供了返回至阴极端的路径，这也使铜圆盘能够帮助冷却返回的气流。

管孔向阴极开放的设计（“喉区”），对于获得良好的激光器寿命来说极其重要。在喉区，溅射对管孔的损害最大。孔段的直径（或对于低功率管来说，是在氧化铍内钻削的圆锥形开口，用于形成喉区）为锥形，以便当电场进入管孔时与电场轮廓相匹配。

阴极单元本身的设计也很关键。阴极为螺旋形，由钨粉形成的海绵状材料制成。阴极还可能包含钙、铝、钡、锶的一些混合物，这些添加剂减小了阴极表面的逸出功，因此降低了形成电子放射所需要的温度［1.1625］。

激光器的放大效率是放电管中气压的函数。电离溅射不仅会侵蚀管材料，还会随着时间的推移在管壁和管部件中累积大量气体。通过扩大等离子体管的管体以形成一个储气层，低功率激光器能补偿这种效应，因此由溅射作用导致的气体损失量只占管内总体积的一小部分；中高功率的等离子体管则并入了一个主动充气系统，以补充损失的气体。

为确定气体的补充时间，微处理器将激光器的工作电压与查阅表中保存的数值做比较，并考虑电流、磁场和预热时间等因素。当电压表明管压较低时，高压储气层会自动将少量气体喷入充气室；然后，一个单独的阀会打开，让充气室将经过精确计算的气体量添加到等离子体管中。由于这个充气过程会暂时干扰激光器运行，因此充气系统可以手动关停一段短时间，以确保临界试验不会受影响。

对于不使用磁场的空冷激光器来说，铜散热片应钎焊在构成等离子体管的氧化铍圆柱体的外表面。冷却空气以几百立方英尺/min（大约 10 m^3/min）的速率被迫流过散热片。必须注意，散热量是均匀分布的，因此等离子体管不会使激光光束弯曲、移动（激光输出镜直接附在管上），空气流应当不会造成散热片振动进而转化为光束运动。

对于大型激光器来说，整个等离子体管都装在一个大型电磁体中，这个电磁体还构成了紧挨着等离子体管的水流“限制墙”。为磁铁选择的磁场取决于孔径以及激光器如何工作等细节，但通常大约为 1 000 G。对于紫外线输出来说，磁场尤其重要，因为紫外线输出需要更强的磁场来获得最佳性能。

等离子体管的两端用能够让激光从管中退出的光学器件来密封。这些光学器件要么是在所有低功率激光器和一些中功率激光器中使用的、涂有介质膜的激光镜，要么是被调整至布儒斯特角度的石英窗。等离子体管用布儒斯特窗密封，是为了让通常沿垂直方向输出的激光实现偏振，用激光镜密封的管则在内部装有一个偏振光学元件。

从强电流管的放电装置中发射的光给光学器件构成了挑战。中性氩气原子从激光下能级跃迁回基态（图 1.150），在大约 80 nm 的波长下发射出一个高能量光子。这种真空紫外线辐射对光学材料来说非常有害，但低功率管和一些中功率管的密封镜涂层由很多交替的介质材料层（例如二氧化硅和氧化铝）组成，这些材料能够经得起这种辐射。用于密封中功率激光器的布儒斯特窗一般由熔融石英制成。

强电流放电装置的真空紫外能级给用于密封这些管的布儒斯特窗带来了更大的问题[1.1626,1 627]。熔融石英不能使用，因为当处于这些辐射能级中时，熔融石英会形成色心缺陷，然后色心缺陷会以失控效应形式吸收更多的辐射光，从而使激光作用减弱。为应对由强电流等离子体管的密封带来的挑战，制造商采用了经过精心切割并在等离子体管上定位的晶状石英，以使管两端的两个布儒斯特窗的晶轴对准。

1.5.3　离子激光器的谐振腔

为完善离子激光器结构，必须将等离子体管放置在合适的反射镜之间，反射镜将为放电装置的放大作用提供光反馈。这些反射镜包括激光器一端的一个高（反射率）反射镜，以及让一部分循环光能够退出激光器的一个部分发射器或输出耦合器。这些反射镜与使其处于正常位置的支撑结构一起，构成了激光谐振腔[1.1628]。对于小型离子激光器和一些中型系统来说，这种谐振腔结构很简单：将反射镜粘结在等离子体管上即可。

为保证结构简单，空冷式离子激光器舍弃了灵活性。除功率级之外，这些激光器的其他输出特性均不能改变。在制造时，通过与反射镜粘结的薄金属管的塑性变形，镜面位置被固定，于是，输出波长、光束的模结构等随之固定。对很多应用领域来说，这是可接受的、甚至是想要的结果，但其他应用领域则从离子激光器独有的输出灵活性中大大受益。

常与大中型激光系统一起使用的外部谐振腔或开式谐振腔就具有这样的灵活性。这种设计要求等离子体管用布儒斯特窗来密封，就像在前一节中探讨的那样。共振腔反射镜通过一个为等离子体管提供框架（因此我们利用中型框架或大型框架来表示激光器尺寸）的刚性结构来固定就位。虽然从外面看起来简单，但这种谐振腔的设计对于激光器性能来说很关键。

谐振腔框架（图 1.154）必须让反射镜相互对齐，并让反射光在整个工作条件和环境条件范围内以很严格的公差穿过激光器孔。材料的选择会影响谐振腔的稳定性，谐振腔框架的理想材料既具有较低的热膨胀系数，又具有较强的使热量均匀分布的能力。石墨和低膨胀率化合物（例如铁–镍合金）通常用于制造作为框架长度的长杆。

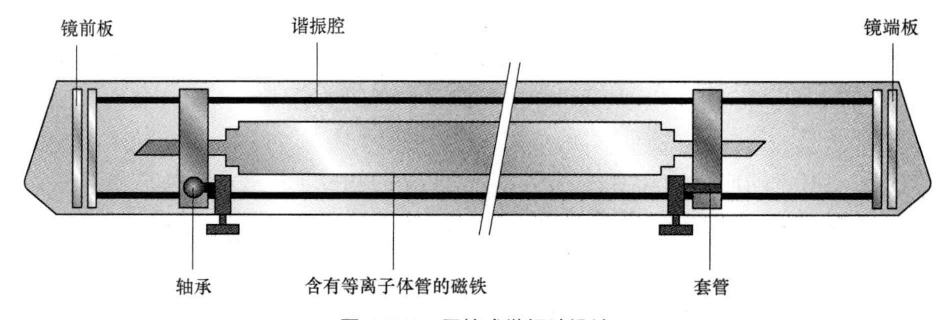

图 1.154　开放式谐振腔设计

谐振腔的稳定性还取决于其刚度。由于反射镜的颤噪运动而在激光输出上强加的抖动可能由冷却水流、谐振腔结构的振动和噪声造成。将谐振腔与等离子体管、磁铁和激光头盖隔开有助于减小抖动。

谐振腔的机械设计对其稳定性来说也很关键，最稳定的构型是将三根谐振腔杆布置成一个正三角形。实际上，这种理想结构并没有给等离子体管和磁铁留出足够的空间。

随着谐振腔三角形的其中一个角增加，谐振腔的耐挠曲能力会降低。这种设计越接近理想的正三角形，其为稳定的功率和光束指向提供的力学稳定性就越好[1.1629]。

现代大框架激光器与其前身相比的一个重要优势是采用了主动反射镜定位。输出耦合器安装在三点式压电定位器上。当激光输出功率发生变化时（在激光器预热时最容易遇到），压电定位器会对反射镜的对准度进行少量修正。这种有源共振腔还能采取更主动的光学设计，以便从等离子体管中提取功率。

在采用主动反射镜定位的情况下，光束的横截面积以及用于提供激光放大作用的等离子体放电管体积都能通过扩大管孔及采用半径更长的输出耦合器来增大（图 1.155），这对具有低增益的波长来说尤其有利。但仅凭主动控制还不能提供此设计所需要的全部稳定性：长半径光学器件的使用需要极具刚性的谐振腔结构。

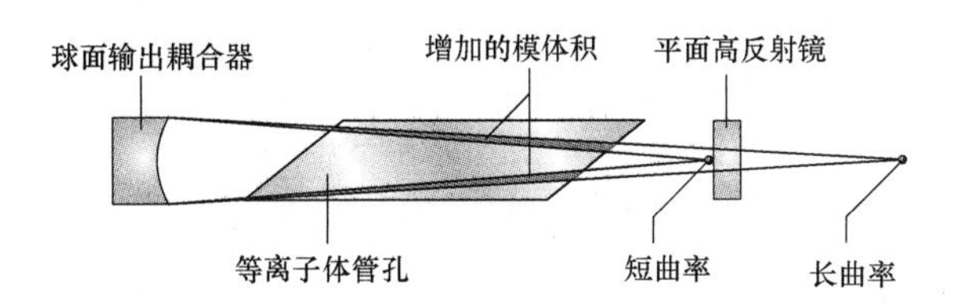

图 1.155　主动反射镜定位让谐振腔能够从放电中提取更多功率

开式谐振腔让用户能够利用不同的反射镜来获得不同的波长输出。例如，为了在可见光中获得全谱线的氩离子输出，反射镜要与涂层一起使用，以便在蓝绿光范围内大约 70 nm 的波长下反射光。在高反射镜前面的可旋转座上安装的一个棱镜让激光器能够在全谱线范围内调至单谱线输出（棱镜的色散作用一次只让一个波长通过高反射镜）。采用了不同光学器件的类似配置也能以同样的方式工作，以获得全谱线紫外输出。

开式谐振腔还使得光束的空间模能得到控制。当光束较大时，在光束仍在谐振腔内的情况下被放置在布儒斯特窗和输出耦合器之间的可调光阑使光束边缘的损耗量可变。当光圈打开至功率输出最高时，光圈将允许很多横向模存在；当光圈减小时，激光器将只以 TEM_{00} 模式工作。研究人员利用 1.5～2 倍 TEM_{00} 模直径的光圈孔径来达到此目的[1.1630]。

激光输出中的光谱成分还可以通过将标准具插入激光谐振腔中来改变。标准具是一个薄的光学谐振腔，例如一块玻璃。当被插入谐振腔中时，来自标准具表面的内部反射光共同作用，使激光输出中的频率含量（即谱线宽度）变窄。谐振腔在其反射镜之间生成光的驻波（“纵模”），很多纵模的频率都在激光放大器的带宽内。标准具起着带通滤波器的作用，它引入了可变损耗，而且只支持在其中一个纵模上振荡（图 1.156）。

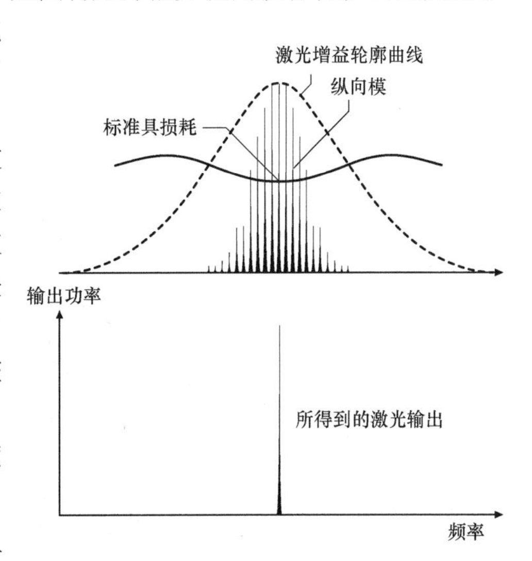

图 1.156　利用标准具使激光输出光谱变窄

主动反射镜定位还可用于进一步稳定谱线宽度，从而得到更窄的光谱输出，离子激光器输出的波长如表 1.43 所示。相干长度（输出光束保持固定相位关系的距离）与谱线宽度成反比。当激光输出从单谱线变成单频率时，相干长度将从大约 50 mm 增加到 20 m。

开式谐振腔的一个缺点是反射镜和布儒斯特窗之间的空间不是真空密封的。激光器的性能在很大程度上取决于这些光学表面是否保持清洁。此外，从电弧放电管中发射出的真空紫外光经布儒斯特窗传输后，把氧气变成对激光光学装置有害的臭氧。这个腔内空间必须密封，里面的气氛必须受控，以保持清洁度及避免光学损伤。能生成短波长紫外线的激光器可能利用压缩氮气吹洗来避免生成臭氧；长波长激光器可采用更简单的方法，即在封闭的空间里放入催化剂，将臭氧重新变成氧气。

1.5.4 电子装置

要让离子激光器工作，还需要用到各种各样的电子分系统，如图 1.157 中大型激光系统的方框图所示。一般情况下，启动电路和光传感器连同等离子体管一起装在激光头中。在大型激光系统中以非原装件形式卖出的激光器需要有一个联锁开关，以便当激光头盖打开时能可靠地终止激光器运行。在水冷式激光器中，激光头通常还含有冷却水的流量/温度控制回路，以及用于监控及补充等离子体管中气体的充气回路。

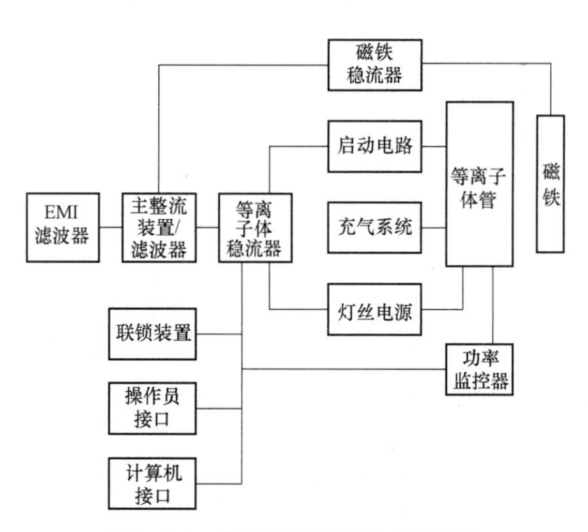

图 1.157　大型离子激光系统的方框图

启动电路能提供高压电火花，以启动放电装置。一般情况下，通过一个脉冲变压器或火花间隙回路，将一个几千伏的脉冲注入并使其与等离子体管串联。光传感器是反馈回路的传感器，用于测量并控制激光输出功率，通常由一个带硅光电探测器的分束器组成。由于离子激光器能够在相当大的功率范围内生成较宽的波长谱，因此在反馈回路中通常要使用多个前置放大器量程，还要用到波长灵敏性修正滤色镜或电子增益修正元件。

用于驱动等离子体管的电源几乎总是包装成一个独立装置，这是因为电源本身的体积与激光头差不多大，因此将电源与激光器分开会使激光系统定位的灵活性大大增加，等离子体管的驱动电流通过一根脐带式管缆传输到激光头。由于电源还起着激光器控制接口的作用，因此用于传送监控信号的光缆通常也捆扎在脐带式管缆内。

表 1.43　离子激光器的波长

在某种激光器中可获得的功率/W（并非所有的波长都能同时获得）					
现有的波长/nm	激光发射物质	大型水冷/W	中型水冷/W	大型空冷/W	小型空冷/W
275.4	氩	0.375			
300.3	氩	0.5			
302.4	氩	0.5			
305.5	氩	0.17			
333.6	氩	0.4			
334.5	氩	0.8			
335.8	氩	0.8			
350.7	氪	2.0	0.3		
351.1	氩	1.5	0.18		
351.4	氩	0.5	0.06		
356.4	氪	0.5	0.12		
363.8	氩	2.0	0.25		
406.7	氪	1.2	0.22		
413.1	氪	2.5	0.3		
415.4	氪	0.35			
454.5	氩	0.8	0.18	0.005	0.002
457.9	氩	1.5	0.55	0.015	0.005
465.8	氩	0.8	0.24	0.015	0.005
468.0	氪	0.5	0.1		
472.7	氩	1.3	0.32		
476.2	氪	0.4	0.1		
476.5	氩	3.0	1.0	0.025	0.008
482.5	氪	0.4	0.05		

续表

在某种激光器中可获得的功率/W（并非所有的波长都能同时获得）					
现有的波长/nm	激光发射物质	大型水冷/W	中型水冷/W	大型空冷/W	小型空冷/W
488.0	氩	8.0	2.5	0.1	0.03
496.5	氩	3.0	1.0	0.03	0.012
501.7	氩	1.8	0.64	0.015	0.005
514.5	氩	10.0	3.2	0.1	0.025
528.7	氩	1.8	0.55	0.01	
530.9	氪	1.5	0.25		
568.2	氪	0.6	0.25	0.02	
631.2	氪	0.2			
647.1	氪	3.0	0.8	0.015	
676.4	氪	0.9	0.15		
752.5	氪	1.2	0.15		
793.1	氪	0.1			
799.3	氪	0.2	0.03		

离子激光器的电源拥有与激光头相同的尺寸/设计变化范围。小型空冷氩气激光装置的电源其边长可小到大约 15 cm，而大型激光系统的电源其边长大约为 0.7 m，重大约 100 kg。这些大型装置可能需要用水冷却。表 1.44 显示了三大类离子激光器的典型运行要求和负荷。

表 1.44　典型离子激光器系统的电源特性

离子激光器的类型	最大激光功率	电气输入	等离子体放电	放电管的功率要求
空冷	20 mW	115 VAC 单相	90 V 8 A	0.7 kW
小型	5 W	208 VAC 三相	240 V 55 A	13 kW
大型	25 W	480 VAC 三相	550 V 65 A	36 kW

电弧放电装置的电气特性在本质上需要恒电流电源，以便能持久工作[1.1628]。离子激光器电源的核心是等离子体稳流器，等离子体电流需要很好地调控，以防止谱线波动及其他变化影响激光输出。等离子体电流可通过线性晶体管传输开关来控制，或通过各种开关类电源来更高效地控制。

在光谱物理公司所使用的、有专利权的稳流器中，开关电阻稳流器（由控制开关晶体管的一个脉宽调制器（PWM）组成）与一个低阻抗大功率水冷式电阻器连接，这个电阻器又与等离子体负载连接。PWM能改变晶体管被打开时的时间百分比，电阻器则用于传导电流。当晶体管关闭时，并联的一个电容器将提供通向负载的电流路径。这个稳流器看起来像一个可变电阻器，能从电路的无穷大电阻一直变到最小电阻；另外还有一个并联稳流器，用于提供波纹抑制功能和高速小信号调节功能。

当采用轴向磁场时，电源必须给电磁铁提供能量。在提供给电弧放电装置的电能中，电磁铁需要占其中10%～25%的电能，因此，大型激光系统其实有两个电源：一个36 kW的等离子体电源和一个8 kW的稳压磁铁电源。电源还必须提供一定的电能，用于加热等离子体管中的钨阴极，一般情况下，丝极变压器在大约4 VAC的电压下能提供15～25 A的电流，以达到此目的。

1.5.5 离子激光器的应用

用于控制功率和基本开/关功能的控制接口是通过电源实现的。在便宜的空冷系统模型中，控制接口一般由电源前控制板上的硬连线旋钮和开关组成。控制接口尖端化的下一步是引入一个带视觉显示屏的手持式系统控制器，这个控制器通过一根长的软电缆与电源连接，在打开后，激光器的所有功能都能从系统控制器上获得。高端模型为激光器的自动远程操作和监视提供了一个功能完备的计算机接口。

离子激光器以电流模式或功率模式（又叫做“光模式”）工作。电流模式使等离子体放电电流保持固定值，而允许激光输出变化。功率模式是一种常见的激光器工作方法，能根据需要调节等离子体电流，使输出功率与用户要求的功率值相匹配；当电流再也不能增加到功率设定值时，就可能是更换等离子体管的时候了。

就像很多现代激光系统那样，大多数的离子激光器也设计成免提操作模式。尤其值得一提的是，空冷氩气系统通过简单地拨动一下开关，就能提供恒定的激光源。与此相反，在实验室中采用的大型系统则牺牲了它们给用户提供的灵活性。

小型空冷系统仍然使用经济可靠的相干偏振 TEM_{00} 蓝绿色激光来源。这些系统通常在明显低于其最大功率值的功率下工作，这能使它们的有效寿命延长好几年。这些激光器在生物和医疗领域的用途包括细胞分选、脱氧核糖核酸（DNA）定序、细菌分析、共聚焦显微镜检查和血液学。在这些用途中使用的很多染料最初都是为氩气激光器波长开发的。

这些激光器还用于与文本和图像生成有关的很多用途。对于曝光印刷版以实现高速印刷以及提供全彩色印刷所需要的分色来说，蓝色光束很有价值。在光学加工及其他摄影源中，也能发现类似的用途。

中型系统的用途很多都与低功率激光器相同。此外，中型系统还用于娱乐行业，尤其是激光表演，并在拉曼光谱实验室中应用，或用作Ti：蓝宝石等可调谐激光系统的泵浦源。在眼科学中，光束可聚焦在视网膜上，用于修复由糖尿病诱发的视网膜脱落等症状。

离子激光器输出的深蓝色光和紫外光在半导体工业中用于晶片光刻检验和平版印刷术。离子激光器输出的光还用于在制造光盘的母模时曝光光刻胶，然后母模可用作大批量光盘生产时的注塑模具。

1.6 He：Ne 激光器

氦氖（He：Ne）激光器是一种电泵浦连续发射型气体激光器。其基本原理是将气体放电装置放入一根充满了低压氦氖混合气体的玻璃管中，气体放电装置由分置于玻璃管两相对侧的一个阴极和一个阳极组成。激光镜通常固定在玻璃管的端部。

He：Ne 激光器是最先实现的激光器之一。这种激光器于 1960 年开发，成为第一种能连续发射光的激光器[1.1631]。但发射的光并不是人们发现的、有名的亮红色谱线（632.8 nm），这第一个激光器在 1.15 μm 的波长下发射光——这是 He：Ne 激光器的最强谱线之一。之后不久，也就是在 1962 年，实现了红光激光发射[1.1632]。虽然从理论上已经找到了在可见光范围内发射光的其他可能性跃迁，但要实际证实这一点还要花一定的时间。为此，必须改进谐振腔的设计及提高反射镜的性能。尤其要提到的是，研究人员尝试了好几次才发现了有名的低增益 543.3 nm 谱线，终于在 1970 年首次演示了这一谱线[1.1633]。

在首次演示之后，He：Ne 激光器应用得越来越广，逐渐成为全世界最常见的激光器，销量达数百万套，直到激光二极管上市。虽然距第一次面世已过去了 40 多年，但 He：Ne 激光器在全世界的激光器市场上仍然很重要。2005 年，这种激光器卖出了大约 44 000 套[1.1634]。

He：Ne 激光器不仅用于调节和定位，还因为其优良的光学性质而在干涉仪、传感器或分光仪中使用。这种激光器曾在第一台扫描仪中应用，甚至第一批激光唱机就装有 He：Ne 激光器。虽然这些用途已被二极管激光器完全替代，但 He：Ne 激光器仍在分析学、仪表、传感器技术、科学和教育等很多领域中应用。

He：Ne 激光器的优势是具有优良的光束质量、长寿命和无与伦比的性价比。由于技术成熟、销售量大，这种激光器的制造成本不断降低。与产品寿命短这一趋势相反，He：Ne 激光器寿命达到 40 年，因此仍然是一种有竞争力的产品。很多 OEM 厂家仍选择 He：Ne 激光器作为他们的新产品，而不顾由二极管激光器和固体激光器带来的竞争。尤其是考虑到激光二极管，事实上，二极管本身是一种相当便宜的部件。但为了使二极管达到与 He：Ne 激光器相当的光束质量，还需要付出相当多的努力和额外的费用——这些费用抵消了由 He：Ne 激光器带来的高成本。例如，二极管的强椭圆形光束必须为圆形，以避免波长漂移，还必须保证温度稳定化。与标准的二极管相比，He：Ne 激光器的另一个优点是相干长度更长。

He：Ne 激光器的其他优势包括：

- 极好的模式纯度，通常＞95%的高斯 TEM_{00}；

- 谐振腔长度和谐振腔宽度（直径）之间存在有利的关系；
- 衍射几乎受限制的光束；
- 较高的波束指向稳定性；
- 较高的制造再现性。

1.6.1　激活介质

1. 能级图

文献［1.1635］（图 1.158）中给出了最详细的能级图。但如今，绿光和黄光激光谱线比红外激光谱线重要得多，因此必须将这些新的可见光谱线添加到能级图中。可以看到，中性氦通过与电子碰撞而被激发，然后通过近乎共振的非弹性原子碰撞将其能量转移给氖气的激发态，这意味着发射激光的原子是氖，仅在将能量从气体放电管转移到氖气上能级时才需要氦。由于自发辐射，能量从激光下能级 3p 和 2p 转移到 1s 能级。通过壁面碰撞，1s 能级中的粒子数减少到氖气基态，由于这个原因，必须采用小直径的放电管，以实现 1s 能级的快速排空。应当提及的是，激光器中采用的是稀有的 ^{3}He 同位素，而不是 ^{4}He，原因是 ^{3}He 同位素更轻，与氖气之间的速度差更大，使能量更好地转移给激光上能级[1.1636]，从而获得更高的增益和输出功率（在 633 nm 波长下提高大约 25%）。

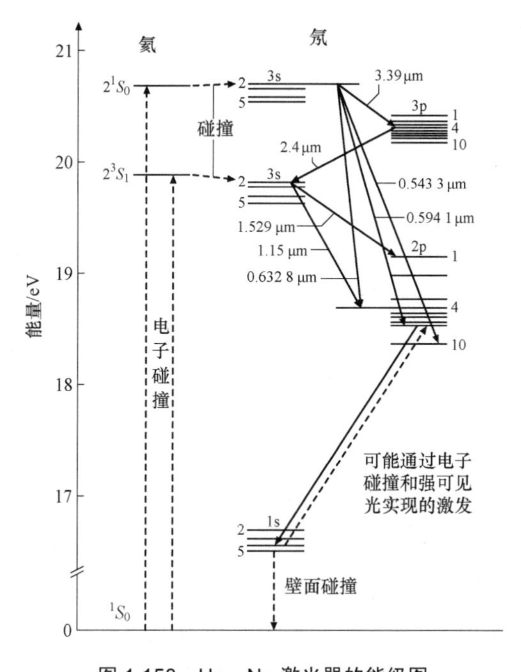

图 1.158　He：Ne 激光器的能级图

众所周知，电子碰撞和可见光的受激吸收会造成从 1s 能级到 2p 能级的跃迁，使这个激光下能级（2p）的寿命更高。这导致 3.39 μm 激光谱线与其他激光谱线相比具有更高的粒子数反转，因为 3.39 μm 谱线以 3p 能级为激光下能级。

表 1.45 列出了在市场上可买到的激光谱线以及一些典型的参数。增益[1.1635,1637]在很大程度上取决于粒子数反转，所记录的数值应当让人能看出增益是如何随波长而变化的（$g_0 \propto \nu_0^{-3}$）。这说明最难以制造的激光器是绿光激光器（543.3 nm）。

表 1.45　典型的激光跃迁

波长（在空气中）/nm	跃迁	增益/m^{-1}	典型功率/mW
543.3	$3s_2-2p_{10}$	0.03	0.5～3.0
594.1	$3s_2-2p_8$		2.0
61.8	$3s_2-2p_6$	0.1	2.0
632.8	$3s_2-2p_4$	0.5	0.5～50
640.2	$3s_2-2p_2$		
1 152.3	$2s_2-2p_4$		2.0
1 523.1	$2s_2-2p_1$	4	1
3 391.3	$3s_2-3p_4$	100	10

在制造绿光激光器时面临的另一个困难是在每组能级内（2s、3s、2p、3p 等），亚能级（例如从 $2p_1$ 到 $2p_{10}$）的能量分布由热致 Ne–Ne 碰撞决定，因此得到玻耳兹曼分布。玻耳兹曼分布意味着粒子数随着能量的降低而上升，因此，543.3 nm 谱线的激光下能级（$2p_{10}$）与红谱线的 $2p_4$ 能级相比，粒子数要高得多。为了在这个激光谱线下实现粒子数反转，必须通过减小氖气压力来减少 Ne–Ne 碰撞的次数，其结果是在这个谱线下输出功率更低，绿光激光器的寿命（大约 10 000 h）与红光激光器的寿命（＞20 000 h）相比更短。

表 1.45 只列出了最重要的激光谱线，文献［1.229］中详细地汇编了不同元素的激光谱线。有时，在一个实验中，可能会得到由放电管自身散射的无用光（不是激光），在文献［1.1638］中可以找到这些放电谱线。

2. 气体放电

气体放电是激光器中最重要的过程，因为这个过程必须将电源的电能转化为激光，这个过程决定着激光器的激光功率、功率稳定性、光学噪声和使用寿命。激光器的关键技术不是谐振腔设计，而是如何优化放电。

如图 1.159 所示，He：Ne 激光管里充满了氦氖气体混合物，总压力为 4～7 mbar，氖含量大约为 10%。工作直流电在 3.5～11 mA 范围内，相应的管电压为 1～5 kV。这是一个冷阴极辉光放电管，其中的激活激光介质由放电管的阳极柱形成，阳极柱位于直径为 0.5～2 mm 的一根毛细管内。由于这个辉光放电管具有递减的电压–电流特性曲线（图 1.160），因此可以用一个 60～100 kΩ 的镇流电阻 R 使整个系统得到一条递增的电压–电流曲线。

图 1.160 中，黑色曲线表示放电管的电气特性，从左往右向下倾斜的直线表示相应的镇流电阻。打开激光器之后，电源必须将电压升至燃点（$U_I \approx 10$ kV）。点燃后，电源切换到正常的固定电流工作模式，相应的电压由放电曲线和电阻直线的交点（放电管的电压 U_T）决定，以只存在一个交点的方式来选择电阻器——这一点很重要。

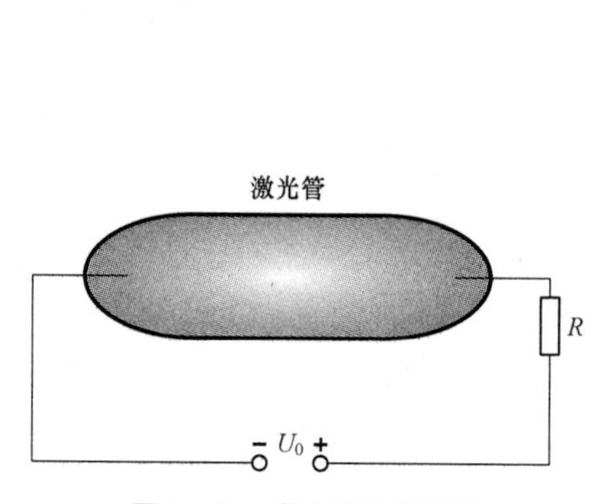

图 1.159 激光器的电路图

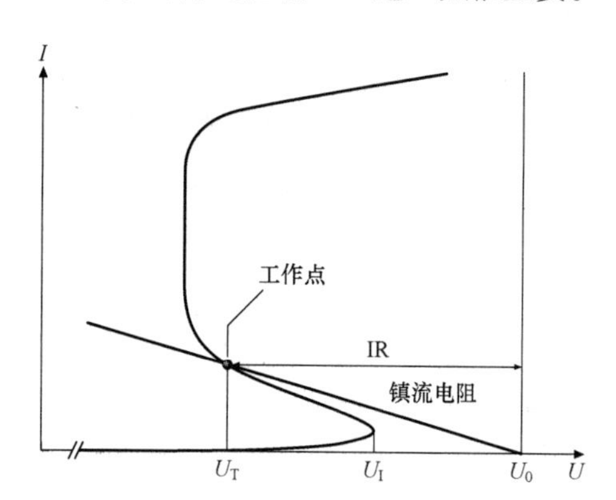

图 1.160 He：Ne 激光器的电压–电流特性曲线

虽然在放电管设计中采用了一个很小的金属阳极，但阴极却大得多，而且主要由铝制成，因为阴极必须传输用于放电的电子并传递阴极电位降区的热量。阴极电位降区位于激光管外，可使里面的电子从零速加速到碰撞速度，阴极发射电子的能力取决于阴极表面的性质。通常情况下，阴极表面的电流密度是恒定的，因此阴极表面对于外加工作电流来说必须足够大，否则会发生溅射，使放电管快速损坏。典型的阴极尺寸在 10 cm^2 范围内。为避免溅射，应当在阴极表面上形成一层纳米级 Al_2O_3。通常这个氧化层能承受大约 10 000 h 的溅射。如果这个氧化层被摧毁，激光器将在几百小时内失效。

1.6.2 结构和设计原理

1. He：Ne 激光器的结构

图 1.161 显示了一个现代 He：Ne 激光器的横截面视图。He：Ne 激光器的所有主要厂家都有着很相似的主要激光器配置，只是在细节上有差异。激光管由一根玻璃管 8 组成，玻璃管的两端与金属端盖 3、10 熔合，激光镜 1、12 通过金属–玻璃焊接方法与这两个端盖连接。这些金属–玻璃接头为激光管提供了长期真空密封。阴极 6 和气体放电毛细管 7 位于激光管内，毛细管的玻璃与外管 8 的玻璃熔合，因此放电现象就集中在这个毛细管内。如果激光镜 1 是一个平面镜，而激光镜 12 是凹面镜，则毛细管 9 的端部将起到模场光阑的作用。如果需要线偏振激光辐射，则将一

个布儒斯特窗 2 放置在激光器内。此窗的一个有利位置是在平面镜附近，因为在这个位置，管内的光束直径最小，因而激光光束和布儒斯特窗之间没有角位移（光束总是垂直于镜面）。激光管被抽空，然后用管 4 充气。在借助冷焊工艺往激光管里充气之后，将管 4 密封。弹簧 13 位于毛细管端部的中心。在镜架 3、10 上形成了一个材料厚度减薄区 5、11。这个部位用于通过金属的塑性变形使反射镜对齐。

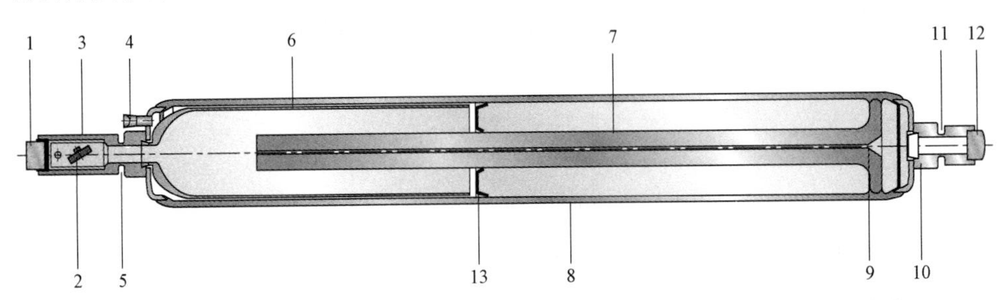

图 1.161　He：Ne 激光管（LASOS 激光技术有限公司）的截面图，见正文中的解释

图 1.161 中的配置代表着输出功率达到大约 25 mW 的商用激光管的基本设计形式。这种配置已用了大约 30 年，只做过微小的改动。此配置能提供长期的气体稳定性，在激光器的整个使用寿命中能保证光学器件清洁，而且激光器的寿命长。

与目前的设计形式大不相同的是，早期的 He：Ne 激光器不用反射镜密封，而是在每一端用一个布儒斯特窗密封。因此，早期的激光器采用了主要由殷钢杆上的反射镜架组成的一个外部谐振腔。目前这种老式设计只在大功率 He：Ne 激光器（＞35 mW）中使用，因为这些激光器需要一个很长的谐振腔（＞1 m）。在这种激光器中，外部谐振腔能获得更好的腔镜对准稳定性，毛细管（由于自重发生了弯曲）也能对齐（图 1.162，图 1.163）。

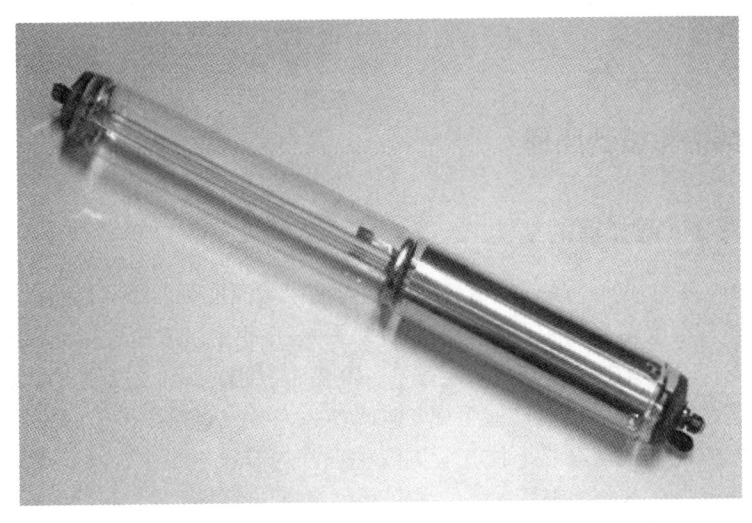

图 1.162　具有固定镜的激光管（LASOS 激光技术有限公司）

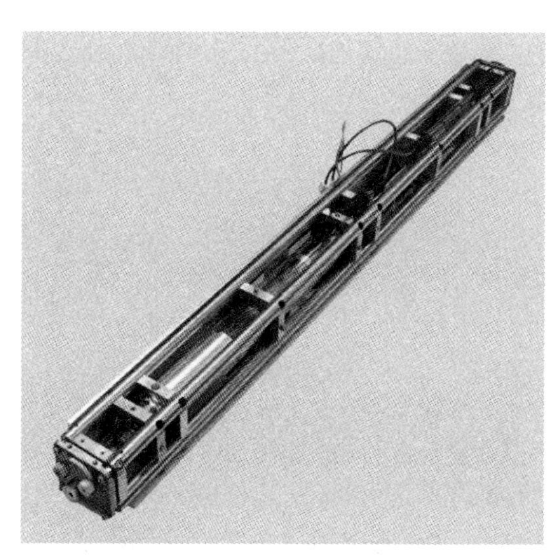

图 1.163　具有外部谐振腔的 35 mW 激光管（LASOS 激光技术有限公司）

2. 谐振腔设计

He：Ne 谐振腔的设计目标是获得高斯光束分布图，所有光束参数的计算都能利用 *ABCD* 矩阵形式体系来轻易完成[1.1639]。在这种情况下，激光器中的每个光学元件都能用矩阵来描述（如下所述）。

曲率为 r 的腔镜的矩阵：

$$M=\begin{pmatrix}1 & 0\\ -2/r & 1\end{pmatrix} \tag{1.142}$$

自由空间传播距离 s 的矩阵：

$$S=\begin{pmatrix}1 & s\\ 0 & 1\end{pmatrix} \tag{1.143}$$

从输出镜开始，将一次完整往返行程（RT）中每个元件的所有单个矩阵相乘，得到下面的计算式：

$$\mathrm{RT}=SM_2SM_1=\begin{pmatrix}A & B\\ C & D\end{pmatrix} \tag{1.144}$$

在最后一步中，用这个矩阵计算出 $1/e^2$ 光束半径（w）和波前曲率（R）：

输出镜的光束半径为

$$w=\sqrt{\frac{\lambda}{\pi}\frac{2|B|}{\sqrt{4-(A+D)^2}}} \tag{1.145}$$

输出镜的波前曲率为

$$R=\frac{2B}{D-A} \tag{1.146}$$

通过利用著名的高斯光束传播形式，在任何期望位置处的光束直径都能计算出来。

复参数 q 定义为

$$\frac{1}{q}=\frac{1}{R}-\mathrm{i}\frac{\lambda}{\pi w^2} \tag{1.147}$$

高斯光束在光学系统中的传播用 $ABCD$ 矩阵描述，得到

$$q_{\text{out}}=\frac{Aq_{\text{in}}+B}{Cq_{\text{in}}+D} \tag{1.148}$$

模场孔径位置处的光束直径对于激光器设计来说很重要（图 1.164），这个孔径与光束直径之间的比率必须以如下方式选择，即：TEM_{00} 模的损耗较低，但对于第一高阶横模（例如 TEM_{01}）来说足够高，以便抑制高阶模。这个比率取决于激光增益，可在理论上计算出来，根据普通 633 nm 激光器的实践经验，得到孔径直径和光束半径之比大约为 3.5:1。对于大功率的 He：Ne 激光器，此值必须减小；而对于低增益的 543 nm 激光器来说，此值必须增大。

图 1.164　具有后输出镜和模场光阑的 He：Ne 谐振腔的主要配置

在实际的设计中，上述形式体系用于平衡在实际应用中（光束腰通常位于输出镜的表面）所需要的光束直径和激光功率之间的谐振腔设计。激光功率一方面决定着激光器长度，另一方面也决定着可获得的反射镜曲率、光阑直径和光阑位置。

3. 比例关系

比例关系对于新激光器的实际设计来说很有用，下面描述的是最重要的比例关系。首先，激光功率 P 与放电管长度 l（毛细管）成正比：

$$\frac{P}{l}=\text{const} \tag{1.149}$$

由于这个缘故，如今功率超过 25 mW 的 He：Ne 激光器已很稀少，这些激光器很长（>1 m），需要灵敏而昂贵的外部谐振腔。因此，在这个功率区域内，激光二极管（由棱镜、柱面透镜及/或变焦望远镜组成的非球面透镜系统）的光束整形成本与 He：Ne 激光器相当或更低，而且二极管激光器系统的机械尺寸要小得多（大约 15 cm）。

压力 p 与毛细管直径 d 之积为定值：

$$pd=\text{const} \tag{1.150}$$

根据此方程，具有相同 pd 乘积的两个系统放电性能也相当，如果外加相同的电流，则在这两种情况下激光上能级的激发也是差不多的。如果运行正常的激光器必须定制以获得更高的功率或不同的光束直径，则这个规则很有用。如果已利用 1.6.2 节中的形式体系估算出了新毛细管的直径，那么就可以借助式（1.150）计算这种新型设计的相应气压。

电流－密度之间的比例关系不太重要，因为电流与毛细管直径之间只存在弱相关性：

$$j\sqrt[4]{d} = \text{const} \tag{1.151}$$

小信号增益 g_0 与毛细管直径 d 之间的关系为

$$g_0 d = \text{const} \tag{1.152}$$

方程（1.153）表明在设计过程中应当能够得到较小的毛细管直径 d，因为随着增益的增加，损耗也会增加，而且功率有可能会接近理论最大功率。

另外还应当注意两个电气关系式[1.1640]，阴极的电流密度为

$$\frac{j_{\mathrm{K}}}{p^2} = \text{const} \tag{1.153}$$

点火电压为

$$U_{\mathrm{I}} = f\left(\frac{pl}{T}\right) \tag{1.154}$$

由方程（1.154）可推断，如 543 nm 这样的低压激光管需要更大的阴极。方程（1.154）表明，点亮激光器所需要的电压随着压力和长度的增加而增加，但随着温度 T 的降低而降低。

4. 激光谱线的选择

如今，在红外线范围内，He：Ne 激光器已被激光二极管取代，但 He：Ne 激光器的可见光谱线（尤其是 632.8 nm、594.1 nm 和 543.3 nm 波长下的谱线）仍在激光扫描显微镜检查等科技用途中广泛应用。由于这个事实，本书将只考虑可见光谱区。除一些用于教学的激光器之外，其他所有现代 He：Ne 激光器都只在一个波长下工作，原因是只有通过这种途径，才可能获得每条激光谱线的最大功率并减小光学噪声。这类激光器的工作波长是利用激光镜从可能的激光谱线中选出的。在最常见的设计形式中，后镜在期望的波长下反射率达到可能的最高值（＞99.9%），输出耦合器在这个谱线下具有 1%～2%的透射率，而在其他谱线下透射率大于 10%。在不期望的激光谱线下，损耗会大于增益，但不会放大。由于 543.3 nm 谱线的增益低，因此这个波长下的激光器拥有透射率为 0.05%～0.15%的输出镜（图 1.165）。

5. 3.39 μm 抑制

从表 1.45 可以看到，必须很小心地抑制 3.39 μm 谱线，因为这条谱线的增益比

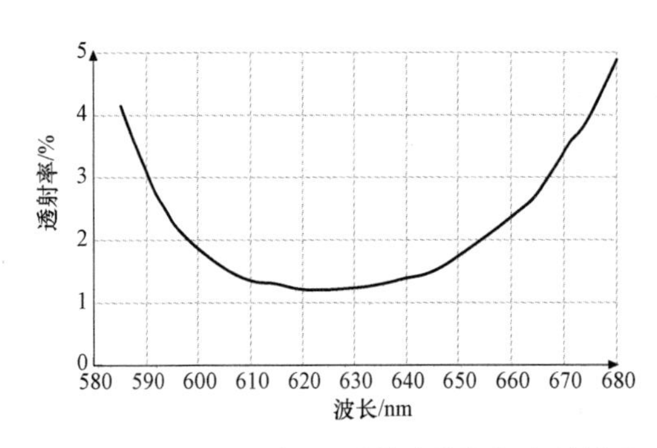

图 1.165　632.8 nm 激光器的输出镜的典型透射曲线

所有可见光谱线的增益都高出几个数量级。若这条谱线抑制得不够，会造成期望的谱线出现功率损耗和功率波动。因此，两个激光镜在这条谱线下的反射率必须低于 0.5%。用于抑制 3.39 μm 谱线的另一种方法是利用塞曼效应。通过给激光器外加一个非均匀的横向磁场，激光能级分裂为塞曼次能级。次能级的增益是用未分裂的能级除以次能级的数量后得到的，因此可能会低于损耗，从而使这条谱线受到抑制。对于所有的激光谱线来说，次能级的频差都是相同的。但激光谱线的多普勒展宽取决于激光谱线的频率。

激光谱线λ的多普勒展宽由下式给定：

$$\partial \nu_{\mathrm{D}} = \frac{2}{\lambda}\sqrt{\frac{2kT\ln 2}{m}} \tag{1.155}$$

其中，k 是玻耳兹曼常数；T 是气体温度；m 是 Ne 原子的质量。

对于可见波长来说，由塞曼效应引起的频率分裂低于多普勒展宽谱线，因此，增益不受塞曼效应的影响；而对于 3.39 μm 谱线来说，塞曼分裂大于多普勒展宽谱线，增益随着次能级数量的减少而减少。这种方法通常在大功率 633 nm 激光器（>35 mW）或 543 nm 激光器中使用。

6. 谱线宽度和相干长度

红光 He：Ne 激光器的固有线宽大约为 20 MHz[1.1636]，但这条谱线通过两个不同的过程来增宽。第一个过程是碰撞谱线增宽，导致在 4～6 mbar 的典型压力下得到大约 500 MHz 的线宽[1.1636]，这个谱线宽度与气压成正比；第二个过程是多普勒展宽[式（1.155）]，因此在可见激光谱线下得到 1～1.5 GHz 的谱线宽度。

TEM_{00} 激光器通常在几个纵模下工作，纵模的间隔为

$$\Delta f = \frac{c}{2L} \tag{1.156}$$

因此，谐振腔越长（反射镜的距离为 L），同时振荡的模数就越多。

从图 1.166 可以看到，模间隔为 257 MHz（7 个模），增益轮廓大约为 1.5 GHz。由于碰撞谱线增宽大于模间隔，因此不会出现兰姆凹陷[1.1636]。出于干涉测量目的，通常采用只有一个或两个纵模的激光管，此管的典型长度大约为 140 mm，功率为 0.5～1.0 mW。虽然增益曲线在频率空间中是固定的，但当谐振腔长度可能因环境温度波动小而在波长λ的尺寸范围内变化时，纵模图样会发生移动。

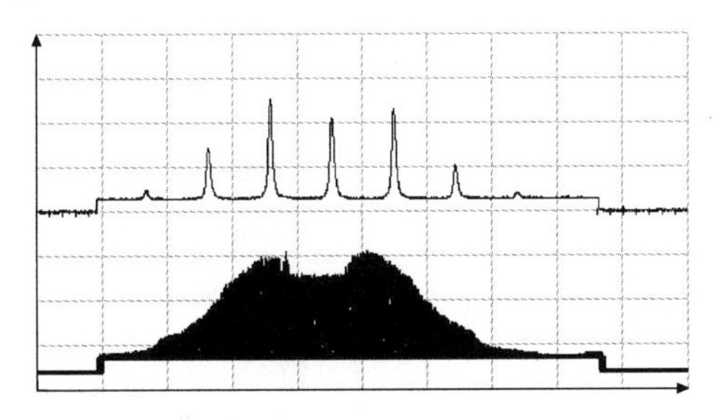

图 1.166　在 633 nm 波长下用扫描干涉仪给 584 mm 长的 20 mW 激光器测量的纵模（上部曲线）和相应增益轮廓（LASOS：LGK 7665 P）

这种移动导致功率在大约 5%的范围内波动（具体要视激光器的长度而定）。由于在大多数的应用情形下只采用所有模的和功率，因此通过在增益轮廓下增加模数量，就有可能使激光功率变得稳定。这可通过两种方法来实现，第一种方法是增加激光器长度，第二种方法是采用氖同位素 ^{20}Ne 和 ^{22}Ne 的 1:1 混合物，而不是天然 Ne（90%^{20}Ne 和 10%^{22}Ne）。由于 ^{22}Ne 同位素的原子核更重，因此辐射光的频率比 ^{20}Ne 发出的光大约高 800 MHz（同位素移动[1.1641]）。这意味着，这两条谱线之差小于多普勒展宽，因此，通过利用这两种同位素的混合物，可以得到更宽的增益曲线。同位素混合物对其他激光器参数（例如功率或噪声）没有影响。

He：Ne 激光器最令人振奋的用途之一是干扰测量。在这种用途中，激光器的相干长度很重要，相干长度可利用下式由谱线宽度 $\Delta\nu$ 计算出来：

$$l_c = \frac{c}{\Delta\nu}$$

多模激光器存在的问题是这种激光器不是在单频下，而是在好几个等距模下工作。

图 1.167 显示了在迈克耳逊干涉仪之后在光程差上测得的纵向多模激光光束的对比率，这个光束由具有相等光强的 4 个激光模组成。这张图片被单模的递减对比度函数覆盖，但单模的相干长度在千米范围内，在这里不可见。鉴于干涉现象可在很长的距离观察到，因此这种周期性结构要求将相干长度定义为仅在不超过第一个最小值的区域内。在有 N 个纵模的情况下，这第一个最小值位于如下位置：

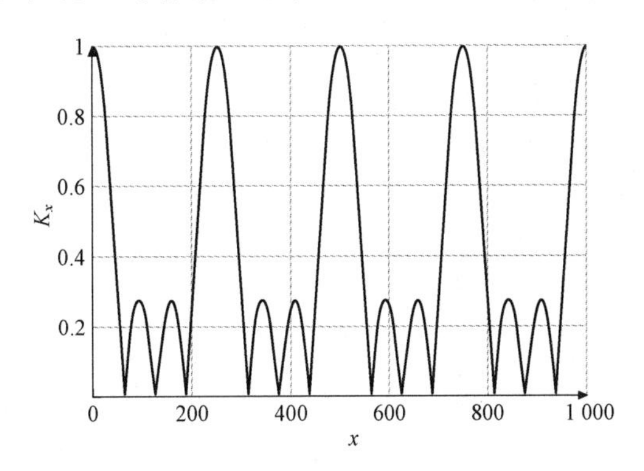

图 1.167　两个四纵模激光光束发生干涉时的对比率

$$l_{\min} = \frac{2L}{N} \tag{1.157}$$

因此，对于图 1.166 中的激光器，相干长度低于 16 cm。

应当注意的是，在真实的激光器中，不同的模有不同的光强，但这只会改变图 1.167 中的振幅，导致在最小相干长度处得到非零光强。

1.6.3 稳定化

一种用于获得较大相干长度的常见方法是只采用其中一个纵模。可以利用下列事实来选出一个单模，即：在非偏振激光器（无内部布儒斯特窗）中，邻模具有垂直的偏振方向。因此，通过利用只有双模的非偏振短激光器，就有可能借助一个外部偏振镜来选出一个模。

在一些应用情形中，这个模的频率必须固定，可通过用玻璃管周围的一个加热器控制激光管的长度来实现。一种方法是用偏振分束器来选择两个垂直模，并测量这两个模之间的功率差。通过利用加热器，这个信号应当能保持在零点。在这种情况下（图 1.168），这两个模均位于增益轮廓的陡侧。此时，频率的微小变化都会导致功率的大变化，因此精确控制频率是可能的。这个原理比至少有一个外部谐振腔（含一个光栅）的激光二极管稳定化简单得多，这种激光器的频率只取决于氖气的原子特性。这第一种频率稳定化方法已在精确度大约为 1 nm 的测量装置的机械工程领域中广泛应用。1.14 节中详细描述了频率稳定化。

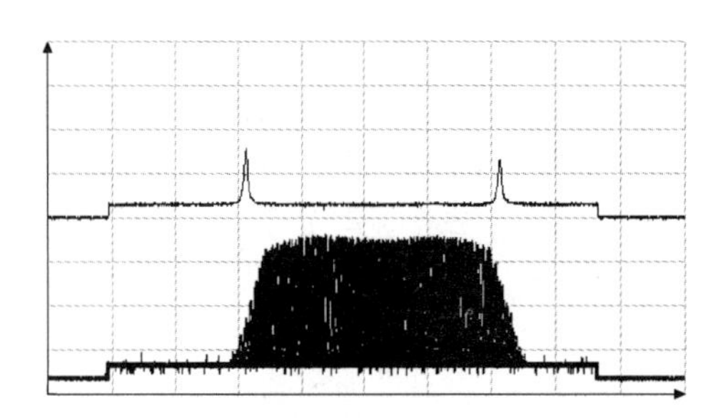

图 1.168　140 mm 长的激光器的模和增益轮廓曲线

1.6.4 制造

激光器常用部件如图 1.169 所示。由于第一批 He：Ne 激光器是在 20 世纪 60 年代制造的，因此这种制造技术如今已成为一种完全成熟的工艺，其中的清洗、连接和真空工艺是 He：Ne 激光器制造的关键技术。

下一步是在大约 800 ℃的温度下将金属部分和玻璃部分熔合在一起。在这一步，必须注意毛细管孔处于后续光轴的位置。为避免机械应力，所选择的不同材料必须保证金属部分和玻璃部分的热膨胀系数相匹配。第三步是将反射镜焊到镜架上（在大约 500 ℃的温度下）。经过这个准备过程之后，在真空下将激光管退出几小时；然后，通过利用氧气放电，清除管内表面的残余微量有机物，还利用氧气放电在阴极表面形成了 Al_2O_3 层，这对管的寿命来说很重要。后面几步是往管里填充氦氖混合气体、实施老化过程以及最终充气。为了获得激光发射，在这些步骤之后只需将反射镜调准，可以借助外部激光器并利用管中需调准的激光镜的背射来进行预调准，最终调准的判定标准是输出功率达到最大。

因为大功率长管对空气流量很敏感，为了得到稳健的产品，玻璃管通常与镇流电阻连接，然后把它们一起放入外面的一根铝管中。

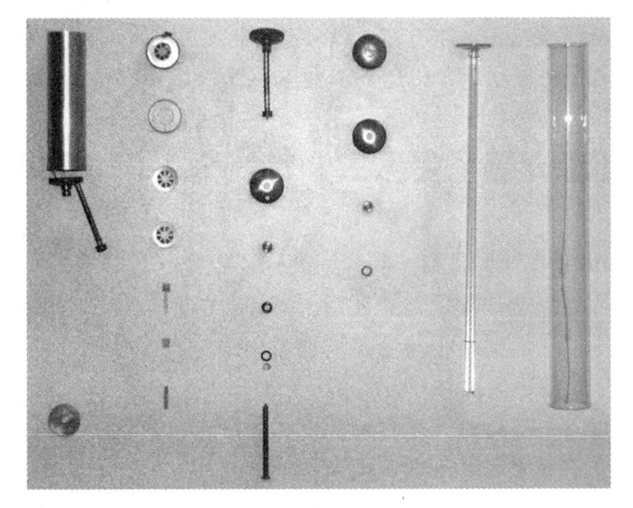

图 1.169　激光管的部件

1.6.5　应用

大多数的应用领域都利用了 He：Ne 激光器的可见光波长。这种激光器的典型用途包括流式细胞术、共焦显微镜检查、DNA 测序、遥感、血液病学和照相洗印，最后但并非最不重要的是，He：Ne 激光器在教育、学校或研究中是很受欢迎的教学仪器。很多应用领域都利用了荧光成像和干扰测量，本书在下面将更详细地讲述这两点。

1. 荧光成像

荧光成像利用不同的波长来激发某些荧光团的荧光性，尤其是在生物医学应用领域，这是基本的方法之一。不同的荧光团附着在特定的细胞上，以探测反常结构。荧光成像的工作原理是每个特定的荧光团都被一种特殊的波长激发，然后在另一种波长下发射光；后一种波长可利用高度灵敏的传感器来探测。通过利用各种各样的此类标识，科研人员可以对细胞加以区分、标注或分类。这种方法已在基础研究及临床诊断学中应用，用于探测白血病或获得性免疫缺乏综合征（AIDS）等重大疾病。

由于这些方法大多数是在仅有气体激光器可用作激光源的时期内开发的，因此荧光物质是专为这些波长制成的。这些波长与氩离子激光器的常见波长一起，成为了荧光成像的一种标准波长，虽然如今其他各种各样的波长及其相应的染料也可以使用。在几乎所有的商用激光装置中，都可以发现 He：Ne 激光器的发射谱线。He：Ne 激光器的常见用途是流式细胞术和共焦显微镜检查。

2. 干扰测量

干涉测量法用于精确测量各种物理值，例如微粒的位置或速度、距离、应力或振动，He：Ne 激光器的光学性质和长相干长度使得这种激光器非常适于这种用途。He：Ne 激光器的窄带宽使得其波长能够用作一种测量标准。对于很多干涉测量用途来说，发射线的频率必须稳定，以达到最大的测量精度（1.6.3 节）。

1.7 紫外激光器：受激二聚物、氟（F_2）和氮（N_2）

1984 年，Rhodes 在世界上第一部介绍准分子激光器的书中提道[1.1642,1643]：

准分子激光器系统的开发标志着在相干光源开发过程中的一个重大转折点。前几年取得的进展建立在包括原子与分子物理学、光学技术和脉冲功率技术在内的几门学科知识相结合的基础上。

这种早期声明主要与稀有气体和稀有气体卤素混合物激光跃迁的电子束激发有关，但当前的准分子激光器基于精确控制的放电过程，并依靠详细的材料化学知识来确保放电管的长使用寿命。因此，这种激光器可能在较高的成本效益下工作——这是其工业应用的前提。上述多学科研究方法与电子装置对激光光束的监控相结合，使得准分子激光器成为各种工业用途和医疗用途很重要的一种工具。

出于语义的原因，“受激二聚物”一词原来指受激二聚物，如今，这个术语已用于以束缚激发态和游离基态为特征的所有类型激光激活介质——通常叫做“激基复合物”。

本节的安排如下：在概述了准分子激光器的独特特性（1.7.1 节）之后，将介绍这些激光系统背后的物理知识和技术，包括利用波前诊断进行光束特性描述（1.7.2 节）；1.7.3 节聚焦于采用准分子激光器的各种材料改性技术，包括利用 157 nm 波长下的氟（F_2）–激光辐射。

本节还探讨了飞秒准分子激光器脉冲作为具有极高光强的不寻常激光源在紫外光谱范围内的广阔应用前景。作为当前研究的前沿，与超高光强的应用范围有关的那一章讲述了用这种新型激光能力生成空原子得到的结果及其在超短波长 X 射线生成中的应用。实际上，在过去 30 年里利用短脉冲准分子激光器技术在 10^{14}～10^{20} W/cm^2 的光强范围内做的研究表明，在 I–ω 交互平面的高强度（I）–高频（ω）象限内存在着一个反常的非线性辐射耦合区，这部分探讨内容包括用数据演示最近在千电子伏特 X 射线范围内观察到的非线性耦合。最后是对未来的憧憬，预测了在实验中利用相干 X 射线可获得趋近于施温格极限（约 4.6×10^{29} W/cm^2）的光强，所获得的这个等级的光强让研究人员能够用实验方法透彻地研究物理空间的基本性质，包括宇宙常数的基本特性。

最后的 1.7.5 节介绍了用于下一代光刻术的、在 13.5 nm 波长下工作的新放射源。

远紫外（EUV）辐射源可利用激光泵浦和放电泵浦来实现，预计能将现有的显微光刻变成纳米光刻。

由于紫外激光器领域很大，最近在评论性文献［1.1644］中也已介绍过，因此本节只总结各种可能性，并要求读者浏览文献［1.1642–1644］。如果需要了解更多详情，读者可以浏览原版初印文章。

1.7.1　准分子激光器辐射的独特特性

准分子激光器辐射给人印象最深刻的特性是有很多种发射波长，这些波长覆盖了整个紫外光谱范围（图 1.170）。波长越短，在显微投影与成像中得到的分辨率就越高，进而开辟了很宽的应用领域。与短波长同时出现的是较高的量子能，短波长光子能被大多数的材料强力吸收，能够提供足够的量子能来诱发光化学反应并让分子离解。准分子激光器辐射光的断键能力与激光脉冲中可获得的高峰值功率一起，使烧蚀蒸发成为可能，从而打开了通往很多材料（从柔软的生物组织到坚硬的金刚石）的显微加工领域的大门。

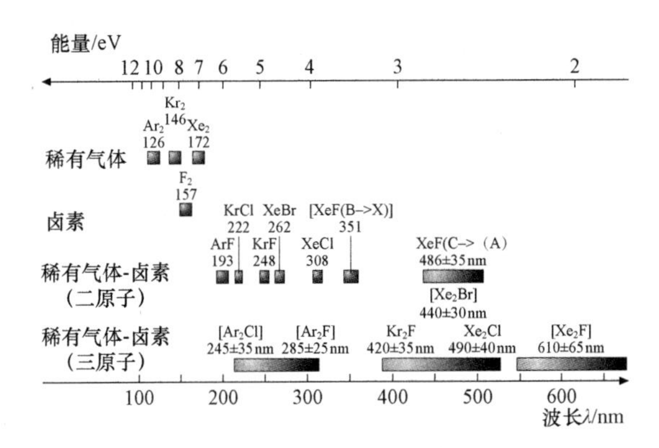

图 1.170　各种准分子跃迁的波长（低）和相应的光子能量（高）。实心符号表示在商业上较重要的波长

脉冲持续时间是一个重要的参数。典型的准分子激光器会在几纳秒范围内发射脉冲，因此材料加工过程可高速地频繁实施，也就是说，准分子激光器可应用于待加工的连续部件流。此外，由于准分子激光器的谱线宽度本身就较宽，因此这类激光器可定制成在飞秒范围内以极高的峰值功率提供脉冲，这样就能生成一个由电子和空原子（即通过高能跃迁重组的内壳层电离原子）组成的等离子体，从而在远紫外或弱 X 射线光谱区内提供辐射光。这肯定是最先进、最有希望的应用领域之一。

最后，准分子激光器可缩放比例，以获得焦耳范围的高脉冲能量、几千赫的高重复频率以及高达 1 kW 的高平均功率，因此可方便地调整以适应具体的工业任务。与这些优点相比，准分子激光器的缺点是谱线宽度相当宽、相干度低，而且辐射不连续。但考虑到前面探讨的优点，因此这些缺点显得无足轻重。这给可能通过频率变换来占领紫外光谱范围的其他激光器留了一些空间，直到功率更高的半导体发光器可能在一定程度上填补此空白为止。低相干度可用于实现无散斑成像，而使超短脉冲得以形成的宽谱线宽度可能通过谐振腔配置中的一些选频方式来变窄。但这种出于某种原因与灯塔发射光（离散度大）相似的光束需要通过光束整形器来进行一定程度地整形。

图 1.170 总结了稀有气体卤化物激光器的波长和量子能数据，以及氟激光器及其他二原子和三原子分子激光器的波长和量子能数据。氟激光器实际上不是准分子激光器，但能以几乎同样的方式来激发。这些紫外光源对于下面几节中概述的广泛应用领域来说是最重要的。文献［1.1642–1644］中详细地探讨了特殊的光源类型，例如 KrBr、稀有气体二聚物及其他二聚物，还有三聚物。

1.7.2 当前准分子激光器和 N_2 激光器的技术

本节将从准分子激光器和氟激光器的基本原理入手，还将探究（分子）氮激光器（N_2 激光器），因为它是所有气体紫外激光器的“祖先”；最后，将简述放电泵浦准分子激光器技术。

1. 受激准分子的跃迁：不寻常的四能级激光系统

准分子激光器的发射光源自以电子激发态生成的分子。通过（激光）辐射光的发射，这些分子衰变为推斥基态或松束缚基态，然后在这些能态下离解。在常见的试管化学中，稀有气体为惰性（即避免化学键），虽然一些特殊的惰性气体化合物确实也会以电子基态存在。在市场上可买到的准分子激光器中，最重要的分子是 ArF^*、KrF^*、$XeCl^*$和 XeF^*，其中的星号指电子激发。

游离的电子基态是这些系统表现出四能级特性的原因。一般情况下，四能级激光系统能以连续方式工作，但对于稀有气体卤化物准分子激光器来说，由于受到物理限制和技术限制，激光器连续工作是不可能的。一种主要的限制是自发辐射相对于受激辐射在紫外光谱范围内起着重要的作用。自发辐射的爱因斯坦系数 A 与在相同跃迁中受激辐射的爱因斯坦系数 B 之比与跃迁频率 v 的三次方成正比[1.1651]：

$$\frac{A}{B}=\frac{2hv^3}{c^2}$$

因此，如果 $I(v)$ 跃迁内的辐射强度很大以至于 $B\cdot I(v)$ 的乘积大于 A，即如果这个系统很难泵浦，那么受激辐射将只能与自发辐射相当。此时，气体体积内一定储存着大约 100 MW/Inch^3 的电功率密度。在早些时候，这个激发强度是利用高能电子束获得的[1.1642,1643]，如今，这个激发强度可利用短脉冲横向放电得到。由于电弧造成放电不稳定，脉冲持续时间无法超过 1 μs。在下一次发射之前，必须排除有害的反应产物和热量，因此需要快速交换激光气体。

在对液态 Xe_2 中的束缚–自由激光系统进行第一次实验示范之后[1.1652]，有关人员已成功地研究了其他很多受激准分子或激发复合物分子（同核及杂核）[1.1642,1643]，但大多数的这些分子并没有因此而得到重用。1975 年，图 1.170 中列出的激光系统被雪崩方式打开了大门[1.1645-1650]，这些系统的效率、波长以及经过一些技术努力之后获得的激光气体易处理性令人信服。激光器的气体由大部分的放电载流子（即缓冲气体（主要是氦））和少得多的反应物（即激光气体）组成。

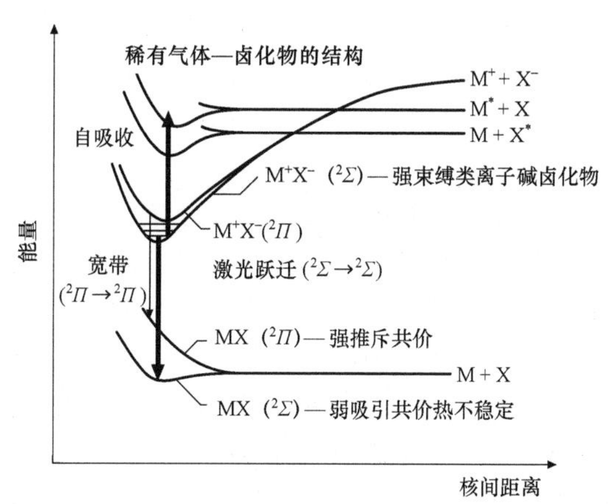

图 1.171　稀有气体卤化物分子的典型势能图。M 代表稀有气体，X 代表卤素原子（根据文献［1.1645－1650］）

2. 分子势能与反应动力学

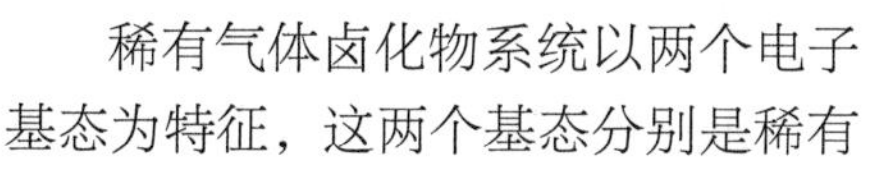

稀有气体卤化物系统以两个电子基态为特征，这两个基态分别是稀有气体原子的电子基态和卤素原子的电子基态。由于卤素原子的 p 空穴，这两个基态结合成一个分子 Σ 和一个 Π 态（图 1.171[1.1645-1650]）。虽然 Π 态有很强的推斥性，但 Σ 态的推斥性最小，大多只有几百 cm^{-1} 的深度，因此热能使分子能在几皮秒内离解。第一个电子激发态与阳极稀有气体和阴极卤素离子有关，因此势能深度最小。高能态则与中性原子的电子激发有关，中性原子的势能深度更浅——这是共价键的典型特征。这个一般原理适用于稀有气体（除 XeF 外）卤化物，根据文献［1.1645－1650］的描述，在 XeF 中，基态的势能达到 1 065 cm^{-1} 的深度。

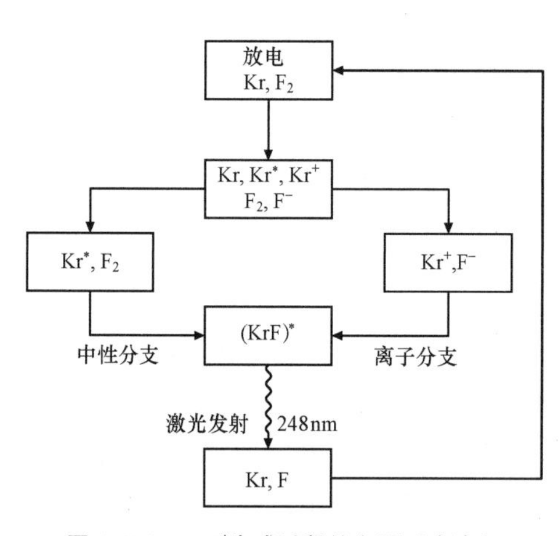

图 1.172　KrF^*生成过程的主要反应途径（根据文献［1.1653］）

由缓冲气体支持的放电过程中会形成受激分子和离子，如图 1.172 中的 KrF^*情况所示。受激稀有气体卤化物分子的形成既利用了中性通道（即化学交换反应），又利用了通过与缓冲气体原子的第三体碰撞来达到稳定的离子复合通道。因此，高压（即几 bar 的压力）有利于激态复合物的形成。缓冲气体还为电子激发态里的最低振动能级提供了快速弛豫，然后使其在几纳秒内辐射跃迁至基态。

激光跃迁与高于基态的连续态耦合，得到均匀增宽的非洛伦兹谱线形状[1.1656]。因此，如果引入选频光学器件，则准分子激光器可在某一带宽范围内调谐（见图 1.170 中的调谐范围）。经证明均匀谱线增宽对短脉冲的放大有利。

更详细地说，目前存在与受激原子能态相关更多的激发态，而且处于这些激发态的粒子数正在增加，但由缓冲气体诱发的弛豫给最低电子激发态补充了粒子数。文献［1.1657］中综述了纯稀有气体和稀有气体原子与卤素元素之间的反应动力学以及基本速率常数。

氟激光器基于束缚–束缚跃迁。在 157 nm 的波长下，氟激光器具有所有同核卤素激光器中最短的波长[1.1658]。从氟原子的两个 p 空穴中，F_2 分子获得了属于基态电子构型的三个能级，其中两个能级为束缚态，因此稳定的分子可以在放电过程中实现直接电子激发。此外，始于电子激发态 He^*和 F^*原子的激发转移以及 F^+和 F^-离子的离子复合（因为氟原子在与 He 原子相互作用时有较大的电子亲和能）导致 $^3\Pi$ 激光上能级的粒子数衰减到弱束缚的 $^3\Pi$ 下能级。F_2 激光跃迁可在与稀有气体卤化物激光器的放电装置类似的放电结构中被激发，因此，在商用准分子激光器中，F_2 激光器经常被提到——尤其是它的短波长。文献［1.1659］中描述了 F_2 激光器的飞秒工作模式。

图 1.173 显示了 F_2 激光发射的细节以及文献［1.1644］中描述的仅有 1.034 pm 半宽（FWHM）的选线光谱。

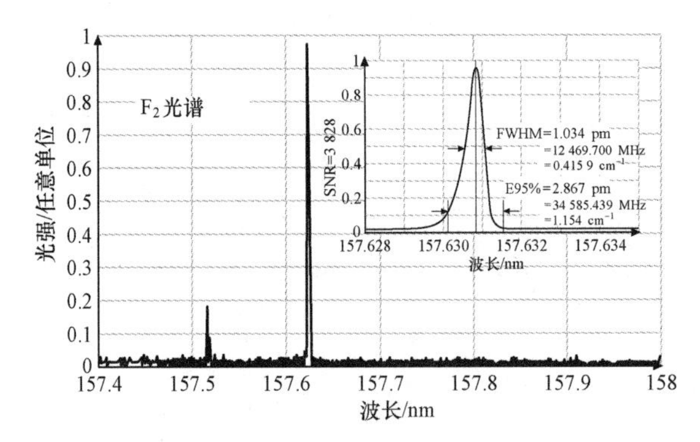

图 1.173　氟激光器的发射光谱（根据文献［1.1654，1655］）。插图显示了在选线之后更强跃迁的光谱详情（根据文献［1.1644，第 97 页］）

3. 准分子激光器的技术设计原则

根据前两节中描述的物理前提条件，可以推定：能量密度高达大约 10^{-2} J/cm^3[1.1660] 的电能必须在几纳秒内均匀地放射到激光气体中［图 1.174（a）］，以使高压（达到 0.5 MPa）辉光放电可保持尽可能长的时间。

电荷来自储能电容器，或者在更有效的情况下，来自低阻抗脉冲形成谱线。要实现均匀点火，需要进行高效的预电离。紫外线预电离优于 X 射线预电离。表 1.46 总结了不同的紫外线预电离方法。由于电子被俘获，辉光放电（尤其是在含卤素的气体中）易于转变成电弧放电或火花放电，从而使激光发射失败，因此，研究人员们做了大量工作来使辉光放电稳定[1.1661,1662]。为了足够快速地提供电荷，最好采用磁脉冲压缩技术［图 1.174（b），（c）］。能量开关（即以前的“闸流管”）主要是晶体闸流管、门极可关断（GTO）晶闸管或绝缘栅双极型晶体管（IGBT）。

表 1.46　在准分子激光器放电管中采用的预电离技术

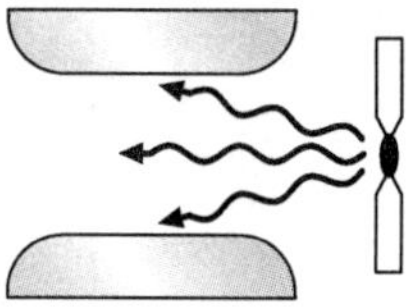	通过从火花放电管中发射出的紫外辐射光，对激光气体进行预电离。放电管位于与激光通道平行的、成一排安装的串联针形电极之间。在主放电管启动之前大约 10 ns 内，火花被点燃，因此至少生成 10^8 个电子/cm^3，作为主放电管的点火源
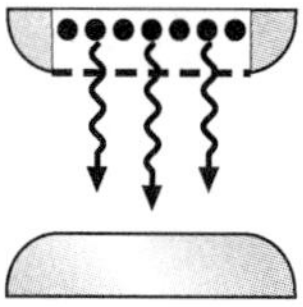	可能的修改形式：将其中一个电极设计成丝网电极，通过该电极进行火花预电离
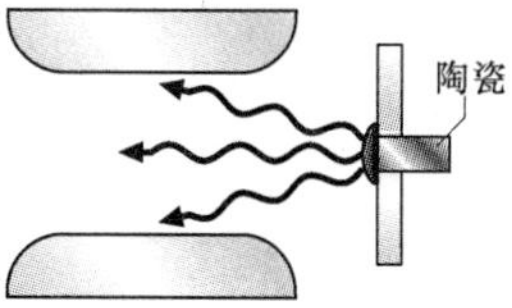 陶瓷	用于预电离的电介质（氧化铝）–表面诱导火花放电装置。由于放电电荷传播，电极针的侵蚀大大降低。因此，激光气体的使用寿命更长，激光管可发射激光多达 100 亿次。这种设计主要在高平均功率准分子激光器中使用
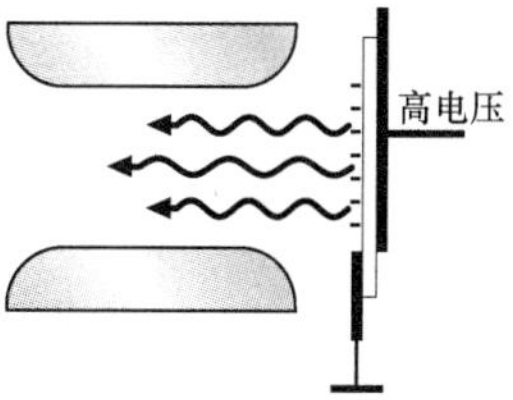 高电压	位于介质板上的表面电晕放电装置发射具有高度空间均匀性的紫外光。这些装置与火花放电相比消耗的能量更低，能提供对窄放电体积（就像在具有高重复频率的准分子激光器中那样）来说足够的电子密度，并使放电电极的使用寿命延长
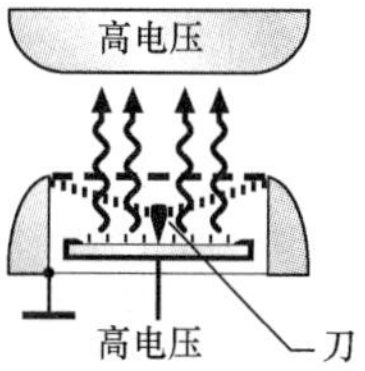 高电压 高电压 刀	在介质表面上蠕变的刀刃释放放电装置（与著名的利希滕贝格放电装置相似）有较大的面积，因此能方便地用于对大孔径准分子激光器进行预电离。刀刃与主放电管的接地电极连接

为保证激光管的使用寿命长，电极材料的选择很重要，研究人员已做了大量的材料研究，为氟/氯稀有气体激光器提供了不同的材料，甚至阴极或阳极或在电极的外形上都采用了不同的材料[1.1660]。快速的横向气体循环为每次激光发射提供了冷却功能和新鲜的激光气体。为了得到稳定的激光输出功率，卤素气体消耗量可通过由处理器控制的气体注入量来补偿，因此激光管可以在一次主要充气之后就工作，在此情况下通常能生成大约 10 亿个脉冲。

准分子激光器的谐振腔［图 1.174（a）］主要由 CaF_2 平面窗组成，能够实现 50%～92%的高出耦合率。在特殊的用途中，采用不稳定谐振腔或具有选频光学器件的谐振腔，以及振荡器–放大器系统。

与准分子激光器的技术和结构及其应用有关的技术论文有很多。准分子激光器的参数在很大程度上能按比例缩放。通过将较高的单脉冲能量（≤10 J）、高重复频率（6 kHz）或中高平均功率（≤1 kW）作为关注焦点，开发出了特殊的准分子激光器，由激光输出能量与储存的电能之比计算出的效率一般为百分之几（<5%）。由于在出版商之间进行数字化检索已成为可能，因此这几个参数的几乎每种组合都能用电子方式追溯——在某种程度上针对的是过去 30 年里的组合，例如，表 1.47 显示了为工业用途的 XeCl 准分子激光器规定的数据。

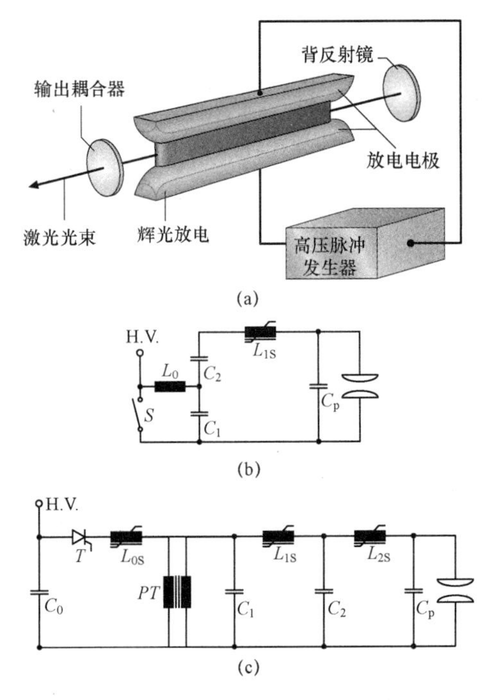

图 1.174　准分子激光器谐振腔示意图

（a）带气体放电装置和激光谐振腔的准分子激光器示意图；（b）（c）采用了磁脉冲压缩技术的激发电路。（b）具有单级脉冲压缩设置的 $L-C$ 逆变电路，（c）具有双级脉冲压缩设置的晶闸管开关电路（根据文献［1.1660］）

表 1.47　从工业用 XeCl 准分子激光器中得到的数据
（类型：钢 2000，相干λ物理 2005）

最大稳定能量/mJ	最大平均功率/W	最大重复频率/Hz	脉冲持续时间/ns	FWHM 光束尺寸 $V\times H$/mm×mm	发散度 $V\times H$/mrad	光束指向稳定性 $V\times H$/mrad
1 050	315	300	29	37×13	4.5×1.5	0.45×0.15

4. 准分子激光器的光束特性和均匀化

准分子激光器的很多用途（例如半导体微刻或眼外科）在很大程度上取决于稳

定性以及对脉冲能量、光束宽度、发散度、指向稳定性、均匀性等发射光特性的精确控制。虽然输出能量和功率可以用其他大功率激光器的标准工具来监测，但在记录空间光束轮廓和方向分布（波前）时，需要采用适应准分子激光器输出特性的特定仪器。除了对深紫外光谱范围内的各种发射波长敏感之外，这种诊断系统还必须拥有与近场光束大截面相适应的探测光阑；最重要的是，需要在脉冲大功率紫外光照射下保证所用光学器件和传感器的长期稳定性。由于近年来在这个领域取得了重大进展，因此如今根据最新 ISO 标准并通过用照相机测量光束轮廓和波前，就有可能评估相关的准分子光束传播参数。

哥廷根激光实验室已开发了相应的光束轮廓测量系统，并与行业伙伴合作对其进行优化。这个装置能监测在 351 nm、308 nm、248 nm、193 nm 和 157 nm 的准分子激光器波长下近场和远场的轮廓[1.1663]。近场轮廓在探测器上成像，而远场光束则利用一个长焦距透镜来聚焦，以使由球面像差造成的误差最小化。近场和远场的分布利用具有较大显示区域的紫外线摄像机进行同时并排记录。这种摄像机的紫外敏感性是利用高度线性的均匀耐辐射量子转换屏，然后以缩微方式将荧光投射到 CCD 摄像机芯片上实现的。

例如，图 1.175 显示了对 ArF 准分子激光器（Novaline，λ物理）记录的近场（NF）和远场（FF），表明近场和远场分布相当平滑、对称。利用这些二维能量密度分布（$H_{NF}(x,y)$ 和 $H_{FF}(x,y)$），可以按照 ISO 标准来评估光束参数（表 1.48[1.1664-1667]）。

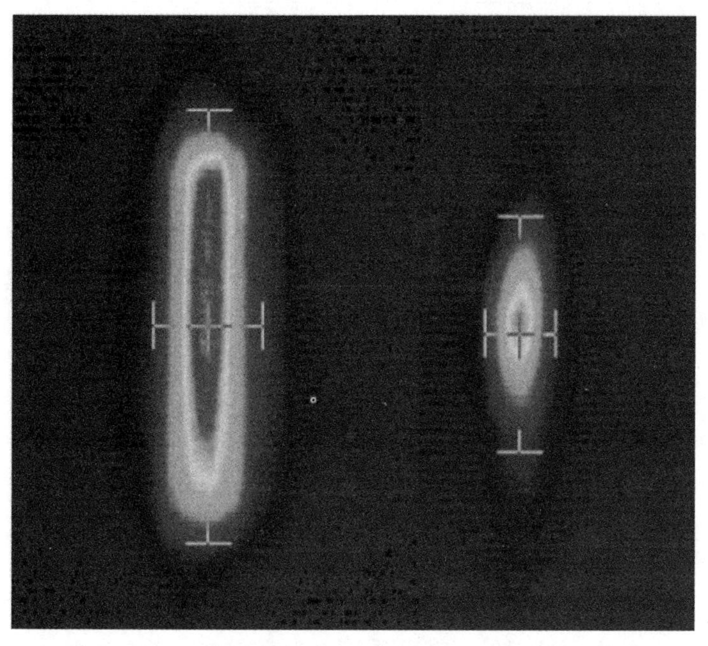

图 1.175　用基于相机的测量系统同时记录的 ArF 激光器（193 nm）近场（左）和远场轮廓（右）。图中标出了在水平方向和垂直方向上评估的二阶矩光束宽度

表 1.48 准分子激光器的相关光束参数以及符合 ISO 标准的评估程序。H_{NF}（x，y）和 H_{FF}（x，y）分别表示近场（NF）和远场（FF）的能量密度分布

光束参数		评估	ISO 标准
近场轮廓			
质心	(x_c, y_c)	H_{NF}（x，y）的一阶矩	ISO 11146[1.1644]
光束位置稳定性（x，y）	$\Delta_x = 2s_x$	质心的标准偏差 连续脉冲的分布	ISO 11670[1.1651]
光束宽度（x，y）	$d_{\sigma,x} = 4\sigma_x$ $d_{sx} = x_2^{1/e^2} - x_1^{1/e^2}$	H_{NF}（x，y）的二阶矩 或者：移动细缝的评估	ISO 11146
有效照射面积	$A_{eff}(\eta)$	当能量密度 H_{NF}（x，y）高于阈值 η 时在光束面积上积分	ISO 13694[1.1652]
边沿陡度	$s = (A_{10\%} - A_{90\%}) / A_{10\%}$	有效积分面积的归一化差值	ISO 13694
坪值均匀性	$U_p = \Delta H_{NF} / H_{max}$	柱状图曲线的峰值宽度	ISO 13694
远场轮廓			
发散度（x，y）	$\Theta = d / f$	远场的光束宽度	ISO 11146
光束方向稳定性（x，y）	$\delta\alpha_x = 2s_x / f$	远场轮廓质心分布的标准偏差	ISO 11670
波前	$w(x,y)$	哈特曼－夏克（Hartmann-Shack）测量	ISO 15367[1.1645-1650]
空间相干性	l_c	杨氏双缝实验	–

图 1.176 显示了具有稳定谐振腔的标准 KrF 激光器的 NF 分布。在水平方向和垂直方向上的光束宽度利用二阶矩和移动细缝的评估方法来计算，偏差小于 1%。

均匀的准分子激光器光束。准分子激光器的大多数用途（尤其是在半导体工业和 TFT 平板显示器的生产中）在很大程度上取决于均匀分布图的利用，即带陡边且坪区高度均匀的顶帽式分布。在微电子学的激光材料处理或医疗用途（例如角膜整形）中，也可以找到相关的例子。在所有这些情况下，只容许采用与激光能量密度相对应的一个窄工艺窗口。准分子激光器辐射光均匀化的方法有很多种，但都混合了一部分原光束，以消除强度峰值。由于准分子激光器的空间相干性较低，因此这一点能高质量地实现，从而避免了均匀化光学器件对干涉图样的干扰。

图 1.177 显示了在利用简单的蝇眼透镜均化器[1.1668]进行平面化之后 KrF 激光器的光束分布图，这种均化器由两个十字阵列的圆柱形小透镜组成，这些小透镜将入射的激光光束分解成部分射线。球形透镜将光束有效地集成为平顶光束分布形式［图 1.177（a）］，用于获得基于掩模投影的高质量材料结构［图 1.177（b）］。

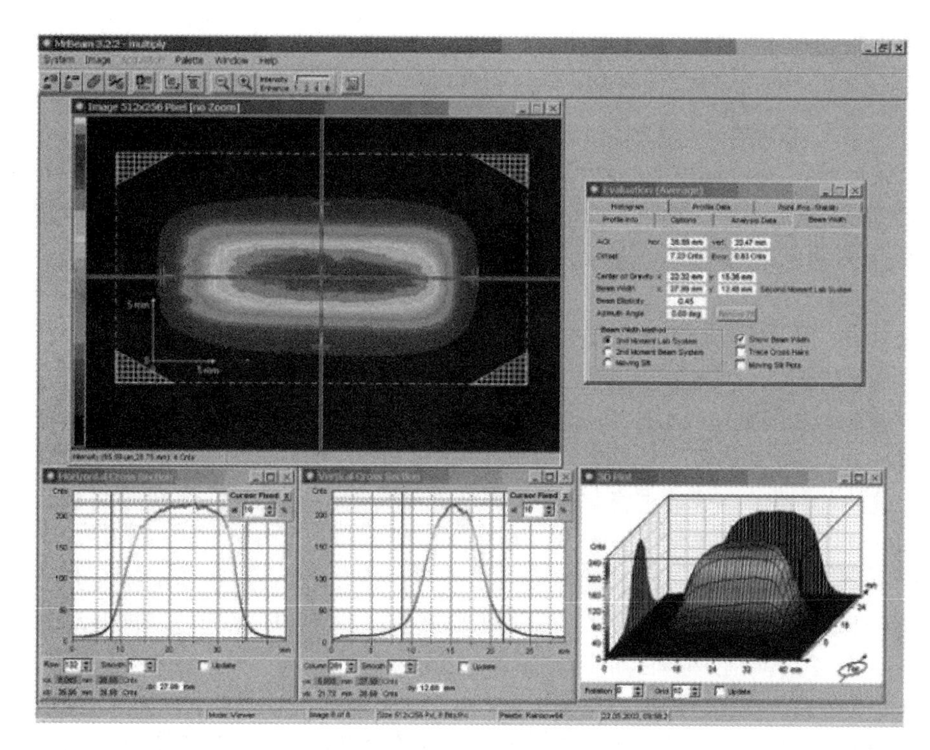

图 1.176 在 248 nm 波长下测量的准分子激光器近场分布。图中显示了二阶矩光束宽度（$d_{\sigma,s,x}$=27.5 mm，d_{σ}=1.8 mm）

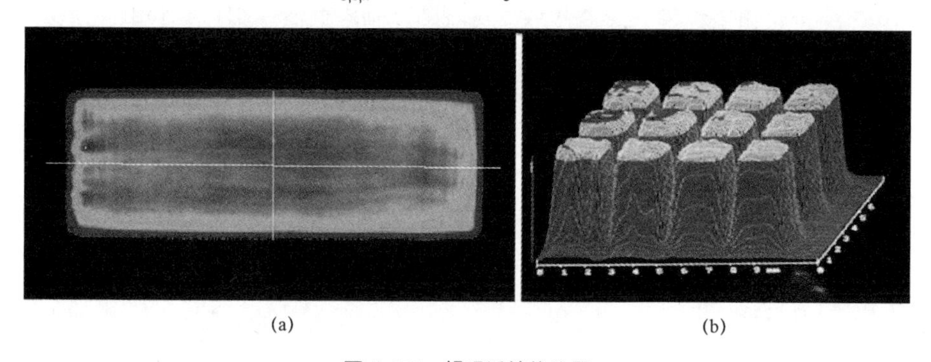

(a) (b)

图 1.177 蝇眼透镜均化器

（a）通过利用蝇眼透镜均化器得到的均匀化 KrF 准分子激光器光束；（b）均匀化分布的掩模投影

这种均匀化分布图的边沿陡度和坪区均匀性可根据 ISO 13694 标准进行明确描述[1.1668]。标准中相应的定义考虑了整个二维分布，而不是单个截面，因此，这些定义可应用于任意形状的足迹的平顶分布。

5. 关于 N_2 紫外激光器的简要回顾

分子氮激光器（在 1963 年实现并在近红外光谱区内发射光[1.1669]、之后不久在 300～400 nm 波长范围内发射光且在 337 nm 波长下有最强谱线[1.1670]，这一点在 1965

年被详细描述[1.1671,1672]）很快成为激光光谱领域中的主要激光器。这种激光器的主要用途过去是（现在仍是）在整个近紫外、可见光和近红外光谱中给脉冲染料激光器提供光泵浦。此外，氮激光器还是光化学研究和生物学研究中的一种激发光源，其激光发射是在从大约 10 mbar 到大气压力的宽压力范围内用充满纯氮气的高电压（10～20 kV）高速（几纳秒）横向气体放电装置实现的（TEA 激光器），用空气也能实现，只是效率更低。337 nm 跃迁是在 $C^3\Pi_u$ 和 $B^3\Pi_g$ 能态之间多种电子振动跃迁（0–0）中最激烈的一种跃迁形式。由于 B 能态（大约 10 μs）与 C 能态（大约 10 ns）相比寿命更长，因此激光作用会很快自动终止。

泵浦是通过 C 能态的直接电子激发作用从 X 能态获得的。C 能态出现时其截面比 B 能态的截面更大，因此如果放电电流的上升速度比 B 能态粒子数的辐射增长速度快得多，则可得到粒子数反转。为了在 mJ 范围内发射脉冲能量，激光器必须安装低阻抗放电电路，就像通过将激光孔道嵌入布勒姆莱因（Blumlein）传输线（使上升时间达到几纳秒）中所实现的那样。由于增益很大，因此当激发波与光传播同时到达放电通道时，光的发射可能主要在一个方向上受到激发，通过用这种方法，研究人员得到了 10:1 的比率，以支持在一个方向上的激发[1.1673]，从而使具有极大峰值输出功率（1.2 MW）的相当短的激光器成为可能[1.1674]。文献［1.1675］中详尽地分析了传输线电路，有关人员已利用具有磁脉冲压缩状态的快速电路，实现了 20 mJ 的脉冲能量[1.1676]。如果仅仅为了示范，可以通过在玻璃板上调节两个电极以及给电极提供带火花间隙开关的高压电源，轻松地获得氮激光器。在网络上，研究人员精确地描述了一种采用了标准点火变压器、火花隙、制冷剂循环泵、一些电介质以及铝箔（或铜）层压电路板的自制氮激光器[1.1677]。

从历史的角度来讲，早在 1960 年，Houtermans 就已提出 N_2 激光器以及同核准分子激光器和亚稳态汞化合物[1.1678]——比第一个红宝石激光器的实现早多了！

1.7.3 应用

从物理角度来看，准分子激光器的用途可根据其优势来分类：

（1）短波长；

（2）高量子能；

（3）通过聚焦获得的高脉冲能量密度；

（4）当脉冲能量被压缩成超短脉冲时获得的极大峰值功率。

第 1 种特性使低于 100 nm 的结构能够在用于半导体光刻的光刻胶中曝光、图案化。第 2 种特性使得用于给塑料制品做标记的光化学近表面改性（例如变色）以及用于生成光纤布拉格光栅的折射率变化成为可能。第 3 种特性使得薄硅膜的熔化成为可能，从而用于诱发 TFT 显示器生产线的大晶粒晶化。第 1～3 种特性通过材料烧蚀来实现显微结构（包括生物组织），第 4 种特性为极亮的 X 射线的生成打开了大门。除这些技术用途之外，准分子激光器的辐射光还广泛用于科学用途，例如染料激光器的光泵浦。本节将简要地介绍一些技术用途。

1. 电子工业中的准分子激光器

十多年来，用于生成半导体电路的实际光刻技术一直采用的都是准分子激光器光源，这种技术还将盛行几年。因此，从经济上来看，这是这些激光器的最重要用途。由于在光学投影中可分解的、受衍射限制的最小值（半间距）由 $k_1 \cdot \lambda/\mathrm{NA}$ 给定，因此应当尽最大努力减小光照波长λ以及过程因子 k_1，同时增大投影系统的数值孔径（NA）。在广泛采用 248 nm 激光器之后，如今 193 nm 激光器是最先进的。利用浸没光学来增加 NA 经证实是达到远远低于衍射极限的一种极其成功的方法。在 2005 年版“国际半导体技术发展蓝图”（ITRS）（图 1.178、图 1.179）中，预计在 2010 年利用 193 nm 浸没技术生产出 45 nm 的 DRAM 半间距。氟激光器（157 nm）不再被考虑，因为人们正在研究折射率高于纯水的浸液，这可能使 193 nm 激光器的用途扩大到 30 nm 的半间距[1.1679]。

对于在光刻中使用的激光器来说，与激光管和所有光学器件的谱线宽度、波长、脉冲间稳定性和使用寿命有关的要求很多[1.1643]。双腔系统分配了振荡器中的窄带生成任务和放大管中的发电任务，放大管可设计成一个再生环形放大器[1.1643]。最近，一种在 193 nm 波长下工作的 60 W 系统出现了（图 1.180[1.1680]），其优点是提高了 6 kHz 脉冲的能量稳定性，因此抗蚀剂的曝射剂量可得到精确控制。这个系统旨在实现 45 nm 半间距生产。

薄膜中的晶体管是在显示器中用于控制单个像素的关键元件。为增加电子的迁移率，研究人员通过将准分子激光器辐射线应用于熔化和受控再结晶过程，生成了较大的硅晶粒，并扫描光束、在整个表面对光束进行谱线整形[1.1682,1683]。这个过程可概括为准分子激光器退火（ELA），是用 308 nm 的辐射线来执行的。这种辐射线被硅晶粒强力吸收，以至于玻璃上的薄膜能被熔化而衬底不受损害[1.1684]。通过用这种方法，大面积的 TFT 显示器就能够制造出来，甚至由源/漏结附近的不完全退火造成的掺杂缺陷也可通过斜入射 ELA 来消除[1.1685]。

准分子激光器在电子仪器中其他的成熟用途包括通过钻孔[1.1686]、剥线和标线号来制造印制电路板（PCB）[1.1644]。一种相当新的技术是让电子 GaN LED 不再与其蓝宝石衬底（供晶体生长）粘结的剥离方法，具体方法是在衬底上照射激光，从而将 LED 从其散热电气接头处弹射出来[1.1687]。关于 PCB 的未来光耦合，研究人员们为集成通过烧蚀制造出的光学反射镜而做出的尝试也值得一提[1.1688,1689]。

2. 光学材料、陶瓷材料、聚合物材料和生物材料的加工

烧蚀无疑是准分子激光器最知名的用途：通过对玻璃、石英甚至金刚石、陶瓷、聚合物进行钻孔和微观结构加工[1.1690]，可以得到再现性和精确度都很高的轮廓，在文献［1.1644］的第 11～14 和 16 章中讲述了这个主题。准分子激光器的烧蚀还在眼科中应用，包括 LASIK 方法[1.1644,1690]。玻璃和聚合物的非烧蚀加工通过改变折射率，能够在光波导中生成光纤布拉格光栅[1.1691,1692]。在即将出现的有机发光二极管技术中微观结构加工也将起到一定的作用（OLED）[1.1693]。

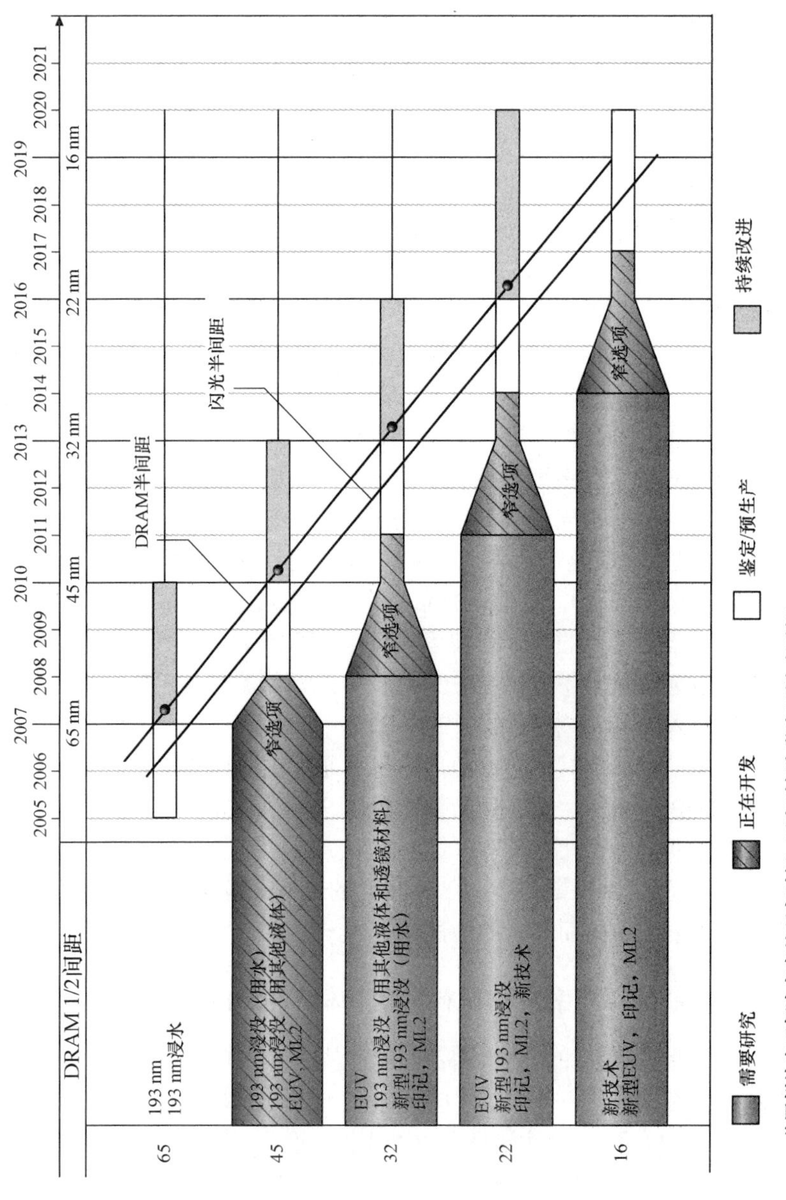

图 1.178　根据 2005 年版“国际半导体技术发展蓝图”得到的潜在光刻曝光工具方案（根据文献［1.1681］，经由 ITRS 提供）

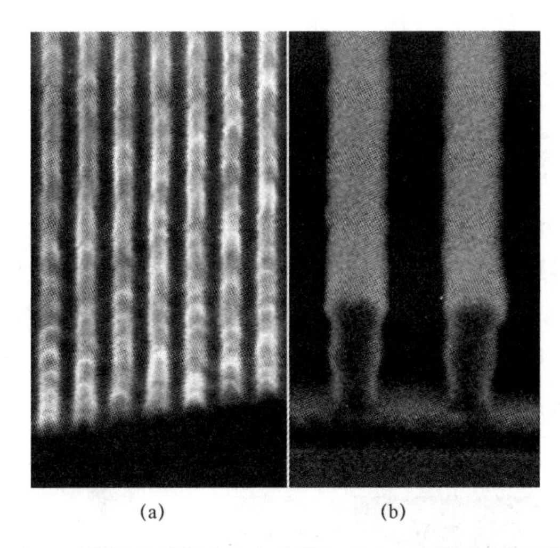

图 1.179　在 IBM 阿尔马登研究中心获得的 30 nm 宽谱线和相同尺寸的间隔

（a）与当前的 90 nm 特征相比，采用了 193 nm 的干涉测量高折射率浸没式光刻；

（b）（经由 IBM 提供）

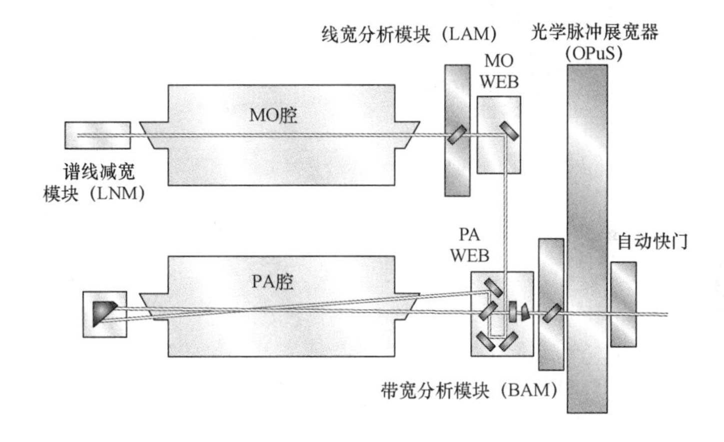

图 1.180　将在半导体光刻技术中使用的 MOPA（主控振荡器的功率放大器）准分子激光器系统的示意图（根据文献［1.1681］，由西盟公司提供）

1.7.4　飞秒准分子激光器脉冲

在准分子模块中，超短脉冲不可能直接生成，因为准分子不能被连续激发，而连续激发是锁模的必要条件。准分子（尤其是 ArF 和 KrF）很适于对超短紫外脉冲进行放大，原因是这种气态放大介质的非线性程度低、损伤阈值高、可缩放性好，而且增益高[1.1694]。准分子放大器的可用带宽支持 100～200 fs 的脉冲持续时间——脉冲持续时间会受到实际增益窄化效应的限制。这些特性有助于得到很高的输出能量，从而获得很高的峰值功率和优良的聚焦性能。紫外激光源的另一个根本性优势是波长短，因此获得比红外辐射光深得多的聚焦效果（聚焦面积 $\propto \lambda^2$），因此，飞秒准分子系统很适于生成超过 10^{19} W/cm^2 的光强[1.1695]。

最先进的超快紫外激光系统由以下三部分组成：一个在 745.5 nm 波长下能生成约 140 fs 脉冲的商用 Ti：蓝宝石种子激光器；一个能够将波长转换为紫外光的三倍频装置（THG）；一个用于将脉冲能量提高到约 60 mJ 的特殊大孔径双通道 KrF 准分子放大器。此外，通过将 THG 晶体的成像中继转发到后面放大级的输出窗，可以得到优良的光束质量。在放电管之间实现的空间滤波器提供了效率很高的 ASE（放大自发辐射）抑制。通过利用这样的激光系统，可以在 248 nm 的波长下生成几十毫焦耳的能量以及 100 fs 级的脉冲（图 1.181）。

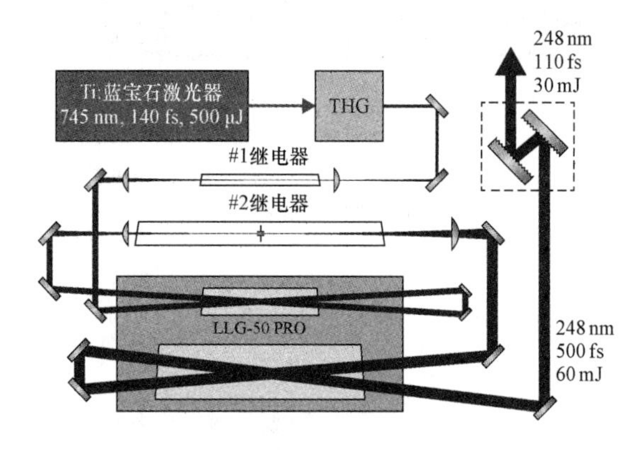

图 1.181　高能超快紫外激光器系统

为了克服由准分子的有限增益带宽给可达最短脉冲持续时间构成的限制，可以将光谱展宽方法应用于放大的紫外脉冲。为达到此目的，一种最常见的方法是在脉冲传播并穿过充满惰性气体的、非常适用于红外脉冲的空芯光纤[1.1696]时进行自相位调制。在调整此方法以适应紫外脉冲时，必须在压力梯度方案中采用具有较大内径的长（>2 m）中空纤维，必须将聚焦/再校准光学器件放置在气室中，以获得最佳性能（图 1.182）[1.1696]。

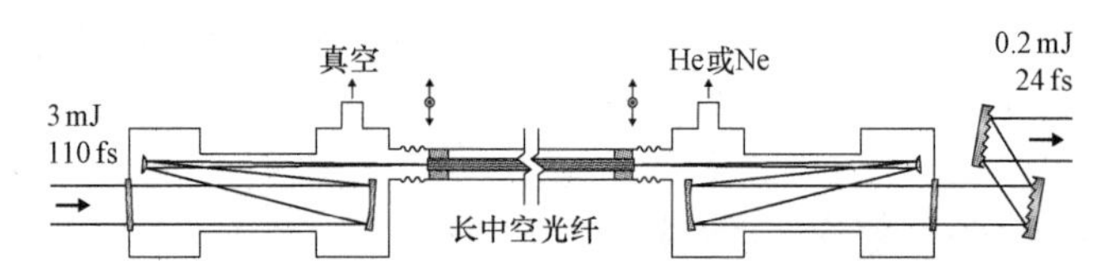

图 1.182　为实现紫外光运行而优化的中空光纤脉冲压缩器配置

这种配置采用了新型的拉伸柔性光纤总成，光纤的长度能自由地按比例拉长到几米，同时保持理想的波导性能[1.1697]。通过将这种方法应用于图 1.181 所示的激光系统，研究人员得到了 24 fs 的压缩脉冲持续时间（图 1.183）以及高达 0.2 mJ 的脉冲能量[1.1696]。这些脉冲是到目前为止在 DUV 光谱范围内生成的、持续时间少于 50 fs

的最高能脉冲。

1. 利用飞秒准分子激光器脉冲进行材料加工

在科学和工业应用领域中，材料的纳米级制造正越来越受欢迎。光机装置的尺寸减小这一总体趋势以及对特征尺寸小于 1 μm 的总成越来越大的需求给激光器制造技术带来了新的挑战。

脉冲持续时间在皮秒和飞秒范围内的短脉冲激光器具有材料加工能力，而且辐照光斑周围的损伤面积大大减小，因此特征尺寸更小。如果将短脉冲持续时间与短波长相结合，则会得到史无前例的结果——因为空间分辨率与波长有关。因此，紫外线飞秒激光系统能提供出众的材料加工质量。

通过应用各种发光策略，可以在包括金属、半导体和电介质在内的所有材料中生成特征尺寸大约为 200 nm 的复杂二维/三维结构。

要特别强调周期性纳米结构的快速原型。研究人员已引入了各种光学方案，以形成各种各样的表面织构。通过将衍射光学掩模与反射成像/聚焦系统相结合以很好地控制多光束干涉，可以获得严格周期性的结构；此外，为了生成任意准周期性/非周期性模式，研究人员已开发了特殊的衍射光学元件（DOE）设计。通过利用所有这些方法，经过调制的光强分布图就足以能被直接将材料去除的激光能量密度投影到工件上。

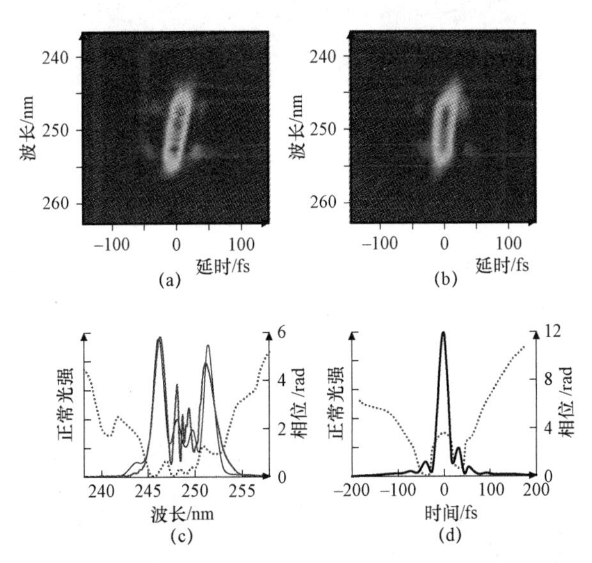

图 1.183　24 fs 紫外脉冲的单发 FROG 测量。图中显示了所测量的（a）和重新恢复的（b）FROG 轨迹、重新恢复的光谱（c）和时间（d）分布图。（c）中的粗实线曲线表示由外部分光仪记录的光谱

“相位控制多光束干涉法”[1.1698]利用很多（至少两个）光栅通过衍射将入射光束分裂成了很多光束。通过改变光栅之间的间隔，光束之间的光程长度可改变，因此光束之

间的相位差也可以改变［图 1.184（a）］。在将这些分光光束全部或部分叠加（例如通过一个物镜）之后，由于多光束干涉，可以得到很多种不同的织构［图 1.184（b）］。

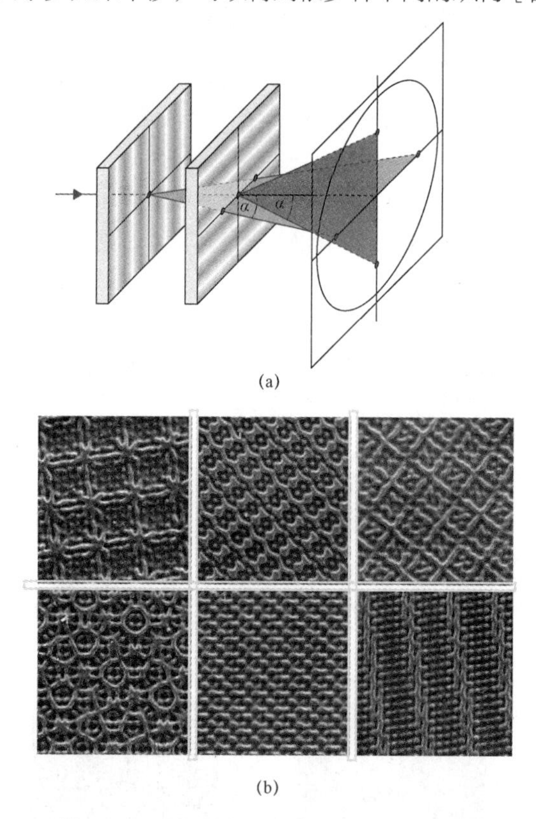

图 1.184　相位控制多光束干涉及得到的织构

（a）相位控制多光束干涉法的示意图；（b）利用这种方法通过直接激光烧蚀得到的一系列织构

通过将光栅干涉仪与柱面透镜聚焦相结合，可以直接烧蚀固体表面上的大面积亚微细米光栅结构[1.1699]。在这种情况下，线聚焦可以提供将材料去除所需要的能量密度。当在整个样品表面扫描此焦线时，光栅干涉仪总成能确保保持所生成的干涉图样的相干性，从而得到一个大面积的相干光栅结构（图 1.185）。

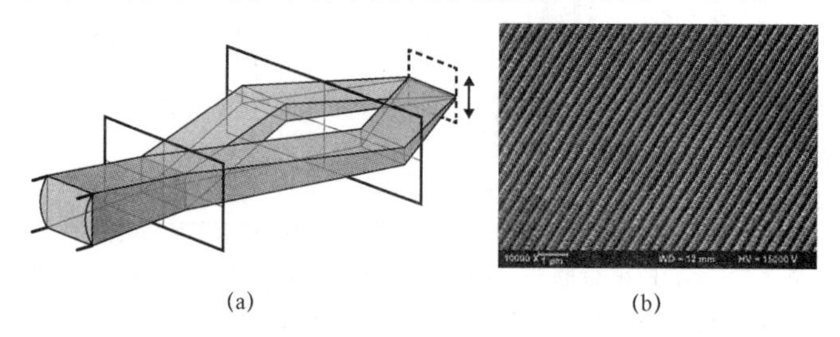

图 1.185　大面积相干光栅结构

（a）光栅干涉仪总成利用柱面透镜聚焦来直接制造光栅结构；

（b）通过在整个样品上扫描焦线（用箭头表示），可实现大面积加工众所周知，DOE 仅通过控制光的相位，就能够在几乎任意一种空间图案中重新分配激光能量，通过将足够的光强提供给目标样品，可以实现直接激光制图。在众多用途中，DOE 的这种特性首先能生成特殊的表面功能。DOE 可优化，以形成一个二维的光强最大值阵列，每个阵列所携带的能量都足以在不锈钢模具等结构中钻孔。在通过用合适的材料注塑成型对这个阵列进行复制之后，可以得到一系列表面突起，从而形成一种超疏水性表面功能（图 1.186）[1.1700]。

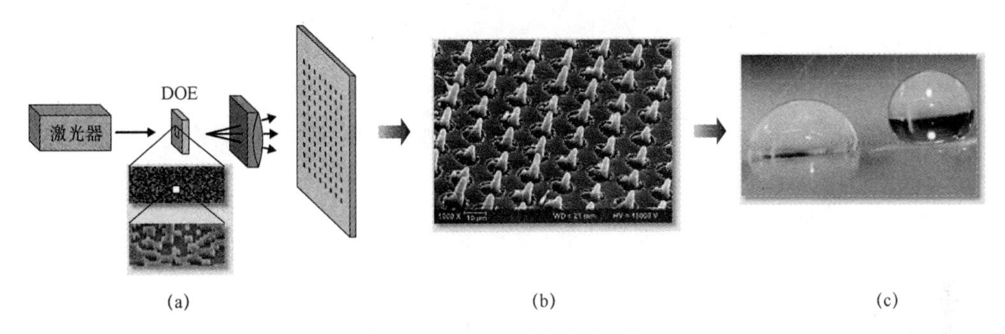

图 1.186　DOE 控制光的相位

（a）通过激光烧蚀来制作二维孔阵列的 DOE 配置示意图；（b）在孔阵列复制之后得到的表面拓扑；（c）与未加工区域（左）相比，已加工表面部分（右）表现出超憎水性

2. 利用飞秒准分子激光器脉冲取得的高光强研究进展

在过去 30 年里利用短脉冲准分子激光器技术在 10^{14}～10^{20} W/cm^2 的光强范围内进行研究的结果表明，在 I–ω 交互平面的高光强（I）–高频（ω）象限内存在着一个反常的非线性辐射耦合区。此探讨内容包括最近在千电子伏特的 X 射线范围内观察到的非线性耦合数据，最后展望了将来，预测在实验室中利用相干 X 射线能得到趋近于施温格极限（大约 4.6×10^{29} W/cm^2）的光强。

（1）光强–频率交互区：用实验方法确定的反常耦合区。由于做过一系列大量的实验研究[1.1701–1719]，建立一个与传统交互区形成鲜明对比的反常电磁耦合区如今已成为可能。在图 1.187 中描述的光强（I）–量子能（$\hbar\omega$）平面内，给出了这两个区。图 1.187 中反常耦合区的光强下限 $I=10^{15}$～10^{16} W/cm^2，这个范围相当于稍小于一个原子单位（$e/a_0^2\approx5.14\times10^9$ V/cm）的电场。相应的频率下限为 $\hbar\omega\approx5$ eV，稍小于 1/2 里德伯。因此，经过粗略估计，反常交互区以氢原子（最重要的基本原子实体）的电场强度（光强）和频率（能量）特征值为边界。

图 1.187 还给出了关键的补充数据，包括：

① 直线

$$\frac{eE}{m\omega c}=1 \tag{1.158}$$

这条直线决定着当质量为 m、电荷为 e 的电子在角频率 ω 下驱动，并开始相对运动时的峰值电场 E。

② 真空电子对形成极限，即与超相对论性电子/正电子级联有关的可达光强上限[1.1720]。

③ 与施温格–海森堡极限相对应的光强 $I\approx4.6\times10^{29}$ W/cm²[1.1721,1722]。

④ Xe（L）空原子系统放大饱和时的光强点[1.1711–1724]。

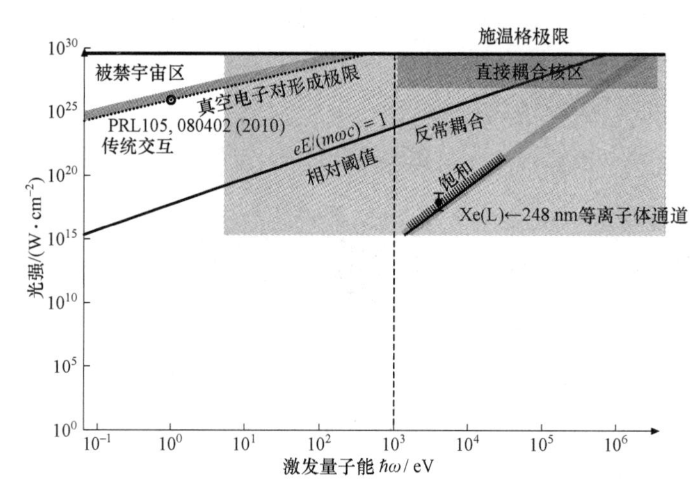

图 1.187 光强–量子能交互平面。实验数据确定了一个用中间虚线右边的浅灰色阴影表示的反常耦合区

图 1.188 中突出显示了图 1.187 中与据估计无宇宙 e^+/e^- 级联光强极限[1.1720]的反常耦合区相对应的象限。相应的激发量子能下限大致为

$$\hbar\omega > 1\,\text{keV} \tag{1.159}$$

且

$$I > 10^{15}\ \text{W/cm}^2 \tag{1.160}$$

此图还指定了一个被投影的光强区 $I>10^{27}$ W/cm²，其中的核反应能充分地被观察到[1.1723,1724]。

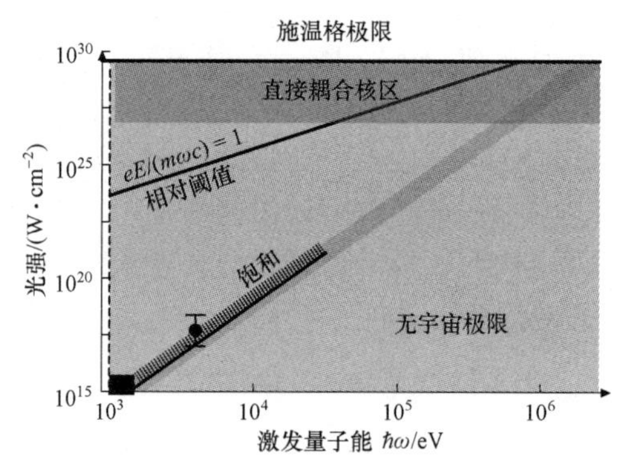

图 1.188 图 1.187 中给出的反常交互区，没有与施温格–海森堡极限相对应的级联光强极限。在左下角中标出的小暗区指 Xe（M）实验值

（2）*X* 射线范围内的非线性耦合证据。同时生成的单脉冲 X 射线针孔图像——记录了分别在大约 1 keV 和 4.5 keV 的量子能量下从氙原子簇介质内产生的 248 nm 沟道中发射的 Xe（M）和 Xe（L）信号——证明了 Xe（M）发射光与未激发的原子簇之间存在着很强的非线性耦合。Xe（M）大量生成的结果是：可以明显观察到［式（1.158）］后来 Xe（L）发射在$\lambda \approx 2.8$ Å 范围内出现空间上的重叠，同时式（1.159）Xe（M）发射光的反常传播有重大修正。图 1.189 中所示的传播明显地说明了 Xe（M）发射光存在自聚焦现象。图 1.190 中显示的 Xe（L）信号展现了一个空间上很广的 Xe（L）发射区，这个发射区与 Xe（M）发射区很匹配。这个事实表明，能量更高的 Xe（L）发射是由强有力的 Xe（M）发射直接激发的。具体地说，所观察到的总体非线性吸收过程为

$$n\gamma(\mathrm{M}) \to \mathrm{Xe}^*(\mathrm{L}) \to \gamma(\mathrm{L}) \tag{1.161}$$

其中，n 的最小值是 5，是根据相关能态的能量确定的。可以注意到，根据在通过氙原子簇的 248 nm 辐照来生成 Xe（L）发射光时已知的临界光强 2×10^{17} W/cm^2[1.1725]，在为 Xe（L）信号观察到的、宽度为 400 μm 的较大空间尺度内，这个实验中采用的 248 nm 功率不可能产生所要求的此光强。

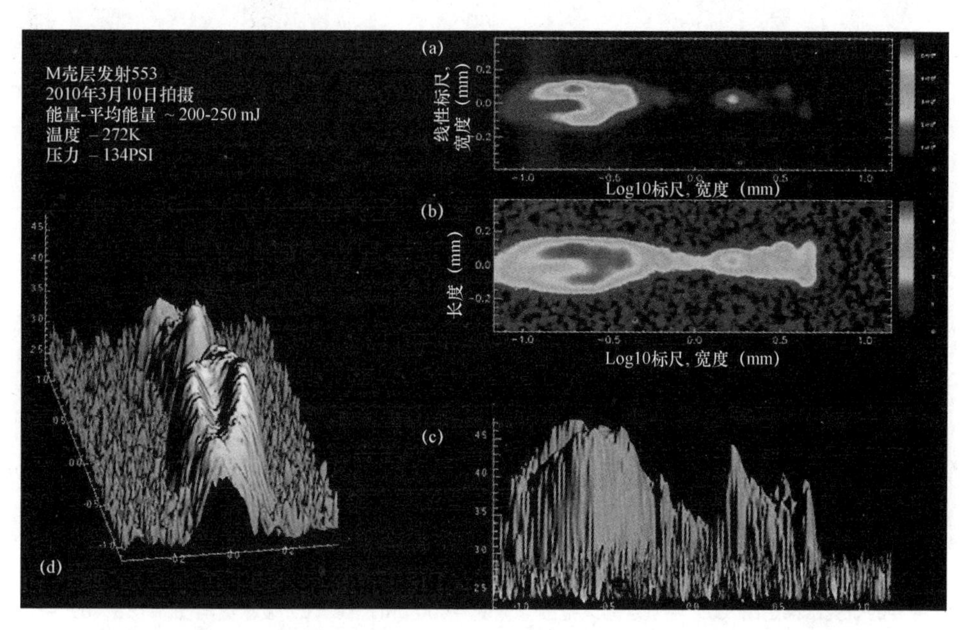

图 1.189　248 nm 沟道区的 Xe（M）发射光横向图，248 nm 传播方向为从右到左

（a）所观察到的发射光的线性标尺；（b）所观察到的发射光的对数标尺；（c）图（b）表现为一个像素阵列；（d）图（c）的等距视图清晰地描述了当 Xe（M）光束传播时中心区的聚焦崩塌，此图像中的从上到下方向表示传播距离增加，从右到左则表示图（a）–（c）。2010 年 3 月 10 日的数据，#553，Xe（M）

图 1.189 和图 1.190 中观察到的两个非线性耦合现象（一个为色散性质，另一个为吸收性质）可以用非线性 Kramers–Krönig 关系式来解释[1.1726]，这个关系式主要表述为

$$\Delta n(\omega,\zeta)=\frac{c}{\pi}P\int_0^{\infty}\frac{\Delta\alpha(\omega';\zeta)}{\omega'^2-\omega^2}\mathrm{d}\omega' \tag{1.162}$$

方程（1.163）的两边是对图 1.189 和图 1.190 中所示的两种观察结果的直接比较。Xe（M）X 射线发射光的最大光强估算值（图 1.189）在 10^{14}～10^{16} W/cm^2 区域内。这个光强范围在上面描述的反常交互区内，在图 1.188 中用暗区表示。可以吸取的教训是，如果频率足够高，则 10^{15} W/cm^2（或等效）的光强将拥有如下范围的辐射电场 E：

$$E\geqslant\frac{e}{5a_0^2} \tag{1.163}$$

其中的电磁波很强，最终的主要结果是形成了很强的非线性特性。

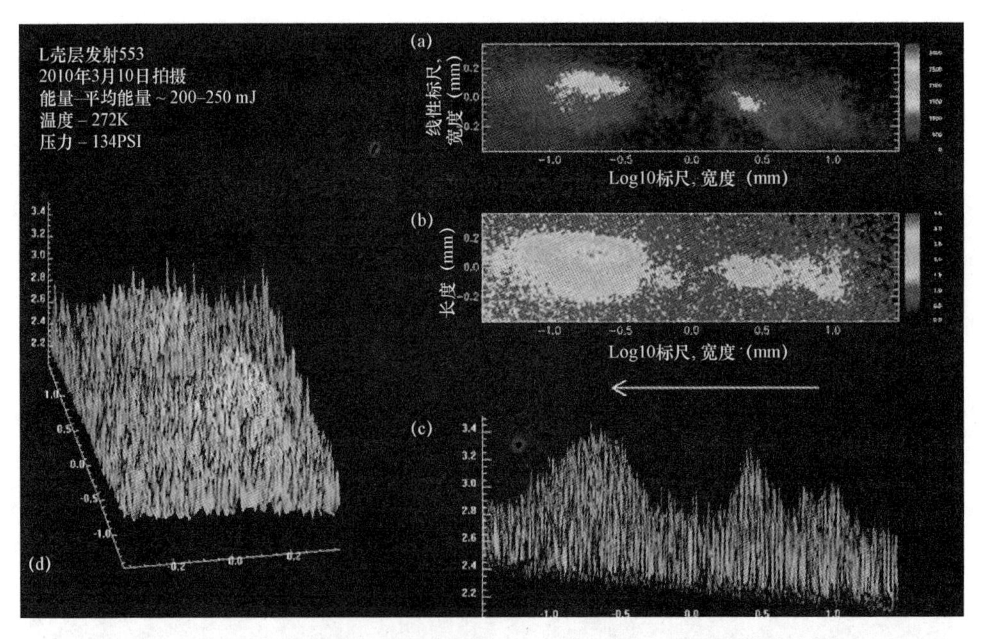

图 1.190　248 nm 沟道的 Xe（L）发射光横向图，与图 1.189 中所示的图像在空间上一致。主要的研究结果是图（b）中所示的大范围（宽度≈400 μm）Xe（L）发射区与图 1.189（b）中描绘的 Xe（M）发射模式相吻合。2010 年 3 月 10 日的数据，#553，Xe（L）

（3）光子相位和施温格极限。当量子能低于大约 5 eV 时，一个公认的现象是在欠稠密等离子体中强辐射脉冲能够实现稳定的自引导传播[1.1711,1712,1727－1735]。在峰值光谱亮度为 10^{31}～10^{32} 个光子 · s^{-1} · mm^{-2} · mr^{-2}（0.1%带宽）$^{-1}$ 的几千伏特光谱区（约 4 400 eV）内，波长为 λ_x=2.71～2.93 Å 时在 Xe（L）空原子跃迁中观察到

的强饱和放大现象[1.1712－1714,1736－1739]证实了由这些沟道的动态形成所实现的受控功率压缩（≈10^{20} W/cm^3）很重要。确实，这种放大现象的一个直接后果是通过可获得的大功率相干X射线源，可能将这些高度受约束的稳定深穿透传播模的生成波长扩展到在固体密度材料中的X射线波长。如果可以用几千伏特的X射线在高Z固体中生成这样的沟道，则可得到大约10^{30} W/cm^{3}的投射功率密度[1.1723,1724]。这个值是足够的高，有以下结果：① 预计会生成大量的电子/正电子对以及原子激发；② 可以从一个全新的视角重新考虑将相干放大范围扩大到接近MeV的量子能区[1.1740]。

用X射线生成超高光强时的关键概念是光子相位。简单地说，这就是图1.191中简述的、使频率ω和电子密度n_e升高的沟道形成过程。其决定性标尺如图1.191所示，这基本上就是X射线在固体中的沟道形成过程，也是一种将临界功率P_{crit}升高到0.1～1 PW取值范围内的现象。可以看到，由于等离子体密度为$n_e 10^{24}$～10^{25} cm^{-3}，因此相应的沟道直径被压缩至大约100 Å。

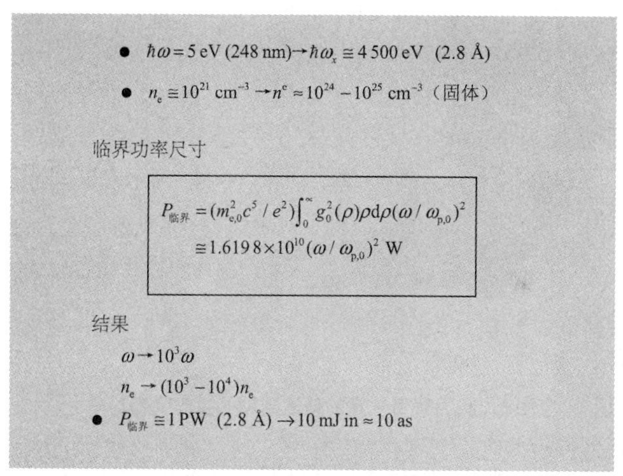

图1.191　光子相位，利用X射线在固体中形成沟道。主要结果是大大增强了功率压缩

当波长为λ_x≈2.9 Å时，临界电子密度为$n_{crit}=1.33\times10^{28}$ cm^{-3}，此时所有完全电离的凝聚物质（包括铀）均欠密。在欠密机制中生成沟道的一个关键要求[1.1727,1728]是要让得到的峰值功率P_0超出对于相对/电荷位移机理下的受限传播必须达到的临界功率P_{crit}。图1.191中描述的这个临界功率P_{crit}由下式求出：

$$P_{crit} = (m_{e,0}^2 c^5 / e^2)\int_0^\infty g_0^2(\rho)\rho d\rho(\omega/\omega_{p,0})^2 = 1.619\,8\times 10^{10}(\omega/\omega_{p,0})^2 \text{ W} \tag{1.164}$$

式（1.164）中，$m_{e,0}$、c 和 e 有其各自的标准标识，$g_0(\rho)$ 是汤斯模[1.1737]，代表立方克尔自聚焦的最低本征模，ω 和 $\omega_{p,0}=(4\pi e^2 N_{e,0}/m_{e,0})^{1/2}$ 分别指与传播辐射相对应的角频以及在 $N_{e,0}$ 电子密度下无扰等离子体的角频。稳健本征模的存在确保了传播的稳定性[1.1727,1728,1732]。在$\lambda_x\approx2.9$ Å 且铀完全电离的情况下，式（1.164）得到 $P_{crit}\approx47$ TW。当脉冲长度为 $\tau_x\approx50$ 时，即脉冲长度完全在 Xe（L）系统的投射性能范围内[1.1725,1741,1742]，利用 $E_x\approx3.0$ mJ 的脉冲能量就能够达到铀的相应临界功率，如图 1.192 所示。当特性直径为 $\varDelta\approx63$ Å、传播光强为 $I_{ch}\approx1\times10^{26}$ W/cm² 时，本征模上会形成稳定的脉冲构型。

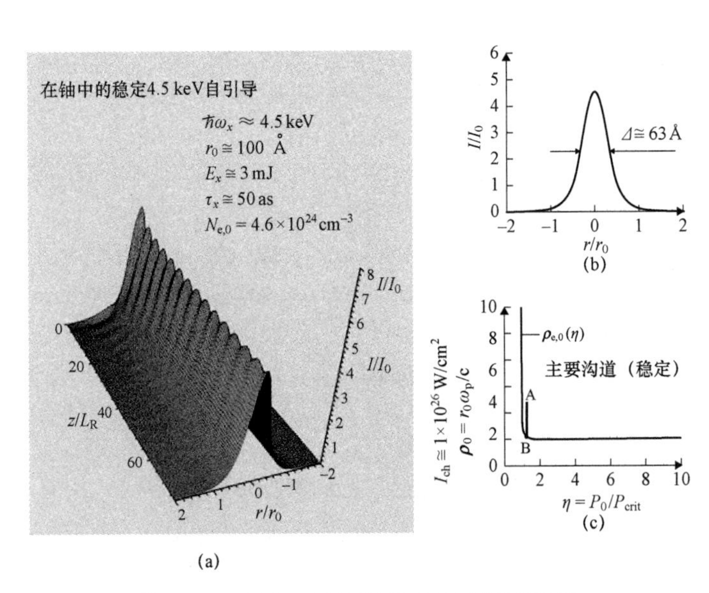

图 1.192　利用一定能量达到铀的相应临界功率

（a）入射光束在固体铀中演变为本征模的计算结果。入射光束用图（b）中的点 A 表示，本征模 $\rho_{e,o}(\eta)$ 用图（b）中的点 B 表示。在此计算过程中，假设脉冲能量为 $E_x\approx3$ mJ，脉冲宽度为 $\tau_x\approx50$。参数 r_0 指入射脉冲的半径。入射功率 P_0 为≈60 TW，介质被假定为完全电离，且电子密度为 $N_{e,0}=4.6\times10^{24}$/cm³。当 $\eta\approx1.78$ 时，这些条件下的临界功率为 $P_{crit}\approx47$ TW。在大约 60 个瑞利长度（$Z/L_R\approx60$）的距离内，脉冲演变为 B 点。在这些条件下，瑞利长度为 $L_R\approx0.25$ μm。（b）与相对/电荷　位移机理相对应的稳定性图[1.1728,1732]。入射脉冲（点 A）在稳定区内演变为本征模 $\rho_{e,o}(\eta)$ 上的 B 点。（c）B 点上沟道 X 射线脉冲的横断面给出了沟道的特征宽度 $\varDelta\approx63$ Å。由此值得到相应的传播光强 $I_{ch}\approx1.0\times10^{26}$ W/cm²

图 1.193 总结了这些沟道的功率调节性能。铀沟道中 Xe（L）辐射线传播的详细计算表明，300 PW 的功率足以达到 4.6×10^{29} W/cm² 的施温格极限。可以看到，248 nm 驱动技术所需要的总能量约为 1.5 J——在当前的开发水平下利用 KrF*技术就能达到这个能量值。

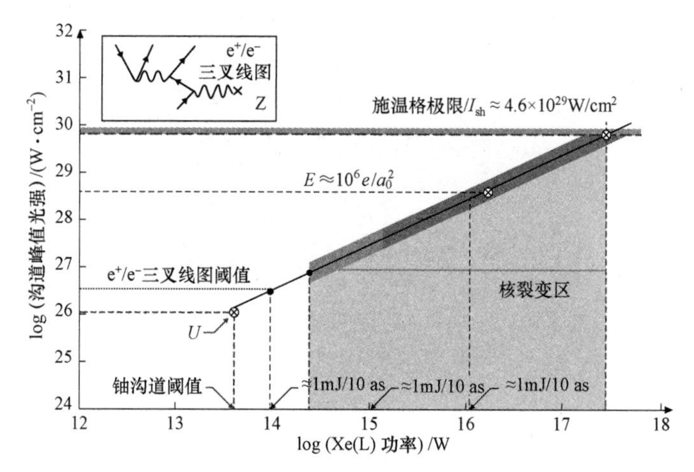

图 1.193　在固态沟道中的投射功率压缩。铀沟道中的 Xe（L）功率值（≈300 PW）足以达到与施温格极限（≈4.6×10^{29} W/cm^2）相对应的光强

可以得出结论：与施温格极限相当的光强可以达到，相干 X 射线源的基本物理标度为 X 射线的利用提供了大力支持。这个成就将用于检测空间概念的基本特性——理论物理学的基本支柱之一。

总之，在过去 20 年里利用紫外准分子激光器对原子、分子和等离子体上的高光强交互进行的研究最终获得了制造高度激发、高度有序新物质形式的能力[1.1706,1723,1736]。这项研究的一项主要成果是能够获得几千伏特级的饱和 X 射线放大效应，从而使峰值亮度数字足以实施新的缩微成像模态[1.1712]。从根本上说，放大作用通过生成一种高度有序的激发态[1.1723,1727]来实施。这种激发态由四个相互耦合的分量组成，分别是原子（离子）物质、等离子体电子以及两个相干辐射场，具体地说是紫外波和 X 射线波。其主要结果是通过局限于一个较小相空间体积内的辐射占优交互作用来实现能量流。根据 Xe（L）系统的功率调节实验结果可知，目前达到趋近于施温格极限的光强是可行的。

1.7.5　展望：EUV 中的辐射

半导体工业路线图（图 1.178）显示了预计将以何种方式制造临界尺寸为 32 nm 的计算机芯片，在具有 13.5 nm 波长的远紫外线（EUV）光谱中发光的光源将会被采用。EUV 光刻技术被认为是在达到基于 ArF 准分子激光器的紫外线（浸没）光刻术的物理极限之后将建立起来的下一代光刻技术（NGL）。

具有 13.5 nm 波长的 EUV 已被选为未来的半导体光刻技术。在 2003 年通过 EUV 显微曝光工具在工业环境中建立起这种技术之后，这些工具如今仍在技术开发与可行性研究中应用（图 1.194）。

图 1.194　Exitech 公司生产的 EUV 显微曝光工具，
具有由 XTREME 技术公司提供的集成 EUV 光源（左）

α 能级的下一代工具是 2007 年在全世界范围内的四个不同厂址处安装的（图 1.195）。这些工具是由扫描仪制造商尼康（Nikon）和阿斯麦（ASML）提供的，所有这些工具中的光源技术基于由气体放电生成的等离子体，并采用了两种目标材料，即氙和锡[1.1743,1744]。

图 1.195　α 能级的 EUV 光源在全世界范围内的四个不同厂址处集成到光刻工具中

与所引入的 EUV 光刻技术有关的最大挑战之一是以合理的成本开发大功率 EUV 光源。要使光刻制造工具的运行在经济上可行，需要一个在 13.5 nm 曝光波长（在第一个聚光器后面的“中间焦点”中测得）下功率达几百瓦的光源。此外，聚光器的光学设计限制了光源尺寸，即发射体积只有几立方毫米。只有将大功率和小发射体积相结合，才能得到高光学效率，从而实现较高的晶片通过量。研究人员的目标是开发并制造这些大功率的 EUV 光源，并将它们集成到光刻工具的光学系统中。显微曝光工具的光源提供的可用 EUV 功率低于 1 W，而 α 工具的光源能提供 10 W。

β 工具的光源已经能够在中间焦点处生成超过 30 W 的 EUV 功率（图 1.196）。

图 1.196　在集成到扫描仪之前的 β 工具光源聚光模块（SoCoMo）

等离子体被认为是 13.5 nm EUV 辐射光的高效发射器，条件是等离子体的温度应达到大约 200 000 ℃，即比太阳表面温度高大约 35 倍。等离子体可通过放电作用或利用脉冲激光激发来生成，这两种方法都能够形成达到光刻技术要求的较小等离子体体积[1.1745,1746]。从这些等离子体中发出的空间均匀发射光形成脉冲，脉冲长度在纳秒范围内（通常）。对于具有低原子序数的元素，等离子体发光波长谱的分布较窄；对于具有高原子序数的元素，等离子体发光波长谱的分布则较宽。此外，等离子体发出的光与热普朗克发射体发出的光几乎完全不相干。

目前，在“收缩等离子体光源”中，已能得到最大的 EUV 功率。但在静态电极构型上的热负荷会导致电极表面快速侵蚀甚至熔化，从而通过增加重复频率限制了功率上升。研究人员已研究了具有移动式电极的其他技术，最终找到了带旋转圆盘电极（RDE）的潜在解决方案。技术公司已经将一种新的激发方案应用于这种技术，导致所得到的 EUV 脉冲能量达到世界纪录（170 mJ/2 πsr）[1.1747]。这种效应导致得到了合理的重复频率，能够达到大批量制造工具的功率需求。我们还将开展进一步的开发工作，致力于将功率调节能力与这个概念的可靠性目标结合起来。

1.8　染料激光器

1.8.1　概述

Sorokin 和 Lankard 在 1966 年首先观察到了染料分子的激光作用[1.1748]，之后 Schäfer 等人也观察到了[1.1749]。染料作为激光介质具有的区别性特征是宽带发射，其典型带宽为 50～60 nm。与 20 世纪 60 年代的气体激光器和固体激光器相比，染料激光器在宽光谱范围和输出性能的多样性（即较高的单脉冲能量输出、长/短脉冲工作、闪光灯或激光泵浦）方面轻而易举地就胜出了。研究人员很快就意识到染料激光器的波长调谐能力很可能是在其用途中最重要的工作特性之一。在后来几年里，有好几百种有机染料（其发射光谱从近紫外到近红外线 300～1 200 nm）被制成了激光器。染料激光器的连续波（CW）或超短脉冲（飞秒）工作模式也已得到演示。由于光谱范围宽、线宽可调谐范围窄，染料激光器已成为从基本物理学到临床医学的应用范围内进行科学实验研究的主要激光器。在这方面，液体染料激光器对于各种重要的应用领域（例如原子蒸汽激光同位素分离（AVLIS）[1.1750-1752]和大型地面望远镜[1.1753]处的激光引导星）来说仍然相当有吸引力。尽管很多文献（尤其是通俗杂志）早在 20 世纪 90 年代初期就预测染料激光器注定要灭亡，表面上看，这种态度是由染料激光器运行事件的轶事引发的，但实际上，由于工程实践和实验室实践正确、良好，染料激光器如今已是质量上乘、可靠的可调谐相干发射源。美国劳伦斯·利弗莫尔国家实验室专为 AVLIS 用途制造的几千瓦（平均功率）铜蒸汽激光泵浦染料激光器系统就是染料激光器运行可靠的一个极好的例子[1.1750]。确实，由全不锈钢和聚四氟乙烯制成的染料层流系统能轻松提供不受操作误差影响的密封系统，一种采用了这种流体工程学的闪光灯泵浦染料激光器系统已用全殷钢结构制造出来，在 $\Delta\nu\approx300$ MHz 时能提供很稳定的窄线宽振荡，还能提供衍射几乎受限的激光光束[1.1754]。这种加固的窄线宽染料激光器已利用车辆位移在崎岖地带成功地通过了测试。尽管已开发出了固态可调谐激光器系统，但如今液体激光器仍有很多忠实的使用者，研究人员们也仍在开发、改进液体激光器[1.1755]。这种忠诚度要归功于激光可调谐可见辐射线的高效发射、这些液体激光器的多用途输出性能以及在制造液体激光器时相关技术的简单性，就这一点而言，几乎任何研究实验室都能用必要的元件组合制造出脉冲液体染料激光器。当然，从市场上还能买到很多容易使用的大功率商用液体染料激光器。在此，本书先简述液体染料激光器的特性，然后探讨在光物理、光化学和光谱学研究实验室中通常能看到的几类液体染料激光器，接着，探讨焦点将集中在固态染料激光器上。

1.8.2 综述

染料是含有共轭双链的有机化合物，共轭双链的出现给这些化合物赋予了光学活性。原则上，有 200 多种激光染料都能提供 320～1 200 nm 的光谱范围[1.1756]，每种染料的调谐范围为 40～60 nm。当循序使用这些染料时，在从近紫外到近红外的光谱区内都能得到连续可调谐激光作用。一般情况下，可以将强吸收强发射染料溶解于摩尔浓度为 10^{-3}～10^{-4} 的合适溶剂（例如乙醇、甲醇、乙二醇或乙醇–水混合物）中，作为增益介质，闪光灯或激光器被用作泵浦源。大功率的共轴闪光灯泵浦若丹明 6G 染料激光器能提供 400 J/脉冲的激光能量[1.1757]，Morton 和 Dragoo 已利用闪光灯泵浦染料激光器在突发模式下获得了高达 1.2 kW 的平均输出功率[1.1758]；另外，用于 AVLIS 用途的铜蒸汽激光泵浦染料激光器系统已证实在 13.3 kHz 的脉冲重复频率下能提供 2.5 kW 的平均功率[1.1750]。用作染料激光器激发光源的其他激光器包括准分子激光器、氮激光器或倍频 Nd：YAG 激光器。可饱和吸收器（另一种染料）用于染料激光器的被动锁模，在不用色散性元件的情况下能生成大约 200 fs 的脉冲，在使用色散性元件的情况下脉冲持续时间降至几十飞秒[1.1759]。对于需要单纵模激光输出的应用情形，染料激光器的连续波运行通过利用改进的流动系统消除染料分子的长寿命三重态来实现。自激式射流连续波染料激光器的谱线宽度可低至 2 MHz[1.1760]。在下面几节里，将探讨几种常见的染料激光器结构。

1.8.3　闪光灯泵浦染料激光器

梅曼（Maiman）的红宝石激光器用闪光灯作为泵浦源，如今闪光灯仍用于泵浦液态和固态的激光器。线性闪光灯常常成为首选的激光泵浦源，通常由两端用钨电极密封的一根石英管组成。石英管里常常充满了重稀有气体（例如氙或氪），用于获得较高的电–光转换效率，但仍有大量的电功率最后变成了热量，需要用冷却系统将其排除。通常用椭圆反射镜将闪光灯输出的光聚焦到染料池中，为了以最佳方式将闪光灯输出的光耦合到染料中，必须将染料池置于闪光灯附近，共轴闪光灯中的发射面将流动的染料完全包围。图 1.197 显示了一种用共轴闪光灯泵浦的染料激光器，在很多商用染料激光器和固态激光器中一般都采用这种结构。染料池设置在共轴圆柱形氙闪光灯的中心，以达到最佳泵浦效果。还有两个宽带反射镜，用于提供光反馈。这种用闪光灯泵浦的染料激光器通常以增益曲线峰值为中心进行宽带发射（谱线宽度大约为 10 nm），脉冲发射的持续时间为 1～2 μs。对于典型的商用闪光灯泵浦染料激光器来说，输出能量大约为 100 mJ。图 1.198 显示了前面提到的 $\Delta\nu\approx300$ MHz（即当$\lambda\approx590$ nm 时，$\Delta\lambda\approx0.000\ 35$ nm）加固型窄线宽闪光灯泵浦染料激光器的超殷钢结构[1.1754]。用于诱发窄线宽激光作用的多棱镜光栅配置在激光腔的一端可以看到。Everett 的文章[1.1761]权威性地评述了用闪光灯泵浦的染料激光器。

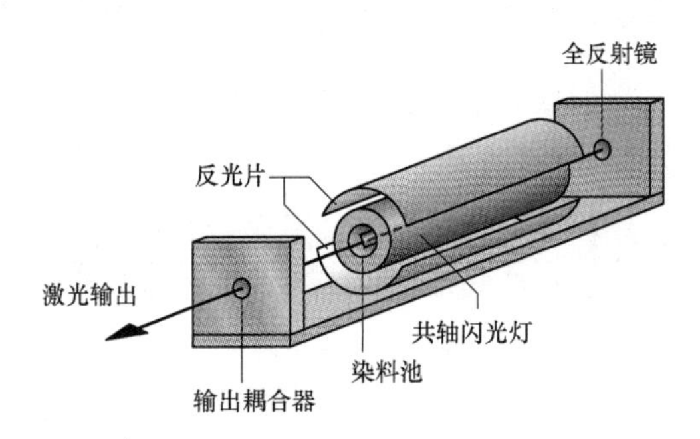

图 1.197　共轴闪光灯泵浦染料激光器的示意图

1.8.4　窄线宽大功率可调谐染料激光器

通过将波长选择元件引入谐振腔，染料激光输出可随意调谐。准分子激光器、氮激光器、铜蒸汽激光器、倍频 Nd：YAG 激光器或二极管激光器可用于泵浦染料激光器。准分子激光器、氮激光器和倍频 Nd：YAG 激光器都能在不同的波长下提供较高的峰值泵浦功率（几微瓦的峰值功率），因此非常适于泵浦染料激光器。用大功率紫外–可见光激光器泵浦的染料激光器具有很高的增益，以至于由谐振腔内的其他波长选择元件造成的损耗都能轻而易举地克服，棱镜、衍射光栅或多棱镜光栅结构都可用于波长选择用途。图 1.199 显示了最初被 Hänsch[1.1762]用于形成窄线宽激光输出的可伸缩光栅谐振腔的一种变体，泵浦源为氮激光器。可伸缩扩展器的使用增加了被激光照射的沟槽数量，减小了光栅上的光强度，从而防止光栅表面的涂层受到损害。优化的可伸缩光栅腔染料激光器的谱线宽度可窄至 0.003 nm[1.1762]。为进一步减小谱线宽度，研究人员在伸缩透镜和光栅之间引入了一个腔内标准具（例如，有涂层的光学平面腔或与空气绝缘的法布里–珀罗腔）。用于实现可调谐窄线宽发射的其他可选方案包括 Shohan 等人或 Duarte 和 Piper[1.1765,1766]（图 1.200）提出的掠入射光栅腔[1.1763]，或由 Littman 和 Metcalf[1.1764]引入的多棱镜近掠入射光栅振荡器，这些色散振荡器配置能得到窄至 $\Delta\lambda\approx0.000\,7$ nm[1.1766]的激光线宽，因此成为高效铜蒸汽激光泵浦窄线宽染料激光器[1.1767]领域的首选配置。最终，这里提到的各种窄线宽振荡器配置都成为可调谐窄线宽激光器开发过程中取得的关键性进展，后来在气体激光器[1.1768]、固态激光器[1.1769]和二极管激光器[1.1770]中都得到了应用。文献［1.1771］中详细评述了可伸缩式、掠入射式和多棱镜式光栅激光振荡器。

图 1.198　用全殷钢结构设计的加固型共轴闪光灯泵浦窄线宽多棱镜光栅染料激光振荡器的照片。激发闪光灯是共轴的（根据文献［1.1754］）

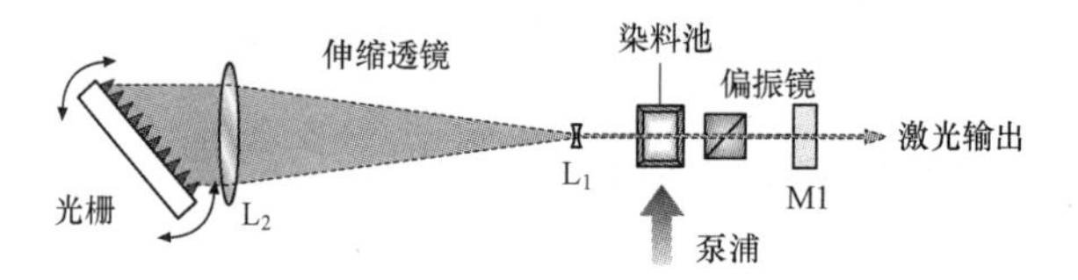

图 1.199　Hänsch 类空腔染料激光器的示意图。用了一个伸缩式透镜来增强光栅的光谱分辨能力

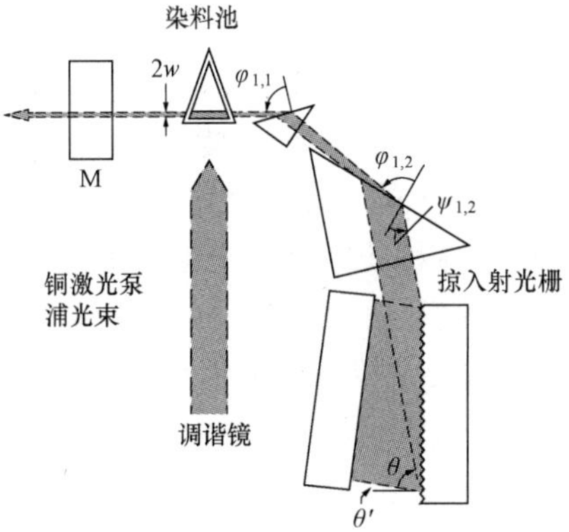

图 1.200　多棱镜近掠入射窄线宽染料激光振荡器的示意图
（根据 Duarte 和 Piper 的文章[1.1765,1766]）

窄线宽大功率可调谐染料激光器有各种各样的形式，通常都装有振荡器–放大器系统。其中一种特殊的系统是 Dupre[1.1772]描述的、采用了一个 Duarte–Piper 振荡器和（后面）两个放大级的系统。在低重复频率模式中，这种激光器能在 5 ns（FWHM）的脉冲持续时间内生成脉冲，脉冲能量超过 3.5 mJ/脉冲或大约 700 kW/脉冲。Dupre[1.1772]报道的激光线宽为 $\Delta\nu \approx 650$ MHz。在高脉冲重复频率（约 13.2 kHz）下工作的第二类振荡器–放大器系统也采用了棱镜窄线宽振荡器和几个（3～4 个）放大级[1.1750]，这个系统得到的激光线宽在 500 MHz～5 GHz 范围内，平均功率趋近于 2.5 kW[1.1750]。

在这个阶段，值得一提的是，通过采用发射波长与染料分子的主要吸收光谱区相匹配的激发激光器，激光效率和染料寿命均已大大改善。例如，对于用铜激光器泵浦的多棱镜光栅振荡器，Duarte 和 Piper[1.1766]报道称当 $\lambda \approx 575$ nm（即 $\Delta\lambda \approx 0.000\,7$ nm）、$\Delta\nu \approx 650$ MHz 时，这种激光器的激光效率在 4%～5%范围内，这个效率对于色散窄线宽振荡器来说是最佳的。对于在相同光谱区内发光的、用铜激光器泵浦的振荡器–放大器系统来说，此效率可能会大于 50%[1.1750]。

1.8.5　碰撞脉冲锁模染料激光器

因为由增益介质提供支持的超短脉冲持续时间的理论极限值与增益带宽的倒数成正比，染料的宽发射带可有效用于生成超短激光脉冲，由于很多激光染料的发射带宽为 40～60 nm，因此脉冲持续时间可缩短到几十飞秒。被动锁模的开发对于在染料激光器中成功地演示飞秒脉冲发生现象来说是很有必要的，在被动锁模模式下，谐振腔内有一个可饱和（非线性）吸收体（吸收性染料），其吸收系数与激光染料的发射波长相匹配。在理想的情况下，光脉冲的前缘和后缘会被吸收体去除，而脉冲峰值不受吸收体的影响，会被放大。如果两个行进方向相反的脉冲在可饱和吸收体内同时相互作用或互撞（碰撞脉冲锁模），则吸收体的效率会大幅增加。这是因为两个相干脉冲发生了相长干涉，导致吸收体饱和所需要的功率降低。碰撞脉冲锁模配置可在线性腔或环形腔内实现，环形腔由于易于对准，因此常常成为首选。通过利用这类谐振腔，Fork 等人证实在环形腔中，脉冲发射时间不到 100 fs[1.1773]。图 1.201 显示了一种环形激光器配置，其中包括一个单棱镜脉冲压缩器——与 Dietel 等人[1.1774] 演示的、激光脉冲时间不到 60 fs 的脉冲压缩器类似。后来，Fork 等人[1.1775]提出了一种四棱镜脉冲压缩器，如今这种压缩器已变得很受欢迎。Duarte[1.1776]还提出了适用于棱镜脉冲压缩的多棱镜色散理论。激光染料（例如若丹明 6G）和吸收性染料（例如 DODCI）都是射流形式，而连续波氩离子激光器则用作泵浦源。反射镜的曲率半径必须精心挑选，使吸收体中的光斑尺寸小于增益介质中的光斑尺寸，从而保证脉冲形成过程的稳定性。

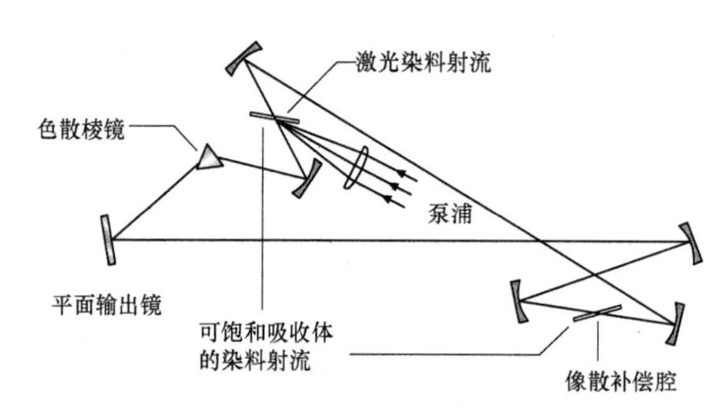

图 1.201　碰撞脉冲染料激光器的示意图，包括用于生成超短脉冲的棱镜脉冲压缩器[1.1774]

1.8.6　可调谐连续波染料激光器

巧妙设计的可调谐脉冲染料激光器中装有腔内色散性元件，用于实现窄线宽运行，这种激光器的谱线宽度为 300～700 MHz。相比之下，由于固有的优势，连续波染料激光器能够提供线宽只有几十 kHz 的激光输出。对于精细光谱来说，高分辨率是理想的，这种高性能是通过尖端的设计和大功率泵浦源（例如输出功率为 10～20 W 的连续波氩离子激光器）来实现的。连续波染料激光器的其他激发激光器是氪离子激光器和二极管激光器。连续波染料激光器的增益比脉动染料激光器低得多，因此，降损（耗）变得很关键，长寿命三重态的去除对于激光器稳定运行来说也很重要。射流用于诱发染料的快速循环。由于大多数染料的增益轮廓曲线都可视为均匀增宽的，因此可能会认为简单的光栅（或棱镜）腔连续波染料激光器输出的是单纵模。但如果没有腔内选频元件，这些线性腔染料激光器可能不会在单纵模模式下工作，因为空间烧孔会通过驻波引发增益饱和，然后会生成多模输出信号。还必须将选频元件（例如标准具）插入腔内，以实现单模运行，这会导致损耗增加及输出功率降低。图 1.202 显示了连续波染料激光器的线性（驻波）腔配置，此激光器由氩离子激光器提供端面泵浦，以实现单模运行。染料射流沿着垂直于页面的方向流动，标准具确保了窄线宽输出，双折射滤光器用于调节波长。环形腔为行进波的传播提供了支持，因此对于单模运行来说是理想的选择。图 1.203 显示了有利于单模运行的可调谐单模环形激光器。其中的光学二极管（法拉第绝缘体）确保了行进波的单向前进，从而避免了空间烧孔。Hollberg[1.1777]的文章对连续波染料激光器进行了权威性的全面评估。

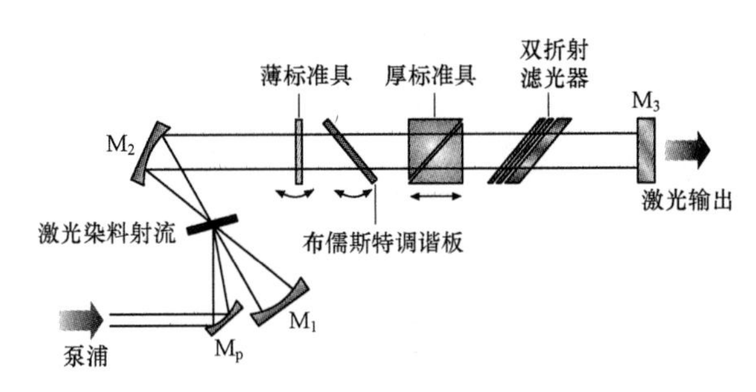

图 1.202　能实现单模运行的线性腔连续波染料激光器示意图

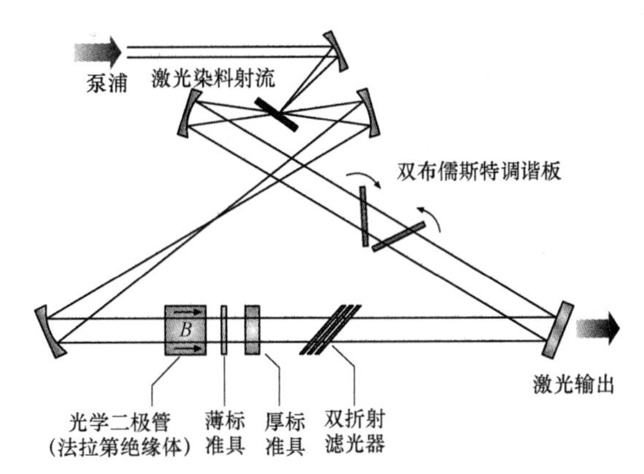

图 1.203　能实现单模运行的线性腔连续波染料激光器示意图。
请注意此激光器中采用了光学二极管来确保行进波的单向传播

1.8.7　先进的固态染料激光器

液体激光器对激光技术的进步（尤其是超快激光技术和可调谐激光器的很多用途）做出的贡献无论怎样夸大都不过分。感兴趣的读者应当参考专题论文（例如 Schäfer 的《染料激光器》[1.1778]或 Duarte 和 Hillman 的《染料激光器的原理》[1.1779]）以及本书中提到的参考文献，以便更详细地了解染料激光器的应用范围。尽管染料激光器有极好的输出性能（正如在上一节中提到的），但一些用户对染料激光器的支持率下降了。尽管染料激光器有这样的优点，但这种增益介质的液态形式经常被批评——虽然正是液态形式这个特征让染料激光器能够获得可靠的 kW 级平均功率[1.1750,1758]。结果，在 20 世纪 90 年代早期，染料激光器的主要可调谐激光器地位受到了来自可调谐晶体固态激光器（其中最值得注意的是 Ti^{3+}：Al_2O_3 激光器或钛：蓝宝石激光器）[1.1780]、光参量振荡器（OPO）[1.1781]以及外腔半导体激光器或外腔二极管激光器[1.1782,1783]的挑战。在此应当注意的是，所有这些激光源都有自己的优点和缺点（在功率特性、能量特性、光谱区、光学耐久性、构型简单性等方面），因此通常是根据用途来选择首选的特定激光源。就这一点而言，互补性视角[1.1784]（而不是竞争态势）才是对这个主题应采取的既合理又实际的态度，也是我们目前主要观察到的趋势。尽管如此，在 20 世纪 90 年代早期涌向固态染料激光器的研究浪潮重新唤起了人们对这类激光器的兴趣。

1. 挑战与机遇

将染料分子融入固体基质中的固态染料激光器（SSDL）看起来能够将液体染料激光器的成本高效益与无机固体激光器的便利性结合起来。但为了让 SSDL 能够在各个应用领域都与无机固体激光器展开有力竞争，光降解问题必须得到解决。

SSDL 性能[1.1785]和光稳定染料的合成方面已取得良好的进展。最近合成的二萘嵌苯族[1.1786]和吡咯亚甲基族[1.1787]激光染料经证实在效率、可调谐性和光稳定性上胜过了若丹明–6 G。对于 SSDL 的开发来说同样重要的是，固态基质作为基质材料也取得了让人印象深刻的进展。20 世纪 80 年代，Avnir 等人[1.1788]和 Gromov 等人[1.1789]分别证实了掺染料的溶胶–凝胶材料和掺染料的聚合物材料是有前途的激光介质。作为激光染料的基质材料，溶胶–凝胶材料和聚合物材料经证明具有良好的化学稳定性和宽泛的光学透明度。从那以后，研究活动的步伐明显加快。在下面几节，本书将带领读者跟进在固态染料激光器中取得的最新进展。下一节将介绍基于纯/混合溶胶–凝胶材料和先进聚合物的固态染料激光器的发展现状。广泛应用的固态染料激光器可能是采用了分布反馈构型的聚合物[1.1790]波导激光器或溶胶–凝胶[1.1791]波导激光器。这些小型激光器能生成可调谐的窄线宽输出，看起来能毫不费力地集成到平面光学电路中，在后面的章节中将讲述这一点。最后，书中将探讨“可调谐的上转换 DFB 染料激光器”这一主题。

2. 基于聚合物基质的固态染料激光器

1967 年，也就是第一批液体染料激光器面世之后过了 1 年，Soffer 和 McFarland 在掺若丹明的聚（甲基丙烯酸甲酯）（PMMA）[1.1792]中观察到了激光发射现象。第一批聚合物基质遭遇了如下问题：较大的热系数、应力双折射、光学不均匀性以及与激光染料之间的化学反应。掺染料的聚合物面临的最严重问题是染料分子的聚合趋势，这有力地抑制了荧光性。因此，初期固态染料激光器的性能不尽人意，但通过提纯单体及引入酒精添加剂[1.1788]，PMMA 的性能能够改善，并通过与低分子量聚合物[1.1793]之间的共聚作用实现改性。其结果是得到了一种改性聚合物，具有极好的光学均匀性和化学稳定性、适于用作固态染料激光器基质的改性聚（甲基丙烯酸甲酯）（MPMMA）[1.1794]。据 Maslyukov 等人[1.1795]报道，在 532 nm 波长的激光激发作用下，掺若丹明 MPMMA 的宽带发射激光器效率高达 60%。研究人员一直都在很积极地致力于新聚合物基质的开发工作。King 及其同事证明，固态染料激光器的光稳定性可通过基质的脱氧作用[1.1796]和三重态猝灭剂[1.1797]的添加来增强。按照“染料分子的光降解作用可通过增加主体基质的刚度及散热速率来减轻”这一观点，Costela 等人[1.1798]制备了甲醛丙烯酸甲酯（MMA）和不同甲基丙酸烯/丙烯酸交联聚合物的吡咯亚甲基掺染料共聚物。光稳定性染料和新型聚合物基质的联合使用导致得到 SSDL，当在 532 nm 的波长下被泵浦时，SSDL 的使用寿命超过 10^6 次发射，重复频率为几赫兹。通过在多棱镜光栅谐振腔中使用掺染料的 MPMMA，研究人员首次在固态染料激光器中获得了激光线宽为 $\Delta\nu\approx1.12$ GHz（当$\lambda\approx580$ nm 时，$\Delta\lambda\approx0.001\ 3$ nm）的窄线宽振荡[1.1794]。

随后，在一个优化的多棱镜光栅激光振荡器中，Duarte[1.1785]利用掺若丹明的 MPMMA 增益介质，演示了当谱线宽度窄至 $\Delta\nu\approx350$ MHz（当$\lambda\approx590$ nm 时，$\Delta\lambda\approx0.000\ 4$ nm）时在近高斯时间脉冲 $\Delta t\approx3$ ns（FWHM）中的单纵模激光振荡，证明该振荡器的性能接近“海森堡测不准原理”所容许的极限。这种优化振荡器构型（图 1.204）的光学效率据报道为 5%，其峰值激光功率在千瓦范围内，这仍是在可调谐窄线宽固态有机激光器领域中报道的最佳激光器性能。

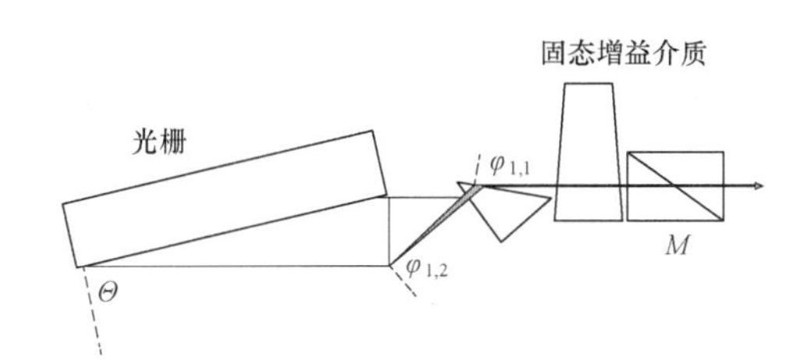

图 1.204　优化的窄线宽多棱镜光栅固态可调谐激光振荡器的示意图（根据 Duarte[1.1785]）

3. 基于有机–无机基质的固态染料激光器

有机–无机增益介质包括掺染料的溶胶–凝胶、有机改性硅酸盐和有机–无机纳米材料。溶胶–凝胶法是一种低温玻璃制造法，能将有机染料掺入无机玻璃中。多孔玻璃可由溶胶–凝胶路线通过金属醇盐的水解和缩聚作用来获得[1.1799]。对掺有有机染料的溶胶–凝胶二氧化硅进行初步研究的结果表明，溶胶–凝胶材料有着与基质材料一样好的前景，因为其透明度范围宽、二氧化硅的光学性能和热性能明显很优异[1.1788]。这种材料的另一个优势是高浓度、无聚合，当染料被掺入溶胶–凝胶二氧化硅中时具有耐光性，主要因为染料分子被单独隔离在硅笼中。很快，从掺磺酰若丹明的溶胶–凝胶二氧化硅中发射的可调谐激光就得到了演示[1.1800]。在溶胶–凝胶二氧化硅中大量染料的激光发射特性和荧光性（覆盖了从近紫外到近红外的光谱范围）已被制造出来并经过检测[1.1801]。溶胶–凝胶材料的几种变体已被用作固态染料激光基质材料，并获得了不同程度的成功。事实上，在染料激光器实验中采用的第一种溶胶–凝胶材料是由溶液凝胶化得到的玻璃状凝胶体，有时叫做“干凝胶”[1.1802]。由于存在许多孔隙，由无机前驱体得到的干凝胶易被机械方法弄碎，且有光学损耗。在溶胶–凝胶过程中采用有机改性前驱体或有机改性剂，会得到具有更高机械强度和低得多光学损耗的有机改性硅酸盐（ORMOSIL）[1.1794,1796]。将改进的溶胶–凝胶基质材料与样品制备期间的脱氧程序结合使用，会得到使用寿命超过 100 万次发射的溶胶–凝胶染料激光器[1.1803]。

溶胶–凝胶材料的一个吸引人之处是这种玻璃状材料的性质可能与通过传统高温方法制成的玻璃制品类似。溶胶–凝胶材料的另一个吸引人之处是既能俘获有机掺杂剂，又能俘获无机掺杂剂，同时表现出卓越的化学稳定性。由于在紫外线激发作用下存在与衰减和光稳定性有关的问题，因此很少有聚合物染料激光器能够在从蓝光到近紫外线的光谱范围内工作，但溶胶–凝胶材料中却掺入了几种紫外激光染料[1.1805,1806]，输出波长短至 340 nm 的激光作用已经被观察到[1.1806]。

另一种固态有机–无机增益介质是掺染料的聚合物–纳米粒子基质，是由 Duarte 和 James 提出的[1.1807]。这种方法利用 SiO_2 纳米粒子（尺寸为 10～12 nm）在 PMMA 中的均匀分布来增大掺染料有机–无机基质的$\partial n/\partial t$，从而减小光束发散度；另一个好处是提高了转换效率。据这些作者[1.1807]报道，在光栅调谐小型谐振腔中激光效率为 63%，因此得到具有近 TEM_{00} 轮廓的激光光束。激光束发散度经测定为 $\Delta\theta\approx1.9$ mrad，相当于衍射极限的大约 1.3 倍。作为固态染料激光器的增益介质，有机–无机纳米材料的其他进展包括由 Sastre 等人[1.1808]提出的基质种类。当采用吡咯亚甲基 567 染料时，这些掺染料的多面体低聚倍半硅氧烷（POSS）聚合物基质能提供极好的光稳定性和高达 60%的激光效率[1.1808]。

4. 分布反馈式波导染料激光器

分布反馈激光器（DFB）是能产生窄线宽输出的小型可调谐激光源。事实上，第一个 DFB 激光器是准固态染料激光器（掺染料的明胶膜），但由于膜厚度大，因此并未像波导激光器那样工作[1.1809]。正确的固态 DFB 染料激光器是利用掺染料的 PMMA[1.1810]和掺染料的溶胶–凝胶二氧化硅[1.1811]增益介质开发的。在其他开发工作中，大部分的 DFB 激光器开发工作都集中在明显具有工业重要性的半导体激光器上。最近，人们又重新对有机 DFB 激光器产生兴趣，尤其是那些基于波导结构的 DFB 激光器，造成这种“死灰复燃”现象的部分原因是共轭聚合物被用作发光材料[1.1804,1812]以及随后的共轭聚合物激光器实验[1.1813,1814]，通过利用简单的旋涂法或浸涂法，掺染料的聚合物材料或溶胶–凝胶材料就能在平面波导结构中制备。溶胶–凝胶材料还有一个优势，那就是折射率变化[1.1815,1816]范围大，因此能够在很多聚合物衬底或玻璃衬底上实现集成光学应用。在这些波导结构中，DFB 配置显得非常适于生成激光输出。实际上，具有可调谐窄线宽输出的聚合物 DFB 波导染料激光器[1.1817]和溶胶–凝胶类激光器[1.1791]已得到演示。

图 1.205 显示了溶胶–凝胶 DFB 波导染料激光器的典型激光生成装置。负责激光效应的动态光栅是由交叉光束产生的，交叉光束还起着泵浦源的作用。调谐是通过改变光束入射角从而改变光栅周期来实现的。衬底表面的永久性形态调制还能产生 DFB 激光发射所必需的周期摄动。DFB 波导染料激光器一个有趣的特征是可能生成可调谐的多个输出波长。Oki 等人[1.1818,1819]制造了一个能够生成多个输出波长（在 575～945 nm 范围内）的多条纹塑料波导激光器阵列（图 1.206）。用于获得多个输出波长的另一种方法是利用有利于形成多个传播模式的波导结构[1.1820]。图 1.207 显示了利用棱镜耦合器在玻璃衬底上对二氧化钛–氧化锆有机改性硅酸盐波导进行扫描得到的迹线[1.1821]，二氧化钛–氧化锆有机改性硅酸盐膜的厚度为 6.7 μm，折射率为 1.56，在图中观察到了 8 个 TE 模和 8 个 TM 模。交叉光束的相互作用得到了波长符合布拉格条件的 DFB 激光输出，即$\lambda_L = \eta\lambda_p / M \sin\theta$，其中 η 是增益介质在波长λ_L下的折射率，λ_p是泵浦激光器的波长，M 是布拉格反射级数。

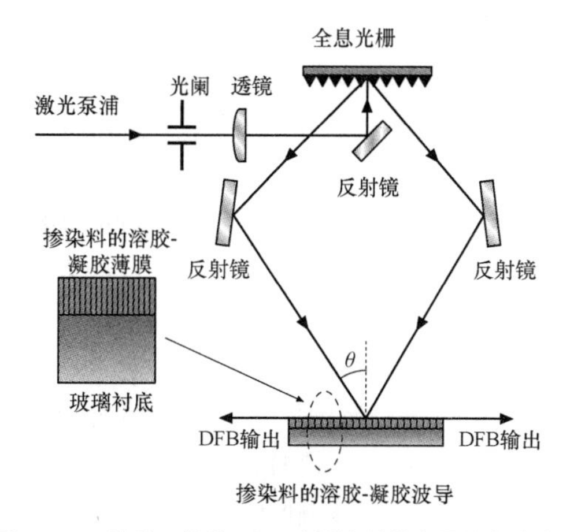

图 1.205　溶胶–凝胶 DFB 波导染料激光器的实验布置

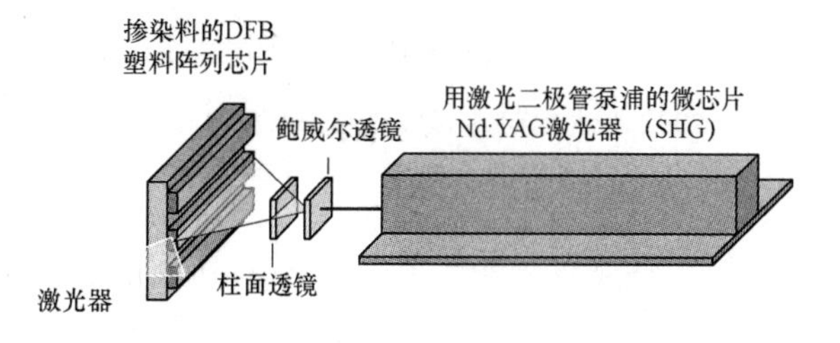

图 1.206　Nd:YAG–微芯片–泵浦 DFB 染料激光器的示意图（根据文献［1.1804］）

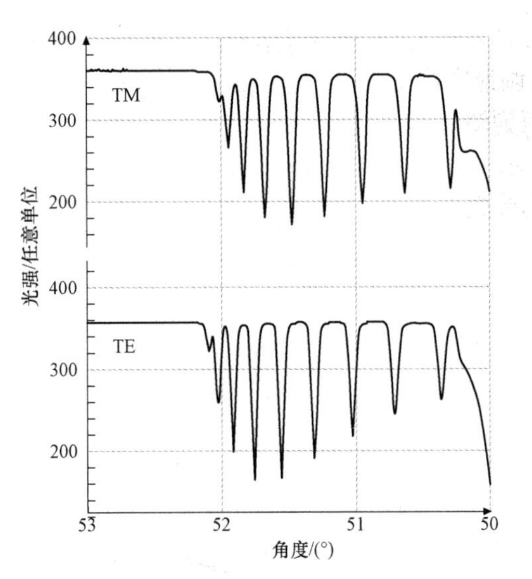

图 1.207 厚度为 6.7 μm、折射率为 1.56 的溶胶–凝胶二氧化钛–氧化锆有机改性硅酸盐波导在玻璃衬底上利用棱镜耦合器进行 TE TM 波导模扫描

对于波导中的 DFB 激光发射特性，η 的取值为 TE_i 模或 TM_i 模（即对于 6.7 μm 厚的膜，i 在 0～7 区间内变化）的有效折射率。图 1.208 显示了用一个偏振镜来阻挡 TM 模[1.1821]的典型 DFB 激光输出谱。在不用偏振镜的情况下，可以观察到全部 8 对 TE/TM 模。研究发现，交叉的 s 偏振光束生成了纯 TE 模，而当使用 p 偏振光束时，会产生成对的 TE/TM 模。此外，模和模数量之间的间隔可通过改变折射率差、导膜厚度等波导参数来控制，多个输出模的同时调谐也已实现（图 1.209）。这些小型可调谐多波长激光器的应用范围应当很广——从分析光谱学到光通信。

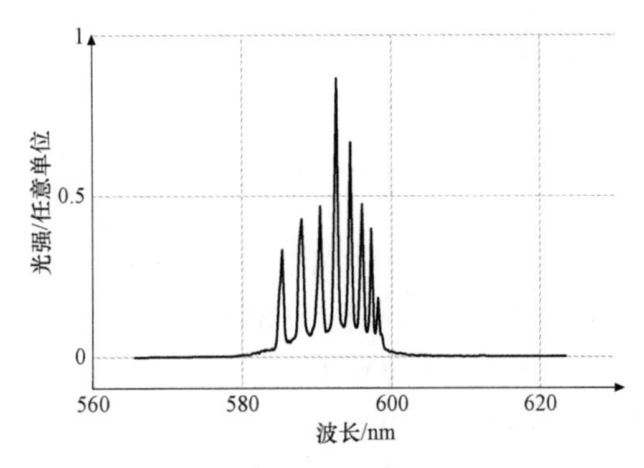

图 1.208 多波长溶胶–凝胶 DFB 波导染料激光器的输出发射光谱。波导的条件与图 1.207 中相同

Watanabe 等人[1.1822]利用掺染料 PMMA/HEMA 膜中的 SiO_2 纳米粒子来配置分布反馈式波导激光器，在约 38%的转换效率和$\lambda \approx 590$ nm 的波长下得到了 $\Delta\lambda \approx 0.1$ nm 的谱线宽度。其他分布反馈波导实验还演示了在 410～440 nm 范围内的蓝光发射，

在 8.2%的效率下得到了 $\Delta\lambda\approx0.1$ nm 的激光线宽[1.1823]。

5. 通过偏振调制进行分布式反馈激光发射

最初的 DFB 激光器理论描述了由增益或折射率的周期摄动[1.1809,1824]造成的激光发射——这两种摄动都可能由光强调制产生。图 1.210 是典型交叉光束实验的示意图，图中的两个光束有各自的偏振方向，其偏振夹角为 Φ。两个交叉光束都必须为 s 偏振（$\Phi=0°$），以形成光强干涉图样（光强调制）。增益介质中的光强干涉图样形成激发态原子/分子的浓度光栅，为 DFB 激光发射提供必要的增益或折射率周期性变化。但一个 s 偏振光束和一个 p 偏振光束（$\Phi=90°$）的交叉不会产生光强干涉图样，相反会导致合成场的周期性偏振变化（偏振调制），使其从线性偏振变成椭圆偏振、圆偏振，然后在经过一个周期后又回到椭圆偏振。由偏振调制产生的光栅为偏振光栅。

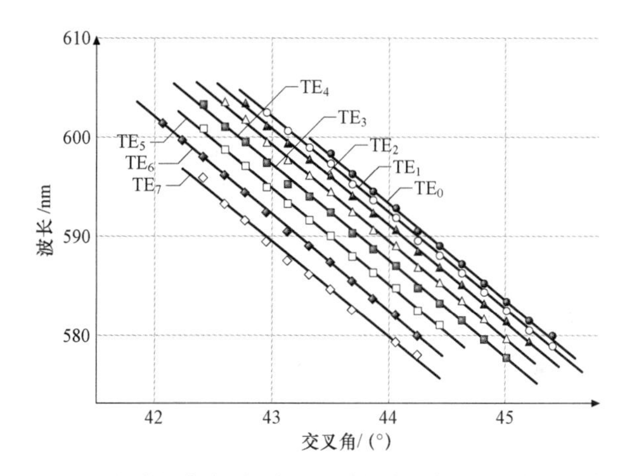

图 1.209 多波长溶胶–凝胶 DFB 波导染料激光器的波长调谐。波导的条件与图 1.207 中相同

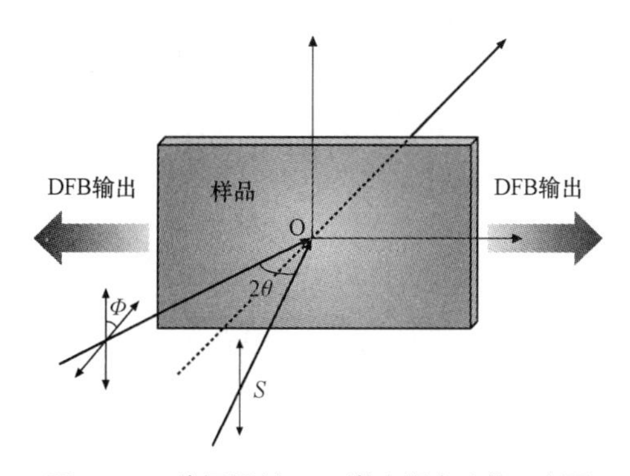

图 1.210 偏振调制 DFB 激光器实验的示意图

图 1.211 显示了在 $\theta\approx44°$ 的情况下当 Φ 从 0° 变到 90° 时掺若丹明 6G 的氧化锆波导的 DFB 激光发射光谱[1.1821]，所采用的泵浦能量为 10 μJ。$\Phi=0°$ 时的情形相当于

纯光强调制情况，Φ 的变化改变了光束 s 偏振分量的振幅；随着 Φ 增加，两个交叉光束的 s 偏振分量振幅差值会变大，因此光强调制的有效性会减弱，导致在瞬态光强光栅中出现较低的调制深度。当 $\Phi=60°$ 时，s 偏振分量的电场振幅是伴束的 1/2，此时光强调制的效应比较弱，在发射光谱中会出现很强的 ASE（衰减自发辐射）背景（DFB 输出光强与 ASE 光强之比，为 10:3）。当 $\Phi=90°$ 时，DFB 激光发射完全消亡，此时其中一个光束的 s 偏振分量具有零振幅。然后，泵浦能量逐渐升高到大约 30 μJ，当泵浦能量为 30 μJ 时，DFB 激光发射重新出现，但这次反馈机制是由偏振调制提供的。由偏振调制诱发的 DFB 激光发射具有一个区别性特征，即会出现一对 TE_0/TM_0 输出模，而在光强调制的情况下只观察到了 TE_0 模。

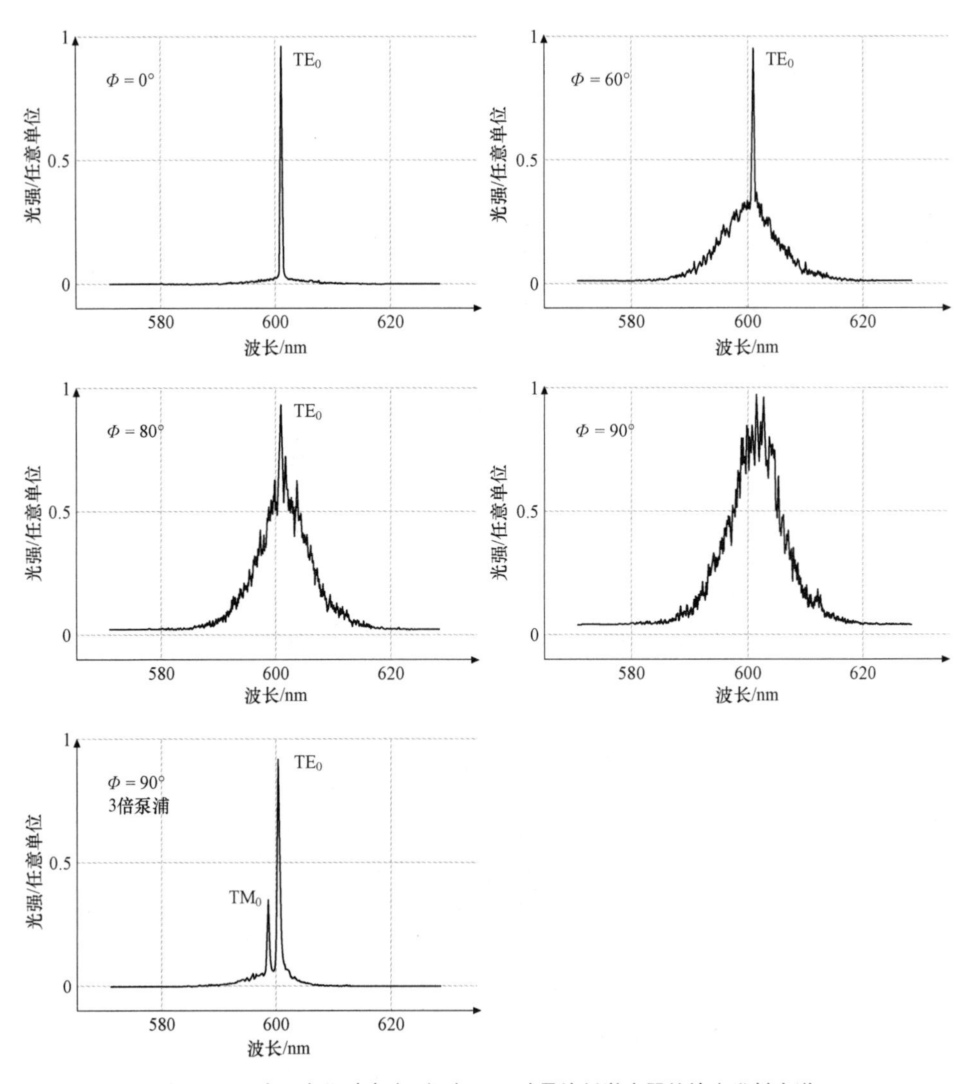

图 1.211 当 Φ 变化时溶胶-凝胶 DFB 波导染料激光器的输出发射光谱

偏振调制实验表明，液态染料溶液也会诱发 DFB 激光发射。当 θ 增加时，泵浦阈值会大幅下降。当 $\theta>75°$ 时，就像在一阶布拉格条件下接近 800 nm 波长时液态噁嗪染料的 DFB 激光发射情况那样，由偏振调制诱发的 DFB 激光发射所产生的阈值泵浦能量与通过光强调制得到的阈值泵浦能量相同。

6. 双光子泵浦式固态染料激光器

通过红外光的直接上转换发射激光的小型可见光激光器有望成为很多光电子领域中应用的多用途光源。众所周知，很多染料（例如 R6G、DCM）在近红外光谱区被泵浦时会发出微弱的可见光，确实，研究人员在双光子泵浦聚合物波导和光纤中就观察到了宽带可见光激光发射[1.1825,1826]。最近，研究人员合成了很多具有较大的双光子泵浦上转换吸收截面的染料。尤其要提到的是，他们把一种在红光区内发射强光的苯乙烯基吡啶染料[1.1827]（反式－4－[p（N－羟乙基－N－甲胺基）苯乙烯基]－N－甲基吡啶对甲苯磺酸盐（HMASPS）掺杂在玻璃衬底上的溶胶－凝胶氧化锆薄膜中[1.1828]，图 1.212 显示了 HMASPS 薄膜波导的吸收、双光子泵浦荧光和 ASE 光谱。可以看到在 620 nm 波长处有一个很强的发射峰。通过利用两个交叉的 1.06 μm 光束作为泵浦源，可观察到在红光区出现了 DFB 激光发射，激光谱线宽度为 45 GHz。在后来的实验中，研究人员通过改变两个 1.06 μm 交叉光束的交角，演示了调谐现象[1.1828]，图 1.213 给出了第二（$M=2$）和第三（$M=3$）布拉格阶的调谐曲线，在图中观察到调谐范围为 25～30 nm。

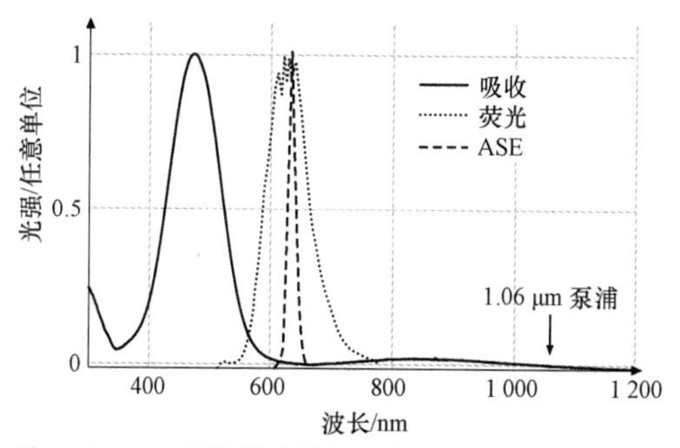

图 1.212　掺 HMASPS 氧化锆波导的吸收、双光子泵浦荧光和 ASE 光谱

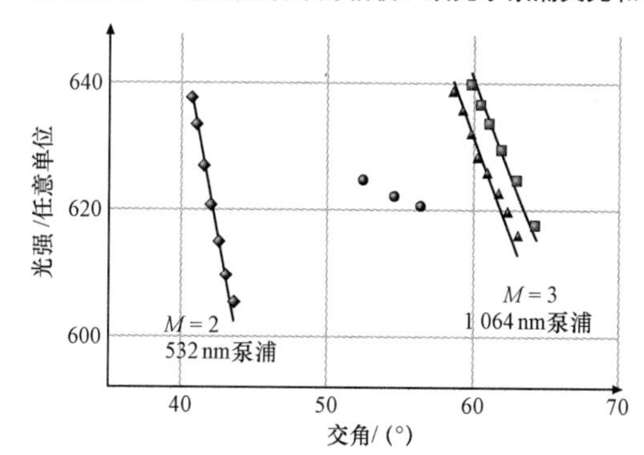

图 1.213　掺 HMASPS 氧化锆波导的 DFB 激光发射谐振曲线

1.8.8 进一步发展

虽然染料激光器如今只是众多可调谐激光器类别中的一种，但染料激光器拥有如下独特的优势：恰好在可见光谱内高效地发射激光，其增益介质便宜，而且只需要很少的制造基础设施。已发表的关于液体染料激光器的文献表明，这些相干辐射源具有巨大的多功能使用性。液体染料激光器能提供很大的脉冲能量或很高的平均功率，这些激光器能发射连续波，或者在飞秒范围内发射激光，具体要视所选择的工作模式和所采用的工程配置而定。另外，设计精良的液体染料激光器还表现出出色的可调谐窄线宽性能和可靠的运行特性[1.1750,1754,1766]。在高能高平均功率的激光域中，可调谐液体染料激光器在临界散热面积方面有着固有的优势。就这一点而言，高度稳定的高效水溶性激光染料分子的引入可能会让人们对这些开创性的可调谐相干发射源投以全新的关注和兴趣。在这方面，高效的高水溶性四甲基香豆素染料[1.1829,1830]可能会提供一些线索。

研究人员已经在固态染料激光器领域取得了相当大的进展。虽然人们总是期望这些激光器能提供更好的增益介质稳定性，但这些增益介质据报道可能正准备部署在精心设计的激光器配置中，为激光光谱学和医疗用途提供光学稳定性强而又不贵的另类选择。

在染料激光器被发明之后的 10 年里[1.1748,1749]，研究人员们对激光染料分子进行直接电子激发的可能性很感兴趣[1.1831,1832]。虽然目前还没有人明确声称传统的电泵浦染料激光装置能做到这一点，但在脉冲电激发掺染料干涉测量发射源中已观察到了相干发射[1.1833]。更明确地说，研究人员已观察到并描述了从位于干涉测量配置内的掺激光染料电激发有机半导体亚微腔中发出的相干发射光[1.1833]。这种脉冲发射光在衍射几乎受限的光束内具有高度指向性[1.1833,1834]。此外，这种发射光呈现出高能见度的干涉图样，而且 $V\approx0.9$[1.1833,1834]——这是与激光发射有关的一个特征[1.1835-1837]。由掺染料有机二极管微腔[1.1835]组成的微型相干干涉测量发射源可能会广泛应用于医学和度量衡学。

1.9 光参量振荡器

光参量振荡器（OPO）就是通过非线性变频将激光辐射光转变成两个具有较低频率的相干光波，分别叫做“信号波”和“闲波”。光参量振荡器是能够高效生成宽调谐相干光的大功率装置。可调谐性和高输出功率使光参数振荡器成为对很多应用领域有吸引力的一种光源，这些应用领域包括高分辨率光谱学、环境监测、医学研究、过程控制、遥感和精确测频。通过对 OPO 的集中研究，如今可靠的 OPO 系统已开发出来并能够在市场上买到。

通过观察在石英晶体中红宝石激光辐射线的二次谐波生成，有关人员发明了非线性变频激光器，不久之后就演示了第一个光学非线性转换实验[1.1838]。这第一个成果掀起了猛烈的实验研究与理论研究热潮，其目的旨在提高转换效率及扩大现有的波长范围。在后来几年里，研究人员从理论上深入了解了非线性变频的物理学原理，并详细阐述了所有使转换效率最大化的重要方法，包括准相位匹配[1.1839,1840]、晶体中的双折射相位匹配[1.1841,1842]以及最佳聚焦的要求[1.1843]。1962年，Kroll[1.1844]提出了第一个光参数振荡器。1965年，Giordmaine和Miller[1.1845]实现了第一个光参数振荡器。随后，研究人员们对其进行了详细的理论研究和实验研究[1.1846－1848]，好几篇评论文章都调研了光参量振荡在20世纪80年代中期之前的发展现状[1.1849－1852]。

尽管做出了这些初步的努力，但在几乎10年的时间里，OPO作为多用途可调谐光源所达到的成功度并没有人们想象中的好。当时，OPO不是很成功的原因有：晶体的双折射率不适于相位匹配，透明度低，损伤阈值也低，大块同质晶体难以生长，缺乏具有良好空间/光谱特性的可靠激光源，而这些特性对于高效变频来说很重要。

但在20世纪80年代中期，由于激光激活晶体和非线性晶体[1.1853,1854]的晶体生长技术取得了重大进展，导致固体激光器的复兴，于是OPO面临的情形有了变化。具有较高空间/光谱相干性（在连续波工作模式和脉冲工作模式下）可靠泵浦源的可得性、低损耗光学元件的获得以及新型非线性材料或优化非线性材料（BBO，LiB_3O_5（LBO），$KTiOPO_4$（KTP），$KNbO_3$）的出现开启了OPO的新进化时代。与此同时，新一代变频介质出现了，这些介质采用了具有周期性结构的铁电体（例如$LiNbO_3$、$LiTaO_3$、$KNbO_3$、KTP）以及取向图案化材料（GaAs）或外延生长式材料（GaAs），用于实现准相位匹配。在开发用二极管泵浦的全固态激光器和（尤其是）高亮度二极管激光系统的同时，人们也开始用新的视角来看待现代化的小型高效大功率可调谐OPO系统。

1.9.1 光参量放大

光参量放大与生成的理论研究在20世纪60年代初就已提出[1.1855,1856]，如今在很多教科书和评论文章中都能找到[1.1849－1851,1857－1859]。因此，本节将只简单描述差频生成（DFG）、光参量放大和最重要的方程式。强激光场与介电材料的相互作用导致出现非线性磁化率，使介质的偏振带来入射辐射场中不存在的新频率分量。

最低阶非线性极化率 $\chi^{(2)}$ 是造成三波混合过程的原因。三波混合过程包括二次谐波发生（SHG）、和频–差频混合（SFG，DFG）、光整流、光参量放大（OPA）和光参量产生（OPG）。利用反馈谐振腔为其中至少一个波生成光参量的过程叫做“光参量振荡”（OPO）。

在二阶极化率的情况下，介质中电场 $\boldsymbol{E}$ 和偏振密度 $\boldsymbol{P}$ 之间的关系式为

$$\begin{cases} \boldsymbol{P} = \varepsilon_0(\boldsymbol{\chi}^{(1)}\boldsymbol{E} + \boldsymbol{\chi}^{(2)}\boldsymbol{E}\boldsymbol{E}) \\ \boldsymbol{P} = \boldsymbol{P}_1 + \boldsymbol{P}_{nl} \end{cases} \tag{1.165}$$

其中，ε_0是真空介电常数；$\chi^{(k)}$为磁化率，是各向异性介质的k秩张量。由于在中心对称系统中$\boldsymbol{\chi}^{(2)}$为 0，因此三波混合仅在各向异性介质中才有可能。通常情况下，$\boldsymbol{\chi}^{(2)}$张量拥有 27 个项，但在某些对称条件下很多分量会变为 0。如果互动波为线式偏振，而且在固定晶体取向上为单色，则这个张量可减小，甚至变成一个标量，在这种情况下，有效非线性用系数$\chi_{\text{eff}}^{(2)}$来表示。在文献［1.1859］中，二阶极化率常常用系数d来表示，d可定义为d：$=\chi^{(2)}/2$。

一般而言，光参量产生或三波混合过程的动态可用一组与光波场振幅有关的非线性耦合微分方程来描述，其中的光波与非线性介质相互作用。

考虑到基波方程由无磁性电介质的麦克斯韦方程式推导出来，其中$\boldsymbol{P}_{nl}$被视为一个源项：

$$\nabla^2 \boldsymbol{E} = \mu_0 \varepsilon \frac{d^2}{dt^2}\boldsymbol{E} + \mu_0 \frac{d^2}{dt^2}\boldsymbol{P}_{nl} \tag{1.166}$$

因此得到耦合波方程：

$$\frac{\partial E_1(z)}{\partial z} = i\kappa_1 E_3(z)E_2^*(z)e^{i\Delta kz} \tag{1.167}$$

$$\frac{\partial E_2(z)}{\partial z} = i\kappa_2 E_3(z)E_1^*(z)e^{i\Delta kz} \tag{1.168}$$

$$\frac{\partial E_3(z)}{\partial z} = i\kappa_3 E_1(z)E_2(z)e^{-i\Delta kz} \tag{1.169}$$

其中，系数$\kappa_i=\omega_i d_{\text{eff}}/n_i c_0$（$i$=1，2，3）；$d_{\text{eff}}$为非线性系数；$z$为传播方向；

$$\Delta k = k_3 - k_2 - k_1 \tag{1.170}$$

为相位失配量。

这组方程代表着在$\chi^{(2)}$非线性介质中三个平面波之间的相互作用。Armstrong 等人[1.1839]准确地求出了这个方程组在各种输入条件下的解。根据三个复振幅的初始条件，这些方程描述了由电磁场在晶体中单程传播所产生的各种三波混合过程，例如二次谐波发生、和频–差频混合以及参量放大。在本案例中尤其令人关注的是 DFG 的解。先来考虑频率分别为ω_3和ω_1并穿过无损耗非线性介质的两个波。在该介质内，这些波相互作用，产生差频$\omega_2=\omega_3-\omega_1$。在相位匹配相互作用（$\Delta k=0$）下，会生成频率为$\omega_2$的波，而$\omega_1$会被放大，反之亦然，因为$\omega_1=\omega_3-\omega_2$。因此，这种效应可用于放大相干辐射——甚至在放大器不可获得的光谱区（例如激光材料）中也是如此。因此，这种效应可用于放大相干辐射——甚至在放大器不可获得的光谱区（例如激光材料）中也是如此。这个过程叫做“光参量放大”。应当被放大的注入波叫做“信号波”（$\omega_1=\omega_s$），所生成的第二个波在大多数情况下不使用，叫做“闲波”（$\omega_2=\omega_i$）；具有最高频率ω_3的波叫做“泵浦波”（$\omega_3=\omega_p$），被转变成信号波和闲波。如果只注入泵浦波，则在基于经典光学的模型中，信号波和闲波不会产生，也不会放大。但在实验中可以观察到：辐射光的生成始于量子噪声，这叫做“光参量荧光”。如果生成了光参量荧光，并将其放大到宏观光强，则这个过程叫做“光参量产生”。1961年，Louisell 等人首次提出并研究了这种纯量子力学效应[1.1860]。在文献[1.1857，1858，1862]中可以找到量子力学模型[1.1861]以及对光参量荧光的半经典描述。在这种情况下，信号波的定义不再适用，因为没有信号被注入。因此，对于这类非线性过程，信号波和闲波被定义为 $\omega_s > \omega_i$。

通过引入光强的定义 $I=1/2\varepsilon_0 nc|E|^2$，由耦合场方程组可推导出与光子能量守恒方程等效的 Manley−Rowe 方程[1.1863]：

$$\frac{dI_s}{\omega_s dz}=\frac{dI_i}{\omega_i dz}=-\frac{dI_p}{\omega_p dz} \tag{1.171}$$

每个泵浦光子的转换都会生成一对信号光子和相应的闲光子，在这种意义上讲，$\omega_p=\omega_s+\omega_i$ 关系式相当于能量守恒，而 $\Delta k=k_p-k_s-k_i=0$ 相当于参变过程的动量守恒。

如果忽略泵浦场消耗（$dE_p/dz=0$），并假设在参变过程开始时只存在泵浦场和信号场（$E_p\neq 0$，$E_s\neq 0$，$E_i=0$），则耦合波方程可用分析法解出[1.1850,1851]。信号强度中的单行程分量增量可求出为

$$G_s(l)=\frac{I_s(z=l)}{I_s(z=0)}-1=\Gamma^2 l^2\frac{\sin h^2 gl}{(gl)^2} \tag{1.172}$$

其中，l 是非线性介质的长度；g 是总增益系数：

$$g=\sqrt{\Gamma^2-\left(\frac{\Delta k}{2}\right)^2} \tag{1.173}$$

Γ 是参量增益系数：

$$\Gamma^2=\frac{2\omega_s\omega_i|d_{eff}|^2 I_p}{n_p n_s n_i\varepsilon_0 c^3} \tag{1.174}$$

增益系数中与材料有关的部分 $|d_{eff}|^2/(n_p n_s n_i)$ 叫做“品质因数”（FOM），用于区分转换介质的非线性质量。在高增益极限范围内，单程增益变成

$$G_s=\left[1+\left(\frac{\Delta k}{2g}\right)^2\right]\sin h^2 gl \tag{1.175}$$

当 $\Delta k<g$ 时简化为

$$G_s(l)\approx\frac{1}{4}e^{2\Gamma l} \tag{1.176}$$

在低增益极限范围内（$\Gamma^2 l^2<(\Delta k/2)^2$），参数放大器的增益为

$$G_s(l)=\Gamma^2 l^2 \frac{\sin^2\left\{\left[\left(\frac{\Delta k}{2}\right)^2-\Gamma^2\right]^{\frac{1}{2}} l\right\}}{\left[\left(\frac{\Delta k}{2}\right)^2-\Gamma^2\right] l} \tag{1.177}$$

鉴于理想的相位匹配 $\Delta k=0$，因此在低增益极限范围内的单程信号增益近似等于

$$G_s(l)\approx \Gamma^2 l^2 \propto d_{\text{eff}}^2 l^2 \tag{1.178}$$

可以看到，参量增益的值取决于入射场的强度以及材料参数，例如非线性系数、折射率和相互作用长度。但高效参量放大作用的主要条件是相位匹配状态。如图 1.214 所示，参量增益在 $\Delta k=0$ 时达到最大值，在$|\Delta kl|=\pi$ 时则对称地减小到零点。

增益带宽的定义为：

$$\left|\left(\frac{1}{2}\Delta k^2\right)-\Gamma^2\right|^{1/2} l=\pi \tag{1.179}$$

当增益低时减小到

$$\frac{1}{2}\Delta kl=\pi \tag{1.180}$$

增益带宽随着增益的增加而增加，但当 $\Gamma^2 l^2\cong\pi$ 时，带宽增宽变小。

1.9.2 相位匹配

从图 1.214 中可以明显看到，仅当达到相位匹配条件时才能实现光参量放大：

$$\Delta k=k_p-k_s-k_i=0 \tag{1.181}$$

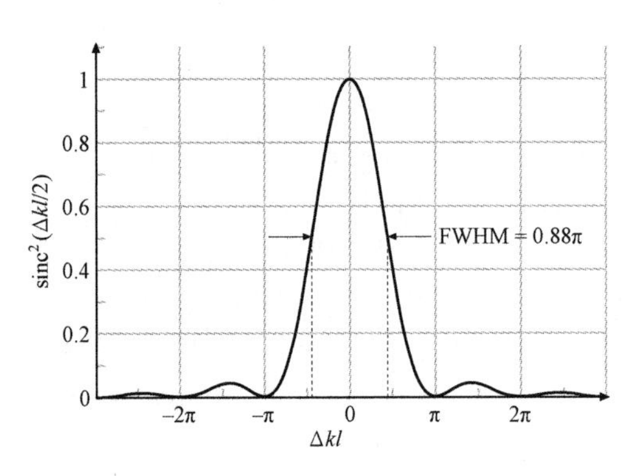

图 1.214　长度为 l 的非线性晶体的参量增益与相位失配 Δkl 之间成函数关系。当达到最佳相位匹配（$\Delta kl=0$）时，参量增益最大。这个增益函数的半峰全宽（FHWM）为 0.88π

当 $\Delta\boldsymbol{k}=0$ 时，通过利用波矢量的定义，方程（1.181）可表示为

$$n_{\mathrm{p}}(\omega_{\mathrm{p}})\cdot\omega_{\mathrm{p}}=n_{\mathrm{s}}(\omega_{\mathrm{s}})\cdot\omega_{\mathrm{s}}+n_{\mathrm{i}}(\omega_{\mathrm{i}})\cdot\omega_{\mathrm{i}} \tag{1.182}$$

当 $\Delta k\neq 0$ 且未达到相位匹配条件时，由于折射率不同，三个频率的光场有不同的相速度，交互波的相对相位沿着介质方向也发生了变化。相位失配的一个测度是相干长度 $L_{\mathrm{c}}=\pi/|\Delta\boldsymbol{k}|$，相干长度决定着交互波的相对相位发生 π 相移时的距离。超过相干长度的光传播（一般为几微米）会导致所生成的波反向转换为泵浦波。所生成光强的非相位匹配相互作用（NPM）的振荡特性取决于相互作用长度，如图 1.215 所示（左边黑色实曲线）。

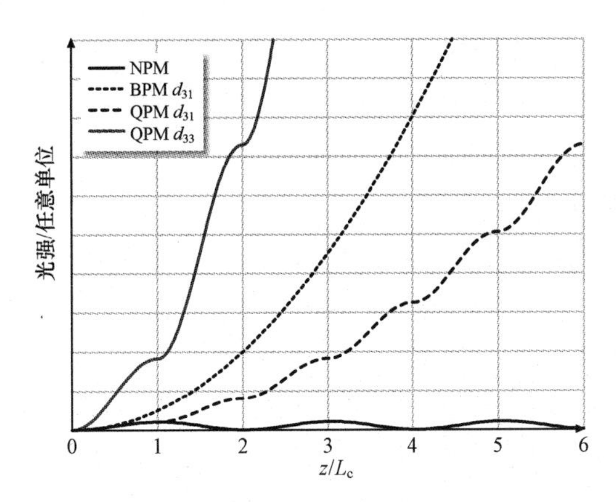

图 1.215　$LiNbO_3$ 中输出光强与传播长度之间的函数关系。NPM：总转化光强不大的非相位匹配过程。BPM：采用了非线性系数 d_{31} 的双折射相位匹配。其光强与 z 之间为二次曲线增长关系，曲线的斜率为 $d_{\mathrm{eff,BPM}}^{2}$。QPM d_{31}：采用了 d_{31} 的准相位匹配过程。其光强通常与 z 之间为二次曲线增长关系，曲线的斜率为 $d_{\mathrm{eff,QPM}}^{2}$。QPM d_{33}：采用了 d_{33} 的准相位匹配过程，仅适用于 QPM 过程，因为所有的波都在相同的方向上偏振。其光强通常与 z 之间为二次曲线增长关系，曲线的斜率为 $d_{33,\mathrm{QPM}}^{2}\gg d_{31,\mathrm{QPM}}^{2}$

方程（1.182）只取决于三个波的波长及其非线性介质的折射率，因此，实现高效转换所需的波长由非线性介质的色散决定。所以高效非线性光学面临的一个至关紧要的问题就是找到一种合适的材料以及光波通过合适的色散作用穿过此材料时的传播方向，这实际上就是一个线性光学问题。研究者主要用两种不同的方法来实现相位匹配转换过程，即：双折射相位匹配（BPM）和准相位匹配（QPM）。

1. 双折射相位匹配

这种方法利用了双折射晶体中折射率与波传播方向和电磁波偏振之间的相关性。为了更详细地探讨这种方法，简要回顾双折射晶体中波传播的基础知识是很有指导意义的。在单轴晶体中，波分为寻常（o）波和异常（e）波，具体要视波的偏振方向而定。寻常波的折射率与传播方向无关，而非寻常波的折射率取决于光轴和传播方向之间的极角。为实现相位匹配，所选择的高频泵浦波的偏振方向应当使折

射率达到最小。通过选择合适的传播方向与光轴之间的夹角，可达到相位匹配条件［式（1.182）］，在采用 532 nm 泵浦 OPO 的情况下，图 1.216 针对不同的材料说明了这一点。对于固定的相位匹配角，可获得相位匹配效果的波长有两种（信号波和闲波）。这些波还同时达到了频率匹配条件（$\omega_p=\omega_s+\omega_i$），例如，对于 532 nm 泵浦 LBO OPO，640 nm 的信号波和 3024 nm 的闲波以 12.5° 的角度达到相位匹配。如果相位匹配角减小，由于色散的回扫特性，两对波长（各自达到了频率匹配条件）仍能在 LBO 中实现相位匹配。

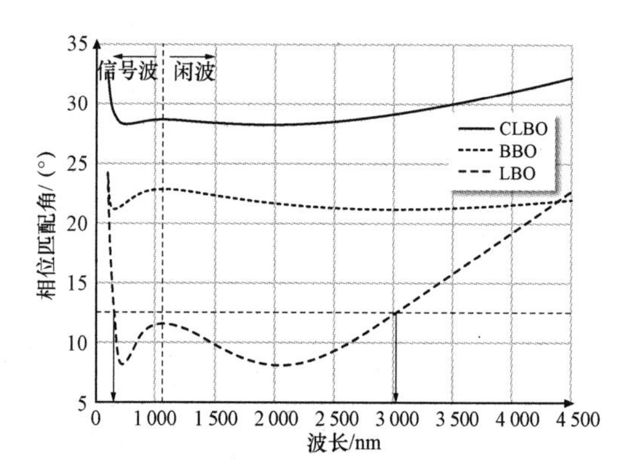

图 1.216　在由不同材料组成的 532 nm 泵浦 OPO 中，相位匹配角与波长之间的相关性

最终，这将为能够达到相位匹配从而为被放大的中心波长的选择和调谐开辟一条灵敏的途径。

当所生成的这两个波具有相同的偏振方向且其偏振方向垂直于泵浦波的偏振方向（例如（e−oo））时，双折射相位匹配过程叫做“Ⅰ类相位匹配”（表 1.49）。对于Ⅱ类相位匹配来说，所生成波的偏振方向相互垂直（e−oe）。例如，图 1.217 显示了在 BBO 中不同的波长及相位匹配方案所需要的相位匹配角。相位匹配角的分析解仅对单轴晶体中的Ⅰ类相位匹配才有可能，其他相位匹配过程必须用数值方法来求解[1.1854]。双轴晶体的分析更加复杂，只能得到数值解，只有在主平面上，双轴晶体这种形式体系才能简化为单轴晶体条件（表 1.50[1.1864,1865]）。成角度的双折射相位匹配所带来的后果是双折射会产生空间走离，从而减小光波的相互作用长度。

表 1.49　OPO 的相位匹配方案名称

名称	泵浦波	信号波	闲波
Ⅰ类	e	o	o
Ⅱa 类	e	o	e
Ⅱb 类	e	e	o

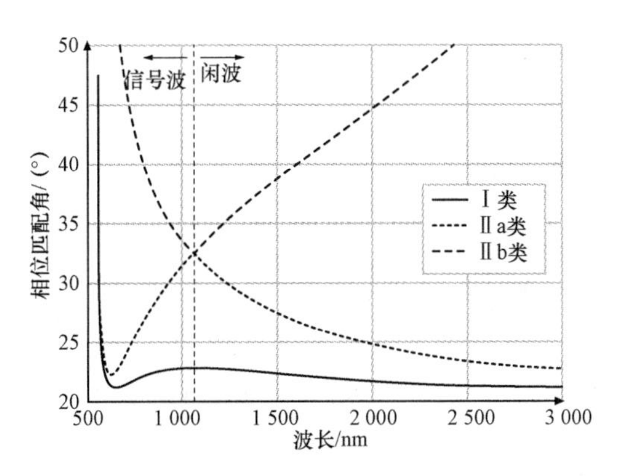

图 1.217　在 532 nm 泵浦 BBO 中，不同的相位匹配方案下相位匹配角与波长之间的相关性

表 1.50　在单轴晶体和双轴晶体的主平面中，寻常波和非寻常波的折射率

晶体	非寻常波（e）	寻常波（o）
单轴	$n_e(\Theta)=n_o n_e/\sqrt{n_e^2\cos^2\Theta+n_o^2\sin^2\Theta}$	$n_o(\Theta)=n_o$
双轴，*xy* 平面	$n_e^{xy}(\Phi)=n_x n_y/\sqrt{n_x^2\cos^2\Phi+n_y^2\sin^2\Phi}$	$n_o(\Phi)=n_z$
双轴，*xz* 平面	$n_e^{xz}(\Theta)=n_x n_z/\sqrt{n_x^2\cos^2\Theta+n_z^2\sin^2\Theta}$	$n_o(\Theta)=n_y$
双轴，*yz* 平面	$n_e^{yz}(\Theta)=n_y n_z/\sqrt{n_y^2\cos^2\Theta+n_z^2\sin^2\Theta}$	$n_o(\Theta)=n_x$

除角度相位匹配之外，还可通过改变晶体温度来实现折射率匹配（温度相位匹配）。这种方法与垂直于主轴的传播方向相结合，一起被称为“非临界相位匹配”（NCPM）。这类相位匹配会导致空间走离缺失及角灵敏度降低，而角灵敏度对于紧聚焦用途来说很重要。

相位匹配条件的矢量方程可以用非共线方式或共线方式来实现。与共线相位匹配大不相同的是，非共线相位匹配是一种矢量相位匹配。图 1.218 显示了波矢量的非共线夹角。通过选择合适的非共线角度，角谱宽度能扩大，或者坡印亭矢量走离能得到补偿。图 1.218（a）中显示了走离补偿条件，寻常信号和非寻常泵浦波的坡印亭矢量是平行的。这种走离补偿有利于纳秒 OPO 达到更高的转换效率[1.1866]，而且对于被超短脉冲泵浦的临界相位匹配 OPO 来说是必要的，因为超短脉冲的光束半径小[1.1867,1868]。图 1.218（b）为切向相位匹配图，这种特殊的非共线相位匹配情况使非寻常泵浦波得到了明显更大的角谱宽度。图 1.219 显示了在 532 nm 泵浦 LBO OPO 中非共线相位匹配的计算曲线。图中考虑到在泵浦波和信号波的传播方向之间存在三种不同的角度。当泵浦波和信号波之间的夹角为 $\theta_{nk}=1.35°$、相位匹配角为约 14° 时，在大约 200 nm 宽的范围内 800～1 000 nm 的波长具有相位匹配特征。此外，超短脉冲的群速度匹配可通过非共线相位匹配来实现[1.1869]。

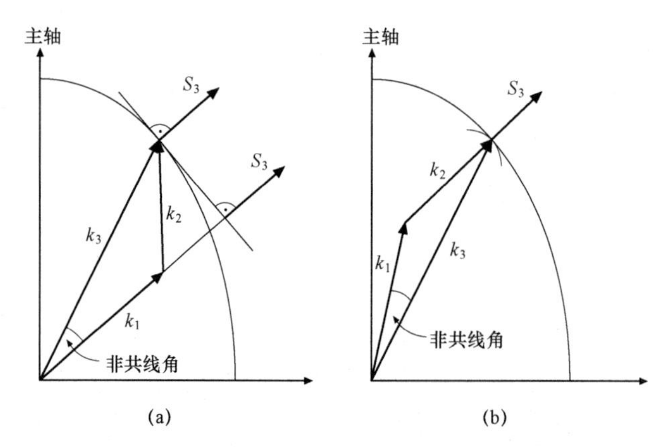

图 1.218 不同非共线相位匹配方案的波矢图

（a）走离补偿；（b）切向相位匹配方案

2. 准相位匹配

虽然对 BPM 而言，真实的相位匹配可在整个晶体中获得，但准相位匹配（QPM）采用了周期性相位补偿。在准相位匹配中，三个波之间的相对相位是在开始反向转换之前利用非线性磁化率信号（图 1.215 中的左下粗黑点划曲线）的周期性变化来修正的。虽然 QPM 方法在双折射相位匹配之前就已被提出[1.1839]，但在相干长度范围内（一般为 1～100 μm）制造这种周期性结构所面临的困难使得这种结构很长时间都无法实现。但最近在铁电质结构（PPLN、PPLT、PPKTP 等）[1.1870－1872]的制造或 GaAs 的外延生长[1.1873]方面取得了进展同时确定了这种方法在高效变频用途中的地位。

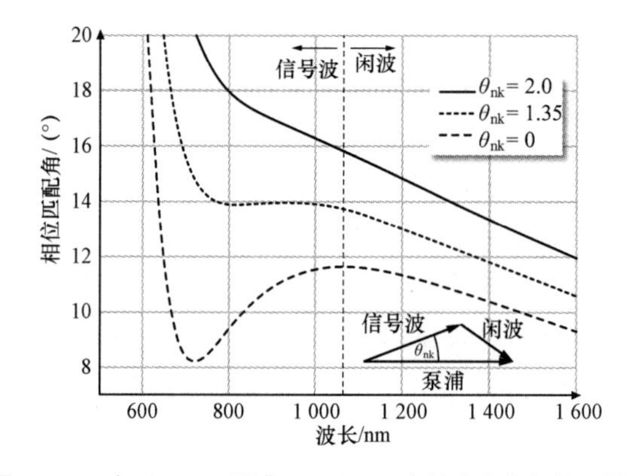

图 1.219 在 532 nm 泵浦 LBO OPO 中的非共线相位匹配。在泵浦波和信号波的传播方向之间存在三种不同的角度

由于光波的相位在整个晶体中并非真正匹配，而是会周期性调节，因此 QPM 的有效非线性系数与 BPM 相比较低：

$$d_{\mathrm{eff,QPM}}=\frac{2}{\pi m}d_{\mathrm{eff}} \tag{1.183}$$

其中，m 为 QPM 的阶数。但是，QPM 与双折射相位匹配相比有两大优点。首先，对所有的光波而言，交互波的偏振方向可以相同，据此可以在铌酸锂中使用最高非线性系数 d_{33}（图 1.215 中的黑色实曲线），这样能减小泵浦阈值从而提高转换效率；第二个优点是在这样的材料中，对于泵浦波长、信号波长和闲波波长的任何组合形式，都能通过调节此周期性结构来实现准相位匹配。此外，QPM 通过精心设计的域结构，能为非线性转换装置提供设计灵活性。研究人员已演示了具有新型配置的 QPM 应用形式，例如用于实现脉冲压缩的啁啾光栅[1.1874]、用于实现宽调谐范围的扇出光栅[1.1875]、用于让两个三波混合过程同时运行的准周期性结构[1.1876]以及用于实现多方向相位匹配过程的二维光栅[1.1877]。图 1.220 显示了不同配置的典型 QPM 晶体结构示意图。

3. 相位失配和可接受的带宽

获得相位匹配所需要的中心波长可通过 QPM 材料中的相位匹配角、温度（BPM）或周期性结构来调节，如前一节所述。但到目前为止，还没有探讨过信号波和闲波的波长对这些参数的响应有多灵敏。这是一个至关紧要的实验问题，因为这些响应取决于几个参数，例如泵浦光的发散度和带宽、所生成的光的带宽以及非均匀的温度分布。这应当用两个例子来说明，超短脉冲需要一定的带宽，为实现高效变频，在频率转换时必须完全保持这个带宽。否则，脉冲持续时间会改变。因此，非线性转换对围绕中心波长的较小波长偏移应当不太敏感，从而使光谱容差较大。真实的实验大多用聚焦光束来做，以增强功率密度和转换效率。但聚焦光束由不同角度的不同光束分量组成，因此，非线性材料对相位匹配角的敏感度应当较低，以便能够转换聚焦光束中的所有组成部分。非线性材料对这些扰动因素的耐受性用可接受的带宽来表示，可接受的带宽用参量增益宽度的 FWHM（图 1.214）来定义，并在 Δk 的泰勒级数中展开。

- 角谱宽度：

$$\Delta\delta=0.886\pi l^{-1}(\partial\Delta k/\partial\delta)^{-1} \tag{1.184}$$

- 增益带宽：

$$\Delta\omega_{\mathrm{s}}=0.886\pi l^{-1}(\partial\Delta k/\partial\omega_{\mathrm{s}})^{-1} \tag{1.185}$$

- 光谱容差：

$$\Delta\omega_{\mathrm{p}}=0.886\pi l^{-1}(\partial\Delta k/\partial\omega_{\mathrm{p}})^{-1} \tag{1.186}$$

- 温度容差：

$$\Delta T=0.886\pi l^{-1}(\partial\Delta k/\partial T)^{-1} \tag{1.187}$$

1.9.3 光参量振荡器

光参量振荡器（OPO）由三个基本部件组成，即泵浦源、增益介质和反馈谐振腔。这种配置与激光器的配置很相似，但在激光器中，泵浦能量会被吸收并储存在增益介质中，随后，所储存的能量将用于放大共振波；与在激光器中的这种特性相反，在 OPO 中增益是由光学参数效应产生的，而且增益介质中不储存能量，因此要求泵浦波和放大波同时穿过介质。

为定性地描述 OPO 的工作原理，本书研究了最基本的 OPO 配置，如图 1.221 中的示意图所示。

由激光光束产生的、较强的相干光场以频率 ω_p 传播并穿过光学非线性晶体，晶体位于光学谐振腔内部。为简化起见，谐振腔只与一个波发生共振，例如信号波。由于非线性晶体能提供足够的非线性，因此参数振荡会发生，同时一个泵浦波光子变成一个信号波光子和一个闲波光子，符合光子的能量守恒定律 $\omega_p=\omega_s+\omega_i$。谐振腔把信号波反馈到晶体中，在那里信号波通过泵浦波的功率传输而进一步放大，见式（1.172）。当增加的信号强度超过阈值时，光参量振荡将会开始。这意味着，放大的信号波会补偿谐振腔中的往返损耗（由镜面透射、吸收、散射和衍射造成）。当达到“阈值泵浦光强”这个独特的泵浦光强时，很大一部分泵浦光强都会被变成信号波强度和闲波强度。从泵浦波到生成波之间的这种功率转移会使非线性晶体内部的（空间平均）泵浦光强减小，从而使信号增益降低，这个效应叫做“增益饱和”。最终，会导致 OPO 的稳态运行，在稳态运行工况下，晶体内产生的信号功率会恰好与信号波在谐振腔里的损耗相平衡。

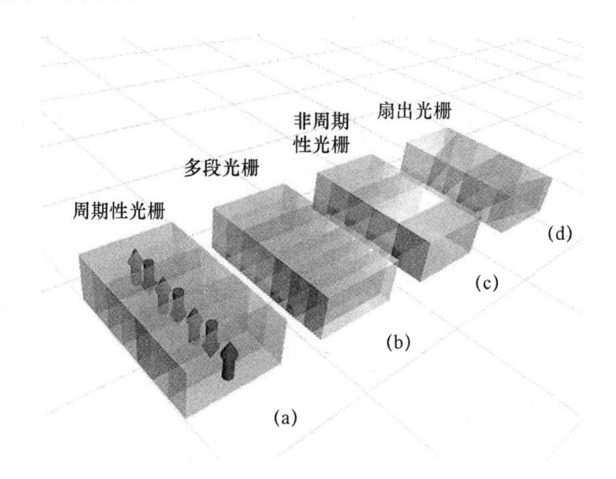

图 1.220 QPM 结构图

（a）标准频率变换；（b）用于让两个三波混合过程同时运行的准周期性结构或级联结构；（c）用于实现脉冲压缩的啁啾光栅；（d）用于实现宽调谐范围的扇出光栅

由于任何一对信号波光子和闲波光子都是从稳态工作模式下的初期随机真空场波动中生成的，可以能得到具有最小阈值泵浦光强的信号波–闲波频率对。因此，所生成的频率及其信号波–闲波频率比值由频率与晶体中参数增益之间的相关性以及频率与谐振腔损耗之间的相关性决定。

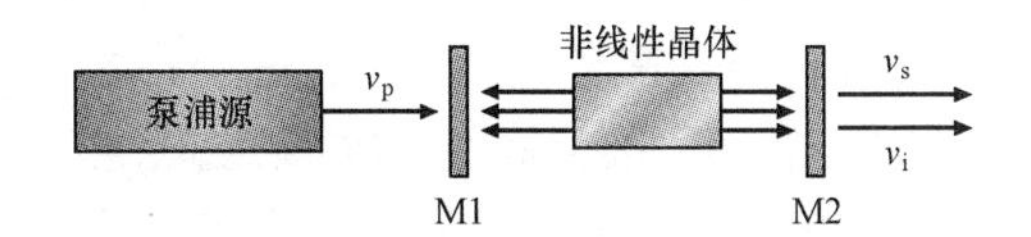

图 1.221　OPO 的配置图。由泵浦源发出的、频率为 v_p 的光波通过非线性晶体中三个波的相互作用被转变为两个频率分别为 v_s 和 v_i 的输出波。M1 和 M2 是反馈谐振腔的反射镜

有几篇评论文章已详细描述了关于光参量振荡器特性[1.1849–1851]。很多非线性光学教科书还从根本上更深入地探讨了 OPO 的物理原理[1.1857–1859]。

由于这三个波（泵浦波、信号波、闲波）之间存在参量互作用，因此相互作用时间对于 OPO 的描述来说至关紧要。因此，在文献中，光参量振荡器主要分为三类，具体要视其泵浦激光器的时间特性而定：

（1）连续波光参量振荡器；

（2）纳秒脉冲光参量振荡器；

（3）同步泵浦的皮秒或飞秒光参量振荡器。

这种分类法不仅是一种实用的分类法，而且对于 OPO 的理论描述和阈值泵浦光强、转换效率、光谱性能等基本性能来说也很重要。

1.9.4　光参量振荡器的设计和性能

光参量系统的性能，包括：① 信号波波长和闲波波长；② 可调谐性；③ 带宽；④ 输出功率；⑤ 光谱相干性和空间相干性；⑥ 光束质量。

与 OPO 结构中的关键要素——泵浦源、非线性材料和反馈谐振腔——直接相关。一般来说，光参变过程的物理学给潜在 OPO 部件提出了几个要求。由于材料限制和物理矛盾，所有 OPO 特征不能同时优化。因此，从总体上描述优化的 OPO 设计是不可能的。这种装置的配置总是要经过折中和妥协，具体要视特定用途的要求而定。

泵浦激光器的选择（连同非线性材料的选择）均取决于指定用途中所要求的波长范围和时间分辨率。显然，泵浦激光器的功率必须足够高，以使 OPO 远远超过阈值并保证 OPO 稳定运行。由于良好的空间/谱间光束质量可使阈值降低，因此首选的泵浦源是几瓦特的大功率激光器。这些激光器还将提供极好的空间光束质量和良好的功率/频率稳定性。如果可获得的泵浦功率受到限制，则对于光束聚焦到非线性晶体中来说较低的光束发散度尤其重要。参数频率变换所容许的光谱/空间相干性偏差由非线性材料的可接受带宽决定。泵浦激光器的波长可调谐性还有一个有吸引力的特征，即通过泵浦波长可进行 OPO 调谐。

非线性材料的选择取决于非线性参变过程、实验设计以及泵浦源的性质。从根本上说，非线性晶体应当具有较宽的透明度范围、较高的光学损伤阈值以及较大的

有效非线性。晶体的双折射率是一个重要的参数，必须足够高，以保持相位匹配；但双折射效应不应当过大，因为双折射的另一个后果是空间走离，空间走离会使耦合场的相互作用长度减小。较大的光谱/角度容许带宽是有利的，因为真正的激光系统具有有限的带宽和发散度，而且在超短光参量振荡中，泵浦波、信号波和闲波之间的时间走离和群速色散应当较低。要让高能 OPO 系统稳定运行，保持晶体的热–力学稳定性和热–光学稳定性应当就足够了。最后，晶体应当具有合适的尺寸和极好的光学均匀性。

反馈谐振腔的设计与泵浦源的输出特性密切关联。如果可获得的泵浦功率受到限制，则 OPO 设计可能需要修改成低阈值形式，但这样一来，OPO 的调谐能力可能会受限。比较突出的反馈谐振腔类型有三种，具体要视共振波的数量而定。当只有信号波或闲波时，单共振 OPO（SRO）装有高反射镜，原则上，这种配置尤其有利，因为其能提供连续的波长可调谐性。但这类系统的缺点是阈值泵浦功率较高，超过了几瓦特[1.1878,1879]，因此，SRO 装置主要用于脉冲 OPO 配置。

信号波和闲波均发生共振的双共振 OPO 配置（DRO）引起了人们的大量关注，因为这种配置的阈值泵浦功率减小了 1～3 个数量级。但这种 DRO OPO 不能提供无跳模的可调谐性，常常出现频率不稳定和功率不稳定[1.1883,1884]。要实现连续的波长调谐，就需要采用主动稳定方法[1.1880,1885]。

泵浦波和信号波（或闲波）均发生共振的双共振配置叫做“泵浦增强式 SRO”（PESRO）。这种装置很有吸引力，因为当 OPO 的长度被小心地锁定在稳频泵浦激光器中时，此装置能在 DRO 的低阈值泵浦功率和 SRO 的宽调谐范围之间取一个折中方案[1.1886]。此外，通过用谐振腔内部的分束器使泵浦波在空间上与共振 OPO 波分离，泵浦增强式 SRO 可能会获得连续可调谐性[1.1887]。然后，这些波在两个单独的谐振腔端镜（双腔）上共振。这两个端镜用于独立控制共振 OPO 波和泵浦腔长度。

三重共振 OPO（TRO）遭遇了由两类 DRO 同时带来的问题，因此与 SRO 和 DRO 相比所提供的可调谐性更低。但 TRO 也是令人瞩目的，因为它的阈值泵浦功率低——只有几毫瓦或更低[1.1888,1889]。

1. 连续波光参量振荡器

连续波光参量振荡器（CW OPO）是近红外和中红外范围内的高效高度相干光源。由于具有可调谐性，这些光源对于分子和微量气体探测领域中的高分辨率光谱学来说非常重要[1.1890]。目前，研究人员正根据 OPO 信号输出波和闲波的频率–相位强相关性，研究简化的改进型频率标准器[1.1891,1892]。

在 Smith 等人[1.1846]和 Byer 等人[1.1847]于 1968 年首次演示了 CW OPO 之后，20 世纪 90 年代初期人们在这个领域取得重大进展，为之提供支撑的是在晶体生长方法[1.1854]、低损耗光学元件和连续波固态激光器方面取得的进步。

如上所述，阈值泵浦功率随着每种波长的谐振腔精细度的增加而减小。表 1.51

针对具有不同共振波数量（TRO、DRO 或 SRO）的 CW OPO，列出了典型的阈值泵浦功率值。

表 1.51　CW TRO、DRO 和 SRO 的典型阈值泵浦功率

OPO	泵浦阈值/mW	参考文献
TRO	＜1	[1.1880]
DRO	100	[1.1881]
SRO	2 600	[1.1882]

单共振 OPO 的阈值泵浦功率明显高于 1 W，甚至在无明显共振波输出耦合的高精细度谐振腔中也是如此。由于大多数的市售单频激光器都能提供几瓦特的最大泵浦功率，因此在过去演示的大多数 CW OPO 都是双共振或三共振装置。

阈值泵浦光强可用与参量增益类似的耦合波方程来计算，并假设全部三个波（泵浦波、信号波和闲波）都是无限平面波，在光束上光强均匀分布，而聚焦和双折射忽略不计。增益被视为单向增益，在泵浦光强处于阈值时泵浦消耗率总是很小。

在稳态阈值状态下，每个谐振腔往返行程中的增益与谐振腔损耗保持平衡。SRO 的阈值条件为

$$E_{\mathrm{s}}(0)=(1-\alpha_{\mathrm{s}})E_{\mathrm{s}}(l_{\mathrm{c}}) \tag{1.188}$$

其中，α_{s} 是共振信号波的往返损耗；l_{c} 是晶体长度。在低增益极限内，假设损耗小，则参量增益系数［式（1.174）］可写成

$$\Gamma^2 l_{\mathrm{c}}^2=2\alpha_{\mathrm{s}} \tag{1.189}$$

然后，可以得到 SRO 的阈值泵浦光强：

$$I_{\mathrm{p,th}}=\alpha_{\mathrm{s}}\frac{n_{\mathrm{p}}n_{\mathrm{s}}n_{\mathrm{i}}}{\omega_{\mathrm{s}}\omega_{\mathrm{i}}d_{\mathrm{eff}}^2 l_{\mathrm{c}}^2}\mathrm{sinc}^{-2}\left(\frac{\Delta k l_{\mathrm{c}}}{2}\right) \tag{1.190}$$

由于 $\Gamma^2 l^2_{\mathrm{c}}=\alpha_{\mathrm{i}}\alpha_{\mathrm{s}}$，因此 DRO 的阈值泵浦光强同理可推导为

$$I_{\mathrm{p,th}}=\frac{\alpha_{\mathrm{i}}\alpha_{\mathrm{s}}}{4}\frac{n_{\mathrm{p}}n_{\mathrm{s}}n_{\mathrm{i}}}{\omega_{\mathrm{s}}\omega_{\mathrm{i}}d_{\mathrm{eff}}^2 l_{\mathrm{c}}^2}\mathrm{sinc}^{-2}\left(\frac{\Delta k l_{\mathrm{c}}}{2}\right) \tag{1.191}$$

当在低损耗谐振腔内使用品质因数较高的非线性长晶体时，会得到较低的阈值。一般而言，信号波和闲波的频率越高，泵浦阈值就越低。但通过相位失配的 sinc 函数，泵浦阈值与信号波和闲波的波长之间便关联起来，而且相关性强得多。当 $\Delta k=0$ 时，在信号波和闲波的波长下可得到最小的泵浦阈值。因此，OPO 一般都会在尽可能靠近相位匹配波长的地方振荡。

通常，连续波 OPO 用聚焦光束来泵浦，以增强泵浦功率密度。在这种情况下，关于平面波的假设不再适用，泵浦波、闲波和信号波必须视为高斯光束[1.1893]，此时，在传播轴线 z 上的光强分布不均匀，而且在每个 xy 平面内光强和相位不是恒定的。

仅在松聚焦的情况下，这种不均匀性才可以忽略，但式（1.190）仍能用于很好地估算阈值泵浦光强；紧聚焦时的阈值泵浦功率已经通过详细的数学处理过程[1.1859,1894]推导出来，但不在本章的探讨范围之内。对于优化的共焦聚焦[1.1843]，阈值泵浦功率由下式求出：

$$P_{\mathrm{p,th}}=\frac{4\pi c^2 n_{\mathrm{s}} n_{\mathrm{i}} \alpha_{\mathrm{s}}}{\mu_0 \omega_{\mathrm{s}} \omega_{\mathrm{i}} \omega_{\mathrm{p}} d_{\mathrm{eff}}^2 l_{\mathrm{c}}} \tag{1.192}$$

与 l_{c}^{-2} 和平面波的阈值光强之间的相关性相反，与高斯光束的泵浦功率有关的式（1.191）会随着晶体长度呈线性递减趋势。

只要有效增益大于 1，高于阈值的泵浦功率 P_{p} 的一部分将转变为合适的信号波和闲波。一个重要的参数是泵浦消耗率，泵浦消耗将一直出现，直到增益饱和且 OPO 达到稳定状态。假设谐振腔损耗小、相位配合达到最佳，则内部转换效率 η_{int} 的分析性描述可在稳态条件下获得。转换效率为

$$\eta_{\mathrm{int}}=1-\frac{P_{\mathrm{out},p}}{P_{\mathrm{in},p}} \tag{1.193}$$

转换效率取决于入射光功率与透射泵浦光功率之比，与泵浦比率 N_0 成函数关系[1.1894]：

$$N_0=\frac{P_{\mathrm{p}}}{P_{\mathrm{p,th}}} \tag{1.194}$$

当泵浦比率为 $N_0=(\pi/2)^2$ 时，平面波的最大转换效率达到 100%。假设泵浦比率为 6.5，则将这个模型延伸到具有平面波前的高斯光强分布，可得到 71%的最高转换效率。泵浦波的非均匀光强分布以及波前的变形会使转换效率降低。

由于在谐振腔内出现寄生损耗（表面的菲涅耳损耗、衍射及吸收），所测得的输出功率低于根据内部效率预测的输出功率。因此，确定外部（可利用的）转换效率是很有用的。在稳态条件下，假设输出镜的透射率 T 小、共振信号波的损耗 L 低，则外部转换效率为

$$\eta_{\mathrm{ext,s}}=\frac{T}{T+L}\frac{\omega_{\mathrm{s}}}{\omega_{\mathrm{p}}}\eta \tag{1.195}$$

为了让连续波 OPO 连续地工作且输出功率和频率的波动小，谐振腔长度需要保持稳定。谐振腔长度波动的主要原因是折射率的热致波动（主要是在晶体内）以及腔镜位置的声诱扰动和热致扰动，由这些原因造成的腔长波动通常只在低频范围内（即 $\nu\leqslant 10\ \mathrm{kHz}$）才显著，而且可通过电子稳定装置等措施来补偿；对于高频分量，即 $\nu>10\ \mathrm{kHz}$ 时，泵浦激光器的噪声与腔长波动相比更为显著。对于以泵浦增强共振为特征的 OPO，谐振腔长度的变化会引发空腔共振频率和泵浦激光频率之间的失配，导致 OPO 阈值增加而输出功率降低。如果 OPO 为信号波共

振或闲波共振或这两个波同时共振，则谐振腔长度的变化会引发信号波频率和闲波频率的波动，还会导致跳模和跳簇。可能使谐振腔长度稳定的一种方法是增加单片配置的被动稳定性[1.1895]。但泵浦增强式 OPO 和双共振 OPO 通常需要对谐振腔长度进行主动控制[1.1896]。为了让空腔共振稳定在某个激光频率，研究人员已成功地演示了几种方法[1.1897－1899]。固态（或二极管）激光泵浦连续波 OPO 主动稳频至外部标准，已得到了 MHz 范围内的输出带宽[1.1900－1902]或更低的输出带宽[1.1903,1904]。双共振参量振荡器的长期稳定性已得到证实，这种振荡器的频率不稳定性低于 1 kHz[1.1903]。

连续波 OPO 其中一个最重要的组成部分是非线性材料。为了让连续波 OPO 成功地连续运行，确保晶体的非线性高以及使非临界相位匹配成为可能是尤其重要的。目前所采用的晶体是非临界相位匹配的 $LiNbO_3$、KTP、LBO、$Ba_2NaNb_5O_{15}$ 和 $KNbO_3$，其中尤其是 KTP 及其砷酸盐同形体 $KTiOAsO_4$（KTA）和 RbTiOAsO4（RTA）经证实是有吸引力的连续波 OPO 材料。NCPM OPO 的波长调谐需要对晶体进行温度调谐或者对泵浦激光器进行波长调谐。由于 KTP 晶族具有低温调谐能力，因此在这些 OPO 中的波长调谐取决于可调谐的泵浦源。为获得连续可调谐性，研究人员已利用 DRO 和泵浦增强式 OPO 做过多次研究。通过利用双腔设计，OPO 的连续调谐范围已显著增加[1.1885,1887,1906]。TRO 以及用单条纹 GaAlAs 二极管激光器来泵浦的泵浦增强式 SRO KTP OPO 经证实能够在低阈值下工作[1.1906,1907]。被设计成腔内 SRO 配置并被 Ti：蓝宝石激光器泵浦的 KTP 和 KTA OPO 已在 2.4～2.9 μm 波长范围内获得了 840 mW 的高闲波功率[1.1908]，其中重要的一步是实现了单共振连续波 OPO[1.1878]。

近年来，新型准相位匹配非线性材料和大功率固体激光器的可获得性使得连续波 OPO 的开发过程取得了重大进展。周期性极化 $LiNbO_3$（PPLN）的高光学非线性和长达 50 mm 的相互作用长度使得被连续波固体激光器泵浦的连续波 SRO 能够连续工作。据报道，研究人员利用这种 50 mm 长 PPLN 晶体的泵浦作用以及二极管泵浦 Nd：YAG 激光器的 13.5 W 输出，获得了输出功率为 3.6 W 且在 3.25～3.95 μm 范围内可调谐的红外线辐射光[1.1909]，所测得的泵浦消耗率高达 93%。波长调谐是通过温度调谐或利用在晶体上实施的不同极化周期来实现的。通过实现被二极管激光器泵浦的单共振 PPLN OPO，研究人员朝着小型高效大功率连续波 OPO 的方向又迈进了一步[1.1905]。SRO 由四镜谐振腔里一个 38 mm 长的 PPLN 组成（图 1.222）。通过用 AlGaAs 主控振荡器功率放大器（MOPA）系统发出的 2.5 W 925 nm 激光来泵浦，研究人员生成了 480 mW 的单频闲波辐射光，闲波的调谐范围为 2.03～2.29 μm。最近，有人演示了一个发射中红外光，并被单片二极管激光器泵浦的单共振连续波 OPO，其输出功率超过 1 W[1.1902]。此外，他们还利用 PPLN 中的泵浦增强式 SRO 做过几次研究。研究人员利用一个微型二极管泵浦单频 Nd：YAG 激光器，在 800 mW 的泵浦功率下生成了输出功率为 140 mW 且在 2.29～2.96 μm 波长范围内的可调谐光[1.1910]；通过用连续波单频 Ti：蓝宝石辐射光来泵浦 PPLN PESRO，波长延伸到了 4.07～

5.26 μm 的中红外区[1.1911]。另一种泵浦设计是利用大功率光纤激光器来执行的。掺Yb光纤激光器利用一块40 mm长的PPLN晶体，生成了2.98～3.7 μm范围内的中红外闲波辐射光。通过用8.3 W的激光功率来泵浦，OPO生成了1.9 W的光[1.1912]。通过用腔内声光可调谐滤光器来快速调节镱光纤激光器的波长，可以在3 160～3 500 nm波长范围内快速调谐连续波OPO。在波长为3 200 nm的闲波上，得到了1.13 W的输出功率[1.1913]。研究人员利用DFB光纤激光器和光纤放大器作为泵浦源，演示了单共振连续波OPO的低阈值工作模式（阈值低至780 mW）[1.1914]。OPO的带宽为1 MHz，通过调节泵浦激光器的频率，闲波可微调至130 GHz。最近有人报道了一种用具有最佳输出耦合的光纤激光器作为泵浦源的连续波OPO，这种配置分别为信号波和闲波提供了9.8 W和7.7 W的输出功率。通过利用28.6 W的泵浦功率，这种配置能提供61%的取光效率[1.1915]。

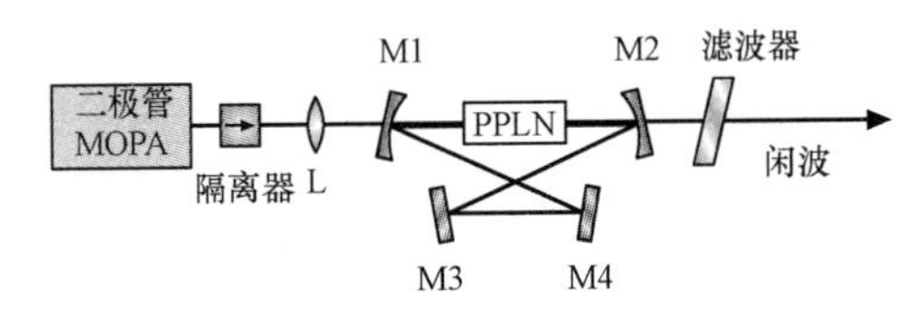

图 1.222　用二极管激光器来泵浦的单共振 OPO（SRO）的实验设置。由 MOPA 系统发出的泵浦光束穿过一个 60 dB 的隔离器，然后聚焦到 PPLN 晶体中。环形腔中的所有反射镜对于信号波来说具有高度反射性，而对于泵浦波和闲波来说具有高度透射性。M2 后面输出的闲波是从介质滤波器的残余泵浦波和信号波中过滤得到的[1.1905]

尽管大功率PPLN OPO已被成功演示，但PPLN有两大缺点，那就是出现了光折射效应和绿诱红外吸收（GRIIRA），这两种效应可能会干扰行经波的相位乃至破坏晶体，尤其在可见光中被泵浦的OPO会遇到这些限制。因此，科研人员已做出了一些努力，通过优化晶体生长方法以长出化学计量晶体以及在晶体中掺入MgO来最大程度地减轻这些效应；研究人员还开发了其他QPM材料并成功地用于OPO，这些材料包括周期性极化KTP（PPKTP）[1.1916－1918]、RTA（PPRTA）[1.1919]和钽酸锂（PPLT）[1.1920－1926]等。这些工作得到的一个结果是演示了基于MgO：sPPLT（在848～1 430 nm可调谐）的绿光泵浦大功率连续波OPO[1.1921]，这个实验得到了超过1.51 W的闲波输出功率。之后不久，有人发表了类似的输出功率，但利用的是单频辐射光[1.1922]。在以后的研究工作中，闲波输出功率被不断优化，甚至达到2.59 W[1.1923]。研究人员利用输出功率为9.6 W且在532 nm波长下工作的倍频光纤激光器，演示了连续波OPO的发光现象。在850～1 408 nm的波长下，闲波输出功率为2 W[1.1924]。人们甚至还通过用大功率单频光纤激光器来泵浦OPO，演示了9.6 W的单频辐射光[1.1925]。类似的实验也已做过——利用在532 nm波长下工作的光泵浦半导体激光器[1.1926]。在这个实验中，当波长在856～1 404 nm时还观察到了大于1.78 W的闲波输出功率和超过0.9 W的信号功率。与此同时，研究人员还在5 mol%MgO：PPLN

中成功地演示了具有 532 nm 泵浦波长的 OPO，在 1 416 nm 的闲波波长下，这种 OPO 的输出功率大于 300 mW[1.1927]。通过将主动腔长控制与同步腔内波长调谐标准具相结合，研究人员在 MgO：PPLN 中演示了在 1 163 nm 波长下工作的窄带连续可调谐绿光泵浦连续波 OPO[1.1928]。

据报道，在 PPLN 中当波长在 1.5～4 μm 范围时[1.1930]以及在近简并时，用于泵浦 OPO 的 PPLT 中波长在 1.55～2.3 μm 范围内[1.1920]观察到了较宽的波长调谐范围，这给指定的极化周期、晶体温度和泵浦波长提供了较大的参量增益带宽（图 1.223）。在 PPLT 中，波长调谐是通过仅在 10 K 区间内改变晶体温度来实现的。最近，有人演示了让具有后续倍频波长可调谐性的连续波 OPO 可以在从可见光到中红外光的 550～2 830 nm 范围内工作。在这些研究中，对 PPKTP 和 PPLN 进行了性能对比[1.1918]。通过简单地调节泵浦源的波长，在约 3.4 μm 波长下的 110 GHz 无跳模调谐便得以实施，其中的泵浦源是一个光纤放大型 DBR 二极管激光器[1.1931]。研究人员利用宽调谐 Ti：蓝宝石环状激光器，通过泵浦波长调谐演示了在 2.5～3.5 μm（信号波）和 3.4～4.4 μm（闲波）的 OPO 波长调谐[1.1932]，在这种情况下，得到的输出功率为 0.8 W，无跳模扫描范围为 40 GHz。最近，有人演示了基于布拉格体光栅的单模连续波 OPO[1.1933]，这种 OPO 能够在信号波和闲波上输出好瓦特的功率，而且边模抑制效果优于 29 dB；通过扫描光栅温度，频率调谐可达到 120 GHz。同时，利用布拉格体光栅，在简并度附近甚至还观察到了稳定的 OPO 运行状态[1.1934]。

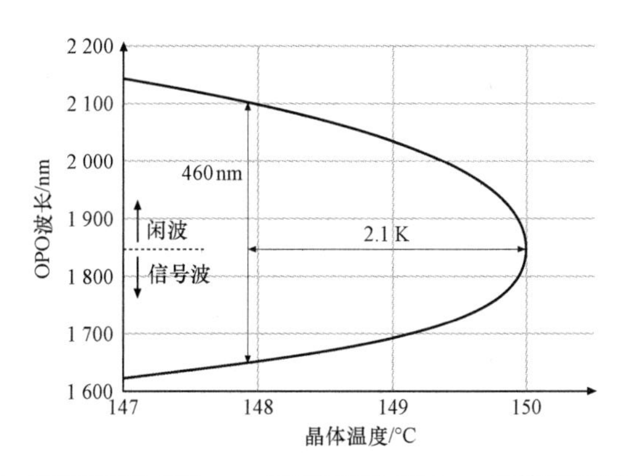

图 1.223　在泵浦波长 925 nm、光栅周期为 27.3 μm 的情况下计算出的近简并 PPLT OPO 的温度谐振曲线[1.1920]。阴影区：35 mm 长的 PPLT 晶体在简并时的参量增益带宽达到 460 nm。在文献［1.1929］中能找到泽尔迈尔系数

上面列举的例子清晰地展现了这个领域的动态。对 5 μm 波长外发光的新型铁电体所做的进一步研究以及对现有材料的尺寸、均质性和结构设计所做的改进将会得到高效的小型集成光学系统。

2. 纳秒光参量振荡器

利用纳秒脉冲来泵浦的光参量振荡器是最成熟的 OPO 系统，能够从可见光到近红外光的光谱范围内发出可调谐的强光。尽管第一个光参量振荡器[1.1845]（一种纳秒脉冲 OPO）在 1965 年就已演示，但直到 20 世纪 80 年代晚期可靠的纳秒 OPO 才制造出来。具有强非线性和高损伤阈值（大于 1 J/cm^2）的新型非线性材料（例如 BBO、LBO）的出现以及 KTP 或 $KNbO_3$ 的光学质量改进掀起了一场激烈的 OPO 进化革命。这些材料再加上现代纳秒调 Q 激光器的优化空间光束质量和高峰值功率使得达到单共振 OPO 配置的阈值成为可能。

纳秒 OPO 的光参量振荡的基本原理与连续波 OPO 相同，但由于泵浦脉冲的长度有限（典型的脉冲长度为 2～30 ns），因此纳秒 OPO 达不到稳态工作条件。在纳秒 OPO 中，谐振腔长度为几厘米，相当于在泵浦脉冲时间里腔内往返行程不到 100 次。此外，由于脉冲 OPO 的瞬态特性，因此稳态阈值不再适用。Brosnan 和 Byer[1.1935] 开发了一个模型，利用与时间有关的增益分析法研究了这种动态特性，他们通过假设入射泵浦脉冲光强为高斯时间分布以及泵浦光束和信号光束为高斯空间分布，计算了信号共振光参量振荡器的阈值增量；此外，他们的模型还假设泵浦波为单程，研究了模重叠和空间走离的效应。

他们引入了与时间有关的参量增益系数 Γ_t：

$$\Gamma_{t} = \sqrt{g_{s}}\,\Gamma \mathrm{e}^{-\left(\frac{t}{\tau}\right)^{2}} \tag{1.196}$$

其中，τ 是高斯泵浦脉冲的 1/e^2 光强半宽。空间耦合系数 g_s 为

$$g_{s} = \frac{\omega_{p}^{2}}{\omega_{p}^{2} + \omega_{s}^{2}} \tag{1.197}$$

g_s 描述了共振信号波和泵浦波之间的模重叠。坡印亭矢量走离的影响是通过走离长度来决定有效的参量增益长度 Λ：

$$\Lambda = l_{\omega}\,\mathrm{erf}\left(\frac{\sqrt{\pi}}{2}\frac{l_{c}}{l_{\omega}}\right) \tag{1.198}$$

走离长度取决于双折射角度 ρ：

$$l_{\omega} = \frac{\sqrt{\pi}}{2}\frac{\omega}{\rho}\sqrt{\frac{\omega_{p}^{2} + \omega_{s}^{2}}{\omega_{p}^{2} + \omega_{s}^{2}/2}} \tag{1.199}$$

假设泵浦消耗率低，则单共振 OPO 的阈值能量注量可由耦合波方程得到：

$$J_{th} = \frac{2.25}{\kappa g_{s} \Lambda^{2}}\tau \times \left(\frac{l_{r}}{2\tau c}\ln\frac{P_{s,th}}{P_{s,0}} + 2\alpha_{2} l_{c} + \ln\frac{1}{\sqrt{R}} + \ln 2\right)^{2} \tag{1.200}$$

其中，$\kappa = 2\omega_s\omega_i d_{eff}^2/(n_p n_s n_i \varepsilon_0 c^3)$；$R$ 为腔镜的反射率；α_2 为共振波在晶体内的损耗；l_r 为光学谐振腔的长度；l_c 为晶体长度。阈值能量注量决定着信号能量的检出限，相当于 100 μJ 的典型能量，由此得到阈值功率与噪声之比为 $\ln(P_{th}/P_s)=33$。信号场的参量增益从噪声级 P_0 开始一直达到振荡阈值 P_{th} 所需要的时间叫做“参量振荡器的上升时间”。上升时间是参量振荡器设计与使用过程中的一个重要参数，可由与时间相关的耦合振幅方程算出。为实现高效转换，上升时间必须尽可能短。Pearson 等人[1.1936]详细研究了上升时间与各种实验参数之间的函数关系，例如泵浦脉冲长度、谐振腔长度、腔内损耗和泵浦比率 N_0 [式（1.194）]。可使上升时间缩至最短的重要实验参数有高泵浦能量密度和短谐振腔长度。除上升时间带来的影响之外，阈值能量密度还会因如下因素而减小，如采用较长的泵浦脉冲持续时间 τ、优化反射率 R，以及避免腔内损耗 α。此外，为减小由坡印亭矢量走离带来的限制，晶体的非线性应当较大，晶体长度应当尽可能地长。

单共振光参量振荡器的光谱带宽主要取决于增益带宽，增益带宽由色散、双折射率和非线性晶体的长度决定。此外，决定着增益带宽的因素还有谐振腔的谱特性、谐振腔模和泵浦激光器特性之间的关系、波长、光谱带宽、光强和发散度。由于纳秒泵浦 OPO 的泵浦脉冲持续时间短，因此光谱模收缩较弱，纳秒 OPO 不能像连续波 OPO 那样达到定态。通常情况下，纳秒 OPO 带宽是通过增益带宽估算出来的，主要因为没有与脉冲 OPO 的光谱带宽有关的确切分析描述。Brosnan 和 Byer[1.1935]在忽略了饱和之后，推导出了光谱收缩量与腔内往返次数 p 之间的关系式：

$$\Delta v(p) = \frac{1}{\sqrt{p}}\Delta v \tag{1.201}$$

通过利用数值模拟，可以计算出与理论带宽有关的更精确预测值[1.1937,1938]。

纳秒脉冲光参量振荡器是能够生成宽调谐相干光的大功率装置。通过利用非线性晶体 BBO 和 LBO，这些 OPO 能从紫外光（300 nm）到近红外光（2.5 μm）的整个光谱范围内提供相干光。这些晶体的优势是光学损伤阈值高、非线性高、透明度范围宽、双折射率大。自从 Fan 等人[1.1939]在 1989 年报道 BBO OPO 的首次成功运行以来，OPO 技术已取得了重大进展。在迄今所报道的研究活动中，研究人员们曾利用调 Q Nd：YAG 激光器在 532 nm[1.1939,1940]、355 nm[1.1940－1945]和 266 nm[1.1940,1946]波长下的二次、三次和四次谐波以及 XeCl 准分子激光器在 308 nm 波长下的基波[1.1947,1948]来泵浦 BBO OPO。利用调 Q Nd：YAG 激光器的三次谐波得到的输出能量和效率最高——所生成的输出能量在 100～200 mJ/脉冲范围内，据报道外部转换效率高达 61%[1.1940,1949]。

覆盖的光谱范围与 LBO OPO 几乎相同的 BBO OPO 也取得了类似的进步[1.1937,1950－1956]。由于 LBO OPO 的有效非线性系数更低，355 nm 泵浦 LBO OPO 的阈值功率密度通常比 BBO OPO 的阈值功率密度高 2 倍。但 LBO 的空间走离角度与 BBO 相比更小

(ρ（LBO）≈0.25 ρ（BBO）)，因此可以利用更长的 LBO 晶体来补偿其低非线性。LBO 和 BBO 的实验性对比[1.1937,1954]表明，LBO 的优势是角谱宽度大、空间走离度低（在温度调谐非临界相位匹配的情况下甚至可以达到 0），如果 OPO 与低泵浦能量激光源（≤3 mJ）[1.1957]一起工作，那么这些特性是有价值的；而角谱宽度受限、非线性更强的 BBO 更适于高泵浦能量激光源（＞100 mJ）。

过去做的很多研究都主要针对被 Nd：YAG 激光器三次谐波泵浦的 I 类临界相位匹配 BBO OPO。这种成熟的标准 OPO 通常由放置在一个线性信号共振法布里–珀罗谐振腔里的一块 12～15 mm 长的 BBO 晶体组成。通过在 10° 范围内改变相位匹配角，OPO 能为信号波提供 400～710 nm 的调谐范围，为闲波提供 710～3 100 nm 的调谐范围。在实验中，当波长大于 2 600 nm 时，闲波的调谐会因为晶体中吸收率的增加而受到限制，阈值泵浦能量密度大约为 200 mJ/cm^2。通过用 2～10 ns 的长脉冲进行泵浦，这些 OPO 装置能以 20%～50%的转换效率正常工作，但这样一来，OPO 部件的光学损伤阈值会限制泵浦比率。I 类相位匹配 355 nm 泵浦 BBO OPO 的光谱带宽从蓝光光谱范围（λ=400 nm）内的 0.2 nm 变成在简并时（λ=710 nm）的超过 10 nm。闲波的光谱带宽（用波数或 GHz 表示）等于相应的信号频率。

过去，研究人员们做过很多工作来减小 OPO 的光谱带宽。通过将选频元件（例如光栅或标准具）插入 OPO 谐振腔或利用 OPO 的腔外种子光注入，可以使谱线明显减宽，甚至达到单模工作模式。虽然这些方法能提供单模工作模式，但缺点也很明显。首先，选频元件的添加会增加谐振腔长度及腔内损耗，从而增大振荡阈值，因此，需要增加泵浦密度，并在必要的泵浦功率和光学元件的损伤阈值之间达成一个折中方案；其次，连续波长调谐可能会因为这些装置的复杂性而受到影响。

随着体积全息光栅（VBG）的发展，最近人们发现已有可能将光栅引入标准谐振腔设计中。研究人员在以 VBG 为输出耦合器的绿光泵浦 KTP OPO 中，演示了在 975 nm 波长下带宽为 0.16 nm（50 GHz）的信号波发射[1.1958]。在这个实验中，研究人员在折叠式共振腔内通过旋转 VBG 既实现了在 60 nm 范围内的波长调谐，又保持了这个光谱带宽；他们甚至还利用 VBG 获得了接近于信号波和闲波简并度的窄带光。这用标准反射镜是很难获得的，因为标准反射镜的增益带宽较大，如图 1.223 所示。在 PPKTP 中，VBG 在 2 008 nm 波长下得到的光谱只有传统设置的 1/80 宽[1.1959]。在对 PPKTP 的进一步实验中，研究人员在 2 008 nm 波长下得到了接近于信号波/闲波波长简并度的窄带光[1.1960]。同样，他们在 MgO：PPLN VBGOPO 中用实验方法获得了在 2.128 nm 波长下带宽小于 1.4 nm 的窄带光，其输出能量为 61 mJ[1.1961]。在利用横向啁啾布拉格光栅作为输出耦合器之后，窄带可通过简单的光栅平移实现宽范围调谐[1.1962]。通过利用 0.5 nm 的带宽和优于 30 dB 的背景抑制，1 011～1 023 nm 的信号波调谐范围是可能获得的。

通过注入种子光不仅能使谱线变窄，因为上升时间缩短了还避开了其他选频元件的缺点，甚至阈值还会降低[1.1963]。尽管如此，脉冲 OPO 中注入种子光是否成功还取决于 OPO 的很多基本运行参数。除种子光和种子 OPO 波之间的正确共线对齐以及发散度调整之外，空腔谐振模和种子频率之间的频率配合也很重要。尽管遇到这些困难，研究人员们利用上述两种方法还是成功地实现了谱线减宽[1.1943,1949,1964–1966]，他们利用几个数值模型从理论上描述了自激式或种子光注入式 OPO 系统的光谱特性[1.1937,1938,1967,1968]。

纳秒 OPO 的空间光束质量研究与控制目前仍是一大挑战。由于泵浦光束直径大、晶体中的非线性增益高以及光学谐振腔的菲涅耳数大，因此所生成光的光束品质因数 M^2 常常很高（$>2\sim10$），也就远远达不到衍射极限（$M^2=1$）。用于模拟纳秒 OPO 空间特性的大多数数值模型都是时间积分模型[1.1969–1972]。最近，有人报道了与纳秒 OPO 的光谱/空间动力学有关的时间分辨实验与数值研究[1.1973,1974]，由这些不同研究活动得到的结果是 OPO 在光轴上开始呈现近高斯光束分布。但在脉冲形成期间，这些光场会受到由 OPO 晶体中的双折射走离、泵浦消耗和反向转换造成的非均匀增益，因此 M^2 值会随着泵浦能量、泵浦消耗率和反向转换率的增加而增加。

研究人员利用由 3.5 mm（长度）空腔内的一块 2～3 mm（长度）晶体组成的 BBO OPO，对 OPO 的光谱/时间动力学做了一些研究[1.1938,1974]。由于模间隔宽，大约为 1 cm^{-1}，因此可以研究每个单模。图 1.224 显示了连续脉冲的统计模波动。因此，短腔 OPO 体现了真空零点波动的宏观表现形式。

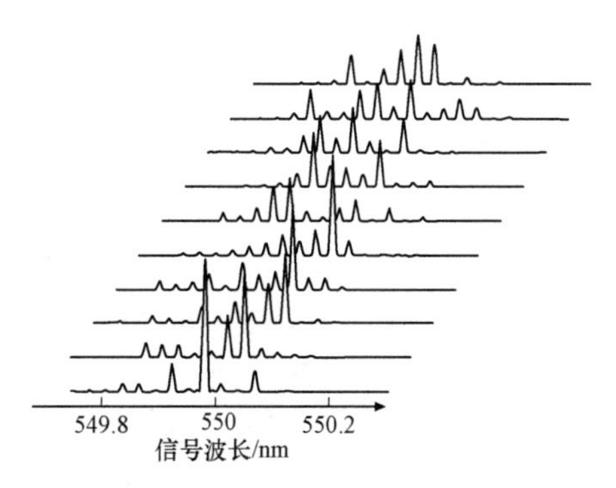

图 1.224 为 10 个连续 OPO 脉冲记录的信号波（550 nm）模光谱。OPO 在 1.44 倍阈值处工作。模间隔为 28.8 GHz（0.96 cm^{-1}）[1.1938]

根据数值结果和实验结果，研究人员在新型泵浦配置和谐振腔配置的基础上改善了纳秒 OPO 的光谱性能和空间性能[1.1866,1975–1981]。

关于在 5 μm 范围内的波长，能生成这些波长的合适晶体有 KTP、KTA 和 $KNbO_3$[1.1982–1985]。在 $ZnGeP_2$、CdSe 和 $AgGaSe_2$ 中，波长可进一步延伸至超过 5 μm[1.1986–1991]。为避免在材料中出现双光子吸收，这些晶体必须在大于 1.5 μm 的泵浦波长下工作。纳秒 OPO 在 14 μm 调谐范围内的运行情况已被演示过，纳秒 OPO 能提供 40%的转换效率，生成大约 5 W 的输出功率或 5 mJ 的脉冲能量[1.1989,1990]。为这些材料找到合适泵浦激光器所面临的困难已通过为 $AgGaSe_2$ 和 CdSe[1.1990,1992－1994]以及 ZGP[1.1995－1999]发明的级联 OPO 系统而得到解决。

新一代纳秒 OPO 采用了可购买到的周期性极化 QPM 材料，例如 PPLN、PPKTP、PPKTA 和 PPRTA。这些晶体有较强的有效非线性（8～16 pm/V），比相应的 BBO 晶体高 8 倍，并拥有较长的相互作用长度。一般情况下，QPM 晶体的光阑为 1 mm 高。因此，这些材料很适于在高重复频率低功率泵浦脉冲的泵浦作用下生成中红外光[1.2000－2002]。基于 PPLN 且具有倾斜畴壁的非共线 OPO 有助于避免反向转换及改善光束质量[1.2003]。最近，研究人员利用具有高重复频率的调 Q 单模 Nd：YVO4 激光器作为泵浦源，演示了基于 LN 的太赫兹 OPO[1.2004]。随着大光阑宽 PPRTA 晶体的成功开发，QPM 也变得适于大功率用途了[1.2005,2006]。与此同时，光阑高度为 5 mm 的 MgO：PPLN 晶体已成功地实现周期性极化，并用于高功率用途[1.2007,2008]。PPLN 的强非线性使得高效的单程光参量振荡器[1.2002,2009－2011]以及高效的宽调谐光参量发生器[1.2012]能够正常运行。最近，可调谐单频光的生成过程已在注入种子光的 PPLN OPO 和 PPLN OPG 中演示[1.2013－2015]。

3. 同步泵浦光参量振荡器

由锁模固体激光器同步泵浦的光参量振荡器是用于生成可调谐超短激光脉冲的大功率装置。1988 年，Piskarskas 等人[1.2016]演示了第一个连续波同步泵浦皮秒 OPO；1989 年，Edelstein 等人[1.2017]演示了第一个同步泵浦飞秒 OPO。

近年来已有很多篇与这些生成皮秒或飞秒脉冲的 OPO 有关的报告发表[1.2018－2020]。对于光参量振荡器来说，超快激光系统是有吸引力的泵浦源。这些激光系统将较高的峰值脉冲强度与中等能量注量结合起来——前者能提供足够的非线性增益，后者能防止激光材料的光学损伤。但考虑到非线性极化的瞬时特性，因此仅在泵浦脉冲长度的时间间隔内才能获得光学增益。与纳秒 OPO 大不相同的是，超短脉冲的时间间隔（$\tau<100$ ps）太短，不能获得有限数量的腔内往返行程。因此，超快光参量振荡器的基本工作原理是利用同步泵浦在量子噪声的作用下使参数波实现宏观放大。在这种泵浦方案中，光参量振荡器的长度与泵浦激光谐振腔的长度相匹配，以使 OPO 谐振腔中的激光往返通过时间与两个泵浦脉冲之间的时间间隔相一致。非线性晶体中参量波和泵浦波的连续同时发生使增益放大，直到超越增益阈值时为止。

总的来说，有两类同步泵浦 OPO 比较突出，它们是脉冲同步（或准连续波）泵浦 OPO 和连续波同步泵浦 OPO。连续波同步泵浦 OPO 是用一列由连续波锁模钕激光器或克尔透镜锁模 Ti：蓝宝石激光器发射的连续超短脉冲来泵浦的，而脉冲同步泵浦 OPO 的泵浦源是能够生成一列纳秒或微秒超短脉冲的锁模调 Q 钕激光器。

鉴于泵浦脉冲的峰值光强决定着非线性增益，因此连续波同步泵浦 OPO 的物理描述与连续波 OPO 的稳态形式相当。脉冲同步泵浦 OPO 具有纳秒 OPO 的瞬时特性，因此在分析这类 OPO 时必须考虑由纳秒脉冲包络的有限持续时间造成的上升时间效应[1.1920]。研究人员已分析过同步泵浦 OPO 的平面波条件[1.2021]以及连续波同步泵浦 OPO 中的高斯光束[1.2022,2023]。

大多数的早期同步泵浦 OPO 都是脉冲 OPO[1.2018]，因为这些 OPO 的峰值泵浦脉冲功率与当时的连续波锁模泵浦激光器相比更高。皮秒光参量振荡（甚至在 SRO 配置中）是利用非线性材料 KTP[1.2024]、BBO[1.1867]和 LBO[1.2025]生成的。但由于具有脉冲泵浦特性，这些 OPO 输出的并不是真正重复的脉冲序列，输出脉冲的振幅、强度和脉冲持续时间会在脉冲包络下发生变化。在不需要较高峰值功率的应用领域中，连续波同步泵浦 OPO 是有利的，因为其输出的是连续脉冲序列。此外，由于高效连续波锁模激光器和更可靠的非线性材料已能获得，因此这个领域的研究工作聚焦于连续波同步泵浦 OPO。

实际上，同步泵浦之所以成为合理的泵浦机制，仅仅是因为重复频率高（$>$50 MHz），否则，谐振腔长度会变得太长、太不切实际。例如，克尔透镜锁模 Ti：蓝宝石激光器的典型重复频率大约为 80 MHz，与之相应的 OPO 谐振腔长度为 1.85 m。谐振腔长度失谐量的公差可由 $\Delta l_{\text{res}}=\Delta\tau\,(c/2)$ 计算得到，这是几何泵浦脉冲长度的 1/2。在 1 ps 情况下计算出的理论失谐量为大约 150 μm，但在实验中，甚至 40 μm 的更短失谐公差都是可承受的[1.2026]。

同步泵浦 OPO 常用的谐振腔设计是环形谐振腔或驻波谐振腔，后者因为体积小（其长度是前者的 1/2）的原因很受欢迎。图 1.225 显示了同步泵浦 OPO 的典型驻波谐振腔——由两个平面镜和两个球面镜组成。

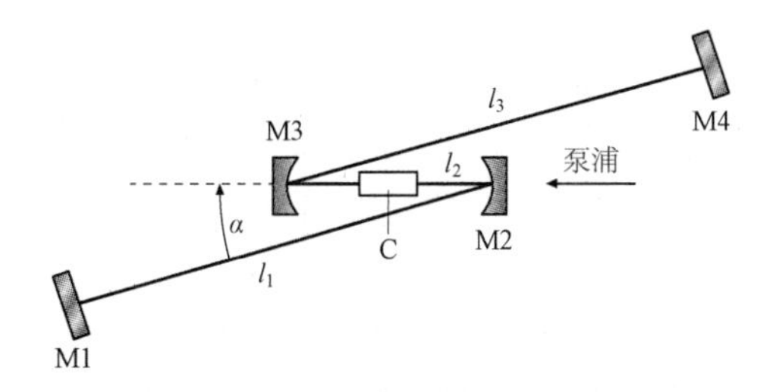

图 1.225　由两个平面境 M1 和 M4 以及两个球面镜 M2 和 M3 组成的线性驻波谐振腔的实验设置。泵浦激光光束被聚焦到球面镜 M2 和 M3 之间的晶体 C 中。总的谐振腔长度取决于两个连续泵浦脉冲之间的距离

（1）纳秒光参量振荡器。由连续波锁模固体激光器同步泵浦的皮秒光参量振荡器是用于生成可调谐超短激光脉冲（尤其是在红外光谱区）的强有力装置。高分辨率光谱领域中的很多用途都要求光谱强度高、带宽窄。由于这些 OPO 发出的光几乎都受傅里叶变换的限制（15 ps=1 cm^{-1}），因此与飞秒脉冲相比，皮秒脉冲（t>10 ps）有足够的光谱选择性。与纳秒脉冲 OPO 类似，现代连续波锁模激光器的高峰值功率也能轻易地超过 SRO 谐振腔的阈值。因此，大多数的同步泵浦连续波 OPO 都在 SRO 配置中工作。

过去，人们已经开发了多种通过连续波同步泵浦 OPO 生成可调谐皮秒红外光的方法。大多数的同步泵浦皮秒 OPO 都利用非临界 BPM 来防止由非线性晶体内部的聚焦光束间走离造成相互作用长度缩短。非临界 BPM OPO 的波长调谐需要改变泵浦波长或晶体温度。

一种利用单晶生成 650 nm～2.5 μm 连续可调谐光的温度调谐皮秒 LBO OPO 已有报道[1.2027]，利用这种系统得到的平均输出功率低于 100 mW。

通过利用可调谐的泵浦激光系统（例如克尔透镜锁模 Ti：蓝宝石激光器），泵浦波长调谐成了一种方便的调谐机制。非临界相位匹配皮秒 KTP OPO[1.2028]通过在 720～853 nm 的泵浦波长调谐，能为信号波生成 1～1.2 μm 光谱范围内的可调谐皮秒脉冲，并为闲波生成 2.3～2.9 μm 光谱范围内的可调谐皮秒脉冲。研究人员利用 1.6 W 的泵浦功率和 82 MHz 的重复频率，已在 1.2 ps 的脉冲里得到了高达 700 mW 的平均输出功率。

Ti：蓝宝石激光器的波长调谐与 LBO 的温度调谐之间的结合已在 I 类非临界相位匹配条件下实现，从而在 1～2.4 μm 的光谱范围内提供了连续可调谐的皮秒脉冲[1.2029]。在 81 MHz 的重复频率下，1～2 ps 脉冲的泵浦功率为 1.2 W，生成的平均 OPO 输出功率大约为 325 mW。通过利用 KTP 的砷酸盐同形体（例如 KTA 和 RTA），OPO 的波长范围可延伸到 3.6 μm[1.2030]。由于透明度范围宽，加上在晶体内部没有灰迹，因此这些材料对于红外皮秒 OPO 来说是有利的。

研究人员利用由调 Q 锁模 Nd：YAG 激光器泵浦的临界相位匹配 $AgGaS_2$ OPO，证实了皮秒 OPO 的调谐范围可进一步延伸到中红外区[1.2031]。这个 OPO 的闲波调谐范围为 3.5～4.5 μm，最大输出功率为 2 W。

研究人员在一个用连续波锁模 Nd:YLF 激光器的三次谐波泵浦的 LBO OPO 中，演示了在可见光光谱范围内的皮秒脉冲发生过程[1.2032]。在 453～472 nm 的光谱范围内，这个 LBO OPO 以 75 MHz 的重复频率在 15 ps 脉冲里得到了大约 275 mW 的输出功率。

应当指出，用 Ti：蓝宝石激光器泵浦的 KTP 或 KTA OPO 装置是一种能够在紫外到近红外的整个光谱区内生成可调谐皮秒脉冲的多用途工具。在关于皮秒和飞秒脉冲的实验室研究中，研究人员总结了所涉及的变频方案，例如 Ti：蓝宝石激光器的二次、三次和四次谐波、KTP 中的光参量振荡以及 OPO 信号波的倍频[1.2033,2034]。

单共振临界相位匹配皮秒 OPO 的大功率工作模式已有报道——这种 OPO 是由 1.053 μm 波长下锁模 Nd：YLF 激光器的基波来泵浦的[1.2035]。此装置能以 76 MHz

的重复频率，在 1.55 μm 波长下为 40 ps 长的泵浦脉冲生成 12 ps 长的信号脉冲。利用 800 mW 的泵浦功率，此装置在 3.28 μm 的闲波中得到了 2.8 W 的总平均输出功率。

新一代锁模激光器是用二极管泵浦的连续波锁模 Nd:YVO_4 振荡器–放大器激光系统。这种全固态激光系统在 1.064 μm 波长下以大约 83 MHz 的重复频率工作，脉冲长度为 7 ps，所提供的平均输出功率为 29 W。通过泵浦非临界相位匹配 KTA OPO，此 OPO 的输出功率达到数瓦特，为 1.53 μm 的信号波长提供了 14.6 W 的输出功率，并在 3.47 μm 的中红外波长下为闲波提供高达 6.4 W 的输出功率[1.2036]，21 W 的总平均输出功率相当于 70%的外部效率。但这两个系统都在特定的信号波长和闲波波长下工作，不具备可调谐性。

随着 PPLN、PPLT 和 PPKTP 等 QPM 非线性材料已能获得，PPRTA 新视角已出现在高效可调谐皮秒 OPO 的研究领域中。由于这些材料具有有利的特性，例如非线性强、在中红外光谱区内透明、能够为交互波选择最佳的相位匹配条件（例如非临界相位匹配），因此成为实现具有低阈值、宽调谐范围和高效输出功率的单共振同步泵浦 OPO 的理想候选材料。研究人员利用 18 W 的泵浦功率，演示了一个在 1.7～2.84 μm 波长范围内工作、总输出功率为 12 W（信号波+闲波）且基于 PPLN 的大功率 80 ps 光参量振荡器[1.2037]。此外，这些独特的材料性质还能实现高效的注入种子光式光参量生成过程，其总输出功率大于 9 W[1.2038]。基于 PPLN 和 PPRTA 且泵浦功率阈值低至 10 mW 的小型全固态 OPO 已有报道[1.2039,2040]。这种 OPO 所生成的光覆盖了 3.35～5 μm 的波长范围，在 1～5 ps 长的脉冲内总输出功率达到 400 mW，其闲波功率达到 100 mW。PPLN OPO 的光谱范围甚至延伸至超过 5 μm[1.2041,2042]，在中红外光谱区内其闲波输出功率为 0.5～140 mW。PPLT 在带宽受限制的 2.6 ps 脉冲里生成了可调谐光波（995～1 340 nm 的信号波和 2.1～3.6 μm 的闲波），其输出功率接近 1 W[1.2043]。MIR OPO 受到的主要限制是对波长超过 4 μm 的光有较高的吸收能力——甚至在 PPLN 中也是如此。与此同时，研究人员还利用数值计算来优化晶体长度，以使参量增益和铌酸锂高吸收机制中的吸收损耗保持平衡。根据数值结果，研究人员演示了一套最佳的实验装置，在重复频率为 160 MHz 的 6 ps 脉冲里能得到 1.1 W@4.5 μm 和超过 3 W@3 μm 的输出功率[1.2044]。最近，有人利用 PPLN 和 QPM–GaAs 在串级实验装置中演示了太赫兹波的生成[1.2045,2046]。在同步泵浦 OPO 中，共振增强式 DFG 过程获得了平均功率为 1 mW 的太赫兹波[1.2045]。

研究人员通过用光纤放大型增益开关二极管激光器在 114 MHz～1 GHz 的重复频率下泵浦 PPLN OPO[1.2047]或利用 10 GHz 的全固态钕激光器作为泵浦源[1.2048]，演示了在 GHz 重复频率下的 PPLN OPO 运行情况。借助于能以 2.5 GHz 的重复频率提供 7.8 ps 脉冲，并用锁模二极管激光器来泵浦的主控振荡器功率放大器（MOPA）系统，实现了波长快速生成过程。InGaAs 振荡器–放大器系统能提供 900 mW 的输出功率，然后将其转化为在 2.2～2.8 μm 的光谱范围内可调谐的 78 mW 闲波功率[1.2049]。

通过用连续波锁模 Nd：YLF 激光器的基波来同步泵浦 PPLN 晶体，大功率皮秒 PPLN-OPO 的运行状态得到演示。对于信号波，PPLN OPO 的调谐范围为 1.765～2.06 μm；对于闲波，则为 2.155～2.61 μm。在 7.4 W 的输入泵浦功率（相当于大约 67%的总外部转换效率）下，在重复频率为 76 MHz 的 45 ps 脉冲中获得了较高的平均输出功率——对于信号波为 2.55 W，对于闲波为 2.4 W，所测得的泵浦消耗率为 71%[1.2050]。

研究人员重点关注的是将皮秒系统的调谐范围进一步延伸到红外区。为此，OPO/OPA 和 OPG/OPA 装置引起了人们的极大兴趣[1.2051,2052]，因为它们的输出功率和调谐范围足以用于实现差频混合，从而进入中红外区。在 GaSe 或 CdSe[1.2053－2055]中，KTP-OPA（由 PPLN OPO 提供种子光）产生的信号频和闲频进行差频混合，然后提供在 3～24 μm 波长范围内可调谐的皮秒脉冲。

（2）飞秒光参量振荡器。对于化学反应和生物反应中的时间分辨光谱学来说，可调谐的飞秒 OPO 是有吸引力的光源。飞秒脉冲的特征是峰值功率高，能轻易超出单共振 OPO 配置的阈值。一旦大约 100 fs 的短脉冲长度与几纳米（约 10 nm）的庞大光谱带宽相结合，色散效应（例如群速色散、群速失配（即时间走离）和光谱容许带宽）将再也不能忽略。群速色散会造成脉冲展宽，而时间走离会降低非线性增益及/或改变输出脉冲的时间特性。为实现高效变频，必须通过适当地选择晶体长度来使时间走离降到最低。飞秒 OPO 的典型晶体长度只有 1～2 mm，因此当工作阈值低时，高非线性是可取的。通过 OPO 腔内的色散补偿，群速色散可减到最少。除这些色散效应之外，其他高阶非线性效应会同时带来较高的峰值泵浦功率，例如，自相位调制和交叉相位调制会导致啁啾 OPO 输出脉冲形成[1.1858]。

随着克尔透镜锁模 Ti：蓝宝石激光器在市场上供应，飞秒 OPO 开始广泛开发。在同步泵浦飞秒 OPO 中采用的第一种材料是处于非共线临界相位匹配条件和共线非临界相位匹配条件的 KTP[1.2056－2058]。由于在中红外区内透射率较高，因此含有 KTA[1.2059,2060]、RTA[1.2061]、$CsTiOAsO_4$（CTA）[1.2062,2063]和 $KNbO_3$[1.2064]的 OPO 能产生 1～5 μm 的较宽波长范围和不足 100 fs 的脉冲持续时间。对于信号波来说，这些装置的典型最大输出功率为 100～200 mW；对于闲波，则为 50～100 mW。

对于飞秒 OPO 来说，周期性极化的非线性材料 PPLN、PPRTA 和 PPKTP 尤其重要，因为这些材料可能实现非临界相位匹配，甚至当波长调谐范围扩大时也是如此。由这种特征，可得到小型低阈值高效 OPO 装置。这种飞秒 QPM OPO 的波长调谐是通过光栅、泵浦波长或空腔调谐来实现的，其波长调谐覆盖了如下光谱范围：1.7～5.4 μm（在 PPLN 中）[1.2065]、1.06～1.22 μm（λ_s）和 2.67～4.5 μm（λ_i）（在 PPRTA 中）[1.2066]、1～1.2 μm（在 PPKTP 中）[1.2067]。通过比较这些 QPM 材料，可以发现 PPLN 和 PPRTA 占优势，因为它们的透射范围大，而其中 PPLN 拥有更高的非线性。但 PPLN 存在由工艺导致的光致折变缺陷，此缺陷可通过将晶体加热至高于 100 ℃ 来抑制。最近，有人研究了掺 MgO 的 PPLN-OPO[1.2068]，这种材料使 OPO 在室温下能够可靠地运行。

对于频率计量学、光学显微术和时间分辨光谱学等很多用途来说，500～700 nm 波长范围内的飞秒脉冲值得关注，但常用的克尔透镜锁模 Ti：蓝宝石激光器或其谐波并不包含此光谱范围，用 Ti：蓝宝石激光器的倍频波泵浦的光参量振荡器可能会包含此波长范围。1994 年，研究人员演示了用 BBO 实现倍频和 OPO 的此类配置[1.2069]，随着 BiB_3O_6 等新型改进材料在市场上能买到，这种方案再次变得极具吸引力[1.2070－2072]。有人已报道了平均功率达到 270 mW、脉冲持续时间为 120 fs 且在 480～710 nm 可调谐的飞秒脉冲。BBO 内部的进一步腔内倍频能在 250～350 nm 的波长范围内产生 100 mW 的功率。

另一种能生成超短可见光脉冲的成功方案是在近红外区（NIR）内工作、在腔内进行共振波变频并用 Ti：蓝宝石激光器泵浦的 OPO。在 KTP－OPO 中信号波的腔内倍频是利用两块双折射相位匹配晶体在 1.4%的转换效率下来演示的[1.2073]。早在 1993 年，就有人发表了关于 OPO 腔内变频的详细理论研究及实验研究结果[1.2074,2075]。在采用 QPM 材料时，这种方案尤其有意义，因为这两个过程能集成在一块长度为几毫米的单晶中，这就要求设计出极小型的系统，因为不需要重新校准或聚焦共振波了；此外，也不需要补偿泵浦脉冲和闲波脉冲之间的时间走离了，而在飞秒时域中则必须要补偿。最近，有人演示了在单晶 MgO：PPLN 中同步泵浦飞秒 OPO 的信号波的腔内级联一阶二次谐波发生过程[1.2076]。通过对以单晶 MgO：PPLN 内部闲波和泵浦波的一阶和频混合为特征的同步泵浦闲波共振飞秒 OPO 进行实验研究，研究人员在 598 nm 的波长及 140 fs 的脉冲持续时间内得到了 190 mW 的平均功率[1.2077]。

研究人员利用由 CTA OPO 的闲波进行泵浦的级联 $AgGaSe_2$ OPO，获得了在 4～8 μm 范围内的可调谐光波。这个系统能在重复频率为 82 MHz 的 300～600 fs 脉冲中产生 35 mW 的平均功率。

此外，光参量发生器和放大器还是用于生成远红外超短脉冲的强大工具[1.2078]。研究人员利用不同的参变过程和很多种相关材料，评估了在 3～12 μm 的光谱范围内用带宽几乎受限的 100～200 fs 脉冲泵浦后生成的飞秒脉冲[1.2079]。

啁啾激光脉冲的参量放大提供了很多有关超短强脉冲生成的新视角。光参量啁啾脉冲放大（OPCPA）的基本原理是在非共线相位匹配 OPA 中放大经过线性拉伸的啁啾泵浦脉冲。在单程放大之后，脉冲被压缩，在 10 fs 或者更短的短脉冲长度内提供高能。非共线相位匹配方案很重要，因为飞秒脉冲的光谱带宽很庞大。对于理想的 OPCPA 来说，泵浦脉冲持续时间相当于啁啾脉冲的长度。空间光束轮廓应当为矩形（平顶），增益应当在时间和空间上是恒定的。Dubietis 等人[1.2078]发表了关于 OPCPA 的第一次提议和演示结果。OPCPA 的首轮实验演示是在简并 LBO、KDP 和 BBO 中进行的[1.2080－2084]。在单程放大过程中，放大倍数达到了 10^{10}。

非共线相位匹配的采用使非简并波长的高效参量放大成为可能，尽管光谱带宽很大。

高能量的生成可利用可见光皮秒泵浦脉冲和时间拉伸型种子脉冲来实现。在800 nm 的中心波长和大约 530 nm 的泵浦波长下，研究人员在 BBO 和 LBO 中得到了超过 2 000 cm^{-1} 的增益带宽，这足以放大持续时间为 5 fs 的傅里叶受限脉冲[1.2080]。由于这两种材料的损伤阈值大，因此可以采用较高的泵浦强度。

最近，人们在三级配置的 BBO 中从 7.6 fs 的脉冲里得到了 2TW 的能量。这个系统是利用重复频率为 30 Hz 的 7 ps 532 nm 泵浦波来泵浦的，光播种是用 6.2 fs 的 Ti：蓝宝石脉冲完成的，再压缩过程在传统的双光栅配置中实现，高色散阶则利用由 640 个单元组成的 LCD 空间光调制器来预先补偿[1.2085]。同理，Krausz 及其同事以 10 Hz 的重复频率在脉冲持续时间为 8 fs 的两级配置[1.2086]中获得了 16 TW 的光脉冲。他们利用一个棱栅拉伸器和一个声光调制器来补偿在两块 BBO 晶体以及由 SF 47 和熔融石英玻璃组成的材料压缩器中发生的色散。

目前的研究活动是研究高重复频率系统[1.2087]以及使中心波长延伸到中红外区[1.2088,2089]。其他新型材料（例如 BiBO）也正作为放大介质被研究[1.2090,2091]。

在利用 OPCPA 放大具有超宽带宽的几周期脉冲时，需要认真考虑并管理高阶色散[1.2092,2093]。

QPM 材料对 OPCPA 也是有利的。宽带宽放大将不再局限于简并时的共线相位匹配或非共线相位匹配，而是实际上可以在晶体透明窗里的任何中心波长下获得。此外，可利用工程光栅（例如啁啾光栅[1.1874]、扇型光栅[1.1875]和非周期性光栅[1.2094]）来增加 QPM OPA。

研究人员利用由 Nd：YAG 激光器泵浦的 PPKTP 在 1 573 nm 波长下演示了非简并 OPCPA[1.2095]，并利用由 Nd：玻璃激光器泵浦的 PPKTP 在 1 053 nm 波长下演示了近简并 OPCPA[1.2096]。

本章描述了连续波纳秒超短光参量振荡器的基本性质和当前性能。如今，这些参量系统已成为强大的可调谐光源，能在所有时间机制下提供从可见光到中红外光的光谱范围。在这个领域中取得的主要进展要归功于更先进光学材料和高效可靠激光系统的开发。随着 QPM 材料的实现，小型宽调谐 OPO 的研究已取得重大突破，尤其是对连续波 OPO 而言，QPM 材料是用于实现宽调谐单共振 OPO 的关键要素。QPM 材料的高非线性增益使光参量振荡能够降为光参量产生，从而使设备更简单。二极管泵浦固态激光系统和 QPM 晶体的结合（已经得到二极管直接泵浦的 OPO）是通往未来小型可调谐激光系统（可能在集成设计中实现）的道路。

对于光谱学、质谱分析法、显示技术、远程通信、显微机械加工等很多尖端的技术应用领域来说，OPO 已成为不可或缺的多用途工具。此外，光参量产生和振荡始于量子噪声，由此打开了一扇窥向量子力学世界的窗户。因此，OPO 本身仍是一个有待在量子力学领域中探究的有趣的物理系统。

1.10　通过差频混合生成相干中红外光

对于很多用途来说（其中值得注意的是分子光谱学），3～20 μm 电磁谱的基本红外（IR）或中红外区尤其值得关注[1.2097]。原因是大多数的有机分子和无机分子在这个波长范围内都表现出很强的振动 – 转动跃迁。图 1.226 说明了这一点。在图中，一些重要分子官能团的吸收在 2～20 μm（顶部）的波长范围内画出，而一些被选分子的吸收特征则在中间画出。由于在大气监测中应用，因此穿过地球大气层的（相对）透射率在图 1.226 的底部画出。

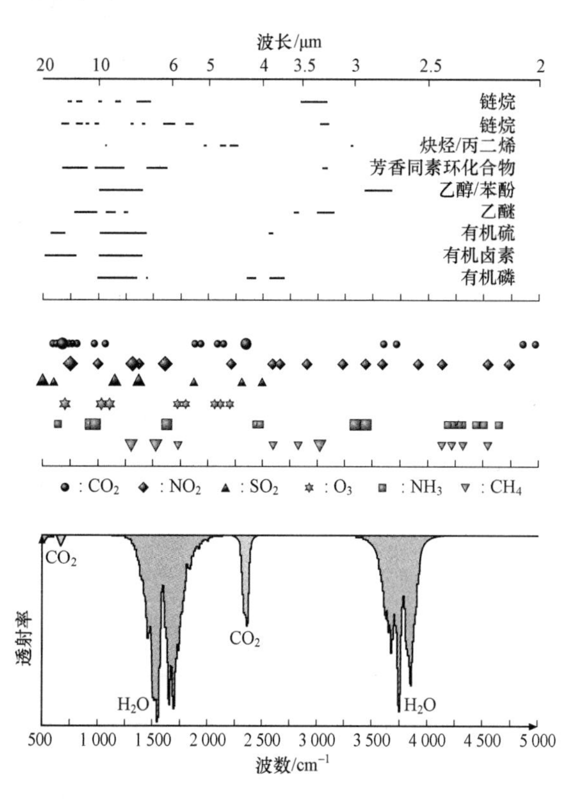

图 1.226　重要分子官能团（顶部）和被选分子（中心）的吸收范围。符号的大小与吸收强度有关。大气透射率画在底部

这种大气吸收现象很显然是由空气中存在的水蒸气和 CO_2 控制着。在 3～5 μm 和 8～14 μm 波长范围内的大气窗明显可见。

除紫外 – 可见光和近红外光范围之外，中红外区最近也吸引了大量的关注度，因为中红外光能在多个不同领域的很多微量气体探测环境中应用，包括用于环境监测和气候研究、工业和制程监督、作业现场安全性、农业（例如乙烯或氨的探测、发酵监测）、国土安全（例如化学战争或炸药探测）以及内科诊断（例如人的呼吸监控）。在很多个案例中可以发现，激光光谱学在提供高灵敏度和选择性、多组分能力和较大动态范围方面极具潜力，而这些是微量气体探测的全部关键特性。基于激光器的传感器的一个重要方面是通常不制备样件，即与很多竞争性技术相比，不需要预处理或预浓缩。除需要通过合适的探测方案进行灵敏的吸收测量之外，中红外可调谐激光源也是微量气体探测与分析获得成功的一个前提。窄线宽除保证可调谐性之外，还能保证在多组分真实气体混合物中探测微量气体时有足够的专一性。但在首选的中红外范围内，可供选择的相干源相当有限。表 1.52 列出了波长超过 3 μm 的可调谐激光器，这些激光器基本上包括传统且成熟的谱线可调谐 CO 和 CO_2 气体激光器、连续可调谐半导体激光器（铅盐二极管级联激光器和量子级联激光器）、色心激光器、新型晶体固态激光器和非线性光学装置（光参量振荡器（OPO）和差频产生（DFG）源）。

表 1.52　波长≥3 μm 的可调谐连续波中红外激光源

RT－室温；LN_2－液态氮（77 K）；TE－热电冷却；SHG－二次谐波发生；QCL－量子级联激光器；OPO－光参量振荡器；DFG－差频产生

激光器	波长/μm	调谐特性	功率	工作模式
CO	5～6（2.7～4，泛音）	仅为谱线可调谐	50 mW 到 W 级	LN_2 冷却，且≤0 ℃
CO_2	9～11（4.5～5.5，SHG）	仅为谱线可调谐	W 级	室温运行
铅盐二极管	4～30	≈cm^{-1}，无跳模	<0.1 mW	低温冷却
QCL	4 至>24，THz	cm^{-1}～>100 cm^{-1}（每个装置）	mW 级	LN_2/TE 冷却，且室温运行
色心	1～3.3	≈0.5 μm，适于单晶	100 mW	LN_2 冷却
固体	2.2～3.1	0.5～1 μm	≤1 W	室温运行
OPO	3～16	≈μm，视具体配置而定	≤1 W	室温运行
DFG	3～16	≈μm，视具体配置而定	μW 级至 mW 级	室温运行

最近在固体激光器、带间级联激光器（ICL）[1.2098]和量子级联激光器（QCL）方面取得的进展看起来很有前景。固体激光器材料（例如 Ce^{2+}：ZnSe 或 Fe^{2+}：ZnSe）分别提供了 2.2～3.1 μm[1.2099]或 4～4.5 μm 的调谐范围（虽然后者仅当采用脉冲泵浦和低温冷却时才存在）[1.2100]。装有外腔的 QCL 所取得的新进展得到了连续的调谐范围（为中心波长的大约 10%）以及（至少在一定程度上）室温连续波工作模式[1.2101,2102]。尽管有最宽的调谐范围和最佳的波长范围这些吸引人的前景，但室温运行以及在波长选择方面的最高灵活性目前仍是利用非线性光学装置（DFG 和 OPO）来获得的[1.2103]。在此，本书集中探讨的 DFG——DFG 是最近被广泛用于获得中红外波长以探测微量气体的一种方案，事实上，这些重要的用途已促进了 DFG 系统的进一步开发。

1.10.1　差频产生（DFG）

差频产生（DFG）是一种与材料的二阶非线性磁化率（$\chi^{(2)}$）有关的非线性光学效应，其他相关的效应包括二次谐波发生（SHG）以及和频产生（SFG）。因此，DFG 是一个三光束交互过程，虽然也被用于生成太赫波，但大多用于生成可调谐的相干中红外光波。

1. 双折射准相位匹配、准相位匹配和转换效率

在差频产生过程中，两束激光在非线性晶体中混合，生成差频光，即其频率为两个入射频率之差。所生成的频率根据能量守恒定律来求出：

$$\hbar\omega_{\mathrm{p}} - \hbar\omega_{\mathrm{s}} = \hbar\omega_{\mathrm{i}} \rightarrow \omega_{\mathrm{i}} = \omega_{\mathrm{p}} - \omega_{\mathrm{s}} \tag{1.202}$$

具有最高频率 ω_{p} 的激光器叫做“泵浦激光器”，而第二个激光器叫做“信号激光器”，其频率为 ω_{s}。所生成的闲波光束具有最低频率 ω_{i}。相位匹配条件根据动量守恒定律得到：

$$\Delta\boldsymbol{k} = \boldsymbol{k}_{\mathrm{p}} - \boldsymbol{k}_{\mathrm{s}} - \boldsymbol{k}_{\mathrm{i}} = 0 \tag{1.203}$$

其中，$\Delta\boldsymbol{k}$ 为相位失配量；$\boldsymbol{k}_{\mathrm{p}}$、$\boldsymbol{k}_{\mathrm{s}}$ 和 $\boldsymbol{k}_{\mathrm{i}}$ 分别为泵浦光束、信号光束和闲波光束的波矢。在共线波传播的情况下，波矢可用 $|\boldsymbol{k}| = nc/\lambda$ 替代，于是式（1.203）变成

$$\frac{n_{\mathrm{p}}}{\lambda_{\mathrm{p}}} = \frac{n_{\mathrm{s}}}{\lambda_{\mathrm{s}}} - \frac{n_{\mathrm{i}}}{\lambda_{\mathrm{i}}} = 0 \tag{1.204}$$

其中，n 是在相应波长下的折射率；λ 是波长；下标 p、s 和 i 分别代表泵浦波、信号波和闲波；c 为真空中的光速。双折射晶体中的相位匹配可通过如下方式实现：① 角度调谐；② 温度调谐；③ 波长调谐（改变泵浦激光及/或信号激光的波长）。

用双折射晶体实现相位匹配最常见的方法是角度调谐，即让晶体旋转，直到达到相位匹配条件为止。

对于无限平面波，闲波强度由下式求出[1.2105]：

$$I_{\mathrm{i}} = 2\frac{\omega_{\mathrm{i}}^2 d_{\mathrm{eff}}^2 L^2 I_{\mathrm{s}} I_{\mathrm{p}}}{c^3 \varepsilon_0 n_{\mathrm{p}} n_{\mathrm{s}} n_{\mathrm{i}}} \sin\mathrm{c}^2\left(\frac{\Delta kL}{2}\right) \tag{1.205}$$

其中，d_{eff} 为有效非线性系数；L 为晶体长度；I_{p}、I_{s}、I_{i} 分别为泵浦光束、信号光束和闲波光束的强度；ε_0 为介电常数；Δk 为相位失配度。因此，闲波强度与入射光强度 $I_{\mathrm{s}}I_{\mathrm{p}}$ 和晶体长度的平方 L^2 之积成正比。只要没有泵浦消耗，而且光束之间的走离可以忽略不计，这个公式就成立。这些效应限制了有用的晶体长度，将在“非线性晶体”一节中更详细地探讨这些效应。有效非线性系数 d_{eff} 描述了通过入射光看到的晶体非线性，并取决于晶体结构、传播方向、光的偏振以及非线性系数 d_{ij}（表 1.53）。非线性系数可通过非线性磁化率 $\boldsymbol{\chi}^{(2)} = 2\boldsymbol{d}$ 的张量求出。

表 1.53　在波长 λ_m 下测得的非线性系数 d_{ij}、透明度范围以及在 DFG 中所选非线性光学晶体的纳秒脉冲的近似损伤阈值

晶体	非线性系数/（pm·V^{-1}）[1.2106]			λ_m /μm	透明度范围 /μm[1.2107]	脉冲损伤阈值 /（MW·cm^{-2}）[1.2107,2108]
$AgGaS_2$	$d_{14}=57$	$d_{36}=20$ $d_{36}=23.6$		10.6 1.064	0.46～13	25
$AgGaSe_2$	$d_{36}=33$			10.6	0.7～19	25
$Ba_2NaNb_5O_{15}$	$d_{31}=12$ [1.2107]	$d_{32}=12$ [1.2107]	$d_{33}=16.5$ [1.2107]	1.064	0.37～5	4
$CdGeAs_2$	$d_{36}=235$			10.6	2.4～18	20～40[1.2109]
CdSe	$d_{15}=18$	$d_{31}=-18$ [1.2110]	$d_{33}=36$ [1.2110]	10.6	0.57～25	60
$CsTiOAsO_4$ (CTA)	$d_{31}=2.1$	$d_{32}=3.4$	$d_{33}=18.1$	1.064	0.35～5.3	500[1.2111]
GaAs	$d_{14}=368.7$	$d_{36}=83$ [1.2110]		10.6	1～17[1.2109]	60[1.2109]
GaSe	$d_{22}=54.4$			10.6	0.62～20	30
$HgGa_2S_4$	$d_{36}=26$	$d_{31}=6.7$ [1.2107]		1.064	0.55～13	60
$KNbO_3$	$d_{15}=-17.1$ $d_{32}=-15.8$	$d_{24}=-16.5$ $d_{33}=-27.4$	$d_{31}=-18.3$	1.064	0.4 至>4	180
$KTiOAsO_4$ (KTA)	$d_{31}=4.2$ $d_{24}=2.9$ [1.2110]	$d_{32}=2.8$	$d_{33}=16.2$	1.064	0.35～5.3	1 200
$KTiOPO_4$ (KTP)	$d_{15}=1.91$ $d_{32}=4.53$	$d_{24}=3.64$ $d_{33}=16.9$	$d_{31}=2.54$	1.064	0.35～4.5	150
LiB_3O_5 (LBO)	$d_{24}=0.74$ $d_{15}=1.03$ $d_{32}=-10$	$d_{31}=0.8-1.3$ $d_{24}=-0.94$ $d_{33}=-0.94$	$d_{33}=0$ $d_{31}=1.09$	1.064 1.079	0.155～3.2	900
$LiIO_3$	$d_{15}=-5.53$	$d_{31}=-7.11$	$d_{33}=-7.02$	1.064	0.28～6	120
$LiInS_2$	$d_{31}=9.9$	$d_{32}=8.6$	$d_{33}=15.8$	10.6	0.35～12.5[1.2112]	1000[1.2112]
$LiNbO_3$	$d_{31}=-5.95$ $d_{31}=-5.77$ $d_{31}=3.77$ $d_{15}=-5.95$ [1.2113] $d_{22}=3.07$ [1.2113]	$d_{33}=-34.4$ $d_{33}=-27$ [1.2110] $d_{33}=-33.4$ $d_{33}=-31.8$	$d_{32}=-29.1$	1.064 0.150 1.318 2.120 — —	0.4～5.5[1.2113]	300

续表

晶体	非线性系数/（pm · V⁻¹）[1.2106]			λ_m /μm	透明度范围 /μm[1.2107]	脉冲损伤阈值 /（MW · cm⁻²）[1.2107,2108]
$LiTaO_3$	$d_{22}=2$ [1.2112]	$d_{31}=-1$ [1.2112]	$d_{33}=-21$ [1.2112]	1.064	0.4～5[1.2112]	—
$RbTiOAsO_4$ (RTA)	$d_{31}=3.8$	$d_{32}=2.3$	$d_{33}=15.8$	1.064	0.35～5.3[1.2114]	400[1.2114]
$RTiOPO_4$ (RTP)	$d_{31}=4.1$	$d_{32}=3.3$	$d_{33}=17.1$	1.064	0.35～4.3[1.2114]	600[1.2114]
$ZnGeP_2$	$d_{36}=75$	$d_{14}=69$ [1.2110]	$d_{25}=69$ [1.2110]	10.6	0.74～12	3

为实现相位匹配，可以利用寻常偏振光和非寻常偏振光的不同折射率。根据泵浦光束和信号光束的不同偏振组合以及晶体是正双折射还是负双折射，相位匹配可分为Ⅰ类、Ⅱ类或Ⅲ类（见表 1.54 中的定义）。在准相位匹配（见下文）的情况下，这三种光束的偏振方向相同。

方程（1.205）意味着在闲频下不需要相位匹配就可能生成光。当 $\Delta kL/2=m\pi/2$ 时，I_i 取最大值，其中 m 是整数，这样就产生了相干长度 $l_c=\pi/\Delta k$。之后，新生成的闲光将与在之前相干长度内生成的光发生相消干涉。因此，相干长度形成两次之后，所有生成的光都会被破坏。对此可通过形成一个相干长度 l_c 或相干长度 l_c 的奇数倍之后将材料的偏振方向旋转 180° 来避免，因为这样做能改变非线性系数的符号，从而使光发生相长干涉，使生成的光逐渐增强，如图 1.227 所示。这意味着，通过利用周期性极化晶体，不用达到相位匹配条件就能产生闲波功率。准相位匹配（QPM）条件可利用晶体的光栅周期 $\Lambda=2l_c$ 描述：

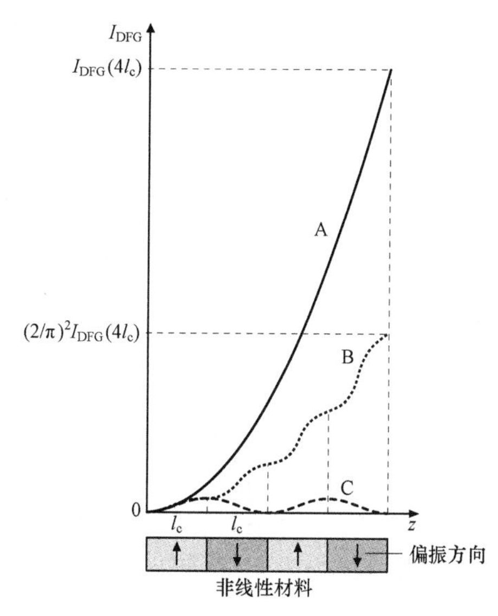

图 1.227　周期性极化晶体在相位匹配条件 $\Delta k=0$（A）、非相位匹配条件 $\Delta k\neq 0$（C）和准相位匹配条件（B）下的闲波功率生成。l_c 表示相干长度[1.2104]

$$\frac{n_p}{\lambda_p}-\frac{n_s}{\lambda_s}-\frac{n_i}{\lambda_i}-\frac{1}{\Lambda}=0 \quad (1.206)$$

表 1.54　正/负双折射晶体的 DFG 过程的不同相位匹配类型
PM－相位匹配；e－非寻常偏振；o－寻常偏振；QPM－准相位匹配

PM 类型	双折射率	泵浦光束	信号光束	闲波光束
Ⅰ	正	o	e	e
Ⅰ	负	e	o	o
Ⅱ	正	o	e	o
Ⅱ	负	e	o	e
Ⅲ	正	o	o	e
Ⅲ	负	e	e	o
QPM		e	e	e

对于体积材料相同的参数，利用准相位匹配生成的闲波功率要比用双折射相位匹配生成的闲波功率低（2/π）^{2} 倍。这个倍数在被代入 d_{eff} 中时，常常要减去 2/π。虽然此效率低于双折射相位匹配情况下的效率，但是用这种方法常常能得到更高的功率，因为在计算时可以采用最高的非线性系数（例如，对于 $LiNbO_3$，可用 $d_{33}=-27$ pm/V（表 1.53）来代替 $d_{22}=3.07$ pm/V，后者与双折射Ⅱ类相位匹配相关）。由于所有相关的偏振方向都相同（非寻常偏振，见表 1.54），因此走离角度为 0°，由此可以采用更长的晶体，得到更高的闲波功率。此外，泵浦波长和信号波长的选择也相当灵活。但周期性极化晶体的制造很难，并非在所有晶体上都有可能实现。迄今为止，在市场上能买到的周期性极化晶体只有 $LiNbO_3$（PPLN）、$RbTiOAsO_4$（PPRTA）、$KTiOPO_4$（PPKTP）和 $KTiOAsO_4$（PPKTA），这些都是通过外加一个强电场之后被极化的铁电晶体。另一种周期性极化的非铁电材料是 GaAs。起初，人们手动将具有交变极化方向的 GaAs 薄板堆叠起来[1.2115]；如今，在晶体生长期间就实施周期性极化的方位图案化 GaAs[1.2116－2118]在市场上供应得越来越多。

方程（1.205）是在假设存在无限平面波以及无吸收的情况下得到的。对于高斯光束，晶体的闲波功率 P_{i}、晶体长度 L、泵浦功率 P_{p}、信号功率 P_{s} 和吸收系数 α 之间的关系由下式给出[1.2119－2121]：

$$P_{\mathrm{i}}=P_{\mathrm{p}}P_{\mathrm{s}}\frac{32\pi^2 d_{\mathrm{eff}}^2 L}{\varepsilon_0 c n_{\mathrm{i}}\lambda_{\mathrm{i}}^2(n_{\mathrm{s}}\lambda_{\mathrm{p}}+n_{\mathrm{p}}\lambda_{\mathrm{s}})}h(\xi,\sigma,\mu,\alpha,L) \tag{1.207}$$

衍射受限制的高斯光束的聚焦函数 h（ξ，σ，μ，α，L）为

$$h(\xi,\sigma,\alpha,L)=\mathrm{Re}\left(\frac{\mathrm{e}^{-\frac{\alpha L}{2}}}{4\xi}\times\int_{-\xi}^{\xi}\mathrm{d}\tau\int_{-\xi}^{\xi}\mathrm{d}\tau'\frac{\mathrm{e}^{-\mathrm{i}\sigma(\tau-\tau')+\frac{\alpha L}{4\xi}(\tau+\tau')}}{1+\tau\tau'-\mathrm{i}\frac{1+\mu^2}{1-\mu^2}(\tau-\tau')}\right) \tag{1.208}$$

其中，

$$\xi = \frac{L}{b} \tag{1.209}$$

$$\mu = \frac{k_s}{k_p} = \frac{n_s \lambda_p}{n_p \lambda_s} \tag{1.210}$$

$$\sigma = -\pi b\left(\frac{n_p}{\lambda_p} - \frac{n_s}{\lambda_s} - \frac{n_i}{\lambda_i} - \frac{1}{\Lambda}\right) \tag{1.211}$$

式中，Λ 是光栅周期；b 是泵浦光束和信号光束的共焦参数，由最小光束腰 w 给定：$b = k_p w_p^2 = k_s w_s^2$；$\sigma$ 是相位失配度。本书将在下面进一步探讨聚焦函数 h（另见图 1.231、232、233 和图 1.235）。这些方程对体积晶体和周期性极化晶体来说是适用的，只有 d_{eff} 与体积晶体相比有 $2/\pi$ 倍之差。聚焦函数描述了两种竞争性效应，通过光束聚焦，由于光强更高，因此效率会增加；但与此同时，由于共线波矢减少，效率又会降低。一种能克服这个问题的可能方法是采用波导周期性极化非线性晶体[1.2122]。在这种晶体中，光束被限制在晶体的波导内，导致同时产生共线波矢和较高的光强。通过利用这种方法，可以得到毫瓦级的连续波（CW）闲波功率。而在体积晶体或周期性极化晶体中，连续波闲波功率通常为微瓦级。下面，本书将更详细地探讨波导差频的生成。

极限 $\xi \to 0$ 给出了无限平面波的结果，因为对平面波来说，$b \to \infty$。在这种情况下，聚焦函数会减小到 $h \approx \xi$，得到与 L^2 成正比的闲波功率，就像在平面波[式（1.205）]情况下那样。

在中红外区经常用于生成差频的非线性晶体是 $LiNbO_3$，因为其能够实现周期性极化（叫做“PPLN”），而且非线性系数大。在 3.3 μm 的波长下，$LiNbO_3$ 的有效非线性系数为 $d_{eff} = 2/\pi d_{33} M_{ij} = -14.4$ pm/V，其中 $d_{33} = -27$ pm/V，$M_{ij} = 0.85$[1.2123]。M_{ij} 是米勒因数，用于描述非线性系数的离差[1.2110,2124,2125]。当采用准相位匹配时，需要用到 $2/\pi$ 倍数因子。

为计算相位匹配条件，则需要知道所有波长的折射率。折射率可通过与温度有关的塞耳迈耶尔方程求出，例如对于 $LiNbO_3$ 中的非寻常偏振光，折射率为[1.2126]

$$\begin{aligned} n_e^2 &= 5.355\,83 + 4.629\times10^{-7} F \\ &+ \frac{0.100\,473 + 3.862\times10^{-2} F}{\lambda^2 - (0.206\,92 - 0.89\times10^{-8} F)^2} \\ &+ \frac{100 + 2.657\times10^{-5} F}{\lambda^2 - 11.349\,27^2 - 1.533\,4}\times10^{-2}\lambda^2 \end{aligned} \tag{1.212}$$

式中，$F = (T - 24.5)(T + 570.82)$ 描述了当 T 为温度（℃）、λ 为波长（nm）时 F 与温度之间的关系。这个方程还考虑了多声子吸收，因此在 4～5 μm 波长下能得到更精确的数据。

在选择光栅周期和晶体温度时，还需要考虑晶体的热膨胀，因为热膨胀也会影响光栅周期，只不过与折射率随温度变化的幅度相比要小得多。热膨胀率为（在 25 ℃时）$a_a = 15\times10^{-6}$/K 和 $a_c = 7.5\times10^{-6}$/K[1.2127]，其中的指数 a 和 c 指晶体轴线。$LiNbO_3$ 的折射率在很大程度上取决于其成分，式（1.212）中的塞耳迈耶尔方程适用于全等成分，对于化学计量成分则情况有所不同。另外，掺 MgO 的 $LiNbO_3$（就像在实验中经常用到的）的折射率与普通 $LiNbO_3$ 的折射率不同。

2. 非线性晶体

很多晶体都表现出非线性光学效应，但只有少数几种晶体可用于生成差频。晶体材料需要在泵浦光束、信号光束和闲波光束的所有波长下都是透明的，而且应当具有较高的非线性系数和损伤阈值。在有的情况下，例如强色散和弱双折射，相位匹配是不可能实现的。这些要求限制着非线性晶体的选择。表 1.53 列出了在 DFG 系统中采用的一些非线性晶体的光学性质。图 1.228 对比了所选晶体类型的绝对非线性系数和透明度范围。

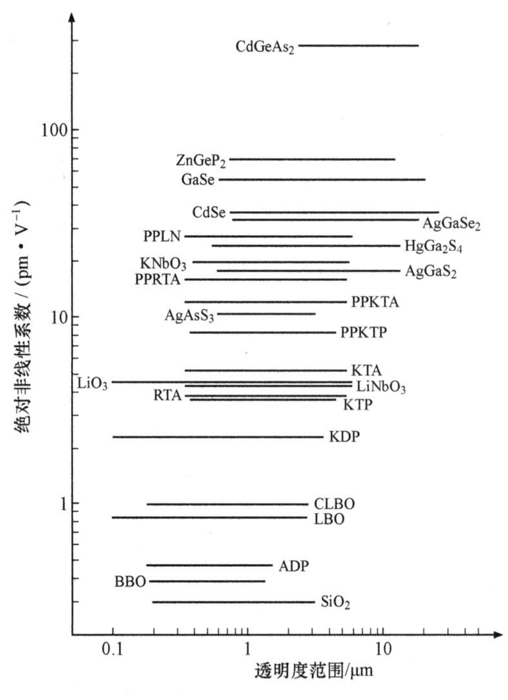

图 1.228　用于中红外 DFG 用途的一些选定非线性晶体的透明度范围与非线性系数绝对值之间的函数关系。对于周期性极化材料（PPLN，PPRTA，PPKTA，PPKTP），则给出了非线性系数 d_{33}[1.2104]

为方便对比以及描述在文献中报道的晶体和 DFG 配置，采用下列品质因数（FOM）是有帮助的：

$$\mathrm{FOM} = \frac{P_\mathrm{i}}{P_\mathrm{p} P_\mathrm{s} L} \qquad (1.213)$$

其中，P_i、P_p 和 P_s 分别为闲波光束的功率、泵浦光束的功率和信号光束的功率；L 为晶体长度。用这种方法得到的对比结果与激光功率和晶体长度的选择无关。表 1.55 中针对涉及各种晶体和各种泵浦－信号激光器组合的一些代表性配置，列出了这些配置的 FOM。一些配置通过利用两个连续波激光器（泵浦和信号）生成了连续波闲波光束，其他配置则利用两个脉冲激光器或（1 个脉冲激光器＋1 个连续波激光器），得到了脉冲闲波光束。

表 1.55 不同配置和晶体的品质因数（FOM）
PP－周期性极化；OP－方位图案化；ECDL－外腔二极管激光器

晶体	泵浦激光器	信号激光器	闲波波长/μm	闲波功率/μW	品质因数/（μW/（W²·cm））
$LiNbO_3$ 体积晶体[1.2128]	ECDL 795～825 nm 25～30 mW 连续波	Nd：YAG 1 064 nm 1 W 连续波	3.16～3.67	连续波 0.030	0.4
PPLN[1.2129]	ECDL 1 030～1 070 nm，带 Yb－光纤放大器 700 mW 连续波	Er－光纤激光器 1 545～1 605 nm 5 W 连续波	2.9～3.5	连续波 3 500	200
PPLN[1.2130]	Nd：YAG 1 064 nm 6 ns 脉冲，重复频率 4～8 kHz 5 kW 的峰值功率	ECDL 1 500～1 600 nm 5 mW 连续波	3.2～3.7	脉冲，平均功率为 2 mW	4.4×10^{5a} 4.4×10^{5b}
PPLN[1.2123]	ECDL 808 nm 20 mW 连续波	Nd：YAG 1 064 nm 660 mW 连续波	3.3	连续波 27	410
PPLN[1.2119]	主/从二极管激光器 848～855 nm 78 mW 连续波	Nd：YAG 1 064 nm 带 Yb－光纤放大器 5 W 连续波	4.15～4.35	连续波 172	110
PPLN 连续波配置（见 1.10.2 节）	ECDL 850～870 nm 125 mW 连续波	Nd：YAG 1 064 nm 2 W 连续波	4.3～4.7	连续波 5－23	4－19
波导 PPLN[1.2122]	二极管激光器 940 nm 17.5 mW 连续波	ECDL 1 550 nm 20 mW 连续波	2.30～2.44	连续波 400	1.2×10^{5}
波导 Ti：PPLN[1.2131]	掺 Yb 光纤激光器 1 100 mm 150 mW 连续波	ECDL 1 550 mm 带 Er－光纤放大器 130 mW 连续波	3.8	连续波 10.5 mW	6.7×10^{4}
波导 Zn：PPLN[1.2132]	二极管激光器 1 064 mm 带 Er－光纤放大器 444 mW 连续波	ECDL 1 550 mm 带 Er－光纤放大器 558 mW 连续波	3.0	连续波 65 mW	6.8×10^{4}
$AgGaS_2$[1.2133]	ECDL 679～683 nm 40 mW 连续波	二极管激光器 786～791 nm 20 mW 连续波	4.9～5.1	连续波 0.1	31
$AgGaSe_2$[1.2134]	法布里－珀罗二极管激光器 1 290 nm 8 mW 连续波	ECDL 1 504～1 589 nm 6 mW 连续波	7.1～7.3	连续波 0.010	52
PPKTP[1.2135]	Nd：YAG 1 064 nm 222 mW 连续波	ECDL 1 490～1 568 nm 带 Er－光纤放大器 34 mW 连续波	3.2～3.4	连续波 0.170	22
PPKTA[1.2136]	Nd：YAG 1 064 nm 117.2 mW 连续波	ECDL 1 519 nm 17.4 mW 连续波	3.45～3.75	连续波 0.140	70

续表

晶体	泵浦激光器	信号激光器	闲波波长/μm	闲波功率/μW	品质因数/（μW/（W^2·cm))
PPRTA[1.2137]	Ti：Al_2O_3 激光器 710～720 nm 100 mW 连续波	Ti：Al_2O_3 激光器 874～915 nm 200 mW 连续波	3.4～4.5	连续波 10	250
OP GaAs[1.2118]	DFB 二极管激光器 1 306～1 314 nm 1.5～3.3 mW 连续波	ECDL 1 535～1 570 nm 带 Er－光纤放大器 1 W 连续波	7.9	连续波 0.038	6
GaSe[1.2138]	Nd：YAG 1 064 nm 20 ps 脉冲 750 μJ，重复频率 10 Hz	OPA 1 100～ 4 800 nm 5 ps 脉冲 35－50 μJ	2.4～28	脉冲，5 μJ	0.004 1[a] 2.1×106[b]
$LiInS_2$[1.2139]	Ti：蓝宝石 700～810 nm 连续波	Ti：蓝宝石 800～900 nm 连续波	5.5～1.3	连续波－	12.4
$ZnGeP_2$[1.2140]	OPO 信号波 1 760～1 950 nm 7 ns 脉冲，重复频率 17 Hz 0.95 mJ	OPO 闲波 2 710～2 330 nm 7 ns 脉冲，重复频率 17 Hz 0.95 mJ	5～12	脉冲，25 μJ	0.2[a] 1.6×10[6b]

注：[a] 用峰值功率算出的 FOM

[b] 用平均功率算出的 FOM

在选择泵浦激光器和信号激光器时，必须考虑几个问题。激光波长需要在晶体的透明度范围内，所选择的波长和偏振方向应当使相位匹配可能实现。另一个重要的方面是激光功率。由于转换效率相当低，因此激光功率最好较高。但过高的功率会损坏晶体、晶体表面或晶体上的防反射（AR）涂层。AR 涂层的损伤阈值常常比晶体本身低。当泵浦激光器的功率电平较高时，光参量产生（OPG）或放大（OPA）等其他效应可能会变得比差频产生效应更强，因此得到更宽的谱线宽度。如果信号激光器的功率比泵浦激光器高得多，则泵浦消耗可能会成为一个问题。因此，泵浦激光和信号激光以及非线性晶体或紧聚焦必须认真地匹配。为估算信号功率要多低才能避免泵浦消耗，可以采用下列公式：

$$\eta=\frac{I_i}{I_p}=\frac{8\pi^2 d_{eff}^2 L^2 I_s}{\varepsilon_0 n_p n_s n_i c\lambda_i^2}\ll 1 \qquad (1.214)$$

其中，I_i、I_p 和 I_s 分别为闲波强度、泵浦强度和信号强度；d_{eff} 为有效非线性系数；L 为晶体长度；λ_i 为闲波波长；ε_0 为介电常数；n 为折射率；下标 p、s 和 i 分别指泵浦、信号和闲波。η 是从泵浦光束到闲波光束的转换效率，其中 $\eta=1$ 意味着 100%的泵浦光束都转换成了闲波光束。这个案例给出了非线性相互作用长度 L_{nl}——DFG 系统的几个特征长度之一：

$$L_{\mathrm{nl}}=\sqrt{\frac{\varepsilon_0 n_{\mathrm{p}} n_{\mathrm{s}} n_{\mathrm{i}} c \lambda_{\mathrm{i}}^2}{8\pi^2 d_{\mathrm{eff}}^2 I_{\mathrm{s}}}} \tag{1.215}$$

由于存在泵浦消耗，超过 L_{nl} 的晶体长度不会使闲波功率增加。光阑长度 L_{an} 是光束因走离效应而发生 $2w_0$ 位移之后的距离，可由下式求出：

$$L_{\mathrm{an}}=\sqrt{\pi}\frac{\omega_0}{\rho_{\mathrm{n}}} \tag{1.216}$$

其中，w_0 为最小光束腰；ρ_{n} 为走离角度。衍射长度 L_{diff} 是光束直径增加 $\sqrt{2}$ 倍之后的长度。晶体长度增加或聚焦更紧不会使闲波功率增加。通过利用式（1.207）中的聚焦函数，这种效应可以更精确地计算出来：

$$L_{\mathrm{diff}}=4kw_0^2 \tag{1.217}$$

对于脉冲激光器来说，相互作用长度 L_{qs} 是一个更重要的问题：

$$L_{\mathrm{qs}}=\sqrt{\pi}\tau\left(\frac{1}{v_{\mathrm{g1}}}-\frac{1}{v_{\mathrm{g2}}}\right)^{-1} \tag{1.218}$$

其中，τ 为脉冲持续时间；v_{g1} 和 v_{g2} 分别为泵浦光束和信号光束的群速。L_{qs} 描述了在这两个光束产生的脉冲相距为 τ 之后的长度。脉冲激光器的另一个特征长度是色散长度 L_{ds}，可由下式求出：

$$L_{\mathrm{ds}}=\frac{\tau^2}{g_n} \tag{1.219}$$

其中，g_n 为群速色散。这个长度描述了在脉冲持续时间加倍之后的长度。通过利用这些特征长度，就可以初步估算晶体长度和脉冲持续时间。

1.10.2　波导差频产生

对于体积晶体中的差频产生来说，泵浦光束和信号光束的聚焦会导致转换效率升高（因为光强增加了），但只升高到某一点。当衍射长度［式（1.217）］达到晶体长度时，由于光束衍射的影响，闲波功率不会随着聚焦紧度增加而进一步增加。这个问题可利用波导非线性晶体来解决。在波导中，光被限制在一小块面积内，导致在整个晶体长度上的光强较高，因此，可以得到比固体晶体中高几个数量级的转换效率。周期性极化晶体的采用，可以实现准相位匹配，使波导用起来更简单。另外，通过改变晶体温度，可以轻松实现波长调谐。

在非线性晶体中制造波导的方法有几种，例如退火质子交换[1.2141－2143]、钛向内扩散[1.2131,2144]或者通过用切割机切割晶体来制成一个脊形波导。退火质子交换和钛向内扩散这两种方法是通过改变处理区内的折射率来制造波导。这两种方法都适用于周期性极化的 $LiNbO_3$。后一种方法通过在很高的温度下（1 060 ℃[1.2144]）让钛条纹漫射到晶体中达数小时（之后周期性极化便完成了）来制造波导。对于通过退火质子交换来制造波导的方法，应首先对晶体进行周期性极化，然后在晶体表面施加铬掩模图案，其开口就是波导通道之所在。其次，将晶体置入 170 ℃的苯甲酸中，最后在 340 ℃的温度下进行空中退火[1.2142]。通过利用这两种方法，制造出的波导通道可能厚度很小（例如用钛扩散方法[1.2131]时为 160 nm），但可能得到很多种波导形状，如锥形或扇形[1.2145]。

通过制造脊形波导及利用直接粘接法，可以得到几微米厚的波导[1.2122,2146]。为此，需要将一块周期性极化的 $LiNbO_3$ 晶片（波导层）在干净的气氛中与一块 $LiTaO_3$ 晶片（覆层）紧密接触，然后在 500 ℃温度下退火，以实现原子级完全粘接；接下来，通过研磨与抛光，使波导层的厚度减小到几微米；然后，用切割锯制造几微米宽的脊形波导。通过利用这些脊形波导，研究人员已经在选定的波长区内（2.3～4.6 μm）得到了几毫瓦的中红外光[1.2122,2132,2147－2153]。由于光强很高，因此光折变损伤是个重要问题。通过在非线性晶体中掺镁或锌，可以提高晶体的耐损伤能力。例如，研究人员在 Zn：$LiNbO_3$ 波导中利用大约 500 mW 的泵浦强度和信号强度，获得了高达 65 mW 的连续波输出功率[1.2132]。

将泵浦激光器和信号激光器发出的光耦合到波导中有几种可能性。例如，通过自由空间光学器件将这两种光束结合起来，然后利用物镜透镜将其耦合到波导中。这种方法可用于光纤易被损坏的大功率用途，但在未对准时容易受影响。另一种可能性是将这些激光耦合到保偏光纤中，然后将它们与一个波分复用器结合起来，这确保了泵浦光束和信号光束达到理想重叠状态，而且很可靠，激光源也容易交换。然后，通过利用微位移工作台，带组合光束的光纤端就能与晶体波导对准，并有可能粘在波导上。利用 V 形槽连接法（也就是把带 V 形槽的石英玻璃块粘在波导芯片上）也能让光纤与波导对准并粘合[1.2147,2154]，这种 V 形槽能使光纤很精确地对齐。通过用胶将光纤端部固定在槽中，可以得到一个刚性很强的系统，但却限制了可保证非线性晶体正常使用的温度范围。

在波导中生成差频和在固体晶体中生成差频的一个主要差别是必须为波导模获得相位配合［式（1.204）或式（1.206）］，而不同的波导模有不同的折射率。然后，由下式得到相位匹配条件：

$$\frac{n_{gq}(\lambda_p)}{\lambda_p}-\frac{n_{g'q'}(\lambda_s)}{\lambda_s}-\frac{n_{g''q''}(\lambda_i)}{\lambda_i}-\frac{1}{\Lambda}=0 \tag{1.220}$$

其中，$n_{gq}(\lambda)$为 TM_{gq} 模在波长 λ 下的有效折射率。波导通常设计成在闲波波长下为单模，而在泵浦波长和信号波长下为多模。这会导致一种效应，即：对于不同的模，需在不同的波长下达到相位匹配条件。这种设计的优点是通过认真地设计波导几何形状，可以在多个波长下实现宽带相位匹配或同时相位匹配[1.2150,2153]。缺点是闲波强度可能会降低，因为泵浦强度和信号强度分布在几个模上，但只有达到相位匹配条件的那些模才会生成中红外光[1.2131,2142,2156]。通过选择有利的波导几何形状，这种效应可减弱，例如选择能同时为泵浦波长和信号波长提供单模传播的锥形波导[1.2143]。

1.10.3　DFG 激光源

近年来涌现出了大量有关 DFG 激光源、新型非线性晶体材料及其应用的文献。到目前为止，这些系统中很大一部分过去是（现在仍是）为光谱气体探测与分析应用程序开发的。文献［1.2104］中最近概述了这些系统。下面，将描述实验室用于测量微量气体同位素的典型 DFG 装置。微量气体同位素比的精确测量对各种领域中关键问题的解决做出了重要贡献，例如区分特定化合物的自然来源和人为来源。对于生态 CO_2 交换、火山喷出气体、医学诊断、地球外大气层等不同的领域来说，同位素组分值得关注。

关于 DFG 激光源的详细探讨

CO_2、CO 或 N_2O 等微量气体的同位素组成尤其值得关注。这些具有同位素的分子在 4.3～4.7 μm 波长之间呈现出强吸收谱线（图 1.229）。因此，研究人员采用了连续波 DFG 源来实现连续调谐和窄谱线宽度（用于区分同位素）。在下面几节里，本书将描述这个系统的理论计算、配置和特性。

（1）最佳晶体长度和光束参数的计算。对于相关的波长，研究人员选择了 $LiNbO_3$ 作为非线性光学介质，因为 $LiNbO_3$ 拥有 0.4～5.0 μm 的透射率范围和较大的非线性系数，而且能以周期性极化方式来制造。

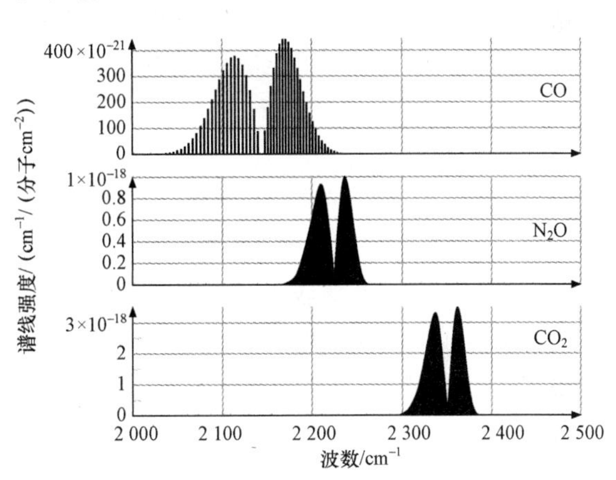

图 1.229　CO、N_2O 和 CO_2 的吸收谱线与中红外区内的波数之间的函数关系[1.2155]

但 $LiNbO_3$ 的吸收谱带为 5 μm，因此 4～5 μm 之间的吸收现象不能忽略。$LiNbO_3$ 的吸收系数在 4.3 μm 波长下为 0.25 cm^{-1}，在 4.6 μm 波长下为 0.55 cm^{-1}，在 4.7 μm 波长下为 0.75 cm^{-1}[1.2157]。在这个波长下还有其他晶体可用，例如 $AgGaS_2$ 或 $AgGaSe_2$（表 1.53），但这些晶体不能以周期性极化方式获得，因此必须采用双折射相位匹配。这意味着晶体长度需要缩短，因为存在走离效应，而且这些晶体不可能采用最大的非线性系数。此外，与周期性极化晶体相比，取向（对准）对这些晶体来说更重要。最后，波长调谐也是一个重要问题。当用这些晶体工作时，必须进行角度调谐，这使得在更大波长范围内的波长调谐更加复杂。通常采用非临界相位匹配，因为这种匹配可接受的带宽更大，但在某个闲波波长下，成对的信号波长和泵浦波长是固定的。这限制了激光器的选择，通常必须使用两个二极管激光器，而且输出功率比其他激光器更低。

与此相反，在采用准相位匹配时，相位匹配是通过选择光栅周期来实现的，因此几乎每种激光器组合都能使用。例如，可方便地进行波长调谐的外腔二极管激光器（ECDL）与提供高激光功率的Nd：YAG激光器可结合使用。相位匹配通过选择正确的光栅周期来实现。因为折射率与温度有关通过改变晶体温度，光栅周期可调至其他波长［式（1.212）］。在扫描光谱波长时，晶体温度同时也会改变，只需一个光栅周期就能获得几百纳米的中红外波长范围。根据波长的不同，温度容许带宽可能会相当大［（图1.236（b）］。通过利用具有几个光栅的晶体，可以得到更大的波长范围，如图1.230所示。波长范围内的典型光栅周期大约为23 μm。因此，对于设想的4.3～4.7 μm波长范围，采用PPLN比采用$AgGaS_2$固体晶体或其他晶体更有利——虽然PPLN对光的吸收不可忽略。

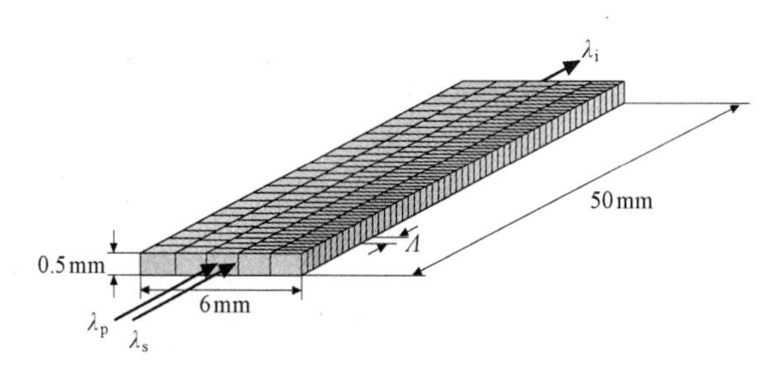

图1.230　周期性极化晶体，有几个光栅，适于不同的波长

$\lambda_{p,s,i}$－泵浦波长、信号波长和闲波波长；Λ－光栅周期

按照式（1.207），闲波功率会随着晶体长度的增加而增加，但吸收系数也会增加，因此在这个波长范围内有一个最佳晶体长度。在泵浦波长为863 nm、信号波长为1 064 nm、晶体长度为5 cm（图1.235）的条件下，聚焦函数h（1.208）的最大值不是出现在$\sigma=0$时，而是在$\sigma=1.3$时，因此最大闲波功率不是在理想相位匹配时获得，而是在一个稍有不同的光栅周期中获得的。但为了简化计算，将σ设定为0。在$\xi=L/b=1.3$时，聚焦函数以及闲波功率明显有最大值（图1.231）。聚焦函数与波长和吸收系数之间仅存在弱相关性，因此，对于选定的晶体长度L，存在最佳共焦参数b。

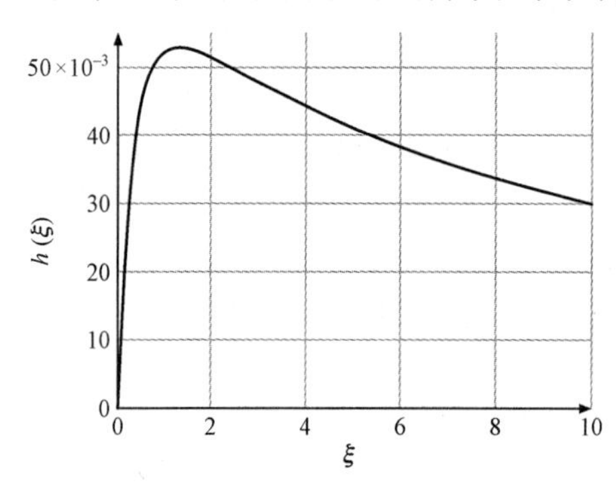

图1.231　聚焦函数h（ξ）与ξ之间的关系，$\lambda_p=868$ nm，$\lambda_s=1\ 064$ nm，$\alpha=0.75\ cm^{-1}$，$\sigma=0$，$L=5$ cm。当$\xi=1.3$时，h取最大值，当ξ较小时，聚焦函数h与ξ成正比。这些符号在式（1.207，208，209，210，211）中有解释

当绘制闲波功率与晶体长度L和共焦参数b之间的关系图时，可以看到长晶体与较大的共焦参数相结合，可得到更高的闲波功率（图1.232）。但在真实的实验中，共焦参数会受到晶体厚度的限制，而长度大于6 cm的晶体无法从市场上轻易买到。长晶体遇到的一个问题是晶体缺陷的影响太大，晶体厚度可利用周期性极化光栅的

制造工艺来加以限制，这是通过外加一个电场对晶体取向加以改变来实现的——不过需要很强的电场。这种方法可将晶体厚度限制在 1 mm。大多数晶体的厚度都为 0.5 mm，此厚度得到的光栅质量比厚度为 1 mm 时的光栅质量更好。

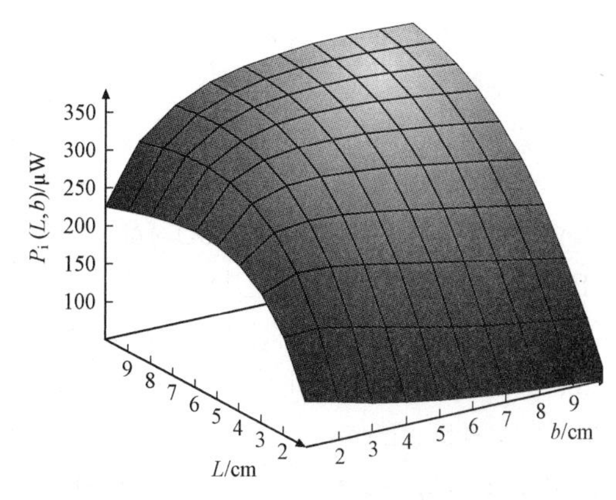

图 1.232　在 853 nm 的泵浦波长下，闲波功率 P_i 与晶体长度 L 和共焦参数 b 之间的关系图。闲波功率会随着晶体长度和共焦参数的增加而增加

从图 1.233 中可以看到闲波功率是如何随着晶体长度的不同而变化的。这些计算是在 $\sigma=0$ 时进行的，并在 $\xi=L/b=1.3$ 时取最大值。其结果是当 $\lambda_p=853$ nm（$\lambda_s=1\ 064$ nm，$\lambda_i=4.3$ μm）时，最佳晶体长度超过 10 cm；当 $\lambda_p=863$ nm（$\lambda_i=4.6$ μm）时，晶体长度为 5.9 cm；当 $\lambda_p=868$ nm（$\lambda_i=4.7$ μm）时，晶体长度为 4.0 cm。选择 5 cm 的晶体长度，意味着 $b=4$ cm，由此得到 0.13 mm 的最小光束腰。此高斯光束的衍射很小，足以使光束在晶体内部的整个晶体长度上传播。

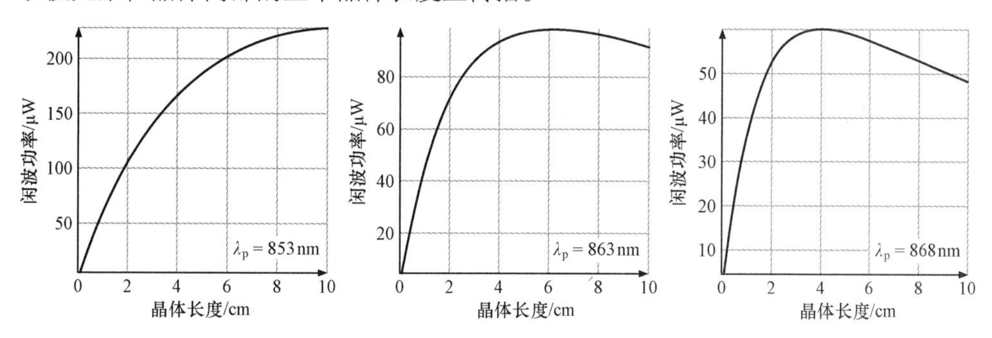

图 1.233　当泵浦波长 λ_p 为 853 nm、863 nm 和 868 nm 时，闲波功率与晶体长度之间的关系图。信号激光器是一个具有固定波长（$\lambda_s=1\ 064$ nm）的 Nd：YAG 激光器。这些计算是在 $\sigma=0$ 时进行的，并在 $\xi=L/b=1.3$ 时取最大值。当 $\lambda_p=853$ nm 时，理想晶体长度超过 10 cm，当 $\lambda_p=863$ nm 时，晶体长度为 5.9 cm，当 $\lambda_p=868$ nm 时，晶体长度为 4.0 cm

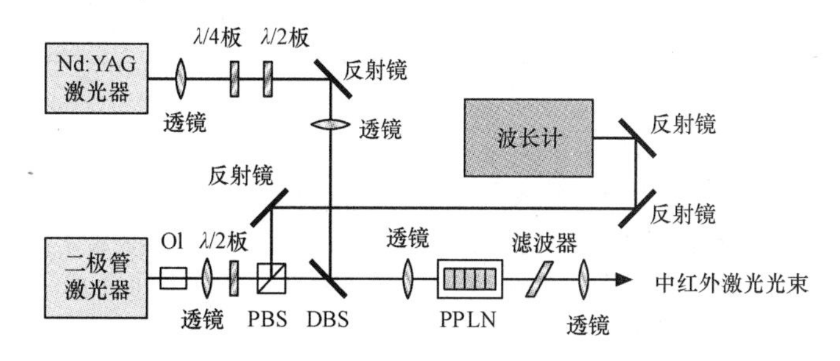

图 1.234　差频产生装置

OI－光隔离器；PBS－偏振分束器；DBS－二色分光镜；PPLN－周期性极化 $LiNbO_3$

根据式（1.207），当泵浦功率为 150 mW、信号功率为 2 W、晶体长度为 5 cm 时，闲波功率预计为 55～170 μW。

（2）配置与特性。此处描述的连续波 DFG 系统由一个用作泵浦激光器的外腔二极管激光器（ECDL）、一个用作信号激光器的连续波 Nd：YAG 激光器以及一块掺 MgO 的周期性极化 $LiNbO_3$ 晶体（MgO：PPLN）组成。ECDL（Sacher TEC－120－850－150）拥有 150 mW 的功率和 820～875 nm 的波长范围。为覆盖 4.3～4.7 μm 的闲波波长范围，需要采用 852～868 nm 的泵浦波长。Nd：YAG 激光器（Innolight Mephisto）拥有 2 W 的连续波功率和 1 064.5 nm 的波长。MgO：PPLN 晶体（HC－Photonics）为 5 cm 长，0.5 mm 厚。这种晶体有几个光栅，光栅周期为 21.45 μm、22.00 μm、22.50 μm、23.10 μm 和 23.65 μm，各自的宽度为 1.2 mm。对于本实验中的相关波长，只需要23.1 μm的光栅周期，通过将温度从 30 ℃变成 130 ℃，不同的波长都能实现准相位匹配。在泵浦波长、信号波长和闲波波长下，晶体均有防反射涂层。

用几个透镜（包括柱面透镜，在图 1.234 中看不见）将激光光束聚焦，使晶体内的最小光束半径为 0.13 mm。用 $\lambda/4$ 板和 $\lambda/2$ 板来匹配光束偏振方向，在 PPLN 晶体中实现准相位匹配。使泵浦光束的一小部分射向一个波长计。然后，由所记录的泵浦波长，可得到闲波波长。在晶体后面，用一个锗滤光器来挡住近红外光。图 1.234 描绘了这种部署。

这种 DFG 系统的测试和特性描述过程为：将中红外光束聚焦到一个探测器（VIGO PDI－2TE－5，TE 冷却）上，然后用一个时间常量为 100 ms 的锁定放大器来记录信号。为了以 1.8 kHz 的频率调制激光功率，在 Nd：YAG 激光器后面放置了一个斩波器。为找到晶体的相位匹配温度，以 0.2 ℃或 0.5 ℃为步长逐级升高温度，同时让泵浦波长保持不变（图 1.235）。

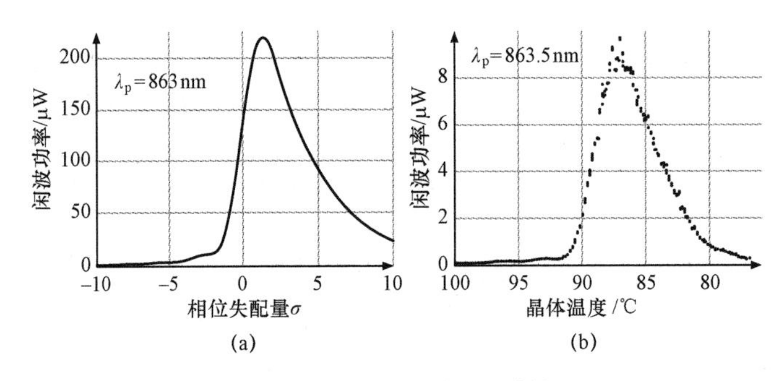

图 1.235 DFG 系统测试曲线

（a）当泵浦波长为 863 nm、信号波长为 1 064 nm、晶体长度为 5 cm 时，闲波功率与相位失配量 σ 之间的关系图［式（1.211）］；（b）当相位失配、波长为 863.5 nm、晶体长度为 5 cm 时，所测得的闲波功率与晶体温度之间的关系图。可以看到，所测得的曲线和计算出的曲线具有相似的形状

相位匹配温度比理论上计算出的温度高 6.6%～1.2%［图 1.236（a）］，温度容许带宽随着波长的增加而增加，为 2.5～3.7 ℃［图 1.236（b）］。在 4.3 μm 的波长下，

连续波中红外光束的功率达到 23 μW，在 4.76 μm 的波长下达到 5 μW [图 1.236（c）]。由于在波长接近 5 μm 时晶体会吸收光，因此在这个波长范围内闲波功率随着波长的增加而减小，所生成的闲波功率比计算值低 4～10 倍，主要原因可能是晶体中的缺陷、晶体的光栅质量以及 ECDL 泵浦激光器的非高斯光束形状。

为了测量微量气体的同位素组分以及当在较低的气体压力下记录这些组分，激光谱线宽度应当足够窄，以清晰地分辨相邻的分子谱线。连续波中红外光源的谱线宽度经估算大约为 1 MHz，因此显然达到了要求。

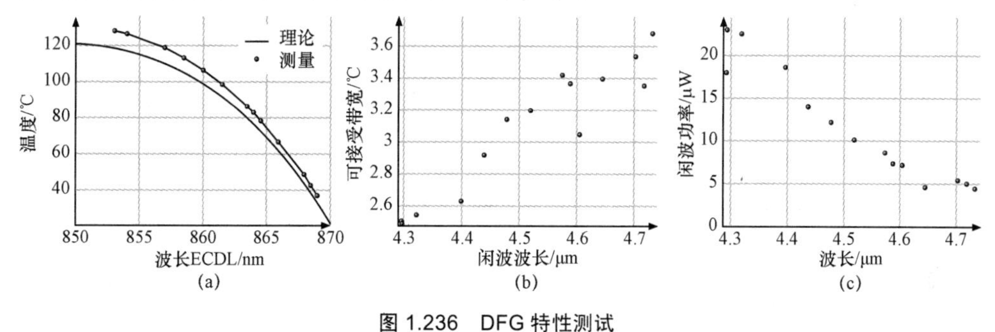

图 1.236　DFG 特性测试

（a）准相位匹配温度与泵浦波长之间的关系图；（b）可接受带宽与温度之间的关系图；
（c）闲波功率与闲波波长之间的关系图

（3）测量微量气体的同位素组分。研究人员已经测量了 $^{13}C/^{12}C$ 和 $^{18}O/^{16}O$ 在 CO_2 和 CO 中的同位素比，以及 $^{15}N/^{14}N$ 在 N_2O 中的同位素比。N_2O 尤其值得关注，因为 $^{14}N^{15}N^{16}O$ 和 $^{15}N^{14}N^{16}O$ 具有相同的质量，因此不能用传统的质谱分析法来区分，而激光光谱能轻易地识别这两种同位素。相关的测量值是用上面描述的 DFG 系统、直接吸收光谱以及一个像散赫里奥特池（New Focus 5611）在 10 m 的光程长度下得到的。这种配置如图 1.237 所示。

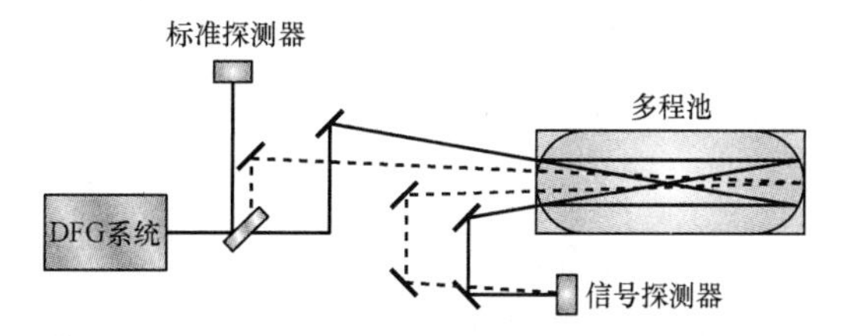

图 1.237　透射光谱装置。在像散赫里奥特池中有两条光程：一条 10 m 长（实线），另一条 40 cm 长（虚线）

在测量同位素时遇到的一个问题是主要同位素的浓度通常比低丰度同位素的浓度高 100 倍。克服这个问题的可能性有两种：一是测量具有类似强度的两条谱线，但这会导致测量值受温度的影响较大；二是选择具有类似的较低能量级但谱线强度相差悬殊的谱线。像散多程赫里奥特池使得光束可能以不同于往常的角度进入此吸收池，以便光束在只往返两次之后就离开此池（图 1.237）。这使得通过利用两种不同的光程长度（平衡光程长度探测方案）来测量两条谱线强度相差悬殊的谱线成为可能[1.2158]。

例如，图 1.238 显示了在浓度为 350 ppm 的环境空气中 CO_2 同位素的测量结果，这些测量是在 50 mbar 的总压力和室温下进行的。实验数据用沃伊特曲线进行拟合，以计算同位素的浓度。

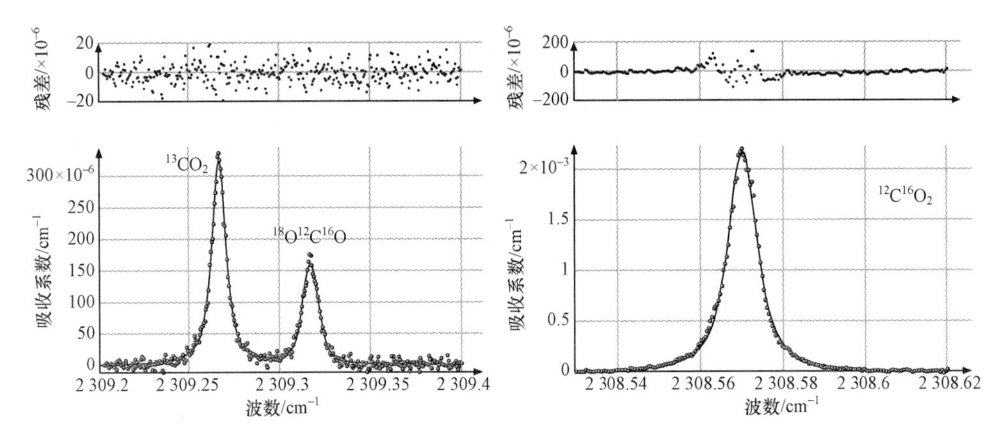

图 1.238　在环境空气中 350 ppm CO_2 的不同同位素的吸收谱线。
10 m 光程长度的实验数据（点）和沃伊特曲线（实线），顶部为残差

为 CO_2 的同位素 $^{13}C/^{12}C$ 推导出的同位素比值为 1.3% ± 0.2%（仅针对长光程而言）和 1.4% ± 0.3%（平衡光程长度探测方案），与其天然丰度 1.1%非常吻合。CO_2 的 $^{18}O/^{16}O$ 同位素比值经推导为 0.44% ± 0.06%（仅针对长光程而言）和 0.47% ± 0.11%（平衡光程长度探测方案），与其天然丰度 0.39%也非常吻合。在文献［1.2159］中能找到关于这些研究的更详细探讨，探讨内容还包括 CO 和 N_2O 同位素的测量值。文献［1.2160］中还发表了关于 N_2O 同位素的进一步研究结果，其中测试了低浓度（100 ppm）同位素的不同探测方案。

1.10.4　关于脉冲 DFG 激光源的探讨

本节将介绍脉冲 PPLN 基 DFG 分光仪。这个系统已用于甲烷[1.2161]和甲基溴[1.2130]的光声光谱学，并用于探测在气相尿中的掺杂物质[1.2162]。目前，科研人员正在研究手术烟雾[1.2163,2164]的化学成分。手术烟雾是由激光器、超声波解剖刀和高频电切刀在人体手术中应用所产生的气态手术副产品[1.2165]。以前的一些研究表明，在手术烟雾中有很多种化学物质[1.2166－2168]，但缺乏定量数据。

1. 实验装置

图 1.239 描绘了脉冲 DFG 分光仪。这种信号激光器是一种在 1 520～1 600 nm 波长范围内可调谐、输出功率为至少 5 mW、规定谱线宽度小于 1 MHz 的光纤耦合 ECDL（TSL－210 型，日本 Santec 公司生产）。ECDL 的波长是通过将大约 1%的功率耦合到波长计（Burleigh，WA－1100 型，美国产）中之后用保偏（PM）滤光耦合

器（中国香港光联有限公司生产）来监测的。将一个 $f=400$ mm 透镜放在光纤输出耦合器后面大约 3 cm 处，再在透镜后面放一块半波片，用于在垂直方向上旋转偏振方向。这里的泵浦激光器是一种被动调 Q Nd：YAG 激光器（德国 InnoLight 有限公司生产，M800 型），这种激光器在 1 064.5 nm 的波长下工作，重复频率为 4～8 kHz，脉冲持续时间约为 6 ns，其平均输出功率在 300 mW 左右，脉冲峰值功率约为 5 kW。在 1/4 波片和半波片后面是一个 $f=200$ mm 准直透镜，1/4 波片和半波片分别用于调直及转动 Nd：YAG 激光光束的偏振面。在 $f=75$ mm 透镜前面是一个二向色镜，用于将泵浦光束和信号光束结合起来。一小部分泵浦光束将会横穿二向色镜，然后被一个快速硅光电二极管（日本滨松市，S4753 型）捕获，硅光电二极管能为数据采集过程提供触发脉冲。在烘箱（美国超光电子公司生产）内部有一块无掺杂的周期性极化铌酸锂（PPLN）晶体（美国晶体技术公司生产），PPLN 晶体为 50 mm 长、10 mm 宽、0.5 mm 厚，有 8 个不同的极化周期（28.5～29.9 μm，以 0.2 μm 为一级）。在 PPLN 晶体后面有一个 $f=99$ mm CaF_2 透镜，用于调准闲波。用一个锗滤光器将泵浦光束和信号光束移除，将闲波耦合到带有 $f=379$ mm 和 $f=300$ mm CaF_2 透镜的多程池中。赫里奥特型高温多程池（HTMC）[1.2162,2169]是一个带有热膨胀波纹补偿器和内部金属镜的不锈钢筒。最长的吸收光程长度是 35 m。用一个旋转泵（法国阿尔卡特公司生产）和一个涡轮泵（德国 Leybold－Heraeus 公司生产，Turbovac 50 型）将 HTMC 抽空，直至压力降到 10^{-2}～10^{-3} mbar。在将闲波耦合到 HTMC 中之前，用一个分束器来反射大约 10%的功率，然后用一个 $f=200$ mm 的 CaF_2 透镜将这些功率聚焦到标准探测器上。通过 HTMC 传播的光束被一个 $f=100$ mm 的 CaF_2 透镜聚焦到透射探测器上。在这个实验装置（波兰比戈系统公司，型号 PDI－2TE－4/VPDC－0.1i）中采用了双级热电冷却与预放大光伏（HgCdZn）Te 探测器。这些探测器已优化成在 4 μm 波长下工作，并具有 120 kV/W（入射功率）的峰值响应率。随着信号激光和泵浦激光已能获得，闲波可在 2 817（3.55）～3 144 cm^{-1}（3.18 μm）之间连续调谐。通过选择合适的极化周期以及对晶体的温度调谐[1.2164]，可实现准相位匹配（QPM）[1.2170]。通过将 PPLN 温度从 40 ℃调到 173 ℃以及利用 $\Lambda=29.9$ μm 的极化周期，闲波调谐范围可达到 2 900～3 144 cm^{-1}；而通过将温度从 80 ℃调到 150 ℃以及利用 $L=29.5$ μm 的极化周期，闲波调谐范围可达到 2 817～2 920 cm^{-1}。闲波的谱线宽度大约为 150 MHz。

2. 数据采集和处理

闲波为脉冲形式（8 kHz 的重复频率，6 ns 的脉冲）。由两个探测器生成的电压脉冲通过一个模/数转换器（ADC）（美国 Gage 公司生产，CS14100 型）实现数字化。数据采集是由硅光电二极管提供的信号来触发的。信号采样时的采样率为 50 MHz（$\Delta t=20$ ns），分辨率为 14 比特。虽然信号为纳秒脉冲（需要 GHz 级的采样率），但这个采样率已足够，因为探测器和内置放大器的带宽只有 100 kHz。短激光脉冲会导致检测器信号快速上升（在 1 个采样点内，20 ns），随后以 $\tau\approx6$ μs 的时间常数出现指数式衰减（大约 300 个采样点，采样率为 50 MHz）。HTMC 内部光束的总光程长

度 L 可通过测量这两种脉冲到达各自探测器的时间差来确定。

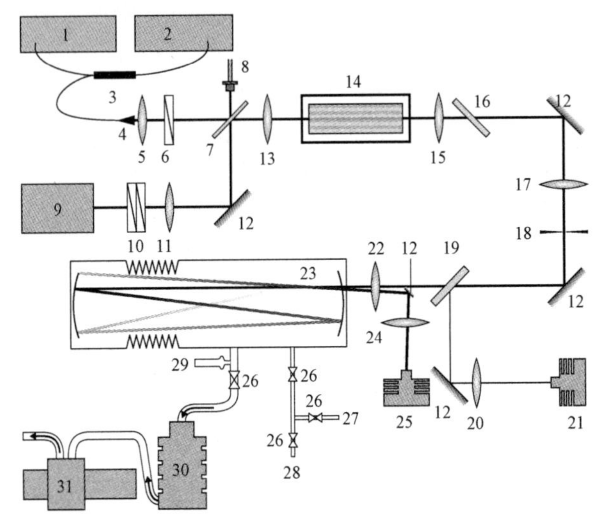

图 1.239　脉冲 DFG 分光仪的示意图

1—CW 外腔二极管激光器（ECDL，1 520～1 600 nm，功率 5 mW）；2—ECDL 的波长计；3—带滤光耦合器的保偏（PM）光纤；4—光纤输出耦合器；5—f= 400 mm 透镜；6—半波片；7—二向色镜；8—硅光电二极管；9—调 Q Nd：YAG 激光器（1 064.5 nm，重复频率 8 kHz，峰值功率 5 kW，平均功率 300 mW）；10—半波片和 1/4 波片；11—f= 200 mm 的透镜；12—反射镜；13—f= 75 mm 的透镜；14—装有周期性极化铌酸锂（PPLN）晶体的晶体恒温箱（8 个极化周期，28.5～29.9 μm，以 0.2 μm 为一级，50 mm 长，10 mm 宽，0.5 mm 厚）；15—f= 99 mmCaF_2 透镜；16—锗滤光器；17—f= 379 mm CaF_2 透镜；18—变径光阑；19—CaF_2 分束器；20—f= 200 mm CaF_2 透镜；21—标准探测器；22—f= 300 mm CaF_2 透镜；23—高温多程池（HTMC，最大光程长度为 35 m）；24—f= 100 mm CaF_2 透镜；25—透射探测器；26—阀；27—连接至气瓶（氮气、二氧化碳）；28—连接至试样袋；29—压力计；30—涡轮泵；31—旋转泵

从信噪比（SNR）来看，用脉冲波形积分代替单纯地峰值记录看起来更方便。让我们来研究具有峰值振幅 1 和噪声 σ 的采样信号 $\boldsymbol{y}=(y_1, y_2, \cdots)$。如果只测量峰值，则 SNR 将等于

$$\mathrm{SNR_p}=\frac{1}{\sigma} \tag{1.221}$$

其中，下标 p 代表峰值。相反，如果选择通过求和来求信号 $\boldsymbol{y}$ 的积分，则

$$A(n)=\sum_{k=1}^{n} y_k \tag{1.222}$$

如果噪声为 $\sigma_A(n)=\sigma\sqrt{n}$，则 SNR 将变成

$$\mathrm{SNR_A}(n)=\frac{A(n)}{\sigma\sqrt{n}} \tag{1.223}$$

其中值得注意的是 SNR 积分相对于 SNR 峰值的比值。可以把这个量称为“R”：

$$R=\frac{\mathrm{SNR_A}(n)}{\mathrm{SNR_p}}=\frac{A(n)}{\sqrt{n}} \tag{1.224}$$

对于矩形信号和指数衰减信号［图 1.240（a）］，图 1.240（b）中绘制了这两种

信号的 R。对于具有固定脉冲宽度 w 的矩形信号，R 为

$$R = \kappa(w) \cdot \begin{cases} \sqrt{n/w}, & n/w \leqslant 1 \\ \sqrt{w/n}, & n/w > 1 \end{cases} \tag{1.225}$$

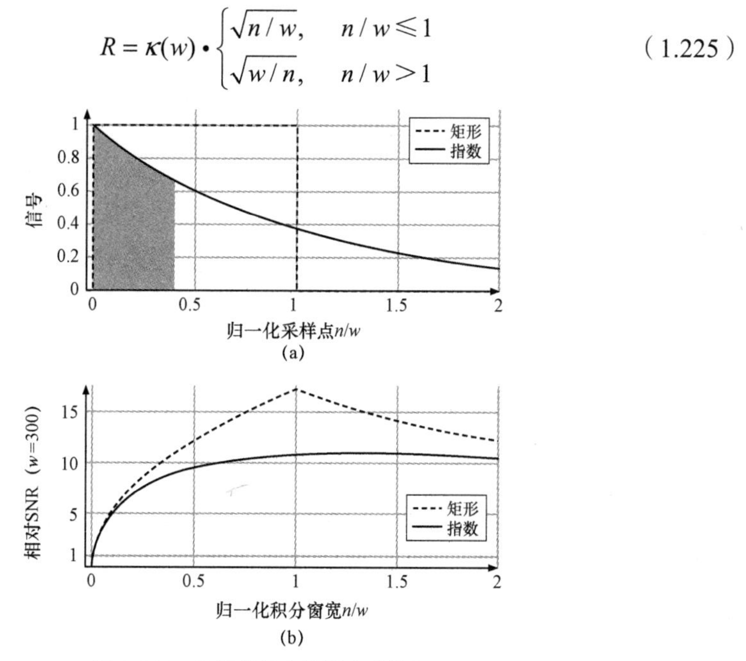

图 1.240 矩形信号和指数衰减信号

（a）矩形（宽度为 w）信号和指数衰减（衰减时间为 w）信号，两种信号的峰值振幅都为 1。将信号从 1 积分到 n，得到面积 A（n）［式（1.222）］。（b）在由 $w=300$ 个采样点组成的脉冲宽度内，相对 SNR［式（1.224）］与（归一化）积分窗宽之间的函数关系。对于矩形信号，当 $n/w=1$ 时能得到最佳 SNR，而对于指数衰减信号，当 $n/w\approx1.26$ 时能得到最佳 SNR

并在 $n/w=1$ 时取最大值。因子 κ 取决于 w，而与 n 无关。这个结果显而易见，因为在更多采样点上积分会进一步增加噪声，而不会增加信号面积。对于具有固定衰减时间 w 的指数衰减信号（如本书的案例所示），R 为

$$R = \kappa(w)\frac{1-\exp(-n/w)}{\sqrt{n/w}} \tag{1.226}$$

其中，

$$\kappa(w) = \frac{1}{\sqrt{w}[1-\exp(-1/w)]} \tag{1.227}$$

并在 $n/w\approx1.26$ 时取最大值。对于衰减时间长于 100 个采样点的脉冲，κ 可简化为 $\kappa(w)\approx\sqrt{w}$，R 的峰值可表示为

$$R^{\max} \approx 0.638\sqrt{w} \tag{1.228}$$

对于衰减时间为 $w=300$ 个采样点的指数衰减脉冲，由 $n\approx1.26w\approx380$ 个采样点组成的积分窗所提供的 SNR 比峰值 SNR 约大 11 倍。图 1.240（b）表明，即使选择更大的积分窗，SNR 也不会受太大影响。通过求 N 个脉冲的平均值，可以使 SNR 再提高 $\sqrt{N}$ 倍。

假设标准探测器（R）和透射（T）探测器的面积 A_T 和 A_R［式（1.222）］与入射

功率成正比，则利用下式可实现功率归一化：

$$Q(\lambda)=\frac{A_T(\lambda)}{A_R(\lambda)} \tag{1.229}$$

虽然如此，Q 并非完全不受功率波动影响[1.2164]。虽然 Q 与样品透射率 T 成正比，但其他效应（标准具效应、反射镜损耗和窗口损耗）也需要考虑。如果这些效应合并成函数 $f(\lambda)$，则 Q 可写成

$$Q(\lambda)=T(\lambda)f(\lambda) \tag{1.230}$$

基线函数 f 可通过测量无吸收样品（例如 N_2）的 Q 来确定：

$$T=\frac{Q_x}{Q_{N_2}} \tag{1.231}$$

然后，未知样品的透射率 T 由下列比率求出：

$$T=\frac{Q_x}{Q_{N_2}} \tag{1.232}$$

其中，下标 x 代表未知样品。令人遗憾的是，基线函数 f 并非完全可再现[1.2164]。f 的再现性可通过反复测量同一个样品来估算。同一样品的两次测量之间的变化将会得到假透射率 T [式（1.232）]：

$$T=\frac{Q_1}{Q_2}=\frac{f_1}{f_2} \tag{1.233}$$

其中，下标 1 和 2 指样品的第一次测量和第二次测量；f_1 和 f_2 分别为在第一次测量和第二次测量期间的基线。文献［1.2164］中详述了为确保两次测量之间的 f 变化量最小而做出的努力。

3. 激光分光仪的特性

准相位匹配（QPM）要求晶体处于指定泵浦波长和信号波长的正确温度下，并具有选定的极化周期。原则上，只要了解了铌酸锂的热膨胀特性、极化周期和折射率[1.2126]，就能够通过求解式（1.206）中的温度 T 计算出 QPM 实现时的温度，但要记住 n 和 Λ 都与温度有关。另一种方法［图 1.241（a）］是测量不同波长下的闲波功率，同时调节 PPLN 晶体的温度。对于每种信号激光波长来说，相应抛物线的峰值都能求出——即当闲波功率取最大值时的温度。通过绘制信号波长与这些峰值之间的关系图，可以推导出信号波长与最佳晶体温度之间的关系：

$$\lambda_s^{opt}(T_c)=a_3T_c^3+a_2T_c^2+a_1T_c+a_0 \tag{1.234}$$

其中，系数 a_0，…，a_3 为拟合参数，通过将三次多项式拟合至数据点而得到［图 1.241（b）］。

在两个探测器上测量的电压脉冲峰值从低 PPLN 晶体温度（40 ℃）下的 30 mV 变化到高温（>130 ℃）下的 800 mV。单个采样点的噪声约为 4 mV，因此峰值 SNR 在 7.5～200 变化。通过在 380 个采样点上求脉冲的积分，预计根据式（1.228）求出的 SNR 会改善大约 11 倍。通过求 512 个脉冲的平均值，预计 SNR 会进一步改善 $\sqrt{512}$ 倍，因此 Q［式（1.229）］中的最终 SNR 应当比峰值 SNR 大 $11\sqrt{512}/\sqrt{2}=176$ 倍

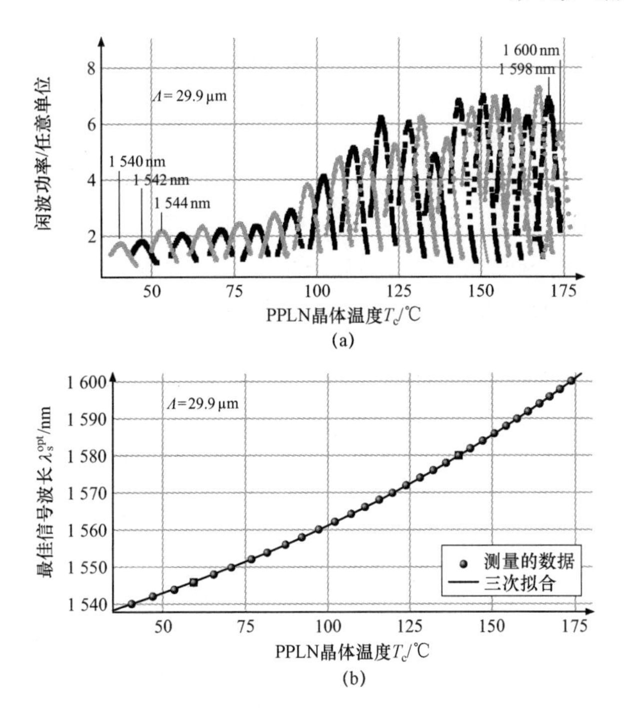

图 1.241　波长及功率与温度的关系

（a）在不同的信号激光波长（1 540，1 542，⋯，1 600 nm）下，闲波功率与 PPLN 晶体温度之间的关系图；（b）在已知 PPLN 晶体温度 T_c 下当闲波功率达到最大值时的信号波长 λ_s^{opt}。PPLN 晶体的极化周期为 29.9 μm

（$\sqrt{2}$ 是由式（1.229）中的分子和分母均受不相关噪声的影响而推导出的）。所测得的 SNR 在 10^3～10^4 变化，分别合理地接近低电压脉冲峰值（30 mV）下的预期值 1.3×10^3 和高电压脉冲峰值（800 mV）下的预期值 3.5×10^4。

分光仪的极限灵敏度可利用前一段中给定的 SNR 值计算出来。但由于基线漂移（用基线 f 的变化来描述），实际的灵敏度经证实较低［式（1.230）］。当灵敏度受基线漂移限制时的最低可测量吸光度为 5×10^{-3}[1.2164]。

4. 激光分光仪的运行

利用串联的旋转泵和涡轮泵来抽空 HTMC（图 1.239），这样，不需要借助其他设备就能用试样袋中的样品气体将 HTMC 池装满：试样袋通过一根管与抽空的 HTMC 连接，在打开阀之后，大气压会压缩试样袋，从而将 HTMC 池装满。

分光仪由 LabVIEW（美国国家仪器公司生产）的程序进行完全计算机控制。根据待测量的期望波长范围，将 PPLN 晶体的温度设置为比初始温度 T_0（通过式（1.234）算出）低大约 5 ℃；然后，在晶体恒温箱的控制器上设置一个温度斜坡 r（一般为 2 K/min）。当温度达到 T_0 时，测量定时器 t 会启动。在随后的任意时间里都可以用以下公式算出晶体温度 T_c：

$$T_c = T_0 + r \cdot t \tag{1.235}$$

图 1.242 描绘了数据采集过程。对于晶体温度的当前值，设置了相应的最佳信号波长 $\lambda_s=\lambda_s^{opt}$（$T_c$）[式（1.234）]，然后程序软件会等待片刻（200 ms），ECDL 达到设定的波长并稳定下来。然后，ADC 卡将数个脉冲（一般为 512 个）数字化，并求平均值。由于激光器的重复频率为 8 kHz，因此这个过程只花了大约 100 ms 的时间。因为设定的波长和真实波长之间偶尔会有差异，信号激光的波长用波长计来测量。之后，计算低于这两个探测器平均脉冲数的面积以及比率 Q [式（1.229）]。这个测量周期花了大约 500 ms 的时间，结束后不断重复，直到达到最终波长为止。

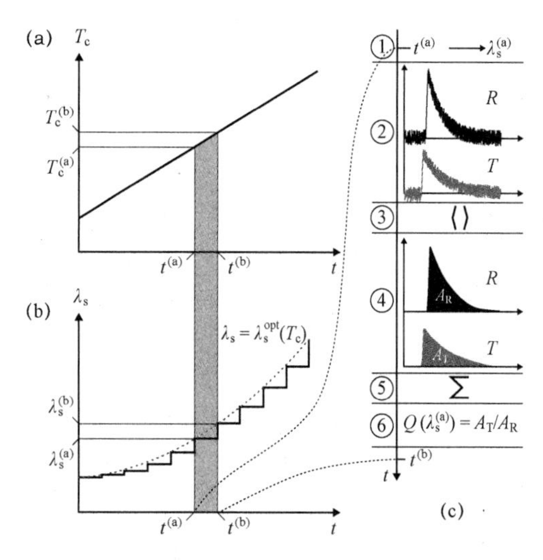

图 1.242　脉冲 DFG 分光仪的工作原理图

（a）晶体温度 T_c－时间 t 图。曲线的斜率由坡度 r 决定［式（1.235)］。（b）信号波长 λ_s－时间 t 图。虚线是在晶体温度 T_c 下的最佳波长 $\lambda_s^{opt}(T_c)$［式（1.234)］，而实线是实际信号波长。在曲线变平的时间间隔里进行测量。（c）在（a）和（b）的灰色阴影区里发生的事件序列。在 $t^{(a)}$时刻，信号波长设置为 $\lambda_s^{(a)}$ ①，然后采集几个脉冲②，求平均值③（R：标准探测器，T：透射探测器）。对平均脉冲④求积分⑤，然后计算⑥比率 Q［式（1.229)］

在测量时唯一能主动改变的参数是信号激光的波长（ECDL）。这个波长可实时计算：

$$\lambda_s(t)=\lambda_s^{opt}(T_c(t))=\lambda_s^{opt}(T_0+r\cdot t) \tag{1.236}$$

其中，λ_s^{opt} 由式（1.234）给定，或者可利用测量时间 t 的合理间隔值（例如 500 ms）以先验方式计算出来，然后存入一个文件（时间表）中，LabVIEW 程序只需要根据测量定时器的当前值 t 查找要设定的波长即可。这种方法确保了在固定的温度斜坡 r 下，所有的测量都按照相同的温度－时间图（由于存在斜坡 r）和波长－时间图（由于存在时间表）来执行，这种方法经证实能减少两次连续测量之间的基线漂移[1.2164]。

根据式（1.230），必须再测量一次，以确定基线函数 f。此次测量应当在与前一试样相同的条件下进行，以避免 HTMC 发生与压力和温度有关的变形。在测量时通常采用不吸光的气体，例如氮气或二氧化碳。然后用式（1.232）计算出透射率 T。

5. 手术烟雾分析

在当前的研究中，科研人员研究了在腹腔镜（微创性）手术中产生的手术烟雾[1.2165]的化学成分。将气体样品收集在一个泰德拉试样袋（美国赛尔科技公司生产）中，然后带到实验室进行分析。这种气样的光谱如图 1.243（a）所示。其总光程长度为 35 m，波数步长≥0.05 cm^{-1}，而激光线宽要小大约 10 倍（150 MHz = 0.005 cm^{-1}）。由于样品的透射率 T（或与之等效的吸光度）能像前一段中描述的那样计算出来，因此不需要校准分光仪。相反，所测量的光谱可与类似压力及温度条件下获得的纯物质光谱相比较，以便进行定性和定量分析。为此，可以采用了最初由 Nyden[1.2172]提出、后来由 Lo 和 Brown[1.2173]提出的混合－匹配算法[1.2171]的改进版。选用 PNNL 数据库[1.2174]作为标准光谱的数据库，其中提供了在大气压力下 360 种气相物质的 FT－IR 光谱。这种算法能准确地识别三种主要成分：七氟烷［图 1.243（b）］、甲烷［图 1.243（c）］和水蒸气［图 1.243（d）］。麻醉剂七氟烷（$C_4H_3F_7O$，化学文摘登记号：28523－86－6）不属于 PNNL 数据库的内容，其光谱是用 DFG 分光仪［图 1.243（b）］测量、然后添加到 PNNL 数据库的物质集合中的。这种算法还为已识别出的三种化合物算出了浓度：240 ppm 的七氟烷、32 ppm 的甲烷以及 0.95%的水蒸气。通过用测得的光谱减去这三种物质在给定浓度下的光谱，得到了图 1.243（e）中所示的剩余谱。这些光谱与零点之间的偏差可从以下几方面来解释：信号激光波长测量值的误差小，Nd：YAG 激光器的波长存在偏移（未测量），以及在 PNNL 数据库中 FTIR 光谱的分辨率较低（通常为 0.1 cm^{-1}，而 DFG 分光仪的分辨率为 0.05 cm^{-1}）。

图 1.243（b）中所示的成分视样品的不同而不同。一般情况下，甲烷的浓度似乎比在图示样品［图 1.243（a）］中的浓度更低，在很多情况下甚至完全探测不到；相反，水蒸气和七氟烷的浓度是标准的。以前对试管内用动物肉生成的烟雾[1.2163]进行研究时除探测到甲烷与水蒸气之外，还发现有乙烷和乙烯，甲烷的浓度范围为 4.2～41 ppm，乙烷为 0.7～11 ppm，乙烯为 7.1～37 ppm，水蒸气为 0.15%～2.3%。

七氟烷主要呈现出宽吸收特征（约 50 cm^{-1}），而水蒸气和甲烷的吸收谱线要窄得多（约 1 cm^{-1}）。对这种气体混合物进行定量分析需要有一个窄带连续宽调谐激光源。虽然在所研究的光谱范围内还存在其他发光源，但基于 DFG 的激光器能很好地达到上述要求。

1.10.5 展望

在中红外范围内，可调谐的相干光源起着重要作用，这由日益增多的此类出版物数量可得到证实。这类光源的广泛用途（主要是在气体探测方面）促进了这类光源的开发。对具有多组分能力的灵敏选择性监控设备提出的要求有很多：能进入较宽的波长范围、较宽的（最好是连续的）波长可调谐性、谱线宽度窄（即比典型的分子吸收谱线宽度窄得多）、最好能在室温（RT）或接近室温的温度下工作、在野外应用时体积小且坚固。在这些方面，连续波 DFG 和脉冲 DFG 系统是一种很有价值的选择。由于 DFG 系统是在 1974 年首次实现的[1.2175]，因此基于 DFG 的装置已达到成熟程度，甚至其商用系统现在也已能买到。如今，DFG 系统的波长范围能够在 2～19 μm 之间选择，具体要视可获得的泵浦源和信号源以及非线性晶体而定。DFG 光源的调谐是直接、连续的，所生成的波长可通过近红外输入波长来精确地确定，其谱线宽度基本上由泵浦激光和信号激光的谱线宽度决定，这样能得到高分辨率光谱所需要的窄中红外谱线宽度。与其他中红外光源不同的是，DFG 系统通常为室温装置——除晶体类 DFG 系统外（后者可能需要在小型温控炉中加热）。连续波 DFG 光源的谱线宽度在 MHz 范围内，这使得这些光源对于需要高光谱分辨率的研究用途（例如前面简要探讨的同位素测量）来说很有吸引力。DFG 光源是功率相当低的激光器，其连续波功率在 μW 至 mW 范围内。通过利用光纤放大器作为近红外泵浦源和信号源，在需要时可获得更高的功率[1.2129]。最近在 PPLN[1.2122]或 KTP 的波导技术方面取得的进展由于具有更高的转换效率，因此显得尤其有吸引力。最后但同样重要的是，由于如今二极管激光器和二极管泵浦固体激光器用作泵浦源和信号源，因此 DFG 系统可制成小型系统。

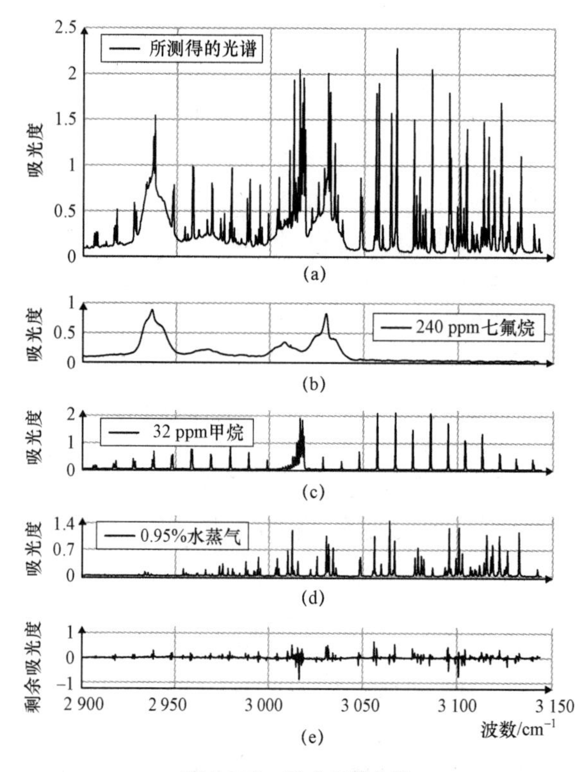

图 1.243 手术烟雾分析

（a）在腹腔镜微创性手术中收集的手术烟雾的光谱（光程长度 = 35 m）；（b）用 DFG 激光分光仪测量的 240 ppm 七氟烷光谱、32 ppm 甲烷的光谱（c）和 0.95%水蒸气的光谱（d），这两个光谱均取自 PNNL 数据库。（e）（a）与（（b）、（c）、（d）中三种物质之和）之差。这些差异是由于波长测量不准确以及 FT－IR 光谱的较低分辨率造成的由于 DFG 系统的用途广泛，因此该系统的开发预计会进一步推动。目前以下几个领域在可获得性方面取得的进展看起来前景很好：小型大功率信号/泵浦激光器、光纤放大器、新型非线性晶体材料（包括能进入更大波长范围内的有机介质），以及具有更高非线性光学系数的新型材料和质量更好、晶体尺寸更大、损伤阈值更高的双折射固体晶体。与现今相比，更多的晶体能实现准相位匹配，波导技术等。这些进展将有助于提高 DFG 装置的性能，增强其分布，降低其成本，从而进一步促进这些装置作为有吸引力的光谱工具所起的作用。

1.11　自由电子激光器

自由电子激光器（FEL）是一种由一束相对电子束和一个辐射场组成的系统——当它们传播并经过波荡器时会相互作用[1.2176,2177]。自由电子激光器的主要部件是电子加速器、波荡器和光学谐振腔（对 FEL 振荡器来说为选装）。波荡器是一种周期性磁结构，其平面磁场或螺旋磁场会造成电子束轨迹的周期性横向偏斜[1.2178]。FEL 的光学谐振腔与传统激光器中采用的谐振腔很相似。FEL 装置已用几乎所有类型的加速器来实现：静电加速器、射频直线加速器、感应加速器、电子回旋加速器、储存环等。FEL 的波长范围从厘米级一直减小到 Å 级[1.2179,2180]（表 1.56）。FEL 装置的标度主要由驱动加速器的标度决定。对于在毫米波长范围内工作的 FEL 来说，此标度可能是室内标度，而真空紫外 FEL 和 X 射线 FEL 等独特装置的标度则与传统的第三代同步加速辐射设施相当（图 1.244）。

表 1.56　截至 2010 年的自由电子激光器的参量空间

激光	
波长	0.12 nm～10 mm
峰值功率	≤10～20 GW
平均功率	≤14 kW
脉冲持续时间	≈1～2 fs（连续波）
驱动电子束	
能量	200 keV～15 GeV
峰值电流	1～4 000 A
波荡器	
周期	0.5～20 cm
峰值磁场	0.1～1.3 T
波荡器的长度	0.5～112 m

图 1.244　汉堡 FLASH 用户工厂内实验厅的鸟瞰图（中心）以及超导加速器和波荡器的隧道（用草覆盖）。右上角的实验厅内有线性加速器的注入器部分。FLASH 设施的总长度为 300 m。电子的最大能量为 1 GeV，最小激光波长为 6 nm。FLASH 的波荡器（左上角的照片）是一个永久磁装置（周期：2.73 cm，磁隙：12 mm，峰值场：0.47 T）。波荡器系统分为六段，每段 4.5 m 长

1.11.1　工作原理

FEL 实际上不是激光器，其与真空管装置最密切相关。就像真空管装置一样，FEL 装置也能分为两类：放大器和振荡器（图 1.245）。FEL 放大器是一个单程装置，在其输出端和输入端之间无反馈；FEL 振荡器可视为一个有反馈的 FEL 放大器。对于在光波长范围内工作的 FEL 振荡器来说，反馈是通过光学谐振腔来执行的。基于振荡器原理的 FEL 在短波长侧被限制在紫外线波长区，主要是因为反射镜的限制。波长比紫外线短的自由电子激光可利用单程高增益 FEL 放大器来获得。

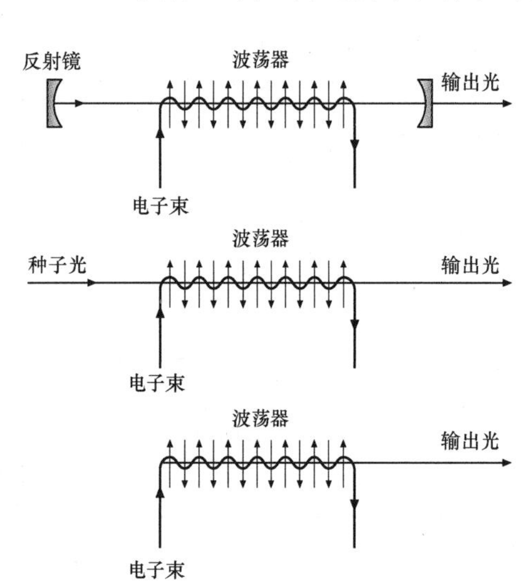

图 1.245　自由电子激光器配置：振荡器（顶部），种子放大器（中间），自放大自发辐射（SASE）FEL（底部）

电磁波场只有横向分量，因此电子和电磁波之间的能量交换是由电子速度的横向分量造成的，而后者是由电子在波荡器内的周期性摆动造成的。自由电子激光器的驱动机制是电子束的辐射不稳定性，后者是由电子与波荡器内的电磁场之间

的相互作用造成的。辐射诱导不稳定性的基本原理可用同步加速辐射光生成过程的标准图像来描述。电子沿着一条正弦曲线路径传播，并在一个窄锥体内正向发射同步加速辐射光。当电子束横穿波荡器时，会在共振波长 $\lambda=(\lambda_w/2\gamma^2)(1+K^2/2)$ 下发射辐射光。其中，λ_w 是波荡器周期，$mc^2\gamma$ 是电子束的能量，$K=eH_w\lambda_w/2\pi mc$ 是无量纲的波荡器强度参数，H_w 是波荡器的最大轴上磁场强度。虽然电磁波总是比电子快，但还是会出现共振条件，以至于在经过一个波荡器周期之后发射的光相对于电子有一个滑移距离 λ，由波荡器某部分区域内的动电荷产生的电磁场作用于波荡器另一部分区域内的动电荷。因此，本书将探讨一些尾 – 首不稳定性。不管小微扰在哪里开始出现，这种不稳定性都会导致微粒浓度增大（图 1.246）。开始时（没有微聚束）所有的 N 电子都可视为单独发光的电荷，产生的自发辐射功率 $\propto N$。随着微聚束完成，所有的电子将几乎同相地发光，这会导致辐射功率 $\propto N^2$，与波荡器的自发辐射相比放大了很多个数量级。

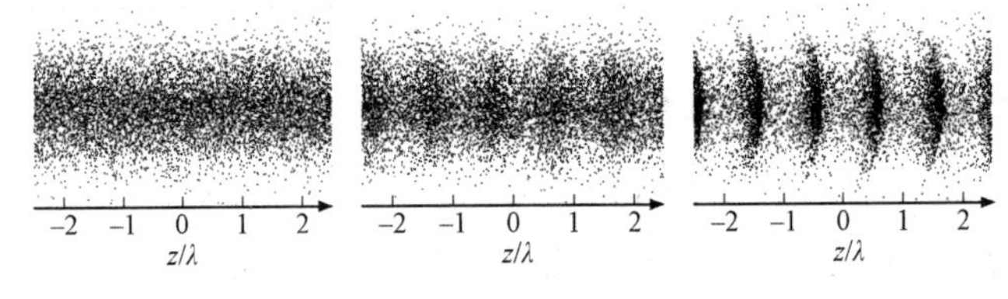

图 1.246　电子在电子束中的分布（纵向切割）。左图、中图和右图是在波荡器运行开始、中间和结束时拍摄的。由于辐射的不稳定性，电子束密度随着共振波长的周期进行周期性调制

FEL 性能的品质因数是在一个波荡器行程中的辐射功率增益，FEL 的增益主要取决于峰值射束电流的值。对于辐射不稳定性的形成来说，另一个重要的量是六维相空间中的电子束密度。光束质量低（能量扩展度和发射率大），会导致 FEL 增益退化。周期性磁结构中的误差也会造成 FEL 性能下降。目前，加速器技术和波荡器技术已发展到让功率增益可能达到 10^7 级，以放大亚纳米级波长范围内的发射光。

1.11.2　自由电子激光器的现状与应用前景

自由电子激光器有几个潜在优势：辐射波长的连续可调谐性、可能获得较高的平均输出功率、可能获得从净电功率转换为辐射功率的高转换效率。FEL 激光的一个重要特征是横向相干程度高，换句话说，FEL 激光始终能聚焦到一个尺寸完全由衍射效应决定的光斑上。这个特征表明，FEL 在远距离激光传播和获得高聚焦强度方面的应用有各种各样的可能性。

但 FEL 是相对较昂贵的装置，因此它们应用于未被传统辐射光源覆盖的领域，并在远红外波长范围和太赫兹间隙（亚毫米波长范围）内工作。FEL 的另一个应用领域是生成从真空紫外区到 X 射线区的短波长激光。FEL 的技术开发正在进行中，目的是让功能强大的 FEL 实现工业应用。FEL 在空间能量转移中的应用也正在考虑中。FEL 工厂里的用户操作机制与同步加速辐射工厂的类似，即：由主体机构制造

并提供自由电子激光器和用户光束谱线，用户则按照工厂进度做实验。

1. 直线加速器 FEL 用户设施

用于科研用途的使用直线加速器 FEL 用户设施有好几座（分别在中国、法国、德国、日本、韩国、荷兰、俄罗斯和美国）[1.2181－2194]。这些设施所覆盖的波长范围从 200 nm 到几百微米。用射频直线加速器驱动的 FEL 的典型参数有：脉冲持续时间为几皮秒，峰值功率为 MW 级，微脉冲重复频率在 10 MHz~3 GHz 范围内。由普通导电射频加速器驱动的 FEL 在脉冲模式下工作，并具有 10~100 Hz 的宏脉冲重复频率。宏脉冲持续时间由射频脉冲的长度，通常为 1~20 μs，平均辐射功率为瓦特级。由超导加速器驱动的 FEL 以连续模式工作，并产生可达几千瓦的较高平均输出功率。如今，直线加速器 FEL 设施被公认为需要红外可调谐相干光的科研应用领域中一种独特工具。总体趋势是，这些设施的用户正在将感兴趣的波长范围转移到远红外区和太赫兹间隙。

2. 储存环里的 FEL 用户设施

有几个储存环都装有自由电子激光器[1.2195－2198]。这些 FEL 的典型激光参数为：波长范围为 190~700 nm，脉冲持续时间为数十皮秒，平均功率为 10~300 mW，峰值功率在 kW 范围内。这些激光器的锁模工作机制使得峰值功率能够增加一个数量级。总的趋势是：因为这些设施与传统激光器相比性能特征有限，用户对这些设施的兴趣正在逐渐减弱。

3. 高平均功率 FEL

加速器技术最近取得的进展为具有高平均功率的直线加速器的制造铺平了道路。由这些机器产生的电子束质量足以驱动自由电子激光器。能量回收技术的应用使得 FEL 能够达到较高的总体效率。这种 FEL 的示范设施已经在日本、俄罗斯和美国运行[1.2192－2194]。在 3~20 μm 波长范围内，这些设施所显示的平均辐射功率为 14 kW[1.2193]，在太赫兹间隙中则为 0.4 kW[1.2192]。基于能量回收直线加速器的下一代 FEL 项目旨在将平均功率增加到数十千瓦，以及制造在紫外线范围内工作的大功率 FEL[1.2199－2205]。

高平均功率 FEL 的潜在工业用途包括：材料处理（例如处理聚合物表面）、光刻、同位素分离和化学应用。纯同位素的大规模生产可能对 FEL 的未来发展产生重大影响。例如，同位素 ^{28}Si 是一种令空间研究人员和核能工业很感兴趣的防辐射材料，纯同位素 ^{28}Si 的热导率比 ^{28}Si 在天然混合物中的热导率高 50%，这个特性对半导体工业来说显得很有吸引力。还有其他很多种同位素也有很重要的实际意义，例如 ^{13}C（用于医疗）和 ^{15}N（用于研究及控制氮肥料在农业和农业化学中的应用）。同位素分离的基本过程是分子的一个选择性多光子解离过程，此过程所需要的共振波长范围为 2～50 μm。在一个脉冲中所需要的能量不少于 0.1 mJ，单色性为 10^{-2}～10^{-4}，具体要视反应类型而定。同位素的工业生产要求 FEL 的平均功率高于 10 kW，这类 FEL 设施正在建造中，预计在不久的将来将得到初步成果。

4. X 射线自由电子激光器

在 21 世纪初，针对同步加速辐射源的强度发生了一次革命。这次革命就是自由电子激光器技术与最近加速器技术进展的结合——最新的加速器是与高能线性对撞机一起开发的[1.2206]。X 射线 FEL（XFEL）使得一种新的光强机制能够实现，从而开辟了一个全新的物理域。

同步加速辐射研究的新纪元始于用基于自放大自发辐射（SASE）的真空紫外线 FEL 做的第一轮用户实验[1.2207,2208]。德国电子同步加速器研究所 DESY（德国汉堡）利用波长为 98 nm、脉冲持续时间为 40 fs、峰值功率为 1.5 GW 的辐射脉冲，在 TESLA 试验设备（TTF）中得到了开创性的结果[1.2209,2210]（图 1.247）。与当今的同步加速辐射源相比，这种辐射光的峰值亮度要高 1 亿多倍（图 1.248），并具有高度的横向相干性，其脉冲持续时间从几百皮秒缩短到了几十飞秒。虽然现代的第三代同步加速器光源正在达到其基本性能极限，但最近在 DESY 的真空紫外 FEL 成功开发为一种将激光器和同步加速器的大部分有利方面集于一身的新型光源制造铺平了道路。

值得一提的是，量子术语 SASE（在放大式自发辐射（ASE）之后引入）并未反映 X 射线 FEL 的实际物理现象。X 射线 FEL（SASE FEL）中的放大过程源于电子束的密度波动，后一种效应完全是传统效应。在 X 射线 FEL 中，激光由电子束在波荡器单程期间产生[1.2212－2214]。放大过程从电子束中的散粒噪声开始，电子束电流的随机波动相当于电子束电流在所有频率（当然也包括波荡器的调谐频率）下的同时光强调制。当电子束进入波荡器时，在接近于共振频率的频率下会出现光束调制，从而激发辐射过程。电子束里的 FEL 集体不稳定性导致电子密度调制在波荡器辐射波长的范围内呈指数式增长（沿着波荡器）（图 1.246，图 1.247）。电子束中的电流密度波动不仅与时间无关，而且与空间无关。因此，当电子束进入波荡器时，会激发大量的横向辐射模，这些辐射模有不同的增益。显然，当波荡器的长度增加时，高增益模会越来越占优势。可以把 XFEL 视为一种滤波器，因为它会从任意辐射场中滤掉那些与高增益模相对应的分量。因此，对于一个足够长的波荡器来说，光的发射会在几乎完全横向的相干形式出现。在饱和机制下，可得到高于 10^7 的强度增益。在这个光强水平下，电子束的散粒噪声被放大到完全微聚束，所有电子几乎同相地发光，得到强大的相干辐射光。

高增益 FEL 放大器的放大带宽会受到波荡器共振特性的限制，即会受到一个增益长度（在这个距离上，功率将增加 e＝2.718 倍）内波荡器周期数 N_w 的限制。

辐射光的横向相干部分光谱集中在窄带内，即 $\Delta\lambda/\lambda \simeq (2\pi N_w)^{-1}$ 。XFEL 的典型放大带宽约为 0.1%。XFEL 里的电子束会传输巨大的峰值功率。例如，对于典型 XFEL 参数（17.5 GeV 的电子能量和 5 kA 的峰值电流）来说，电子束传输的峰值功率大约为 100 TW。电子动能转换为光的转换效率大约为放大带宽，因此 X 射线辐射的峰值功率为 GW 级（表 1.57）。

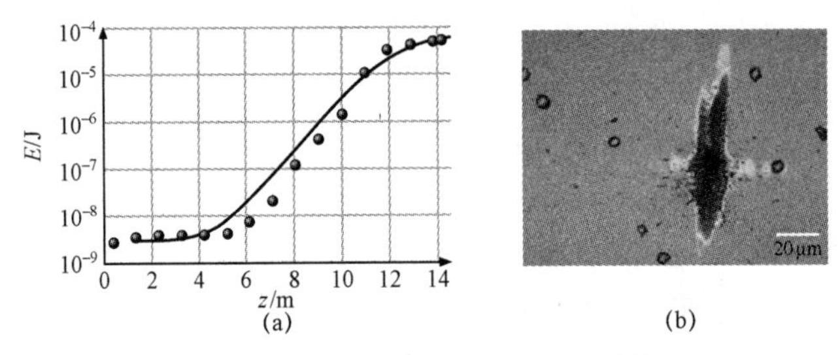

图 1.247 X 射线自由电子激光器特性

（a）对 DESY 的 TTF FEL 而言，辐射脉冲的平均能量与波荡器长度的关系图[1.2209]；
（b）真空紫外强光与固体的相互作用[1.2207]。在 DESY，经过一个 TTF FEL 脉冲后，金靶就被烧蚀了。辐射波长为 98 nm，脉冲持续时间为 40 fs，峰值功率密度大约为 100 TW/cm^2

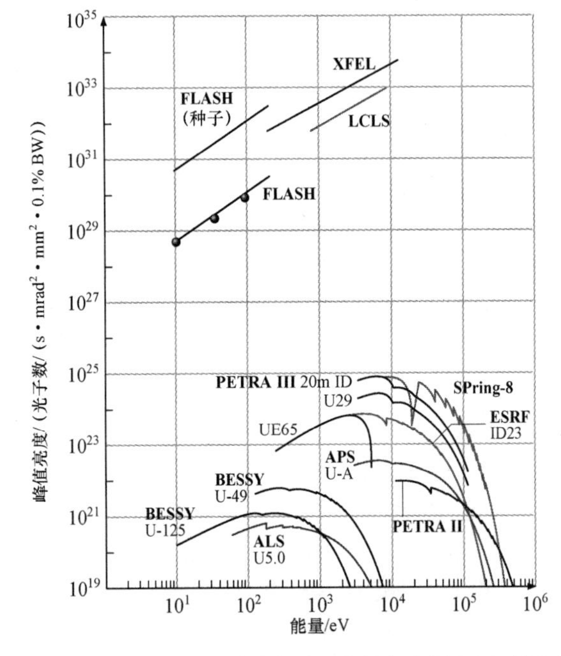

图 1.248 X 射线 FEL 的峰值亮度与第三代储存环光源之间的关系图。圆圈表示 DESY 的 FLASH 自由电子激光器的实验性能[1.2211]

表 1.57 当前 X 射线 FEL 和未来 X 射线 FEL 的主要参数[1.2211,2215 _ 2218]

名称	2010 年：FLASH	2010 年：LCLS	2015 年：欧洲 XFEL
激光			
波长	4.2～45 nm	≥0.12 nm	≥0.05 nm
峰值功率	≤5 GW	10～20 GW	≤150 GW
平均功率	100 mW	100 mW	≤500 W
脉冲持续时间	10～100 fs	2～100 fs	0.2～100 fs

续表

名称	2010 年：FLASH	2010 年：LCLS	2015 年：欧洲 XFEL
驱动电子束			
能量峰值	0.3～1.2 GeV	≤15 GeV	≤17.5 GeV
电流波荡器	1～3 kA	1～3.5 kA	≤5 kA
波荡器			
周期	2.73 cm	3 cm	3.6～8 cm
峰值磁场	0.5 T	1.25 T	0.5～1.4 T
波荡器的长度	27 m	112 m	≤200 m

在过去 10 年里，XFEL 的实验实现发展得非常快速。1997 年，研究人员在红外波长范围内首次演示了 SASE FEL 机制[1.2219]。在 2000 年 9 月，美国阿贡国家实验室（ANL）的一个工作组率先在可见光（390 nm）SASE FEL 中演示了增益饱和[1.2220]。2001 年 9 月，DESY（德国汉堡）的一个工作组在 98 nm 波长下[1.2209,2210]演示了激光发射至饱和的过程，随后又在 32 nm、13 nm 和 4.2 nm 的波长下进行了演示[1.2211,2215,2221]。这些实验结果是在 FLASH（汉堡的自由电子激光器，见图 1.244）中得到的。目前，FLASH 正在制造类似激光的 GW 级真空紫外辐射脉冲。这些脉冲的持续时间为 10～150 fs，在波长范围 4.2～45 nm。2005 年，FLASH 开始作为用户设施投入正常使用[1.2221]。

SASE FEL 示范装置的成功让科学界和资助机构同意在全世界指导并启动几个能够在硬 X 射线波长范围内运行的大型项目，这些项目是：美国的直线加速器相干光源（LCLS）、日本的 SPring－8 小型 SASE 光源（SCSS）、德国汉堡的欧洲 XFEL 以及瑞士的 SwissFEL X 射线激光器[1.2216,2217,2222,2223]。LCLS、SCSS 和 SwissFEL 是由国家资助机构资助的，而欧洲 XFEL 是一个国际项目[1.2224,2225]。这些项目的成本相当高（几十亿美元），可与最好的第三代同步加速器光源相媲美[1.2225]。LCLS 项目最发达，最近，LCLS 的设计参数达到了能在 0.12～1 nm 波长范围内产生相干硬 X 射线辐射光的程度[1.2218]。LCLS 装有一个波荡器和几个用户仪器，成为科学实验中的一种 X 射线激光用户设施。LCLS 能生成峰值功率超过 10 GW 且脉冲持续时间在几飞秒到 100 fs 之间变化的 X 射线脉冲，这种设施能够在 10^{17}～10^{18} W/cm^2 的聚焦辐射光强下工作。SCSS 和欧洲的 XFEL 设施目前正在建造中，预计将分别在 2011 年和 2015 年投入使用。预计 Swiss FEL 的经费决议将很快获批，这将使这种设施能够快速建成，并在 2016 年投入使用。所有这些项目实质上都基于上面简述的相同物理原理（关于更多详情，见文献［1.2226，1.2227］）。这些项目之间的主要技术差异是直线加速器：LCLS、SCSS 和 SwissFEL 采用的是现有的室温直线加速器，而欧洲 XFEL 采用的是超导直线加速器。基于超导加速器技术的 XFEL 将不仅能使峰值亮度飞跃 10 个数量级，还能让平均亮度增加 5 个数量级。还有一组 FEL 项目（例如 SPARC、

FERMI@Elettra、sFLASH 和 SCSS 测试加速器）能在真空紫外和软 X 射线波长范围内工作，另外还有一系列实验方法能生成在相干性和脉冲持续时间方面性能更好的辐射光[1.2215,2228－2231]。

1.11.3 建议的其他阅读材料

书籍

1. T. C. Marshall：*Free-Electron Lasers*（Macmillan，New York 1985）

2. C. A. Brau：*Free-Electron Lasers*（Academic，Boston 1990）

3. P. Luchini，H. Motz：*Undulators and Free－Electron Lasers*（Clarendon，Oxford 1990）

4. W. B. Colson，C. Pellegrini，A. Renieri（Eds.）：*Free Electron Lasers*，Laser Handbook Series，Vol.6（North Holland，Amsterdam 1990）

5. G. Dattoli，A. Renieri，A. Torre：*Lectures on the Free Electron Laser Theory and Related Topics*（World Scientific，Singapore 1993）

6. H. P. Freund，T. M. Antonsen：*Principles of Free Electron Lasers*（Chapman Hall，New York 1996）

7. E. L. Saldin，E. A. Schneidmiller，M. V. Yurkov：*The Physics of Free Electron Lasers*（Springer，Berlin，Heidelberg 1999）

FEL 会议录

在 1985—2002 年期间，《核仪器与方法》A 辑中发表了 FEL 会议录。从 2004 年开始，这些会议录开始以电子形式收录在一个专注于加速器物理学的网页 http://www.JACoW.org 上。

1.12 X 射线和远紫外线（EUV）光源

自从可见激光在 1960 年被首次演示以来，人们已利用各种方法研究了如何将激光发射延伸到 X 射线区。美国 SLAC 国家加速器实验室最近利用 X 射线自由电子激光器，实现了硬 X 射线区（可归类为小于 0.2 nm 的波长）内的激光发射。另外，在这些年里，人们利用传统激光器方法在软 X 射线（0.2～30 nm）和远紫外线（EUV，30～100 nm）范围内开发相干光源的工作也取得了很大进展。在这些光谱区内生成相干短波长光的方法主要有两种，其中一种方法是由各种对阴极的激光辐射或放电作用形成的高密度等离子体中通过高荷离子的跃迁生成相干短波长光；另一种方法是生成激光强脉冲的极高次谐波。每种方法都有各自的优点。基于高密度等离子体的 X 射线激光器能在每个脉冲里产生高得多的能量以及更窄的光谱；高次谐波能用小型高重复频率激光器生成，并得到较宽的光谱范围（3～100 nm）。这些光源的选用取决于具体的用途，它们之间可以互为补充。

1.12.1 等离子体 X 射线激光器

对激光器物理学家们来说，X 射线激光器的开发是一个遥不可及的梦。X 射线激光器的激发方案提出可追溯到 1965 年，当时 Gudzenko 和 Shelepin 首次提出通过碰撞复合可能能实现软 X 射线放大[1.2232]；之后又有人在 1967 年提出 X 射线激光器的光致电离泵浦[1.2233]以及电子碰撞激发方案[1.2234]。后一种方案在某种程度上是从早期电子碰撞激发式可见光/紫外线离子激光器的成功开发中得到了启发。但人们对泵浦功率的要求大幅提高而波长要求更小，光学器件在软 X 射线波长下的反射率低，再加上在激光发射过程中激发能级的寿命短——这些因素使得软 X 射线激光器的实现成为一项极具挑战性的任务[1.2235,2236]。在 20 世纪 70 年代和 80 年代初做的几个实验得到了关于粒子数反转和增益的观察结果[1.2237]。尽管如此，一直到 1984 年，软 X 射线波长下的高放大率才通过实验得到演示。美国劳伦斯·利弗莫尔国家实验室的 Matthews 等人[1.2238]通过电子碰撞激发，报道了在类氖硒离子中在 20.6 nm 和 21.0 nm 波长下的软 X 射线放大现象，图 1.249 和图 1.250 分别给出了由 Matthews 等人演示的爆炸箔靶 X 射线激光器以及所观察到的光谱。与此同时，普林斯顿大学的 Suckewer 等人[1.2239]通过复合激发，报道了在类氢碳中在 18.2 nm 波长下的放大现象。在这些开创性工作之后，很快就有无数的软 X 射线放大实验获得成功——这些实验是利用世界上最强大的激光器作为泵浦源来进行的[1.2240 - 2242]。后来人们又通过实验实现了在饱和增益机制下的软 X 射线激光器运行[1.2243]，并让这类激光器的几种潜在用途结出了硕果[1.2244,2245]。这些用途包括显微镜检查、全息照相、稠密等离子体诊断以及非线性光致发光在晶体中的激发。尽管已经做了开创性的努力，但这些软 X 射线激光器尚未被用作实验室工具，因为这两种方案都需要几百焦耳的巨大激光能量，而且在较低的重复频率下工作。由于用世界上最大的激光驱动器都没有在水窗波长下实现饱和放大[1.2246]，因此研究人员在探索一种新的激发方案，用于获得在短波长下运行的软 X 射线激光器。研究人员们做了很多工作，希望能减小驱动器的激光能量。泵浦激光能量的减少对于实现桌面 X 射线激光器的潜在用途来说是很有必要的[1.2247]。

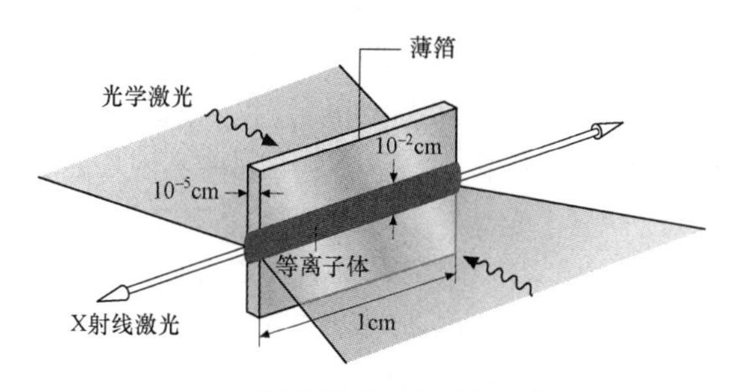

图 1.249 爆炸箔靶 X 射线激光器的示意图

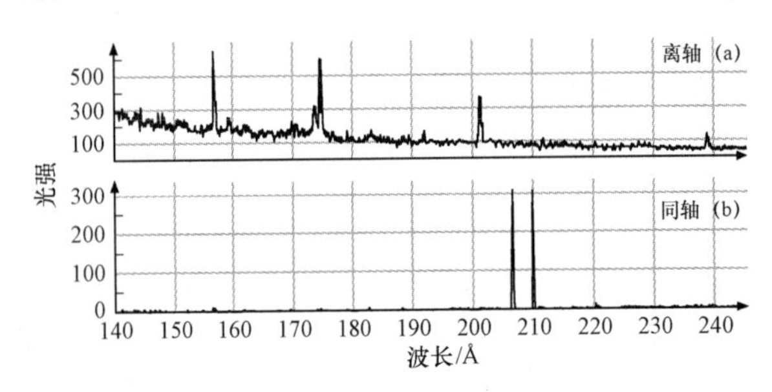

图 1.250　掠入射光谱仪数据

（a）离轴；（b）同轴

1. 电子碰撞激发

具有特定电子数的离子有一个完全被占满的外壳层结构，并达到了各种各样的等离子参数。这是等离子体 X 射线激光器的一大优势，因为这会在很宽的温度和密度范围内得到较高的激光离子相对丰度。到目前为止，研究者已经在这些离子中观察到了放大现象。例如，当移除 24 个电子（Se^{24+}）时，高离化硒的电子结构与中性氖（类氖）的电子结构类似，其跃迁也与中性氖的跃迁类似[1.2248]。这种对比称为“能级和跃迁的等电子缩放”。

图 1.251 显示了类氖硒离子方案的简化能级图。3p 激光高能态主要通过 $2p^6$ 类氖离子基态的电子碰撞激发来使粒子数增加，粒子数反转是通过将 3 s 低能态快速辐射衰减至基态来保持的。类氖方案已被深入研究过，这已成为对于电子碰撞软 X 射线激光器来说最稳健的方案。但这种方案的缺点是需要较大的泵浦功率才能在指定波长下实现粒子数反转。类镍方案是由 Maxon 等人首先提出的[1.2249]，经证明对于 10 nm 以下的短波长放大非常有用[1.2250]。虽然类镍离子的激光发射方案与类氖离子非常相似，但类镍离子在规定电离状态下的量子效率更高，因此所需要的泵浦能大大降低。在类镍方案中，增益饱和放大已能在短至 7.3 nm 的波长下实现[1.2251]。

2. 瞬态碰撞激发

瞬态碰撞激发（TCE）方案是由 Afanasiev 和 Shlyaptsev[1.2252]首先提出的，是电子碰撞激发的一种变型。TCE 具有有吸引力的特性，例如：

（1）增益系数比在准稳态机制下由相同跃迁得到的增益系数大 1～2 个数量级。

（2）放大时所需要的激光能量大大降低，因此能实现桌面 X 射线激光器。

在 TCE 方案中，皮秒强激光脉冲会以比其他碰撞过程更快的速率使预先形成的等离子体过热。预先形成的等离子体（含有类氖离子和类镍离子等激光离子）是由前一个低强度纳秒激光脉冲产生的，研究人员已从理论上预测了瞬态增益会超过 100 cm^{-1}。与准稳态方案类似的是，TEC 最初也是在类氖离子中演示的[1.2253]，并已成功地应用于类镍离子[1.2254]。研究人员利用类镍 Pd，在 14.7 nm 波长和低至 7 J 的总泵浦能量下，报道了增益系数高达 63 cm^{-1} 的饱和放大现象[1.2255]。图 1.252 显示了

14.7 nm 激光谱线在等离子体柱上的演变。为了进一步降低所需要的泵浦能量并提高重复频率，据报道研究人员已开发了一种新的泵浦方案，其中利用了从掠入射角入射在等离子体柱上的激发脉冲[1.2256]。掠入射泵浦（GRIP）方案使得类镍钼离子能够在 18.9 nm 波长下仅以 150 mJ 的总泵浦能量就能按 10 Hz 的重复频率发射激光。GRIP 方案是利用具有预定电子密度的短脉冲折射来降低泵浦能量的。

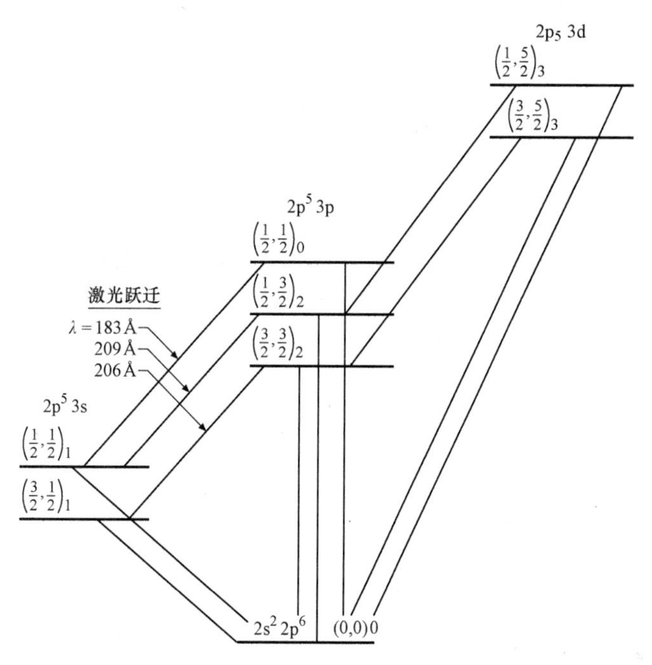

图 1.251　类氖硒离子的简化能级图

3. 光场电离 X 射线激光器

X 射线激光介质利用大功率激光器生成等离子体的方案有两类。光场电离（OFI）方案与传统的等离子体生成方案完全不同。OFI 是用强光场进行直接电离，强光场能改变原子或离子的库仑电位，从而通过隧穿电离作用生成自由电子[1.2257]。与基于电子碰撞电离作用的传统等离子体 X 射线激光器方案不同的是，OFI 方案需要很强的激光功率，而不是较大的激光能量。最近在超短脉冲产生及放大技术方面取得的进展已能获得很高的激光功率，足以通过桌面装置来实现 OFI X 射线激光器。所要求的低泵浦能量还将使软 X 射线激光器能够在较高的重复频率下工作——这对大多数有前景的应用领域来说是很关键的。

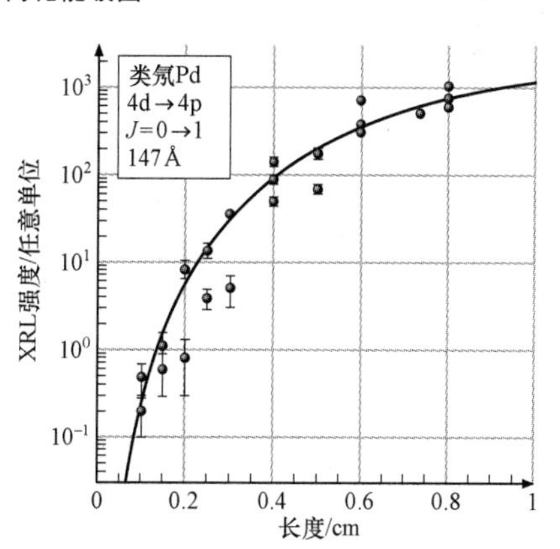

图 1.252　1～8 mm Pd 靶长度下 14.7 nm X 射线激光谱线的强度

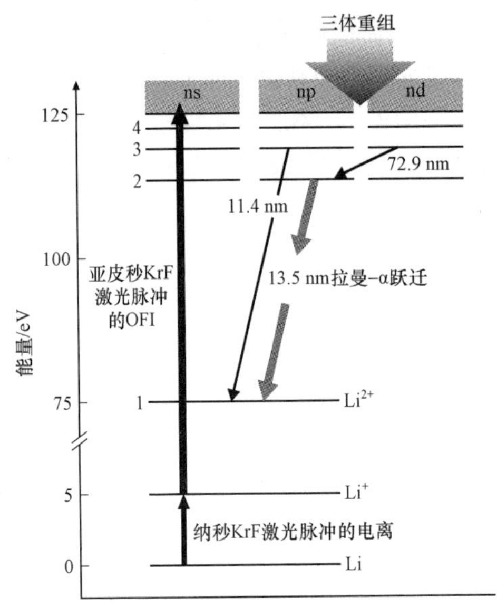

图 1.253 基于 OFI 的 13.5 nm 拉曼–α 跃迁软 X 射线激光器的能量示意图

通过将这种方案应用于低原子序数介质，由全剥离态离子和自由电子组成的等离子体就能够在比碰撞时间和辐射时间短得多的时间范围内生成。换句话说，由 OFI 生成的电子温度不是由离子的电荷态决定的，而是用偏振、波长等电离激光器参数来单独控制[1.2258]。Burnett 和 Corkum[1.2259] 通过利用准静态模型，证明了适用于重组 X 射线激光器的冷致密倍增离子化等离子体可由 OFI 生成。Nagata 等人[1.2260]利用 OFI 之后的重组泵浦方案，在类氢锂离子中演示了在 13.5 nm 波长下拉曼–α（$n=2-1$）跃迁的放大现象。通过利用在 10^{17} W/cm^{-2} 光强度下聚焦的亚皮秒 KrF 准分子激光器，单电离锂离子被进一步电离至完全剥离态，从而相对于氢离子的基态实现了粒子数反转（图 1.253）。研究人员已观察到信号增益较小，为 20 cm^{-1}，而增益–长度之积为 4。随后，Korobokin 等人[1.2261]利用 LiF 微毛细管中的等离子体波导来促进泵浦脉冲的传播，成功地将增益–长度之积增加到 5.5。

另外，Corkum 等人还建议利用圆偏振激光脉冲在 OFI 之后获得碰撞激发[1.2262]。Lemoff 等人提出了具体的系统[1.2263]，并在 41.8 nm 波长下演示了 8 倍电离 Xe 的激光发射[1.2264]。在这个实验中，能量为 70 mJ、持续时间为 40 fs 的圆偏振 Ti：蓝宝石激光脉冲被聚焦到一个 Xe 静态气体池中，以生成类钯氙离子。泵浦强脉冲产生热电子，这些电子在碰撞后将类钯离子激发到激光上能级。最近，Sebban 等人报道了利用 0.6 J，30 fs 的 Ti：蓝宝石激光脉冲在类钯氙离子中对 41.8 nm 谱线进行饱和放大的情形，他们在增益饱和状态下从每个脉冲中获得了 5×10^9 个光子[1.2265]。他们还报道了类氖氪离子在 32 nm 波长下的激光发射[1.2266]，实验装置如图 1.254 所示。

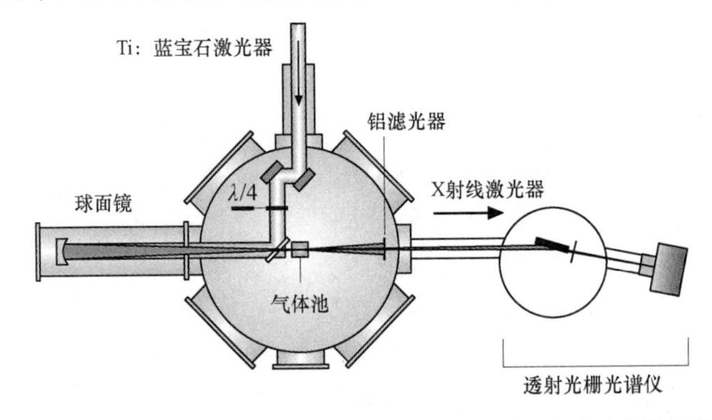

图 1.254 基于电子碰撞激发的光场电离 X 射线激光器的实验装置示意图

4. 放电激发

通过放电来直接激发等离子体 X 射线激光器，其潜在优势是与用激光生成等离子体的装置相比效率高、体积小。

X 射线放大所需要的均匀高密度等离子体用传统的放电法几乎不可能生成。1994 年，Rocca 等人提出[1.2267]并演示了[1.2268]在类氖氩离子中基于 46.9 nm 跃迁工作模式的毛细管放电软 X 射线激光器，毛细管中的快速放电用于在 40 kA 的峰值电流下将等离子体柱激发到 20 cm 的长度。图 1.255 显示了具有快速毛细管放电作用的软

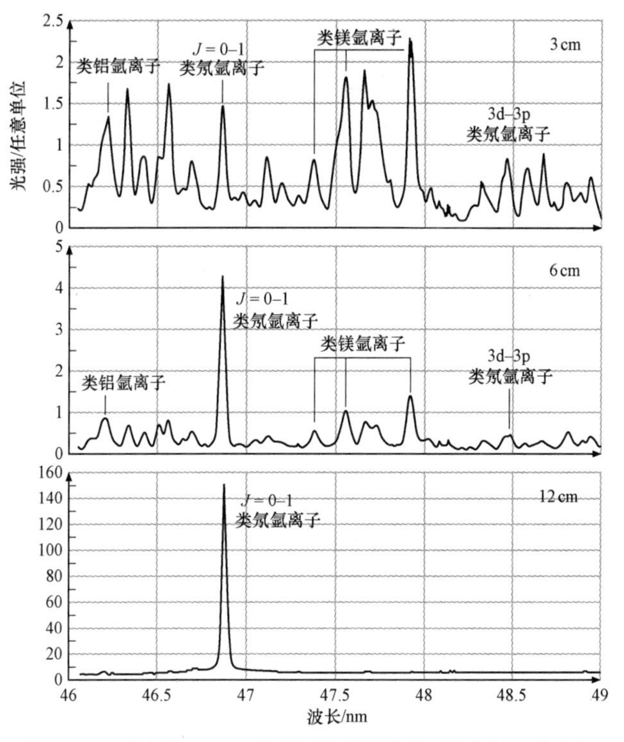

图 1.255　在大约 48 nm 波长下谱线强度随毛细管长度的变化

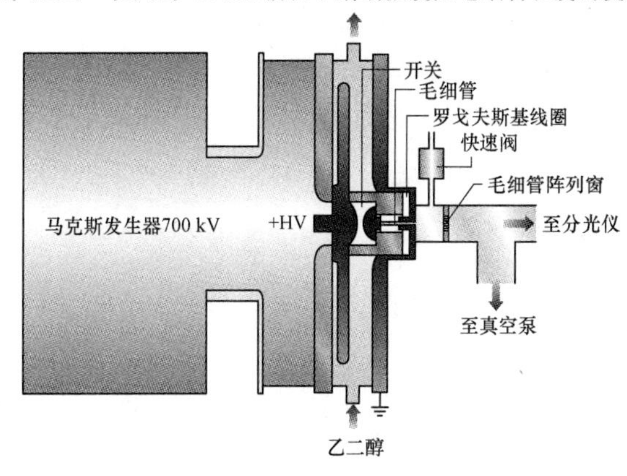

图 1.256　快速毛细管放电装置的示意图

X 射线激光器装置。图 1.256 中显示了光谱随毛细管长度变化的情形。最近开发的小型放电装置在光学台中仅占据了 0.4×1 m^2 的空间，却能以 4 Hz 的重复频率生成 0.88 mJ 的平均输出能量。在双孔干涉实验中，研究人员在 36 cm 长的毛细管中通过单程放大观察到了高度的空间相干性。这种小型软 X 射线激光器已用于各种领域，包括等离子物理学、材料特性描述以及软 X 射线光学的特性描述[1.2269]。

1.12.2 高次谐波

1. 概述

高次谐波产生（HHG）已被广泛研究过，因为 HHG 在用作相干远紫外－软 X 射线（XUV）光源以替代软 X 射线激光器或同步加速辐射源方面很有前景。高次谐波是通过将飞秒激光强脉冲聚焦到气体靶上来生成的。气体靶有一个脉冲气阀，或在其真空室中有一个静态气体池。谐波光谱有一个很有特点的外形，即在前几次谐波中呈下降趋势，然后当所有的谐波都具有相同强度时则显示为一个坪区，最后以锐截止结束。图 1.257 显示了通过超短高强度脉冲与稀有气体之间的相互作用观察到的典型谐波光谱。Corkum[1.2270]提出的三步模型以半经典方式解释了的物理机制。首先，一个束缚态电子隧穿由强激光场修正过的势垒（第 1 步）；获得自由的电子被连续介质中的激光场俘获并加速，当激光场在后半个周期反向时，这个电子会返回到母离子那里（第 2 步）；然后，这个电子与离子重新结合，与此同时放射出能量（动能和电离能之和），形成一个谐波光子（第 3 步），图 1.258 描绘了这个过程。由于这个过程出现在基本场的每个半周期内，而且所生成的谐波被锁相，因此一组相邻谐波会在时间域内产生一列亚飞秒脉冲。这些光谱特性和短时间特性使得高次谐波成为远紫外区内的一种独特相干源，并正在开辟新的应用领域。

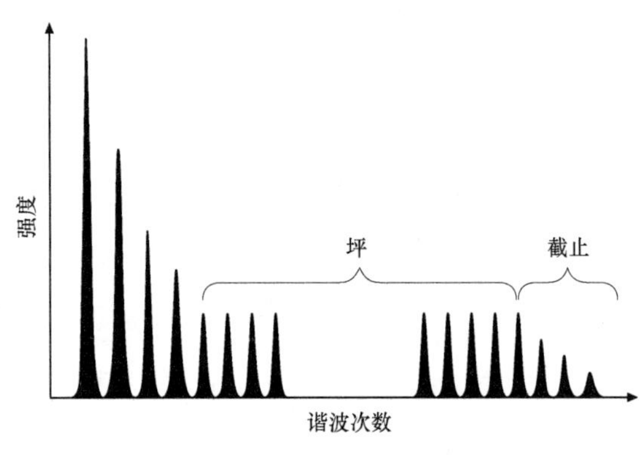

图 1.257　典型谐波光谱的示意图

2. 短波长生成方法

自从 McPherson 等人[1.2271]利用亚皮秒 KrF 准分子激光器（以及 1987 年 Ferray 等人[1.2272]利用锁模 Nd：YAG 激光器）在稀有气体中演示了 HHG 之后，研究人员们已做了大量工作，试图用各种泵浦源将谐波波长延伸到短波长区，Macklin 等人[1.2273]在被 806 nm Ti：蓝宝石激光器激发的氖气中得到了第 109 次谐波（7.4 nm），L'Huillier 和 Balcou[1.2274]利用 1 ps Nd：玻璃激光器，观察到了第 135 次谐波（7.8 nm）。在这些实验中，因为在相互作用期间出现了电离，中性稀有气体介质的减少限制了可达波长。超短脉冲激光器技术取得的进展使得高强度极短脉冲得以应用，从而绕过了由电离作用带来的限制[1.2275,2276]，即：在电离出现之前的有效相互作用强度会随着极短脉冲的增加而增加，因此得到了恰好位于水窗区内的谐波波长。Spielmann 等人[1.2277]利用低于 10 fs 的 Ti：蓝宝石激光器，获得了不到 2.5 nm 的相干连续谱发射光，这与大于 0.5 keV 的光子能量是一致的。但由于由等离子体自由电子诱发的相位失配，这种方法的输出光子能量和转换效率相当低——因为 0.8 μm Ti：蓝宝石激光器的驱动需要有高于电离阈值的高光强。最近，Takahashi 等人利用 1.6 μm 的驱动激光器和中性稀有气体介质，在水窗区演示了高次谐波的高效生成过程[1.2278]。由于高次谐波的截止能量与 $I\lambda^2$ 大致成正比（如下所述），因此长波长激光器在生成短波长高次谐波方面占优势。

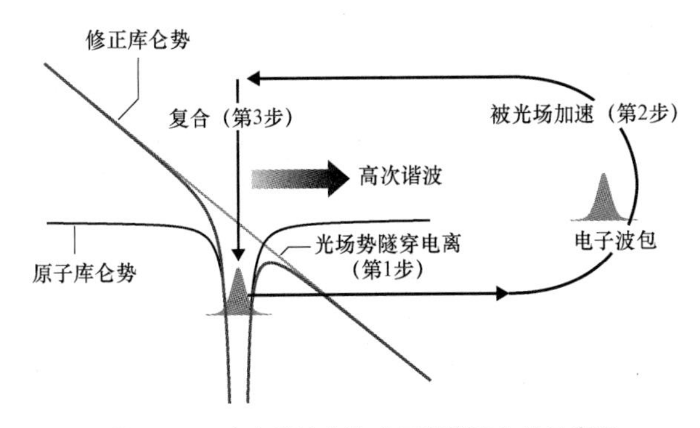

图 1.258　高次谐波产生“三步模型”的示意图

3. 理论进展

对 HHG 的理论认识必须基于两个过程：

（1）在驱动激光场中的单原子效应；

（2）宏观响应，包括传播效应。

在对比实验结果和理论结果时，必须考虑到这两种效应。

单原子谐波辐射的发光特性由诱发的原子极化作用或偶极子加速度决定，后者可由求解含时间薛定谔方程（TDSE）计算出来。Krause 等人[1.2279]证实，坪区中最高次谐波的光子能量 $E_{\max}$ 由 $E_{\max}=I_p+3.17U_p$ 求出，其中 I_p 是非线性介质的电离能，$U_p=9.33\times10^{-14}\,I\lambda^2$（eV）是处于泵浦激光场 I（W/cm²）中的电子在 λ（μm）波长下的有质动力能量。在半经典理论中[1.2270]，这个表达式的物理起源可根据原子的隧穿电离以及之后电离电子在泵浦场中的加速及其与母离子的重新结合来解释。在被光场加速时，电子会获得 $3.17U_p$ 的最大能量。当这个电子与母离子重新结合时，该电子会释放出此能量，再加上电离能，因此得到一个谐波光子。

由于基于 TDSE 的计算过程相当费时间，因此很难将 TDSE 的数值结果与传播方程结合起来。通过利用 Lewenstein 等人[1.2280,2281]的模型，此计算工作量可大大减少。他们的模型建立在强场近似法的基础上，并适用于 $U_p > I_p$ 区。L'Huillier 等人开发了一种与 Lewenstein 模型耦合的传播软件，用这个软件成功描述了在各种实验中观察到的谐波特性[1.2282,2283]。

4. 相位匹配

为了提高转换效率及改善高次谐波的空间质量，相位匹配是必不可少的。但要在相互作用长度上达到相位匹配条件并不容易，因为与微扰机制中的低次谐波产生过程不同，偶极子相位取决于驱动激光强度[1.2284]。此外，除介质的色散作用外，泵浦脉冲的自聚焦和等离子体散焦等非线性现象也使得用实验方法获得相位匹配是一件相当麻烦的事。

科技人员已研究过几种用于控制相位匹配条件的方法，相位匹配可通过控制如下平衡来实现：

（1）古伊相移和原子扩散之间的平衡[1.2285,2286]；

（2）非线性相移和等离子体色散之间的平衡[1.2287]；

（3）空心光纤的波导色散和原子扩散之间的平衡[1.2288,2289]。

具有相反色散的几何相位和偶极子相位通过调节气体射流周围的焦点位置得到补偿，这种方法的应用范围已延伸至松聚焦几何形状，并成功地提高了转换效率和光束质量[1.2290]。空心光纤在高次谐波产生方面有一些优势。由于驱动（泵浦）激光在空心光纤中的波阵面是平的，因此可以避免由焦点周围的强度相关相变导致不希望有的谐波相位调制[1.2284]，这有助于通过调节介质密度来清晰、不费力地识别相位匹配条件；强度–相互作用长度之积的增加还会导致转换效率提高；此外，空心光纤的使用会得到更低的光束发散度和更好的空间相干性。这些改进在实际应用中很重要，通过利用这种新方法，有几个研究小组已报道称获得了谐波。Tamaki 等人在充满氩气的空心光纤中演示了 Ti：蓝宝石激光脉冲的 HHG，并发现在大约 25 次谐波处转换效率增强了百倍[1.2291,2292]。图 1.259 显示了当空心光纤中有/无 5 torr 氩气时观察到的谐波光谱。Rundquist 等人[1.2288,2293]还报道了在 29 次谐波时实现相位匹配，而且空心光纤中的转换效率和光束质量都提高了。但空心光纤的输出能量仅限于几纳焦耳，因为空心光纤的孔径有限，导致只有几毫焦耳的激光脉冲能进入孔径[1.2294]。

5. 能量调节

关于高次谐波（HH）各种用途的开发，其中一个最重要的问题是能量调节。高能 HH 预计能促进软 X 射线区的新物理学。Takahashi 等人报道了在最佳相位匹配条件下氩气中的 HH 能量调节[1.2290,2295]，他们的调节方法是让谐波能量相对于泵浦脉冲的几何聚焦面积呈线性增加趋势，同时让谐波输出保持几乎完美的空间分布。27 次谐波所获得的最高能量为 0.33 nJ，转换效率为 1.5×10^{-5}。光谱区内 HH 强度从 23 次谐波演变为 27 次谐波，经测量与介质长度有关。测量结果如图 1.260 所示，实线表示 23 次、25 次和 27 次谐波的理论拟合强度。通过拟合理论曲线，估算出相干长度大约为

15 cm。正如 Constant 等人[1.2289]指出的那样，介质长度、相干长度和吸收长度的优化条件为 $L_{\mathrm{med}}>3L_{\mathrm{abs}}$ 和 $L_{\mathrm{c}}>5L_{\mathrm{abs}}$，其中 L_{med}、L_{c} 和 L_{abs} 分别是介质长度、相干长度和吸收长度。23 次谐波和 25 次谐波满足这个关系式的最佳条件。因此，在实验条件下，这些阶次的谐波是饱和的。另外，27 次谐波并不满足上述条件，因为其吸光度低。据报道，在长焦距极限中，松聚焦几何形状会变成波导几何形状[1.2296]。

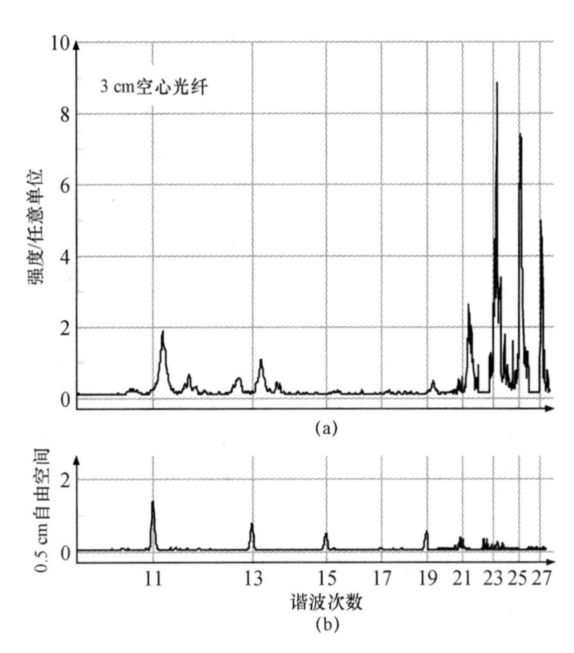

图 1.259　空心光纤不同情况时的光谱从（a）3 cm 空心光纤和（b）0.5 cm 自由空间中观察到的谐波光谱分布。氩气气体压力为 5 torr

6. 空间相干性

由于 HHG 基于非线性变频，因此从固有性质来看高次谐波的空间相干性和时间相干性预计会替代基本激光脉冲的时空相干性，但利用薄气体介质中的紧聚焦几何形状来实施的 HHG 不能通过完全相位匹配来增强相干性。一般情况下，会观察到多模分量构成了光谱的增宽峰值或空间分布的基础。最近的研究表明，宏观相位匹配能实现高效的、空间特征明显（近高斯分布）的高次谐波光[1.2295]。有研究小组已报道了高次谐波空间相干性的干涉测量法[1.2297－2301]。当在空心光纤或松聚焦几何形状中实现宏观相位匹配时，测量结果表明谐波光束有着几乎完美的空间相干性。图 1.261 显示了利用充氩空心光纤生成的 27 次谐波光束的干涉图，这种光纤是用 20 fs，0.35 mJ Ti：蓝宝石激光脉冲来泵浦的[1.2299]。此干涉图是用间距为 100 μm 的两个针孔得到的，而谐波光束直径经测量为 130 μm。利用单发空间双缝干涉法，在 13.5 nm 的波长下用 59 次谐波光束得到了类似的结果[1.2301]。这个 13 nm 谐波源可用于对远紫外光刻中的光学器件和掩模进行波长检查。图 1.262 还显示了通过点衍射干涉测量法记录的干涉图，由图可知谐波光束可视为相位误差在 $\lambda/15$ 内的一种球面波[1.2300]。

7. 应用

除在原子物理学[1.2302]、固态光谱学[1.2303]和等离子诊断[1.2304]中应用之外，高次谐波还有望获得一个桌面相干衍射成像光源。Sandberg 等人利用由桌面高次谐波光源产生的 29 nm 谐波光束，报道了无透镜的衍射成像[1.2305]和傅里叶变换全息术[1.2306]。通过在 32 nm 波长下将高次谐波能量增加到 1 mJ，有关人员演示了单发衍射成像[1.2307]。高次谐波的高强度预计还会在远紫外线区引发非线性现象。Takahashi 等人[1.2290,2308]

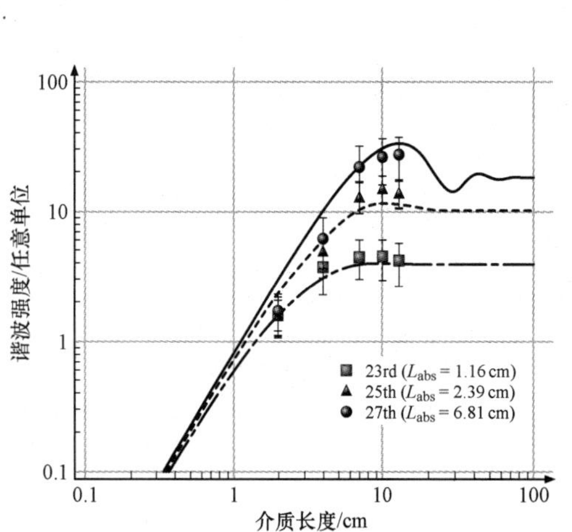

图 1.260　氩气中谐波的发射光子数与介质长度之间的关系图。实线相当于当自由空间中有 1.8 torr 氩气时，根据 $L_c \approx 15$ cm 计算出的光子数

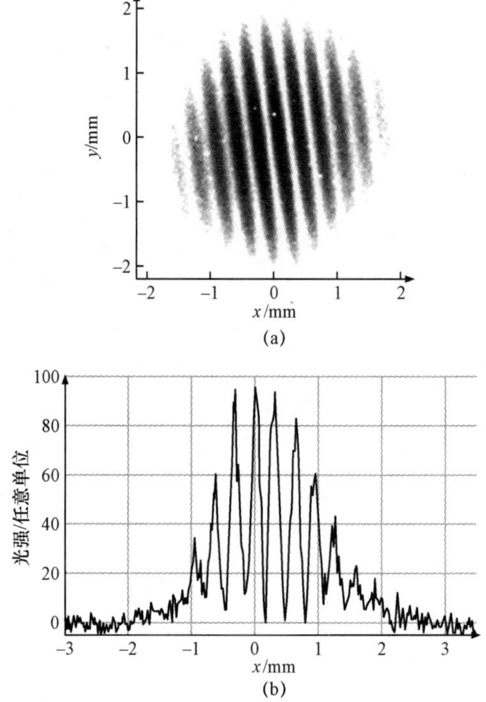

图 1.261　被间距为 100 μm 的两个针孔衍射的谐波光束的干涉图

（a）条纹图像；（b）干涉图在穿过针孔中心的水平线上的强度分布

利用相位匹配法和松聚焦几何形状，在 62.3 nm 波长下 0.6 torr 氙气中得到了 130 MW 的峰值功率，并在 30 nm 波长下 2 torr 氙气中得到了 10 MW 的峰值功率。当用多层反射镜聚焦这些谐波脉冲时，聚焦光强高达 10^{14} W/cm^2[1.2309]，足以造成非线性相互作用。在软 X 射线和物质之间的各种非线性相互作用现象中，氦原子的双光子二次电离引起了人们的高度关注，并成为很多论文的理论研究主题，因为其能提供关于电子－电子相互作用（亦即电子相关性）的洞见，为三体问题的未探究方面铺平道路[1.2310－2312]。非线性现象对于超快光学器件和光谱学取得进展来说必不可少，因为通过用自相关方法来直接测量超快软 X 射线脉冲，可以获得关于其时间波形的直观信息[1.2313]。Nabekawa 等人报道了用 29.6 nm 谐波光子在氦气中首次观察到的双光子二次电离，并用它来测量 29.6 nm 谐波脉冲的脉冲持续时间（利用自相关法）[1.2314]。当瞬间二次电离在分子中出现时，由于存在静态库仑斥力，离子化分子会发生爆炸。通过利用由高次谐波源发出的一列阿秒脉冲，也观察到了这种分子库仑爆炸[1.2315]。

此外，相干远紫外线脉冲和 X 射线脉冲不仅有用（因为波长短），而且很重要——因为这些脉冲可能在阿秒范围内生成电磁辐射波。高次谐波如今被公认为唯一的阿托秒脉冲源[1.2316,2317]。对于在自放大自发辐射模式下工作的等离子体 X 射线激光器[1.2316,2318]和 X 射线自由电子激光器[1.2319]来说，高次谐波的极佳时空相干性还可用作这些激光器的种子脉冲。

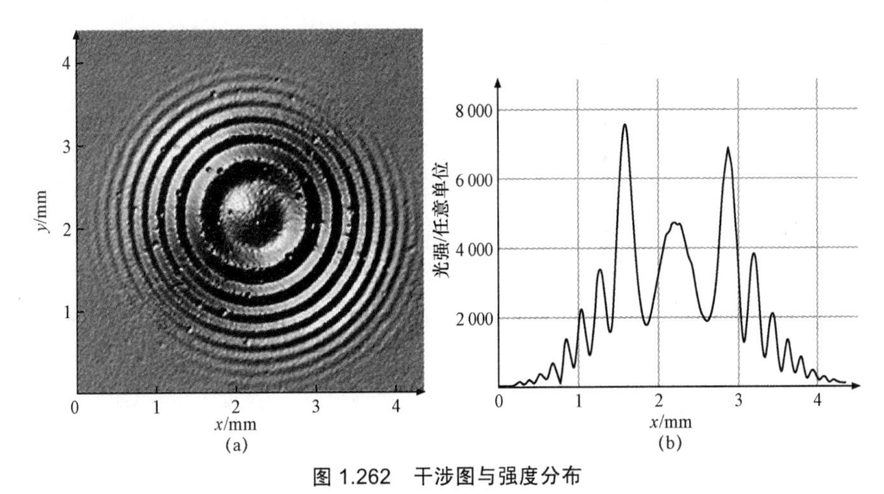

图 1.262　干涉图与强度分布

（a）用有一个 10 μm 针孔的 PDI 板记录的干涉图；（b）干涉图在穿过针孔中心的水平线上的强度分布

1.13　超高光强度和相对激光–物质相互作用的生成

现代激光技术使得短激光脉冲能够放大至数十千焦的能量，还能生成只含有几个光学周期的超短脉冲。通过融合这些技术，如今聚焦激光光束能够达到前所未有的光强（在 10^{21} W/cm^2 范围内），在不久的将来甚至还会达到更高的值。在这些光强下得到的电磁场强度将比在静态生成机制中可能得到的电磁场强度高很多个数量级。通过将这些电磁场外加在一个靶上，就有可能获得一种新的光–物质相互作用机制，即：相对论光学。这样就能在实验科学中开辟一个让经典光学与等离子体动力学、相对论量子力学和高能物理学“相遇”的新的广泛应用领域。

1.13.1　用于产生超高光强的激光系统

1. 超短脉冲放大至高能量

对于超短脉冲来说，在所有光学元件的表面和体积内的能量密度都会因为非线性效应的诱发以及由高峰值功率造成的激光损坏而受到限制。此外，在激光放大器中，能量取出效率会随着能量密度与激光材料饱和通量之比而变化。因此，短脉冲不能被高效地放大。啁啾脉冲放大（CPA）方法[1.2320]则避开了这个难关。图 1.263 描绘了 CPA 的原理。根据超短脉冲的傅里叶变换来看，超短脉冲含有较宽的光谱带宽，这个事实使得恰在锁模激光腔中产生激光脉冲之后可以给激光脉冲的不同频率或波长引入一个相移。其结果是得到了一个含有啁啾的拉长脉冲，即脉冲持续时间

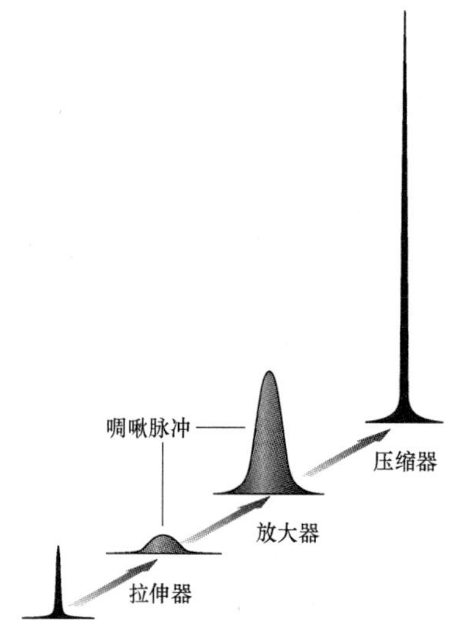

图 1.263 CPA 原理。通过增加一个光谱相位使脉冲的不同波长发生群延迟，在锁模激光器中生成的超短脉冲便被拉长了。在通过放大以维持脉冲谱和啁啾之后，脉冲被再压缩至最初的长度，从而得到超高的峰值功率

不再受带宽限制。因此，拉长的脉冲具有较低的峰值功率。通过给拉伸器所引入的光谱相位加上一个反号的光谱相位，拉长的脉冲能被极高效地放大，随后被压缩为很短的脉冲。

在发明了 CPA 方法之后，超短脉冲激光器向更高峰值功率的发展之路已取得了巨大进展。如今，研究者已能利用实验室级桌面激光系统在 10 Hz 或更高的重复频率下生成太瓦（TW）级激光脉冲。通过利用由闪光灯泵浦的、厂房大小的激光器，就像在 1999 年实现的第一个 PW 激光器那样，甚至能得到更高的功率——达到拍瓦（PW）级[1.2321]。对于所有这些装置来说，CPA 方法是常用的。

由于脉冲拉伸和压缩相互关联，而且通常基于相同的原理，因此拉伸器和压缩器在这里按一个“拉伸器－压缩器偶”（SCP）来处理。显然，脉冲拉伸出现在色散区附近，因此，脉冲在色散介质中的传播常常会导致脉冲拉伸。为了让所需要的空间和光学元件尺寸尽可能地小，将采用高度色散的光学器件，即光栅。不过，其他元件（例如棱镜、光栅棱镜（grism）、光纤、啁啾光纤布拉格光栅以及啁啾反射镜）也可以采用。在此，本书将只介绍平面反射相栅的最简单案例，因为这些相栅能提供最大的群延迟。

Treacy 率先描述了用相同平行光栅进行脉冲压缩的原理[1.2322]。脉冲被一个光栅衍射，从角度层面分裂成不同的波长，然后传播到第二个平行排列的光栅。第二个光栅去除了角度调制，也就是说，将不同小波的所有波矢重新定向到相同的方向。如果所有的波都按平面波处理，则所引入的横向相移可忽略不计。对于真实、有限的光束尺寸，必须再次使用相同的平行光栅装置，使小波再次实现空间重组。这种做法的副作用是会让装置的拉伸系数加倍。12.1.3 节详细描述了这些装置。

对于具有超高峰值功率的激光器来说，需要获得最大拉伸/压缩系数（即拉伸脉冲长度与带宽受限制的脉冲长度之比），使放大器链中的通量达到最大。拉伸系数取决于光栅的谱线密度、中心波长以及脉冲带宽。大多数的宽带掺稀土激光材料需要有很大的拉伸系数（至少 10 000），以使放大器中的通量接近于或高于增益－饱和通量。

如果用这种方法选择光栅距离，以使未剪的光谱带宽是脉冲光谱半峰全宽（FWHM）的 2 倍，则最大拉伸脉冲长度 τ_{max} 仅与光栅尺寸 L 有关：

$$\tau_{max} = 2\frac{L}{c}\cos\alpha \tag{1.237}$$

其中，$\cos\alpha$ 是根据光栅衍射角得到的一个因子，在衍射光束平行于光栅表面这一不现实的情况下具有最大值 “1”；在利特罗情况下，即输入角和衍射角相等，此因子等于 2。在后一种情况下，光栅衍射效率通常为最大。对于具有近矩形槽形形状的全息金属包覆衍射光栅，研究表明当光栅常数大约为 $\sqrt{2\lambda}$ [1.2323]（得到 45° 的利特罗角）时，金属光栅在波长 λ 下能获得最佳衍射效率。这会导致大约 24 cm 的 SCP 具有最小光栅尺寸——当飞秒脉冲必须拉伸至 1 ns 时。原则上，当脉冲再次经过拉伸器或压缩器装置时，拉伸系数会增加，但同时也会造成损耗——这些损耗通常对于拉伸器来说可接受，但对于脉冲压缩器来说则不可接受。

要得到很大的光栅距离由此得到较长的拉伸脉冲，需要由匹配得很好的拉伸器和压缩器以类似于超宽带飞秒脉冲案例的精确度提供色散补偿，因为高阶色散项会随着低阶色散项一起增加。由于在大多数情况下望远镜光学器件的色差都太大，因此需要使用像 Öffner 三重态之类的无色差全反射设计方案[1.2324]。在特殊情况下，由拉伸器造成的色差可能有助于补偿放大器链中的激光－材料色散[1.2325]。

高能激光系统中压缩器所需要的光栅尺寸由生成的群延迟决定，以便再次压缩脉冲和必需的光栅尺寸，使压缩器适于光束直径。在压缩之前，激光光束必须扩展，使光束中的通量减小到远远低于压缩光学器件（尤其是光栅）的损伤阈值。对于用金属包覆的光栅，半皮秒脉冲的损伤阈值可能达到 0.5 J/cm^2 [1.2323]，但通常小于 0.25 J/cm^2。在压缩器装置中，这些通量会导致光强远远超过在正常压力下空气中的初始非线性效应。为防止脉冲自聚焦以及自分裂为白光丝，必须在真空容器中进行脉冲压缩。

在“飞秒－皮秒”区，金属涂层的损伤阈值与脉冲持续时间几乎无关，而在电介质中则相反，电介质的主要损伤机理与非线性吸收效应有关。对于比 100 fs 更长的脉冲，介电光栅可能能够大大改善总体性能[1.2326]。据报道，介电光栅的损伤阈值是镀金光栅的 2～4 倍。原则上，这些位于多层反射镜顶部的介电相栅能达到 100% 的－1 阶衍射效率[1.2327]，因此，介电相栅在高能高峰值功率激光系统中很受欢迎。

激光系统的峰值功率主要受衍射光栅尺寸的限制。一种解决办法是将相同的较小光栅添加到一个拼接光栅或拼贴光栅中。较小的光栅拼贴块必须一起进行相干调相，以便像一个整体一样工作。这种压缩器制造方法为高峰值强度激光器的进一步功率调节开辟了道路。研究人员在一个高能激光系统中演示了用拼贴光栅替代米级光栅之后将脉冲压缩至 650 fs 的情形[1.2328]，还利用六轴压电驱动底座通过调整两个 350 mm 宽镀金光栅的相位将一个啁啾 2 ns 脉冲压缩至 150 fs[1.2329]。

2. 具有高峰值功率的激光材料

在设计具有高峰值功率的激光系统时，一个至关紧要的问题是选择增益材料，要求增益材料具有较宽的带宽和较高的受激辐射截面。由于泵浦源的峰值功率受限，因此储能器的荧光寿命最好较长，荧光寿命越高，发射截面及/或增益带宽就越小。为实现高效放大，所提取的激光脉冲能量密度必须接近于增益介质的饱和通量。

图 1.264 描绘了从一些现有激光材料中生成高峰值功率的可能性。饱和通量的倒数与最短脉冲持续时间的倒数之积表明激光材料能够在最大带宽下获得较高的放大倍数。假设增益光谱为高斯型，则激光材料的发射截面、带宽和荧光寿命之间的相关性由下式给定：

$$\sigma_{\mathrm{em}}=\frac{c_0^2}{4\pi n^2\nu^2}\frac{1}{\tau_{\mathrm{f}}}\frac{\sqrt{\ln 2}}{\Delta\nu\sqrt{\pi}} \tag{1.238}$$

其中，c_0 为在真空中的光速；n 为折射率；h 为普朗克常数；ν 为中心频率；τ_{f} 为荧光寿命；$\Delta\nu$ 为带宽（FWHM）。通过将时间 – 带宽之积应用于高斯谱线形状，可以得到在相应荧光寿命内高峰值功率生成的判定标准，其中荧光寿命取决于激光波长 λ 和折射率 n：

$$\frac{\tau_{\mathrm{f}}}{t_{\mathrm{p}}F_{\mathrm{sat}}}\leqslant 4.26\times10^9\frac{(\lambda[\mu\mathrm{m}])^3}{n^2}\frac{[\mathrm{cm}^2]}{[\mathrm{J}]} \tag{1.239}$$

其中，饱和通量 F_{sat} 的公式为

$$F_{\mathrm{sat}}=h\nu/\sigma_{\mathrm{em}}$$

图 1.264 描绘了适于放大至高能级的材料。此外，在高增益和低增益之间还有一个最佳区，在那里很有可能会出现受激辐射放大问题和损伤问题。

最近，人们观察到低温激光材料可能有更强的性能，通过冷却至液氮温度，激光材料的光谱参数和热特性都能得到改善[1.2330]。例如，Ti：蓝宝石通过冷却能获得更高的效率和热导率。以 Yb 级系统为代表的准三能级系统在激光波长下具有更高的发射截面和更低的吸光度，因为低激光能级的粒子数受到了抑制[1.2331,2332]。可以看到，通过利用低温冷却的 Yb：YAG，在连续波激光器中可能会得到 100%的光子斜率效率[1.2333]，这意味着当高于激光阈值时，每个泵浦光子都会变成激光。当然，这在短脉冲放大器中是不可能的，因为短脉冲放大器的能量会以自发荧光和放大自发荧光的形式损失。

3. 具有高峰值功率的激光放大器方案

除一些关于利用高能量准分子激光器和即将出现的自由电子激光器在极短波长下生成高峰值功率的例子外，典型的科学激光器均基于上面描述的固态激光材料，而且都是光泵浦类型。由于需要用大量泵浦光子来使能级粒子数明显反转，因此泵浦方案只有三种：闪光灯、激光器和二极管激光器。由于二极管激光器不需要额外增强泵浦，因此这种激光器应单独介绍。对二极管激光器来说，有稳定的电流提供就足够了。

迄今为止，闪光灯是能获得高泵浦光子通量的最便宜的发生器。在过去，用闪光灯泵浦的固体激光器在单光束中产生的脉冲能量已增至 20 kJ。这类系统基于如下方案：用成捆的米级闪光灯来泵浦几个掺钕玻璃盘，这些玻璃盘按布儒斯特角布置在激光光束路径上，如图 1.265 所示。在美国的国家点火设施（NIF）[1.2334,2335]、法国的兆焦激光装置（LMJ）[1.2336]和日本的 Gekko[1.2337]等聚变激光器中，几束此类光束线被“捆”在一起，形成兆焦激光设施。这些光束线是第一批有能力生成拍瓦级激光脉冲的光

束[1.2321]。典型的此类激光器由一个双程主放大器和一个单程升压放大器组成。

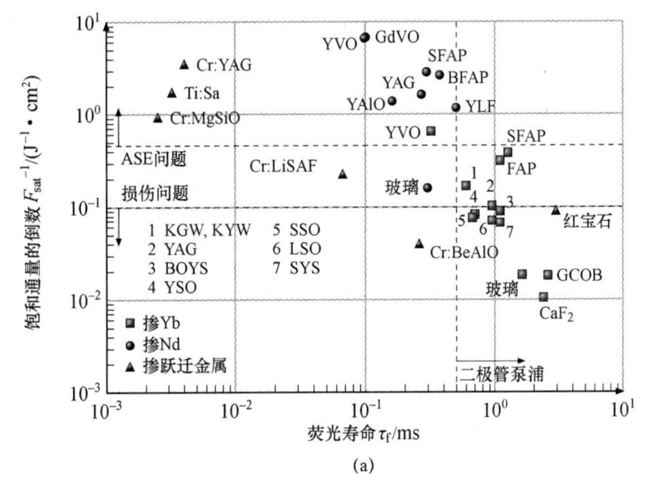

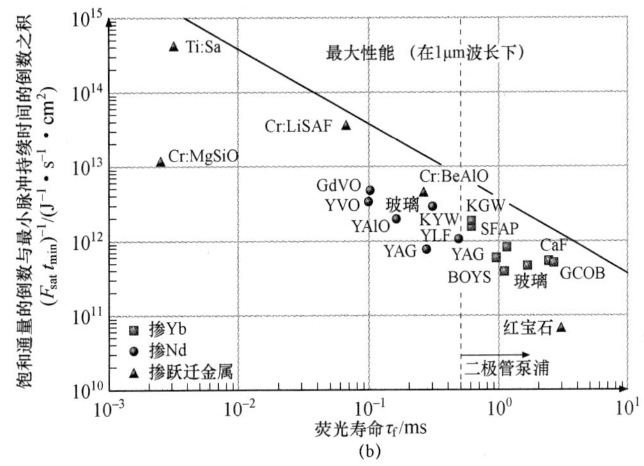

图 1.264 适于放大至高能级的材料

(a) 激光材料储存能量和产生高能脉冲的能力。饱和通量的倒数–荧光寿命图。当增益较高时，放大自发辐射(ASE)成为问题，而当增益较低时，损伤会限制高效的能量提取。如果荧光寿命超过某一极限，则有效泵浦将很有用。这个极限值用虚线表示。(b) 激光材料储存能量和产生高峰值功率的能力。饱和通量的倒数与最小可能脉冲宽度之积–荧光寿命 τ 图。不同的掺杂材料用不同的颜色做标记

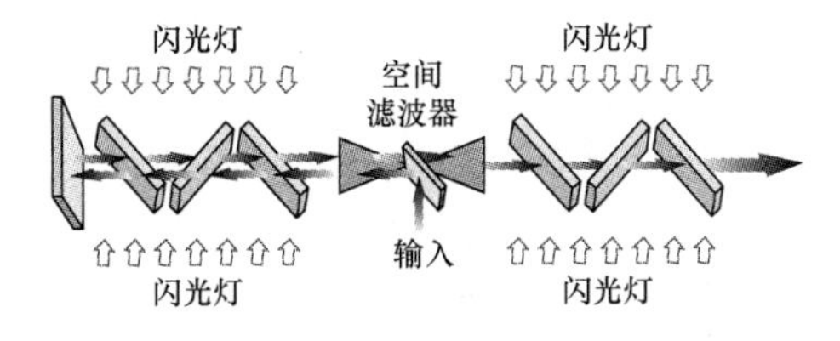

图 1.265 典型的闪光灯泵浦板条放大器配置。种子脉冲在双程放大器和单程升压放大器之间的空间滤波器处被注入

闪光灯泵浦方案的缺点是效率低，泵浦光子不仅在激光材料的吸收波长下能生成，在与激光发射过程无关的波长下也能生成。这样低的效率会导致大量热量残留在激光材料内部，而激光材料本身是不良热导体。这种圆盘配置的最大重复频率会随着光束直径平方的倒数而成比例增加，光束直径约为 10 cm 的放大器只能以每天发射几次的重复频率工作。利用这些系统进行等离子体效应的科学研究是极其困难且昂贵的。对于掺钕玻璃来说，如果只采用一种玻璃，则增益带宽会将最短脉冲限制在大约 400 fs。此外，混合钕：玻璃系统能够提供更宽的带宽，而且约 150 fs 的脉冲可放大到拍瓦级[1.2338,2339]。为了生成从 100 TW 到 PW 级的峰值功率脉冲，脉冲能量需要达到 10～100 J，需要用到通常不在高重复频率下工作的大型放大器。尽管如此，用这些激光器来泵浦 OPCPA（见下文）的方法为几周期脉冲的超宽带放大（至 10 J 能级）打开了大门[1.2340]。

用激光二极管作为泵浦源有助于缓解一部分这样的困难，因为激光二极管的发射光谱要窄得多，能够与激光激活介质的吸收谱线拟合，因此，被浪费的能量更少，残留在激光激活介质中的热量也更少。但能量转换效率达到 75%、连续波输出在 100 W 范围内的大功率二极管只能在红光和近红外光谱中获得，这些二极管基于含 GaAs 三元和四元化合物半导体的双异质结构。此光谱范围是掺稀土激光材料的首选泵浦波长，而在掺稀土激光材料中，Nd 和 Yb 最受欢迎。如果开发出了合适的高亮度二极管，则宽带增益材料（包括 Cr：LiSAF 之类的过渡金属）将吸引更多人的兴趣。如今，用二极管泵浦的红外倍频激光器已用于泵浦 Ti：蓝宝石——一种能放大最宽光谱并放大最短脉冲的激光材料。通过采用这种路线，在合理的重复频率下就有可能获得具有拍瓦级峰值功率的脉冲[1.2341]。

通过利用图 1.266（a）所示的边缘冷却式圆盘配置在 940 nm 波长下泵浦掺 Yb 氟化物－磷酸盐玻璃[1.2342,2343]，研究人员演示了用二极管泵浦方式将 150 fs 脉冲直接放大到焦耳级和 10 J 级的情形，因为这种高热导率晶体与玻璃相比更受欢迎。用于直接二极管泵浦式高强度激光系统一种有前景的材料是 Yb：CaF_2，目前这种材料已获得太瓦级峰值功率[1.2344,2345]。由于放大器效率是这些二极管泵浦系统中最主要的关注点，因此这种材料经低温冷却后也应用于超短脉冲放大[1.2346,2347]。

为满足实验者对更高重复频率的需求，必须为二极管泵浦固体激光器（DPSSL）开发出先进的冷却技术。图 1.266 显示了具有不同冷却结构的各种 DPSSL 泵浦方案。

板条激光器采用了图 1.266（b）～（d）中描绘的各种泵浦方案，用一个维度来提供较小的散热距离，这些方案有着不同的泵浦光提供方式。将这个概念扩展到二维空间，会得到未经冷却或只是像热容激光器［图 1.266（f）］那样经过辐射冷却的覆层泵浦光纤放大器［图 1.266（g）］。只要温度未达到某个程度[1.2348]，热容激光器就能够运行，这些激光器能提供短脉冲群。薄圆盘激光器能提供很高的平均功率，生成很好的光束轮廓，但难以扩大到更大的光束直径和更高的脉冲能量。一种折中方案是使用具有中等重复频率和相同配置的更厚的圆盘，较厚的圆盘不需要用多个泵浦光束行程来实现完全吸收，而且能提供比薄圆盘放大器更大的单程放大倍数。

尽管如此，多程泵浦仍是一种不需低温冷却就能提高三能级激光器效率的途径[1.2349]。

通过将几个薄圆盘放在一起，并使用放大器板条空隙进行气体冷却（就像图 1.266（h）中描绘的结构那样），可以得到与厚圆盘相等的增益和吸收，还能实现高效冷却。这类二极管泵浦激光器是在美国劳伦斯 · 利弗莫尔国家实验室开发的，叫作“水星”[1.2350]，能输出 65 J 能量，这是迄今为止所报道的、在 10 Hz 重复频率下从单个 DPSSL 中获得的最高纳秒脉冲能量。

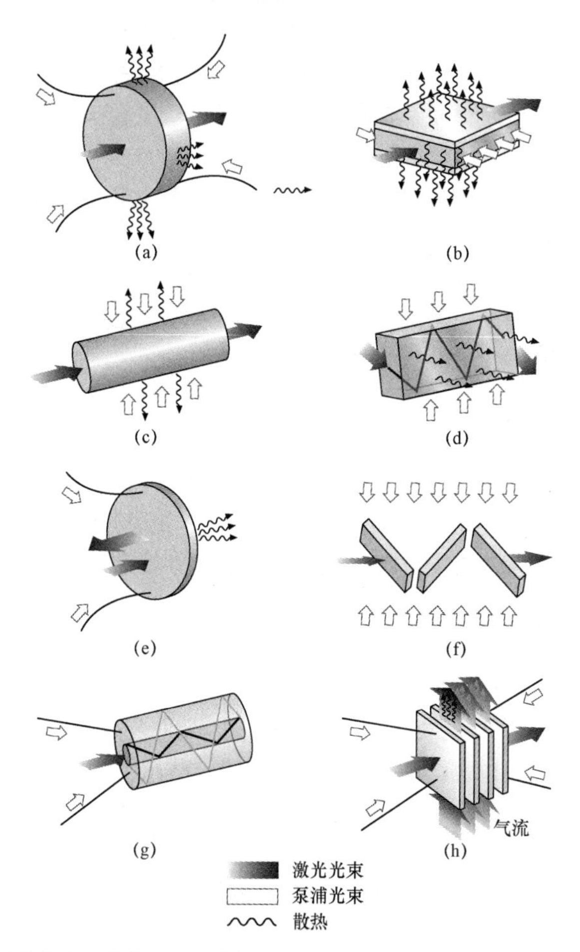

图 1.266　二极管泵浦的放大器方案。边缘冷却：（a）圆盘传导冷却，（b）横向二极管泵浦结构板条，（c）横向二极管泵浦板条。水冷：（d）锯齿形板条，（e）薄圆盘。无冷却：（f）热容激光器，（g）光纤放大器。气冷：（h）薄圆盘总成

借助于白色 YAG 棱镜上的一薄层低温冷却陶瓷 Yb：YAG，研究人员成功地利用图 1.234（d），（e）中方案的组合形式实现了纳秒脉冲的高效放大[1.2331,2332]。

在光纤中的传播长度长，可使激光场限制在掺杂放大纤芯里，从而在单程中得到较高的放大系数以及接近于理论极限值（由量子效率求出）的光 – 光转换效率。对于 TEM00 模辐射，CPA 的最大脉冲能量只有几毫焦。尽管如此，其平均功率仍可

能处于从几百瓦到千瓦的范围内。为了使飞秒振荡器提供的低能种子脉冲达到较高的出光效率，设计采用了多程放大器或再生式放大器。多程放大器具有各种各样的几何形状。所有的脉冲参数（例如偏振方向或传播方向）都可用于将脉冲与连续激光行程分离，最终实现出耦合。

再生式放大器是带有一个有源元件（在大多数情况下是快速切换普克尔斯盒）的种子振荡器，当激活介质的增益饱和时，普克尔斯盒能够提取放大的脉冲。由增益饱和和光束质量带来的稳定性对再生式放大器是有益的，其中，光束质量可通过激光腔中的连续空间滤光来保证。再生式放大器的缺点是在出光前因激光在往返时从腔中泄漏会生成前脉冲，而且在色散材料中光程长度较长——后者必须通过 CPA 系统的 SCP 来补偿。

大功率激光放大系统的最后一部分是一个具有较低程数或仅为单程的升压放大器。为了高效地提取能量，在整个光束直径上必须达到饱和通量，其结果是得到一种“顶帽”式光束轮廓，即中间的通量相同，边缘的通量陡增。在具有较长传播距离的增益介质中，这种光束轮廓可在传播距离与光程长度相同之后获得。光阑填满未得到保证——几乎不会影响放大器的总体效率。对于在激活介质中具有较短脉冲传播距离的放大器来说，种子脉冲本身必须从高斯形状变成“顶帽”形状，一种简单的实施办法是在波纹光阑处衍射[1.2351]。

由于“顶帽”光束与高斯光束不同，会边传播边改变轮廓，因此这种光束必须将生成的图像传递给激光系统中的连续光学元件，以避免热点和激光损伤。在大功率激光系统中，这种中继成像常常与光束扩展器和空间滤波相结合[1.2352]。

4. 宽带光参量啁啾脉冲放大

在生成高能宽带脉冲时，可以不采用传统的激光放大器，而是使用参量放大过程（OPA）。在这个二阶非线性相互作用过程中，一个泵浦光子被分裂成一个信号光子和一个闲波光子。此过程与和频发生过程相反。能量守恒定律要求信号频率与闲频之和等于泵浦频率，此外，动量守恒的实现保证了相关波在传播经过非线性介质时的相干性，后者称为“相位匹配”。非线性介质必须为晶体，才能具备二阶非线性并实现相位匹配。相位匹配条件也决定着信号波和闲波的波长。

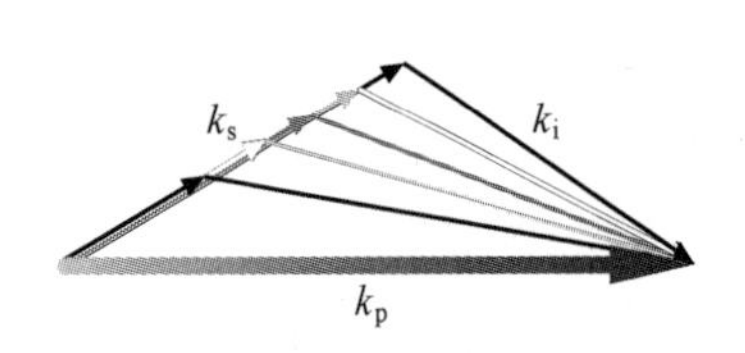

图 1.267　宽带光参量放大方案。为了利用窄带泵浦在参量非线性光学过程中实现宽带信号放大，在晶体中不同的闲波波长应当有不同的传播方向，以达到相位匹配条件，同时所有的信号波都共线传播

在泵浦波、信号波和闲波的某一方向上，只能生成一种波长组合。为了利用窄带泵浦对信号输入波进行宽带放大，在晶体中不同的闲波波长应当有不同的方向。图 1.267 描述了这种原理。如果信号光束是啁啾拉伸脉冲，则这种原理叫做“光学啁啾脉冲放大”（OPCPA）[1.2353－2356]。

通过利用 OPCPA 方案，能量可从窄带纳秒脉冲转移到拉伸宽带信号脉冲[1.2357－2360]。因此，超短脉冲的放大问题被分解为两项任务：一是放大高能量激光脉冲，二是实施宽带 OPA。通过将 OPCPA 与传统的激光泵浦 CPA 做比较，可以发现 OPCPA 有几个优势。首先，非线性晶体不储存能量，因此除寄生吸收外，晶体中不会有能量损失，在整个过程中也不会产生热量。这个事实使得放大器很容易放大高重复频率，而不会因热效应导致相位畸变。由于不需要与电介质的能级产生共振，因此在任何中心波长下都能产生很大的带宽。结果表明，OPCPA 可以放大短于 10 fs 的脉冲。通过在足够的光强下使用具有较高非线性光学系数的晶体（例如最具代表性的晶体 BBO），单程能将信号放大很多个数量级。在这种情况下，不需要再生式放大器，由再生式放大器导致的脉冲泄漏问题也就消失了。放大持续时间仅为泵浦脉冲经过晶体的时间，因此前脉冲和后脉冲以及背向反射脉冲不再放大。通过利用 OPCPA 技术，脉冲对比度可能会更高。放大的信号光束与输入信号类似，高能量泵浦的无用相位畸变与闲波光束（例如图 1.268 中的不同 $\boldsymbol{k}$ 矢量）一起被带走。

为了利用所有这些优势，需要周密地设计 OPCPA。例如，如果 OPCPA 阶段被驱动至最大放大倍数且开始饱和，则信号强度变化对输出的影响会减小，但泵浦强度变化会转移到放大的光束上。此外，在噪声中会开始生成信号波和闲波——这个问题与传统激光放大器中的放大自发辐射（ASE）类似。为了让这种效应最小化，泵浦脉冲长度应当不超过种子信号脉冲，而且需要达到理想的同步状态——这对于皮秒脉冲来说极具挑战性。相反，皮秒脉冲在固定通量下能提供更高的光强，使所需要的晶体长度减小，由此带来的优势是不需改变晶向就能增加放大带宽。在不同的相关波长下可能会产生更多要求，例如吸收或者由信号波束或闲波波束生成二次谐波等。

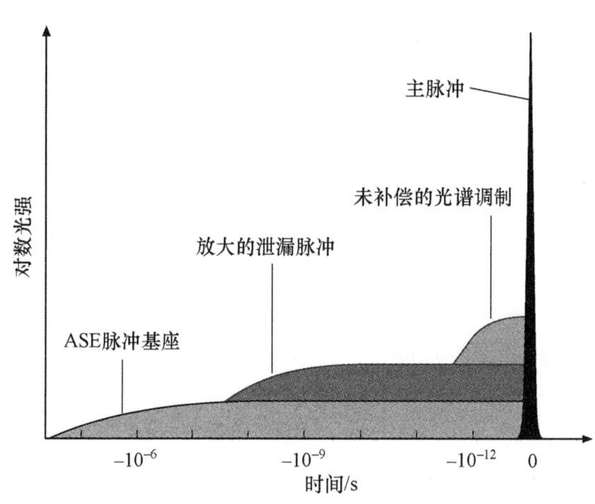

图 1.268 典型的脉冲对比度特性。主要的飞秒激光脉冲之前通常是放大受激辐射（ASE）、放大前脉冲和未压缩啁啾

尽管如此，OPCPA 技术能够让所有相干高能量光源实现超短脉冲，使之发射纳秒脉冲和皮秒脉冲，然后将这些脉冲传输到具有超高峰值功率的激光系统。研究人员最近演示了基于大光阑 KDP 晶体中 OPCPA 的 0.56 PW a 43 fs 激光系统[1.2361]。这些晶体用于制作聚变激光系统中的普克尔斯盒和变频器，能够随着米级光阑一起生

长，原则上可以实现多拍瓦功率调节[1.2362,2363]。

5. 高级实验对脉冲制备的高需求

在通过激光器使电子和光子加速时，需要大约 10^{20} W/cm^2 的光强度。这比非线性效应和原子离子化发生时的光强高出了很多个数量级，这会导致由激光器的低强度背景辐射触发的库仑爆炸——甚至在低密度靶（例如气体）中也会如此。前脉冲激光和靶之间的这种相互作用严重影响了实验结果[1.2364]。为防止在激光脉冲的主要部分到达之前靶被损坏，必须将激光输出从领先的基座脉冲中清除。图 1.268 中显示了典型的激光脉冲特性。其中的长期前脉冲基座是由激光激活材料的 ASE 造成的，ASE 的持续时间与激光材料的荧光寿命密切相关。另外，再生式放大器常常被用作放大器链中的第一个装置，始终含有之前腔内往返行程中泄漏的一些脉冲。这些脉冲在连续的多程放大器和升压放大器中再次被放大，在靶上生成高能量前脉冲。最终，基于材料色散的非带宽受限脉冲再压缩、波长剪短、拉伸器和压缩器装置中的色差以及无补偿的高阶色散项导致在频域滤波短脉冲中得到 12.1 节所示的前脉冲和基座脉冲。

研究人员已采用了多种方法来去除这种无用的前脉冲激光。首先，总的放大倍数被分成多级放大倍数，而且有可能进行时域/空间脉冲滤波。为达到此目的，采用了快速普克尔斯盒[1.2365]和空间滤波器，并通常与光束扩展器结合使用。空间滤波器和光阑能防止自发辐射的荧光传播到后面的放大器。这些措施常常能显著改善脉冲对比度[1.2366]。

有助于获得高光强的非线性光学效应也可以加以利用。这种情况的例子有可饱和吸收器和激光脉冲开关栅。在采用矩形泵浦脉冲时，OPCPA 本身就是这样一种光栅。因此，在 OPCPA[1.2367]中的前脉冲抑制可达到与其增益一样高。

可饱和吸收器和自相位共轭镜可用于纳秒激光系统。在啁啾脉冲放大系统中使用这些装置时，需要在滤波前压缩脉冲，而在滤波后拉伸脉冲。这使得这些装置仅适用于低能量脉冲，或者当需要很大的拉伸系数时会导致其不能使用。尽管如此，交叉极化波生成（非线性光学自开关的一种变型）最近成了大功率激光系统中最令人关注的对比度增强方法[1.2368,2369]，因为这种方法甚至在几周期脉冲中都可能应用[1.2370]。这种方法带来的效应是双重的：一是脉冲光谱缩短，二是脉冲和 ASE 背景噪声之间的对比度增加。

在最终脉冲再压缩之后，非线性效应也可以使用。其中一种可能性是通过二次谐波生成来转换频率；另一种具有高效率、低损耗的前脉冲抑制方法是采用等离子体反射镜[1.2371]。由于激光器必须聚焦，因此需要将完美透射型电介质放置在光束焦点附近。脉冲前沿被透射，直到光强达到离子化阈值为止。在这一步，随着电子密度增加，会生成一个等离子体，等离子体出现时的时标使得等离子体不能扩展。如果等离子体频率与激光频率匹配，则该等离子体将成为完美的反射镜，将主脉冲反射到靶上。通过利用一面等离子体反射镜，拍瓦级激光器的对比率可提高大约 100 倍[1.2321]。

在用具有超高光强的激光器做实验时，需要将高峰值功率激光器聚焦到一个很小的光斑上，光束谱线的相位畸变会使焦平面内的最小光斑尺寸大大增加。自适应反射镜可用于修正波阵面[1.2372]。闭环系统使得超短脉冲的近衍射限制聚焦成为可能[1.2373,2374]。如今，这些方法使得太瓦级和拍瓦级激光系统的光强能处于 10^{20} W/cm^2 范围内。

1.13.2　相对论光学器件和激光粒子加速

与经典光学（甚至经典非线性光学）相比，在 10^{20} W/cm^2 的光强下光与物质的相互作用发生了很大变化。在 10^{13}～10^{15} W/cm^2 的光强下，物质被电离，高强度激光脉冲与动态演变的等离子体之间相互作用。在等离子体中，光与物质之间相互作用的主要机理是光与自由电子的相互作用。

在经典光学中，光与物质之间的相互作用以下列方式描述：电磁波的电场在束缚态电子或自由电子上施加一个力，这些电子随着波频率而振荡。然后，根据材料中的电子运动诱发的振荡偏振方向与驱动电场之间的相关性，可得到材料的线性/非线性光学常数。虽然这种现象从本质来看属于经典光学，但总体描述了光–物质相互作用的量子力学。

光–物质相互作用的这种经典描述基于两个对足够低的光强适用的假设条件：

（1）由电磁波的磁场施加给电子的力可以忽略不计；

（2）电子的振荡速度与光速相比较小。

这两种近似法的分解标志着相对论光学的开始，而相对论光学立足于对电磁波–物质相互作用的全相对论描述。

1. 在电磁波中的电子相对论运动

首先，要考虑在电磁波场中的自由电子运动方程：

$$\frac{\mathrm{d}}{\mathrm{d}t}(\gamma m\dot{\boldsymbol{r}}) = -e(\boldsymbol{E} + \dot{\boldsymbol{r}} \times \boldsymbol{B}) \qquad (1.240)$$

其中，t 为时间；m 为电子静止质量；$\dot{\boldsymbol{r}}$ 为电子速度；e 为元电荷；$\boldsymbol{E}$ 为电磁波中的电场；$\boldsymbol{B}$ 为电磁波中的磁场

$$\gamma = (1 - |\dot{\boldsymbol{r}}|^2 / c^2)^{-\frac{1}{2}}$$

其中，c 为真空中的光速。对于频率为 ω、波数为 $k = \omega/(c)$ 并在 z 向上传播的平面电磁波，插入 $\boldsymbol{E} = \boldsymbol{E}_0 \cos(\omega t - kz)$；由于 $\nabla \times \boldsymbol{E} = -\partial \boldsymbol{B}/\partial t$，可以得到：$|\boldsymbol{B}| = |\boldsymbol{E}|/c$；在求解方程（1.240）之前，引入如下归一化量：$\hat{t} = \omega t$，$\hat{z} = z\omega/c$，$\boldsymbol{\beta} = \dot{\boldsymbol{r}}/c$，$a_0 = eE_0/(m\omega c)$。然后用分量改写方程（1.240），并假设电场在 x 向上为线性偏振：

$$\begin{cases}\dfrac{\mathrm{d}}{\mathrm{d}\hat{t}}(\gamma\beta_x)=a_0(1-\beta_z)\cos(\hat{t}-\hat{z})\\ \dfrac{\mathrm{d}}{\mathrm{d}\hat{t}}(\gamma\beta_y)=0\\ \dfrac{\mathrm{d}}{\mathrm{d}\hat{t}}(\gamma\beta_z)=a_0\beta_x\cos(\hat{t}-\hat{z})\end{cases} \tag{1.241}$$

虽然方程（1.241）可在更普遍的初始条件下求解，但在这里将给出当电子一开始静置于坐标系原点时的解，例如，$\boldsymbol{r}(0)=0$ 且 $\dot{\boldsymbol{r}}(0)=0$，其中相位参数 $\Theta=\hat{t}-\hat{z}$，

$$\begin{aligned}&\hat{x}=a_0(1-\cos\Theta)\\&\hat{y}=0 \qquad\qquad 且\\&\hat{z}=\frac{a_0^2}{4}\left(\Theta-\frac{1}{2}\sin 2\Theta\right)\end{aligned}$$

$$\gamma^2=1+\frac{a_0^2}{2}\sin^2\Theta \tag{1.242}$$

在图 1.269 中，电子运动在以下两个不同的坐标系中显示：

（1）实验室坐标系；

（2）电子的平均静止坐标系，这是一个在 $\hat{z}'$ 方向与电子一起运动的坐标系，其中坐标 $\hat{z}'$ 由 $\hat{z}'=\hat{z}-a_0^2/4\Theta$ 求出。

很显然，在全相对论情况下电子的运动与经典理论情境中的电子运动截然不同，其中方程（1.240）的解是在 $\gamma=1$ 和 $\boldsymbol{B}=0$ 条件下求出的。

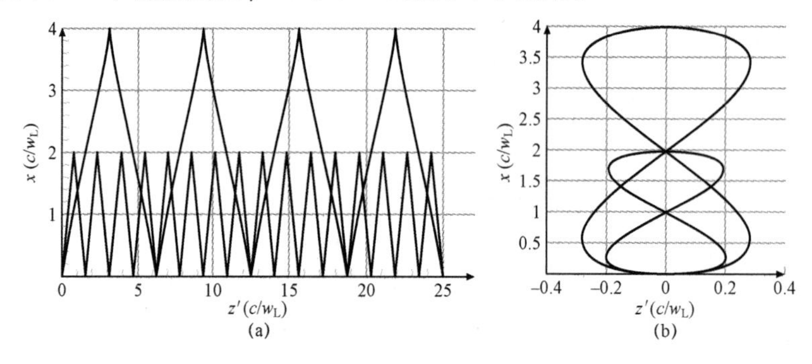

图 1.269　不同场强的激光对应的自由电子轨迹

（a）当激光场强不同时，即 $a_0=1$ 和 $a_0=2$（在实验室坐标系中针对初始条件 $\theta_{in}=0$ 和 $\beta_{z0}=0$ 计算出的），在电磁行波中自由电子的轨迹；（b）在移动坐标系中的电子轨迹（用主坐标表示）表现出"8"字形运动特性，激光场强和初始条件与（a）相同

就像在经典案例中那样，电子在 $\hat{x}$ 方向（振荡电场的极化方向）周期性地振荡。但与在经典案例中不同的是，电子还在 $\hat{z}'$ 方向（电磁波的传播方向）加速。电子运动的幅度取决于参数 a_0，即无量纲的电场强度[1.2375]。在经典案例中，$\gamma=1$，$\boldsymbol{B}=0$（在高速下当然就变得不准确了），条件 $a_0=1$ 相当于获得了最大振荡速度 $\dot{\boldsymbol{r}}=c$ 的电子。因此，$a_0\ll 1$ 相当于经典案例 $|\dot{\boldsymbol{r}}|\ll c$，而 $a_0\gg 1$ 描述了电子的极端相对论运动。在实践中，由下式给定；在实际单位中，a_0 由下式给出

$$a_0^2 = \frac{I\lambda^2}{1.37\times10^{18}\,(\mathrm{W\cdot cm^{-2}\mu m^2})} \tag{1.243}$$

其中，I 为光强；λ 为波长。当光波长为 $\lambda\approx1$ μm 时，高于 $I\approx10^{18}$ W/cm² 的光强叫做“相对论光强”。在极端相对论情况（$a_0\gg1$）下，电子在一次电场振荡期间在 $\hat{z}$ 方向上的行进距离比在 $\hat{x}$ 方向上的漂移距离大得多；而在弱相对论情况（$a_0\leqslant1$）下，这种情形则完全相反。在电磁波传播方向上的电子加速似乎与通过能量守恒和动量守恒定律推导出的一个众所周知的事实相矛盾，即：自由光子不能使自由电子加速。事实上，如果考虑到光脉冲，则电子会在脉冲的上升部分获得动能，然后在脉冲的下降部分再次将动能释放给电磁波。在脉冲离开后，电子会在脉冲传播方向上移动，但没有获得与能量守恒定律和动量守恒定律一致的净能量。但如果电磁波场突然关掉而电子还在传播方向上移动，则电子不能将其能量返还给电磁场，而是仍然持有从电磁场中获得的能量。电磁场的开关可通过在较陡的等离子体梯度上屏蔽电磁场或通过导沟来实现。

运动方程（1.241）的第二个有趣的特征是在 $\hat{x}$ 和 $\hat{z}$ 方向上电子的非谐振振荡运动——这在共动参考系中最明显 [图 1.269（b）]，这意味着电子不仅在驱动电磁波的频率下辐射，而且还会发射其他频率。虽然当 $a_0\leqslant1$ 时，光谱主要包含偶次（在 $\hat{z}$ 方向上偏振）和奇次（在 $\hat{x}$ 方向上偏振）谐波，但在较高的光强（$a_0\geqslant1$）下空间/光谱发射模式变得很复杂。这种现象叫做“非线性汤姆森散射”，已在实验中观察到过。

2. 有质动力

被激光电磁场驱动的电子的总能量由下式求出：

$$E(\boldsymbol{r},t)=\gamma(\boldsymbol{r},t)mc^2 \tag{1.244}$$

由于 γ 与电子速度$|\dot{\boldsymbol{r}}|$相关，因此电子总能量将在激光波长的长度标度上以及激光频率决定的时间标度上广泛变化。如果对电子的快速运动（主要是振荡运动）不感兴趣，可以在时间上求平均值，得到

$$\langle\gamma(r)\rangle=\sqrt{1+\frac{a_0^2(\boldsymbol{r})}{2}} \tag{1.245}$$

$a_0^2(\boldsymbol{r})$ 中显示的缓慢空间相关性可能是由光强在激光光束焦点上的光强变化造成的，光强变化出现的长度标度通常比波长大得多。

时均能量的空间相关性将产生一个力，叫做“有质动力”：

$$\boldsymbol{F}_{\mathrm{p}}=-\nabla\langle E(\boldsymbol{r})\rangle=-mc^2\nabla\langle\gamma(\boldsymbol{r})\rangle \tag{1.246}$$

这个力将作用于在激光强度较高的空间区域内振荡的微粒，将这些微粒推入激光强度较低的区域。在这方面，考虑有质动力的弱相对论极限是很有指导意义的。通过利用 a_0 的定义，在 $\langle\gamma\rangle-1\ll1$ 情况下推导出

$$F_{\mathrm{p}}=-\frac{e^2}{4m\omega^2}\nabla E_0^2(\boldsymbol{r}) \tag{1.247}$$

在经典极限下，这构成了电子在激光场中振荡时时均动能的梯度[1.2376]。

另外一种考虑有质动力的方式是将高激光强度区视为高电磁能量密度区 $W=\varepsilon_0 E^2(r,t)/2$，高电磁能量密度代表着一种将电子从高压力区推向低压力区的压力。

3. 相对论激光等离子区和相对论沟道的光学性质

当具有相对论光强的激光强脉冲传播并穿过由具有低原子序数的原子组成的气体（例如氢气或氦）时，激光脉冲的上升部分会使气体完全电离，同时激光脉冲与完全电离的等离子体相互作用。例如，当光强为 10^{16} W/cm^2 的几倍时，氦完全电离，而相对论光强通常超过 10^{18} W/cm^2。完全电离的等离子体的介电常数由下式求出：

$$\varepsilon_r = 1-\frac{\omega_p^2}{\omega^2} \tag{1.248}$$

其中，$\omega_p^2 = e^2 n_e/(\varepsilon_0 \gamma m)$，$n_e$ 是电子密度。

基于一种合理的假设，即激光脉冲的持续时间小于 1 ps，电子密度 $n_e \leqslant 10^{22}$ cm^{-3}，在此已将碰撞忽略不计。应当注意的是，在相对论等离子体中，等离子体频率 ω_p 取决于 γ，因此也取决于激光强度。当等离子体频率 ω_p 超过激光频率 ω 时，对电子密度而言，介电常数为负。在非相对论情况（$\gamma=1$）下，临界电子密度 n_{crit} 通过条件 $\omega_p^2=\omega^2$ 来定义，于是得到[1.2376]

$$n_{crit} = \frac{\varepsilon_0 m \omega^2}{e^2} \tag{1.249}$$

当电子密度 $n_e \geqslant n_{crit}$ 时，等离子体称为“致密等离子体”；而当 $n_e \leqslant n_{crit}$ 时，等离子体为欠密。当用实用单位表示时，临界电子密度为 $n_{crit}=1.1\times10^{21}$（1 μm/$\lambda$）^{2} cm^{-3}。通过利用这个定义，介电常数可改写成

$$\varepsilon_r = 1-\frac{n_e}{\gamma n_{crit}} \tag{1.250}$$

当 $\varepsilon_r \geqslant 0$ 时，电磁辐射光在介质中传播；而当 $\varepsilon_r \leqslant 0$ 时，会被介质反射。因此，光传播的条件为 $n_e/\gamma \leqslant n_{crit}$。

等离子体的折射率为：$n=\sqrt{\varepsilon_r}$。在欠密等离子体中，n 是实数，激光脉冲会传播。但 n 是光强的一个复杂函数，原因有两个：

（1）在传播激光脉冲的中心，光强较高。因此，有质动力将电子推离中心，脉冲中心的电子密度减小，使折射率增加。

（2）位于中心的剩余电子在激光场中获得的能量比位于激光光束边缘的电子获得的能量更高，使 γ 进一步增加，因此激光光束中心处的折射率增大。

这意味着，相对论激光脉冲会通过激光的自聚焦来自行调制折射率，就像在非线性光学中的其他自聚焦现象那样，这里的自聚焦被衍射抵消，因此自聚焦取决于临界功率而非光强。激光脉冲与完全电离的等离子体相互作用，因此当其总功率大

于临界功率 P_{crit} 时，会发生自聚焦[1.2377]：

$$P \geqslant P_{\mathrm{crit}} = \frac{8\pi\varepsilon_0 m^2 c^5}{e^2}\frac{n_{\mathrm{crit}}}{n_{\mathrm{e}}} = 17.4\mathrm{GW}\frac{n_{\mathrm{crit}}}{n_{\mathrm{e}}} \tag{1.251}$$

由衍射导致的散焦和由非线性效应导致的自聚焦之间的动态平衡使得在等离子体中出现高强度激光脉冲的导向效应，叫做“相对论沟道效应”，这种现象已在实验中观察到。图 1.270 为典型的实验装置。

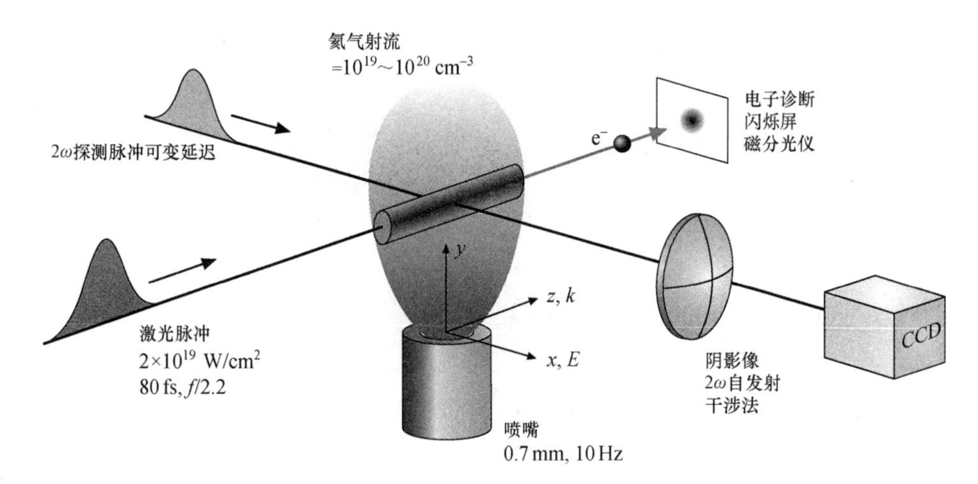

图 1.270　实验装置。主脉冲在几倍于 19 W/cm² 的光强下被聚焦到脉冲氦气射流中，由于相对论自聚焦，形成一个相对论沟道。通过分解一部分主脉冲并对其进行倍频，得到了一个探测脉冲。这个探测脉冲用于在 100 fs 探测脉冲持续时间确定的时间范围内对激光－等离子体之间的相互作用成像，并观察这种相互作用。在相对论沟道中被加速的电子以磁谱和核子反应为特征

在大约 2×10^{19} W/cm² 的光强下，将总功率为 8 TW 的 Ti：蓝宝石激光（$\lambda = 800$ nm）聚焦到从一个喷嘴中喷出的、具有极典型气体密度分布的氦气射流中（图 1.271）。

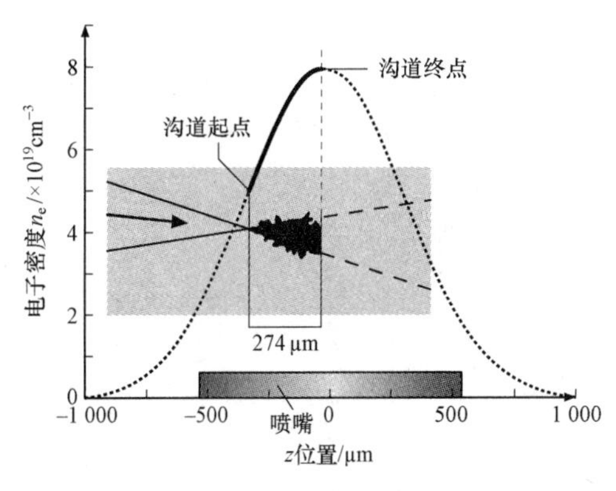

图 1.271　在喷嘴上方的横向等离子体密度分布呈现出高斯形状（虚线）。沿沟道方向的密度以及沟道位置用粗线表示。此插图显示了在相同空间区域中观察到的相应沟道。发射光的延长线表明沟道长度为 274 μm，大约为激光瑞利长度的 12 倍。相对论沟道始于最陡的密度梯度附近，止于最大密度附近（grad $n_{\mathrm{e}} = 0$）

图 1.271 显示了相对论沟道，其延伸长度大约为 300 μm，大约相当于激光聚焦光学器件的 15 个瑞利长度。在沟道的起点，电子密度达到 5×10^{19} cm^{-3}。当 $\lambda=800$ nm 时，临界密度为 1.7×10^{21} cm^{-3}。因此，总激光功率为 8 TW，大大超过了由式（1.251）得到的临界功率 $P_{crit}\approx0.6$ TW，预计能观察到相对论沟道效应。此外，在 $\lambda=400$ nm 波长下的探测脉冲用于对沟道内的电子密度进行干涉测量（图 1.270）。图 1.272 给出了在沟道起点处整个沟道横截面的电子密度分布，很明显，由于有质动力造成电子被逐出，沟道中心的电子密度较低，这个结果还为相对论沟道的导向结构提供了直接的证据。

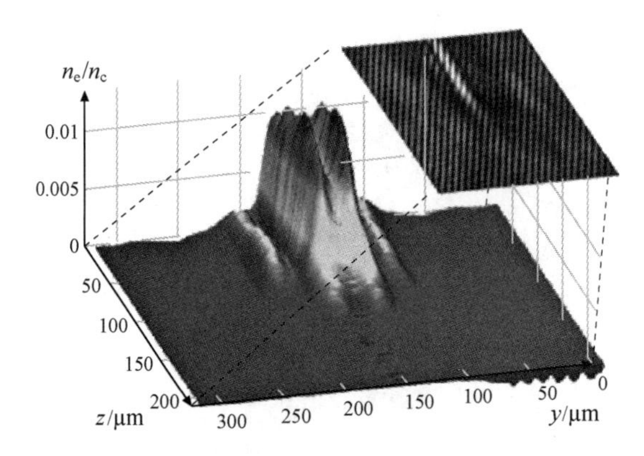

图 1.272　沟道起点处的等离子体密度通过干涉测量来确定。沟道壁内的电子密度值上升至 n_e（壁）$=6\times10^{19}$ cm^{-3}。右上角中的图像表示干涉图，由此图获得等离子体密度

最后，应当注意到，相对论机制中的光学器件总是非线性的。由于有质动力和光强与电子质量相关，因此折射率总是取决于光强。

4. 电子加速

由于在激光－等离子体相互作用的相对论机制中带电粒子可能被加速至很高的能量，因此在相当长的一段时间里，激光等离子体都被公认为是强场小型加速器的理想介质。作为一种电离介质，等离子体承受的电场可能比用传统加速器技术产生的电场高得多。在传统加速器技术中，材料击穿时的电场极限小于 100 MV/m；但在激光等离子体中，可能会产生 TV/m 级的电场。

在过去 20 年里做的很多实验中，研究人员发现了各种各样的加速机制。下面，本书将简要描述精选的一些机制，重点是那些只需要单个激光脉冲就能使一开始静止的电子加速至相对论能量的加速方案。所有这些方案都有一个共同点：将一个激光脉冲聚焦到气体射流中，生成欠密等离子体（图 1.270）。

（1）激光尾波场加速。当相对论激光脉冲撞击等离子体时，有质动力会在横向和轴向两个方向上驱逐电子。从激光脉冲中被反向逐出的电子会导致形成一种叫做“激光尾波场”的等离子体波（图 1.273）[1.2378]。

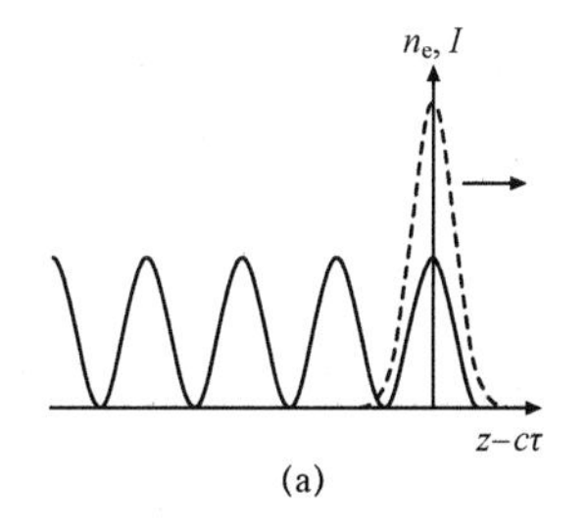

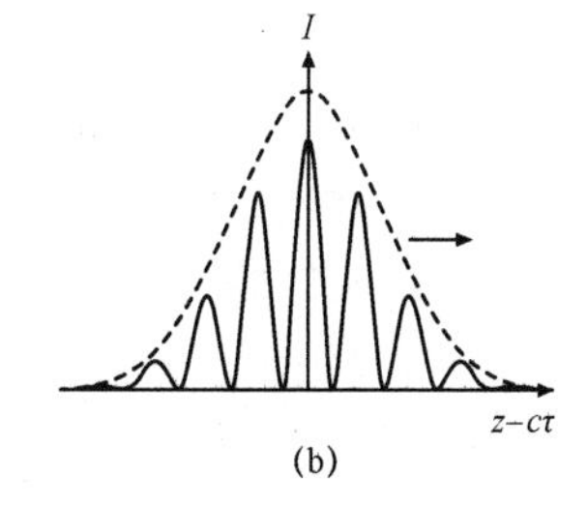

图 1.273　激光尾波场等离子体波

（a）LWFA：短激光脉冲（$c\tau \leqslant p$）——用虚线表示——驱动着等离子体波；（b）SM－LWFA：一开始很长的激光脉冲（虚线）分解成一串符合 LWFA 条件并以共振方式驱动着等离子体波的更短脉冲（根据文献[1.2377]）

等离子体波跟随在驱动激光脉冲后面，其相速度由激光脉冲群速决定。与等离子体波有关的电场如今为纵向场。电子能在等离子体波上运动，并在激光传播方向上加速至相对论能量，这个过程叫做“激光尾波场加速”（LWFA）。

当激光脉冲长度 $c\tau$（其中 τ 是脉冲持续时间）比等离子体波长 $\lambda_p = 2\pi c/\omega_p$ 短时，LWFA 过程的效率最高。

图 1.273（a）描绘了这个状态。当很多电子获得的速度接近于等离子体波的相速度时，会出现波破。快电子在等离子体波的尾波上“冲浪”。

（2）自调制激光尾波场加速。如果激光脉冲长度比等离子体波长更长，即 $c\tau \geqslant \lambda_p$，则激光脉冲会遭遇自调制不稳定性。激光脉冲的前沿驱动着一个等离子体波，等离子体波的电子密度调制反过来又代表着折射率的周期性调制。等离子体波的电子密度调制作用于长激光脉冲，因此脉冲进行自调制，分解成一连串短脉冲［图 1.273（b）］。此时，这些短脉冲达到了 LWFA 条件，能以共振方式驱动等离子体波。自调制激光尾波场加速（SM－LWFA）不如纯 LWFA 那样高效，但仍能产生高能量，甚至还可能生成准单能电子束。

（3）直接激光加速。另一个在本质上与尾波场加速截然不同的加速过程是与相对论沟道的形成密切相关的直接激光加速（DLA）过程。有质动力对电子进行驱逐，使其离开激光光束轴线，同时产生一个径向准静态电场，沿着激光传播方向加速的电子产生一个方位角磁场，这两个场结合后，得到相论对电子的一个有效势阱。被俘获在这个势阱中的电子将在 $\omega_\beta = \omega_p/(2\sqrt{\gamma})$ 的频率（即电子感应加速频率）下振荡。如果被俘获的电子沿着激光传播方向以足够快的速度移动，激光振荡将可能与电子坐标系里的电子感应加速振荡同相。

在这种情况下可能实现高效的能量耦合。电子在这个过程中获得的能量直接来源于激光场，因此“直接激光加速”这个名称是合适的。

（4）空泡加速。最重要的激光尾波场加速机制是 2002 年在粒子网格（PIC）模拟的基础上提出的空泡加速[1.2379]。据当时预测，短（$\tau \leqslant 7$ fs）激光脉冲和强（$a_0 \geqslant 1$）激光脉冲能产生具有 GeV 级能量的准单能电子。

有质动力在这种加速机制中也起着重要作用。在共动参考系（与等离子体中传播的激光强脉冲一起运动）中，电子在纵向和横向方向上都被驱离脉冲中心。结果表明，在激光脉冲后面形成了一个低电子密度区，叫做“空泡”。电子围绕这个空泡流动，并从背面再次进入空泡。通过用这种方法，在纵向方向上会产生一个达到 TV/m 级的强电场，导致高效电子加速。

（5）实验。研究者已做了很多激光加速实验，这些实验主要是用图 1.270 中所示的实验设备来做的。最初，利用符合以下比例法则的电子温度，得到拟指数电子光谱：

$$kT_e \approx mc^2\left(\sqrt{1+\frac{a_0^2}{2}}-1\right) \tag{1.252}$$

这相当于在激光场中的电子动能。这些指数光谱不仅在欠密等离子体中观察到了，在激光–固体相互作用时遇到的超密等离子体中也观察到了[1.2380]。在典型光强 $I=10^{20}$ W/cm² 以及 $\lambda=1$ μm，$a_0=8.5$ 条件下，从式（1.252）中求出 $kT_e\approx2.6$ MeV。

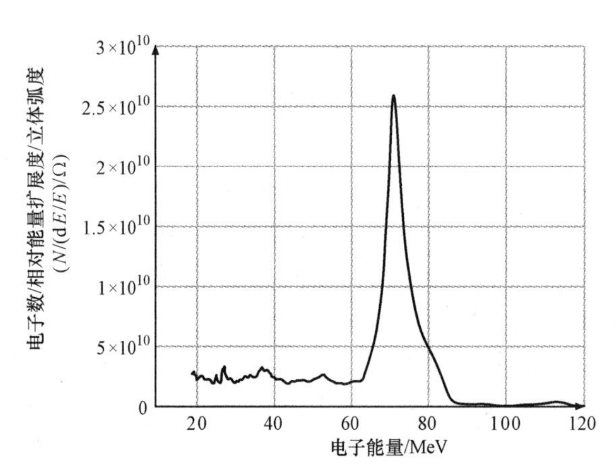

图 1.274　在与图 1.264 中装置类似的实验装置中生成的单能量电子光谱（根据文献［1.2383］）

但还有可能会生成单能量电子光谱。根据数值模拟的预测结果，持续时间短的大功率弱聚焦激光脉冲可能达到空泡机制。虽然用实验方法还没有达到纯空泡机制的要求，但实验表明在 LWFA 和空泡加速之间的过渡状态下，可能会产生单能量电子光谱[1.2381－2383]。图 1.274 显示了典型的早期实验结果。

在过去 10 年里，研究人员从实验和理论角度开发了这种方法。等离子体中的激光脉冲导引不仅采用了激光脉冲的相对论自沟道效应，还得到了在放电管的人造等离子体沟道中其他导引机制的支持。通过用这种方法，电子光束可能获得长得多的加速长度，并且已生成了大约 1 GeV 的电子能[1.2384]。

在最近做的一个实验中[1.2385]，在极低气体密度（$\gg 10^{18}$ cm^{-3}）下激光光束的自导引使电子能够注入到 He/CO_2 气体混合物的空泡中。通过用这种方法，得到了 1.45 GeV 的电子光束。

就像在传统加速器中那样，建立连续时相从而最终达到 TeV 级能量机制对于激光尾波场加速器来说也很重要。根据最近的报道，在这个方向上已取得了第一个进展[1.2386]，即：一个在大约 5%的相对能量扩展度下总能量可达 0.5 GeV 的双级电子加速器已得到演示。

5. 离子加速

相对论激光 – 物质相互作用还会通过一种与电子加速机制迥然不同的机制，使离子生成 MeV 级能量的单能光束。

如前所述，强光场与物质之间相互作用，生成一个热等离子体，随后使电子加速到相对论能量。在初期电子加速之后，质子和离子通过一种叫做“正常靶鞘加速”（TNSA）的受控机制被加速（图 1.275）。在正向方向上从薄金属箔表面产生的激光强脉冲（光强 $I \geqslant 10^{19}$ W/cm^2）使快电子加速。这些快电子穿透金属箔，并沿着其路径使原子电离。在大约 1 ps 内，那些电子便离开后表面（亦即，激光辐射方向的背面）上的靶，形成一个准静态电场。这个电场通常作用于靶面，具有圆柱对称性，而且在横向上递减。由于电子集束的持续时间超短，而且电荷高，因此在接近于轴线处这个电场可能达到 TV/m 级，从而使电势达到几十 MeV。这个电场可能使在金属箔背面上出现的质子和正离子加速，直到将电子电荷补偿为止。在大多数情况下，这些寄生质子经确定都来源于靶面上的一个碳氢化合物污染层。

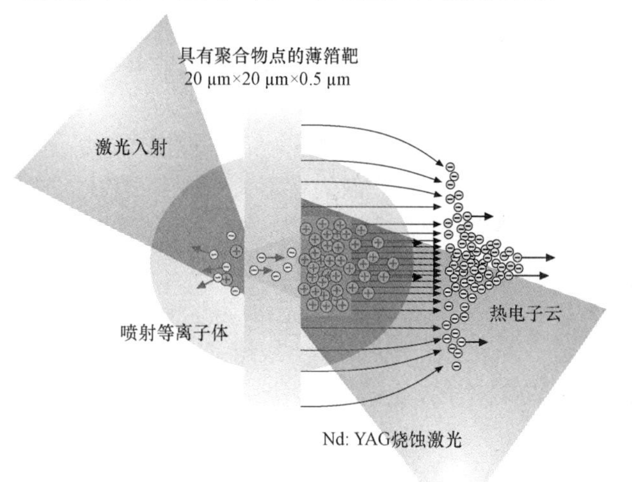

图 1.275　显微结构靶背面产生的光子的激光加速。太瓦级（TW）激光脉冲被聚焦到靶箔前侧，在那里生成喷射等离子体，随后使电子加速。电子穿透靶箔，使背面的氢气及其他原子电离，形成德拜鞘层。热电子云的不均匀分布导致产生横向不均匀的加速电场（正常靶鞘加速 TNSA）。通过在背面施加一个富氢点，能够增强在加速电场中心部分的质子产额。在加速电场中心部分，质子几乎是同质的。这些质子构成了准单能束

由于加速持续时间超短，而且质子（以及离子）在加速前处于静止状态，有一个很小的相空间体积，因此对于 10 MeV 的质子而言，质子束的横向发射量低至几 10^{-3} mm · mrad。但被激光加速的离子束仍显示具有一个准指数形状的能谱，且其能谱有着独特的截止能量。这可通过鞘内电子的不均匀分布来解释——鞘内电子的不均匀分布导致在横向上形成一个不均匀的加速电场，对于一个非结构化平面靶来说，

电场的横向尺寸以及由此得到的加速质子源尺寸比激光焦点大得多，因此，不同的寄生质子会拥有一系列势能，从而得到广泛的能量分布范围。

在了解到质子的激光加速机制之后，应当指明的一点是：所得到的质子能谱与靶面上质子的空间分布之间有着很强的相关性。为了能得到具有单能特征的高质量质子束，研究人员提出了一种双层显微结构靶，该靶由一张高 Z 薄金属箔以及箔背面的一个小型丰质子点组成。这些点的横向尺寸比加速鞘小，因此质子将只受到加速场中心部分（即同质部分）的影响；在这种配置中，所有的质子都处于相同的电场中，并在相同的电势下加速（图 1.275），所得到的质子束都有一个有较强单能峰值的光谱[1.2387]。

最近用 10 TW、600 mJ 激光器做的实验表明，这种方法生成了含有 10^8 个质子（能量为几 MeV）、相对宽度为 $\Delta E/E \approx 10\%$、总电荷大约为 100 pC 的准单能质子束。

在另一个实验中，研究人员从金属靶上的极薄碳层中得到了具有 4 MeV 能量的准单能碳离子。

6. 应用和未来发展

由相对论光学得到的激光粒子加速器比经典的加速器小得多。目前，对于单能电子束，激光加速器的最大能量超过了 1 GeV，对于总电荷量达到 1 nC/束的离子束，激光加速器的最大能量几乎达到 100 MeV。电子加速度和离子加速度随着激光参数和靶参数而成比例增加，这可充分理解为在不久的将来，在一个加速阶段中电子能量会明显超过 1 GeV，离子能量会达到几百 MeV。但在激光加速器的广泛应用前景变得很诱人之前，激光加速器必须克服至少两个挑战。

为了达到 TeV 级能量，采用多阶段式电子加速器和离子加速器看起来很有必要。激光电子加速器的第一阶段实验已做过，并取得了部分成功。虽然激光加速器的能量、光束质量和电荷量/束对于低能量应用领域来说已经很有吸引力，但目前激光加速器的平均功率仍比传统加速器的平均功率低好个数量级，原因只有一个，那就是激光技术的局限性。将来，当具有高平均功率、高光强的激光器可获得时，这个问题就有可能得到解决。

激光加速器已用于很多示范实验中。研究人员利用高强度激光诱发了低能核反应[1.2377]，并探讨了用到激光器的核嬗变场景[1.2388]。用激光生成的离子束携带足够离子束辐射疗法使用的辐射剂量，这是一个很有前景的用途，因为对这种新的癌症治疗方法来说，激光加速器的平均功率已经够用了。目前，全世界有好几个关于这种技术途径的研究项目。首批用被激光加速的质子来辐照人类癌细胞的实验表明，这些光束的生物有效性与经典离子加速器的离子束之间没有明显的区别，但是与传统的加速器相比，激光加速器的峰值剂量功率机制迥然不同[1.2389]。

随着激光强度的不断增加，其他物理领域，例如引力物理学、基本粒子物理学或非线性量子电动力学（QED）效应[1.2377]，也成为高强度激光器的研究焦点。

1.14　激光频率稳定

在第一个 He：Ne 激光器被开发之后不久，人们意识到连续波激光器的辐射光将非常适于用作测量工具，但条件是连续波激光器的频率稳定且可再现。稳频激光器的用途包括：高分辨率激光光谱学、量子光学、光频标、基本常数的确定以及引力波探测。这些各种各样的案例对稳频激光器的要求也截然不同。例如，光频标和光学时钟要求在绝对激光频率已知的情况下具有尽可能低的不确定度；相反，重力波探测器要求激光的噪声为极低频率，绝对激光频率倒显得次要了。因此，人们开发了不同的稳频方法来完成各种各样的任务。本章的目的是评估常用的激光稳频方法，以及描述一些代表性的稳频激光器例子。各种稳频激光器所发出的光被推荐为光学基准频率[1.2390 – 2392]。

从根本上说，任何激光器的频率都是在其放大介质的带宽内利用谐振腔的光程长来确定的。反过来，光程长不仅与谐振腔的实际几何长度有关，而且与增益介质本身的折射率有关，后者可能取决于几个不同的参数。增益轮廓的宽度可能在几个 $10^{-6}\,\nu$（对于气体激光器而言）到大约 10%（例如对于染料激光器或激光二极管而言）之间变化。不同类型的激光器有不同的噪声特性。在大多数情况下，主频噪声都具有技术性质，而且远远高于 Schawlow – Townes 极限[1.2393]。由于这些技术频率波动相对较慢，因此可以通过合适的电子伺服系统来控制——甚至当自激式激光器的频移较大时也可以。由于激光器类型不同，加上对这些激光器的具体要求，因此得到了各种各样的稳定化方法。由于本书的篇幅有限，因此不可能全面、详细地描述所有这些稳定化方案，本书集中描述了激光稳频的基本原理。为了更深入地了解激光稳频，我们鼓励读者研读本书中给出的参考文献以及与激光光谱学和光学时钟有关的教科书[1.2394 – 2397]。

下文中一开始时简要探讨了用于描述激光器频率特性的术语，这些术语包括噪声、稳定性、谱线宽度、再现性，以及激光频率的不确定度。1.14.2 节描述了激光稳频的基本原理。1.14.3 节给出了稳定化激光器的例子。1.14.4 节阐述了一种利用锁模飞秒激光器进行光学频率测量的通用方法。

1.14.1　描述激光频率的噪声、稳定性、谱线宽度、再现性以及激光频率的不确定度

噪声、稳定性、谱线宽度、再现性以及激光频率的不确定度是稳频激光器的重要参数。一般来说，激光频率围绕着平均值上下波动，而平均值本身可能会随机地偏移和游动。这些变化可能是由温度、气压、振动或声音的改变或者激活激光介质本身的内部波动造成的。

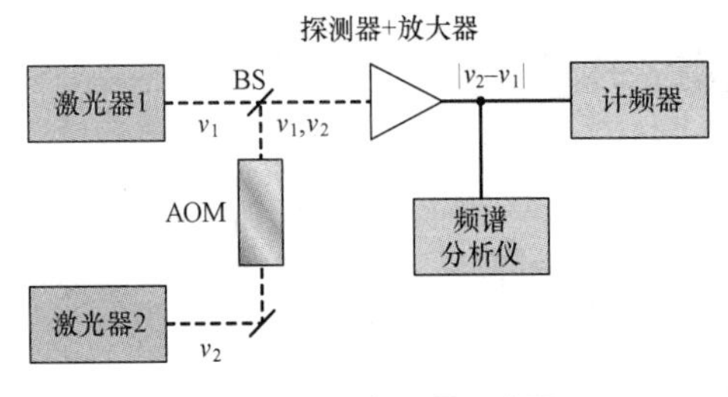

图 1.276　拍频测量示意图

激光频率的变化可通过测量两个分别稳定化的相同激光器 1 和 2 之间的拍频 $\nu_B=|\nu_1-\nu_2|$来进行研究（图 1.276）。为达到此目的，可以用分束器将两个激光器的光束进行同轴合并，然后聚焦到快速光电探测器上。拍频 ν_B 显示为合并激光光束的功率振荡。光电探测器将拍频转变为光电流振荡，条件是 ν_B 足够小，能够通过最先进的电子设备来处理。为避免过零点，一种有效的方法是利用声光调制器（AOM）使两个激光光束中的一个产生频移。

激光器的频率波动可同时在频域和时域内测量，在频域中的测量通常适用于波动（傅里叶）频率较高时，而频率较慢的波动和偏移可在时域中方便地测量（见下文）。

1. 频率噪声的谱线密度

在频域中，傅里叶频率 f 下的波动 $\delta\nu$ 可通过鉴频器来探测，鉴频器将频率波动转换为成比例的电压波动。由于噪声分量不相关，因此通过均方$<\delta\nu(f)^2>$来描述这种波动 $\delta\nu(f)$ 是很方便的。在傅里叶频率 f 下，均方波动出现在带宽 B 内，波动的均方值等于光谱噪声功率。功谱密度可定义为 $S_f=(\delta\nu^2)/B$，通过在 B 上求 S_f 的积分，可得到在带宽 B 内频率噪声的总功率。关于相对功率谱密度 S_y，得到 $S_y=<(\delta\nu/\nu)^2>/B$。

为进行较好的近似计算，可以利用傅里叶频率的幂级数给任何振荡器的频率噪声建模：

$$S_y=\sum_{\alpha=-2}^{2}c_\alpha f^\alpha \qquad (1.253)$$

根据指数 α 的不同，式（1.253）中的五个项描述了：

- $\alpha=-2$ 时，为随机频移；
- $\alpha=-1$ 时，为闪烁（$1/f$）相位噪声；
- $\alpha=0$ 时，为白频率噪声；
- $\alpha=1$ 时，为闪烁（$1/f$）相位噪声；
- $\alpha=2$ 时，为白相位噪声。

通过在式（1.253）中给定的噪声上叠加，还可以发现由每个激光器的特定噪声源产生的噪声谱所具有的独特性。这些噪声的来源可能是环境来源，例如机械谐振在激光谐振器中激发，机械装置的不稳定性，或者激光介质中折射率的波动。此外，激光频率对光反馈很敏感，因此将激光系统与背向散射光小心地隔离开对于稳定化激光器的成功运行来说很重要。不同的噪声分量通常在不同的傅里叶频率下出现，因此，这些噪声分量的探测有助于识别各种各样的噪声源并减小其影响力。此外，了解自激激光器的频率噪声谱对于频率控制系统的设计和优化也很重要。

不同类激光器的噪声谱可能也大不相同。例如，在 He：Ne 或 CO_2 激光器等气体激光器中，大多数的频率噪声都在傅里叶频率较低时出现。这些噪声中一部分是由激光器装置的机械不稳定性造成的。当傅里叶频率达到大约 10 kHz 时，相应的频移 δv 可能达到几兆赫。此外，在这些低频率下，还会出现随机游走频率噪声和闪光（$1/f$）频率噪声。如果进一步忽略由放电装置中的等离子体共振产生的噪声源，则在较高傅里叶频率下的噪声谱可以用白频率噪声来近似计算。相反，在可调谐连续波染料激光器中的频率噪声比在气体激光器中的频率噪声大得多，这些噪声主要是当染料射流以高速流经激光器的较小有效体积时由染料射流的厚度和折射率变化产生的。因此，在大约 50 kHz 的傅里叶频率下，能够观察到相当强烈的频率波动；在较高的傅里叶频率下，染料射流的影响力减弱，因此噪声也减小了，最终噪声降至光子散粒噪声级。

2. 艾伦（Allan）标准偏差

缓变（尤其是激光频率的偏移和随机游动）可在时域内即时间间隔 τ 内通过计算中间频率 v 来方便地测量。如果要研究从几秒到几小时的时间间隔内的频率变化，那么上述测量方法将是有利的。时域内的相对频率不稳定性以艾伦偏差为特征：[1.2398,2399]

$$\sigma_y(\tau)=\frac{1}{v}\left[\frac{1}{N-1}\sum_{n=1}^{N-1}(v_{n+1}-v_n)^2\right]^{1/2} \tag{1.254}$$

其中，两次连续频率测量值之差（$v_{n+1}-v_n$）的均方根被用作稳定性的测度。

$$v_{n+1}=\frac{1}{\tau}\int_{i=n\tau}^{(n+1)\tau}v_i(t)\mathrm{d}t \tag{1.255}$$

式（1.254）中的频率值 v_{n+1} 代表在持续时间 τ 内的第 n 个时段得到的平均频率。由于很难直接测量光频，因此可以采用降频转换法来测量光频，即用第一个激光器的激光“拍打”第二个激光器的激光，使拍频到达可以进行直接计数的射频范围。在这种情况下，测量值中包含了这两个激光器的不稳定性。如果这两个激光器相同但相互独立，可以假设这两个激光器对标准偏差做出的“贡献”相等，则测量值相当于单个激光器的艾伦偏差 $\sigma_y(\tau)$的 $\sqrt{2}$ 倍。

$\sigma_y(\tau)$与平均时间 τ 之间的相关性包含了关于激光器频率噪声谱的信息。如果噪声 S_y 的相对功率谱密度已知，则 $\sigma_y(\tau)$可通过下列关系式计算[1.2399]：

$$\sigma_y^2(\tau)=\int_0^\infty S_y(f)\frac{(\sin\pi f\tau)^4}{(\pi f\tau)^2}\mathrm{d}f \tag{1.256}$$

对于式（1.253）中给出的不同的噪声过程模型，可以用下列关系式来描述艾伦方差 $\sigma_y^2(\tau)$：

$$\sigma_y^2(\tau)=d_\alpha\tau^\beta \tag{1.257}$$

其中，β 由下列关系式决定[1.2399]：

$$\beta=\begin{cases}-\alpha-1, & \alpha\leqslant 1\\ -2, & \alpha>1\end{cases} \tag{1.258}$$

d_α 为常数。表 1.58 针对式（1.258）中的噪声过程，列出了 $\sigma_y^2(\tau)$ 与 τ 之间的相关性。

表 1.58　在式（1.258）所探讨的不同噪声过程中，艾伦偏差与 τ 之间的相关性

噪声种类	α	β	$\sigma_y^2(2,\tau)$
白频率噪声	0	−1	$\propto 1/\tau$
白相位噪声	2	−2	$\propto 1/\tau^2$
$1/f$（频率噪声）	−1	0	常数
$1/f$（相位噪声）	1	−2	$\propto 1/\tau^2$
随机频率噪声	−2	1	$\propto \tau$

当然，任何频率调制也都会在艾伦标准偏差中体现出来。当选通时间 τ 是调制周期 $\tau_m=1/f_m$（其中 f_m 是调制频率）的整数倍时，由调制带来的影响将会消除。$\tau_m=1/f_m$ 是 $\tau_m=(2n+1)/(2f_m)$ 的最大值。随着积分时间 τ 不断增加，由调制带来的影响将会减小，最终可忽略不计。

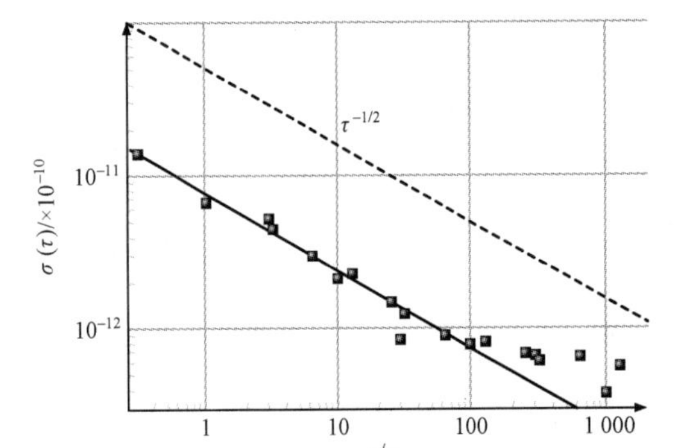

图 1.277　碘稳定 He：Ne 激光器的艾伦偏差 $\sigma_y(\tau)$ 与积分时间 τ 之间的关系

作为式（1.257）的一个结果，可以发现噪声过程可根据 log－log $\sigma_y(\tau)$图的斜率估算出来。例如，在已稳频至碘分子吸收谱线的 He：Ne 激光器中，$\sigma_y(\tau)$会在很宽的 τ 范围内随着 τ 平方根的减小而减小，其斜率为 −1/2（图 1.277），表明在相应的时间间隔 τ 内存在白频率噪声。当积分时间较长时，由于存在闪烁频率噪声，因此 $\sigma_y(\tau)$会变平；在有的情况下，由于频率的偏移和随机游动，$\sigma_y(\tau)$最终会再次增加。就实际应用而言，$\sigma_y(\tau)$图表明，要达到规定的统计频率不确定度，必须保证最短积分时间 τ。

3. 激光辐射线宽

在光谱灯等非相干光源中，发射的光由某个窄频带内发射的不相关光子组成，谱线宽度由经过跃迁展宽和多普勒展宽的固有线宽叠加形式决定。例如，谱线宽度可利用具有高分辨率的扫描法布里－珀罗干涉仪来测量。就激光辐射而论，谱线展宽是由连续发射的相干激光的频率波动造成的，频率波动会产生噪声边带，从而导致激光光谱增宽。可利用这些边带的尺寸和谱延拓求出谱线宽度。在纯谐波相位调制的情况下，激光辐射场 E 由下列关系式求出：

$$\begin{aligned}E(t) &= E\sin[\varOmega_0 t + \delta\varPhi\sin(\omega t)] \\ &= E\Big\{J_0(\delta\varPhi)\sin(\varOmega_0 t) \\ &\quad + \sum_{n=1}^{\infty} J_n(\delta\varPhi)\exp[\mathrm{i}(\varOmega_0 + n\omega)t] \\ &\quad + \sum_{n=1}^{\infty} J_n(-\delta\varPhi)\exp[\mathrm{i}(\varOmega_0 - n\omega)t]\Big\}\end{aligned} \tag{1.259}$$

其中，$\varOmega_0 = 2\pi v_0$ 和 $\omega = 2\pi f$ 分别代表载流子频率和调制频率，$\delta\varPhi = \delta v/f$ 是调制指数，δv 是频率偏移幅度。第 n 个边频带的振幅由第 n 阶贝塞尔函数 J_n（$\delta\varPhi$）决定，并在 $n > \delta\varPhi$ 时随着 n 的减小而大幅减小。可以区分为以下两种极限状态：

（1）在低傅里叶频率 f 下的大幅频率波动 δv；

（2）在宽谱带中的小幅快速频率波动 δf。

第一种情况在激光谐振腔中经常能观察到，因为谐振腔会拾取环境噪声或机械噪声。这些波动的平均振幅（δv^2）$^{1/2}$ 可能在几十千赫到几毫赫的范围内，而这些波动通常在低于 1 kHz 的傅里叶频率范围内出现。因此，调制指数为 $\delta\varPhi \gg 1$。在这种情况下，谱线宽度由下式求出[1.2400]：

$$\begin{aligned}\Delta v_{\mathrm{FWHM}} &= \left[8\ln(2)\left\langle\delta v^2\right\rangle\right]^{1/2} \\ &\cong 2.355\left\langle\delta v^2\right\rangle^{1/2}\end{aligned} \tag{1.260}$$

接近于峰值之间的频移。

如果频率稳定化过程的伺服增益很高，足以减少在低傅里叶频率下的频率波动，那么就可以参照第二种情况。假设可以忽略在极低傅里叶频率下的频漂和频率变化，那么可以得到频率波动（（δv）^{2}）$^{1/2} \ll B$，相应地得到一个较小的调制指数。在这种情况下，只有一阶边带 J_n（$\delta\varPhi$）和 J_{-n}（$\delta\varPhi$）的振幅对谱线宽度做出了重大“贡献”。如果谱密度 S_{f} 恒定，则谱线轮廓为洛伦兹线型，谱线宽度由以下关系式给定[1.2400]：

$$\Delta v_{\mathrm{FWHM}} = \pi S_{\mathrm{f}} \tag{1.261}$$

激光辐射的频率再现性和不确定度

当需要用激光频率作为精确参考基准时，了解再现性和不确定度是很重要的。由于稳定化激光器的频率取决于各种运行参数和环境参数，因此必须分析这些相关性并小心地控制好这些参数。频率再现性是频率值在一系列具有不同设计、由不同实验室开发的同类激光系统中的离散测度，可以通过这些具有不同设计形式的激光器之间的频率相互比较来研究频率再现性。“频率再现性”这个术语还可用于描述由运行参数精确控制与优化中的不确定度造成的单个激光器的频率离散度。

频率不确定度是用来精确地实现基准频率并确定其值的测度。从根本上说，总的不确定度包含两部分。第一部分是处于静止状态的非扰动原子或分子吸收体实现跃迁频率时的不确定度。这部分不确定度包含了由环境条件及/或运行条件造成的所有频移不确定度值。这些频移可能由残余多普勒效应、碰撞和外场产生。总不确定度中的第二项与频率值的确定有关。这些频率测量值必须参考时间与频率的原标准器，即合色原子钟。如果频率测量为相位相干，则测量本身不会对总的不确定度有“贡献”。在这个条件下，光频率的不确定度仅由标准本身的不确定度以及合色基准的不确定度决定。

1.14.2 激光稳频的基本原理

在主动频率控制系统中，激光频率被伺服控制在基准频率上。这可通过如下方式实现：稳定光学（法布里－珀罗）谐振腔的本征频率，激光器本身的增益分布，或者合适的原子跃迁或分子跃迁。第一种情况的优点是能提供良好的信噪比，实现快速伺服锁定。但由于激光频率与伪影的长度耦合，因此激光频率可能会随时间变化，这些伪影的稳定化常常被用作减小激光发射线宽和实现高光谱分辨率的一个中间步骤。在第二步中，频率可稳定至由合适的原子/分子吸收谱线提供的绝对基准频率上。

下面几节将介绍激光稳频的基本方法，将从误差信号的产生入手，评估四个突出的例子。前两种方法（干涉条纹侧的稳定化和相位调制，Pound－Drever－Hall 方法）用于使激光频率稳定至稳定光学谐振腔的共振频率；然后本书评述了绝对频率稳定至原子基准频率的情形，并描述了电子伺服控制系统的基本原理。

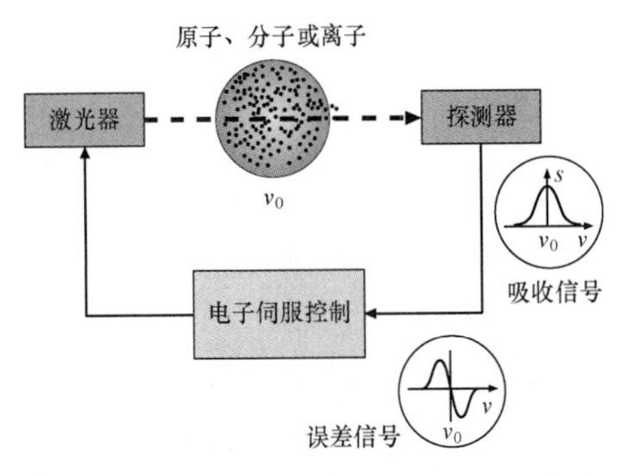

图 1.278 激光稳频至吸收谱线中心的示意图

1. 误差信号的产生

从根本上说，激光器的频率稳定化使激光频率 ν_1 和基准频率 ν_0 之间的频率偏差 $\delta_\nu=\nu_1-\nu_0$ 转变成一个与 $\delta\nu$ 成正比的误差信号。这个信号被伺服放大器放大，用于控制激光频率，然后误差信号消失。图 1.278 显示了将绝对频率稳定至原子基准频率的基本方案。

（1）透射条纹侧的稳定化。在可调谐染料激光器等商用稳定化激光器中，一种沿用已久的做法是将激光频率稳定至稳定光学谐振腔的共振频率上。在透射条纹侧有一个鉴频器[1.2401]。这种做法的基本思想是在较高的转换效率和良好的信噪比下，通过条纹的斜边将激光频率波动转换为振幅波动。为防止激光振幅噪声进入鉴频器的沟道，采用了两个均衡光电探测器［图 1.279（a）］，其中一个光电探测器用于探测谐振腔的选频透射，另一个则探测输入光束的衰减部分。

衰减部分被调节至当达到最大透射率的半个百分点时，两个光电探测器信号之差过零点。在接近于过零点的频率间隔中，信号与频率偏差 $\delta\nu$ 之间几乎为线性关系，此时的信号可用作起稳定作用的误差信号。这种条纹侧稳定化方法相当简单，可用于很多用途。但如果需要高光谱分辨率和低漂移率，则基准频率看起来定义得还不够精确。例如，如果激光光束入射到谐振腔时的方向发生改变，则透射率也会改变，而另一个基准光束中的功率仍保持不变，因此，误差信号的过零点改变，导致稳定化激光频率发生频移。伺服控制速度最终受谐振腔响应时间所限这一事实带来了更加困难的局面[1.2402]。此外，伺服控制的锁定范围不对称。例如，如果激光频率被锁定至点 A［图 1.279（b）]，则朝向低频的锁定范围与谐振腔的总自由光谱范围几乎一致，而朝向高频的锁定范围只相当于一个半峰全宽，因此，朝向高频的自发偏移和快速偏移在超过半宽时，可能会迫使激光器中止锁定，而在下一个更高的干涉级上重新锁定。为增大锁定范围，同时避免这些无用的跳频现象，商用激光器通常会以牺牲大幅降低的敏感性为代价，采用精细度相当低的标准谐振腔。尽管如此，条纹侧稳定法在很多稳定化激光器中还是用得很成功。

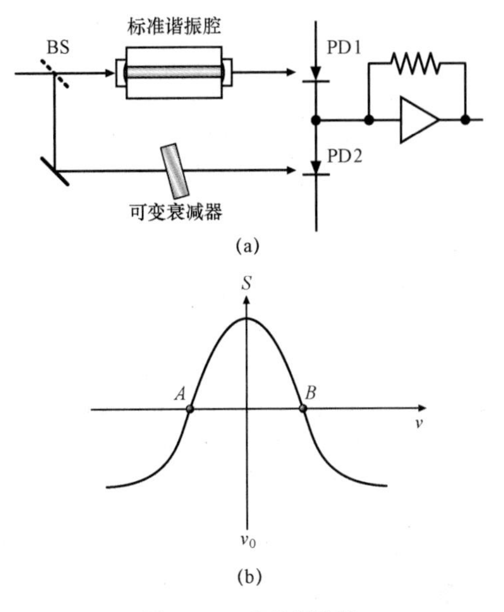

图 1.279 条纹侧稳频

（a）实验装置；（b）点 A 或点 B 可选为基准点

（2）相位调制法。如果将激光频率锁定到对称共振的中心，那么条纹侧方法的很多缺点都可避免，激光锁频可在透射或反射中实现。在后一种情况（反射）下，返回光束的振幅是在入口镜上直接反射的光束与储存在谐振腔内但从腔中漏出的一小部分光相叠加的结果；共振时，这两个光束发生相消干涉，返回光束的强度在谱线中心具有最小值。因此，在这两个光束之间的干扰信号中，激光频率会瞬时突变，但谐振腔的瞬时特性并没有使伺服控制带宽受到限制[1.2403,2404]。因此，伺服带宽可达到几兆赫兹，甚至当采用精细度超高、谱线宽度在千赫兹低范围内的谐振腔时也如此。

研究人员利用直流电法或射频（RF）法，开发了使激光频率快速稳定至谱线中心的方法[1.2405－2407]。下面，本书将描述在反射光中探测到信号的一种射频方法。这种方法是 Pound[1.2408]为稳定微波振荡器的频率而提出的，后来又被 Drever 等人用在了光学范畴中（PDH 法）[1.2406]。为了生成误差信号，可以在射频下调节激光辐射相位。要得到最佳的信号长度，调制频率应当大于空腔谐振宽度。此外，采用较高的调制频率是有利的，因为 $1/f$ 噪声的影响力会减小，最终可忽略不计，导致信噪比水平接近于散粒噪声极限。

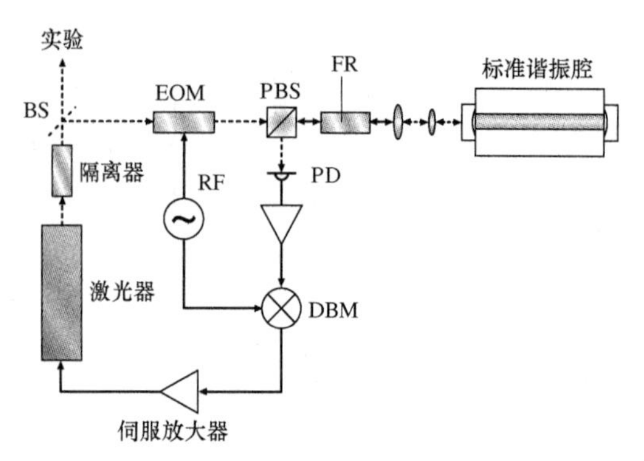

图 1.280 PDH 稳频法（见正文）的示意图（BS：分束器，PBS：偏振光束分束器，EOM：电光调制器，RF：调制频率发生器，PD：光电探测器，DBM：双平衡混频器）

图 1.280 显示了 PDH 稳定化方案的基本实验装置。一小部分激光功率（＜10%）从主激光光束中分离出去，用于稳定化用途。这部分激光通过一个电光调制器（EOM）进行相位调制，调制频率（一般为大约 15 MHz）比共振宽度大好几倍，调制指数 $\delta\nu/f_{\mathrm{m}}$ 在 10%～30%范围内。入射光束经过一个偏振分束器（PBS）和一个 45° 法拉第偏振旋转器（FR）之后，进行模态匹配，然后进入标准谐振腔。之后，返回光束的偏振方向再旋转 45° 。因此，入射光束和返回光束在相互垂直的方向上偏振，并被 PBS 分开。然后，返回的光束进入一个光电探测器中（PD）。

如果激光频率经调谐后远不会共振，则调制光束的载流子和边带会被立即反射，而且光电探测器观察不到光强调制。如果载流子或边带接近空腔共振，则载流子或边带的振幅和相位会改变，具体要视空腔共振的相应频率分量的失谐量而定，其他非共振频率分量会被立即反射。因此，在返回光束中，载流子和边带之间的平衡被打破，出现功率调制。光电探测器以相敏方式探测光电流的相应振幅调制。光电探测器后面有一个在调制频率下被驱动的双平衡混频器。图 1.281 显示了经过一个低通滤波器之后，相应解调信号的不同调制频率 G 与激光频率之间的关系，其中图 1.281（a）为与电光调制器的调制电压同相，图 1.281（b）为与电光调制器的调制电压正交。

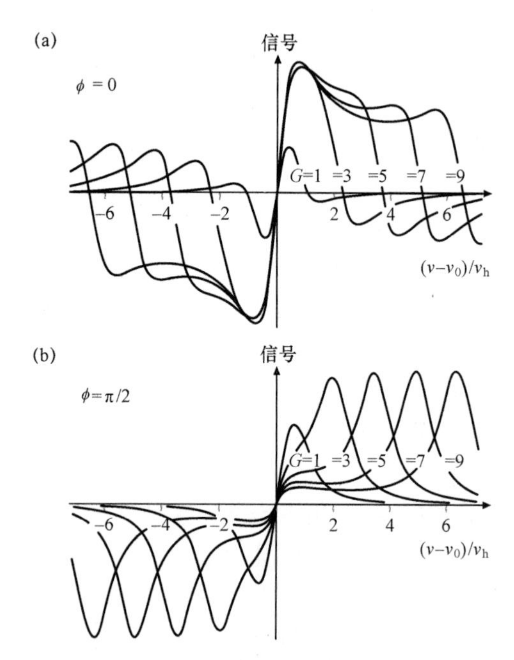

图 1.281 用 PDH 法观察到的解调信号－失谐关系图
（a）与调制电压同相（$\phi=0$）；（b）与调制电压正交（$\phi=\pi/2$）。$G=(\nu_{\mathrm{m}}/\nu_{\mathrm{h}})$ 相当于调制频率 ν_{m} 和共振半宽 ν_{h} 之比

在第一种情况下［图 1.281（a）］，可以观察到一个色散信号 $D(\varDelta)$，在载流子共振以及边带接近于共振时出现过零点。这个信号由下列关系式求出[1.2396]：

$$D(\varDelta) \propto \frac{\varOmega^2 \varGamma \varDelta(\varGamma^2 + \varOmega^2 - \varDelta^2)}{(\varDelta^2 + \varGamma^2)[(\varDelta + \varOmega)^2 + \varGamma^2][(\varDelta - \varOmega)^2 + \varGamma^2]} \tag{11.262a}$$

吸收信号 A（$\varDelta$）[图 1.281（b）] 由下式求出：

$$A(\varDelta) \propto \frac{\varOmega \varGamma \varDelta(\varGamma^2 + \varOmega^2 + \varDelta^2)}{(\varDelta^2 + \varGamma^2)[(\varDelta + \varOmega)^2 + \varGamma^2][(\varDelta - \varOmega)^2 + \varGamma^2]} \tag{11.262b}$$

式中，$\varGamma/2\pi = \nu_h$ 为空腔谐振的半峰半宽；$\varOmega/2\pi$ 为调制频率；$\varDelta/2\pi =（\nu - \nu_0）$为频率失谐量。

色散信号 D（$\varDelta$）的中心过零 [图 1.281（a）] 被用作频率控制时的误差信号。当两个边带中的任何一个与空腔共振相一致时，在正交情形下 [图 1.281（b）] 探测到的信号显示出共振特征。这两个特征的不同极性是由载流子和上边带之间的相位差 π 以及载流子和下边带之间的相位差 π 造成的。解调信号与探测相位无关，总是相对于中心过零点成反对称。因此，与零点之间的小相位偏差不会改变中心过零点的频率，但会稍微改变鉴频器的斜率，从而改变伺服回路的增益。

由于返回光束是由入口镜面上立即反射出的频率分量和漏出腔外的部分储存光之间的干涉造成的，因此快速频率变化会以干涉信号的瞬时变化形式出现——即使谐振腔的响应时间长得多也会如此。在小于半宽度 $\varGamma/2\pi$（$2\pi f \ll \varGamma$）的低傅里叶频率 f 下，谐振腔的瞬时响应可忽略不计，解调信号被用作鉴频器。随着傅里叶频率的增加，当 $2\pi f \gg \varGamma$ 时，这个信号会变成鉴相器。因此，误差信号的振幅 A（f）和相位 φ（f）具有低通特性，当频率 f 高于截止频率 $\varGamma/2\pi$ 时，这两个参数会随着 $1/f$ 逐步降低[1.2403]：

$$\begin{cases} A(f) = A(0)\dfrac{1}{\sqrt{1 + (2\pi f / \varGamma)^2}} \\ \varphi(f) = -\arctan(2\pi f / \varGamma) \end{cases} \tag{1.263}$$

如果在设计伺服放大器时考虑到 $\varGamma > 2\pi f$ 的这种积分特性，则可预计伺服带宽比 $\varGamma/2\pi$ 大得多。由于伺服系统中的剩余延迟，伺服带宽基本上被限制在几兆赫兹。

如果激光器的频率已稳定，那么残余误差信号的长度将提供关于伺服电子设备质量的信息。但这个误差信号决不能用于测量实际获得的频率稳定度或激光线宽，因为可能有一些频率波动是电子伺服系统探测不到的；尤其是，当光谱分辨率很高时，谐振腔中光程长度的小幅变化就再也不能忽略了。激光的真实谱线宽度只能用与实际伺服回路无关的方法来估算，例如通过与第二个激光器之间的拍频比较或通过利用第二个独立鉴频器来估算。

为了获得窄线宽，很重要的一点是要让谐振腔不能有任何变形，例如由振动、声音和环境温度变化造成的变形。为此，应当经常对谐振腔进行隔振，并用支架支撑着置于温度受控的真空室中[1.2403,2409]。

最近，研究人员通过用不同的方法，解决了在安装高度防振的法布里－珀罗谐振腔时面临的长期存在的问题[1.2410－2413]。这些方法采用了这样的安装形式，即在合理设定的点上，将由于振动而作用于谐振腔的力耦合到谐振腔中，例如，由于谐振腔的对称性，那些不会因扰动而导致（一阶）谐振腔长度变化及频率变化的点可选为这样的耦合点。利用不同的方法，采用了此类光学共振腔的稳定化激光器虽达到稳定性，但其稳定性最终受到了热机械噪声的限制[1.2414]。此噪声极限是由谐振腔中隔片、反射镜衬底和反射镜膜的内部布朗运动导致光程长度波动造成的。目前为减小此极限而做出的努力是采用具有更大的机械品质因数、更长的反射镜隔片或者大面积激光模的反射镜衬底[1.2415]。

可能造成频偏的另一个原因是本征激光光束的假残余调幅（RAM）。这种 RAM 可能由有缺陷的相位调制器本身造成。光学装置中的寄生干扰通常也会造成 RAM，例如光学元件表面上反向散射的光会造成寄生干扰，伺服系统不能将真实误差信号和 RAM 区分开。因此，总的叠加信号被伺服控制到零点，导致形成一个非零误差信号，从而产生频移。这个假 RAM 通常随时间而变化，研究者曾遇到过令伺服回路中的误差信号无法识别的频率波动，在较高的光谱分辨率下，这些波动可能比那些通过误差信号中的噪声估算出的波动大几个数量级。因此，使谐振腔不受环境扰动以及极小心谨慎地让 RAM 最小化是很重要的。

在染料激光器中利用 PDH 方法得到的最窄谱线宽度低至 0.5 Hz[1.2416]，甚至用二极管激光器还得到了在大约 1 Hz 范围内的谱线宽度[1.2404,2417,2418]。PDH 稳定化方法如今几乎专用于当需要将精确稳定化（至空腔共振）和极高的光谱分辨率结合起来时的情形。

（3）稳定至无多普勒基准频率。上面探讨的稳定方法描述了用于使激光频率稳定至基准频率（根据伪影的长度来确定）的方法。绝对稳定化方法要求频率可追溯到一个自然常数，例如合适的原子/分子吸收谱线的中心。在理想的情况下，这种跃迁的频率应当不取决于环境参数或运行参数，例如外场、原子碰撞、激光功率等。原子基准谱线应当较窄，能给我们提供足够的信噪比。原子可能包含在吸收池中、原子束中或储存在阱内。在室温下，原子吸收体的热速度分布导致谱线的多普勒展宽，展宽后的谱线在 $\delta\nu/\nu\approx10^{-6}$ 的范围内，通常比标准跃迁中的自然谱线宽度大得多。在激光光束方向上以速度分量 v_z 移动的原子具有如下多普勒偏移频率：

$$\nu_{\mathrm{D}}=\nu_1[1\pm v_z/c+v^2/(2c^2)] \tag{1.264}$$

其中，ν_1 为激光频率；v_z 为在激光光束方向上的速度分量；$\nu_1 v_z/c$ 项代表一阶多普勒效应，正号适用于对向传播至激光光束的原子，负号属于同向传播的原子；第三项 $\nu_1 v^2/(2c^2)$ 相当于（相对论）二阶多普勒效应。一阶多普勒效应可利用饱和吸收[1.2419,2420]或无多普勒双光子激发[1.2421,2422]等非线性无多普勒光谱法来强有力地抑制，而二阶效应只能通过冷却吸收体来降低。

下文集中研究了饱和吸收，将其作为无多普勒光谱学的一个典型实例，并简要描述了这种方法。为简单起见，忽略了二阶多普勒效应的影响。考虑被两个具有相

同频率 v_1 的对向传播激光光束激发的一个原子系综。如果 v_1 与跃迁中的谱线中心 v_0 不重合，那么这两个光束将激发两组分别具有速度分量 v_z 和 $-v_z$ 的原子并使其饱和，这些原子的多普勒偏移频率 v_D 将与激光频率 v_1 相同。因此，两个饱和空穴会被曝光到基态的速度分布中。如果调谐靠近谱线中心的激光频率，则 $|v_z|$ 会减小，空穴会相互接近，直到 $v_z=0$ 时（激光频率被调谐至谱线中心）空穴重叠。在这个案例中，对吸收有贡献的原子数会减少，因此被吸收的激光功率降低了，导致被用作稳定基准的无多普勒吸收坑较窄。因此，（一阶）多普勒展宽受到抑制。此吸收坑的宽度由跃迁的固有宽度以及谱线的功率和碰撞增宽决定，并最终由横跨激光光束的原子之间的有限相互作用时间决定。对于一阶而言，此吸收坑的轮廓可通过洛伦兹谱线形状来近似地计算。

作为实例，先来考虑在低压吸收池中含有的一种吸收气体。吸收池可置于激光腔内，也可在激光腔外。如果吸收池在激光腔内，则由饱和吸收引起的无多普勒特征将表现为激光器调谐曲线上基准跃迁中心处的一个对称小凹陷区。这个特征必须转换为相对于失谐函数 $\Delta v=v_1-v_0$ 成反对称的一个误差信号，一种能生成误差信号的简单概念是在两个离散值之间切换激光频率［图 1.282（a）］。两个相应吸收信号之差 I_2-I_1 导致形成一个在谱线中心处过零的反对称误差信号［图 1.282（b）］。当调制振幅较小时，误差信号与吸收信号的一阶导数成正比。

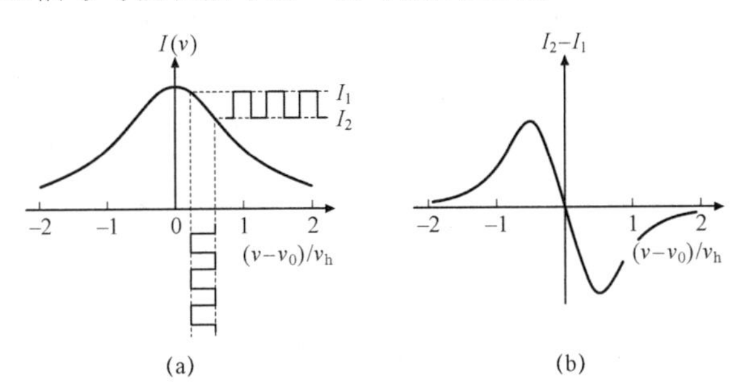

图 1.282　通过方波频率调制来生成误差信号

大多数的激光器都不采用方波调制，而是采用谐频调制。因此，激光功率将包含具有调制频率的谐波，这些谐波的振幅取决于调制宽度和失谐量。在激光功率中特定谐波信号的振幅可通过一个光电探测器来探测。光电探测器的后面有一个相敏探测器，后者通过具有调制频率的相应谐波来选通。对于对称吸收谱线，奇次谐波的振幅为反对称，当 $\Delta v=0$ 时有一个过零点。因此，这些奇次谐波适于用作频率稳定化用途中的误差信号。在很多情况下都利用三次谐波探测来抑制残余斜率[1.2423,2424]。如果调制宽度与谱线宽度相比较小，则导出的信号代表着饱和信号的相应导数，例如一次谐波的一阶导数以及三次谐波的三阶导数。

如果用洛伦兹谱线轮廓 $I(v)$ 来近似地计算无多普勒饱和特征：

$$I(v)=\frac{A}{1+[(v-v_0)/v_{1/2}]^2} \tag{1.265}$$

可以估算谐波振幅与各种调制宽度的失谐量[1.2425]之间的关系。式（1.265）中，A 和 $v_{1/2}$ 分别为饱和吸收特征的高度和半宽（HWHM）。调制的激光频率 $v(t)$ 可写成

$$v(t) = v_0 + \Delta v + \delta v_A \cos(\omega t) \quad (1.266)$$

其中，Δv 为平均激光频率相对于谱线中心 v_0 的失谐量；δv_A 为调制振幅。如果调制频率 $\omega/2\pi$ 与谱线宽度相比较小，则被探测的信号将严格遵循激光频率 $v(t)$。可以用式（1.266）中的 $v(t)$ 替代式（1.265）中的 v，从而得到一个随时间变化的吸收信号：

$$I(t) = \frac{A}{1 + \{[\Delta v + \delta v_A \cos(\omega t)] / v_{1/2}\}^2}$$

如果将 Δv 和 δv_A 与半宽度（HWHM）$v_{1/2}$ 关联起来，那么通过利用简化的失谐公式 $d_D = \Delta v / v_{1/2}$ 和简化的调制振幅公式 $d_A = \delta v_A / v_{1/2}$，可以得到

$$I(t) = \frac{A}{1 + [d_D + d_A \cos(\omega t)]^2} \quad (1.267)$$

信号 $I(t)$ 在时域中呈周期性，可用傅里叶级数来表示：

$$I(t) = \frac{A_0}{2} + \sum_{m=1}^{\infty} A_m \cos(m\omega t) \quad (1.268)$$

其中，傅里叶系数 A_m 代表调制频率 $\omega/(2\pi)$ 的 m 次谐波的信号振幅，可通过下列关系式计算：

$$A_m = \frac{2}{\pi} \int_0^{\pi} I(\tau) \cos(m\tau) \mathrm{d}\tau$$

对于系数 A_1 和 A_3，得到[1.2425]

$$A_1 = \frac{1}{d_A} [(\mathrm{sign} d_D) P_- - d_D P_+] \quad (11.269a)$$

且

$$A_3 = \frac{1}{d_A^3} \{(\mathrm{sign} d_D)[4(1 - 3d_D^2) + 3d_A^2] P_- + [4(3 - d_D^2) + 3d_A^2] d_D P_+ - 16 d_D\} \quad (11.269b)$$

其中，

$$P_{\pm} = \frac{1}{\rho} \sqrt{2(\rho \pm \alpha)},$$

$$\rho = \sqrt{\alpha^2 + 4d_D^2}$$

$$\alpha = 1 + d_A^2 - d_D^2$$

图 1.283（a），（b）分别显示了在不同的调制振幅 d_A 下 A_1 和 A_3 与失谐量 d_D 之间的关系图。这两条曲线都在 $d_D = 0$ 时有过零点。在中心部分，这两条曲线的振幅都与失谐量 d_D 呈线性关系。因此，A_1 和 A_3 这两个信号都可用作频率控制中的鉴频信

号，其斜率取决于调制宽度 d_A。当振幅较小（$d_A \ll 1$）时，一次谐波信号的斜率与 d_A 成线性关系，三次谐波的斜率则随着 d_A 的三次方的增加而增加。最大斜率以及最高灵敏度可利用一次谐波 A_1（d_D）得到。但在很多情况下，饱和信号 I（d_D）都在频率相关（斜率）背景上叠加，因此，会有一个信号与一次谐波信号 A_1（d_D）相加，过零点发生移动，导致稳定激光频率出现频偏。如果利用三次或更高次奇次谐波来进行稳定化，那么这种频移就能大幅减少。采用了三次谐波探测法的一个典型激光器实例是碘稳定 He：Ne 激光器（1.14.3 节）。

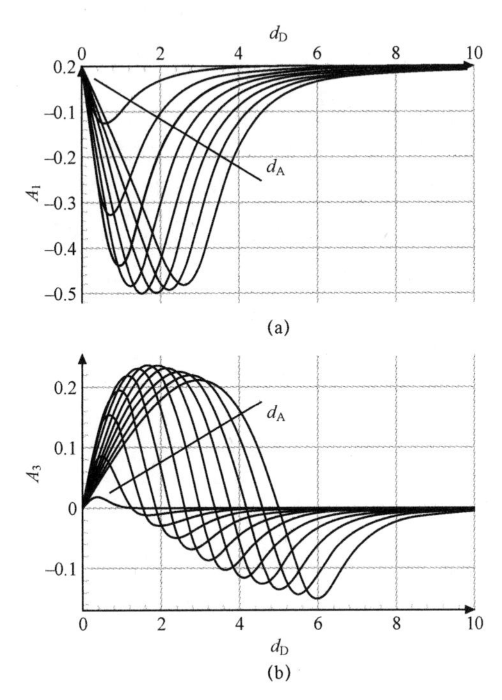

图 1.283　一次谐波的振幅（A_1）和三次谐波的振幅（A_3）与失谐量 $d_D = \Delta v / v_{1/2}$ 之间的关系。对于 A_1，调制振幅被选为 $d_A = 0.2$，0.6，1.0，…，3.0；对于 A_3，调制振幅为 $d_A = 0.5$，1.0，1.5，…，6.0

2. 伺服放大器和滤波器

本小节描述了如何用误差信号来控制激光频率。如果伺服控制机构在工作，则自激激光器的初始频率 v_i 将被伺服回路修正至与基准频率 v_0 接近的 v_s（图 1.284）。$\delta v = v_s - v_0$ 差值代表着与稳定激光器的谱线中心 v_0 之间的剩余频率偏差。误差信号将这个偏差 δ_v 转变为振幅 $U = C\delta v$。在这个振幅中，常数 C 与鉴频器的灵敏度成正比。在后面的伺服放大器中，信号 $C\delta v$ 被放大 g（f）倍，然后转移至频率变换器。频率变换器对激光频率 v_i 进行 $-CDg$（f）δv 修正，其中，D 是频率变换器的灵敏度，频率变换器将控制电压变成激光器的相应频移，g（f）项以电子伺服放大器的频率相关增益为特征。伺服回路为激光频率提供负反馈，因此修正值 v_s 可写成

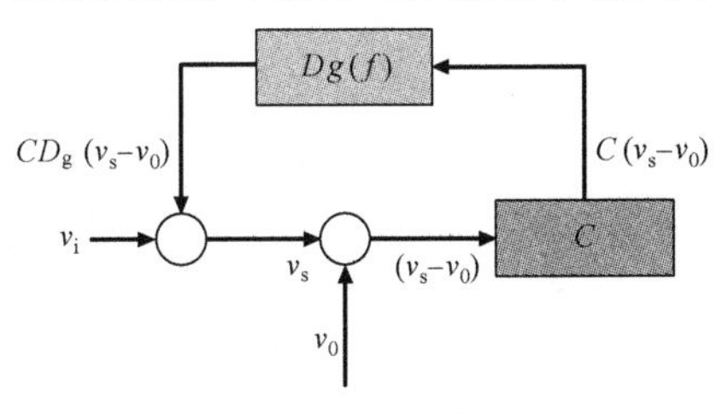

图 1.284　激光稳频等效电路

$$v_s = v_i - CDg(f)\delta v \qquad (1.270)$$

这个关系式可改写成

$$\frac{\delta v}{\Delta v} = \frac{1}{1 + CDg(f)} \qquad (1.271)$$

其中，$\Delta v = v_i - v_0$ 为自激激光器的初始频偏。

可以看到，伺服控制回路使自激激光器的频率偏差 Δv 减少了 $1/[1 + CDg(f)]$倍，其中 $CDg(f)$代表开环伺服回路的增益。为了得到一个小到可忽略不计的剩余频率偏

差值 δv，伺服增益应当尽可能地高。尤其是，在长时间范围内平均频率的偏差应当接近于 0，这就要求 $g(f\to 0)\to\infty$。在任何伺服控制系统中，伺服回路的相移和时间延迟都会限制伺服控制系统的最大增益和带宽。一种能在低频率下提供高伺服增益以及在高频率下减少相移和时间延迟的影响力的简单方法是让伺服增益随着傅里叶频率 f 的增加而减小。这种特性可通过伺服增益的积分特性来获得，即当频率增加时，$CDg(f)$ 随着 $1/f$ 的减小而减小。在这种情况下，控制系统的总转移函数可用单位增益频率 f_c 来描述，亦即当开环伺服回路的增益为 $CDg(f_c)=1$ 时的频率。在低波动频率下（$f\ll f_c$），频率偏差 $\Delta v(f)$ 将减少 f/f_c 倍，随着伺服增益的增加，单位增益频率 f_c 将成比例地增加。因此，在积分伺服回路中，要得到较高的伺服增益，需要增加伺服带宽 f_c。当伺服带宽受限、在低频区的较大频率波动必须加以抑制时，可以再进行一次积分，这样就产生了二重积分特性，最终在低频率下获得较高的伺服增益。伺服回路要达到稳定，要求仅当频率远远低于单位增益频率 f_c 时这种二重积分才有效。实际上，单积分和二重积分之间的最大交叉频率 f_{di} 应当小于 $f_c/4$。图 1.285 利用 PHD 方法，显示了伺服增益与稳频波动频率（稳定至窄空腔共振）之间的典型关系图。

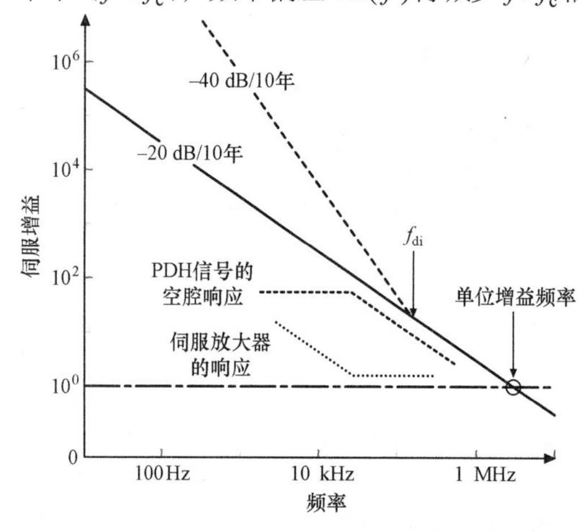

图 1.285 典型伺服增益与 PDH 稳频（至空腔共振，见正文）时的傅里叶频率之间的关系图

1.14.3 稳频激光器的例子

本节将描述几个稳定激光器的例子，这些激光器发出的一些光被推荐为用于实现长度单位（米）的基准频率以及科学应用中的基准频率[1.2390]。已开发的稳频激光器覆盖了很宽的波长范围——从近紫外线到远红外线。在这些例子中，He：Ne 激光器有重大的实用意义，因为常常在很多用途中应用，例如，用作尺寸测量中的干涉仪波长基准。这些激光器中大部分都利用增益轮廓曲线本身的频率作为稳定化过程中的基准频率。在这些案例中，稳定频率取决于放电参数、气体压力以及激光管内部的气体混合物，相对再现性被限制在大约 10^{-7}。因此，如果激光频率的绝对值很重要，则应当时不时地将其与更高的标准（例如 He：Ne 激光器）做比较——He：Ne 激光器的频率可稳定至分子碘的吸收谱线。

随着对再现性和精确度的要求越来越高，激光频率需要稳定至合适的基准频率，例如原子、分子或离子的窄吸收谱线。由吸收体移动造成的谱线增宽需要通过饱和吸收、双光子激发等无多普勒方法来减小。最终，如果激光辐射只与冷原子吸收体相互作用，那么由残余多普勒效应造成的任何频移都能大幅减小。

本节的安排如下：在第一部分将阐述把可调谐二极管激光器稳定至稳定光学谐振腔的共振态这一典型实例，然后，继续探讨将 He：Ne 激光器稳定至其增益轮廓；下一部分讲述将激光辐射稳定至原子、分子或离子的合适吸收谱线。鉴于 He：Ne 激光器具有实用意义，本书将集中讲述这种激光器，He：Ne 激光器可稳定至分子碘的吸收谱线，其吸收粒子容纳在吸收池中。再下一步，将探讨基于原子束或分子束的激光稳定系统；本节的最后一部分将简要描述被稳定至冷离子和冷原子态的激光器。

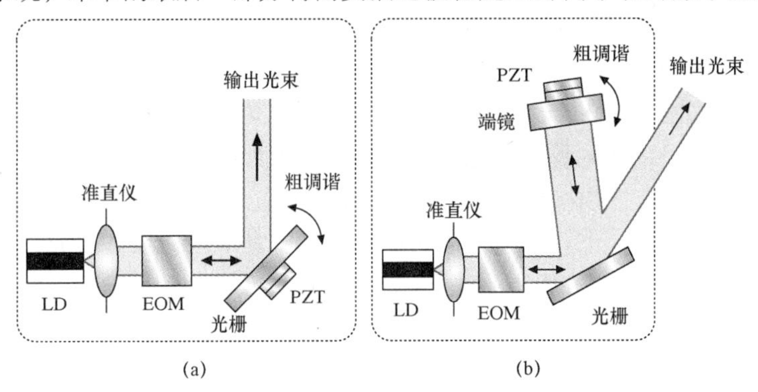

图 1.286　扩展腔二极管激光器（ECDL）的典型配置

（a）利特罗配置；（b）利特曼配置（见正文）

1. 二极管激光器的稳频

可调谐激光器是精确激光光谱学领域中的重要工具。虽然在过去可见光光谱多半被染料激光器占领，但如今二极管激光器正以其小尺寸、高效率、大功率和可靠性在接管可见光光谱。二极管激光器可在大范围的可见光光谱和红外线光谱中应用。但如果需要较高的光谱分辨率，则大多数独立激光二极管的谱线宽度范围为 10～300 MHz，从数量级上来看太大了。研究人员们已开发了好几种方法来提高这些激光器的光谱纯度，这些方法中大多数都采用了光反馈[1.2426,2427]。本节探讨了激光谐振腔通过外部反射镜来增加长度的一个典型实例[1.2428,2429]。与独立激光二极管相比，这些扩展腔二极管激光器（ECDL）的谱线宽度可减小到大约 100 kHz。图 1.286 显示了 ECDL 的两种典型配置：利特罗配置和利特曼配置。在这两种配置中，光束离开激光二极管（LD）的防反射涂层面，之后被瞄准、引导到一个反射光栅上。在利特罗配置［图 1.286（a）］中，激光器光栅起着扩展腔端镜的作用，将光束后向反射到第一衍射级的激光二极管中。零阶光束向外耦合。频率粗调谐可通过光栅旋转来实现，而压电转换器（PZT）及/或电光调制器（EOM）可通过改变谐振腔的光程长度来微调及控制激光频率。频率调谐还可以通过改变激光二极管的注入电流来实现，但这种方法也会改变激光功率。利特罗配置也可设计成极小型。但令人遗憾的是，输出光束的方向随着光栅旋转角度而改变，这个缺点在利特曼配置[1.2430]中可避免。在利特曼配置中，ECDL 还增加了一个反射镜［图 1.286（b）］。在这种配置中，在第一衍射级发生偏转的光束被导引到这个新增的反射镜上，然后从那里后向反射到激光二极管中。在利特曼配置中，激光光束两次穿过光栅，因此波长选择性与利特罗配置相比增强了，输出光束以零衍射级离开光栅。在这个配置中，频率粗调是通过转动端面镜来实现的，其结果是输出光束的方向不变。频率微调可利用 PZT 或 EOM 通过与利特罗配置相同的方式来实施。

当傅里叶频率足够低以至于可通过主动稳频至光学谐振腔的共振态使谱线宽度进一步减小到 100 kHz 以下时，ECDL 中会出现频率噪声[1.2431]，见 1.14.2 节中的描述。例如，通过改变光学基准谐振腔的长度，可进行精确的频率调谐。但这种方法极大地扰乱了谐振腔的稳定性。为了获得尽可能最高的分辨率，最好是在激光输出光束和空腔共振之间引入一个可变频差。由于频移光束被锁定在未受影响的空腔共振态，因此稳定回路会导致激光频移，其结果是激光频率可相对于稳定的空腔共振实现极精确调谐，这种频移可通过声光调制器或电光调制器来实现。通过利用 PDH 方法以及经过认真设计的、具有超高精细度的独立基准谐振腔，研究人员最近观察到了不超过 1 Hz 的谱线宽度，证实了二极管激光器在精确光谱学和光频标方面有很大的应用潜力[1.2404,2417,2418]。

2. He：Ne 激光器的稳频

He：Ne 激光器可以在绿光（$\lambda=543$ nm）和红外光（$\lambda=3.39$ μm）之间的光谱范围内，在几种不同的波长下工作。就不同的波长而言，在 $\lambda=633$ nm 波长下的发射可能是最重要的。He：Ne 激光器比较有优势，因为它们的操作简单，本征频率噪声小，而且输出功率在 100 μW～3 mW 范围内——这对于很多度量衡用途来说足够了。由于激光管里的氖气由一种同位素组成，因此多普勒展宽增益曲线的宽度大约在 1.5 GHz 的范围内，通过选择足够短的激光谐振腔就能轻而易举地实现单频或双频操作。由于有这些有利的特性，加上操作简单，因此稳频 He：Ne 激光器很早就开发出来了[1.2432]。第一种稳频系统（目前仍在很多实验室中应用）利用了增益轮廓本身作为基准频率。

（1）兰姆凹陷稳定。兰姆凹陷稳定化激光器是第一批稳频激光器中的一种[1.2433]。这种激光器利用了一个事实，即当激光频率横跨增益曲线的中心调谐时，输出功率将经过一个局部最小值——兰姆凹隙［图 1.287（a）］。与饱和吸收的无多普勒最小值类似的是，兰姆凹陷也是在谐振腔内部的正向行波和反向行波与相同速度的原子群

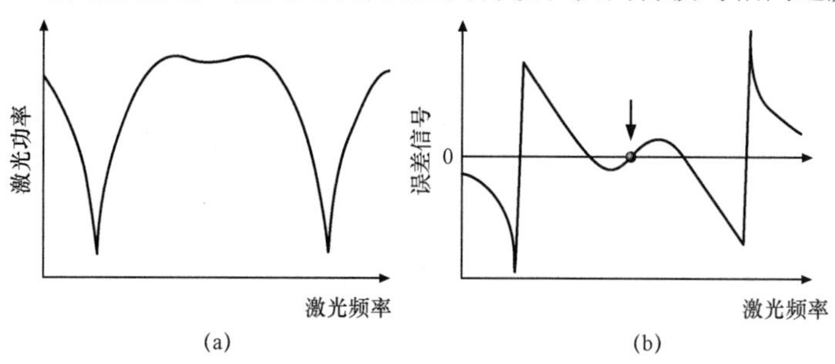

图 1.287　兰姆凹陷稳定 He：Ne 激光器的

（a）调谐曲线；（b）误差信号

（$v_z=0$）相互作用时，由谱线中心处的增益饱和度增加造成的。因此，对激光作用有贡献的原子数减少，导致谱线中心处的激光功率降低。为了生成误差信号［图 1.287（b）］，对激光频率进行了调制，并探测了输出功率中的第一个谐波。

（2）双模稳定。如果 He：Ne 激光器在两个相邻的纵模下工作［图 1.288（a）］，而且这两个模的偏振方向彼此垂直，那么就能轻松地建立起一个简单的稳定化系统。这些条件可利用内部装有反射镜、长 30 cm 的商用 He：Ne 激光管来提供。研究者观察到了垂直偏振，两个模之间的增益竞争减到最弱。在激光管内，每个模的偏振面都是固定的，这些特性让研究者能够通过一个偏振分模器（例如沃拉斯顿棱镜）来分开这两个模，并利用一个单独的光电探测器监测每个模中的功率。两个探测器之间的光电流差（I_1-I_2）取决于这两个模的频率［图 1.288（b）］。当这两个模相对于增益曲线的中心成对称分布且这两个模的功率相同时，I_1-I_2 将过零点。因此，光电流之差被用作稳频时的误差信号，也就没必要进行频率调制了[1.2434]。可以用几种方法将控制信号转移到激光管长度上，例如通过放电电流或单独的外部加热器来加热激光管。通过利用这种简单的激光器稳定化方法，经证实能得到优于 10^{-7} 的相对再现性。在 5 天的时间里，研究人员在有利的实验室条件下得到了低至 10^{-9} 的相对频率变化[1.2435]。

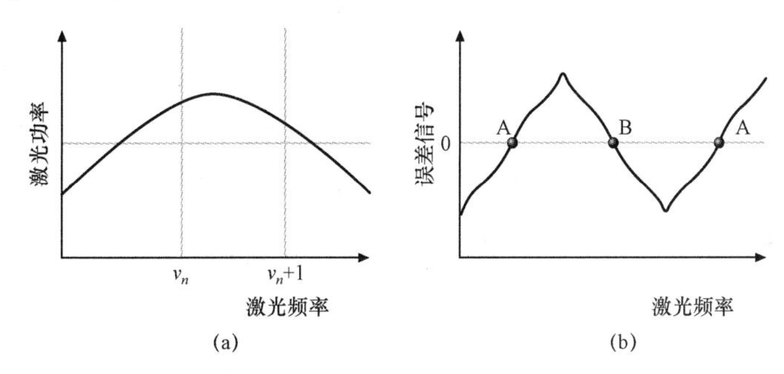

图 1.288　双模稳定 He：Ne 激光器的

（a）调谐曲线；（b）误差信号

（3）塞曼稳定。在商用 He：Ne 激光器和激光干涉仪中广泛采用的另一种稳频方法是在单模短（约 10 cm）激光器中利用塞曼效应。如果外加一个纵向磁场，则塞曼效应会使激光模分裂成两个圆偏振方向相反的、频率稍有不同的子模 v_+ 和 v_-。根据磁场尺寸的不同，频差（v_+-v_-）将在 300 kHz～2 MHz 范围内。这两个子模可通过一块 1/4 波片及其后面的一个偏振分束器分隔开。与双模稳定作用相似的是，在 v_+ 和 v_- 时的输出功率差也可用作误差信号[1.2436]。

或者，还可以利用频差 $\delta_v=v_+-v_-$ 来生成误差信号。研究表明，δ_v 会随着平均激光频率而变化，而且在谱线中心处有最小值。这种相关性是由增益介质中的非线性模牵引效应造成的。用于找到这个最小值的误差信号是通过调制激光频率以及利用可逆计数器监测两个塞曼模之间的拍频来生成的[1.2437]。为了推导出误差信号，应当在每个调制半周期时使计数方向反向。然后，在每个周期结束后，将累计的计数内容（相当于积分误差信号）馈入数/模转换器中。用计数器的输出来控制激光器频率，使平均激光频率与拍频的最小值相符。通过利用这种激光器，可以在实验室条件下在 5 个月的时间里得到 10^{-8} 的相对频率再现性[1.2437]。

3. 利用单独的吸收池使绝对频率稳定化

如上所述，稳定至增益曲线的 He：Ne 激光器频率可能随时间而变化。如果基准频率由合适的窄吸收谱线（其跃迁频率基本上与运行参数无关）提供，那么这些频移可减小几个数量级。在极宽的光谱范围中，如今已有几种不同的激光系统能稳定在这样的基准频率上，这些激光系统中有的已由国际计量委员会（CIPM）推荐[1.2390]。表 1.59 列出了由这些激光系统发出的光及其频率、波长和相对不确定度值。在所推荐的基准频率中，有 6 个基准频率已稳定至分子碘的超精细结构分量——分子碘在可见光谱区有丰富的窄吸收谱线。这些基准频率属于电子 B 能级和基态（X 能级）之间的跃迁。由于碘分子较重，因此其速度以及由此形成的多普勒展宽在室温下相当低。此外，蒸汽压力（造成压致频移和谱线展宽）可通过附着于碘吸收池上冷却梳的温度来方便地控制。当 $\lambda \approx 543$，612，633，640 nm 时，可用 4 个碘基准频率使 He：Ne 激光器变得稳定。在这组基准频率中，在 633 nm 波长下工作的基准频率尤其重要，因为它已被很多标准实验室用作长度干涉测量、激光波长校准和精确激光光谱应用时的基准频率。对于利用拍频对比稳定至增益曲线的 He：Ne 激光器来说，633 nm 波长下的基准频率还是 He：Ne 激光器校准时的基准频率，因此，在 $\lambda = 633$ nm 波长下的碘稳定 He：Ne 激光器可视为很多实验室的主力激光器。

表 1.59 由稳定激光器生成的精选推荐基准波长/频率[1.2390]

原子/分子	跃迁	波长/fm	频率	相对标准不确定度（1σ）
$^{115}In^+$	$5s^{2\,1}S_0 - 5_s5_p\,^3P_0$	236 540 853.549 75	1 267 402 452 899.92 kHz	3.6×10^{-13}
^1H	1S－2S（双光子跃迁）	243 134 624.626 04	1 233 030 706 593.61 kHz	2.0×10^{-13}
$^{199}Hg^+$	$5d^{10}6s^2\,S_{1/2}(F=0) - 5d^9\,6s^{2\,2}D_{5/2}(F=2)$ $\Delta m_F=0$	281 568 867.591 969	1 064 721 609 899.145 Hz	3×10^{-15}
$^{171}Yb^+$	$6s^2\,S_{1/2}\,(F=0) - 5d\,^2D_{3/2}\,(F=2)$	435 517 610.739 69	688 358 979 309 308 Hz	9×10^{-15}
$^{171}Yb^+$	$^2S_{1/2}(F=0, m_F=0) - {}^2F_{7/2}(F=3, m_F=0)$	466 878 090.060 5	642 121 496 772 657 Hz	6×10^{-14}
$^{127}I_2$	R（56）32－0，分量，a_{10}	532 245 036.104	56 326 022 351 kHz	8.9×10^{-12}
$^{127}I_2$	R（127）11－5 分量 a_{16}（或 f）	632 991 212.58	473 612 353 604 kHz	2.1×10^{-11}
^{40}Ca	$^1S_0 - {}^3P_1$；$\Delta m_J=0$	657 459 439.291 683	455 986 240 494 141 Hz	1.1×10^{-13}
$^{88}Sr^+$	$5^2S_{1/2} - 4^2D_{5/2}$	674 025 590.863 14	444 779 044 095 484 Hz	7.9×10^{-13}
^{87}Sr	$5s^{2\,1}S_0 - 5s5p^3\,P_0$	698 445 709.612 753	429 228 004 229 873.7 Hz	1×10^{-15}

续表

原子/分子	跃迁	波长/fm	频率	相对标准不确定度（1σ）
$^{40}Ca^+$	$4s^2\ S_{1/2}-3d^2\ D_{5/2}$	729 347 276.793 96	411 042 129 776 393 Hz	4×10^{-14}
^{85}Rb	$5S_{1/2}$（$F_g=3$）$-5D_{5/2}$（$F_e=5$）双光子	778 105 421.23	385 285 142 375 kHz	1.3×10^{-11}
$^{13}C_2H_2$	P（16）（v_1+v_3）	1 542 383 712.38	194 369 569 384 hHz	2.6×10^{-11}
CH_4	P（7）v_3，$F_2^{(2)}$中心超精细结构的分量	3 392 231 397.327	88 376 181 600.18 kHz	3×10^{-12}
$^{12}C^{16}O_2$	CO_2激光器的R（10）（$00^0$1）–（$10^0$0）谱线	10 318 436 884.460	29 054 057 446 579 Hz	1.4×10^{-13}

碘分子包含在具有低蒸汽压力的吸收池中。根据激光系统的不同，吸收池的长度范围可能从几厘米到几米。不论在哪种情况下，杂质的含量都必须较低，以防止与杂质碰撞而造成频移。例如，就碘稳定激光器而论，碘注入质量会限制最终可达到的不确定度。尽管如此，由于光谱丰度大，因此 I_2 常常被在可见光光谱内工作的不同类型激光器用作基准频率。下面，我们将探讨两类碘稳定激光器：He：Ne激光器（$\lambda=633$ nm）和倍频Nd：YAG激光器（$\lambda=532$ nm）。

（1）碘稳定He：Ne激光器（$\lambda=633$ nm）。图1.289显示了碘稳定He：Ne激光器的典型配置。激光头由一根He：Ne放电管以及安装在激光谐振腔内部的一个碘吸收池组成。放电管和吸收池的长度通常分别为20 cm和10 cm，对应的谐振腔最小长度大约为35 cm，自由光谱区约为430 MHz。尽管谐振腔相当长，但由于吸收池中有损耗，因此这种激光器只发射一个单频。为了减小声音和振动的影响力，谐振腔应当做得尽可能坚固。隔片应当由低热膨胀材料组成。激光镜的曲率半径 r 通常在0.6～4 m范围内，最常见的曲率半径为 $r=1$ m，两个激光镜的反射率大约为98%，使激光器在大部分的自由光谱区内都能实现单频运行。输出功率达到 300 μW，对于激光光谱学和干扰测量学领域中的大部分用途来说都足够了。这两个激光镜安装在PZT致动器上，因此通过给PZT外加一个电压，可以改变谐振腔长度，从而改变激光频率。

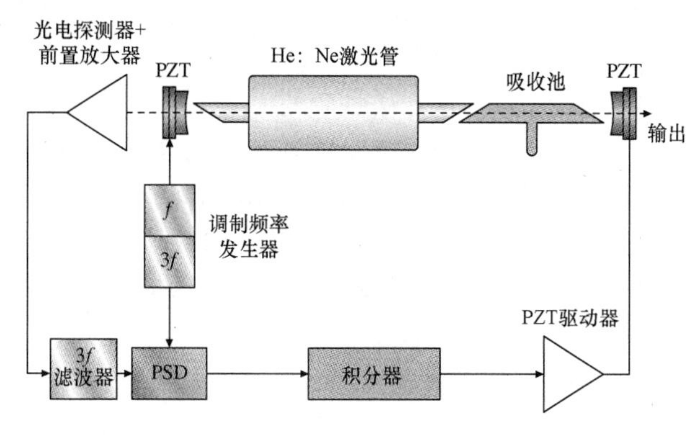

图1.289　碘稳定He：Ne激光器的实验方案

图 1.290（a）显示了激光器调谐曲线中的 4 个吸收特征。这 4 个属于 $^{127}I_2$ 的跃迁 R（127）（$v'=5$，$v''=11$）的超精细结构（HFS）分量 d，e，f，g（分别为 a_{18}，a_{17}，a_{16}，a_{15}）之间的间隔大约为 13 MHz，每条谱线的半峰全宽在 5 MHz 范围内，对应的品质因数为 $Q=\nu/\delta\nu\approx10^8$，谱线的高度大约为激光功率的 0.1%。为了生成用于稳定用途的误差信号，通过给左侧 PZT 外加一个正弦波电压，以谐波形式调节激光器的长度，从而调节激光频率（图 1.289）。为实现稳定化，我们采用了三次谐波探测。输出功率中的三次谐波信号被滤出，被相位灵敏探测器（PSD）解调，然后通过一个低通滤波器，这个信号成为用于稳定用途的误差信号。图 1.290（b）显示了典型的分子碘三次谐波光谱，光谱中含有在激光器调谐范围内的 7 个 HFS 分量。每个吸收特征都适于用作稳定化基准频率。

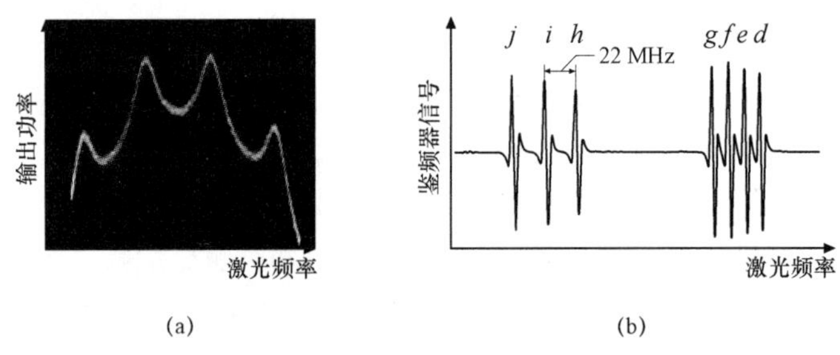

图 1.290　碘稳定 He：Ne 激光器（$\lambda=633$ nm）在 HFS 分量 d～j（分别叫做 a_{18}～a_{12}）下的（a）饱和凹陷和（b）误差信号

通过利用伺服回路工作模式，激光器的长度将达到稳定，以至于相应 HFS 分量的三次谐波信号在其中心过零点处消失。

碘稳定 He:Ne 激光器的稳定性和再现性可通过对两个独立激光系统的拍频测量来进行研究。图 1.277 显示了碘稳定 He：Ne 激光器的艾伦标准偏差 $\sigma(\tau)$ 测量值与积分时间 τ 之间的关系图。在从 $\tau=10$ ms 到 $\tau=100$ s 的范围内，$\sigma(\tau)$ 随着 τ 的平方根（相当于白频率噪声）的减小而近似地减小。当积分时间 $\tau\approx1\,000$ s 时，观察到了大约 2×10^{-13} 的最小不稳定性。

通过测量激光频率与各种运行参数之间的相关性并在不同研究所的激光器之间进行频率互比，科研人员研究了碘稳定 He：Ne 激光器的再现性。激光频率取决于调制宽度、碘蒸汽压力以及激光功率（相关性较弱）。激光频率与压力和调制之间的相关性系数分别大约为 −6 kHz/Pa 和 −10 kHz/MHz。国际上不同碘稳定激光器之间的频率对比结果表明，大部分碘稳定 He：Ne 激光器的稳定频率都同时出现在大约 12 kHz（相当于 $2.5\times10^{-11}\,\nu$）的范围内。在规定的运行参数下（吸收池温度（25 ± 5）℃，冷点温度（15 ± 0.2）℃，峰值之间的频率调制宽度（6 ± 0.3）MHz，单程腔内光束功率（10 ± 5）mW），可求出推荐频率值 2.5×10^{-11} 的相对标准不确定度[1.2390]。

（2）碘稳定倍频 Nd：YAG 激光器（$\lambda=532$ nm）。对于光频标的用途来说，由二极管激光器泵浦的倍频 YAG 激光器尤其值得关注，原因如下：能在 532 nm 波长下提供 100 mW 高输出功率的小型激光器已能在市场上买到。YAG 激光器的本征频率噪声可能极低，此激光器的一部分发光范围恰好与分子碘的强吸收谱线［图 1.291（a）］相一致，后者适于用作频率稳定化时的基准频率。图 1.291（b）显示了在商用激光器的 5 GHz 连续调谐范围内观察到的无多普勒吸收光谱。所观察到的吸收谱线代表着两组超精细分量，分别属于 32－0，R（57）和 32－0，P（54）旋转－振动谱线（分别标记为#1104 和#1105）[1.2438]。这些跃迁中的任何一个都适于用作基准频率。由于 32－0，R（56）跃迁的推荐 a_{10} 分量的频差已知大约为 2 kHz，因此每个 HFS 分量都会得到精确的光频。

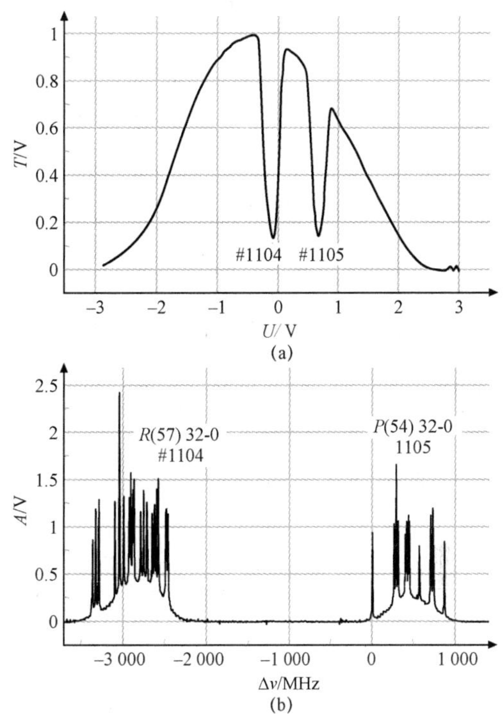

图 1.291　在商用倍频 Nd：YAG 激光器的发射分布图内分子碘的吸收谱线

（a）多普勒受限；（b）通过利用无多普勒激发，可分辨超微细结构

不同的实验室已采用了各种方法来生成误差信号。调制转移光谱法[1.2439,2440]和相位调制光谱法[1.2441,2442]是用于获得高信噪比鉴频信号的强有力的工具。

国际机构间的频率对比表明，这些激光器的频率再现性在 5 kHz 范围内[1.2443,2444]，主要是受到了吸收池中潜在杂质的限制。由于功率大、体积小、频率再现性高，碘稳定倍频 Nd：YAG 激光器成为一种在精确长度度量衡学、干涉测量学和光谱学中有重要用途的光频标。

（3）在铷中稳定至双光子跃迁态的激光器。在铷中（图 1.292）[1.2445]稳定至双光子跃迁态 $5S_{1/2}-5\,D_{5/2}$ 的激光器所发出的光是在波长为 778 nm 的近红外光中的基准频率。在这个光谱范围内能得到具有低频噪声且易于使用的激光二极管，因此能开发出便携式高精度光频标结构。此外，这种激光器可能为光通信系统提供精确的基准频率，因为其波长的 2 倍与 1.55 μm 波长下的透射带相同，这种激光器的光频也已确定[1.2446]。

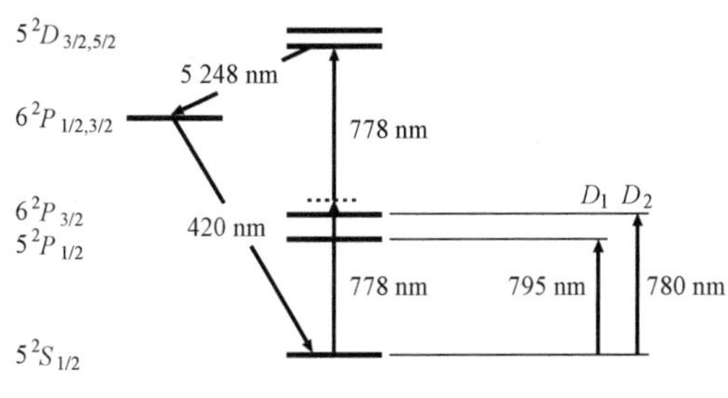

图 1.292　与双光子稳定二极管激光器相关的 Rb 能级

在简单的配置中[1.2445]，扩展腔二极管激光器的准直光束经过充满了铷蒸汽的吸收池。吸收池的两端用布儒斯特窗密封，里面充满了天然铷（73%^{85} Rb 和 27%^{87} Rb）。光束通过一个反射镜或猫眼被后向反射，以实现无多普勒双光子激发。馈入二极管激光器中的光通过法拉第隔离器来避

免。当通过双光子共振来扫描激光频率时，在级联式自发衰减 $5D \to 6P \to 5S$ 中通过 $6P-5S$ 跃迁时的蓝色荧光（420 nm）会观察到上能级（$5^2 D_{5/2}$）的激发。通过利用此装置,已经在 2 000 s 的积分时间 τ 内获得了 $\sigma(\tau)=3\times10^{-13}\,\tau^{-1/2}$ 的相对频率稳定性。

众所周知，基于双光子跃迁的光频标的稳定频率会发生光频移，光频移的大小与光强之间为线性关系。因此，控制激光功率以及明确定义用于激发用途的激光光束的几何形状是很重要的，这项要求可通过将吸收池安装在非简并光学谐振腔内来达到。谐振腔还能使激光功率增大，从而增强双光子激发。此外，谐振腔还能对激光光束进行精确的后向反射——这对抑制残余一阶多普勒频移来说是必需的。在实验中[1.2445]，激光频率首先预稳定至这个谐振腔的共振态；然后，通过利用 PZT 致动器（上面安装着其中一个反射镜）改变谐振腔的长度，可以实现双光子共振，从而对激光频率进行调谐。与前述简单装置得到的结果相比，可以观察到的频率稳定性也大致相同，但光频移能够被更好地控制，因此跃迁频率能够更精确地外推至零激光功率。

用激光冷却的 Rb 原子系综也被用于稳频用途，以减小二阶多普勒效应的影响[1.2447]。进一步的评估将揭示基于冷 Rb 原子的光频标是否会导致相对频率不确定度大大降低。尽管如此，当前状态的铷稳定激光器仍是令人关注的精确基准频率。

4. 基于原子束或分子束的稳定激光器

原子吸收体和分子吸收体通常是在光束中制备，而不是在吸收池中制备的，原因有多种。首先，一些气体（例如氢气）不像原子种类那样稳定，需要恰在激发之前不久进行制备。金属蒸汽会很快笼罩吸收池窗口，使这些窗口的透明度大大降低。其次，准直光束的使用让我们能够对激发几何形状加以利用。在激发几何形状中，激光光束与原子束垂直相交。在单光子跃迁的情况下，这可能会使一阶多普勒效应减小几个数量级。此外，在长寿命原子能态下，激发区和探测区可以分离，导致信噪比增加，因为由激发光束发出的散射光能够被更好地抑制。

在室温下分子或原子的平均速度范围从大约 100 m/s 到大于 2 000 m/s，当光束直径为几毫米时，以这样的速度垂直穿过激光光束的粒子其相互作用时间通常小于 10^{-5} s。因此，相应的谱线增宽大于 0.1 MHz，此增宽幅度可利用拉姆齐（Ramsey）提出的、在微波范围内首先引入的分隔场激发方法来减小[1.2448]。对于“辐射波长通常远远小于原子束直径”这一光学机制中的单光子跃迁来说，在采用分隔场激发方法时还需要采取其他步骤。这可通过阻塞已明确规定的原子束轨迹[1.2449]，或采用三个[1.2450]或更多个[1.2451]在空间上隔开的激发区来实现。

另一种方法是纵向激发，也就是说让原子以平行于或反平行于激光光束的方式飞行。这种方法适用于双光子跃迁情形。例如，其中一种推荐的辐射光（表 1.59）与原子氢的 $1S-2S$ 双光子跃迁一致。在实验中，通过引导氢分子穿过气体放电管并用一块由液态氦冷却的板来反射原子粒子，形成了一束冷原子氢。反射板将氢原子反射到光学谐振腔的光轴上，而谐振腔已调谐至接近于 $1S-2S$ 双光子跃迁态。在谐振腔里的纵向激发能实现对于双光子激发来说必需的大功率、谐振腔内正反向行波的精确模匹配以及原子与激光光束之间更长的相互作用时间，从而获得更高的光谱分辨率。CIPM 推荐的跃迁频率的相对不确定度低至 2.0×10^{-13}[1.2390]。

在单光子跃迁的情况下，用单独激光场进行横向激发（图 1.293）的方法被频繁采用，用于得到较高的光谱分辨率和良好的信噪比。Bordé 研究表明：当激光光束成为原子束的相干分束器时，这种方法会得到一个原子干涉仪（Ramsey－Bordé 干涉仪）[1.2452－2454]。光学拉姆齐分隔场激发的突出优势源于一个事实，即渡越时间展宽和分辨率可独立调节。对于前者，通过在每个区内选择较短的相互作用时间，可增加渡越时间展宽，由此让大部分原子能够为信号做出“贡献”。但分辨率主要由相互作用区域之间的渡越时间决定。下面，本书将简要描述 Ramsey－Bordé 干涉仪。

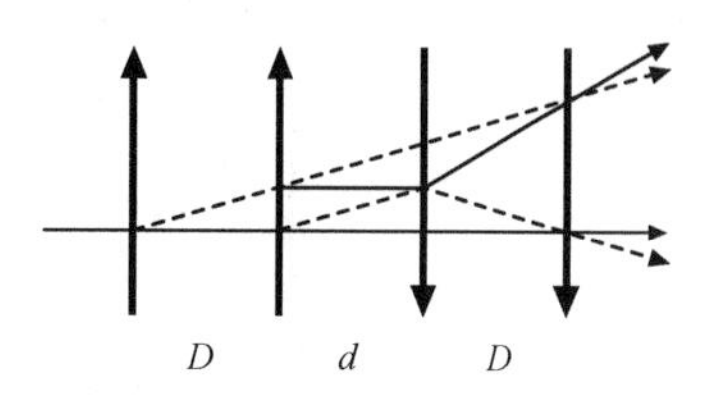

图 1.293　Ramsey－Bordé 物质波干涉仪（此图只显示那些会导致形成干涉结构的局部光束）

通过利用原子的内能结构，吸收过程和诱导发射过程可用于使原子束劈开或偏斜。如果原子从行波中吸收一个光子，则该原子还会吸收光子动量 $\hbar k$［图 1.294（a）］，因此，受激原子会受到光子反冲作用。如果原子波在与激光相互作用之前处于激发态，则会出现逆过程（诱导发射）［图 1.294（b）］。观察到这个激发过程或发射过程的概率 ρ 取决于光场的强度和频率以及相互作用时间。总的来说，原子会被置于基态和激发态的相干叠加作用中（图 1.294）。由于原子在这两种能态下有不同的动量，因此采用原子波群图会更加合适。例如，这种相互作用可用作 50%的分束器（$\rho=0.5$，$\pi/2$ 脉冲）或反射镜（$\rho=1$，π 脉冲）。在任何情况下，光束相位都会被转移到偏离的原子分波中。如果光场与原子共振之间稍稍有些失谐，则相应的能量差 $\hbar\delta\omega$ 还会以动能形式被转移到偏离的分波中，因此德布罗意波长会改变。

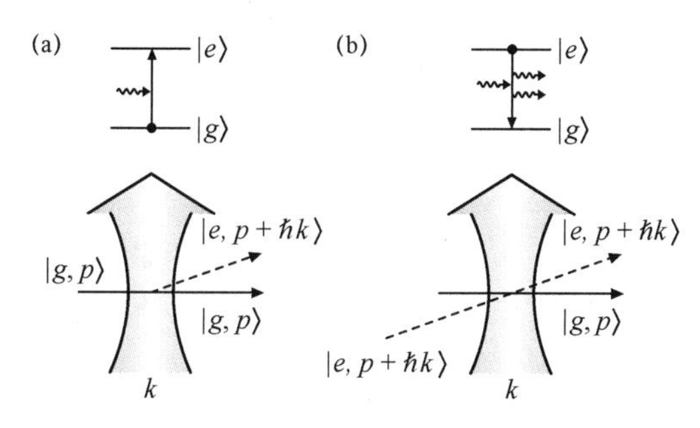

图 1.294　用激光光束作为原子波的分束器

这些分束器的组合可能得到一个与光学马赫－泽德干涉仪类似的原子干涉仪（图 1.293）。在第一次以及后续的每一次相互作用中，物质波都会以相干方式分裂成具有内部能态$|g\rangle$和$|e\rangle$的分波，这两个分波在图 1.294 和 1.293 中分别用实线和虚线表示。如果吸收或发射过程被诱发，则相应波群的动量会被光子动量 $\hbar k$ 改变。在最终的相互作用中，相互作用轨迹的回路关闭，激光场与分波叠加，形成原子干涉。由于原子波群使每个干涉仪的两个输出光束处于不同的内部能态，因此通过监测受激态或基态下的粒子数，可以观察到干涉结构。

众所周知，碱土金属原子的互组跃迁 ${}^1S_0-{}^3P_1$ 代表着光频标的极好基准频率[1.2456]。这些原子具有大约 0.04 kHz（Mg）、0.3 kHz（Ca）和 6 kHz（Sr）的窄自然线宽。在所有这三个案例中，$\Delta m_J=0$ 跃迁的频率都对电磁场几乎不敏感。

研究人员已经在镁[1.2457]、锶[1.2458,2459]和钡原子[1.2460]发射的光束中研究了互组谱线。大多数的光频标应用研究都很可能是用 Ca 原子束进行的[1.2461,2462]，已有不同的研究小组研究了这种跃迁[1.2455,2463－2465]。CIPM 还推荐用钙稳定激光器发射的光作为基准频率[1.2390]。本书首先来探讨一个典型实例——便携式钙原子束频标结构的配置（图 1.295）[1.2455]。

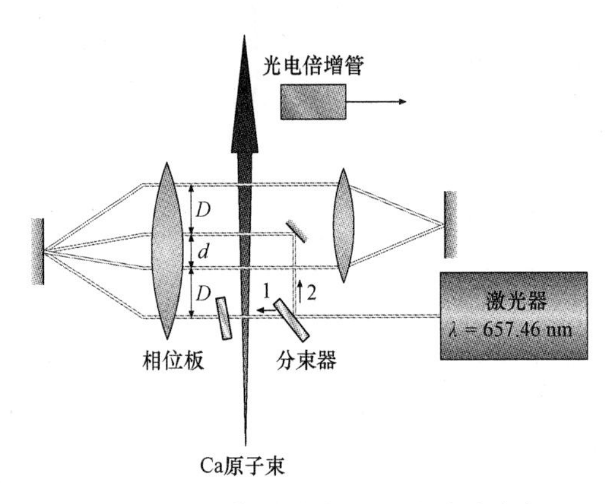

图 1.295 通过 ^{40}Ca 光束的分隔场激发稳定至 $^1S_0-{}^3P_1$ 互组跃迁态的便携式二极管激光频率方案（根据文献［1.2455］）

ECDL 可获得的几毫瓦特输出功率（预先稳定至光学谐振腔的基准频率）通过保偏单模光纤被传输到分束器/反射镜配置中，然后分裂成两个具有相同功率的光束 1 和 2。通过利用两个猫眼回射器，从与原子束垂直相交的光束（1 或 2）中可以得到由两对对向传播激光光束组成的激发几何形状。同向传播光束的间距为 $D=10$ mm，最里面的两个对向传播光束之间的距离为 $d=13$ mm。含有熔融石英块的光学配置被设计成如下形式：第 2 部分光得到与第 1 部分光相同的激发几何形状，但第 2 部分光相对于原子束的方向是相反的（图 1.295）。在实验中，激光光束沿着方向 1 或 2 传播，沿相反方向传播的光束被阻塞。

受激原子可通过用光电倍增管测量荧光强度（根据受激原子的衰减率）来探测。通过简化文献［1.2451，（16），（17）］中给出的表达式并在总速度 v 上求积分，可推导出 $\varDelta_{mj}=0$ 跃迁时被探测到的荧光强度与激光频率失谐量 $\Delta\Omega/2\pi=(\omega-\omega_g)/2\pi$ 之间的关系，其中频率失谐量是激光频率 $\omega/2\pi$ 和钙互组谱线的频率 $\omega_0/2\pi$ 之差。

$$
\begin{aligned}
&I(\varDelta_0)\\
&=\int_0^\infty A(P,v,\varDelta_0)f(v)\\
&\times\left\{\cos\left[2T\left(\varDelta_0+\delta_{\text{rec}}+\frac{\omega_0 v^2}{2c^2}\right)+\varPhi_{\text{L}}\right]\right.\\
&\left.+\cos\left[2T\left(\varDelta_0-\delta_{\text{rec}}+\frac{\omega_0 v^2}{2c^2}\right)+\varPhi_{\text{L}}\right]\right\}\mathrm{d}v\\
&+B(P,v,\varDelta_0)
\end{aligned}
\tag{1.272}
$$

式中，$A(P, v, \varDelta_0)$ 描述了速度为 v 的特定原子对信号做出的贡献，$B(P, v, \varDelta_0)$ 描述了多普勒增宽谱线背景（包括饱和凹陷）的振幅。这两个参数都取决于激光功率 P，并与激光频率的失谐量 $\delta v=\varDelta_0/2\pi$ 之间弱相关。因数 $f(v)$ 代表速度分布，其中已忽略了垂直于原子束速度分量的影响。

$$\Phi_L = \Phi_2 - \Phi_1 + \Phi_4 - \Phi_3 \quad (1.273)$$

这是 4 个激发激光光束之间的残余相，相位 Φ_i 在相互作用区，$T = D/v$ 是两个同向传播光束之间的原子渡越时间。使干涉结构发生频移的相位 Φ_L 可通过改变激光光束的方向（从方向 1 变成方向 2，或相反，如图 1.295 所示）来探测，并通过旋转相位板进行补偿[1.2455]。

式（1.272）中每个余弦函数的相位都含有三个分量，除 Φ_L 外，还有源于失谐效应的 Δ_0 项、源于光子反冲效应的 $\delta_{rec} = \hbar k^2/(2m_{Ca}c^2)$（其中 $\boldsymbol{k}$ 是激光场的波矢，m_{Ca} 是 Ca 原子的质量），以及源于二阶多普勒效应的 $\omega_0 v^2/(2c^2)$。

每个群速 v 的信号都由两个余弦函数组成，函数周期 $1/(2T)$ 由距离 D 和原子速度决定，这两个分量通过反冲裂距 $2\delta_{rec} = 2\pi 23.1$ kHz 隔开。为了对这两个余弦函数进行最佳叠加，函数周期应当是反冲裂距的整数部分。此信号的 FWHM 谱线宽度由 $1/(4T)$ 近似地算出。

根据荧光信号测量值与失谐量之间的关系式 $\delta v = v - v_0$（图 1.296），可以清晰地看到在饱和凹陷的中心部分，两个余弦项的两个中心最小值通过反冲裂距隔开。随着失谐量增加，余弦结构被破坏，因为原子束的所有群速度 v 其周期稍有不同。图 1.296 中的插图显示了总的被检波信号，其中多普勒展宽由准直度和原子束的速度分布决定，因此得到 7.5 MHz 干涉结构的 FWHM。由于经评估具有 1.3×10^{-12} 的相对不确定度以及 $\sigma(\tau) = 9 \times 10^{-13}$（$\tau = 1$ s）的相对稳定度，因此与在 $\lambda = 633$ nm 波长下广泛应用的便携式碘稳定 He：Ne 激光器相比，便携式钙频率基准结构要好一个数量级。

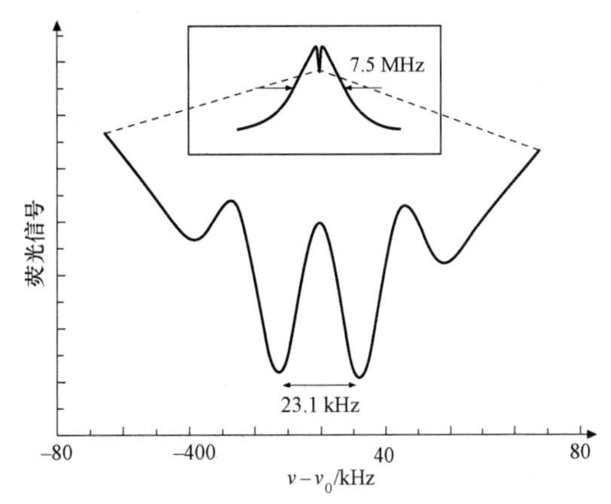

图 1.296　在 Ca 原子的热中子束中观察到的原子干涉结构（根据文献［1.2455］）

5. 基于激光冷却吸收体的光频标

就采用了热中子吸收体的稳频激光器而论，基准谱线中心的不确定度最终会受到频移的限制，而频移由光激发中的剩余相位误差以及二阶多普勒频移 $\delta v/v = -v^2/(2c^2)$ 造成。这两个频移随着吸收体速度的增加而增加；如果控制信号仅由慢吸收体生成，那么这两个频移会减小几个数量级。此外，原子与激光光束之间的相互作用时间增加，会导致基准谱线的展宽减少。因此，最精确的光频标基于冷吸收体。在下面几节里，本书将描述两个典型实例。第一个实例描述了一种采用了单个陷俘 Yb^+ 离子的光频标结构；第二个实例则描述了一种基于冷 Ca 原子系综的频率标准结构。

（1）基于冷储存离子的光频标。光频标结构的理想基准频率由在自由空间内处于静止状态的相同但独立的原子系综组成。这个条件可通过被困于轴向对称的电极配置（图 1.297）中一个小体积（保罗阱）[1.2466]内的单个离子来部分地模拟。保罗阱是通过给电极外加一个合适的射频电压来实现的。这些阱让研究人员能够在阱中心的无场区内储存并冷却单个离子，线性离子阱[1.2467]能储存超过一个离子。将来，微阱也可能[1.2468]用于激光稳频用途。

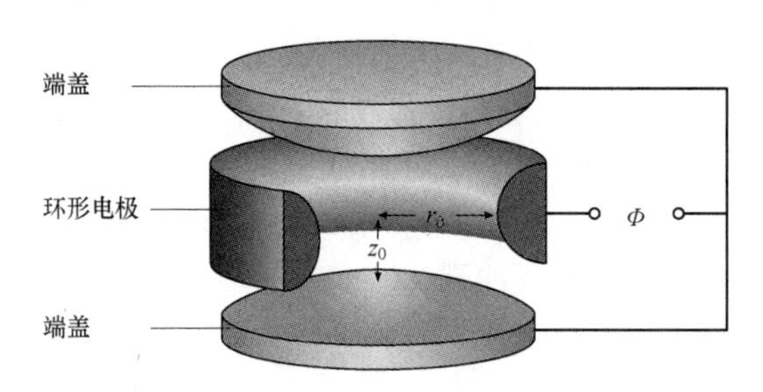

图 1.297 射频离子阱的电极配置（保罗阱）（根据文献［1.2466］）

适用于精确频率标准的离子提供了冷却封闭跃迁以及基准（时钟）跃迁。离子冷却是通过用调谐至稍低于共振频率的激光对离子进行照射来实现的，并在反复的吸收和发射过程中出现[1.2469,2470]。当探测时钟跃迁时，必须关掉冷却激光，以便抑制光频移和强谱线展宽。但射频俘获场可能保持不变，以实现理想的无限询问时间。如果一个阱中俘获了几个离子，那么这些离子的斥力将导致离子云形成并延伸到非零射频场中，由振荡的俘获场产生的动能将会增加。如果只有一个离子被困在无俘获场的阱中心，那么由动能导致的加热现象就可以避免。由于只有一个离子对稳频有贡献，因此高效地探测基准跃迁的激发是很重要的。通过利用电子滤除法[1.2471]，可以获得接近于 100%的效率。电子滤除法基于一个事实，即：如果将离子激发到基准跃迁的上能态，则冷却跃迁上的强荧光性会中断。

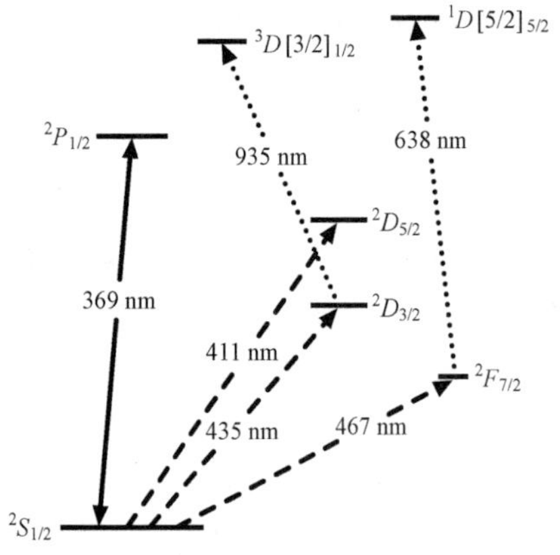

研究人员正在研究几种不同的离子在稳频激光器中的应用，利用基于汞离子[1.2472]、锶离子[1.2473,2474]、铟离子[1.2475]和镱离子[1.2476,2477]的频标结构，观察到了很有前景的研究结果。作为一个典型实例，研究者研究了基于单个 ^{171}Yb 离子的光学标准（图 1.298）。利用二极管激光器的倍频辐射光来获得的不同时钟跃迁机制有三种。最近，研究人员利用窄至 30 Hz 的谱线宽度（图 1.299），观察到了 435 nm 的时钟跃迁；与此同时，这个谱线宽度可进一步减小为

图 1.298 ^{171}Yb 的简化能级图

10 Hz[1.2478]。最近，研究人员利用此基准谱线，估算出了相对不确定度为 1.1×10^{-15}[1.2479]，从而证实基于单个冷储存离子的光频标和光学时钟有很大的应用潜力。

最近开发的、基于量子逻辑光谱[1.2480]的结构是一种极有意思的选择方案。以前，为光学时钟考虑的候选量子吸收体必须达到两个标准：① 量子跃迁的自然线宽应当较窄，极不容易受由外场和扰动导致频移的影响；② 必须有适于激光冷却和探测的跃迁。通过利用量子逻辑光谱学，可以操纵并询问一种与时钟离子缠绕在一起的"逻辑离子"——具有合适时钟跃迁的离子。这种缠绕确保了这两种离子的外部能态和内部能态密切连接，从而使激光能够通过逻辑离子与时钟离子间接地相互作用。通过利用这种方法，就不再需要达到第二个标准了。由于 $^{27}Al^+$ 离子在紫外线中的跃迁，在以前激光无法触及 $^{27}Al^+$ 离子，以达到冷却和询问目的，虽然 $^{27}Al^+$ 离子的时钟跃迁频率极不易受外部扰动之影响。通过利用量子逻辑光谱学，这种离子首次得以利用。研究人员已演示了利用 Al^+ 离子作为时钟离子，并以 Be^+ 或 Mg^+ 作为逻辑离子的光学时钟，这种时钟的分数不确定度低于 10^{-17}[1.2481]。

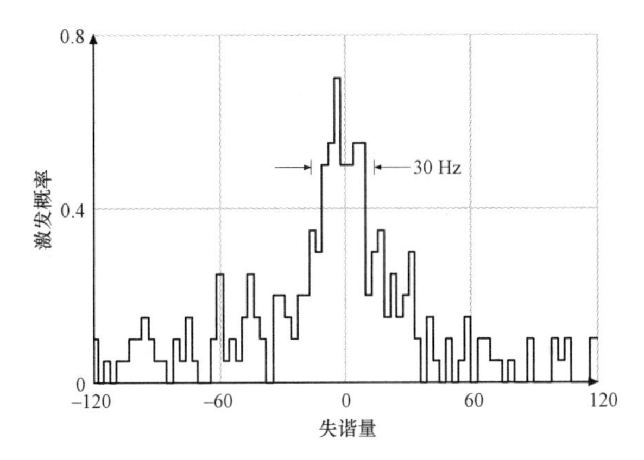

图 1.299　单个被俘获、冷却的 $^{171}Yb^+$ 离子的吸收信号（根据文献［1.2476］）

（2）基于冷中性原子的频率标准。如果中性原子有合适的冷却跃迁，就可能被俘获在磁光阱（MOT）[1.2482]中并进行冷却。与离子相反，在 10^7 范围内的大量原子都可用于为稳定化做贡献，从而导致信噪比增加。但为了避免无用频移，在探测基准跃迁时必须关掉所有的俘获场。因此，自由原子从阱中释放出来之后的相互作用时间会因为它们在引力场中的加速而受到限制。

冷原子光频标的候选材料是银[1.2483]以及碱土原子镁[1.2484,2485]、锶[1.2486,2487]和钙[1.2456,2461,2483]。本书将描述一种基于冷中性钙原子的稳频激光器。

除在 $\lambda=657$ nm 波长下的窄基准跃迁 $^1S_0-{}^3P_1$（图 1.300）外，^{40}Ca 还具有较强的冷却跃迁 $^1S_0-{}^1P_1$（$\lambda=423$ nm），可用于在 MOT 中冷却并俘获 Ca 原子[1.2488]。在此跃迁中，Ca 原子可冷却至大约 3 mK。下一步，通过利用淬火冷却方法[1.2489]以及窄互组跃迁 $^1S_0-{}^3P_1$，将 Ca 原子进一步冷却至几微开尔文。

为了得到较高的光谱分辨率以及良好的信噪比（SNR），可以在时域中采用分隔场激发——与原子束的空间分隔场激发类似。可以用持续时间为 1 μs 的短脉冲来激发大部分的冷原子系综；然后，通过在两个连续脉冲之间采用足够大的时间间隔 T，获得必要的高光谱分辨率。如果脉冲长度与脉冲时间间隔相比较小，则干涉条纹的宽度 $\delta\nu=1/(4T)$ 与 T 成反比。

原子的冷却与俘获以及时钟跃迁的探测将按时间顺序执行（图 1.301）。原子在第一步中被俘获、冷却了大约 15 ms 之后，关掉俘获场（激光光束和四极磁场），打开一个较小的均匀磁量子化场（亥姆霍兹场），用两个对向传播的激光光束组成的脉冲对探测时钟跃迁（图 1.301）。在这段时间内，冷自由 Ca 原子云会在大约 3 mK 的温度下以 $v_{\mathrm{rms}}\approx 80$ cm/s 的均方根速度扩展。在第三步中，通过观察 Ca 原子自发衰减至 $^1S_0$ 基态时的荧光，可探测到原子被激发至 $^3P_1$ 态。

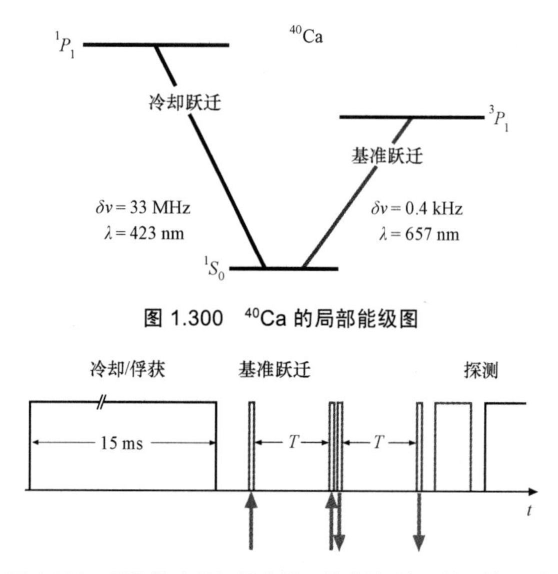

图 1.300 ^{40}Ca 的局部能级图

图 1.301 原子的冷却与俘获以及基准跃迁探测的时间顺序

如果在原子共振范围内调谐激光频率，则荧光强度将含有一个随激光失谐余弦函数而振荡的分量（图 1.302）。与空间分隔场激发相似的是，这种振荡特性也能通过由激发造成的原子干涉以及时间分隔场来解释[1.2488]。

用于稳定用途的误差信号是通过调制激光频率同时测量荧光强度由干扰信号生成的。最直接的方法是在两个离散值之间对频率进行方波调制，同时将平均频率调谐至接近于中央条纹的中心，相应荧光强度之差被用作误差信号。这种方法相当于利用模拟电子学和谐波调制对伺服控制系统进行一次谐波探测（1f 法）。如果频率在干扰信号的最大斜率点之间轮流变换，则可得到当总调制宽度为 $\delta\nu_{\mathrm{mod}}=1/4T$ 时的最大斜率。在探测后，利用误差信号来分级调节激光分光仪的频率——这个过程与数字积分伺服控制相当。基准谐振腔的本征频率线性偏移量可通过伺服控制来确定，并通过给激光频率控制信号添加一个相应的前馈信号来补偿。通过利用在 $^1S_0$–$^1P_1$ 跃迁中冷却至大约 3 mK 的 Ca 原子，研究人员已求出了相对不确定度 $\delta\nu/\nu \approx 2\times10^{-14}$[1.2490]。激光器稳定至发射展宽中性原子云时的频率稳定度最终会受到原子与询问激光场之间相互作用时间的限制。如果中性原子被俘获在一个光学晶格中，则相互作用时间的展宽可大大减少。

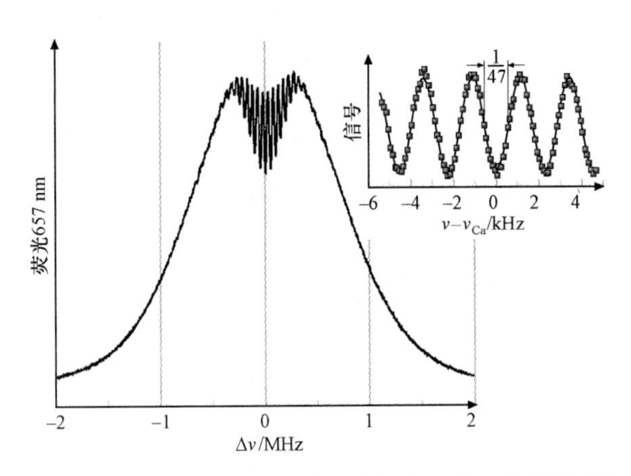

图 1.302 由时间分隔激发生成的冷自由 Ca 原子的干涉结构

（3）基于光学晶格中所储存原子的频率标准。当通过将原子核正电荷的中心与电子壳层负电荷的中心分离在光场中使原子偏振时，光学晶格中的中性原子会受到一个偶极子力。这种光学晶格可通过标准激光场来实现。作用于原子上的相应力可能很强，足以将原子限制在驻波场的波节或波腹上。然后，将原子限制在一个与光学晶格场的半波长相当的势阱中，当然，这个势阱会使与时钟跃迁连接的基态和激发态发生几百千赫的频移。但如果晶格激光在“魔力波长”[1.2491]下工作，即基态频移与激发态频移完全相同，则时钟跃迁上的净频移将取消；仅在角动量为零的能态下，例如当碱土族元素中发生 $^1S_0-{}^3P_0$ 跃迁时，才会出现这种取消。一般而言，当总电子角动量变为 $J=0$ 时，此跃迁会被完全禁止。但对于具有超精细相互作用的原子，例如对于必须保证总角动量 F（还包括原子核自旋）守恒的 ^{87}Sr 而言，此跃迁会被激发。如果另外再外加一个磁场，使 $^3P_0$ 与 $^3P_1$ 能态耦合[1.2492]，则 $^1S_0-{}^3P_0$ 跃迁还会在 Ca、Sr 和 Yb 的玻色子同位素中激发。通过利用 ^{87}Sr[1.2493－2495]、^{88}Sr[1.2496] 和 ^{171}Yb[1.2497]的 $^1S_0-{}^3P_0$ 跃迁作为分数不确定度低于 10^{-15} 的光学时钟，用上述方法达到稳定的激光器已经在工作了。

在过去几年里，几个光频标的性能表现得比最好的微波时钟还好，因为铯原子钟常常用于定义国际单位制（SI）中的第二单位，因此光频标将来很有可能用于重新定义 SI 中的第二单位。为了给这种情形做好准备，国际计量委员会（CIPM）已选定了表 1.59 中列出的一些光频标（例如 Hg^+ 稳定激光器、688 THz 级 Yb^+ 稳定激光器或 ^{87}Sr 稳定激光器）作为第二单位的“次级表现形式”[1.2498]，用于研究第二单位的可能性候选新定义。

1.14.4 光学频率的测量

在很多情况下，稳频激光器的使用都需要准确地了解这些激光器的频率，这些激光器的频率必须相对于时间与频率的原标准器（铯原子钟）来确定。早期的光频测量概念采用了由几个激光器组成的谐频链[1.2499]，例如，通过用这个谐波链来测量钙的互组谱线，得到了 2.5×10^{-13} 的分数不确定度[1.2500]。与此同时，研究人员还开发了其他有效方法来确定光频，其中一种高雅而成功的方法是采用锁模飞秒激光器[1.2501－2505]。这种激光器能发射一连串很短的脉冲，覆盖了约 100 THz 的极宽频谱范围。通过利用由低色散光纤中的脉冲激光光束诱发的相位调制，这个频谱范围可进一步增加至超过一个倍频程[1.2506]。

在频域中，一串连续的飞秒脉冲［图 1.303（a）］相当于一个频率梳，其脉冲间隔的倒数等于脉冲重复频率 f_{rep}［图 1.303（b）］。任意梳状频率的值 $v(m)$都可由下式求出：

$$v(m)=v(0)+mf_{\mathrm{rep}} \tag{1.274}$$

其中，m 是一个整数，代表着梳状频率 $v(m)$的相关阶次，f_{rep} 是重复频率［图 1.303（b）］。由于群速与激光腔中循环短光脉冲的相速度稍有不同，因此通过外推至 $m=0$ 得到的频率 $v(0)$通常与零频率不重合［图 1.303（b）］。根据式（1.274），要求出任意频率 $v(m)$，需已知 f_{rep}、整数 m 以及 $v(0)$。可相对于时间与频率的原标准器以相位相干方式测量脉冲重复频率 f_{rep}；如果 $f_{rep}>100$ MHz，则可通过具有中等相对不确定度（$\leqslant10^{-7}$）的波长干涉测量很容易地求出 m；为了测量 $v(0)$，可以利用一个事实，即：频率梳跨越的频率范围超过一个倍频程，这能够让梳状谱的低频部分 $v(0)+m f_{rep}$ 加倍，然后让它“拍打”梳状谱的相应高频部分 $2v(0)+2n f_{rep}$。梳形频谱的这种自我参考得到一个拍频：

$$\begin{aligned}\delta v&=2v(0)+2nf_{\mathrm{rep}}-[v(0)+mf_{\mathrm{rep}}]\\&=v(0)+(2n-m)f_{\mathrm{rep}}\end{aligned} \tag{1.275}$$

其中包含了 $v(0)$+脉冲重复频率 f_{rep} 的整数倍数。由于 m、n 和 f_{rep} 已知，因此现在可以用极低的不确定度来测量 $v(0)$[1.2502,2503]。之后，任何梳状频率 $v(m)$都可以以相位相干方式与时间和频率的原标准器（铯原子钟）的频率联系起来。因此，可以推断：通过测量激光频率和相应梳状频率 $v(m)$之间的频差，还可以以相位相干方式求出在频率梳的频谱范围内发射的其他激光的频率。研究人员还首次利用飞秒激光器来测量氢气中 $1S-2S$ 双光子跃迁的频率，从而得到表 1.59 中给出的推荐频率值[1.2501]。

与此同时，飞秒激光器正在全世界的很多实验室中广泛用于光学频率测量，这方面的首批实验利用了 Ti：蓝宝石飞秒激光器作为频率梳发生器。如今，Ti：蓝宝石飞秒激光器正被可靠性高、操作简易、精确度高的飞秒光纤激光器替代[1.2507]。研究表明，基于飞秒激光器的频率梳发生器非常适于具有最低可能不确定度的光学频率测量。此外，经证实，利用相对不确定度低至 10^{-18} 的飞秒激光器，还可以确定频率比[1.2508]。从根本上说，基于飞秒激光器的当前频率梳发生器能够以这样的方式测量光频，即测量时的不确定度仅由时间与频率的原标准器的不确定度以及稳定激光器的再现性决定，而频率梳发生器本身的不确定度仍可忽略不计。

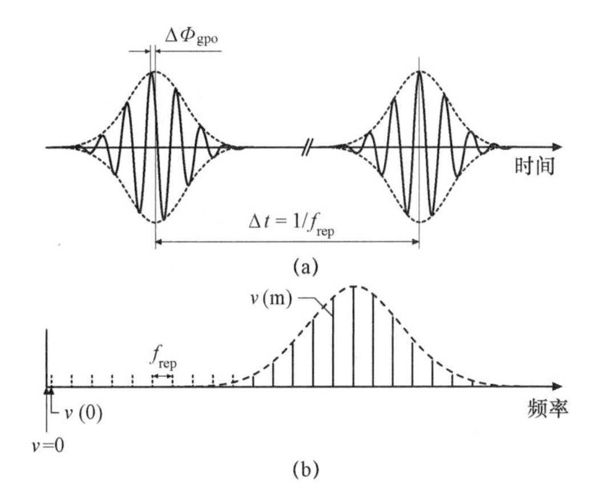

图 1.303 锁模飞秒激光器的信号

（a）时域；（b）频域

一个尤其值得注意的新开发成果是基于微谐振腔的频率梳[1.2509]，其中的模间隔和偏移频率可通过泵浦激光器的功率和频率来控制。这个概念由于尺寸小、功率低而且梳状谱线的频率间隔大，因此有明显的优势。倍频程跨度梳看起来是可行的[1.2509,2510]，由此可以采用常见的 1 f–2 f 稳定化方法[1.2505]。

频率梳方法还能把很稳定的光频转移到任意光频上，这种方法已用于将光频标的频率转移到 1.55 μm 机制下的激光器中。光频标的频率可通过光纤网络转移至其他位置，然后锁定到光域中的另一个频率上[1.2511]，这种方法使得具有良好性能的光频能够实现相位相干传播。

1.14.5 结论和展望

本章的目的是评述激光稳频的基本原理和方法，包括现代光频测量方法。关于宽泛的激光器、激光光谱学、频率稳定化领域以及在这些领域中取得的快速进展，本章可用空间有限，因此不能详尽介绍。但我们希望本章能进行合理的综述，适当地介绍一下那些进入到令人神往的激光稳频和激光光谱学领域中的科学家。

作者探讨了 1.14.3 节中的稳定激光器例子，以说明这个领域中所用方法的多样性。目前，稳定激光器的开发仍在向各个方向推进，其中一个方向就是高效可靠小型激光器的开发，例如二极管激光器、二极管泵浦固体激光器和对于实现激光器高效可靠长期运行来说可能很重要的光参量振荡器（OPO）。另一个方向是设计稳定的光学基准谐振腔，使激光线宽进一步减小到接近于量子极限，这方面的一个重要任务是让这些谐振腔不受地震的影响和环境的干扰。关于此问题，研究人员们正在开发可供选择的新方法，以补偿并减小地震的影响。通过优化激光冷却，预计可以进一步降低频率不确定度。由锁模飞秒激光器生成的光频梳提供了一种用于确定光频和光频比的通用工具，这个领域的进一步开发方式无疑是开发能长期连续工作的频率梳并增加其发射范围的总宽度。所有这些努力结合起来，预计将得到不确定度空前低的光频标和时钟。

参考文献

[1.1] T. H. Maiman: Stimulated optical radiation in ruby, Nature **187**, 493 (1960).

[1.2] A. L. Schawlow, C. H. Towens: Infrared and optical masers, Phys. Rev. **112**, 1940 (1958).

[1.3] O. Svelto: *Principles of Lasers*, 4th edn. (Springer, Berlin, Heidelberg 1998).

[1.4] W. Koechner: *Solid-State Laser Engineering*, 4th edn. (Springer, Berlin, Heidelberg 1996).

[1.5] A. E. Siegman: *Lasers* (Univ. Sci. Books, Mill Valley 1986).

[1.6] R. Pantell, H. Puthoff: *Fundamentals of Quantum Electronics* (Wiley, New York 1964).

[1.7] W. Demtröder: *Laser Spectroscopy*, 2nd edn. (Springer, Berlin, Heidelberg 1996).

[1.8] M. Sargent, M. O. Scully, W. E. Lamb: *Laser Physics* (Addison-Wesley, London 1974).

[1.9] A. Yariv: *Quantum Electronics*, 3rd edn. (Wiley, New York 1989).

[1.10] V. Weisskopf, E. Wigner: Berechnung der natürlichen Linienbreite auf Grund der Diracschen Lichttheorie, Z. Phys. **63**, 54 (1930), in German.

[1.11] A. Einstein: On the quantum theory of radiation, Z. Phys. **18**, 121 (1917).

[1.12] H. Kogelnick, T. Li: Laser beams and resonators, Appl. Opt. **5**, 1550 (1966).

[1.13] A. G. Fox, T. Li: Resonant modes in a maser inter-ferometer, Bell Syst. Tech. J. **40**, 453-458 (1961).

[1.14] D. J. Kuizenga, A. E. Siegman: FM and AM mode locking of the homogeneous laser Part I: Theory, IEEE J. Quantum Electron. **6**, 694 (1970).

[1.15] A. H. Haus: Theory of mode locking with a fast saturable absorber, J. Appl. Phys. **46**, 3049 (1975).

[1.16] T. H. Maiman: Stimulated optical radiation in ruby, Nature **187**, 493 (1960).

[1.17] J. E. Geusic, H. M. Marcos, L. G. Van Uitert: Laser oscillations in Nd-doped yttrium aluminum, yttrium gallium and gadolinium garnets, Appl. Phys. Lett. **4**, 182 (1964).

[1.18] E. Snitzer: Optical maser action of Nd^{+3} in a barium crown glass, Phys. Rev. Lett. **7**, 444 (1961).

[1.19] T. Y. Fan, R. L. Byer: Diode-laser pumped solidstate lasers, IEEE J. Quantum Electron. **24**, 895 (1988).

[1.20] T. Y. Fan, G. Huber, R. L. Byer, et al.: Spectroscopy and diode laser-pumped operation of Tm; Ho: YAG, IEEE J. Quantum Electron. **24**, 924 (1988).

[1.21] L. Esterowitz: Diode－pumped holmium, thulium, and erbium lasers between 2 and 3 μm operating CW at room temperature, Opt. Eng. **29**, 676 (1990).

[1.22] P. Lacovara, H. K. Choi, C. A. Wang, et al.: Room－temperature diode－pumped Yb: YAG laser, Opt. Commun. **105**, 1089 (1991).

[1.23] S. A. Payne, W. F. Krupke, L. K. Smith, et al.: Laser properties of Yb in fluoroapatite and comparison with other Yb－doped gain media, Conf. Lasers Electroopt., Vol. 12 (1992) p.540.

[1.24] J. C. Walling, O. G. Peterson, H. P. Jenssen, et al.: Tunable alexandrite lasers, IEEE J. Quantum Electron. **16**, 1302 (1980).

[1.25] B. Struve, G. Huber, V. V. Laptev, et al.: Tunable room－temperature CW－laser action in Cr^{3+}: GdScGa－garnet, Appl. Phys. B **30**, 117 (1983).

[1.26] S. A. Payne, L. L. Chase, L. K. Smith, et al.: Laser performance of $LiSrAlF_6$: Cr^{3+}, J. Appl. Phys. **66**, 1051 (1989).

[1.27] R. Scheps: Cr－doped solid－state lasers pumped by visible laser diodes, Opt. Mater. **1**, 1 (1992).

[1.28] P. Moulton: Ti－doped sapphire: A tunable solidstate laser, Opt. News **8**, 9 (1982).

[1.29] P. Albers, E. Stark, G. Huber: Continuouswave laser operation and quantum efficiency of titanium－doped sapphire, J. Opt. Soc. Am. B **3**, 134 (1986).

[1.30] V. Petričević, S. K. Gayen, R. R. Alfano: Laser action in chromium－activated forsterite for near－infrared excitation: Is Cr^{4+} the lasing ion? Appl. Phys. Lett. **53**, 2590 (1988).

[1.31] G. M. Zverev, A. V. Shestakov: Tunable nearinfrared oxide crystal lasers, OSA Proceedings **5**, 66 (1989).

[1.32] W. Jia, B. M. Tissue, K. R. Hoffmann, et al.: Near－infrared luminescence in Cr, Ca－doped yttrium aluminium garnet, OSA Proc. Adv. Solid－State Lasers, Vol. 10 (1991) p.87.

[1.33] S. Kück, K. Petermann, G. Huber: Spectroscopic investigation of the Cr^{4+}－center in YAG, OSA Proc. Adv. Solid－State Lasers, Vol. 10 (1991) p.92.

[1.34] R. H. Page, L. D. DeLoach, G. D. Wilke, et al.: A new class of tunable mid－IR lasers based on Cr^{2+}－doped Ⅱ－Ⅵ compounds, CLEO'95 (Opt. Soc. Am., Washington 1995), CWH5.

[1.35] A. Richter, E. Heumann, E. Osiac, G. et al.: Diode pumping of a continuous－wave Pr^{3+}－doped $LiYF_4$ laser, Opt. Lett. **29**, 2638－2640 (2004).

[1.36] B. Henderson, G. F. Imbusch: *Optical Spectroscopy of Inorganic Solids* (Clarendon, Oxford 1989).

[1.37] G. H. Dieke: *Spectra and Energy Levels of Rare Earth Ions in Crystals*, 1st edn. (Wiley, New York 1968).
[1.38] Y. Tanabe, S. Sugano: On the absorption spectra of complex ions, J. Phys. Soc. Jpn. **9**, 766 (1954).
[1.39] H. C. Schläfer, G. Gliemann: *Einführung in die Ligandenfeldtheorie* (Akademische Verlagsges., Wiesbaden 1980), in German.
[1.40] P. Schuster: *Ligandenfeldtheorie* (Verl. Chemie, Weinheim 1973), in German
[1.41] C. J. Ballhausen: *Introduction to Ligand Field Theory* (McGraw–Hill, New York 1962).
[1.42] J. S. Griffith: *Theory of Transition Metal Ions* (Cambridge Univ. Press, Cambridge 1961).
[1.43] A. B. P. Lever: *Inorganic Electronic Spectroscopy* (Elsevier, Amsterdam 1984).
[1.44] S. A. Payne, L. L. Chase, G. F. Wilke: Excited–state absorption spectra of V^{2+} in $KMgF_3$ and MgF_2, Phys. Rev. B **37**, 998 (1988).
[1.45] D. E. McCumber: Theory of phonon–terminated optical masers, Phys. Rev. **134**, 299 (1964).
[1.46] D. E. McCumber: Einstein relations connecting broadband emission and absorption spectra, Phys. Rev. **136**, 954 (1964).
[1.47] N. F. Mott: On the absorption of light by crystals, Proc. Soc. A **167**, 384 (1938).
[1.48] C. W. Struck, W. H. Fonger: Unified model of the temperature quenching of narrow–line and broad–band emissions, J. Lumin. **10**, 1 (1975).
[1.49] O. Svelto: *Principles of Lasers* (Plenum, New York 1989).
[1.50] W. Koechner: *Solid–State Laser Engineering* (Springer, Berlin, Heidelberg 1996).
[1.51] A. Yariv: *Quantum Electronics* (Wiley, New York 1967).
[1.52] A. E. Siegman: *Lasers* (Univ. Sci. Books, Mill Valley 1986).
[1.53] D. Findlay, R. A. Clay: The measurement of internal losses in 4–level lasers, Phys. Lett. **20**, 277 (1966).
[1.54] J. A. Caird, S. A. Payne, P. R. Staver, et al.: Quantum electronic properties of the $Na_3Ga_2Li_3F_{12}$: Cr^{3+} laser, J. Quan tum Electron. **24**, 1077 (1988).
[1.55] C. D. Marshall, J. A. Speth, S. A. Payne, et al.: Ultraviolet laser emission properties of Ce^{3+}–doped $LiSrAlF_6$ and $LiCaAlF_6$, J. Opt. Soc. Am. B **11**, 2054 (1994).
[1.56] D. W. Coutts, A. J. S. McGonigle: Cerium–doped fluoride lasers, IEEE J. Quantum Elect. **40**, 1430 (2004).
[1.57] P. Dorenbos: The 5d level positions of the trivalent lanthanides in inorganic

compounds, J. Lumin. **91**, 155 (2000).

[1.58] D. J. Ehrlich, P. F. Moulton, R. M. Osgood: Ultraviolet solid-state Ce: YLF laser at 325 nm, Opt. Lett. **4**, 184 (1979).

[1.59] M. A. Dubinskii, V. V. Semashko, A. K. Naumov, et al.: A new active medium for a tunable solid-state UV laser with an excimer pump, Laser Phys. **4**, 480 (1994).

[1.60] M. A. Dubinskii, V. V. Semashko, A. K. Naumov, et al.: Ce^{3+}-doped colquiriite. A new concept for a all-solid-state tunable ultraviolet laser, J. Mod. Opt. **40**, 1 (1993).

[1.61] J. F. Pinto, G. H. Rosenblatt, L. Esterowitz, et al.: Tunable solid-state laser action in Ce^{3+}: $LiSrAlF_6$, Electron. Lett. **30**, 240 (1994).

[1.62] D. J. Ehrlich, P. F. Moulton, R. M. Osgood: Optically pumped Ce: LaF_3 laser at 286 nm, Opt. Lett. **5**, 339 (1980).

[1.63] A. A. Kaminskii, S. A. Kochubei, K. N. Naumochkin, et al.: Amplification of the ultraviolet radiation due to the 5d-4f configurational transition of the Ce^{3+} ion in BaY_2F_8, Sov. J. Quantum Electron. **19**, 340 (1989).

[1.64] J. F. Owen, P. B. Dorain, T. Kobayasi: Excited-state absorption in Eu^{2+}: CaF_2 and Ce^{3+}: YAG single crystals at 298 and 77 K, J. Appl. Phys. **52**, 1216 (1981).

[1.65] D. S. Hamilton, S. K. Gayen, G. J. Pogatshnik, et al.: Optical-absorption and photoionization measurements from the excited states of Ce^{3+}: $Y_3Al_5O_{12}$, Phys. Rev. B **39**, 8807 (1989).

[1.66] A. J. Bayramian, C. D. Marshall, J. H. Wu, et al.: Ce: $LiSrAlF_6$ laser performance with antisolarant pump beam, J. Lumin. **69**, 85 (1996).

[1.67] A. J. Bayramian, C. D. Marshall, J. H. Wu, et al.: Ce: $LiSrAlF_6$ laser performance with antisolarant pump beam, OSA Trends Opt. Photonics Adv. Solid-State Lasers, Vol. 1, ed. by S. A. Payne, C. R. Pollock (Opt. Soc. Am., Washington 1996) pp.60-65.

[1.68] E. G. Gumanskaya, M. V. Korzhik, S. A. Smirnova, et al.: Spectroscopic characteristics and scintillation efficiency of $YAlO_3$ single crystals activated by cerium, Opt. Spectrosc. **72**, 86 (1992).

[1.69] J. Ganem, W. M. Dennis, W. M. Yen: One-color sequential pumping of the 4f-5d bands in Prdoped yttrium aluminum garnet, J. Lumin. **54**, 79 (1992).

[1.70] S. Nicolas, M. Laroche, S. Girard, et al.: $4f^2$ to 4f5d excited state absorption in Pr^{3+}: $YAlO_3$, J. Phys. Condens. Matter **11**, 7937 (1999).

[1.71] I. Sokólska, S. Kück: Investigation of highenergetic transitions in some Pr^{3+}-doped fluoride and oxide crystals, Proc. SPIE **4412**, 236-241 (2000).

[1.72] M. Laroche, A. Braud, S. Girard, et al.: Spectroscopic investigations of the 4f5d energy levels of Pr^{3+} in fluoride crystals by excited–state absorption and two–step excitation measurements, J. Opt. Soc. Am. B **16**, 2269 (1999).

[1.73] J. K. Lawson, S. A. Payne: Excited–state absorption of Pr^{3+} –doped fluoride crystals, Opt. Mater. **2**, 225 (1993).

[1.74] Y. M. Cheung, S. K. Gayen: Excited–state absorption in Pr^{3+} : $Y_3A_{15}O_{12}$, Phys. Rev. B **49**, 14827 (1994).

[1.75] T. Kozeki, H. Ohtake, N. Sarukura, et al.: Novel design of high–pulse–energy ultraviolet Ce: LiCAF laser oscillator. In: *OSA Trends Opt. Photonics*, Vol. 34, ed. by H. Injeyan, U. Keller, C. Marshall (Opt. Soc. Am., Washington 2000) pp.400–403.

[1.76] P. Rambaldi, R. Moncorgé, J. P. Wolf, et al.: Efficient and stable pulsed laser operation of Ce: $LiLuF_4$ around 308 nm, Opt. Commun. **146**, 163 (1998).

[1.77] P. Rambaldi, R. Moncorgé, S. Girard, J. et al.: Efficient UV laser operation of Ce: $LiLuF_4$ single crystal. In: *OSA Trends Opt. Photonics*, Vol. 19, ed. by W. R. Bosenberg, M. M. Fejer (Opt. Soc. Am., Washington 1998) pp.10–12.

[1.78] Z. Liu, H. Ohtake, N. Sarukura, et al.: All–solid–state tunable ultraviolet picosecond Ce^{3+} : $LiLuF_4$ laser with direct pumping by the fifth harmonic of a Nd:YAG laser. In: *OSA Trends Opt. Photonics*, Vol. 19, ed. by W. R. Bosenberg, M. M. Fejer (Opt. Soc. Am., Washington 1998) pp.13–15.

[1.79] A. J. S. McGonigle, D. W. Coutts, C. E. Webb: Multi kHz PRF cerium lasers pumped by frequency doubled copper vapour lasers. In: *OSA Trends Opt. Photonics*, Vol. 26, ed. by M. J. Fejer, H. Injeyan, U. Keller (Opt. Soc. Am., Washington 1999) pp.123–129.

[1.80] K. S. Johnson, H. M. Pask, M. J. Withford, et al.: Efficient all–solid–state Ce: LiLuF laser source at 309 nm, Opt. Commun. **252**, 132–137 (2005).

[1.81] Z. Liu, K. Shimamura, K. Nakano, et al.: Direct generation of 27 mJ, 309 nm pulses from a Ce: LLF oscillator using a large–size Ce: LLF crystal. In: *OSA Trends Opt. Photonics*, Vol. 34, ed. by H. Injeyan, U. Keller, C. Marshall (Opt. Soc. Am., Washington 2000) pp.396–399.

[1.82] Z. Liu, S. Izumida, S. Ono, et al.: Direct generation of 30 mJ, 289 nm pulses from a Ce: LiCAF oscillator using Czochralski–grown large crystal. In: *OSA Trends Opt. Photonics*, Vol. 26, ed. by M. J. Fejer, H. Injeyan, U. Keller (Opt. Soc. Am., Washington 1999) pp.115–117.

[1.83] S. V. Govorkov, A. O. Wiessner, T. Schröder, et al.: Efficient high average power and narrow spectral linewidth operation of Ce: LICAF laser at 1 kHz repetition rate. In: *OSA Trends Opt. Photonics*, Vol. 19, ed. by W. R. Bosenberg,

M. M. Fejer (Opt. Soc. Am., Washington 1998) pp.2–5.

[1.84] D. J. Spence, H. Liu, D. W. Coutts: Low–threshold miniature Ce: LiCAF lasers, Opt. Commun. **262**, 238–240 (2006).

[1.85] D. Alderighi, G. Toci, M. Vannini, et al.: High efficiency UV solid state lasers based on Ce: $LiCaAlF_6$ crystals, Appl. Phys. B **83**, 51–54 (2006).

[1.86] J. F. Pinto, L. Esterowitz, G. J. Quarles: High performance Ce^{3+}: $LiSrAlF_6$/$LiCaAlF_6$ UV lasers with extended tunability, Electron. Lett. **31**, 2009 (1995).

[1.87] R. W. Waynant, P. H. Klein: Vacuum ultraviolet laser emission from Nd^{+3}: LaF_3, Appl. Phys. Lett. **46**, 14 (1985).

[1.88] R. W. Waynant: Vacuum ultraviolet laser emission from Nd^{3+}: LaF_3, Appl. Phys. B **28**, 205 (1982).

[1.89] M. A. Dubinskii, A. C. Cefalas, C. A. Nicolaides: Solid state LaF_3: Nd^{3+} VUV laser pumped by a pulsed discharge F_2–molecular laser at 157 nm, Opt. Commun. **88**, 122 (1992).

[1.90] M. A. Dubinskii, A. C. Cefalas, E. Sarantopoulou, et al.: Efficient LaF_3: Nd^{3+}–based vacuum–ultraviolet laser at 172 nm, J. Opt. Soc. Am. B **9**, 1148 (1992).

[1.91] P. P. Sorokin, M. J. Stevenson: Solid–state optical maser using divalent samarium in calcium fluorid, IBM J. Res. Dev. **5**, 56 (1961).

[1.92] Y. S. Vagin, V. M. Marchenko, A. M. Prokhorov: Spectrum of a laser based on electronvibrational transitions in a CaF_2: Sm^{2+} crystal, Sov. Phys. JETP **28**, 904 (1969).

[1.93] I. Sokólska, S. Kück: Observation of photon cascade emission in Pr^{3+}–doped $KMgF_3$, Chem. Phys. **270**, 355 (2001).

[1.94] R. T. Wegh, H. Donker, A. Meijerink, et al.: Vacuum–ultraviolet spectroscopy and quantum cutting for Gd^{3+} in $LiYF_4$, Phys. Rev. B **56**, 13841 (1997).

[1.95] J. K. Lawson, S. A. Payne: Excited–state absorption spectra and gain measurements of CaF_2: Sm^{2+}, J. Opt. Soc. Am. B **8**, 1404 (1991).

[1.96] S. A. Payne, C. D. Marshall, A. J. Bayramian, et al.: Conduction band states and the 5d–4f laser transition of rare earth ion dopants, Proc. SPIE **3176**, 68 (1997).

[1.97] Z. J. Kiss, R. C. Duncan Jr.: Optical maser action in CaF_2, Proceedings IRE **50**, 1532 (1962).

[1.98] R. C. Duncan Jr., Z. J. Kiss: Continously operating CaF_2: Tm^{2+} optical maser, Appl. Phys. Lett. **3**, 23 (1963).

[1.99] S. Lizzo: Luminescence of Yb^{2+}, Eu^{2+} and Cu^{+} in solids, Ph. D. Thesis

(Universiteit Utrecht, Utrecht 1995).

[1.100] S. Lizzo, A. Meijerink, G. J. Dirksen, et al.: Luminescence of divalent ytterbium in magnesium fluoride crystals, J. Lumin. **63**, 223 (1995).

[1.101] S. Lizzo, A. Meijerink, G. Blasse: Luminescence of divalent ytterbium in alkaline earth sulphates, J. Lumin. **59**, 185 (1995).

[1.102] S. Kück, M. Henke, K. Rademaker: Crystal growth and spectroscopic investigation of Yb^{2+} doped fluorides, Laser Phys. **11**, 116 (2001).

[1.103] S. Kück: Laser－related spectroscopy of ion－doped crystals for tunable solid state－lasers, Appl. Phys. B **72**, 515 (2001).

[1.104] A. Yariv, S. P. S. Porto, K. Nassau: Optical maser emission from trivalent praseodymium in calcium tungstate, J. Appl. Phys. **33**, 2519 (1962).

[1.105] A. A. Kaminskii: Achievements of modern crystal laser physics, Ann. Phys. (France) **16**, 639 (1991).

[1.106] T. Sandrock, T. Danger, E. Heumann, et al.: Efficient continuous wave laser emission of Pr^{3+}－doped fluorides at room temperature, Appl. Phys. B **58**, 149 (1994).

[1.107] A. Richter, E. Heumann, G. Huber, et al.: Power scaling of semiconductor laser pumped praseodymium－lasers, Opt. Express **15** (8), 5172 (2007).

[1.108] E. Heumann, C. Czeranowski, T. Kellner, G. Huber: An efficient all－solid－state Pr^{3+} : $LiYF_4$ laser in the visible spectral range, Conf. Lasers Electroopt. (Opt. Soc. Am., Washington 1999) p.86.

[1.109] Coherent, Inc. : Optically Pumped Semiconductor Laser (OPSL) Technology, Product page(Coherent, Santa Clara 2011)http://www.coherent.com/products/?1638/Sapphire－Lasers (last accessed December 19, 2011).

[1.110] E. Osiac, E. Heumann, A. Richter, et al.: Red Pr^{3+} : $YLiF_4$ laser excited by 480 nm optically pumped semiconductor laser, Conf. Lasers Electroopt. (Opt. Soc. Am., Washington 2004).

[1.111] A. Richter, N. Pavel, E. Heumann, et al.: Continuous－wave ultraviolet generation at 320 nm by intracavity frequency doubling of red－emitting praseodymium lasers, Opt. Express **14**, 3282 (2006).

[1.112] A. Richter: Laserparameter und－charakterisierung Pr^{3+}－dotierter Fluoride im sichtbaren Spektralbereich. Ph. D. Thesis (University of Hamburg, Hamburg 2008), in German.

[1.113] F. Cornacchia, A. Richter, E. Heumann, et al.: Visible laser emission of solid state pumped $LiLuF_4$: Pr^{3+}, Opt. Express 15 (3), 992 (2007).

[1.114] A. A. Kaminskii, H. J. Eichler, B. Liu, et al.: $LiYF_4$: Pr^{3+} laser at 639.5 nm with 30 J flashlamp pumping and 87 mJ output energy, Phys. Status Solidi (a)

138, K45 (1993).

[1.115] L. Esterowitz, R. Allen, M. Kruer, et al.: Blue light emission by a Pr: $LiYF_4$ – laser operated at room temperature, J. Appl. Phys. **48**, 650 (1977).

[1.116] A. A. Kaminskii: Visible lasing of five intermultiplet transitions of the ion Pr^{3+} in $LiYF_4$, Sov. Phys. Dokl. **28**, 668 (1983).

[1.117] J. M. Sutherland, P. M. W. French, J. R. Taylor, et al.: Visible continuous – wave laser tran – sitions in Pr^{3+}: YLF and femtosecond pulsegeneration, Opt. Lett. **21**, 797 (1996).

[1.118] D. S. Knowles, Z. Zhang, D. Gabbe, et al.: Laser action of Pr^{3+} in $LiYF_4$ and spectroscopy of Eu^{2+} – sensitized Pr in BaY_2F_8, IEEE J. Quantum Electron. **24**, 1118 (1988).

[1.119] A. A. Kaminskii, A. V. Pelevin: Low – threshold lasing of $LiYF_4$: Pr^{3+} crystals in the 0.72 μm range as a result of flashlamp pumping at 300 K, Sov. J. Quantum Electron. **21**, 819 (1991).

[1.120] A. A. Kaminskii: Stimulated emission spectroscopy of Ln^{3+} ions in tetragonal $LiLuF_4$ fluoride, Phys. Status Solidi (a) **97**, K53 (1986).

[1.121] A. A. Kaminskii, A. A. Markosyan, A. V. Pelevin, et al.: Luminescence properties and stimulated emission from Pr^{3+}, Nd^{3+} and Er^{3+} ions in tetragonal lithium – lutecium fluoride, Inorg. Mater. (USSR) **22**, 773 (1986).

[1.122] T. Danger, T. Sandrock, E. Heumann, et al.: Pulsed laser action of Pr: $GdLiF_4$ at room temperature, Appl. Phys. B **57**, 239 (1993).

[1.123] A. A. Kaminskii, B. P. Sobolev, T. V. Uvarova, et al.: Visible stmulated emission of Pr^{3+} ions in BaY_2F_8, Inorg. Mater. (USSR) **20**, 622 (1984).

[1.124] A. A. Kaminskii, S. E. Sarkisov: Stimulated – emission spectroscopy of Pr^{3+} ions in monoclinic BaY_2F_8 fluoride, Phys. Status Solidi (a) **97**, K163 (1986).

[1.125] A. A. Kaminskii: New room – temperature stimulated – emission channels of Pr^{3+} ions in anisotropic laser crystals, Phys. Status Solidi (a) **125**, K109 (1991).

[1.126] A. A. Kaminskii: Stimulated radiation at the transition ${}^3P_0 \rightarrow {}^3F_4$ and ${}^3P_0 \rightarrow {}^3H_6$ of Pr^{3+} ions in LaF_3 crystals, Izv. Akad. Nauk. SSSR **17**, 185 (1981).

[1.127] A. A. Kaminskii: Some current trends in physics and spectroscopy of laser crystals, Proc. Int. Conf. Lasers, ed. by C. B. Collins (STS, McLean 1981), 328.

[1.128] R. Solomon, L. Mueller: Stimulated emission at 5985 Å from Pr^{3+} in LaF_3, Appl. Phys. Lett. **3**, 135 (1963).

[1.129] A. A. Kaminskii: Achievements in the fields of physics and spectroscopy of insulating laser crystals. In: *Lasers and Applications*, *Part I*, *Proc.*, ed. by

I. Ursu, A. M. Prokhorov (CIP, Bucharest 1983) p.97.

[1.130] J. Hegarty, W. M. Yen: Laser action in PrF_3, J. Appl. Phys. **51**, 3545 (1980).

[1.131] F. Cornacchia, A. Di Lieto, M. Tonelli, et al.: Efficient visible laser emission of GaN laser diode pumped Prdoped fluoride scheelite crystals, Opt. Express **16** (20), 15932 (2008).

[1.132] T. Gün, P. Metz, G. Huber: Power scaling of laser diode pumped Pr^{3+}: $YLiF_4$ CW lasers: Efficient laser operation at 522.6 nm, 545.9 nm, 607.2 nm, and 639.5 nm, Opt. Lett. **35** (6), 1002 (2011).

[1.133] N. O. Hansen, A. R. Bellancourt, U. Weichmann, et al.: Efficient green continuous-wave lasing of blue-diode-pumped solid-state lasers based on praseodymium-doped $LiYF_4$, Appl. Opt. **49** (20), 3864 (2010).

[1.134] P. Camy, J. L. Doualan, R. Moncorgé, et al.: Diode-pumped Pr^{3+}: KY_3F_{10} red laser, Opt. Lett. **32** (11), 1462 (2007).

[1.135] M. Fechner, F. Reichert, N. O. Hansen, et al.: Crystal growth, spectroscopy, and diode pumped laser performance of Pr, Mg: $SrAl_{12}O_{19}$, Appl. Phys. B **102**, 731 (2011).

[1.136] F. Varsanyi: Surface lasers, Appl. Phys. Lett. **19**, 169 (1971).

[1.137] K. R. German, A. Kiel, H. J. Guggenheim: Stimulated emission from $PrCl_3$, Appl. Phys. Lett. **22**, 87 (1973).

[1.138] Z. Luo, A. Jiang, Y. Huang: Xenon flash lamp pumped self-frequency doubling NYAB pulsed laser, Chin. Phys. Lett. **6**, 440 (1989).

[1.139] K. R. German, A. Kiel, H. J. Guggenheim: Radiative and nonradiative transitions of Pr^{3+} in trichloride and tribromide hosts, Phys. Rev. B **11**, 2436 (1975).

[1.140] M. Malinowski, M. F. Joubert, B. Jacquier: Simultaneous laser action at blue and orange wavelengths in YAG: Pr^{3+}, Phys. Status Solidi (a) **140**, K49 (1993).

[1.141] W. Wolinski, R. Wolski, M. Malinowski, et al.: Spectroscopic and laser properties of YAG: Pr^{3+} crystals. In: *Proc. 10th Int. Congr. Laser*, ed. by W. Waidelich (Springer, Berlin, Heidelberg 1992) p.611.

[1.142] A. A. Kaminskii, A. G. Petrosyan, K. L. Ovanesyan, et al.: Stimulated emission of Pr^{3+} ions in $YAlO_3$ crystals, Phys. Status Solidi (a) 77, K173 (1983).

[1.143] A. A. Kaminskii, A. G. Petrosyan, K. L. Ovanesyan: Stimulated emission spectroscopy of Pr^{3+} ions in $YAlO_3$ and $LuAlO_3$, Sov. Phys. Dokl. **32**, 591 (1987).

[1.144] A. A. Kaminskii, K. Kurbanov, K. L. Ovanesyan, et al.: Stimulated emission spectroscopy of Pr^{3+} ions in orthorhombic $YAlO_3$ single crystals, Phys. Status Solidi (a) **105**, K155 (1988).

[1.145] A. Bleckmann, F. Heine, J. P. Meyn, et al.: CW-lasing of Pr: $YAlO_3$ at room temperature, Proc Adv. Solid-State Lasers Vol. 15, ed. by A. A. Pinto, T. Y. Fan (Opt. Soc. Am., Washington 1993) p.199.

[1.146] A. A. Kaminskii, A. G. Petrosyan: New laser crystal for the excitation of stimulated radiation in the dark-red part of the spectrum at 300 K, Sov. J. Quantum Electron. **21**, 486 (1991).

[1.147] M. Malinowski, I. Pracka, B. Surma, et al.: Spectroscopic and laser properties of $SrLaGa_3O_7$: Pr^{3+} crystals, Opt. Mater. **6**, 305 (1996).

[1.148] A. A. Kaminskii, A. G. Petrosyan, K. L. Ovanesyan: Stimulated emission of Pr^{3+}, Nd^{3+} and Er^{3+} ions in crystals with complex anions, Phys. Status Solid (a) **83**, K159 (1984).

[1.149] C. Szafranski, W. Strek, B. Jezowska-Trzebiatowska: Laser oscillation of a $LiPrP_4O_{12}$ single crystal, Opt. Commun. **47**, 268 (1983).

[1.150] M. Szymanski: Simultaneous operation at two different wavelengths of an $PrLaP_5O_{14}$ laser, Appl. Phys. **24**, 13 (1981).

[1.151] B. Borkowski, E. Crzesiak, F. Kaczmarek, et al.: Chemical synthesis and crystal growth of laser quality praseodymium pentaphosphate, J. Cryst. Growth **44**, 320 (1978).

[1.152] M. Szymanski, J. Karolczak, F. Kaczmarek: Laser properties of praseodymium pentaphosphate single crystals, Appl. Phys. **19**, 345 (1979).

[1.153] H. Dornauf, J. Heber: Fluorescence of Pr^{3+}-ions in $La_{1-x}Pr_xP_5O_{14}$, J. Lumin. **20**, 271 (1979).

[1.154] T. Danger, A. Bleckmann, G. Huber: Stimulated emission and laser action of Pr^{3+}: doped YAlO, Appl. Phys. B **58** (5), 413 (1994).

[1.155] E. Osiac, S. Kück, E. Heumann, et al.: Spectroscopic characterisation of the upconversion avalanche mechanism in Pr^{3+}, Yb^{3+}: BaY_2F_8, Opt. Mater. **24**, 537 (2003).

[1.156] R. Scheps: Upconversion laser processes, Prog. Quantum Electron. **20**, 271 (1996).

[1.157] M. F. Joubert: Photon avalanche upconversion in rare earth laser materials, Opt. Mater. **11**, 181 (1999).

[1.158] S. Guy, M. F. Joubert, B. Jacquier: Photon avalanche and the mean-field approximation, Phys. Rev. B **55**, 8240 (1997).

[1.159] M. F. Joubert, S. Guy, B. Jacquier: Model of the photon-avalanche effect, Phys. Rev. B **48**, 10031 (1993).

[1.160] A. Brenier, L. C. Courrol, C. Pedrini, et al.: Excited state absorption and looping mechanism in $Yb^{3+}-Tm^{3+}-Ho^{3+}$-doped $Gd_3Ga_5O_{12}$ garnet, Opt. Mater. **3**, 25 (1994).

[1.161] E. Osiac, I. Sokólska, S. Kück: Evaluation of the upconversion mechanisms in Ho^{3+} doped crystals: Experiment and theoretical modelling, Phys. Rev. B **65**, 235119 (2002).

[1.162] S. Kück, A. Diening, E. Heumann, et al.: Avalanche upconversion processes in Pr, Yb-doped materials, J. Alloys Compd. **300-301**, 65 (2000).

[1.163] E. Osiac, E. Heumann, S. Kück, et al.: Orange and red upconversion laser pumped by an avalanche mechanism in Pr^{3+}, Yb^{3+}: BaY_2F_8, Appl. Phys. Lett. **82**, 3832 (2003).

[1.164] T. Sandrock, E. Heumann, G. Huber, et al.: Continuous-wave Pr,Yb: $LiYF_4$ upconversion laser in the red spectral range at room temperature, OSA Proc. Adv. Solid-State Lasers, Vol. 1, ed. by S. A. Payne, C. Pollack (Opt. Soc. Am., Washington 1996) p.550.

[1.165] E. Heumann, S. Kück, G. Huber: High-power room-temperature Pr^{3+}, Yb^{3+}: $LiYF_4$ up-conversion laser in the visible spectral range. In: *Conf. Lasers Electroopt.*, OSA Technical Digest (Opt. Soc. Am., Washington 2000) p.15.

[1.166] S. Kück, G. Huber: Diodengepumpte Festkörperlaser, Physikalische Blätter **57**, 43 (2001), in German.

[1.167] V. Lupei, E. Osiac, T. Sandrock, et al.: Excited state dynamics in sensitized photon avalanche processes, J. Lumin. **76**, 441 (1998).

[1.168] G. Huber, E. Heumann, T. Sandrock, et al.: Up-conversion processes in laser crystals, J. Lumin. **72-74**, 1 (1997).

[1.169] P. Xie, T. R. Gosnell: Room-temperature upconversion fiber laser tunable in the red, orange, green and blue spectral range, Opt. Lett. **20**, 1014 (1995).

[1.170] T. Sandrock, H. Scheife, E. Heumann, et al.: High-power continuous-wave upconversion fiber laser at room temperature, Opt. Lett. **22**, 808 (1997).

[1.171] H. Scheife, T. Sandrock, E. Heumann, et al.: Pr, Yb-doped up-conversion fiber laser exceeding 1 W of continuous-wave output in the red spectral range, OSA Trends Opt. Photonics, Vol. 10, ed. by C. Pollock, W. R. Bosenberg (Opt. Soc. Am., Washington 1997) p.79.

[1.172] M. E. Koch, A. W. Kueny, W. E. Case: Photon avalanche laser at 644 nm, Appl. Phys. Lett. **56**, 1083 (1990).

[1.173] R. M. Macfarlane, A. J. Silversmith, F. Tong, et al.: CW up-conversion laser action in neodymium and erbium doped solids. In: *Proceedings of the Topical Meeting on Laser Materials and Laser Spectroscopy*, ed. by Z. Wang,

Z. Zhang（World Scientific，Singapore 1988）p.24.
[1.174] R. M. Macfarlane, F. Tong, A. J. Silversmith, et al.: Violet CW neodymium upconversion laser, Appl. Phys. Lett. **52**, 1300（1988）.
[1.175] W. Lenth, R. M. Macfarlane: Excitation mechanisms for upconversion lasers, J. Lumin. **45**, 346（1990）.
[1.176] R. J. Thrash, R. H. Jarman, B. H. T. Chai, et al.: Up-conversion green laser operation of Yb,Ho : KYF_4, Compact Blue Green Lasers Conf.（Opt. Soc. Am., Washington 1994）, CFA5.
[1.177] L. F. Johnson, H. J. Guggenheim: Infraredpumped visible laser, Appl. Phys. Lett. **19**, 44（1971）.
[1.178] D. C. Nguyen, G. E. Faulkner, M. Dulick: Bluegreen(450 nm)up-conversion Tm^{3+}: YLF laser, Appl. Opt. **28**, 3553（1989）.
[1.179] R. M. Macfarlane, R. Wannemacher, T. Hebert, et al.: Up-conversion laser action at 450.2 and 483.0 nm in Tm: $YLiF_4$, Tech. Dig. Conf. Lasers Electroopt.（Opt. Soc. Am., Washington 1990）p.250.
[1.180] T. Hebert, R. Wannemacher, R. M. Macfarlane, et al.: Blue continuously pumped upconversion lasing in Tm: $YLiF_4$, Appl. Phys. Lett. **60**, 2592(1992).
[1.181] B. P. Scott, F. Zhao, R. S. F. Chang, et al.: Upconversion-pumped blue laser in Tm: YAG, Opt. Lett. **18**, 113（1993）.
[1.182] R. J. Thrash, L. F. Johnson: Upconversion laser emission from Yb^{3+}-sensitized Tm^{3+} in BaY_2F_8, J. Opt. Soc. Am. B **11**, 881（1994）.
[1.183] R. J. Thrash, L. F. Johnson: Ultraviolet upconversion laser emission from Yb^{3+} sensitized Tm^{3+} in BaY_2F_8, OSA Proc. Adv. Solid State Lasers, Vol. 20, ed. by T. Fan, B. Chai（Opt. Soc. Am., Washington 1994）, paper US7.
[1.184] B. M. Antipenko, S. P. Voronin, T. A. Privalova: Addition of optical frequencies by cooperative processes, Opt. Spectrosc. **63**, 164（1987）.
[1.185] F. Heine, V. Ostroumov, E. Heumann, et al.: CW Yb, Tm: $LiYF_4$ upconversion laser at 650 nm, 800 nm, and 1 500 nm, OSA Proc. Adv. Solid-State Lasers, Vol. 24, ed. by B. H. T. Chai, S. A. Payne（Opt. Soc. Am., Washington 1995）p.77.
[1.186] L. F. Johnson, H. J. Guggenheim: New laser lines in the visible from Er^{3+} ions in BaY_2F_8, Appl. Phys. Lett. **20**, 474（1972）.
[1.187] A. A. Kaminskii, B. P. Sobolev, S. E. Sarkisov, et al.: Physiochemical aspects of the preparation, spectroscopy, and stimulated emission of single crystals of $BaLn_2F_8$-Ln^{3+}, Inorg. Mater.（USSR）**18**, 402（1982）.
[1.188] R. Brede, T. Danger, E. Heumann, et al.: Room temperature green laser emission of Er: $LiYF_4$, Appl. Phys. Lett. **63**, 729（1993）.

[1.189] S. Bär, H. Scheife, E. Heumann, et al.: Roomtemperature continuous – wave Er^{3+}: $LiLuF_4$ upconversion laser at 552 nm, Conf. Lasers Electroopt. /Europe 2000, Technical Digest (IEEE, 2000), CTuF3.

[1.190] E. Heumann, S. Bär, H. Kretschmann, et al.: Diode – pumped continuous – wave green upcon – version lasing of Er^{3+} : $LiLuF_4$ using multipass pumping, Opt. Lett. **27**, 1699 (2002).

[1.191] F. Heine, E. Heumann, T. Danger, et al.: Green upconversion continuous wave Er^{3+} : $LiYF_4$ laser at room temperature, Appl. Phys. Lett. **65**, 383(1994).

[1.192] A. Smith, J. P. D. Martin, M. J. Sellars, et al.: Site selective excitation, upconversion and laser operation in Er^{3+} : $LiKF_5$, Opt. Commun. **188**, 219 (2001).

[1.193] M. G. Jani, N. P. Barnes, K. E. Murray, et al.: Diode – pumped Ho: Tm: $LuLiF_4$ laser at room temperature, IEEE J. Quantum Electron. **33**, 112 (1997).

[1.194] E. D. Filer, C. A. Morrison, N. P. Barnes, et al.: YLF isomorphs for Ho and Tm laser applications, Adv. Solid State Lasers, Vol. 20, ed. by T. Fan, B. Chai (Opt. Soc. Am., Washington 1994) p.127.

[1.195] A. J. Silversmith, W. Lenth, R. M. Macfarlane: Green infrared – pumped erbium upconversion laser, Appl. Phys. Lett. **51**, 1977 (1987).

[1.196] R. Scheps: Er^{3+} : $YAlO_3$ upconversion laser, IEEE J. Quantum Electron. **30**, 2914 (1994).

[1.197] R. Scheps: Photon avalanche upconversion in Er^{3+} : $YAlO_3$, IEEE J. Quantum Electron. **31**, 309 (1995).

[1.198] R. Scheps: Upconversion in Er^{3+} : $YAlO_3$ produced by metastable state absorption, Opt. Mater. **7**, 75 (1997).

[1.199] R. Brede, E. Heumann, J. Koetke, et al.: Green up – conversion laser emission in Er – doped crystals at room temperature, Appl. Phys. Lett. **63**, 2030(1993).

[1.200] P. Xie, S. C. Rand: Continuous – wave trio upconversion laser, Appl. Phys. Lett. **57**, 1182 (1990).

[1.201] W. Lenth, A. J. Silversmith, R. M. Macfarlane: Green infrared – pumped erbium upconversion lasers, Advances in Laser Science III, AIP Conf. Proc., Vol. 172, ed. by A. C. Tam, J. L. Gole, W. C. Stwalley (AIP, New York 1989) p.8.

[1.202] R. A. McFarlane: Dual wavelength visible upconversion laser, Appl. Phys. Lett. **54**, 2301 (1989).

[1.203] F. Tong, W. P. Risk, R. M. Macfarlane, et al.: 551 nm diode – laser – pumped upconversion laser, Electron. Lett. **25**, 1389 (1989).

[1.204] G. C. Valley, R. A. McFarlane: 1.1 – Watt visible upconversion laser modelling and experiment, OSA Proc. Adv. Solid – State Lasers, Vol. 13, ed. by L. L. Chase, A. A. Pinto (Opt. Soc. Am., Washington 1992) pp.376 – 379.

[1.205] T. Heber, W. P. Risk, R. M. Macfarlane, et al.: Diode – laser – pumped 551 nm upconversion laser in $YLiF_4$: Er^{3+}. In: *OSA Proc. Adv. Solid – State Lasers*, ed. by H. J. Jenssen, G. Dube (Opt. Soc. Am., Washington 1990) p.379.

[1.206] R. R. Stephens, R. A. McFarlane: Diode – pumped upconversion laser with 100 – mW output power, Opt. Lett. **18**, 34 (1993).

[1.207] P. Xie, S. C. Rand: Continuous – wave, fourfold up – conversion laser, Appl. Phys. Lett. **63**, 3125 (1993).

[1.208] F. Heine, E. Heumann, P. Möbert, et al.: Room temperature CW green upconversion Er^{3+} : $YLiF_4$ – laser pumped near 970 nm, OSA Proc. Adv. Solid State Lasers, Vol. 24, ed. By B. Chai, S. Payne (Opt. Soc. Am., Washington 1995).

[1.209] P. E. Möbert, E. Heumann, G. Huber, et al.: Green Er^{3+} : $YLiF_4$ upconversion laser at 551 nm with Yb^{3+} codoping: A novel pumping scheme, Opt. Lett. **22**, 1412 (1997).

[1.210] R. M. Macfarlane, E. A. Whittaker, W. Lenth: Blue, green and yellow upconversion lasing in Er: $YLiF_4$ using 1.5 μm pumping, Electron. Lett. **28**, 2136 (1992).

[1.211] R. A. McFarlane: High – power visible upconversion laser, Opt. Lett. **16**, 1397 (1991).

[1.212] P. Xie, S. C. Rand: Visible cooperative upconversion laser in Er: $LiYF_4$, Opt. Lett. **17**, 1198 (1992).

[1.213] P. Xie, S. C. Rand: Continuous – wave mode – locked visible upconversion laser: Erratum, Opt. Lett. **17**, 1882 (1992).

[1.214] P. Xie, S. C. Rand: Continuous – wave mode – locked visible upconversion laser, Opt. Lett. **17**, 1116 (1992).

[1.215] T. Hebert, R. Wannemacher, W. Lenth, et al.: Blue and green CW upconversion lasing in Er: $YLiF_4$, Appl. Phys. Lett. **57**, 1727 (1990).

[1.216] S. A. Pollack, D. B. Chang, M. Birnbaum: Threefold upconversion laser at 0.85, 1.23, and 1.73 μm in Er: YLF pumped with a 1.53 μm Er glass laser, Appl. Phys. Lett. **54**, 869 (1989).

[1.217] E. Heumann, S. Bär, K. Rademaker, et al.: Semiconductor – laser – pumped high – power upconversion laser, Appl. Phys. Lett. **88**, 061108 (2006).

[1.218] B. M. Antipenko, S. P. Voronin, T. A. Privalova: Addition of optical

frequencies by cooperative processes, Opt. Spectrosc. (USSR) **63**, 768 (1987).
[1.219] R. A. McFarlane: Spectroscopic Studies and Up-conversion Laser Operation of BaY_2F_8: Er 5%. In: *OSA Proc. Adv. Solid State Lasers*, Vol. 13, ed. by L. L. Chase, A. A. Pinto (Opt. Soc. Am., Washington 1992) pp.275-279.
[1.220] R. A. McFarlane: Upconversion laser in BaY_2F_8: Er 5%pumped by ground-state and excited-state absorption, J. Opt. Soc. Am. B **11**, 871 (1994).
[1.221] B. N. Kazakov, M. S. Orlov, M. V. Petrov, et al.: Induced emission of Sm^{3+}-ions in the visible region of the spectrum, Opt. Spectrosc. (USSR) **47**, 676 (1979).
[1.222] P. P. Sorokin, M. J. Stevenson, J. R. Lankard, et al.: Spectroscopy and optical maser action in SrF_2: Sm^{2+}, Phys. Rev. B **127**, 503 (1962).
[1.223] N. C. Chang: Fluorescence and stimulated emission from trivalent europium in yttrium oxide, J. Appl. Phys. **34**, 3500 (1963).
[1.224] J. R. O' Connor: Optical and laser properties of Nd^{3+}-and Eu^{3+}-doped YVO_4, Trans. Metallurg. Soc. AIME **239**, 362 (1967).
[1.225] Z. T. Azamatov, P. A. Arsenyev, M. V. Chukichev: Spectra of gadolinium in YAG single crystals, Opt. Spectrosc. **28**, 156 (1970).
[1.226] H. P. Jenssen, D. Castleberry, D. Gabbe, et al.: Stimulated emission at 5445 Å in Tb^{3+}: YLF, IEEE J. Quantum Electron. **9** (6), 665 (1973).
[1.227] Y. K. Voronko, A. A. Kaminskii, V. V. Osiko, et al.: Simulated emission from Ho^{3+} in CaF_2 at 5512 Å, JETP Letters **1**, 3 (1965).
[1.228] K. Schmitt: Stimulated C'-emission of Ag^+-centers in KI, RbBr, and CsBr, Appl. Phys. A **38**, 61 (1985).
[1.229] M. J. Weber: *The Handbook of Lasers* (CRC, Boca Raton 1999).
[1.230] G. G. Smart, D. C. Hanna, A. C. Tropper, et al.: CW room temperature upconversion lasing at blue, green and red wavelengths in infrared-pumped Pr^{3+}-doped fluoride fiber, Electron. Lett. **27**, 1307 (1991).
[1.231] H. M. Pask, A. C. Tropper, D. C. Hanna: A Pr^{3+}-doped ZBLAN fiber upconversion laser pumped by an Yb^{3+}-doped silica fiber laser, Opt. Commun. **134**, 139 (1997).
[1.232] J. Y. Allain, M. Monerie, H. Poignant: Red up-conversion Yb-sensitised Pr fluoride fiber laser pumped in 0.8 μm region, Electron. Lett. **27**, 1156 (1991).
[1.233] D. Piehler, D. Craven, N. Kwong, et al.: Laserdiode-pumped red and green up-conversion fiber lasers, Electron. Lett. **29**, 1857 (1993).
[1.234] D. M. Baney, L. Yang, J. Ratcliff, K. et al.: Red and orange Pr^{3+}/Yb^{3+} doped

ZBLAN fiber upconversion lasers, Electron. Lett. **31**, 1842 (1995).

[1.235] D. M. Baney, R. Rankin, K. W. Chang: Simultaneous blue and green upconversion lasing in a laser-diode pumped Pr^{3+}/Yb^{3} doped fluoride fiber laser, Appl. Phys. Lett. **69**, 1662 (1996).

[1.236] Y. Zhao, S. Fleming: All-solid state and all-fiber blue upconversion laser, Electron. Lett. **32**, 1199 (1996).

[1.237] H. Zellmer, K. Plamann, G. Huber, et al.: Visible double-clad upconversion fiber laser, Electron. Lett. **34**, 565 (1998).

[1.238] H. Zellmer, P. Riedel, A. Tünnermann, et al.: High power multi mode visible upconversion fiber laser in the red spectral range, CLEO/Europe-EQEC Focus Meetings 2001 (2001) p.143.

[1.239] H. Zellmer, P. Riedel, A. Tünnermann, et al.: High-power diode pumped upconversion fiber laser in red and green spectral range, Electron. Lett. **38**, 1250 (2002).

[1.240] H. Zellmer, P. Riedel, A. Tünnermann: Visible upconversion lasers in praseodymium-ytterbium-doped fibers, Appl. Phys. B **69**, 417 (1999).

[1.241] D. M. Costantini, H. G. Limberger, T. Lasser, et al.: Actively mode-locked visible upconversion fiber laser, Opt. Lett. **25**, 1445 (2000).

[1.242] M. Zeller, H. G. Limberger, T. Lasser: Tunable $Pr^{3+}-Yb^{3+}$-doped all-fiber upconversion laser, IEEE Photonics Technol. Lett. **15**, 194 (2003).

[1.243] A. Richter, H. Scheife, E. Heumann, et al.: Semiconductor laser pumping of contiuous-wave Pr^{3+}-doped ZBLAN fiber laser, Electron. Lett. **41**, 794 (2005).

[1.244] D. S. Funk, J. G. Eden: Visible fluoride fiber lasers. In: *Rare-Earth-Doped Fiber Lasers and Amplifiers*, ed. by M. J. F. Digonnet (Marcel Dekker, New York 2001) pp.171-242, Chap.4.

[1.245] A. C. Tropper, J. N. Carter, R. D. T. Lauder, et al.: Analysis of blue and red laser performance of the infrared-pumped praseodymium-doped fluoride fiber laser, J. Opt. Soc. Am. B **11**, 886 (1994).

[1.246] Y. Zhao, S. Fleming: Theory of Pr^{3+}-doped fluoride fiber upconversion lasers, IEEE J. Quantum Electron. **33**, 905 (1997).

[1.247] H. Okamoto, K. Kasuga, I. Hara, et al.: Over-10 mW broadband Pr^{3+}: ZBLAN-fiber light source at 635 nm pumped by GaN LD, Electron. Lett. **44** (23), 1346 (2008).

[1.248] H. Okamoto, K. Kasuga, I. Hara, et al.: Visible-NIR tunable Pr^{3+}-doped fiber laser pumped by a GaN laser diode, Opt. Express **17**(22), 20227(2009).

[1.249] D. S. Funk, J. W. Carlson, J. G. Eden: Ultraviolet(381 nm), room temperature laser in neodymium doped fluorozirconate fiber, Electron. Lett. **30**, 1859 (1994).

[1.250] D. S. Funk, J. W. Carlson, J. G. Eden: Roomtemperature fluorozirconate glass fiber laser in the violet, Opt. Lett. **20**, 1474 (1995).

[1.251] M. P. LeFlohic, J. Y. Allain, G. M. Stéphan, et al.: Room-temperature continuous-wave upconversion laser 455 nm in a Tm^{3+} fluorozirconate fiber, Opt. Lett. **19**, 1982 (1994).

[1.252] I. J. Booth, C. J. Mackechnie, B. F. Ventrudo: Operation of diode laser pumped Tm^{3+} ZBLAN upconversion fiber laser at 482 nm, IEEE J. Quantum Electron. **32**, 118 (1996).

[1.253] R. Paschotta, N. Moore, W. A. Clarkson, et al.: 230 mW of blue light from thulium: ZBLAN upconversion fiber laser, Conf. Laser Electropt. (Opt. Soc. Am., Washington 1997), CTuG3.

[1.254] G. Tohmon, J. Ohya, H. Sato, et al.: Increased efficiency and decreased threshold in Tm: ZBLAN blue fiber laser co-pumped by 1.1 μm and 0.68 μm light, IEEE Photonics Technol. Lett. **7**, 742 (1995).

[1.255] S. G. Grubb, K. W. Bennett, R. S. Cannon, et al.: CW room-temperature blue upconversion fiber laser, Electron. Lett. **28**, 1243 (1992).

[1.256] S. Sanders, R. G. Waarts, D. G. Mehuys, et al.: Laser diode pumped 106 mW blue upconversion fiber laser, Appl. Phys. Lett. **25**, 1815 (1995).

[1.257] G. Tohmon, H. Sato, J. Ohya, et al.: Thulium: ZBLAN blu fiber laser pumped by two wavelengths, Appl. Opt. **36**, 3381 (1997).

[1.258] P. Laperle, R. Vallée, A. Chandonnet: Stable blue emission from a 2 500 ppm thulium-doped ZBLAN fiber laser, Conf. Laser Electroopt. (Opt. Soc. Am., Washington 1998), CTuE1.

[1.259] P. R. Barber, H. M. Pask, C. J. Mackechnie, et al.: Improved laser performance of Tm^{3+} and Pr^{3+}-doped ZBLAN fibers, Conf. Laser Electro-Optics (Opt. Soc. Am., Washington 1994), CMF3.

[1.260] H. Zellmer, A. Tünnermann, H. Welling, et al.: All fiber laser system with 0.3 W output power in the blue spectral range, Conf. Laser Electroopt. (Opt. Soc. Am., Washington 1997), CTuG3.

[1.261] H. Zellmer, S. Buteau, A. Tünnermann, et al.: All fiber laser system with 0.1 W output power in blue spectral range, Electron. Lett. **33**, 1383 (1997).

[1.262] G. Qin, S. Huang, Y. Feng, et al.: Power scaling of Tm^{3+} doped ZBLAN blue upconversion fiber lasers: Modeling and experiment, Appl. Phys. B **82**, 6 (2006).

[1.263] J. Limpert, H. Zellmer, P. Riedel, et al.: Laser oscillation in yellow and blue spectral range in Dy^{3+}：ZBLAN，Electron. Lett. **36**，1386（2000）.

[1.264] T. J. Whitley，C. A. Millar，R. Wyatt，et al.：Upconversion pumped green lasing in erbium doped fluorozircnate fiber，Electron. Lett. **27**，1785（1991）.

[1.265] J. F. Massicott，M. C. Brierley，R. Wyatt，et al.：Low threshold，diode – pumped operation of a green，Er^{3+} doped fluoride fiber laser，Electron. Lett. **29**，2119（1993）.

[1.266] D. Piehler，D. Craven，N. Kwong：Green，laserdiode – pumped erbium fiber laser，OSA Topical Meet. Compact Blue/Green Lasers（Opt. Soc. Am.，Washington 1994），CFA2.

[1.267] J. Y. Allain，M. Monerie，H. Poignant：Tunable green upconversion erbium fiber laser，Electron. Lett. **28**，111（1992）.

[1.268] D. Piehler，D. Craven：1.7 mW green InGaAs – laser – pumped erbium fiber laser，Electron. Lett. **30**，1759（1994）.

[1.269] J. Y. Allain，M. Monerie，H. Poignant：Room temperature CW tunable green upconversion holmium fiber laser，Electron. Lett. **26**，261（1990）.

[1.270] J. Y. Allain，M. Monerie，H. Poignant：Characteristics and dynamics of a room temperature CW tunable green upconversion fiber laser，Proc. 16th Eur. Conf. Opt. Commun.（Amsterdam 1990）p.575.

[1.271] D. S. Funk，S. B. Stevens，S. S. Wu，et al.：Tuning，temporal，and spectral characteristics of a green（$\lambda \approx 549$ nm）holmium – doped fluorozirconate glass fiber laser，IEEE J. Quantum Electron. **32**，638（1996）.

[1.272] D. S. Funk，J. G. Eden，J. S. Osinski，et al.：Green，holmium – doped upconversion fiber laser pumped by a red semiconductor laser，Electron. Lett. **33**，1958（1997）.

[1.273] D. S. Funk：Optical processes and laser dynamics in holmium and neodymium upconversionpumped visible and ultraviolet fluorozirconate fiber lasers. Ph. D. Thesis（University of Illinois，Urbana 1999）.

[1.274] M. L. Dennis，J. W. Dixon，T. Aggarwal：High power upconversion lasing at 810 nm in Tm：ZBLAN fiber，Electron. Lett. **30**，136（1994）.

[1.275] W. A. Clarkson，D. C. Hanna：Two – mirror beamshaping technique for high power diode bars，Opt. Lett. **21**（6），375（1996）.

[1.276] D. Golla，M. Bode，S. Knoke，W. Schöne，et al.：62 W CW TEM00 Nd：YAG laser side – pumped by fiber – coupled diode laser，Opt. Lett. **21**（3），210（1996）.

[1.277] P. Glas，D. Fischer，M. Moenster，et al.：Large – mode – area Nd – doped single – transverse – mode dual – wavelength microstructure fiber laser，Opt. Express **13**（20），7884（2005）.

[1.278] L. B. Fu, M. Ibsen, D. J. Richardson, et al.: Compact high–power tunable three–level operation of double cladding Nd–doped fiber laser, IEEE Photonics Technol. Lett. **17** (2), 306 (2005).

[1.279] H. Jeong, S. Choi, K. Oh: Continuous wave single transverse mode laser oscillation in a Nd–doped large core double clad fiber cavity with concatenated adiabatic tapers, Opt. Commun. **213** (1–3), 33 (2002).

[1.280] P. Glas, D. Fischer: Cladding pumped large–mode–area Nd–doped holey fiber laser, Opt. Express **10** (6), 286 (2002).

[1.281] E. Rochat, R. Dandliker, K. Haroud, et al.: Fiber amplifiers for coherent space communication, IEEE J. Sel. Top. Quantum Electron. 7(1), 64(2001).

[1.282] B. M. Dicks, F. Heine, K. Petermann, et al.: Characterization of a radiation–hard singlemode Yb–doped fiber amplifier at 1064 nm, Laser Phys. **11** (1), 134 (2001).

[1.283] N. S. Kim, T. Hamada, M. Prabhu, et al.: Numerical analysis and experimental results of output performance for Nd–doped double–clad fiber lasers, Opt. Commun. **180** (4–6), 329 (2000).

[1.284] I. Zawischa, K. Plamann, C. Fallnich, et al.: All–solid–state neodymium–based single–frequency masteroscillator fiber power–amplifier system emitting 5.5 W of radiation at 1 064 nm, Opt. Lett. **24** (7), 469 (1999).

[1.285] E. Rochat, K. Haroud, U. Roth, et al.: High–gain solid–state and fiber amplifier–chain for high–power coherent communication, IEEE Photonics Technol. Lett. **11** (9), 1120 (1999).

[1.286] R. Nicolaescu, T. Walther, E. S. Fry, et al.: Ultranarrow–linewidth, efficient amplification of low–power seed sources by a fiber amplifier, Appl. Opt. **38** (9), 1784 (1999).

[1.287] T. Miyazaki, K. Inagaki, Y. Karasawa, et al.: Nd–doped double–clad fiber amplifier at 1.06 μm, J. Lightwave Technol. **16** (4), 562 (1998).

[1.288] M. Wegmuller, M. Schurch, W. Hodel, et al.: Diode–pumped passively mode–locked Nd^{3+}–doped fluoride fiber laser emitting at 1.05 μm: Novel results, IEEE J. Quantum Electron. **34** (1), 14 (1998).

[1.289] A. Prokohorov: *Spravochnik pr Lazerum*, *Hand–book on Lasers*, Vol. 1 (Sovet–skoe Radio, Moscow 1978).

[1.290] L. J. Qin, X. L. Meng, H. Y. Shen, et al.: Thermal conductivity and refractive indices of Nd: $GdVO_4$, Cryst. Res. Technol. **38**, 793 (2003).

[1.291] A. I. Zagummenyi, Y. Zavartsev, P. Studenikin, et al.: $GdVO_4$ crystals with Nd^{3+}, Tm^{3+}, Ho^{3+}, and Er^{3+} ions for diode–pumped microchip laser, Proc. SPIE **2698**, 182–192 (1996).

[1.292] C. Kränkel, D. Fagundes – Peters, S. T. Fredrich, et al.: Continuous wave laser operation of Yb^{3+} : YVO_4, Appl. Phys. B **79**, 543 (2004).

[1.293] C. Czeranowsky: Resonatorinterne Frequenzverdopplung von diodengepumpten Neodym – Lasern mit hohen Ausgangsleistungen im blauen Spektralbereich. Ph. D. Thesis (University of Hamburg, Hamburg 2002), in German.

[1.294] G. Aka, D. Vivien, V. Lupei: Site – selective 900 nm quasi – three – level laser emission in Nd – doped strontium lanthanum aluminate, Appl. Phys. Lett. **85** (14), 2685 (2004).

[1.295] F. Jia, Q. Xue, Q. Zheng, et al.: 5.3 W deepblue light generation by intra – cavity frequency doubling of Nd: $GdVO_4$, Appl. Phys. B **83** (2), 245 (2006).

[1.296] K. Mizuuchi, A. Morikawa, T. Sugita, et al.: Continuous – wave deep blue generation in a periodically poled MgO: $LiNbO_3$ crystal by single – pass frequency doubling of a 912 nm Nd: $GdVO_4$ laser, Jpn. J. Appl. Phys. **43** (10A), L1293 (2004).

[1.297] Y. D. Zavartsev, A. I. Zagumennyi, F. Zerrouk, et al.: Diode – pumped quasi – three – level 456 nm Nd: $GdVO_4$ laser, Quan – tum Electron. **33** (7), 651 (2003).

[1.298] C. Czeranowsky, M. Schmidt, E. Heumann, et al.: Continuous wave diode pumped intracavity doubled Nd: $GdVO_4$ laser with 840 mW output power at 456 nm, Opt. Commun. **205** (4 – 6), 361 (2002).

[1.299] Q. H. Xue, Q. Zheng, Y. K. Bu, et al.: High – power efficient diode – pumped Nd: YVO_4/LiB_3O_5 457 nm blue laser with 4.6 W of output power, Opt. Lett. **31** (8), 1070 (2006).

[1.300] L. Zhang, C. Y. Zhang, Z. Y. Wei, et al.: Compact diode – pumped continuous – wave Nd: $LuVO_4$ lasers operated at 916 nm and 458 nm, Chin. Phys. Lett. **23** (5), 1192 (2006).

[1.301] C. Y. Zhang, L. Zhang, Z. Y. Wei, et al.: Diode – pumped continuous – wave Nd: $LuVO_4$ laser operating at 916 nm, Opt. Lett. **31** (10), 1435 (2006).

[1.302] J. H. Zarrabi, P. Gavrilovic, S. Singh: Intracavity, frequency – doubled, miniaturized Nd – $YAlO_3$ blue laser at 465 nm, Appl. Phys. Lett. **67** (17), 2439 (1995).

[1.303] N. Pavel, V. Lupei, J. Saikawa, et al.: Neodymium concentration dependence of 0.94, 1.06 and 1.34 μm laser emission and of heating effects under 809 and 885 nm diode laser pumping of Nd: YAG, Appl. Phys. **82** (4), 599 (2006).

[1.304] H. Hara, B. M. Walsh, N. P. Barnes: Tunability of a 946 nm Nd: YAG microchip laser versus output mirror reflectivity and crystal length,

Opt. Eng. **43** (12), 3026 (2004).

[1.305] J. L. He, H. M. Wang, S. D. Pan, et al.: Laser performance of Nd: YAG at 946 nm and frequency doubling with periodically poled $LiTaO_3$, J. Cryst. Growth **292** (2), 337 (2006).

[1.306] Y. H. Chen, W. Hou, H. B. Peng, et al.: Generation of 2.1 W continuous wave blue light by intracavity doubling of a diode–end–pumped Nd: YAG laser in a 30 mm LBO, Chin. Phys. Lett. **23** (6), 1479 (2006).

[1.307] R. Zhou, E. B. Li, H. F. Li, et al.: Continuous–wave, 15.2 W diode–end–pumped Nd: YAG laser operating at 946 nm, Opt. Lett. **31** (12), 1869 (2006).

[1.308] Y. Lu, B. G. Zhang, E. B. Li, et al.: Highpower simultaneous dual–wavelength emission of an end–pumped Nd: YAG laser using the quasi–three–level and the four–level transition, Opt. Commun. **262** (2), 241 (2006).

[1.309] Y. Chen, H. Peng, W. Hou, et al.: 3.8 W of CW blue light generated by intracavity frequency doubling of a 946 nm Nd: YAG laser with LBO, Appl. Phys. B **83** (2), 241 (2006).

[1.310] R. Zhou, T. L. Zhang, E. B. Li, et al.: 8.3 W diode–end–pumped continuous–wave Nd: YAG laser operating at 946 nm, Opt. Express **13** (25), 10115 (2005).

[1.311] R. Zhou, Z. Q. Cai, W. Q. Wen, et al.: High–power continuous–wave Nd: YAG laser at 946 nm and intracavity frequency–doubling with a compact three–element cavity, Opt. Commun. **255** (4–6), 304 (2005).

[1.312] C. Czeranowsky, E. Heumann, G. Huber: All–solid–state continuous–wave frequency–doubled Nd: YAG–BiBO laser with 2.8W output power at 473 nm, Opt. Lett. **28** (6), 432 (2003).

[1.313] T. Kellner, F. Heine, G. Huber, et al.: Passive Q–switching of a diode–pumped 946 nm Nd: YAG laser with 1.6 W average output power, Appl. Opt. **37** (30), 7076 (1998).

[1.314] S. G. P. Strohmaier, H. J. Eichler, et al.: Ceramic Nd: YAG laser at 946 nm, Laser Phys. Lett. **2** (8), 383 (2005).

[1.315] L. Fornasiero, E. Mix, V. Peters, et al.: Efficient laser operation of Nd: Sc_2O_3 at 966 nm, 1082 nm, and 1486 nm. In: *Advanced Solid–State Lasers*, ed. by M. M. Fejer, H. Injeyan, U. Keller (Opt. Soc. Am., Washington 1999) p.249.

[1.316] L. F. Johnson, J. E. Geusic, L. G. Van Uitert: Coherent oscillations from Tm^{3+}, Ho^{3+}, Yb^{3+} and Er^{3+} ions in yttrium aluminum garnet, Appl. Phys. Lett. **7**, 127 (1965).

[1.317] P. Lacovara, H. K. Choi, C. A. Wang, et al.: Room－temperature diode－pumped Yb: YAG laser, Opt. Lett. **16**, 1089 (1991).

[1.318] K. Petermann, G. Huber, L. Fornasiero, et al.: Rare－earth－doped sesquioxides, J. Lumin. **87－89**, 973 (2000).

[1.319] A. Giesen, H. Huegel, A. Voss, et al.: Scalable concept for diode－pumped high－power solid－state lasers, Appl. Phys. B **58** (5), 365 (1994).

[1.320] C. Stewen, K. Contag, M. Larionov, et al.: A 1 kW CW thin disc laser, IEEE J. Sel. Top. Quantum Electron. **6** (4), 650 (2000).

[1.321] K. Rademaker, E. Heumann, G. Huber, et al.: Laser activity at 1.18, 1.07, and 0.97 μm in the low－phonon－energy hosts KPb_2Br_5 and $RbPb_2Br_5$ doped with Nd^{3+}, Opt. Lett. **30** (7), 729 (2005).

[1.322] S. Zhao, Q. Wang, X. Zhang, et al.: Laser characteristics of a new crystal Nd: $Sr_5(PO_4)_3F$ at 1.059 μm, Opt. Laser Technol. **28** (6), 477 (1996).

[1.323] C. Grivas, T. C. May－Smith, D. P. Shepherd, et al.: On the growth and lasing characteristics of thick Nd: GGG waveguiding films fabricated by pulsed laser deposition, Appl. Phys. A **79** (4－6), 1203 (2004).

[1.324] H. J. Zhang, X. L. Meng, L. Zhu, et al.: Growth and laser properties of Nd: $Ca_4YO(BO_3)_3$ crystal, Opt. Commun. **160** (4－6), 273 (1999).

[1.325] A. Ikesue, Y. L. Aung: Synthesis and performance of advanced ceramic lasers, J. Am. Ceram. Soc. **89** (6), 1936 (2006).

[1.326] M. L. Huang, Y. J. Chen, X. Y. Chen, et al.: Study on CW fundamental and selffrequency doubling laser of Nd^{3+}: $GdAl_3(BO_3)_4$ crystal, Opt. Commun. **204** (1－6), 333 (2002).

[1.327] P. Dekker, Y. J. Huo, J. M. Dawes, et al.: Continuous wave and Qswitched diode－pumped neodymium, lutetium: Yttrium aluminium borate lasers, Opt. Commun. **151** (4－6), 406 (1998).

[1.328] N. Pavel, T. Taira: Continuous－wave high－power multi－pass pumped thin－disc Nd: $GdVO_4$ laser, Opt. Commun. **260** (1), 271 (2006).

[1.329] H. J. Zhang, J. Y. Wang, C. Q. Wang, et al.: A comparative study of crystal growth and laser properties of Nd: YVO_4, Nd: $GdVO_4$ and Nd: $Gd_xLa_{1-x}VO_4$ (x=0.80, 0.60, 0.45) crystals, Opt. Mater. **23** (1－2), 449 (2003).

[1.330] C. Q. Wang, Y. T. Chow, L. Reekie, et al.: A comparative study of the laser performance of diode－laser－pumped Nd: $GdVO_4$ and Nd: YVO_4 crystals, Appl. Phys. B **70** (6), 769 (2000).

[1.331] C. Q. Wang, H. J. Zhang, Y. T. Chow, et al.: Spectroscopic and laser properties of Nd: $Gd_{0.8}La_{0.2}VO_4$ crystal, Opt. Laser Technol. **33** (6), 439 (2001).

[1.332] G. Lucas-Leclin, F. Auge, S. C. Auzanneau, et al.: Diode-pumped self-frequency-doubling Nd: $GdCa_4O(BO_3)_3$ lasers: Toward green microchip lasers, J. Opt. Soc. Am. B **17** (9), 1526 (2000).

[1.333] D. A. Hammons, M. Richardson, B. H. T. Chai, et al.: Scaling of longitudinally diode-pumped self-frequency-doubling Nd: YCOB lasers, IEEE J. Quantum Electron. **36** (8), 991 (2000).

[1.334] F. Mougel, F. Auge, G. Aka, et al.: New green self-frequency-doubling diode-pumped Nd: $Ca_4GdO(BO_3)_3$ laser, Appl. Phys. B **67** (5), 533 (1998).

[1.335] J. M. Eichenholz, D. A. Hammons, L. Shah, et al.: Diodepumped self-frequency doubling in a Nd^{3+}: $YCa_4O(BO_3)_3$ laser, Appl. Phys. Lett. **74** (14), 1954 (1999).

[1.336] Y. J. Chen, X. H. Gong, Y. F. Lin, et al.: Passively Q-switched laser operation of Nd: LaB_3O_6 cleavage microchip, J. Appl. Phys. **99** (10), 103101 (2006).

[1.337] S. F. Wu, G. F. Wang, J. L. Xiea: Growth of high quality and large-sized Nd^{3+}: YVO_4 single crystal, J. Cryst. Growth **266** (4), 496 (2004).

[1.338] V. G. Ostroumov, F. Heine, S. Kück, et al.: Intracavity frequency-doubled diode-pumped Nd: $LaSc_3(BO_3)_4$ lasers, Appl. Phys. B **64** (3), 301 (1997).

[1.339] V. Lupei, N. Pavel, Y. Sato, et al.: Highly efficient 1063 nm continuous-wave laser emission in Nd: $GdVO_4$, Opt. Lett. **28** (23), 2366 (2003).

[1.340] Y. Bo, A. C. Geng, Y. F. Lu, et al.: A 4.8W $M^2=4.6$ continuous-wave intracavity sum-frequency diodepumped solid-state yellow laser, Chin. Phys. Lett. **23** (6), 1494 (2006).

[1.341] M. Gerber, T. Graf, A. Kudryashov: Generation of custom modes in a Nd: YAG laser with a semipassive bimorph adaptive mirror, Appl. Phys. B **83** (1), 43 (2006).

[1.342] G. J. Spühler, T. Südmeyer, R. Paschotta, et al.: Passively mode-locked high-power Nd: YAG lasers with multiple laser heads, Appl. Phys. B **71** (1), 19 (2000).

[1.343] J. Lu, H. Yagi, K. Takaichi, et al.: 110 W ceramic Nd^{3+}: $Y_3Al_5O_{12}$ laser, Appl. Phys. B **79** (1), 25 (2004).

[1.344] J. R. Lu, K. Ueda, H. Yagi, et al.: Neodymium doped yttrium aluminum garnet ($Y_3Al_5O_{12}$) nanocrystalline ceramics-a new generation of solid state laser and optical materials, J. Alloys Compd. **341** (1-2), 220 (2002).

[1.345] C. Y. Wang, J. H. Ji, Y. F. Qi, et al.: Kilohertz electro-optic Q-switched Nd: YAG ceramic laser, Chin. Phys. Lett. **23** (7), 1797 (2006).

[1.346] D. Kracht, D. Freiburg, R. Wilhelm, et al.: Core-doped ceramic Nd: YAG laser, Opt. Express **14** (7), 2690 (2006).

[1.347] Y. Qi, X. Zhu, Q. Lou, J. et al.: High optical-optical efficiency of 52.5%obtained in high power Nd: YAG ceramic laser, Electron. Lett. **42** (1), 30 (2006).

[1.348] Y. F. Qi, X. L. Zhu, Q. H. Lou, et al.: Nd: YAG ceramic laser obtained high slope-efficiency of 62%in high power applications, Opt. Express **13** (22), 8725 (2005).

[1.349] L. Guo, W. Hou, H. B. Zhang, et al.: Diode-end-pumped passively mode-locked ceramic Nd: YAG Laser with a semiconductor saturable mirror, Opt. Express **13** (11), 4085 (2005).

[1.350] J. Lu, H. Yagi, K. Takaichi, et al.: 110 W ceramic Nd^{3+}: $Y_3Al_5O_{12}$ laser, Appl. Phys. B **79** (1), 25 (2004).

[1.351] J. R. Lu, K. Ueda, H. Yagi, et al.: Neodymium doped yttrium aluminum garnet ($Y_3Al_5O_{12}$) nanocrystalline ceramics-a new generation of solid state laser and optical materials, J. Alloys Compd. **341** (1-2), 220 (2002).

[1.352] J. Lu, M. Prabhu, K. Ueda, et al.: Potential of ceramic YAG lasers, Laser Phys. **11** (10), 1053 (2001).

[1.353] J. R. Lu, T. Murai, K. Takaichi, et al.: 72 W Nd: $Y_3Al_5O_{12}$ ceramic laser, Appl. Phys. Lett. **78** (23), 3586 (2001).

[1.354] J. R. Lu, M. Prabhu, J. Q. Xu, et al.: Highly efficient 2%Nd: yttrium aluminum garnet ceramic laser, Appl. Phys. Lett. **77** (23), 3707 (2000).

[1.355] I. Shoji, S. Kurimura, Y. Sato, et al.: Optical properties and laser characteristics of highly Nd^{3+}-doped $Y_3Al_5O_{12}$ ceramics, Appl. Phys. Lett. **77** (7), 939 (2000).

[1.356] A. Ikesue, K. Yoshida, T. Yamamoto, et al.: Optical scattering centers in polycrystalline Nd: YAG laser, J. Am. Ceram. Soc **80** (6), 1517 (1997).

[1.357] Y. K. Bu, Q. Zheng, Q. H. Xue, et al.: Diode-pumped 593.5 nm CW yellow laser by type-1 CPM LBO intracavity sum-frequency-mixing, Opt. Laser Technol. **38** (8), 565 (2006).

[1.358] T. K. Lake, A. J. Kemp, G. J. Friel, et al.: Compact and efficient single-frequency Nd: YVO_4 laser with variable longitudinal-mode discrimination, IEEE Photonics Technol. Lett. **17** (2), 417 (2005).

[1.359] J. Liu, J. M. Yang, J. L. He: High repetition rate passively Q-switched diode-pumped Nd: YVO_4 laser, Opt. Laser Technol. **35** (6), 431 (2003).

[1.360] J. C. Bermudez, A. V. Kir' yanov, V. J. Pinto-Robledo, et al.: The influence of thermally induced effects on operation of a compact diodesidepumped Nd：YVO_4 laser，Laser Phys. **13**（2），255（2003）.

[1.361] A. S. S. de Camargo，L. A. O. Nunes，D. R. Ardila，et al.：Excited－state absorption and 1064－nm end－pumped laser emission of Nd：YVO_4 single－crystal fiber grown by laser－heated pedestal growth，Opt. Lett. **29**（1），59（2004）.

[1.362] Y. M. Wang，M. Lei，J. L. Li，et al.：Crystal growth and laser characteristics of Nd^{3+}：$KGd(WO_4)_2$，J. Rare Earths **23**（6），676（2005）.

[1.363] H. K. Kong，J. Y. Wang，H. J. Zhang，et al.：Growth and laser properties of Nd^{3+} doped $La_3Ga_{5.5}Ta_{0.5}O_{14}$ crystal，J. Cryst. Growth **263**（1－4），344（2004）.

[1.364] A. A. Kaminskii，S. N. Bagayev，K. Ueda，et al.：5.5 J pyrotechnically pumped Nd^{3+}：$Y_3Al_5O_{12}$ cermaic laser，Laser Phys. Lett. **3**（3），124（2006）.

[1.365] J. H. Liu，H. J. Zhang，Z. P. Wang，et al.：Continuouswave and pulsed laser performance of Nd：$LuVO_4$ crystal，Opt. Lett. **29**（2），168（2004）.

[1.366] J. Y. Wang，H. J. Zhang，Z. P. Wang，et al.：Growth，properties and Raman shift laser in tungstate crystals，J. Cryst. Growth **292**（2），377（2006）.

[1.367] G. A. Kumar，J. R. Lu，A. A. Kaminskii，et al.：Spectroscopic and stimulated emission characteristics of Nd^{3+} in transparent Y_2O_3 ceramics，IEEE J. Quantum Electron. **42**（7－8），643（2006）.

[1.368] J. Lu，K. Takaichi，T. Uematsu，et al.：Promising ceramic laser material：Highly transparent Nd^{3+}：Lu_2O_3 ceramic，Appl. Phys. Lett. **81**（23），4324（2002）.

[1.369] M. Boucher，O. Musset，J. P. Boquillon，et al.：Multiwatt CW diode end－pumped Nd：YAP laser at 1.08 and 1.34 μm：Influence of Nd doping level，Opt. Commun. **212**（1－3），139（2002）.

[1.370] H. B. Peng，W. Hou，Y. H. Chen，et al.：28W red light output at 659.5 nm by intracavity frequency doubling of a Nd：YAG laser using LBO，Opt. Express **14**（9），3961（2006）.

[1.371] J. H. Lu，J. R. Lu，T. Murai，et al.：36－W diode－pumped continuous－wave 1319 nm Nd：YAG ceramic laser，Opt. Lett. **27**（13），1120（2002）.

[1.372] F. Balembois，D. Boutard，E. Barnasson，et al.：Efficient diode－pumped intracavity frequency－doubled CW Nd：YLF laser emitting in the red，Opt. Laser Technol. **38**（8），626（2006）.

[1.373] S. Z. Zhao，Q. P. Wang，X. Y. Zhang，et al.：Diode－laser－pumped 1.328 μm Nd：$Sr_5(PO_4)_3F$ laser and its intracavity frequency doubling，Appl. Opt. **36**（30），7756（1997）.

[1.374] J. Šulc，H. Jelínková，K. Nejezchleb，et al.：YAG/V：YAG microchip laser operating at 1338 nm, Laser Phys. Lett. **2** (11), 519 (2005).

[1.375] C. Q. Wang, N. Hamelin, Y. T. Chow, et al.: Low-threshold, high-efficiency, linearly polarized 1.338 μm Nd: S-VAP laser and its frequency doubling, J. Mod. Opt. **45** (10), 2139 (1998).

[1.376] N. Pavel, V. Lupei, T. Taira: 1.34 μm efficient laser emission in highly-doped Nd: YAG under 885 nm diode pumping, Opt. Express **13** (20), 7948 (2005).

[1.377] C. Du, S. Ruan, H. Zhang, et al.: A 13.3-W laser-diode-array end-pumped Nd: $GdVO_4$ continuous-wave laser at 1.34 μm, Appl. Phys. B **80** (1), 45 (2005).

[1.378] L. J. Qin, X. L. Meng, J. G. Zhang, et al.: Growth and properties of Nd: $GdVO_4$ crystal, Opt. Mater. **23** (1-2), 455 (2003).

[1.379] J. Liu, B. Ozygus, J. Erhard, et al.: Diode-pumped CW and Q-switched Nd: $GdVO_4$ laser operating at 1.34 μm, Opt. Quantum Electron. **35** (8), 811 (2003).

[1.380] H. J. Zhang, C. L. Du, J. Y. Wang, et al.: Laser performance of Nd: $GdVO_4$ crystal at 1.34 μm and intracavity double red laser, J. Cryst. Growth **249** (3-4), 492 (2003).

[1.381] C. L. Du, L. J. Qin, X. L. Meng, et al.: High-power Nd: $GdVO_4$ laser at 1.34 μm end-pumped by laser-diode-array, Opt. Commun. **212** (1-3), 177 (2002).

[1.382] H. J. Zhang, J. H. Liu, J. Y. Wang, et al.: Continuous-wave laser performance of Nd: $LuVO_4$ crystal operating at 1.34 μm, Appl. Opt. **44** (34), 7439-7441 (2005).

[1.383] H. Y. Shen, G. Zhang, C. H. Huang, et al.: High power 1341.4 nm Nd: $YAlO_3$ CW laser and its performances, Opt. Laser Technol. **35** (2), 69 (2003).

[1.384] G. Zhang, H. Y. Shen, R. R. Zeng, et al.: The study of 1341.4 nm Nd: $YAlO_3$ laser intracavity frequency doubling by LiB_3O_5, Opt. Commun. **183** (5-6), 461 (2000).

[1.385] Y. P. Zhang, Y. Zheng, H. Y. Zhang, et al.: A laser-diode-pumped 7.36 W continuous-wave Nd: YVO_4 laser at 1342 nm, Chin. Phys. Lett. **23** (2), 363 (2006).

[1.386] R. Zhou, X. Ding, W. Q. Wen, et al.: High-power continuous-wave diodeend-pumped intracavity frequency doubled Nd: YVO_4 laser at 671 nm with a compact threeelement cavity, Chin. Phys. Lett. **23** (4), 849 (2006).

[1.387] R. Zhou, E. B. Li, B. G. Zhang, et al.: Simultaneous dual-wavelength CW operation using $^4F_{3/2}-^4I_{13/2}$ transitions in Nd: YVO_4 crystal, Opt. Commun. **260** (2), 641 (2006).

[1.388] Y. P. Zhang, Y. Zheng, H. Y. Zhang, et al.: A laser–diode–pumped 7.36 W continuous–wave Nd: YVO_4 laser at 1342 nm, Chin. Phys. Lett. **23** (2), 363 (2006).

[1.389] H. Ogilvy, M. J. Withford, P. Dekker, et al.: Efficient diode double–end–pumped Nd: YVO_4 laser operating at 1342 nm, Opt. Express **11** (19), 2411 (2003).

[1.390] A. Di Lieto, P. Minguzzi, A. Pirastu, et al.: High–power diffraction–limited Nd: YVO_4 continuous–wave lasers at 1.34 μm, IEEE J. Quantum Electron. **39** (7), 903 (2003).

[1.391] A. Di Lieto, P. Minguzzi, A. Pirastu, et al.: A 7 W diode–pumped Nd: YVO_4 CW laser at 1.34 μm, Appl. Phys. B **75** (4–5), 463 (2002).

[1.392] J. L. He, G. Z. Luo, H. T. Wang, et al.: Generation of 840 mW of red light by frequency doubling a diode–pumped 1342 nm Nd: YVO_4 laser with periodically–poled $LiTaO_3$, Appl. Phys. B **74** (6), 537 (2002).

[1.393] A. Sennaroglu: Efficient continuous–wave operation of a diode–pumped Nd: YVO_4 laser at 1342 nm, Opt. Commun. **164** (4–6), 191 (1999).

[1.394] S. A. Zolotovskaya, V. G. Savitski, M. S. Gaponenko, et al.: KGd $(WO_4)_2$ laser at 1.35 μm passively *Q*–switched with V^{3+}: YAG crystal and PbS–doped glass, Opt. Mater. **28** (8–9), 919 (2006).

[1.395] A. S. Grabtchikov, A. N. Kuzmin, V. A. Lisinetskii, et al.: Passively *Q*–switched 1.35 μm diode pumped Nd: KGW laser with V: YAG saturable absorber, Opt. Mater. **16** (3), 349 (2001).

[1.396] R. Zhou, B. G. Zhang, X. Ding, et al.: Continuous–wave operation at 1386 nm in a diode–end–pumped Nd: YVO_4 laser, Opt. Express **13** (15), 5818 (2005).

[1.397] H. M. Kretschmann, F. Heine, V. G. Ostroumov, et al.: High–power diode–pumped contin uous–wave Nd^{3+} lasers at wavelengths near 1.44 μm, Opt. Lett. **22**, 466 (1997).

[1.398] M. J. F. Digonnet (Ed.): *Rare–Earth–Doped Fiber Lasers and Amplifiers*, 2nd edn. (Marcel Dekker, New York 2001).

[1.399] B. J. Ainslie, S. P. Craig, S. T. Davey: The absorption and fluorescence spectra of rare earth ions in silica–based monomode fiber, J. Lightwave Technol. **6**, 287 (1988).

[1.400] S. D. Jackson, T. A. King: CW operation of a 1.064 μm pumped Tm–Ho–doped silica fiber laser, IEEE. J. Quantum Electron. **34**, 1578 (1998).

[1.401] O. Humbach, H. Fabian, U. Grzesik, et al.: Analysis of OH absorption bands in synthetic silica, J. Non–Cryst. Solids **203**, 19 (1996).

[1.402] D. C. Tran, G. H. Sigel Jr., B. Bendow: Heavy metal fluoride glasses and fibers: A review, J. Lightwave Technol. **2**, 566 (1984).

[1.403] P. W. France, M. G. Drexhage, J. M. Parker, et al.: *Fluoride Glass Optical Fibers* (Blackie, Glasgow, London 1990).

[1.404] S. T. Davey, P. W. France: Rare earth doped fluorozirconate glasses for fiber devices, BT J. Technol. **7**, 58 (1989).

[1.405] M. Monerie, F. Alard, G. Maze: Fabrication and characterisation of fluoride-glass single-mode fibers, Electron. Lett. **21**, 1179 (1985).

[1.406] L. Wetenkamp, G. F. West, H. Többen: Optical properties of rare earth-doped ZBLAN glasses, J. Non-Cryst. Solids **140**, 35 (1992).

[1.407] L. Wetenkamp: Charakterisierung von laseraktiv dotierten Schwermetallfluorid-Gläsern und Faserlasern. Ph. D. Thesis (Technical University of Braunschweig, Braunschweig 1991), in German.

[1.408] R. Reisfeld, M. Eyal: Possible ways of relaxations for excited states of rare earth ions in amorphous media, J. Phys. **46**, C349 (1985).

[1.409] D. C. Brown, H. J. Hoffman: Thermal, stress, and thermo-optic effects in high average power double-clad silica fiber lasers, IEEE J. Quantum Electron. **37**, 207 (2001).

[1.410] S. M. Lima, T. Catunda, R. Lebullenger, et al.: Temperature dependence of thermo-optical properties of fluoride glasses determined by thermal lens spectrometry, Phys. Rev. B **60**, 15173 (1999).

[1.411] T. Schweizer: Rare-earth-doped gallium lanthanum sulphide glasses for mid-infrared fiber lasers. Ph. D. Thesis (University of Hamburg, Hamburg 1998).

[1.412] S. M. Lima, T. Catunda, M. L. Baesso, et al.: Thermal-optical properties of Ga:La:S glasses measured by thermal lens technique, J. Non-Cryst. Solids **247**, 222 (1999).

[1.413] P. N. Kumta, S. H. Risbud: Rare-earth chalcogenides-an emerging class of optical materials, J. Mater. Sci. **29**, 1135 (1994).

[1.414] J. S. Sanghera, J. Heo, J. D. Mackenzie: Chalcohalide glasses, J. Non-Cryst. Solids **103**, 155 (1988).

[1.415] L. B. Shaw, B. Cole, P. A. Thielen, et al.: Mid-wave IR and long-wave IR laser potential of rare-earth doped chalcogenide glass fiber, IEEE. J. Quantum Electron. **48**, 1127 (2001).

[1.416] Y. D. West, T. Schweizer, D. J. Brady, et al.: Gallium lanthanum sulphide fibers for infrared transmission, Fiber Integr. Opt. **19**, 229 (2000).

[1.417] J. Heo, Y. B. Shin: Absorption and mid-infrared emission spectroscopy of

Dy^{3+} in Ge – As (or Ga) – S glasses, J. Non – Cryst. Solids **196**, 162 (1996).

[1.418] H. Po, J. D. Cao, B. M. Laliberte, et al.: High power neodymium – doped sin – gle transverse mode fiber laser, Electron. Lett. **29**, 1500 (1993).

[1.419] I. N. Duling Ⅲ, W. K. Burns, L. Goldberg: Highpower superfluorescent fiber source, Opt. Lett. **15**, 33 (1990).

[1.420] J. D. Minelly, W. L. Barnes, R. I. Laming, et al.: Diode – array pumping of Er^{3+}/Yb^{3+} co – doped fiber lasers and amplifiers , IEEE Photonics Technol. Lett. **5**, 301 (1993).

[1.421] H. M. Pask, J. L. Archambault, D. C. Hanna, et al.: Operation of cladding – pumped Yb^{3+} – doped silica fiber lasers in 1 μm region , Electron. Lett. **30**, 863 (1994).

[1.422] J. Limpert, T. Schreiber, S. Nolte, et al.: High – power air – clad large – mode – area photonic crystal fiber laser, Opt. Express **11**, 818 (2003).

[1.423] M. H. Muendel: Optimal inner cladding shapes for double – clad fiber lasers. In: *Conf. Lasers Electroopt.*, OSA Technical Digest, Vol. 9 (Opt. Soc. Am., Washington 1996) p.209.

[1.424] A. Liu, K. Ueda: The absorption characteristics of circular, offset, and rectangular double – clad fibers, Opt. Commun. **132**, 511 (1996).

[1.425] K. Furusawa, A. Malinowski, J. H. V. Price, et al.: Cladding pumped ytterbium – doped fiber laser with holey inner and outer cladding, Opt. Express **9**, 714 (2001).

[1.426] M. D. Nielsen, J. R. Folkenberg, N. A. Mortensen: Singlemode photonic crystal fiber with effective area of 600 μm^2 and low bending loss , Electron. Lett. **39**, 1802 (2003).

[1.427] M. Musha, J. Miura, K. Nakagawa, et al.: Developments of a fiber – MOPA system for the light source of the gravitational wave antenna, Class. Quantum Gravity **23** (8), S287 (2006).

[1.428] I. A. Bufetov, M. M. Bubnov, M. A. Melkumov, et al.: Yb –, Er – Yb – and Nd – doped fiber lasers based on multi – element first cladding fibers, Quantum Electron. **35** (4), 328 (2005).

[1.429] L. Lombard, A. Brignon, J. P. Huignard, et al.: High power multimode fiber amplifier with wavefront reshaping for high beam quality recovery, C. r. Phys. **7** (2), 233 (2006).

[1.430] J. Kim, P. Dupriez, C. Codemard, et al.: Suppression of stimulated Raman scat – tering in a high power Yb – doped fiber amplifier using a W – type core with fundamental mode cut – off, Opt. Express **14** (12), 5103 (2006).

[1.431] P. Wang, L. J. Cooper, J. K. Sahu, et al.: Efficient single – mode operation

of a cladding-pumped ytterbium-doped helical-core fiber laser, Opt. Lett. **31** (2), 226 (2006).
[1.432] H. Ohashi, X. Gao, M. Saito, et al.: Beam-shaping technique for end-pumping Yb-doped fiber laser with two laser-diode arrays, Jpn. J. Appl. Phys. Part 2-Lett. Express Lett. **44** (16-19), L555 (2005).
[1.433] V. Dominic, S. MacCormack, R. Waarts, et al.: 110 W fiber laser, Electron. Lett. **35** (14), 1158 (1999).
[1.434] J. Limpert, A. Liem, S. Höfer, et al.: 150 W Nd/Yb codoped fiber laser at 1.1 μm, Conf. Lasers Electroopt. (Opt. Soc. Am., Washington 2002) pp.590-591.
[1.435] C. H. Liu, B. Ehlers, F. Doerfel, et al.: 810 W continuous-wave and singletransverse-mode fiber laser using 201 μm core Yb-doped double-clad fiber, Electron. Lett. **40** (23), 1471 (2004).
[1.436] Y. Jeong, J. K. Sahu, R. B. Williams, et al.: Ytterbium-doped large-core fiber laser with 272 W output power, Electron. Lett. **39** (13), 977 (2003).
[1.437] P. Dupriez, A. Piper, A. Malinowski, et al.: High average power, high repetition ratepicosecond pulsed fiber master oscillator power amplifier source seeded by a gain-switched laser diode at 1060 nm, IEEE Photonics Technol. Lett. **18** (9-12), 1013 (2006).
[1.438] L. J. Cooper, P. Wang, R. B. Williams, et al.: High-power Yb-doped multicore ribbon fiber laser, Opt. Lett. **30** (21), 2906 (2005).
[1.439] A. P. Liu, M. A. Norsen, R. D. Mead: 60 W green output by frequency doubling of a polarized Ybdoped fiber laser, Opt. Lett. **30** (1), 67 (2005).
[1.440] Y. Jeong, J. K. Sahu, D. N. Payne, et al.: Ytterbium-doped large-core fiber laser with 1.36 kW continuous-wave output power, Opt. Express **12**, 6088 (2004).
[1.441] J. Limpert, S. Hoefer, A. Liem, et al.: 100 W average-power, high-energy nanosecond fiber amplifier, Appl. Phys. B **75**, 477-479 (2002).
[1.442] K. Petermann, D. Fagundes-Peters, J. Johannsen, et al.: Highly Yb-doped oxides for thin-disc lasers, J. Cryst. Growth **275**, 135 (2005).
[1.443] L. D. DeLoach, S. A. Payne, L. L. Chase, et al.: Evaluation of absorption and emission properties of Yb^{3+} doped crystals for laser applications, IEEE J. Quantum Electron. **29**, 1179 (1993).
[1.444] D. S. Sumida, T. Y. Fan, R. Hutcheson: Spectroscopy and diode-pumped lasing of Yb^{3+}-doped $Lu_3Al_5O_{12}$(Yb:LuAG). In: *OSA Proc. Adv. Solid-State Lasers*, Vol. 24, ed. by B. H. T. Chai, S. A. Payne (Opt. Soc. Am., Washington 1995) p.348.

[1.445] D. S. Sumida, T. Y. Fan: Effect of radiation trap–ping on fluorescence lifetime and emission cross–section measurements in solid–state laser media, Opt. Lett. **19**, 1343 (1994).

[1.446] I. Sokólska, E. Heumann, S. Kück: Laser oscillation of Er^{3+} : YVO_4 crystals in the spectral range around 1.6 μm, Appl. Phys. B **71**, 893 (2000).

[1.447] S. A. Payne, L. L. Chase, L. K. Smith, et al.: Infrared cross–section measurements for crystals doped with Er^{3+}, Tm^{3+}, and Ho^{3+}, IEEE J. Quantum Electron. **28**, 2619 (1992), and references therein.

[1.448] E. H. Bernhardi, H. van Wolferen, K. Worhoff, et al.: Highly efficient, low–threshold monolithic distributed–Bragg–reflector channel waveguide laser in Al_2O_3: Yb^{3+}, Opt. Lett. **36**, 603–605 (2011).

[1.449] K. I. Schaffers, L. D. DeLoach, S. A. Payne: Crystal growth, frequency doubling, and infrared laser performance of Yb^{3+} : $BaCaBO_3F$, IEEE J. Quantum Electron. **32**, 741 (1996).

[1.450] G. Galzerano, N. Coluccelli, D. Gatti, et al.: CW and femtosecond op–eration of a diode–pumped Yb: BaY_2F_8 laser, Opt. Express **18**, 6255–6261 (2010).

[1.451] S. Ricaud, D. N. Papadopoulos, A. Pellegrina, et al.: High–power diode–pumped cryogenically cooled Yb: CaF_2 laser with extremely low quantum defect, Opt. Lett. **36**, 1602–1604 (2011).

[1.452] J. Du, X. Y. Liang, Y. G. Wang, et al. Z. Z. Xu, J. Xu: 1 ps passively modelocked laser operation of Na,Yb: CaF_2 crystal, Opt. Express **13**, 7970 (2005).

[1.453] M. Robinson, C. K. Asawa: Stimulated emission from Nd^{3+} and Yb^{3+} in noncubic sites of neodymium–and ytterbium–doped CaF_2, J. App. Phys. **38**, 4495 (1967).

[1.454] V. Petit, J. L. Camy, R. Moncorge: CW and tunable laser operation of Yb^{3+} in Nd: Yb: CaF_2, Appl. Phys. Lett. **88** (5), 051111 (2006).

[1.455] H. J. Zhang, X. L. Meng, P. Wang, et al.: Growth of Yb–doped $Ca_4GdO(BO_3)_3$ crystals and their spectra and laser properties, J. Cryst. Growth **222**, 209(2001).

[1.456] J. E. Hellstrom, V. Pasiskevicius, F. Laurell, et al.: Laser performance of Yb: $GdCa_4O(BO_3)_3$ compared to Yb: $KGd(WO_4)_2$ under diode–bar pumping, Laser Phys. **17**, 1204–1208 (2007).

[1.457] F. Mougel, K. Dardenne, G. Aka, et al.: An efficient infrared laser and selffrequency doubling crystal, J. Opt. Soc. Am. B **16**, 164 (1999).

[1.458] F. Auge, F. Balembois, P. Georges, et al.: Efficient and tunable continuous–wave diodepumped Yb^{3+} : $Ca_4GdO(BO_3)_3$ laser, Appl. Opt. **38**, 976 (1999).

[1.459] F. Auge, F. Druon, F. Balembois, et al.: Theoretical and experimental investigations of a diode – pumped quasi – three – level laser: The Yb^{3+} – doped $Ca_4GdO(BO_3)_3$ (Yb: GdCOB) laser, IEEE J. Quantum Electron. **36**, 598 (2000).

[1.460] Y. Cheng, X. D. Xu, J. Xu, et al.: Spectroscopic, thermal, and laser properties of Yb: $CaNb_2O_6$ crystal, IEEE J. Quantum Electron. **45**, 1571 – 1576(2009).

[1.461] H. Yang, Z. W. Zhao, J. Zhang, et al.: Continuous – wave laser oscillation of Yb: FAP crystals at a wavelength of 1043 nm, Chin. Phys. **10**, 1136(2001).

[1.462] S. A. Payne, L. K. Smith, L. D. DeLoach, et al.: Laser optical and thermomechanical properties of Yb – doped fluoroapatite, IEEE J. Quantum Electron. **30**, 170 (1994).

[1.463] S. A. Payne, L. K. Smith, L. D. DeLoach, et al.: Ytterbium – doped apatite – structure crystals: A new class of laser materials, J. Appl. Phys. **75**, 497 (1994).

[1.464] W. D. Tan, D. Y. Tang, X. D. Xu, et al.: Room temperature diode – pumped Yb : $CaYAlO_4$ laser with near quantum limit slope efficiency, Laser Phys. Lett. **8**, 193 – 196 (2011).

[1.465] A. Brenier, C. Y. Tu, Y. Wang, et al.: Diode – pumped laser operation of Yb^{3+} – doped $Y_2Ca_3B_4O_{12}$ crystal, J. Appl. Phys. **104**, 013102 (2008).

[1.466] L. Shah, Q. Ye, J. M. Eichenholz, et al.: Laser tunability in Yb^{3+} : $YCa_4O(BO_3)_3$ {Yb: YCOB}, Opt. Commun. **167**, 149 (1999).

[1.467] H. J. Zhang, X. L. Meng, L. Zhu, et al.: Growth, Stark energy level and laser properties of Yb: $Ca_4YO(BO_3)_3$ crystal, Mater. Res. Bull. **35**, 799 (2000).

[1.468] C. Krankel, R. Peters, K. Petermann, et al.: Efficient continuous – wave thin disk laser operation of Yb: $Ca_4YO(BO_3)_3$ in E parallel to *Z* and *E* parallel to *X* orientations with 26 W output power, J. Opt. Soc. Am. B **26**, 1310 – 1314 (2009).

[1.469] A. Aron, G. Aka, B. Viana, et al.: Spectroscopic properties and laser performances of Yb: YCOB and potential of the Yb: LaCOB material, Opt. Mater. **16**, 181 (2001).

[1.470] D. A. Hammons, J. M. Eichenholz, Q. Ye, et al.: Laser action in Yb^{3+} : YCOB (Yb^{3+} : $YCa_4OBO_3)_3$, Opt. Comm. **156**, 327 (1998).

[1.471] X. Y. Zhang, A. Brenier, Q. P. Wang, et al.: Passive Q – switching characteristics of Yb^{3+} : $Gd_3Ga_5O_{12}$ crystal, Opt. Express **13**, 7708 (2005).

[1.472] G. A. Bogomolova, D. N. Vylegzhanin, A. A. Kaminskii: Spectral and lasing investigations of garnets with Yb^{3+} ions, Sov. Phys. JETP **42**, 440(1976).

[1.473] K. S. Bagdasarov, A. A. Kaminskii, A. M. Kevorkov, et al.: Rare earth scandium–aluminum garnets with impurity of TR^{3+} ions as active media for solid state lasers, Sov. Phys. Dokl. **19**, 671 (1975).

[1.474] J. Du, X. Y. Liang, Y. Xu, et al.: Tunable and efficient diode–pumped Yb^{3+}: GYSO laser, Opt. Express **14**, 3333 (2006).

[1.475] W. X. Li, H. F. Pan, L. Ding, et al.: Efficient diodepumped Yb: Gd_2SiO_5, Appl. Phys. Lett. **88**, 221117 (2006).

[1.476] C. F. Yan, G. J. Zhao, L. H. Zhang, et al.: A new Yb–doped oxyorthosilicate laser crystal: Yb: Gd_2SiO_5, Solid State Commun. **137**, 451 (2006).

[1.477] W. X. Li, H. F. Pan, L. E. Ding, et al.: Diode–pumped continuous–wave and passively mode–locked Yb: GSO laser, Opt. Express **14**, 686 (2006).

[1.478] Y. H. Xue, C. Y. Wang, Q. W. Liu, et al.: Characterization of diode–pumped laser operation of a novel Yb: GSO crystal, IEEE J. Quantum Electron. **42**, 517 (2006).

[1.479] Y. H. Xue, Q. Y. Wang, L. Chai, et al.: A novel LD pumped Yb: GSO laser operating at 1090 nm with low threshold, Acta Phys. Sin. **55**, 456(2006).

[1.480] Y. H. Xue, C. Y. Wang, Q. W. Liu, et al.: Characterization of diode–pumped laser operation of a novel Yb: GSO crystal, IEEE J. Quantum Electron. **42**, 517–521 (2006).

[1.481] J. Du, X. Y. Liang, Y. Xu, et al.: Tunable and efficient diode–pumped Yb^{3+}: GYSO laser, Opt. Express **14**, 3333–3338 (2006).

[1.482] J. Petit, B. Viana, P. Goldner, et al.: Laser oscillation with low quantum defect in Yb: $GdVO_4$, a crystal with high thermal conductivity, Opt. Lett. **29**, 833 (2004).

[1.483] J. Petit, B. Viana, P. Goldner, et al.: Laser osciallation with low quantum defect in Yb: $GdVO_4$, a crystal with high thermal conductivity, Opt. Lett. **29**, 833 (2004).

[1.484] J. H. Liu, X. Mateos, H. J. Zhang, et al.: Characteristics of a continuous–wave Yb: $GdVO_4$ laser end pumped by a high–power diode, Opt. Lett. **31**, 2580 (2006).

[1.485] J. Hellstrom, H. Henricsson, V. Pasiskevicius, et al.: Polarization–tunable Yb: KGW laser based on internal conical refraction, Opt. Lett. **32**, 2783–2785 (2007).

[1.486] A. A. Lagatsky, N. V. Kuleshov, V. P. Mikhailov: Diode–pumped CW lasing of Yb: KYW and Yb: KGW, Opt. Commun. **165**, 71 (1999).

[1.487] A. Major, D. Sandkuijl, V. Barzda: A diodepumped continuous–wave Yb: KGW laser with $N(g)$–axis polarized output, Laser Phys. Lett. **6**, 779–781 (2009).

[1.488] J. E. Hellström, S. Bjurshagen, V. Pasiskevicius, et al.: Efficient Yb: KGW lasers end－pumped by high－power diode bars, Appl. Phys. B **83**, 235 (2006).

[1.489] P. Russbueldt, T. Mans, J. Weitenberg, et al.: Compact diode－pumped 1.1 kW Yb: YAG Innoslab femtosecond amplifier, Opt. Lett. **35**, 4169－4171(2010).

[1.490] S. Rivier, X. Mateos, O. Silvestre, et al.: Thin－disk Yb: KLu (WO_4)$_2$ laser with single－pass pumping, Opt. Lett. **33**, 735－737 (2008).

[1.491] U. Griebner, J. H. Liu, S. Rivier, et al.: Laser operation of epitaxially grown Yb: KLu (WO_4)$_2$－KLu (WO_4)$_2$ composites with mon－oclinic crystalline structure, IEEE J. Quantum Electron. **41** (3), 408 (2005).

[1.492] X. Mateos, R. Solé, J. Gavaldá, et al.: Crystal growth, spectroscopic studies and laser operation of Yb^{3+}－doped potassium lutetium tungstates, Opt. Mater. **28**, 519－523 (2006).

[1.493] D. Geskus, S. Aravazhi, E. Bernhardi, et al.: Low－threshold, highly efficient Gd^{3+}, Lu^{3+} co－doped KY (WO_4)$_2$: Yb^{3+} planar waveguide lasers, Laser Phys. Lett. **6**, 800－805 (2009).

[1.494] A. Aznar, R. Sole, M. Aguilo, et al.: Growth, optical characterization, and laser operation of epitaxial Yb: KY(WO_4)$_2$/KY(WO_4)$_2$ composites with monoclinic structure, Appl. Phys. Lett. **85**, 4313 (2004).

[1.495] A. A. Lagatsky, E. U. Rafailov, A. R. Sarmani, et al.: Efficient femtosecond green－light source with a diode－pumped mode－locked Yb^{3+}: KY (WO_4)$_2$ laser, Opt. Lett. **30**, 1144 (2005).

[1.496] F. Brunner, T. Südmeyer, E. Innerhofer, et al.: 240 fs pulses with 22 W average power from a mode－locked thin－disk Yb: KY(WO_4)$_2$ laser, Opt. Lett. **27**, 13 (2002).

[1.497] M. Larionov, J. Gao, S. Erhard, et al.: Thin disk laser operation and spectroscopy characterization of Yb－doped Sesquioxides and Potassium Tungstates, Advanced Solid－State Lasers, Vol. 50, ed. by C. Marshall (Opt. Soc. Am., Washington 2001) p.625.

[1.498] M. Hildebrandt, U. Bünting, U. Kosch, et al.: Diode－pumped Yb: KYW thin－disk laser operation with wavelength tuning to small quantum defects, Opt. Commun. **259**, 796－798 (2006).

[1.499] P. Klopp, V. Petrov, U. Griebner, et al.: Continuous－wave lasing of a stoichiometric Yb laser material: KYb(WO_4)$_2$, Opt. Lett. **28**, 322 (2003).

[1.500] M. C. Pujol, M. A. Bursukova, F. Güell, et al.: Growth, optical characterization, and laser operation of a stoichiometric crystal KYb(WO_4)$_2$, Phys. Rev. B **65**, 165121 (2002).

[1.501] J. J. Romero, J. Johannsen, M. Mond, et al.: Continuous – wave laser action of Yb^{3+} – doped lanthanum scandium borate, Appl. Phys. B **80**, 159 (2005).

[1.502] C. Krankel, J. Johannsen, R. Peters, et al.: Continuous – wave high power laser operation and tunability of Yb: $LaSc_3(BO_3)_4$ in thin disk configuration, Appl. Phys. B **87**, 217 – 220 (2007).

[1.503] C. Kränkel, J. Johannsen, M. Mond, et al.: High power Yb: $LaSc_3(BO_3)_4$ thin disk laser. In: *Adv. Solid State Photonis* (Opt. Soc. Am., Washington 2006), paper WD2.

[1.504] M. Rico, U. Griebner, V. Petrov, et al.: Growth, spectroscopy, and tunable laser operation of the disordered crystal $LiGd(MoO_4)_2$ doped with ytterbium, J. Opt. Soc. Am. B **23**, 1083 (2006).

[1.505] A. S. Yasukevich, V. E. Kisel, S. V. Kurilchik, et al.: Continuous wave diode pumped Yb: LLF and Yb: NYF lasers, Opt. Commun. **282**, 4404 – 4407 (2009).

[1.506] J. K. Jones, J. P. de Sandra, M. Hempstead, et al.: Channel waveguide laser at 1 μm in Yb – diffused $LiNbO_3$, Opt. Lett. **20**, 1477 (1995).

[1.507] M. O. Ramirez, D. Jaque, J. A. Sanz Garcia, et al.: 74% slope efficiency from a diode – pumped Yb^{3+}: $LiNbO_3$: MgO laser crystal, Appl. Phys. B **77**, 621 (2003).

[1.508] J. Sablayrolles, V. Jubera, J. P. Chaminade, et al.: Crystal growth, luminescent and lasing properties of the ytter – bium doped $Li_6Y(BO_3)_3$ compound, Opt. Mater. **27**, 1681 – 1685 (2005).

[1.509] J. Sablayrolles, V. Jubera, M. Delaigue, et al.: Thermal properties and cwlaser operation of the ytterbium doped borate $Li_6Y(BO_3)_3$, Mater. Chem Phys. **115**, 512 – 515 (2009).

[1.510] S. S. Sumida, T. Y. Fan, R. Hutcheson: Spectroscopy and diode – pumped lasing of Yb^{3+} – doped $Lu_3Al_5O_{12}$ (Yb: LuAG). In: *OSA Proc. Adv. Solid State Lasers*, Vol. 24, ed. by B. H. T. Chai, S. A. Payne (Opt. Soc. Am., Washington 1995) p.348.

[1.511] K. Beil, S. T. Fredrich – Thornton, F. Tellkamp, et al.: Thermal and laser properties of Yb: LuAG for kW thin disk lasers, Opt. Express **18**, 20712 – 20722 (2010).

[1.512] D. Sangla, N. Aubry, A. Nehari, et al.: Ybdoped $Lu_3Al_5O_{12}$ fibers single crystals grown under stationary stable state for laser applica – tion, J. Cryst. Growth **312**, 125 – 130 (2009).

[1.513] D. Geskus, S. Aravazhi, C. Grivas, et al.: Microstructured $KY(WO_4)_2$: Gd^{3+}, Lu^{3+}, Yb^{3+} channel waveguide laser, Opt. Express **18**, 8853 – 8858

(2010).

[1.514] H. Kuhn, S. Heinrich, A. Kahn, et al.: Monocrystalline Yb^{3+}: (Gd, Lu) $_2O_3$ channel waveguide laser at 976.8 nm, Opt. Lett. **34**, 2718–2720 (2009).

[1.515] R. Peters, C. Krankel, K. Petermann, et al.: Broadly tunable high–power Yb: Lu_2O_3 thin disk laser with 80% slope efficiency, Opt. Express **15**, 7075–7082 (2007).

[1.516] U. Griebner, V. Petrov, K. Petermann, et al.: Passively mode–locked Yb: Lu_2O_3 laser, Opt. Ex–press **12**, 3125 (2004).

[1.517] R. Peters, C. Krankel, S. T. Fredrich–Thornton, et al.: Thermal analysis and efficient high power continuous–wave and mode–locked thin disk laser operation of Yb–doped sesquioxides, Appl. Phys. B **102**, 509–514 (2011).

[1.518] C. R. E. Baer, C. Krankel, C. J. Saraceno, et al.: Femtosecond Yb: Lu_2O_3 thin disk laser with 63 W of average power, Opt. Lett. **34**, 2823–2825 (2009).

[1.519] C. R. E. Baer, C. Krankel, C. J. Saraceno, et al.: Femtosecond thin–disk laser with 141 W of average power, Opt. Lett. **35**, 2302–2304 (2010).

[1.520] A. Pirri, G. Toci, M. Vannini: First laser oscillation and broad tunability of 1 at. %Yb–doped Sc_2O_3 and Lu_2O_3 ceramics, Opt. Lett. **36**, 4284–4286 (2011).

[1.521] K. Takaichi, H. Yagi, A. Shirakawa, et al.: Lu_2O_3: Yb^{3+} ceramics–a novel gain material for ghigh–power solid–state lasers, Phys. Status Solidi (a) **1**, R1 (2005).

[1.522] J. Sanghera, J. Frantz, W. Kim, et al.: 10% Yb^{3+} –Lu_2O_3 ceramic laser with 74% efficiency, Opt. Lett. **36**, 576–578 (2011).

[1.523] J. Sanghera, W. Kim, C. Baker, et al.: Laser oscillation in hot pressed 10% Yb^{3+}: Lu_2O_3 ceramic, Opt. Mater. **33**, 670–674 (2011).

[1.524] C. R. E. Baer, C. Krankel, O. H. Heckl, et al.: 227–fs pulses from a mode–locked Yb: $LuScO_3$ thin disk laser, Opt. Express **17**, 10725–10730 (2009).

[1.525] J. H. Liu, V. Petrov, H. J. Zhang, et al.: High–power laser performance of a–cut and c–cut Yb: $LuVO_4$ crystals, Opt. Lett. **31**, 3294–3296 (2006).

[1.526] Y. Cheng, H. J. Zhang, Y. G. Yu, et al.: Thermal properties and continuous–wave laser performance of Yb: $LuVO_4$ crystal, Appl. Phys. B **86**, 681–685 (2007).

[1.527] J. H. Liu, X. Mateos, H. J. Zhang, et al.: Continuouswave laser operation of Yb: $LuVO_4$, Opt. Lett. **30**, 3162 (2005).

[1.528] M. Rico, J. Liu, U. Griebner, et al.: Tunable laser operation of ytterbium in disordered single crystals of Yb: $NaGd(WO_4)_2$, Opt. Express **12**, 22(2004).

[1.529] R. Peters, J. Johannsen, M. Mond, et al.: Yb: $NaGd(WO_4)_2$: Spectroscopic charac-terisation and laser demonstration, Conf. Lasers Electroopt. Eur. (European Physical Society, Mulhouse 2005), CA9-4-TuE.

[1.530] Y. Cheng, X. B. Yang, Z. Xin, et al.: Crystal growth, spectral and laser properties of Yb^{3+}: $NaGd(WO_4)_2$ crystal, Laser Phys. **19**, 2168-2173(2009).

[1.531] R. Peters, C. Krankel, K. Petermann, et al.: Power scaling potential of Yb: NGW in thin disk laser configuration, Appl. Phys. B **91**, 25-28 (2008).

[1.532] M. Rico, J. Liu, J. M. Cano-Torres, et al.: Continuous wave and tunable laser operation of Yb^{3+} in disordered $NaLa(MoO_4)_2$, Appl. Phys. B **81**, 621 (2005).

[1.533] A. V. Mandrik, A. E. Troshin, V. E. Kisel, et al.: CW and Q-switched diode-pumpedlaser operation of Yb^{3+}: $NaLa(MoO_4)_2$, Appl. Phys. B **81**, 1119 (2005).

[1.534] J. Liu, J. M. Cano-Torres, E. B. Cascales, et al.: Growth and continuous-wave laser operation of disordered crystals of Yb^{3+}: $NaLa(WO_4)_2$ and Yb^{3+}: $NaLa(MoO_4)_2$, Phys. Status Solidi (a) **202** (4), R29-R31 (2005).

[1.535] G. Q. Xie, D. Y. Tang, H. J. Zhang, et al.: Efficient operation of a diode-pumped Yb: $NaY(WO_4)_2$ laser, Opt. Express **16**, 1686-1691(2008).

[1.536] V. Peters, E. Mix, L. Fornasiero, et al.: Efficient laser operation of Yb^{3+}: Sc_2O_3 and spectroscopic characterization of Pr^{3+} in cubic sesquioxides, Laser Phys. **10**, 417 (2000).

[1.537] J. Liu, M. Rico, U. Griebner, V. Petrov, et al.: Efficient room temperature continuous-wave operation of an Yb^{3+}: Sc_2O_3 crystal laser at 1041.6 and 1094.6 nm, Phys. Status Solidi (a) **202**, R19 (2005).

[1.538] J. Lu, J. F. Bisson, K. Takaichi, et al.: Yb^{3+}: Sc_2O_3 ceramic laser, Appl. Phys. Lett. **83** (6), 1101 (2003).

[1.539] L. Zheng, J. Xu, G. Zhao, et al.: Bulk crystal growth and efficient diode-pumped laser performance of Yb^{3+}: Sc_2SiO_5, Appl. Phys. B **91**, 443-445 (2008).

[1.540] M. Siebold, J. Hein, M. C. Kaluza, et al.: Highpeak-power tunable laser operation of Yb: SrF_2, Opt. Lett. **32**, 1818-1820 (2007).

[1.541] A. J. Bayramian, C. Bibeau, R. J. Beach, et al.: Three-level Q-switched laser operation of ytterbium-doped $Sr_5(PO_4)_3F$ at 985 nm, Opt. Lett. **25**, 622 (2000).

[1.542] S. Yiou, F. Balembois, P. Georges: Numerical modeling of a continous-wave Yb-doped bulk crystal laser emitting on a three-level laser transition near

980 nm, J. Opt. Soc. Am. B **22**, 572 (2005).

[1.543] S. Yiou, F. Balembois, K. Schaffers, et al.: Efficient laser operation of an Yb: S-FAP crystal at 985 nm, Appl. Opt. **42**, 4883 (2003).

[1.544] A. J. Bayramian, C. D. Marshall, K. I. Schaf-fers, et al.: Characterization of Yb^{3+} : $Sr_{5-x}Ba_x(PO_4)_3F$ crystals for diode-pumped lasers, IEEE J. Quantum Electron. **35**, 665 (1999).

[1.545] L. D. DeLoach, S. A. Payne, L. K. Smith, et al.: Laser and spectroscopic properties of $Sr_5(PO_4)_3$: Yb, J. Opt. Soc. Am. B **11**, 269 (1994).

[1.546] C. D. Marshall, L. K. Smith, R. J. Beach, et al.: Diode-pumped ytterbium-doped $Sr_5(PO_4)_3F$ laser performance, IEEE J. Quantum Electron. **32**, 650 (1996).

[1.547] R. Gaume, B. Viana, D. Vivien, et al.: Mechanical, thermal and laser properties of Yb: $(Sr_{1-x}Ca_x)_3Y(BO_3)_3$ (Yb: CaBOYS) for 1 μm laser applications, Opt. Mater. **24**, 385 (2003).

[1.548] F. Druon, S. Chenais, P. Raybaut, et al.: Apatite-structure crystal, Yb^{3+} : $SrY_4(SiO_4)_3O$, for the development of diode-pumped femtosecond lasers, Opt. Lett. **27**, 1914 (2002).

[1.549] R. Allen, L. Esterowitz: CW tunable ytterbium YAG laser-pumped by titanium sapphire, Electron. Lett. **31**, 639 (1995).

[1.550] T. Taira, J. Saikawa, T. Kobayashi, et al.: Diode-pumped tunable Yb: YAG miniature lasers at room temperature: Modeling and experiment, IEEE J. Sel. Top. Quantum Electron. **3** (1), 100 (1997).

[1.551] H. W. Bruesselbach, D. S. Sumida, R. A. Reeder, et al.: Low-heat high-power scaling using InGaAs-diode-pumped Yb: YAG lasers, IEEE J. Sel. Top. Quantum Electron. **3** (1), 105 (1997).

[1.552] T. Y. Fan, D. J. Ripin, R. L. Aggarwal, et al.: Cryogenic Yb^{3+}-doped solid-state lasers, IEEE J. Sel. Top. Quantum Electron. **13**, 448-459 (2007).

[1.553] A. Pirri, D. Alderighi, G. Toci, et al.: High-efficiency, high-power and low threshold Yb^{3+} : YAG ceramic laser, Opt. Express **17**, 23344-23349 (2009).

[1.554] D. C. Hanna, J. K. Jones, A. C. Large, et al.: Quasi-three level 1.03 μm laser operation of a planar ionimplanted Yb : YAG waveguide, Opt. Commun. **99**, 211 (1993).

[1.555] T. Taira, W. M. Tulloch, R. L. Byer: Modeling of quasi-three-level lasers and operation of CW Yb: YAG, Appl. Opt. **36**, 1867 (1997).

[1.556] T. Calmano, A. G. Paschke, J. Siebenmorgen, et al.: Characterization of an Yb : YAG ceramic waveguide laser, fabricated by the direct femtosecond – laser writing technique, Appl. Phys. B **103**, 1 – 4 (2011).

[1.557] J. Siebenmorgen, T. Calmano, K. Petermann, et al.: Highly efficient Yb: YAG channel waveguide laser written with a femtosecond – laser, Opt. Express **18**, 16035 – 16041 (2010).

[1.558] T. Taira, J. Saikawa, T. Kobayashi, et al.: Diode – pumped tunable Yb: YAG miniature lasers at room temperature: Modeling and experiment, IEEE J. Sel. Top. Quantum Electron. **3**, 100 (1997).

[1.559] I. J. Thomson, F. J. F. Monjardin, H. J. Baker, et al.: Efficient Operation of a 400 W Diode Side – Pumped Yb: YAG Planar Waveguide Laser, IEEE J. Quantum Electron. **47**, 1336 – 1345 (2011).

[1.560] J. Dong, A. Shirakawa, S. Huang, et al.: Stable laser – diode pumped microchip subnanosecond Cr, Yb: YAG self – Q – switched laser, Laser Phys. Lett. **2**, 387 (2005).

[1.561] O. A. Buryy, S. B. Ubiszkii, S. S. Melnyk, et al.: The Q – switched Nd: YAG and Yb: YAG microchip lasers optimization and comparative analysis, Appl. Phys. B **78**, 291 (2004).

[1.562] J. Aus der Au, G. J. Spühler, T. Südmeyer, et al.: 16.2W average power from a diode – pumped femtosecond Yb: YAG thin disc laser, Opt. Lett. **25**, 859 (2000).

[1.563] J. Dong, P. Z. Deng, Y. P. Liu, et al.: Performance of the self – Q – switched Cr, Yb: YAG laser, Chin. Phys. Lett. **19**, 342 (2002).

[1.564] J. Dong, P. H. Deng, Y. P. Liu, et al.: Passively Q – switched Yb: YAG laser with Cr^{4+}: YAG as the saturable absorber, Appl. Opt. **40**, 4303 (2001).

[1.565] U. Griebner, H. Schönnagel: Laser operation with nearly diffraction – limited output from a Yb: YAG multimode channel waveguide, Opt. Lett. **24**, 750 (1999).

[1.566] C. Bibeau, R. J. Beach, S. C. Mitchell, et al.: High – average – power 1 μm performance and frequency conversion of a diode – endpumped Yb: YAG laser, IEEE J. Quantum Electron. **34**, 2010 (1998).

[1.567] P. Burdack, T. Fox, M. Bode, et al.: 1 W of stable single – frequency output at 1.03 μm from a novel, monolithic, non – planar Yb: YAG ring laser operating at room temperature, Opt. Express **14**, 4363 (2006).

[1.568] J. Saikawa, T. Taira: Second – harmonic nonlinear mirror CW mode locking in Yb: YAG microchip lasers, Jpn. J. Appl. Phys. **42**, L649 (2003).

[1.569] J. Kong, D. Y. Tang, B. Zhao, et al.: 9.2 W diode – end – pumped Yb: Y_2O_3 ceramic laser, Appl. Phys. Lett. **86**, 161116 (2005).

[1.570] N. Sugimoto, Y. Ohishi, Y. Katoh, et al.: A ytterbium – and neodymium –

codoped yttrium aluminum garnetburied channel waveguide laser pumped at 0.81 μm, Appl. Phys. Lett. **67**, 582 (1995).
[1.571] P. Wang, J. M. Dawes, P. Dekker, et al.: Highly efficient diode-pumped ytterbium-doped yttrium aluminum borate laser, Opt. Commun. **174**, 467 (2000).
[1.572] J. H. Liu, X. Mateos, H. J. Zhang, et al.: High-power laser performance of Yb: $YAl_3(BO_3)_4$ crystals cut along the crystal-lographic axes, IEEE J. Quantum Electron. **43**, 385-390 (2007).
[1.573] J. Li, J. Y. Wang, X. F. Cheng, et al.: Thermal and laser properties of Yb: $YAl_3(BO_3)_4$ crystal, J. Cryst. Growth **250**, 458 (2003).
[1.574] J. Li, J. Y. Wang, X. B. Hu, et al.: Growth of Yb: YAB crystal and its laser performance, J. Rare Earths **20**, 104 (2002).
[1.575] S. Matsubara, M. Inoue, S. Kawato, et al.: Continuous wave laser oscillation of stoichiometric YbAG crystal, Jap. J. Appl. Phys. Part 2-Lett. Express Lett. **46**, L61-L63 (2007).
[1.576] J. H. Liu, V. Petrov, H. J. Zhang, et al.: Highly efficient passively Q-switched Yb: $YAl_3(BO_3)_4$-Cr^{4+}: YAG laser end-pumped by a high-power diode, IEEE J. Quantum Electron. **44**, 283-287 (2008).
[1.577] J. Kawanaka, K. Yamakawa, H. Nishioka, et al.: 30 mJ, dioded-pumped, chirped-pulse Yb: YLF regenerative amplifier, Opt. Lett. **28**, 2121 (2003).
[1.578] L. E. Zapata, D. J. Ripin, T. Y. Fan: Power scaling of cryogenic Yb: $LiYF_4$ lasers, Opt. Lett. **35**, 1854-1856 (2010).
[1.579] M. Vannini, G. Toci, D. Alderighi, et al.: High efficiency room temperature laser emission in heavily doped Yb: YLF, Opt. Express **15**, 7994-8002(2007).
[1.580] G. Galzerano, P. Laporta, E. Sani, et al.: Room-temperature diode-pumped Yb: KYF_4 laser, Opt. Lett. **31**, 3291-3293 (2006).
[1.581] W. X. Li, S. X. Xu, H. F. Pan, et al.: Efficient tunable diode-pumped Yb: LYSO laser, Opt. Express **14**, 6681 (2006).
[1.582] J. Kong, D. Y. Tang, C. C. Chan, et al.: High-efficiency 1040 and 1 078 nm laser emission of a Yb: Y_2O_3 ceramic laser with 976 nm diode pumping, Opt. Lett. **32**, 247-249 (2007).
[1.583] J. Kong, D. Y. Tang, J. Lu, et al.: Passively mode-locked Yb: Y_2O_3 ceramic laser with a GaAs-saturable absorber mirror, Opt. Commun. **237**, 165(2004).
[1.584] G. Q. Xie, D. Y. Tang, L. M. Zhao, et al.: High-power self-mode-locked Yb: Y_2O_3 ceramic laser, Opt. Lett. **32**, 2741-2743 (2007).
[1.585] J. Kong, J. Lu, K. Takaichi, et al.: Diode-pumped Yb: Y_2O_3 ceramic laser, Appl. Phys. Lett. **82** (16), 2556 (2003).

[1.586] Y. Qi, Q. Lou, J. Zhou, et al.: High power continuous – wave Yb: Y_2O_3 ceramic disc laser, Electron. Lett. **45**, 1238 – 1239 (2009).

[1.587] Q. Hao, W. X. Li, H. P. Zeng, et al.: Low – threshold and broadly tunable lasers of Yb^{3+} – doped yttrium lanthanum oxide ceramic, Appl. Phys. Lett. **92**, 211106 (2008).

[1.588] M. Jacquemet, F. Balembois, S. Chenais, et al.: First diodepumped Yb – doped solid – state laser continuously tunable between 1 000 and 1 010 nm, Appl. Phys. B **78**, 13 (2004).

[1.589] F. Thibault: Diode – pumped waveguide lasers and amplifiers based on highly doped Y_2SiO_5: Yb epi – taxial layers, J. Opt. Soc. Am. B **24**, 1862 – 1866 (2007).

[1.590] J. Dong, K. I. Ueda, A. A. Kaminskii: Continuous – wave and *Q* – switched microchip laser perfor – mance of Yb: $Y_3Sc_2Al_3O_{12}$ crystals, Opt. Express **16**, 5241 – 5251 (2008).

[1.591] A. Ikesue, Y. L. Aung: Synthesis and performance of advanced ceramic lasers, J. Am. Ceram. Soc. **89** (6), 1936 (2006).

[1.592] V. E. Kisel, A. E. Troshin, N. A. Tolstik, et al.: Spectroscopy and continuous – wave diode – pumped laser action of Yb^{3+}: YVO_4, Opt. Lett. **29**, 2491 (2004).

[1.593] C. Kränkel, D. Fagundes – Peters, S. T. Fredrich, et al.: Continuous wave laser operation of Yb^{3+}: YVO_4, Appl. Phys. B **79**, 543 (2004).

[1.594] D. Zhang, Y. Shao, H. P. Liu, et al.: Diode – pumped efficient Yb: $YGdVO_4$ thin – disk laser, Laser Phys. Lett. **8**, 583 – 586 (2011).

[1.595] C. Li, C. Wyon, R. Moncorgé: Spectroscopic prop – erties and fluorescence dynamics of Er^{3+} and Yb^{3+} in Y_2SiO_5, IEEE J. Quantum Electron. **28**, 1209 (1992).

[1.596] I. Sokólska: Spectroscopic characterization of $LaGaO_3$: Er^{3+} crystals, Appl. Phys. B **71**, 157 (2000).

[1.597] H. Stange, K. Petermann, G. Huber, et al.: Continuous wave 1.6 μm laser action in Er doped garnets at room temperature, Appl. Phys. B **49**, 269 (1989).

[1.598] A. Diening, E. Heumann, G. Huber, et al.: High – power diode – pumped Yb, Er: LSB laser at 1.56 μm. In: *Conf. Lasers Electroopt. Tech. Dig.*, Vol. 6 (Opt. Soc. Am., Washington 1998) p.299.

[1.599] D. Y. Shen, J. K. Sahu, W. A. Clarkson: Highly efficient in – band pumped Er: YAG laser with 60 W of output at 1645 nm, Opt. Lett. **31** (6), 754 (2006).

[1.600] D. Garbuzov, I. Kudryashov, M. Dubinskii: 110 W (0.9 J) pulsed power from resonantly diodelaser – pumped 1.6 m Er: YAG laser, Appl. Phys. Lett.

87，121101（2005）.

[1.601] D. Garbuzov，I. Kudryashov，M. Dubinskii：Resonantly diode laser pumped 1.6 μm – erbiumdoped yttrium aluminum garnet solid – state laser，Appl. Phys. Lett. **86**，131115（2005）.

[1.602] S. D. Setzler，M. P. Francis，Y. E. Young，et al.：Resonantly pumped eyesafe erbium lasers，IEEE J. Sel. Top. Quantum Electron. **11**，645（2005）.

[1.603] E. Snitzer，R. Woodcock：Yb^{3+} – Er^{3+} glass laser，Appl. Phys. Lett. **6**，45（1965）.

[1.604] E. Snitzer：Glass lasers，Proc. IEEE **54**，1249（1966）.

[1.605] E. Snitzer，R. F. Woodcock，J. Segre：Phosphate glass Er^{3+} lasers，IEEE J. Quantum Electron. **4**，360（1968）.

[1.606] S. Hamlin，J. Myers，M. Myers：Eyesafe Lasers：Components，Systems，and Applications，Proc. SPIE **1419**，100 – 106（1991）.

[1.607] R. Wu，S. Jiang，M. Myers，et al.：Solid – state laser and nonlinear crystals，Proc. SPIE **2379**，26（1995）.

[1.608] S. Jiang，S. Hamlin，J. Myers，et al.：High – average – power 1.54 μm Er^{3+}：Yb^{3+} – doped phosphate glass laser. In：*Conf. Lasers and Electroopt.*，OSA Technical Digest，Vol. 9（Opt. Soc. Am.，Washington 1996）p.380.

[1.609] R. Wu，S. J. Hamlin，J. A. Hutchinson，et al.：Laser diode pumped，passively *Q* – switched erbium：glass laser，Adv. Solid – State Lasers，ed. by C. Pollock，W. Bosenberg（Opt. Soc. Am.，Wash – ington 1997）p.145.

[1.610] B. I. Denker，A. A. Korchagin，V. V. Osiko，et al.：Diode – pumped and FTIR Q – switched laser performance of novel Yb – Er Glass，OSA Proc. Adv. Solid – State Lasers，ed. by T. Fan，B. Chai（Opt. Soc. Am.，Washington 1994）p.148.

[1.611] Kigre Inc.：www. kigre. com and references given there（Kigre Inc.，Hilton Head 2007）.

[1.612] J. Taboada，J. M. Taboada，D. J. Stolarski，et al.：100 megawatt power *Q* – switched Er – glass laser，Solid State Lasers XV：Technology and Devices，ed. by H. J. Hoffman，R. K. Shori（2006）.

[1.613] R. Wu，J. Myers，M. Myers，et al.：50Hz diode pumped Er：glass eye – safe laser，Adv. Solid – State Lasers，ed. by M. Fejer，H. Injeyan，U. Keller（Opt. Soc. Am.，Washington 1999）p.336.

[1.614] B. Majaron，M. Lukaˇc，T. Rupnik：Pumping dynamics in Yb，Er：phospate glasses，Proc. SPIE **1864**，2（1993）.

[1.615] A. F. Obaton，J. Bernard，C. Parent，et al.：New laser material for eye – safe sources：Yb^{3+},Er^{3+} – codoped phospate glasses，Adv. Solid – State Lasers， ed. by M. J. Fejer, H. Injeyan, U. Keller (Opt. Soc. Am., Washington 1999) p.655.

[1.616] A. Diening: Diodengepumpte Festkörperlaser im mittleren Infrarotbereich. Ph. D. Thesis (Shaker Verlag, Aachen 1999), in German.

[1.617] R. I. Laming, S. B. Poole, E. J. Tarbox: Pump excited state absorption in erbium–doped fibers, Opt. Lett. **13**, 1084 (1988).

[1.618] M. Shimizu, M. Yamada, M. Horiguchi, et al.: Erbium–doped fiber amplifier with an extremely high gain coefficient of 11 dB/mW, Electron. Lett. **26**, 1641 (1990).

[1.619] M. J. F. Digonnet: Continuous–wave silica fiber lasers. In: *Rare–Earth–Doped Fiber Lasers and Amplifiers*, 2nd edn., ed. by M. J. F. Digonnet (Marcel Dekker, New York 2001).

[1.620] IPG Photonics: Product information, http://www.ipgphotonics.com (IPG Photonics, Oxford 2006).

[1.621] E. Heumann, P. E. A. Möbert, G. Huber: Roomtemperature upconversion–pumped CW Yb, Er: $YLiF_4$ laser at 1.234 μm, OSA Trends Opt. Photon., Vol. 1, ed. by S. A. Payne, C. R. Pollock (Opt. Soc. Am., Washington 1996) p.288.

[1.622] E. Heumann, P. E. A. Möbert, G. Huber: Intracavity frequency doubled Yb, Er: $LiYF_4$ upconversion–pumped laser at 617 nm, Exp. Tech. Phys. **42**, 33 (1996).

[1.623] B. Simondi–Teisseire, B. Viana, A. M. Lejus, et al.: Room temperature CW laser operation at≈1.55 μm (eye–safe range) of Yb: Er and Yb: Er: Ce: $Ca_2Al_2SiO_7$ crystals, IEEE J. Quantum Electron. **32**, 2004 (1996).

[1.624] R. Brinkmann, W. Sohler, H. Suche: Continuouswave erbium–diffused $LiNbO_3$ waveguide laser, Electron. Lett. **27**, 415 (1991).

[1.625] P. Becker, R. Brinkmann, M. Dinand, et al.: Er–diffused Ti: $LiNbO_3$ waveguide laser of 1 563 nm and 1 576 nm emission wavelengths, Appl. Phys. Lett. **61**, 1257 (1992).

[1.626] J. Souriau, R. Romero, C. Borel, et al.: Room–temperature diode–pumped continuous–wave $SrY_4(SiO_4)_3O$: Yb^{3+}, Er^{3+} crystal laser at 1554 nm, Appl. Phys. Lett. **64**, 1189 (1994).

[1.627] U. Reimann: *Sensibilisierung und Lasereigenschaften von* Er^{3+} *in Yttrium–Aluminium–Granat und Lanthan–Strontium–Aluminium–Tantalat*, Diploma Thesis (University of Hamburg, Hamburg 1991), in German.

[1.628] B. Dischler, W. Wettling: Investigation of the laser materials $YAlO_3$: Er and $LiYF_4$: Ho, J. Phys. D **17**, 1115 (1984).

[1.629] A. A. Kaminskii, V. A. Fedorov: *Cascade stimulated emission in crystals with several metastable states of* Ln^{3+} *ions*, ed. by A. M. Prokhorov, I. Ursu (Springer, Berlin, Heidelberg 1986) p.69.

[1.630] A. A. Kaminskii: Cascade laser generation by Er^{3+} ions in $YAlO_3$ crystals by the scheme ${}^4S_{3/2} \rightarrow {}^4I_{9/2} \rightarrow {}^4I_{11/2} \rightarrow {}^4I_{13/2}$, Sov. Phys. Dokl. **27**, 1039 (1982).

[1.631] M. J. Weber, M. Bass, G. A. Demars: Laser action and spectroscopic properties of Er^{3+} in $YAlO_3$, J. Appl. Phys. **42**, 301 (1971).

[1.632] M. J. Weber, M. Bass, G. A. Demars, et al.: Stimulated emission at 1.663 μm from Er^{3+} ions in $YalO_3$, IEEE J. Quantum Electron. **6**, 654 (1970).

[1.633] A. A. Kaminskii, T. I. Butaeva, A. O. Ivanow, et al.: New data on stimulated emission of crystals containing Er^{3+} and Ho^{3+} ions, Sov. Tech. Phys. Lett. **2**, 308 (1976).

[1.634] T. Andreae, D. Meschede, T. W. Hänsch: New CW laser lines in the Er: $YAlO_3$ crystal, Opt. Commun. **79**, 211 (1990).

[1.635] M. Dätwyler, W. Lüthy, H. P. Weber: New wave-lengths of the $YAlO_3$: Er laser, IEEE J. Quantum Electron. **23**, 158 (1987).

[1.636] B. Schmaul, G. Huber, R. Clausen, et al.: Er: $LiYF_4$ continuous wave cascade laser operation at 1620 nm and 2810 nm at room temperature, Appl. Phys. Lett. **62**, 541 (1993).

[1.637] S. L. Korableva, L. D. Ivanova, M. V. Petrov, et al.: Stimulated emission of Er^{3+} ions in $LiYF_4$ crystals, Sov. Phys. Tech. Phys. **26**, 1521 (1981).

[1.638] N. P. Barnes, R. E. Allen, L. Esterowitz, et al.: Operation of an Er: YLF laser at 1.73 μm, IEEE J. Quantum Electron. **22**, 337 (1986).

[1.639] M. V. Petrov, A. M. Tkatchuk: Optical spectra and multifrequency stimulated emission of $LiYF_4$-Er^{3+} crystals, Opt. Spectrosc. **45**, 81 (1978).

[1.640] R. D. Stultz, V. Leyva, K. Spariosu: Short pulse, high-repetition rate, passively Q-switched Er: yttrium-aluminum-garnet laser at 1.6 mi-crons, Appl. Phys. Lett. **87**, 241118 (2005).

[1.641] G. M. Zverev, V. M. Garmash, A. M. Onischenko, et al.: Induced emission by trivalent erbium ions in crystals of yttrium-aluminium garnet, J. Appl. Spectrosc. (USSR) **21**, 1467 (1974).

[1.642] K. Spariosu, M. Birnbaum: Intracavity 1.549 μm pumped 1.634 μm Er: YAG lasers at 300 K, IEEE J. Quantum Electron. **30**, 1044 (1994).

[1.643] M. B. Camargo, R. D. Stultz, M. Birnbaum: Passive Q-switching of the Er^{3+}: $Y_3Al_5O_{12}$ laser at 1.64 μm, Appl. Phys. Lett. **66**, 2940 (1995).

[1.644] K. Spariosu, M. Birnbaum: Room-temperature 1.644 micron Er: YAG lasers, Adv. Solid-State Lasers, Vol. 13, ed. by L. L. Chase, A. A. Pinto

（Opt. Soc. Am.，Washington 1992）p.127.

[1.645] K. O. White，S. A. Schleusener：Coincidence of Er：YAG laser emission with methane absorption at 1645.1 nm，Appl. Phys. Lett. **21**，419（1972）.

[1.646] K. Spariosu，M. Birnbaum，B. Viana：Er^{3+}：$Y_3Al_5O_{12}$ laser dynamics：Effects of upconversion，J. Opt. Soc. Am. B **11**，894（1994）.

[1.647] R. C. Stoneman，A. I. R. Malm：High－Power Er：YAG Laser for Coherent Laser Radar，CLEO/IQEC and PhAST Tech.（Opt. Soc. Am.，Washington 2004），CThZ6.

[1.648] D. Garbuzov，I. Kudryashov，M. Dubinskii：110 W（0.9 J）pulsed power from resonantly diodelaser－pumped 1.6 μm Er：YAG laser，Appl. Phys. Lett. **87**，121101（2005）.

[1.649] J. R. Thornton，P. M. Rushworth，P. M. Kelly，et al.：Proc. 4th Conf. Laser Technol.（Ann Arbor 1970），1249.

[1.650] T. Schweizer，T. Jensen，E. Heumann，et al.：Spectroscopic properties and diode pumped 1.6 μm laser performance in Yb－codoped Er：$Y_3Al_5O_{12}$ and Er：Y_2SiO_5，Opt. Commun. **118**，557（1995）.

[1.651] A. A. Kaminskii，T. I. Butaeva，A. M. Kevorkov，et al.：New data on stimulated emission by crystals with high concentration of Ln^{3+} ions，Inorg. Mater. **12**，1238（1976）.

[1.652] K. Spariosu，M. Birnbaum，M. Kokta：Room－temperature 1.643 μm Er^{3+}：$Y_3Sc_2Ga_3O_{12}$（Er：YSGG）laser，Appl. Opt. **34**，8272（1995）.

[1.653] A. A. Kaminskii，A. A. Pavlyuk，T. I. Butaeva，et al.：Stimulated emission by subsidiary transitions of Ho^{3+} and Er^{3+} ions in KGd（WO_4）$_2$ crystals，Inorg. Mater. **13**，1251（1977）.

[1.654] A. A. Kaminskii，A. A. Pavlyuk，A. I. Polyakov，et al.：A new lasing channel in a selfactivated erbium crystal KEr（WO_4）$_2$，Sov. Phys. Dokl. **28**，154（1983）.

[1.655] N. V. Kuleshov，A. A. Lagatsky，V. G. Shcherbitsky，et al.：CW laser performance of Yb and Er，Yb doped tungstates，Appl. Phys. B **64**，409（1997）.

[1.656] A. A. Kaminskii，L. P. Kozeeva，A. A. Pavlyuk：Stimulated emission of Er^{3+} and Ho^{3+} ions in KLa（MoO_4）$_2$ crystals，Phys. Status Solidi（a）**83**，K65（1984）.

[1.657] A. A. Kaminskii：Stimulated emission spectroscopy of Ln^{3+} ions in tetragonal $LiLuF_4$ fluoride，Phys. Status Solidi（a）**97**，K53（1986）.

[1.658] A. A. Kaminskii，A. A. Markosyan，A. V. Pelevin，et al.：Luminescence properties and stimulated emission from Pr^{3+}，Nd^{3+} and Er^{3+} ions in tetragonal lithium－lutecium fluoride，Inorg. Mater. **22**，773（1986）.

[1.659] L. Fornasiero, K. Petermann, E. Heumann, et al.: Spectroscopic properties and laser emission of Er^{3+} in scandium silicates near 1.5 μm, Opt. Mater. **10**, 9 (1998).
[1.660] P. Burns, J. Dawes, P. Dekker, et al.: CW diode-pumped microlaser operation at 1.5-1.6 μm in Er, Yb: YCOB, IEEE Photonics Technol. Lett. **14**, 1677 (2002).
[1.661] P. Burns, J. Dawes, P. Dekker, et al.: 250 mW continuous-wave output from Er, Yb: YCOB laser at 1.5 μm, Advanced Solid State Photonics (Opt. Soc. Am., Washington 2003).
[1.662] B. Denker, B. Galagan, L. Ivleva, et al.: Luminescent and laser properties of Yb - Er: $GdCa_4O(BO_3)_3$: A new crystal for eye-safe 1.5 μm lasers, Appl. Phys. B **79**, 577 (2004).
[1.663] S. L. Korableva, L. D. Livanova, M. V. Petrov, et al.: Stimulated emission of Er^{3+} ions in $LiYF_4$ crystals, Sov. Phys. Tech. Phys. **26**, 1521 (1981).
[1.664] A. M. Tkatchuk, M. V. Petrov, L. D. Livanova, et al.: Pulsed-periodic 0.8503 μm YLF: Er^{3+}, Pr^{3+} laser, Opt. Spectrosc. (USSR) **54**, 667 (1983).
[1.665] M. V. Petrov, A. M. Tkatchuk: Optical spectra and multifrequency stimulated emission of $LiYF_4-Er^{3+}$ crystals, Opt. Spectrosc. (USSR) **45**, 81 (1978).
[1.666] A. A. Kaminskii, A. A. Markosyan, A. V. Pelevin, et al.: Luminescence properties and stimulated emission from Pr^{3+}, Nd^{3+} and Er^{3+} ions in tetragonal lithium-lutecium fluoride, Inorg. Mater. **22**, 773 (1986).
[1.667] A. A. Kaminskii: Luminescence and multiwave stimulated emission of Ho^{3+} and Er^{3+} ions in orthorhombic $YAlO_3$ crystals, Sov. Phys. Dokl. **31**, 823 (1986).
[1.668] B. M. Antipenko, A. A. Mak, B. V. Sinitsyn, et al.: New excitation schemes for laser transitions, Sov. Phys. Tech. Phys. **27**, 333 (1982).
[1.669] B. M. Antipenko, V. A. Buchenkov, A. A. Nikitichev, et al.: Optimization of a $BaYb_2F_8$: Er active medium, Sov. J. Quantum Electron. **16**, 759 (1986).
[1.670] B. M. Antipenko, A. A. Mak, O. B. Raba, et al.: 2 μm-range rare earth laser, Sov. Tech. Phys. Lett. **9**, 227 (1983).
[1.671] B. M. Antipenko, A. A. Mak, B. V. Nikolaev, et al.: Analysis of laser situations in $BaYb_2F_8$: Er^{3+} with stepwise pumping schemes, Opt. Spectrosc. (USSR) **56**, 296 (1984).
[1.672] M. S. O' Sullivan, J. Chrostowski, E. Desurvire, et al.: High-power narrow-linewidth Er^{3+}-doped fiber laser, Opt. Lett. **14**, 438 (1989).
[1.673] P. L. Scrivener, E. J. Tarbox, P. D. Maton: Narrow linewidth tunable operation of Er^{3+}-doped single-mode fiber laser, Electron. Lett. **25**, 549 (1989).
[1.674] V. P. Gapontsev, I. E. Samartsev: High-power fiber laser, Proc. Adv.

Solid－State Lasers（Opt. Soc. Am., Washington 1990）p.258.

[1.675] R. Wyatt, B. J. Ainslie, S. P. Craig: Efficient operation of array－pumped Er^{3+} doped silica fiber laser at 1.5 μm, Electron. Lett. **24**, 1362（1988）.

[1.676] L. Reekie, I. M. Jauncie, S. B. Poole, et al.: Diode laser pumped operation of an Er^{3+}－doped single mode fiber laser, Electron. Lett. **23**, 1076（1987）.

[1.677] W. L. Barnes, P. R. Morkel, L. Reekie, et al.: High－quantum－efficiency Er^{3+} fiber lasers pumped at 980 nm, Opt. Lett. **14**, 1002（1989）.

[1.678] R. Wyatt: High－power broadly tunable erbiumdoped silica fiber laser, Electron. Lett. **25**, 1498（1989）.

[1.679] K. Susuki, Y. Kimura, M. Nakazawa: An 8 mW CW Er^{3+}－doped fiber laser pumped by 1.46 μm In－GaAsP laser diodes, Jpn. J. Appl. Phys. **28**, L1000（1989）.

[1.680] Y. Kimura, K. Susuki, M. Nakazawa: Laser－diode－pumped mirror－free Er^{3+}－doped fiber laser, Opt. Lett. **14**, 999（1989）.

[1.681] L. Cognolato, A. Gnazzo, B. Sordo, et al.: Tunable erbium－doped silica fiber ring laser source: Design and realization, J. Opt. Commun. **16**, 122（1995）.

[1.682] J. L. Wagener, P. F. Wysocki, M. J. F. Digonnet, et al.: Effects of concentration and clusters in erbium－doped fiber lasers, Opt. Lett. **18**, 2014（1993）.

[1.683] W. L. Barnes, S. B. Poole, J. E. Townsend, et al.: $Er^{3+}Yb^{3+}$ and Er^{3+} doped fiber lasers, J. Lightwave Technol. **7**, 1462（1989）.

[1.684] M. E. Fermann, D. C. Hanna, D. P. Shepherd, et al.: Efficient operation of an Yb－sensitised Er fiber laser at 1.56 μm, Electron. Lett. **24**, 1135（1988）.

[1.685] D. C. Hanna, R. M. Percival, I. R. Perry, et al.: Efficient operation of an Yb－sensitized Er fiber laser pumped in the 0.8 μm region, Electron. Lett. **24**, 1068（1988）.

[1.686] J. D. Minelli, W. L. Barnes, R. I. Laming, et al.: Diodearray pumping of Er^{3+}/Yb^{3+} co－doped fiber lasers and amplifiers, IEEE Photonics Technol. Lett. **5**, 301（1993）.

[1.687] J. T. Kringlebotn, P. R. Morkel, L. Reekie, et al.: Efficient diode－pumped single frequency erbium : ytterbium fiber laser, IEEE Photonics Technol. Lett. **5**, 1162（1993）.

[1.688] G. G. Vienne, J. E. Caplen, L. Dong, et al.: Fabrication and characterization of Yb^{3+} : Er^{3+} phosphosilicate fibers for lasers, J. Lightwave Technol. **16**, 1990（1998）.

[1.689] J. E. Townsend, W. L. Barnes, K. P. Jedrzejewski, et al.: Yb^{3+} sensitized Er^{3+} doped silica optical fiber with ultrahigh transfer efficiency and gain,

Electron. Lett. **27**, 1958 (1991).

[1.690] J. J. Pan, Y. Shi: 166 mW single－frequency outpur power interactive fiber lasers with low noise, IEEE Photonics Technol. Lett. **11**, 36 (1999).

[1.691] P. P. Sorokin, M. J. Stevenson: Stimulated infrared emission from trivalent uranium, Phys. Rev. Lett. **5**, 557 (1960).

[1.692] Z. J. Kiss, R. C. Duncan: Pulsed and continuous op－tical maser action in CaF_2: Dy^{2+}, Proceedings IRE (Corresp.) **50**, 1531 (1962).

[1.693] A. Yariv: Continuous operation of a CaF_2: Dy^{2+} optical maser, Proceedings IRE (Corresp.) **50**, 1699 (1962).

[1.694] L. F. Johnson, G. D. Boyd, K. Nassau: Optical maser characteristics of Tm^{3+} in $CaWO_4$, Proceedings IRE **50**, 86 (1962).

[1.695] L. F. Johnson, G. D. Boyd, K. Nassau: Optical maser characteristics of Ho^{3+} in $CaWO_4$, Proceedings IRE **50**, 87 (1962).

[1.696] M. Robinson, P. D. Devor: Thermal switching of laser emission of Er^{3+} at 2.69 μm and Tm^{3+} at 1.86 μm in mixed crystals of CaF_2: ErF_3: TmF_3^*, Appl. Phys. Lett. **10**, 167 (1967).

[1.697] A. A. Kaminskii: *Laser Crystals* (Springer, Berlin, Heidelberg 1990) p.456.

[1.698] G. Huber, E. W. Duczynski, K. Petermann: Laser pumping of Ho－, Tm－, Er－doped garnet lasers at room temperature, IEEE J. Quantum Electron. **24**, 920 (1988).

[1.699] T. Y. Fan, G. Huber, R. L. Byer, et al.: Spectroscopy and diode laser－pumped operation of Tm, Ho: YAG, IEEE J. Quantum Electron. **24**, 924 (1988).

[1.700] R. C. Stoneman, L. Esterowitz: Efficient, broadly tunable, laser－pumped Tm: YAG and Tm: YSGG CW lasers, Opt. Lett. **15**, 486 (1990).

[1.701] J. F. Pinto, L. Esterowitz, G. H. Rosenblatt: Tm^{3+}: YLF laser continuously tunable between 2.20 and 2.46 μm, Opt. Lett. **19**, 883 (1994).

[1.702] K. L. Vodopyanov, L. A. Kulevskii, P. P. Pashinin, et al.: Bandwidthlimited picosecond pulses from a YSGG: Cr^{3+}: Er^{3+} laser (λ=2.79 μm) with active mode locking, Kvantovaya Elektron. 14, 1219 (1987), English transl.: Sov. J. Quantum Electron. **17**, 776 (1987).

[1.703] E. Sorokin, I. T. Sorokina, A. Unterhuber, et al.: A novel CW tunable and mode－locked 2 μm Cr, Tm, Ho: YSGG: GSAG laser, OSA Proc. Adv. Solid State Lasers, Vol. 19, ed. by W. R. Bosenberg, M. M. Fejer (Opt. Soc. Am., Washington 1998) pp.197－200.

[1.704] M. J. Weber: *Handbook of Lasers* (CRC, Boca Raton 2000) p.1198.

[1.705] J. M. F. van Dijk, M. F. H. Schuurmans: On the non－radiative and radiative decay rates and a modified exponential energy gap law for 4f – 4f transitions in rare – earth ions, J. Chem. Phys. **78**, 5317 (1983).

[1.706] M. J. F. Digonnet (Ed.): *Rare – Earth – Doped Fiber Lasers and Amplifiers*, 2nd edn. (Marcel Dekker, New York 2001).

[1.707] I. T. Sorokina: Crystalline mid – infrared lasers. In: *Solid – State Mid – Infrared Laser Sources*, Topics in Applied Physics, Vol. 89, ed. by I. T. Sorokina, K. L. Vodopyanov (Springer, Berlin, Heidelberg 2003) pp.255 – 349.

[1.708] M. Pollnau, S. D. Jackson: Mid – infrared fiber lasers. In: *Solid – State Mid – Infrared Laser Sources*, Topics in Applied Physics, Vol. 89, ed. by I. T. Sorokina, K. L. Vodopyanov (Springer, Berlin, Heidelberg 2003) pp.219 – 253.

[1.709] L. A. Riseberg, H. W. Moos: Multiphonon orbitlattice relaxation of excited states of rare – earth ions in crystals, Phys. Rev. **174**, 429 (1968).

[1.710] H. U. Güdel, M. Pollnau: Near – infrared to visible photon upconversion processes in lanthanide doped chloride, bromide and iodide lattices, J. Alloys Compd. **303 – 304**, 307 (2000).

[1.711] M. Pollnau, P. J. Hardman, M. A. Kern, et al.: Upconversion – induced heat generation and thermal lensing in Nd: YLF and Nd: YAG, Phys. Rev. B **58**, 16076 (1998).

[1.712] B. J. Ainslie, S. P. Craig, S. T. Davey: The absorption and fluorescence spectra of rare earth ions in silica – based monomode fiber, J. Lightwave Technol. **6**, 287 (1988).

[1.713] R. Reisfeld, M. Eyal: Possible ways of relaxations for excited states of rare earth ions in amorphous media, J. Phys. (Paris) **46**, C349 (1985).

[1.714] S. D. Jackson, T. A. King: CW operation of a 1.064 μm pumped Tm – Ho – doped silica fiber laser, IEEE J. Quantum Electron. **34**, 1578 (1998).

[1.715] O. Humbach, H. Fabian, U. Grzesik, et al.: Analysis of OH absorption bands in synthetic silica, J. Non – Cryst. Solids **203**, 19 (1996).

[1.716] D. C. Tran, G. H. Sigel Jr., B. Bendow: Heavy metal fluoride glasses and fibers: A review, J. Lightwave Technol. **2**, 566 (1984).

[1.717] P. W. France, M. G. Drexhage, J. M. Parker, et al.: *Fluoride Glass Optical Fibers* (Blackie, Glasgow 1990).

[1.718] M. Poulain, M. Poulain, J. Lucas, et al.: Verres fluorés au tetrafluorure de zirconium; propriétés optiques d' un verre dopé au Nd^{3+}, Mater. Res. Bull. **10**, 243 (1974).

[1.719] S. T. Davey, P. W. France: Rare earth doped fluorozirconate glasses for fiber devices, BT Technol. J. **7**, 58 (1989).

[1.720] M. Monerie, F. Alard, G. Maze: Fabrication and characterisation of fluoride–glass singlemode fibers, Electron. Lett. **21**, 1179 (1985).

[1.721] L. Wetenkamp, G. F. West, H. Többen: Optical properties of rare earth–doped ZBLAN glasses, J. Non–Cryst. Solids **140**, 35 (1992).

[1.722] L. Wetenkamp: Charakterisierung von laserak–tiv dotierten Schwermetallfluorid–Gläsern und Faserlasern. Ph. D. Thesis(Technical University of Braunschweig, Braunschweig 1991), in German.

[1.723] Y. D. Huang, M. Mortier, F. Auzel: Stark level analysis for Er^{3+}–doped ZBLAN glass, Opt. Mater. **17**, 501 (2001).

[1.724] X. Zhu, N. Peyghambarian: High–power ZBLAN glass fiber lasers: Review and prospect, Advances in OptoElectronics, Vol. 2010 (Hindawi Publishing 2010).

[1.725] D. S. Knowles, H. P. Jenssen: Upconversion versus Pr–deactivation for efficient 3 μm laser operation in Er, IEEE J. Quantum Electron. **28**, 1197 (1992).

[1.726] T. Jensen, A. Diening, G. Huber, et al.: Investigation of diode–pumped 2.8 μm Er: $LiYF_4$ lasers with various doping levels, Opt. Lett. **21**, 585(1996).

[1.727] M. P. Hehlen, K. Krämer, H. U. Güdel, et al.: Upconversion in Er^{3+}–dimer systems: Trends within the series $Cs_3Er_2X_9$(X=Cl, Br, I), Phys. Rev. B **49**, 12475 (1994).

[1.728] L. Isaenko, A. Yelisseyev, A. Tkachuk, et al.: New laser crystals based on KPb_2Cl_5 for IR region, Mater. Sci. Eng. B **81**, 188 (2001).

[1.729] K. Rademaker, E. Heumann, G. Huber, et al.: Laser activity at 1.18, 1.07, and 0.97 μm in the low–phonon–energy hosts KPb_2Br_5 and $RbPb_2Br_5$ doped with Nd^{3+}, Opt. Lett. **30**, 729 (2005).

[1.730] K. Rademaker, S. A. Payne, G. Huber, et al.: Optical pump–probe processes in Nd^{3+}–doped KPb_2Br_5, $RbPb_2Br_5$, KPb_2Cl_5, J. Opt. Soc. Am. B **22**, 2610 (2005).

[1.731] P. N. Kumta, S. H. Risbud: Rare–earth chalcogenides–an emerging class of optical materials, J. Mater. Sci. **29**, 1135 (1994).

[1.732] J. S. Sanghera, J. Heo, J. D. Mackenzie: Chalcohalide glasses, J. Non–Cryst. Solids **103**, 155 (1988).

[1.733] L. D. DeLoach, R. H. Page, G. D. Wilke, et al.: Transition metal–doped zinc chalcogenides: Spectroscopy and laser demon–stration of a new class of gain media, IEEE J. Quantum Electron. **32**, 885 (1996).

[1.734] L. B. Shaw, B. Cole, P. A. Thielen, et al.: Mid–wave IR and long–wave IR laser potential of rare–earth doped chalcogenide glass fiber, IEEE

J. Quantum Electron. **48**, 1127 (2001).

[1.735] T. Schweizer: Rare-earth-doped gallium lanthanum sulphide glasses for mid-infrared fiber lasers. Ph. D. Thesis (University of Hamburg, Hamburg 1998).

[1.736] Y. D. West, T. Schweizer, D. J. Brady, et al.: Gallium lanthanum sulphide fibers for infrared transmission, Fiber Integr. Opt. **19**, 229 (2000).

[1.737] J. Heo, Y. B. Shin: Absorption and mid-infrared emission spectroscopy of Dy^{3+} in Ge-As (or Ga) -S glasses, J. Non-Cryst. Solids **196**, 162 (1996).

[1.738] J. R. Lu, T. Murai, K. Takaichi, et al.: 72 W Nd: $Y_3Al_5O_{12}$ ceramic laser, Appl. Phys. Lett. **78**, 3586 (2001).

[1.739] J. Lu, T. Murai, et al.: Optical properties and highly efficient laser oscillation of Nd: Y_2O_3 ceramics, Conf. Lasers Electroopt. Tech. Dig. (Opt. Soc. Am., Washington 2002).

[1.740] B. N. Samson, P. A. Tick, N. F. Borrelli: Efficient neodymium-doped glass-ceramic fiber laser and amplifier, Opt. Lett. **26**, 145 (2001).

[1.741] M. Pollnau: Analysis of heat generation and thermal lensing in erbium 3 μm lasers, IEEE J. Quantum Electron. **39**, 350 (2003).

[1.742] M. K. Davis, M. J. F. Digonnet, et al.: Thermal effects in doped fibers, J. Lightwave Technol **16**, 1013 (1998).

[1.743] H. Po, E. Snitzer, R. Tumminelli, et al.: Doubly clad high brightness Nd fiber laser pump by GaAlAs phased array, Proc. Opt. Fiber Commun. Conf. (Opt. Soc. Am., Washington 1989).

[1.744] I. N. Duling Ⅲ., W. K. Burns, L. Goldberg: Highpower superfluorescent fiber source, Opt. Lett. **15**, 33 (1990).

[1.745] J. D. Minelly, W. L. Barnes, R. I. Laming, et al.: Diodearray pumping of Er^{3+}/Yb^{3+} codoped fiber lasers and amplifiers, IEEE Photonics Technol. Lett. **5**, 301 (1993).

[1.746] H. M. Pask, J. L. Archambault, D. C. Hanna, et al.: Operation of cladding-pumped Yb^{3+}-doped silica fiber lasers in 1 μm region, Electron. Lett. **30**, 863 (1994).

[1.747] L. Zenteno: High-power double-clad fiber lasers, J. Lightwave Technol. **11**, 1435 (1993).

[1.748] D. C. Brown, H. J. Hoffman: Thermal, stress, and thermo-optic effects in high average power double-clad silica fiber lasers, IEEE J. Quantum Electron. **37**, 207 (2001).

[1.749] N. A. Brilliant, K. Lagonik: Thermal effects in a dual-clad ytterbium fiber laser, Opt. Lett. **26**, 1669 (2001).

[1.750] S. D. Jackson, M. Pollnau, J. Li: Diode pumped erbium cascade fiber lasers, IEEE J. Quantum Electron. **47**, 471 (2011).

[1.751] R. M. Percival, S. F. Carter, D. Szebesta, et al.: Thulium-doped monomode fluoride fiber laser broadly tunable from 2.25 to 2.5 μm, Electron. Lett. **27**, 1912 (1991).

[1.752] J. A. Caird, L. G. DeShazer, J. Nella: Characteristics of room-temperature 2.3 μm laser emission from Tm^{3+} in YAG and $YAlO_3$, IEEE J. Quantum Electron. **11**, 874 (1975).

[1.753] V. A. Smirnov, I. A. Shcherbakov: Rare-earth scandium chromium garnets as active media for solid-state lasers, IEEE J. Quantum Electron. **24**, 949 (1988).

[1.754] I. A. Shcherbakov: Optically dense active media for solid-state lasers, IEEE J. Quantum Electron. **24**, 979 (1988).

[1.755] B. M. Antipenko: Cross-relaxation schemes for pumping laser transitions, Zh. Tekh. Phys. **54**, 385(1984), English transl.: Sov. Phys. -Tech. Phys. **29**, 228 (1984).

[1.756] G. J. Kintz, R. Allen, L. Esterowitz: CW laser emission at 2.02 μm from diode-pumped Tm^{3+}: YAG at room temperature, Conf. Lasers Electroopt. Tech. Dig (Opt. Soc. Am., Washington 1988).

[1.757] T. J. Kane, T. S. Kubo: Diode-pumped singlefrequency lasers and *Q*-switched laser using Tm: YAG and Tm, Ho: YAG, OSA Proc. Adv. Solid-State Lasers **6**, 136-139 (1990).

[1.758] R. A. Hayward, W. A. Clarkson, D. C. Hanna: High-power diode-pumped room-temperature Tm: YAG and intracavity-pumped Ho: YAG lasers, Adv. Solid-State Lasers, Vol. 34, ed. by H. Injeyan, U. Keller, C. Marshall (Opt. Soc. Am., Washington 2000) pp.90-94.

[1.759] A. Dergachev, K. Wall, P. F. Moulton: A CW sidepumped Tm: YLF laser, Adv. Solid-State Lasers, Vol. 68, ed. by M. E. Fermann, L. R. Marshall (Opt. Soc. Am., Washington 2002) pp.343-350.

[1.760] P. A. Budni, M. L. Lemons, J. R. Mosto, et al.: High-power/high-brightness diode-pumped 1.9 μm thulium and resonantly pumped 2.1 μm holmium lasers, IEEE J. Select. Top. Quantum Electron. **6**, 629 (2000).

[1.761] S. So, J. I. Mackenzie, D. P. Shepherd, et al.: A power-scaling strategy for longitudinally diode-pumped Tm: YLF lasers, Appl. Phys. B **84**, 389 (2006).

[1.762] E. C. Honea, R. J. Beach, S. B. Sutton, et al.: 115 W Tm: YAG diode-pumped solid-state laser, IEEE J. Quantum Electron. **33**, 1592 (1997).

[1.763] K. S. Lai, P. B. Phua, R. F. Wu, et al.: 120 W continuouswave diode–pumped Tm: YAG laser, Opt. Lett. **25**, 1591 (2000).

[1.764] C. P. Wyss, W. Lüthy, H. P. Weber, et al.: Emission properties of a Tm^{3+}: $GdVO_4$ microchip laser at 1.9 μm, 120W continuous–wave diode–pumped Tm: YAG laser, J. Appl. Phys. B **67**, 1–4 (1998).

[1.765] N. Berner, A. Diening, E. Heumann, et al.: Tm: YAG: A com–parison between end pumped laser–rods and the ‘thin–disk’ –setup, Adv. Solid–State Lasers, Vol. 26, ed. by M. M. Fejer, H. Injeyan, U. Keller (Opt. Soc. Am., Washington 1999) p.463.

[1.766] P. Koopmann, R. Peters, K. Petermann, et al.: Crystal growth, spectroscopy, and highly efficient laser operation of thulium–doped Lu_2O_3 around 2 μm, Appl. Phys. B **102**, 19 (2011).

[1.767] P. Koopmann, S. Lamrini, K. Scholle, et al.: Efficient diode–pumped laser operation of Tm: Lu_2O_3 around 2 μm, Opt. Lett. **36**, 948 (2011).

[1.768] F. Cornacchia, D. Parisi, C. Bernardini, et al.: Efficient, diode–pumped Tm^{3+}: BaY_2F_8 vibronic laser, Opt. Express **12**, 1982 (2004).

[1.769] R. C. Stoneman, L. Esterowitz: Efficient, broadly tunable, laser–pumped Tm: YAG and Tm: YSGG CW lasers, Opt. Lett. **15**, 486 (1990).

[1.770] R. C. Stoneman, L. Esterowitz: Efficient 1.94 μm Tm: YALO laser, IEEE J. Select. Top. Quantum Electron. **1**, 78–80 (1995).

[1.771] L. Fornasiero, N. Berner, B. M. Dicks, et al.: Broadly tunable laser emission from Tm: Y_2O_3 and Tm: Sc_2O_3 at 2 μm. In: *Adv. Solid–State Lasers*, Vol. 26, ed. By M. M. Fejer, H. Injeyan, U. Keller (Opt. Soc. Am., Washington 1999) pp.450–453.

[1.772] P. Camy, J. L. Doualan, S. Renard, et al.: Tm^{3+}: CaF_2 for 1.9 μm laser operation, Opt. Commun. **236**, 395 (2004).

[1.773] G. Galzerano, F. Cornacchia, D. Parisi, et al.: Widely tunable 1.94 μm Tm: BaY_2F_8 laser, Opt. Lett. **30**, 854 (2005).

[1.774] E. Sorokin, A. N. Alpatiev, I. T. Sorokina, et al.: Tunable efficient continuous–wave room–temperature Tm^{3+}: $GdVO_4$ laser, Adv. Solid–State Lasers, Vol. 68, ed. by M. E. Fermann, L. R. Marshall (Opt. Soc. Am., Washington 2002) pp.347–350.

[1.775] X. Mateos, J. Liu, H. Zhang, et al.: Continuous–wave and tunable laser operation of Tm: $LuVO_4$ near 1.9 μm under Ti: sapphire and diode laser pumping, Phys. Status Solidi (a) **203**, R19 (2006).

[1.776] V. Petrov, F. Güell, J. Massons, et al.: Efficient tunable laser operation of Tm: $KGd(WO_4)_2$ in the continuous–wave regime at room temperature, IEEE

J. Quantum Electron. **40**, 1244 (2004).

[1.777] J. M. Cano – Torres, C. Zaldo, M. D. Serrano, et al.: Broadly tunable operation of Tm^{3+} in locally disordered $NaGd(WO_4)_2$ near 2 microns, Europhoton Conf. (European Physical Society, Mulhouse 2006), WeD4.

[1.778] J. D. Kmetec, T. S. Kubo, T. J. Kane, et al.: Laser performance of diode – pumped thulium – doped $Y_3Al_5O_{12}$ $(Y,Lu)_3Al_5O_{12}$, and $Lu_3Al_3O_{12}$ crystals, Opt. Lett. **19**, 186 (1994).

[1.779] H. Saito, S. Chaddha, R. S. F. Chang, et al.: Efficient 1.94 μm Tm^{3+} laser in YVO_4 host, Opt. Lett. **17**, 189 (1992).

[1.780] S. N. Bagaev, S. M. Vatnik, A. P. Maiorov, et al.: The spectroscopy and lasing of monoclinic Tm: $KY(WO_4)_2$, Quantum Electron. **30**, 310 (2000), transl. from Kvantovaya Elektronika **30**, 310 (2000).

[1.781] J. F. Pinto, L. Esterowitz, G. H. Rosenblatt: Continuous – wave mode – locked 2 μm Tm: YAG laser, Opt. Lett. **17**, 731 (1992).

[1.782] F. Heine, E. Heumann, G. Huber, et al.: Mode locking of room – temperature CW thulium and holmium lasers, Appl. Phys. Lett. **60**, 1161 (1992).

[1.783] C. Li, J. Song, D. Shen, et al.: Diode – pumped high – efficiency Tm: YAG lasers, Opt. Express **4**, 12 (1999).

[1.784] C. Li, J. Song, D. Shen, et al.: Flash – lamp – pumped acousto – optic Q – switched Cr – Tm: YAG laser, Opt. Rev. **7**, 58 (2000).

[1.785] Y. T. Tzong, M. Birnbaum: *Q* – switched 2 μm lasers by use of a Cr^{2+}: ZnSe saturable absorber, Appl. Opt. **40**, 6633 (2001).

[1.786] R. Brinkmann, C. Hansen: Beam – profile modulation of thulium laser radiation applied with multimode fibers and effect on the threshold fluence to vaporize water in laser surgery application, Appl. Opt. **39**, 3361 (2000).

[1.787] M. Pollnau, Y. E. Romanyuk: Optical waveguides in laser crystals, C. r. Acad. Sci. **8** (2), 123 – 127 (2007).

[1.788] D. P. Shepherd, D. J. B. Brinck, J. Wang, et al.: 1.9 μm operation of a Tm: lead germanate glass waveguide laser, Opt. Lett. **19**, 954 (1994).

[1.789] A. Rameix, C. Borel, B. Chambaz, et al.: An efficient, diode – pumped, 2 μm Tm: YAG waveguide laser, Opt. Commun. **142**, 239 (1997).

[1.790] J. I. Mackenzie, S. C. Mitchell, R. J. Beach, et al.: 15 W diodeside – pumped Tm: YAG waveguide laser at 2 μm, Electron. Lett. **37**, 898 (2001).

[1.791] S. Rivier, X. Mateos, V. Petrov, et al.: Tm: $KY(WO_4)_2$ waveguide laser, Opt. Express **15** (9), 5885 – 5892 (2007).

[1.792] X. Mateos, V. Petrov, J. Liu, et al.: Efficient 2 μm continuous – wave laser oscillation of Tm^{3+}: $KLu(WO_4)_2$, IEEE J. Quantum Electron. **42** (10),

1008 – 1015 (2006).

[1.793] Y. E. Romanyuk, C. N. Borca, M. Pollnau, et al.: Yb – doped KY $(WO_4)_2$ planar waveguide laser, Opt. Lett. **31**, 53 (2006).

[1.794] E. Cantelar, J. A. Sanz – Garcia, G. Lifante, et al.: Single polarized Tm^{3+} laser in Zndiffused $LiNbO_3$ channel waveguides, Appl. Phys. Lett. **86**, 161119 (2005).

[1.795] F. Fusari, R. R. Thomson, G. Jose, et al.: Lasing action around 1.9 μm from an ultrafast laser inscribed Tm – doped glass waveguide, Opt. Lett. **36**, 1566 (2011).

[1.796] F. Gardillou, Y. E. Romanyuk, C. N. Borca, et al.: Lu, Gd codoped KY $(WO_4)_2$: Yb epitaxial layers: Towards integrated optics based on KY $(WO_4)_2$, Opt. Lett. **32**, 488 (2007).

[1.797] D. Geskus, S. Aravazhi, C. Grivas, et al.: Microstructured KY $(WO_4)_2$: Gd^{3+}, Lu^{3+}, Yb^{3+} channel waveguide laser, Opt. Express **18**, 8853 (2010).

[1.798] W. Bolaños, J. J. Carvajal, X. Mateos, et al.: Mirrorless buried waveguide laser in monoclinic double tungstates fabricated by a novel combi – nation of ion milling and liquid phase epitaxy, Opt. Express **18**, 26937 (2010).

[1.799] K. van Dalfsen, S. Aravazhi, D. Geskus, et al.: Efficient $KY_{1-x-y}Gd_xLu_y(WO_4)_2$: Tm^{3+} channel waveguide lasers, Opt. Express **19**, 5277 (2011).

[1.800] K. van Dalfsen, S. Aravazhi, C. Grivas, et al.: Thulium channel waveguide laser in a monoclinic double tungstate with 70%efficiency, Opt. Express **37** (5), 887 – 889 (2012).

[1.801] D. G. Lancaster, S. Gross, H. Ebendorff – Heidepriem, et al.: Fifty percent internal slope efficiency femtosecond direct – written Tm^{3+} : ZBLAN waveguide laser, Opt. Lett. **36**, 1587 (2011).

[1.802] X. Mateos, V. Petrov, U. Griebner, et al.: Laser operation of a Tm – doped epitaxial tungstate crystal Tm: $KLu(WO_4)_2/KLu(WO_4)_2$ in the 2 μm spectral range, Europhoton Conf. (European Physical Society, Mulhouse 2006), WeD1.

[1.803] D. C. Hanna, I. M. Jauncey, R. M. Percival, et al.: Continuous – wave oscillation of a monomode thulium – doped fiber laser, Electron. Lett. **24**, 1222 (1988).

[1.804] W. L. Barnes, J. E. Townsend: Highly tunable and efficient diode pumped operation of Tm^{3+} doped fiber lasers, Electron. Lett. **26**, 746 (1990).

[1.805] J. N. Carter, R. G. Smart, D. C. Hanna, et al.: CW diode – pumped operation of 1.97 μm thuliumdoped fluorozirconate fiber laser, Electron. Lett. **26**, 599 (1990).

[1.806] S. D. Jackson: Cross relaxation and energy transfer upconversion processes relevant to the functioning of 2 μm Tm^{3+} –doped silica fiber lasers, Opt. Commun. **230**, 197 (2004).

[1.807] M. Eichhorn, S. D. Jackson: Comparative study of continuous wave Tm^{3+} –doped silica fluoride fiber lasers, Appl. Phys. B **90**, 35 (2008).

[1.808] D. C. Hanna, R. M. Percival, R. G. Smart, et al.: Efficient and tunable operation of a Tmdoped fiber laser, Opt. Commun. **75**, 283 (1990).

[1.809] W. A. Clarkson, N. P. Barnes, P. W. Turner, et al.: High–power cladding–pumped Tm–doped silica fiber laser with wavelength tuning from 1860 to 2090 nm, Opt. Lett. **27**, 1989 (2002).

[1.810] D. Y. Shen, J. K. Sahu, W. A. Clarkson: High–power widely tunable Tm: Fiber lasers pumped by an Er, Yb codoped fiber laser at 1.6 μm, Opt. Express **14**, 6084 (2006).

[1.811] L. E. Nelson, E. P. Ippen, H. A. Haus: Broadly tunable sub–500 fs pulses from an additive–pulse mode–locked thulium–doped fiber ring laser, Appl. Phys. Lett. **67**, 19 (1995).

[1.812] R. C. Sharp, D. E. Spock, N. Pan, et al.: 190 fs passively mode–locked thulium fiber laser with a low threshold, Opt. Lett. **21**, 881 (1996).

[1.813] P. Hübner, C. Kieleck, S. D. Jackson, et al.: High–power actively mode–locked subnanosecond Tm^{3+} –doped silica fiber laser, Opt. Lett. **36**, 2483 (2011).

[1.814] S. D. Jackson, T. A. King: High–power diodecladding–pumped Tm–doped silica fiber laser, Opt. Lett. **23**, 1462 (1998).

[1.815] S. D. Jackson: Passively Q–switched Tm^{3+} –doped silica fiber lasers, Appl. Opt. **46**, 3311 (2007).

[1.816] M. Eichhorn: Development of a high–pulseenergy Q–switched Tm–doped double–clad fluoride fiber laser and its application to the pumping of mid–IR lasers, Opt. Lett. **32**, 1056 (2007).

[1.817] M. Eichhorn, S. D. Jackson: High–pulse–energy actively Q–switched Tm^{3+} –doped silica 2 μm fiber laser pumped at 792 nm, Opt. Lett. **32**, 2780 (2007).

[1.818] D. C. Hanna, I. R. Perry, J. R. Lincoln et al.: A 1 watt thulium–doped CW fiber laser operating at 2 μm, Opt. Commun. **80**, 52 (1990).

[1.819] P. S. Golding, S. D. Jackson, P. K. Tsai, et al.: Efficient high power operation of a Tm–doped silica fiber laser pumped at 1.319 μm, Opt. Commun. **175**, 179 (2000).

[1.820] S. D. Jackson, F. Bugge, G. Erbert: High–power and highly efficient Tm^{3+} –doped silica fiber lasers pumped with diode lasers operating at 1150 nm,

Opt. Lett. **32**, 2873 (2007).

[1.821] T. Yamamoto, Y. Miyajima, T. Komukai: 1.9 μm Tm-doped silica fiber laser pumped at 1.57 μm, Electron. Lett. **30**, 220 (1994).

[1.822] R. M. Percival, D. Szebesta, C. P. Seltzer, et al.: 1.6 μm semiconductor diode pumped thulium doped fluoride fiber laser and amplifier of very high efficiency, Electron. Lett. **29**, 2110 (1993).

[1.823] T. Yamamoto, Y. Miyajima, T. Komukai, et al.: 1.9 μm Tm-doped fluoride fiber amplifier and laser pumped at 1.58 μm, Electron. Lett. **29**, 986 (1993).

[1.824] S. D. Jackson, T. A. King: Theoretical modeling of Tm-doped silica fiber lasers, J. Lightwave Technol. **17**, 948 (1999).

[1.825] G. Frith, D. G. Lancaster, S. D. Jackson: 85 W Tm^{3+}-doped silica fiber laser, Electron. Lett. **41**, 687 (2005).

[1.826] J. Q. Xu, M. Prabhu, L. Jianren, et al.: Efficient double-clad thulium-doped fiber laser with a ring cavity, Appl. Opt. **40**, 1983 (2001).

[1.827] Y. Jeong, P. Dupriez, J. K. Sahu, et al.: Power scaling of 2 μm ytterbium-sensitised thuliumdoped silica fiber laser diode-pumped at 975 nm, Electron. Lett. **41**, 1734 (2005).

[1.828] J. Wu, Z. Yao, J. Zong, et al.: Highly efficient high-power thulium-doped germinate glass fiber laser, Opt. Lett. **32**, 638 (2007).

[1.829] Z. Zhang, D. Y. Shen, A. J. Boyland, et al.: High-power Tm-doped fiber laser distributed-feedback laser at 1943 nm, Opt. Lett. **33**, 2059 (2008).

[1.830] L. Pearson, J. W. Kim, Z. Zhang, et al.: High-power linearly-polartized single-frequency thuliumdoped fiber master-oscillator power-amplifier, Opt. Express **18**, 1607 (2010).

[1.831] Z. Zhang, A. J. Boyland, J. K. Sahu, et al.: High-power single-frequency thulium-doped fiber DBR laser at 1943 nm, IEEE Photon. Technol. Lett. **23**, 417 (2011).

[1.832] V. Fortin, M. Bernier, J. Carrier, et al.: Fluoride glass Raman fiber laser at 2185 nm, Opt. Lett. **36**, 4152 (2011).

[1.833] R. A. Hayward, W. A. Clarkson, P. W. Turner, et al.: Efficient cladding-pumped Tm-doped silica fiber laser with high power singlemode output at 2 μm, Electron. Lett. **36**, 711 (2000).

[1.834] S. D. Jackson: 8.8 W diode-cladding-pumped Tm^{3+}, Ho^{3+}-doped fluoride fiber laser, Electron. Lett. **37**, 821 (2001).

[1.835] G. H. Rosenblatt, J. F. Pinto, R. C. Stoneman, et al.: Continuously tunable 2.3 μm Tm: GSGG laser, Proc. Lasers Electroopt. Soc. Annu. Meet. (IEEE, 1993) p.689.

[1.836] J. F. Pinto, L. Esterowitz, G. H. Rosenblatt: Tm^{3+} : YLF laser continuously tunable between 2.20 and 2.46 μm, Opt. Lett. **19**, 883 (1994).

[1.837] R. Allen, L. Esterowitz: CW diode pumped 2.3 μm fiber laser, Appl. Phys. Lett. **55**, 721 (1989).

[1.838] J. Y. Allain, M. Monerie, H. Poignant: Tunable CW lasing around 0.82, 1.48, 1.88 and 2.35 μm in thulium–doped fluorozirconate fiber, Electron. Lett. **25**, 1660 (1989).

[1.839] R. G. Smart, J. N. Carter, A. C. Tropper, et al.: Continuous–wave oscillation of Tm^{3+}–doped fluorozirconate fiber lasers at around 1.47 μm, 1.9 μm and 2.3 μm when pumped at 790 nm, Opt. Commun. **82**, 563 (1991).

[1.840] R. M. Percival, D. Szebesta, S. T. Davey: Highly efficient and tunable operation of 2 color Tmdoped fluoride fiber laser, Electron. Lett. **28**, 671 (1992).

[1.841] K. Tanimura, M. D. Shinn, W. A. Sibley, et al.: Optical transitions of Ho^{3+} ions in fluorozirconate glass, Phys. Rev. B **30**, 2429 (1984).

[1.842] J. K. Tyminski, D. M. Franich, M. Kokta: Gain dynamics of Tm: Ho: YAG pumped in near infrared, J. Appl. Phys. **65**, 3181 (1989).

[1.843] V. A. French, R. R. Petrin, R. C. Powell, et al.: Energy–transfer processes in $Y_3Al_5O_{12}$: Tm,Ho, Phys. Rev. B **46**, 8018 (1992).

[1.844] L. F. Johnson: Optical maser characteristics of rare–earth ions in crystals, J. Appl. Phys. **34**, 897 (1963).

[1.845] E. P. Chicklis, C. S. Naiman, R. C. Folweiler, et al.: High–efficiency room–temperature 2.06 μm laser using sensitized Ho^{3+}: YLF, Appl. Phys. Lett. **19**, 119 (1971).

[1.846] E. W. Duczynski, G. Huber, V. G. Ostroumov, et al.: CW double cross pumping of the $^5I_7-^5I_8$ laser transition in Ho^{3+}–doped garnets, Appl. Phys. Lett. **48**, 1562 (1986).

[1.847] D. A. Zubenko, M. A. Noginov, V. A. Smirnov, et al.: Interaction of excited holmium and thulium ions in yttrium scandium garnet crystals, J. Appl. Spectrosc. **52**, 391 (1990).

[1.848] D. A. Zubenko, M. A. Noginov, S. G. Semenkov, et al.: Interionic interactions in YSGG: Cr: Tm and YSGG: Cr: Tm: Ho laser crystals, Sov. J. Quantum Electron. **22**, 133 (1992).

[1.849] L. Esterowitz, R. Allen, L. Goldberg, et al.: Diode–pumped 2 μm holmium laser. In: *Tunable Solid–State Lasers II*, Springer Ser. Opt. Sci., Vol. 52, ed. by A. B. Budgor, L. Esterowitz, L. G. Deshazer (Springer, Berlin, Heidelberg 1986) pp.291–292.

[1.850] G. J. Kintz, L. Esterowitz, R. Allen: CW diodepumped Tm^{3+}, Ho^{3+}:

YAG 2.1 μm room－temperature laser，Electron. Lett. **23**，616（1987）.

[1.851] T. Y. Fan，G. Huber，R. L. Byer，et al.：Continuous－wave operation at 2.1 μm of a diodelaser－pumped，Tm－sensitized Ho：$Y_3Al_5O_{12}$ laser at 300 K，Opt. Lett. **12**，678（1987）.

[1.852] H. Nakajima，T. Yokozawa，T. Yamamoto，et al.：Power optimization of 2 μm Tm，Ho：YAG laser in monolithic crystal，Jpn. J. Appl. Phys. **33**，1010（1994）.

[1.853] H. Hemmati：2.07 μm CW diode－laser－pumped Tm,Ho：LiF_4 room－temperature laser，Opt. Lett. **14**，435（1989）.

[1.854] S. A. Payne，L. K. Smith，W. L. Kway，et al.：The mechanisms of Tm to Ho energy transfer in $LiYF_4$，J. Phys. **4**，8525（1992）.

[1.855] T. Rothacher，W. Lüthy，H. P. Weber：Diode pumping and laser properties of Yb，Ho：YAG，Opt. Commun. **155**，68（1998）.

[1.856] S. Taccheo，G. Sorbello，P. Laporta，et al.：Suppression of intensity noise in a diode－pumped Tm，Ho：YAG laser，Opt. Lett. **25**，1642（2000）.

[1.857] C. Svelto，S. Taccheo，M. Marano，et al.：Optoelectronic feedback loop for relaxation oscillation intensity noise suppression in Tm，Ho：YAG laser，Electron. Lett. **36**，1623（2000）.

[1.858] G. J. Koch，M. Petros，J. R. Yu，et al.：Precise wavelength control of a single－frequency pulsed Ho，Tm：YLF laser，Appl. Opt. **41**，1718（2002）.

[1.859] P. Laporta，M. Marano，L. Pallaro，et al.：Amplitude and frequency stabilisation of a Tm，Ho：YAG laser for coherent lidar applications at 2.1 μm，Opt. Lasers Eng. **37**，447（2002）.

[1.860] G. Galzerano，M. Marano，S. Taccheo，et al.：2.1 μm lasers frequency stabilized against CO_2 lines：Comparison between fringe－side and frequency－modulation locking methods，Opt. Lett. **28**，248（2003）.

[1.861] B. T. McGuckin，R. T. Menzies：Efficient CW diodepumped Tm，Ho：YLF laser with tunability near 2.067 μm，IEEE J. Quantum Electron. **28**，1025（1992）.

[1.862] A. Di Lieto，P. Minguzzi，A. Toncelli，et al.：A diode－laser－pumped tunable Ho：YLF laser in the 2 μm region，Appl. Phys. B **57**，3172（1993）.

[1.863] E. Sorokin，I. T. Sorokina，A. Unterhuber，et al.：A novel CW tunable and mode－locked 2 μm Cr，Tm，Ho：YSGG：GSAG laser，Adv. Solid－State Lasers，ed. by W. R. Bosenberg，M. M. Fejer（Opt. Soc. Am.，Washington 1998）pp.197－200.

[1.864] F. Cornacchia，E. Sani，A. Toncelli，et al.：Optical spectroscopy and diode－pumped laser characteritics of codoped Tm－Ho：YLF and Tm－Ho：

BaYF: A comparative analysis, Appl. Phys. B **75**, 817 (2002).

[1.865] G. Galzerano, E. Sani, A. Toncelli, et al.: Widely tunable continuous-wave diode-pumped 2 μm Tm,Ho: KYF_4 laser, Opt. Lett. **29**, 715 (2004).

[1.866] K. L. Schepler, B. D. Smith, F. Heine, et al.: Mode-locking of a diode-pumped Tm, Ho: YLF, OSA Proc. Adv. Solid-State Lasers, Vol. 20 (1994) pp.257-259.

[1.867] G. Galzerano, M. Marano, S. Longhi, et al.: Sub-100 ps amplitude-modulation mode-locked Tm,Ho: BaY_2F_8 laser at 2.06 μm, Opt. Lett. **28**, 2085 (2003).

[1.868] A. Finch, J. H. Flint: Diode-pumped 6 mJ repetitively-Q-switched Tm, Ho: YLF laser, Conf. Lasers Electroopt. Tech. Dig. Ser., Vol. 15 (IEEE, 1995) p.232.

[1.869] J. R. Yu, U. N. Singh, N. P. Barnes, et al.: 125 mJ diode-pumped injection-seeded Ho, Tm: YLF laser, Opt. Lett. **23**, 780 (1998).

[1.870] A. M. Malyarevich, P. V. Prokoshin, M. I. Demchuk, et al.: Passively Q-switched Ho^{3+}: $Y_3Al_5O_{12}$ laser using a PbSe doped glass, Appl. Phys. Lett. **78**, 572 (2001).

[1.871] M. Frenz, H. Pratisto, F. Konz, et al.: Comparison of the effects of absorption coefficient and pulse duration of 2.12 μm and 2.79 μm radiation on laser ablation of tissue, IEEE J. Quantum Electron. **32**, 2025 (1996).

[1.872] M. A. Noginov, S. G. Semenkov, I. A. Shcherbakov, et al.: Energy transfer (Tm to Ho) and upconversion process in YSGG: Cr^{3+} : Tm^{3+} : Ho^{3+} laser crystals. In: *OSA Proc. Adv. Solid State Lasers*, Vol. 10 (Opt. Soc. Am., 1991) pp.178-182.

[1.873] E. Wintner, F. Krausz, M. A. Noginov, et al.: Interaction of Ho^{3+} and Tm^{3+} ions in YSGG: Cr^{3+} : Tm^{3+} : Ho^{3+} at the strong selective excitation, Laser Phys. **2**, 138 (1992).

[1.874] R. R. Petrin, M. G. Jani, R. C. Powell, et al.: Spectral dynamics of laser-pumped $Y_3Al_5O_{12}$: Tm,Ho lasers, Opt. Mater. **1**, 111 (1992).

[1.875] L. B. Shaw, R. S. F. Chang, N. Djeu: Measurement of up-conversion energy-transfer probabilities in Ho: $Y_3Al_5O_{12}$ and Tm: $Y_3Al_5O_{12}$, Phys. Rev. B **50**, 6609 (1994).

[1.876] G. Rustad, K. Stenersen: Modeling of laserpumped Tm and Ho lasers accounting for upconversion and ground-state depletion, IEEE J. Quantum Electron. **32**, 1645 (1996).

[1.877] C. D. Nabors, J. Ochoa, T. Y. Fan, et al.: Ho: YAG laser pumped by 1.9 μm diode lasers, IEEE J. Quantum Electron. **31**, 1603 (1995).

[1.878] C. Bollig, R. A. Hayward, W. A. Clarkson, et al.: 2 W Ho: YAG laser intracavity pumped by a diodepumped Tm: YAG laser, Opt. Lett. **23**, 1757 (1998).

[1.879] A. I. R. Malm, R. Hartmann, R. C. Stoneman: Highpower eyesafe YAG lasers for coherent laser radar, Adv. Solid－State Lasers, ed. by G. J. Quarles (Opt. Soc. Am., Washington 2004) pp.356－361.

[1.880] D. W. Hart, M. Jani, N. P. Barnes: Roomtemperature lasing of end－pumped Ho: $Lu_3Al_5O_{12}$, Opt. Lett. **21**, 728 (1996).

[1.881] D. Y. Shen, A. Abdolvand, L. J. Cooper, et al.: Efficient Ho: YAG laser pumped by a cladding－pumped tunable Tm: silica－fiber laser, Appl. Phys. B **79**, 559 (2004).

[1.882] D. Y. Shen, W. A. Clarkson, L. J. Cooper, et al.: Efficient single－axial－mode operation of a Ho: YAG ring laser pumped by a Tm－doped silica fiber laser, Opt. Lett. **29**, 2396 (2004).

[1.883] S. So, J. I. Mackenzie, D. P. Shepherd, et al.: Intracavity side－pumped Ho: YAG laser, Opt. Express **14**, 10481 (2006).

[1.884] J. W. Kim, J. I. Mackenzie, D. Parisi, et al.: Efficient in－band pumped Ho: $LuLiF_4$ 2 μm laser, Opt. Lett. **35**, 420 (2010).

[1.885] P. Koopmann, S. Lamrini, K. Scholle, et al.: Multi－watt laser operation and laser parameters of Ho－doped Lu_2O_3 at 2.12 μm, Opt. Mater. Express **1**, 1447 (2011).

[1.886] S. Lamrini, P. Koopmann, M. Schäfer, et al.: Efficient high－power Ho: YAG laser directly in－band pumped by a GaSb－based laser diode stack at 1.9 μm, Appl. Phys. B **106**, 315－319 (2012).

[1.887] M. C. Brierley, P. W. France, C. A. Millar: Lasing at 2.08 μm and 1.38 μm in a holmium doped fluorozirconate fiber laser, Electron. Lett. **24**, 539(1988).

[1.888] D. C. Hanna, R. M. Percival, R. G. Smart, et al.: Continuous－wave oscillation of holmium－doped silica fiber laser, Electron. Lett. **25**, 593 (1989).

[1.889] A. S. Kurkov, E. M. Dianov, O. I. Medvedkov, et al.: Efficient silica－based Ho^{3+} fiber laser for 2 μm spectral region pumped at 1.15 μm, Electron. Lett. **36**, 1015 (2000).

[1.890] S. D. Jackson: 2.7W Ho^{3+}－doped silica fiber laser pumped at 1100 nm and operating at 2.1 μm, Appl. Phys. B **76**, 793 (2003).

[1.891] S. D. Jackson, F. Bugge, G. Erbert: High－power and highly efficient diode－cladding－pumped Ho^{3+}－doped silica fiber lasers, Opt. Lett. **32**, 3349 (2007).

[1.892] J. Y. Allain, M. Monerie, H. Poignant: Highefficiency CW thulium－sensitized holmiumdoped fluoride fiber laser operating at 2.04 μm, Electron. Lett. **27**, 1513 (1991).

[1.893] R. M. Percival, D. Szebesta, S. T. Davey, et al.: Thulium sensitized holmium-doped CW fluoride fiber laser of high-efficiency, Electron. Lett. **28**, 2231 (1992).

[1.894] K. Oh, T. F. Morse, A. Kilian, et al.: Continuous-wave oscillation of thulium-sensitized holmium-doped silica fiber laser, Opt. Lett. **19**, 278 (1994).

[1.895] C. Ghisler, W. Lüthy, H. P. Weber, et al.: A Tm^{3+} sensitized Ho^{3+} silica fiber laser at 2.04 μm pumped at 809 nm, Opt. Com-mun. **109**, 279 (1994).

[1.896] S. D. Jackson, T. A. King: CW operation of a 1.064 μm pumped Tm-Ho-doped silica fiber laser, IEEE J. Quantum Electron. **34**, 1578(1998).

[1.897] S. D. Jackson, S. Mossman: High power diode-cladding-pumped Tm^{3+}, Ho^{3+}-doped silica fiber laser, Appl. Phys. B 77, 489 (2003).

[1.898] S. D. Jackson: High-power 83 W holmium-doped silica fiber laser operating with high beam quality, Opt. Lett. **32**, 241 (2007).

[1.899] A. Hemming, S. D. Jackson, A. Sabella, et al.: High power, narrow bandwidth and broadly tunable Tm^{3+}, Ho^{3+}-codoped aluminosilicate glass fibre laser, Electron. Lett. **46**, 1617 (2010).

[1.900] S. Kivistö, R. Koskinen, J. Paajaste, et al.: Passively Q-switched Tm^{3+}, Ho^{3+}-doped silica fiber laser using a highly nonlinear saturable absorber and dynamic gain pulse compression, Opt. Express **16**, 22058 (2008).

[1.901] M. Eichhorn, S. D. Jackson: High-pulse-energy, actively Q-switched Tm^{3+}, Ho^{3+}-codoped silica 2 μm fiber laser, Opt. Lett. **33**, 1044 (2008).

[1.902] A. Guhur, S. D. Jackson: Efficient holmium-doped fluoride fiber laser emitting 2.1 μm and blue upconversion fluorescence upon excitation at 2 μm, Opt. Express **18**, 20164 (2010).

[1.903] K. S. Wu, D. Ottaway, J. Munch, et al.: Gain-switched holmium-doped fibre laser, Opt. Express **17**, 20872 (2009).

[1.904] D. G. Lancaster, S. D. Jackson: In-fiber resonantly pumped Q-switched holmium fiber laser, Opt. Lett. **34**, 3412 (2009).

[1.905] R. Li, J. Li, L. Shterengas, et al.: Highly efficient holmium fibre laser diode pumped at 1.94 μm, Electron. Lett. **47**, 1089 (2011).

[1.906] S. D. Jackson, S. Mossman: Diode-cladding-pumped Yb^{3+}, Ho^{3+}-doped silica fiber laser operating at 2.1 μm, Appl. Opt. **42**, 3546 (2003).

[1.907] T. Sumiyoshi, H. Sekita: Dual-wavelength continuous-wave cascade oscillation at 3 and 2 μm with a holmium-doped fluoride-glass fiber laser,

Opt. Lett. **23**, 1837 (1998).

[1.908] A. A. Kaminskii, T. I. Butaeva, A. O. Ivanov, et al.: New data on stimulated emission of crystals containing Er^{3+} and Ho^{3+} ions, Sov. Tech. Phys. Lett. **2**, 308 (1976).

[1.909] A. Diening, P. E. A. Möbert, E. Heumann, et al.: Diode-pumped CW lasing of Yb,Ho: KYF_4 in the 3 μm spectral range in comparison to Er: KYF_4, Laser Phys. **8**, 214 (1998).

[1.910] W. S. Rabinovich, S. R. Bowman, B. J. Feldman, et al.: Tunable laser pumped 3 μm Ho: $YAlO_3$ laser, IEEE J. Quantum Electron. **27**, 895 (1990).

[1.911] A. Diening, S. Kück: Spectroscopy and diode-pumped laser oscillation of Yb^{3+},Ho^{3+}-doped yttrium scandium gallium garnet, J. Appl. Phys. **87**, 4063 (2000).

[1.912] A. M. Umyskov, Y. D. Zavartsev, A. I. Zagumennyi, et al.: Cr^{3+}: Yb^{3+}: Ho^{3+}: YSGG crystal laser with a continuously tunable emission wavelength in the range 2.84-3.05 μm, Kvantovaya Elektron. **23**, 579(1996), English transl.: Sov. J. Quantum Electron. **26**, 563 (1996).

[1.913] Y. D. Zavartsev, A. I. Zagumennyi, L. A. Kulevskii, et al.: *Q*-switching in a Cr^{3+}: Yb^{3+}: Ho^{3+}: YSGG crystal laser based on the $^5I_6-^5I_7$ ($\lambda=2.92$ μm) transition, Kvantovaya Elektron. **27**, 13(1999), English transl.: J. Quantum Electron. **29**, 295 (1999).

[1.914] Y. D. Zavartsev, V. V. Osiko, S. G. Semenkov, et al.: Cascade laser oscillation due to Ho^{3+} ions in a(Cr,Yb,Ho): YSGG yttrium-scandium-gallium-garnet crystal, Kvantovaya Elektron. **20**, 366(1993), English transl.: Sov. J. Quantum Electron. **23**, 312 (1993).

[1.915] B. M. Walsh, K. E. Murray, N. P. Barnes: Cr: Er: Tm: Ho: yttrium aluminum garnet laser exhibiting dual wavelength lasing at 2.1 μm and 2.9 μm: Spectroscopy and laser performance, J. Appl. Phys. **91**, 11 (2002).

[1.916] L. Wetenkamp: Efficient CW operation of a 2.9 μm Ho^{3+}-doped fluorozirconate fiber laser pumped at 640 nm, Electron. Lett. **26**, 883 (1990).

[1.917] T. Sumiyoshi, H. Sekita, T. Arai, et al.: High-power continuous-wave 3- and 2 μm cascade Ho^{3+}: ZBLAN fiber laser and its medical applications, IEEE J. Select. Top. Quantum Electron. **5**, 936 (1999).

[1.918] J. Li, D. D. Hudson, S. D. Jackson: High-power diode-pumped fiber laser operating at 3 μm, Opt. Lett. **36**, 3642 (2011).

[1.919] P. S. Golding, S. D. Jackson, T. A. King, et al.: Energy-transfer processes in Er^{3+}-doped and Er^{3+},Pr^{3+}-codoped ZBLAN glasses, Phys. Rev. B **62**, 856 (2000).

[1.920] S. D. Jackson: Single – transverse – mode 2.5W holmium – doped fluoride fiber laser operating at 2.86 μm, Opt. Lett. **29**, 334 (2004).

[1.921] S. D. Jackson: High – power and highly efficient diode – cladding – pumped holmium – doped fluoride fiber laser operating at 2.94 μm, Opt. Lett. **24**, 2327 (2009).

[1.922] D. Hudson, E. Magi, L. Gomes, et al.: 1 W diode – pumped tunable Ho^{3+}, Pr^{3+} – doped fluoride glass fibre laser, Electron. Lett. **47**, 985 (2011).

[1.923] B. Peng, T. Izumitani: Ho^{3+} doped 2.84 μm laser glass for laser knives, sensitised by Yb^{3+}, Rev. Laser Eng. **22**, 9 (1994).

[1.924] S. D. Jackson: Singly Ho^{3+} – doped fluoride fiber laser operating at 2.92 μm, Electron. Lett. **40**, 1400 (2004).

[1.925] E. V. Zharikov, V. I. Zhekov, L. A. Kulevskii, et al.: Stimulated emission from Er^{3+} ions in yttrium aluminum garnet crystals at $\lambda = 2.94$ μm, Kvantovaya Elektron. **1**, 1867 (1975), English transl.: Sov. J. Quantum Electron. **4**, 1039 (1974).

[1.926] K. S. Bagdasarov, V. I. Zhekov, V. A. Lobachev, et al.: Steady – state emission from a $Y_3Al_5O_{12}$: Er^{3+} laser ($\lambda = 2.94$ μm, $T = 300$ K), Kvantovaya Elektron. **10**, 452 (1983), English transl.: Sov. J. Quantum Electron. **13**, 262 (1983).

[1.927] V. I. Zhekov, B. V. Zubov, V. A. Lobachev, et al.: Mechanisms of a population inversion between the $^4I_{11/2}$ and $^4I_{13/2}$ levels of the Er^{3+} ion in $Y_3Al_5O_{12}$ crystals, Kvantovaya Elektron. **7**, 749 (1980), English transl.: Sov. J. Quantum Electron. **10**, 428 (1980).

[1.928] V. I. Zhekov, V. A. Lobachev, T. M. Murina, et al.: Efficient cross – relaxation laser emitting at $\lambda = 2.94$ μm, Kvantovaya Elektron. **10**, 1871 (1983), English transl.: Sov. J. Quantum Electron. **13**, 1235 (1983).

[1.929] V. I. Zhekov, V. A. Lobachev, T. M. Murina, et al.: Cooperative phenomena in yttrium erbium aluminum garnet crystals, Kvantovaya Elektron. **11**, 189 (1984), English transl.: Sov. J. Quantum Electron. **14**, 128 (1984).

[1.930] V. I. Zhekov, T. M. Murina, A. M. Prokhorov, et al.: Coorporative process in $Y_3Al_5O_{12}$: Er^{3+} crystals, Kvant. Electron. **13**, 419 (1986), English transl.: Sov. J. Quantum Electron. **16**, 274 (1986).

[1.931] D. L. Dexter: A theory of sensitized luminescence in solids, J. Chem. Phys. **21**, 836 (1953).

[1.932] M. Pollnau, D. R. Gamelin, S. R. Lüthi, et al.: Power dependence of upconversion luminescence in lanthanide and transition – metal – ion systems, Phys. Rev. B **61**, 3337 (2000).

[1.933] S. A. Pollack, D. B. Chang: Ion－pair upconversion pumped laser emission in Er^{3+} ions in YAG, YLF, SrF_2 and CaF_2 crystals, J. Appl. Phys. **64**, 2885 (1988).

[1.934] M. Pollnau, R. Spring, C. Ghisler, et al.: Efficiency of erbium 3 μm crystal and fiber lasers, IEEE J. Quantum Electron. **32**, 657 (1996).

[1.935] M. Pollnau, S. D. Jackson: Erbium 3 μm fiber lasers, IEEE J. Select. Top. Quantum Electron. **7**, 30 (2001) Correction, －**8**, 956 (2002).

[1.936] M. Pollnau, W. Lüthy, H. P. Weber, et al.: Investigation of diode－pumped 2.8 μm laser performance in Er: BaY_2F_8, Opt. Lett. **21**, 48 (1996).

[1.937] H. J. Eichler, J. Findeisen, B. Liu, et al.: Highly efficient diodepumped 3 μm Er^{3+}: BaY_2F_8 laser, IEEE J. Select. Top. Quantum Electron. **3**, 90 (1997).

[1.938] T. Jensen, V. G. Ostroumov, G. Huber: Upconver－sion processes in Er^{3+}: YSGG and diode pumped laser experiments at 2.8 μm, OSA Proc. Adv. Solid－State Lasers, Vol. 24 (Opt. Soc. Am., 1995) pp.366－370.

[1.939] R. Groß: Besetzungsdynamik und Wechselwirkungsprozesse in blitzlampengepumpten 3 μm Er^{3+}－Lasern, Ph. D. Thesis (University of Hamburg, Hamburg 1992), in German.

[1.940] C. Wyss, W. Lüthy, H. P. Weber, et al.: Emission properties of an optimised 2.8 μm Er^{3+}: YLF laser, Opt. Commun. **139**, 215 (1997).

[1.941] R. C. Stoneman, J. G. Lynn, L. Esterowitz: Direct upper－state pumping of the 2.8 μm Er^{3+}: YLF laser, IEEE J. Quantum Electron. **28**, 1041 (1992).

[1.942] T. Jensen, G. Huber, K. Petermann: Quasi－CW diode pumped 2.8 μm laser operation of Er^{3+}－doped garnets, Adv. Solid－State Lasers, Vol. 1, ed. by S. A. Payne, C. R. Pollock (Opt. Soc. Am., Washington 1996) pp.306－308.

[1.943] A. M. Prokhorov, V. I. Zhekov, T. M. Murina, et al.: Pulsed YAG: Er^{3+} laser efficiency (analysis of model equations), Laser Phys. **3**, 79 (1993).

[1.944] M. Pollnau, R. Spring, S. Wittwer, et al.: Investigations on the slope efficiency of a pulsed 2.8 μm Er^{3+}: LiYF4 laser, J. Opt. Soc. Am. B **14**, 974 (1997).

[1.945] B. Schmaul, G. Huber, R. Clausen, et al.: Er^{3+}: $YLiF_4$ continuous wave cascade laser operation at 1 620 and 2 810 nm at room temperature, Appl. Phys. Lett. **62**, 541 (1993).

[1.946] M. Pollnau, T. Graf, J. E. Balmer, et al.: Explanation of the CW operation of the Er^{3+} 3 μm crystal laser, Phys. Rev. A **49**, 3990 (1994).

[1.947] E. V. Zharikov, V. V. Osiko, A. M. Prokhorov, et al.: Crystals of rare－earth gallium garnets with chromium as active media for solidstate lasers, Inorg. Mater. **48**, 81 (1984).

[1.948] P. F. Moulton, J. G. Manni, G. A. Rines: Spectroscopic and laser characteristics of Er, Cr: YSGG, IEEE J. Quantum Electron. **24**, 960 (1988).

[1.949] A. M. Prokhorov, A. A. Kaminskii, V. V. Osiko, et al.: Investigations of the 3 μm stimulated emission from Er^{3+} ions in aluminum garnets at room temerature, Phys. Status Solidi (a) **40**, K69 (1977).

[1.950] G. J. Kintz, R. E. Allen, L. Esterowitz: Diodepumped 2.8 μm laser emission from Er^{3+}: YLF at room temperature, Appl. Phys. Lett. **50**, 1553 (1987).

[1.951] S. A. Pollack, D. Chang, N. L. Moise: Continuous wave and Q-switched infrared erbium laser, Appl. Phys. Lett. **49**, 1578 (1986).

[1.952] F. Auzel, S. Hubert, D. Meichenin: Multifrequency room-temperature continuous diode and Arlaser-pumped Er^{3+} laser emission between 2.66 and 2.85 μm, Appl. Phys. Lett. **54**, 681 (1989).

[1.953] S. Hubert, D. Meichenin, B. W. Zhou, et al.: Emission properties, oscillator strengths and laser parameters of Er^{3+} in $LiYF_4$ at 2.7 μm, J. Lumin. **50**, 7 (1991).

[1.954] T. Jensen: Upconversion-Prozesse und Wirkungsquerschnitte in Er^{3+}-dotierten 3 μm Fluorid-und Granat-Lasern, gepumpt mit CW und quasi-CW Dioden-Arrays, Ph. D. Thesis (University of Ham-burg, Hamburg 1996), in German.

[1.955] R. H. Page, R. A. Bartels, R. J. Beach, et al.: 1 W composite-slab Er: YAG laser, Adv. Solid-State Lasers, ed. by C. R. Pollock, W. R. Bosenberg (Opt. Soc. Am., Washington 1997) pp.214-216.

[1.956] D. W. Chen, C. L. Fincher, T. S. Rose, et al.: Diode-pumped 1 W continuous-wave Er: YAG 3 μm laser, Opt. Lett. **24**, 385 (1999).

[1.957] T. Sandrock, A. Diening, G. Huber: Laser emission of erbium-doped fluoride bulk glasses in the spectral range from 2.7 to 2.8 μm, Opt. Lett. **24**, 382(1999).

[1.958] A. Y. Dergachev, J. H. Flint, P. F. Moulton: 1.8W CW Er:YLF diode-pumped laser, Conf. Lasers Electroopt. (Opt. Soc. Am., Washington 2000), 564.

[1.959] A. Dergachev, P. Moulton: Tunable CW Er: YLF diode-pumped laser, Adv. Solid-State Lasers, ed. by J. J. Zayhowski(Opt. Soc. Am., Washington 2003) pp.3-5.

[1.960] T. Sanamyan, M. Kanskar, Y. Xiao, et al.: High power diode-pumped 2.7-μm Er^{3+}: Y_2O_3 laser with nearly quantum defectlimited efficiency, Opt. Express **19**, A1082 (2011).

[1.961] B. J. Dinerman, P. F. Moulton: 3 μm CW laser operations in erbium-doped YSGG, GGG, and YAG, Opt. Lett. **19**, 1143 (1994).

[1.962] R. Waarts, D. Nam, S. H. Sanders, et al.: Two dimensional Er: YSGG microlaser array pumped with a monolithic twodimensional laser diode array, Opt. Lett. **19**, 1738 (1994).

[1.963] S. Schnell, V. G. Ostroumov, J. Breguet, et al.: Acoustooptic *Q*–switching of erbium lasers, IEEE J. Quantum Electron. **26**, 1111 (1990).

[1.964] J. Breguet, A. F. Umyskov, W. A. R. Lüthy, et al.: Electrooptically *Q*–switched 2.79 μm YSGG: Cr: Er laser with an intracavity polarizer, IEEE J. Quantum Electron. **27**, 274 (1991).

[1.965] H. Voss, F. Massmann: Diode–pumped *Q*–switched erbium lasers with short pulse duration, Adv. Solid–State Lasers, ed. by C. R. Pollock, W. R. Bosenberg (Opt. Soc. Am., Washington 1997) pp.217–221.

[1.966] N. M. Wannop, M. R. Dickinson, A. Charlton, et al.: *Q*–switching the erbium–YAG laser, J. Mod. Opt. **41**, 2043 (1994).

[1.967] P. Maak, L. Jacob, P. Richter, et al.: Efficient acousto–optic *Q*–switching of Er: YSGG lasers at 2.79 μm wavelength, Appl. Opt. **39**, 3053 (2000).

[1.968] K. S. Bagdasarov, V. P. Danilov, V. I. Zhekov, et al.: Pulse–periodic $Y_3Al_5O_{12}$: Er^{3+} laser with high activator concentration, Sov. J. Quantum Electron. **8**, 83 (1978).

[1.969] F. Könz, M. Frenz, V. Romano, et al.: Active and passive *Q*–switching of a 2.79 μm Er: Cr: YSGG laser, Opt. Commun. **103**, 398 (1993).

[1.970] A. Högele, G. Hörbe, H. Lubatschowski, et al.: 2.70 μm Cr: Er: YSGG with high output energy and FTIR–*Q*–switch, Opt. Commun. **125**, 90(1996).

[1.971] H. J. Eichler, B. Liu, M. Kayser, et al.: Er: YAG–laser at 2.94 μm *Q*–switched by a FTIR–shutter with silicon output coupler and polarizer, Opt. Mater. **5**, 259 (1996).

[1.972] M. Ozolinsh, K. Stock, R. Hibst, et al.: *Q*–switching of Er: YAG (2.9 μm) solid–state laser by PLZT electrooptic modulator, IEEE J. Quantum Electron. **33**, 1846 (1997).

[1.973] K. L. Vodopyanov, A. V. Lukashev, C. C. Philips, et al.: Passive mode locking and *Q*–switching of an erbium 3 μm laser using thin InAs epilayers grown by molecular beam epitaxy, Appl. Phys. Lett. **59**, 1658 (1991).

[1.974] K. L. Vodopyanov, L. A. Kulevskii, P. P. Pashinin, et al.: Water and ethanol as bleachable absorbers of radiation in an yttrium–erbium–aluminum garnet laser (λ=2.94 μm), Sov. Phys. JETP **55**, 1049 (1982).

[1.975] K. L. Vodopyanov, R. Shori, O. M. Stafsudd: Generation of *Q*–switched Er: YAG laser pulses using evanescent wave absorption in ethanol, Appl. Phys. Lett. **72**, 2211 (1998).

[1.976] J. Breguet, W. Lüthy, H. P. Weber: *Q*–switching of YAG: Er laser with a soap film, Opt. Commun. **82**, 488 (1991).

[1.977] B. Pelz, M. K. Schott, M. H. Niemz: Electro-optic mode locking of an Erbium: YAG laser with a RF resonance transformer, Appl. Opt. **33**, 364 (1994).

[1.978] M. C. Brierley, P. W. France: Continuous wave lasing at 2.71 μm in an erbium-doped fluorozirconate fiber, Electron. Lett. **24**, 935 (1988).

[1.979] J. Y. Allain, M. Monerie, H. Poignant: Erbiumdoped fluorozirconate single-mode fiber lasing at 2.71 μm, Electron. Lett. **25**, 28 (1989).

[1.980] R. Allen, L. Esterowitz, R. J. Ginther: Diodepumped single-mode fluorozirconate fiber laser from the $^4I_{11/2} \rightarrow {}^4I_{13/2}$ transition in erbium, Appl. Phys. Lett. **56**, 1635 (1990).

[1.981] R. S. Quimby, W. J. Miniscalco: Continuous-wave lasing on a self-terminating transition, Appl. Opt. **28**, 14 (1989).

[1.982] A. A. Kaminskii, A. G. Petrosyan, G. A. Denisenko, et al.: Spectroscopic properties and 3 μm stimulated emission of Er^{3+} ions in the $(Y_{1-x}Er_x)_3Al_5O_{12}$ and $(Lu_{1-x}Er_x)_3Al_5O_{12}$ garnet crystal systems, Phys. Status Solidi (a) **71**, 291 (1982).

[1.983] V. Lupei, S. Georgescu, V. Florea: On the dynamics of population inversion for 3 μm Er^{3+} lasers, IEEE J. Quantum Electron. **29**, 426 (1993).

[1.984] J. Schneider: Kaskaden-Faser laser im mittleren Infrarot. Ph. D. Thesis (Cuvillier Verlag, Göttingen 1996).

[1.985] B. C. Dickinson, P. S. Golding, M. Pollnau, et al.: Investigation of a 791 nm pulsed-pumped 2.7 μm Er-doped ZBLAN fiber laser, Opt. Commun. **191**, 315 (2001).

[1.986] N. J. C. Libatique, J. Tafoja, N. K. Viswanathan, et al.: "Field-usable" diode-pumped≈120 nm wavelength-tunable CW mid-IR fiber laser, Electron. Lett. **36**, 791 (2000).

[1.987] M. Pollnau, E. Heumann, G. Huber: Timeresolved spectra of excited-state absorption in Er^{3+} doped $YAlO_3$, Appl. Phys. A**54**, 404 (1992).

[1.988] S. Bedö, M. Pollnau, W. Lüthy, et al.: Saturation of the 2.71 μm laser output in erbium doped ZBLAN fibers, Opt. Commun. **116**, 81 (1995).

[1.989] R. S. Quimby, W. J. Miniscalco, B. Thompson: Excited state absorption at 980 nm in erbium doped glass, SPIE **1581**, 72-79 (1991).

[1.990] M. Pollnau, C. Ghisler, W. Lüthy, et al.: Cross-sections of excited-state absorption at 800 nm in erbium-doped ZBLAN fiber, Appl. Phys. B **67**, 23 (1998).

[1.991] J. Schneider, D. Hauschild, C. Frerichs, et al.: Highly efficient Er^{3+}:

Pr^{3+} – codoped CW fluorozirconate fiber laser operating at 2.7 μm, Int. J. Infrared Millim. Waves **15**, 1907 (1994).

[1.992] J. Schneider: Mid – infrared fluoride fiber lasers in multiple cascade operation, IEEE Photonics Technol. Lett. **7**, 354 (1995).

[1.993] M. Pollnau, C. Ghisler, G. Bunea, et al.: 150 mW unsaturated output power at 3 μm from a single – mode – fiber erbium cascade laser, Appl. Phys. Lett. **66**, 3564 (1995).

[1.994] M. Pollnau, C. Ghisler, W. Lüthy, et al.: Three – transition cascade erbium laser at 1.7, 2.7, and 1.6 μm, Opt. Lett. **22**, 612 (1997).

[1.995] S. D. Jackson, T. A. King, M. Pollnau: Diodepumped 1.7 W erbium 3 μm fiber laser, Opt. Lett. **24**, 1133 (1999).

[1.996] X. S. Zhu, R. Jain: High power (>8 Watts CW) diode – pumped midinfrared fiber lasers, MidInfrared Coherent Sources Conf. (Barcelona 2005), Tu7.

[1.997] J. Y. Allain, M. Monerie, H. Poignant: Energy transfer in Er^{3+}/Pr^{3+} – doped fluoride glass fibers and application to lasing at 2.7 μm, Electron. Lett. **27**, 445 (1991).

[1.998] L. Wetenkamp, G. F. West, H. Többen: Co – doping effects in $Erbium^{3+}$ – and $Holmium^{3+}$ – doped ZBLAN glass, J. Non – Cryst. Solids **140**, 25 (1992).

[1.999] M. Pollnau: The route toward a diode – pumped 1 W erbium 3 μm fiber laser, IEEE J. Quantum Electron. **33**, 1982 (1997).

[1.1000] S. D. Jackson, T. A. King, M. Pollnau: Modelling of high – power diode – pumped erbium 3 μm fiber lasers, J. Mod. Opt. **47**, 1987 (2000).

[1.1001] B. Srinivasan, J. Tafoya, R. K. Jain: High – power Watt – level CW operation of diode – pumped 2.7 μm fiber lasers using efficient cross – relaxation and energy transfer mechanisms, Opt. Express **4**, 490 (1999).

[1.1002] S. D. Jackson, T. A. King, M. Pollnau: Efficient high power operation of erbium 3 μm fiber laser diode – pumped at 975 nm, Electron. Lett. **36**, 223 (2000).

[1.1003] X. S. Zhu, R. Jain: Scaling up laser diode pumped mid – infrared fiber laser to 10 Watt level, Conf. Lasers Electroopt. (Opt. Soc. Am., Washington 2005), CTuC3.

[1.1004] X. S. Zhu, R. Jain: Numerical analysis and experimental results of high – power Er/Pr: ZBLAN 2.7μm fiber lasers with different pumping designs, Appl. Opt. **45**, 7118 (2006).

[1.1005] M. Pollnau, S. D. Jackson: Energy recycling versus lifetime quenching in erbium – doped 3 μm fiber lasers, IEEE J. Quantum Electron. **38**, 162 (2002).

[1.1006] B. Srinivasan, E. Poppe, J. Tafoya, et al.: High – power (400 mW) diode – pumped 2.7 μm Er: ZBLAN fiber lasers using enhanced Er – Er crossrelaxation processes, Electron. Lett. **35**, 1338 (1999).

[1.1007] T. Sandrock, D. Fischer, P. Glas, et al.: Diode – pumped 1 W Er – doped fluoride glass M – profile fiber laser emitting at 2.8 μm, Opt. Lett. **24**, 1284 (1999).

[1.1008] X. S. Zhu, R. Jain: 10 – W – level diode – pumped compact 2.78 μm ZBLAN fiber laser, Opt. Lett. **32**, 26 (2007).

[1.1009] S. Tokita, M. Murakami, S. Shimizu, et al.: Liquid – cooled 24 W mid – infrared Er: ZBLAN fiber laser, Opt. Lett. **34**, 3062 (2009).

[1.1010] M. Bernier, D. Faucher, R. Vallée, et al.: Bragg gratings photoinduced in ZBLAN fibers by femtosecond pulses at 800 nm, Opt. Lett. **32**, 454 (2007).

[1.1011] D. Faucher, M. Bernier, G. Androz, et al.: 20 W passively cooled single – mode all – fiber laser at 2.8 μm, Opt. Lett. **36**, 1104 (2011).

[1.1012] M. Gorjan, M. Marinček, M. Čopič: Role of interionic processes in the efficiency and operation of erbium – doped fluoride fiber lasers, IEEE J. Quantum Electron. **47**, 262 (2011).

[1.1013] M. Gorjan, M. Marinček, M. Čopič: Spectral dynamics of pulsed diode – pumped erbium – doped fluoride fiber lasers, J. Opt. Soc. Am B **27**, 2784 (2010).

[1.1014] D. J. Coleman, T. A. King, D. K. Ko, et al.: Qswitched operation of a 2.7 μm cladding – pumped Er^{3+}/Pr^{3+} codoped ZBLAN fibre laser, Opt. Commun. **236**, 379 (2004).

[1.1015] M. Gorjan, R. Petkovšek, M. Marinček, et al.: High – power pulsed diode – pumped Er: ZBLAN fiber laser, Opt. Lett. **36**, 1923 (2011).

[1.1016] S. Tokita, M. Murakami, S. Shimizu, et al.: 12 W *Q* – switched Er; ZBLAN fiber laser at 2.8 μm, Opt. Lett. **36**, 2812 (2011).

[1.1017] X. S. Zhu, R. Jain: Compact 2 W wavelengthtunable Er: ZBLAN mid – infrared fiber laser, Opt. Lett. **32**, 2381 (2007).

[1.1018] X. S. Zhu, R. Jain: Watt – level 100 – nm tunable 3μm fiber laser, IEEE Photon. Technol. Lett. **20**, 156 (2008).

[1.1019] S. Tokita, M. Hirokane, M. Murakami, et al.: Stable 10 W Er: ZBLAN fiber laser operating at 2.71 – 2.88 μm, Opt. Lett. **35**, 3943 (2010).

[1.1020] D. Faucher, M. Bernier, N. Caron, et al.: Erbium – doped all – fiber laser at 2.94 μm, Opt. Lett. **34**, 3313 (2009).

[1.1021] N. Djeu, V. E. Hartwell, A. A. Kaminskii, et al.: Room – temperature 3.4 μm Dy: $BaYb_2F_8$ laser, Opt. Lett. **22**, 997 (1997).

[1.1022] S. D. Jackson: Continuous wave 2.9 μm dysprosiumdoped fluoride fiber laser,

Appl. Phys. Lett. **83**, 1316 (2003).

[1.1023] Y. H. Tsang, A. El-Taher, T. A. King, et al.: Efficient 2.96 μm dysprosium-doped fluoride fiber laser pumped with a Nd: YAG laser operating at 1.3 μm, Opt. Express **14**, 678 (2006).

[1.1024] Y. H. Tsang, A. E. El-Taher: Efficient lasing at near 3 μm by a Dy-doped ZBLAN fiber laser pumped at ~ 1.1 μm by an Yb fiber laser, Laser Phys. Lett. **8**, 818 (2011).

[1.1025] H. P. Jenssen, M. A. Noginov, A. Cassanho: U: YLF, a prospective 2.8 μm laser crystal, OSA Proc. Adv. Solid-State Lasers, Vol. 15 (Opt. Soc. Am., 1993) pp.463-467.

[1.1026] D. Meichenin, F. Auzel, S. Hubert, et al.: New room-temperature CW laser at 2.82 μm $U^{3+}/LiYF_4$, Electron. Lett. **30**, 1309 (1994).

[1.1027] J. F. Pinto, G. F. Rosenblatt, L. Esterowitz: Continuous-wave laser action in Er^{3+}: YLF at 3.41 μm, Electron. Lett. **30**, 1596 (1994).

[1.1028] S. R. Bowman, S. K. Searles, N. W. Jenkins, et al.: Diode pumped room temperature mid-infrared erbium laser, Adv. Solid-State Lasers, Vol. 50, ed. by C. Marshall (Opt. Soc. Am., Washington 2001) pp.154-156.

[1.1029] A. M. Tabirian, H. P. Jenssen, A. Cassanho: Efficient, room temperature mid-infrared laser at 3.9 μm in Ho: BaY_2F_8, Adv. Solid-State Lasers, Vol. 50, ed. by C. Marshall(Opt. Soc. Am., Washington 2001)pp.170-176.

[1.1030] M. C. Nostrand, R. H. Page, S. A. Payne, et al.: Room-temperature $CaGa_2S_4$: Dy^{3+} laser action at 2.43 and 4.31 μm and KPb_2Cl_5: Dy^{3+} laser action at 2.43 μm, Adv. Solid-State Lasers **48**, 441-449 (1999).

[1.1031] J. Šulc, H. Jelínková, M. E. Doroshenko, et al.: Dysprosiumdoped $PbGa_2$ S4 laser excited by diode-pumped Nd: YAG laser, Opt. Lett. **35**, 3051 (2010).

[1.1032] S. R. Bowman, J. Ganem, B. J. Feldman, et al.: Infrared laser characteristics of praseodymiumdoped lanthanum trichloride, IEEE J. Quantum Electron. **30**, 2925 (1994).

[1.1033] S. R. Bowman, L. B. Shaw, B. J. Feldman, et al.: A 7 μm praseodymium-based solid-state laser, IEEE J. Quantum Electron. **32**, 646 (1996).

[1.1034] C. Carbonnier, H. Többen, U. B. Unrau: Room temperature CW fiber laser at 3.22 μm, Electron. Lett. **34**, 893 (1998).

[1.1035] J. Schneider: Fluoride fiber laser operating at 3.9 μm, Electron. Lett. **31**, 1250 (1995).

[1.1036] H. Többen: CW-lasing at 3.45 μm in erbiumdoped fluorozirconate fibers, Frequenz **45**, 250 (1991).

[1.1037] H. Többen: Room temperature CW fibre laser at 3.5 μm in Er^{3+} – doped ZBLAN glass, Electron. Lett. **28**, 1361 (1992).

[1.1038] J. Schneider, C. Carbonnier, U. B. Unrau: Characterization of a Ho^{3+} – doped fluoride fiber laser with a 3.9 μm emission wavelength, Appl. Opt. **36**, 8595 (1997).

[1.1039] O. P. Kulkarni, V. V. Alexander, M. Kumar, et al.: Supercontinuum generation from ~1.9 to 4.5 μm in ZBLAN fiber with high average power generation beyond 3.8 μm using a thulium – doped fiber amplifier, J. Opt. Soc. Am. B **28**, 2486 (2011).

[1.1040] R. Reisfeld: Chalcogenide glasses doped by rare earths: Structure and optical properties, Ann. Chim. Fr. 7, 147 (1982).

[1.1041] L. B. Shaw, B. Cole, P. A. Thielen, et al.: Mid – wave IR and long – wave IR laser potential of rare – earth doped chalcogenide glass fiber, IEEE J. Quantum Electron. **37**, 1127 (2001).

[1.1042] T. Schweizer, D. W. Hewak, B. N. Samson, et al.: Spectroscopic data of the 1.8 – , 2.9 – , and 4.3 μm transitions in dysprosium – doped gallium lanthanum sulfide glass, Opt. Lett. **21**, 1594 (1996).

[1.1043] T. Schweizer, B. N. Samson, J. R. Hector, et al.: Infrared emission and ion – ion interactions in thulium – and terbium – doped gallium lanthanum sulfide glass, J. Opt. Soc. Am. B **16**, 308 (1999).

[1.1044] T. Schweizer, B. N. Samson, J. R. Hector, et al.: Infrared emission from holmium doped gallium lanthanum sulphide glass, Infrared Phys. Technol. **40**, 329 (1999).

[1.1045] W. H. Dumbaugh, J. C. Lapp: Heavy – metal oxide glasses, J. Am. Ceram. Soc. **75**, 2315 (1992).

[1.1046] D. W. Hewak, J. A. Medeiros Neto, B. N. Samson, et al.: Quantum – efficiency of praseodymium doped Ga: La: S glass for 1.3 μm optical fiber amplifiers, IEEE Photonics Technol. Lett. **6**, 609 (1994).

[1.1047] C. C. Ye, D. W. Hewak, M. Hempstead, et al.: Spectral properties of Er^{3+} – doped gallium lanthanum sulphide glass, J. Non – Cryst. Solids **208**, 56 (1996).

[1.1048] T. Schweizer, D. J. Brady, D. W. Hewak: Fabrication and spectroscopy of erbium doped gallium lanthanum sulphide glass fibers for mid – infrared laser applications, Opt. Express **1**, 102 (1997).

[1.1049] T. Schweizer, B. N. Samson, R. C. Moore, et al.: Rare – earth doped chalcogenide glass fiber laser, Electron. Lett. **33**, 414 (1997).

[1.1050] M. Asobe, T. Ohara, I. Yokohama, et al.: Fabrication of Bragg grating in chalcogenide glass fiber using the transverse holographic method, Electron. Lett. **32**, 1611 (1996).

[1.1051] R. Mossadegh, J. S. Sanghera, D. Schaafsma, et al.: Fabrication of single-mode chalcogenide optical fiber, J. Lightwave Technol. **16**, 214 (1998).

[1.1052] T. M. Monro, Y. D. West, D. W. Hewak, et al.: Chalcogenide holey fibers, Electron. Lett. **36**, 1998 (2000).

[1.1053] S. Kück: Laser-related spectroscopy of ion-doped crystals for tunable solid state-lasers, Appl. Phys. B **72**, 515 (2001).

[1.1054] Y. Tanabe, S. Sugano: On the absorption spectra of complex ions I, J. Phys. Soc. Jpn. **9**, 753 (1954).

[1.1055] Y. Tanabe, S. Sugano: On the absorption spectra of complex ions II, J. Phys. Soc. Jpn. **9**, 766 (1954).

[1.1056] S. Sugano, Y. Tanabe, H. Kamimura: *Multiplets of Transition-Metal Ions in Crystals* (Academic, New York 1970).

[1.1057] B. Henderson, G. F. Imbusch: *Optical Spectroscopy of Inorganic Solids* (Clarendon, Oxford 1989).

[1.1058] H. L. Schläfer, G. Gliemann: *Einführung in die Ligandenfeldtheorie* (Akademische Verlagsgesellschaft, Frankfurt am Main 1980), in German.

[1.1059] P. Schuster: *Ligandenfeldtheorie* (Verlag Chemie, Weinheim 1973), in German.

[1.1060] A. D. Liehr, C. J. Ballhausen: Inherent configurational instability of octrahedral complexes in E_g electronic states, Ann. Phys. **3**, 304 (1958).

[1.1061] J. S. Griffith: *The Theory of Transition Metal Ions* (Cambridge Univ. Press, Cambridge 1961).

[1.1062] A. B. P. Lever: *Inorganic Electronic Spectroscopy* (Elsevier, Amsterdam 1968).

[1.1063] P. F. Moulton: Ti-doped sapphire: Tunable solidstate laser, Opt. News **8**, 9 (1982).

[1.1064] P. F. Moulton: Pulse-pumped operation of divalent transition-metal lasers, IEEE J. Quantum Electron. **18**, 1185 (1982).

[1.1065] P. F. Moulton: Spectroscopic and laser characteristics of Ti: Al_2O_3, J. Opt. Soc. Am. B **3**, 125 (1986).

[1.1066] G. F. Albrecht, J. M. Eggleston, J. J. Ewing: Mea-surements of Ti^{3+}: Al_2O_3 as a lasing material, Opt. Commun. **52**, 401 (1985).

[1.1067] P. F. Moulton: Recent advances in transition metal-doped laser. In: *Tunable Solid-State Lasers*, Springer Ser. Opt. Sci., Vol. 47, ed. by P. Hammerling,

A. B. Budgor, A. A. Pinto (Springer, Berlin, Heidelberg 1985) pp.4–10.

[1.1068] P. Albers, E. Stark, G. Huber: Continuous wave laser operation and quantum efficiency of titanium–doped sapphire, J. Opt. Soc. Am. B **3**, 134 (1986).

[1.1069] R. Rao, G. Vaillancourt, H. S. Kwok, et al.: Highly efficient, widely tunable kilohertz repetition rate Ti: sapphire laser pumped by a Nd: YLF laser. In: *Tunable Solid–State Lasers*, OSA Proc., Vol. 5, ed. by M. L. Shand, H. P. Jenssen (Opt. Soc. Am., Washington 1989) pp.39–41.

[1.1070] W. Koechner: *Solid–State Laser Engineering* (Springer, Berlin, Heidelberg 1996).

[1.1071] P. F. Moulton: *Tunable paramagnetic–ion lasers*, Vol. 5, ed. by M. Bass, M. L. Stitch (North Holland, Amsterdam 1985) pp.203–288.

[1.1072] T. Danger, K. Petermann, G. Huber: Polarized and time–resolved measurements of excited state absorption and stimulated emission in Ti: $YAlO_3$ and Ti: Al_2O_3, Appl. Phys. A **57**, 309 (1993).

[1.1073] M. S. Pshenichnikov, A. Baltuska, R. Szipöcz, et al.: Sub–5–fs pulses: Generation, characterization, and experiments. In: *Ultrafast Phenomena XI*, ed. by W. Zinth, J. Fujimoto, T. El–sasser, D. A. Wiersma (Springer, Berlin, Heidelberg 1998) p.3.

[1.1074] Z. Cheng, G. Tempea, T. Brabec, et al.: Generation of intense diffraction–limited white light and 4–fs pulses. In: *Ultrafast Phenomena XI*, ed. by W. Zinth, J. Fujimoto, T. Elsasser, D. A. Wiersma (Springer, Berlin, Heidelberg 1998) p.8.

[1.1075] A. Baltuska, Z. Wei, M. S. Pshenichnikov, et al.: Optical pulse compression to 5 fs at a 1 MHz repetition rate, Opt. Lett. **22**, 102 (1997).

[1.1076] M. Nisoli, S. De Silvestri, O. Svelto, et al.: Compression of high–energy laser pulses below 5 fs, Opt. Lett. **22**, 522 (1997).

[1.1077] R. E. Ell, U. Morgner, F. X. Kärtner, et al.: Generation of 5 fs pulses and octave spinning spectra directly from a Ti: sapphire laser, Opt. Lett. **26**, 373 (2001).

[1.1078] A. I. Alimpiev, G. V. Bukin, V. N. Matrosov, et al.: Tunable $BeAl_2O_4$: Ti^{3+} laser, Sov. J. Quantum Electron. **16**, 579 (1986).

[1.1079] E. V. Pestryakov, V. I. Trunov, A. I. Alimpiev: Generation of tunable radiation in a $BeAl_2O_4$: Ti^{3+} laser subjected to pulsed coherent pumping at a high repetion frequency, Sov. J. Quantum Electron. **17**, 585 (1987).

[1.1080] Y. Segawa, A. Sugimoto, P. H. Kim, et al.: Optical properties and lasing of Ti^{3+} doped $BeAl_2O_4$, Jpn. J. Appl. Phys. **24**, L291 (1987).

[1.1081] A. Sugimoto, Y. Segawa, Y. Anzai, et al.: Flash–lamp–pumped tunable

Ti: $BeAl_2O_4$ laser, Jpn. J. Appl. Phys. **29**, L1136 (1990).

[1.1082] T. A. Driscoll, M. Peressini, R. E. Stone, et al.: Efficient tunable solid – state laser using Ti: sapphire and Ti: YAG, Conf. Lasers Electroopt. (Opt. Soc. Am., Washington 1986) pp.106 – paper TUK29.

[1.1083] J. Kvapil, M. Koselja, J. Kvapil, et al.: Growth and stimulated emission of YAP: Ti, Czech. J. Phys. B **38**, 237 (1988).

[1.1084] J. Kvapil, M. Koselja, J. Kvapil, et al.: Growth and stimulated emission of $YAlO_3$, Conf. Lasers Electroopt. (Opt. Soc. Am., Washington 1989) pp.6 – paper MC2.

[1.1085] T. Wegner, K. Petermann: Excited state absorption of Ti^{3+}: $YAlO_3$, Appl. Phys. B **49**, 275 (1989).

[1.1086] M. Yamaga, Y. Gao, F. Rasheed, et al.: Radiative and nonradiative decays from the excited state of Ti^{3+} ions in oxide crystals, Appl. Phys. B **51**, 329 – 335 (1990).

[1.1087] F. Bantien, P. Albers, G. Huber: Optical transitions in titanium – doped YAG, J. Lumin. **36**, 363 (1987).

[1.1088] T. H. Maiman: Stimulated optical radiation in ruby, Nature **187**, 493 (1960).

[1.1089] R. C. Morris, C. F. Cline: Chromium – doped beryllium aluminate lasers, US Patent 3997853 (1976).

[1.1090] J. C. Walling, O. G. Peterson, H. P. Jenssen, et al.: Tunable alexandrite lasers, IEEE J. Quantum Electron. **16**, 1302 (1980).

[1.1091] S. T. Lai, M. L. Shand: High efficiency CW lase rpumped tunable alexandrite laser, J. Appl. Phys. **54**, 5642 (1983).

[1.1092] S. A. Payne, L. L. Chase, H. W. Newkirk, et al.: $LiCaAlF_6$: Cr^{3+}: A promising new solid – state laser material, IEEE J. Quantum Electron. **24**, 2243 (1988).

[1.1093] P. Wagenblast, U. Morgner, F. Grawert, et al.: Generation of sub – 10 – fs pulses from a Kerr – lens mode – locked Cr^{3+}: LiCAF laser oscillator by use of third – order dispersioncompensating double – chirped mirrors, Opt. Lett. **19**, 1726 (2002).

[1.1094] P. M. W. French, R. Mellish, J. R. Taylor, et al.: Mode – locked all – solid – state diodepumped Cr: LiSAF laser, Opt. Lett. **18**, 1934 (1993).

[1.1095] P. Wagenblast, R. Ell, U. Morgner, F. Grawert, et al.: Diode – pumped 10 fs Cr^{3+}: LiCAF laser, Opt. Lett. **28**, 1713 (2003).

[1.1096] J. M. Hopkins, G. J. Valentine, B. Agate, et al.: Highly compact and efficient femtosecond Cr: LiSAF lasers, IEEE J. Quantum Electron. **38**, 360 (2002).

[1.1097] L. L. Chase, S. A. Payne: Tunable chromium lasers, SPIE **1062**, 9(1989).

[1.1098] J. Buchert, A. Katz, R. R. Alfano: Laser action in emerald, IEEE J. Quantum Electron. **19**, 1477 (1983).

[1.1099] M. L. Shand, J. C. Walling: A tunable emerald laser, IEEE J. Quantum Electron. **18**, 1829 (1982).

[1.1100] M. L. Shand, S. T. Lai: CW laser pumped emerald laser, IEEE J. Quantum Electron. **20**, 105 (1984).

[1.1101] S. T. Lai: Highly efficient emerald laser, J. Opt. Soc. Am. B **4**, 1286 (1987).

[1.1102] S. T. Lai: Highly efficient emerald laser, AIP Conf. Proc., Vol. 160 (AIP, New York 1987) p.128.

[1.1103] L. L. Chase, S. A. Payne, L. K. Smith, et al.: Laser performance and spectroscopy of Cr^{3+} in $LiCaAlF_6$ and $LiSrAlF_6$. In: *Tunable Solid-State Lasers*, Vol. 5, ed. by M. L. Shand, M. P. Jenssen (Opt. Soc. Am., Washington 1989) pp.71-76.

[1.1104] L. K. Smith, S. A. Payne, W. L. Kway, et al.: Investigation of the laser properties of Cr^{3+}: $LiSrGaF_6$, IEEE J. Quantum Electron. **28**, 2612 (1992).

[1.1105] F. Balembois, F. Druon, F. Falcoz, et al.: Performance of Cr: $LiSrAlF_6$ and $LiSrGaF_6$ for continuous-wave diode-pumped Q-switched operation, Opt. Lett. **22**, 387 (1997).

[1.1106] F. Balembois, F. Falcoz, F. Kerboull, et al.: Theoretical and experimental investigations of small-signal gain for a diode-pumped Q-switched Cr: LiSAF laser, IEEE J. Quantum Electron. **33**, 269 (1997).

[1.1107] B. K. Sebastianov, Y. I. Remigailo, et al.: Spectroscopic and lasing properties of alexandrite ($BeAl_2O_4$: Cr^{3+}), Sov. Phys. Dokl. **26**, 62 (1981).

[1.1108] G. V. Bukin, S. Y. Volkov, V. N. Matrosov, et al.: Stimulated emission from alexandrite($BeAl_2O_4$: Cr^{3+}), Sov. J. Quantum Electron. **8**, 671(1978).

[1.1109] J. C. Walling, O. G. Peterson: High gain laser performance in alexandrite, IEEE J. Quantum Electron. **16**, 119 (1980).

[1.1110] J. C. Walling, H. P. Jenssen, R. C. Morris, et al.: Tunable-laser performance in $BeAl_2O_4$: Cr^{3+}, Opt. Lett. **4**, 182 (1979).

[1.1111] J. C. Walling, H. P. Jenssen, R. C. Morris, et al.: Broad band tuning of solid state alexandrite lasers, J. Opt. Soc. Am. B **69**, 373 (1979).

[1.1112] J. C. Walling, O. G. Peterson, R. C. Morris: Tunable CW alexandrite laser, IEEE J. Quantum Electron. **16**, 120 (1980).

[1.1113] H. Samuelson, J. C. Walling, T. Wernikowski, et al.: CW arc-lamp-pumped alexandrite lasers, IEEE J. Quantum Electron. **24**, 1141 (1988).

[1.1114] J. C. Walling, D. F. Heller, H. Samuelson, et al.: Tunable alexandrite lasers: Development and performance, IEEE J. Quantum Electron. **21**, 1568 (1985).

[1.1115] S. Guch Jr., C. E. Jones: Alexandrite–laser performance at high temperature, Opt. Lett. **7**, 608 (1982).

[1.1116] W. R. Rapaport, H. Samebon: Alexandrite slab laser, Proc. Int. Conf. Lasers 85, ed. by C. P. Wang (STS Press, McLean 1986) p.744.

[1.1117] S. Zhang, K. Zhang: Experiment on laser performance of alexandrite crystals, Chin. Phys. **4**, 667 (1984).

[1.1118] M. L. Shand: Progress in alexandrite lasers, Proc. Int. Conf. Lasers 85, ed. by C. P. Wang (STS Press, McLean 1986) p.732.

[1.1119] G. Zhang, X. Ma: Improvement of lasing performance of alexandrite crastals, Chin. Phys. Lasers **13**, 816 (1986).

[1.1120] J. E. Jones, J. D. Dobbins, B. D. Butier, et al.: Performance of a 250 Hz, 100 W alexandrite laser system, Proc. Int. Conf. Lasers 85, ed. by C. P. Wang (STS Press, McLean 1986) p.738.

[1.1121] V. N. Lisitsyn, V. N. Matrosov, E. V. Pestryakov, et al.: Generation of picosecond pulses in solid–state lasers using new active media, J. Sov. Laser Res. 7, 364 (1986).

[1.1122] J. C. Walling, O. G. Peterson: High gain laser performance in alexandrite, IEEE J. Quantum Electron. **16**, 119 (1980).

[1.1123] R. Scheps, J. F. Myers, T. R. Glesne, et al.: Monochromatic end–pumped operation of an alexandrite laser, Opt. Commun. **97**, 363 (1993).

[1.1124] H. Ogilvy, M. J. Withford, J. A. Piper: Stable, red laser pumped, multi–kilohertz alexandrite laser, Opt. Commun. **260**, 207 (2006).

[1.1125] S. A. Payne, L. L. Chase, L. K. Smith, et al.: Laser performance of $LiSrAlF_6$: Cr^{3+}, J. Appl. Phys. **66**, 1051 (1989).

[1.1126] M. J. P. Dymott, I. M. Botheroyd, G. J. Hall, et al.: All–solid–state actively mode–locked Cr: LiSAF laser, Opt. Lett. **19**, 634 (1994).

[1.1127] M. Stalder, B. H. T. Chai, M. Bass: Flashlamp pumped Cr: $LiSrAlF_6$ laser, Appl. Phys. Lett. **58**, 216 (1991).

[1.1128] R. Scheps, J. F. Myers, H. B. Serreze, et al.: Diode–pumped Cr: $LiSrAlF_6$ laser, Opt. Lett. **16**, 820 (1991).

[1.1129] Q. Zhang, G. J. Dixon, B. H. T. Chai, et al.: Electronically tuned diode–laser–pumped Cr: $LiSrAlF_6$ laser, Opt. Lett. **17**, 43 (1992).

[1.1130] H. H. Zenzie, A. Finch, P. F. Moulton: Diodepumped, single–frequency Cr: $LiSrAlF_6$ ring laser, Opt. Lett. **20**, 2207 (1995).

[1.1131] D. E. Klimek, A. Mandl: Power scaling of a flashlamp-pumped Cr: LiSAF thin-slab zig-zag laser, IEEE J. Quantum Electron. **38**, 1607 (2002).

[1.1132] S. T. Lai, B. H. T. Chai, M. Long, et al.: $ScBO_3$: Cr-A room temperature near-infrared tunable laser, IEEE J. Quantum Electron. **22**, 1931 (1986).

[1.1133] B. Struve, G. Huber, V. V. Laptev, et al.: Tunable room-temperature CW laser action in Cr^{3+}: GdScGa-garnet, Appl. Phys. B **30**, 117 (1983).

[1.1134] B. Struve, G. Huber: Laser performance of Cr^{3+}: Gd (Sc,Ga) garnet, J. Appl. Phys. **57**, 45 (1985).

[1.1135] G. Huber, J. Drube, B. Struve: Recent developments in tunable Cr doped garnet lasers, Proc. Int. Conf. Lasers 83, ed. by R. C. Powell (STS Press, McLean 1983) p.143.

[1.1136] G. Huber, K. Petermann: Laser action in Cr-doped garnets and tungstates. In: *Tunable Solid-State Lasers*, ed. by P. Hammerling, A. B. Budgor, A. Pinto (Springer, Berlin, Heidelberg 1985) p.11.

[1.1137] B. Struve, G. Huber, V. V. Laptev, et al.: Laser action and broad band fluorescence in Cr^{3+}: GdScGa-garnet, Appl. Phys. B **28**, 235 (1982).

[1.1138] E. V. Zharikov, N. N. Ilichev, N. N. Kalitin, et al.: Tunable laser utilizing an electronic-vibrational transition in chromium in a gadolinium scandium gallium garnet crystal, Sov. J. Quantum Electron. **13**, 1274 (1983).

[1.1139] J. Drube, G. Huber, D. Mateika: Flaslamppumped Cr^{3+}: GSAG and Cr^{3+}: GSGG: Slope efficiency, resonator design, color centers and tunability. In: *Tunable Solid-State Lasers II*, Springer Ser. Opt. Sci., Vol. 52, ed. by A. B. Budgor, L. Esterowitz, L. G. DeShazer (Springer, Berlin, Heidelberg 1986) p.118.

[1.1140] M. J. P. Payne, H. W. Evans: Laser action in flashlamp-pumped chromium: GSG-garnet. In: *Tunable Solid State Lasers II*, Springer Ser. Opt. Sci., Vol. 52, ed. by A. B. Budgor, L. Esterowitz, L. DeShazer (Springer, Berlin, Heidelberg 1986) p.126.

[1.1141] J. Drube: Cr: GSAG und Cr: YSAG: Chrom-dotierte Aluminiumgranate als durchstimmbare Festkörperlaser bei Raumtemperatur. Ph. D. Thesis (University of Hamburg, Hamburg 1987), in German.

[1.1142] J. V. Meier, N. P. Barnes, D. K. Remelius, et al.: Flashlamp-pumped Cr^{3+}: GSAG laser, IEEE J. Quantum Electron. **22**, 2058 (1986).

[1.1143] J. Drube, B. Struve, G. Huber: Tunable room-temperature CW laser action in Cr^{3+}: GdScAl-garnet, Opt. Commun. **50**, 45 (1984).

[1.1144] B. Struve, P. Fuhrberg, W. Luhs, et al.: Thermal lensing and laser operation of flashlamppumped Cr: GSAG, Opt. Commun. **65**, 291 (1988).

[1.1145] H. P. Jenssen, S. T. Lai: Tunable – laser characteristics and spectroscopic properties of $SrAlF_5$: Cr, J. Opt. Soc. Am. B **3**, 115 (1986).

[1.1146] J. A. Caird, P. R. Staver, M. D. Shinn, et al.: Laser – pumped laser measurements of gain and loss in $SrAlF_5$: Cr crystals. In: *Tunable Solid – State Lasers II*, Springer Ser. Opt. Sci., Vol. 52, ed. by A. B. Budgor, L. Esterowitz, L. G. DeShazer (Springer, Berlin, Heidelberg 1986) p.159.

[1.1147] J. A. Caird, W. F. Krupke, M. D. Shinn, et al.: Tunable Cr^{4+}: YAG lasers. In: *Advances in Laser Science – I*, Proc. 1st Int. Laser Sci. Conf., ed. by W. C. Stwalley, M. Lapp (AIP, New York 1986) pp.243 – 244.

[1.1148] J. A. Caird, W. F. Krupke, M. D. Shinn, et al.: Room temperature $SrAlF_5$: Cr^{3+} laser emission tunable from 825 nm to 1010 nm, Bull. Am. Phys. Soc. **30**, 1857 (1985).

[1.1149] U. Brauch, U. Dürr: $KZnF_3$: Cr^{3+} – a tunable solid state NIR – laser, Opt. Commun. **49**, 61 (1984).

[1.1150] U. Dürr, U. Brauch, W. Knierim, et al.: Vibronic solid state lasers: Transition metal ions in perowskites. In: *Lasers* 85, Proc. Int. Conf., ed. by R. C. Powell (STS Press, McLean 1983) pp.142 – 147.

[1.1151] U. Brauch, U. Dürr: Room – temperature operation of the vibronic $KZnF_3$: Cr^{3+} laser, Opt. Lett. **9**, 441 (1984).

[1.1152] M. A. Dubinskii, A. N. Kolerov, M. V. Mityagin, et al.: Quasicontinuous operation of a $KZnF_3$: Cr^{3+} laser, Sov. J. Quantum Electron. **16**, 1684(1986).

[1.1153] P. Fuhrberg, W. Luhs, B. Struve, et al.: Singlemode operation of Cr – doped GSGG and $KZnF_3$. In: *Tunable Solid – State Lasers II*, Springer Ser. Opt. Sci., Vol. 52, ed. by A. B. Budgor, L. Esterowitz, L. G. DeShazer (Springer, Berlin, Heidelberg 1986) p.159.

[1.1154] R. Y. Abdulsabirov, M. A. Dubinskii, S. L. Korableva, et al.: Tunable laser based on $KZnF_3$: Cr^{3+} crystal with nonselective pumping, Sov. Phys. Crystallogr. **31**, 353 (1986).

[1.1155] W. Kolbe, K. Petermann, G. Huber: Broadband emission and laser action of Cr^{3+} doped zinc tungstate at 1 mm wavelength, IEEE J. Quantum Electron. **21**, 1596 (1985).

[1.1156] S. T. Lai, B. H. T. Chai, M. Long, et al.: Room temperature near – infrared tunable Cr: $La_3Ga_5SiO_{14}$ laser, IEEE J. Quantum Electron. **24**, 1922(1988).

[1.1157] A. A. Kaminskii, A. V. Butashin, A. A. Demidovich, et al.: Broadband tunable stimulated emission from octahedral Cr^{3+} ions in new acentric crystals with Ca – gallogermanate structure, Phys. Status Solidi (a) **112**, 197(1989).

[1.1158] A. A. Kaminskii, A. P. Shkadarevich, B. V. Mill, et al.: Wide – band tunable stimulated emission from a $La_3Ga_5SiO_{14}$ crystal, Inorg. Mater. **23**, 618 (1987).

[1.1159] A. A. Kaminskii, A. P. Shkadarevich, B. V. Mill, et al.: Wideband tunable stimulated emission of Cr^{3+} ions in the trigonal crystal $La_3Ga_{5.5}Nb_{0.5}O_{14}$, Inorg. Mater. **23**, 1700 (1987).

[1.1160] S. Kück, E. Heumann, T. Kärner, et al.: Continuous-wave room-temperature laser oscillation of Cr^{3+}: MgO, Opt. Lett. **24**, 966 (1999).

[1.1161] S. Kück, E. Heumann, T. Kärner, A. Maaroos: Continuous wave laser oscillation of Cr^{3+} : MgO, Adv. Solid-State Lasers, ed. by M. M. Fejer, H. Injeyan, U. Keller (Opt. Soc. Am., Washington 1999) pp.308-311.

[1.1162] S. Kück, L. Fornasiero, E. Heumann, et al.: Investigation of Cr-doped MgO and Sc_2O_3 as potential laser sources for the near infrared spectral range, Laser Phys. **10**, 411 (2000).

[1.1163] K. Petermann, P. Mitzscherlich: Spectroscopic and laser properties of Cr^{3+}-doped $Al_2(WO_4)_3$ and $Sc_2(WO_4)_3$, IEEE J. Quantum Electron. **23**, 1122 (1987).

[1.1164] E. V. Pestryakov, V. V. Petrov, V. I. Trunov, et al.: Generation of tunable radiation on Cr^{3+} ions in a flashlamp-pumped $BeAl_6O_{10}$ crystal, Quantum Electron. **23**, 575 (1993).

[1.1165] A. I. Alimpiev, E. V. Pestryakov, V. V. Petrov, et al.: Tunable lasing due to the $^4T_2-^4A_2$ electronic-vibrational transition in Cr^{3+} ions in $BeAl_6O_{10}$, Sov. J. Quantum Electron. **18**, 323 (1988).

[1.1166] F. J. McClung, S. E. Schwarz, F. J. Meyers: R_2 line optical maser action in ruby, J. Appl. Phys. **33**, 3139 (1962).

[1.1167] R. J. Collins, D. F. Nelson, A. L. Schawlow, et al.: Coherence, narrowing, directionality, and relaxation oscillations in the light emission from ruby, Phys. Rev. Lett. **5**, 303 (1960).

[1.1168] D. F. Nelson, W. S. Boyle: A continuously operating ruby optical maser, Appl. Opt. **1**, 181 (1962).

[1.1169] M. Birnbaum, A. W. Tucker, C. L. Fincher: CW ruby laser pumped by an argon ion laser, IEEE J. Quantum Electron. **13**, 808 (1977).

[1.1170] T. H. Maiman: Optical maser action in ruby, Br. Commun. Electron. **7**, 674 (1960).

[1.1171] D. Roess: Analysis of room temperature CW ruby lasers, IEEE J. Quantum Electron. **2**, 208 (1966).

[1.1172] V. Evtuhov, J. K. Neeland: Power output and efficiency of continuous ruby lasers, J. Appl. Phys. **38**, 4051 (1967).

[1.1173] C. A. Burrus, J. Stone: Room – temperature continuous operation of a ruby fiber laser, J. Appl. Phys. **49**, 3118 (1978).

[1.1174] A. N. Kirkin, A. M. Leontovich, A. M. Mozharovskii: Generation of high power ultrashort pulses in a low temperature ruby laser with a small active volume, Sov. J. Quantum Electron. **8**, 1489 (1978).

[1.1175] V. Evtuhov, J. K. Neeland: A continuously pumped repetitively Q – switched ruby laser and applications to frequency – conversion experiments, IEEE J. Quantum Electron. **5**, 207 (1969).

[1.1176] A. L. Schawlow, G. E. Devlin: Simultaneous optical maser action in two ruby satellite lines, Phys. Rev. Lett. **6**, 96 (1961).

[1.1177] E. J. Woodbury, W. K. Ng: Ruby laser operation in the near IR, Proceedings IRE **50**, 2367 (1962).

[1.1178] B. K. Sebastianov, K. S. Bagdarasov, L. B. Pasternak, et al.: Stimulated emission from Cr^{3+} ions in YAG crystals, JETP Letters **17**, 47 (1973).

[1.1179] B. H. T. Chai, J. Lefaucheur, M. Stalder, et al.: Cr: $LiSr_{0.8}Ca_{0.2}AlF_6$ tunable laser, Opt. Lett. **17**, 1584 (1992).

[1.1180] H. S. Wang, P. Li Kam Wa, J. L. Lefaucheur, et al.: CW and self – mode – locking performance of a red pumped Cr^{3+}: $LiSr_{0.8}Ca_{0.2}AlF_6$ laser, Opt. Commun. **110**, 679 (1994).

[1.1181] L. K. Smith, S. A. Payne, W. F. Krupke, et al.: Laser emission from the transition – metal compound $LiSrCrF_6$, Opt. Lett. **18**, 200 (1993).

[1.1182] B. H. T. Chai, M. D. Shinn, M. N. Long, et al.: Laser and spectroscopic properties of Cr^{3+} – doped $ScAlBeO_4$, Bull. Am. Phys. Soc. **33**, 1631(1988).

[1.1183] A. A. Kaminskii, A. P. Shkadarevich, B. V. Mill, et al.: Tunable stimulated emission of Cr^{3+} ions and generation frequency self – multiplication effect in acentric crystals of Ca – gallogermante struc ture, Inorg. Mater. **24**, 579 (1988).

[1.1184] A. G. Bazylev, A. P. Voitovich, A. A. Demidovich, et al.: Laser performance of Cr^{3+}: $(Gd,Ca)_3(Ga,Mg,Zr)_2Ga_3O_{12}$, Opt. Commun. **94**, 82 (1992).

[1.1185] S. Hartung: Cr^{3+} – *dotiertes* $LaSc_3(BO_3)_4$: *Spektroskopie und Lasereigenschaften*, Diploma Thesis (University of Hamburg, Hamburg 1994).

[1.1186] M. Sharonov, V. Petričević, A. Bykov, et al.: Near – infrared laser operation of Cr^{3+} centers in chromium – doped $LiInGeO_4$ and $LiScGeO_4$ crystals, Opt. Lett. **30**, 851 – 853 (2005).

[1.1187] A. V. Gaister, E. V. Zharikov, V. F. Lebedev, et al.: Pulsed and CW lasing in a new Cr^{3+}: Li: Mg_2SiO_4 laser crystal, Quantum Electron. **34**, 693 – 694 (2004).

[1.1188] N. B. Angert, N. I. Borodin, V. M. Garmash, et al.: Lasing due to impurity color centers in yttrium aluminum garnet crystals at wavelengths in the range 1.35–1.45 μm, Sov. J. Quantum Electron. **18**, 73 (1988).

[1.1189] G. M. Zverew, A. V. Shestakov: Tunable nearinfrared oxide crystal lasers, OSA Proc. Tunable Solid–State Lasers, Vol. 5, ed. by M. L. Shand, M. P. Jenssen (Opt. Soc. Am., Washington 1989) pp.66–70.

[1.1190] N. I. Borodin, V. A. Zhitnyuk, A. G. Okhrimchuk, et al.: $Y_3Al_5O_{12}$: Cr^{4+} laser action at 1.34 μm to 1.6 μm, Izv. Akad. Nauk SSSR Ser. Fiz. **54**, 1500 (1990).

[1.1191] A. V. Shestakov, N. I. Borodin, V. A. Zhitnyuk, et al.: Tunable Cr^{4+}: YAG–lasers. In: *Conf. Lasers Electroopt.*, OSA Technical Digest, Vol. 10 (Opt. Soc. Am., Washing–ton 1991), paper CPDP11.

[1.1192] W. Jia, H. Eilers, W. M. Dennis, et al.: The performance of a Cr^{4+}: YAG laser in the NIR, OSA Proc. Adv. Solid–State Lasers, Vol. 13, ed. by L. L. Chase, A. A. Pinto (Opt. Soc. Am., Washington 1992) pp.28–30.

[1.1193] H. Eilers, W. M. Dennis, W. M. Yen, et al.: Performance of a Cr: YAG laser, IEEE J. Quantum Electron. **29**, 2508 (1993).

[1.1194] S. Kück, J. Koetke, K. Petermann, et al.: Spectroscopic and laser studies of Cr^{4+}: YAG and Cr^{4+}: Y_2SiO_5, OSA Proc. Adv. Solid–State Lasers, Vol. 15, ed. by A. A. Pinto, T. Y. Fan (Opt. Soc. Am., Washington 1993) pp.334–338.

[1.1195] A. Sennaroglu, C. R. Pollock, H. Nathel: Efficient continuous–wave chromium–doped YAG laser, J. Opt. Soc. B **12**, 930 (1995).

[1.1196] S. Kück, K. Petermann, G. Huber: Near Infrared Cr^{4+}: $Y_3Sc_xAl_{5-x}O_{12}$ lasers, OSA Proc. Adv. Solid–State Lasers, Vol. 20, ed. by T. Y. Fan, B. H. T. Chai (Opt. Soc. Am., Washington 1994) pp.180–184.

[1.1197] S. Kück, K. Petermann, U. Pohlmann, et al.: Tunable room–temperature laser action of Cr^{4+}–doped $Y_3Sc_xAl_{5-x}O_{12}$, Appl. Phys. B **58**, 153 (1994).

[1.1198] Y. Ishida, K. Naganuma: Compact diode–pumped all–solid–state femtosecond Cr^{4+}: YAG laser, Opt. Lett. **21**, 51 (1996).

[1.1199] S. Spälter, M. Böhm, M. Burk, et al.: Self–starting soliton–modelocked femtosecond Cr^{4+}: YAG laser using an antiresonant Fabry–Pérot saturable absorber, Appl. Phys. B **65**, 335 (1997).

[1.1200] P. M. W. French, N. H. Rizvi, J. R. Taylor, et al.: Continuous–wave mode–locked Cr^{4+}: YAG laser, Opt. Lett. **18**, 39 (1993).

[1.1201] A. Sennaroglu, C. R. Pollock, H. Nathel: Continuouswave self–mode–locked operation of a femtosecond Cr^{4+}: YAG laser, Opt. Lett. **19**, 390 (1994).

[1.1202] P. J. Conlon, Y. P. Tong, P. M. W. French, et al.: Passive mode locking and dispersion measurement of a sub-100-fs Cr^{4+} : YAG laser, Opt. Lett. **19**, 1468 (1994).

[1.1203] Y. P. Tong, J. M. Sutherland, P. M. W. French, et al.: Selfstarting Kerr-lens mode-locked femtosecond Cr^{4+} : YAG and picosecond Pr^{3+} : YLF solid state lasers, Opt. Lett. **21**, 644 (1996).

[1.1204] S. Naumov, E. Sorokin, I. T. Sorokina: Kerr-lens mode-locked diode-pumped Cr^{4+} : YAG laser, Adv. Solid-State Photonics(ASSP)2004, Vol. 94 (Opt. Soc. Am., Sante Fe 2004), paper WE2.

[1.1205] S. Naumov, E. Sorokin, I. T. Sorokina: Directly diode-pumped Kerr-lens mode-locked Cr^{4+} : YAG laser, Opt. Lett. **29**, 1276 (2004).

[1.1206] D. J. Ripin, C. Chudoba, J. T. Gopinath, et al.: Generation of 20 fs pulses by a prismless Cr^{4+} : YAG laser, Opt. Lett. **27**, 61 (2002).

[1.1207] I. Sorokina, S. Naumov, E. Sorokin, et al.: Tunable directly diode-pumped continuous wave room-temperature Cr^{4+} : YAG laser, Adv. Solid-State Lasers, Vol. 26, ed. by M. M. Fejer, H. Injeyan, U. Keller(Opt. Soc. Am., Washington 1999) pp.331-335.

[1.1208] S. Ishibashi, K. Naganuma: Diode-pumped Cr^{4+} : YAG single crystal fiber laser, OSA Trends Opt. Photon. Adv. Solid-State Lasers, Vol. 34, ed. by H. Injeyan, U. Keller, C. Marshall (Opt. Soc. Am., Washington 2000) pp.426-430.

[1.1209] K. Spariosu, W. Chen, R. Stultz, et al.: Dual Q-switching and laser action at 1.06 μm and 1.44 μm in a Nd^{3+} : YAG-Cr^{4+} : YAG oscillator at 300 K, Opt. Lett. **18**, 814 (1993).

[1.1210] V. Petričević, S. K. Gayen, R. R. Alfano: Continuouswave laser operation of chromium-doped forsterite, Opt. Lett. **14**, 612 (1989).

[1.1211] V. Petričević, A. Seas, R. R. Alfano: Forsterite laser tunes in near-IR, Laser Focus World **26**, 109-116 (1990).

[1.1212] V. Petričević, A. Seas, R. R. Alfano: Slope efficiency measurements of a chromium-doped forsterite laser, Opt. Lett. **16**, 811 (1991).

[1.1213] N. Zhavoronkov, A. Avtukh, V. Mikhailov: Chromium-doped forsterite laser with 1.1 W of continuous-wave output power at room temperature, Appl. Opt. **36**, 8601 (1997).

[1.1214] J. M. Evans, V. Petričević, A. B. Bykov, et al.: Direct diode-pumped continuous-wave near-infrared tunable laser operation of Cr^{4}: forsterite and Cr^{4}: Ca_2GeO_4, Opt. Lett. **22**, 1171 (1997).

[1.1215] L. Qian, X. Liu, F. Wise: Cr: forsterite pumped by broad-area laser diodes,

Opt. Lett. **22**, 1707 (1997).

[1.1216] V. Petričević, S. K. Gayen, R. R. Alfano: Laser action in chromium – activated forsterite for near – infrared excitation: Is Cr^{4+} the lasing ion? , Appl. Phys. Lett. **53**, 2590 (1988).

[1.1217] V. G. Baryshevskii, V. A. Voloshin, S. A. Demidovich, et al.: Efficient flashlamp – pumped chromiumactivated forsterite crystal laser tunable in the infrared, Sov. J. Quantum Electron. **20**, 1297 (1990).

[1.1218] A. Sugimoto, Y. Segawa, Y. Yamaguchi, et al.: Flash lamp pumped tunable forsterite laser, Jpn. J. Appl. Phys. **28**, L1833 (1989).

[1.1219] V. Petričević, S. K. Gayen, R. R. Alfano, et al.: Laser action in chromium – doped forsterite, Appl. Phys. Lett. **52**, 1040 (1988).

[1.1220] H. R. Verdún, L. M. Thomas, D. M. Andrauskas, et al.: Chromium – doped forsterite laser pumped with 1.06 μm radiation, Appl. Phys. Lett. **53**, 2593 (1988).

[1.1221] V. Petričević, S. K. Gayen, R. R. Alfano: Chromium activated forsterite laser, Adv. Solid – State Lasers, Vol. 5, ed. by M. L. Shand, M. P. Jenssen (Opt. Soc. Am., 1989) pp.77 – 84, paper BB7.

[1.1222] H. R. Verdún, L. M. Thomas, D. M. Andrauskas, et al.: Laser performance of chromiumaluminum – doped forsterite, OSA Proc. Tunable Solid – State Lasers, Vol. 5, ed. by M. L. Shand, M. P. Jenssen (Opt. Soc. Am., North Falmouth 1989) pp.85 – 92.

[1.1223] V. Petričević, S. K. Gayen, R. R. Alfano: Near infrared tunable operation of chromium doped forsterite laser, Appl. Opt. **28**, 1609 (1989).

[1.1224] V. G. Baryshevsky, M. V. Korzhik, M. G. Livshits, et al.: Properties of Forsterite and the Performance of Forsterite Lasers with Lasers and Flashlamp Pumping, OSA Proc. Adv. Solid – State Lasers, Vol. 10, ed. by G. Dubé, L. Chase (Opt. Soc. Am., Washington 1991) pp.26 – 34.

[1.1225] J. C. Diettrich, I. T. McKinnie, D. M. Washington: Efficient, kHz repetition rate, gain – switched Cr: forsterite laser, Appl. Phys. B **69**, 203 (1999).

[1.1226] A. Seas, V. Petričević, R. R. Alfano: CW modelocked operation of chromium – doped forsterite laser, OSA Proc. Adv. Solid – State Lasers, Vol. 10, ed. by G. Dubé, L. Chase (Opt. Soc. Am., Wash – ington 1991) pp.69 – 71.

[1.1227] A. Seas, V. Petričević, R. R. Alfano: Continuouswave mode – locked operation of a chromiumdoped forsterite laser, Opt. Lett. **16**, 1668 (1991).

[1.1228] A. Seas, V. Petričević, R. R. Alfano: Generation of sub – 100 – fs pulses from a CW mode – locked chromium – doped forsterite laser, Opt. Lett. **17**,

937 (1992).

[1.1229] A. Sennaroglu, C. R. Pollock, H. Nathel: Generation of 48 fs pulses and measurement of crystal dispersion by using a regeneratively initiated self-mode-locked chromium-doped forsterite laser, Opt. Lett. **18**, 826(1993).

[1.1230] A. Seas, V. Petričević, R. R. Alfano: Selfmode-locked chromium-doped forsterite laser generates 50 fs pulses, Opt. Lett. **18**, 891 (1993).

[1.1231] Y. Pang, V. Yanovsky, F. Wise, et al.: Selfmode-locked Cr: forsterite laser, Opt. Lett. **18**, 1168 (1993).

[1.1232] V. Yanovsky, Y. Pang, F. Wise, et al.: Generation of 25 fs pulses from a self-mode-locked Cr: forsterite laser with optimized group-delay dispersion, Opt. Lett. **18**, 1541 (1993).

[1.1233] C. Chudoba, J. G. Fujimoto, E. P. Ippen, et al.: Generation of 20 fs pulses by a prismless Cr^{4+}: YAG laser, Opt. Lett. **26**, 292 (2001).

[1.1234] X. Liu, L. Qian, F. Wise, et al.: Diode-pumped Cr: fosterite laser mode locked by a semiconductor saturable absorber, Appl. Opt. **37**, 7080 (1998).

[1.1235] S. Kück: Spektroskopie und Lasereigenschaften Cr^{4+}-dotierter oxidischer Kristalle, Ph. D. Thesis(University of Hamburg, Hamburg 1994), in German

[1.1236] S. Kück, K. L. Schepler, K. Petermann, et al.: Excited state absorption and stimulated emission measurements of Cr^{4+}-doped $Y_3Al_5O_{12}$, $Y_3Sc_{0.9}Al_{4.1}O_{12}$, and $CaY_2Mg_2Ge_3O_{12}$, OSA Trends Opt. Photonics Adv. Solid-State Lasers, Vol. 1, ed. by S. A. Payne, C. R. Pollock(Opt. Soc. Am., Wash-ington 1996) pp.94-99.

[1.1237] S. Kück, K. L. Schepler, S. Hartung, et al.: Excited state absorption and ist influence on the laser behavior of Cr^{4+}-doped garnets, J. Lumin. **72-74**, 222 (1997).

[1.1238] N. V. Kuleshov, V. G. Shcherbitsky, V. P. Mikhailov, et al.: Excited-state absorption and stimulated emission measurements in Cr^{4+}: forsterite, J. Lumin. 75, 319 (1997).

[1.1239] N. V. Kuleshov, V. G. Shcherbitsky, V. P. Mikhailov, et al.: Excited-state absorption measurements in Cr^{4+}-doped Mg_2SiO_4 and Y_2SiO_5 laser materials. In: *OSA Trends Opt. Photonics Adv. Solid-State Lasers*, Vol. 1, ed. by S. A. Payne, C. R. Pollock (Opt. Soc. Am., Washington 1996) pp.85-89.

[1.1240] N. V. Kuleshov, V. G. Shcherbitsky, V. P. Mikhailov, et al.: Near infrared and visible excited-state absorption in Cr^{4+}: forsterite. In: *OSA Trends Opt. Photonics Adv. Solid-State Lasers*, Vol. 10, ed. by C. R. Pollock, W. R. Bosenberg (Opt. Soc. Am., Washington 1997) pp.425-430.

[1.1241] S. Hartung: Spektroskopische Untersuchungen breitbandig – emittierender Mn^{3+} – und Cr^{4+} – dotierter oxidischer Kristalle, Ph. D. Thesis (University of Hamburg, Hamburg 1997), in German.

[1.1242] T. C. Brunold, H. U. Güdel, M. F. Hazenkamp, et al.: Excited state absorption measurements and laser potential of Cr^{4+} doped Ca_2GeO_4, Appl. Phys. B **64**, 647 (1997).

[1.1243] S. Hartung, S. Kück, T. Danger, et al.: ESA measurements of Cr^{4+} – doped crystals with Wurtzite – like structure. In: *OSA Trends Opt. Photonics*, Vol. 1, ed. by S. A. Payne, C. R. Pollock (Opt. Soc. Am., Washington 1996) pp.90 – 93.

[1.1244] S. Kück, S. Hartung: Comparative study of the spectroscopic properties of Cr^{4+} – doped $LiAlO_2$ and $LiGaO_2$, Chem. Phys. **240**, 387 (1999).

[1.1245] J. Zhang, Y. Kalisky, G. H. Atkinson, et al.: Tunable cw laser action of Cr^{4+} : $Lu_3Al_5O_{12}$ at room – temperature, OSA Tech. Dig, Vol.5 (Opt. Soc. Am., Washington 1995) pp.182 – 186.

[1.1246] Y. Y. Kalisky, J. Zhang, S. R. Rotman, et al.: Spectroscopy and laser performance of some rare earth and transition – metal – doped garnets. In: *UV and Visible Lasers and Laser Crystal Growth*, Proc. SPIE, Vol. 2380, ed. by R. Scheps, M. R. Kokta (SPIE, Bellingham 1995) pp.24 – 33.

[1.1247] V. Petričević, A. B. Bykov, R. R. Alfano: Room temperature laser operation of Cr: Ca_2GeO_4, a new near – infrared tunable laser crystal, Adv. Solid – State Lasers Conf. (Opt. Soc. Am., Washington 1996), Post Deadline Paper PDP – 2.

[1.1248] V. Petričević, A. B. Bykov, J. M. Evans, et al.: Room – temperature near – infrared tunable laser operation of Cr^{4+} : Ca_2GeO_4, Opt. Lett. **21**, 1750 (1996).

[1.1249] V. Petričević, A. B. Bykov, J. M. Evans, et al.: Room temperature CW and pulsed near – infrared tunable laser operation of Cr^{4+} : Ca_2GeO_4, Conf. Lasers Electroopt. 1997 (Opt. Soc. Am., Washington 1997), CThT2.

[1.1250] V. Petričević, A. B. Bykov, J. M. Evans, et al.: Room – temperature near – infrared tunable laser operation of Cr^{4+} : Ca_2GeO_4, Opt. Lett. **21**, 1750 (1996).

[1.1251] V. Petričević, A. B. Bykov, J. M. Evans, et al.: Pulsed laser operation of Cr^{4+} : $LiScGeO_4$ at 1.3 μm, Conf. Lasers Electroopt. 1997 (Opt. Soc. Am., Washington 1997), CTuE7.

[1.1252] B. H. T. Chai, Y. Shimony, C. Deka, et al.: Laser performance of Cr^{4+} : Y_2SiO_5 at liquid nitrogen temperature, OSA Proc. Adv. Solid – State Lasers,

Vol. 13, ed. By L. L. Chase, A. A. Pinto (Opt. Soc. Am., Santa Fé 1992) pp.28–30.

[1.1253] C. Deka, B. H. T. Chai, Y. Shimony, et al.: Laser performance of Cr^{4+}: Y_2SiO_5, Appl. Phys. Lett. **61**, 2141 (1992).

[1.1254] J. Koetke, S. Kück, K. Petermann, et al.: Quasi–continuous wave laser operation of Cr^{4+}–doped Y_2SiO_5 at room temperature, Opt. Commun. **101**, 195 (1993).

[1.1255] A. A. Kaminskii, B. V. Mill, E. L. Belokoneva, et al.: Structure refinement and laser properties of orthorhombic chromium containing $LiNbGeO_5$, Inorg. Mater. **27**, 1899 (1991).

[1.1256] R. Moncorgé, H. Manaa, A. A. Kaminskii: Spectroscopic investigation of the chromium–doped $LiNbGeO_5$ laser crystal, Chem. Phys. Lett. **200**, 635 (1992).

[1.1257] H. Manaa, R. Moncorgé, A. V. Butashin, et al.: Luminescence properties of Crdoped $LiNbGeO_5$ laser crystal, OSA Proc. Adv. Solid–State Lasers, Vol. 15, ed. by A. A. Pinto, T. Y. Fan (Opt. Soc. Am., Washington 1993) pp.343–345.

[1.1258] R. Moncorgé, H. Manaa, F. Deghoul, et al.: Spectroscopic study and laser operation of Cr^{4+}–doped (Sr,Ca) $Gd_4(SiO_4)_3O$ single crystals, Opt. Commun. **116**, 393 (1995).

[1.1259] S. Kück, K. Petermann, U. Pohlmann, et al.: Near–infrared emission of Cr^{4+}–doped garnets: Lifetimes, quantum efficiencies, and emission cross sections, Phys. Rev. B **51**, 17323 (1995).

[1.1260] N. I. Borodin, A. G. Okhrimchuk, A. V. Shestakov: Polarizing spectroscopy of $Y_3Al_5O_{12}$, $SrAl_2O_4$, $CaAl_2O_4$ crystals containing Cr^{4+}, Adv. Solid–State Lasers, Vol. 13, ed. by L. L. Chase, A. A. Pinto (Opt. Soc. Am., Santa Fé 1992) pp.42–46.

[1.1261] S. Kück, K. L. Schepler, S. Hartung, et al.: Excited state absorption and its influence on the laser behavior of Cr^{4+}–doped garnets, J. Lumin. **72–74**, 222 (1997).

[1.1262] H. Eilers, U. Hömmerich, S. M. Jacobsen, et al.: The near–infrared emission of Cr: Mn_2SiO_4 and Cr: $MgCaSiO_4$, Chem. Phys. Lett. **212**, 109 (1993).

[1.1263] V. Petričević, A. Seas, R. R. Alfano, et al.: Cr: Mg_2GeO_4 and Cr: $CaMgSiO_4$: New potential tunable solid–state laser crystals, Adv. Solid–State Lasers and Compact Blue–Green Lasers Tech. Dig, Vol. 2 (Opt. Soc. Am., Washington 1993) pp.238–240.

[1.1264] V. Petričević, A. B. Bykov, A. Seas, et al.: Pulsed laser operation of Cr^{4+}:

LiScGeO$_4$ at 1.3 μm, Conf. Lasers Electroopt. (Opt. Soc. Am., Washington 1997), CFH1.

[1.1265] A. V. Podlipensky, V. G. Scherbitsky, N. V. Kuleshov, et al.: Efficient laser operation and continuous wave diode pumping of Cr^{2+} : ZnSe single crystals, Appl. Phys. B **72**, 253 (2001).

[1.1266] J. D. Beasley: Thermal conductivities of sdome novel nonlinerar optical materials, Appl. Opt. **33**, 1000 (1994).

[1.1267] D. T. F. Marple: Refractive index of ZnSe, ZnTe, and CdTe, J. Appl. Phys. **35**, 539 (1964).

[1.1268] W. L. Bond: Measurements of the reefractive indices of several crystals, J. Appl. Phys. **36**, 1674 (1965).

[1.1269] R. Pappalardo, R. E. Dietz: Absorption spectra of transition ions in CdS crystals, Phys. Rev. **123**, 1188 (1961).

[1.1270] C. S. Kelley, F. Williams: Optical absorption spectra of chromium – doped zinc sulfide crystals, Phys. Rev. B **2**, 3 (1970).

[1.1271] J. T. Vallin, G. A. Slack, S. Roberts, et al.: Infrared absorption in some Ⅱ – Ⅵ compounds doped with Cr, Phys. Rev. B **2**, 4313 (1970).

[1.1272] A. Fazzio, M. J. Caldas, A. Zunger: Many – electron multiplet effects in the spectra of 3d impurities in heteropolar semiconductors, Phys. Rev. B **30**, 3430 (1984).

[1.1273] H. Nelkowski, G. Grebe: IR – luminescence of ZnS: Cr, J. Lumin. **1 – 2**, 88 (1970).

[1.1274] G. Grebe, H. J. Schulz: Luminescence of Cr^{2+} centers and related optical interactions involving crystal – field levels of chromium ions in zinc sulfide, Z. f. Naturforschung **29A**, 1803 (1974).

[1.1275] G. Grebe, G. Roussos, H. J. Schulz: Infrared luminescence of ZnSe: Cr crystals, J. Lumin. **12 – 13**, 701 (1976).

[1.1276] G. Goetz, A. Krost, H. J. Schulz: Cr^{2+} (d^4) infrared emission in CdS and CdSe, J. Cryst. Growth **101**, 414 (1990).

[1.1277] K. L. Schepler, S. Kück, L. Shiozawa: Cr^{2+} emission spectroscopy in CdSe, J. Lumin. **72 – 74**, 116 (1997).

[1.1278] I. T. Sorokina, E. Sorokin, T. J. Carrig: Femtosecond pulse generation from a SESAM mode – locked Cr: ZnSe laser, Conf. Lasers Electroopt., Tech. Dig., Long Beach (Opt. Soc. Am., Washington 2006), CMQ2.

[1.1279] L. D. DeLoach, R. H. Page, G. D. Wilke, et al.: Transition metal – doped zinc chalcogenides: Spectroscopy and laser demonstration of a new class of gain media, IEEE J. Quantum Electron. **32**, 885 (1996).

[1.1280] L. D. DeLoach, R. H. Page, G. D. Wilke, et al.: Properties of transition metaldoped zinc chalcogenide crystals for tunable IR laser radiation. In: *OSA Proc. Adv. Solid–State Lasers*, Vol. 24, ed. by B. H. T. Chai, S. A. Payne (Opt. Soc. Am., Washington 1995) pp.127–131.

[1.1281] R. H. Page, L. D. DeLoach, K. I. Schaffers, et al.: Recent developments in Cr^{2+} –doped Ⅱ – Ⅵ compound lasers, OSA Trends Opt. Photonics Adv. Solid–State Lasers, Vol. 1, ed. by S. A. Payne, C. R. Pollock (Opt. Soc. Am., Washington 1996) pp.130–136.

[1.1282] U. Demirbas, A. Sennaroglu: Intracavity–pumped Cr^{2+}: ZnSe laser with ultrabroad tuning range between 1880 and 3 100 nm, Opt. Lett. **31**, 2293–2295 (2006).

[1.1283] U. Hömmerich, X. Wu, V. R. Davis, et al.: Demonstration of room–temperaturelaser action at 2.5 mm from $Cr^{2+}Cd_{0.85}Mn_{0.15}Te$, Opt. Lett. **22**, 1180 (1997).

[1.1284] J. T. Seo, U. Hömmerich, H. Zong, et al.: Mid–infrared lasing from a novel optical material: Chromiumdoped $Cd_{0.55}Mn_{0.45}Te$, Phys. Status Solidi (a) **175**, R3 (1999).

[1.1285] A. V. Podlipensky, V. G. Scherbitsky, N. V. Kuleshov, et al.: 1 W continuous–wave laser generation and excited state absorption measurements in Cr^{2+}: ZnSe, Adv. Solid–State Lasers, Vol. 34, ed. by H. Injeyan, U. Keller, C. Marshall (Opt. Soc. Am., Washington 2000) pp.201–206.

[1.1286] E. Sorokin, I. T. Sorokina: Tunable diode–pumped continuous–wave Cr^{2+}: ZnSe laser, Appl. Phys. Lett. **80**, 3289 (2002).

[1.1287] J. Jaeck, R. Haidar, E. Rosencher, et al.: Room–temperature electroluminescence in the mid–infrared (2–3 μm) from bulk chromium–doped ZnSe, Opt. Lett. **31**, 3501 (2006).

[1.1288] J. Jaeck, R. Haidar, F. Pardo, et al.: Electrically enhanced infrared photoluminescence in Cr: ZnSe, Appl. Phys. Lett. **96**, 211107 (2010).

[1.1289] N. Vivet, M. Morales, M. Levalois, et al.: Photoluminescence properties of Cr^{2+}: ZnSe films deposited by radio frequency magnetron co–sputtering, Appl. Phys. Lett. **90**, 181915 (2007).

[1.1290] J. McKay, W. B. Roh, K. L. Schepler: 4.2W Cr^{2+}: ZnSe face cooled disk laser, Conf. Lasers Electroopt. OSA Technical Digest (Opt. Soc. Am., Washington 2002).

[1.1291] A. Giesen, H. Hügel, K. Wittig, et al.: Scalable concept for diode–pumped high–power solid–state lasers, Appl. Phys. B **58**, 365 (1994).

[1.1292] T. J. Carrig, G. J. Wagner: Power scaling of Cr^{2+}: ZnSe lasers,

Adv. Solid－State Lasers, ed. By C. Marshall (Opt. Soc. Am., Washington 2001) pp.406－410.

[1.1293] W. Alford, G. J. Wagner, J. Keene, et al.: Highpower and Q－switched Cr: ZnSe lasers, Adv. Solid State Photonics, Vol. 83 (Opt. Soc. Am., Washington 2003).

[1.1294] I. T. Sorokina, E. Sorokin, S. Mirov, et al.: Broadly tunable compact continuous－wave Cr^{2+}: ZnS laser, Opt. Lett. **27**, 1040 (2002).

[1.1295] I. T. Sorokina, E. Sorokin, S. Mirov, et al.: Continuous－wave tunable Cr^{2+}: ZnS laser, Appl. Phys. B **74**, 607 (2002).

[1.1296] R. H. Page, K. I. Schaffers, L. D. DeLoach, et al.: Cr^{2+}－doped zinc chalcogenides as efficient, widely tunable mid－infrared lasers, IEEE J. Quantum Electron. **33**, 609 (1997).

[1.1297] J. McKay, K. L. Schepler, S. Kück: Chromium (Ⅱ): Cadmium selenide laser, Opt. Soc. Am. Annu. Meet. (Opt. Soc. Am., Washington 1998), ThGG1.

[1.1298] J. T. Seo, U. Hömmerich, S. B. Trivedi, et al.: Slope efficiency and tunability of a Cr^{2+}: $Cd_{0.85}Mn_{0.15}Te$ mid－infrared laser, Opt. Commun. **153**, 267 (1998).

[1.1299] A. G. Bluiett, U. Hömmerich, R. T. Shah, et al.: Observation of lasing from Cr^{2+}－CdTe and compositional effects in Cr^{2+}－doped Ⅱ－Ⅵ semiconductors, J. Electron. Mater. **31**, 806 (2002).

[1.1300] J. McKay, D. Krause, K. L. Schepler: Optimization of Cr^{2+}: CdSe for efficient laser operation, Adv. Solid－State Lasers, ed. by H. Injeyan, U. Keller, C. Marshall (Opt. Soc. Am., Washington 2000) pp.218－224.

[1.1301] K. Graham, S. B. Mirov, V. V. Fedorov, et al.: Spectroscopic characterization and laser performance of diffusion doped Cr^{2+}: ZnS, Adv. Solid－State Lasers, ed. by C. Marshall (Opt. Soc. Am., Washington 2001) pp.561－567.

[1.1302] J. McKay, W. B. Roh, K. L. Schepler: Extended midIR tuning of a Cr^{2+}: CdSe laser, Adv. Solid State Lasers, Vol. 68, ed. by M. Fermann, L. Marshall (Opt. Soc. Am., Washington 2002).

[1.1303] T. J. Carrig, G. J. Wagner, A. Sennaroglu, et al.: Mode－locked Cr^{2+}: ZnSe laser, Opt. Lett. **25**, 168 (2000).

[1.1304] T. J. Carrig, G. J. Wagner, A. Sennaroglu, et al.: Acousto－optic mode－locking of a Cr^{2+}: ZnSe laser, Adv. Solid－State Lasers, Vol. 34, ed. by H. Injeyan, U. Keller, C. Marshall (Opt. Soc. Am., Washington 2000) pp.182－187.

[1.1305] I. T. Sorokina, E. Sorokin, A. Di Lieto, et al.: Active and passive mode－locking of Cr^{2+}: ZnSe laser, Adv. Solid－State Lasers, ed. by

C. Marshall (Opt. Soc. Am., Washington 2001) pp.157 – 161.

[1.1306] U. Hömmerich, J. T. Seo, A. Bluiett, et al.: Mid – infrared laser development based on transition metal doped cadmium manganese telluride , J. Lumin. **87 – 89**, 1143 (2000).

[1.1307] J. McKay, K. L. Schepler, G. Catella: Kilohertz, 2.6 μm Cr^{2+} : CdSe laser, Adv. Solid – State Lasers, Vol. 26, ed. by M. M. Fejer, H. Injeyan, U. Keller (Opt. Soc. Am., Washington 1999) pp.420 – 426.

[1.1308] G. J. Wagner, T. J. Carrig, R. H. Page, et al.: Continuous – wave broadly tunable Cr^{2+} : ZnSe laser, Opt. Lett. **24**, 19 (1999).

[1.1309] G. J. Wagner, T. J. Carrig, R. H. Jarman, et al.: High – efficiency, broadly tunable continuouswave Cr^{2+} : ZnSe laser, Adv. Solid – State Lasers, ed. by M. M. Fejer, H. Injeyan, U. Keller (Opt. Soc. Am., Washington 1999) pp.427 – 434.

[1.1310] I. T. Sorokina, E. Sorokin, A. Di Lieto, et al.: 0.5 W efficient broadly tunable continuos – wave Cr^{2+} : ZnSe laser, Adv. Solid – State Lasers, ed. by H. Injeyan, U. Keller, C. Marshall (Opt. Soc. Am., Washington 2000) pp.188 – 193.

[1.1311] I. T. Sorokina, E. Sorokin, A. Di Lieto, et al.: Efficient broadly tunable continuous – wave Cr^{2+} : ZnSe laser, J. Opt. Soc. Am. B **18**, 926 (2001).

[1.1312] A. Sennaroglu, U. Demirbas, N. Vermeulen, et al.: Continuous – wave broadly tunable Cr^{2+} :ZnSe laser pumped by a thulium fiber laser, Opt. Commun. **268**, 115 (2006).

[1.1313] A. V. Podlipensky, V. G. Scherbitsky, N. V. Kuleshov, et al.: Pulsed laser operation of diffusion – doped Cr^{2+} : ZnSe, Opt. Commun. **167**, 129 (1999).

[1.1314] R. H. Page, J. A. Skidmore, K. I. Schaffers, et al.: Demonstrations of diode – pumped and grating – tuned ZnSe: Cr^{2+} lasers, Adv. Solid – State Lasers, ed. By C. R. Pollock, W. R. Bosenberg (Opt. Soc. Am., Washington 1997) pp.208 – 210.

[1.1315] M. Mond, D. Albrecht, E. Heumann, et al.: Laser diode pumping at 1.9 μm and 2 μm of Cr^{2+} : ZnSe and Cr^{2+} : CdMnTe, Opt. Lett. **27**, 1034 (2002).

[1.1316] M. Mond, D. Albrecht, E. Heumann, et al.: Cr^{2+} : ZnSe laser pumped by a 1.57 μm erbium fibre amplifier, Adv. Solid – State Lasers, ed. by M. Fermann, L. Marshall (Opt. Soc. Am., Washington 2002).

[1.1317] D. Albrecht, M. Mond, E. Heumann, et al.: Efficient 100 mW Cr^{2+} : ZnSe laser pumped by a 1.9 μm laser diode , Conf . Lasers Electroopt. (Opt. Soc. Am., Washington 2002) p. CMY5.

[1.1318] A. V. Podlipensky, V. G. Scherbitsky, N. V. Kuleshov, et al.: Oral presentations, Conf. Lasers Electroopt. Eur. Nice 2000 (Opt. Soc. Am., Washington 2000), paper CWH3.

[1.1319] I. T. Sorokina, E. Sorokin, A. Di Lieto, et al.: Oral presentations, Conf. Lasers Electroopt. Eur. Nice 2000(Opt. Soc. Am., Washington 2000), paper CWH4.

[1.1320] M. Mond, E. Heumann, H. Kretschmann, et al.: Continuous－wave diode pumped Cr^{2+}: ZnSe and high power laser operation, Adv. Solid－State Lasers, Vol. 50, ed. by C. Marshall (Opt. Soc. Am., Washington 2001) pp.162－165.

[1.1321] I. T. Sorokina, E. Sorokin, R. H. Page: Roomtemperature cw diode－pumped Cr^{2+}: ZnSe laser, Adv. Solid－State Lasers, Vol. 50, ed. by C. Marshall (Opt. Soc. Am., Washington 2001) pp.101－105.

[1.1322] M. Mond, D. Albrecht, H. M. Kretschmann, et al.: Erbium fiber amplifier pumped Cr^{2+}: ZnSe laser, Phys. Status Solidi (a) **188**, R3 (2001).

[1.1323] V. E. Kisel, V. G. Shcherbitsky, N. V. Kuleshov, et al.: Spectral kinetic properties and lasing characteristics of diode－pumped Cr^{2+}: ZnSe single crystals, Opt. Spectrosc. **99**, 663 (2005).

[1.1324] I. S. Moskalev, V. V. Fedorov, S. B. Mirov: Multiwavelength mid－IR spatially－dispersive CW laser based on polycrystalline Cr^{2+}: ZnSe, Opt. Express **12**, 4986 (2004).

[1.1325] L. F. Johnson, H. J. Guggenheim, R. A. Thomas: Phonon－terminated optical masers, Phys. Rev. **149**, 179 (1966).

[1.1326] L. F. Johnson, H. J. Guggenheim: Phononterminated coherent emission from V^{2+} ions in MgF_2, J. Appl. Phys. **38**, 4837 (1967).

[1.1327] P. F. Moulton: Tunable paramagneticion lasers. In: *Laser Handbook*, Vol. 5, ed. by M. Bass, M. L. Stitch(North Holland, Amsterdam 1985)pp.203－288.

[1.1328] U. Brauch, U. Dürr: Vibronic laser action of V^{2+}:$CsCaF_3$, Opt. Commun. 55, 35 (1985).

[1.1329] W. Knierim, A. Honold, U. Brauch, et al.: Optical and lasing properties of V^{2+}－doped halide crystals, J. Opt. Soc. B **3**, 119 (1986).

[1.1330] I. S. Moskalev, V. V. Fedorov, et al.: Highpower, widely－tunable, continuous－wave polycrystalline Cr^{2+}: ZnS laser, Conf. Lasers Electroopt. CLEO 2009 (2009), Tech. Dig. paper CWA1.

[1.1331] C. Kim, J. Peppers, V. V. Fedorov, et al.: RT mid－IR random lasing of Cr^{2+} doped ZnS, TnSe, CdSe powders, polymer liquid and polymer films, Conf. Lasers and Electro－Optics CLEO 2009 (2009), Tech. Dig. paper CWH7.

[1.1332] I. T. Sorokina, E. Sorokin: Chirped – mirror dispersion controlled femtosecond Cr – ZnSe laser, Tech. Dig. Adv. Solid – State Photonics 19th Top. Meet., Vancouver (2007), paper WE2.

[1.1333] S. A. Payne, L. L. Chase: Excited state absorption of V^{2+} and Cr^{3+} ions in crystal hosts, J. Lumin. **38**, 187 (1987).

[1.1334] R. Moncorgé, T. Benyattou: Excited – state – absorption and laser parameters of V^{2+} in MgF_2 and $KMgF_3$, Phys. Rev. B **37**, 9177 (1988).

[1.1335] P. F. Moulton: Lasers and Masers. In: *Handbook of Lasers Science and Technology I*, ed. by M. J. Weber (CRC, Boca Raton 1982) p.60.

[1.1336] J. M. Breteau, D. Meichenin, F. Auzel: Etude du laser accordable MgF_2: Ni^{2+} , Rev. Phys. Appl. **22**, 1419 (1987).

[1.1337] P. F. Moulton, A. Mooradian: Broadly tunable CW operation of Ni: MgF_2 and Co: MgF_2 lasers, Appl. Phys. Lett. **35**, 838 (1979).

[1.1338] A. Mooradian: Transition – metal lasers could provide high power output, Laser Focus **15**, 24 (1979).

[1.1339] B. C. Johnson, P. F. Moulton, A. Mooradian: Modelocked operation of Co: MgF_2 and Ni: MgF_2 lasers, Opt. Lett. **10**, 116 (1984).

[1.1340] L. F. Johnson, R. E. Dietz, H. J. Guggenheim: Optical maser oscillation from Ni^{2+} in MgF_2 involving simultaneous emission of phonons , Phys. Rev. Lett. **11**, 318 (1963).

[1.1341] P. F. Moulton: Pulse – pumped operation of divalent transition – metal lasers, J. Quantum Elec – tron. **18**, 1185 (1982).

[1.1342] P. F. Moulton, A. Mooradian, T. B. Reed: Efficient CW optically pumped Ni: MgF_2 laser, Opt. Lett. **3**, 164 (1978).

[1.1343] L. F. Johnson, H. J. Guggenheim, D. Bahnck, et al.: Phonon – terminated laser emission from Ni^{2+} ions in $KMgF_3$, Opt. Lett. **8**, 371 (1983).

[1.1344] J. Koetke: Absorption aus angeregten Zuständen in Ni^{2+} – und Er^{3+} – dotierten Kristallen, Ph. D. Thesis (Shaker Verlag, Aachen 1994), in German.

[1.1345] J. Koetke, S. Kück, K. Petermann, et al.: Pulsed laser operation of Ni^{2+} : $Gd_3Ga_5O_{12}$, Int. Quantum Electron. Conf. (Opt. Soc. Am., Wash – ington 1994), QTuE1.

[1.1346] J. Koetke, K. Petermann, G. Huber: Infrared excited state absorption of Ni^{2+} doped crystals, J. Lumin. **60 – 61**, 197 (1993).

[1.1347] U. Oetliker, M. Herren, H. U. Güdel, et al.: Luminescence properties of Mn^{5+} in a variety of host lattices: Effects of chemical and structural variation, J. Chem. Phys. **100**, 8656 (1994).

[1.1348] S. Kück, K. L. Schepler, B. H. T. Chai: Evaluation of Mn^{5+} – doped $Sr_5(VO_4)_3F$ as a laser material based on excited – state absorption and stimulatedemission measurements, J. Opt. Soc. Am. B **14**, 957 (1997).

[1.1349] J. D. Kingsley, J. S. Prener, B. Segall: Spectroscopy of MnO_4^{3-} in calcium halophosphates, Phys. Rev. **137**, A189 (1965).

[1.1350] J. B. Milstein, J. Ackerman, S. L. Holt, et al.: Electronic structures of chromium (V) and manganese (V) in phosphate and vanadate hosts, Inorg. Chem. **11**, 1178 (1972).

[1.1351] R. Borromei, L. Oleari, P. Day: Electronic spectrum of the manganate (V) ion in different host lattices, Faraday Trans. II **77**, 1563 (1981).

[1.1352] J. Capobianco, G. Cormier, R. Moncorgé, et al.: Gain measurements of Mn^{5+} ($3d^2$) doped $Sr_5(PO_4)_3Cl$ and Ca_2PO_4Cl, Appl. Phys. Lett. **60**, 163 (1992).

[1.1353] M. Herren, H. U. Güdel, C. Albrecht, et al.: High – resolution near – infrared luminescence of manganese (V) in tetrahedral oxo coordination, Chem. Phys. Lett. **183**, 98 (1991).

[1.1354] J. Capobianco, G. Cormier, M. Bettinelli, et al.: Near infrared intraconfigurational luminescence spectroscopy of the Mn^{5+} ($3d^2$) ion in Ca_2PO_4Cl, $Sr_5(PO_4)_3Cl$, Ca_2VO_4Cl and Sr_2VO_4Cl, J. Lumin. **54**, 1 (1992).

[1.1355] J. Capobianco, G. Cormier, C. A. Morrison, et al.: Crystal – field analyis of Mn^{5+} ($3d^2$) in $Sr_5(PO_4)_3Cl$, Opt. Mater. **1**, 209 (1992).

[1.1356] H. R. Verdún: Absorption and emission properties of the new laser – active center in Mn^{5+} in several crystalline hosts, OSA Proc. Adv. Solid – State Lasers, Vol. 15, ed. by A. A. Pinto, T. Y. Fan (Opt. Soc. Am., Washington 1993) pp.315 – 319.

[1.1357] L. D. Merkle, A. Guyot, B. H. T. Chai: Spectroscopic and laser investigations of Mn^{5+}: $Sr_5(VO_4)_3F$, J. Appl. Phys. **77**, 474 (1995).

[1.1358] L. D. Merkle, A. Pinto, H. R. Verdún, et al.: Laser action from Mn^{5+} in $Ba_3(VO_4)_2$, Appl. Phys. Lett. **61**, 2386 (1992).

[1.1359] L. D. Merkle, H. R. Verdún, B. McIntosh: Spectroscopy and laser operation of Mn^{5+} – doped vanadates, OSA Proc. Adv. Solid – State Lasers, Vol. 15, ed. by A. A. Pinto, T. Y. Fan (Opt. Soc. Am., Washington 1993) pp.310 – 314.

[1.1360] H. Manaa, Y. Guyot, F. Deghoul, et al.: Excited state absorption in Mn^{5+}: $Sr_5(VO_4)_3F$, Chem. Phys. Lett. **238**, 333 (1995).

[1.1361] H. Manaa, Y. Guyot, R. Moncorgé: Spectroscopic and tunable laser properties of Co^{2+} – doped single crystals, Phys. Rev. B **48**, 3633 (1993).

[1.1362] M. D. Sturge: The Jahn Teller Effect in Solids. In: *Solid State Physics*, Vol. 20, ed. by F. Seitz, D. Turnbull, H. Ehrenreich (Academic, New York 1967).

[1.1363] J. Kernal, V. V. Fedorov, A. Gallian, et al.: 3.9 – 4.8 μm gain – switched lasing of Fe: ZnSe at room temperature, Opt. Express **13**, 10608 (2005).

[1.1364] V. A. Akimov, M. P. Frolov, Y. V. Korostelin, et al.: Room temperature operation of a Fe^{2+}: ZnSe laser, Laser Optics 2006: Solid State Lasers and Nonlinear Frequency Conversion, Vol. 6610, ed. by V. I. Ustyugov (2007) p.661009.

[1.1365] V. A. Akimov, A. A. Voronov, V. I. Kozlovsky, et al.: Efficient lasing in a Fe^{2+}: ZnSe crystal at room temperature, Quantum Electron. **36**, 299 (2006).

[1.1366] J. J. Adams, C. Bibeau, R. H. Page, et al.: Tunable laser action at 4.0 microns from Fe: ZnSe, Adv. Solid – State Lasers, ed. by M. M. Fejer, H. Injeyan, U. Keller (Opt. Soc. Am., Washington 1999) pp.435 – 440.

[1.1367] J. J. Adams, C. Bibeau, R. H. Page, et al.: 4.0 – 4.5 μm lasing of Fe: ZnSe below 180 K, a new mid – infrared laser material, Opt. Lett. **24**, 1720 (1999).

[1.1368] V. A. Akimov, V. V. Voronov, V. I. Kozlovskii, et al.: Efficient IR Fe: ZnSe laser continuously tunable in the spectral range from 3.77 to 4.40 μm, Quantum Electron. **34**, 912 (2004).

[1.1369] V. V. Voronov, V. I. Kozlovskii, Y. V. Korostelin, et al.: Laser parameters of a Fe: ZnSe laser crystal in the 85 – 255 K temperature range, Quantum Electron. **35**, 809 (2005).

[1.1370] P. B. Klein, J. E. Furneaux, R. L. Henry: Laser oscillation at 3.53 μm from Fe^{2+} in n – InP: Fe, Appl. Phys. Lett. **42**, 638 (1983).

[1.1371] E. M. Dianov, V. V. Dvoyrin, V. M. Mashinsky, et al.: CW bismuth fibre laser, Quantum Electron. **35**, 1083 – 1084 (2005).

[1.1372] E. M. Dianov, A. V. Shubin, M. A. Melkumov, et al.: Bi – doped Fiber Lasers: New Type of High – Power Radiation Sources, Conf. Lasers Electroopt. Tech. Dig. (2007), paper CFI1.

[1.1373] V. V. Dvoyrin, V. M. Mashinsky, L. I. Bulatov, et al.: Bismuth – doped – glass optical fibers – a new active medium for lasers and amplifiers, Opt. Lett. **31**, 2966 (2006).

[1.1374] I. Razdobreev, L. Bigot: On the multiplicity of bismuth active centres in germano – aluminosilicate preform, Opt. Mater. **33**, 973 (2011).

[1.1375] V. V. Dvoyrin, O. I. Medvedkov, V. M. Mashinsky, et al.: Optical amplification in 1430 – 1495 nm range and laser action in Bi – doped fibers, Opt. Express **16**, 16971 (2008).

[1.1376] V. V. Dvoirin, V. M. Mashinskii, O. I. Medvedkov, et al.: Bismuth – doped telecommunication fibres for lasers and amplifiers in the 1 400 – 1 500 nm region, Quantum Electron. **39**, 583 – 584 (2009).

[1.1377] I. Razdobreev, L. Bigot, V. Pureur, et al.: Efficient all – fiber bismuth – doped laser, Appl. Phys. Lett. **90**, 031103 (2007).

[1.1378] S. Kivisto, J. Puustinen, M. Guina, et al.: Tunable modelocked bismuth – doped soliton fibre laser, Electron. Lett. **44**, 1456 (2008).

[1.1379] H. Kroemer: A proposed class of heterojunction injection lasers, Proc. IEEE **51**, 1782 – 1784 (1963).

[1.1380] Z. I. Alferov: *The Double Heterostructure Concept and its Applications in Physics, Electronics, and Technology* (Wiley, Weinheim 2001), Nobel Lecture

[1.1381] R. Dingle: Confined carrier quantum states in ultrathin semiconductor heterostructures, Adv. Solid State Phys. **15**, 21 – 48 (1975).

[1.1382] B. Bushan (Ed.): *Springer Handbook of Nanotechnology* (Springer, Berlin, Heidelberg 2004).

[1.1383] J. Piprek: *Semiconductor Optoelectronic Devices* (Academic, San Diego 2003).

[1.1384] I. Kim, R. C. Alferness, U. Koren, et al.: Broadly tunable vertical – coupler filtered tensile – strained InGaAs/InGaAsP multiple quantum well laser, Appl. Phys. Lett. **64**, 2764 – 2766 (1994).

[1.1385] K. Eberl: Quantum – dot lasers, Phys. World **10**, 47 – 50 (1997).

[1.1386] A. Pawlis, C. Arens, G. Kirihakidis, et al.: Private communication.

[1.1387] J. P. Reithmaier, G. Sek, A. Löffler, et al.: Strong coupling in a quantum dot micropillar cavity system, Nature **432**, 197 – 200 (2004).

[1.1388] S. Deubert, A. Somers, W. Kaiser, et al.: InP – based quantum dash lasers for wide gain bandwidth applications, J. Cryst. Growth 278, 346 – 350 (2005).

[1.1389] F. Träger (Ed.): *Springer Handbook of Lasers and Optics* (Springer, Berlin, Heidelberg 2007), Chap 1.3, Fig. 1.93.

[1.1390] J. L. Merz, P. M. Petroff: Making quantum wires and boxes for optoelectronic devices, Mater. Sci. Eng. B **9**, 275 – 284 (1991).

[1.1391] N. N. Ledentsov: *Growth Processes and Surface Phase Equilibria in Molecular Beam Epitaxy*, Springer Tracts Mod. Phys., Vol. 156 (Springer, Berlin, Heidelberg 1999).

[1.1392] N. N. Ledentsov: Long – wavelength quantum – dot lasers on GaAs substrates: From media to device concepts? , IEEE J. Sel. Top. Quantum Electron. **8**, 1015 – 1024 (2002).

[1.1393] D. Bimberg, M. Grundmann, N. N. Ledentsov: *Quantum Dot Heterostructures* (Wiley-VCH, Weinheim 2001).

[1.1394] M. Grundmann (Ed.): *Nano-Optoelectronics* (Springer, Berlin, Heidelberg 2002).

[1.1395] M. Grundmann, D. Bimberg: Selbstordnende Quantenpunkte: Vom Festkörper zum Atom, Phys. Bl. **53**, 517 (1997), in German.

[1.1396] U. Woggon: *Optical Properties of Semiconductor Quantum Dots*, Springer Tracts Mod. Phys., Vol. 136 (Springer, Berlin, Heidelberg 1997).

[1.1397] J. P. Reithmaier, G. Sek, C. Hofmann, et al.: Strong coupling in a single quantum dot-semiconductor microcavity system, Nature **432**, 197-200 (2004).

[1.1398] O. Boyraz, B. Jalali: Demonstration of a silicon Raman laser, Opt. Express **12**, 5269-5273 (2004).

[1.1399] J. P. Reithmaier: Nanostructured semiconductor materials for optoelectronic applications. In: *Nanostructured Materials for Advanced Technological Applications*, NATO ASI Series B, ed. by J. P. Reithmaier, P. Petkov, W. Kulisch, C. Popov (Springer, Berlin, Heidelberg 2009) pp.447-476.

[1.1400] F. Klopf, S. Deubert, J. P. Reithmaier, et al.: Correlation between the gain profile and the temperature-induced wavelength-shift of quantum dot lasers, Appl. Phys. Lett. **81** (2), 217-219 (2002).

[1.1401] H. C. Casey, M. B. Panish: *Heterostructure Lasers*, Vol. A (Academic, New York 1978).

[1.1402] S. Asada: Waveguiding effect on modal gain in optical waveguide devices, IEEE J. Quantum Electron. **27**, 884-885 (1991).

[1.1403] G. P. Agrawal, N. K. Dutta: *Long-Wavelength Semiconductor Lasers* (Van Nostrand Reinhold, New York 1986).

[1.1404] T. Tamir: *Guided-Wave Optoelectronics* (Springer, Berlin, Heidelberg 1988).

[1.1405] H. Burkhard, E. Kuphal: InGaAsP/InP mushroom stripe lasers with low CW threshold and high output power, Jpn. J. Appl. Phys. **22**, L721-L723 (1983).

[1.1406] R. Goebel, H. Janning, H. Burkhard: S. I. InP: Fe hydride-VPE for mushroom type lasers, Proc. 7th Conf. Semi-insul. Mater. (Ixtapa 1992) pp.125-130.

[1.1407] K. Petermann: *Laser Diode Modulation and Noise* (Kluwer Academic, Dordrecht 1988).

[1.1408] C. H. Henry: Theory of spontaneous emission noise in open resonators and its application to lasers and optical amplifiers, J. Lightwave Technol. **4**, 288-297 (1986).

[1.1409] L. D. Westbrook, B. Eng: Measurements of dg/D*n* and d*n*/d*N* and their dependence on photon energy in $\lambda = 1.5$ μm InGaAsP laser diodes, IEEE Proc. J. **133**, 135–142 (1986).

[1.1410] Y. Arakawa, A. Yariv: Quantum well lasers–gain, spectra, dynamics, IEEE J. Quantum Electron. **22**, 1887–1897 (1986).

[1.1411] P. W. A. Mc Ilroy, A. Kurobe, et al.: Analysis and application of theoretical gain curves to the design of multi–quantum–well lasers, IEEE J. Quantum Electron. **21**, 1958–1963 (1985).

[1.1412] J. Carroll, J. Whiteaway, D. Plumb: *Distributed Feedback Semiconductor Lasers* (IEEE, London 1998).

[1.1413] H. Kogelnik, C. V. Shank: Coupled–wave theory of distributed feedback lasers, J. Appl. Phys. **43**, 2327–2335 (1972).

[1.1414] A. Hardy, R. G. Waarts, D. F. Welch, et al.: Analysis of three–grating coupled surface emitters, IEEE J. Quantum Electron. **26**, 843–849 (1990).

[1.1415] J. I. Kinoshita: Axial profile of grating coupled radiation from second–order DFB lasers with phase shifts, IEEE J. Quantum Electron. **26**, 407–412 (1990).

[1.1416] J. E. A. Whiteaway, B. Garrett, G. H. B. Thompson: The static and dynamic characteristics of single and multiple phase–shifted DFB laser structures, IEEE J. Quantum Electron. **28**, 1277–1293 (1992).

[1.1417] M. Okai, M. Suzuki, T. Taniwatari: Strained multiquantum–well corrugation–pitch–modulated distributed feedback laser with ultranarrow (3.6 kHz) spectral linewidth, Electron. Lett. **29**, 1696–1697 (1993).

[1.1418] A. Talneau, J. Charil, A. Ougazzaden, et al.: High power operation of phase–shifted DFB lasers with amplitude modulated coupling coefficient, Electron. Lett. **28**, 1395–1396 (1992).

[1.1419] Y. Kotaki, M. Matsuda, T. Fujii, et al.: MQW–DFB lasers with nonuniform–depth $\lambda/4$ shifted grating, 17th Eur. Conf. Opt. Commun. (IEEE, Piscataway 1991) pp.137–140.

[1.1420] S. Hansmann, H. Hillmer, H. Walter, et al.: Variation of coupling coefficients by sampled gratings in complex coupled distributed feedback lasers, IEEE J. Sel. Top. Quantum Electron. **1**, 341–345 (1995).

[1.1421] H. Hillmer, K. Magari, Y. Suzuki: Chirped gratings for DFB laser diodes using bent waveguides, Photonics Technol. Lett. **5**, 10–12 (1993).

[1.1422] M. Usami, S. Akiba: Suppression of longitudinal spatial hole–burning effect in $\lambda/4$–shifted DFB lasers by nonuniform current distribution, IEEE J. Quantum Electron. **25**, 1245–1253 (1989).

[1.1423] T. Matsuoka, H. Nagai, Y. Noguchi, et al.: Effect of grating phase at the cleaved facet on DFB laser properties, Jpn. J. Appl. Phys. **23**, 138–140 (1984).

[1.1424] Y. Nakano, Y. Luo, K. Tada: Facet reflection independent, single longitudinal mode oscillation in a GaAlAs/GaAs distributed feedback laser equipped with a gain–coupling mechanism, Appl. Phys. Lett. **55**, 1606–1608 (1989).

[1.1425] C. Kazmierski, D. Robein, D. Mathoorasing, et al.: 1.5 μm DFB laser with new current–induced gain gratings, IEEE J. Sel. Top. Quantum Electron. **1**, 371–374 (1995).

[1.1426] B. Borchert, B. Stegmüller, R. Gessner: Fabrication and characteristics of improved strained quantum–well GaInAlAs gain–coupled DFB lasers, Electron. Lett. **29**, 210–211 (1993).

[1.1427] T. W. Johannes, A. Rast, W. Harth, et al.: Gaincoupled DFB lasers with a titanium surface Bragg grating, Electron. Lett. **31**, 370–371 (1995).

[1.1428] H. Hillmer, A. Greiner, F. Steinhagen, et al.: Carrier and photon dynamics in transversally asymmetric Al–GaInAs/InP MQW lasers, SPIE Proc. **2693**, 352–368 (1996), invited paper.

[1.1429] H. Hillmer: Optically detected carrier transport in Ⅲ/Ⅴ semiconductor QW structures: Experiments, model calculations and applications in fast 1.55 μm laser devices, Appl. Phys. B. **66**, 1–17 (1998), invited paper.

[1.1430] M. Okai, S. Sakano, N. Chinone: *Wide–range continuous tunable double–sectioned distributed feedback lasers*, 15th Eur. Conf. Opt. Commun. (ECOC, Freiburg 1989) pp.122–125.

[1.1431] M. –C. Amann, J. Buus: *Tunable Laser Diodes* (Artech House, Boston 1998).

[1.1432] M. –C. Amann, J. Buus, D. J. Blumenthal: *Tunable Laser Diodes and Raleted Optical Sources* (Wiley, Hoboken 2005).

[1.1433] Y. Tohmori, S. Suematsu, H. Tsushima, et al.: Wavelength tuning of GaInAsP/InP integrated laser with butt–jointed built–in distributed Bragg reflector, Electron. Lett. **19**, 656–657 (1983).

[1.1434] M. C. Amann: Tuning range and threshold current of the tunable twin–guide (TTG) laser, IEEE Photonics Technol. Lett. **1**, 253–254 (1989).

[1.1435] H. Ishii, Y. Tohmori, Y. Yamamoto, et al.: Modified multiple–phase–shift superstructure–grating DBR lasers for broad wavelength tuning, Electron. Lett. **30**, 1141–1142 (1994).

[1.1436] V. Jayaraman, Z. M. Chuang, L. Coldren: Theory, design, and performance of extended tuning rangesemiconductor lasers with sampled grat–ings, IEEE

J. Quantum Electron. **29**, 1824 – 1834 (1993).

[1.1437] M. Schilling, W. Idler, G. Laube, et al.: Integrated interferometric injection laser: Novel fast and broad – band tunable monolithic light source, IEEE J. Quantum Electron. **27**, 1616 – 1623 (1991).

[1.1438] H. Hillmer, A. Grabmaier, S. Hansmann, et al.: Tailored DFB laser properties by individually chirped gratings using bent waveguides, IEEE J. Sel. Top. Quantum Electron. **1**, 356 – 362 (1995).

[1.1439] R. J. Rigole, S. Nilsson, T. Klinga, et al.: Access to 20 evenly distributed wavelengths over 100 nm using onlya single current tuning in a fourelectrode monolithic semiconductorlaser, IEEE Photonics Technol. Lett. **7**, 1249 – 1251 (1995).

[1.1440] R. J. Rigole, S. Nilsson, L. Backbom, et al.: 114nm wavelength tuning range of a vertical grating assistedcodirectional coupler laser with a super structure grating distributed Bragg reflector, IEEE Photonics Technol. Lett. **7**, 697 – 699 (1995).

[1.1441] A. J. Ward, D. J. Robbins, G. Busico, et al.: Widely tunable DS – DBR laser with monolithically integrated SOA: Design and performance, IEEE J. Sel. Top. Quantum Electron. **11**, 149 – 156 (2005).

[1.1442] G. Morthier, B. Moeyersoon, R. Baets: A $\lambda/4$ – shifted sampled or superstructure grating widelytunable twin – guide laser, IEEE Photonics Technol. Lett. **13**, 1052 – 1054 (2001).

[1.1443] J. O. Wesström, S. Hammerfeldt, J. Buus, et al.: Design of a widely tunable modulated grating Y – branch laser using the additive Vernier effect for improved supermode selection, 18th IEEE Int. Semiconduct. Laser Conf. (Garmisch 2002), TuP16.

[1.1444] S. H. Jeong, S. Matsuo, Y. Yoshikuni, et al.: Chirped ladder – type interferometric filter for widely tunable laser diode, Electron. Lett. **40**, 990 – 991 (2004).

[1.1445] S. Matsuo, Y. Yoshikuni, T. Segawa, et al.: A widely tunable optical filter using ladder – type structure, IEEE Photonics Technol. Lett. **15**, 1114 – 1116 (2003).

[1.1446] H. Hillmer, B. Klepser: Low – cost edge – emitting DFB laser arrays for DWDM communication systems implemented by bent and tilted waveguides, IEEE J. Quantum Electron. **40**, 1377 – 1383 (2004).

[1.1447] S. Murata, I. Mito, K. Kobayashi: Tuning ranges for 1.5 μm wavelength tunable DBR lasers, Electron. Lett. **24**, 577 – 579 (1988).

[1.1448] M. Öberg, S. Nilsson, T. Klinga, et al.: A three electrode distributed Bragg reflector laser with 22 nm wavelength tuning range, IEEE Photonics Technol. Lett. **3**, 299－301 (1991).

[1.1449] N. Fujiwara, T. Kakitsuka, F. Kano, et al.: Modehop－free wavelength－tunable distributed Bragg reflector laser, Electron. Lett. **39**, 614－615(2003).

[1.1450] R. C. Alferness, U. Koren, L. L. Buhl, et al.: Broadly tunable InGaAsP/InP laser based on a vertical coupler filter with 57－nm tuning range, Appl. Phys. Lett. **60**, 3209－3211 (1992).

[1.1451] I. F. Lealman, M. Okai, M. J. Robertson, et al.: Lateral grating vertical coupler filter laser with 58 nm tuningrange, Electron Lett. **32**, 339－340 (1996).

[1.1452] M. Maute, B. Kögel, G. Böhm, et al.: MEMS－tunable 1.55－μm VCSEL with extended tuning range incorporating a buried tunnel junction, IEEE Photonics Technol. Lett. **18**, 688－690 (2006).

[1.1453] C. J. Chang－Hasnanin: 1.5－1.6 μm VCSEL for metro WDM applications, 2001 Int. Conf. Indium Phosphide Relat. Mater. IPRM (2001), paper TuA1－2, pp.17－18.

[1.1454] H. Hillmer, A. Grabmaier, H. L. Zhu, et al.: Continuously chirped DFB gratings by specially bent waveguides for tunable lasers, IEEE J. Lightwave Technol. **13**, 1905－1912 (1995).

[1.1455] J. Faist, A. Tredicucci, F. Capasso, et al.: High－power continuous－wave quantum cascade lasers, IEEE J. Quantum Electron. **34**, 336－343 (1998).

[1.1456] S. Katz, A. Vizbaras, G. Boehm, et al.: High－performance injectorless quantum cascade lasers emitting below 6 μm, Appl. Phys. Lett. **94**, 151106 (2009).

[1.1457] F. Capasso: High－performance midinfrared quantum cascade lasers, Opt. Eng. **49** (11), 111102 (2010).

[1.1458] B. S. Williams: THz quantum cascade lasers, Nat. Photonics **1**, 517－525 (2007).

[1.1459] S. Kumar: Recent Progress in terahertz quantum cascade lasers, IEEE J. Sel. Top. Quantum Electron. **17** (1), 38－47 (2011).

[1.1460] M. Fujita, T. Baba: Microgear laser, Appl. Phys. Lett. **80**, 2051－2053 (2002).

[1.1461] M. Wanke, F. Capasso, C. Gmachl, et al.: Injectorless quantum cascade lasers, Appl. Phys. Lett. **78**, 3950－3952 (2001).

[1.1462] D. Hoffmann, K. Huthmacher, C. Dörinh, et al.: Broad area lasers with monolithically integrated transverse mode selector, Appl. Phys. Lett. **96**, 181104 (2010).

[1.1463] C. Prott, F. Römer, E. Ataro, et al.: Modeling of ultra-widely tunable vertical cavity air-gap filters and VCSELs, IEEE J. Sel. Top. Quantum Electron. **9**, 918-928 (2003).

[1.1464] F. Römer, C. Prott, S. Irmer, et al.: Tuning efficiency and linewidth of electrostatically actuated multiple air-gap filters, Appl. Phys. Lett. **82**, 176-178 (2003).

[1.1465] S. O. Kasap: *Optoelectronics and Photonics-Prin-ciples and Practices* (Prentice Hall, London 2001).

[1.1466] S. O. Kasap, P. Capper (Eds.): *Springer Handbook of Electronic and Photonic Materials* (Springer, Berlin, Heidelberg 2006).

[1.1467] D. I. Babic, K. Streubel, R. P. Mirin, et al.: Transverse-mode and polarisation characteristics of double-fused 1.52 μm vertical-cavity lasers, Electron. Lett. **31**, 653-654 (1995).

[1.1468] N. M. Margalit: 64 ℃ continuous-wave operation of 1.5 μm vertical-cavity laser, IEEE J. Sel. Top. Quantum Electron. **3**, 359-365 (1997).

[1.1469] J. Boucart, C. Starck, F. Gaborit, et al.: Metamorphic DBR and tunnel-junction injection. A CW RT monolithic long-wavelength VCSEL, IEEE J. Sel. Top. Quantum Electron. **5**, 520-529 (1999).

[1.1470] M. Ortsiefer, R. Shau, M. C. Amann: Lowthreshold index-guided 1.5 μm long-wavelength vertical-cavity surface-emitting laser with high efficiency, Appl. Phys. Lett. **76**, 2179-2181 (2000).

[1.1471] E. Hall, S. Nakagawa, G. Almuneau, et al.: Room-temperature, CW operation of lattice-matched long-wavelength VCSELs, Electron. Lett. **36**, 1465-1467 (2000).

[1.1472] Y. Ohiso, H. Okamoto, R. Iga, et al.: Single transverse mode operation of 1.55 μm buried heterostructure vertical-cavity surfaceemitting lasers, IEEE Photonics Technol. Lett. **14**, 738-740 (2002).

[1.1473] M. Peters, V. Rossin, M. Everett, et al.: Highpower, high-efficiency laser diodes at JDSU, Proc. SPIE **6456**, 64560G (2007).

[1.1474] J. P. Reithmaier: Strong exciton-photon coupling in semicondcutor quantum dot systems, Semicond. Sci. Technol. **23** (12), 123001 (2008).

[1.1475] J. C. Chang-Hasnain: Progress and prospects of long wavelength VCSELs, IEEE Opt. Commun. **41**, S30-S34 (2003).

[1.1476] C. Lauer, M. Ortsiefer, R. Shau, et al.: Electrically pumped room temperature CW-VCSELs with emission wavelength of 2 μm, Electron. Lett. **39**, 57-58 (2003).

[1.1477] J. C. Chang-Hasnain: Tunable VCSEL, IEEE J. Select. Topics Quantum

Electron. **6**, 978 – 986 (2000).

[1.1478] J. Chen, A. Hangauer, A. Bachmann, et al.: CO and CH_4 sensing with single mode 2.3 μm GaSb – based VCSEL, Proc. Conf. Lasers Electroop – tics (CLEO) (2009), paper CThI.

[1.1479] W. Hofmann, M. Mueller, G. Boehm, et al.: 1.55 μm VCSEL with enhanced modulation bandwidth and temperature range, IEEE Photonics Technol. Lett. **21** (13), 923 – 925 (2009).

[1.1480] M. Muller, W. Hofmann, G. Bohm, et al.: Short – cavity long – wavelength VCSELs with modulation bandwidths in excess of 15 GHz, IEEE Photonics Technol. Lett. **21** (21), 1615 – 1617 (2009).

[1.1481] A. Hasse, S. Irmer, J. Daleiden, et al.: Wide continuous tuning range of 221 nm by InP/air – gap vertical – cavity filters, Electron. Lett. **42**, 974 – 975 (2006).

[1.1482] S. Irmer, J. Daleiden, V. Rangelov, et al.: Ultra low biased widely continuously tunable Fabry – Pérot Filter, Photonics Technol. Lett. **15**, 434 – 436 (2003).

[1.1483] H. Hillmer, R. Lösch, W. Schlapp: Strain – balanced AlGaInAs/InP heterostructures with up to 50 QWs by MBE, J. Cryst. Growth **175**, 1120 – 1125 (1997).

[1.1484] J. M. Lourtioz, H. Benisty, V. Berger, et al.: *Photonic Crystals*, 2nd edn. (Springer, Berlin, Heidelberg 2008).

[1.1485] J. D. Joannopoulos, S. G. Johnson, J. N. Winn, et al.: *Photonic Crystals*, 2nd edn. (Princeton Univ. Press, Princeton 2008).

[1.1486] H. J. Unold, M. Golling, R. Michalzik, et al.: Photonic crystal surface – emitting lasers: Tailoring waveguiding for single – mode emission, Proc. 27th Eur. Conf. Opt. Commun. ECOC' 01 Amsterdam (2001), paper Th. A. 1.4.

[1.1487] D. S. Song, S. H. Kim, H. G. Park, et al.: Single – fundamental – mode photoniccrystal vertical – cavity surface – emitting lasers, Appl. Phys. Lett. **80** (21), 3901 – 3903 (2002).

[1.1488] D. S. Song, Y. J. Lee, H. W. Choi, et al.: Polarization – controlled, single – transverse – mode, photonic – crystal, vertical – cavity, surface – emitting lasers, Appl. Phys. Lett. **82** (19), 3182 – 3184 (2004).

[1.1489] H. Hirayama, T. Hamano, Y. Aoyagi: Novel surface emitting laser diode using photonic band – gap crystal cavity, Appl. Phys. Lett. **69** (6), 791 – 793 (1996).

[1.1490] S. G. Johnson, S. Fan, P. R. Villeneuve, et al.: Analysis of guided resonances in photonic crystal slabs, Phys. Rev. B **60** (8), 5751-5758 (1999).

[1.1491] S. Boutami, B. B. Bakir, J. L. Leclercq, et al.: Broadband and compact 2-D photonic crystal reflectors with controllable polarization dependence, IEEE Photonics Tech-nol. Lett. **18** (7), 835-837 (2006).

[1.1492] J. Kupec, U. Akçakoca, B. Witzigmann: Frequency domain analysis of guided resonances and polarization selectivity in photonic crystal membranes, J. Opt. Soc. Am. B **28**, 69-78 (2011).

[1.1493] S. Boutami, B. Benbakir, J. L. Leclercq, et al.: Compact and polarization controlled 1.55 μm vertical-cavity surfaceemitting laser using single-layer photonic crystal mirror, Appl. Phys. Lett. **91** (7), 071105 (2006).

[1.1494] C. J. Chang-Hasnain, Y. Zhou, M. C. Y. Huang, et al.: High-contrast grating VCSELs, IEEE J. Sel. Top. Quantum Electron. **15** (3), 869-878 (2009).

[1.1495] I. S. Chung, V. Iakovlev, A. Sirbu, et al.: Broadband MEMS-tunable high-index-contrast subwavelength grating long-wavelength VCSEL, IEEE J. Quantum Electron. **46** (9), 1245-1253 (2010).

[1.1496] P. Pottier, C. Seassal, X. Letartre, et al.: Triangular and hexagonal high Q-factor 2-D photonic bandgap cavities on Ⅲ-Ⅴ suspended membranes, J. Lightwave Technol. **17** (11), 2058-2062 (1999).

[1.1497] M. Imada, A. Chutinan, S. Noda, et al.: Multidirectionally distributed feedback photonic crystal lasers, Phys. Rev. B **65**, 195306 (2002).

[1.1498] F. Römer, B. Witzigmann, O. Chinellato, et al.: Investigation of the Purcell effect in photonic crystal cavities with a 3-D finite element Maxwell solver, Opt. Quantum Electron. **39** (4-6), 341-352 (2007).

[1.1499] M. Loncar, T. Yoshie, P. Gogna, et al.: Low-threshold photonic crystal laser, Appl. Phys. Lett. **81** (15), 2680-2682 (2002).

[1.1500] H. Y. Ryu, M. Notomi, T. Segawa, et al.: Large spontaneous emission factor (>0.1) in the photonic crystal monopole-mode laser, Appl. Phys. Lett. **84** (7), 1067-1068 (2004).

[1.1501] K. Nozaki, T. Baba: Laser characteristics with ultimate-small modal volume in photonic crystal slab point-shift nanolasers, Appl. Phys. Lett. **88**, 211101 (2006).

[1.1502] J. R. Cao, P. T. Lee, S. J. Choi, et al.: Nanofabrication of photonic crystal membrane lasers, J. Vac. Sci. Technol. B **20**, 618-621 (2002).

[1.1503] R. Wüest, F. Robin, C. Hunziker, et al.: Limitations of proximity-effect corrections for electron-beam patterning of planar photonic crystals, Opt. Eng. **44** (4), 043401 (2005).

[1.1504] Y. K. Kim, A. J. Danner, J. J. Raftery Jr., et al.: Focused ion beam nanopatterning for optoelectronic device fabrication, IEEE J. Sel. Top. Quantum Electron. **11** (6), 1292–1298 (2005).

[1.1505] R. Zamora, T. Kusserow, M. Wulf, et al.: Structuring of 2–D photonic crystal on InP membranes as polarizing element for optical MEMS based sensor systems, IEEE Tech. Dig. INSS **2010**, 179–182 (2010).

[1.1506] A. Berrier, M. Mulot, G. Malm, et al.: Carrier transport through a dryetched InP–based two–dimensional photonic crystal, J. Appl. Phys. **101**, 123101 (2007).

[1.1507] T. Kusserow, S. Ferwana, T. Nakamura, et al.: Micromachining of InP/InGaAs multiple membrane/airgap structures for tunable optical devices, SPIE Proc. **6993**, 69930B (2008).

[1.1508] J. A. Harrington: Mid–IR and Infrared Fibers. In: *Specialty Optical Fibers Handbook*, ed. by J. A. Harrington (Academic, Burlington 2007) pp.429–452.

[1.1509] C. K. N. Patel, W. L. Faust, R. A. McFarlane: CW laser action on rotational transitions of the $\Sigma_u^+ - \Sigma_g^+$ vibrational band of CO_2, Bull. Am. Phys. Soc. **9**, 500 (1964).

[1.1510] C. K. N. Patel: Interpretation of CO_2 optical maser experiments, Phys. Rev. Lett. **12** (21), 588–590 (1964).

[1.1511] W. J. Witteman: *The CO_2 Laser* (Springer, Berlin, Heidelberg 1987).

[1.1512] A. E. Siegman: *Lasers* (Univ. Science Books, Mill Valley 1986).

[1.1513] J. Eichler, H. J. Eichler: *Laser*, 4th edn. (Springer, Berlin, Heidelberg 2002).

[1.1514] Y. P. Raizer: *Gas Discharge Physics* (Springer, Berlin, Heidelberg 1991).

[1.1515] C. K. N. Patel: Selective excitation through vibrational energy transfer and optical maser action in N_2-CO_2, Phys. Rev. Lett. **13**(21), 617–619(1964).

[1.1516] S. A. Losev: *Gasdynamic Laser* (Springer, Berlin, Heidelberg 1981).

[1.1517] W. W. Rigrod: Saturation effects in high–gain lasers, J. Appl. Phys. **36**, 2487–2490 (1965).

[1.1518] G. M. Schindler: Optimum output efficiency of homogeneously broadened lasers with constant loss, IEEE J. Quantum Electron. **16**, 546–549 (1980).

[1.1519] T. S. Fahlen: CO_2 laser design procedure, Appl. Opt. **12**(10), 2381–2390 (1973).

[1.1520] G. Herzberg: *Molecular Spectra and Molecular Structure*, Infrared and Raman Spectra of Polyatomic Molecules, Vol. II, 2nd edn. (D. Van Nostrand and Company, Inc., New York 1950).

[1.1521] P. F. Bernath: *Spectra of Atoms and Molecules* (Oxford Univ. Press, Oxford 1995).

[1.1522] W. Demtröder: *Molecular Physics*, 1st edn. (Wiley-VCH, Weinheim 2005).

[1.1523] L. S. Rothman, D. Jacquemart, A. Barbe, et al.: The HITRAN 2004 molecular spectroscopic database, J. Quant. Spectrosc. Radiat. Transf. **96**(2), 139-204 (2005).

[1.1524] L. S. Rothman, L. D. G. Young: Infrared energy levels and intensities of carbon dioxide-Ⅱ, Journal of Quantitative Spectroscopy and Radiation Transfer **25** (6), 505-524 (1981).

[1.1525] L. S. Rothman, R. L. Hawkings, R. B. Wattson, et al.: Energy levels, intensities, and linewidths of atmospheric carbon dioxide bands, J. Quant. Spectrosc. Radiat. Transf. **48** (5/6), 537-566 (1992).

[1.1526] L. Bradley, K. Soohoo, C. Freed: Absolute frequencies of lasing transitions in nine CO_2 isotopic species, IEEE J. Quantum Electron. **22** (2), 234-267 (1986).

[1.1527] R. T. Gamache, L. S. Rothman: Extension of the HITRAN database to non-LTE applications, Journal of Quantitative Spectroscopy and Radiation Transfer **48** (5/6), 519-525 (1992).

[1.1528] J. Henningsen, M. P. Bradley: Line-dependent saturation in CO_2 lasers, Appl. Phys. B Photophys. Laser Chem. **56**, 347-353 (1993).

[1.1529] K. Smith, R. M. Thomson: *Computer Modelling of Gas Lasers* (Plenum, New York 1978).

[1.1530] K. J. Siemsen, J. Reid, C. Dang: New techniques for determining vibrational temperatures, dissociation and gain limitations in CW CO_2 lasers, IEEE J. Quantum Electron. **16** (6), 668-676 (1980).

[1.1531] V. V. Nevdakh, M. Ganjali, K. I. Arshinov: On the temperature model of CO_2 lasers, Quantum Electron. **37**, 243-247 (2007).

[1.1532] P. D. Tannen, P. Bletzinger, A. Garscadden: Species composition in the CO_2 discharge laser, IEEE J. Quantum Electron. **10** (1), 6-11 (1974).

[1.1533] Linde AG: Product information, Lasermix Series (Pullach 2006).

[1.1534] Air Liquide GmbH: Product information, LASAL Series (Düsseldorf 2006).

[1.1535] P. O. Clark, J. Y. Wada: The influence of Xenon on seled-off CO_2 lasers, IEEE J. Quantum Electron. **4** (5), 263-266 (1968).

[1.1536] D. He, D. R. Hall: Influence of xenon on seledoff operation of RF-excited CO_2 waveguide lasers, J. Appl. Phys. **56** (3), 856-857 (1984).

[1.1537] S. Grudszus, M. März: Influence of gas dissociation and Xenon addition on steady-state microwave-exited CO_2 laser discharges, J. Phys. D **26** (11),

1980 – 1986 (1993).

[1.1538] A. L. S. Smith, P. G. Browne: Catalysis in sealed CO_2 lasers, J. Phys. D **7** (12), 1652 – 1659 (1974).

[1.1539] U. Berkermann: Massenspektrometrische und spektroskopische Untersuchungen an Plasmen von HF – angeregten CO_2 – Lasern, Ph. D. Thesis(Ruhr – Universität Bochum, Bochum 1998), in German.

[1.1540] J. Schulz: Diffusionsgekühlte. koaxiale CO_2 – Laser mit hoher Strahlqualität, Ph. D. Thesis (RWTH Aachen, Aachen 2001), in German.

[1.1541] M. Khelkhal, F. Herlemont: Effective optical constants of alumina, silica and beryllia at CO_2 laser wavelengths, J. Opt. **23** (6), 225 – 228 (1992).

[1.1542] D. R. Hall, E. K. Gorton, R. M. Jenkins: 10 μm propagation losses in hollow dielectric waveguides, J. Appl. Phys. **48**, 1212 – 1216 (1977).

[1.1543] A. L. S. Smith, H. Shields, A. E. Webb: Cathode materials for sealed CO_2 waveguide lasers, IEEE J. Quantum Electron. **19**(5), 815 – 820(1983).

[1.1544] W. Haas, T. Kishimoto: Investigations of the gas composition in sealed – off RF – excited CO_2 lasers, Proc. SPIE **1276**, 49 – 57 (1990).

[1.1545] C. Willis: Catalytic control of the gas chemistry of sealed TEA CO_2 lasers, J. Appl. Phys. **50** (4), 2539 – 2543 (1979).

[1.1546] D. S. Stark, M. R. Harris: Catalysed recombination of CO and O_2 in sealed CO_2 TEA laser gases at temperatures down to – 27 degrees C, J. Phys. E **16** (6), 492 – 496 (1983).

[1.1547] D. R. Schryer, G. B. Hoflund (Eds.): *Low – Temperature CO – Oxidation Catalysts for Long – Life* CO_2 *Lasers*, Vol. 3076 (Langley Research Center, Hampton 1990).

[1.1548] P. G. Browne, A. L. S. Smith: Long – lived CO_2 lasers with distributed heterogeneous catalysis, J. Phys. D 7 (18), 2464 – 2470 (1974).

[1.1549] J. A. Macken, S. K. Yagnik, M. Samis: CO_2 laser perfomance with a distributed gold catalyst, IEEE J. Quantum Electron. 25 (7), 1695 – 1703 (1989).

[1.1550] M. B. Heeman – Ilieva, Y. B. Udalov, K. Hoen, et al.: Enhanced gain and output power of a sealed – off RF – excited CO_2 waveguide laser with gold – plated electrodes, Appl. Phys. Lett. **64** (6), 673 – 675 (1994).

[1.1551] S. A. Starostin, Y. B. Udalov, P. M. Peters, et al.: Catalyst enhanced high power radio frequency excited CO_2 slab laser, Appl. Phys. Lett. **77**(21), 3337 – 3339 (2000).

[1.1552] Y. Z. Wang, J. S. Liu: Direct mass spectrometric diagnostics for a CO_2 gas laser, J. Appl. Phys. **59** (6), 1834 – 1838 (1986).

[1.1553] R. Engelbrecht, J. Schulz: Time-resolved measurement of gas parameters inside diffusioncooled CO_2 lasers with NIR diode laser and UV-VIS emission spectroscopy, Proc. SPIE **4184**, 278-281 (2000).

[1.1554] R. Bleekrode: A Study of the spontaneous emission from $CO_2-N_2He-H_2$ Laser Discharges $C^3\pi_u$—$B^3\pi_g$ emission bands of N_2, IEEE J. Quantum Electron. **5** (2), 57-60 (1969).

[1.1555] U. Berkermann, A. Liffers, R. Hannemann, et al.: Investigation of RF excited CO_2 slab laser discharges by measuring N_2 emission bands with high spatial resolution, Proc. SPIE **3092**, 243-246 (1997).

[1.1556] C. Dang, J. Reid, B. K. Garside: Dynamics of the CO_2 upper laser level as measured with a tunable diode laser, IEEE J. Quantum Electron. **19** (4), 755-763 (1983).

[1.1557] D. Toebaert, P. Muys, E. Desoppere: Spatially resolved measurement of the vibrational temperatures of the plasma in a DC-excited fast-axial-flow CO_2 laser, IEEE J. Quantum Electron. **31** (10), 1774-1778 (1995).

[1.1558] R. Engelbrecht, R. Hocke, H. Brand: Measurement of trace gases in sealed-off CO_2 lasers with tunable diode lasers in the near infrared, ITG-Fachbericht **150**, 399-404 (1998).

[1.1559] P. Lorini, P. De Natale, A. Lapucci: Accurate gas diagnostics for sealed-off CO_2-lasers using near-infrared DFB semiconductor lasers, IEEE J. Quantum Electron. **34** (6), 949-954 (1998).

[1.1560] R. Engelbrecht: Gasanalyse im CO_2-Laser mittels Diodenlaser-Spektroskopie, Ph. D. Thesis (Didacta, München 2002), in German.

[1.1561] R. Engelbrecht, S. Lau, K. Salffner, et al.: Fasergekoppelte NIR-Diodenlaser-Spektrometer zur simultanen und isotopenaufgelösten Messung von CO und CO_2: Anwendungen in Plasma-Diagnostik und Bodengasanalyse, VDI-Fortschrittsberichte **1959**, 97-114 (2006), in German.

[1.1562] R. K. Brimacombe, J. Reid: Accurate measurements of pressure-broadened linewidths in a transversely excited CO_2 discharge, IEEE J. Quantum Electron. **19** (11), 1668-1673 (1983).

[1.1563] R. J. H. Clark, R. E. Hester (Eds.): *Spectroscopy in Environmental Science*, Advances in Spectroscopy, Vol. 24 (Wiley, New York 1995).

[1.1564] P. Wirth: A new fast axial flow CO_2 laser with 1000 watt output power, Proc. SPIE **455**, 21-23 (1984).

[1.1565] W. Rath, T. Northemann: Industrial fast axial flow CO_2 laser series from 10 kW to 20 kW, Proc. SPIE **2206**, 185-193 (1994).

[1.1566] Bystronic Laser AG: Product information, Bylaser Series (Niederoenz 2006).

[1.1567] P. P. Vitruk, H. J. Baker, D. R. Hall: Similarity and scaling in diffusion-cooled RF-excited carbon dioxide lasers, IEEE J. Quantum Electron. **30** (7), 1623-1634 (1994).

[1.1568] S. Wieneke, C. Uhrlandt, W. Viöl: New additional cooling effect of diffusion cooled sealed-off CO_2 lasers excited by dielectric barrier discharges at about 1 MHz with an all-solid-state generator, Laser Phys. Lett. **1**(5), 241-247 (2004).

[1.1569] H. J. Baker: Direct measurement of the electrical impedance of narrow gap radio frequency gas discharges in the 100 MHz region, Meas. Sci. Technol. **7**, 1630-1635 (1996).

[1.1570] D. R. Hall, C. A. Hill: Radiofrequency-discharge-excited CO_2 lasers. In: *Handbook of Molecular Lasers*, ed. by P. K. Cheo (Marcel Dekker, New York 1987).

[1.1571] A. Lapucci, F. Rosetti, M. Ciofini, et al.: On the longitudinal voltage distribution in radiofrequency discharged CO_2 lasers with large area electrodes, IEEE J. Quantum Electron. **31**, 1537-1542 (1995).

[1.1572] R. Engelbrecht, R. Schulz, G. Seibert, et al.: Gas discharge impedance and transmission line voltages in a RF excited CO_2 slab laser, Frequenz **59** (5-6), 154-157 (2005).

[1.1573] B. Freisinger, H. Frowein, M. Pauls, et al.: Excitation of CO_2 lasers by microwave discharges, Proc. SPIE **1276**, 29-40 (1990).

[1.1574] J. Nishimae, K. Yoshizawa: Development of CO_2 laser excited by 2.45 GHz microwave discharge, Proc. SPIE **1225**, 340-348 (1990).

[1.1575] T. Ikeda, M. Danno, H. Shimazutsu, et al.: TM010-mode microwave excited high power CO_2 laser using a cylindrical resonant cavity, IEEE J. Quantum Electron. **30** (11), 2657-2662 (1994).

[1.1576] U. Bielesch, M. Budde, M. Fischbach, et al.: A Q-switched multikilowatt CO_2 laser system excited by microwaves, Proc. SPIE **1810**, 57-60 (1993).

[1.1577] K. Saito, M. Kimura, T. Uchiyama: Generation of a uniform high-density microwave plasma for CO_2 lasers using orthogonal electric fields, Appl. Phys. B **B82** (4), 621-625 (2006).

[1.1578] M. März, W. Oestreicher: Microwave excitation of a diffusion cooled CO_2 laser, J. Phys. D **27** (3), 470-474 (1994).

[1.1579] T. Li: Diffraction loss and selection of modes in maser resonators with circular mirrors, Bell Syst. Tech. J. **44**, 917-932 (1965).

[1.1580] E. A. J. Marcatili, R. A. Schmeltzer: Hollow metallic and dielectric waveguides for long distance optical transmission and lasers, Bell

Syst. Tech. J. **43**, 1783–1809 (1964).

[1.1581] K. D. Laakmann, W. H. Steier: Waveguides: Characteristic modes of hollow rectangular dielectric waveguides, Appl. Opt. **15** (5), 1134–1140 (1975).

[1.1582] K. D. Laakmann, W. H. Steier: Hollow rectangular dielectric waveguides: Errata, Appl. Opt. **15** (9), 2029 (1975).

[1.1583] J. J. Degnan, D. R. Hall: Finite–aperture waveguidelaser resonators, IEEE J. Quantum Electron. **9** (9), 901–910 (1973).

[1.1584] R. Gerlach, D. Wei, N. M. Amer: Coupling efficiency of waveguide laser resonators formed by flat mirrors: Analysis and experiment, IEEE J. Quantum Electron. **20** (1), 948–963 (1984).

[1.1585] B. I. Ilukhin, Y. B. Udalov, I. V. Kochetov, et al.: Theoretical and experimental investigation of a waveguide CO_2 laser with radio–frequency excitation, Appl. Phys. B **62** (2), 113–127 (1996).

[1.1586] D. P. Spacht, A. J. DeMaria: The desing of sealed CO_2 lasers continues to improve, Laser Focus World **37** (3), 105–110 (2001).

[1.1587] Coherent Inc.: Product information GEM, CW Series (Santa Clara 2006).

[1.1588] P. Laakmann: RF–excited, all–metal gas laser, US Patent 4805182 (1989).

[1.1589] Synrad, Inc.: Product information, Series48 (Mukilteo 2006).

[1.1590] K. M. Abramski, A. D. Colley, H. J. Baker, et al.: Power scaling of large–area transverse radio frequency discharge CO_2 lasers, Appl. Phys. Lett. **54** (19), 1833–1835 (1989).

[1.1591] P. E. Jackson, H. J. Baker, D. R. Hall: CO_2 large–area discharge laser using an unstable–waveguide hybrid resonator, Appl. Phys. Lett. **54** (20), 1950–1952 (1989).

[1.1592] A. D. Colley, H. J. Baker, D. R. Hall: Planar waveguide, 1 kW CW, carbon dioxide laser excited by a single transverse RF discharge, Appl. Phys. Lett. **61** (2), 136–138 (1992).

[1.1593] R. Nowack, H. Opower, H. Krüger, et al.: Diffusionsgekühlte CO_2–Hochlei–stungslaser in Kompaktbauweise, Laser und Optoelektronik **23** (3), 68–81 (1991), in German.

[1.1594] J. Tulip: Carbon Dioxide Slab Laser, US Patent 4719639 (1988).

[1.1595] Rofin Sinar Laser GmbH: Product information, DC series (Hamburg 2006).

[1.1596] Trumpf Laser GmbH: Product information, TLF Series (Ditzingen 2006).

[1.1597] N. Hodgson, H. Weber: *Optische Resonatoren* (Springer, Berlin, Heidelberg 1992), in German.

[1.1598] T. Teuma, G. Schiffner, V. Saetchnikov: Funda–mental–and high–order–mode losses in slab waveguide resonators for CO_2 lasers, Proc. SPIE **3930**,

144 – 152 (2000).

[1.1599] Coherent Inc.: Product information, Diamond K – Series (Santa Clara 2006).

[1.1600] Universal Laser Systems, Inc.: Product information, ULR Series (Scottsdale 2006).

[1.1601] C. Hertzler, R. Wollermann – Windgasse, U. Habich, et al.: 30 kW fast axial flow CO_2 laser with RF excitation, Proc. SPIE **2788**, 14 – 23 (1996).

[1.1602] G. Dunham: Selaed carbon dioxide lasers anter the high – power area, Laser Focus World **35** (3), 105 – 110 (1999).

[1.1603] J. A. Broderick, B. K. Jones, J. W. Bethel, et al.: Laser system and method for beam enhancement, US Patent 6198759 B1 (2001).

[1.1604] Synrad, Inc.: Product information, Firestar series (Mukilteo 2006).

[1.1605] Rofin – Sinar Laser GmbH: Product information, HF Series (Hamburg 2006).

[1.1606] Trumpf Laser GmbH: Product information, TCF Series (Ditzingen 2006).

[1.1607] D. Ehrlichmann, U. Habich, H. D. Plum: Diffusioncooled CO_2 laser with coaxial high frequency excitation and internal axicon, J. Phys. D **26** (2), 183 – 191 (1993).

[1.1608] D. Ehrlichmann, U. Habich, H. D. Plum, et al.: Azimuthally unstable resonators for high – power CO_2 lasers with annular gain media, IEEE J. Quantum Electron. **30** (6), 1441 – 1447 (1994).

[1.1609] G. Markillie, J. Deile, H. Schlueter: Novel design approach benefits CO_2 laser users, Laser Focus World **39** (10), 75 – 80 (2003).

[1.1610] Edinburgh Instruments Ltd.: Product information, PL Series (Livingston 2006).

[1.1611] R. T. Brown: CO_2 TEA lasers. In: *Handbook of Molecular Lasers*, ed. by P. K. Cheo (Marcel Dekker, New York 1987).

[1.1612] Y. Yanning, W. Chongyi, Y. Lv, et al.: A 3kW average power tunable TEA CO_2 laser, Opt. Laser Technol. **37** (7), 560 – 562 (2005).

[1.1613] S. Wieneke, S. Born, W. Viol: Multikilohertz TEA CO_2 laser driven by an all – solid – state exciter, Proc. SPIE **4184**, 291 – 294 (2001).

[1.1614] GSI, Inc.: Product information, Lumonics Impact Series (Rugby 2006).

[1.1615] R. Hocke, M. Collischon: Lineselective resonators with variable reflectivity gratings (VRG) for slablaser geometry, Proc. SPIE **3930**, 52 – 61 (2000).

[1.1616] R. Schulz, M. Collischon, H. Brand, et al.: Lineselective CO_2 – lasers with variable linespacing and variable reflectivity silicon gratings, Proc. SPIE **5777**, 742 – 745 (2005).

[1.1617] W. B. Bridges, A. N. Chester: Visible and UV laser oscillation at 118 wavelengths in ionized neon, argon, krypton, xenon, oxygen, and other gases,

Appl. Opt. **4**, 573 – 580 (1965).

[1.1618] A. B. Petersen: Enhanced CW ion laser operation in the range 270≤λ≤ 380 nm, SPIE Proc. **737**, 106 – 111 (1987).

[1.1619] W. B. Bridges: Laser oscillation in singly ionized argon in the visible spectrum, Appl. Phys. Lett. **4**, 128 – 130 (1964).

[1.1620] E. F. Labuda, E. I. Gordon, R. C. Miller: Continuousduty argon ion lasers, IEEE J. Quantum Electron. **1**, 273 – 279 (1965).

[1.1621] C. S. Willett: *Introduction to Gas Lasers: Popu – lation Inversion Mechanisms* (Pergamon, Oxford 1974).

[1.1622] W. B. Bridges, A. S. Halsted: *Gaseous Ion Laser Research*, Tech. Rep. AFAL – TR – 67 – 89; DDC No. AD – 814897 (Hughes Research Laboratories, Malibu 1967).

[1.1623] J. R. Fendley Jr.: Continuous UV lasers, IEEE J. Quantum Electron. **4**, 627 – 631 (1968).

[1.1624] W. B. Bridges: Ionized gas lasers. In: *Handbook of Laser Science and Technology*, ed. by M. J. Weber (CRC, Boca Raton 1982).

[1.1625] A. S. Halsted, W. B. Bridges, G. N. Mercer: *Gaseous Ion Laser Research*, Tech. Rep. AFAL – TR – 68 – 227 (Hughes Research Laboratories, Malibu 1968).

[1.1626] G. DeMars, M. Seiden, F. A. Horrigan: Optical degradation of high – power ionized argon gas lasers, IEEE J. Quantum Electron. **4**, 631 – 637 (1968).

[1.1627] M. W. Dowley: Reliability and commercial lasers, Appl. Opt. **10**, 1791 – 1795 (1982).

[1.1628] J. P. Goldsborough: Design of gas lasers. In: *Laser Handbook*, ed. by F. T. Arecchi, E. O. Schulz – DuBois (North – Holland, Amsterdam 1972).

[1.1629] S. C. Guggenheimer, D. L. Wright: Controlling the propagation axes of an ion laser, Rev. Sci. Instrum. **62** (10), 2389 – 2393 (1991).

[1.1630] A. Bloom: *Gas Lasers* (Wiley, New York 1968).

[1.1631] A. Javan, W. R. Bennet Jr., D. R. Herriot: Population inversion and continuous optical maser oscillation in a gas discharge containing a helium neon mixture, Phys. Rev. Lett. **6**, 106 – 110 (1961).

[1.1632] A. D. White, J. D. Ridgen: Continuous gas maser operation in the visible, Proceedings IRE, Vol. 50 (1962) p.1967.

[1.1633] D. L. Perry: CW laser oscillation at 5 433 Å in neon, IEEE J. Quantum Electron. **7**, 102 (1971).

[1.1634] K. Kincade, S. G. Anderson: Laser marketplace 2006, Laser Focus World **42**, 78 – 93 (2006).

[1.1635] W. Brunner: *Wissensspeicher Lasertechnik* (VEB Fachbuchverlag, Leipzig 1987), in German.

[1.1636] W. Kleen, R. Müller: *Laser*(Springer, Berlin, Heidelberg 1969), in German.

[1.1637] F. K. Kneubühl, M. W. Sigrist: *Laser*(Teubner, Stuttgart 1991), in German.

[1.1638] G. R. Harrison: *Wavelength Tables with Intensities in Arc, Spark or Discharge Tube* (Wiley, New York 1939).

[1.1639] N. Hodgson, H. Weber: *Optische Resonatoren*(Springer, Berlin, Heidelberg 1992), in German.

[1.1640] K. Kupfermüller: *Einführung in die theoretische Elektrotechnik* (Springer, Berlin, Heidelberg 2005), in German.

[1.1641] E. Grimsehl: *Lehrbuch der Physik*, Vol. 4 (Teubner, Leipzig 1975), in German.

[1.1642] P. W. Hoff, C. K. Rhodes: Introduction. In: *Excimer Lasers*, Topics in Applied Physics, Vol. 30, 2nd edn. (Springer, Berlin, Heidelberg 1984).

[1.1643] R. Pätzel, U. Stamm: Excimer lasers for microlithography. In: *Excimer Laser Technology*, ed. by D. Basting, G. Marowsky (Springer, Berlin, Heidelberg 2005) pp.98–103, Chap.6.

[1.1644] K. Mann, J. Ohlenbusch, V. Westphal: Characterization of excimer laser beam parameters, SPIE **2870**, 367 (1996).

[1.1645] S. K. Searles, G. A. Hart: Stimulated emission at 281.8 nm from XeBr, Appl. Phys. Lett. **27**, 243 (1975).

[1.1646] J. J. Ewing, C. A. Brau: Laser action on the $^2\Sigma^+_{1/2} \rightarrow {}^2\Sigma^+_{1/2}$ bands of KrF and XeCl, Appl. Phys. Lett. **27**, 350 (1975).

[1.1647] J. J. Ewing, C. A. Brau: 354 nm laser action on XeF, Appl. Phys. Lett. **27**, 435 (1975).

[1.1648] E. R. Ault, R. S. Bradford Jr., M. L. Bhaumik: Highpower xenon fluoride laser, Appl. Phys. Lett. **27**, 413 (1975).

[1.1649] J. A. Mangano, J. H. Jacob: Electron–beam–con–trolled discharge pumping of the KrF laser, Appl. Phys. Lett. **27**, 495 (1975).

[1.1650] G. C. Tisone, A. K. Hays, J. M. Hoffman: 100 MW, 248.4 nm, KrF laser excited by an electron beam, Opt. Commun. **15**, 188 (1975).

[1.1651] A. Mitchel, M. Zemansky: *Resonance Radiation and Excited Atoms* (Cambridge Univ. Press, Cambridge 1961), Chap. Ⅲ.

[1.1652] N. G. Basov, V. A. Danilychev, Y. M. Popov, et al.: Laser operating in the vacuum region of the spectrum by excitation of liquid Xenon with an electron beam, Zh. Eksp. Fis. Tek. Pis. Red. **12**, 473 (1970).

[1.1653] H. von Bergmann, U. Stamm: Principles of excimer lasers. In: *Excimer Laser*

Technology, ed. by D. Basting, G. Marowsky (Springer, Berlin, Heidelberg 2005), Chap.3.

[1.1654] H. Endert, M. Kauf, R. Pätzel: Excimer laser technology: Industry trends and future perspectives, LaserOpto **31** (4), 46 (1999).

[1.1655] G. Marowsky, P. R. Herman: DUV sources between 157 nm and EUV, 4th Int. EUV Symposium (Lambda Physik, Fort Lauderdale 2002).

[1.1656] M. Krauss, F. H. Mies: Electronic structure and radiative transitions of excimer systems. In: *Excimer Lasers*, Topics in Applied Physics, Vol. 30, 2nd edn., ed. by C. K. Rhodes (Springer, Berlin, Heidelberg 1984), Chap.2.

[1.1657] C. A. Brau: Rare gas halogen excimers. In: *Excimer Lasers*, Topics in Applied Physics, Vol. 30, ed. by C. K. Rhodes (Springer, Berlin, Heidelberg 1984), Chap.4.

[1.1658] M. McCuster: The rare gas excimers. In: *Excimer Lasers*, Topics in Applied Physics, Vol. 30, 2nd edn., ed. by C. K. Rhodes (Springer, Berlin, Heidelberg 1984), Chap.3.

[1.1659] C. Momma, H. Eichmann, A. Tünnermann, et al.: Shortpulse amplification in an F_2 gain module, Opt. Lett. **18**, 1180 (1993).

[1.1660] H. von Bergmann, U. Rebhan, U. Stamm: Design and technology of excimer lasers. In: *Excimer Laser Technology*, ed. by D. Basting, G. Marowsky (Springer, Berlin, Heidelberg 2005), Chap.4.

[1.1661] P. W. Smith: Pulsed power techniques for discharge pumped visible and ultraviolet excimer lasers, IEE Colloq. Pulsed Power Appl., Digest, Vol. 135 (INSPEC, London 1989) pp.1311 – 1313.

[1.1662] D. Mathew, H. M. J. Bastiaens, K. J. Boller, et al.: Current filamentation in dischargeexcited F_2 – based excimer laser gas mixtures , Appl. Phys. Lett. **88**, 101502 (2006).

[1.1663] K. Mann, A. Bayer, M. Lübbecke, et al.: Comprehensive laser beam characterization for applications in material processing, Proc. SPIE **7202**, 72020C (2009).

[1.1664] ISO: *ISO/DIS* 11146 – *I*: *Test methods for laser beam widths, divergence angles and beam propagation ratios – Part* 1: *Stigmatic and simple astigmatic beams* (ISO, Geneva 2005).

[1.1665] ISO: *ISO/DIS* 11670: *Test methods for laser beam parameters*: *Beam positional stability* (ISO, Geneva 2004).

[1.1666] ISO: *ISO/DIS* 13694: *Test methods for laser beam parameters*: *Power(energy) density distribution* (ISO, Geneva 2000).

[1.1667] ISO：*ISO/DIS* 15367：*Test methods for determination of the shape of a laser beam wavefront*（ISO，Geneva 2005）.

[1.1668] K. Mann，A. Hopfmüller：Characterization and shaping of excimer laser radiation，Proc. 2nd Workshop Laser Beam Charact.（1994）p.347.

[1.1669] L. E. S. Mathias，J. T. Parker：Stimulated emission in the band spectrum of nitrogen，Appl. Phys. Lett. **3**（1），16（1963）.

[1.1670] H. G. Heard：Ultra－violet gas laser at room temperature，Nature **4907**，667（1963）.

[1.1671] D. A. Leonard：Saturation of the molecular nitrogen second positive laser transition，Appl. Phys. Lett. **7**（1），4（1965）.

[1.1672] E. T. Gerry：Pulsed－molecular－nitrogen laser theory，Appl. Phys. Lett. **7**（1），6（1965）.

[1.1673] J. Shipman Jr.：Travelling wave excitation of high power gas lasers，Appl. Phys. Lett. **10**（1），3（1967）.

[1.1674] D. Basting，F. P. Schäfer，B. Steyer：A simple，high power nitrogen laser，Optoelectronics **4**，43（1972）.

[1.1675] J. Schwab，F. Hollinger：Compact high－power N_2 laser：Circuit theory and design，IEEE J. Quantum Electron. **12**（3），183（1976）.

[1.1676] H. Seki，S. Takemori，T. Sato：Development of a highly efficient nitrogen laser using an ultrafast magnetic pulse compression circuit，IEEE J. Sel. Top. Quantum Electron. **1**（3），825－829（1995）.

[1.1677] M. Csele：*Fundamentals of Light Sources and Lasers*（Wiley，New York 2004）.

[1.1678] F. G. Houtermans：Über Maser－Wirkung im optischen Spektralgebiet und die Möglichkeit absoluter negativer Absorption，Helv. Phys. Acta **33**，933（1960），in German.

[1.1679] IBM research demonstrates path for extending current chip－making technique，Press release（IBM，20 February 2006）.

[1.1680] Cymer Inc.：*An Introduction to Ring Technology*，*White Paper*（Cymer Inc.，San Diego 2006）.

[1.1681] ITRS：*International Technology Roadmap for Semiconductors*：*Lithography*（ITRS，2005），available online at www. itrs. net/Links/2005ITRS/Litho2005. pdf.

[1.1682] M. Fiebig：TFT annealing. In：*Excimer Laser Technology*，ed. by D. Basting，G. Marowsky（Springer，Berlin，Heidelberg 2005），Chap.16.2.

[1.1683] R. Pätzel，L. Herbst，F. Simon：Laser annealing of LTPS，Proc. SPIE **6106**，61060A（2006）.

[1.1684] Coherent Inc.: *Display Backplane Crystallization* (Coherent, Santa Clara 2011), available online at http://www.coherent.com/Applications/index.cfm?fuseaction=Forms.page&PageID=172.

[1.1685] W. J. Nam, K. C. Park, S. H. Jung, et al.: OI-ELA poly-Si TFTs for eliminating residual source/drain junction defects, Electrochem. Solid-State Lett. **8** (2), G41-G43 (2005).

[1.1686] M. Hessling, J. Ihlemann: Via drilling. In: *Excimer Laser Technology*, ed. by D. Basting, G. Marowsky (Springer, Berlin, Heidelberg 2005), Chap.1.3.

[1.1687] J. P. Sercel Associates Inc.: http://www.jpsalaser.com(J. P. Sercel Associates Inc., Hollis 2007).

[1.1688] G. van Steenberge, P. Geerinck, S. van Put, et al.: Integration of multimode waveguides and micromirror couplers in printed circuit boards using laser ablation, Proc. SPIE **5454**, 75 (2004).

[1.1689] N. Hendrickx, G. van Steenberge, P. Geerinck, et al.: Laserablated coupling structures for stacked optical interconnections on printed circuit boards, Proc. SPIE **6185**, 618503 (2006).

[1.1690] W. Pfleging, M. Przybylski, H. J. Brückner: Excimer laser material processing: State-of-the-art and new approaches in microsystem technology, Proc. SPIE **6107**, 61070G (2006).

[1.1691] D. Basting, G. Marowsky (Eds.): *Excimer Laser Technology* (Springer, Berlin, Heidelberg 2005).

[1.1692] M. Takahashi, A. Sakoh, K. Ichii, et al.: Photosensitive GeO-SiO films for ultraviolet laser writing of channel waveguides and Bragg gratings with Cr-loaded waveguide structure, Appl. Opt. **42** (22), 4594-4598 (2003).

[1.1693] Resonetics: http://www.resonetics.com/PDF/OLED.pdf (Resonetics, Nashua 2007).

[1.1694] S. Szatmári, G. Marowsky, P. Simon: Femtosecond excimer lasers and their applications. In: *Laser Physics and Applications*, *Laser Systems*, Adv. Mater. Technol., Vol. 1, ed. by G. Herziger, H. Weber, R. Poprawe (Springer, Berlin, Heidelberg 2007).

[1.1695] S. Szatmári, G. Almasi, M. Feuerhake, et al.: Production of intensities of $\approx 10^{19}$ W/cm^2 by a table-top KrF laser, Appl. Phys. B **63**, 463 (1996).

[1.1696] M. Nisoli, S. DeSilvestri, O. Svelto: Generation of high energy 10 fs pulses by a new pulse compression technique, Appl. Phys. Lett. **68**, 2793 (1996).

[1.1697] T. Nagy, M. Forster, P. Simon: Flexible hollow fiber for pulse compressors,

Appl. Opt. **47**, 3264 (2008).

[1.1698] J. H. Klein-Wiele, P. Simon: Fabrication of periodic nanostructures by phase-controlled multiple-beam interference, Appl. Phys. Lett. **83**, 4707-4709 (2003).

[1.1699] J. Bekesi, J. Meinertz, J. Ihlemann, et al.: Grating interferometers for efficient generation of large area grating structures via laser ablation, J. Laser Micro/Nanoeng. **2** (3), 221 (2007).

[1.1700] J. Bekesi, J. Kaakkunen, J. Ihlemann, et al.: Fast fabrication of super-hydrophobic surfaces on polypropylene by replication of short-pulse laser structured molds, Appl. Phys. A **99**, 691 (2010).

[1.1701] T. S. Luk, H. Pummer, K. Boyer, et al.: Anomalous collision-free multiple ionization of atoms with intense picosecond ultraviolet radiation, Phys. Rev. Lett. **51**, 110 (1983).

[1.1702] K. Boyer, C. K. Rhodes: Atomic inner-shell excitation induced by coherent motion of outer-shell electrons, Phys. Rev. Lett. **54**, 1490 (1985).

[1.1703] A. Szöke, C. K. Rhodes: Theoretical model of inner-shell excitation by outer-shell electrons, Phys. Rev. Lett. **56**, 720 (1986).

[1.1704] C. K. Rhodes: Multiphoton ionization of atoms, Science **229**, 1345 (1985).

[1.1705] K. Boyer, T. S. Luk, J. C. Solem, et al.: Kinetic energy distributions of ionic fragments produced by subpicosecond multiphoton ionization of N_2, Phys. Rev. A **39**, 1186 (1989).

[1.1706] G. Gibson, T. S. Luk, A. McPherson, et al.: Observation of a new inner-orbital molecular transition at 55.8 nm in N_2^{2+} produced by multiphoton coupling, Phys. Rev. A **40**, 2378 (1989).

[1.1707] A. McPherson, T. S. Luk, B. D. Thompson, et al.: Multiphoton induced X-ray emission and amplification from clusters, Appl. Phys. B **57**, 337 (1993).

[1.1708] A. McPherson, B. D. Thompson, A. B. Borisov, et al.: Multiphoton-induced X-ray emission at 4-5 keV from Xe atoms with multiple core vacancies, Nature **370**, 631 (1994).

[1.1709] K. Boyer, C. K. Rhodes: Superstrong coherent multielectron intense-field interaction, J. Phys. B **27**, L633 (1994).

[1.1710] W. A. Schroeder, T. R. Nelson, A. B. Borisov, et al.: An efficient selective collisional ejection mechanism for inner-shell population inversion in laser-driven plasmas, J. Phys. B **34**, 297 (2001).

[1.1711] A. B. Borisov, A. McPherson, B. D. Thompson, et al.: Ultrahigh power compression for X-ray amplification: Multiphoton cluster excitation

combined with nonlinear channeled propagation, J. Phys. B **28**, 2143(1995).
[1.1712] A. B. Borisov, X. Song, F. Frigeni, et al.: Ultrabright multikilovolt coherent tunable X – ray source at $\lambda \approx 2.71-2.93$ Å, J. Phys. B **36**, 3433 (2003).
[1.1713] A. B. Borisov, X. Song, Y. Koshman, et al.: Saturated multikilovolt X – ray amplification with Xe clusters: Singlepulse observation of Xe(L)spectral hole burning, J. Phys. B **36**, L285 (2003).
[1.1714] A. B. Borisov, E. Racz, P. Zhang, et al.: Realization of the conceptual ideal for X – ray amplification, J. Phys. B **41**, 105602 (2008).
[1.1715] K. Kondo, A. B. Borisov, C. Jordan, et al.: Wavelength dependence of multiphoton – induced Xe (M) and Xe (L) emissions from Xe clusters, J. Phys. B **30**, 2707 (1997).
[1.1716] A. B. Borisov, X. Song, F. Frigeni, et al.: Ultraviolet – infrared wavelength scalings for strong field induced L – shell emissions from Kr and Xe clusters, J. Phys. B **35**, L1 (2002).
[1.1717] A. B. Borisov, J. Davis, K. Boyer, et al.: High – intensity applications of excimer lasers, in excimer laser technology. In: *Excimer Laser Tec nology*, ed. by D. Basting, G. Marowsky (Springer, Berlin, Heidelberg 2005), Chap.20.
[1.1718] M. Richter, M. Y. Amusia, S. V. Bobashev, et al.: Extreme ultraviolet laser excites atomic giant resonance, Phys. Rev. Lett. **102**, 163002 (2009).
[1.1719] U. Saalmann, J. M. Rost: Ionization of clusters in strong X – ray laser pulses, Phys. Rev. Lett. **89**, 143401 (2002).
[1.1720] A. M. Fedotov, N. B. Narozhny, G. Mourou, et al.: Limitations on the attainable intensity of high power lasers, Phys. Rev. Lett. **105**, 080402(2010).
[1.1721] W. Heisenberg, H. Euler: Folgerungen aus der Diracschen Theorie des Positrons, Z. Phys. **98**, 714 (1936), in German.
[1.1722] J. Schwinger: On gauge invariance and vacuum polarization, Phys. Rev. **82**, 664 (1951).
[1.1723] A. B. Borisov, X. Song, P. Zhang, et al.: The nuclear era of laser interactions: New milestones in the history of power compression. In: *Lasers and Nuclei*, ed. by J. Magill, H. Schwoerer (Springer, Berlin, Heidelberg 2005), p.3.
[1.1724] A. B. Borisov, E. Racz, S. F. Khan, et al.: The nuclear epoch of laser interactions, 4th Int. Symp. At. Clust. Collis. (ISAACC 2009).
[1.1725] A. B. Borisov, X. Song, P. Zhang, et al.: Double optimization of Xe (L) amplifier power scaling at $\lambda \approx 2.9$ Å, J. Phys. B **40**, F161 (2007).
[1.1726] D. C. Hutchinson, M. Sheik – Bahae, D. J. Hagen, et al.: Kramers – Krönig

relations in nonlinear optics, Opt. Quantum Electron. **24**, 1 (1992).

[1.1727] A. B. Borisov, A. V. Borovskiy, V. V. Korobkin, et al.: Observation of relativistic and charge-displace-ment self-channeling of intense subpicosecond ultraviolet(248 nm)radiation in plasmas, Phys. Rev. Lett. **68**, 2309 (1992).

[1.1728] A. B. Borisov, J. W. Longworth, K. Boyer, et al.: Stable relativistic/charge displacement channels in ultrahigh power density ($\approx 10^{21}$ W/cm^3) plasmas, Proc. Natl. Acad. Sci. USA **95**, 7854 (1998).

[1.1729] A. B. Borisov, S. Cameron, Y. Dai, et al.: Dynamics of optimized stable channel formation of intense laser pulses with the relativistic/charge-displacement mech-anism, J. Phys. B **32**, 3511 (1999).

[1.1730] A. B. Borisov, A. V. Borovskiy, O. B. Shiryaev, et al.: Relativistic and charge-displacement channeling of intense ultrashort laser pulses in plasmas, Phys. Rev. A **45**, 5830 (1992).

[1.1731] A. B. Borisov, X. Shi, V. B. Karpov, et al.: Stable self-channeling of intense ultraviolet pulses in underdense plasma, producing channels exceeding 100 Rayleigh lengths, J. Opt. Soc. Am. B **11**, 1941 (1994).

[1.1732] A. B. Borisov, O. B. Shiryaev, A. McPherson, et al.: Stability analysis of relativistic and charge-displacement selfchanneling of intense laser pulses in underdense plasmas, Plasma Phys. Control. Fusion **37**, 569 (1995).

[1.1733] A. Pukhov: Strong field interaction of laser radiation, Rep. Prog. Phys. **66**, 47 (2003).

[1.1734] T. Esirkepov, M. Borghesi, S. V. Bulanov, et al.: Highly efficient relativisticion generation in the laser-piston regime, Phys. Rev. Lett. **92**, 175003 (2004).

[1.1735] J. Davis, A. B. Borisov, C. K. Rhodes: Optimization of power compression and stability of relativistic and ponderomotive self-channeling of 248 nm laser pulses in underdense plasmas, Phys. Rev. E **70**, 066406 (2004).

[1.1736] K. Boyer, A. B. Borisov, X. Song, et al.: Explosive supersaturated amplification on 3d→2p Xe (L) hollow atom transitions at $\lambda \approx 2.7-2.9$ Å, J. Phys. B **38**, 3055 (2005).

[1.1737] A. B. Borisov, X. Song, P. Zhang, et al.: Amplification at $\lambda \approx 2.8$Å on Xe (L) ($2\overline{s}2\overline{p}$) doublevacancy states produced by 248 nm excitation of Xe clusters in plasma channels, J. Phys. B **38**, 3935 (2005).

[1.1738] A. B. Borisov, X. Song, P. Zhang, et al.: Single-pulse characteristics of the Xe (L) amplifier on the Xe^{35+}(3d→2p) transitions array at $\lambda \approx 2.86$ Å, J. Phys. **39**, L313 (2006).

[1.1739] A. B. Borisov, P. Zhang, E. Racz, et al.: Temperature enhancement of Xe (L) x-ray amplifier power ($\lambda \approx 2.9$ Å) emission, J. Phys. B **40**, F307 (2007).

[1.1740] G. C. Baldwin, J. C. Solem, V. I. Gol'danskii: Approaches to the development of gamma-ray lasers, Rev. Mod. Phys. **53**, 687 (1981).

[1.1741] A. B. Borisov, E. Racz, S. F. Khan, et al.: Spatially resolved observation of the spectral hole burning in the Xe (L) amplifier on single ($2\overline{p}$) and double ($2\overline{s}2\overline{p}$) vacancy 3d→2p transitions in the 2.62 Å$\geqslant\lambda\geqslant$2.94 Å range, J. Phys. B **43**, 045402 (2010).

[1.1742] A. B. Borisov, E. Racz, S. F. Khan, et al.: Power scaling of the Xe (L) amplifier at $\lambda \approx 2.8$ Å into the petawatt regime, J. Phys. B **43**, 015402 (2010).

[1.1743] M. Yoshioka, D. Bolshukhin, M. Corthout, et al.: Xenon DPP source technologies for EUVL exposure tools, Proc. SPIE **7271**, 727109 (2009).

[1.1744] M. Yoshioka, Y. Teramoto, P. Zink, et al.: Tin DPP source collector module (SoCoMo): Status of beta products and HVM developments, Proc. SPIE **7636**, 763610 (2010).

[1.1745] G. Schriever, M. Rahe, W. Neff, et al.: Extreme ultraviolet light generation based on laser-produced plasmas (LPP) and gas-discharge-based pinch plasmas: A comparison of different concepts, Proc. SPIE **3997**, 162-168 (2000).

[1.1746] V. Bakshi (Ed.): *EUV Sources for Lithography*, SPIE Press Monograph, Vol. 149 (SPIE, Bellingham 2006).

[1.1747] U. Stamm, J. Kleinschmidt, D. Bolshukhin, et al.: Development status of EUV sources for use in beta-tools and high-volume chip manufacturing tools, Proc. SPIE **6151**, 190-200 (2006).

[1.1748] P. P. Sorokin, J. R. Lankard: Stimulated emission observed from an organic dye, chloro-aluminum phthalocyanine, IBM J. Res. Dev. **10**, 162 (1966).

[1.1749] F. P. Schäfer, W. Schmidt, J. Voltze: Organic dye solution laser, Appl. Phys. Lett. **9**, 306 (1966).

[1.1750] I. L. Bass, R. E. Bonanno, R. P. Hackel, et al.: High-average-power dye laser at Lawrence Livermore National Laboratory, Appl. Opt. **33**, 6993-7006 (1992).

[1.1751] C. E. Webb: High-power dye lasers pumped by copper vapor lasers. In: *High Power Dye Lasers*, ed. by F. J. Duarte (Springer, Berlin, Heidelberg 1991) pp.143-182.

[1.1752] P. A. Bokhan, V. V. Buchanov, N. V. Fateev, et al.: *Laser Isotope Separation* in *Atomic Vapor* (Wiley – VCH, Weinheim 2006).

[1.1753] J. Pique, S. Farinotti: Efficient modeless laser for a mesospheric sodium laser guide star, J. Opt. Soc. Am. B **20**, 2093 – 2101 (2003).

[1.1754] F. J. Duarte, W. E. Davenport, J. J. Ehrlich, et al.: Ruggedized narrow – linewidth dispersive dye laser oscillator, Opt. Commun. **84**, 310 – 316 (1991).

[1.1755] J. H. Gurian, H. Maeda, T. F. Gallagher: Kilohertz dye laser system for high resolution laser spectroscopy, Rev. Sci. Instrum. **81**, 073111 (2010).

[1.1756] M. Maeda: *Laser Dyes* (Academic, New York 1984).

[1.1757] F. N. Baltakov, B. A. Barikhin, L. V. Sukhanov: 400 J pulsed laser using a solution of rhodamine – 6G in ethanol, JETP Letters **19**, 174 (1974).

[1.1758] R. G. Morton, V. G. Dragoo: A 200 W average power, narrow bandwidth, tunable waveguide dye laser, IEEE J. Quantum Electron. **17**, 2245 (1981).

[1.1759] J. C. Diels: Femtosecond dye lasers. In: *Dye Laser Principles*, ed. by F. J. Duarte, L. W. Hillman (Academic, New York 1990) pp.41 – 132.

[1.1760] B. Wellegehausen, H. Welling, R. Beigang: High power CW dye lasers, Appl. Phys. **6**, 335 (1974).

[1.1761] P. N. Everett: Flashlamp excited dye lasers. In: *High Power Dye Lasers*, ed. by F. J. Duarte (Springer, Berlin, Heidelberg 1991) pp.183 – 245.

[1.1762] T. W. Hänsch: Repetitively pulsed tunable dye laser for high resolution spectroscopy, Appl. Opt. **11**, 895 (1972).

[1.1763] I. Shoshan, N. N. Danon, U. P. Oppenheim: Narrow – band operation of a pulsed dye laser without intracavity beam expander, J. Appl. Phys. **48**, 4495 – 4497 (1077).

[1.1764] M. G. Littman, H. J. Metcalf: Spectrally narrow pulsed dye laser without beam expander, Appl. Opt. **17**, 2224 – 2227 (1978).

[1.1765] F. J. Duarte, J. A. Piper: A prism preexpanded grazing incidence pulsed dye laser, Appl. Opt. **20**, 2113 – 2116 (1981).

[1.1766] F. J. Duarte, J. A. Piper: Narrow linewidth high PRF copper laser – pumped dye – laser oscillators, Appl. Opt. **23**, 1391 – 1394 (1984).

[1.1767] S. Singh, K. Dasgupta, S. Kumar, et al.: High – power high – repetition – rate capper – vapor – pumped dye laser, Opt. Eng. **33**, 1894 – 1904 (1994).

[1.1768] F. J. Duarte: Multiple – prism Littrow and grazing incidence pulsed CO_2 lasers, Appl. Opt. **24**, 1244 – 1245 (1985).

[1.1769] K. R. German: Grazing angle tuner foe CW lasers, Appl. Opt. **20**, 3168 – 3171 (1981).

[1.1770] P. Zorabedian: Characteristics of a grating – external – cavity semiconductor laser containing intracavity prism beam expanders, J. Lightwave Tech. **10**, 330–335 (1992).

[1.1771] F. J. Duarte: Narrow–linewidth pulsed dye lasers oscillators. In: *Dye Laser Principles*, ed. by F. J. Duarte, L. W. Hillman (Academic, New York 1990) pp.133–183.

[1.1772] P. Dupre: Quasiunimodal tunable pulsed dye laser at 440 nm: Theoretical development for using a quad prism beam expander and one or two gratings in a pulsed dye laser oscillator cavity, Appl. Opt. **26**, 860–871 (1987).

[1.1773] R. L. Fork, B. I. Green, C. V. Shank: Generation of optical pulses shorter than 0.1 ps by colliding pulse modelocking, Appl. Phys. Lett. **38**, 671(1981).

[1.1774] W. Dietel, J. J. Fontaine, J. C. Diels: Intracavity pulse compression with glass: A new method of generating pulses shorter than 60 fs, Opt. Lett. **8**, 4–6 (1983).

[1.1775] R. L. Fork, O. E. Martinez, J. P. Gordon: Negative dispersion using pairs of prisms, Opt. Lett. **9**, 150–152 (1984).

[1.1776] F. J. Duarte: Generalized multiple–prism dispersion theory for pulse compression in ultrafast dye lasers, Opt. Quantum Electron. **19**, 223–229 (1987).

[1.1777] L. W. Hollberg: CW dye lasers. In: *Dye Laser Principles*, ed. by F. J. Duarte, L. W. Hillman (Academic, New York 1990) pp.185–238.

[1.1778] F. P. Schäfer (Ed.): *Dye Lasers* (Springer, Berlin, Heidelberg 1990).

[1.1779] F. J. Duarte, L. W. Hillman (Eds.): *Dye Laser Principles* (Academic, New York 1990).

[1.1780] N. P. Barnes: Transition metal solid–state lasers. In: *Tunable Lasers Handbook*, ed. by F. J. Duarte (Academic, New York 1995) pp.219–291.

[1.1781] B. J. Orr, Y. He, R. T. White: Spectroscopic applications of pulsed tunable optical parametric oscillators. In: *Tunable Laser Applications*, ed. by F. J. Duarte (CRC, New York 2009) pp.15–95, 2nd edn..

[1.1782] P. Zorabedian: Tunable external–cavity semiconductor lasers. In: *Tunable Lasers Handbook*, ed. by F. J. Duarte (Academic, New York 1995) pp.349–442.

[1.1783] F. J. Duarte: Broadly tunable dispersive externalcavity semiconductor lasers. In: *Tunable Laser Applications*, 2nd edn., ed. by F. J. Duarte (CRC, New York 2009) pp.143–177.

[1.1784] F. J. Duarte: Introduction. In: *Tunable Lasers Handbook*, ed. by F. J. Duarte (Academic, New York 1995) pp.1–7.

[1.1785] F. J. Duarte: Multiple-prism grating solid-state dye laser oscillator: Optimized architecture, Appl. Opt. **38**, 6347-6349 (1999).

[1.1786] G. Seybold, G. Wagonblast: New perylene and violanthrone dyestuffs for fluorescent collectors, Dyes Pigments **11**, 303 (1989).

[1.1787] M. Shah, K. Thangararaj, M. L. Soong, et al.: Pyrromethene-BF_2 complexes as laser dyes, Heteroat. Chem. **1**, 389 (1990).

[1.1788] D. Avnir, D. Levy, R. Reisfeld: The nature of silica cage as reflected by spectral changes and enhanced photostability of trapped rhodamine 6G, J. Phys. Chem. **88**, 5956 (1984).

[1.1789] D. A. Gromov, K. M. Dyumaev, A. A. Manenkov, et al.: Efficient plastic-host dye lasers, J. Opt. Soc. Am. B **2**, 1028 (1985).

[1.1790] Y. Oki, K. Ohno, M. Maeda: Tunable ultrashort pulse generation from a waveguided laser with premixed-dye-doped plastic film , Jpn. J. Appl. Phys. **37**, 6403 (1998).

[1.1791] X. L. Zhu, D. Lo: Sol-gel glass distributed feedback waveguide laser, Appl. Phys. Lett. **80**, 917 (2002).

[1.1792] B. H. Soffer, B. B. McFarland: Continuously tunable, narrow-band organic dye lasers, Appl. Phys. Lett. **10**, 266-267 (1967).

[1.1793] R. Sastre, A. Costela: Polymeric solid-state dye lasers, Adv. Mater. **7**, 198 (1995).

[1.1794] F. J. Duarte: Solid-state multiple-prism grating dye laser oscillators, Appl. Opt. **33**, 3857-3860 (1994).

[1.1795] A. Maslyukov, S. Sokolov, M. Kaivola, et al.: Solid state dye laser with modified poly(methyl methacrylate)-doped active elements, Appl. Opt. **34**, 1516-1518 (1995).

[1.1796] M. D. Rahn, T. A. King, A. A. Gorman, et al.: Photostability enhancement of liquid and solid dye lasers, Appl. Opt. **36**, 5862 (1997).

[1.1797] M. Ahmad, T. A. King, D. K. Ko, et al.: Photostability of lasers based on pyrromethene 567 liquids and solid-state host media, Opt. Commun. **203**, 327-334 (2002).

[1.1798] A. Costela, I. Garcia, G. Gomez, et al.: Laser performance of pyrromethene 567 dye in solid polymeric matrices with different crosslinking degrees, J. Appl. Phys. **90**, 3159-3166 (2001).

[1.1799] T. Tani, H. Namikawa, K. Arai, et al.: Photochemical hole-burning study of 1, 4-dihydroxyanthraquinone doped in amorphous silica prepared by alcoholate method, J. Appl. Phys. **58**, 3559-3565 (1985).

[1.1800] F. Salin, G. Le Saux, P. Georges, et al.: Efficient tunable solid-state laser near 630 nm using sulforhodamine 640 – doped silica gel, Opt. Lett. **14**, 785 (1989).

[1.1801] D. Lo, J. E. Parris, J. L. Lawless: Laser and fluorescent properties of dye – doped sol – gel silica from 400 nm to 800 nm, Appl. Phys. B **56**, 385 (1993).

[1.1802] M. Canva, P. Georges, J. F. Perelgritz, et al.: Perylene – and pyrro – methene – doped xerogel for a pulsed laser, Appl. Opt. **34**, 428(1995).

[1.1803] M. Faloss, M. Canva, P. Georges, et al.: Toward millions of laser pulses with pyrromethene – and perylene – doped xerogels, Appl. Opt. **36**, 6760 (1997).

[1.1804] G. Kranzelbinder, G. Leising: Organic solid – state lasers, Rep. Prog. Phys. **63**, 729 (2000).

[1.1805] C. Ye, K. S. Lam, K. P. Chik, et al.: Output performance of a dye – doped sol – gel silica laser in the near UV, Appl. Phys. Lett. **69**, 3800 (1996).

[1.1806] K. S. Lam, D. Lo: Lasing behavior of sol – gel silica doped with UV laser dyes, Appl. Phys. B **66**, 427 (1998).

[1.1807] F. J. Duarte, R. O. James: Tunable solid – state lasers incorporating dye – doped polymer – nanoparticle gain media, Opt. Lett. **28**, 2088 – 2090 (2003).

[1.1808] R. Sastre, V. Martín, L. Garrido, et al.: Dye – doped polyhedral oligomeric silsesquioxane (POSS) – modified polymeric matrices for highlyefficient and photostable solid – state dye lasers, Adv. Funct. Mater. **19**, 3307 – 3319 (2009).

[1.1809] H. Kogelnik, C. V. Shank: Stimulated emission in a periodic structure, Appl. Phys. Lett. **18**, 152 (1971).

[1.1810] W. J. Wadsworth, I. T. McKinnie, A. D. Woolhouse, et al.: Efficient distributed feedback solid state dye laser with a dynamic grating, Appl. Phys. B **69**, 163 – 165 (1999).

[1.1811] X. L. Zhu, S. K. Lam, D. Lo: Distributed – feedback dye – doped solgel silica lasers, Appl. Opt. **39**, 3104 – 3107 (2000).

[1.1812] F. Hide, M. A. Diaz – Garcia, B. J. Schwartz, et al.: Semiconducting polymers: A new class of solid – state laser materials, Science **273**, 1833 (1997).

[1.1813] M. D. McGehee, M. A. Diaz – Garcia, F. Hide, et al.: Semiconducting polymer distributed feedback lasers, Appl. Phys. Lett. **72**, 1536 (1998).

[1.1814] K. P. Kretch, W. J. Blau, V. Dumarcher, et al.: Distributed feedback laser action from polymeric waveguides doped with oligo phenylene vinylene model compounds, Appl. Phys. Lett. **76**, 2146 (2000).

[1.1815] Y. Sorek, M. Zevin, R. Reisfeld, et al.: Zirconia and zirconia-ormosil planar waveguides prepared at room temperature, Chem. Mater. **9**, 670 (1997).

[1.1816] M. Zevin, R. Reisfeld: Preparation and properties of active waveguides based on zirconia glasses, Opt. Mater. **8**, 37 (1997).

[1.1817] M. Maeda, Y. Oki, K. Imamura: Ultrashort pulse generation from an integrated single-chip dye laser, IEEE J. Quantum Electron. **33**, 2146 (1997).

[1.1818] Y. Oki, T. Yoshiura, Y. Chisaki, et al.: Fabrication of a distributed-feedback dye laser with a grating structure in its plastic waveguide, Appl. Opt. **41**, 5030 (2002).

[1.1819] Y. Oki, S. Miyamoto, M. Tanaka, et al.: Wide-wavelength-range operation of a distributed-feedback dye laser with a plastic waveguide, Opt. Commun. **214**, 277 (2002).

[1.1820] J. Wang, G. X. Zhang, L. Shi, et al.: Tunable multiwavelength distributed-feedback zirconia waveguide lasers, Opt. Lett. **28**, 90-92 (2003).

[1.1821] D. Lo, C. Ye, J. Wang: Distributed feedback laser action by polarization modulation, Appl. Phys. B **76**, 649-653 (2003).

[1.1822] H. Watanabe, Y. Oki, T. Omatsu: Highly-efficient long-lifetime dual layered waveguide dye laser containing SiO_2 nanoparticle-dispersed random scattering active media, Jpn. J. Appl. Phys. **48**, 112503 (2010).

[1.1823] H. Watanabe, H. So, Y. Oki, et al.: Picosecond-pulse-pumped distributed-feedback thickfilm waveguide blue laser using fluorescent brightener 135, Jpn. J. Appl. Phys. **48**, 072105 (2010).

[1.1824] H. Kogelnik, C. V. Shank: Coupled-wave theory of distributed feedback lasers, J. Appl. Phys. **43**, 2327 (1972).

[1.1825] A. Mukherjee: Two-photon pumped upconverted lasing in dye doped polymer waveguides, Appl. Phys. Lett. **62**, 3423 (1993).

[1.1826] G. S. He, J. D. Bhawalker, C. F. Zhao, et al.: Upconversion dye-doped polymer fiber laser, Appl. Phys. Lett. **68**, 3549 (1996).

[1.1827] D. Wang, G. Y. Zhou, Y. Ren, et al.: One-and two-photon absorption induced emission in HMASPS doped polymer, Chem. Phys. Lett. **354**, 423-427 (2002).

[1.1828] C. Ye, J. Wang, D. Lo: Two-photon-pumped distributed feedback zirconia waveguide lasers, Appl. Phys. B **78**, 539 (2004).

[1.1829] C. H. Chen, J. L. Fox, F. J. Duarte, J. et al.: Lasing characteristics of new coumarin-analog dyes: Broadband and narrow-linewidth performance, Appl. Opt. **27**, 443-445 (1988).

[1.1830] F. J. Duarte, L. S. Liao, K. M. Vaeth, et al.: Widely tunable green laser emission using the coumarin 545 tetramethyl dye as the gain medium, J. Opt. A: Pure Appl. Opt. **8**, 172-174 (2006).

[1.1831] B. Steyer, F. P. Schäfer: A vapor phase dye laser, Opt. Commun. **10**, 219-220 (1974).

[1.1832] G. Marowsky, F. P. Schäfer, J. W. Keto, et al.: Fluorescence studies of electron-beam pumped POPOV dye vapor, Appl. Phys. **9**, 143-146 (1976).

[1.1833] F. J. Duarte, L. S. Liao, K. M. Vaeth: Coherence characteristics of electrically excited tandem organic light-emitting diodes, Opt. Lett. **30**, 3072-3074 (2005).

[1.1834] F. J. Duarte: Coherent electrically-excited organic semiconductors: Visibility of interferograms and emission linewidth, Opt. Lett. **32**, 412-414 (2007).

[1.1835] F. J. Duarte: Coherent electrically excited organic semiconductors: Coherent or laser emission? , Appl. Phys. B **90**, 101-108 (2008).

[1.1836] T. Ditmire, E. T. Gumbrell, R. A. Smith, et al.: Spatial coherence of soft X-ray radiation produced by high order harmonic generation, Phys. Rev. Lett. **77**, 4756-4759 (1996).

[1.1837] A. Lucianetti, K. A. Janulewicz, R. Kroemer, et al.: Transverse spatial coherence of a transient nickel like silver soft-X-ray laser pumped by a single picosecond laser pulse, Opt. Lett. **29**, 881-883 (2004).

[1.1838] P. A. Franken, A. E. Hill, C. W. Peters, et al.: Generation of optical harmonics, Phys. Rev. Lett. **7**, 118-119 (1961).

[1.1839] J. A. Armstrong, N. Bloembergen, J. Ducuing, et al.: Interactions between light waves in a nonlinear dielectric, Phys. Rev **127**, 1918-1939 (1962).

[1.1840] P. A. Franken, J. F. Ward: Optical harmonics and nonlinear phenomena, Rev. Mod. Phys. **35**, 23 (1963).

[1.1841] J. A. Giordmaine: Mixing of light beams in crystals, Phys. Rev. Lett. **8**, 19 (1962).

[1.1842] P. D. Maker, R. W. Terhune, M. Nisenoff, et al.: Effects of dispersion and focusing on production of optical harmonics, Phys. Rev. Lett. **8**, 21 (1962).

[1.1843] G. D. Boyd, D. A. Kleinman: Parametric interaction of focused Gaussian light beams, J. Appl. Phys. **39**, 3597 (1968).

[1.1844] N. M. Kroll: Parametric amplification in spatially extended media and application to the design of tunable oscillators at optical frequencies, Phys. Rev. **127**, 1207 (1962).

[1.1845] J. A. Giordemaine, R. C. Miller: Tunable coherent parameric oscillation in $LiNbO_3$ at optical frequencies, Phys. Rev. Lett. **14**, 973 (1965).

[1.1846] R. G. Smith, J. E. Geusic, H. J. Levinstein, et al.: Continuous optical parametric oscillation in $Ba_2NaNb_2O_{15}$, Appl. Phys. Lett. **12**, 308 (1968).

[1.1847] R. L. Byer, M. K. Oshman, J. F. Young, et al.: Visible CW parametric oscillator, Appl. Phys. Lett. **13**, 109 (1968).

[1.1848] K. Burneika, M. Ignatavichyus, V. Kabelka, et al.: Parametric light amplification and oscillation in KDP with mode-locked pum, IEEE J. Quantum Electron. **8**, 574 (1972).

[1.1849] R. G. Smith: Optical parametric oscillators. In: *Lasers*, Vol. 4, ed. by A. K. Levine, A. J. De Maria (Marcel Dekker, New York 1976).

[1.1850] S. E. Harris: Tunable optical parametric oscillators, Proc. IEEE **57**, 2096-2113 (1969).

[1.1851] R. L. Byer: Optical parametric oscillators. In: *Quantum Electronics*, Nonlinear Optics, Vol. 1, ed. by H. Rabin, C. L. Tang (Academic, New York 1975).

[1.1852] T. Y. Fan, R. L. Byer: Progress in optical parametric oscillators, SPIE Proc. **461**, 27 (1984).

[1.1853] A. A. Kaminski: *Laser Crystals*, 2nd edn. (Springer, Berlin, Heidelberg 1990).

[1.1854] V. G. Dmitriev, G. G. Gurzadyan, D. N. Nikogosyan: *Handbook of Nonlinear Optical Crystals* (Springer, Berlin, Heidelberg 1991).

[1.1855] R. H. Kingston: Parametric amplification and oscillation at optical frequencies, Proceedings IRE (Corresp.) **50**, 472 (1962).

[1.1856] A. Yariv, W. J. Louisell: Theory of an optical parametric oscillator, IEEE J. Quantum Electron. **2** (9), 418-424 (1966).

[1.1857] A. Yariv: *Quantum Electronics* (Wiley, New York 1989).

[1.1858] Y. R. Shen: *The Principles of Nonlinear Optics* (Wiley, New York 1984).

[1.1859] R. L. Sutherland: *Handbook of Nonlinear Optics* (Marcel Dekker, New York 1996).

[1.1860] W. H. Louisell, A. Yariv, A. E. Siegman: Quantum fluctuations and noise in parametric processes, Phys. Rev. **124**, 1646 (1961).

[1.1861] D. A. Kleinman: Theory of optical parametric noise, Phys. Rev. **174**, 1027 (1968).

[1.1862] L. Carrion, J. P. Giradeau-Montant: Development of a simple model for optical parametric generation, J. Opt. Soc. Am. B **17**, 78 (2000).

[1.1863] J. M. Manley, H. E. Rowe: General energy relations in nonlinear reactances, Proceedings IRE **47**, 2115 (1959).

[1.1864] H. Ito, H. Naito, H. Inaba: Generalized study on angular dependence of induced second-order nonlinear optical polarizations and phase matching in biaxial crystals, J. Appl. Phys. **46**, 3992 (1975).

[1.1865] J. Yao, W. Sheng, W. Shi: Accurate calculation of the optimum phase-matching parameters in three-wave interactions with biaxial nonlinearoptical crystals, Appl. Opt. **29**, 3927 (1990).

[1.1866] L. A. Gloster, Z. X. Jiang, T. A. King: Characterization of an Nd:YAG-pumped β-BaB_2O_4 optical parametric oscillator in collinear and noncollinear phase-matched configurations, IEEE J. Quantum Electron. **30**, 2961 (1994).

[1.1867] S. Burdulis, R. Grigonis, A. Piskarskas, et al.: Visible optical parametric oscillation in synchronously pumped beta-barium borate, Opt. Commun. **74**, 398 (1990).

[1.1868] P. E. Powers, R. J. Ellington, W. S. Pelouch, et al.: Recent advances of the Ti: sapphire pumped high repletion rate femtosecond optical parametric oscillator, J. Opt. Soc. Am. B **10**, 2162 (1993).

[1.1869] P. Di Trapani, A. Andreoni, C. Solcia, et al.: Matching of group velocities in three-wave parametric interaction with femtosecond pulses and applications to travelling wave generators, J. Opt. Soc. Am. B **11**, 2237 (1995).

[1.1870] M. Yamada, N. Nada, M. Saitoh, et al.: First-order quasi-phase matched $LiNbO_3$ waveguide periodically poled by applying an external field for efficient blue second-harmonic generation, Appl. Phys. Lett. **62**, 435(1993).

[1.1871] K. Mizuuchi, K. Yamamoto, M. Kato: Generation of ultraviolet light by frequency doubling of a red laser diode in a first-order periodically poled bulk $LiTaO_3$, Appl. Phys. Lett. **70**, 1201 (1997).

[1.1872] H. Karlsson, F. Laurell: Electric field poling of flux grown $KTiOPO_4$, Appl. Phys. Lett. **71**, 3474 (1997).

[1.1873] X. Yu, L. Scaccabarozzi, A. C. Lin, et al.: Growth of GaAs with orientation-patterned structures for nonlinear optics, J. Cryst. Growth **301-302**, 163 (2007).

[1.1874] M. A. Arbore, A. Galvanauskas, D. Harter, et al.: Engineerable compression of ultrashort pulses by use of secondharmonic generation in chirped-period-poled lithium niobate, Opt. Lett. **22**, 1341 (1997).

[1.1875] P. A. Powers, T. J. Kulp, S. E. Bisson: Continuous tuning of a continuous-wave periodically poled lithium niobate optical parametric oscillator by use of a fan-out grating design, Opt. Lett. **23**, 159 (1998).

[1.1876] S. N. Zhu, N. B. Ming: Quasi-phase matched third harmonic generation in quasi-periodic optical superlattice, Science **278**, 843 (1997).

[1.1877] N. G. R. Broderick, G. W. Ross, H. L. Offerhaus, et al.: Hexagonally poled lithium niobate: A two-dimensional nonlinear photonic crystal, Phys. Rev. Lett. **84**, 4345 (2000).

[1.1878] S. T. Yang, R. C. Eckardt, R. L. Byer: Continuouswave singly resonant optical parametric oscillator pumped by a single-frequency resonantly doubled Nd: YAG laser, Opt. Lett. **18**, 971 (1993).

[1.1879] S. T. Yang, R. C. Eckardt, R. L. Byer: 1.9W-CW ringcavity KTP singly resonant optical parametric oscillator, Opt. Lett. **19**, 475 (1994).

[1.1880] R. C. Eckardt, C. D. Nabors, W. J. Kozlovsky, et al.: Optical parametric oscillator frequency tuning and control, J. Opt. Soc. Am. B **8**, 646 (1991).

[1.1881] U. Strössner, A. Peters, J. Mlynek, et al.: Single-frequency continuous-wave radiation from 0.77 to 1.73 μm generated by a green-pumped optical parametric oscillator with periodically poled $LiTaO_3$, Opt. Lett. **24**, 1602-1604 (1999).

[1.1882] W. R. Bosenberg, A. Drobshoff, J. I. Alexander, et al.: Continuous-wave singly resonant optical parametric oscillator based on periodically poled $LiNbO_3$, Opt. Lett. **21**, 713-715 (1996).

[1.1883] J. A. Giordmaine: Optical parametric oscillation in $LiNbO_3$. In: *Physics of Quantum Electronics*, ed. by P. L. Kelley, B. L. Lax, P. E. Tannenwald (McGraw-Hill, New York 1966).

[1.1884] J. Falk: Instabilities in doubly resonant parametric oscillators: A theoretical analysis, IEEE J. Quantum Electron. **7**, 230 (1971).

[1.1885] D. Lee, N. C. Wong: Stabilization and tuning of a doubly resonant optical parametric oscillator, J. Opt. Soc. Am. B **10**, 1659 (1993).

[1.1886] S. Schiller, K. Schneider, J. Mlynek: Theory of an optical parametric oscillator with resonant pump and signal, J. Opt. Soc. Am. B **16**, 1512 (1999).

[1.1887] F. G. Colville, M. J. Padgett, M. H. Dunn: Continuouswave, dual-cavity, doubly-resonant, optical parametric oscillator, Appl. Phys. Lett. **64**, 1490 (1994).

[1.1888] S. Schiller, R. L. Byer: Quadruply resonant optical parametric oscillation in a monolithic total-internal-reflection resonator, J. Opt. Soc. Am. B **10**, 1696 (1993).

[1.1889] C. Richy, K. I. Petas, E. Giacobino, et al.: Observation of bistability and delayed bifurcation in a triply resonant OPO, J. Opt. Soc. Am. B **12**, 456 (1995).

[1.1890] F. Kühnemann, K. Schneider, A. Hecker, et al.: Photoacoustic trace-gas detection using a CW single-frequency parametric oscillator, Appl. Phys. B **66**, 741-745 (1998).

[1.1891] D. Lee, N. C. Wong: Tunable optical frequency division using a phase-locked optical parametric oscillator, Opt. Lett. **17**, 13 (1992).

[1.1892] S. Slyusarev, T. Ikegami, S. Oshima: Phasecoherent optical frequency division by 3 of 532 nm laser light a with continuous-wave optical parametric oscillator, Opt. Lett. **24**, 1856 (1999).

[1.1893] H. Kogelnik, T. Li: Laser beams and resonators, Appl. Opt. **5**, 1567 (1966).

[1.1894] J. E. Bjorkholm: Some effects of spatially nonuniform pumping in pulsed optical parametric oscillators, IEEE J. Quantum Electron. **7**, 109 (1971).

[1.1895] C. D. Nabors, S. T. Yang, T. Day, et al.: Coherent properties of a doubly resonant monolithic optical parametric oscillator, J. Opt. Soc. Am. B **7**, 815 (1990).

[1.1896] A. J. Henderson, M. J. Padgett, F. G. Colville, et al.: Doubly resonant OPOs tuning behaviour and stability requirements, Opt. Commun. **119**, 256 (1995).

[1.1897] R. L. Barger, M. S. Sorem, J. L. Hall: Frequency sta-bilization of a CW dye laser, Appl. Phys. Lett. **22**, 573 (1973).

[1.1898] T. W. Hänsch, B. Couillaud: Laser frequency stabilization by polarization spectroscopy of a reflecting reference cavity, Opt. Commun. **35**, 441 (1973).

[1.1899] R. W. P. Drever, J. L. Hall, F. V. Kowalski, et al.: Laser phase and frequency stabilization using an optical resonator, Appl. Phys. B **31**, 97 (1983).

[1.1900] J. M. Melkonian, T. H. My, F. Bretenaker, et al.: High spectral purity and tunable operation of a continuous singly resonant optical parametric oscillator emitting in the red, Opt. Lett. **32**, 518 (2007).

[1.1901] A. Lenhard, S. Zaske, J. A. L'huillier, et al.: Stabilized diode laser pumped, idler-resonant CW optical parametric oscillator, Appl. Phys. B. **102**, 757 (2011).

[1.1902] A. F. Nieuwenhuis, C. J. Lee, B. Sumpf, et al.: One-Watt level mid-IR output, singly resonant, continuouswave optical parametric oscillator pumped by a monolithic diode laser, Op. Express **18**, 11123 (2010).

[1.1903] R. Al-Tahtamouni, K. Bencheikh, R. Storz, et al.: Long-term stable operation and absolute frequency stabilization of a doubly resonant parametric oscillator, Appl. Phys. B **66**, 733 (1998).

[1.1904] O. Mhibik, T. H. My, D. Paboeuf, et al.: Frequency stabilization at the kilohertz level of a continuous intracavity frequency doubled singly resonant optical parametric oscillator, Opt. Lett. **35**, 2364 (2010).

[1.1905] M. E. Klein, D. H. Lee, J. P. Meyn, et al.: Singly resonant continuous–wave optical parametric oscillator pumped by a diode laser, Opt. Lett. **24**, 1142 (1999).

[1.1906] M. Scheidt, B. Beier, K. J. Boller: Frequencystable operation of a diode–pumped continuous–wave $RbTiOAsO_4$ optical parametric oscillator, Opt. Lett. **22**, 1287 (1997).

[1.1907] M. Scheidt, B. Beier, R. Knappe, et al.: Diode–laser–pumped continuous wave KTP optical parametric oscillator, J. Opt. Soc. Am. B **12**, 2087(1995).

[1.1908] T. J. Edwards, G. A. Turnbull, M. H. Dunn, et al.: High–power, continuous–wave, singly resonant intracavity optical parametric oscillator, Appl. Phys. Lett. **72**, 1527 (1998).

[1.1909] W. R. Bosenberg, A. Drobshoff, J. L. Alexander, et al.: 93%pump depletion, 3.5W continuous–wave, singly resonant optical parametric oscillator, Opt. Lett. **21**, 1336 (1996).

[1.1910] K. Schneider, P. Kramper, S. Schiller, et al.: Toward an optical synthesizer: A single frequency parametric oscillator using periodically poled $LiNbO_3$, Opt. Lett. **22**, 1293 (1997).

[1.1911] G. A. Turnbull, D. McGloin, I. D. Lindsay, et al.: Extended mode–hop–free tuning using a dual cavity, pump–enhanced optical parametric oscillator, Opt. Lett. **25**, 341 (2000).

[1.1912] P. Gross, M. E. Klein, T. Walde, et al.: Fiberlaser–pumped continuous wave singly–resonant optical parametric oscillator, Opt. Lett. **24**, 1142 (2002).

[1.1913] M. E. Klein, P. Gross, K. J. Boller, et al.: Rapidly tunable continuous–wave optical parametric oscillator pumped by a fiber laser, Opt. Lett. **28**, 920 (2003).

[1.1914] A. Henderson, R. Stafford: Low threshold, singlyresonant CW OPO pumped by an all–fiber pump source, Opt. Express **14**, 767 (2006).

[1.1915] S. Chaitanya Kumar, R. Das, G. K. Samanta, et al.: Optimally–output–coupled, 17.5 W, fiber–laser–pumped continuous–wave optical parametric oscillator, Appl. Phys. B. **102**, 31 (2011).

[1.1916] T. J. Edwards, G. A. Turnbull, M. H. Dunn, et al.: Continuous–wave, singly resonant optical parametric oscillator based on periodically – poled $KTiOPO_4$, Opt. Express **6**, 58 (2000).

[1.1917] A. Garashi, A. Arie, A. Skliar, et al.: Continuous – wave optical parametric oscillator based on periodically poled $KTiOPO_4$, Opt. Lett. **23**, 1739 (1998).

[1.1918] U. Strößner, J. P. Meyn, R. Wallenstein, et al.: Single – frequency CW OPO with ultra – wide tuning range from 550 to 2 830 nm, J. Opt. Soc. Am. B **19**, 1419 (2002).

[1.1919] T. J. Edwards, G. A. Turnbull, M. H. Dunn, et al.: Continuous – wave, singly resonant optical parametric oscillator based on periodically – poled $RbTiOPO_4$, Opt. Lett. **23**, 837 (1998).

[1.1920] M. E. Klein, D. H. Lee, J. P. Meyn, et al.: Diode pumped con – tinuous wave widely tunable optical parametric oscillator based on periodically poled lithium tantalite, Opt. Lett. **23**, 831 (1998).

[1.1921] G. K. Samanta, G. R. Fayaz, Z. Sun, et al.: High – power, continuous wave, singly resonant optical parametric oscillator based on MgO: SPPLT, Opt. Lett. **32**, 400 (2007).

[1.1922] G. K. Samanta, G. R. Fayaz, M. Ebrahim – Zadeh: 1.59 W, single frequency, continuous – wave optical parametric oscillator based on MgO: sPPLT, Opt. Lett. **32**, 2623 (2007).

[1.1923] G. K. Samanta, M. Ebrahim – Zadeh: Continuouswave singly – resonant optical parametric oscillator with resonant wave coupling, Opt. Express **16**, 6883 (2008).

[1.1924] G. K. Samanta, S. C. Kumar, R. Das, et al.: Continuous – wave optical parametric oscillator pumped by a fiber laser green source at 532 nm, Opt. Lett. **34**, 2255 (2009).

[1.1925] G. K. Samanta, S. C. Kumar, M. Ebrahim – Zadeh: Stable, 9.6 W, continuous – wave, single – frequency, fiber – based green source at 532 nm, Opt. Lett. **34**, 1561 (2009).

[1.1926] G. K. Samanta, M. Ebrahim – Zadeh: High power, continuous – wave, optical parametric oscillator pumped by an optically pumped semiconductor laser at 532 nm, Opt. Lett. **35**, 1986 (2010).

[1.1927] S. Zaske, D. H. Lee, C. Becher: Green – pumped cw singly resonant optical parametric oscillator based on MgO: PPLN with frequency stabilization to an atomic resonance, Appl. Phys. B **98**, 729 (2010).

[1.1928] P. Gross, I. D. Lindsay, C. J. Lee, et al.: Frequency control of a 1163 nm singly resonant OPO based on MgO: PPLN, Opt. Lett. **35**, 820 (2010).

[1.1929] J. P. Meyn, M. M. Fejer: Tunable ultraviolet radiation by second harmonic generation in periodically poled lithium tantalate, Opt. Lett. **22**, 1214(1997).

[1.1930] M. E. Klein, C. K. Laue, D. H. Lee, et al.: Diode pumped singly resonant CW optical parametric oscillator with wide continuous tuning of the near – infrared idler wave, Opt. Lett. **25**, 490 (2000).

[1.1931] I. D. Lindsay, B. Adhimoolam, P. Groß, et al.: 110 GHz rapid, continuous tuning from an optical parametric oscillator pumped by a fiber – amplified DBR diode laser, Opt. Express **13**, 1234 (2005).

[1.1932] M. Siltanen, M. Vainio, L. Halonen: Pumptunable continuous – wave singly resonant optical parametric oscillator from 2.5 to 4.4 μm, Opt. Express **18**, 14087 (2010).

[1.1933] M. Vainio, M. Siltanen, T. Hieta, et al.: Continuous – wave optical parametric oscillator based on a Bragg grating, Opt. Lett. **35**, 1527 (2010).

[1.1934] M. Vainio, L. Halonen: Stable operation of a CW optical parametric oscillator near the signal – idler degeneracy, Opt. Lett. **36**, 475 (2011).

[1.1935] S. J. Brosnan, R. L. Byer: Optical parametric oscillator threshold and linewidth studies, IEEE J. Quantum Electron. **15**, 415 (1979).

[1.1936] J. E. Pearson, U. Ganiel, R. L. Byer: Rise time of pulsed parametric oscillators, IEEE J. Quantum Electron. **8**, 433 (1972).

[1.1937] T. Schröder, K. J. Boller, A. Fix, et al.: Spectral properties and numerical modelling of a critically phase – matched LBO optical parametric oscillator, Appl. Phys. B **58**, 425 (1994).

[1.1938] A. Fix, R. Wallenstein: Spectral properties of pulsed nanosecond optical parametric oscillators: Experimental investigations and numerical analysis, J. Opt. Soc. Am. B **13**, 2484 (1996).

[1.1939] Y. X. Fan, R. C. Eckhardt, R. L. Byer, et al.: Barium borate optical parametric oscillator, IEEE J. Quantum Electron. **25**, 1196 (1989).

[1.1940] A. Fix, T. Schröder, R. Wallenstein: The optical parametric oscillator o beta – barium borate and lithium borate: New sources of powerful tunable laser radiation in the ultraviolet, visible and near infrared, Laser Optoelektron. **23**, 106 (1991), and references therein.

[1.1941] Y. X. Fan, R. C. Eckhardt, R. L. Byer, et al.: Visible BaB_2O_4 optical parametriv oscillator pumped at 355 nm by a single – axial – mode pulsed source, Appl. Lett. **53**, 2014 (1988).

[1.1942] L. K. Cheng, W. R. Bosenberg, C. L. Tang: Broadly tunable optical parametric oscillation in $\beta-BaB_2O_4$, Appl. Lett. **53**, 175 (1988).

[1.1943] W. R. Bosenberg, W. S. Pelouch, C. L. Tang: High efficiency and narrow – linewidth operation of a two – crystal $\beta-BaB_2O_4$ optical parametric oscillator, Appl. Phys. Lett. **55**, 1952 (1989).

[1.1944] W. R. Bosenberg, C. L. Tang: Type II phase matching in β-barium borate optical parametric oscillator, Appl. Phys. Lett. **56**, 1819 (1990).

[1.1945] Y. Wang, Z. Xu, D. Deng, et al.: Highly efficient visible and infrared β-BaB_2O_4 optical parametric oscillator, Appl. Lett. **58**, 1461 (1991).

[1.1946] W. R. Bosenberg, L. K. Cheng, C. L. Tang: Ultraviolet optical parametric oscillation in β-BaB_2O_4, Appl. Lett. **54**, 13 (1989).

[1.1947] H. Komine: Optical parametric oscillation in a beta-barium borate crystal pumped by an XeCl excimer laser, Opt. Lett. **13**, 643 (1988).

[1.1948] M. Ebrahim-Zadeh, A. J. Henderson, M. H. Dunn: An excimer-pumped β-BaB_2O_4 optical parametric oscillator, IEEE J. Quantum Electron. **26**, 1241 (1990).

[1.1949] A. Fix, T. Schröder, R. Wallenstein, et al.: Tunable β-barium borate optical parametric oscillator: Operating characteristics with and without injection seeding, J. Opt. Soc. Am. B **10**, 1744 (1993).

[1.1950] R. Wallenstein, A. Fix, T. Schröder, J. Nolting: Optical parametric oscillators of Bariumborate and Lithiumborate. In: *Laser Spectroscopy*, Vol. IX, ed. by M. S. Field, J. E. Thomas, A. Mooradian (Aca-demic, New York 1989).

[1.1951] Y. Wang, Z. Xu, D. Deng, W. Zheng, et al.: Visible optical parametric oscillation in LiB_3O_5, Appl. Phys. Lett. **59**, 531 (1991).

[1.1952] K. Kato: Parametric oscillation in LiB_3O_5 pumped at 0.532 μm, IEEE J. Quantum Electron. **26**, 2043 (1990).

[1.1953] G. Robertson, A. Henderson, M. H. Dunn: Broadly tunable LiB_3O_5 optical parametric oscillator, Appl. Phys. Lett. **60**, 271 (1992).

[1.1954] D. E. Withers, R. Robertson, A. J. Henderson, et al.: Comparision of lithium triborate and β-barium borate as nonlinear media for optical parametric oscillators, J. Opt. Soc. Am. B **10**, 1737 (1993).

[1.1955] F. Hanson, D. Dick: Blue parametric generation from temperature-tuned LiB_3O_5, Opt. Lett. **16**, 205 (1991).

[1.1956] M. Ebrahim-Zadeh, G. Robertson, M. H. Dunn: Efficient ultraviolet LiB_3O_5 optical parametric oscillator, Opt. Lett. **16**, 767 (1991).

[1.1957] Y. Cui, D. E. Withers, C. F. Rae, et al.: Widely tunable all-solid-state and optical parametric oscillator for the visible and the near infrared, Opt. Lett. **18**, 122 (1993).

[1.1958] B. Jacobson, M. Tiihonen, V. Pasiskevicius, et al.: Narrowband bulk Bragg grating optical parametric oscillator, Opt. Lett. **30**, 2281 (2005).

[1.1959] M. Henrickson, M. Tiihonen, V. Pasiskevicius, et al.: $ZnGeP_2$ parametric oscillator pumped by a linewidth – narrowed parametric 2 μm source, Opt. Lett. **31**, 1878 (2006).

[1.1960] M. Henriksson, M. Tiihonen, V. Pasiskevicius, et al.: Mid – infrared ZGP OPO pumped by near – degenerate narrowband type – I PPKTP parametric oscillator, Appl. Phys. B **88**, 37 (2007).

[1.1961] J. Saikawa, M. Fujii, H. Ishizuki, et al.: High energy, narrow – bandwidth periodically poled Mg – doped $LiNbO_3$ optical parametric oscillator with a volume Bragg grating, Opt. Lett. **32**, 2996 (2007).

[1.1962] B. Jacobsson, V. Pasiskevicius, F. Laurell, et al.: Tunable narrowband optical parametric oscillator using a transversely chirped Bragg grating, Opt. Lett. **34**, 449 (2009).

[1.1963] E. S. Cassedy, M. Jain: A theoretical study of injection tuning of parametric oscillators, IEEE J. Quantum Electron. **15**, 415 (1979).

[1.1964] G. Robertson, A. Henderson, M. H. Dunn: Efficient and single – axial mode oscillation of a beta barium borate optical parametric oscillator pumped by an excimer laser, Appl. Phys. Lett. **62**, 123 (1993).

[1.1965] W. R. Bosenberg, D. R. Guyer: Broadly tunable and single frequency optical parametric frequency conversion system, J. Opt. Soc. Am. B **10**, 1716 (1993).

[1.1966] J. M. Boon – Engering, L. A. Gloster, W. E. van der Veer, et al.: Bandwidth studies of an injection – seeded β – barium borate optical parametric oscillator, Opt. Lett. **20**, 2087 (1995).

[1.1967] A. V. Smith, W. J. Alford, T. D. Raymond, et al.: Comparisionof a numerical model with measured performance of a seeded, nanosecond KTP optical parametric oscillator, J. Opt. Soc. Am. B **12**, 2253 (1995).

[1.1968] G. Arisholm, K. Stenerson: Optical parametric oscillators with non – ideal mirrors and single – and multimode pump beams, Opt. Express **4**, 183(1999).

[1.1969] A. Dubois, T. Lepine, P. Georges, et al.: OPO radiance optimization using a numerical model, OSA Top. Adv. Solid State Lasers, Vol. 10 (Opt. Soc. Am., 1997) p.394.

[1.1970] A. V. Smith, M. S. Bowers: Image – rotating cavity designs for improved beam quality in nanosec ond optical parametric oscillators, J. Opt. Soc. Am. B **18**, 706 (2001).

[1.1971] A. V. Smith, D. J. Armstrong: Nanosecond optical parametric oscillator with 90° image rotation: Design and performance, J. Opt. Soc. Am. B **19**, 1801 (2002).

[1.1972] R. Urschel, A. Borsutzky, R. Wallenstein: Numerical analysis of the spatial behaviour of nanosecond optical parametric oscillators of beta–barium borate, Appl. Phys. B **70**, 203 (2000).

[1.1973] G. Anstett, M. Nittmann, R. Wallenstein: Experimental investigation and numerical simulation of the spatio–temporal dynamics of the lightpulses in nanosecond optical parametric oscillators, Appl. Phys. B **79**, 305 (2004).

[1.1974] G. Anstett, R. Wallenstein: Experimental investigation of the spectro–temporal dynamics of the light–pulses of Q–switched Nd: YAG lasers and nanosecond optical parametric oscillators, Appl. Phys. B **79**, 827 (2004).

[1.1975] R. Urschel, U. Bäder, A. Borsutzky, et al.: Spectral properties and conversion efficiency of 355 nm pumped pulsed optical parametric oscillators of beta–barium–borate with noncollinear phasematching, J. Opt. Soc. Am. B **16**, 565 (1999).

[1.1976] A. L. Oien, I. T. Mc Kinnie, P. Jain, et al.: Efficient, low–threshold collinear and noncollinear β–barium borate optical parametric oscillator, Opt. Lett. **22**, 859 (1997).

[1.1977] B. C. Johnson, V. J. Newell, J. B. Clark, et al.: Narrow bandwidth low–divergence optical parametric oscillator for frequency conversion processes, J. Opt. Soc. Am. B **12**, 2122 (1995).

[1.1978] S. Chandra, T. H. Allik, J. A. Hutchinson, et al.: Improved OPO brightness with a GRM non–confocal unstable resonator, OSA Top. Adv. Solid–State Lasers **1**, 177 (1996).

[1.1979] C. D. Nabors, G. Frangineas: Optical parametric oscillator with Bi–noncollinear Porro prism cavity, OSA Trends Opt. Photonics, Vol. 10 (Opt. Soc. Am., 1997) p.90.

[1.1980] S. Wu, G. A. Blake, Z. Sun: Simple, highperformance type Ⅱ β–BaB_2O_4 optical parametric oscillator, Appl. Opt. **36**, 5898 (1997).

[1.1981] G. Anstett, G. Göritz, D. Kabs, et al.: Reduction of the spectral width and beam divergence of a BBO–OPO by using collinear type Ⅱ phasematching and back reflection of the pump beam, Appl. Phys. B **72**, 583 (2001).

[1.1982] K. Kato: Parametric oscillation at 3.2 μm in KTP pumped at 1.064 μm, IEEE J. Quantum Electron. **27**, 1137 (1991).

[1.1983] C. L. Tang, W. R. Bosenberg, T. Ukachi, et al.: Optical parametric oscillators, Proc. SPIE **80**, 365 (1992), and references therein.

[1.1984] W. R. Bosenberg, L. K. Cheng, J. D. Bierlein: Optical parametric frequency conversion properties of $KTiOAsO_4$, Appl. Phys. Lett. **65**, 2765 (1994).

[1.1985] R. Urschel, A. Fix, R. Wallenstein, et al.: Generation of tunable narrow–band midinfrared radiation in a type I potassium niobate optical parametric oscillator, J. Opt. Soc. Am. B **12**, 726 (1995).

[1.1986] K. L. Vodopyanov, F. Ganikhanov, J. P. Maffetone, et al.: $ZnGeP_2$ optical parametric oscillator with 3.8 – 12.4 μm tunability, Opt. Lett. **25**, 841(2000).

[1.1987] R. C. Eckardt, Y. X. Fan, R. L. Byer, et al.: Broadly tunable infrared parametric oscillator using $AgGaSe_2$, Appl. Phys. Lett. **49**, 608 (1986).

[1.1988] R. L. Herbst, R. L. Byer: Single resonant CdSe infrared parametric oscillator, Appl. Phys. Lett. **21**, 189 (1972).

[1.1989] N. P. Barnes, K. E. Murray, M. G. Jani, et al.: Diode – pumped Ho: Tm: YLF laser pumping an $AgGaSe_2$ parametric oscillator, J. Opt. Soc. Am. B **11**, 2422 (1994).

[1.1990] S. Chandra, T. H. Allik, G. Catella, et al.: Continuously tunable, 6 – 14 μm silver – gallium selenide optical parametric oscillator pumped at 1.57 μm, Appl. Phys. Lett. **71**, 584 (1997).

[1.1991] E. Lippert, G. Rustad, G. Arisholm, et al.: High power and efficient long wave IR $ZnGeP_2$ parametric oscillator, Opt. Express **16**, 13878 (2008).

[1.1992] H. Komine, J. M. Fukumoto, W. H. Long, et al.: Noncritcally phase matched mid – infrared generation in $AgGaSe_2$, IEEE J. Sel. Top. Quantum Electron. **1**, 44 (1995).

[1.1993] J. Kirton: A 2.54 μm pumped type Ⅱ $AgGaSe_2$ mid – IR optical parametric oscillator, Opt. Commun. **115**, 93 (1995).

[1.1994] T. H. Allik, S. Chandra: Recent advances in continuously tunable 8 – 12 μm radiation using optical parametric oscillators, Proc. SPIE **3082**, 54 (1997).

[1.1995] P. B. Phua, K. S. Lai, R. F. Wu, et al.: Coupled tandem optical parametric oscillator (OPO): An OPO within an OPO, Opt. Lett. **23**, 1262 (1998).

[1.1996] F. Ganikhanov, T. Caughey, K. L. Vodopyanov: Narrow – linewidth middle – infrared $ZnGeP_2$ optical parametric oscillator, J. Opt. Soc. Am. B **18**, 818 – 822 (2001).

[1.1997] P. B. Phua, K. S. Lai, R. F. Wu, et al.: Highefficiency mid – infrared $ZnGeP_2$ optical parametric oscillator in a multimode – pumped tandem optical parametric oscillator, Appl. Opt. **38**, 563 – 565 (1999).

[1.1998] S. Haidar, K. Miyamoto, H. Ito: Generation of tunable mid – IR(5.5 – 9.3 μm) from a 2 μm pumped $ZnGeP_2$ optical parametric oscillator, Opt. Comm. **241**, 173 (2004).

[1.1999] K. L. Vodopyanov, F. Ganikhanov, J. P. Maffetone, et al.: $ZnGeP_2$ optical parametric oscillator with 3.8 12.4μm tunability, Opt. Lett. **25**, 841 – 843 (2000).

[1.2000] L. E. Myers, W. R. Bosenberg: Periodically poled lithium niobate and quasi-phase-matched optical parametric oscillators, IEEE J. Quantum Electron. **33**, 1663 (1997).

[1.2001] U. Bäder, J. Bartschke, I. Klimov, et al.: Optical parametric oscillator of quasi-phasematched $LiNbO_3$ pumped by a compact high repetition rate single-frequency passively Q-switched Nd:YAG laser, Opt. Commun. **147**, 95 (1998).

[1.2002] M. J. Missey, V. Dominic, P. E. Powers, et al.: Periodically poled lithium niobate monolithic nanosecond optical parametric oscillators and generators, Opt. Lett. **24**, 1227 (1999).

[1.2003] X. Liang, J. Bartschke, M. Peltz, et al.: Non-collinear nanosecond optical parametric oscillator based on periodically poled LN with tilted domain walls, Appl. Phys. B. **87**, 649 (2007).

[1.2004] D. Molter, M. Theuer, R. Beigang: Nanosecond terahertz optical parametric oscillator with a novel quasi phase matching scheme in lithium niobate, Opt. Express **17**, 6623 (2009).

[1.2005] H. Karlsson, M. Olson, G. Arvidsson, et al.: Nanosecond optical parametric oscillator based on large-aperture periodically poled $RbTiOAsO_4$, Opt. Lett. **24**, 330 (1999).

[1.2006] J. P. Feve, O. Pacaud, B. Boulanger, et al.: Widely and continuously tunable optical parametric oscillator based on a cylindrical periodically poled $KTiOPO_4$ crystal, Opt. Lett. **26**, 1882 (2001).

[1.2007] H. Ishizuki, T. Taira: High-energy quasi-phase-matched optical parametric oscillation in a periodically poled MgO: $LiNbO_3$ device with a 5 mm×5 mm aperture, Opt. Lett. **30**, 2918-2920 (2005).

[1.2008] J. Saikawa, M. Fujii, H. Ishizuki, et al.: 52 mJ narrow-bandwidth degenerated optical parametric system with a large-aperture periodically poled MgO: $LiNbO_3$ device, Opt. Lett. **31**, 3149-3151 (2006).

[1.2009] J. J. Zayhowski: Periodically poled lithium niobate optical parametric amplifiers pumped by high. power passively Q-switched microchip lasers, Opt. Lett. **22**, 169 (1997).

[1.2010] U. Bäder, J. P. Meyn, J. Bartschke, et al.: Nanosecond periodically poled lithium niobate optical parametric generator pumped at 532 nm by a single-frequency passively Q-switched Nd: YAG laser, Opt. Lett. **24**, 1808 (1999).

[1.2011] U. Bäder, T. Mattern, T. Bauer, et al.Pulsed nanosecond optical parametric generator based on periodically poled lithium niobate, Opt. Commun. **217**,

375 (2003).

[1.2012] M. Nittmann, T. Bauer, J. L' huillier, et al.: Powerful High Repetition Rate Nanosecond Optical Parametric Generator in MgO: PPLN Tunable from 3.5 μm to 4.6 μm, Conf. Lasers Electroopt. /Quantum Electron. Laser Sci. Conf. Photonic Appl. Syst. Technol. (Opt. Soc. Am., 2007), OSA Technical Digest Series (CD), paper JWA44.

[1.2013] M. Rahm, U. Bäder, G. Anstett, et al.: Pulse – to pulse wavelength tuning of an injection seeded nanosecond optical parametric generator with 10 kHz repetition rate, Appl. Phys. B **75**, 47 (2002).

[1.2014] S. T. Yang, S. P. Velsko: Frequency – agile kilohertz repetition – rate optical parametric oscillator based on periodically poled lithium niobate , Opt. Lett. **24**, 133 (1999).

[1.2015] M. Rahm, G. Anstett, J. Bartschke, et al.: Widely tunable narrow – linewidth nanosecond optical parametric generator with self – injection seeding , Appl. Phys. **79**, 535 (2004).

[1.2016] A. Piskarskas, V. Smil' gyavichyus, A. Umbrasas: Continuous parametric generation of picosecond light pulses, Sov. J. Quantum Electron. **18**, 155 (1988).

[1.2017] D. C. Edelstein, E. S. Wachmann, C. L. Tang: Broadly tunable high repetition rate femtosecond optical parametric oscillator, Appl. Phys. Lett. **54**, 1728 (1989).

[1.2018] R. L. Byer, A. Piskarskas (Eds.): Optical parametric oscillation and amplificazion, J. Opt. Soc. Am. B **10**, 1656 – 1791 (1993).

[1.2019] W. R. Bosenberg, R. C. Eckhardt (Eds.): Optical parametric devices, J. Opt. Soc. Am. B **12**, 2083 – 2322 (1993), Special issue.

[1.2020] M. Ebrahim – Zadeh, R. C. Eckhardt, M. H. Dunn(Eds.): Optical parametric devices and processes, J. Opt. Soc. Am. B **16** (9), 1481 – 1596 (1999), Special issue.

[1.2021] M. F. Becker, D. J. Kuizenga, D. W. Phillion, et al.: Analytical expression for ultrashort pulse generation in mode – locked optical parametric oscillators, J. Appl. Phys. **45**, 3996 (1974).

[1.2022] E. C. Cheung, J. M. Liu: Theory of a synchronously pumped optical parametric oscillator in steady state operation, J. Opt. Soc. Am. B **7**, 1385 (1990).

[1.2023] E. C. Cheung, J. M. Liu: Efficient generation of ultrashort, wavelength tunable infrared pulses, J. Opt. Soc. Am. B **8**, 1491 (1991).

[1.2024] L. J. Bromley, A. Guy, D. C. Hanna: Synchronously pumped optical parametric oscillation in KTP, Opt. Commun. **70**, 350 (1989).

[1.2025] M. Ebrahim-Zadeh, G. J. Hall, A. I. Ferguson: Broadly tunable, all-solid state, visible and infrared picosecond optical parametric oscillator, Opt. Lett. **18**, 278 (1993).

[1.2026] C. Fallnich, B. Ruffing, T. Herrmann, et al.: Experimental investigation and numerical simulation of the influence of resonator-length detuning on the output power, pulse duration and spectral width of a CW mode-locked picosecond optical parametric oscillator, Appl. Phys. B. **60**, 427 (1995).

[1.2027] G. J. Hall, M. Ebrahim-Zadeh, A. Robertson, et al.: Synchronously pumped optical parametric oscillator using all solid-state pump lasers, J. Opt. Soc. Am. B **10**, 2168 (1993).

[1.2028] A. Nebel, C. Fallnich, R. Beigang, et al.: Noncritically phase-matched continuous-wave mode-locked singly resonant optical parametric oscillator synchronously pumped by a Ti: sapphire laser, J. Opt. Soc. Am. B **10**, 2195 (1993).

[1.2029] M. Ebrahim-Zadeh, S. French, A. Miller: Design and performance of a singly resonant picosecond LiB_3O_5 optical parametric oscillator synchronously pumped by a self-mode locked Ti: sapphire laser, J. Opt. Soc. Am. B **12**, 2180 (1995).

[1.2030] S. French, M. Ebrahim-Zadeh, A. Miller: High power, high repetition rate picosecond optical parametric oscillator for the near-to midinfrared, Opt. Lett. **21**, 131 (1996).

[1.2031] K. J. McEwan: High-power synchronously pumped $AgGaS_2$ optical parametric oscillator, Opt. Lett. **23**, 667 (1998).

[1.2032] D. Wang, C. Grasser, R. Beigang, et al.: The generation of blue ps-light-pulses from a CW mode-locked LBO optical parametric oscillator, Opt. Commun. **138**, 87 (1997).

[1.2033] R. Beigang, A. Nebel: Frequency conversion of ps pulses: Tunable pulses from the UV to the near infrared. In: *Solid State Lasers: New Developments and Applications*, ed. by M. Inguscio, R. Wallenstein (Plenum, New York 1993) pp.179-188.

[1.2034] A. Nebel, H. Frost, R. Beigang, R. Wallenstein: Visible femtosecond pulses by second-harmonic generation of a CW mode-locked KTP optical parametric oscillator, Appl. Phys. B **60**, 453 (1995).

[1.2035] C. Grasser, D. Wang, R. Beigang, et al.: Singly resonant optical parametric oscillator of $KTiOPO_4$ synchronously pumped by the radiation from a continuous-wave mode-locked Nd: YLF laser, J. Opt. Soc. Am. B **10**,

2218 (1993).

[1.2036] B. Ruffing, A. Nebel, R. Wallenstein: All – solid state CW mode – locked picosecond $KTiOAsO_4$ (KTA) optical parametric oscillator, Appl. Phys. B **67**, 537 (1998).

[1.2037] C. W. Hoyt, M. Sheik – Bahae, M. Ebrahim – Zadeh: High – power picosecond optical parametric oscillator based on periodically poled lithium niobate, Opt. Lett. **27**, 1543 – 1545 (2002).

[1.2038] B. Köhler, U. Bäder, A. Nebel, et al.: A 9.5 W 82 MHz – repetition – rate picosecond optical parametric generator with CW diode laser injection seeding, Appl. Phys. B. **75**, 31 (2002).

[1.2039] G. T. Kennedy, D. T. Reid, A. Miller, et al.: Broadly tunable mid – infrared picosecond optical parametric oscillator based on periodicall – poled $RbTiOAsO_4$, Opt. Lett. **23**, 503 (1998).

[1.2040] P. J. Phillips, S. Das, M. Ebrahim – Zadeh: High – repetition – rate, all solid state, Ti : sapphirepumped optical parametric oscillator for the mid – infrared, Appl. Phys. Lett. **7**, 469 (2000).

[1.2041] M. A. Watson, M. V. O' Connor, P. S. Lloyd, et al.: Extended operation of synchronously pumped optical parametric oscillators to longer idler wavelengths, Opt. Lett. **27**, 2106 (2002).

[1.2042] L. Lefort, K. Puech, S. D. Butterworth, et al.: Efficient, low – threshold synchronously – pumped parametric oscillation in periodically – poled lithium niobate over the 1.3 μm to 5.3 μm range, Opt. Commun. **152**, 55 (1998).

[1.2043] K. Bhupathiraju, J. D. Rowley, F. Ganikhanov: efficient picoseconds optical parametric oscillator based on periodicalley poled lithium tantalite, Appl. Phys. Lett. **95**, 081111 (2009).

[1.2044] F. Ruebel, G. Anstett, J. A. L' huillier: Synchronously pumped mid – infrared optical parametric oscillator with an output power exceeding 1W at 4.5 μm, Appl Phys B. Online First **102** (4), 751 (2011).

[1.2045] J. E. Schaar, K. L. Vodopyanov, M. M. Fejer: Intracavity terahertz – wave generation in a synchronously pumped optical parametric oscillator using quasi – phase – matched GaAs, Opt. Lett. **32**, 1284 – 1286 (2007).

[1.2046] J. E. Schaar, K. L. Vodopyanov, P. S. Kuo, et al.: Terahertz sources based on intracavity parametric down – conversion in quasi – phase – matched gallium arsenide, IEEE J. Sel. Top. Quantum Electron. **14**, 354 (2008).

[1.2047] F. Kienle, K. K. Chen, Shaiful Alam, et al.: High – power, variable repetition rate, picosecond optical parametric oscillator pumped by an amplified gain – switched diode, Opt. Express **18**, 7602 – 7610 (2010).

[1.2048] S. Lecomte, L. Krainer, R. Paschotta, et al.: Optical parametric oscillator with a 10 kHz repetition rate and 100 mW average output power in the spectral region near 1.5 μm, Opt. Lett. **27**, 1714 (2002).

[1.2049] A. Robertson, M. E. Klein, M. A. Tremont, et al.: 2.5 GHz repetition rate singly-resonant optical parametric oscillator synchronously pumped by a mode-locked diode oscillator amplifier system, Opt. Lett. **25**, 657 (2000).

[1.2050] K. Finsterbusch, R. Urschel, H. Zacharias: Fourier-transform-limited, high-power picosecond optical parametric oscillator based on periodically poled lithium niobate, Appl. Phys. B **70**, 741 (2000).

[1.2051] V. Petrov, E. Noack, R. Stolzenberger: Seeded femtosecond optical parametric amplification in the mid-infrared spectral region above 3 μm, Appl. Opt. **36**, 1164 (1997).

[1.2052] K. Finsterbusch, R. Urschel, H. Zacharias: Tunable, high-power, narrow-band picosecond IR radiation by optical parametric amplification in KTP, Appl. Phys. B **74**, 319 (2002).

[1.2053] K. Finsterbusch, A. Bayer, H. Zacharias: Tunable, narrow-band picosecond radiation in the midinfrared by difference frequency mixing in GaSe and CdSe, Appl. Phys. B **79**, 457 (2004).

[1.2054] A. J. Campillo, R. C. Hyer, S. L. Shapiro: Broadly tunable picosecond infrared source, Opt. Lett. **4**, 325 (1979).

[1.2055] A. Dhirani, P. Guyot-Sionnest: Efficient generation of infrared picosecond pulses from 10 to 20 μm, Opt. Lett. **20**, 1104 (1995).

[1.2056] W. S. Pelouch, P. E. Powers, C. L. Tang: Ti: sapphire-pumped, high-repetition-rate femtosecond optical parametric oscillator, Opt. Lett. **17**, 1070 (1992).

[1.2057] Q. Fu, G. Mak, H. M. van Driel: High-power, 62 fs infrared optical parametric oscillator synchronously pumped by a 76 MHz Ti: sapphire laser, Opt. Lett. **17**, 1006 (1992).

[1.2058] J. M. Dudley, D. T. Reid, M. Ebrahim-Zadeh, et al.: Characteristics of a noncritically phase-matched Ti: sapphire pumped femtosecond optical parametric oscillator, Opt. Commun. **104**, 419 (1994).

[1.2059] P. E. Powers, S. Ramakrishna, L. K. Cheng, et al.: Optical parametric oscillation with $KTiOAsO_4$, Opt. Lett. **18**, 1171 (1993).

[1.2060] D. T. Reid, C. McGowan, M. Ebrahim-Zadeh, et al.: Characterization and modeling of a optical parametric oscillator based on KTA and operating beyond 4 μm, IEEE J. Quantum Electron. **33**, 1 (1997).

[1.2061] P. E. Powers, C. L. Tang, L. K. Cheng: High repetition rate femtosecond optical parametric oscillator based on $RbTiOAsO_4$, Opt. Lett. **19**, 1439(1994).

[1.2062] P. E. Powers, C. L. Tang: High repetition rate femtosecond optical parametric oscillator based on $CsTiOAsO_4$, Opt. Lett. **19**, 37 (1994).

[1.2063] G. R. Holtom, R. A. Crowell, L. K. Cheng: Femtosecond mid-infrared optical parametric oscillator based on $CsTiOAsO_4$, Opt. Lett. **20**, 1880(1995).

[1.2064] D. E. Spence, S. Wielandy, C. L. Tang, et al.: High average power, high-repetition rate femtosecond pulse generation in the 1-5 μm region using an optical parametric oscillator, Appl. Phys. Lett. **68**, 452 (1996).

[1.2065] K. C. Burr, C. L. Tang, M. A. Arbore, et al.: Broadly tunable mid-infrared femtosecond optical parametric oscillator using all-solid-state-pumped periodically poled lithium niobate, Opt. Lett. **2**, 1458 (1997).

[1.2066] D. T. Reid, Z. Penman, M. Ebrahim-Zadeh, et al.: Broadly tunable infrared femtosecond optical parametric oscillator based on periodically poled $RbTiOAsO_4$, Opt. Lett. **22**, 1397 (1997).

[1.2067] T. Kartaloglu, K. G. Koprulu, O. Aytur, et al.: Femtosecond optical parametric oscillator based on periodically poled $KTiOAsO_4$, Opt. Lett. **23**, 61 (1998).

[1.2068] T. Andres, P. Haag, S. Zelt, et al.: Synchronuosly pumped femtosecond optical parametric oscillator of congruent and stoichiometric MgO-doped periodically poled lithium niobate, Appl. Phys. B **76**, 241 (2003).

[1.2069] T. Driscoll, G. Gale, F. Hache: Ti: sapphire second-harmonic-pumped visible range femtosecond optical parametric oscillator, Opt. Commun. **110**, 638 (1994).

[1.2070] M. Ghotbi, A. Esteban-Martin, M. Ebrahim-Zadeh: BiB_3O_6 femtosecond optical parametric oscillator, Opt. Lett. **31**, 3128-3130 (2006).

[1.2071] M. Ebrahim-Zadeh: Efficient ultrafast frequency conversion sources for the visible and ultraviolet based on BiB_3O_6, IEEE J. Sel. Top. Quantum Electron. **13** (3), 679 (2007).

[1.2072] V. Petrov, M. Ghotbi, O. Kokabee, et al.: Femtosecond nonlinear frequency conversion based on bismuth triborate, Laser Photonics Rev. **4**, 53-98 (2010).

[1.2073] R. J. Ellingson, C. L. Tang: High-power, high-repetition-rate femtosecond pulses tunable in the visible, Opt. Lett. **18**, 438-440 (1993).

[1.2074] G. Moore, K. Koch: Optical parametric oscillation with intracavity sum-frequency generation, IEEE J. Quantum Electron. **29**, 961 (1993).

[1.2075] E. C. Cheung, K. Koch, G. T. Moore: Frequency upconversion by phase-matched sum-frequency generation in an optical parametric oscillator, Opt. Lett. **19**, 1967-1969 (1994).

[1.2076] F. Rüebel, P. Haag, J. A. L' huillier: Synchronously Pumped Femtosecond Cascaded Optical Parametric Oscillation and Second Harmonic Generation in Periodically Poled MgO: SLN, Nonlinear Optics: Materials, Fundamentals and Applications (Opt. Soc. Am., 2007), OSA Tech. Dig. (CD), paper MB7.

[1.2077] F. Rübel, P. Haag, J. L' huillier: Synchronously pumped femtosecond optical parametric oscillator with integrated sum frequency generation, Appl. Phys. Lett. **92**, 011122 (2008).

[1.2078] A. Dubietis, G. Jonusauskas, A. Piskarskas: Powerful femtosecond pulse generation by chirped and stretched pulse parametric amplification in BBO crystal, Opt. Commun. **144**, 125 (1992).

[1.2079] V. Petrov, F. Rotermund, F. Noack: Generation of high – power femtosecond light pulses at 1 kHz in the mid – infrared spectral range between 3 and 12 μm by second – order nonlinear process in optical crystals, J. Opt. A: Pure Appl. Opt. **3**, R1 – R19 (2001).

[1.2080] I. N. Ross, P. Matousek, M. Towrie, et al.: The prospects for ultrashort pulse duration and ultrahigh intensity using optical parametric chirped pulse amplifiers, Opt. Commun. **144**, 125 (1997).

[1.2081] J. L. Collier, C. Hernandez – Gomez, I. N. Ross, et al.: Evaluation of an ultraband high – gain amplification tech – nique for chirped pulse amplification facilities, Appl. Opt. **38**, 7486 (1999).

[1.2082] I. N. Ross, J. L. Collier, P. Matousek, et al.: Generation of terawatt pulses by use of optical parametric chirped pulse amplification, Appl. Opt. **39**, 2422 (2000).

[1.2083] I. Jovanovic, B. J. Comaskey, C. A. Ebbers, et al.: Optical parametric chirped – pulse amplifier as an alternative to Ti: Sapphire regenerative amplifiers, Appl. Opt. **41**, 2923 (2002).

[1.2084] X. Yang, Z. Xu, Y. Leng, et al.: Multiterawatt laser system based on optical parametric chirped pulse amplification, Opt. Lett. **27**, 1135 (2002).

[1.2085] S. Witte, R. T. Zinkstok, A. L. Wolf, et al.: A source of 2 terawatt, 2.7 cycle laser pulses based on noncollinear optical parametric chirped pulses amplification, Opt. Express **14**, 8168 (2006).

[1.2086] D. Herrmann, L. Veisz, R. Tautz, et al.: Generation of sub – three – cycle, 16 TW light pulses by using noncollinear optical parametric chirped – pulse amplification, Opt. Lett. **34**, 2459 (2009).

[1.2087] S. Adachi, M. Ishii, T. Kanai, et al.: 5 fs, multi – mJ, CEP – locked parametric chirped – pulse amplifier pumped by a 450 nm source at 1 kHz, Opt. Express

15, 14341 (2008).

[1.2088] T. Fuji, N. Ishii, C. Y. Teissei, et al.: Parametric amplification of few-cycle carrier-envelope phase-stable pulses at 2.1 μm, Opt. Lett. **32**, 1103(2006).

[1.2089] C. Erny, L. Gallmann, U. Keller: High-repetition-rate femtosecond optical parametric chirpedpulse amplifier in the mid-infrared, Appl. Phys. B **96**, 2-3 (2009).

[1.2090] M. Ghotbi, M. Beutler, V. Petrov, et al.: High-energy, sub-30 fs near-IR pulses from a broadband optical parametric amplifier based on collinear interaction in BiB_3O_6, Opt. Lett, **34**, 689 (2009).

[1.2091] I. Nikolov, A. Gaydardzhiev, I. Buchvarov, et al.: Ultrabroadband continuum amplification in the near infrared using BiB_3O_6 nonlinear crystals pumped at 800 nm, Opt. Lett. **32**, 3342 (2007).

[1.2092] J. Moses, C. Manzoni, S. W. Huang, et al.: Temporal optimization of ultrabroadband high-energy OPCPA, Opt. Express, **17**, 5540 (2009).

[1.2093] J. Zheng, H. Zacharias: Non-collinear optical parametric chirped-pulse amplifier for few-cycle pulses, Appl. Phys. B **97**, 765 (2009).

[1.2094] M. A. Arbore, O. Marco, M. M. Fejer: Pulse compression during second-harmonic generation in aperiodic quasi-phase-matched gratings, Opt. Lett. **22**, 865 (1997).

[1.2095] F. Rotermund, V. Petrov, F. Noack, et al.: Compact all-diode pumped femtosecond laser source based on chirped pulse optical parametric amplification in periodically poled $KtiOPO_4$, Electron. Lett. **38**, 561(2002).

[1.2096] I. Jovanovic, J. R. Schmidt, C. A. Ebbers: Optical parametric chirped-pulse amplification in periodically poled $KtiOPO_4$, Appl. Phys. Lett. **83**, 4125 (2003).

[1.2097] P. L. Hanst, S. T. Hanst: Gas measurements in the fundamental infrared region. In: *Air Monitoring by Spectroscopic Techniques*, Chem. Anal., Vol. 127, ed. by M. W. Sigrist (Wiley, New York 1994) p.335.

[1.2098] C. L. Canedy, C. S. Kim, M. K. Kim, et al.: High-power, narrow-ridge, midinfrared interband cascade lasers, J. Vac. Sci. Technol. B **26** (3), 1160-1162 (2008).

[1.2099] I. T. Sorokina, E. Sorokin, A. Di Lieto, et al.: Efficient broadly tunable continuous-wave Cr^{2+}: ZnSe laser, J. Opt. Soc. Am. B **18**, 926-930 (2001).

[1.2100] J. J. Adams, C. Bibeau, R. H. Page, et al.: 4.0-4.5 μm lasing of Fe: ZnSe below 180 K, a new mid-infrared laser material, Opt. Lett. **24**, 1720-1722 (1999).

[1.2101] J. Faist: Continuous – wave, room – temperature quantum cascade lasers, Opt. Photonics News **17** (5), 32 – 36 (2006).

[1.2102] A. Hugi, R. Terazzi, Y. Bonetti, et al.: External cavity quantum cascade laser tunable 7.6 to 1.4 μm, Appl. Phys. Lett. **95**, 061103 (2009).

[1.2103] I. T. Sorokina, K. L. Vodopyanov(Eds.): *Solid – State Mid – Infrared Laser Sources*, Topics in Applied Physics, Vol. 89 (Springer, Berlin, Heidelberg 2003).

[1.2104] C. Fischer, M. W. Sigrist: Mid – IR difference frequency generation. In: *Solid – State Mid – Infrared Laser Sources*, Topics in Applied Physics, ed. by I. T. Sorokina, K. L. Vodopyanov (Springer, Berlin, Heidelberg 2003) pp.97 – 140, Vol. 89.

[1.2105] R. L. Byer, R. L. Herbst: Parametric oscillation and mixing. In: *Nonlinear Infrared Generation*, Topics in Applied Physics, Vol. 16, ed. by Y. R. Shen (Springer, Berlin, Heidelberg 1977) pp.81 – 137.

[1.2106] R. L. Sutherland: *Handbook of Nonlinear Optics*, 2nd edn. (Marcel Dekker, New York 2003).

[1.2107] V. G. Dmitriev, G. G. Gurzadyan, D. N. Nikogosyan: *Handbook of Nonlinear Optical Crystals*, Springer Ser. Opt. Sci., Vol. 64, 3rd edn. (Springer, Berlin, Heidelberg 1999).

[1.2108] Gsänger Optoelektronik GmbH: Datasheet (Gsänger Optoelektronik GmbH, Planegg 1993).

[1.2109] Y. R. Shen(Ed.): *Nonlinear Infrared Generation*, Topics in Applied Physics, Vol. 16 (Springer, Berlin, Heidelberg 1997).

[1.2110] D. A. Roberts: Simplified characterization of uniaxial and biaxial nonlinear crystals: A plea for standardization of nomenclature and conventions, IEEE J. Quantum Electron. **28**, 2057 – 2074 (1992).

[1.2111] V. G. Dmitriev, G. G. Gurzadyan, D. N. Nikogosyan: *Handbook of Nonlinear Optical Crystals* (Springer, Berlin, Heidelberg 1993).

[1.2112] Molecular Technology(MolTech)GmbH: Datasheet(MolTech, Berlin 2011), http://www.mt – berlin.com.

[1.2113] Crystech Inc. : Datasheet (Crystech Inc., Shandong 2011), http://www.crystech.com.

[1.2114] Raicol Crystals Ltd. : Datasheet (Raicol Crystals Ltd., Yehud 2011), http://www.raicol.com.

[1.2115] E. Lallier, M. Brevignon, J. Lehoux: Efficient second – harmonic generation of a CO_2 laser with a quasi – phase – matched GaAs crystal, Opt. Lett. **23**, 1511 – 1513 (1998).

[1.2116] D. F. Bliss, C. Lynch, D. Weyburne, et al.: Epitaxial growth of thick GaAs on orientation–patterned wafers for nonlinear optical applications, J. Cryst. Growth **287**, 673–678 (2006).

[1.2117] P. S. Kuo, K. L. Vodopyanov, M. M. Fejer, et al.: Optical parametric generation of a midinfrared continuum in orientation–patterned GaAs, Opt. Lett. **31**, 71–73 (2006).

[1.2118] O. Levi, T. J. Pinguet, T. Skauli, et al.: Difference frequency generation of 8 μm radiation in orientation–patterned GaAs, Opt. Lett. **27**, 2091–2093 (2002).

[1.2119] S. Borri, P. Cancio, P. De Natale, et al.: Power–boosted difference–frequency source for high–resolution infrared spectroscopy, Appl. Phys. B **76**, 473–477 (2003).

[1.2120] G. D. Boyd, D. A. Kleinman: Parametric interaction of focused Gaussian light beams, J. Appl. Phys. **36**, 3597–3639 (1968).

[1.2121] T. B. Chu, M. Broyer: Intracavity single resonance optical parametric oscillator, J. Phys. (Paris) **45**, 1599–1616 (1968).

[1.2122] T. Yanagawa, O. Tadanaga, Y. Nishida, et al.: Simultaneous observation of CO isotopomer absorption by broadband difference–frequency generation using a direct–bonded quasi–phase–matched $LiNbO_3$ waveguide, Opt. Lett. **31**, 960–962 (2006).

[1.2123] S. Stry, P. Hering, M. Mürtz: Portable differencefrequency laser–based cavity leak–out spectrometer for trace–gas analysis, Appl. Phys. B **75**, 297–303 (2002).

[1.2124] M. M. Choy, R. L. Byer: Accurate second–order susceptibility measurements of visible and infrared nonlinear crystals, Phys. Rev. B **14**, 1693–1705 (1972).

[1.2125] R. C. Miller: Optical second harmonic generation in piezoelectric crystals, Appl. Phys. Lett. **5**, 17–19 (1964).

[1.2126] D. H. Jundt: Temperature–dependent Sellmeier equation for the index of refraction, n_e in congruent lithium niobate, Opt. Lett. **22**, 1553–1555(1997).

[1.2127] R. T. Smith, F. S. Welsh: Temperature dependence of the elastic, piezoelectric, and dielectric constants of lithium tantalate and lithium niobate, J. Appl. Phys. **42**, 2219–2230 (1971).

[1.2128] M. Seiter, D. Keller, M. W. Sigrist: Broadly tunable difference–frequency spectrometer for trace gas detection with noncollinear critical phase–matching in $LiNbO_3$, Appl. Phys. B **67**, 351–356 (1998).

[1.2129] P. Maddaloni, G. Gagliardi, P. Malara, et al.: A 3.5 mW continuous–wave difference – frequency source around 3 μm for sub – Doppler molecular spectroscopy, Appl. Phys. B **80**, 141 – 145 (2005).

[1.2130] C. Fischer, M. W. Sigrist: Trace – gas sensing in the 3.3 μm region using a diode – based difference – frequency laser photoacoustic system, Appl. Phys. B **75**, 305 – 310 (2002).

[1.2131] K. D. F. Büchter, H. Herrmann, C. Langrock, et al.: All – optical Ti: PPLN wavelength conversion modules for free – space optical transmission links in the mid – infrared, Opt. Lett. **34**, 470 (2009).

[1.2132] M. Asobe, O. Tadanaga, T. Yanagawa, et al.: High – power midinfrared wavelength generation using difference frequency generation in damage – resistant Zn: $LiNbO_3$ waveguide, Electron. Lett. **44**(4), 288 – 289 (2008).

[1.2133] A. Khorsandi, U. Willer, P. Geiser, et al.: External short – cavity diode – laser for MIR difference – frequency generation, Appl. Phys. B**77**, 509 – 513 (2003).

[1.2134] B. Sumpf, D. Rehle, H. D. Kronfeldt: A tunable diode – laser spectrometer for the MIR region near 7.2 μm applying difference – frequency generation in $AgGaSe_2$, Appl. Phys. B **67**, 369 – 373 (1998).

[1.2135] K. Fradkin, A. Arie, G. Rosenman: Tunable midinfrared source by difference frequency generation in bulk periodically poled $KTiOPO_4$, Appl. Phys. Lett. **74**, 914 – 916 (1999).

[1.2136] K. Fradkin – Kashi, A. Arie, P. Urenski, et al.: Mid – infrared difference – frequency generation in periodically poled $KTiOAsO_4$ and application to gas sensing, Opt. Lett. **25**, 743 – 745 (2000).

[1.2137] W. Chen, G. Mourat, D. Boucher, et al.: Mid – infrared trace gas detection using continuous – wave difference frequency generation in periodically poled $RbTiOAsO_4$, Appl. Phys. B **72**, 873 – 876 (2001).

[1.2138] Y. K. Hsu, C. W. Chen, J. Y. Huang, et al.: Erbium doped GaSe crystal for mid – IR applications, Opt. Express **14**, 54845490 (2006).

[1.2139] W. Chen, E. Poullet, J. Burie, et al.: Widely tunable continu – ous – wave mid – infrared radiation (5.5 – 11 μm) by difference – frequency generation in $LiInS_2$ crystal, Appl. Opt. **44**, 4123 – 4129 (2005).

[1.2140] S. Haidar, K. Miyamoto, H. Ito: Generation of continuously tunable, 5 – 12 μm radiation by difference frequency mixing of output waves of a KTP optical parametric oscillator in a $ZnGeP_2$ crystal, J. Phys. D **37**, 3347 – 3349 (2004).

[1.2141] K. P. Petrov, A. T. Ryan, T. L. Patterson, et al.: Mid – infrared spectroscopic detection of trace gases using guidedwave difference－frequency generation, Appl. Phys. B **67**, 357（1998）.

[1.2142] K. P. Petrov, A. T. Ryan, T. L. Patterson, et al.: Spectroscopic detection of methane by use of guided－wave diodepumped difference－frequency generation, Opt. Lett. **23**, 1052（1998）.

[1.2143] K. P. Petrov, A. P. Roth, T. L. Patterson, et al.: Efficient difference－frequency mixing of diode lasers in lithium niobate channel waveguides, Appl. Phys. B **70**, 777（2000）.

[1.2144] D. Hofmann, G. Schreiber, C. Haase, et al.: Quasi－phase－matched difference－frequency generation in periodically poled Ti: $LiNbO_3$ channel waveguides, Opt. Lett. **24**, 896（1999）.

[1.2145] M. H. Chou, M. A. Arbore, M. M. Fejer: Adiabatically tapered periodic segmentation of channel waveguides for mode－size transformation and fundamental mode excitation, Opt. Lett. **21**, 794（1996）.

[1.2146] Y. Nishida, H. Miyazawa, M. Asobe, et al.: Direct－bonded QPM－LN ridge waveguide with high damage resistance at room temperature, Electron. Lett. **39**, 609（2003）.

[1.2147] O. Tadanaga, Y. Nishida, T. Yanagawa, et al.: Diode－laser based 3 mW DFG at 3.4 μm from wavelength conversion module using direct－bonded QPM－LN ridge waveguide, Electron. Lett. **42**（17）, 988－989（2006）.

[1.2148] O. Tadanaga, T. Yanagawa, Y. Nishida, et al.: Efficient 3 μm difference frequency generation using direct－bonded quasi－phase－matched $LiNbO_3$ ridge waveguides, Appl. Phys. Lett. **88**, 061101（2006）.

[1.2149] D. Richter, P. Weibring, A. Fried, et al.: High－power, tunable difference frequency generation source for absorption spectroscopy based on a ridge waveguide periodically poled lithium niobate crystal, Opt. Express **15**, 564（2007）.

[1.2150] O. Tadanaga, T. Yanagawa, Y. Nishida, et al.: Widely tunable 2.3 μm－band difference frequency generation in quasiphase－matched $LiNbO_3$ ridge waveguide using index dispersion control, J. Appl. Phys. **102**, 033102(2007).

[1.2151] T. Yanagawa, O. Tadanaga, Y. Nishida, et al.: 4.6 μm － band difference frequency generation and CO isotopologue detection, Electron. Lett. **45**(7), 369－371（2009）.

[1.2152] H. B. Song, T. Yanagawa, O. Tadanaga, et al.: Compact and tunable mid－infrared laser using QMP－LN waveguide and TLA, Electron. Lett. **45**（9）, 977－978（2009）.

[1.2153] M. Asobe, O. Tadanaga, T. Umeki, et al.: Engineered quasi－phase matching device for unequally spaced multiple wavelength generation and its application to midinfrared gas sensing, IEEE J. Quantum Electron. **46**, 447 (2010).

[1.2154] Y. Yamada, F. Hanawa, T. Kitho, et al.: Lowloss and stable fiber-to-waveguide connection utilizing UV curable adhesive, IEEE Photonics Technol. Lett. **4**, 906 (1992).

[1.2155] L. S. Rothman, D. Jacquemart, A. Barbe, et al.: The HITRAN 2004 molecular spectroscopic database, J. Quantum Spectrosc. Radiat. Transf. **96**, 139-204 (2005).

[1.2156] I. Armstrong, W. Jonestone, K. Duffin, et al.: Detection of CH_4 in the mid-IR using difference frequency generation with tunable diode laser spectroscopy, J. Lightwave Technol. **28**, 1435 (2010).

[1.2157] L. E. Myers, R. C. Eckhardt, M. M. Feyer, et al.: Multigrating quasi-phase-matched optical parametric oscillator in periodically poled $LiNbO_3$, Opt. Lett. **21**, 591-593 (1996).

[1.2158] J. B. McManus, D. D. Nelson, J. H. Shorter, et al.: A high precision pulsed quantum cascade laser spectrometer for measurements of stable isotopes of carbon dioxide, J. Mod. Opt. **52**, 2309-2321 (2005).

[1.2159] H. Waechter, M. W. Sigrist: Trace gas analysis with isotopic selectivity using DFG-sources. In: *Mid-Infrared Coherent Sources and Applications*, NATO Science Series Ⅱ: Mathematics, Physics and Chemistry, ed. by M. Ebrahim-Zadeh, I. T. Sorokina (Springer, Berlin, Heidelberg 2006).

[1.2160] H. Waechter, M. W. Sigrist: Mid-infrared laser spectroscopic determination of isotope ratios of N_2O at trace levels using wavelength modulation and balanced path length detection, Appl. Phys. B **87** (3), 539-546 (2007).

[1.2161] C. Fischer, M. W. Sigrist, Q. Yu, et al.: Photoacoustic monitoring of trace gases by use of a diode-based difference frequency laser source, Opt. Lett. **26**, 1609-1611 (2001).

[1.2162] R. Bartlome, J. M. Rey, M. W. Sigrist: Vapor phase infrared laser spectroscopy: From gas sensing to forensic urinalysis, Anal. Chem. **80**, 5334-5341 (2008).

[1.2163] M. Gianella, M. W. Sigrist: Infrared spectroscopy on smoke produced by cauterization of animal tissue, Sensors **10**, 2694-2708 (2010).

[1.2164] M. Gianella, M. W. Sigrist: Automated broad tuning of difference frequency sources for spectroscopic studies, Appl. Opt. **50**, A11-A19 (2010).

[1.2165] W. Barrett, S. Garber: Surgical smoke-a review of the literature-is this just a lot of hot air? Surg. Endosc. **17**, 979-987 (2003).

[1.2166] W. Wäsche, H. Albrecht: Investigation of the distribution of aerosols and VOC in plume produced during laser treatment under or conditions, Proc. SPIE **2624**, 270-275 (1996).

[1.2167] C. Hensman, D. Baty, R. Willis, et al.: Chemical composition of smoke produced by high-frequency electrosurgery in a closed gaseous environment-an in vitro study, Surg. Endosc. **12**, 1017-1019 (1998).

[1.2168] W. Francke, O. Fleck, D. L. Mihalache, et al.: Identification of volatile compounds released from biological tissue during CO_2 laser treatment, Proc. SPIE **2323**, 423-431 (1995).

[1.2169] R. Bartlome, M. Baer, M. W. Sigrist: Hightemperature multipass cell for infrared spectroscopy of heated gases and vapors, Rev. Sci. Instrum. **78**, 013110 (2007).

[1.2170] J. Armstrong, N. Bloembergen, J. Ducuing, et al.: Interactions between light waves in a nonlinear dielectric, Phys. Rev. **127**, 1918-1939 (1962).

[1.2171] M. Gianella, M. W. Sigrist: Improved algorithm for quantitative analyses of infrared spectra of multicomponent gas mixtures with unknown compositions, Appl. Spectrosc. **63**, 338-343 (2009).

[1.2172] M. R. Nyden: Computer-assisted spectroscopic analysis using orthonormalized reference spectra. Part I: Application to mixtures, Appl. Spectrosc. **40**, 868-871 (1986).

[1.2173] S. C. Lo, C. W. Brown: Infrared spectral search for mixtures in medium-size libraries, Appl. Spectrosc. **45**, 1621-1627 (1991).

[1.2174] S. Sharpe, T. Johnson, R. Sams, et al.: Gas-phase databases for quantitative infrared spectroscopy, Appl. Spectrosc. **58**, 1452 (2004).

[1.2175] A. S. Pine: Doppler-limited molecular spectroscopy by difference-frequency mixing, J. Opt. Soc. Am. **64**, 1683-1690 (1974).

[1.2176] R. H. Pantell, Y. Soncini, H. E. Putthoff: Stimulated photon-electron scattering, IEEE J. Quantum Electron. **11**, 905-907 (1968).

[1.2177] J. M. J. Madey: Stimulated emission of brems-strahlung in a periodic magnetic field, J. Appl. Phys. **42**, 1906-1913 (1971).

[1.2178] H. Onuki, P. Elleaume: *Undulators, Wigglers, and Their Applications* (Taylor Francis, New York 2003).

[1.2179] W. B. Colson: Short wavelength free electron lasers in 2000, Nucl. Instrum. Methods A **475**, 397 (2001).

[1.2180] W. B. Colson, J. Blau, K. Cohn, J. Jimenez, et al.: Free Electron Lasers in 2009, Proc. 2009 FEL Conf. (Liverpool 2009), available online at http://cern.ch/AccelConf/FEL2009/papers/wepc43.pdf.

[1.2181] G. Ramian: The new UCSB free-electron lasers, Nucl. Instrum. Methods A **318**, 225-229 (1992).

[1.2182] Y. U. Jeong, B. C. Lee, S. K. Kim, et al.: First lasing of the KAERI compact far-infrared free-electron laser driven by a magnetron-based microtron, Nucl. Instrum. Methods A **475**, 47-50 (2001).

[1.2183] T. Tomimasu, T. Takii, T. Suzuki, et al.: FEL facilities and application researches at the FELI, Nucl. Instrum. Methods A **407**, 494-499 (1998).

[1.2184] K. W. Berryman, T. I. Smith: First lasing, capabilities, and flexibility of FIREFLY, Nucl. Instrum. Methods A **375**, 6-9 (1996).

[1.2185] J. Xie, J. Zhuang, Y. Huang, et al.: First lasing of the Beijing FEL, Nucl. Instrum. Methods A **341**, 34-38 (1994).

[1.2186] M. J. van der Wiel, P. W. van Amersfoort, et al.: FELIX: From laser to user facility, Nucl. Instrum. Methods A **331**, ABS30-ABS33 (1993).

[1.2187] H. A. Schwettman: Challenges at FEL facilities: The Stanford Picosecond FEL Center, Nucl. Instrum. Methods A **375**, 632-638 (1996).

[1.2188] J. M. Ortega, J. M. Berset, R. Chaput, et al.: Activities of the CLIO infrared facility, Nucl. Instrum. Methods A **375**, 618-625 (1996).

[1.2189] C. A. Brau: The Vanderbilt university free-electron laser center, Nucl. Instrum. Methods A **318**, 38-41 (1992).

[1.2190] M. Yokoyama, F. Oda, K. Nomaru, et al.: First lasing of KHI FEL device at the FEL-SUT, Nucl. Instrum. Methods A **475**, 38-42 (2001).

[1.2191] K. Fahmy, G. Furlinski, P. Gippner, et al.: Properties and planned use of intense THz radiation from ELBE at Dresden-Rossendorf, J. Biol. Phys. **29**, 303-307 (2003).

[1.2192] V. P. Bolotin, N. A. Vinokurov, D. A. Kayran, et al.: Status of the Novosibirsk Terahertz FEL, Proc. 2004 FEL Conf., ed. by R. Bakker, L. Gianessi, M. Marsi, R. Walker (Comitato Conferenze Elettra, Trieste 2004) pp.226-228.

[1.2193] S. Benson, D. Douglas, M. Shinn, et al.: High power lasing in the IR upgrade FEL at Jefferson Lab, Proc. 2004 FEL Conf., ed. by R. Bakker, L. Gianessi, M. Marsi, R. Walker(Comitato Conferenze Elettra, Trieste 2004), 229-232.

[1.2194] N. Nishimori, R. Hajima, R. Nagai, et al.: High extraction efficiency observed at the JAERI free-electron laser, Nucl. Instrum. Methods A **475**, 266-269 (2001).

[1.2195] V. N. Litvinenko, S. H. Park, I. V. Pinayev, et al.: Operation of the OK-4/Duke storage ring FEL below 200 nm, Nucl. Instrum. Methods A **475**, 195-204 (2001).

[1.2196] R. P. Walker, J. A. Clarke, M. E. Couprie, et al.: The European UV/VUV storage ring FEL at ELETTRA: First operation and future prospects, Nucl. Instrum. Methods A **467–468**, 34–37 (2001).

[1.2197] M. Hosaka, M. Katoh, A. Mochihashi, et al.: Upgrade of the UVSOR storage ring FEL, Nucl. Instrum. Methods A **528**, 291–295 (2004).

[1.2198] G. De Ninno, D. Nutarelli, D. Garzella, et al.: The super–ACO free electron laser source in the UV and its applications, Radiat. Phys. Chem. **61**, 449–450 (2001).

[1.2199] G. N. Kulipanov, A. N. Skrinsky, N. A. Vinokurov: Synchrotron light sources and recent developments of accelerator technology, J. Synchrotron Radiat. **5**, 176–178 (1998).

[1.2200] G. R. Neil, C. Behre, S. V. Benson, et al.: Producing ultrashort terahertz to UV photons at high repetition rates for research into materials, Mater. Res. Soc. Symp. Proc. **850**, MM4.1.1 (2005).

[1.2201] S. Benson: First lasing of the Jefferson Lab UV demo laser, Proc. 2010 FEL Conf. (2010).

[1.2202] E. Minehara: Development and operation of the JAERI superconducting energy recovery linacs, Nucl. Instrum. Methods A **557**, 16–22 (2006).

[1.2203] B. C. Lee, Y. U. Jeong, S. H. Park, et al.: High–power infrared free electron laser driven by a 352 MHz superconducting accelerator with energy recovery, Nucl. Instrum. Methods A**528**, 106–109 (2004).

[1.2204] Y. Ding, S. Huang, J. Zhuang, et al.: Design and optimization of IR SASE FEL at Peking University, Nucl. Instrum. Methods A **528**, 416–420(2004).

[1.2205] M. W. Poole, B. W. J. Mc Neil: FEL options for the proposed UK fourth generation light source (4GLS), Nucl. Instrum. Methods A **507**, 489–493 (2003).

[1.2206] F. Richard, J. R. Schneider, D. Trines, et al. (Eds.): *TESLA: The superconducting electronpositron linear collider with an integrated X–ray laser laboratory*, Technical Design Report, Part I: Executive Summary, Preprint DESY 2001–011 (DESY, Hamburg 2001).

[1.2207] L. Juha, J. Krasa, A. Cejnarova, et al.: Ablation of various materials with intense XUV radiation, Nucl. Instrum. Methods A **507**, 577–581 (2003).

[1.2208] H. Wabnitz, L. Bittner, A. R. B. de Castro, et al.: Multiple ionization of atom clusters by intense soft X–rays from a free–electron laser, Nature **420**, 482–485 (2002).

[1.2209] V. Ayvazyan, N. Baboi, I. Bohnet, et al.: Generation of gw radiation pulses from a VUV freeelectron laser operating in the femtosecond regime,

Phys. Rev. Lett. **88**, 104802 (2002).

[1.2210] V. Ayvazyan, N. Baboi, I. Bohnet, et al.: Demonstration of exponential growth and saturation at the TTF free-electron laser, Eur. Phys. J. D **20**, 149-156 (2002).

[1.2211] W. Ackermann, G. Asova, V. Ayvazyan, et al.: Operation of a free electron laser from the extreme ultraviolet to the water window, Nat. Photonics **1**, 336-342 (2007).

[1.2212] A. M. Kondratenko, E. L. Saldin: Generation of coherent radiation by a relativistic electron beam in an undulator, Part. Accel. **10**, 207-216(1980).

[1.2213] Y. S. Derbenev, A. M. Kondratenko, E. L. Saldin: On the possibility of using a free electron laser for polarization of electrons in storage rings, Nucl. Instrum. Methods **193**, 415-421 (1982).

[1.2214] J. B. Murphy, C. Pellegrini: Free electron lasers for the XUV spectral region, Nucl. Instrum. Methods A **237**, 159-167 (1985).

[1.2215] S. Schreiber, B. Faatz, J. Feldhaus, et al.: FLASH up-grade and first results, Proc. 2010 FEL Conf. (2010), http://cern.ch/AccelConf/FEL2010/papers/tuobi2.pdf.

[1.2216] J. Arthur, P. Anfmrud, P. Audebert, et al.: *Linac Coherent Light Source (LCLS)*, Conceptual Design Report, SLAC-R593 (SLAC, Stanford 2002) (see also http://www-ssrl.slac.stanford.edu/lcls/cdr).

[1.2217] M. Altarelli, R. Brinkmann, M. Chergui, et al.(Eds.): *XFEL: The European X-Ray Free-Electron Laser*, Technical Design Report, Preprint DESY 2006-097 (DESY, Hamburg 2006) (see also http://xfel.desy.de).

[1.2218] P. Emma, R. Akre, J. Arthur, et al.: First lasing and operation of an Angstromwavelength free-electron laser, Nat. Photonics **4**, 641-647(2010).

[1.2219] M. J. Hogan, C. Pellegrini, J. Rosenzweig, et al.: Measurements of gain larger than 10^5 at 12 μm in a self-amplified spontaneous-emission free-electron laser, Phys. Rev. Lett. **81**, 4867-4870 (1998).

[1.2220] S. V. Milton, E. Gluskin, N. D. Arnold, et al.: Exponential gain and saturation of a self-amplified spontaneous emission free-electron laser, Science **292**, 2037-2041 (2000).

[1.2221] V. Ayvazyan, N. Baboi, J. Bahr, et al.: First operation of a free-electron laser generating GW power radiation at 32 nm wavelength, Eur. Phys. J. D **37**, 297-303 (2006).

[1.2222] T. Tanaka, T. Shintake (Eds.): *SCSS X-FEL Conceptual Design Report* (Riken Harima Institute, Hyogo 2005), http://www-xfel.spring8.or.jp.

[1.2223] R. Ganter (Ed.): *Swiss FEL Conceptual Design Report*, *PSI Bericht* 10-04

(2010), http://www.psi.ch/swissfel/publications.

[1.2224] A. Merkel: German Science Policy 2006, Science **313**, 147 (2006).

[1.2225] D. Normile: Japanese latecomer joins race to build a hard X-ray laser, Science **314**, 751-752 (2006).

[1.2226] E. L. Saldin, E. A. Schneidmiller, M. V. Yurkov: *The Physics of Free Electron Lasers* (Springer, Berlin, Heidelberg 1999).

[1.2227] E. L. Saldin, E. A. Schneidmiller, M. V. Yurkov: Statistical and coherence properties of radiation from X-ray free-electron lasers, New J. Phys. **12**, 035010 (2010).

[1.2228] T. Shintake, H. Tanaka, T. Hara, et al.: A compact free-electron laser for generating coherent radiation in the extreme ultraviolet region, Nat. Photonics **2**, 555-559 (2008).

[1.2229] G. Lambert, T. Hara, D. Garzella, et al.: Injection of harmonics generated in gas in a free-electron laser providing intense and coherent extreme-ultraviolet light, Nat. Phys. **4**, 296-300 (2008).

[1.2230] E. Allaria, C. Callegari, D. Cocco, et al.: The FERMI@Elettra free-electron-laser source for coherent X-ray physics: Photon properties, beam transport system and applications, New J. Phys. **12**, 075002 (2010).

[1.2231] L. Giannessi, D. Alesini, M. Biagini, et al.: Seeding experiments at SPARC, Nucl. Instrum. Methods A **593**, 132-136 (2008).

[1.2232] G. A. Gudzenko, L. A. Shelepin: Radiation enhancement in a recombining plasma, Sov. Phys. Dokl. **10**, 147-149 (1964).

[1.2233] M. A. Duguay, P. M. Rentzepis: Some approaches to vacuum UV and X-ray lasers, Appl. Phys. Lett. **10**, 350-352 (1967).

[1.2234] R. C. Elton: Extension of 3p to 3s ion lasers into the vacuum ultraviolet region, Appl. Opt. **14**, 97-10197 (1975).

[1.2235] R. W. Waynant, R. C. Elton: Review of short wavelength laser research, Proc. IEEE **64**, 1059-1092 (1976).

[1.2236] R. C. Elton: *X-Ray Lasers* (Academic, Boston 1990).

[1.2237] F. E. Irons, N. J. Peacock: Experimental evidence for population inversion in C^{5+} in an expanding laser-produced plasma, J. Phys. B 7, 1109-1112 (1974).

[1.2238] D. L. Matthews, P. L. Hagelstein, M. D. Rosen, et al.: Demonstration of a soft X-ray amplifier, Phys. Rev. Lett. **54**, 110-113 (1985).

[1.2239] S. Suckewer, C. H. Skinner, H. Milchberg, et al.: Amplification of stimulated soft Xray emission in a confined plasma column, Phys. Rev. Lett. **55**, 1753-1756 (1985).

[1.2240] M. D. Rosen, J. E. Trebes, B. J. MacGowan, et al.: Dynamic of collisional－excitation X－ray lasers, Phys. Rev. Lett. **59**, 2283－2286 (1987).

[1.2241] C. J. Keane, N. M. Ceglio, B. J. MacGowan, et al.: Soft X－ray laser source development and applications experiments at Lawrence Livermore National Laboratory, J. Phys. B **22**, 3343－3362 (1990).

[1.2242] L. B. Da Silva, B. J. MacGowan, S. Mrowka, et al.: Power measurements of a saturated yttrium X－ray laser, Opt. Lett. **18**, 1174－1176 (1993).

[1.2243] J. A. Koch, B. J. MacGowan, L. B. Da Silva, et al.: Observation of gain－narrowing and saturation behavior in Se X－ray laser line profiles, Phys. Rev. Lett. **68**, 3291－3294 (1992).

[1.2244] C. H. Skinner: Review of soft X－ray lasers and their applications, Phys. Fluids **3**, 2420－2429 (1991).

[1.2245] L. B. Da Silva, T. W. Barbee, R. Cauble, et al.: Electron density measurements of high density plasmas using soft X－ray laser interferometry, Phys. Rev. Lett. **74**, 3991－3994 (1995).

[1.2246] B. J. MacGowan, S. Maxon, L. B. Da Silva, et al.: Demonstration of X－ray amplifiers near the carbon K edge, Phys. Rev. Lett. **65**, 420－423 (1990).

[1.2247] J. J. Rocca: Table－top soft X－ray lasers, Rev. Sci. Instrum. **70**, 3799－3827 (1999).

[1.2248] M. D. Rosen, P. L. Hagelstein, D. L. Matthews, et al.: Exploding－foil technique for achieving a soft X－ray laser, Phys. Rev. Lett. **54**, 106－109 (1995).

[1.2249] S. Maxon, P. Hagelstein, K. Reed, et al.: A gas puff X－ray laser target design, J. Appl. Phys. **57**, 971－972 (1985).

[1.2250] B. J. MacGowan, S. Maxon, P. L. Hagelstein, et al.: Demonstration of soft X－ray amplification in nickel－like ions, Phys. Rev. Lett. **59**, 2157－2160 (1987).

[1.2251] J. Zhang, A. G. MacPhee, J. Lin, et al.: A saturated X－ray laser beam at 7 nanometers, Science **276**, 1097－1100 (1997).

[1.2252] Y. A. Afanasiev, V. N. Shlyaptsev: Formation of a population inversion of transition in Ne－like ions in steady－state and transient plasmas, Sov. J. Quantum Electron. **19**, 1606－1612 (1989).

[1.2253] P. V. Nickles, V. N. Shlyaptsev, M. Kalachnikov, et al.: Short pulse Xray laser at 32.6 nm based on transient gain in Ne－like titanium, Phys. Rev. Lett. **78**, 2748－2751 (1997).

[1.2254] J. Dunn, A. L. Osterheld, R. Shepherd, et al.: Demonstration of X－ray amplification in transient gain nickel－like palladium scheme , Phys. Rev. Lett. **80**, 2835－2838 (1998).

[1.2255] J. Dunn, Y. Li, A. L. Osterheld, et al.: Gain saturation regime for laser－driven tabletop, transient Nilike ion X－ray lasers, Phys. Rev. Lett. **84**, 4834－4837 (2000).

[1.2256] R. Keenan, J. Dunn, P. K. Patel, et al.: High－repetition－rate－grazing－incidence pumped X－ray laser operating at 18.9 nm, Phys. Rev. Lett. **94**, 103901 (2004).

[1.2257] S. Augst, D. Strickland, D. D. Meyerhofer, et al.: Tunneling ionization of noble gases in a high－intensity laser field, Phys. Rev. Lett. **63**, 2212－2215 (1989).

[1.2258] P. B. Corkum, N. H. Burnett, F. Brunel: Above－threshold ionization in the long－wavelength limit, Phys. Rev. Lett. **62**, 1259－1262 (1989).

[1.2259] N. H. Burnett, P. B. Corkum: Cold－plasma production for recombination extreme ultraviolet lasers by optical－field－induced ionization , J. Opt. Soc. Am. B **6**, 1195－1199 (1989).

[1.2260] Y. Nagata, K. Midorikawa, S. Kubodera, et al.: Soft－X－ray amplification of the Lyman－α transition by optical－field－induced ionization , Phys. Rev. Lett. **71**, 3774－3777 (1993).

[1.2261] D. V. Korobkin, C. H. Nam, S. Suckewer, et al.: Demonstration of soft－X－ray lasing to Groud State in Li Ⅲ, Phys. Rev. Lett. **77**, 5206－5209 (1996).

[1.2262] P. B. Corkum, N. H. Burnett: Multiphoton ionization for the production of X－ray laser plasmas. In: *Short Wavelength Coherent Radiation: Generation and Applications*, OSA Proc., ed. by R. W. Falcone, J. Kirz (Opt. Soc. Am., Washington 1998) pp.225－229.

[1.2263] B. E. Lemoff, G. Y. Lin, C. P. J. Barty, et al.: Femtosecond－pulse－driven, electron－excited XUV lasers in eight－times－ionized noble gases, Opt. Lett. **19**, 569－571 (1994).

[1.2264] B. E. Lemoff, G. Y. Lin, C. L. Gordon Ⅲ, et al.: Demonstration of a 10 Hz femtosecond－pulse－driven XUV laser at 41.8 in Xe IX , Phys. Rev. Lett. **74**, 1574－1577 (1995).

[1.2265] S. Sebban, R. Haroutunian, P. Balcou, et al.: Saturated amplification of a collisional pumped optical－field－ionization soft X－ray laser at 41.8 nm, Phys. Rev. Lett. **86**, 3004－3007 (2001).

[1.2266] S. Sebban, T. Mocek, D. Ros, et al.: Demonstration of a Ni－like Kr optical－field－ionization collisional soft X－ray laser at 32.8 nm ,

Phys. Rev. Lett. **89**, 253901 (2002).

[1.2267] J. J. Rocca, O. D. Cortázar, B. Szapiro, et al.: Fast-discharge excitation of hot capillary plasmas for soft-X-ray amplifiers, Phys. Rev. E **47**, 1299-1304 (1993).

[1.2268] J. J. Rocca, V. Shlyaptsev, F. G. Tomasel, et al.: Demonstration of a discharge pumped table-top soft-X-ray laser, Phys. Rev. Lett. **73**, 2192-2195 (1994).

[1.2269] J. Filevich, K. Kanizay, M. C. Marconi, et al.: Dense plasma diagnostics with an amplitude-division soft X-ray laser interferometer based on diffraction, Opt. Lett. **25**, 356-358 (2000).

[1.2270] P. B. Corkum: Plasma perspective on strong field multiphoton ionization, Phys. Rev. Lett. **71**, 1994-1997 (1993).

[1.2271] A. McPherson, G. Gibson, H. Jara, et al.: Studies of multiphoton production of vacuum ultraviolet radiation in the rare gases, J. Opt. Soc. Am. **4**, 595-601 (1987).

[1.2272] M. Ferray, A. L' huillier, X. F. Li, et al.: Multiple-harmonic radiation of 1064 nm radiation in rare gases, J. Phys. B **21**, L31-L35 (1988).

[1.2273] J. J. Macklin, J. D. Kmetec, C. L. Gordon Ⅲ.: High-order harmonic generation using intense femtosecond pulses, Phys. Rev. Lett. **70**, 766-769 (1993).

[1.2274] A. L' huillier, P. Balcou: High-order harmonic generation in rare gases with a 1 ps 1 053 nm laser, Phys. Rev. Lett. **70**, 774-777 (1993).

[1.2275] J. Zhou, J. Peatross, M. M. Murname, et al.: Enhanced high-harmonic generation using 25 fs laser pulses, Phys. Rev. Lett. **76**, 752-755 (1996).

[1.2276] M. Schnürer, C. Spielman, P. Wobrauschek, et al.: Coherent 0.5 keV X-ray emission from helium driven by a sub10-fs laser, Phys. Rev. Lett. **80**, 3236-3239 (1998).

[1.2277] C. Spielmann, N. H. Burnett, S. Sartania, et al.: Generation of coherent X-rays in the water window using 5-femtosecond laser pulses, Science **271**, 661-664 (1997).

[1.2278] E. J. Takahashi, T. Kanai, K. L. Ishikawa, et al.: Coherent water window X-ray by phase-matched high-order harmonic generation in neutral media, Phys. Rev. Lett. **101**, 253901 (2008).

[1.2279] J. L. Krause, K. J. Schafer, K. C. Kulander: Highorder harmonic generation from atoms and ions in the high intensity regime, Phys. Rev. Lett. **68**, 3535-3538 (1992).

[1.2280] M. L. Lewenstein, P. Balcou, M. Y. Ivanov, et al.: Theory of highharmonic generation by low – frequency laser fields, Phys. Rev. A **49**, 2117 – 2132 (1994).

[1.2281] M. Lewenstein, P. Salieres, A. L' huillier: Phase of the atomic polarization in high – order harmonic generation, Phys. Rev. A **52**, 4747 – 4754 (1995).

[1.2282] P. Balcou, P. Saliéres, A. L' huillier, et al.: Generalized phase – matching conditions for high – harmonics: The role of field – gradient forces, Phys. Rev. A **55**, 3204 – 3210 (1997).

[1.2283] M. B. Gaarde, F. Salin, E. Constant, et al.: Spatiotemporal separation of high harmonic radiation into two quantum path components, Phys. Rev. **59**, 1367 – 1373 (1999).

[1.2284] P. Saliéres, A. L' huillier, M. Lewenstein: Coherent control of high – order harmonics, Phys. Rev. Lett. **74**, 3776 – 3779 (1995).

[1.2285] P. Balcou, A. L' huillier: Phase – matching effects in strong – field harmonic generation, Phys. Rev. A **47**, 1447 – 1459 (1993).

[1.2286] Y. Tamaki, J. Itatani, M. Obara, et al.: Optimization of conversion efficiency and spatial quality of high – order harmonic generation, Phys. Rev. A **62**, 063802 (2000).

[1.2287] Y. Tamaki, J. Itatani, Y. Nagata, et al.: Highly efficient, phase – matched high – harmonic generation by a self – guided laser beam, Phys. Rev. Lett. **82**, 1422 – 1425 (1999).

[1.2288] A. Rundquist, C. G. Durfee, Z. Chang, et al.: Phasematched generation of coherent soft X – rays, Science **280**, 1412 – 1414 (1998).

[1.2289] E. Constant, D. Garzella, P. Breger, et al.: Optimizing high harmonic generation in absorbing gases: Model and experiment, Phys. Rev. Lett. **82**, 1668 – 1671 (1999).

[1.2290] E. Takahashi, Y. Nabekawa, T. Otsuka, et al.: Generation of highly coherent submicrojoule soft X – rays by high – order harmonics, Phys. Rev. A 66, 021802 (2002).

[1.2291] Y. Tamaki, O. Maya, K. Midorikawa, et al.: High – order harmonic generation in a gas – filled hollow fiber. In: *Conf. Lasers Electroopt.*, OSA Technical Digest, Vol. 6 (Opt. Soc. Am., Washington 1998) p.83.

[1.2292] Y. Tamaki, Y. Nagata, M. Obara, et al.: Phase – matched high – order – harmonic generation in a gas – filled hollow fiber, Phys. Rev. A**59**, 4041 – 4044 (1999).

[1.2293] C. G. Durfee Ⅲ, A. R. Rundquist, S. Backus, et al.: Phase matching of high – order harmonics in hollow waveguides, Phys. Rev. Lett. **83**, 2187 – 2190 (1999).

[1.2294] A. Paul, R. A. Bartels, R. Tobey, et al.: Quasi－phase－matched generation of coherent extreme－ultraviolet light, Nature **421**, 51－54 (2003).

[1.2295] E. Takahashi, Y. Nabekawa, M. Nurhuda, et al.: Generation of high－energy high－order harmonics by use of a long interaction medium, J. Opt. Soc. Am. B **20**, 158－165 (2003).

[1.2296] S. Kazamias, D. Douillet, F. Weihe, et al.: Global optimization of high harmonic generation, Phys. Rev. Lett. **90**, 193901 (2003).

[1.2297] L. Le Deroff, P. Salieres, B. Carre, et al.: Mesurement of the degree of spatial coherence of high－order harmonics using a Fresnel－mirror interferometer, Phys. Rev. A **61**, 043802 (2002).

[1.2298] Y. Tamaki, J. Itatani, M. Obara, et al.: Highly coherent soft X－ray generation by macro－scopic phase matching of high－order harmonics, Jpn. J. Appl. Phys. **40**, L1154－L1156 (2001).

[1.2299] R. A. Bartels, A. Paul, H. Green, et al.: Generation of spatially coherent light at extreme ultraviolet wavelength, Science **297**, 376－378 (2002).

[1.2300] D. G. Lee, J. J. Park, J. H. Sung, et al.: Wave－front phase measurements of high－order harmonic beams by use of point－diffraction interferometry, Opt. Lett. **28**, 480－482 (2003).

[1.2301] Y. Nagata, K. Furusawa, Y. Nabekawa, et al.: Single－shot spatial－coherence measurement of 13 nm high－order harmonic beam by a Young's double－slit measurement, Opt. Lett. **32**, 722－724 (2007).

[1.2302] R. Haight, P. F. Seidler: High resolution atomic core level spectroscopy with laser harmonics, Appl. Phys. Lett. **65**, 517－519 (1994).

[1.2303] R. Haight, D. R. Peale: Antibonding state on the Ge (111): As surface: Spectroscopy and dynamics, Phys. Rev. Lett. **70**, 3979－3982 (1993).

[1.2304] W. Theobald, C. Wülker, R. Sauerbrey: Temporally resolved measurement of electron densities with ($>10^{23}$ cm^3) high harmonics, Phys. Rev. Lett. **77**, 298－301 (1996).

[1.2305] R. L. Sandberg, A. Paul, D. A. Raymondson, et al.: Lensless diffractive imaging using tabletop, coherent, high harmonic soft X－ray beams, Phys. Rev. Lett. **99**, 098103 (2007).

[1.2306] R. L. Sandberg, D. A. Raymondson, C. Laovorakiat, et al.: Tabletop soft－X－ray Fourier transform holography with 50 nm resolution, Opt. Lett. **34**, 1618－1620 (2009).

[1.2307] A. Ravasio, D. Gauthier, F. R. N. Maia, et al.: Single－shot diffractive imaging with a table－top femtosecond soft X－ray laser harmonics source, Phys. Rev. Lett. **103**, 028104 (2009).

[1.2308] E. Takahashi, Y. Nabekawa, K. Midoriakwa: Generation of 10 μJ coherent extreme – ultraviolet light by use of high – order harmonics, Opt. Lett. **27**, 1920 – 1922 (2002).

[1.2309] H. Mashiko, A. Suda, K. Midorikawa: Focusing coherent soft X – ray radiation to a micrometer spot size with an intensity of 10^{14} W/cm^2, Opt. Lett. **29**, 1927 – 1929 (2004).

[1.2310] H. Bachau, P. Lambropoulos: Theory of the photoelectron spectrum in the double ionization through two – photon absorption from He ($2s^2$), Phys. Rev. A **44**, R9 – R12 (1991).

[1.2311] M. S. Pindzola, F. Robicheaux: Two – photon double ioniaion of He and H^-, J. Phys. B. **31**, L823 – L831 (1998).

[1.2312] P. Lambropoulos, L. A. A. Nikolopoulos, M. G. Mkis: Signatures of direct double ionization under XUV radiation, Phys. Rev. A **72**, 013410 (2005).

[1.2313] Y. Nabekawa, T. Shimizu, T. Okino, et al.: Conclusive evidence of an attosecond pulse train observed with the mode – resolved autocorrelation technique, Phys. Rev. Lett. **96**, 083901 (2006).

[1.2314] Y. Nabekawa, H. Hasegawa, E. J. Takahashi, et al.: Production of doubly charged helium ions by two – photon absorption of an intense sub – 10 soft – X – ray pulse at 42 eV photon energy, Phys. Rev. Lett. **94**, 043001 (2005).

[1.2315] T. Okino, K. Yamanouchi, T. Shimizu, et al.: Attosecond molecular Coulomb explosion, Chem. Phys. Lett. **432**, 68 – 73 (2006).

[1.2316] Y. Wang, E. Gradados, F. Pedaci, et al.: Phase – coherent, inection – deeded, table – top soft – X – ray lasers at 18.9 nm and 13.9 nm, Nat. Photonics **2**, 94 – 98 (2008).

[1.2317] F. Krausz, M. Ivanov: Attosecond physics, Rev. Mod. Phys. **81**, 163 – 234 (2009).

[1.2318] P. Zaitoun, G. Faivre, S. Seban, et al.: A highintensity highly coherent soft X – ray femtosecond laser seeded by a high harmonic beam, Nature **431**, 426 – 429 (2004).

[1.2319] T. Togashi, E. J. Takahashi, K. Midorikawa, et al.: Extreme ultraviolet free electron laser seeded with high – order harmonic of Ti: sapphire laser, Opt. Express **19**, 317 – 324 (2011).

[1.2320] D. Strickland, G. Mourou: Compression of amplified chirped optical pulses, Opt. Commun. **56** (3), 219 – 221 (1985).

[1.2321] M. D. Perry, D. Pennington, B. C. Stuart, et al.: Petawatt laser pulses,

Opt. Lett. **24** (3), 160–162 (1999).

[1.2322] E. B. Treacy: Optical pulse compression with diffraction gratings, IEEE J. Quantum Electron. **5** (9), 454 (1969).

[1.2323] R. D. Boyd, J. A. Britten, D. E. Decker, et al.: High–efficiency metallic diffraction gratings for laser applications, Appl. Opt. **34** (10), 1697–1706 (1995).

[1.2324] G. Cheriaux, P. Rousseau, F. Salin, et al.: Aberration–free stretcher design for ultrashort–pulse amplification, Opt. Lett. **21** (6), 414–416 (1996).

[1.2325] P. S. Banks, M. D. Perry, V. Yanovsky, et al.: Novel all–reflective stretcher for chirped–pulse amplification of ultrashort pulses, IEEE J. Quantum Electron. **36** (3), 268–274 (2000).

[1.2326] B. W. Shore, M. D. Perry, J. A. Britten, et al.: Design of high–efficiency dielectric reflection gratings, J. Opt. Soc. Am. A **14** (5), 1124–1136 (1997).

[1.2327] K. Hehl, J. Bischoff, U. Mohaupt, et al.: High–efficiency dielectric reflection gratings: Design, fabrication, and analysis, Appl. Opt. **38**(30), 6257–6271 (1999).

[1.2328] T. J. Kessler: Demonstration of coherent addition of multiple gratings for high–energy chirped–pulse–amplified lasers, Opt. Lett. **29**, 635 (2004).

[1.2329] J. Hein, M. C. Kaluza, R. Bödefeld, et al.: POLARIS an all diode pumped ultrahigh peak power laser for high repetition rate, Lect. Notes Phys. **694**, 47–66 (2006).

[1.2330] D. J. Ripin, J. R. Ochoa, R. L. Aggarwal, et al.: 165 W cryogenically cooled Yb: YAG laser, Opt. Lett. **29** (18), 2154–2156 (2004).

[1.2331] J. Kawanaka, Y. Takeuchi, A. Yoshida, et al.: Highly efficient cryogenically–cooled Yb: YAG laser, Laser Phys. **20** (5), 1079–1084 (2010).

[1.2332] H. Furuse, J. Kawanaka, K. Takeshita, et al.: Totalreflection active–mirror laser with cryogenic Yb: YAG ceramics, Opt. Lett. **34** (21), 3439–3441 (2009).

[1.2333] D. C. Brown, T. M. Bruno, J. M. Singley: Heat–fraction–limited CW Yb: YAG cryogenic solid–state laser with 100%photon slope efficiency, Opt. Express **18** (16), 16573–16579 (2010).

[1.2334] E. I. Moses, R. E. Bonanno, C. A. Haynam, et al.: The national ignition facility: Path to ignition in the laboratory, J. Phys. IV **133**, 57–57 (2006).

[1.2335] E. I. Moses: The national ignition facility (NIF). A path to fusion energy, Energy Conv. Manag. **49** (7), 1795–1802 (2008).

[1.2336] D. Besnard: The Megajoule laser program – Ignition at hand, J. Phys. IV **133**, 47 – 47 (2006).

[1.2337] K. Mima, K. A. Tanaka, R. Kodama, et al.: Present status and future prospects of laser fusion research at ILE Osaka university, Plasma Sci. Technol. **6**(1), 2179 – 2184 (2004).

[1.2338] E. W. Gaul, M. Martinez, J. Blakeney, et al.: Demonstration of a 1.1 petawatt laser based on a hybrid optical parametric chirped pulse amplification/mixed Nd: glass amplifier, Appl. Opt. **49** (9), 1676 – 1681 (2010).

[1.2339] G. R. Hays, E. W. Gaul, M. D. Martinez, et al.: Broad – spectrum neodymium – doped laser glasses for high – energy chirped – pulse amplification, Appl. Opt. **46** (21), 4813 – 4819 (2007).

[1.2340] J. Collier, C. Hernandez – Gomez, I. N. Ross, et al.: Evaluation of an ultrabroadband high – gain amplification technique for chirped pulse amplification facilities, Appl. Opt. **38** (36), 7486 – 7493 (1999).

[1.2341] A. Bayramian, J. Armstrong, G. Beer, et al.: High – average – power femto – petawatt laser pumped by the Mercury laser facility, J. Opt. Soc. Am. B **25** (7), B57 – B61 (2008).

[1.2342] J. Hein, S. Podleska, M. Siebold, et al.: Diode – pumped chirped pulse amplification to the joule level, Appl. Phys. B **79** (4), 419 – 422 (2004).

[1.2343] M. Siebold, S. Podleska, J. Hein, et al.: Fluence homogenization of a 240 J – diode – laser pump system for a multi – pass solid state laser amplifier, Appl. Phys. B **81** (5), 615 – 619 (2005).

[1.2344] M. Siebold, M. Hornung, R. Boedefeld, et al.: Terawatt diode – pumped Yb: CaF_2 laser, Opt. Lett. **33** (23), 2770 – 2772 (2008).

[1.2345] M. Siebold, M. Hornung, S. Bock, et al.: Broad – band regenerative laser amplification in Ytterbiumdoped calcium fluoride (Yb : CaF_2), Appl. Phys. B. **89** (4), 543 – 547 (2007).

[1.2346] A. Pugzlys, G. Andriukaitis, A. Baltuska, et al.: Multi – mJ, 200 – fs, cw – pumped, cryogenically cooled, Yb, Na: CaF_2 amplifier, Opt. Lett. **34** (13), 2075 – 2077 (2009).

[1.2347] A. Pugzlys, G. Andriukaitis, D. Sidorov, et al.: Spectroscopy and lasing of cryogenically cooled Yb, Na: CaF_2, Appl. Phys. B. **97** (2), 339 – 350 (2009).

[1.2348] G. F. Albrecht, S. B. Sutton, E. V. George, et al.: Solid state heat capacity disk laser, Laser Part. Beams **16** (4), 605 – 625 (1998).

[1.2349] M. Siebold, M. Loeser, U. Schramm, et al.: High – efficiency, room – temperature nanosecond Yb: YAG laser, Opt. Express **17** (22),

19887 – 19893（2009）.

[1.2350] C. Bibeau, A. Bayramian, P. Armstrong, et al.: The mercury laser system – An average power, gas – cooled, Yb: SFAP based system with frequency conversion and wavefront correction, J. Phys. IV **133**, 797 – 803（2006）.

[1.2351] J. M. Auerbach, V. P. Karpenko: Serrated – aperture apodizers for high – energy laser systems, Appl. Opt. **33**（15）, 3179 – 3183（1994）.

[1.2352] F. G. Patterson, M. D. Perry: Design and performance of a multiterawatt, subpicosecond neodymium – glass – laser, J. Opt. Soc. Am. B **8**（11）, 2384 – 2391（1991）.

[1.2353] A. Dubietis, R. Butkus, A. P. Piskarskas: Trends in chirped pulse optical parametric amplification, IEEE J. Sel. Top. Quantum Electron. **12**（2）, 163 – 172（2006）.

[1.2354] R. Butkus, R. Danielius, A. Dubietis, et al.: Progress in chirped pulse optical parametric amplifiers, Appl. Phys. B **79**（6）, 693 – 700（2004）.

[1.2355] I. N. Ross, P. Matousek, M. Towrie, et al.: The prospects for ultrashort pulse duration and ultrahigh intensity using optical parametric chirped pulse amplifiers, Opt. Commun. **144**（1 – 3）, 125 – 133（1997）.

[1.2356] I. N. Ross, P. Matousek, G. H. C. New, et al.: Analysis and optimization of optical parametric chirped pulse amplification, J. Opt. Soc. Am. B **19**（12）, 2945 – 2956（2002）.

[1.2357] I. Ahmad, S. A. Trushin, Z. Major, et al.: Frontend light source for short – pulse pumped OPCPA system, Appl. Phys. B. **97**（3）, 529 – 536（2009）.

[1.2358] C. Wandt, S. Klingebiel, M. Siebold, et al.: Generation of 220 mJ nanosecond pulses at a 10 Hz repetition rate with excellent beam quality in a diode – pumped Yb: YAG MOPA system, Opt. Lett. **33**（10）, 1111 – 1113（2008）.

[1.2359] M. Siebold, J. Hein, C. Wandt, et al.: High – energy, diode – pumped, nanosecond Yb: YAG MOPA system, Opt. Express **16**（6）, 3674 – 3679（2008）.

[1.2360] Y. Akahane, M. Aoyama, K. Ogawa, et al.: High – energy, diode – pumped, picosecond Yb: YAG chirped – pulse regenerative amplifier for pumping optical parametric chirped – pulse amplification, Opt. Lett. **32**（13）, 1899 – 1901（2007）.

[1.2361] V. V. Lozhkarev, G. I. Freidman, V. N. Ginzburg, et al.: Compact 0.56 petawatt laser system based on optical parametric chirped pulse amplification in KD*P crystals, Laser Phys. Lett. **4**（6）, 421 – 427（2007）.

[1.2362] O. V. Chekhlov, J. L. Collier, I. N. Ross, et al.: 35 J broadband femtosecond optical parametric chirped pulse amplification system, Opt. Lett. **31** (24), 3665–3667 (2006).

[1.2363] I. N. Ross, P. Matousek, M. Towrie, et al.: Prospects for a multi–PW source using optical parametric chirped pulse amplifiers, Laser Part. Beams **17** (2), 331–340 (1999).

[1.2364] P. McKenna, F. Lindau, O. Lundh, et al.: High–intensity laserdriven proton acceleration: Influence of pulse contrast, Philos. Trans. R. Soc. A **364** (1840), 711–723 (2006).

[1.2365] J. Fuchs, P. Antici, E. d'Humieres, et al.: Ion acceleration using high–contrast ultra–intense lasers, J. Phys. IV **133**, 1151–1153 (2006).

[1.2366] J. Wang, M. Weinelt, T. Fauster: Suppression of pre–and post–pulses in a multipass Ti: sapphire amplifier, Appl. Phys. B **82** (4), 571–574 (2006).

[1.2367] K. Osvay, M. Csatari, I. N. Ross, et al.: On the temporal contrast of high intensity femtosecond laser pulses, Laser Part. Beams **23** (3), 327–332 (2005).

[1.2368] A. Jullien, O. Albert, F. Burgy, et al.: 10^{-10} temporal contrast for femtosecond ultraintense lasers by cross–polarized wave generation, Opt. Lett. **30** (8), 920–922 (2005).

[1.2369] C. Liu, Z. H. Wang, W. C. Li, et al.: Enhancement of contrast ratio in chirped pulse amplified laser system by cross–polarized wave generation, Acta Phys. Sin. **59** (10), 7036–7040 (2010).

[1.2370] A. Jullien, C. G. Durfee, A. Trisorio, et al.: Nonlinear spectral cleaning of few–cycle pulses via cross–polarized wave (XPW) generation, Appl. Phys. B. **96** (2–3), 293–299 (2009).

[1.2371] B. Dromey, S. Kar, M. Zepf, et al.: The plasma mirror–A subpicosecond optical switch for ultrahigh power lasers, Rev. Sci. Instrum. **75** (3), 645–649 (2004).

[1.2372] D. M. Pennington, C. G. Brown, T. E. Cowan, et al.: Petawatt laser system and experiments, IEEE J. Sel. Top. Quantum Electron. **6** (4), 676–688 (2000).

[1.2373] T. A. Planchon, J. P. Rousseau, F. Burgy, et al.: Adaptive wavefront correction on a 100 TW/10 Hz chirped pulse amplification laser and effect of residual wavefront on beam propagation, Opt. Commun. **252** (4–6), 222–228 (2005).

[1.2374] Z. H. Wang, Z. Jin, J. Zheng, et al.: Wave–front correction of high–intensity fs laser beams by using closed–loop adaptive optics system, Sci. China

Ser. G **48** (1), 122–128 (2005).

[1.2375] E. S. Sarachik, G. T. Schappert: Classical theory of scattering of intense laser radiation by free electrons, Phys. Rev. D **1** (10), 2738–2753 (1970).

[1.2376] W. L. Kruer: *The Physics of Laser Plasma Interactions* (Addison–Wesley, New York 1988).

[1.2377] G. A. Mourou, T. Tajima, S. V. Bulanov: Optics in the relativistic regime, Rev. Mod. Phys. **78** (2), 309–371 (2006).

[1.2378] T. Tajima, J. M. Dawson: Laser electron accelerator, Phys. Rev. Lett. **43** (4), 267 (1979).

[1.2379] A. Pukhov, J. Meyer–Ter–Vehn: Laser wake field acceleration: The highly nonlinear broken–wave regime, Appl. Phys. B **74**(4–5), 355–361(2002).

[1.2380] H. Schwoerer, P. Gibbon, S. Düsterer, et al.: MeV X–rays and photoneutrons from femtosecond laserproduced plasmas, Phys. Rev. Lett. **86** (11), 2317–2320 (2001).

[1.2381] J. Faure, Y. Glinec, A. Pukhov, et al.: A laser–plasma accelerator producing monoenergetic electron beams, Nature **431** (7008), 541–544 (2004).

[1.2382] C. G. R. Geddes, C. Toth, J. van Tilborg, et al.: High–quality electron beams from a laser wakefield accelerator using plasma–channel guiding, Nature **431** (7008), 538–541 (2004).

[1.2383] S. P. D. Mangles, C. D. Murphy, Z. Najmudin, et al.: Monoenergetic beams of relativistic electrons from intense laser–plasma interactions, Nature **431** (7008), 535–538 (2004).

[1.2384] W. P. Lemans, B. Nagler, A. J. Gonsalves, et al.: GeV electron beams from a centimeter–scale accelerator, Nat. Phys. **2**, 696 (2006).

[1.2385] C. E. Clayton, J. E. Ralph, F. Albert, et al.: Self–Guided laser wakefield acceleration beyond 1 GeV using Ionization–Induced Injection , Phys. Rev. Lett. **105**, 105003 (2010).

[1.2386] B. B. Pollock, C. E. Clayton, J. E. Ralph, et al.: Demonstration of a narrow energy spread, 0.5 GeV electron beam from a two–stage laser weakfield accelerator, Phys. Rev. Lett. **107**, 045001 (2011).

[1.2387] H. Schwoerer, S. Pfotenhauer, O. Jäckel, et al.: Laser–plasma acceleration of quasi–monoenergetic protons from microstructured targets, Nature **439** (7075), 445–448 (2006).

[1.2388] J. Magill, H. Schwörer, F. Ewald, et al.: Laser transmutation of iodine–129, Appl. Phys. B **77** (4), 387–390 (2003).

[1.2389] S. D. Kraft, C. Richter, K. Zeil, et al.: Dose–dependent biological damage of tumour cells by laser–accelerated proton beams, New J. Phys. **12**, 085003

(2010).

[1.2390] T. J. Quinn: Practical realization of the definition of the metre, including recommended radiations of other optical frequency standards (2001), Metrologia **40**, 103–133 (2003), for the most actual list see: http://www.bipm.org/en/committees/cc/ccl/mep.html (last accessed February 14, 2012).

[1.2391] R. Felder: Practical realization of the definition of the metre, including recommended radiations of other optical frequency standards (2003), Metrologia **42**, 323–325 (2005), for the most actual list see: http://www.bipm.org/en/committees/cc/ccl/mep.html (last accessed February 14, 2012).

[1.2392] F. Riehle, P. Gill, F. Arias, et al.: Metrologia (to be published); for the most actual list see: http://www.bipm.org/en/committees/cc/ccl/mep.html (last accessed February 14, 2012).

[1.2393] A. L. Schawlow, C. H. Townes: Infrared and optical masers, Phys. Rev. **112**, 1940–1949 (1958).

[1.2394] W. Demtröder: *Laser Spectroscopy, Basic Concepts and Instrumentation* (Springer, Berlin, Heidelberg 2003).

[1.2395] A. E. Siegman: *Lasers* (Univ. Science Books, Mill Valley 1958).

[1.2396] F. Riehle: *Frequency Standards, Basics and Applications* (Wiley–VCH, Weinheim 2004).

[1.2397] J. L. Hall, M. S. Taubman, J. Ye: Laser stabilization. In: *Handbook of Optics IV*, ed. by M. Bass, J. M. Enoch, E. van Stryland, W. L. Wolfe (McGraw–Hill, New York 2000), Chap.27.

[1.2398] D. W. Allan: Statistics of atomic frequency standards, Proc. IEEE **54**, 221–230 (1966).

[1.2399] J. A. Barnes, A. R. Chi, L. S. Cutler, et al.: Characterization of frequency stability, IEEE Trans. Instrum. Meas. **20**, 105–120 (1971).

[1.2400] D. S. Elliot, R. Roy, S. J. Smith: Extra–cavity band–shape and bandwidth modification, Phys. Rev. **26**, 12–26 (1982).

[1.2401] R. L. Barger, M. S. Sorem, J. L. Hall: Frequency stabilization of a CW dye laser, Appl. Phys. Lett. **22**, 573–575 (1973).

[1.2402] J. Helmcke, S. A. Lee, J. L. Hall: Dye laser spectrometer for ultrahigh spectral resolution: Design and performance, Appl. Opt. **21**, 1686–1694 (1982).

[1.2403] J. Helmcke, J. J. Snyder, A. Morinaga, et al.: New ultra–high resolution dye laser spectrometer utilizing a non–tunable reference resonator,

Appl. Phys. B **43**, 85–91 (1987), (Eq. 3 of 1.2403 should read: $A(\nu_F) = A[1+(\nu_F/\nu_{1/2})^2]^{-1/2}$).

[1.2404] H. Stoehr, F. Mensing, J. Helmcke, et al.: A diode laser with 1 Hz linewidth, Opt. Lett. **31**, 736–738 (2006).

[1.2405] T. W. Hänsch, B. Couillaud: Laser frequency stabilization by polarization spectroscopy of a reflecting reference cavity, Opt. Commun. **35**, 441–444 (1980).

[1.2406] R. W. P. Drever, J. L. Hall, F. V. Kowalski, et al.: Laser phase and frequency stabilization using an optical resonator, Appl. Phys. B **31**, 97–105 (1983).

[1.2407] D. Hils, C. Salomon, J. L. Hall: Laser stabilization at the millihertz level, J. Opt. Soc. Am. B **5**, 1576–1587 (1988).

[1.2408] R. V. Pound: Electronic frequency stabilization of microwave oscillators, Rev. Sci. Instrum. **17**, 490–505 (1946).

[1.2409] J. Hough, D. Hils, M. D. Rayman, et al.: Dye laser frequency stabilization using optical resonators, Appl. Phys. B **33**, 179–185 (1984).

[1.2410] M. Notcutt, L. S. Ma, J. Ye, et al.: Simple and compact 1–Hz laser system via an improved mounting configuration of a reference cavity, Opt. Lett. **30**, 1815–1817 (2005).

[1.2411] T. Nazarova, F. Riehle, U. Sterr: Vibration insensitive reference cavity for an ultra–narrow–linewidth laser, Appl. Phys. B **83**, 531–536 (2006).

[1.2412] A. D. Ludlow, X. Huang, M. Notcutt, et al.: Compact, thermal–noise–limited optical cavity for diode laser stabilization at 1×10^{-15}, Opt. Lett. **32**, 641–643 (2007).

[1.2413] S. A. Webster, M. Oxborrow, P. Gill: Vibration insensitive optical cavity, Phys. Rev. A **75**, 011801 (R) –1–4 (2007).

[1.2414] K. Numata, A. Kemery, J. Camp: Thermal–noise limit in the frequency stabilization of lasers with rigid cavities, Phys. Rev. Lett. **93**, 250602–1–4 (2004).

[1.2415] C. Lisdat, C. Tamm: Superstabile Laser, PTB Mitteilungen **119**, 144–152 (2009), in German.

[1.2416] B. C. Young, F. C. Cruz, W. M. Itano, et al.: Visible lasers with subHertz linewidths, Phys. Rev. Lett. **82**, 3799–3802 (1999).

[1.2417] T. Zelevinsky, S. Blatt, M. M. Boyd, et al.: Highly coherent spectroscopy of ultracold atoms and molecules in optical lattices, ChemPhysChem **9**, 375–382 (2008).

[1.2418] J. Alnis, A. Matveev, N. Kolachevsky, et al.: Subhertz linewidth diode lasers by stabilization to vibrationally and thermally compensated ultralow－expansion glass Fabry－Pérot cavities，Phys. Rev. A **77**，053809 (2008).

[1.2419] T. W. Hänsch，I. S. Shahin，A. L. Schawlow：High resolution saturation spectroscopy of the sodium D lines with a pulsed tunable dye laser，Phys. Rev. Lett. **27**，707－710 (1971).

[1.2420] T. W. Hänsch，M. D. Levenson，A. L. Schawlow：Complete hyperfine structure of a molecular iodine line，Phys. Rev. Lett. **26**，946－949 (1971).

[1.2421] L. S. Vasilenko，V. P. Chebotayev，A. V. Shishaev：Line shape of two－photon absorption in a standing－wave field in a gas，JETP Letters **12**，113－116 (1970).

[1.2422] N. Bloembergen，M. D. Levenson：Doppler－free two－photon absorption spectroscopy，Topics in Applied Physics，Vol. 13，ed. by K. Shimoda (Springer，1976) pp.315－369.

[1.2423] A. J. Wallard：Frequency stabilization of the helium－neon laser by saturated absorption in iodine vapor，J. Phys. E **5**，926－930 (1972).

[1.2424] G. R. Hanes，K. M. Baird，J. DeRemigis：Stability，reproducibility and absolute wavelength of a 633 nm HeNe laser stabilized to an iodine hyperfine component，Appl. Opt. **12**，1600－1605 (1973).

[1.2425] F. Bayer－Helms，J. Helmcke：Modulation broadening of spectral profiles，PTB－Bericht **Me－17**，85－109 (1977).

[1.2426] B. Dahmani，L. Hollberg，R. Drullinger：Frequency stabilization of semiconductor lasers by resonant optical feedback，Opt. Lett. **33**，876－878 (1987).

[1.2427] B. Boderman，H. R. Telle，R. P. Kovacich：Amplitude－modulation－free optoelectronic frequency control of laser diodes，Opt. Lett. **25**，899－901 (2000).

[1.2428] V. L. Velichansky，A. S. Zibrov，V. S. Kargopol'tsev，et al.：Minimum line width of an injection laser，Sov. Tech. Phys. Lett. **4**，438－439 (1978).

[1.2429] M. W. Fleming，A. Moradian：Spectral characteristics of external－cavity controlled semiconductor lasers，IEEE J. Quantum Electron. **17**，44－59 (1981).

[1.2430] K. Liu，M. G. Littman：Novel geometry for singlemode scanning of tunable lasers，Opt. Lett. **6**，117－118 (1981).

[1.2431] A. Celikov，F. Riehle，V. L. Velichansky，et al.：Diode laser spectroscopy in a Ca atomic beam，Opt. Commun. **107**，54－60 (1994).

[1.2432] G. Birnbaum：Frequency stabilization of gas lasers，Proc. IEEE **55**，

1015 – 1026 (1967).
[1.2433] R. A. McFarlane, W. R. Bennett Jr., W. E. Lamb Jr. : Single mode tuning dip in the power output of an He – Ne optical maser, Appl. Phys. Lett. **2**, 189 – 190 (1963).
[1.2434] R. Balhorn, H. Kunzmann, F. Lebowski: Frequency stabilization of internal – mirror heliumneon lasers, Appl. Opt. **11**, 742 – 744 (1972).
[1.2435] D. Ullrich: Frequency stabilization of HeNe lasers by intensity comparison of two longitudinal modes, PTB – Bericht **PTB – F – 3**, 1 – 35 (1988), Braunschweig.
[1.2436] R. C. Quenelle, L. J. Wuerz: A new microcomputercontrolled laser dimensional measurement and analysis system, Hewlett – Packard J. **34**, 3 – 13 (1983).
[1.2437] T. Baer, F. V. Kowalski, J. L. Hall: Frequency stabilization of a 0.633 μm HeNe longitudinal Zeeman laser, Appl. Opt. **19**, 3173 – 3177 (1980).
[1.2438] S. Gerstenkorn, P. Luc: *Atlas du spectre d'absorption de la molecule d' iode* (14 800 – 20 000 cm^{-1}), Technical Report (Laboratoire Aimé – Cotton, Paris 1978), in French.
[1.2439] G. Camy, C. J. Bordé, M. Ducloy: Heterodyne saturation spectroscopy through frequency modulation of the saturating beam, Opt. Commun. **41**, 325 – 330 (1982).
[1.2440] P. A. Jungner, M. Eickhoff, S. D. Swartz, et al.: Stability and absolute frequency of molecular iodine transitions near 532 nm, Proc. SPIE **2378**, 22 – 34 (1995).
[1.2441] G. C. Bjorklund: Frequency – modulation spectroscopy: A new method for measuring weak absorptions and dispersions, Opt. Lett. **5**, 15 – 17 (1980).
[1.2442] J. L. Hall, L. Hollberg, T. Baer, et al.: Optical heterodyne saturation spectroscopy, Appl. Phys. Lett. **39**, 680 – 682 (1981).
[1.2443] P. Cordiale, G. Galzerano, H. Schnatz: International comparisons of two iodine stabilized frequency – doubled Nd: YAG lasers at 532 nm, Metrologia **37**, 177 – 182 (2000).
[1.2444] A. Y. Nevsky, R. Holzwarth, M. Zimmermann, et al.: Frequency comparison of I_2 – stabilized lasers at 532 nm and absolute optical frequency measurement of I_2 absorption lines, Opt. Commun. **192**, 263 – 272 (2001).
[1.2445] Y. Millerioux, D. Touahry, L. Hilico, et al.: Towards an accurate frequency standard at $\lambda = 778$ nm using a laser diode stabilized on a hyperfine component of the Doppler – free two – photon transitions in rubidium , Opt. Commun. **108**, 91 – 96 (1994).

[1.2446] D. Touahri, O. Acef, A. Clairon, et al.: Frequency measurement of the $5S_{1/2}$ ($F=3$) $-5D_{3/1}$ ($F=5$) two-photon transition in rubidium, Opt. Commun. **133**, 471-478 (1997).

[1.2447] E. Fretel: Spectroscopie à deux photons d' atomes de rubidium dans un piège magnéto-optique. Ph. D. Thesis(Conservatoire National des Arts et Métiers, Paris 1997), in French.

[1.2448] N. F. Ramsey: A molecular beam resonance method with separated oscillating fields, Phys. Rev. **78**, 695-699 (1950).

[1.2449] G. Kramer, C. O. Weiss, B. Lipphardt: *Coherent Frequency Measurements of the HFS-Resolved Methane Line*, ed. by A. de Marchi(Springer, Berlin, Heidelberg 1989) pp.181-186.

[1.2450] Y. V. Baklanov, B. Y. Dubetsky, V. P. Chebotayev: Non-linear Ramsey resonances in the optical region, Appl. Phys. **9**, 171-173 (1976).

[1.2451] C. J. Bordé, C. Salomon, S. Avrillier, et al.: Optical Ramsey fringes with travelling waves, Phys. Rev. A **30**, 1836-1848 (1984).

[1.2452] C. J. Bordé: Atomic interferometry with internal state labeling, Phys. Lett. A **140**, 10-12 (1989).

[1.2453] C. J. Bordé: *Matter-Wave Interferometers: A Synthetic Approach*, ed. by P. R. Berman (Academic, San Diego 1997) pp.257-292.

[1.2454] U. Sterr, K. Sengstock, W. Ertmer, et al.: *Atom Interferometry Based on Separated Light Fields*, ed. by P. R. Berman(Academic, San Diego 1997) pp.293-362.

[1.2455] P. Kersten, F. Mensing, U. Sterr, et al.: A transportable optical calcium frequency standard, Appl. Phys. **68**, 27-38 (1999).

[1.2456] J. L. Hall, M. Zhu, P. Buch: Prospects for using laser-prepared atomic fountains for optical frequency standards applications, J. Opt. Soc. Am. B **6**, 2194-2205 (1989).

[1.2457] U. Sterr, K. Sengstock, J. H. Müller, et al.: The magnesium Ramsey interferometer: Applications and prospects, Appl. Phys. B **54**, 341-346 (1992).

[1.2458] A. Celikov, P. Kersten, F. Riehle, et al.: External cavity diode laser high resolution spectroscopy of the Ca and Sr intercombination lines for the development of a transportable frequency/length standard, Proc. 49th Annu. IEEE Int. Freq. Control Symp. (IEEE, 1995) pp.153-160.

[1.2459] G. M. Tino, M. Basanti, M. de Angelis, et al.: Spectroscopy on the 689 nm intercombination line of strontium using extended-cavity InP/InGalP diode laser, Appl. Phys. B **55**, 397-400 (1992).

[1.2460] A. M. Akulshin, A. Celikov, V. L. Velichansky: Nonlinear Doppler-free spectroscopy of the $6^1S_0-6^3P_1$ intercombination transition in barium, Opt. Commun. **93**, 54-58 (1992).

[1.2461] R. L. Barger, J. C. Bergquist, T. C. English, et al.: Resolution of photon-recoil structure of the 6573-A calcium line in an atomic beam with optical Ramsey fringes, Appl. Phys. Lett. **34**, 850-852 (1979).

[1.2462] R. L. Barger: Influence of second-order Doppler effect on optical Ramsey fringe profiles, Opt. Lett. **6**, 145-147 (1981).

[1.2463] A. Morinaga, F. Riehle, J. Ishikawa, et al.: A Ca optical frequency standard: Frequency stabilization by means of nonlinear Ramsey resonances, Appl. Phys. B **48**, 165-171 (1989).

[1.2464] N. Ito, J. Ishikawa, A. Morinaga: Frequency locking a dye laser to the central Ramsey fringe in a Ca atomic beam and wavelength measurement, J. Opt. Soc. Am. **8**, 1388-1390 (1991).

[1.2465] A. S. Zibrov, R. W. Fox, R. Ellingsen, et al.: High resolution diode laser spectroscopy of calcium, Appl. Phys. **59**, 327-331 (1994).

[1.2466] W. Paul: Electromagnetic traps for charged and neutral particles, Rev. Mod. Phys. **62**, 531-540 (1990).

[1.2467] D. J. Berkeland, J. D. Miller, J. C. Bergquist, et al.: Laser-cooled mercury ion frequency standard, Phys. Rev. Lett. **80**, 2089-2092 (1998).

[1.2468] S. Schulz, U. Poschinger, K. Singer, et al.: Optimization of segmented linear Paul traps and transport of stored particles, Fortschr. Phys. **54**, 648-665 (2006).

[1.2469] D. J. Wineland, R. E. Drullinger, F. L. Walls: Radiation pressure cooling of bound resonant absorbers, Phys. Rev. Lett. **40**, 1639-1642 (1978).

[1.2470] W. Neuhauser, M. Hohenstatt, P. Toschek, et al.: Optical-sideband cooling and visible atom cloud confined in parabolic well, Phys. Rev. Lett. **41**, 233-236 (1978).

[1.2471] W. Nagourny, J. Sandberg, H. Dehmelt: Shelved optical electron amplifier observation of quantum jumps, Phys. Rev. Lett. **56**, 2797-2799 (1986).

[1.2472] U. Tanaka, S. Bize, C. E. Tanner, et al.: The $^{199}Hg^+$ single ion optical clock: Recent progress, J. Phys. B **36**, 545-551 (2003).

[1.2473] G. Barwood, K. Gao, P. Gill, et al.: Development of optical frequency standards based upon the $^2S_{1/2}-{}^2D_{5/2}$ transition in $^{88}Sr^+$ and $^{87}Sr^+$, IEEE Trans. Instrum. Meas. **50**, 543-547 (2001).

[1.2474] L. Marmet, A. A. Madej: Optical Ramsey spectroscopy and coherence measurements of the clock transition in a single trapped Sr ion,

Can. J. Phys. **78**, 495 – 507 (2000).

[1.2475] M. Eichenseer, A. Y. Nevsky, J. von Zanthier, et al.: Towards an indium single – ion optical frequency standard, J. Phys. B **36**, 553 – 559 (2003).

[1.2476] C. Tamm, D. Engelke, V. Bühner: Spectroscopy of the electric quadrupole transition $^2S_{1/2}$ ($F=0$) $-^2D_{3/2}$ ($F=2$) in trapped $^{171}Yb^+$, Phys. Rev. A **61** (053405), 1 – 9 (2000).

[1.2477] S. A. Webster, P. Taylor, M. Roberts, et al.: The frequency standard using the $^2S_{1/2}-^2F_{7/2}$ octupole transition in $^{171}Yb^+$, Proc. 6th Symp. Freq. Stand. Metrol., ed. by P. Gill (World Scientific, Singapore 2002) pp.114 – 122.

[1.2478] E. Peik, B. Lipphardt, H. Schnatz, et al.: Limit on the temporal variation of the fine structure constant, Phys. Rev. Lett. **93**, 170801 (2004).

[1.2479] C. Tamm, S. Weyers, B. Lipphardt, et al.: Strayfield induced quadrupole shift and absolute frequency of the 688 THz $^{171}Yb^+$ single – ion optical frequency standard, Phys. Rev. A **80**, 043403 (2009).

[1.2480] P. O. Schmidt, T. Rosenband, C. Langer, et al.: Spectroscopy using quantum logic, Science **309**, 749 – 752 (2005).

[1.2481] C. W. Chou, D. B. Hume, J. C. J. Koelemeij, et al.: Frequency comparison of two high – accuracy Al^+ optical clocks, Phys. Rev. Lett. **104**, 070802 (2010).

[1.2482] E. L. Raab, M. Prentiss, A. Cable, et al.: Trapping of neutral sodium atoms with light pressure, Phys. Rev. Lett. **59**, 2631 – 2634 (1987).

[1.2483] W. Ertmer, R. Blatt, J. L. Hall: Some candidate atoms for frequency standards research using radiative cooling techniques. In: *Laser Cooled and Trapped Atoms and Ions*, National Bureau of Standards Special Publication, Vol. 653, ed. by W. D. Phillips (NBS, Reading 1983) pp.154 – 161.

[1.2484] N. Beverini, E. Macconi, D. Prereira, et al.: Production of low velocity Mg and Ca atomic beams by laser light pressure, 5th Italian Conf. Quantum Electron. Plasma Phys., ed. by G. C. Righin (Italian Physical Society, Bologna 1988) pp.205 – 211.

[1.2485] F. Ruschewitz, J. L. Peng, H. Hinderthür, et al.: Sub – kilohertz optical spectroscopy with time a domain atom interferometer. In:, Vol. 80 (1998) pp.3173 – 3176.

[1.2486] T. P. Dineen, K. R. Vogel, E. Arimondo, et al.: Cold collisions of Sr* – Sr in a magneto – optical trap, Phys. Rev. A **59**, 1216 – 1222 (1999).

[1.2487] H. Katori, T. Ido, Y. Isoya, et al.: Magneto – optical trapping and cooling of strontium atoms down to the photon recoil temperature,

Phys. Rev. Lett. **82**, 1116–1119 (1999).

[1.2488] T. Kisters, K. Zeiske, F. Riehle, et al.: High resolution spectroscopy with laser–cooled and trapped calcium atoms, Appl. Phys. B **59**, 89–98 (1994).

[1.2489] T. Binnewies, G. Wilpers, U. Sterr, et al.: Doppler cooling and trapping on forbidden transitions, Phys. Rev. Lett. **87**, 123002 (2001).

[1.2490] G. Wilpers, T. Binnewies, C. Degenhardt, et al.: An optical clock with ultracold neutral atoms, Phys. Rev. Lett. **89**, 230801 (2002).

[1.2491] H. Katori: Spectroscopy of strontium atoms in the Lamb–Dicke confinement, Proc. 6th Symp. Frequency Standards and Metrology, ed. by P. Gill (World Scientific, Singapore 2002) pp.323–330.

[1.2492] A. V. Taichenachev, V. I. Yudin, C. W. Oates, et al.: Magnetic field–induced spectroscopy of forbidden optical transitions with application to lattice–based optical atomic clocks, Phys. Rev. Lett. **96**, 083001 (2006).

[1.2493] M. Takamoto, F. L. Hong, R. Higashi, et al.: An optical lattice clock, Nature **435**, 321–324 (2005).

[1.2494] R. Le Targat, X. Baillard, M. Fouché, et al.: Accurate optical lattice clock with ^{87}Sr atoms, Phys. Rev. Lett. **97**, 130801–1–4 (2006).

[1.2495] M. M. Boyd, A. D. Ludlow, S. Blatt, et al.: ^{87}Sr lattice clock with inaccuracy below 10^{15}, Phys. Rev. Lett. **98**, 083002 (2007).

[1.2496] X. Baillard, M. Fouché, R. Le Targat, et al.: accuracy evaluation of an optical lattice clock with bosonic atoms, Opt. Lett. **32**, 1812–1814 (2007).

[1.2497] N. D. Lemke, A. D. Ludlow, Z. W. Barber, et al.: Spin–1/2 optical lattice clock, Phys. Rev. Lett. **103**, 063001–1–4 (2009).

[1.2498] BIPM: Comité International des Poids et Mésures, 95th meeting (2006) p.115 available online at http://www.bipm.org/utils/en/pdf/CIPM2006–EN.pdf (last accessed February 14, 2012).

[1.2499] D. A. Jennings, C. R. Pollock, F. R. Peterson, et al.: Direct frequency measurement of the I_2–stabilized HeNe 473 THz (633 nm) laser, Opt. Lett. **8**, 136–138 (1982).

[1.2500] H. Schnatz, B. Lipphardt, J. Helmcke, et al.: First phase–coherent frequency measurement of visible radiation, Phys. Rev. Lett. **76**, 18–21 (1996).

[1.2501] N. Niering, R. Holzwarth, J. Reichert, et al.: Measurement of the Hydrogen $1S-2S$ transition frequency by phase coherent comparison with a microwave cesium fountain clock, Phys. Rev. Lett. **84**, 5496–5499 (2000).

[1.2502] D. J. Jones, S. A. Diddams, J. K. Ranka, et al.: Carrierenvelope phase control of femtosecond modelocked lasers and direct optical frequency synthesis, Science **288**, 635–639 (2000).

[1.2503] H. R. Telle, G. Steinmeyer, A. E. Dunlop, et al.: Carrier–envelope offset phase control: A novel concept for absolute frequency measurement and ultra–short pulse generation, Appl. Phys. B **69**, 327–332 (1999).

[1.2504] J. Stenger, H. R. Telle: Intensity induced mode shift in femtosecond lasers via the nonlinear index of refraction, Opt. Lett. **25**, 1553–1555 (2000).

[1.2505] J. Ye, T. S. Cundiff: *Femtosecond Optical Frequency Comb Technology: Principle, Operation, and Application* (Springer, Berlin, Heidelberg 2005).

[1.2506] S. A. Diddams, D. J. Jones, J. Je, S. T. Cundiff, J. L. Hall: Direct link between microwave and optical frequencies with a 300 THz femtosecond laser comb, Phys. Rev. Lett. **84**, 5102–5105 (2000).

[1.2507] P. Kubina, P. Adel, F. Adler, et al.: Long term comparison of two fiber based frequency comb systems, Opt. Express **13**, 904–909 (2005).

[1.2508] J. Stenger, H. Schnatz, C. Tamm, et al.: Ultra–precise measurement of optical frequency ratios, Phys. Rev. Lett. **88**, 073601 (2002).

[1.2509] P. Del' Haye, T. Herr, E. Gavartin, et al.: Octave spanning frequency comb from a microresonator, Phys. Rev. Lett. **107**, 06391 (2011).

[1.2510] Y. K. Chembo, N. Yu: On the generation of octave–spanning optical frequency combs using monolithic whispering–gallery–mode microresonators, Opt. Lett. **35**, 2696–2698 (2010).

[1.2511] A. Pape, O. Terra, J. Friebe, M. et al.: Long–distance remote comparison of ultrastable optical frequencies with 10^{-15} instability in fractions of a second, Opt. Express **18**, 21477–21483 (2010).

第 2 章
短激光脉冲和超短激光脉冲

本章将总结飞秒激光脉冲的一些基本性质。在 2.1 节将首先介绍超短光脉冲的线性特性，会改变超短脉冲频谱的非线性光学效应则不考虑。由于带宽大，线性色散产生了强大效应。例如，在 800 nm 中心波长下穿过 4 mm 厚 BK7 玻璃的 10 fs 激光脉冲将在时域中增宽至 50 fs。为了描述并控制这些色散效应，本章首先从数学角度描述了超短激光脉冲，接着描述了如何通过频域改变时间波形的方法。本节最后一段将介绍有效的脉冲整形方法，可用于生成从相位、振幅和偏振态来看形状复杂的超短激光脉冲。

2.2 节用简单的物理术语描述了通过锁模生成飞秒激光脉冲的方法。由于飞秒激光脉冲可利用各种激光器（波长范围从紫外光到红外光）直接生成，因此本书不打算详细介绍这些不同的技术方法。

2.3 节将探讨超短脉冲的测量。习惯上，一个短事件是借助于一个甚至更短的事件来描述的，但超短光脉冲不会选择这种方法。超短脉冲的振幅和相位描述利用了短脉冲本身的光学相关法，在时间－频率域内使用的方法尤其有用。

用于生成飞秒光脉冲的中心构件是激光器。在激光器发明之后仅仅 20 年里，最短脉冲的持续时间已缩短了 6 个数量级——从纳秒级变成了飞秒级。

如今，小于 10 fs 的飞秒脉冲能够从小型可靠激光振荡器中直接生成，测量值的时间分辨率甚至比现代取样示波器的分辨率高几个数量级。通过利用一些简单的对比，大家能清楚地认识到速度快得令人难以置信的飞秒时标：在对数时间标度上，1 min 大约位于 10 fs 和宇宙年龄之间的中途上。考虑到光在真空中的速度，10 fs 的光脉冲可视为一块 3 μm 厚的光切片，而 1 s 的光脉冲则几乎能走完地球和月亮之间的整个距离。另外，认识到最快的分子振动实质上拥有大约 10 fs 的振荡时间是很有用的。

正是上述独特属性为这些光脉冲的基础研究和应用打开了全新的局面。例如，通过利用与闪光灯技术相似的“泵浦探测技术”，超短脉冲持续时间使电子和分子的运动能够被冻结。在化学上，相关的复杂反应动力学已在时域中直接测量，这项工作为 Zewail 在 1999 年赢得了诺贝尔化学奖。宽谱宽可用于医疗诊断，通过考虑纵向频率梳模结构可用于高精度光频测量。后者预计会胜过当今最先进的铯离子钟，并为 Hall 和 Hänsch 赢得了 2005 年的诺贝尔物理学奖。在聚焦飞秒脉冲里中等内能的极高浓度提供了很高的峰值光强，在可逆光–物质相互作用机制中可用于开发非线性显微镜检查技术，例如，可逆光–物质相互作用机制可应用于非热能材料加工，用各种固态材料制造出精确的显微结构。最后，高脉冲重复率可在远程通信中应用。

这些话题最近已在文献［2.1］中评述。半年刊国际会议录《超快现象和超快光学》(包括相应的会议录）介绍了光脉冲的广泛用途和最新发展动态。

除在各章中给出的具体参考文献外，我们还建议读者参考一些专门介绍超快激光脉冲的教科书，那些书里更深入地探讨了此处及别处表述的主题（例如参考文献［2.2–5］；对于超短脉冲的测量，请参考文献［2.6］)。

2.1 超短光脉冲的线性特性

2.1.1 描述性介绍

在固定的空间位置建立任意光脉冲的电场是相当容易的——这与固定检波器在空间中的物理态势是一致的。假设光场为线性偏振，那么可以将真实的电场强度 $E(t)$ 写成一个标量，而谐波则要乘以时间振幅或包络函数 $A(t)$：

$$E(t) = A(t)\cos(\Phi_0 + \omega_0 t) \tag{2.1}$$

其中，ω_0 是载流子的圆（或角）频率。光频由 $\nu_0 = \omega_0/2\pi$ 求出。下面，将只通过符号表示法将角频率和频率区分开。为便于说明，将采用以 800 nm 处为中心的光学脉冲，该脉冲相应的载频为 $\omega_0 = 2.35$ rad/fs（振动周期 $T = 2.67$ fs），并具有高斯包络函数（数字指由以 Ti：蓝宝石为激活介质的常用飞秒激光系统生成的脉冲）。在简单的包络函数中，脉冲持续时间 Δt 通常用时间强度函数 $I(t)$ 的 FWHM（半峰全宽）定义：

$$I(t) = \frac{1}{2}\varepsilon_0 c n A(t)^2 \tag{2.2}$$

其中，ε_0 是真空介电常数；c 是光速；n 是折射率。因数 1/2 是通过求振幅平均值得到的。如果时间强度的单位为 W/cm^2，则时间振幅 $A(t)$（当 $n = 1$ 时，用 V/cm 表示）由下式求出：

$$A(t) = \sqrt{\frac{2}{\varepsilon_0 c}}\sqrt{I(t)} = 27.4\sqrt{I(t)} \tag{2.3}$$

图 2.1（a）显示了当 $\Delta t = 5$ fs、$\Phi_0 = 0$ 时高斯脉冲的 $E(t)$。当 $t = 0$ 时，电场强度达到最大值，这种情形叫做“余弦脉冲”；当 $\Phi_0 = -\pi/2$ 时，得到一个正弦脉冲 $E(t) = A(t)\sin(\omega_0 t)$［图 2.1（b）］，其中载流子振幅的最大值与 $t = 0$ 时包络 $A(t)$ 的最大值不重合，因此 $E(t)$ 的最大值比余弦脉冲里的最大值小。一般而言，Φ_0 叫做“绝对相位”或“载流子包络相位”，决定着脉冲包络与潜在载流子振荡之间的时间关系。如果脉冲包络 $A(t)$ 在一个振荡周期 T 内变化不显著，则绝对相位不重要；脉冲的时距越长，就越接近于这个条件。将电场分解成一个包络函数和一个具有载频 ω_0［式（2.1）］的谐波振荡是有意义的。2.3 节中描述的传统脉冲特性不能测量 Φ_0 的绝对值，此外，在传统的飞秒激光系统中，绝对相位不能保持稳定。仅在最近，绝对相位的控制和测量才取得了进展[2.7-10]，与绝对相位相关的实验也才开始出现[2.11-13]。下面，本书将不再强调 Φ_0 的作用。

一般而言，可以让式（2.1）中的时间相位项与一个与时间有关的相位函数 $\Phi_a(t)$ 相加：

$$\Phi(t) = \Phi_0 + \omega_0 t + \Phi_a(t) \tag{2.4}$$

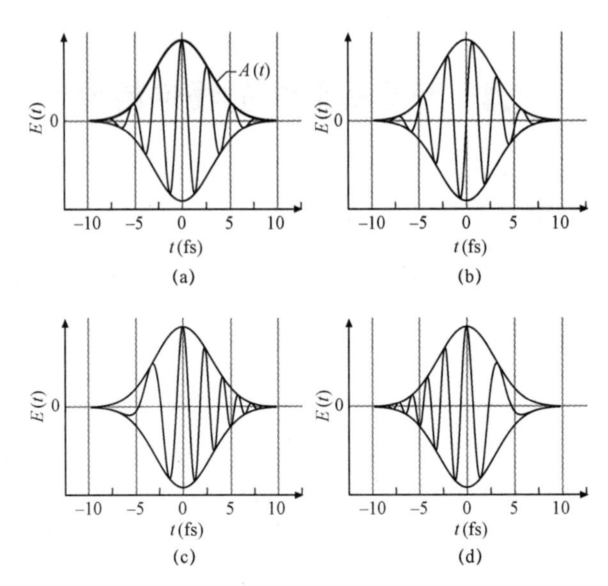

图 2.1　余弦脉冲（a）、正弦脉冲（b）、上啁啾脉冲（c）和下啁啾脉冲（d）的电场 $E(t)$ 及时间振幅函数 $A(t)$。在所有情况下的脉冲持续时间都是 $\Delta t = 5$ fs。对于（c）和（d），参数 a 被选定为 $\pm 0.15/\text{fs}^2$

并将瞬时光频 $\omega(t)$ 定义为

$$\omega(t) = \frac{\mathrm{d}\Phi(t)}{\mathrm{d}t} = \omega_0 + \frac{\mathrm{d}\Phi_\mathrm{a}(t)}{\mathrm{d}t} \tag{2.5}$$

这个新增的相位函数描述了频率随时间变化的情况，叫做“啁啾”。在图 2.1（c），（d）中，$\Phi_\mathrm{a}(t)$ 被设定为 at^2。当 $a = 0.15/\text{fs}^2$ 时，可以看到频率随时间呈线性增加趋势，叫做“线性上啁啾”；当 $a = -0.15/\text{fs}^2$ 时，得到的是线性下啁啾脉冲，频率随时间呈线性降低趋势。但时间相位不能通过任何电子仪器来直接操纵，请注意，非线性光学过程（例如自相位调制（SPM））能够影响时间相位，导致脉冲频谱发生变化。本章将主要集中讲述线性光学效应，其中的脉冲频谱不变，而由于在频域中的操纵，时域脉冲波形会变化（2.1.3 节）。在开始讲述前，文中将对超短光脉冲进行更深入的数学描述。

2.1.2　数学描述

关于数学描述，本书采用了文献［2.4，14－19］中的方法。在线性光学中，叠加原理适用，在空间固定点上超短光脉冲的实值电场 $E(t)$ 通过傅里叶分解，形成单色波：

$$E(t) = \frac{1}{2\pi}\int_{-\infty}^{\infty} \tilde{E}(\omega)\mathrm{e}^{i\omega t}\mathrm{d}\omega \tag{2.6}$$

一般而言，复值光谱 $\tilde{E}(\omega)$ 通过傅里叶反变换获得：

$$\tilde{E}(\omega) = \int_{-\infty}^{\infty} E(t)\mathrm{e}^{-i\omega t}\mathrm{d}t \tag{2.7}$$

由于 $E(t)$ 是实值，因此 $\tilde{E}(\omega)$ 是厄密共轭，即遵循下列条件：

$$\tilde{E}(\omega)=\tilde{E}^{*}(-\omega) \tag{2.8}$$

其中，*表示复共轭。因此，正频率谱已知，便足以全面描述无直流分量的光场。可以将频谱的正部分定义为

$$\begin{cases}\tilde{E}^{+}(\omega)=\tilde{E}(\omega)\ ,\omega\geqslant 0\\ \qquad\qquad 0\ ,\omega<0\end{cases} \tag{2.9}$$

频谱 $\tilde{E}^{-}(\omega)$ 的正部分定义为

$$\begin{cases}\tilde{E}^{-}(\omega)=\tilde{E}(\omega)\ ,\omega<0\\ \qquad\qquad 0\ ,\omega\geqslant 0\end{cases} \tag{2.10}$$

由于用复指数替代实值正弦函数和余弦函数通常能简化傅里叶分析，因此用复值函数替代真实电场 $E(t)$ 也能达到这个效果。为达到此目的，可以将 $E(t)$ 的傅里叶变换积分分成两部分。复值时间函数 $E^{+}(t)$ 只包含频谱的正频段，在通信理论和光学中，$E^{+}(t)$ 称为"分析信号"（其复共轭为 $E^{-}(t)$，包含了负频率部分）。根据定义，$E^{+}(t)$ 和 $\tilde{E}^{+}(\omega)$、$E^{-}(t)$ 和 $\tilde{E}^{-}(\omega)$ 是傅里叶变换对。下面只给出了正频率部分的关系式：

$$E^{+}(t)=\frac{1}{2\pi}\int_{-\infty}^{\infty}\tilde{E}^{+}(\omega)\,\mathrm{e}^{\mathrm{i}\omega t}\,\mathrm{d}\omega \tag{2.11}$$

$$\tilde{E}^{+}(\omega)=\int_{-\infty}^{\infty}E^{+}(t)\,\mathrm{e}^{-\mathrm{i}\omega t}\mathrm{d}t \tag{2.12}$$

这些量与真实电场的关系为

$$\begin{aligned}E(t)&=E^{+}(t)+E^{-}(t)\\&=2\,\mathrm{Re}\{E^{+}(t)\}\\&=2\,\mathrm{Re}\{E^{-}(t)\}\end{aligned} \tag{2.13}$$

与其复数阶傅里叶变换的关系为

$$\tilde{E}(\omega)=\tilde{E}^{+}(\omega)+\tilde{E}^{-}(\omega) \tag{2.14}$$

$E^{+}(t)$ 为复值，因此只能用振幅和相位来表达：

$$\begin{aligned}E^{+}(t)&=\left|E^{+}(t)\right|\mathrm{e}^{\mathrm{i}\Phi(t)}\\&=\left|E^{+}(t)\right|\mathrm{e}^{\mathrm{i}\Phi_0}\mathrm{e}^{\mathrm{i}\omega_0 t}\mathrm{e}^{\mathrm{i}\Phi_\mathrm{a}(t)}\\&=\sqrt{\frac{I(t)}{2\varepsilon_0 cn}}\mathrm{e}^{\mathrm{i}\Phi_0}\mathrm{e}^{\mathrm{i}\omega_0 t}\mathrm{e}^{\mathrm{i}\Phi_\mathrm{a}(t)}\\&=\frac{1}{2}A(t)\mathrm{e}^{\mathrm{i}\Phi_0}\mathrm{e}^{\mathrm{i}\omega_0 t}\mathrm{e}^{\mathrm{i}\Phi_\mathrm{a}(t)}\\&=E_\mathrm{c}(t)\mathrm{e}^{\mathrm{i}\Phi_0}\mathrm{e}^{\mathrm{i}\omega_0 t}\end{aligned} \tag{2.15}$$

其中，$A(t)$、Φ_0、ω_0 和 $\Phi_\mathrm{a}(t)$ 的含义与 2.1.1 节中的含义相同；$E_\mathrm{c}(t)$ 是一个复值包络函数，不含绝对相位和在超快光学中常用的快速振荡载频相位因子。包络函

数 $A(t)$ 由下式给定：

$$A(t)=2\left|E^{+}(t)\right|=2\left|E^{-}(t)\right|=2\sqrt{E^{+}(t)E^{-}(t)} \tag{2.16}$$

并与式（2.1）中较不常用的表达式相符。复正频部分 $\tilde{E}^{+}(\omega)$ 能够类似地分解成振幅和相位：

$$\begin{aligned}\tilde{E}^{+}(\omega)&=\left|\tilde{E}^{+}(\omega)\right|\mathrm{e}^{-\mathrm{i}\phi(\omega)}\\&=\sqrt{\frac{\pi}{\varepsilon_0 cn}I(\omega)}\mathrm{e}^{-\mathrm{i}\phi(\omega)}\end{aligned} \tag{2.17}$$

其中，$\left|\tilde{E}^{+}(\omega)\right|$ 是频谱振幅；$\phi(\omega)$ 是频谱相位；$I(\omega)$ 是与功率频谱密度（PSD）成正比的频谱强度——是用分光仪测量的常用量。根据式（2.8），得到关系式 $-\phi(\omega)=\phi(-\omega)$。如 2.1.3 节中所示，正是在实验中对频谱相位 $\phi(\omega)$ 的操纵（借助于傅里叶变换［式（2.11）］）导致了真实电场强度 $E(t)$［式（2.13）］发生变化，而 $I(\omega)$ 不变。如果对频谱强度 $I(\omega)$ 也进行操纵，则可以在生成时域脉冲波形时增加自由度，但要以降低能量为代价。

请注意，为保证数学上的正确性，应当将正频率部分和负频率部分区分开，实际上，在计算时显示的只有真实电场和正频率。此外，由于通常让人感兴趣的量除相位函数外，还有包络函数的形状而非绝对量，因此所有的前因子一般都会忽略不计。

时间相位 $\Phi(t)$（2.4）包含了频率－时间信息，因此能得到瞬时频率 $\omega(t)$［式（2.5）］的定义。同理，$\phi(\omega)$ 也包含了时间－频率信息，因此可以定义群延迟 $T_{\mathrm{g}}(\omega)$，后者描述了规定频谱分量的相对时间延迟（2.1.3 节）：

$$T_{\mathrm{g}}(\omega)=\frac{\mathrm{d}\phi}{\mathrm{d}\omega} \tag{2.18}$$

对于开始时看起来很复杂的脉冲，图 2.2 显示了迄今所探讨的所有量。频谱振幅通常围绕着中心频率 ω_0（或载频）分布。因此对于表现良好的脉冲，将频谱相位扩展到泰勒级数中常常会有所帮助：

$$\left\{\begin{aligned}\phi(\omega)&=\sum_{j=0}^{\infty}\frac{\phi^{(j)}(\omega_0)}{j!}\cdot(\omega-\omega_0)^j\\\phi^{(j)}(\omega_0)&=\left.\frac{\partial^j\phi(\omega)}{\partial\omega^j}\right|_{\omega_0}\\&=\phi(\omega_0)+\phi'(\omega_0)(\omega-\omega_0)\\&\quad+\frac{1}{2}\phi''(\omega_0)(\omega-\omega_0)^2\\&\quad+\frac{1}{6}\phi'''(\omega-\omega_0)(\omega-\omega_0)^3+\cdots\end{aligned}\right. \tag{2.19}$$

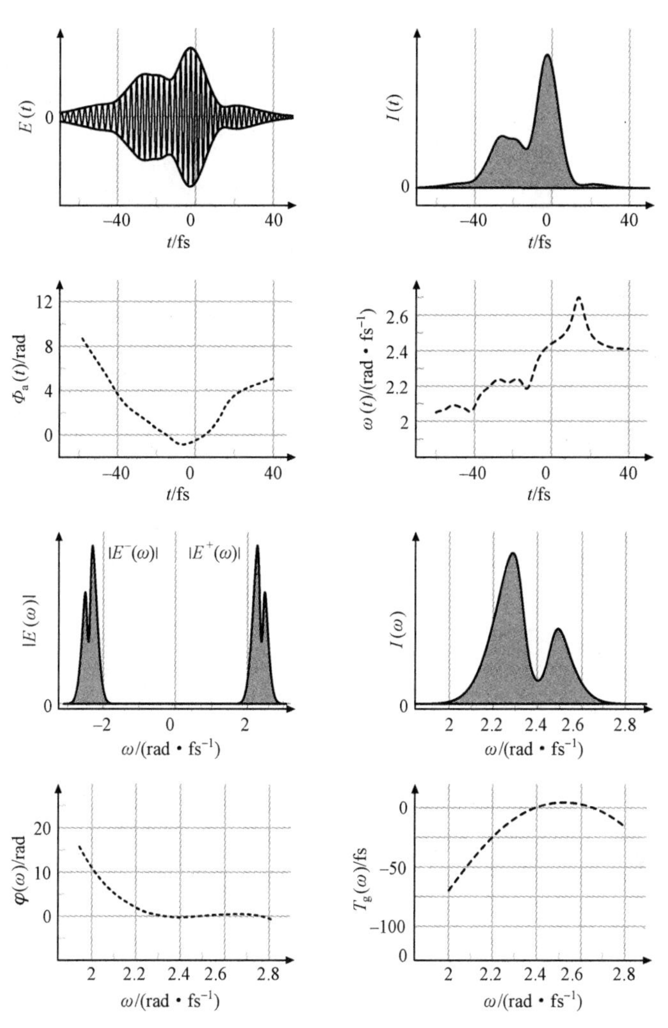

图 2.2 初看很复杂的脉冲（有一个相对简单的频谱相位 ϕ（ω））的电场 E（t）、时间强度 I（t）、外加时间相位 Φ_a（t）、瞬时频率 ω（t）、频谱 $\left|\tilde{E}(\omega)\right|$、频谱强度 I（ω）、频谱相位 ϕ（ω）和群延迟 T_g（ω）。在用分光仪测量时，通常能测得与波长有关的频谱强度。在 $I(\lambda)\,d\lambda = I(\omega)\,d\omega$ 的基础上进行相应变换，可以得到 $I(\lambda) = -I(\omega)\,2\pi c/\lambda^2$，其中的负号表示轴线方向的改变。为避免当相位超过 2π 时发生跃变，应当采用相位解缠法。这意味着在每个不连续点，都要用相位加或减去 2π。当强度接近于零时，相位无意义，通常在这些区域内不画相位（相消隐）

在时域中，零阶频谱相位系数描述了绝对相位（$\Phi_0=-\phi(\omega_0)$）。一阶项会得到激光脉冲在时域内的包络时间平移（傅里叶相移定理），而不是载流子的平移。$\phi'(\omega_0)$ 为正，相当于移向后来的时间。文献［2.20，21］中探讨了通过线性频谱相位实现的包络时间平移与整个脉冲的时间平移之间的实验性区别。高阶系数是导致电场时间结构发生变化的原因。式（2.17）中的频谱相位前面选择负号，以使正的 $\phi''(\omega_0)$ 代表线性上啁啾激光脉冲。相关插图见图 2.2 和图 2.3（a）–（e）。

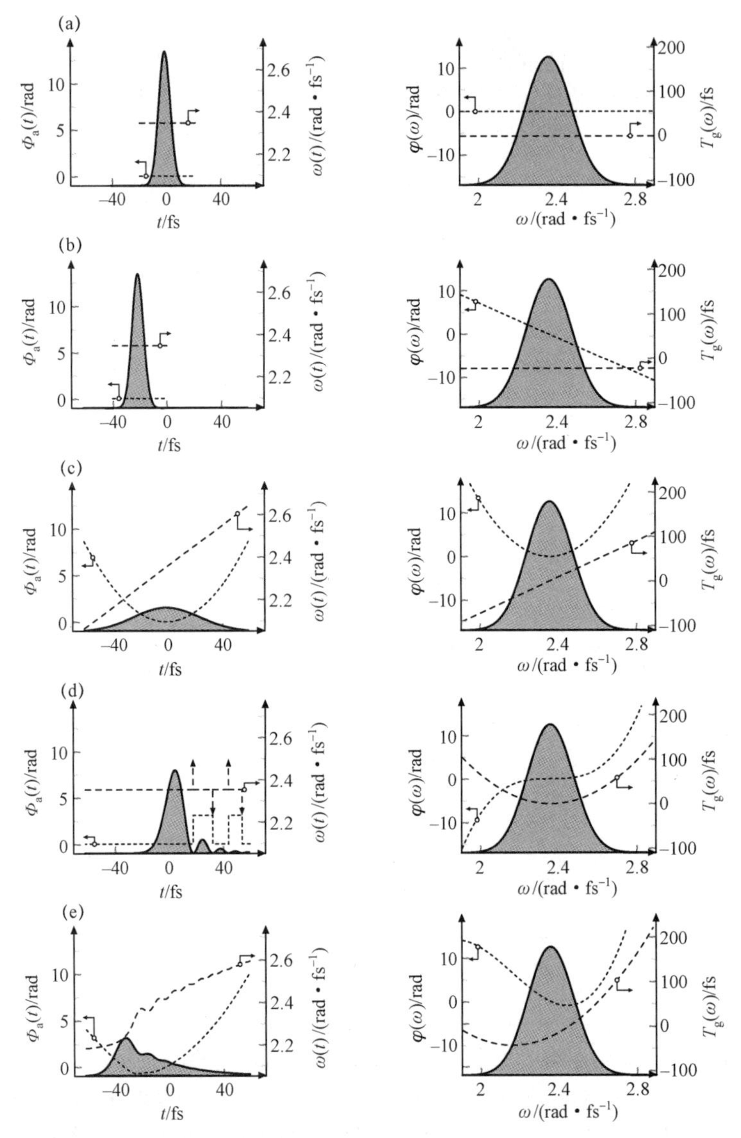

图 2.3　通过频域（除（n）外）改变 800 nm 10 fs 脉冲的时间波形的例子。左：时间强度 $I(t)$（阴影线），外加时间相位 $\Phi_a(t)$（点线），瞬时频率 $\omega(t)$（虚线），右：频谱强度 $I(\omega)$（阴影线），频谱相位 $\phi(\omega)$（点线），群延迟 $T_g(\omega)$（虚线）：（a）持续时间为 10 fs 的带宽受限高斯激光脉冲；（b）带宽受限高斯激光脉冲，由频谱域（$\phi'=-20$ fs）中的线性相位项造成持续时间从 10 fs 时移至 −20 fs；（c）由 $\phi''=200\ \text{fs}^2$ 造成的对称展宽高斯激光脉冲；（d）三阶频谱相位（$\phi'''=1\,000\ \text{fs}^3$），导致二次群时延。脉冲的中心频率最先到达，而两侧的频率后到达。相应的频差导致在时域强度分布中出现拍频。因此，具有立方频谱相位畸变的脉冲在主脉冲之后（或之前）有振荡，具体要视 ϕ''' 的符号而定。侧脉冲越高，FWHM 脉冲持续时间就越没有意义；（e）图（a）～（d）中所有频谱相位系数的共同作用。

在适当时，采用相位解缠与消隐

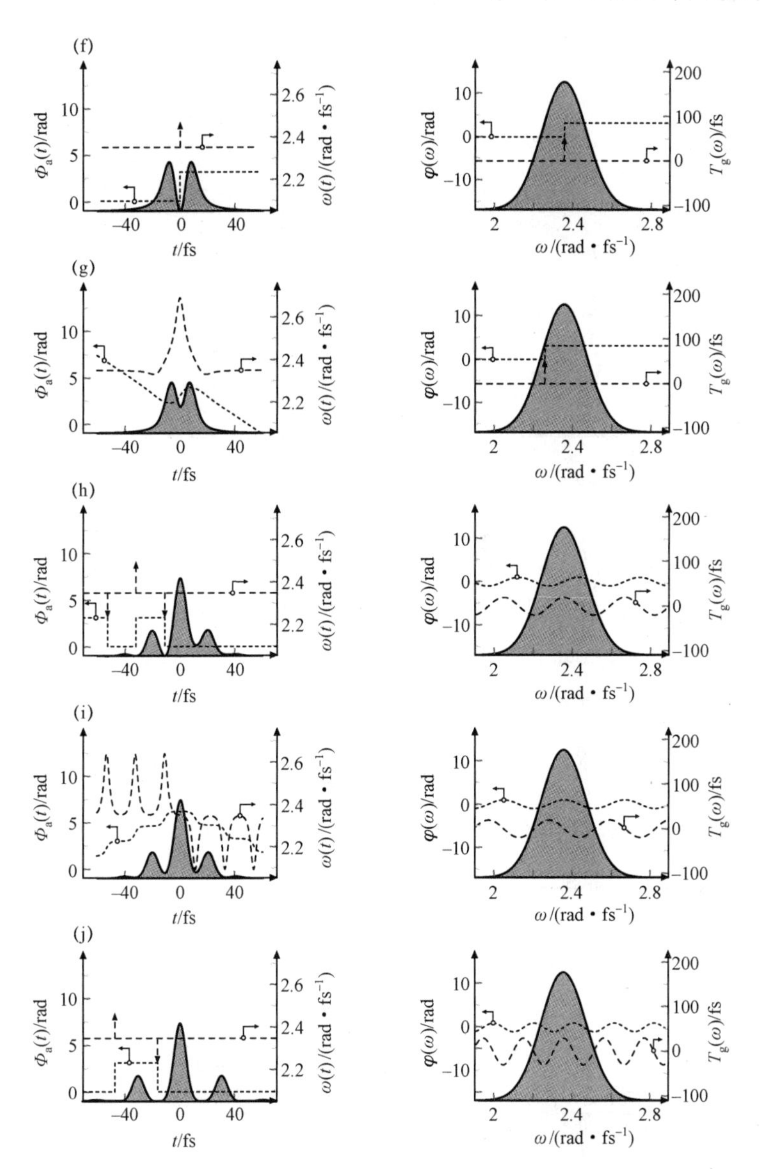

图 2.3 (f) 中心频率下的 π 步长；(g) 与中心频率之间偏移 π 步长；(h) 当 $\phi(\omega)=1\sin(20\ f_s(\omega-\omega_0))$ 时在中心频率下的正弦调制；(i) 当 $\phi(\omega)=1\cos(20\ f_s(\omega-\omega_0))$ 时在中心频率下的余弦调制；(j) 当 $\phi(\omega)=1\sin(30\ f_s(\omega-\omega_0))$ 时在中心频率下的正弦调制

解析脉冲波形有多种。在这些波形中，此形式体系在这两个域中可用于得到解析表达式。对于一般的脉冲波形来说，数值实现是很有用的。为了说明这一点，下文将集中探讨具有相应频谱 $\tilde{E}_{\rm in}^{+}(\omega)$ 的高斯激光脉冲 $E_{\rm in}^{+}(t)$（未归一化为脉冲能量）。在频域中的相位调制导致形成具有电场 $E_{\rm out}^{+}(t)$（与如下电场相对应）的频谱 $\tilde{E}_{\rm out}^{+}(\omega)$：

$$E_{\rm in}^{+}(t)=\frac{E_0}{2}{\rm e}^{-2\ln 2\frac{t^2}{\Delta t^2}}{\rm e}^{{\rm i}\omega_0 t} \tag{2.20}$$

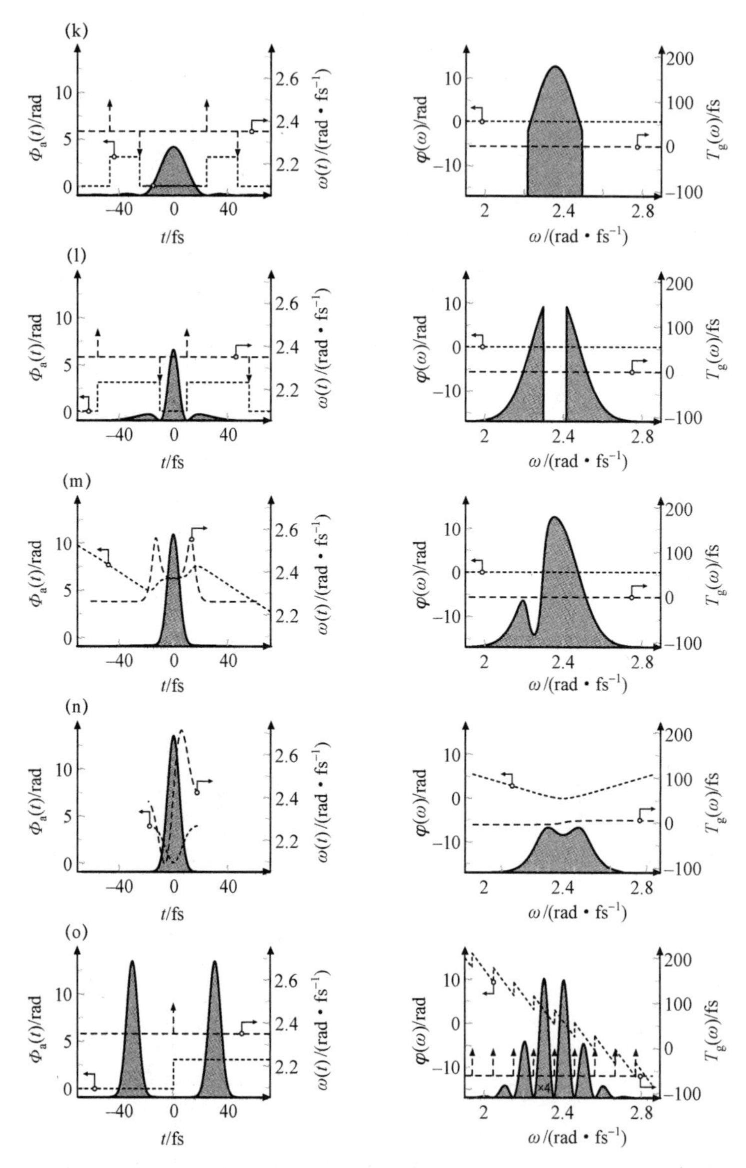

图 2.3 振幅调制：（k）对称频谱剪切；（l）中心频率分量阻塞；（m）偏心吸收。时域中的（n–o）调制：（n）自相位调制。请注意频谱展宽；（o）具有 60 fs 脉冲–脉冲延时的双脉冲

式中，Δt 指具有相应光强 $I(t)$ 的 FWHM。将绝对相位设为零，载频设为 ω_0，外加相位项也设为零。在时域中，这个脉冲叫做“无啁啾脉冲”。对于 $\tilde{E}_{\text{in}}^{+}(\omega)$，可以得到如下频谱：

$$\tilde{E}_{\text{in}}^{+}(\omega)=\frac{E_0\Delta t}{2}\sqrt{\frac{\pi}{2\ln 2}}\mathrm{e}^{-\frac{\Delta t^2}{8\ln 2}(\omega-\omega_0)^2} \tag{2.21}$$

时间强度分布函数 $I(t)$ 和频谱强度分布函数 $I(\omega)$ 的 FWHM 通过 $\Delta t\Delta\omega=$

4 ln 2 关联起来，其中 $\Delta\omega$ 是频谱强度分布函数 $I(\omega)$ 的 FWHM。

这个方程通常叫做“时间–带宽乘积”，是利用频率 ν（而非圆频率ω）得到的：

$$\Delta t\Delta\nu=\frac{2\ln 2}{\pi}=0.441 \tag{2.22}$$

由这种方法得到了几个重要结果，在进行下一步前总结如下：

（1）脉冲持续时间越短，谱宽就越大。以 800 nm 处为中心且 $\Delta t=10$ fs 的高斯脉冲具有 $\Delta\nu/\nu\approx10\%$的比率，相当于波长间隔 $\Delta\lambda\approx100$ nm。如果考虑到频谱的侧翼，则会消耗与可见光谱相当的带宽，生成 10 fs 脉冲。

（2）对于高斯脉冲来说，仅当瞬时频率［式（2.5）］与时间相关时，亦即时间相位变化呈线性趋势时，才会得到式（2.22）。这样的脉冲叫做“傅里叶变换受限脉冲”或“带宽受限脉冲”。

（3）通过与非线性相位项相加，可得到不等式 $\Delta t\Delta\nu\geqslant0.441$。

（4）对于其他脉冲波形，可推导出类似的时间–带宽不等式：

$$\Delta t\Delta\nu\geqslant K \tag{2.23}$$

表 2.1 和文献［2.22］中给出了不同脉冲波形的 K 值。

（5）有时，由 FWHM 值决定的脉冲持续时间和频谱宽度并不是合适的测度。例如，具有亚结构或宽翼致使很大一部分能量位于由 FWHM 给定的范围之外的脉冲就是这种情况。在这些情况下，可以采用由相关二阶矩推导出的平均值[2.4,23]。由此可以看到[2.6,24,25]，对于任何频谱，时域中的最短脉冲总是在频谱相位$\phi(\omega)$恒定时出现。如果考虑到时域中的时移，则带宽受限脉冲可描述如下：

$$\tilde{E}^+(\omega)=\left|\tilde{E}^+(\omega)\right|\mathrm{e}^{-\mathrm{i}\phi(\omega_0)}\mathrm{e}^{-\mathrm{i}\phi'(\omega_0)(\omega-\omega_0)}$$

表 2.1　不同脉冲波形的时间/频谱强度分布图和时间–带宽乘积（$\Delta\nu\Delta t\geqslant K$）；$\Delta\nu$ 和 Δt 是相应强度分布图的 FWHM 量。图中还给出了 $\Delta t_{\mathrm{intAC}}/\Delta t$ 比率，其中 $\Delta t_{\mathrm{intAC}}$ 是相对于本底的强度自相关 FWHM（2.3.2 节）。为简便起见，在下面的计算公式中，设 $\omega_0=0$

高斯	$E^+(t)=\frac{E_0}{2}\mathrm{e}^{-2\ln 2\left(\frac{t}{\Delta t}\right)^2}$　$\tilde{E}^+(\omega)=\frac{E_0\Delta t}{2}\sqrt{\frac{\pi}{2\ln 2}}\mathrm{e}^{-\frac{\Delta t^2}{8\ln 2}\omega^2}$
双曲正割	$E^+(t)=\frac{E_0}{2}\mathrm{sech}\left[2\ln(1+\sqrt{2})\frac{t}{\Delta t}\right]$　$\tilde{E}^+(\omega)=E_0\Delta t\frac{\pi}{4\ln(1+\sqrt{2})}\times\mathrm{sech}\left(\frac{\pi\Delta t}{4\ln(1+\sqrt{2})}\omega\right)$
矩形	$E^+(t)=\frac{E_0}{2}$，$t\in\left[-\frac{\Delta t}{2},\frac{\Delta t}{2}\right]$，在其余区间为 0，$\tilde{E}^+(\omega)=\frac{E_0\Delta t}{2}\mathrm{sinc}\left(\frac{\Delta t}{2}\omega\right)$
单边指数	$E^+(t)=\frac{E_0}{2}\mathrm{e}^{-\frac{\ln 2}{2}\frac{t}{\Delta t}}$，$t\in[0,\infty]$，在其余区间为 0，$\tilde{E}^+(\omega)=\frac{E_0\Delta t}{2\mathrm{i}\Delta t\omega+\ln 2}$
对称指数	$E^+(t)=\frac{E_0}{2}\mathrm{e}^{-\ln 2\frac{t}{\Delta t}}$，$\tilde{E}^+(\omega)=\frac{E_0\Delta t\ln 2}{\Delta t^2\omega^2+(\ln 2)^2}$

续表

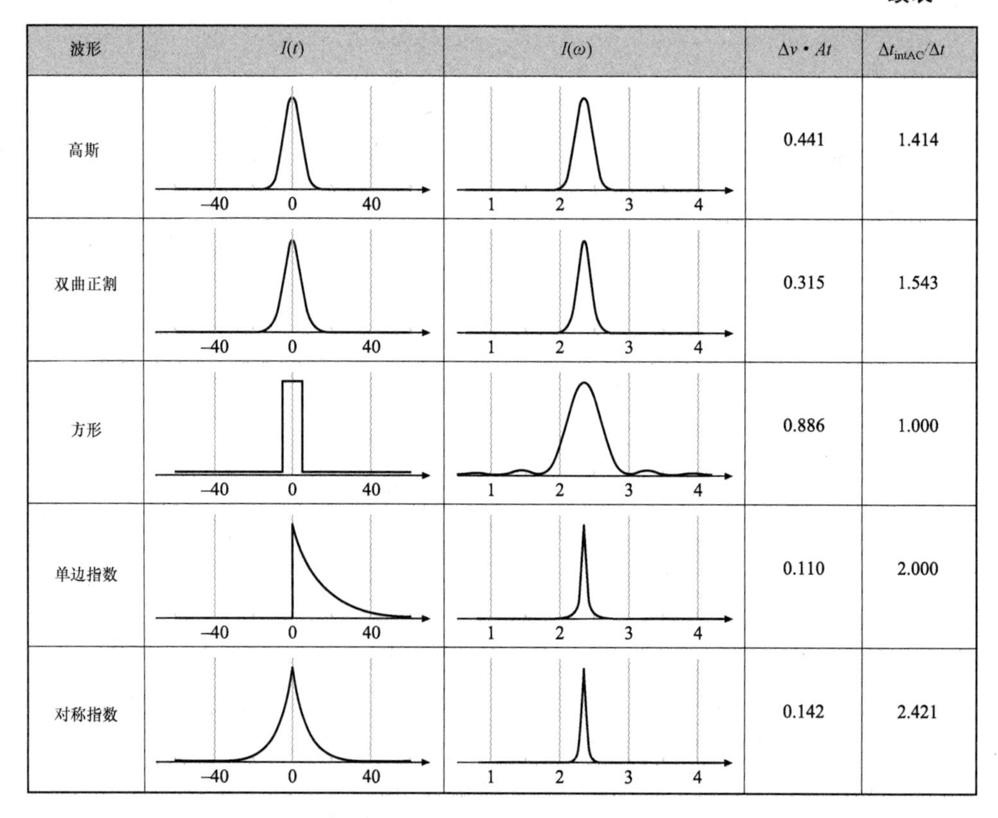

波形	$I(t)$	$I(\omega)$	$\Delta v \cdot At$	$\Delta t_{\text{intAC}}/\Delta t$
高斯			0.441	1.414
双曲正割			0.315	1.543
方形			0.886	1.000
单边指数			0.110	2.000
对称指数			0.142	2.421

高斯激光脉冲的一个特征是，通过让频谱相位函数与二次项 $\frac{1}{2}\phi''(\omega_0)(\omega-\omega_0)^2$ 相加，还可以在时间相位函数中生成一个二次项，由此得到线性啁啾脉冲。例如，当光脉冲穿过透明介质时，这种情形就会出现，见 2.1.3 节中的描述。这种激光脉冲的复场由下式求出[2.26,27]：

$$\tilde{E}^{+}_{\text{out}}(\omega)=\frac{E_0\Delta t}{2}\times\sqrt{\frac{\pi}{2\ln 2}}\mathrm{e}^{-\frac{\Delta t^2}{8\ln 2}(\omega-\omega_0)^2}\mathrm{e}^{-\mathrm{i}\frac{1}{2}\phi''(\omega_0)(\omega-\omega_0)^2} \tag{2.24}$$

$$E^{+}_{\text{out}}(t)=\frac{E_0}{2\gamma^{\frac{1}{4}}}\mathrm{e}^{-\frac{t^2}{4\beta\gamma}}\mathrm{e}^{i\omega_0 t}\mathrm{e}^{\mathrm{i}(at^2-\varepsilon)} \tag{2.25}$$

其中，

$$\beta=\frac{\Delta t_{\text{in}}^2}{8\ln 2},\ \gamma=1+\frac{\phi''^2}{4\beta^2},\ a=\frac{\phi''}{8\beta^2\gamma}$$

且

$$\varepsilon = \frac{1}{2}\arctan\left(\frac{\phi''}{2\beta}\right) = -\Phi_0$$

关于线性啁啾脉冲（二次时间相位函数 at^2）的脉冲持续时间 Δt_{out}（FWHM），可以得到下列简便公式：

$$\Delta t_{\text{out}} = \sqrt{\Delta t^2 + \left(4\ln 2\frac{\phi''}{\Delta t}\right)^2} \tag{2.26}$$

利用强度分布的二阶矩推导出的脉冲持续时间的统计定义用标准偏差 σ 的 2 倍来描述脉冲持续时间：

$$2\sigma = \frac{\Delta t_{\text{out}}}{\sqrt{2\ln 2}} \tag{2.27}$$

这比 FWHM 稍短。如果只考虑 ϕ'' 部分，那么这些值对于高斯脉冲来说是精确的。当 ϕ'' 效应起主要作用时，这些值可用于时域脉冲展宽的初始估算（2.1.3 节）。表 2.2 给出了由 ϕ'' 造成的一些对称脉冲展宽值，并在图 2.3（c）中说明。

表 2.2　对于不同的初始脉冲持续时间 Δt 和不同的二阶相位系数值 ϕ''，利用式（2.26）计算的高斯激光脉冲 Δt_{out}（单位：fs）的时域展宽。（带宽受限激光脉冲在 800 nm 波长下穿过 1 cm 厚的 BK7 玻璃时的 ϕ'' 为：$\phi'' = 440\ \text{fs}^2$。关于其他材料的色散参数，见表 2.3。2.1.3 节中给出了其他光学元件的色散参数）

Δt/fs	ϕ''						
	100 fs²	200 fs²	500 fs²	1 000 fs²	2 000 fs²	4 000 fs²	8 000 fs²
5	55.7	111.0	277.3	554.5	1 109.0	2 218.1	4 436.1
10	29.5	56.3	139.0	277.4	554.6	1 109.1	2 218.1
20	24.3	34.2	72.1	140.1	278.0	554.9	1 109.2
40	40.6	42.3	52.9	80.0	144.3	280.1	556.0
80	80.1	80.3	81.9	87.2	105.9	160.1	288.6
160	160.0	160.0	160.2	160.9	163.9	174.4	211.7

三阶频谱相位系数，即 $\frac{1}{6}\phi'''(\omega_0)\cdot(\omega-\omega_0)^3$ 形式的相位函数 $\phi(\omega)$ 分量，称为“三阶色散”（TOD）。将 TOD 应用于由式（2.21）给定的频谱，可得到如下相位调制频谱：

$$\tilde{E}^{+}_{\text{out}}(\omega) = \frac{E_0\Delta t}{2} \times\sqrt{\frac{\pi}{2\ln 2}}\mathrm{e}^{-\frac{\Delta t^2}{8\ln 2}(\omega-\omega_0)^2}\mathrm{e}^{-\mathrm{i}\frac{1}{6}\phi'''(\omega_0)\cdot(\omega-\omega_0)^3} \tag{2.28}$$

并得到如下形式的非对称时域脉冲波形[2.27]：

$$\begin{cases} E_{\text{out}}^{+}(t)=\dfrac{E_0}{2}\sqrt{\dfrac{\pi}{2\ln 2}}\dfrac{\Delta t}{\tau_0}Ai\left(\dfrac{\tau-t}{\Delta\tau}\right)\mathrm{e}^{\frac{\ln 2}{2}\cdot\frac{\frac{2}{3}\tau-t}{\tau_{1/2}}}\mathrm{e}^{\mathrm{i}\omega_0 t} \\ \tau_0=\sqrt[3]{\dfrac{|\phi'''|}{2}},\ \phi^3=2(\ln 2)^2\phi''' \\ \Delta\tau=\tau_0\operatorname{sign}(\phi''') \\ \tau=\dfrac{\Delta t^4}{16\phi^3},\ \tau_{1/2}=\dfrac{\phi^3}{\Delta t^2} \end{cases} \tag{2.29}$$

其中，Ai 为埃里函数。方程（2.29）表明，时域脉冲波形是半衰期为 $\tau_{1/2}$ 的指数式衰减与移动量为 τ、拉伸量为 $\Delta\tau$ 的埃里函数之积。图 2.3（d）给出了受到 TOD 作用的一个脉冲例子。这个脉冲波形的特点是有一个很强的初始脉冲，后面跟着一个衰变脉冲序列。由于 TOD 导致二次群时延，因此这种脉冲的中心频率先到达，而两侧的频率后到达。相应的频差会造成时域强度分布中出现差拍，因此在主脉冲之后（或之前）有振荡。差拍还会导致相位跃变 π 在埃里函数的零值处出现。TOD 调制的大部分相关特性由参数 $\Delta\tau$ 决定，$\Delta\tau$ 与 $\sqrt[3]{|\phi'''|}$ 成正比。$\Delta\tau/\Delta t$ 比率决定着脉冲是否被显著地调制。如果$|\Delta\tau/\Delta t|\geqslant 1$，则可观察到一连串次脉冲和相位跃变。$\phi'''$的符号控制着脉冲波形的时间方向：若$\phi'''$取正值，会得到如图 2.3（d）所示的一连串后脉冲；而ϕ'''取负值会得到一连串前脉冲。最强次脉冲相对于未调制脉冲的时移以及次脉冲的 FWHM 约为 $\Delta\tau$。对于这些高度非对称的脉冲，FWHM 在脉冲持续时间的描述上不是一个有意义的量，相反，脉冲持续时间的统计定义能得到一个与式（2.26）和式（2.27）相似的公式：

$$2\sigma=\sqrt{\frac{\Delta t^2}{2\ln 2}+8(\ln 2)^2\left(\frac{\phi'''}{\Delta t^2}\right)^2} \tag{2.30}$$

多项式相位调制函数的一般特征是：已调脉冲的统计脉冲持续时间为

$$2\sigma=\sqrt{\tau_1^2+\tau_2^2} \tag{2.31}$$

其中，$\tau_1=\Delta t\sqrt{2\ln 2}$ 是未调制脉冲的统计持续时间［式（2.21）］，$\tau_2\propto\phi(n)/\Delta t^{n-1}$ 是只与 n 阶频谱相位系数有关的一个分量。因此，对于强调制脉冲来说，当 $\tau_2\geqslant\tau_1$ 时，统计脉冲持续时间随着$\phi(n)$大致呈线性增加趋势。

将相位函数$\phi(\omega)$扩展为泰勒级数并非总是有利的，例如，多项式函数通常不能很好地近似计算周期性相位函数。对于 $\phi(\omega)=A\sin(\omega\Upsilon+\varphi_0)$ 形式的正弦曲线相位函数，任何一个任意未调制频谱 $\tilde{E}_{\text{in}}^{+}(\omega)$ 都能得到时域电场的解析解。为此，考虑了调制频谱（2.1.3 节）：

$$\tilde{E}_{\text{out}}^{+}(\omega)=\tilde{E}_{\text{in}}^{+}(\omega)\mathrm{e}^{-\mathrm{i}A\sin(\omega\Upsilon+\varphi_0)} \tag{2.32}$$

其中，A 描述了正弦调制的振幅，Υ 描述了调制函数的频率（用时间单位表示），φ_0 是正弦函数的绝对相位。通过利用 Jacobi－Anger 恒等式

$$\mathrm{e}^{-A\sin(\omega\Upsilon+\varphi_0)}=\sum_{n=-\infty}^{\infty}J_n(A)\mathrm{e}^{-\mathrm{i}n(\omega\Upsilon+\varphi_0)} \tag{2.33}$$

其中，J_n（A）描述了第一类 n 阶贝塞尔函数，将相位调制函数改写为

$$\tilde{M}(\omega)=\sum_{n=-\infty}^{\infty}J_n(A)\mathrm{e}^{-\mathrm{i}n(\omega\Upsilon+\varphi_0)} \tag{2.34}$$

获得其傅里叶变换形式：

$$M(t)=\sum_{n=-\infty}^{\infty}J_n(A)\mathrm{e}^{-\mathrm{i}n\varphi_0}\delta(n\Upsilon-t) \tag{2.35}$$

其中，δ（t）描述了δ函数。由于在频域中的乘积相当于在时间域中的卷积，因此已调制时域电场 $E_{\mathrm{out}}^{+}(t)$ 可利用调制函数 M（t）的傅里叶变换由未调制电场 $E_{\mathrm{in}}^{+}(t)$ 的卷积求出，即 $E_{\mathrm{out}}^{+}(t)=E_{\mathrm{in}}^{+}(t)*M$（$t$）。通过利用式（2.35），已调电场为

$$E_{\mathrm{out}}^{+}(t)=\sum_{n=-\infty}^{\infty}J_n(A)E_{\mathrm{in}}^{+}(t-n\Upsilon)\mathrm{e}^{-\mathrm{i}n\varphi_0} \tag{2.36}$$

方程（2.36）表明，在频域中的正弦调相会得到一个次脉冲序列，其时间间隔由参数 Υ 决定，明确定义的相对时域相位由绝对相位 ϕ_0 控制。由于各个次脉冲在时域中是分开的，即 Υ 被选定为大于脉冲宽度，因此每个次脉冲的包络是未调制脉冲包络的（成比例）复制品。次脉冲的振幅由 J_n（A）给定，因此可以通过调制参数 A 来控制。图 2.3（h）～（j）显示了正弦调相的例子。图 2.3（h）～（i）描绘了绝对相位ϕ_0 的影响，而图 2.3（j）显示了如何通过改变调制频率 Υ 获得分离脉冲。在文献[2.28]中可以找到关于正弦调相效应的详细说明。

2.1.3　通过频域改变时域形状

为便于以下探讨，一种有用的做法是把一个超短脉冲视为由准单色波群组成，也就是以相干方式相加的一组长得多的窄频谱波群。在真空中，相速度 $v_{\mathrm{p}}=\omega/k$ 和群速 $v_{\mathrm{g}}=\mathrm{d}\omega/\mathrm{d}k$ 都是常量，并等于光速 c，其中 k 表示波数。因此，超短脉冲（不管其时域电场有多复杂）在传播到真空中之后都将保持其形状。下面，本书将考虑进入光学系统中的带宽受限脉冲，所进入的光学系统包括空气、透镜、反射镜、棱镜、光栅以及这些光学元件的组合等。这些光学系统通常还将引入色散，亦即，每组准单色波都有一个不同的群速，因此初始短脉冲将在时域中增宽。由于这个原因，式（2.18）中定义的群延迟 T_{g}（ω）是这组单色波穿过光学系统时的渡越时间，只要光强足够低，就不会产生新的频率。这属于线性光学领域，相应的脉冲传播叫做“线性脉冲传播”。通过复杂的光学传递函数来描述超短脉冲穿过线性光学系统的情况是很方便的[2.4,25,29]：

$$\tilde{M}(\omega)=\tilde{R}(\omega)\mathrm{e}^{-i\phi_{\mathrm{d}}} \tag{2.37}$$

这个函数将入射电场 $\tilde{E}_{\mathrm{in}}^{+}(\omega)$ 与输出场关联起来：

$$\tilde{E}_{\mathrm{out}}^{+}(\omega)=\tilde{M}(\omega)E_{\mathrm{in}}^{+}(\omega)=\tilde{R}(\omega)\mathrm{e}^{-i\phi_{\mathrm{d}}}\tilde{E}_{\mathrm{in}}^{+}(\omega) \tag{2.38}$$

其中，$\tilde{R}(\omega)$是实值频谱振幅响应值，描述了光栅的可变衍射效率、线性增益或损耗或直接振幅操纵。相位ϕ_d（ω）叫做“频谱相位传递函数”，这是脉冲在用于定义光学系统的输入面和输出面之间传播之后，在频率ω下由脉冲频谱分量累积而成的相位。正是这个频谱相位传递函数在超快光学系统的设计中起着至关紧要的作用。请注意，当必须考虑到其他空间坐标时，例如在空间啁啾的情况下（即每个频率在横向空间坐标中发生位移）。这种方法更具相关性，如果忽略空间啁啾，那么这种方法就可视为超快光学系统的一阶分析法。虽然在光学系统中这个条件可能达不到，但对于这种分析法来说，在输入和输出时所有的频率都可假定为在空间上重叠。另外还要注意：在这种情况下不同频谱分量的独立性并不意味着相位关系是随机的——这些相位相对于彼此进行唯一定义。这意味着，在时域中[通过利用式（2.11）和式（2.13）]，相应的脉冲是完全相干的[2.30]，不管飞秒激光脉冲看起来有多复杂。在一阶自相关函数中，可以观察到相应带宽受限脉冲的相干时间。仅在高阶自相关函数中，这种唯一定义的相位关系才会出现（图 2.27 中给出了相控和振幅控激光脉冲的二阶自相关例子）。图 2.3（f）～（j）举例说明了常用相位函数的时域强度、频谱强度和相关相位函数；图 2.3（k）～（m）针对振幅调制也显示了这些量；图 2.3（n）是自相位调制的一个例子，图 2.3（o）显示了一个双脉冲，其脉冲 – 脉冲延迟时间为 60 fs。

在下面的探讨中，将主要集中讲述纯相位调制，因此在所有频率下都设$\tilde{R}(\omega)$为恒定值，并从一开始就将其忽略。为了给这个系统建模，最精确的方法是引入整个频谱相位传递函数。但通常只需要围绕中心频率ω_0的一阶泰勒展开式：

$$\begin{aligned}\phi_d(\omega)=&\phi_d(\omega_0)+\phi_d'(\omega_0)(\omega-\omega_0)\\&+\frac{1}{2}\phi_d''(\omega_0)(\omega-\omega_0)^2\\&+\frac{1}{6}\phi_d'''(\omega_0)-(\omega-\omega_0)^3+\cdots\end{aligned}\tag{2.39}$$

如果用$\tilde{E}_{in}^{+}(\omega)=\left|\tilde{E}^{+}(\omega)\right|e^{-i\phi(\omega_0)}e^{-i\phi'(\omega_0)(\omega-\omega_0)}$来描述入射带宽受限脉冲，则$\tilde{E}_{out}^{+}(\omega)$的总相位$\phi_{op}$由下式给定：

$$\begin{aligned}\phi_{op}(\omega)=&\phi(\omega_0)+\phi'(\omega_0)(\omega-\omega_0)\\&+\phi_d(\omega_0)+\phi_d'(\omega_0)(\omega-\omega_0)\\&+\frac{1}{2}\phi_d''(\omega_0)(\omega-\omega_0)^2\\&+\frac{1}{6}\phi_d'''(\omega_0)(\omega-\omega_0)^3+\cdots\end{aligned}\tag{2.40}$$

正如在式（2.19）的上下文中探讨的那样，常量和线性项不会导致脉冲的时域包络变化。因此，在下面将忽略这些项，主要集中于二阶色散ϕ''（又叫做“群速色散”（GVD）或“群延迟色散”（GDD）），以及三阶色散ϕ'''（TOD），而忽略下标d。严格地说，这两个项的单位分别为fs^2/rad和fs^3/rad^2，但通常将其单位简化为fs^2和fs^3。

在设计超快激光系统时的一个主题是利用合适的光学系统使这些高阶色散项化为极小值，从而使激光腔内或实验所在处的脉冲持续时间尽可能地短。下面，将探讨在色散管理中常用的元件。

1. 由透明介质造成的色散

在折射率为 $n(\omega)$ 的介质中行经距离 L 的脉冲得到如下累积的频谱相位：

$$\phi_{\mathrm{m}}(\omega)=k(\omega)L=\frac{\omega}{c}n(\omega)L \tag{2.41}$$

这是一个频谱转移函数，由脉冲在上面定义的介质中传播得到的。

由一阶导数

$$\frac{\mathrm{d}\phi_{\mathrm{m}}}{\mathrm{d}\omega}=\phi_{\mathrm{m}}'=\frac{\mathrm{d}(kL)}{\mathrm{d}\omega}=L\left(\frac{\mathrm{d}\omega}{\mathrm{d}k}\right)^{-1}=\frac{L}{\upsilon_{\mathrm{g}}}=T_{\mathrm{g}} \tag{2.42}$$

得到群延迟 T_{g}，描述了入射脉冲包络的峰值延迟。折射率 $n(\omega)$ 通常与波长 λ 成函数关系，即 $n(\lambda)$。方程（2.42）变成

$$T_{\mathrm{g}}=\frac{\mathrm{d}\phi_{\mathrm{m}}}{\mathrm{d}\omega}=\frac{L}{c}\left(n+\omega\frac{\mathrm{d}n}{\mathrm{d}\omega}\right)=\frac{L}{c}\left(n-\lambda\frac{\mathrm{d}n}{\mathrm{d}\lambda}\right) \tag{2.43}$$

随着不同的准单色波群以不同的群速移动，脉冲将会加宽。对于二阶色散，我们得到群延迟色散（GDD）：

$$\begin{aligned}\mathrm{GDD}=\phi_{\mathrm{m}}''&=\frac{\mathrm{d}^2\phi_{\mathrm{m}}}{\mathrm{d}\omega^2}=\frac{L}{c}\left(2\frac{\mathrm{d}n}{\mathrm{d}\omega}+\omega\frac{\mathrm{d}^2n}{\mathrm{d}\omega^2}\right)\\&=\frac{\lambda^3L}{2\pi c^2}\frac{\mathrm{d}^2n}{\mathrm{d}\lambda^2}\end{aligned} \tag{2.44}$$

对于在可见光谱区内的一般光学玻璃，会遇到正常色散，即激光脉冲的红光部分将以比蓝光部分更快的速度穿过介质。因此，由 ϕ'' 造成的脉冲对称时域展宽将会得到在式（2.19）的上下文中探讨的、并在图 2.3（c）中描绘的线性上啁啾激光脉冲。在这些情况下，$n(\lambda)$ 的曲率为正（上凹），强调了正 GDD 会得到上啁啾脉冲。

对于三阶色散（TOD），得到

$$\begin{aligned}\mathrm{TOD}=\phi_{\mathrm{m}}'''&=\frac{\mathrm{d}^3\phi_{\mathrm{m}}}{\mathrm{d}\omega^3}=\frac{L}{c}\left(3\frac{\mathrm{d}^2n}{\mathrm{d}\omega^2}+\omega\frac{\mathrm{d}^3n}{\mathrm{d}\omega^3}\right)\\&=\frac{-\lambda^4L}{4\pi^2c^3}\left(3\frac{\mathrm{d}^2n}{\mathrm{d}\lambda^2}+\lambda\frac{\mathrm{d}^3n}{\mathrm{d}\lambda^3}\right)\end{aligned} \tag{2.45}$$

对于常见的光学材料，通常将 $n(\lambda)$ 的经验公式（例如泽尔迈尔方程）制成表，以便能够计算出式（2.43）～式（2.45）中的所有色散量。表 2.3 为 $L=1$ mm 的一些光学材料的相关参数。

请注意，在光纤光学中采用了稍有不同的术语[2.25]，二阶色散是脉冲展宽的主要贡献因子。光纤的 β 参数与二阶色散之间的关系为

$$\beta=\frac{\left.\frac{\mathrm{d}^2\phi_{\mathrm{m}}}{\mathrm{d}\omega^2}\right|_{\omega_0}}{L}\left(\frac{\mathrm{ps}^2}{\mathrm{km}}\right) \tag{2.46}$$

其中，L 表示光纤长度。色散参数 D 是每单位带宽上群延迟色散的测度，可由下式求出：

$$D=\frac{\omega_0^2}{2\pi c}|\beta|\left[\frac{\text{ps}}{\text{nmkm}}\right] \tag{2.47}$$

表 2.3　$L=1$ mm 时常见光学材料的色散参数 n、$dn/d\lambda$、$d^2n/d\lambda^2$、$d^3n/d\lambda^3$、T_g、GDD 和 TOD。这些数据是利用泽尔迈尔方程 $n^2(\lambda)-1=B_1\lambda^2/(\lambda^2-C_1)+B_2\lambda^2/(\lambda^2-C_2)+B_3\lambda^2/(\lambda^2-C_3)$ 以及各种来源的数据（肖特－光学玻璃公司目录中的 BK7 和 SF10；Melles Griot 公司目录中的蓝宝石和石英）计算出的

材料	λ/nm	$n(\lambda)$	$\frac{dn}{d\lambda}\cdot10^{-2}$/ μm^{-1}	$\frac{d^2n}{d\lambda^2}\cdot10^{-1}$/ μm^{-1}	$\frac{dn^3}{d\lambda^3}$/ μm^{-3}	T_g/ (fs·mm^{-1})	GDD/ (fs^2·mm^{-1})	TOD/ (fs^3·mm^{-1})
BK7	400	1.530 8	−13.17	10.66	−12.21	5 282	120.79	40.57
	500	1.521 4	−6.58	3.92	−3.46	5 185	86.87	32.34
	600	1.516 3	−3.91	1.77	−1.29	5 136	67.52	29.70
	800	1.510 8	−1.97	0.48	−0.29	5 092	43.96	31.90
	1 000	1.507 5	−1.40	0.15	−0.09	5 075	26.93	42.88
	1 200	1.504 9	−1.23	0.03	−0.04	5 069	10.43	66.12
SF10	400	1.778 3	−52.02	59.44	−101.56	6 626	673.68	548.50
	500	1.743 2	−20.89	15.55	−16.81	6 163	344.19	219.81
	600	1.726 7	−11.00	6.12	−4.98	5 980	233.91	140.82
	800	1.711 2	−4.55	1.58	−0.91	5 830	143.38	97.26
	1 000	1.703 8	−2.62	0.56	−0.27	5 771	99.42	92.79
	1 200	1.699 2	−1.88	0.22	−0.10	5 743	68.59	107.51
蓝宝石	400	1.786 6	−17.20	13.55	−15.05	6 189	153.62	47.03
	500	1.774 3	−8.72	5.10	−4.42	6 064	112.98	39.98
	600	1.767 6	−5.23	2.32	−1.68	6 001	88.65	37.97
	800	1.760 2	−2.68	0.64	−0.38	5 943	58.00	42.19
	1 000	1.755 7	−1.92	0.20	−0.12	5 921	35.33	57.22
	1 200	1.752 2	−1.70	0.04	−0.05	5 913	13.40	87.30
石英	300	1.487 8	−30.04	34.31	−54.66	5 263	164.06	46.49
	400	1.470 1	−11.70	9.20	−10.17	5 060	104.31	31.49
	500	1.462 3	−5.93	3.48	−3.00	4 977	77.01	26.88
	600	1.458 0	−3.55	1.59	−1.14	4 934	60.66	25.59
	800	1.453 3	−1.80	0.44	−0.26	4 896	40.00	28.43
	1 000	1.450 4	−1.27	0.14	−0.08	4 880	24.71	38.73
	1 200	1.448 1	−1.12	0.03	−0.03	4 875	9.76	60.05

2. 角色散

光域中的透明介质拥有正的群延迟色散，导致形成上啁啾飞秒脉冲。为了压缩这些脉冲，需要采用能够提供负群延迟色散的光学系统，也就是蓝色光谱分量比红色光谱分量传播得更快的系统。

能达到此目的的简便装置基于由棱镜和光栅提供的角色散，需要再次以频谱转移函数来开始探讨[2.4]

$$\phi(\omega)=\frac{\omega}{c}P_{\mathrm{op}}(\omega) \tag{2.48}$$

其中，P_{op} 表示光程长度。方程（2.48）是方程（2.41）的通式。群延迟色散由下式给定：

$$\frac{\mathrm{d}^2\phi}{\mathrm{d}\omega^2}=\frac{1}{c}\left(2\frac{\mathrm{d}P_{\mathrm{op}}}{\mathrm{d}\omega^2}+\omega\frac{\mathrm{d}^2P_{\mathrm{op}}}{\mathrm{d}\omega^2}\right)=\frac{\lambda^3}{2\pi c^2}\frac{\mathrm{d}^2P_{\mathrm{op}}}{\mathrm{d}\lambda^2} \tag{2.49}$$

并与方程（2.44）类似。在色散系统中，从输入基准面到输出基准面之间的光程可写成

$$P_{\mathrm{op}}=l\cos\alpha \tag{2.50}$$

其中，$l=l(\omega_0)$ 是在中心频率 ω_0 下从输入面到输出面之间的距离；α 是频率为 ω 的光线相对于频率为 ω_0 的光线的角度。总之，可以看到[2.4]角色散会得到负的群延迟色散：

$$\frac{\mathrm{d}^2\phi}{\mathrm{d}\omega^2}\approx\frac{l\omega_0}{c}\left(\left.\frac{\mathrm{d}\alpha}{\mathrm{d}\omega}\right|_{\omega_0}\right)^2 \tag{2.51}$$

对于成对的元件（棱镜或光栅）来说，第一个元件用于提供角色散，第二个元件则使光谱分量重新调准（图 2.4）。通过利用两对光学元件，可以抵消光谱分量的横向位移（空间啁啾），并恢复原来的光束轮廓。

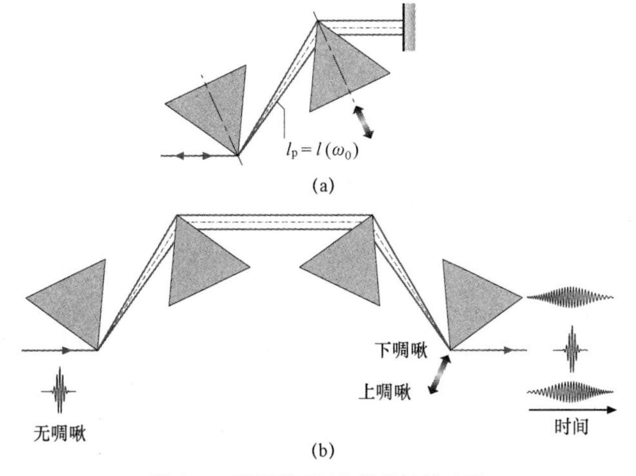

图 2.4　可调群延迟色散的棱镜序列

（a）双程配置中的双棱镜序列；（b）四棱镜序列。

请注意，在第二个棱镜后面的频率空间分布（空间啁啾）可用于相位操纵及/或振幅操纵

（1）棱镜序列。棱镜对非常适于引入可调群延迟色散（图 2.4）。负的群延迟色散是当第二个棱镜重新调准光束时通过第一个棱镜的角色散得到的，原光束的恢复可利用另外一对棱镜或一个反射镜来实现。在激光腔内，可以在线性谐振腔中采用四棱镜配置或双棱镜配置，再加上一个后向反射镜。在激光腔外通常采用双棱镜配置：让后向反射镜稍稍偏离光轴，使恢复的光束在系统入口处平移，以便能够被另一个反射镜采集。由于激光光束在穿过棱镜序列时走过的实际玻璃路径存在材料色散，因此系统中还存在正的群延迟色散。通过其中一个棱镜沿着其对称轴平移，就有可能改变玻璃的长度，从而改变正的群延迟色散量。这些装置能够方便地对群延迟色散进行连续调谐（从负值调到正值）而不会使光束偏移。通过利用式（2.48）和式（2.50），可以由角色散计算出负的群延迟色散。在光束偏移量最小的情况下，通过选择合适的顶角以达到布儒斯特角条件（最小反射损耗），由四棱镜序列引入的频谱相位ϕ_p（ω）可用于在下式中近似地计算群延迟色散[2.4]：

$$\frac{d^2\phi_p}{d\omega^2} \approx -\frac{4l_p\lambda^3}{\pi c^2}\left(\frac{dn}{d\lambda}\right)^2 \tag{2.52}$$

相应的三阶色散可大致得到：

$$\frac{d^3\phi_p}{d\omega^3} \approx \frac{6l_p\lambda^4}{\pi^2 c^3}\frac{dn}{d\lambda}\left(\frac{dn}{d\lambda}+\lambda\frac{d^2n}{d\lambda^2}\right) \tag{2.53}$$

为了求出四棱镜序列的总 GDD 和 TOD，必须加上累积平均玻璃路径 L 对 GDD 和 TOD 的相应贡献量［式（2.44），式（2.45）］：

$$\begin{aligned}\frac{d^2\phi_{\text{four-prism}}}{d\omega^2} &\approx \frac{d^2\phi_m}{d\omega^2}+\frac{d^2\phi_p}{d\omega^2}\\ &= \frac{\lambda^3 L}{2\pi c^2}\frac{d^2n}{d\lambda^2}-\frac{4l_p\lambda^3}{\pi c^2}\left(\frac{dn}{d\lambda}\right)^2\end{aligned} \tag{2.54}$$

$$\begin{aligned}\frac{d^3\phi_{\text{four-prism}}}{d\omega^3} &\approx \frac{d^3\phi_m}{d\omega^3}+\frac{d^3\phi_p}{d\omega^3}\\ &= \frac{-\lambda^4 L}{4\pi^2 c^3}\left(3\frac{d^2n}{d\lambda^2}+\lambda\frac{d^3n}{d\lambda^3}\right)\\ &\quad +\frac{6l_p\lambda^4}{\pi^2 c^3}\frac{dn}{d\lambda}\left(\frac{dn}{d\lambda}+\lambda\frac{d^2n}{d\lambda^2}\right)\end{aligned} \tag{2.55}$$

关于更详细的探讨以及用于推导棱镜序列中总 GDD 和 TOD 的其他方法，请参见文献［2.31－35］。

原则上，可以利用这种方法得到任何数量的负群速。但超出 1 m 的棱镜距离常常是不切实际的。更高的正群延迟色散可利用高度色散的 SF10 棱镜来补偿，但三阶色散也更高，阻止了 10 fs 级超短脉冲的生成。熔融石英是一种适于生成超短脉冲并具有最低高阶色散的材料。例如，利用由在 800 nm 波长下使用的熔融石英组成且 l_p = 50 cm 的四棱镜序列，可得到 $d^2\phi_p/d\omega^2 \approx -1\,000\ \text{fs}^2$；当光束经过棱镜的顶点时，估算 L = 8 mm 的累积玻璃路径，得到 $d^2\phi_m/d\omega^2 \approx 300\ \text{fs}^2$。通过用这种方法，+700 fs²

的最大群延迟色散可得到补偿。

请注意，在这样的棱镜序列中，可以利用频率分量在第二个棱镜后面的空间分布，以用简单的光阑调谐激光或限制带宽，还可以插入合适的相位/振幅掩模板。

（2）光栅结构。衍射光栅按与棱镜类似的方式提供群延迟色散。合适的光栅结构既能引入正的群延迟色散，还能引入负的群延迟色散（见下文）。当引入负的群延迟色散时，相应的装置叫做“压缩器”；而引入正群延迟色散的装置叫做“拉伸器”。光栅结构的优点是色散性强得多，但缺点是带来的损耗比棱镜结构更高。

作为腔内元件时，光栅结构常在高增益光纤激光器中使用。当在激光腔外使用时，光栅被广泛用于：

- 补偿光纤中的大量色散。
- 对于采用了“啁啾脉冲放大”（CPA）法的拍瓦级超短脉冲放大[2.36]。为了避免对光学器件造成损害，并避免激光光束的空间/时间脉冲波形发生非线性畸变，通常在脉冲被注入放大器之前将超短脉冲（10 fs～1 ps）在时域中拉伸 10^3～10^4 倍。在放大过程结束之后，必须再次压缩脉冲，并补偿在放大过程中累积的附加相位。文献［2.37］中评述了这个主题。
- 脉冲整形用途（2.1.3 节）。
- 与棱镜压缩器相结合，以补偿三阶色散项和群延迟色散[2.38]。这是在 1987 年染料激光器创造世界最长时间纪录（6 fs）时使用的组合形式[2.39]。

图 2.5 显示了激光光束在光栅上的反射。根据光栅方程，在反射后，超短激光脉冲的频谱将分解成一阶项：

$$\sin\gamma+\sin\theta=\frac{\lambda}{d} \tag{2.56}$$

其中，γ是入射角，θ 是反射波长分量的角度，d^{-1} 是光栅常数。当在利特罗配置中使用时，即$\gamma=\theta(\lambda_0)$=闪耀角时，闪耀衍射光栅具有最大透射效率。这种配置还有一个优点，就是能使像散性降到最低。效率为 90%～95%的闪耀金光栅已能在市场上买到，对于 1 ps 的脉冲而言其损伤阈值大于 250 mJ/cm^2。为了获得更高的效率和更高的损伤阈值，研究人员已开发了介质光栅。例如，在 1 053 nm 波长下效率达 98%、对于飞秒脉冲而言损伤阈值大于 500 mJ/cm^2 的介质光栅已在市场上提供。

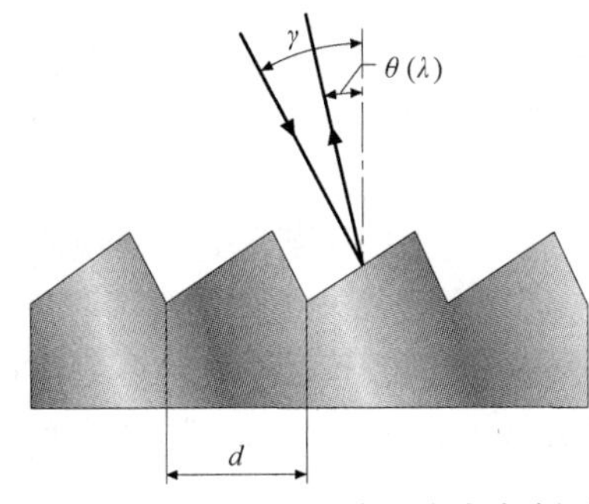

图 2.5 从光栅上反射：在反射后，超短激光脉冲的频谱将会分解
γ–入射角，$\theta(\lambda)$–反射角，d^{-1}–光栅常数

基本的光栅压缩器（图 2.6）由双程配置中的两个平行光栅组成[2.40]，第一个光栅将超短激光脉冲分解为频谱分量，第二个光栅将光束重新调准。原光束通过利用光束反转镜来恢复。由于在这个装置中，红色光谱分量经过的光程比蓝色光谱分量更长，因此这种配置适于补偿材料色散。

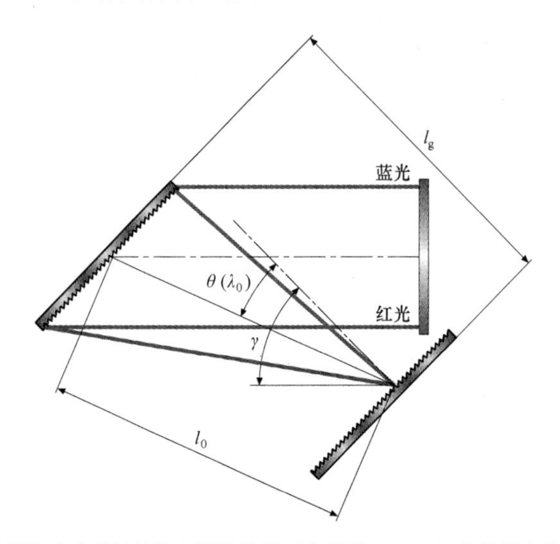

图 2.6　具有平行光栅和光束反转镜的光栅压缩器（参考图 2.3（a）中的相应棱镜设置）。红光光谱分量走过的光程比蓝色光谱分量长（l_g 表示光栅之间的距离；l_0 表示在中心波长 λ_0 下两个光栅之间的光程；这两个长度被不同的作者用于推导群延迟色散和三阶色散）

图 2.7 显示了不同的光栅配置，产生的群延迟色散分别为：（a）零；（b）正；（c）负。在光栅之间还有一个望远镜。

图 2.7（a）描绘了一个“零色散压缩器”。这个系统由一个望远镜组成，用于使第一个光栅上的激光光斑在第二个光栅上成像。所有的波长分量都经过相同的光程，通过用这样的方式可获得零净色散。由于在光栅上的光束尺寸有限，因此波长相同的分量以平行光束形式出现。通过利用焦距为 f 的透镜，这些光束从光谱角度被聚焦到对称平面内，从而为脉冲整形、掩模或编码提供了一个傅里叶变换平面（第 2.1.3，图 2.11）。

通过让其中一个光栅从更靠近望远镜［图 2.7（b）］的焦平面中平移出来，可得到一种使红光分量在较短光程上传播的配置，这种装置会引入正的群延迟色散（拉伸器）。

压缩器是通过将光栅从焦平面上平移到远处来实现的［图 2.7（c）］。

通过利用放大望远镜，可进一步修改色散。为了避免透镜中的材料色散以及使色差效应最小化，通常还要使用反射望远镜，尤其要用到 Öffner 望远镜[2.41,42]。

通过利用矩阵形式[2.43]并考虑到光束尺寸有限[2.44]的情况，可以计算出这些配置的相位传递函数 ϕ_g。

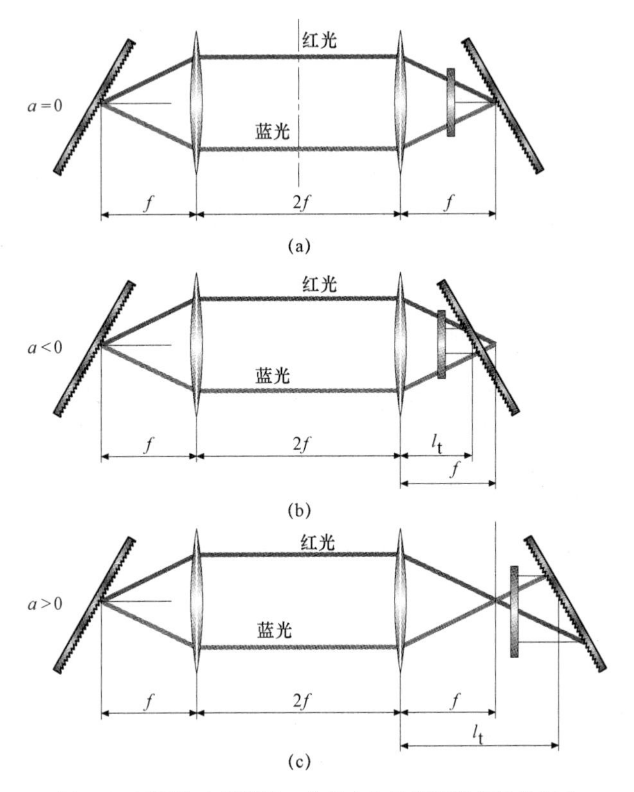

图 2.7　不同的光栅配置，它们产生的群延迟色散分别为

（a）零；（b）正；（c）负。配置（a）相当于一个零色散压缩器，配置（b）相当于拉伸器，配置（c）相当于压缩器。零色散压缩器常常在脉冲整形装置中使用。（a）中的虚线表示傅里叶变换平面，而拉伸器和压缩器是关键的啁啾脉冲放大部件

对于反射装置（忽略材料色散）来说，图 2.7 中三种望远镜配置（放大倍数 = 1）的群延迟色散和三阶色散可利用特征长度 L 来描述：

$$\frac{\mathrm{d}^2\phi_{\mathrm{g}}}{\mathrm{d}\omega^2}=-\frac{\lambda^3}{\pi c^2\mathrm{d}^2}\frac{1}{\cos[\theta(\lambda)]^2}L \tag{2.57}$$

$$\frac{\mathrm{d}^3\phi_{\mathrm{g}}}{\mathrm{d}\omega^3}=\frac{\mathrm{d}^2\phi_{\mathrm{g}}}{\mathrm{d}\omega^2}\frac{3\lambda}{2\pi c}\left(1+\frac{\lambda}{d}\frac{\tan[\theta(\lambda)]}{\cos[\theta(\lambda)]}\right) \tag{2.58}$$

通过利用光栅方程（2.56），$\cos[\theta(\lambda)]$ 可由下式求出：

$$\cos[\theta(\lambda)]=\sqrt{1-\left(\frac{\lambda}{d}-\sin\gamma\right)^2} \tag{2.59}$$

在反射望远镜装置中，通常只采用一个具有合适光束折叠结构的光栅，这反映了当图 2.7 中的两个光栅对称地从焦平面中移出时的情形。因此对于望远镜配置，可以得到特征长度 $L=2fa$。根据图 2.7，参数 a 由光栅到透镜的距离决定：

$$a=\frac{l_t}{f}-1\begin{cases}\text{压缩器：}l_t>f,a>0\\ \text{零色散压缩器：}l_t=f\\ \qquad a=0\\ \text{拉伸器：}l_t<f,a<0\end{cases} \tag{2.60}$$

对于图 2.6 中描述的光栅压缩器，特征长度 L 由下式求出：

$$L=l_0=\frac{l_g}{\sqrt{1-\left(\frac{\lambda}{d}-\sin\gamma\right)^2}} \tag{2.61}$$

其中，l_0是在中心波长λ_0下光栅之间的光程长度，l_g是光栅之间的距离。

对于图 2.6 中的压缩器，可以得到 $-1\times10^6\ \text{fs}^2$ 的群延迟色散（$\lambda=800$ nm，$d^{-1}=$ 1 200 l/mm，$l_0=300$ mm；$\gamma=28.6°$（利特罗）)，比棱镜序列例子高几个数量级。

3. 由干涉造成的色散（Gires－Tournois 干涉仪和啁啾反射镜）

对于由干涉造成的色散，其背后的物理原理可以用下列方式来说明[2.25]。周期性干涉结构能透射或反射某些频率的波，在与干涉结构的周期相当的波长下，通常会出现较强的布拉格类散射。由于这个原因，周期性会在系统转移函数中诱发共振，然后得到与之相关的色散。

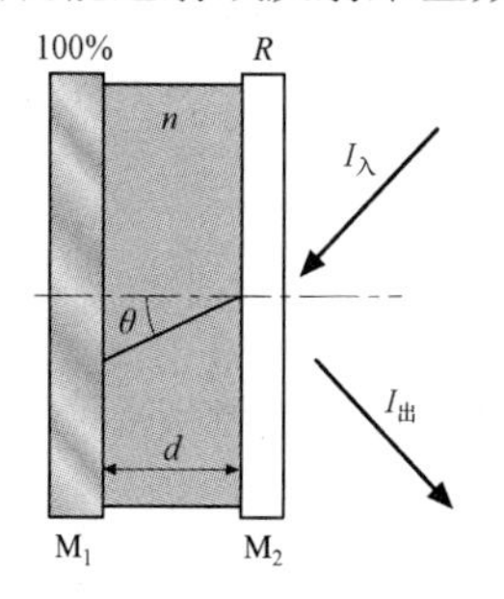

图 2.8 Gires－Tournois 干涉仪的示意图（GTI）

Gires－Tournois 干涉仪（GTI）[2.45]是法布里－珀罗干涉仪的一个特例，其内部一个反射镜（M1）是 100%反射镜，顶部反射镜（M2）是低反射镜，一般只有百分之几的反射率（图 2.8）。此装置的群延迟色散由下式求出（例如参考文献［2.46］或文献［2.3］以及本书中的参考文献）：

$$\frac{\mathrm{d}^2\phi\mathrm{GTI}}{\mathrm{d}\omega^2}=\frac{-2t_0^2(1-R)\sqrt{R}\sin\omega t_0}{(1+R-2\sqrt{R}\cos\omega t_0)^2} \tag{2.62}$$

其中，$t_0=(2nd\cos\theta)/c$ 是法布里－珀罗的往返时间[2.47]，n 是两层之间材料的折射率，d 是干涉仪的厚度，θ 是层间光束的内角。在这个公式中，材料色散忽略不计，R 是顶部反射镜的光强反射率。通过倾斜此装置或改变干涉仪间距，可方便地调节群延迟色散。t_0增加会使色散也增加，但与此同时也会减小具有恒定群延迟色散的频率范围。这些装置一般用于脉冲大于 100 fs 的那些用途。对于皮秒脉冲，反射镜间距为几 mm；对于飞秒激光，反射镜间距必须为几 μm。为了克服在飞秒应用中的限制，GTI 是在介电多层系统的基础上制造的[2.48]。在文献［2.4］中可以找到相应的频谱转换函数。

如今，专门设计的多层介质膜镜提供了另一种有效的色散管理选择方案。介质镜通常由成对的透明高折射率层和低折射率层交错放置而成，所有层的光学厚度等于布拉格波长λ_B 的 1/4。在折射率间断点处的反射以相长干涉方式使布拉格波长增加。如果在反射镜结构上的光学层厚改变，则布拉格波长将取决于穿透深度。图 2.9 显示了红光波长分量与蓝光波长分量相比更深地穿透反射镜结构的一个例子。从这个反射镜上被反射之后，撞击在镜面上的上啁啾脉冲可变成带宽受限脉冲。文献［2.49］中证实了布拉格波长沿反射镜方向逐渐增加会得到负的群延迟色散，相应的反射镜叫做“啁啾反射镜”，能用于制造小型飞秒振荡器[2.50]。当然，布拉格波长不必随着穿透深度呈线性变化。此外，原则上可以通过啁啾定律来补偿高阶色散。人们意识到，啁啾反射镜的期望色散特性可能被伪效应破坏，从而导致色散振荡（请参考关于 GTI 的探讨），其中的伪效应由涂层叠层内部和周围介质接口处的多次反射造成。研究人员利用精确的耦合模分析[2.51]来开发一种所谓的“双啁啾法”，用这种方法与宽带抗反射涂层相结合，以避免群延迟色散中的振荡。通过利用精确的解析表达式，双啁啾反射镜可以设计并制造成具有定制的平稳群延迟色散[2.52]，适于从 Ti：蓝宝石激光器中直接生成双周期脉冲[2.53]。双啁啾有如下含义：在传统的啁啾反射镜中，一个周期内高折射率（hi）材料和低折射率（lo）材料的光程相等，即 $P_{lo}=P_{hi}=\lambda_B/4$。双啁啾使频宽比 η 成为在如下约束条件下的另一个自由度：$P_{lo}+P_{hi}=(1-\eta)\lambda_B/2+\eta\lambda_B/2=\lambda_B/2$。色散振荡可能被背侧镀膜的双镜设计进一步抑制[2.54]。

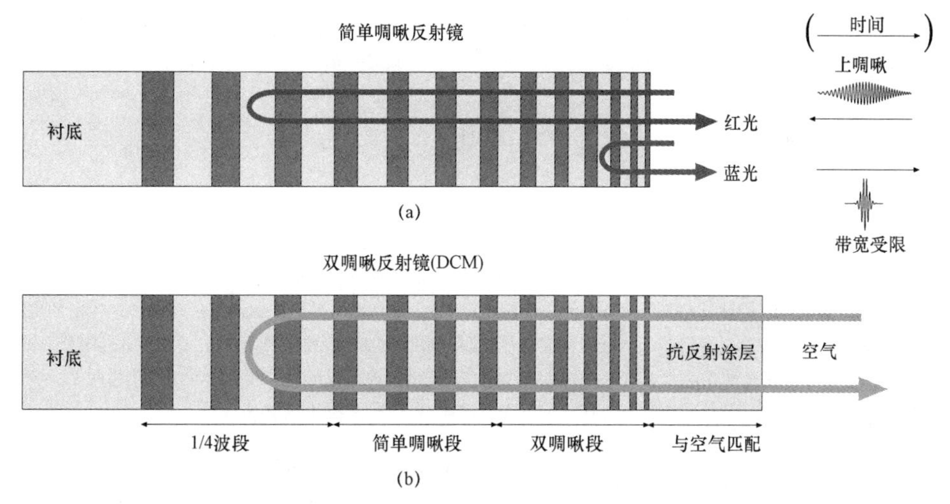

图 2.9　不同类型啁啾反射镜的示意图

（a）简单啁啾反射镜：描绘了与波长有关的穿透深度。例如，对于合适的设计形式，入射上啁啾激光脉冲在反射后会变成带宽受限脉冲；（b）双啁啾反射镜：通过在反射镜上加一层抗反射涂层以及在反射镜内部的频宽比调制进行阻抗匹配

4. 脉冲整形

到目前为止所描述的色散管理方法非常适于补偿线性光学配置中的高阶色散项，例如群延迟色散和三阶色散。通过利用（计算机控制的）脉冲整形方法［图 2.10（a）］，

色散管理的灵活性大大增加，根据相位、振幅和偏振态来建立形状复杂的激光脉冲也变得可能。Weiner[2.29,55]最近评述了这个问题。

一种新型实验已出现，其中脉冲整形方法与嵌在反馈学习循环中的一些实验信号结合了起来[2.56－59]。这种方法评估了给定的脉冲波形，以改进脉冲波形，从而增强反馈信号［图 2.10（b）］。这些方法影响着越来越多的物理学家、化学家、生物学家和工程学家，这是因为通过自适应飞秒脉冲整形，可以研究甚至主动地控制主要的光致过程。关于在各领域中的一小部分相关研究工作，见文献［2.60－71］。

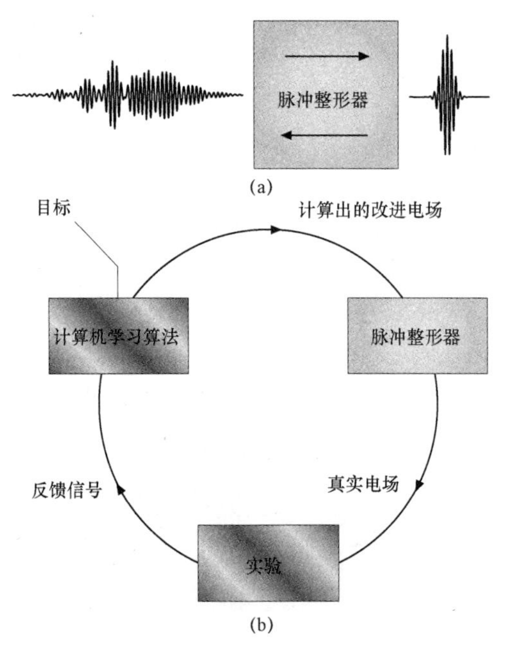

图 2.10　脉冲整形方法

（a）脉冲整形问题（示意图）：从复杂结构脉冲中生成带宽受限的脉冲（从左到右）。定制脉冲形状的生成（从右到左）。（b）自适应飞秒脉冲整形：用飞秒激光系统（未显示）和计算机控制的脉冲整形器来产生特定的电场，然后输入实验中。从实验中得到一个合适的反馈信号之后，根据从实验反馈信号和自定义控制目标中获得的信息，利用一种学习算法来计算修改后的电场。并以同样方式测试并评估改进后的激光脉冲波形。如此循环多次，就能得到反复优化的激光脉冲波形，最终接近目标波形

由于持续时间短，飞秒激光脉冲不能在时域中直接整形。因此，脉冲整形概念是通过一个线性掩模（即频域中的光学传递函数 $\tilde{M}(\omega)$）来调制入射频谱电场 $\tilde{E}_{\text{in}}^{+}(\omega)$。根据式（2.38），这样能得到一个外向形状的频谱电场 $\tilde{E}_{\text{out}}^{+}(\omega)=\tilde{M}(\omega)\tilde{E}_{\text{in}}^{+}(\omega)=\tilde{R}(\omega)\mathrm{e}^{-\mathrm{i}\phi_{\mathrm{d}}}\tilde{E}_{\text{in}}^{+}(\omega)$。掩模可调制频谱振幅响应值 $\tilde{R}(\omega)$ 和频谱相位传递函数 ϕ_{d}（ω）。此外，研究人员还演示了偏振整形[2.72]。

用于实现脉冲整形的一种方法是采用傅里叶变换脉冲整形器，其工作原理基于从时域到频域或从频域到时域的光学傅里叶变换。图 2.11 给出了这种脉冲整形器的标准设计简图。入射的超短激光脉冲因光栅而发生色散，然后光谱分量被一个焦距为 f 的透镜聚焦；在这个透镜的后聚焦面（傅里叶平面）内，原始脉冲的光谱分量相

互分离，并具有最小光束腰。通过用这种方法，利用被放入傅里叶平面内的一个线性掩模，就可以单独地调制光谱分量。之后，通过从频域到时域的傅里叶反变换，重建激光脉冲。在光学上，傅里叶反变换是利用由一个相同的透镜和光栅组成的反射镜装置来实现的。整个装置（没有线性掩模）叫做“零色散压缩器”，因为在达到 $4f$ 条件时不会引入色散［另请参考图 2.7（a）］。相距 $2f$ 的透镜作为这种零色散压缩器的一部分，构成了一个放大倍数为 1 的望远镜。式（2.38）中描述的频谱调制可通过插入线性掩模来设置。

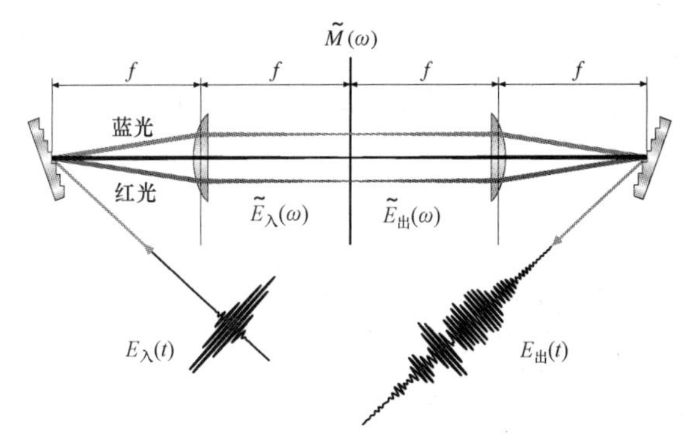

图 2.11　傅里叶变换飞秒脉冲整形的基本布置图

由于所用线性掩模有损伤阈值，因此通常用圆柱形聚焦透镜（或反射镜）来代替球面光学器件。图 2.11 中的标准设计有一个优势，即所有的光学元件都沿着光线布置（利特罗配置中的光栅）。但对于 100 fs 以下的超短脉冲，因为透镜会引入色差，时空重建误差成了一个问题。因此，透镜常常被曲面镜替代。一般来说，如果望远镜内曲面镜的倾斜角尽可能地小，则光学误差可达到最小。图 2.12 描绘了一种折叠的小型色散优化装置[2.73]。对于小于 10 fs 的超短脉冲，色散性元件采用的是棱镜，而不是光栅[2.74]。

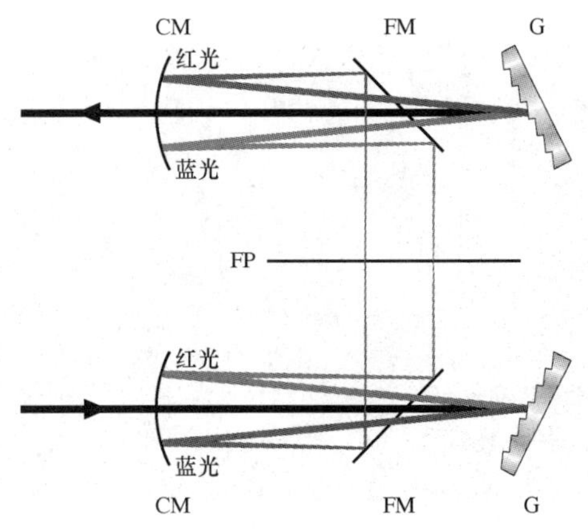

图 2.12　傅里叶变换飞秒脉冲整形的色散优化设计。利用第一个光栅（G）使入射光束发生色散。光谱分量稍稍离开平面，然后通过傅里叶平面（FP）内的一个平面折叠镜（FM）被柱面反射镜（CM）沿径向聚焦。之后，通过一个反射镜装置重建原光束

在这种配置中，用于进行计算机控制脉冲整形一种很受欢迎的线性掩模是液晶空间光调制器（LC－SLM）。图 2.13 描绘了电子处理纯相位 LC－SLM 的示意图。在傅里叶平面内，激光脉冲的各波长分量在空间上是色散的，因此可通过在单独的像素上外加电压方便地操纵波长分量，从而改变折射率。在激光光束透射并穿过 LC－SLM 之后，由于有单独的像素电压值，因此可获得与频率相关的相位，从而使单个波长分量相对于彼此而延迟。实际的 LC－SLM 包含了最多 640 个像素[2.75]。通过用这种方法，可以得到大量不同的空间相位调制脉冲。纯相位 LC－SLM 大致上不会改变频谱振幅，因此不同脉冲波形的积分脉冲能量均保持恒定。通过利用傅里叶变换特性，由频谱相变能得到相位和振幅均被调制的激光脉冲时域波形图，如图 2.14 所示。

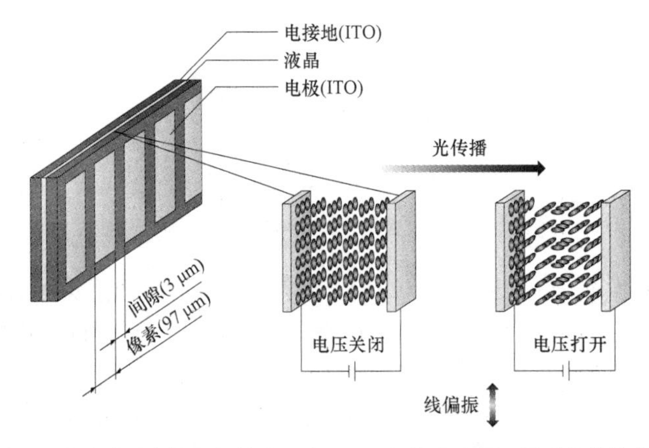

图 2.13　电子处理纯相位液晶空间光调制器（LC－SLM）的示意图。通过调节单个像素的伏特数，液晶分子通常会沿着电场方向自己重新定位。这会导致折射率变化，因此获得对不同的波长分量进行独立控制的相位调制方式

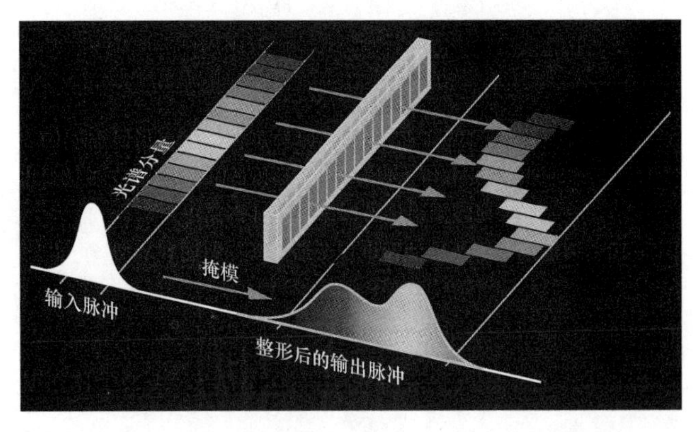

图 2.14　通过利用纯相位 LC－SLM 中使光谱发生色散的单个波长分量延迟对超短激光脉冲的时域波形进行整形的示意图。LC－SLM 位于图 2.11 和 2.12 中所示装置的傅里叶平面内

如果这个 LC－SLM 相对于入射光场的线偏振方向成 45°（通过利用波片或设计合理的 LC－SLM），则除了延迟外，此装置还会诱发偏振。因此，单个 LC－SLM 和一个偏振镜加起来可当一个调幅器使用，但这也会导致相位调制，具体要视振幅调制电平而定。关于独立的相位/振幅控制，目前使用的是双 LC－SLM。在这种配置中，第二个 LC－SLM 背靠背地固定在第一个 LC－SLM 的前方，与线性光偏振方向成 −45°；这个叠层还包括一个偏振镜。关于独立相位/振幅调制的早期配置，见文献［2.76］；文献［2.55］中则描述了现代配置。简单的振幅调制函数 $\tilde{R}(\omega)$ 可通过在傅里叶平面内的特定位置插入吸收材料、从而消除脉冲谱里的相应频谱分量来实现[2.77]。

为达到偏振整形[2.72]目的，可以拆下偏振镜，在两个垂直偏振方向上单独实施光谱相位调制，所得到的椭圆极化光谱分量的干涉导致偏振态在时域内的复杂演化。由于 LC－SLM 叠层和实验装置之间的任何元件都能改变偏振演化过程，因此研究人员利用双沟道光谱干涉测量法和从实验上校准过的琼斯矩阵分析法进行描述[2.78]。图 2.15 显示了复杂偏振整形脉冲的表现形式。这些脉冲开辟了广阔的应用领域，尤其是在量子控制方面，因为多光子跃迁的矢量特性已能编址[2.79,80]。

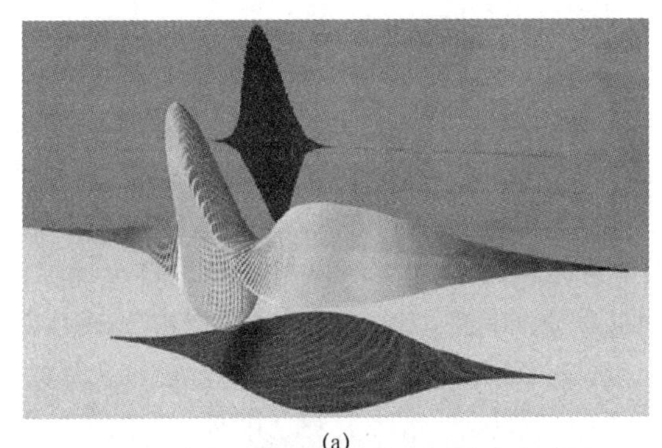

(a)

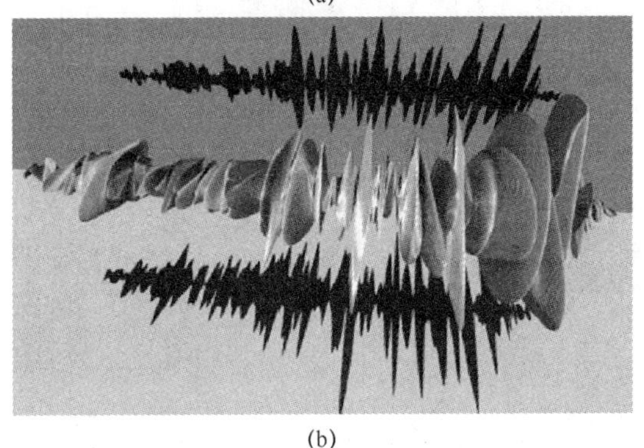

(b)

图 2.15　偏振调制激光脉冲的电场表现形式。时间从左向右演变，电场振幅则用相应的椭圆尺寸来表示。

（a）基于 80 fs 激光脉冲的高斯形状激光光谱被用作理论说明例子；（b）此图显示了用实验方法实现的复杂偏振调制激光脉冲。时间窗的宽度为 7.5 ps（根据文献［2.78］）

用于实现纯相位脉冲整形的另一种可能的方法是采用由少数几个（≈10）静电受控薄膜反射镜组成的可变形反射镜[2.81]，这些装置被放置在傅里叶平面内。在光反射后，通过稍稍倾斜出傅里叶平面外，可省掉一半的光学器件（见图 2.16 中的说明）。研究人员还演示了具有 240×200 个像素的微反射镜阵列和大于 1 kHz 的波形更新速率的应用[2.82]。

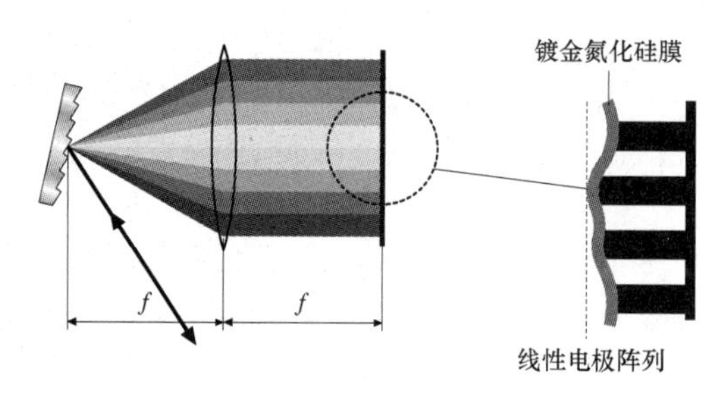

图 2.16　纯相位可变形反射镜脉冲整形器的示意图

声光调制器（AOM）也可用于可编程脉冲整形目的。AOM 方法有两种。

其中一种方法在图 2.17 中描述，并在文献［2.83，84］中评估过。AOM 晶体与零色散压缩器的傅里叶平面成布拉格角。在可见光中，通常采用 TeO_2 晶体；在红外光中，则采用 InP 晶体。用于驱动 AOM 内部压电转换器的可编程射频（RF）信号生成一种能在晶体中传播的声波，当光以快几个数量级的速度传播时，在空间色散型激光光束撞击晶体的那一瞬间，这种声波可视为一个固定的调制光栅。声波的振幅和相位决定着空间中每一个点的衍射效率和相移。通过光弹性效应，AOM 通常将光束衍射至 1° 以下；AOM 能够将大约 1 000 个独立特征强加到光谱中，而且其更新速度比 LC－SLM 明显更快。另外，这种装置的光通量远远低于 50%。在 100 MHz 重复频率下运行的典型锁模激光源通常不能进行脉冲整形，因为声波在 10 ns 时间内能传播几十微米。这对超快放大激光系统来说并不是一种局限性，因为在这种系统中，脉冲重复率通常比声音穿孔时间慢，这使得声波模式能够与每一个放大脉冲同步，

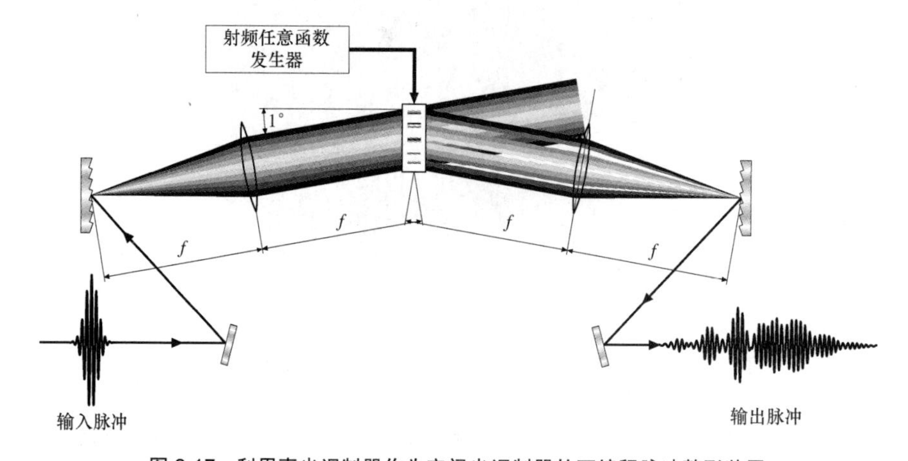

图 2.17　利用声光调制器作为空间光调制器的可编程脉冲整形装置

并在下一个脉冲到达之前进行更新。

另一种 AOM 方法是采用声光可编程色散滤波器（AOPDF），但不需要处于 4*f* 装置的傅里叶平面内[2.85－87]，此装置的示意图如图 2.18 所示。再次重申，用于驱动 AOM 内部压电转换器的可编程信号生成一种能在晶体中传播的声波，并在空间内复制射频信号的时域波形。仅在相位匹配的情况下，两种光模才能通过声光作用高效地耦合。如果在声栅中的某个位置只有一种空间频率，则在该位置只有一种光频能够从快速寻常光轴（光模 1）衍射到慢速非寻常光轴（光模 2）。入射光学短脉冲一开始时为光模 1，不同组的光频分量行经不同的距离，之后在声栅中遇到相位匹配空间频率，在这个位置，部分能量被衍射到光模 2 上。在光模 2 时离开此装置的脉冲将由在不同位置处被衍射的所有光谱分量组成。如果这两个光模的速度不同，则每一种频率将有不同的时延，输出脉冲的特定频率分量的振幅由频率分量衍射位置处的声功率控制。据报道，研究人员通过利用 2.5 cm 长的 TeO_2 晶体，已获得了 3 ps 的群延迟范围，6.7 fs 的时间分辨率和 30%的衍射效率[2.86]。一般来说，基于 LC－SLM 或可变形反射镜的脉冲整形器具有较低的透射损耗，也适用于高重复率锁模激光振荡器，不会造成额外的啁啾，而且波形更新速度低，约为 10 Hz；而基于 AOM 的配置有较高的透射损耗，会造成额外的啁啾，但波形更新速度约为 100 kHz。AOM 和 LC－SLM 都会将大约 1 000 个独立特征强加在光谱上，而且都适用于振幅调制和相位调制。到目前为止，可编程偏振整形只用 LC－SLM 演示过。

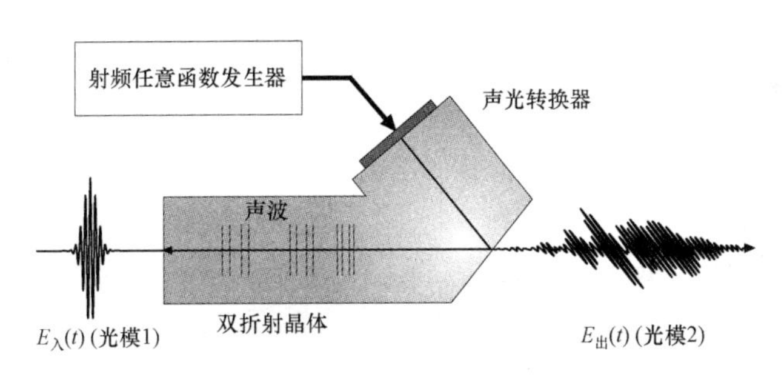

图 2.18　声光可编程色散滤波器（AOPDF）的示意图

到目前为止所描述的可编程飞秒脉冲整形方法都能从相位、振幅和偏振角度控制输出波的时域波形，这可视为在一个空间维度（即传播方向）上的控制，因此这种纯时域脉冲整形是一维的。采用了光寻址反射二维 SLM 且像元间隙可忽略不计的自动二维纯相位脉冲整形技术能够实现真实空间内的脉冲整形，其中的样品或装置用不同位置处的不同时域波形来照射[2.88]。脉冲整形配置与传统的 4*f* 光谱过滤配置类似，不同之处在于入射光束在一维上扩展，而二维 SLM 采用的是反射几何体，这种装置已在表面极化声子的二维整形中应用[2.89]。

| 2.2 通过锁模生成飞秒激光脉冲 |

飞秒激光脉冲可由波长范围在紫外线到红外线之间的各种激光器直接生成。通过利用非线性变频方法，这个波长范围能大大延伸。例如，通过先采用光参量振荡器，进行（级联）和频与差频混合，可以实现连续调谐。放大飞秒激光系统的调谐是通过光参数放大器实现的。白光连续谱的生成也是用于生成新波长的一种标准方法。通过利用大功率飞秒激光系统，X 射线区可由两种途径来获得，即：将发射的光线聚焦到固态材料中，或者生成高次谐波。后一种方法打开了通往阿秒脉冲的大门。太赫光谱区也可通过飞秒激光器来进入。

除极个别的例外情况外，超短脉冲的生成通常依赖于一种叫做“锁模”的方法。在评论文章[2.46,90－93]、几部专门介绍超短激光脉冲的书籍[2.2－5,94]以及通用的激光教材[2.47,95－97]中都介绍了这个主题。关于从固体激光器到光纤激光器再到半导体激光器的不同锁模激光系统，可参考最近编写的文献［2.98］。

本节将只描述锁模的基本概念。

激光器一般用一对相距为 L 的反射镜制造，反射镜中含有一块增益介质及其他部件。在脉冲持续时间比腔内往返时间 T_{RT} 大得多的连续波（CW）激光器或脉冲激光器中

$$T_{RT}=\frac{2L}{c} \tag{2.63}$$

（c 是光速；为简单起见，取折射率为 1）辐射能量在反射镜之间相当均匀地分布。超短激光脉冲的生成是将腔内能量限制在一个小空间区域内实现的，这个单脉冲以光速在反射镜之间来回反弹。如图 2.19 所示，输出光束由一部分腔内脉冲穿过输出耦合器之后形成的，因此由一连串空间间隔为 $2L$、时间间隔为 T_{RT} 的复制的腔内脉冲组成。以这种方式工作的激光器据说为锁模激光器，其原因在下面很快就能看到。

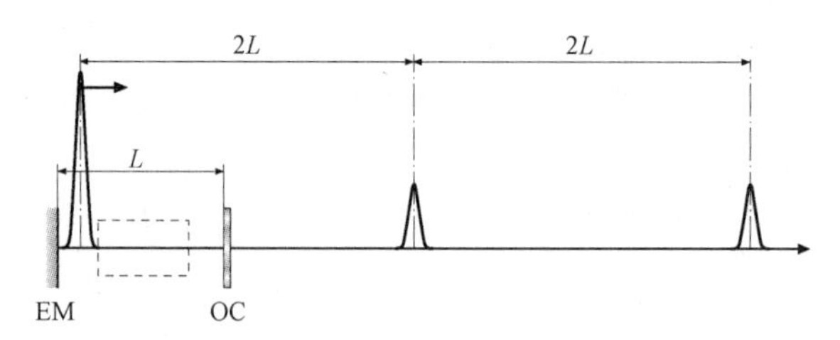

图 2.19 锁模激光器的简单示意图。脉冲在端面镜（EM）和输出耦合器（OC）之间来回传播。输出光束中的脉冲在空间上相距 $2L$（或时间间隔为 $2L/c=T_{RT}$）。虚线框代表增益介质及其他激光器分量

为了了解锁模背后的物理学原理，必须进行更精确地探讨。激光器的频谱通常由两个条件决定。一方面，频谱的总包络由激光介质的发射分布图以及腔内波长选择性元件的特性决定；另一方面，对每个横模来说，谐振腔只允许在离散频率 v_n（即“纵模”）下振荡。通常只有一个横模（也就是具有高斯分布的最低阶模）允许在锁模激光系统中振荡。相应的一组纵模由栅栏式等距模（又叫做“频率梳”）组成，模之间用频率 δv 隔开：

$$\delta v = v_{n+1} - v_n = \frac{c}{2L} = \frac{1}{T_{\mathrm{RT}}} \tag{2.64}$$

综合考虑这两个条件，激光器的发射光谱将由那些其增益高于激光发射阈值的模组成，图 2.20 描绘了相应的关系。由固定空间点上（例如在其中一个反射镜上）的这种多模振荡所得到的总电场 $E(t)$ 由下式求出：

$$E(t) = \sum_{n=0}^{N-1} E_n \sin[2\pi(v_0 + n\delta v)t + \varphi_n(t)] \tag{2.65}$$

其中，N 是振荡模的数量；$\varphi_n(t)$ 是第 n 个模的相位；v_0 是高于激光发射阈值的最低频率模。

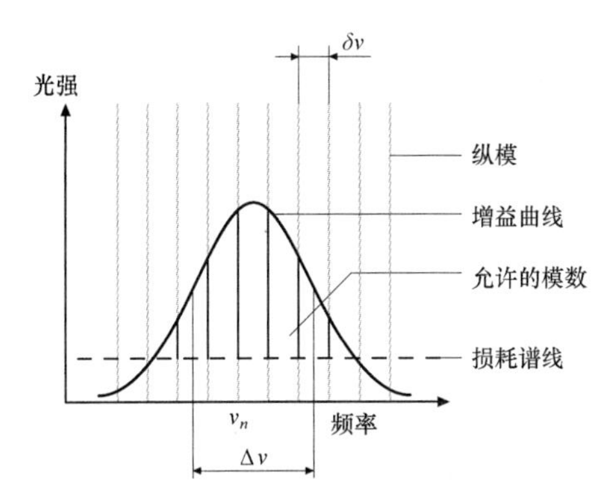

图 2.20　激光腔中的纵模。模间距 δv 由谐振腔长度决定：$\delta v = c/2L = 1/T_{\mathrm{RT}}$。只有那些超过损耗谱线的模才会发射激光。此外，图中还显示了光谱强度函数 δv 的 FWHM。在用于生成＜10 fs 脉冲的激光器中，激光发射模的数量为 10^6 级

平均激光功率输出 $P(t)$ 与总电场的平方成正比。除非采用一些方法使模的相对相位 $\varphi_n(t)$ 固定，否则模的相对相位通常会在时域内随机变化，这会导致平均激光功率输出 $P(t)$ 发生随机变化，因为模之间存在随机干涉。

如果相位相对于彼此是固定的（$\varphi_n(t) \to \varphi_n$），则可以看到 $E(t)$ 和 $P(t)$ 在周期 T_{RT} 内反复循环。如果 φ_n 是随机固定的，则在随机但周期性的激光输出功率中，每个噪声尖峰的持续时间 Δt 大致等于 $1/\Delta v$，其中 Δv 是光谱强度函数的 FWHM［图 2.23（e），（f）］。在这种方法中，完全锁模激光器的性质取决于模之间的线性相位关系 $\varphi_n = n\alpha$，亦即两个相邻模之间的恒定相位关系，这就是所谓的“锁模条件”。

为简化对这种情况的分析，假设所有模的振幅相同，即 $E_n = E_0$，相当于增益曲线为方形。为了方便起见，将 α 设为 0，然后，对式（2.65）求和，得到

$$E(t) = E_0 \sin\left[2\pi\left(v_0 + \frac{N-1}{2}\delta v\right)t\right]\frac{\sin(N\pi\delta vt)}{\sin(\pi\delta vt)} \quad (2.66)$$

所得到的电场由光中心频率 $v_c = v_0 + N - 1/2\delta v$ 下的快速振荡部分组成,其包络|sin（$N\pi\delta vt$）/sin（$\pi\delta vt$）|在 $\delta v = 1/T_{RT}$ 时振荡。通过求快速振荡 v_c 的平均值，输出功率 P（t）可由下式求出：

$$P(t) = P_0\left(\frac{\sin(N\pi\delta vt)}{\sin(\pi\delta vt)}\right)^2 \quad (2.67)$$

其中，P_0 是一个波的平均功率。

对这个方程的探讨可以深入了解通过锁模得到的激光脉冲的性质：

（1）功率以一串脉冲的形式被发射，脉冲周期等于腔内往返时间 $T_{RT} = 1/\delta v$。

（2）峰值功率 P_{Peak} 随着被锁在一起的模的数量 N 呈二次方增长趋势：$P_{Peak} = N^2 P_0$。因此，锁模用于产生较高的峰值功率，并通过使激光光束聚焦，可用于形成较高的峰值光强；锁模激光器和非锁模激光器的平均功率 $\bar{P}$ 都可由公式 $\bar{P} = NP_0$ 求出。

（3）FWHM 脉冲持续时间 Δt 随着被锁在一起模的数量 N 呈线性递减趋势，其等效值大致为增益带宽 Δv 的倒数：

$$\Delta t \approx \frac{T_{RT}}{N} = \frac{1}{N\delta v} = \frac{1}{\Delta v}$$

这就是在过去用染料激光器（如今用具有较大增益带宽的固体激光器）生成飞秒脉冲的原因。超快染料激光器能生成平均功率大约为 10 mW、短至 27 fs 的脉冲[2.99]；而平均功率大约为 100 mW、持续时间为 5～6 fs 的脉冲可用 Ti：蓝宝石激光器来生成[2.53,100]。一般而言，已知增益曲线的最小脉冲持续时间可通过 2.1.2 节中引入的带宽乘积来估算。表 2.1 中为各种谱线形状总结了最小脉冲持续时间。

图 2.21～图 2.23 直观地描述了锁模的基本性质。图 2.21 描绘了脉冲的傅里叶合成，这是通过将具有相同振幅且 φ_n（t）=0 的 4 个正弦波按照式（2.65）、式（2.66）和式（2.67）叠加之后得到的。

图 2.22 描绘了脉冲持续时间和峰值功率与锁模数量之间的相关性。根据式（2.65），图 2.23 针对具有不同相对振幅和相移角的 10 个（$N=10$）等距模显示了这些模的平均输出功率形状。

下面，将总结一些与技术更相关的考虑因素。锁模基本上可通过对腔内激光进行周期性损耗（或增益）调制来实现，调制周期与腔内往返时间匹配，这种机制可在频域或时域内描述。

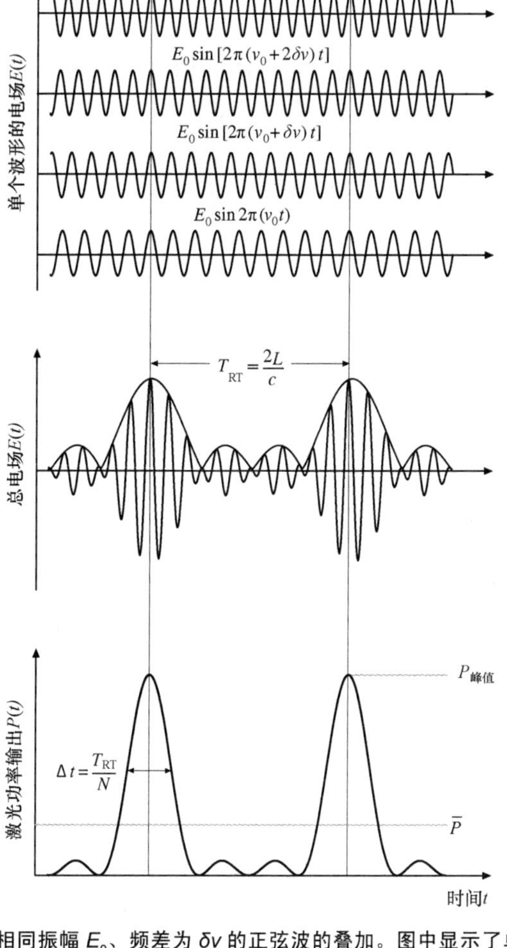

图 2.21　4 个具有相同振幅 E_0、频差为 δv 的正弦波的叠加。图中显示了单个波形的电场、总电场 E（t）及其包络、输出功率 P（t）以及平均功率 $\bar{P}$

在频域中，可以从具有最低损耗的纵模开始考虑。在往返时间频率下的周期性调制会得到边带，边带频率与相邻纵向激光模的频率相一致。通过用这种方法，能量就能从一个模转移到相邻的模，于是所有的纵模最后都变成了锁相模。在时域中，周期性调制可形象化为一个腔内光闸，激光每往返一次此光闸就打开一次。这种具有最小损耗的静止时窗在激光每次往返时都将为那些集中在该时窗内的光子提供更高的净增益。

用于提供周期性调制的方法分为主动方案、被动方案以及将这两个方案结合起来的混合方案。主动锁模是利用激光腔内的一个有源元件（例如能产生损耗调制的声光调制器）获得的，调制必须与腔内往返行程精确地同步。另外，增益调制也可能实现——通过同步泵浦。在这种情况下，激光器的放大介质用另一个锁模激光器的输出来泵浦，由此这两个激光器的腔内往返时间必须匹配。被动锁模是利用激光辐射本身得到的，激光通过与激光腔内的一个非线性装置相互作用产生调制。典型的非线性装置是一种可饱和吸收体，当与激光相互作用时会表现出与光强有关的损耗。因此，这种调制将与腔内往返频率自动地同步。由于脉冲时间不必从外部控制，因此通常不需要同步电子设备，这使得被动方案的概念与主动方案相比更加简单。起初，人们利用有机染料作为真实的可饱和吸收体，用于从固体激光器中生成皮秒脉冲以及从染料激光器中生成低至 27 fs 的脉冲[2.99]；如今，最短的脉冲是在利用光学克尔效应进行被动锁模的固态激光介质中生成的，这种方法在文献［2.101］中最先提出。如今，小于 6 fs 的脉冲都是从具有克尔透镜锁模方式的 Ti：蓝宝石激光器中直接生成的[2.53,100]。在 800 nm 的中心波长下，5.4 fs 的脉冲持续时间只含有两个具有脉冲强度 FWHM 的光学周期。

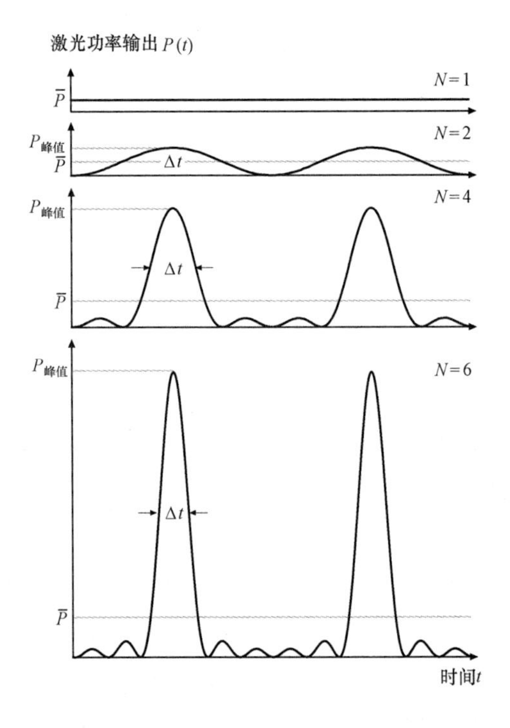

图 2.22 单模、双模、四模和六模情况的对比。模数量的增加会导致脉冲持续时间缩短。峰值功率 P_{Peak} 随着被锁在一起的模的数量 N 呈二次方增长趋势，而锁模激光器和非锁模激光器的平均功率 $\bar{P}$ 与 N 之间为线性关系

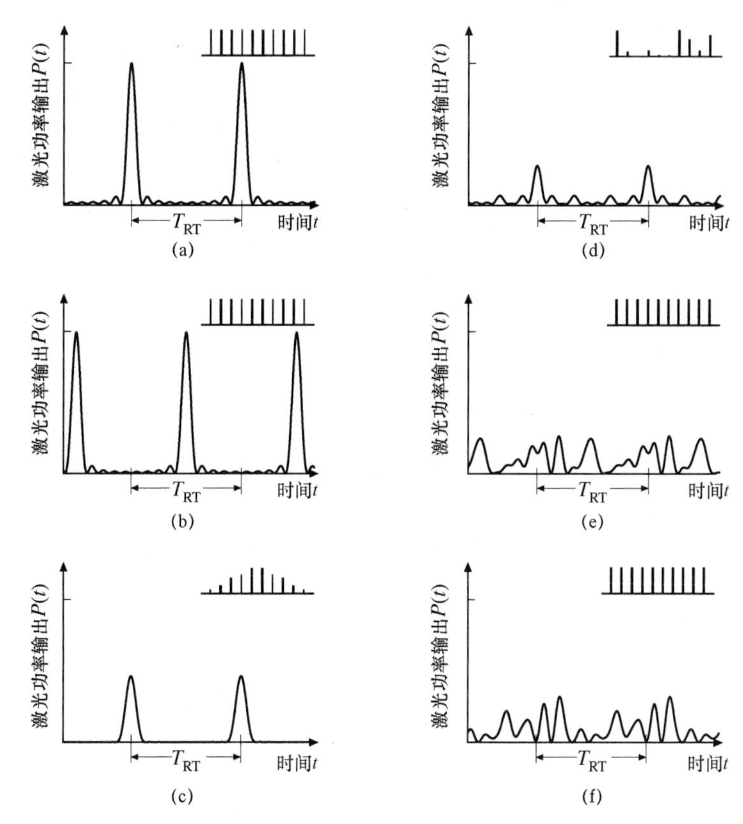

图 2.23　具有不同相对振幅（如插图所示）和相移角（T_{RT} 是往返时间）的 10 个等距模的输出功率

（a）当α=0 时模之间的线性相位关系$\phi_n = n\alpha$（即两个相邻模之间有恒定的相位关系）；（b）当α=π 时的线性相位关系$\phi_n = n\alpha$；（c）在 FWHM 时有五个模、当α=0 时具有线性相位关系的高斯频谱；（d）α=0 的随机频谱和线性相位关系；（e）恒定的频谱和随机相位；（f）恒定的频谱和不同的随机相位

2.3　飞秒激光脉冲的测量方法

对于超短激光脉冲的能量、功率、光谱和空间光束测量，可以采用标准的激光诊断法[2.5,47]。为了测量超短激光脉冲的脉冲持续时间或（更有趣的是）与时间有关的振幅和相位，研究人员们已开发了专门的测量方法，在本书提到的几本教科书和参考文献中就描述了这些方法[2.4－6]。本节将重点介绍这些方法的基本思想和根本性概念。

由于时域和频域通过傅里叶变换式［式（2.6），（2.7），（2.11），（2.12）］关联起来，因此只测量其中一个域中的振幅和相位应当就足够了。首先来简要思考一下频域，所有的分光仪（不管是衍射光栅还是傅里叶变换装置）都测量的是一个与光谱强度成正比的量（2.3.3 节），因此相位信息会损失。

另外，用于测量时域脉冲宽度的直接电子装置由快速光电二极管和高带宽（取样）示波器组成，仅适用于几皮秒的脉冲。因此，快速光电二极管不适于记录超短激光脉冲的时域波形。快速光电二极管通常用于检查超快振荡器的锁模工作状态，或者用于获得同步信号，供放大装置或同步实验使用。唯一能达到 1 ps 以下时间分辨率的检波器是超高速扫描照相机。但要描述超短脉冲的振幅和相位，需要采用光学相关法，尤其是在时间－频率域内工作的方法。本节将更详细地描述后一类方法。

2.3.1 超高速扫描照相机

图 2.24 描述了超高速扫描照相机的基本原理。待分析的超快光信号 $I(t)$ 被聚焦到一个光电阴极上，在那里光信号几乎瞬间被转换成了很多电子；然后，电子穿过一对水平加速电极，在经过电子倍增器（MCP）之后撞击在一个荧光屏上，借助于一部高灵敏度照相机（未显示）在屏幕上成像。其时间分辨率取决于将时域波形转换为空域波形这一概念——这是通过让电子脉冲在一对垂直扫描电极之间穿过实现的。在与入射光同步时，给扫描电极外加一个高电压。在高速扫描时，在不同的时间到达的电子以不同的角度偏转，因此沿不同的垂直方向撞击 MCP。通过用这样的方式，荧光屏上的垂直位置可起到时间轴的作用，信号的亮度与入射超短光信号的强度分布成正比，图像的水平方向相当于入射光的水平位置。例如，如果将超高速扫描照相机与多色仪结合使用，则可测量入射光相对于波长的时间变化。因此，时间分辨光谱学是这些装置的其中一个应用领域。据报道，商用装置[2.102,103]的时间分辨率为小于 200 fs。通过利用不同的光电阴极材料，可以获得 115～1 600 nm 的光谱响应。时间分辨率为 1.5 ps 的 X 射线超高速扫描照相机也已被报道。

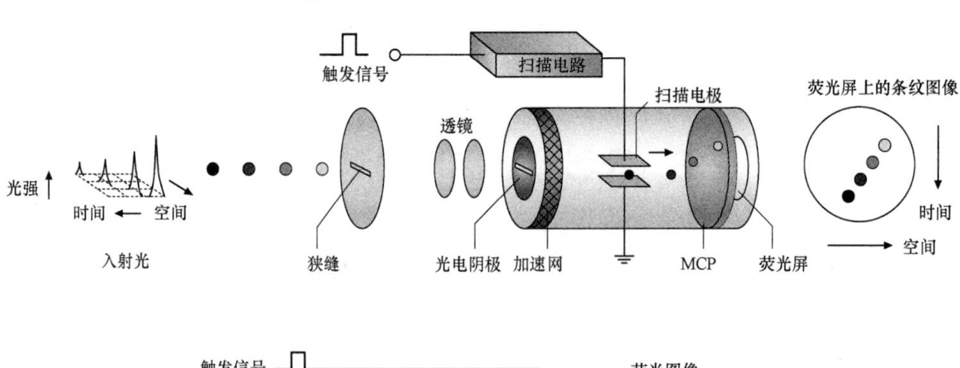

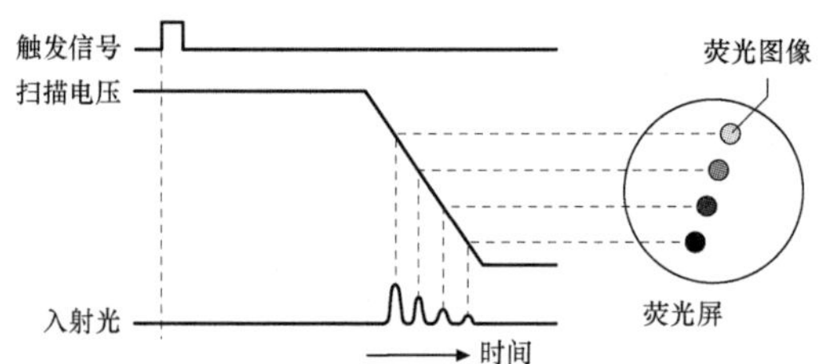

图 2.24　超高速扫描照相机的工作原理（上图）和时间（下图）（根据文献［2.102］）。在利用多色仪使超短光信号发生色散之后，空间坐标可能会成为一个波长坐标

2.3.2　强度自相关和互相关

一种广泛应用的、用于估算脉冲持续时间或检查激光是否会生成脉冲而不会造成统计光强波动的方法是测量“强度自相关” S_{intAC}［2.104］：

$$S_{\mathrm{int\,AC}}(\tau)=\int_{-\infty}^{\infty}I(t)I(t+\tau)\mathrm{d}t$$
$$=\int_{-\infty}^{\infty}I(t)I(t-\tau)\mathrm{d}t=S_{\mathrm{int\,AC}}(-\tau) \tag{2.68}$$

这是脉冲强度乘以同一脉冲的时移复制品的强度（与时移 τ 有关）之后的时间积分。强度自相关在 $\tau=0$ 时达到最大值，并且总是对称的［式（2.68）］。在这个基本配置中，一个脉冲相当于另一个脉冲的扫描光闸。

通过利用任何干涉仪（图 2.25），都可以将一个脉冲分裂成两个脉冲，然后将这两个脉冲重新组合，而且它们之间的时延可调节。在这种情况下请注意，100 fs 的脉冲持续时间相当于 30 μm 的空间幅度——这个尺寸可以用标准平移台轻松测定。要测量这两个脉冲的空间重叠度，需要用到一个非线性过程，以生成与这两个脉冲的强度之积成正比的探测信号。薄晶体中的二次谐波产生以及半导体光电二极管[2.105,106]中的双光子吸收被经常用到（在双光子二极管中，光子能量在带隙内，只有同时发生的双光子吸收才能产生信号）。在倍频晶体中必须采用薄晶体，以确保晶体相位匹配带宽与脉冲光谱带宽之比较大。对于在 800 nm 波长下工作的 100 fs 脉冲，偏硼酸钡（BBO）晶体的厚度应当不超过 100 μm，而薄至 5 μm 的晶体已用于测量几飞秒的脉冲[2.6]。

强度自相关是在时延激光脉冲未共线重组而彼此成一个角度被聚焦到薄非线性晶体之时直接得到的，这就形成了“无本底强度自相关”。关于共线配置，强度自相关是通过求光场快速振荡的平均值得到的［式（2.76）］。

共线强度自相关的信号－本底比值为 3:1［式（2.77）］。

强度自相关只提供了关于脉冲形状的有限信息，因为存在无穷多个对称的和非对称的脉冲形状，这些脉冲形状形成很相似的对称自相关迹线。利用强度自相关估算脉冲持续时间的程序是先假设一个脉冲形状，然后根据强度自相关 $\Delta t_{\mathrm{intAC}}$ 与 FWHM 之间的已知比值，计算 FWHM 脉冲持续时间 Δt。在这种方法中，通常假设脉冲形状为高斯形状或双曲正割形状。表 2.1 给出了各种脉冲形状的 $\Delta t_{\mathrm{intAC}}/\Delta t$ 比值[2.22]。

如果脉冲 $I_1(t)$ 已知，则通过测量与合适非线性二阶信号（例如和频或差频混频或双光子光电二极管）之间的强度互相关 S_{intCC}，$I_1(t)$ 可用于选通第二个未知脉冲 $I_2(t)$：

$$S_{\mathrm{int\,CC}}(\tau)=\int_{-\infty}^{\infty}I_1(t)I_2(t+\tau)\mathrm{d}t \tag{2.69}$$

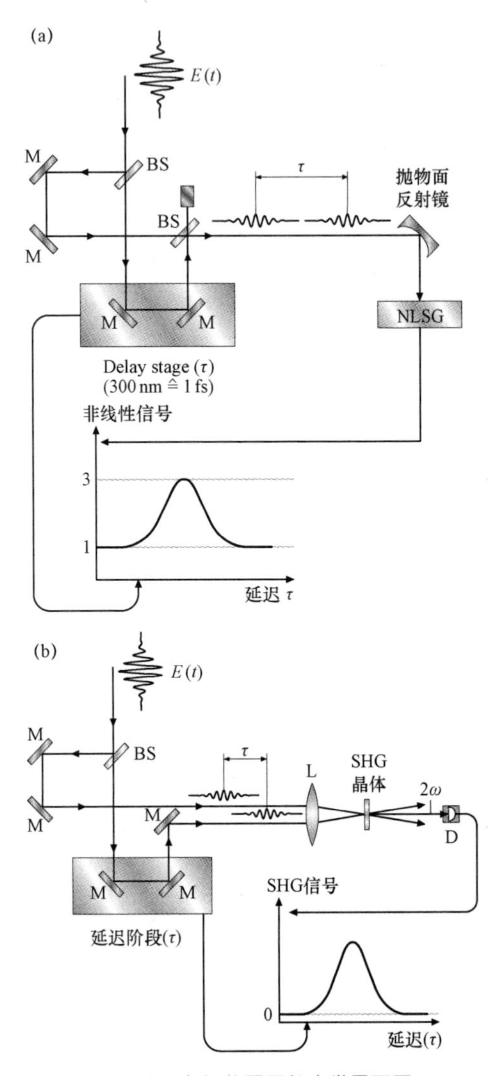

图 2.25　自相关配置的光学平面图

(a) 共线自相关器（色散最小化）：入射脉冲被分为两部分，其中一部分相对于另一部分以可变方式延迟。然后这两个脉冲重新组合，并聚焦到一个非线性信号发生器（NLSG）上。薄晶体中的二次谐波产生以及半导体光电二极管中的双光子吸收就经常用于此目的。也可以采用其他的二阶非线性效应。非线性信号以延迟时间的函数形式被测量。如果用干涉测量精度进行测量，则应当记录用干涉仪测量的自相关值。如果此装置求的是光场快速振荡［式（2.76）］的平均值，则应当记录含本底的强度自相关，其中心－偏移比为 3:1［式（2.77）］。(b) 非共线的自相关器用于记录无本底强度自相关 M－反射镜；BS－分束器；SHG－二次谐波产生；D－检波器；L－透镜

对于高斯脉冲形状，相应的 FWHM 量之间的关系式为

$$\Delta t_{\text{int CC}}^2 = \Delta t_1^2 + \Delta t_2^2 \tag{2.70}$$

通常必须考虑单个脉冲的二阶矩[2.23]。

对于大功率飞秒激光系统来说，高阶互相关 $S_{\text{高阶互相关}}$是通过利用 $n+1$ 阶和 $m+1$

阶非线性光学过程来确定强度分布的一种很方便又有效的工具：

$$S_{\text{高阶互相关}}(\tau)=\int_{-\infty}^{\infty} I_1^n(t) I_2^m(t+\tau)\mathrm{d}t \tag{2.71}$$

在这种情况下，假设脉冲为高斯形状，则相应的 FWHM 量可由下式求出：

$$\Delta t_{\text{高阶互相关}}^2=\frac{1}{n}\Delta t_1^2+\frac{1}{m}\Delta t_2^2 \tag{2.72}$$

强度自相关并不一定要通过移动干涉仪的一个臂（图 2.25）进行记录。在“单发自相关器”[2.107,108]中，这两个脉冲以非共线形式耦合到一块薄的倍频晶体中（图 2.26）。仅在晶体内部的一个小区域里，脉冲才会有时空重叠。根据图 2.26（b）中配置的几何形状，延迟时间 τ 与空间坐标 x_0 有关。通过给倍频信号成像，可以得到强度自相关与空间坐标之间的关系式：

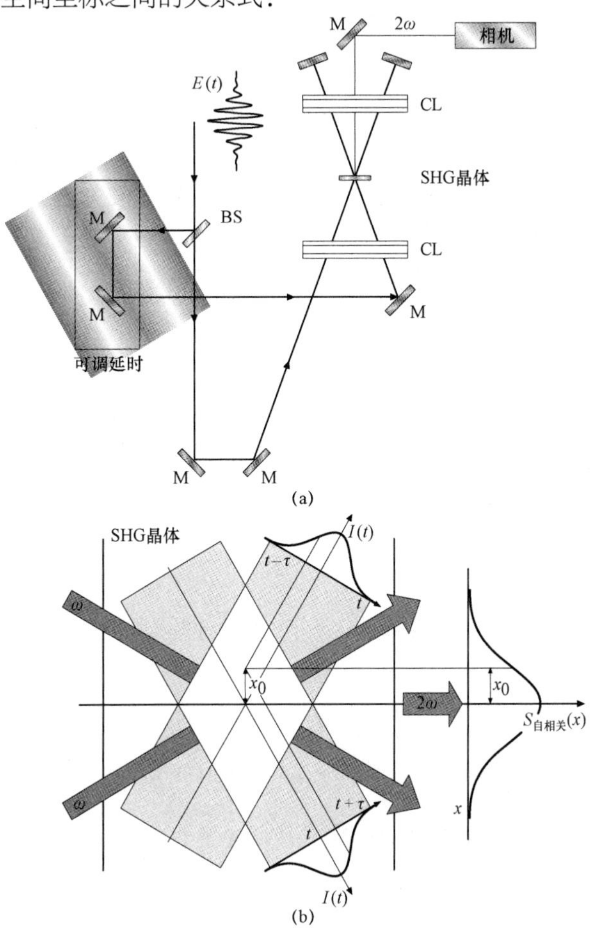

图 2.26　单发自相关器示意图

（a）单发自相关器的光学平面图。通过利用一个柱面透镜（CL），入射脉冲的延时复制品被聚焦到一块二次谐波产生（SHG）晶体上。两个空间延伸脉冲的时空重叠度通过 SHG 来测量，并用相机来记录（M－反射镜；BS－分束器）。（b）（a）的详图。在时空重叠区，二次谐波产生通过 I 类相位匹配来诱发，而时域自相关转变成在 x 轴上的空间强度分布（根据文献［2.5］）

$$S_{自相关}(x_0)=\int_{-\infty}^{\infty} I(x)I(x+x_0)\mathrm{d}x \tag{2.73}$$

这些单发装置尤其适于高强度飞秒激光脉冲，因此能很方便地调节低重复率飞秒放大器。据报道，相敏装置也已开发出来[2.108,109]。

2.3.3 干涉测量自相关

现在，本书将更详细地探讨共线自相关的情况。最简单的干涉测量信号是由线性检波器发出的，而线性检波器用于记录重组脉冲的强度。当两个脉冲的电场 E 相同时，信号的 $S_{线性干涉测量自相关}$与其相对延迟时间 τ 之间的关系式为

$$\begin{aligned}S_{线性干涉测量自相关}(\tau)&=\int_{-\infty}^{\infty}[E(t)+E(t+\tau)]^2\,\mathrm{d}t\\&=2\int_{-\infty}^{\infty}I(t)\mathrm{d}t+2\int_{-\infty}^{\infty}E(t)E(t-\tau)\mathrm{d}t\end{aligned} \tag{2.74}$$

其中我们省略了 2.1.1 节和 2.1.2 节中定义的前因子。此信号由两部分组成：由两个脉冲的强度之和所决定的偏移量，以及用电场的自相关作用来描述的干涉项。维纳－辛钦（Wiener－Khintchine）定理认为，由电场自相关的傅里叶变换，可得到光谱密度[2.110]——一个与光谱强度 $I(\omega)$ 成正比的量，这个量构成了傅里叶光谱学的基础。因此，线性自相关不包含除频谱振幅和脉冲总强度之外的信息。

这个问题的一种解决方案是采用对强度的平方很敏感的非线性检波器，从而得到信号 $S_{二次干涉测量自相关}$

$$S_{二次干涉测量自相关}(\tau)=\int_{-\infty}^{\infty}\{[E(t)+E(t+\tau)]^2\}^2\,\mathrm{d}t \tag{2.75}$$

令电场为 $E(t)=\mathrm{Re}[A(t)\mathrm{e}^{\mathrm{i}\Phi_{\mathrm{a}}(t)}\mathrm{e}^{\mathrm{i}\omega_0 t}]$并定义 $S_0=\int_{-\infty}^{\infty}A^4(t)$，以使得到的结果归一化，类似于[2.4,111]

$$S_{\text{quadratic interferometric AC}}(\tau)=\frac{1}{S_0}(S_{f0}+S_{f1}+S_{f2})$$

其中，

$$\begin{cases}S_{f0}=\int_{-\infty}^{\infty}[A^4(t)+2A^2(t)A^2(t+\tau)]\mathrm{d}t\\ S_{f1}=2\,\mathrm{Re}\Big\{\mathrm{e}^{\mathrm{i}\omega_0\tau}\int_{-\infty}^{\infty}A(t)A(t+\tau)\times\\ \qquad[A^2(t)+A^2(t+\tau)]\mathrm{e}^{\mathrm{i}[\Phi_{\mathrm{a}}(t+\tau)-\Phi_{\mathrm{a}}(t)]}\mathrm{d}t\Big\}\\ S_{f2}=\mathrm{Re}\Big[\mathrm{e}^{\mathrm{i}2\omega_0\tau}\int_{-\infty}^{\infty}A^2(t)A^2(t+\tau)\times\\ \qquad\mathrm{e}^{\mathrm{i}2[\Phi_{\mathrm{a}}(t+\tau)-\Phi_{\mathrm{a}}(t)]}\mathrm{d}t\Big]\end{cases} \tag{2.76}$$

其中，Re 表示实部。根据式（2.48），信号 $S_{二次干涉测量自相关}$可分解成三个频率分量：S_{f0}（$\omega\approx0$）、S_{f1}（$\omega\approx\pm\omega_0$）以及 S_{f2}（$\omega\approx\pm2\omega_0$），如图 2.27 所示。

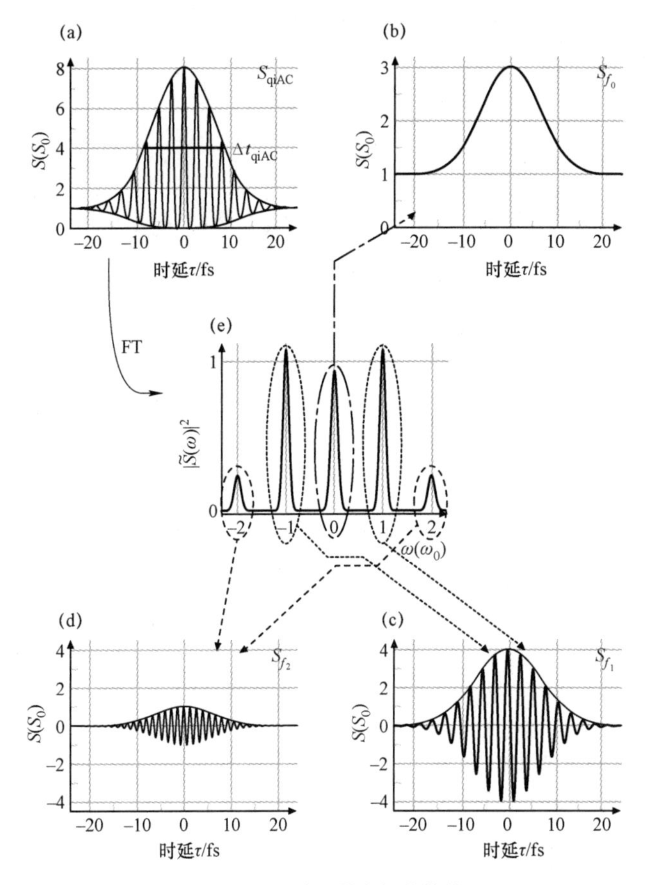

图 2.27　干涉测量自相关特性

（a）二次干涉测量自相关；（b）～（d）脉冲持续时间为 10 fs 的带宽受限高斯脉冲在时域中的独立分量 S_{f0}、S_{f1} 和 S_{f2}。注意，当 $\omega=0$ 时，（a）中的偏移会引入一个相加值。因此，（e）是偏移修正曲线的傅里叶变换。此外，图（a）中还显示了 $\Delta t_{二次干涉测量自相关}$(在图中，qiAC 被用作二次干涉测量自相关的一个简化符号）

S_{f0} 相当于强度与本底之间的相关性，这个参数可通过傅里叶滤波或在实验中直接求快速振荡的平均值来获得。通过利用式（2.76）可以看到，这种强度自相关的中心－偏移比值为

$$\frac{S_{f0}(0)}{S_{f0}(\infty)}=\frac{\int_{-\infty}^{\infty}3A^4(t)\mathrm{d}t}{\int_{-\infty}^{\infty}A^4(t)\mathrm{d}t}=\frac{3}{1} \tag{2.77}$$

S_{f1} 是两个相互对称的互相关函数之和，且明显取决于时间相位 $\Phi_a(t)$。

S_{f2} 代表着二次谐波场的自相关，因此与二次谐波谱的频谱强度有关，此参数还取决于时间相位 $\Phi_a(t)$。注意，在倍频之后，原来具有相同频谱强度的相位调制脉

冲可能会得到极为不同的频谱强度（图 2.28）。在最近的实验中，这一点已得到利用[2.21,112,113]。利用脉冲整形器来扫描已校准的相位函数（2.1.3 节），与此同时测量二次谐波谱——这是一种可用于描述超短激光脉冲之频谱相位的非干涉测量方法[2.114]。当 $\tau=0$ 时，所有这三个分量相长性地相加，得到 8:1 的中心–本底比值。可从式（2.75）中直接看到

$$\frac{S_{\text{二次干涉测量自相关}}(0)}{S_{\text{二次干涉测量自相关}}(\infty)}=\frac{\int_{-\infty}^{\infty}(E+E)^4\mathrm{d}t}{\int_{-\infty}^{\infty}E^4\mathrm{d}t+\int_{-\infty}^{\infty}E^4\mathrm{d}t}=\frac{16\int_{-\infty}^{\infty}E^4\mathrm{d}t}{2\int_{-\infty}^{\infty}E^4\mathrm{d}t}=\frac{8}{1} \tag{2.78}$$

在实验中利用中心–本底比值来检查干涉仪是否正确定位。为了推导出相位信息，可以将解析函数（例如高斯函数）与 $S_{\text{二次干涉测量自相关}}$ 拟合[2.111]。通过考虑有关频谱的知识，研究人员已提出了不需假设基本脉冲波形的迭代算法[2.115,116]。仅对于线性啁啾以及几乎无噪声的情况，这两种方法才能得到有意义的结果。文献［2.4，117］中探讨了噪声对自相关测量的影响，这是一个要点，因为测量过程通常是在平均脉冲序列上实施的；文献［2.6］中探讨了在自相关测量中的其他系统误差源。

$\Delta t_{\mathrm{intAC}}/\Delta t$ 比值仅适用于带宽受限脉冲的强度自相关。对于带宽受限的高斯脉冲来说，二次干涉测量自相关信号的 FWHM（在 8:1 的图中当 $S_0=4$ 时测量，如图 2.27（a）所示）与脉冲持续时间之间的关系式为

$$\frac{\Delta t_{\text{二次干涉测量自相关}}}{\Delta t}=1.696\ 3 \tag{2.79}$$

图 2.28 针对不同的脉冲绘制了所得到的干涉测量自相关迹线、强度自相关以及基波的二次谐波频谱。

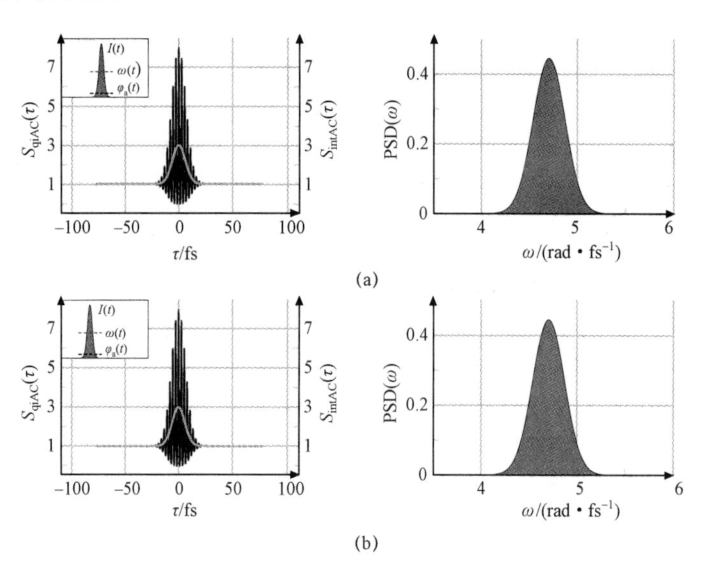

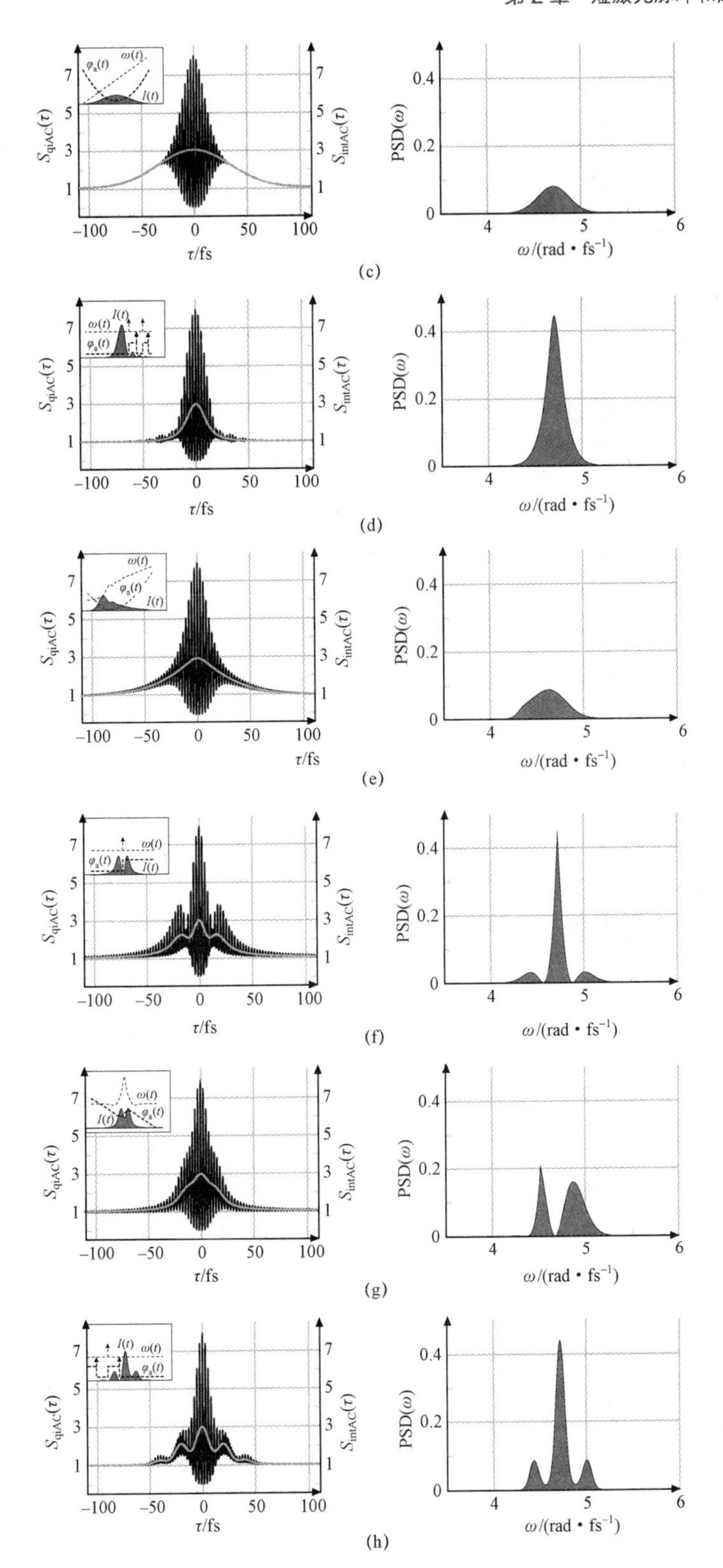
$S_{qiAC}(\tau)$
$S_{intAC}(\tau)$
τ/fs
PSD(ω)
ω/(rad • fs^{-1})
$\varphi_a(t)$
$\omega(t)$
$I(t)$
(c)
(d)
(e)
(f)
(g)
(h)

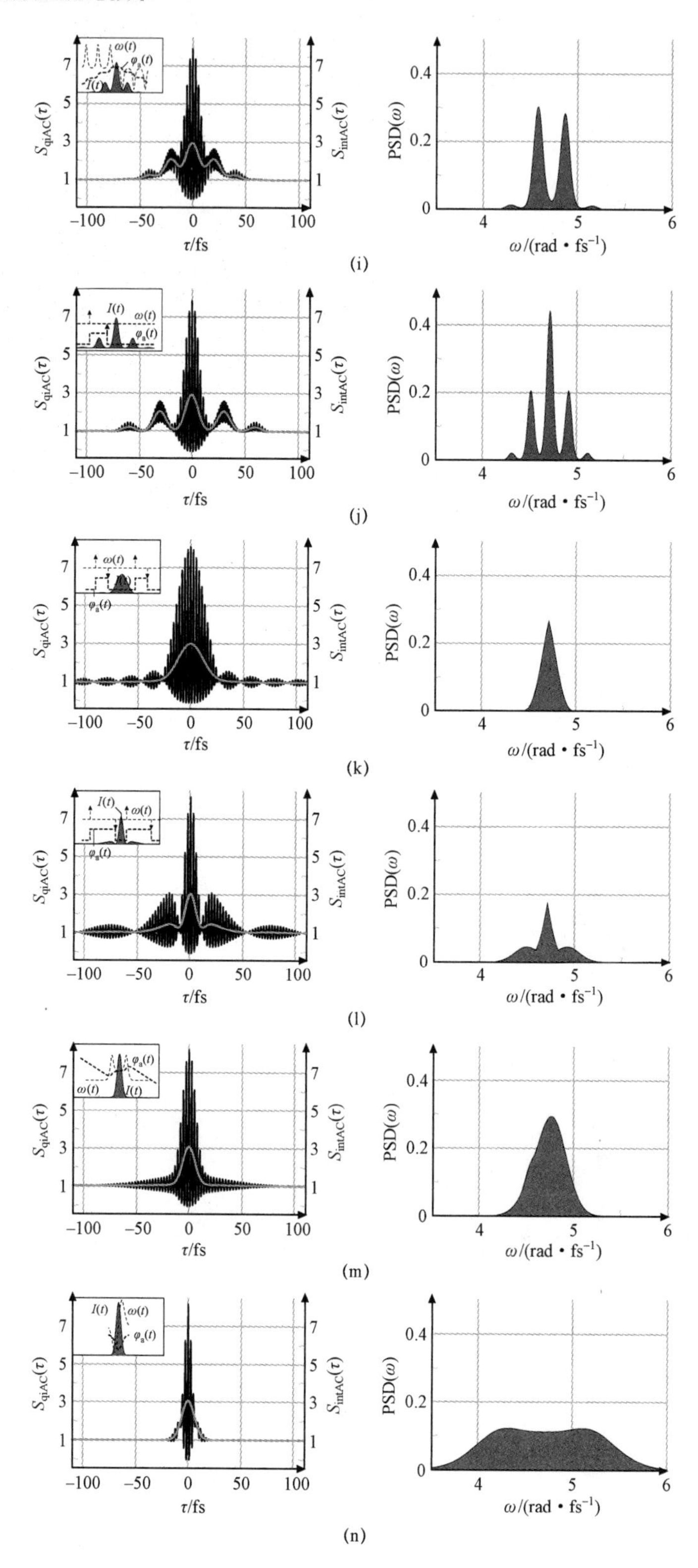
$\omega(t)$
$\varphi_a(t)$
$I(t)$
$S_{qiAC}(\tau)$
$S_{intAC}(\tau)$
τ/fs
PSD(ω)
ω/(rad • fs^{-1})
(i)
(j)
(k)
(l)
(m)
(n)

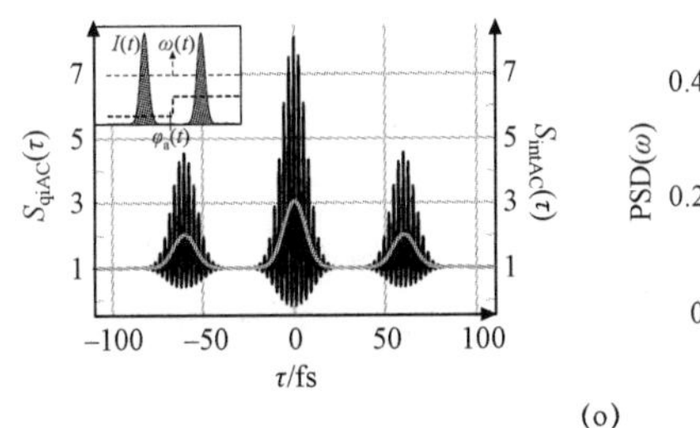

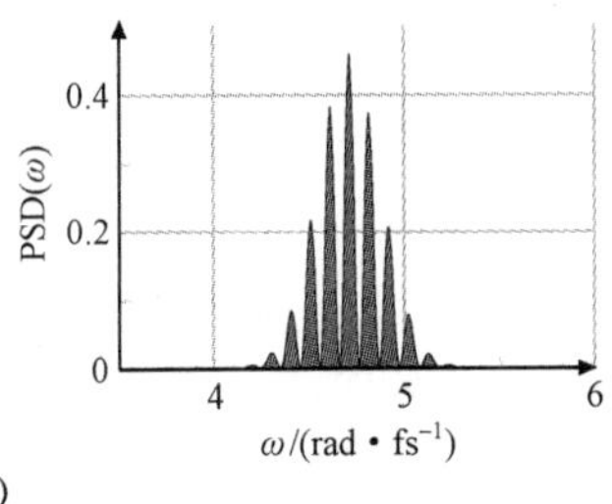

(o)

图 2.28 左：图 2.3 中脉冲波形（中心波长为 800 nm）的二次干涉测量自相关 $S_{二次干涉测量自相关}$（τ）（黑色）和强度自相关 $S_{\text{int AC}}$（τ）（灰色）。插图中显示了时域强度 I（t）、附加时域相位 Φ_a（t）和瞬时频率 ω（t）。右：在二次谐波区域中显示的 S_{qiAC}（τ）的相应功率谱密度 PSD（ω）。请注意，对于脉冲（a）～（j）来说，线性频谱保持不变。（a）持续时间为 10 fs 的带宽受限高斯激光脉冲；（b）持续时间为 10 fs、由于在频谱域中存在线性相位项（$\phi'=-20$ fs）而时移至 −20 fs 的带宽受限高斯激光脉冲；（c）由于存在 $\phi''=200\ \text{fs}^2$ 而生成的对称展宽高斯激光脉冲；（d）三阶频谱相位（$\phi'''=1\ 000\ \text{fs}^3$），导致产生二次群时延；（e）（a）−（d）中所有频谱相位系数的共同作用；（f）中心频率下的 π 步长；（g）与中心频率之间偏移 π 步长；（h）当 ϕ（ω）= 1 sin［20 fs（$\omega-\omega_0$）］时在中心频率下的正弦调制；（i）当 ϕ（ω）= 1 cos［20 fs（$\omega-\omega_0$）］时在中心频率下的余弦调制；（j）当 ϕ（ω）= 1 sin［30 fs（$\omega-\omega_0$）］时在中心频率下的正弦调制；（k）对称频谱剪切；（l）中心频率分量阻塞；（m）偏心吸收；（n）自相位调制。请注意频谱展宽；（o）具有 60 fs 脉冲 − 脉冲延时的双脉冲。请注意，二次谐波场 $E^2(t)=A^2(t)\mathrm{e}^{2\mathrm{i}\Phi_a(t)}\mathrm{e}^{2\mathrm{i}\omega_0 t}$ 会产生自相关函数 S_{f2}。此函数与二次谐波 PSD——即 E^2（t）的傅里叶变换式的平方模量（见右列）——有关。因此，二次谐波 PSD 的形状由线性频谱的相位调制决定，可用于高效地控制双光子共振过程[2.21,112,113]

2.3.4 时间 − 频率方法

如上所述，干涉测量自相关（甚至加上独立测量的频谱）都不能提供足够的信息来描述任意形状超短激光脉冲的时域振幅 A（t）、时域强度 I（t）和时域相位函数 Φ_a（t）或频率域中的这些参数（2.1.2 节）。

研究人员已开发出了不在时域或频域内工作而是在联合时间 − 频率域中工作的方法，这些方法同时考虑了时间分辨率和频率分辨度[2.24,118]，能够完全确定脉冲波形[2.6]。

出于说明目的，先举一个音乐方面的例子：用音符来描述一行音乐，音频用音符的音调来表示，音符的持续时间表示音频必须保持多久。乐谱将告诉我们音符必须按什么样的顺序演奏，还提供了与要演奏的强度有关的其他信息（例如弱音和强音）。图 2.30（a）以贝多芬第五交响曲的前几个音符为例。如果由管弦乐队演奏音乐，而又想要生动地记录音乐，则声谱 $S_{声谱}$（ω，τ）是一个有用的量。函数 f（t）的声谱定义为短时傅里叶变换式的能量密度谱 STFT（ω，τ）：

$$\begin{aligned} S_{声谱}(\omega,\tau) &\equiv \left|\mathrm{STFT}(\omega,\tau)\right|^2 \\ &= \left|\int_{-\infty}^{\infty} f(t)g(t-\tau)\mathrm{e}^{-\mathrm{i}\omega t}\mathrm{d}t\right|^2 \end{aligned} \tag{2.80}$$

其中，g（$t-\tau$）表示门（或窗）函数。这背后的概念既简单又强有力，如果想要分析在特定的时间发生了什么，只需要利用以那个时间为中心的一小部分信号来计算其频谱，然后在每个时刻都这样做。图 2.30（b）显示了与贝多芬第五交响曲的开头相对应的声谱。

图 2.29 显示了在激光器的复杂电场上的 STFT 概念。一旦恢复了电场的振幅和相位，就可以用其他的时间－频率分布（例如 Wigner[2.24,119−122]和 Husimi[2.123,124]）来显示数据。

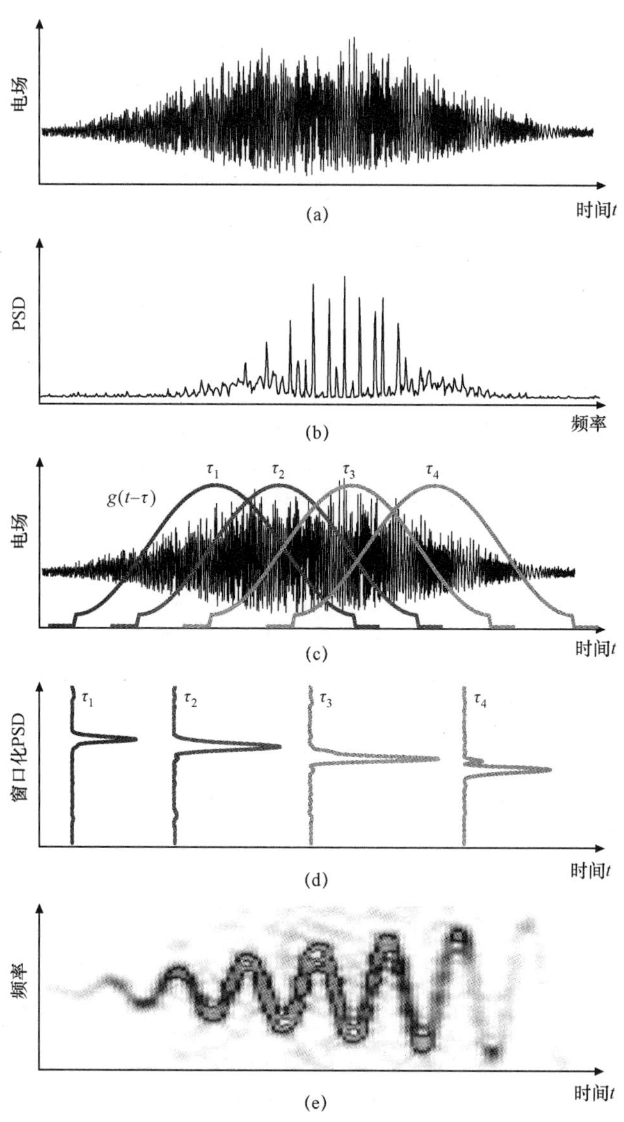

图 2.29　复杂电场的短时傅里叶变换图

（a）电场随时间的变化；（b）功率谱密度随频率的变化；（c）选通电场；显示了 4 个不同的时延；（d）每个光栅的功率谱密度；（e）光谱图，表明振荡瞬时频率随时间变化是由（a）中的复杂电场造成的

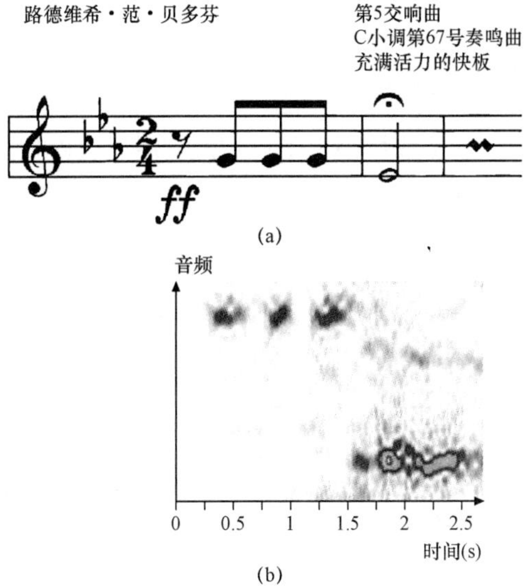

路德维希·范·贝多芬　　第5交响曲
C小调第67号奏鸣曲
充满活力的快板

(a)

音频

0　0.5　1　1.5　2　2.5
时间(s)

(b)

图 2.30　乐谱与频谱

（a）乐谱；（b）贝多芬第五交响曲的相应频谱

与声谱密切相关的一个量是声波 $S_{声波图}(\omega,\ \tau)$：

$$S_{\text{sonogram}}(\omega,\tau) \equiv \left|\int_{-\infty}^{\infty} \tilde{f}(\omega')\tilde{g}(\omega-\omega')\mathrm{e}^{+\mathrm{i}\omega'\tau}\mathrm{d}\omega'\right|^2 \tag{2.81}$$

其中，$\tilde{g}(\omega-\omega')$ 是频率门，与声谱中采用的时间门 $g(t-\tau)$ 类似。如果 $\tilde{g}(\omega)$ 是 $g(t)$ 的傅里叶变换，则可以看到声波图与声谱图相当[2.6]。

在超快光学中，用于记录声谱图或声波图的门脉冲通常是脉冲本身。

1. 基于声谱的方法

在实验中，声谱图记录是通过在瞬时非线性光学介质中用脉冲的可变延迟复制品来选通脉冲，然后从光谱角度分解门脉冲实现的。此装置的基本光学配置与图 2.25（b）中描绘的非共线自相关配置几乎相同，只是检波器必须用分光仪和照相机系统替代，以便从光谱角度分解门脉冲。相应的方法叫做“频率分辨光学开关”（FROG），在文献［2.6，125］和本书的参考文献中有非常详细的描述。

根据用于在 FROG 中选通脉冲的瞬时非线性光学效应，专家们研究了几种不同的 FROG 几何形状（图 2.25（b）中的配置相当于二次谐波产生（SHG）FROG），这些几何形状也可以以单发装置的形式实现，类似于图 2.26 中描绘的单发自相关器。FROG 迹线 $I_{\text{FROG}}(\omega,\ \tau)$，即频率（波长）–延迟时间图，是具有复振幅 E_c 的频谱图［式（2.15）］。如果忽略前因子，则根据文献［2.6，125］，由不同的非线性光学效应可得到下列表达式。

（1）偏振门（PG）FROG。

$$I_{\mathrm{FROG}}^{\mathrm{PG}}(\omega,\tau)=\left|\int_{-\infty}^{\infty}E_{\mathrm{c}}(t)\left|E_{\mathrm{c}}(t-\tau)\right|^{2}\mathrm{e}^{-\mathrm{i}\omega t}\mathrm{d}t\right|^{2} \tag{2.82}$$

在探测脉冲的正交偏振镜配置中，当出现门脉冲时，这种方法利用了熔融石英中的感应双折射。三阶光学非线性是电子克尔效应。用这种方法得到的 FROG 迹线很直观（图 2.31）。

（2）自衍射（SD）FROG。

$$I_{\mathrm{FROG}}^{\mathrm{SD}}(\omega,\tau)=\left|\int_{-\infty}^{\infty}E_{\mathrm{c}}(t)^{2}E_{\mathrm{c}}^{*}(t-\tau)\mathrm{e}^{-\mathrm{i}\omega t}\mathrm{d}t\right|^{2} \tag{2.83}$$

在这种方法中，两个光束（具有相同的偏振方向）会在非线性介质（例如熔融石英）中生成正弦强度图，由此引入一个材料光栅，使每一个光束发生衍射。然后，其中一个衍射光束成为信号光束，被送入分光仪中。

（3）瞬态光栅（TG）FROG。

$$\begin{aligned}&I_{\mathrm{FROG}}^{\mathrm{TG}}(\omega,\tau)\\&=\left|\int_{-\infty}^{\infty}E_{\mathrm{c}1}(t)E_{\mathrm{c}2}^{*}(t)E_{\mathrm{c}3}(t-\tau)\mathrm{e}^{-\mathrm{i}\omega t}\mathrm{d}t\right|^{2}\end{aligned} \tag{2.84}$$

这是一种三光束配置，其中两个脉冲在光学克尔介质（例如熔融石英）中在时间和空间上重叠，形成与自衍射 FROG 中相似的折射率光栅。在 TG 中，第三个脉冲出现可变延迟，并在熔融石英中重叠，然后被诱导光栅衍射，生成分光仪的信号光束。具有 TG 几何形状（三个输入端和一个输出端）的光束保持几乎共线，形成一种“矩形波串”配置。在这种配置中，当把一张卡片放入非线性介质后面的光束中时，4 个光斑会出现在一个矩形的 4 个角上。由于 TG 是一个相位匹配过程，因此其灵敏度与 SD 方法相比更高。根据哪个脉冲会出现可变延迟（而另两个脉冲在时间上一致）TG FROG 迹线在数学上可能与 PG FROG 相同（脉冲 1 或 3 延迟），或者与 SD FROG 相同（脉冲 2 延迟）。

（4）三次谐波产生（THG）FROG。

$$I_{\mathrm{FROG}}^{\mathrm{THG}}(\omega,\tau)=\left|\int_{-\infty}^{\infty}E_{\mathrm{c}}(t-\tau)^{2}E_{\mathrm{c}}(t)\mathrm{e}^{-\mathrm{i}\omega t}\mathrm{d}t\right|^{2} \tag{2.85}$$

这种方法利用了三次谐波产生作为非线性过程。

（5）二次谐波产生（SHG）FROG。

$$I_{\mathrm{FROG}}^{\mathrm{SHG}}(\omega,\tau)=\left|\int_{-\infty}^{\infty}E_{\mathrm{c}}(t)E_{\mathrm{c}}(t-\tau)\mathrm{e}^{-\mathrm{i}\omega t}\mathrm{d}t\right|^{2} \tag{2.86}$$

SHG FROG 涉及从光谱角度分析基于 SHG 的标准非共线强度自相关器，这通常会得到对称的迹线，为 SHG FROG 生成一个时间模糊的方向。这种模糊性可用实验方法去除，例如在分束器前面的光束中放一块玻璃，以引入正啁啾或通过表面反射建立辅助脉冲。由于 SHG FROG 灵敏度高，而且基于标准的自相关器，因此这种方法已被广泛采用。图 2.31 给出了各种脉冲形状的 SHG FROG 迹线例子。

表 2.4 中对比了不同的方法。图 2.31 给出了为 PG 和 SHG FROG 几何形状的常见超短脉冲畸变计算出的各种迹线。关于为其他波束几何形状计算出的 FROG 迹线，见文献［2.125］。文献［2.6］中编入了为不同几何形状测得的 FROG 迹线。

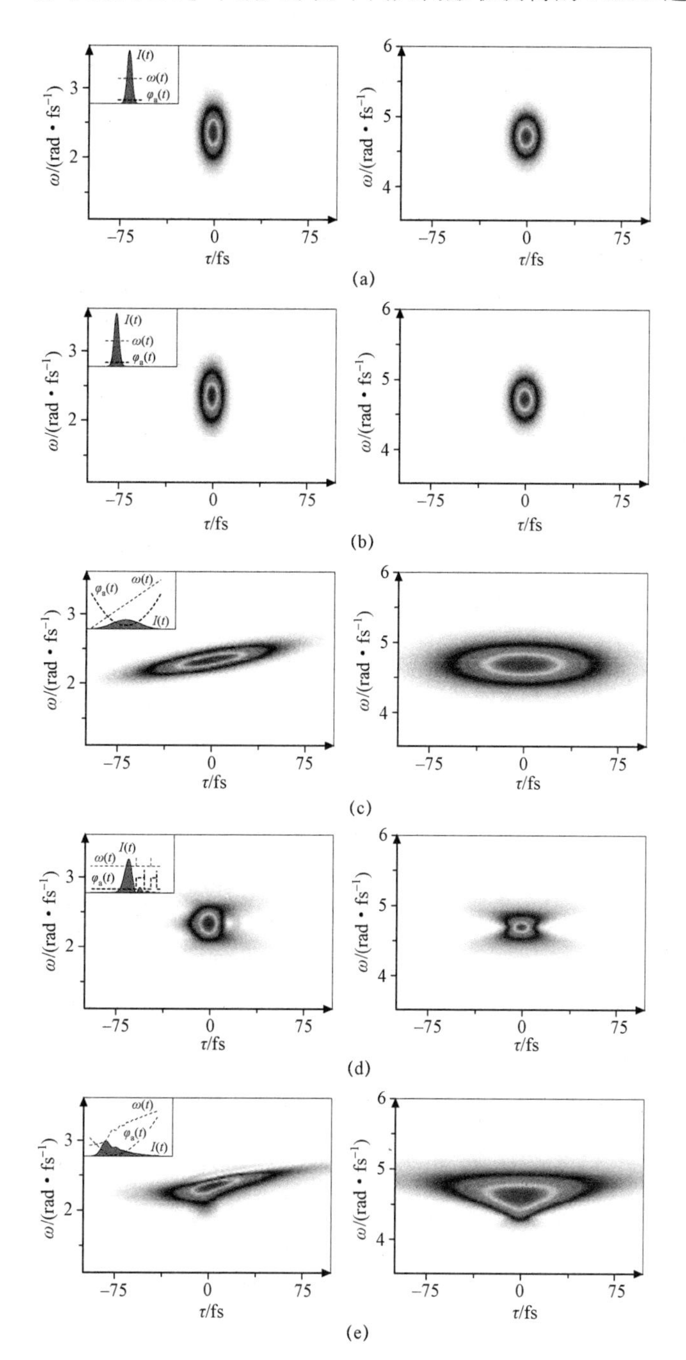

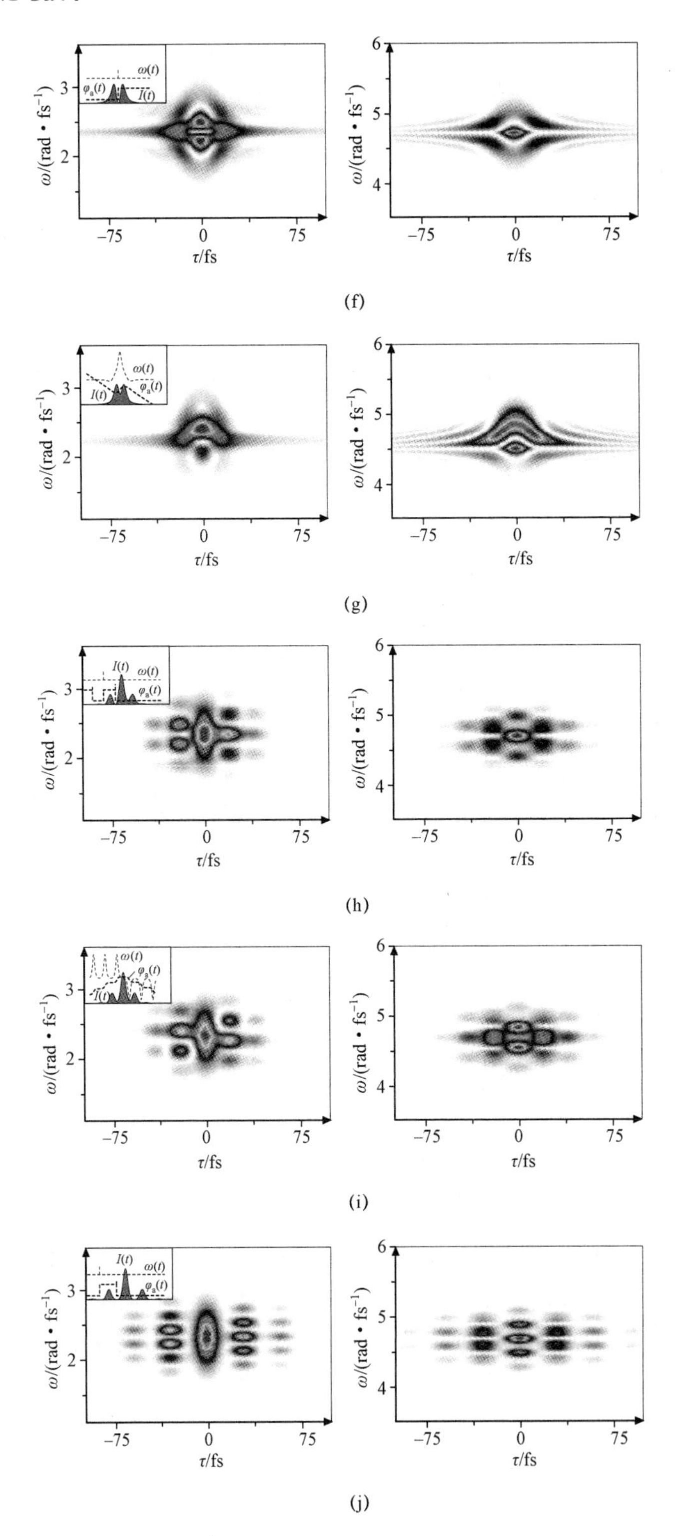

(f)

(g)

(h)

(i)

(j)

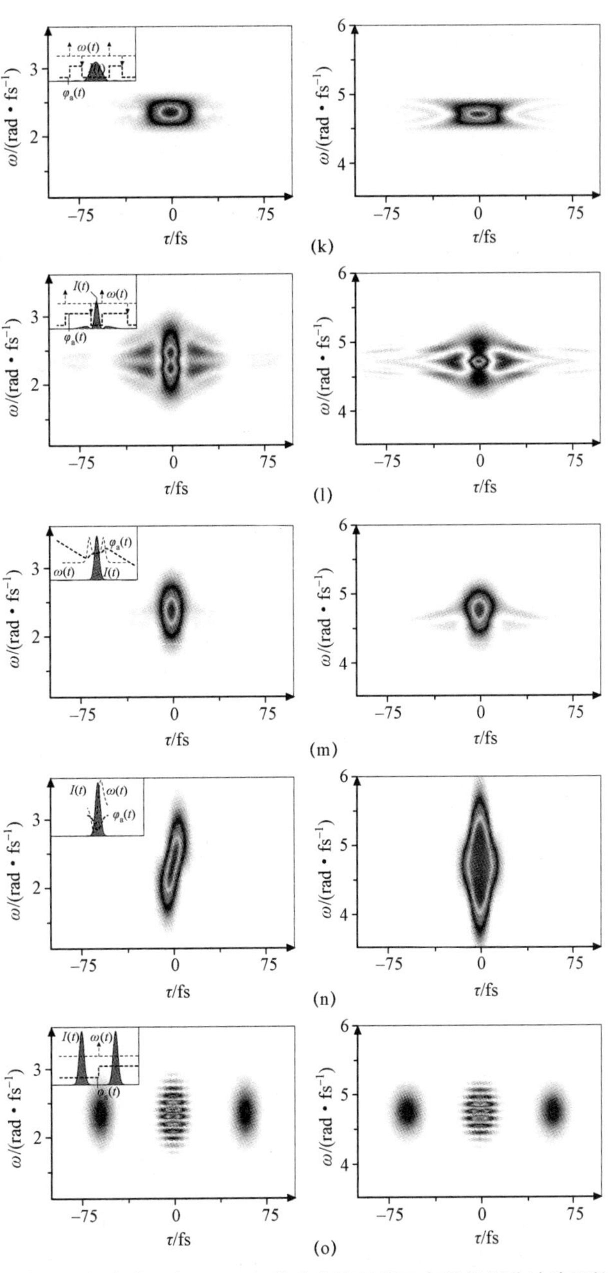

图 2.31　根据图 2.3 中显示的脉冲，在 800 nm 的中心波长以及各种超短脉冲波形的相应频率下计算出的 FROG 迹线。左：偏振门（PG）FROG。右：二次谐波产生（SHG）FROG。插图中显示了时域强度 I（t）、附加时域相位 Φ_a（t）和瞬时频率 ω（t），作为提示。（a）持续时间为 10 fs 的带宽受限高斯激光脉冲；（b）持续时间为 10 fs、在频谱域中存在线性相位项（$\phi'=-20$ fs）而时移至 −20 fs 的带宽受限高斯激光脉冲；（c）由于存在 $\phi''=200\ \mathrm{fs}^2$ 而生成的对称展宽上啁啾高斯激光脉冲；（d）三阶频谱相位（$\phi'''=1\ 000\ \mathrm{fs}^3$），导致产生二次群时延；（e）（a）～（d）中所有频谱相位系数的共同作用；（f）中心频率下的 π 步长；（g）与中心频率之间偏移 π 步长；（h）当 ϕ（ω）$=1\sin$［20 fs（$\omega-\omega_0$）］时在中心频率下的正弦调制；（i）当 ϕ（ω）$=1\cos$［20 fs（$\omega-\omega_0$）］时在中心频率下的余弦调制；（j）当 ϕ（ω）$=1\sin$［30 fs（$\omega-\omega_0$）］时在中心频率下的正弦调制；（k）对称频谱剪切；（l）中心频率分量阻塞；（m）偏心吸收；（n）自相位调制（请注意频谱展宽）；（o）具有 60 fs 脉冲－脉冲延时的双脉冲

表 **2.4** 不同 **FROG** 几何形状之间的对比（**PG**－偏振门；**SD**－自衍射；**TG**－瞬时光栅；**THG**－三次谐波产生；**SHG**－二次谐波产生）。灵敏度只是近似的，假设将 **800 nm** 的 **100 fs** 待测量脉冲聚焦至大约 **100 μm**（对于 **THG**，为 **10 μm**）。在示意图中，只显示了具有非线性光学效应、以非线性为特征的部分；未显示的为延迟线和各种透镜，因为这些元件是所有配置所共有的，而且与图 **2.25**（**b**）和图 **2.26** 中所示的光学配置类似。实线表示输入脉冲；虚线表示信号脉冲。所显示的频率（ω，2ω，3ω）为参与脉冲的载波频率，从中可看到信号脉冲的载波频率是否与输入脉冲相同或者像在 **SHG** 和 **THG** 中那样发生频移。**D** 表示检波器，由分光仪和照相机系统组成。（**WP**－波片；**P**－偏振镜）（根据文献［**2.6**］）

几何形状	PG	SD	TG	THG	SHG
非线性	$\chi^{(3)}$	$\chi^{(3)}$	$\chi^{(3)}$	$\chi^{(3)}$	$\chi^{(2)}$
灵敏度（单发）/μJ	≈1	≈10	≈0.1	≈0.03	≈0.01
灵敏度（多发）/nJ	≈100	≈1 000	≈10	≈3	≈0.001
优点	迹线直观；自动相位匹配	迹线直观；具有远紫外线能力	无本底；灵敏；迹线直观；具有远紫外线能力	灵敏；带宽很大	很灵敏
缺点	需要偏振镜	需要薄介质；相位不匹配	三个波束	迹线不直观；λ 信号很短	迹线不直观；λ 信号短
不明确性	未知	未知	未知	多个脉冲的相对相位ϕ，$\phi\pm 2\pi/3$	多个脉冲的相对相位ϕ，$\phi+\pi$；时间方向
示意图					

值得一提的是，掌握了超短激光脉冲的电场声谱（或声波图）之后，便足以完全确定电场的振幅和相位（除绝对相位等不确定性因素外），因为声谱图是图像科学和天文学中面临的一个二维相位复原问题[2.126]。一般来说，相位复原是在仅已知某函数的傅里叶变换量值（而非相位）的情况下求该函数。对于只有一个变量的函数来说，相位复原是不可能的，例如，知道了脉冲频谱，并不能完全确定脉冲，因为有无穷多个不同的脉冲都具有相同的频谱［图 2.3（a）～（j）］。但对于有两个变量的函数来说，相位复原是可能的，因为 FROG 迹线可改写成二维傅里叶变换的量值平方[2.125]。现在已经有了很先进的迭代复原程序，能以高达几赫兹的更新速度从 FROG 迹线中快速地将脉冲复原[2.127]。

下面，本书将总结 FROG 方法的一些其他属性——这些属性也部分地适用于声波图方法：

（1）由于 FROG 迹线由 $N \times N$ 个点组成，而另一方面，强度和相位只有 $2N$ 个点，因此 FROG 迹线在多种因素上决定着脉冲。这使这种二维方法的稳健性增强，并提高对测量噪声的抗扰性。因此，FROG 算法的发散性可能暗示着存在系统误差。

（2）与自相关方法不同的是，FROG 能提供嵌入式一致性检验，以探测系统误差。这种方法涉及计算迹线的边缘函数，亦即迹线相对于延迟时间或频率的积分。可以将这些边缘函数与独立测量的频谱或自相关函数做比较。对于 SHG FROG 来说，时间边缘函数能得到强度自相关，而频率边缘函数能得到二次谐波频谱。因此，图 2.28 的相应图片中给出了图 2.31 中 SHG FROG 迹线的边缘函数。

（3）FROG 还可用于一种叫做“XFROG”的互相关随机变量[2.129]。在这种情况下，可以用一个已知的脉冲来选通一个未知脉冲（通常由已知脉冲推导出来），这两个脉冲之间不需要频谱重叠。紫外（UV）和红外（IR）光谱范围内的脉冲可以通过和频或差频生成或其他非线性过程描述。为了测量阿托焦耳（每个脉冲）级的脉冲，这种方法已做了相应改进。此方法还能测量具有较差空间相干性和随机相位的脉冲，例如荧光[2.130]。

（4）在低于 10 fs 的范围，研究人员利用 10 μm 厚 BBO 晶体中的 Ⅰ 类相位匹配，演示了在 4.5 fs 脉冲持续时间内的 SHG FROG[2.131]。在这种机制下，非共线波束几何形状还会带来光束拉长伪影。Ⅱ 类相位匹配允许使用无几何拉长效应的共线 SHG FROG 几何形状[2.132,133]。在这种配置中生成的 FROG 迹线不含与干涉测量自相关函数有关的光学条纹，因此可利用现有的 SHG FROG 算法来处理。

（5）通过利用厚的 SHG 晶体作为频率滤波器[2.134,135]，可以制造出一种极其简单而坚固的 FROG 装置，研究人员已在 20 fs～5 ps 的持续时间范围内利用具有不同谱宽的 800 nm 超短脉冲演示了这种装置，这种装置叫做“超快入射激光电场的光栅消除实际观察仪”（GRENOUILLE）[2.6]。空间啁啾和脉冲前倾斜等时空变形也可通过 GRENOUILLE 来测量[2.136,137]（空间啁啾：每个频率在横向空间坐标中发生位移，通常是由棱镜对未对准以及窗口倾斜造成的；脉冲前倾斜：脉冲群的前沿（强度轮廓）相对于传播方向的垂直方向出现倾斜，这是由脉冲压缩器或拉伸器装置后面的残余角色散造成的）。

（6）由非线性光学过程造成的波长限制可通过利用多光子电离作为非线性来设法避免。研究人员测量了由超阈值电离产生的、用干涉仪记录的能量分辨光电子谱，以得到 FROG 型时间－频率分布，用于描述超短激光脉冲[2.138]。这种方法可能适用于远紫外波长范围。

2. 基于声波图的方法

声波图记录涉及切割频谱和测量频率分量的到达时间，从实验角度来看，这可通过脉冲与瞬时非线性介质内脉冲的滤频复制品之间的互相关来实现（图 2.32）。相应的方法叫做“频域相位测量”（FDPM），并在文献［2.139］中描述。这种方法提供了关于群延迟的信息。可以通过求积分来给出频谱相位函数，而不需采用任何迭代算法。这种方法的一种实验实现形式叫做“频谱–时间分辨上转换技术”（STRUT）[2.140]，该技术也有单发版[2.141]。由于声波图和声谱图在数学上是等效的，因此在这种方法中还可以采用 FROG 复原算法（原则上稍慢）[2.141]。从实用的观点来看，这种方法与 FROG 装置相比与实验更相关，但灵敏度也更低，因为在非线性介质前面的滤波器中出现能量损失。当去掉频率滤波器而利用分光仪作为检波器（图 2.32）时，SHG 版的 STRUT 装置和 FROG 装置是相同的。

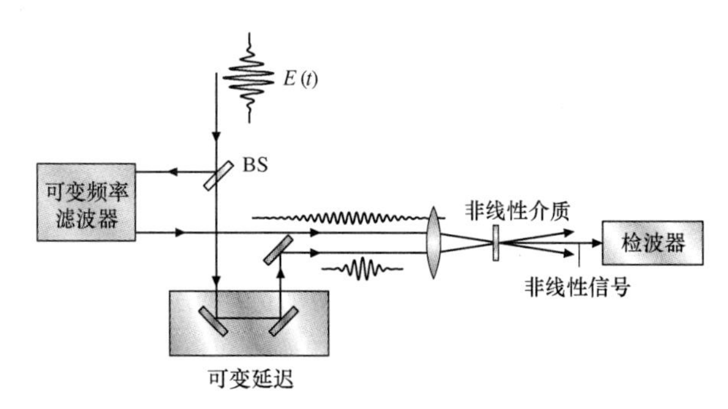

图 2.32 频域相位测量（FDPM）或频谱–时间分辨上转换技术（STRUT）装置的示意图

2.3.5 频谱干涉测量

迄今所描述的方法都利用了非线性光学过程来确定超短激光脉冲的振幅和相位。虽然通过利用 SHG FROG，低至微微焦耳级的脉冲可在多发装置中测定，但整形超短激光脉冲可能在皮秒时间范围内散布能量，从而阻止了用非线性过程来描述脉冲特性。但由于这些脉冲通常是由振荡器或放大器产生的，因此常常能得到典型的基准脉冲。由此，能够利用高灵敏度的线性方法来确定超短激光脉冲的振幅和相位，这种方法叫做“频谱干涉测量”（SI）、“频域干涉测量”或“傅里叶变换频谱干涉测量”[2.6,142－145]。图 2.33 描绘了基本的 SI 装置。由实验或脉冲整形器得到的典型基准脉冲 $E_{ref}(t)$ 和修正信号脉冲 $E(t)$ 以共线方式被引入分光仪中。所测得的 SI 频谱 $S_{SI}(\omega)$ 与这两个电场之和的傅里叶变换式平方成正比：

$$
\begin{aligned}
S_{\mathrm{SI}}(\omega) &\propto \left|傅里叶变换\{E_{\mathrm{ref}}(t)+E(t-\tau)\}\right|^2 \\
&\propto \left|\tilde{E}_{\mathrm{ref}}(\omega)+\tilde{E}(\omega)\mathrm{e}^{-\mathrm{i}\omega\tau}\right|^2 \\
&\propto \left|\sqrt{I_{\mathrm{ref}}(\omega)}\mathrm{e}^{-\mathrm{i}\phi_{\mathrm{ref}}(\omega)}+\sqrt{I(\omega)}\mathrm{e}^{-\mathrm{i}\phi(\omega)-\mathrm{i}\omega\tau}\right|^2 \\
&= I_{\mathrm{ref}}(\omega)+I(\omega)+\sqrt{I_{\mathrm{ref}}(\omega)}\sqrt{I(\omega)} \\
&\quad \times(\mathrm{e}^{\mathrm{i}\phi_{\mathrm{ref}}(\omega)-\mathrm{i}\phi(\omega)-\mathrm{i}\omega\tau}+\mathrm{c.c.}) \\
&= I_{\mathrm{ref}}(\omega)+I(\omega)+2\sqrt{I_{\mathrm{ref}}(\omega)}\sqrt{I(\omega)} \\
&\quad \times\cos(\phi_{\mathrm{ref}}(\omega)-\phi(\omega)-\omega\tau)
\end{aligned} \tag{2.87}
$$

相位差

$$
\Delta\phi(\omega)=\phi_{\mathrm{ref}}(\omega)-\phi(\omega) \tag{2.88}
$$

可从所测量的 $S_{\mathrm{SI}}(\omega)$ 中提取出来。不建议采用反余弦（$\cos^{-1}$）函数，因为实验噪声会导致较大的相位误差[2.145]。一般都采用傅里叶变换法[2.145,146]，即通过所测频谱的傅里叶变换式来提取相位差，忽略负频率分量和零频分量，同时将正频率分量移至直流电（DC），以移除延迟项 $\mathrm{e}^{-\mathrm{i}\omega\tau}$。然后，通过逆傅里叶变换，得到相位差 $\Delta\phi(\omega)$。通过利用已知基准相位 $\phi_{\mathrm{ref}}(\omega)$，最终得到 $\phi(\omega)$。

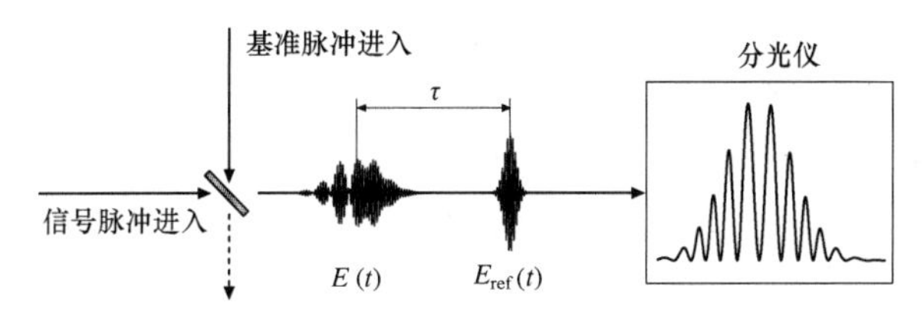

图 2.33 基本的频谱干涉测量（SI）装置，用于描述超短（信号）脉冲 $E(t)$ 和时延基准脉冲 $E_{\mathrm{ref}}(t)$ 之间的相位差

下面，将总结 SI 的一些属性：

（1）SI 要求基准脉冲的频谱应完全包含未知脉冲的频谱。

（2）如果基准脉冲与信号脉冲相同，则相位差为 0。由延迟项造成的剩余频谱振荡可用于方便地调节干涉测量自相关器设置。

（3）通过利用 FROG 方法来描述基准脉冲，这种联合方法称为“使一对光电场发生色散的瞬时分析法”（TADPOLE）[2.6,147]。

（4）SI 是一种外差法，用于放大通常很弱的信号脉冲［式（2.87）］。研究人员利用 TADPOLE，分析了具有仄普托（仄普托 = 10^{-21}）级单脉冲能量的脉冲序列[2.147]。

（5）一旦参考相位已知，相位复原将不需要迭代程序，因此很快。由此，能够利用反馈受控的飞秒脉冲整形方法，合成任意的激光脉冲波形[2.148]。由于灵敏度高，

TADPOLE 非常适于描述形状复杂的飞秒激光脉冲。此外，在双沟道配置中，SI 用于描述具有复杂偏振形状的飞秒激光脉冲[2.78]。用于描述时间相关偏振状况的配置叫做“仅一次闪烁时的偏振标记干涉－波长”（POLLIWOG）配置[2.149]。

（6）SI 还能以空间变体形式实施，其中基准脉冲和信号脉冲在传播时相互成 2Θ 的夹角（图 2.34）。这两个传播脉冲的光场频率分量被绕射光栅和柱面透镜映射到一个维度上，并在透镜的焦平面上干涉，这种方法叫做“空间－频谱干涉”（SSI）。相应的装置可方便地用于优化各种配置（例如脉冲整形器和压缩器），因为干涉条纹图样可实时显示，而且信息以一种可直观地说明的形式进行编码[2.128]。图 2.35 中对比了为各种超短脉冲畸变计算出的 SI 和 SSI 迹线。

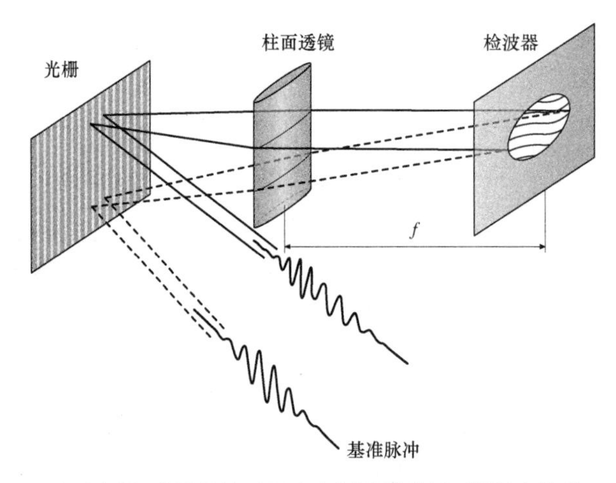

图 2.34　实时空间－频谱干涉（SSI）测量实验装置（根据文献［2.128］）

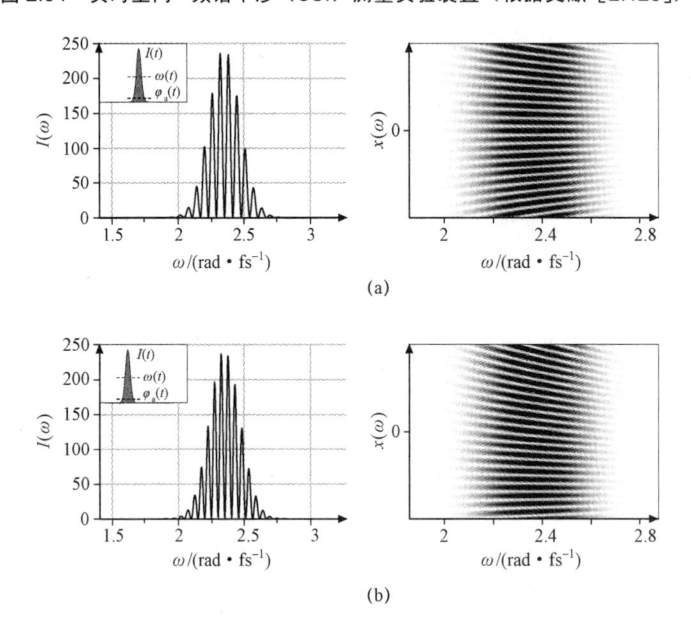

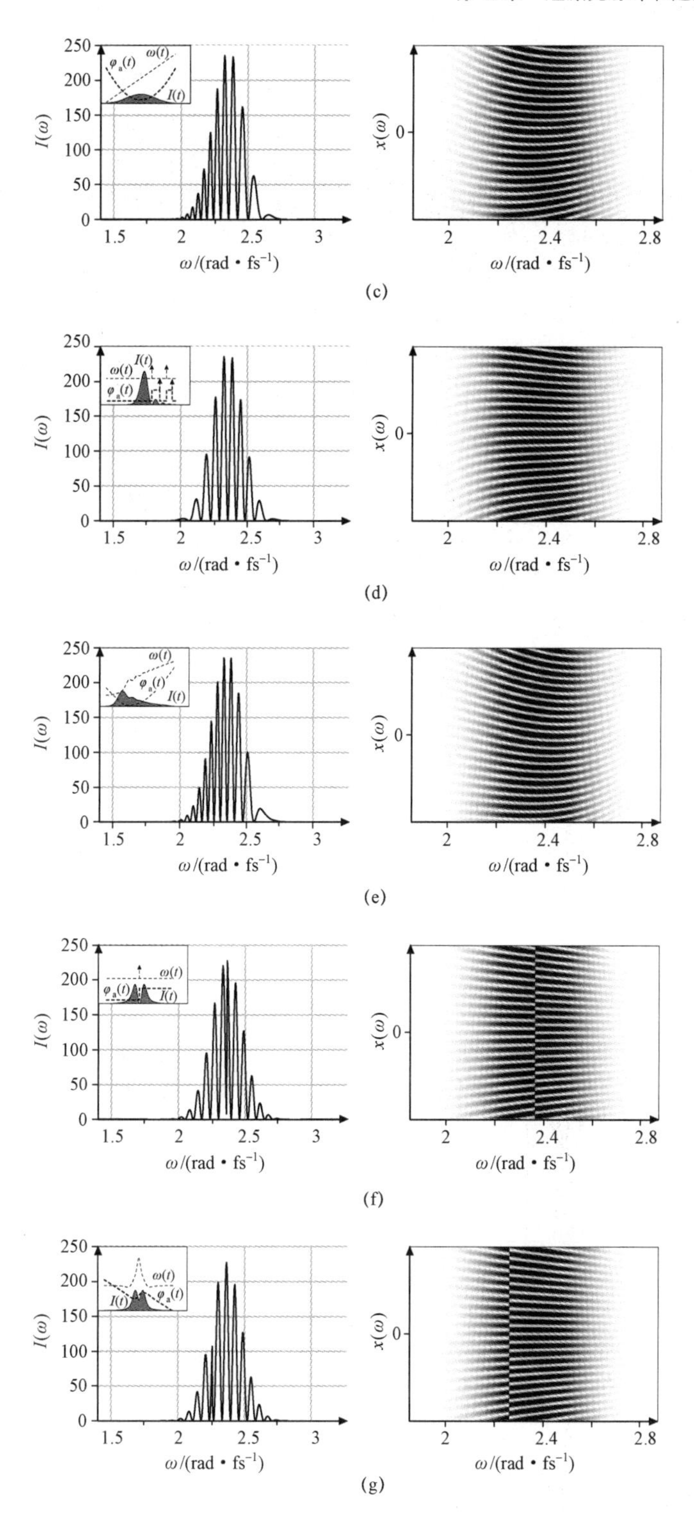

(c)

(d)

(e)

(f)

(g)

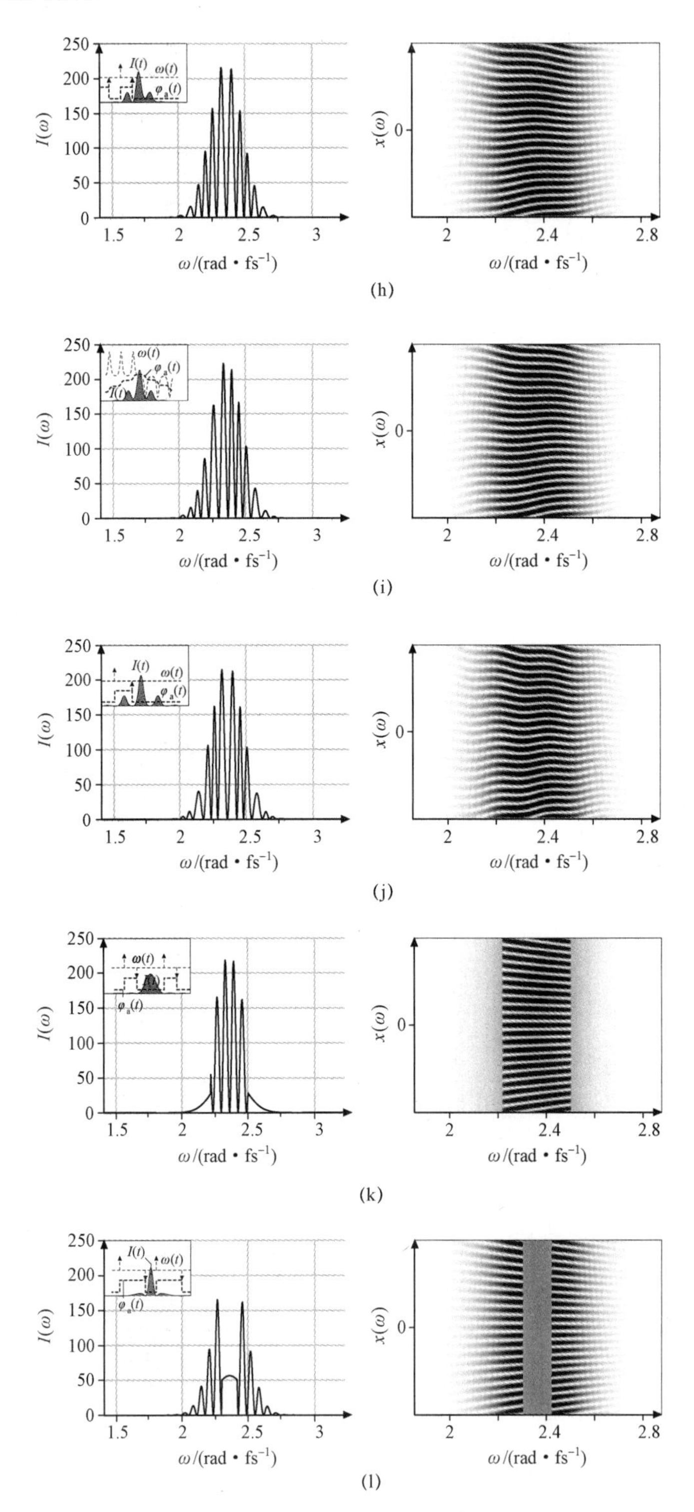

(h)

(i)

(j)

(k)

(l)

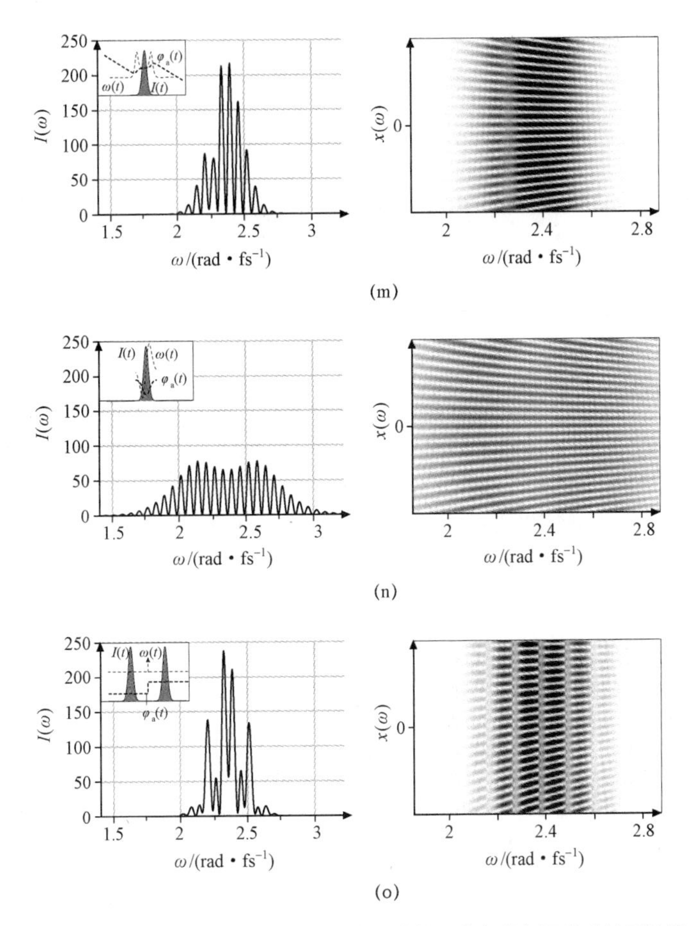

图 2.35　根据图 2.3 中显示的脉冲，在 800 nm 的中心波长下为各种超短脉冲波形计算出的频谱干涉（SI）和空间－频谱干涉（SSI）迹线。左－SI：这两个脉冲之间的时延为 100 fs。右－SSI：两个光束之间的角度 2Θ 为 2°。插图中显示了时域强度 I（t）、附加时域相位 Φ_a（t）和瞬时频率 ω（t），作为提示。

（a）持续时间为 10 fs 的带宽受限高斯激光脉冲；（b）持续时间为 10 fs、由于在频谱域中存在线性相位项（$\phi'=-20$ fs）而时移至 －20 fs 的带宽受限高斯激光脉冲；（c）由于存在 $\phi''=200\ \mathrm{fs}^2$ 而生成的对称展宽高斯激光脉冲；（d）三阶频谱相位（$\phi'''=1\ 000\ \mathrm{fs}^3$），导致产生二次群时延；（e）（a）～（d）中所有频谱相位系数的共同作用；（f）中心频率下的 π 步长；（g）与中心频率之间偏移 π 步长；（h）当 ϕ（ω）=1 sin［20 fs（$\omega-\omega_0$）］时在中心频率下的正弦调制；（i）当 ϕ（ω）=1 cos［20 fs（$\omega-\omega_0$）］时在中心频率下的余弦调制；（j）当 ϕ（ω）=1 sin［30 fs（$\omega-\omega_0$）］时在中心频率下的正弦调制；（k）对称频谱剪切；（l）中心频率分量阻塞；（m）偏心吸收；（n）自相位调制（请注意频谱展宽）；（o）具有 60 fs 脉冲－脉冲延时的双脉冲

（7）SI 还存在一种自我参考变体，不需要单独描述基准脉冲，这种方法叫做“用于重建直接电场的频谱相位干涉测量”（SPIDER）[2.17,150]，涉及对基准脉冲进行适当的时域拉伸，然后用未拉伸输入脉冲的两个位移合适的复制品来生成和频。这种方法已成功地演示过，用于描述少周期超短脉冲[2.151]。由于涉及非线性过程，因此 SPIDER 不如 TADPOLE 灵敏。文献［2.152］中对比了分别用 SHG FROG 和 SPIDER

来描述低于 10 fs 的脉冲的情形。空间分辨版 SPIDER 也已被演示过[2.153]。研究人员还针对可见光脉冲和低于 20 fs 的紫外脉冲，演示了一种能够在实验的相互作用点用于描述脉冲特征的装置，叫做“零附加相”（ZAP）SPIDER[2.154]。

参考文献

[2.1] U. Keller: Recent developments in compact ultrafast lasers, Science **424**, 831–838 (2003).

[2.2] B. Wilhelmi, J. Herrmann: *Lasers for Ultrashort Light Pulses* (North–Holland, Amsterdam 1987).

[2.3] S. A. Akhmanov, V. A. Vysloukh, A. S. Chirkin: *Optics of Femtosecond Pulses* (American Institute of Physics, New York 1992).

[2.4] J. C. Diels, W. Rudolph: *Ultrashort Laser Pulse Phenomena* (Academic, San Diego 1996).

[2.5] C. E. Rullière: *Femtosecond Laser Pulses* (Springer, Berlin Heidelberg 1998).

[2.6] R. Trebino: *Frequency–Resolved Optical Gating: The Measurement of Ultrashort Laser Pulses* (Kluwer Academic Publishers, Norwell 2000).

[2.7] D. J. Jones, S. A. Diddams, J. K. Ranka, et al.: Carrierenvelope phase control of femtosecond modelocked lasers and direct optical frequency synthesis, Science **288**, 635–639 (2000).

[2.8] A. Apolonski, A. Poppe, G. Tempea, et al.: Controlling the phase evolution of few–cycle light pulses, Phys. Rev. Lett. **85**, 740–743 (2000).

[2.9] F. W. Helbing, G. Steinmeyer, J. Stenger, et al.: Carrier–envelope–offset dynamics and stabilization of femtosecond pulses, Appl. Phys. B **74**, 35–42 (2002).

[2.10] M. Kakehata, Y. Fujihira, H. Takada, et al.: Measurements of carrier–envelope phase changes of 100–Hz amplified laser pulses, Appl. Phys. B **74**, 43–50 (2002).

[2.11] G. G. Paulus, F. Grasbon, H. Walther, et al.: Absolute–phase phenomena in photoionization with few–cycle laser pulses, Nature **414**, 182–184 (2001).

[2.12] J. Ye, S. T. Cundiff, S. Foreman, et al.: Phase–coherent synthesis of optical frequencies and waveforms, Appl. Phys. B **74**, 27–34 (2002).

[2.13] A. Baltuska, T. Udem, M. Uiberacker, et al.: Attosecond control of electronic processes by intense light fields, Nature **421**, 611–615 (2003).

[2.14] D. J. Bradley, G. H. C. New: Ultrashort pulse measurements, Proc. IEEE **62**, 313–345 (1974).

[2.15] L. Cohen: *Time–Frequency Analysis* (Prentice Hall, New Jersey 1995).

[2.16] L. Mandel, E. Wolf: *Optical Coherence and Quantum Optics*(Cambridge Univ. Press, Cambridge 1995).

[2.17] C. Iaconis, I. A. Walmsley: Self–referencing spectral interferometry for measuring ultrashort optical pulses, IEEE J. Quant. Electron. **35**, 501–509 (1999).

[2.18] T. Feurer, M. Hacker, B. Schmidt, et al.: *A Virtual Femtosecond–Laser Laboratory* (Inst. Appl. Phys., Bern 2004), (2000), http://www.lab2.de.

[2.19] R. Bracewell: *The Fourier Transform and Its Applications* (McGraw–Hill, Singapore 2000).

[2.20] A. W. Albrecht, J. D. Hybl, S. M. Gallagher Faeder, et al.: Experimental distinction between phase shifts and time delays: Implications for femtosecond spectroscopy and coherent control of chemical reactions, J. Chem. Phys. **111**, 10934–10956 (1999).

[2.21] A. Präkelt, M. Wollenhaupt, C. Sarpe–Tudoran, et al.: Phase control of a two–photon transition with shaped femtosecond laser–pulse sequences, Phys. Rev. A **70**, 063407–1–063407–10 (2004).

[2.22] K. L. Sala, G. A. Kenney–Wallace, G. E. Hall: CW autocorrelation measurements of picosecond laser pulses, IEEE J. Quant. Electron. **16**, 990–996 (1980).

[2.23] E. Sorokin, G. Tempea, T. Brabec: Measurement of the root–mean–square width and the root–meansquare chirp in ultrafast optics, J. Opt. Soc. Am. B **17**, 146–150 (2000).

[2.24] L. Cohen: Time–frequency distributions–a review, Proc. IEEE **77**, 941–981 (1989).

[2.25] I. Walmsley, L. Waxer, C. Dorrer: The role of dispersion in ultrafast optics, Rev. Sci. Instrum. **72**, 1–29 (2001).

[2.26] S. De Silvestri, P. Laporta, O. Svelto: The role of cavity dispersion in CW mode–locked lasers, IEEE J. Quant. Electron. **20**, 533–539 (1984).

[2.27] J. D. McMullen: Chirped–pulse compression in strongly dispersive media, J. Opt. Soc. Am. **67**, 1575–1578 (1977).

[2.28] M. Wollenhaupt, A. Präkelt, C. Sarpe–Tudoran, et al.: Femtosecond strong–field quantum control with sinusoidally phase–modulated pulses, Phys. Rev. A **73**, 063409–1–063409–15 (2006).

[2.29] A. M. Weiner: Femtosecond optical pulse shaping and processing, Prog. Quant. Electron. **19**, 161–237 (1995).

[2.30] P. Meystre, M. Sargent Ⅲ: *Elements of Quantum Optics* (Springer, Berlin Heidelberg 1998).

[2.31] R. L. Fork, O. E. Martinez, J. P. Gordon: Negative dispersion using pairs of prism, Opt. Lett. **9**, 150–152 (1984).

[2.32] O. E. Martinez, J. P. Gordon, R. L. Fork: Negative group velocity dispersion using refraction, J. Opt. Soc. Am. A **1**, 1003–1006 (1984).

[2.33] F. J. Duarte: Generalized multiple–prism dispersion theory for pulse compression in ultrafast dye lasers, Opt. Quant. Electron. **19**, 223–229 (1987).

[2.34] V. Petrov, F. Noack, W. Rudolph, et al.: Intracavity dispersion compensation and extracavity pulse compression using pairs of prisms, Exp. Tech. Phys. **36**, 167–173 (1988).

[2.35] C. P. J. Barty, C. L. Gordon, B. E. Lemoff: Multiterawatt 30–fs Ti: Sapphire laser system, Opt. Lett. **19**, 1442–1444 (1994).

[2.36] D. Strickland, G. Mourou: Compression of amplified chirped optical pulses, Opt. Commun. **56**, 219–221 (1985).

[2.37] S. Backus, C. G. Durfee Ⅲ, M. M. Murnane, et al.: High power ultrafast lasers, Rev. Sci. Instrum. **69**, 1207–1223 (1998).

[2.38] C. H. B. Cruz, P. C. Becker, R. L. Fork, et al.: Phase correction of femtosecond optical pulses using a combination of prisms and gratings, Opt. Lett. **13**, 123–125 (1988).

[2.39] R. L. Fork, C. H. Brito Cruz, C. H. Becker, et al.: Compression of optical pulses to six femtoseconds by using cubic phase compensation, Opt. Lett. **12**, 483–485 (1987).

[2.40] E. B. Treacy: Optical pulse compression with diffraction gratings, IEEE J. Quant. Electron. **5**, 454–458 (1969).

[2.41] A. Suzuki: Complete analysis of a two mirror unit magnification system, Appl. Opt. **22**, 3943 (1983).

[2.42] G. Cheriaux, P. Rousseau, F. Salin, et al.: Aberration–free stretcher design for ultrashort pulse amplification, Opt. Lett. **21**, 414 (1996).

[2.43] O. E. Martinez: Matrix formalism for pulse compressors, IEEE J. Quant. Electron. **24**, 2530–2536 (1988).

[2.44] O. E. Martinez: Grating and prism compressor in the case of finite beam size, J. Opt. Soc. Am. B **3**, 929–934 (1986).

[2.45] F. Gires, P. Tournois: Interferometre utilisable pour la compression d'impulsions lumineuses modulees en frequence, C. R. Acad. Sci. Paris **258**, 6112–6115 (1964).

[2.46] P. M. W. French: The generation of ultrashort laser pulses, Rep. Prog. Phys. **58**, 169–267 (1995).

[2.47] W. Demtröder: *Laser Spectroscopy* (Springer, Berlin Heidelberg 1996).

[2.48] J. Heppner, J. Kuhl: Intracavity chirp compensation in a colliding pulse mode–locked laser using thinfilm interferometers, Appl. Phys. Lett. **47**, 453–455

(1985).
[2.49] R. Szipöcs, K. Ferencz, C. Spielmann, et al.: Chirped multilayer coatings for broadband dispersion control in femtosecond lasers, Opt. Lett. **19**, 201–203 (1994).
[2.50] A. Stingl, C. Spielmann, F. Krausz, et al.: Generation of 11 fs pulses from a Ti: sapphire laser without the use of prisms, Opt. Lett. **19**, 204 (1994).
[2.51] N. Matuschek, F. X. Kärtner, U. Keller: Exact coupled mode theories for multilayer interference coatings with arbitrary strong index modulation, IEEE J. Quant. Electron. **33**, 295–302 (1997).
[2.52] N. Matuschek, F. X. Kärtner, U. Keller: Analytical design of double–chirped mirrors with customtailored dispersion characteristics, IEEE J. Quant. Electron. **35**, 129–137 (1999).
[2.53] D. H. Sutter, G. Steinmeyer, L. Gallmann, et al.: Semiconductor saturableabsorber mirror–assisted Kerr–lens mode–locked Ti: sapphire laser producing pulses in the two–cycle regime, Opt. Lett. **24**, 631–633 (1999).
[2.54] N. Matuschek, L. Gallmann, D. H. Sutter, et al.: Back–side–coated chirped mirrors with ultra–smooth broadband dispersion characteristics, Appl. Phys. B **71**, 509–522 (2000).
[2.55] A. M. Weiner: Femtosecond pulse shaping using spatial light modulators, Rev. Sci. Instrum. **71**, 1929–1960 (2000).
[2.56] R. S. Judson, H. Rabitz: Teaching lasers to control molecules, Phys. Rev. Lett. **68**, 1500–1503 (1992).
[2.57] T. Baumert, T. Brixner, V. Seyfried, et al.: Femtosecond pulse shaping by an evolutionary algorithm with feedback, Appl. Phys. B **65**, 779–782 (1997).
[2.58] C. J. Bardeen, V. V. Yakolev, K. R. Wilson, et al.: Feedback quantum control of molecular electronic population transfer, Chem. Phys. Lett. **280**, 151–158 (1997).
[2.59] D. Yelin, D. Meshulach, Y. Silberberg: Adaptive femtosecond pulse compression, Opt. Lett. **22**, 1793–1795 (1997).
[2.60] A. Assion, T. Baumert, M. Bergt, et al.: Control of chemical reactions by feedback–optimized phase–shaped femtosecond laser pulses, Science **282**, 919–922 (1998).
[2.61] T. Brixner, M. Strehle, G. Gerber: Feedback–controlled optimization of amplified femtosecond laser pulses, Appl. Phys. B **68**, 281–284 (1999).
[2.62] R. Bartels, S. Backus, E. Zeek, et al.: Shaped–pulse optimization of coherent emission of high–harmonic soft X–rays, Nature **406**, 164–166 (2000).
[2.63] T. Brixner, N. H. Damrauer, P. Niklaus, et al.: Photoselective adaptive

femtosecond quantum control in the liquid phase, Nature **414**, 57–60 (2001).
[2.64] J. L. Herek, W. Wohlleben, R. Cogdell, et al.: Quantum control of energy flow in light harvesting, Nature **417**, 533–535 (2002).
[2.65] J. Kunde, B. Baumann, S. Arlt, et al.: Adaptive feedback control of ultrafast semiconductor nonlinearities, Appl. Phys. Lett. **77**, 924–926 (2000).
[2.66] T. C. Weinacht, R. Bartels, S. Backus, et al.: Coherent learning control of vibrational motion in room temperature molecular gases, Chem. Phys. Lett. **344**, 333–338 (2001).
[2.67] R. J. Levis, G. M. Menkir, H. Rabitz: Selective bond dissociation and rearrangement with optimally tailored, strong–field laser pulses, Science **292**, 709–713 (2001).
[2.68] C. Daniel, J. Full, L. Gonzáles, et al.: Deciphering the reaction dynamics underlying optimal control laser fields, Science **299**, 536–539 (2003).
[2.69] T. Brixner, G. Gerber: Quantum control of gas–phase and liquid–phase femtochemistry, Chem. Phys. Chem **4**, 418–438 (2003).
[2.70] M. Wollenhaupt, A. Präkelt, C. Sarpe–Tudoran, et al.: Strong field quantum control by selective population of dressed states, J. Opt. B **7**, S270–S276 (2005).
[2.71] C. Horn, M. Wollenhaupt, M. Krug, et al.: Adaptive control of molecular alignment, Phys. Rev. A **73**, 031401–1–031401–4 (2006).
[2.72] T. Brixner, G. Gerber: Femtosecond polarization pulse shaping, Opt. Lett. **26**, 557–559 (2001).
[2.73] A. Präkelt, M. Wollenhaupt, A. Assion, et al.: A compact, robust and flexible setup for femtosecond pulse shaping, Rev. Sci. Instrum. **74**, 4950–4953 (2003).
[2.74] L. Xu, N. Nakagawa, R. Morita, et al.: Programmable chirp compensation for 6–fs pulse generation with a prism–pairformed pulse shaper, IEEE J. Quant. Electron. **36**, 893–899 (2000).
[2.75] G. Stobrawa, M. Hacker, T. Feurer, et al.: A new high–resolution femtosecond pulse shaper, Appl. Phys. B **72**, 627–630 (2001).
[2.76] M. M. Wefers, K. A. Nelson: Programmable phase and amplitude femtosecond pulse shaping, Opt. Lett. **18**, 2032–2034 (1993).
[2.77] A. Präkelt, M. Wollenhaupt, C. Sarpe–Tudoran, et al.: Filling a spectral hole via self–phase modulation, Appl. Phys. Lett. **87**, 121113–1–121113–3 (2005).
[2.78] T. Brixner, G. Krampert, P. Niklaus, et al.: Generation and characterization of polarization–shaped femtosecond laser pulses, Appl. Phys. B **74**, 133–144 (2002).

[2.79] T. Brixner, G. Krampert, T. Pfeifer, et al.: Quantum control by ultrafast polarization shaping, Phys. Rev. Lett. **92**, 208301－1－208301－4 (2004).

[2.80] M. Wollenhaupt, V. Engel, T. Baumert: Femtosecond laser photoelectron spectroscopy on atoms and small molecules: Prototype studies in quantum control, Annu. Rev. Phys. Chem. **56**, 25－56 (2005).

[2.81] E. Zeek, K. Maginnis, S. Backus, et al.: Pulse compression by use of deformable mirrors, Opt. Lett. **24**, 493－495 (1999).

[2.82] M. Hacker, G. Stobrawa, R. A. Sauerbrey, et al.: Micromirror SLM for femtosecond pulse shaping in the ultraviolet, Appl. Phys. B **76**, 711－714 (2003).

[2.83] J. X. Tull, M. A. Dugan, W. S. Warren: Highresolution, ultrafast laser pulse shaping and its applications. In: *Adv. in Magn. and Opt. Resonance*, ed. by W. S. Warren (Academic, New York 1997) pp.1－65.

[2.84] D. Goswami: Optical pulse shaping approaches to coherent control, Phys. Rep. **374**, 385－481 (2003).

[2.85] P. Tournois: Acousto－optic programmable dispersive filter for adaptive compensation of group delay time dispersion in laser systems, Opt. Commun. **140**, 245－249 (1997).

[2.86] F. Verluise, V. Laude, Z. Cheng, et al.: Amplitude and phase control of ultrashort pulses by use of an acousto－optic programmable dispersive filter: pulse compression and shaping, Opt. Lett. **25**, 575－577 (2000).

[2.87] F. Verluise, V. Laude, J. P. Huignard, et al.: Arbitrary dispersion control of ultrashort optical pulses using acoustic waves, J. Opt. Soc. Am. B **17**, 138－145 (2000).

[2.88] J. C. Vaughan, T. Feurer, K. A. Nelson: Automated two－dimensional femtosecond pulse shaping, J. Opt. Soc. Am. B **19**, 2489－2495 (2002).

[2.89] T. Feurer, J. C. Vaughan, K. A. Nelson: Spatiotemporal coherent control of lattice vibrational waves, Science **299**, 374－377 (2003).

[2.90] G. H. C. New: The generation of ultrashort light pulses, Rep. Prog. Phys. **46**, 877－971 (1983).

[2.91] J. D. Simon: Ultrashort light pulses, Rev. Sci. Instrum. **60**, 3597－3624 (1989).

[2.92] P. M. W. French: Ultrafast solid state lasers, Contemp. Phys. **37**, 283－301 (1996).

[2.93] H. A. Haus: Mode－locking of lasers, IEEE J. Quant. Electron. **6**, 1173－1185 (2000).

[2.94] G. R. Fleming: *Chemical Applications of Ultrafast Spectroscopy* (Oxford Univ.

Press, New York 1986).

[2.95] O. Svelto: *Principles of Lasers* (Plenum, New York 1998).

[2.96] A. E. Siegmann: *Lasers* (Univ. Sci. Books, Mill Valley 1986).

[2.97] A. Yariv: *Quantum Electronics* (Wiley, New York 1989).

[2.98] M. E. Fermann, A. Galvanauskas, G. Sucha: *Ultrafast Lasers – Technology and Applications* (Marcel Dekker, New York 2003).

[2.99] J. A. Valdmanis, R. L. Fork: Design considerations for a femtosecond pulse laser balancing self phase modulation, group velocity dispersion, saturable absorption and saturable gain, IEEE J. Quant. Electron. **22**, 112–118(1986).

[2.100] R. Ell, U. Morgner, F. X. Kärtner, et al.: Generation of 5–fs pulses and octave–spanning spectra directly from a Ti: sapphire laser, Opt. Lett. **26**, 373–375 (2001).

[2.101] D. E. Spence, P. N. Kean, W. Sibbett: 60–fs pulse generation from a self–mode–locked Ti: sapphire laser, Opt. Lett. **16**, 42–44 (1991).

[2.102] K. K. Hamamatsu Photonics: *Guide to Streak Cameras* (1999), http://www.hamamatsu.com.

[2.103] Y. Tsuchiya: Advances in streak camera instrumentation for the study of biological and physical processes, IEEE J. Quant. Electron. **20**, 1516–1528 (1984).

[2.104] E. P. Ippen, C. V. Shank: *Ultrashort Light Pulses*, ed. by S. L. Shapiro (Springer, Berlin, Heidelberg 1977), p.83.

[2.105] J. K. Ranka, A. L. Gaeta, A. Baltuska, et al.: Autocorrelation measurements of 6–fs pulses based on the two–photoninduced photocurrent in a GaAsP photodiode, Opt. Lett. **22**, 1344–1346 (1997).

[2.106] W. Rudolph, M. Sheik–Bahae, A. Bernstein, et al.: Femtosecond autocorrelation measurements based on two–photon photoconductivity in ZnSe, Opt. Lett. **22**, 313–315 (1997).

[2.107] F. Salin, P. Georges, A. Brun: Single–shot measurements of a 52–fs pulse **26**, 4528–4531 (1987).

[2.108] A. Brun, P. Georges, G. Le Saux, et al.: Singleshot characterization of ultrashort light pulses, J. Phys. D **24**, 1225–1233 (1991).

[2.109] G. Szabó, Z. Bor, A. Müller: Phase–sensitive single–pulse autocorrelator for ultrashort laser pulses, Opt. Lett. **13**, 746–748 (1988).

[2.110] B. W. Shore: *The Theory of Coherent Atomic Excitation*, Vol. 1 (Wiley, New York 1990).

[2.111] J. C. Diels, J. J. Fontaine, I. C. McMichael, et al.: Control andmeasurement of ultrashort pulse shapes(in amplitude and phase)with femtosecond accuracy,

Appl. Opt. **24**, 1270－1282 (1985).

[2.112] D. Meshulach, Y. Silberberg: Coherent quantum control of two－photon transitions by a femtosecond laser pulse, Nature **396**, 239－242 (1998).

[2.113] V. V. Lozovoy, I. Pastirk, A. Walowicz, et al.: Multiphoton intrapulse interference. II. Control of two－and three－photon laser induced fluorescence with shaped pulses, J. Chem. Phys. **118**, 3187－3196 (2003).

[2.114] V. V. Lozovoy, I. Pastirk, M. Dantus: Multiphoton intrapulse interference. IV Ultrashort laser pulse spectral phase characterization and compensation, Opt. Lett. **29**, 1－3 (2004).

[2.115] J. Peatross, A. Rundquist: Temporal decorrelation of short laser pulses, J. Opt. Soc. Am. B **15**, 216－222 (1998).

[2.116] K. Naganuma, K. Mogi, H. Yamada: General method for ultrashort light pulse chirp measurement, IEEE J. Quant. Electron. **25**, 1225－1233 (1989).

[2.117] E. W. Van Stryland: The effect of pulse to pulse variation on ultrashort pulsewidth measurements, Opt. Commun. **31**, 93－96 (1979).

[2.118] S. Quian, D. Chen: *Joint Time－Frequency Analysis. Methods and Applications* (Prentice Hall, New Jersey 1996).

[2.119] M. O. Scully, M. S. Zubairy: *Quantum Optics* (Cambridge Univ. Press, Cambridge 1995).

[2.120] W. P. Schleich: *Quantum Optics in Phase Space* (Wiley－VCH, Weinheim 2001).

[2.121] H. O. Bartelt, K. H. Brenner, A. W. Lohmann: The Wigner distribution function and its optical production, Opt. Commun. **32**, 32－38 (1980).

[2.122] J. Paye, A. Migus: Space timeWigner functions and their application to the analysis of a pulse shaper, J. Opt. Soc. Am. B **12**, 1480－1490 (1995).

[2.123] H. W. Lee: Generalized antinormally ordered quantum phase－space distribution functions, Phys. Rev. A **50**, 2746－2749 (1994).

[2.124] D. Lalovic, D. M. Davidovic, N. Bijedic: Quantum mechanics in terms of non－negative smoothed Wigner functions, Phys. Rev. A **46**, 1206－1212 (1992).

[2.125] R. Trebino, K. W. DeLong, D. N. Fittinghoff, et al.: Measuring ultrashort laser pulses in the time－frequency domain using frequency－resolved optical gating, Rev. Sci. Instrum. **68**, 3277－3295 (1997).

[2.126] H. Stark: *Image Recovery: Theory and Application* (Academic, Orlando 1987).

[2.127] D. Kane: Recent progress toward real－time measurement of ultrashort laser pulses, IEEE J. Quant. Electron. **35**, 421－431 (1999).

[2.128] D. Meshulach, D. Yelin, Y. Silberberg: Real－time spatial－spectral interference measurements of ultrashort optical pulses, J. Opt. Soc. Am. B **14**, 2095 – 2098 (1997).

[2.129] S. Linden, J. Kuhl, H. Giessen: Amplitude and phase characterization of weak blue ultrashort pulses by downconversion, Opt. Lett. **24**, 569 – 571 (1999).

[2.130] J. Zhang, A. P. Shreenath, M. Kimmel, et al.: Measurement of the intensity and phase of attojoule femtosecond light pulses using optical – parametric – amplification cross – correlation frequency – resolved optical gating, Opt. Express **11**, 601 – 609 (2003).

[2.131] A. Baltuska, M. Pshenichnikov, D. A. Wiersma: Amplitude and phasecharacterization of 4.5 – fs pulses by frequency – resolved optical gating, Opt. Lett. **23**, 1474 – 1476 (1998).

[2.132] D. N. Fittinghoff, J. Squier, C. P. J. Barty, et al.: Collinear type Ⅱ secondharmonic – generation frequency – resolved optical gating for use with high – numerical aperture objectives, Opt. Lett. **23**, 1046 – 1048 (1998).

[2.133] L. Gallmann, G. Steinmeyer, D. H. Sutter, et al.: Collinear type Ⅱ second harmonic – generation frequency – resolved optical gating for the characterization of sub – 10 – fs optical pulses, Opt. Lett. **25**, 269 – 271(2000).

[2.134] P. O'Shea, M. Kimmel, X. Gu, et al.: Highly simplified device for ultrashort – pulse measurement, Opt. Lett. **26**, 932 – 934 (2001).

[2.135] C. Radzewicz, P. Wasylczyk, J. S. Krasinski: A poor man's FROG, Opt. Commun. **186**, 329 – 333 (2000).

[2.136] S. Akturk, M. Kimmel, P. O'Shea, et al.: Measuring pulse – front tilt in ultrashort pulses using GRENOUILLE, Opt. Express **11**, 491 – 501 (2003).

[2.137] S. Akturk, M. Kimmel, P. O'Shea, et al.: Measuring spatial chirp in ulrashort pulses using single – shot frequency – resolved optical gating, Opt. Express **11**, 68 – 78 (2003).

[2.138] M. Winter, M. Wollenhaupt, T. Baumert: Coherent matter waves for ultrafast laser pulse characterization, Opt. Commun. **264**, 285 – 292 (2006).

[2.139] J. L. A. Chilla, O. E. Martinez: Direct determination of the amplitude and the phase of femtosecond light pulses, Opt. Lett. **16**, 39 – 41 (1991).

[2.140] J. P. Foing, J. P. Likforman, M. Joffre, et al.: Femtosecond pulse phase measurement by spectrally resolved up – conversion; application to continuum compression, IEEE J. Quant. Electron. **28**, 2285 – 2290 (1992).

[2.141] J. K. Rhee, T. S. Sosnowski, A. C. Tien, et al.: Real – time dispersion analyzer of femtosecond laser pulses with use of a spectrally and temporally resolved upconversion technique, J. Opt. Soc. Am. B **13**, 1780 – 1785(1996).

[2.142] C. Froehly, A. Lacourt, J. C. Vienot: Time impulse response and time frequency response of optical pupils. Experimental confirmation and applications, Nouv. Rev. Opt. **4**, 183–196 (1973).

[2.143] J. Piasecki, B. Colombeau, M. Vampouille, et al.: Nouvelle methode de mesure de la reponse impulsionnelle des fibres optiques, Appl. Opt. **19**, 3749–3755 (1980).

[2.144] F. Reynaud, F. Salin, A. Barthelemy: Measurement of phase shifts introduced by nonlinear optical phenomena on subpicosecond pulses, Opt. Lett. **14**, 275–277 (1989).

[2.145] L. Lepetit, G. Cheriaux, M. Joffre: Linear techniques of phase measurement by femtosecond spectral interferometry for applications in spectroscopy, J. Opt. Soc. Am. B **12**, 2467–2474 (1995).

[2.146] M. Takeda, H. Ina, S. Kobayashi: Fourier–transform method of fringe–pattern analysis for computerbased topography and interferometry, J. Opt. Soc. Am. **72**, 156–159 (1981).

[2.147] D. N. Fittinghoff, J. L. Bowie, J. N. Sweetser, et al.: Measurement of the intensity and phase of ultraweak, ultrashort laser pulses, Opt. Lett. **21**, 884–886 (1996).

[2.148] T. Brixner, A. Oehrlein, M. Strehle, et al.: Feedback–controlled femtosecond pulse shaping, Appl. Phys. B **70**, S119–S124 (2000).

[2.149] W. J. Walecki, D. N. Fittinghoff, A. L. Smirl, et al.: Characterization of the polarization state of weak ultrashort coherent signals by dual–channel spectral interferometry, Opt. Lett. **22**, 81–83 (1997).

[2.150] C. Iaconis, A. Walmsley: Spectral phase interferometry for direct electric–field reconstruction of ultrashort optical pulses, Opt. Lett. **23**, 792–794 (1998).

[2.151] L. Gallmann, D. H. Sutter, N. Matuschek, et al.: Characterization of sub–6–fs optical pulses with spectral phase interferometry for direct electric–field reconstruction, Opt. Lett. **24**, 1314–1316 (1999).

[2.152] L. Gallmann, D. H. Sutter, N. Matuschek, et al.: Techniques for the characterization of sub–10–fs optical pulses: a comparison, Appl. Phys. B **70**, 67–75 (2000).

[2.153] L. Gallmann, G. Steinmeyer, D. H. Sutter, et al.: Spatially resolved amplitude and phase characterization of femtosecond optical pulses, Opt. Lett. **26**, 96–98 (2001).

[2.154] P. Baum, S. Lochbrunner, E. Riedle: Zeroaditional–phase SPIDER: full characterization of visible and sub 20–fs ultraviolet pulses, Opt. Lett. **29**, 210–212 (2004).

第3章

激光的安全性

在本章开头简要介绍激光的当前应用领域之后，3.1 节将对激光的安全性做一些历史性评论。

3.2 节将描述生物与激光的相互作用以及激光辐射对人体组织的影响，并详细阐述光学辐射的吸收、穿透和透射。这一节将以量化方式描述人眼中的波长相关透射（从角膜到视网膜），以及色素上皮作为一种选择性吸引层所起的作用。演示由眼睛的聚焦能力造成的光增益，以及视网膜辐照度的增量与眼睛前面激光束功率密度之间的关系。从最新技术角度总体描述光化学效应、光热效应和光致电离效应对生物组织的影响，尤其是激光辐射对眼睛各部分的影响，分析并用插图说明眼睛受到的视网膜伤害和非视网膜伤害；此外还揭示了皮肤受到的伤害。

3.3 节的主题是最大容许辐照量。描述最大容许辐照量与短期和长期影响的预防之间的相关性，并对安全系数和换算系数做了一些评述。这一节还推导了辐射曝光量和辐照度之间的关系，演示了辐射曝光量与最大功率值和曝光时间之间的总体关系。对于点辐射源的连续波照射情况，更详细地探讨了生理因素（例如眼运动）对眼睛的影响。此外，还分析了用于描述扩展光源辐照度的对向角概念。此外，这一节还描述了最近的研究结果，从中可看到对厌光反应（尤其是以瞬目反射作为一种可靠的生理反应）的强烈信赖已不再有效，因为只有不到20%的人有瞬目反射，而扭头的人甚至更少。这一节还第一次描述了由束内观察之后的临时致盲带来的间接影响，例如视功能障碍。

3.4 节总结了全世界范围内与激光安全有关的国际标准和法规。

3.5 节按照国际标准 IEC 60825－1 中的分类法，描述了激光的种类；解释了可接受的曝光极限和时基的含义。全面描述了各种激光，还描述了关于处理每一类激光有价值的提示。这一节还揭示了如何利用已知的数据来计算标称眼睛受害距离。

3.6 节描述了保护措施。通常情况下，技术工程措施比管理措施和个人防护措施更重要，本书给每一类激光都指定了相应的保护措施。此外，还描述了激光安全员的作用。

3.7 节给出了关于最危险情形的专门建议，列出了常见的不安全程序。最后一个专题描述了激光笔，概述了与直接激光束观察所致的临时致盲有关的最新研究结果。

激光应用于工业、科学、医学、材料加工、遥测、调准、工业和医学热处理等领域。此外，激光的公共用途也增加了——在娱乐领域使用以及用作简单的激光笔。

激光器常常隐藏在防护罩里，激光光束不能像在光纤通信系统、光盘（CD）播放器或激光打印机（略举数例）中那样能看见。在其他用途中，例如在诊断设备、激光内窥镜或切割/焊接/钎焊装置中，激光光束会照射一个靶，以测量一些物质的能级或处理某种材料。其目的是提供足够的能量，以加热乃至蒸发相应的材料，同时确保激光产品的结构和操作模式不会让有害的激光辐射从激光装置或激光产品中逃逸出来。在某些情况下，不能完全排除对健康有不利影响的材料加工可能会散射或生成大量的光辐射，即激光辐射及/或二次光学辐射和附加光学辐射。

通常情况下，工业用途的激光在正常操作条件下不会造成特别严重的健康问题，但在保养或维修时情况可能完全不同——激光束自由地发射，如果没有采取必要的安全措施，可能会出现危险情形。

在研发实验室中必须特别注意，因为在实验室里容易接触到自由的激光束，而且束内观察（直接观察光束）可能会不自觉地发生。

由于很多装置中都有激光器，而且激光波长覆盖了整个光谱，其功率范围从几微瓦特或几毫瓦特到几拍瓦，因此在激光安全方面必须考虑到各种各样的危险情形。此外，目前使用的不仅有连续波（CW）激光器，还有脉冲激光器，甚至还有飞秒级的激光器；也就是说，在特殊情况下，功率密度可能低至几 mW/cm^2，也可能高达几 10^{21} W/cm^2。

3.1 历 史 评 述

由于第一个激光器（在 1960 年刚出现时被 Maiman 称为“光量子放大器”）在脉冲模式下发射 694.3 nm 的红光束[3.1]，而且第一个氦氖激光器发射的是近红外光[3.2]或 632.8 nm 的光，因此在激光时代初期，人们对激光的体验仅限于几种特殊的激光类型及其相应的波长。

最初，有关人员只能根据对生物与激光之间相互作用的定性了解，编写了常识性的安全指南，那时还没有形成定量认识。

但是随着离子激光器（例如氩离子激光器）在 1966 年走向市场，加上在之后几年里几瓦特的激光输出功率在科学、医学和娱乐领域广泛可用，情况有了很大变化。

在那时，所建议的角膜辐照水平（主要针对红宝石激光器的波长）在 6.8×10^{-4}～1 mW/cm^2 变化，也就是说，相差大约 1 500 倍[3.3]。随着可获得的生物学数据增多，人们开始采用不太保守的激光安全系数，安全辐照建议水平的这种增加趋势与其他物理介质或化学试剂截然不同。

在激光最初阶段的这些年里，由于激光使用者的不断增加、激光在新领域中的普及以及适当保护措施的缺乏导致事故发生次数越来越多。激光对眼睛的伤害时常听到，而对皮肤的伤害（例如燃烧乃至烧焦）则很少出现，因为当时大功率的红外线激光器（例如工作波长为 1.064 μm 的 Nd：YAG 激光器和 10.6 μm 的 CO_2 激光器）还不普遍。

激光事故的增多促使有关人员召集了一次会议，以激光事故及其防止措施为主题专门进行了讨论。从那以后，激光的安全性就成了激光应用开发的一个不可分割的部分。

但由于没有哪个组织有能力或有立法权力制定一个由安全程序、规则和保护措施组成的世界级适用体系，供所有的激光使用者遵照执行，而不管他们身处哪个地理位置或属于哪个国家，因此出现了很多不同体系的法规和推荐规范。

在 1982 年，世界卫生组织（WHO）发行了《环境卫生标准》[3.4]——这是首批超国家推荐规范之一。

由于光辐射的波长范围通常被规定为 100 nm～1 mm，因此激光辐射的波长范围也是如此；也就是说，必须考虑很大的激光波长范围。此外，激光器可用作连续波发射器，也可在脉冲模式下工作，其脉冲持续时间从数毫秒到数飞秒。与此同时，激光器的功率/能量密度范围也很大，可用各种激光器来获得。这个事实清晰地表明，简单地为一组安全的或不安全的产品指定一种激光器是不可能的。

因此，从一开始，国际标准、区域标准和国家标准就采用了超过两种“激光分类法”。如今，考虑到激光辐射的各种参数以及相关的危险等级，激光产品已分成多达 7 种不同的激光。

为了防止激光辐射对健康的不利影响，有关机构根据可获得的最佳科学知识和实验知识，引入了“辐射量极限”（EL）值或“最大容许辐照量”（MPE）值，并在经过新的经验证明需要更改以前数值时对这些数值进行修改。

3.2　与生物的相互作用及影响

3.2.1　基本相互作用

激光辐射可能会侵袭人体表面的每个部位。由于人眼结构特性和激光光学特性的原因，人眼最容易受到在 400～1 400 nm 范围内的激光辐射的攻击。这个范围包括光谱的可见光区和近红外区——在这些区域，光辐射将从角膜传输到视网膜（图 3.1）。

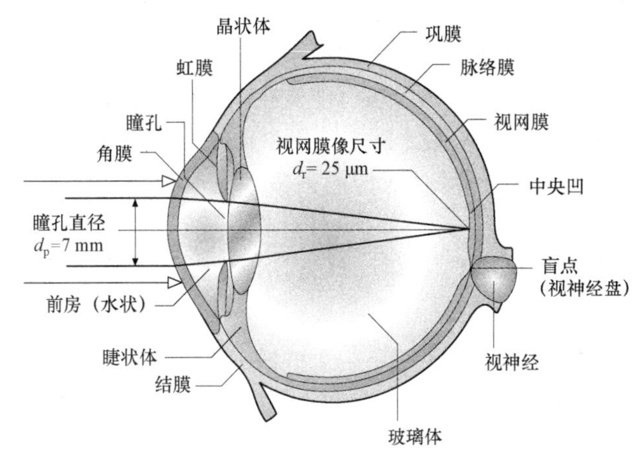

图 3.1　具有标准瞳孔直径的人眼示意图

人眼分为两部分：前房——被角膜、虹膜和晶状体包绕；眼球的后房——被视网膜包绕，包含胶状玻璃体（玻璃体）。如果人们戴着眼底镜朝着图 3.1 中所示的激光束方向往眼球中看，则会看到眼底的图像。眼底看起来略带红色，但能清晰地看到突出的视网膜血管。其他独有的特征是发白的视神经盘（盲点），还有小凹。小凹是视网膜表面的一个小凹陷，可能比周围的视网膜部分颜色更深，是视觉最敏锐的区域；小凹是视网膜黄斑的中心，视网膜黄斑司管详细的色觉。

视网膜由几层覆盖了感光杆体锥体的神经细胞（水平细胞、双极细胞、无长突神经细胞和神经节细胞）组成，也就是说，落在视网膜表面上的光必须穿过不同的细胞层才能到达光感受器。在杆体锥体层下面是一层视网膜色素上皮细胞（RPE），里面含有一种叫做“视网膜黑色素”的棕黑色素。在 RPE 层下面是一层细小的血管，即脉络膜血管层。最后一层吸收层是脉络膜，里面既含有色素细胞，又含有血管。眼球的外面叫做“巩膜”（图 3.1）。

在激光辐射下，眼睛和皮肤是最容易受到潜在性损伤的器官。激光辐射和生物组织之间的相互作用程度主要由激光的光学特性决定。只有在相应表面上透射而不反射的激光才能与组织结构相互作用。由于人体组织由各种亚结构和组元（例如血管、细胞、细胞膜和蛋白质）组成，而这些组元和区域比相应的激光波长大，因此非均质材料主要表现为米氏散射。

一些光子在每厘米表面上要散射几百乃至几千次，但最重要的基本相互作用是吸收。只有在这种情况下，光子所携带的能量才会变成其他种类的能量，即原子激发和分子振动。这增加了相关组织体积的热含量。

通常情况下，激光辐射与生物组织之间的相互作用可描述为辐照度的函数，辐照度的单位为 W/m^2，辐射曝光量的单位为 J/m^2。

辐照度和辐射曝光量与功率密度和能量密度一致，用于描述在指定位置和时间内空中激光光束的功率；辐照时间是用于描述生物效应程度的其中一个最相关的量。

通过将激光辐射与有机物质之间的相互作用和激光辐射与无机物质之间的相互作用做比较，可以发现这两者之间的主要区别是：由于在相互作用时程中必须考虑破坏过程和修复过程，因此特定的过程可能发生在活组织中，亦即，激光辐照的结果不仅取决于激光光束的物理参数，还取决于生物的能力和特性。

浅色表面的反射率通常比深色表面高得多，尤其是在光谱的可见光部分。在400～1 400 nm 的波长范围内，很多光子从生物组织上反向散射，亦即，综合反射系数可能高达大约 50%。当只发生吸收时，按照朗伯－比尔定律，功率密度或辐照度 E（z）将呈指数级下降：

$$E(z) = E_0 \exp(-\alpha z) \tag{3.1}$$

其中，α 是相关介质的吸收系数（cm^{-1}），E_0 是恰在组织表面下的辐照度（入射辐照度），z 表示光轴（激光光束的方向）。

根据式（3.1），穿透深度 z_0 可推导为

$$z_0 = \frac{1}{\alpha} \tag{3.2}$$

也就是说，激光光束在吸光性较差的组织中的穿透深度大于在半透明或不透明材料中的穿透深度。在人体组织中，吸收系数由相应结构的成分决定。

1. 水的吸收系数和穿透深度

由于人体的很多组成部分都含有大量水，因此波长与水中吸收系数之间的相关性（图 3.2）决定着含有大量水的组织的吸收特性。

在此图中，可以清晰地看到由组分原子的激发造成的紫外线吸收系数增加。此外，红外光谱是在大约 6 μm 和 3 μm 波长下基本价振动和在更短波长下相关谐波（二次谐波及更高次谐波）的指纹。在图 3.2 中可以看到，谐波的吸收强度降低了，在各次谐波之间通常会降低为大约 1/10。

除水的吸光系数之外，图 3.2 中还显示了血红蛋白的吸光系数。血液中红发色团的吸光系数在一定程度上填补了水的吸光系数的不足；亦即在计算时，通常必须同时考虑人体组织中的这两种成分。

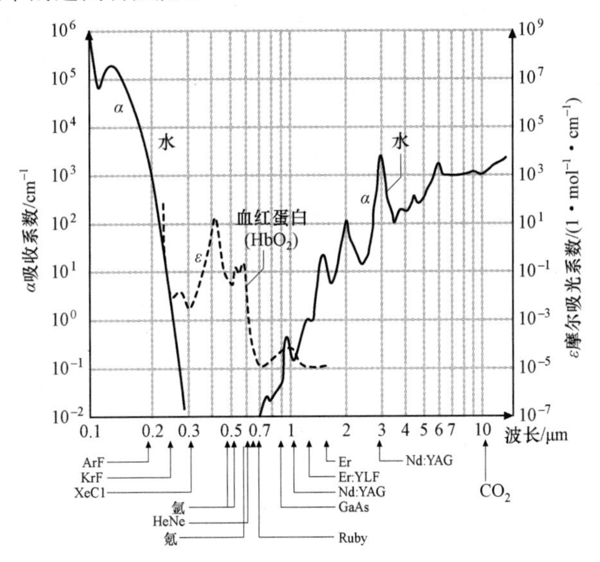

图 3.2　水和血红蛋白中的吸收系数与波长之间的关系

关于式（3.2），水中的穿透深度可根据图 3.2 来计算，如图 3.3 所示。水中的辐照度降至组织表面的辐照度的 1/e。

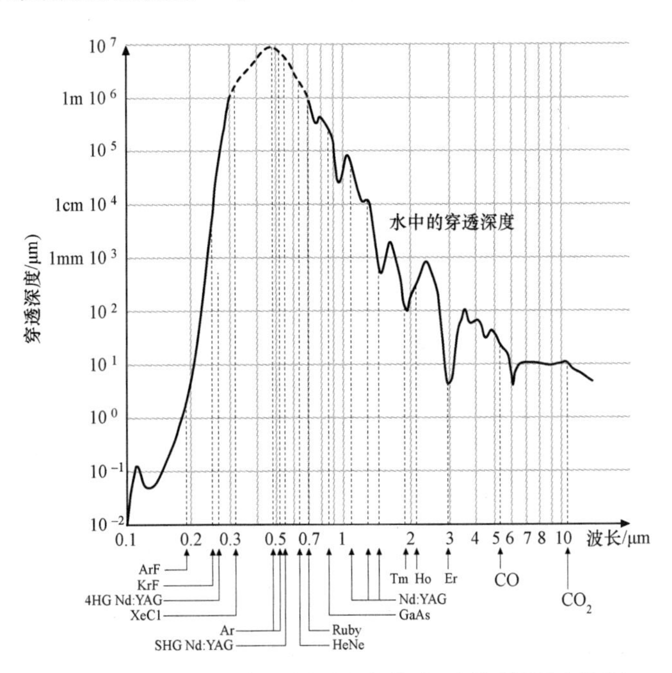

图 3.3　水中的穿透深度与波长之间的关系（有的采用激光谱线）

2. 人眼中的透射和吸收

由于人眼的角膜表面和视网膜表面之间的厚度为大约 25 mm，又因为眼介质(尤其是前房和玻璃体（参考图 3.1))从光学数据来看可能被认为像水，因此从图 3.3 中可看到 A 类紫外线(UV－A)和大约 1 500 nm 波长之间的光辐射能够到达视网膜。由于角膜和晶状体有一定的紫外线吸收能力，因此眼睛的透射率范围（图 3.4）为 400～1 400 nm。

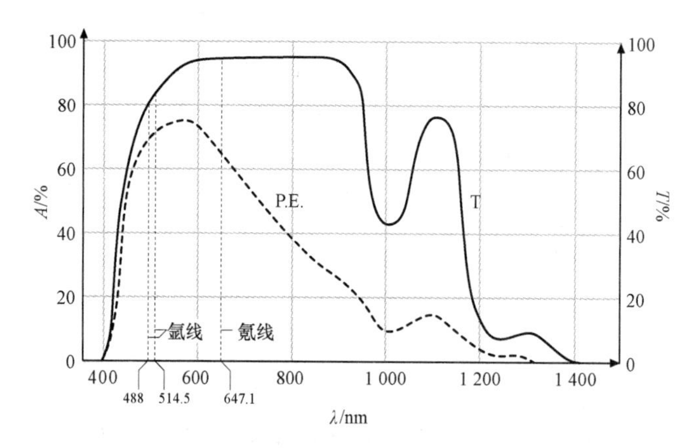

图 3.4　从角膜到视网膜之间的人眼透射率 T 和视网膜色素上皮细胞（PE）的吸收系数 A 与波长 λ_0 之间的关系（根据文献［3.5］）

除眼睛的透射之外，图 3.4 还显示了在解剖学上位于视网膜和脉络膜之间的视网膜色素上皮细胞对光的吸收（与波长相关）。为了估算最有害的波长范围，图 3.4 中的 T 和 A 曲线必须相乘，以得到在人眼的最感光层中被吸收的实际光辐射百分比[3.6]。T 与 A 之积可视为造成视网膜损伤的作用光谱。

由于眼睛是大脑的门户，起着通往光学环境的大门的作用，能够光辐射聚焦到视网膜上相对较小的一个光斑上，这个光斑在正常的视力下位于小凹内（图 3.1），因此辐照度会增加大约 500 000 倍。此光增益相当于眼睛前面的光束面积与视网膜上的小焦点面积之商。由于瞳孔限制了光束的扩展（图 3.1），因此这个比值为

$$\left(\frac{\text{瞳孔的最大直径}}{\text{视网膜上的最小焦点}}\right)^2 \approx \left(\frac{7\ \text{mm}}{10\ \mu\text{m}}\right)^2 \approx 500\ 000 \tag{3.3}$$

由于激光光束具有如下特性：① 单色；② 相干（能够干涉）；③ 方向性（激光一般为窄束辐射）。

因此一束直径为 4 mm 的 60 W 激光在 1.0 m 远的表面会产生大约 480 000 mW/cm^2 的辐照度，而传统的 60 W 灯泡（理论效率为 100%）在相同的距离只能产生大约 0.5 mW/cm^2 的辐照度。相比之下，太阳的辐照度大约为 100 mW/cm^2。

激光辐射与大多数其他辐射种类不同的是激光光束是平行的。考虑到人眼能够把光束聚焦到视网膜上，在瞳孔平面内或角膜上功率密度为大约 1 mW/cm^2 的激光光

束可能变成高达 500 W/cm² 的辐照度，这是因为光束从角膜透射到视网膜时辐照度增加了。在 400～1 400 nm 的波长范围内必须考虑到这种特性。

由于在这个波长范围内透射率非零，因此这个范围常常叫做“视网膜危险区”。但这个波段外的波长不应描述为“对人眼安全的”，因为眼睛的其他部分易受这些更短或更长波长的伤害，由此对健康造成不利影响。

由眼睛拦截激光光束带来的最有可能的影响是足以摧毁视网膜组织的热灼伤。由于视网膜组织不能再生，因此这种损伤是永久性的。

除水的吸光性之外，其他发色团也具有对眼睛和皮肤来说重要的特性。图 3.5 比较了激光在水、血红蛋白和黑色素中的穿透深度。

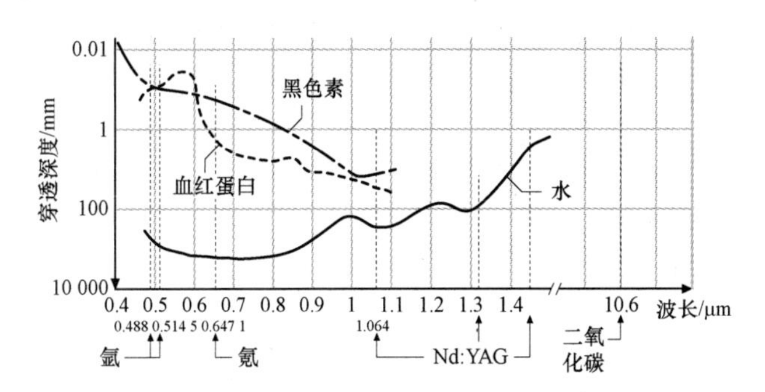

图 3.5　水、血红蛋白和黑色素中的穿透深度与波长之间的关系

3. 光化学效应、光热效应和光电离效应

一般而言，辐照度或辐射曝光量会导致形成很多种生物效应，分为光化学效应、光热效应和光电离效应。

辐照度或功率密度是表面上每单位面积的入射辐射功率，用瓦特/平方米（W/m²）表示；辐射曝光量或能量密度是辐照度的时间积分，用焦耳/平方米（J/m²）表示。在有的情况下，辐射率用于描述有关的生物效应。辐射率是每单位立体角每单位面积上的辐射通量或功率输出，用瓦特/平方米/立体弧度（$\mathrm{Wm^{-2}\,sr^{-1}}$）表示。

辐照度 E 为

$$E=\frac{\mathrm{d}P}{\mathrm{d}A}\quad \text{in Wm}^{-2} \tag{3.4}$$

辐射曝光量 H 为

$$H=\int_0^t E(t)\mathrm{d}t\quad \text{in Jm}^{-2} \tag{3.5}$$

其中，dP 是功率，用瓦特（W）表示；dA 是表面积，用平方米（m²）表示；t 是照射时间或持续时间，用秒（s）表示。

$E(t)$、E 及/或 H 的值由测量得到，或可能根据激光产品厂家提供的数据来算出。

不大于 1 W/cm² 的辐照度通常会产生可逆过程，例如皮肤上的光/生物刺激反应或光化学反应，尤其是当照射时间大于 1 s 时。但在较高辐照度下的光化学反应还可能造成永久性损伤。光化学反应一般遵循本生–罗斯科定律。当照射时间为 1～3 h 时（此时修复机制开始起作用），阈值（用辐射曝光量表示）在很宽的照射时间范围内是恒定的。

在 10～10^5 W/cm^2 的较高辐照度下受到几毫秒到几秒的照射时，生物组织会被加热并变性（即蛋白质凝固），导致细胞坏死（细胞死亡）。如果温度达到 100 ℃，则细胞质（例如水）会蒸发。

当辐照度更高（达到大约 10^{10} W/cm^2）而照射时间短至数微秒甚至稍稍更短时，就像在调 Q 脉冲情况下那样，此时“非热效应”会被激发，这些效应会促使组织表面层在机械破坏作用下被烧蚀。在这种情况下，在受辐照区域的周边只能测到最低温升，相应的细胞坏死区只有几微米长，也就是说与细胞尺寸差不多。

当在高达 10^{12} W/cm^2 的功率密度/辐照度下照射极短时间时，会发生“光学击穿”。电场振幅的值可能为 1～100 MV/cm，与原子或分子内的库仑场相当，因此会形成微等离子区，得到电离效应。这种等离子体的快速扩张导致形成冲击波，能够摧毁人体中甚至最坚硬的物质。

如果眼睛里出现光声效应，则会诱发视网膜组织中的冲击波，导致视网膜组织断裂。这种损伤是永久性的，就像视网膜灼伤一样。实际上，声学损伤比热灼伤更具破坏性。声学损伤通常会影响更大面积的视网膜，由这种效应产生的阈能会大大降低。表 3.1 总结了这些各种各样的效应。

表 3.1　激光辐射对生物组织的影响

效应		
光化学	光热	光电离
生物刺激	过高热	烧蚀
	凝固	破坏
	碳化	破碎
	蒸发	
t=10～1 000 s	t=1ms～1s	t=10 ps～10 μm
≤100 mW	1～100 W	
≤50 mW/cm^2	1～100 W/cm^2	

所有这些效应已用于各种各样的病人治疗用途。在这种情况下，激光辐射须在医疗监控下应用，而无意识的辐照会导致相应组织处于危险情形及/或被损坏。如果涉及眼睛，后果会很严重。因此，根据所掌握的、关于这些效应与辐照度、辐射曝光量、照射时间、波长和受辐照区域尺寸等因素之间相关性的最可靠知识，有关机构制定了最大容许辐射量极限。

3.2.2　激光辐射对眼睛和皮肤的影响

由于激光辐射可能在 100 nm～1 mm 范围内的几乎每种波长下生成，因此必须将各种效应视为急性或慢性照射的结果。表 3.2 概述了在这些波长范围内眼睛或皮肤上主要发生的各种过程和效应，因为这些器官最容易受到激光辐射的破坏。

表 3.2　在眼睛和皮肤上激光辐射效应与波长范围之间的关系

波长范围	眼睛	皮肤
UV－C：100～280 nm	光性角膜炎（角膜炎，角膜表面会吸收所有的光辐射） 光化性结膜炎	红斑（皮肤发红） 癌前
UV－B：280～315 nm	光性角膜炎 光化性结膜炎 白内障形成	黑素沉着增多 皮肤光老化加剧 （皮肤老化加速） 红斑 浮肿 癌前 癌（皮肤癌）
UV－A：315～400 nm	白内障形成（晶状体是主要吸收体）	急性色素沉着 皮肤光老化加剧 皮肤灼伤 癌（皮肤癌）
Vis：400～700 nm	给视网膜造成的光化学损伤和光热损伤	光敏反应 （光敏作用） 皮肤灼伤 （皮肤发红、起泡、烧焦）
IR－A：700～1 400 nm	由晶状体里的蛋白质受热形成白内障 光热视网膜损伤	皮肤灼伤（皮肤发红、起泡、烧焦、皮肤下面的器官受损）
IR－B：1 400～3 000 nm	白内障形成（角膜或晶状体混浊） 角膜受到光热损伤（灼伤）	皮肤浮肿 皮肤灼伤
IR－C：3 000～1 mm	角膜受到光热损伤	皮肤灼伤

眼睛的结构特性和生理特性决定了对眼睛来说最危险的波长范围是 400～1 400 nm。在这个波长范围内，激光将从角膜透射到视网膜，如图 3.4 所示。

在这种情况下，大部分的光能都被大约 10 μm 厚的视网膜色素上皮细胞层中的感光色素（发色团）吸收，而只有不到 15%的入射激光被视锥及/或视杆中的发色团吸收。因此，热损伤在 RPE 中被激发，但是会扩展到视网膜中的感受细胞，此外还可能摧毁含有水平细胞、双极细胞和无长突细胞的视网膜神经，最后会投射到神经节细胞上。人眼中的危险辐射最远可到脉络膜。

1. 视网膜损伤

光热损坏可能表现为微小病变，只有很少的感受细胞被摧毁。但是当光能值增加时，可能会发生范围大得多的永久性破坏。视网膜上的轻微灼伤看起来呈黄色或灰色，当光功率增大时会生成一块白斑。只能看见轻微变色的损伤是阈值损伤。当受害者直接看光束（束内观察）时，他的视网膜中央凹可能被灼伤，也就是视中心被摧毁。如果这个区域受损伤，光热效应可能一开始时表现为一块模糊的白斑，使视线中心区看不清楚；但在两周或更久的时间内，这块白斑可能会变成黑斑。最终，受害者在正常观察时可能再也意识不到这个盲区（盲点）。但在观察空无一物的视觉场景（例如一张白纸）时，这个缺陷就立刻显示出来了。图 3.6 显示了由可见激光束造成的两个视网膜损伤例子。

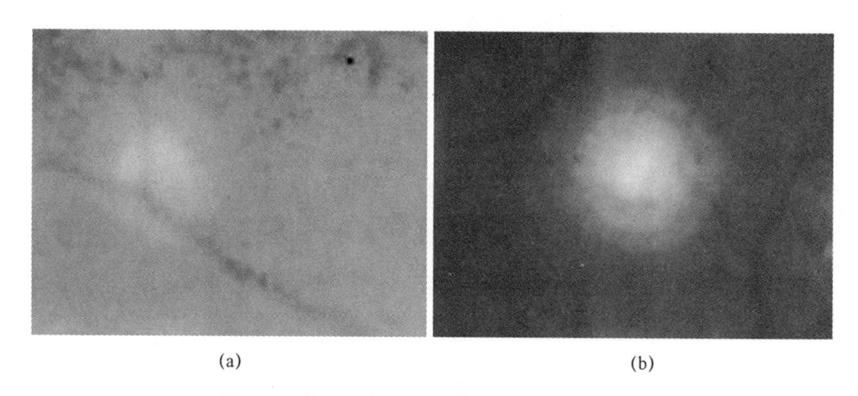

(a)　　　　　　(b)

图 3.6　由可见激光束造成的光热视网膜损伤

（a）大约 150 μm 的小损伤；（b）大约 500 μm 的损伤直径

周边视网膜灼伤只可能造成小盲点，而这个小盲点用主观方式可能探测不到——甚至在系统性的眼科检查中也查不到。

光声效应对视网膜的损伤可能与照射时听到的爆裂声有关。由视网膜损伤造成的视觉障碍对受害者来说可能不明显，直到严重的热损伤出现才会被注意到。当光功率水平足够高时，还可能会发生烧孔和流血。也就是说，除视野缺损外，注入玻璃体液中的血和组织碎片还会永久性地伤及视力。

受害者会明显注意到这种伤害，但可能意识不到较轻的视网膜损伤，在常规的检眼镜检查中也几乎看不到。

可见激光束的存在可通过具有激发波长的彩色闪光及其互补色的残像来探测，例如：532 nm 的绿色激光通常会发出绿色闪光，然后生成主要为红色的残像。

由于人眼看不到波长大于大约 700 nm 的激光辐射，因此近红外辐射必须被视为尤其危险，并可能导致严重损伤。被 Nd：YAG 调 Q 激光束（1 064 nm）照射是尤其危险的，但一开始可能察觉不到，因为这种光束看不见，而视网膜又没有痛觉神经。在这些较长的波长下，当照射时间超过 10 s 时，在使用连续波模式的近红外激光时光热效应仍为主要效应，这一点很重要。

视网膜损伤的实际延伸过程通常不能在激光辐照之后直接看到，而是在几小时后才会看到。这是一个由热损伤招致的、与时间相关的过程，因此必须考虑到发炎和修复过程。

当辐照度的值较低而辐照时间足够长（至少几秒[3.7]）时，慢性损伤可能由 400～600 nm 波长范围内的激光辐射造成，此时存在“蓝光危险”。这些效应可以用一个由光化学激发的过程来解释，此过程不会使组织温度升高到可测量的程度，但视网膜中的少量温升似乎与光化学效应是协同发生的。光照性视网膜炎是由辐射诱导的特殊效应中的一种，甚至可能会致盲；也就是说，由于光化学过程的影响，相关的光感受器再也不能执行其正常功能。

损伤效应还可能由特定分子对指定光波的吸收作用直接造成，这些分子在吸收光波后没有释放能量，而是发生了只有在其激发态下才会出现的化学反应。这就是“光化学效应”。

2. 非视网膜损伤

除损伤视网膜之外，紫外线以及中－远红外光谱还可能危害眼睛的前部，即角膜、结膜和晶状体。

与光化学诱发“无热视网膜损伤”相似的是，光性角膜炎和光化性结膜炎（分别是角膜炎和结膜炎）也与波长有关，可以用相关的作用光谱来描述。这是所有光化学效应的一种特性，它表明，光化学效应都与波长有相对较强的相关性，而且具有最高光敏度。

在光谱的 A 类紫外线（UV－A）部分，形成光性角膜炎或红斑所需要的光强或照射时间比“光化紫外辐射”（UV－B 和 UV－C）大得多。在这个光谱区，角膜和皮肤的光敏性与在光化紫外区几乎一样，但角膜受到的损伤更加痛苦。

除这些光化学效应外，紫外线和红外线辐射还可能造成晶状体白内障[3.8]。

二氧化碳激光器发出的不可见激光光束（10 600 nm）可通过角膜或巩膜上照射部位的灼痛感来感知。角膜灼伤可能表现为角膜表面不平或有一个白色不透明体（图 3.7）。图 3.7 描绘了 60 W CO_2 激光器对角膜进行短时间照射时的破坏能力，从图中甚至能看到激光光束的波型图案。如果损伤轻微，亦即仅外细胞层受伤，则损伤部位会在大约 48 h 内修复并消失；但深层灼烧可能造成永久性损伤。

图 3.8 显示了在实验室中用 100 W Nd：YAG 激光器（1.064 μm）对取自屠宰场的一只动物眼睛进行 1 s 照射的例子，从中可以看到甚至眼睛的前部也因为凝固作用而遭到破坏。视网膜损伤并不是这次专门研究活动的目标，但由于这种波长的高透射率和眼睛的聚焦能力而损伤自然而然地发生了。

3. 对皮肤的伤害

与眼损伤相比，对皮肤灼伤造成的损伤无足轻重，但在较高激光功率水平下造成的三度烧伤可能不应完全排除在外。皮肤受伤通常是由温度超过 45～60 ℃所致，但这个数值也与时间有关。

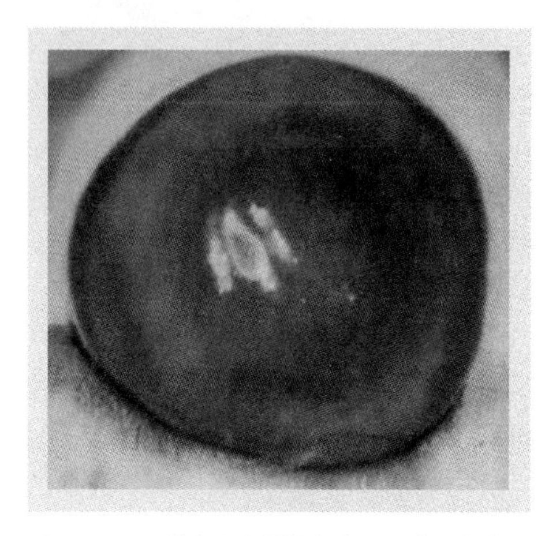

图 3.7 CO_2 激光器发射的激光对眼睛的伤害，在角膜上能看到波型图案（利用屠宰场的动物眼睛做实验）

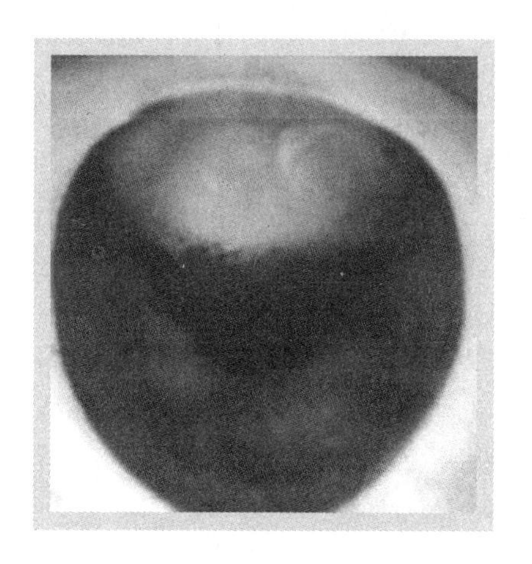

图 3.8 Nd:YAG 激光器对眼睛的损伤（眼睛前部的深度凝固；用照准的 He:Ne 激光束进行照射及散射）

当存在紫外线照射时必须特别注意，因为急性（短时间）或慢性（长时间）紫外线照射可能会导致红斑（由血管舒张造成的皮肤发红）、浮肿（肿胀）甚至癌症。

紫外线照射的来源可能不仅包括紫外激光器（例如准分子激光器），还包括“二次光辐射”，也就是在用激光器进行各种材料加工时（例如用大功率的 Nd：YAG 或 CO_2 激光器切割及焊接材料）发射的紫外线。关于紫外线的生物效应，紫外线是与生物组织相互作用的相干辐射还是非相干辐射并不重要，但这种特性无疑决定着视网膜上的最小光斑尺寸。

用大功率激光光束（大于 1 W）照射皮肤会造成灼伤。当激光功率低于 5 W 时，激光光束的热量在造成严重损伤之前会触发人的退缩反应，这种感觉与触碰到热物体时的感觉相似：你会试图把手抽回，或者扔掉物体，以避免受到严重损伤；但在大功率激光器面前，即使退缩反应促使你快速地让被照射的皮肤部位躲开光束，你也会被灼伤。这样的灼伤会相当痛苦，因为被照射的皮肤会被“煮熟”，形成一层硬质损伤层，需要花大量的时间才能痊愈。

图 3.9 举例说明了用氩离子激光器、CO_2 激光器和 Nd：YAG 激光器得到的组织反应和穿透深度。可以清楚地看到，在近红外波长下穿透深度最大，这一点用图 3.4 和图 3.5 可以解释。而由于水或血红蛋白中的吸光度高，因此用 CO_2 激光器（10.6 μm）和氩离子激光器（450～515 nm）得到的穿透深度较低。

在使用激光时，除考虑不相干的光辐射外，还必须考虑其他二次效应。例如，电流和高电压、电磁高频场、光学泵浦辐射、X 射线、爆炸性空气、易燃材料、有毒有传染性或者甚至致癌的液体或固体材料可能构成相应的危险。

在风险评估中，必须考虑与激光产品及其用途有关的、各种“二次物理化学试剂”，并应当将其限制在规定的辐照水平或剂量水平上。

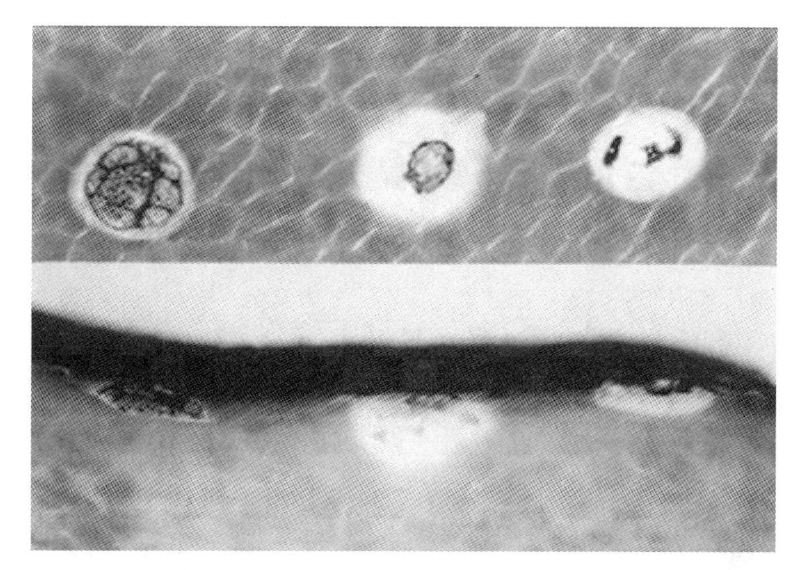

图 3.9　各种激光光束造成的表面反应（上图）和穿透深度（下图）（从左到右：CO_2 激光、Nd：YAG 激光和氩离子激光），光束直径：大约 4 mm，组织：肝

3.3　最大容许辐照量

3.3.1　阈值与 ED－50

为保护人类不受危险激光辐射的伤害，有关机构规定了最大容许辐照量（MPE）值。MPE 代表着在正常情况下不会给受辐照人员带来不利影响的激光辐射水平。MPE 水平是眼睛或皮肤在被照射后的瞬间或很长时间之后不会受到后果性损害的最大辐射水平。MPE 与辐射波长、脉冲持续时间或辐照时间以及处于危险中的组织有关，对于 400～1 400 nm 的可见光和近红外光，还与视网膜上的影像尺寸有关。

虽然这些 MPE 值一开始时很保守，但后来由于改进了研究方法并采用了更复杂的模型，将各种效应与波长和辐照时间之间的关系考虑进去，因此很多值增加了。

由于在很多情况下都没有适用于人类的独特阈值，因此 MPE 是利用不同的动物种类做实验之后推导出的。因此，在从动物实验外推到在人身上的效应时，必须考虑一定程度的不确定性。但当前可获得的所有科学知识表明：相关的辐射量极限（EL）提供了可防止受到已知生物激光辐射效应之影响的安全限值。

根据协议，MPE 大多规定为“有效剂量 50%”（ED－50）值的 1/10。ED－50 是在 50%的辐照案例中都能通过检眼镜观察到损伤时的辐照度或辐射曝光量值。ED－50 也常常被称为“阈值”。由于概率单位曲线的斜率相对较陡，预计在 ED－50 的 10%水平下观察不到有害效应，因此 MPE 值包括这个安全系数或换算系数。

不仅个体易感性会影响安全系数，生物变量和生物物理学变量也会影响这个数据，因此不可能定义伤害阈值（观察到的效应）与辐射量极限之间的安全系数或换算系数。

不同的实验室研究表明，用显微镜可看到的伤害通常出现在 ED－50 的 25%～50%范围内，但在低于 10%时绝对观察不到[3.9]。就激光辐射对角膜和视网膜的大多数效应而言，在紫外线范围内安全系数或换算系数大约为 2，在光谱的可见光部分则为 5～10[3.9]。

MPE 值应当用作辐射控制指导值，而不应视为安全水平和危险水平之间精确定义的分界线。在任何情况下，激光辐照量都应当尽可能地低。

伤害程度会随着波长的不同而明显不同，因此必须针对不同的波长调节辐射量极限和 MPE。但应当以简单的方式来调节，也就是说，需要利用对数图中以直线形式给定的修正系数（潜在的函数或常数）。例如，当波长从 700 nm 增加到 1 050 nm 时，这个系数将从 1 增至 5。由于眼睛介质对激光辐射的吸收度增加（图 3.4），因此在 MPE 中引入了另一个系数。在 1 150～1 200 nm 的波长范围内，这个系数从 1 增至 8。

当照射时间超过大约 10 s 时，短波长（即低于大约 500 nm）和长波长下的眼睛辐射量极限之差随着照射时间的增加而增加，因为短波长可见激光辐射主要造成光化学视网膜损伤；也就是说，当波长较短、照射时间较长时，MPE 要低得多。

由于辐射量极限依据的是实验结果以及所了解的光化学、光热、光机械和光电离效应与生物组织之间不应造成不利影响的相互作用，因此很容易了解到在一些波长、照射时间、光束参数等方面缺乏精确的数据——过去是，现在仍然是。因此，需要假设了最坏情况照射条件。

此外，新的数据和改进后的数据表明，一些早期辐射量极限所采用的安全系数过于保守，因此建议修改辐射量极限。

当然，可以沿用通过实验得到的生物效应阈值曲线的轮廓（只要存在），得到更平缓的辐射量极限曲线。但迄今为止，人们都是用阶梯函数和相对简单的数学函数来得到 MPE 值。

推导出的 MPE 值不仅能排除急性效应，还能排除延迟的不利效应。由于迄今为止与慢性长期辐照有关的数据很有限，因此延迟效应可能无法完全排除。到目前为止，MPE 值都是为极长时间的照射（即超过 8 h）规定的。另外，束内照射情形很少能持续超过 100 s，但在风险分析时应当考虑到长时间散射/漫反射激光辐射情形，尤其是在职业性照射的情况下。

3.3.2 眼睛的 MPE 值

MPE 值是针对角膜和皮肤规定的。角膜的 MPE 值是为最坏情况推导出的：最坏情况就是瞳孔直径为 7 mm，在视网膜上有相关激光光束的稳定图像。由于这些条件可能很少发生，例如在眼睛被麻醉的情况下，因此这意味着眼睛的 MPE 值需要再引入一个安全系数。

瞳孔的孔径是辐射曝光量和辐照度的平均值。多年来，对于一个适应暗光的最大状态散瞳瞳孔来说，标准孔径一直都是 7 mm。这相当于一种最坏情况。当观察点辐射源时，这种风险不会随着瞳孔面积的减小而成比例地降低[3.10]。在可见光区和近红外区，由于激光辐射聚焦在视网膜上，因此当激光束进入瞳孔时究竟直径为 1 mm 还是 2 mm 并不重要，最终，所有的光功率/能量都会被大致集中在视网膜上的同一光斑上。

根据衍射理论，视网膜上的光束图像直径预计为 3～6 μm。但人眼并不是这样理想的光学装置，因此出于安全考虑，专家选择了大约 25 μm 的最小图像尺寸——但是所报道的光斑稍小。

1. 点辐射源和眼运动

在连续波照射的情况下，在分析照射情形时必须考虑到生理因素。瞳孔活动（瞳孔反射）、眼运动（眼睛飞快扫视、微跳动、眼光漂移、震颤）、呼吸、心跳、血流量及其他身体运动是对照射时间有影响的生理因素。点光源的照射时间最长，大型扩展光源的照射时间最短。另外，人的视觉任务还取决于注视时间，即视网膜将物体固定在中央凹上的时间。注视时间通常为 200～400 ms，但取决于眼的处理能力或认知能力，因此也不排除存在较长的注视时间。Ness 等人[3.10]的眼运动研究结果清楚地表明，视网膜上的图像能明显地保持数秒静止。研究发现，只有在比 10 s 长的观看条件下，眼运动的修正因子才比较重要[3.9]。

研究显示，视网膜上的图像直径预计大约为 25 μm，相当于在 100 mm 距离处的 150 μm 物体具有 1.5 mrad 的对向角（视角）α。这个距离被认为是很保守的最小适应距离，是由 17 mm 的焦距决定的。但由于眼运动，物体变得模糊不清。在头部不受约束地观看时，在 250 ms 照射时间内图像直径增加到大约 50 μm，在 10 s 时间内则增至 75 μm。当照射时间为 100 s 时，很少能得到 135 μm 的照射区[3.10]。

国际非电离辐射防护委员会（ICNIRP）发布的激光指导原则修订版[3.11]中规定，在 1 ns～10 s 的照射时间内，早期推荐的辐射量极限不变；但图像因生理反应（例如各种眼运动和身体动作）而变得模糊，因此安全系数需要增加。另外，长时间照射情形（即大于 10 s）下的 MPE 值已增加，尤其是从 2001 年以来。

根据视网膜图像区域中的累积辐射曝光量，可以直接预知光化学视网膜损伤（例如光照性视网膜炎）的程度和位置。也就是说，通过研究注视和眼运动，可以确定“蓝光危险”辐射量极限。值得一提的是，由于在照射前后出现径向热流，因此当视网膜图像尺寸或光斑尺寸增大时，视网膜热损伤阈值会减小。

由于眼运动的影响，光热辐射量极限被规定为：当照射时间大于 10 s 时，可见光点光源（即 $\alpha \leqslant 1.5$ mrad）的辐照度为恒定值 1 mW/cm^2。当照射时间更长时，光化学辐射量极限成为辐射量极限中重要的组成部分——尤其是当光波长小于 500 nm 时。

通过模拟长时间照射情形并考虑到与眼运动有关的实验数据，研究人员发现当He:Ne激光的波长为632.8 nm（相当于穿过7 mm瞳孔的辐照度为1 mW/cm²）、激光光束功率为0.4 mW时，视网膜不可能出现热损伤[3.12]。

而通过利用相同的模型，加上视网膜对绿光–蓝光部分的吸收系数更高（参考图3.4），可以看到5 mW的光束功率足以使视网膜温度升高大约18 K，从而会造成蛋白质变性，即视网膜上的照射部位凝固坏死。应当考虑到在光脉冲穿过之后，大部分蛋白质会出现热变性（凝固坏死），这意味着视网膜被照射部分的几何结构会影响损伤尺寸。径向热流导致视网膜损伤与视网膜上的影像尺寸或光斑尺寸之间存在相对较强的相关性[3.13]。

此外，波长小于大约500 nm的长时间辐射会导致视网膜主要受到光化学损伤，这就是当照射时间较长、波长较短时辐射量极限较低的主要原因。

2. 扩展光源

为了将视网膜图像尺寸和热过程动力学的变化考虑进来，可以在MPE值中引入一个系数。这对于扩展光源来说很重要。当出于安全考虑必须解决表面漫反射以及在散射半透明材料或者激光二极管阵列中的透射问题时，就可能需要引入校正系数。由于在400～1 400 nm波长范围内扩展光源存在光学成像关系，因此对于点光源和平行光束，校正系数为1；而对于具有最大对向角100 mrad（相当于视网膜上的图像直径为1.7 mm）的光束，校正系数增加到100/1.5。如果相应光源的扩展量大于10 mm，则MPE值不会进一步增加。

对于平行光束（在无穷远处聚焦）和点光源来说，对向角（即在距眼睛一定距离（例如 100 mm）处的环形辐射源所正对的视角）用 α 表示。如果 α 的值大于 $\alpha_{min}=1.5$ mrad，则“扩展光源条件”将适用。不能将角度 α 与光束发散度相混淆，后者是激光的一种特性。光束发散度是由光束直径决定的锥体的远场平面角，空间某点上的光束直径是含有一定量总激光功率（或能量）的最小圆直径。在与激光安全性有关的标准中，这个百分比被定为 63%。就高斯光束而论，63%相当于辐照度（辐射曝光量）降至其中央峰值的 1/e 时的直径。应当记住，在教科书中，光束直径通常是在光强度（即功率密度）降到 $1/e^2$ 时测得的。在这种情况下，此光束直径穿过孔径之后的功率/能量将是大约 86%。对于高斯光束（TEM_{00} 或基谐模）来说，这两种直径（教科书中和安全标准中）之间的关系就是一个系数 $\sqrt{2}$；也就是最大光强值降到 $1/e^2$ 时相对应的光束直径比安全标准中采用的光束直径大 $\sqrt{2}$ 倍（即这个系数）。

在辐射量极限中将视网膜图像尺寸考虑进去的方法是采用与对向角相关的另一个校正系数。这简化了MPE值的计算，因为只须将点光源的辐射量极限乘以这个系数，就能得到呈线性增长态势的扩展光源辐射量极限，也就是适用于扩展光源的辐射量极限基于用校正系数 α/α_{min} 修正的束内观察辐射量极限。

视网膜上的辐照度或辐射曝光量对于生物效应来说很重要，这两个量与光源的固有特性即辐射率或积分辐射率成正比。这意味着，在观看扩展光源时，进入人眼的光能量随着视网膜图像直径的平方增加而增加[3.5]。由于脉络膜的血液流动会散热，因此当视角大于大约 100 mrad（相当于图像尺寸为 1.7 mm）时，光能量与图像尺寸之间的这种相关性将不存在。

当正对着光源的视角大于 100 mrad 时，辐射量极限随着视角平方的增加而增加，或者可表示为一个恒定的辐射率。

根据多年的激光安全性经验，人们必须认识到几乎所有危险的眼照射状态都是在束内点光源或平行光束条件下发生的。扩展光源几乎不会构成实际威胁，但应当对其认真对待，以免超过相关的 MPE 值。

3.3.3　辐射曝光量和辐照度的 MPE

对于 400～700 nm 的波长范围，辐射曝光量 H_{MPE} 和辐照度 E_{MPE} 的 MPE 值规定为[3.11]

$$H_{\mathrm{MPE}} = 18t^{0.75}C_{\mathrm{E}} \quad \text{in J/m}^2 \tag{3.6}$$

且

$$E_{\mathrm{MPE}} = \frac{H_{\mathrm{MPE}}}{t} = 18t^{-0.25}C_{\mathrm{E}} \quad \text{in W/m}^2 \tag{3.7}$$

其中，$C_{\mathrm{E}}=\alpha/\alpha_{\min}$（$\alpha_{\min}=1.5\ \text{mrad}\leqslant\alpha\leqslant\alpha_{\max}=100\ \text{mrad}$），$t$ 是照射时间。

由于热损伤阈值（用进入人眼的辐射功率来表示）随着照射时间的增加而降低到 −0.25 功率，因此将被照射的视网膜面积适度增加可以补偿由观看时间延长带来的更大风险。例如，视网膜面积只需减小 44%，就会使照射时间增加 10 倍。另外，要使光功率以及辐照度加倍，需要将照射时间缩短到 1/16，也就是说，为了让辐照度仍低于 MPE 值，只允许照射时间为以前数值的 6.25%。

根据式（3.6）和式（3.7），最大光功率 P_{MPE} 可计算出来：

$$\begin{aligned} P_{\mathrm{MPE}} &= E_{\mathrm{MPE}}A \\ &= E_{\mathrm{MPE}}\frac{\pi}{4}d_{\mathrm{p}}^2 \approx 0.7t^{-0.25} \quad \text{in mW} \end{aligned} \tag{3.8}$$

其中，根据 IEC 60825－1[3.14]，瞳孔直径 d_{p} 的取值必须为 7 mm，t 是在 400～1 400 nm 的波长范围内对眼睛进行照射时测量的，单位为 s。不必为了考虑较小的瞳孔直径而调节 MPE 值——就像当眼睛的瞳孔小于 7 mm 时进行的适应性调节那样。

表 3.3 列举了由式（3.8）推导出的最大功率和相应的最长照射时间 $t\approx 0.23/P^4$。

表 3.3　最大功率 P_{MPE} 和辐照时间 t（点光源和平行光束的例子，即 $C_{\mathrm{E}}=1$）

P_{MPE}/mW	0.39	0.5	0.6	0.7	1.0	2.0	4.0	5.0
t/ms	10 000	3 700	1 800	1 000	250	15	1	0.37

7 mm 的瞳孔尺寸对于较长的照射时间来说无疑大得有些不切实际，因为瞳孔反射使瞳孔直径以几毫米/秒的速度减小，而且在经过 0.2～1 s 的潜伏期之后才开始，在采用直径稍大的光束时会限制入射光功率。此外，据保守地假设，视网膜的热损伤阈值与视网膜的光斑尺寸成反比。

对于光化学诱发的视网膜损伤来说，这种关系并不存在，但热损伤阈值与波长和剂量（即辐射曝光量）有关；也就是说，用辐照度表示的光化阈随着照射时间的延长而减小。

在视网膜危险区外，亦即在小于 400 nm 和大于 1 400 nm 的光谱区，光源的大小并不重要，因此辐射量极限的确定不必采用基于对向角的校正系数。

除了在照射时间大于 10 s 时辐射量极限有变化之外，对于 1 ns～100 fs 的脉冲持续时间，辐射量极限建议按照辐射量极限指导原则的修订版来执行[3.9]。其中的主要原因是：直到最近，这方面的数据才统一，而且对于由亚纳秒激光诱发的伤害，人们还不是很了解其潜在损伤机理。

对于很短的激光脉冲来说，辐射量极限的制定是很难的，因为其中涉及不同的机理。研究发现，由非线性效应造成的损伤并不遵循热化学（光热）和热声伤害或损伤机理的阈值与波长、脉冲持续时间和视网膜图像尺寸之间的关系[3.15,16]。此外，眼睛介质的自聚焦作用会进一步汇聚入射激光能量，从而增大视网膜的辐射曝光量。

多年来，ICNIRP 已出版了与激光辐射量极限有关的指南[3.9,11]，这些指南已成为各种激光安全标准（以及（尤其是）2006 年出版的“人工光学辐射指令”（AORD）[3.17] 的附录Ⅱ）的一部分。为了按照该指令执行，欧盟的成员国必须在 2010 年 4 月 27 日之前使相关的必要法律、法规和管理规定生效。ICNIRP 指南中给出的建议已被各种各样的标准采用，这些建议涉及如何处理单脉冲激光照射以及连续波激光对眼睛的照射[3.11]。

1. 包括瞬目反射在内的厌光反应；主动保护反应

关于连续波激光对眼睛的照射，如果有目的地凝视既非计划中的、又不是预期的可见激光，则建议把 0.25 s 厌光反应时间作为合适的危险判据。对于近红外光对眼睛的照射，在非计划中的或有目的的观看条件下建议采用 10 s 的最大辐照时间进行危害分析。这两项建议均基于预期的自然行为。

人们坚信，在观看强光（例如激光辐射/光照）时，厌光反应（尤其是瞬目反射）是一种可靠的生理反应。激光源无疑是一种很亮的光，例如，1 mW 激光的发光度（亮度）甚至超过了正午太阳的亮度。但最近的研究表明，2 级激光不足以刺激超过 20% 的人做出瞬目反射[3.18,19]。头和身体的移动等厌光反应甚至更不常见。因此，专家强烈建议采取主动保护措施（例如在修改过的 2 级和 2M 级建议（表 3.4）中提到的那些措施）以防止因疏忽了预期的自然生理行为和长时间照射而可能面临的危险。此建议如今已被 IEC 60825－1 标准的第 2 版采用，并列入相关激光种类的资料性描述以及其他描述中[3.20]。

表 3.4　IEC 60825－1 中的激光级[3.14,20]以及由最新研究得到的其他安全建议

1 级
在所有合理的可预见条件下，可接触的 1 级激光辐射都不危险。在预期用途中，这些条件（包括长期直接束内观察）均成立并有效，甚至在 1 级激光照射时还可以使用光学观察仪器（头戴式放大镜或双筒望远镜）。1 级激光器不发射有害级别的辐射。 虽然光化学损伤和光热损伤都不可能发生，因此可能不排除由残像会导致眩光、耀眼的光和色觉降低，尤其是当发射的功率接近于 1 级可见激光产品的辐射能上限时，以及在低环境光照度下进行束内观察时
1M 级
可接触的 1M 级激光辐射仅限于 302.5～4 000 nm 的波长范围，因为这是光学仪器应用的首选范围。 可接触的 1M 级激光辐射不会使眼睛遭受危险，只要光束直径不会被光学仪器（例如头戴式放大镜、透镜或望远镜）减小就行。 只要不使用会让光束直径减小的光学仪器，1M 级的危险性将与 1 级类似。但集光仪器的使用可能会导致 1M 级激光辐射的危险性与 3R 或 3B 级相当。 1M 级激光器的光功率仅限于 3B 级。这个事实可视为一种隐患。但如果实际直径大于激光安全标准 IEC 608251－1 中测量直径的发散光束或平行光束因使用了光学仪器而减小，那么 1M 级激光辐射这个隐患可能会变成现实，于是超过 MPE 值，并可能使眼睛受伤。 此外，对于会发射可见光辐射能的 1M 级激光产品，其束内观察仍可能产生眩目的视觉效果，尤其是在低环境光照度下
2 级
可接触的 2 级激光辐射仅限于光谱的可见光部分，即 400～700 nm。可见光谱外的其他 2 级辐射光必须达到 1 级辐射的条件。 短时间或瞬间的 2 级激光照射（即 0.25 s）是不危险的，甚至对眼睛来说也不危险，但在故意凝视激光光束时，2 级激光照射是危险的。2 级激光辐射的定义以 0.25 s 为固有的分类时基。据推测，时间稍长一点的瞬间 2 级照射造成伤害的可能性极低。但另一方面，如果凝视 2 级激光光束的时间足够长，那么眼睛是可能受到损害的。至少目前已报道发生了几例轻微的眼损伤。但就实际的激光输出功率而言，这些案例仍存在一些不确定性。 由于偶然照射和短时间照射不会使眼睛处于危险中，因此如果能确保既不会发生超过 0.25 s 的故意束内观察，又不会对镜面反射的激光光束进行反复束内观察，则可在不采取额外保护措施的情况下使用 2 级激光产品。 但应当考虑到，瞬目反射和厌光反应都不会将辐照时间限制到 0.25 s，就像自 1984 年 IEC 60825－1 的第一版（当时是 IEC 825[3.21]）发行之后以令人信服的方式说明的、以及在 2007 年发布第二版[3.20]之前所假设的那样。在一次更大规模的研究中，瞬目反射的频率经显示低于大约 20%，厌光反应的频率甚至更低[3.22－25]。就眨眼反射的频率而言，这些结果与在另一次研究中发现的、与眼睛瞳孔和眼睑的反应有关的研究结果是一致的[3.26]。 这些研究结果并未说明 2 级激光器已不再安全，而说明了应当指示这些激光器的用户做出主动保护反应，即在束内观察时主动闭眼、扭头。这些措施足以增强 2 级激光的安全性（就像在研究[3.27]中显示的那样），并防止超过 MPE 值。国际标准 IEC 60825－1 的第 2 版如今已采纳了这些研究结果[3.20]，在其中这样规定道“通过贴标签，告诉用户不要凝视光束，也就是说通过扭头或闭眼来做出主动保护反应，并避免持续的故意束内观察。” 除包括确定性的危险之外，2 级激光的描述如今还包括间接影响（例如临时致盲）。IEC 60825－1 中的相关措辞提供了下列信息：“但是，2 级激光产品发射的光束可能会造成眩目、闪光失明和残像，尤其是在低环境光照度条件下。这可能还会产生间接的一般安全性影响，起因是暂时性视觉障碍或惊愕反应。对于机器操作、高空操作、高压操作或驾驶等关键性安全操作来说，这些视觉障碍可能尤其让人担心。”这种看法和观点改善了 2 级激光器的应用安全性，并考虑了较新的研究结果[3.28－30]。 就平行光束或点光源而言，在连续波（CW）工作的情况下，亦即当发射持续时间大于 0.25 s 时，光功率仅限于 1 mW。而对于扩展光源来说，光功率可能会以校正系数（取决于对向角）为倍增因子，增加到最多 66.7 mW

续表

2M 级
可接触的 2M 级激光辐射仅限于可见光光谱（400～700 nm）。可见光谱外的其他 2M 级辐射光必须达到 1M 级辐射的条件。可接触的 2M 级激光辐射不会使眼睛遭受危险，只要光束直径不会被光学仪器（例如头戴式放大镜、透镜或望远镜）减小就行。 原则上，2 级激光器情况下的安全考虑因素也适用于 2M 级激光器。此外，还应当考虑到在下列条件下用其中一种光学观察仪器（头戴式放大镜或双筒望远镜）照射之后可能会出现眼损伤： –对于发散光束：如果用户将光学元件放在距光源 100 mm 的距离内，使光束集中（平行）； –对于平行光束：如果平行光束的实际直径大于相关分类规则中规定的测量直径。 因此，只要不使用会让光束直径减小的光学仪器，2M 级的危险性将与 2 级类似，与 2 级有关的建议也将适用于 2M 级。但集光仪器的使用可能会导致 2M 级激光辐射的危险性与 3R 或 3B 级相当。 尤其要提出的是，由于 2M 级激光器的光功率仅限于 3B 级，因此这个事实可能被视为一种隐患，就像在 1M 级情况时那样，两者之间的差别是 2M 级的波长仅限于 400～700 nm，即可见光谱区。在搬运这些激光器时应当小心。 由于在束内观察情况下，2M 级激光器能够干扰视线，因此在风险评估时应当评估由眩目、闪光失明和残像造成的间接影响
3R 级
可接触的激光辐射在 302.5～106 nm（1 mm 或 300 GHz）之间，可能对眼睛有害。 这类激光产品可能是危险的，但由于其 AEL 级低得多，因此眼睛受伤的风险比 3B 级低。 在直接束内观察下，3R 级激光产品发射的辐射量可能超过 MPE 值。但在大多数情况下，3R 级带来的伤害风险相对较低，因为在 400～700 nm 波长范围内，3R 级的光功率或能量最高可达 2 级激光器的 AEL 的 5 倍；在其他所有波长下，3R 级的光功率是 1 级激光器的 AEL 的 5 倍。 400～700 nm 波长范围内的平行光束和点光源在以连续波模式工作时，其光功率仅限于 5 mW。 伤害风险随着辐照时间的增加而增加。在故意的眼睛辐照下，3R 级辐射是危险的。由于 3R 的最大功率与 3B 级相比不大，因此达到较低的保护措施和安全要求即可。但应当小心搬运这类激光器，因为当 3R 级的辐照量比 MPE 值高出 5 倍时，可能会使视网膜遭受最低程度但持久的损坏。 这一点尤其值得考虑，因为厌光反应（包括瞬目反射）可能不会将辐照时间限制在可见光谱区所需要的时间范围内。 就可见波长范围内的 3R 激光产品而言，如果可能会发生直接观察，则在相关的风险评估时应当引入至少与各种眩目效应（例如耀眼的光、闪光失明和残像）产生间接影响有关的安全指导意见。 最后，IEC 60825－1 的第 2 版在描述这类激光器时声明："3R 级激光器只能在不可能进行直接束内观察的情况下使用"
3A 级
在前一版国际标准 IEC 60825－1（有效期至 2001 年）中，这类激光器是在可见光谱区内进行最多 0.25 s 的短时间照射时以及在其他所有波长下进行长时间照射时不会带来危险的激光产品，只要不使用足以让光束直径减小到低于 7 mm 的光学仪器就行。 当用裸眼瞬间观察时，这类激光器并不危险。但在通过光学仪器（例如显微镜和双筒望远镜）观察时，这类激光器会严重损坏眼睛。 这类特殊的激光器有双重限制：首先，在可见光谱区内功率上限为 5 mW；与此同时，其辐照度极限为 25 W/m^2，将进入 7 mm 瞳孔中的光功率限制在 1 mW，就像在 2 级激光器的情况中那样。这个特殊的辐照级别带来了相当多的麻烦，主要因为一些标准没有引入这些双重极限。此外，除被标记为 3A 级外，这些激光产品还被标记为ⅢA 级、Ⅲa 级或 3a 级，导致出现很多错误。另外，由于国家规定的不同，很多进口激光产品出现了错误地分类，例如 ANSI 标准中的ⅢA 级激光产品在采用 EN 60825－1 标准时必须列为 3B 级产品，而且必须达到该标准的厂家要求。此外，用户必须熟悉 3B 级（而非ⅢA 级）的不同要求，不能与 3A 级的要求混淆。有时候ⅢA 级的标签也不同；也就是说，如果功率密度不超过 25 mW/cm^2，则使用警告标签；如果 E＞2.5 mW/cm^2，则使用危险标签。

续表

新等级 3R 的引入克服了由这种情形造成的误解。3R 级对激光产品的要求低一些，但确实存在一定的风险（虽然不是很高），尤其是在最坏情况条件下，例如在束内观察和眼睛调节时调整及对准光束。 主动凝视这种激光光束会增加视网膜眼损伤的风险，当超过 MPE 值时必须小心
3B 级
可接触的 3B 级激光辐射通常对眼睛有害，甚至对皮肤也有害。当 3B 级束内眼睛照射在标称眼睛受害距离（NOHD）内发生时（包括意外短时间照射），这种照射会变得尤其危险。 激光产品被划入此等级依据的是这样的条件，即：对于由完美漫反射镜得到的反射光束，可以从 13 cm 的距离处安全地观看此光束达 10 s。但漫反射很少存在，相反，在风险评估中应当考虑部分定向反射，尤其是当这类激光器使用 500 mW 的最大功率时。 甚至主动厌光反应（包括主动闭眼）都不足以防止由这类激光器发射的激光辐射。 除了会超出眼睛的 MPE 值之外，3B 级激光通常还会超出皮肤的 MPE 值。接近 3B 级 AEL 值的 3B 级激光器可能会造成轻微的皮肤损伤，甚至带来使易燃材料着火的风险。但只有当光束直径较小或被聚焦时，这种情况才有可能发生
4 级
可接触的 4 级激光辐射对眼睛非常危险，对皮肤也危险，甚至漫散射的 4 级激光可能也是危险的。 此外，这类激光辐射会导致火灾和爆炸。 这类激光器被认为是大功率激光器，其功率或能量超过了 3B 级的 AEL 值。 4 级激光产品的激光辐射是如此强烈，以至于在眼睛或皮肤上的任何一种 4 级照射预计都会损害眼睛或皮肤。 必须特别小心火灾和爆炸危险
关于激光等级术语的说明 1M 级和 2M 级中的“M”源于放大（magnifying）光学观察仪器。3R 级中的“R”源于降低（reduced）或不严格的（relaxed）要求：对厂家的要求（例如无按键开关、光束截止器或衰减器，需要联锁连接器）和对用户的要求都降低。3B 级中的“B”有历史渊源，因为在 IEC 60825 – 1 标准的预修正案 A2：2001 版本中已存在 3A 级——3A 级的意义与如今的 1M 级和 2M 级类似

2. 由凝视低功率激光光束带来的间接效应——临时致盲

传统上，在激光辐射领域中的安全考虑因素仅限于最大容许辐照量与波长和辐照时间之间的关系；也就是说，除光化学、光热和光声效应外，在各种极限值的规定中不包含其他相互作用。但近年来，专家们注意到了一定程度的范式变化，也就是说，对于在可见光谱区的低功率激光发射下可能实现的束内观察情形，研究人员在对这些情形进行风险评估及处理时已引入了临时致盲等间接效应。但就对视觉功能的不利影响或损害而言，除得到确认的极限值之外，目前还没有规定其他的阈值或临界持续时间。

在激光安全标准中，即 IEC 60825 – 1 的第 2 版中，首次出现了与激光的安全使用（就临时致盲而言）有关的指导意见[3.20]。相关的指导信息主要针对 2 级、2M 级和 3R 级（有可见波长）激光器，1 级和 1M 级也略有介绍，但是都仅限于可见光谱区。根据激光安全标准，“眩目、闪光失明和残像可能由 2 级、2M 级或 3R 级激光产品造成，尤其是在低环境光照度条件下”。与此同时，“暂时性视觉障碍或惊愕反应”被归类为预计产生的（尤其是与安全关键性操作有关的）主要并发症或效应（表 3.4）。

风险评估中必须评估临时致盲，这一事实要求进一步了解各种参数以及它们对视觉损害的影响。

在一次广泛的研究中，有关人员研究了由临时致盲造成的、源于强激光束的间接效应，并确定了强激光束对视功能（例如视敏度、对比灵敏度和辨色能力）的损害程度，目的是完善当前的知识，尤其是视功能恢复所需的时间。目前，专家能定量地给出当照射时间在 0.25～10 s、激光输出功率在 10～30 μW 时两种波长（即 632.8 nm 和 532 nm）的几个关系式。例如，根据关系式 $50.6\ln(P\Delta t)-13.4$，可以计算出预期的残像持续时间（s），其中，P 是红光激光束的功率，Δt 是辐照时间，当激光光束击中视网膜小凹时（$P\Delta t$）为 μJ 级[3.29]。

眩目可定义为由很亮的光（例如激光光束）造成的眼花缭乱的感觉。仅当激光实际存在并影响个人的视野时，这种视觉效应才会持续。这种效应与凝视相机的强闪光类似，视觉通常会在一段时间内恢复到基准状态，这就是该效应被称为“临时致盲”的原因。尽管如此，在这段难控制的时间内，被照射的个人会出现视觉障碍，尤其因为同时还出现了残像。

研究人员甚至在 250 ms 的短时间辐照内发现，0.39 mW（或大约 0.1 mJ）的功率会导致 2.5～10 s 乃至 15 s 的临时致盲。250 ms 被视为“厌光反应时间”，或者常常等于瞬目反射时间，并用作 2 级、2M 级和 3R 级激光器在 400～700 nm 光谱区内的分类时基。这种辐照情形可以用 1 级激光器在眨眼瞬间毫不费力地实现。即使用光学输出功率大约为 0.8 mW 的激光器进行不超过 0.25 s 的照射，由残像干扰造成的不能读仍会持续大约 20 s。

所研究的这两个值（即 532 nm 和 632.8 nm）与波长之间的关系可用大约 1.5 的系数来近似表示，而通过对比国际照明委员会（CIE）的相关发光效率函数值 $V(\lambda)$（用于描述人眼对不同波长的光的平均视觉灵敏度），预计会得到一个大约 3.6 的系数。在更接近于视见函数最大值的较短波长下，要得到相同的视功能损伤程度，光能必须降低大约 50%[3.30]。

迄今为止，只有一个标准（即 ANSI Z136.6［3.31］）引入了下列数值：飞行员的注意力分散：100 nW/cm^2；眩目：10 μW/cm^2；残像：100 μW/cm^2；对于 7～mm 的孔径来说分别相当于 38.5 nW、3.8 μW 和 38.5 μW。由于人与人之间的不同，因此要规定眩光及其临时效应的确切阈值是不可能的，甚至也不合理，但最初用实验方法确定的影响值甚至比 ANSI 标准中规定的值更低。

3. 不可见激光辐射和重复脉冲激光器

10 s 的持续时间被认为对近红外照射情形来说足够了，因为在这种情况下眼运动会提供自然的生理辐照限制功能，因此不需要考虑大于 10 s 的照射时间。对于必须考虑到更长照射时间的不寻常情形，应当对这些情形进行专门的危险性分析。

就重复激光照射而论，紫外激光器和非紫外激光器应区别对待。对于紫外激光器来说，照射剂量应当以校正系数为倍加因子，而不管重复频率有多大。但对于可见激光和红外激光来说，在重复脉冲下进行束内观察时的辐射量极限（每个脉冲）必须以 $N^{-0.25}$ 的校正系数为倍减因子，其中 N 是脉冲数量，也就是脉冲重复频率（PRF）与总照射时间（例如 0.25 s 或 10 s）之积。

热重复脉冲照射遵循“可加性规则”，其中的净效应利用所描述的校正系数来修正[3.11]，这样能降低在一连串脉冲中单个脉冲的辐射量极限。但如果在比与波长相关的最短时间（例如在 400～1 050 nm 波长范围，最短时间为 18 μs）还短的时间内存在多个脉冲，则这些脉冲应按单个脉冲来处理。

虽然还不了解特殊的照射情形，但目前掌握的关于过去 40 年生物效应的知识似乎足以制定辐射量极限的指导原则。不需要为一般人群制定不同于职业性照射（例如频率低于 300 GHz 的电磁场）的单独 MPE 值，辐射量极限值或最大辐射量极限是直接基于既定健康影响和生物考虑因素的激光辐射极限，遵循这些极限将确保受到人工激光辐射源照射的人员免受所有已知的不利健康影响。

低于 MPE 值的照射量应当不会带来不利的健康影响，因为 MPE 辐射量极限是科研知识和实践经验的结晶，并基于最佳的可利用信息。

3.4　国际标准与法规

在美国，激光产品的厂家必须达到美国食品和药物管理局/设备仪器与放射健康中心（FDA/CDRH）的 21CFR1040.10 法规[3.32]中规定的法律要求，也就是必须达到联邦政府的法定要求，而激光器使用标准则由各州来制定。

美国联邦政府已针对在美国国内制造或进口到美国的、含激光器的产品制定了相关要求。这些法规规定了激光产品的分类，并要求某些产品特征和标签与产品类别一致。所使用的激光产品类别是Ⅰ、Ⅱa、Ⅱ、Ⅲa、Ⅲb 和Ⅳ级，其危险程度逐级递增。

激光标准有国际标准、区域标准和国家标准。1984 年，国际电工技术委员会（IEC）发布了第一部激光安全标准。这部标准（即 IEC 825[3.21]）已更新或修订过数次，其有效期限至 2001 年。在随后的 IEC 60825－1[3.14]中不是采用 5 种不同的激光器级别，而是引入了 7 种级别。2007 年，该标准发布了第 2 版[3.20]，其主要内容删掉了前一版中包含的“用户指南”部分，只保留了“设备分类和要求”。“用户指南”被移出来，单独成为一部分，即第 14 部分[3.33]，也就是“技术报告”。与此同时，主标准 IEC 60825－1 的强制性规定中不再包含 MPE 值，而是从 2007 年起移到了资料性附录中，这对欧洲标准来说尤其重要，因为自从与物理介质有关的欧洲指令（人工光学辐射）在 2006 年生效以来，欧洲标准就不再可能规定辐射量极限。

这一点尤其重要，因为自1996年以来，标准化过程就被标准化机构CENELEC和IEC之间的《德累斯顿协议》所控制。该协议为欧洲标准开发活动和国际标准开发活动之间加强达成共识创建了一个必要的框架。该协议规定，由IEC制定的所有新标准也将在CENELEC并行实施，因此国际标准也就自动地变成了欧洲的标准化项目。此外，还存在着一道所谓的"并行投票程序"。

由于很多国家标准机构都是IEC的成员，因此IEC 60825－1标准被全世界很多国家公认为水平产品安全标准。由于签订了《德累斯顿协议》，因此这部国际标准被移入区域标准中，例如移入由欧洲电工技术标准委员会（CENELEC）为其成员国发布的欧洲标准EN 60825－1中。基于欧洲标准化（EN）标准等区域标准的所有国家标准只能翻译成自己国家的语言；亦即，在移入过程中不允许变更或修改EN标准。于是出现了国家版的基本激光安全标准，例如德国的DIN EN 60825－1、英国的BS EN 60825－1、奥地利的ÖVE/ÖNORM EN 60825－1、法国的AF EN 60825－1等等。

CDRH要求和IEC标准之间的一个重要区别是：IEC不是实施机构，而只是发布由专家委员会编写的标准。具体的实施和执行取决于各国的法律和法规。

欧洲标准EN 60825－1（相当于目前的IEC 60825－1）适用于整个欧盟（EU）以及欧洲自由贸易联盟（EFTA）国家，而且变得越来越重要，在欧盟的官方公报中被称为"从属于低压指令（LVD）2006/95/EC的协调标准"。

但除了国际标准IEC 60825之外，其他标准化机构也制定了与激光产品和激光安全性有关的内部标准。很长时间以来，由美国国家标准协会（ANSI）所编的标准ANSI Z136.1[3.34,35]一直都是IEC 60825在标准化市场中的竞争对手。ANSI标准提供了四类（即1、2、3、4级）激光器和激光系统的安全使用指南，其中功率激光器分为两小类：3a和3b级。在2000年之前被联邦激光产品性能标准划入Ⅱa级的激光产品在ANSI标准中应当按1级处理。由于CDRH/FDA发布了一份"激光通知"[3.36]，因此自2001年以来IEC 60825－1和ANSI Z136.1之间已达成了一份涉及面相对较广的协议。这份"激光通知"取代了2001年第一次发布的通知。此外，ANSI Z136.1包括一份附录，其中更详细地描述了此标准与IEC 60825－1之间协调一致的地方，并强调了一些不同之处。

由于在很多情况下标准都是作为一种市场监管/支持要素来开发的，因此国家及/或地区之间存在分歧有时从经济角度来说是说得过去的，但就一般激光安全性而言，还是应当达到一种一致的、经过广泛认可的安全水平，而目前就是这种情况。

除一般的产品安全标准IEC 60825－1之外，其他相关标准——例如与医用激光器[3.37]、信息技术或机械有关的标准，还规定了其他安全要求[3.38]。

为保证光纤通信系统的安全，IEC 60825－2标准[3.39]提供了与激光辐射产品有关的指南——包括用于通信用途的发光二极管（LED）的辐射。IEC 60825的另一部分则描述了激光防护屏[3.40]。IEC 60825－12是IEC 60825系列中较新的标准之一，其中描述了自由空间光通信系统的安全性[3.41]。IEC 60825目前总共有13个部分（－1，－2，－3，－4，－5，－8，－9，－10，－12，－13，－14，－16，－17）在发布或以草案形式存在。

3.5　激光危害的种类和激光器的级别

在评估可能的危害及采用控制措施时，需要考虑到与激光器的使用有关的三个方面：

（1）激光器或激光系统使人受伤的能力。这包括要考虑到人员是否有权使用主要出口或辅助出口。

（2）激光器的使用环境。

（3）激光器操作人员或可能受激光辐射的人员接受培训的程度。

对激光辐射危害进行评估和控制的一种切实可行的方式是按照相对危害潜力对激光产品进行分类，然后规定每一类的相关控制措施。在大多数情况下，通过使用这种分类系统，用户就不需要进行放射性测量了。因此，在很多情况下都不必直接使用 MPE。在工业、科学和医学应用领域中积累的激光器使用经验使得激光危害分类系统能够被开发出来。

因此，专家给激光产品指定了不同的激光器级别，这应当能帮助用户评估激光器的危害性，并提供与保护和控制措施有关的必要信息。因此，激光产品的分类依据是激光产品的递增危害程度或风险程度。目前在 IEC 60825－1 中，激光产品一共分为 7 类，即：1 级、1M 级、2 级、2M 级、3R 级、3B 级和 4 级。此外，还存在着 3A 级，但自从 2001 年以来就不再有新的激光产品被划归到这个特殊的类别中。

国际标准 IEC 60825－1 的一个主要目的是通过指出激光辐射的安全工作水平并引入一个以危害程度为分类依据的激光器/激光产品分类系统，这样使相关人员免受 180 nm～1 mm 波长范围内的激光辐射。此外，该标准还规定了对用户和厂家制定程序和提供信息的要求，以便采取合适的预防措施。为确保适当地警告个别人员注意与激光产品的可接触辐射有关的危险，用户和厂家必须要使用符号、标签和说明书。

越来越大的分类编号不仅适用于越来越高的危险性（即造成人员受伤的能力），还适用于越来越多的保护措施，这些保护措施构成了由厂家规定的用户使用要求。厂家必须进行激光产品分类，并在激光产品上贴上相应的标签。

3.5.1　可接触放射限值

激光产品的分类依据是“可接触放射限值”（AEL），即最大功率或最大能量值。在产品标准 IEC 60825－1 的激光器分级表中给出了相应的 AEL 值。

AEL 的求值和推导虽然通常根据 MPE 来实施，但也必须对合理可预见的照射条件进行风险分析和确定。

AEL 的一个主要特性是：1 级激光器不能超过适用于时基 30 000 s 或 100 s 的相应 MPE 值。1 级激光产品的 AEL 是用相关的 MPE 乘以规定的平均孔径面积（在可见激光辐射情况下为 7 mm）得到的。当预计会受到有计划的（或故意的）长期照射时，所采用的时基为 30 000 s；当预计会受到非故意照射时，所采用的时基为 100 s。

但在紫外线照射情况下，必须始终采用 30 000 s，因为这种光辐射的波长更短，显示出与剂量相关的效应。

厂家必须对激光产品进行分类，以便用户在合理可预见“单一故障条件”下正常使用及保养激光产品。

保养指为确保激光器的常规性能而必须执行的任务，亦即，保养可能由激光器用户实施，包括清洗、更换易损件等任务。保养不能与维修混淆，通常不需要接触光束；维修的实施次数更少，通常需要接触光束，例如在更换共振腔反射镜或修复激光产品部件时。

2 级激光产品的 AEL 是通过假设辐照时间为 0.25 s（即 2 级辐照的时基）并用可见激光辐射线在 0.25 s 中的 MPE 值乘以 7 mm 孔径的面积而得到的。

3.5.2 关于激光器级别的描述

表 3.4 中描述了激光器级别。除给出定义外，IEC 60825－1 还根据最新研究结果提出了一些建议，以提高激光器的操作安全性，尤其是低功率激光器。

1M 级或 2M 级激光产品的最大功率不超过 3B 级的 AEL 值。在不太可能被光学仪器照射时，使用 1M 级或 2M 级激光器确实风险很小；但如果根据合理预测可能会用到光学仪器，则需要采取控制和限制措施。

有效期限至 2001 年的前一个分类系统之所以变更，其中一个主要原因是：在国际标准 IEC 60825－1 的范围内，凡是使用了“激光器”一词的地方都包含了 LED 产品。新定义的 1M 级和 2M 级测量条件使得更少的 LED 产品被划分到不切实际的高辐照等级，例如 3B 级。与此同时，IEC 决定把 LED 从 IEC 60825－1 范围内移除，这就是该标准的第 2 版目前所面临的情况。在国际照明委员会（CIE）的 S 009 标准[3.42]中，LED 被视为灯泡，除了在 IEC 60825－2 适用的情况下当 LED 与光纤通信系统（OFCS）结合使用时。

在与灯泡/灯泡系统的光生物学安全性有关的（2006—2007）版本中，S 009 标准以“双标志标准”IEC 62471/CIE S 009 形式被发布[3.43]。在这部新标准中，灯泡（包括 LED）分为 4 个“风险组”（无风险、低风险、中等危险和高风险，或 RG 0、RG 1、RG 2 和 RG 3）。

与此同时，该标准的第二部分也已发布[3.44]。IEC/TR 62471－2：2009 为非激光器产品的光学辐射安全要求提供了基础，为制定垂直产品标准中的安全要求提供了指南，还帮助灯系统制造商解释了由灯制造商提供的安全信息。该技术报告提供了如下方面的指南：① 对光学辐射安全性评估的要求；② 安全措施的分配；③ 产品标签。

1. 风险分析

为了进行风险分析以及划分激光产品，必须了解激光器本身的特性及其用途，这意味着尤其要获得下列数据：

- 波长；

- 工作模式［连续波（CW）、单脉冲、调 Q、重复脉冲（扫描）、锁模、极短脉冲（飞秒激光器）］；
- 光功率（W）或光能（J 或 J/脉冲）；
- 脉冲持续时间；
- 脉冲重复频率（PRF）；
- 光束直径；
- 光束发散度；
- 模场分布。

值得一提的是，在安全性计算中，光束直径和光束发散度是在辐照度减小 1/e（而非 $1/e^2$）时测量的，这意味着该标准中的对应值减小了 $\sqrt{2}$ 倍。

2. 光束发散度与标称眼睛受害距离

由激光器产生的光束确实会按照其发散度（也就是光束的发散速率）进行发散。当激光辐射远离激光产品时，激光辐射的照射面积将不断增大。这个发散角用弧度或毫弧度来测量，与其他光源发射的光束相比通常很小。激光器的典型发散度值为 1 毫弧度（1 mrad）。这意味着光束的发散将达到这样的程度：与激光器之间的距离每增加 1 m（1 000 mm），光束的光斑直径就会增大 1 mm。

由于光束按固定的可测量角度进行发散，因此光束直径可在距激光器的任何期望距离处确定。为近似地计算在远距离 z 处的光束尺寸（直径 D），可以采用以下线性方程

$$D = \text{发散角} \cdot \text{范围} + a = \Theta z + a \tag{3.9}$$

其中，z 是距离（范围），Θ 是发散角，a 是在激光产品的孔径处光束的直径。

在估算激光孔径附近的情形（即在“近场”中）时，必须采用下列方程：

$$D = [(\Theta z)^2 + (a)^2]^{1/2} \tag{3.10}$$

根据式（3.9），眼的标称受害距离（NOHD）可计算为

$$z = \text{NOHD} \geqslant \frac{1}{\Theta}\left[\sqrt{D^2} - a\right] \tag{3.11}$$

若同时利用式（3.8），则得到

$$\text{NOHD} \geqslant \frac{1}{\Theta}\left[\sqrt{\frac{4P}{\pi E_{\text{MPE}}}} - a\right] \tag{3.12}$$

这个方程可用于估算当指定激光源的光功率和光束发散度已知时，在相应的 MPE 值下人眼至激光源的安全距离。

3.6 保护措施

大多数的激光辐射伤害都涉及眼睛，而皮肤受到的伤害较少。眼睛受到的伤害

主要发生在调准过程中，或者是因为护目镜要么不合适，要么没有戴。

IEC 60825－1 发布的目的是通过将不必要的可接触辐射降到最低，从而降低受伤的可能性，通过防护装置来更好地控制激光辐射危险，以及通过规定用户的控制措施来保证激光产品的安全使用。

激光产品需要有某些嵌入式安全特征——这取决于厂家为激光产品指定的等级。

为防止受到危险的激光辐射，通常应当采取技术工程保护措施。一种不重要但最有效的解决方案是完全封闭激光器（封装）以及所有的可达光束路径。如果这种方法不可能实现，则必须尽可能地部分封闭光束或限制进入光束路径，并实施行政控制，而不使用个人防护设备（PPE），例如激光护目镜（激光安全护目镜）。

最安全的激光产品取决于专设安全特征。技术措施可能分为属于激光产品一部分的措施和由于相关激光产品的危险程度而必须安装的措施，例如安全联锁装置能在有人进入高风险区时将激光器隔离。

3.6.1 厂家的要求

根据国际标准 IEC 60825－1，厂家必须达到该标准中的指定要求。表 3.5 总结了这些要求。在该标准的相关子条款中给出了详细介绍。

遗憾的是，在对 IEC 60825－1 中的厂家要求进行总结的表中，2 级激光器的危险类别被描述为“低功率，通常由厌光反应提供眼保护”，这显然与该标准附录 C 中更详细的描述不完全一致。附录 C 除明确建议“通过扭头或闭眼来做出主动保护反应”之外，还通过科学研究结果指出生理性厌光反应可能不再视为足够。因此，仅当厌光反应被用作主动保护反应的同义词时，所提供的描述内容才有帮助。

表 3.5 厂家要求（根据 IEC 60825－1[3.20]）

<table>
<tr><th>要求</th><th>1</th><th>1M</th><th>2</th><th>2M</th><th>3R</th><th>3B</th><th>4</th></tr>
<tr><td>防护罩</td><td></td><td colspan="6">每个激光产品都需要；限制产品功能运行所必需的辐射接触</td></tr>
<tr><td>防护罩中的安全联锁装置</td><td colspan="4">用于防止盖板脱落，直到可接触的放射值低于 3R 级的规定值为止</td><td colspan="3">用于防止面板脱落，直到可接触的放射值低于某些产品的 3B 级或 3R 级规定值为止</td></tr>
<tr><td>遥控联锁</td><td colspan="5">不需要</td><td colspan="2">允许在激光器装置中简单地添加外部联锁机构</td></tr>
<tr><td>手控复位</td><td colspan="6">不需要</td><td>如果断电或启动了遥控联锁功能，则需要手控复位</td></tr>
<tr><td>钥匙控制</td><td colspan="5">不需要</td><td colspan="2">当钥匙被取出时，激光器将不工作</td></tr>
<tr><td>放射报警装置</td><td colspan="4">不需要</td><td colspan="3">当激光器打开或脉冲激光器的电容器组正在充电时，会发出声光报警。对于 3R 级激光器，仅当发射不可见射线时才会出现声光报警</td></tr>
<tr><td>衰减器</td><td colspan="5">不需要</td><td colspan="2">提供了一种能暂时阻止光束的方法</td></tr>
<tr><td>位置控制</td><td colspan="4">不需要</td><td colspan="3">控制器的位置确保了在进行调整时，不存在被高于 1 级或 2 级的 AEL 照射的危险</td></tr>
</table>

续表

要求	1	1M	2	2M	3R	3B	4
观察光学系统	不需要		所有观察系统的放射水平必须低于 1M 级的 AEL				
扫描	扫描失效应当不会使产品超出其规定的辐射级						
类别标签	需要有文字		文字与 IEC 60825－1 标准中的相应图形相对应				
孔径标签	不需要				需要有规定的文字		
维修口标签	不需要	需要根据可接触的辐射等级来定					
联锁解除标签	在某些条件下需要根据所用激光器的等级来定						
波长范围标签	对某些波长范围来说需要						
用户信息	操作说明书中必须包含安全使用说明。其他要求适用于 1M 级和 2M 级						
采购和维修信息	宣传小册子中必须规定产品类别；维修手册中必须包含安全信息						
医疗产品	不需要					IEC 60601－2－22 适用于医用激光产品的安全性	

3.6.2　技术工程措施

表 3.6 概述了与激光器种类和危险程度有关的技术工程措施，表 3.7 则提供了与管理措施有关的一些信息。各种类型的工程控制措施包括带联锁装置的防护罩、带联锁装置的检修盖板、总开关、钥匙控制、观察口/显示屏、安全集光光学元件以及封闭式或密封的开放光路。此外，还需要遥控联锁连接器、光束截捕衰减器、激活报警系统和一个必须确定其名义危险区（NHZ）的控制区，对于 3B 级和 4 级激光器，还需要有或建议有设备标签并在辐射区张贴警告标志。

关于制造要求的更具体详细的信息，必须按照 IEC 60825－1 标准执行。根据 IEC 60825－1，2 级、3R 级（在 400－1 400 nm 波长范围内）或 4 级激光器的警告标签内容如下：

激光辐射
不要凝视光束
2 级激光产品

表 3.6　技术工程措施

措施	1	1M	2	2M	3R	3B	4
墙壁				无光泽，光漫反射			
屏蔽体					高度吸收激光波长，对二次辐射有效		
标称眼睛受害距离（NOHD）				边界/极限的标签			

续表

措施	1	1M	2	2M	3R	3B	4
光束警告；放射警告				在入口处的声光报警器；激光产品顶部的警告；仅用于不可见辐射		在入口处的声光报警器；激光产品顶部的警告	
紧急开关	取决于产品风险分析						
防护罩	1 级应当是目标						
安全联锁装置				用于防止盖板脱落；可靠地实施			
遥控器	如果植入了 3B 级或 4 级激光器，则必须有						在门触点处或与紧急激光终止器连接
钥匙开关；钥匙控制							供有限的一小群人使用；当不使用激光器时取出钥匙
观察光学系统			安装激光滤片；一定不能超过 1 级/1M 级的 AEL 值				
扫描	扫描失效应当不会使激光产品超出其规定的辐射级						
类别标签	需要有文字		警告标签/危险符号，在说明性标签上需要有文字				
孔径标签				需要有规定的文字			
用户信息	操作说明书中必须规定产品类别，并包含安全使用说明						

表 3.7　不同类激光器的管理措施。这些只是德国工作场所中的事故防范例子；在其他国家和机构可能采用不同的规定

措施	1	1M	2	2M	3R	3B	4
建议	如果植入了 3R 级、3B 级或 4 级激光器，则需要				激光产品注册		
激光安全员（LSO）	一般来说不需要				需要；书面任命		
NOHD 名义危险区（NHZ）	一般来说不需要；如果光束属于 2 级或 2M 级并穿过工作区，则必须有标签				确定边界/极限；最终只允许一段有限的时间；在保养时屏蔽体可移动；辐射区必须贴有合适的警告标志		
激光防护滤片	只要束内观察不是强制性的，就不需要滤片				如果工程措施和管理措施不实用，则需要滤片*；环境亮度最终应当增加		
专门培训	不需要	需要；书面证明；至少每年一次					
光路		在光路尽头挡住光束；避免镜面反射					
根据第 1 版 IEC 60825－1 的规定，对于 3R 级激光产品发射的可见光，不需要设置 LSO * 根据第 1 版 IEC 60825－1 的规定，3R 级激光产品不需要眼保护；而 ANSI Z136.1 规定，如果要进行维修，即使是嵌入式 3a 级激光器也需要指定一名 LSO							
注：第 2 版的 IEC 60825－1 中不再包含与 LSO 和眼保护有关的要求[3.20]，但在前一版中有[3.14]。在主管机构的单行法规或国家法规中强制性地规定了管理措施。							

激光辐射
避免直接的眼部照射
3R 级激光产品

激光辐射
避免眼睛或皮肤受到
直接辐射或散射辐射
4 级激光产品

激光危险符号、安全警告符号以及警告标志中携带的信息在 IEC 60825－1 和 ANSI Z136.1 中是不同的。

3.6.3 管理措施

管理措施是技术措施和技术控制的重要后盾。管理措施可通过书面标准操作程序（SOP）、保养与维修程序、输出放射极限、教育和培训、被授权的人员、受控进入以及旁观者人数限制（略举数例）等方式来提供。当有人靠近激光危险区时，警示灯会亮，警告标志会出现。

1. 激光安全员

根据前一版 IEC 60825－1 的规定[3.14]，在操作低于 3B 级的激光器时，不需要有激光安全员（LSO）在场。但由于 3R 级是 2001 年之前有效的前 3B 级的一部分，因此就职业性激光安全而言，在适用的法规中仍然要求激光安全员在场，例如在德国就是如此[3.45]。这项要求尤其合理，因为在操作 3R 级激光器时辐照度可能会超过 MPE 值，而 LSO 很熟悉这些激光产品的安全操作方法。在国家法规中可能规定了 LSO 的专门职责。在一些国家，LSO 只是顾问或咨询专家；而在其他国家，LSO 可能是一名持证人员，也就是说，他在激光危害的评估和控制方面知识渊博，并负责监督对激光危害的控制[3.46]。

与很多激光系统有关的危害复杂性使得辐射机构需要明确地确定哪些人达到了必要的专业熟练程度，能够处理高级的激光安全问题。激光安全委员会（BLS）已开发了"注册激光安全员"（CLSO）计划，那些在激光安全方面经证实掌握了全面知识的人员可以通过该计划任命自己为 CLSO[3.46]。

作为欧洲人工光学辐射指令中规定的一项义务[3.17]，欧盟的 27 个成员国必须将该指令转变成本国的法律。

在德国，事故预防法规[3.45]优先于在迄今为止的技术标准中给出的建议，LSO 的职责在多年前就已经强制性地规定。

原则上，LSO 的任命及其相关职责应当由国家法规来确定，因此可能由于国家的不同而不同——有的要求稍高，有的要求稍低。在不久的将来，人工光学辐射指令 2006/25/EC 将改变现状，但这取决于不同的国家决定如何将该指令中规定的、与工人受到的辐射有关的最低健康与安全要求条款转变成本国的法律。由于在该指令中甚至都没有提到 LSO，因此激光界担心 LSO 审批职能可能会消失[3.47]。

在德国，与 LSO 有关的指令于 2010 年 7 月生效[3.48]。该法令的第 5 条要求指定一名 LSO，这名有资格的人员必须顺利地通过一门课程的考试，这门课程的相关内容将在不久的将来规定在某技术性法规中。

根据德国的这份指令，LSO 的主要职责是：

a. 通过在风险评估（按照目前工艺水平）的基础上实施必要的保护措施，为雇主提供支持。

b. 监督 3R 级、3B 级和 4 级激光器的安全操作[3.47,48]。

与此同时，这份德国指令还将改变德国的法律现状，因为事故预防法规将会被撤销，今后必须按照这份新指令执行。

虽然还不清楚相关人员为获得重要的信息和指令而必须参加的专门课程有什么要求，但建议 LSO 培训课程应包含下列主题[3.47]：

a. 激光物理学的基本原理和辐射术语；

b. 激光辐射对眼睛和皮肤的危害；

c. 激光器的用途；

d. 激光器的分类；

e. 关于激光产品安全使用的法规；

f. 保护措施，包括二次危害；

g. 个人防护装备；

h. LSO 的职责；

i. 其他。

2. 培训与教育

培训与教育无疑是在使用某些激光器之前必须做的最重要的事情之一。操作需要用到光学仪器的 1M 级和 2M 级激光产品以及操作 3R 级、3B 级和 4 级激光产品不仅会给用户带来危险，还会给较远距离处的其他人带来危险。由于存在这种潜在危险，因此只有那些经过适当培训的人员才能操作这些系统。培训课程可能由激光产品的厂家或供应商、激光安全员或经过批准的外部机构提供，并应当包括但不限于：

a. 熟悉系统操作程序；

b. 正确地使用危害控制程序、警告标志等；

c. 需要有个人防护装备；

d. 事故报告程序；

e. 激光光束对眼睛和皮肤产生的生物效应。

3.6.4　个人防护装备（PPE）

最后但并非最不重要的是，防护装备可用于防止危险情形乃至防止对眼睛的损害。PPE 应当符合相关标准。在欧洲，PPE 必须达到欧洲经济共同体（EEC）/EU 指令中规定的基本安全要求[3.49]，而且必须贴有“欧洲一致性”（CE）标志。

为保证 PPE（即激光安全护目镜）适当，必须确定波长和最长观察时间。首先计算最大的辐照度或辐射曝光量，然后根据这些数据选择适当的保护等级。

一般而言，在规定适当的护目镜时应当考虑下列因素：① 工作波长；② 辐射曝光量或辐照度；③ MPE 值；④ 在激光输出波长下护目镜的防护等级/光学密度；⑤ 可见光透射要求；⑥ 当护目镜损坏时的耐辐射性或辐射曝光量或辐照度；⑦ 对验光眼镜的需求；⑧ 舒适性与通风；⑨ 吸收介质的降解或改性——即使是暂时的或瞬态的；⑩ 材料强度（耐冲击性）；⑪ 周边视觉要求；⑫ 任何相关的国家法规。

护目镜应当戴起来很舒适，能提供尽可能宽的视野，保持紧密配合，同时提供充足的通风量，以避免起雾问题。此外，护目镜还要提供适当的视觉透射率。应当注意尽可能避免采用平的反射面，因为这种反射面可能造成危险的镜面反射。很重要的一点是，护目镜的镜框和侧部应当提供与透镜/滤光片等效的保护功能。此外，所有的激光护目镜都应当清晰地标有足够的信息，以确保正确地选择与特定激光器一起使用的护目镜。

在欧洲，有两部标准包含了对个人护目镜的基本要求[3.50,51]。这些标准中含有与相关要求有关的必要详细信息。EN 207 标准中规定，激光护目镜应当不仅要吸收指定波长的激光，还应当能够承受连续波激光的 5 s 直接冲击或 50 个脉冲（在使用脉冲激光时）的直接冲击，而不会断裂或熔化。在这方面，欧洲标准比美国标准（ANSI Z 136）更严格，后者只规定了所要求的光密度，而对护目镜耐受激光束冲击的能力只字未提。

3.6.5　除光学危害外

在一些激光用途中（主要是 4 级激光产品），除了控制光学危害之外，可能还需要采取措施来控制电气危害和火灾、X 射线、噪声以及气载污染物。

大多数的激光器都采用了可能致命的高电压，一些激光器需要利用危险物质或有毒物质来工作（即化学染料激光器、准分子激光器），染料激光器中采用的溶剂易燃。高压脉冲或闪光灯可能会导致着火，大功率连续波（CW）红外线激光器发出的直接光束或镜面反射可能将易燃材料点燃。

3.6.6　最近发布的法规和未来法规

最新版的 IEC/TR 60825 – 14 技术报告中包含了管理法规和管理措施。这份指南是主标准 IEC 60825 – 1 的第 3 部分[3.14]，但在 2007 年的第 2 版中被移出了该标准的主体部分[3.20]。但是标准中的用户指导原则仅为资料性，而非规范性，因为各国有权根据给定的法律、法令、法规等来制定本国的法规。

欧盟已发布了《欧洲议会和欧洲理事会关于工人在处于由物理介质（光学辐射）带来的风险时最低健康与安全要求的指令》，作为在指令 89/391/EEC 第 16（1）条范围内的第 19 号指令[3.52]。欧盟的成员国必须在 2010 年 4 月之前开始实行必要的法律、法规和管理规定，以便推行指令 2006/25/EC[3.17]。与此同时，很多国家如今都有自己的特殊规定（见 3.6.3 节“激光安全员”中的备注）。

欧盟理事会条约的其中一个主要目标是通过指令，鼓励改善工作环境的最低要求，以保证更好地保护工人的健康和安全。这将通过引入与工人处于由物理介质（在这种情况下为人工光学辐射，包括激光辐射）带来的风险有关的最低健康与安全要求来实现。

这份指令制定了最低要求，因此欧盟成员国可以选择保持或采用更严格的工人保护规定，尤其是辐射量下限的规定。通过遵循辐射量极限值，应当能极大程度地保护工人免受可能由光辐射带来的健康影响。

由于这份欧洲指令中的辐射量极限与 ICNIRP 指导原则中给定的数值一致，因此就欧洲当前的区域性激光安全法规而言，预计不会产生强烈的影响。

就辐射量极限而言，德国的指令[3.48]已对欧洲指令 2006/25/EC 中的相关附录进行了“滑行参考”。例如，奥地利已经在其国家级指令的相关附录中增加了一张关于激光器等级评定的表[3.53]。令人遗憾的是，这份指令竟然断言由于人有厌光反应和瞬目反射，因此 2 级和 2M 级激光器对人眼是安全的；并声称，只有当这些生理反应受到限制或禁止时，辐射量才可能超过极限值。

为了促进实施指令 2006/25/EC，欧洲委员会应当为与确定辐射量和评估有关风险的条款以及以避免或降低风险为目的的条款拟定一份切实可行的指南。与此同时，这份指南已由英国健康保护署（HPA）在与欧盟签订合同之后编制完成并发表[3.54]。这份不具约束力的指南提供了与不同类型的光辐射有关的有用背景，描述了一种用于评估光辐射照射的简化方法。具体地说，该指南描述了下列主题：

（1）这份不具约束力的指南里有什么？

（2）什么是光辐射？

（3）生物学效应和辐射量极限。

（4）人工光辐射指令。

（5）风险评估。

（6）实际评估。

（7）工作场所中的辐射源。

（8）实际的控制措施。

（9）哪里可能会出错？

（10）其他信息来源。

由不同机构发行的好几本教科书、手册和出版物中都探讨了激光安全。除国际标准、区域标准和国家标准外，在最近发行的一部出版物中也能找到与一般激光安全有关的更详细信息[3.55]。不过，更大量的历史文本也应当视为一种资料来源，尤其是当需要了解背景知识时[3.56,57]。很多互联网网站也提供了激光安全信息，不过其中很多网站内容都需要彻底更新。

3.7 特别建议

到现在为止，事故数量与全世界激光器应用数量相比相对较低。但激光器的使用仍存在风险，尤其是在光束调准以及操作大功率激光器时——在这种情况下，甚至反射光束都可能是危险的。

除了在调准光束时受到辐射外，光束伤眼事故的最危险情形和原因还包括光学元件未调准、缺乏培训、复位不正确、故意的束内观察、使用多种波长，以及最后一种（但并非最不重要的）情形是未戴 PPE 装备。

由于眼睛介质是透明的，因此由红宝石激光器、氩离子激光器、氪离子激光器、染料激光器、He:Cd 激光器、SHG－Nd:YAG 激光器（二次谐波生成，在 532 nm 波长下是所谓的“绿光激光器”）、He:Ne 激光器以及很多二极管激光器（半导体激光器）发射的光束都能聚焦在视网膜上。Nd:YAG 激光器也是如此，但这些激光器的光束不可见，因此更危险。调 Q Nd:YAG 激光器的情况尤其严重：这种激光器已造成了很多眼损伤事件。在几乎所有的情况下，当发生眼损伤事件时受害者都没有戴通常为其提供的眼保护装置。

但即使是戴了激光安全护目镜，也不能保证工人会得到足够的保护，因为很多护目镜不能保证能防御欧洲标准 EN 207 中规定的激光光束[3.50]，这些护目镜的等级只是根据光密度来定的。这是护目镜的一个重要特性，但可能不足以抵御大功率激光辐射。而欧洲标准不仅确保了激光护目镜达到规定的安全等级，还确保了护目镜能抵御破坏性激光辐射达 5 s。

除激光护目镜外，还可以使用激光调节护目镜，尤其是在调节激光时。根据有关的欧洲标准[3.51]，激光调节护目镜能使入射激光辐射降低到 2 级状态的辐射值，也就是说，其安全性建立在短时间照射的基础上。在前一版 EN 208 中，瞬目反射被选为安全性的一个论据。在 2009 版的该标准中，与激光调节护目镜的应用要求有关的附录指出 0.25 s 的持续时间对于实施厌光反应来说太短，甚至对做出主动反应来说也太短——这从最近的研究结果中可以看到。因此，该标准建议将时间延长到 2 s，称之为“反应时间”而非“时基”；在引入了更长持续时间的相关表格中给出了降低后的功率和能量值。

由于有新的研究结果作证，因此应当小心地使用激光调节护目镜，以便在利用这种防护镜进行束内观察时不要完全信赖预期的生理反应，而是要做出主动保护性反应（例如闭眼和扭头）。当前版的 EN 2008 认为，根据 2 s 的反应时间来选择激光调节护目镜，一定能改善在操作可见激光辐射线以及发射这些光束的相应激光器类型时的安全性。

1. 激光笔

在结束本章之前，必须对激光笔这个专题进行下列评论。

关于激光笔，ICNIRP 声明[3.58]：

根据当前的医学知识，在理想的最佳照射条件下进行瞬时（0.25 s）辐照时，5 mW 激光器不会造成永久性的视网膜热损伤。

此外，该委员会还说[3.58,59]：

虽然非故意的瞬时束内观察不会造成永久性的视网膜损伤，但如果盯着平行的 5 mW 激光光束看超过 10 s，那么从理论上来说却有可能在含有透明眼介质的眼睛里导致视网膜光凝。

按照 ICNIRP 的说法，“在成年人中，瞳孔反应、瞬目反射和厌光反应会在不到 0.25 s 的时间里终止意外的激光笔照射”，因此大家可以放心。这明显地说明，激光笔不存在与永久性眼损伤有关的现实危险性，但至少在这一点上该声明是错误的（这从利用 1 500 多名志愿者在实验室和现场做的实验就能看到[3.19]）因为厌光反应（包括瞬目反射）的频率低于 20%。无可否认的是，生理性的眼运动确实存在（就像上面描述的那样），但我们应当避免让激光笔照射到眼睛里，不盯着激光笔的光束看应当是大家都知道的常识。任何人为了弄清楚是否存在危险而从事这个实验，最后都可能受到轻微但永久性的眼损伤。这一点尤其值得注意，因为激光笔是量产装置，其质量控制并未受到重视，足以证实这种说法的事实是：目前已发现了功率大于 10 mW 的试样，而且这些试样无疑足以在 0.25 s 的时间里给视网膜造成永久性损伤。目前，已很难订购到输出功率为 250 mW 或者甚至 1 000～2 000 mW 的激光笔——甚至是供一般公众使用也不行，这就是关于飞机和直升机受到袭击的信息为什么在全世界被广泛报道的主要原因。因此，一些国家限制销售或使用 2 级以上的激光笔，以增强视网膜损伤方面的安全性——这是很明智的做法。此外，绿光 1 级激光笔也可能造成视网膜损伤，因为它的明视亮度比红光激光（二极管）笔高得多。在应用可发射可见光的激光器时，由激光笔或类似激光装置造成的临时致盲应当值得特别注意。

2. 危险情形

下面列出了导致危险情形的一些原因以及造成可预防激光事故的不安全做法：

- 当可见光激光器和近红外线激光器的光束被眼睛的晶状体聚焦时，视网膜会受到强光辐照，从而带来极高的视网膜危害风险。
- 低光束发散量导致形成较大的束内危险距离。
- 在光束调准过程中没有戴护目镜。
- 在激光控制区没有戴护目镜。

- 没有使用已提供的护目用具。
- 护目镜戴错了。
- 光学元件未调准，光束方向朝上。
- 设备出现故障。
- 用不正确的方法处理高电压。
- 无保护装备的工作人员故意接受辐照。
- 绕过联锁装置、门和激光罩。
- 将反射材料插入光路中。
- 事先没有规划好。
- 意外地打开了电源。
- 操作不熟悉的设备。
- 缺乏对非光束危害的防护。
- 外部透镜的焦点上辐照度高，造成更大的皮肤伤害风险。

为了防止发生激光事故，专家强烈建议使用尽可能最低的光功率或实际光功率，尤其是在光束调准期间；建议让激光束的平面高于或低于人坐着或站立时的眼睛高度。

也许最重要的建议是不要把激光束对准一个人，尤其不能对准他的眼睛。只需一眨眼的工夫（不管是自发地还是自愿地眨眼）激光束就能严重损坏人的眼睛。虽然这种伤害比较罕见，但却是永久性的，不过也能避免。

参考文献

[3.1] T. Maiman: Stimulated optical radiation in ruby masers, Nature **187**, 493–494 (1960).

[3.2] A. Javan, W. R. Bennett, D. R. Herriott: Population inversion, continuous optical maser oscillation in a gas discharge containing a He–Ne mixture, Phys. Rev. Lett. **6**, 106–110 (1961).

[3.3] D. H. Sliney: The development of laser safety criteria biological considerations. In: *Laser Applications in Medicine and Biology*, Vol. 1, ed. by M. L. Wolbarsht (Plenum, New York 1971) pp. 163–238.

[3.4] World Health Organization (WHO): *Environmental Health Criteria* 23: *Lasers and Optical Radiation* (WHO, Geneva 1982) p.23.

[3.5] H.–D. Reidenbach: *Hochfrequenz – und Lasertechnik in der Medizin* (Springer, Berlin Heidelberg 1983), in German.

[3.6] W. J. Geeraets, E. R. Berry: Ocular spectral characteristics as related to hazards from lasers, other light sources, Am. J. Ophthalmol. **66**, 15–20 (1968).

[3.7] W. T. HamJr., H. A. Mueller, D. H. Sliney: Retinal sensitivity to damage from short wavelength light, Nature **260**, 153–156 (1976).

[3.8] W. T. Ham Jr., H. A. Mueller, J. J. Ruffolo Jr., et al.: Action spectrum for retinal injury from near ultraviolet radiation in the aphakic monkey, Am. J. Ophthalmol. **93**, 299–302 (1982).

[3.9] International Commission on Non–Ionizing Radiation Protection (ICNIRP): Guidelines on limits of exposure to laser radiation of wavelengths between 180 nm, 1 000 m, Health Phys. **71**, 804–819 (1996).

[3.10] J. W. Ness, H. Zwick, B. Stuck, et al.: Eye movements during fixation: Implications to laser safety for long duration viewing, Health Phys. **78**, 1–9 (2000).

[3.11] International Commission on Non–Ionizing Radiation Protection (ICNIRP): Revision of guidelines on limits of exposure to laser radiation of wavelengths between 400 nm, 1.4 m, Health Phys. **79**, 431–440 (2000).

[3.12] B. J. Lund: Computer model to investigate the effect of eye movements on retinal heating during long–duration fixation on a laser source, J. Biomed. Opt. **9**, 1093–1102 (2004).

[3.13] D. Courant, L. Court, B. Abadie, et al.: Retinal damage threshold from single–pulse laser exposures in the visible spectrum, Health Phys. **56**, 637–642 (1989).

[3.14] International Electrotechnical Commission: IEC 60825–1: 1993+A1: 1997+A2: 2001: Safety of laser products–Part 1: Equipment classification, requirements and user's guide (IEC, Geneva 2001).

[3.15] C. P. Cain, G. D. Noojin, D. X. Hammer, et al.: Artificial eye for in vitro experiments of laser light interaction with aqueous media, J. Biomed. Opt. **2**, 88–94 (1997).

[3.16] W. P. Roach, T. E. Johnson, B. A. Rockwell: Proposed maximum permissible exposure limits for ultrashort laser pulses, Health Phys. **76**, 349–354 (1999).

[3.17] European Parliament, Council of the European Union: Directive 2006/25/EC of the European Parliament and of the Council of April 2006 on the minimum health and safety requirements regarding the exposure of workers to the risks arising from physical agents (artificial optical radiation), 19th individual directive within the meaning of Article 16 (1) of Directive 89/391/EEC, Off. J. Eur. Union **114**, 38–59 (2006).

[3.18] H.–D. Reidenbach, H. Warmbold, J. Hofmann, et al.: First experimental results on eye protection by the blink reflex for laser class 2, Biomed. Tech./Biomed. Eng. **46** (s1), 428–429 (2001).

[3.19] H. D. Reidenbach, K. Dollinger, J. Hofmann: Results from two research projects concerning aversion responses including the blink reflex, Proc. SPIE **5688**, 429–439 (2005).

[3.20] International Electrotechnical Commission: IEC 60825–1{Ed.2.0}: 2007–03: Safety of laser products–Part 1: Equipment classification and requirements (IEC, Geneva 2001).

[3.21] International Electrotechnical Commission: *IEC 825–1 Safety of laser products–Part 1: Equipment classification, requirements and user's guide* (IEC, Geneva 1984).

[3.22] H. D. Reidenbach: Aversion responses including the Blink reflex: Psychophysical behaviour, active protection reactions as an additional safety concept for the application of low power lasers in the visible spectrum, ILSC, Los Angeles 2005, ed. by Laser Institute of America (Laser Institute of America, Orlando, FL 2005) p.67.

[3.23] H. D. Reidenbach, A. Wagner: Ein Beitrag zum Lidschlussreflex bei inkohärenter optischer Strahlung (Abstract in English), 31. Jahrestagung des Fachverbandes für Strahlenschutz NIR 99, Bd. II, Köln 1999, ed. by N. Krause, M. Fischer, H. P. Steimel (TüVVerlag, Köln 1999) pp.935–946, in German.

[3.24] H. D. Reidenbach: First surveys regarding the blink reflex with low power lasers, Laser Bioeff. Meet., Paris 2002, ed. by Commissariat á l'Energie Atomique Direction des Sciences du Vivant, Austrian Research Centers Health Physics, International Commission on Non–Ionizing Radiation (Commissariat á l'Energie Atomique Direction des Sciences du Vivant, Austrian Research Centers Health Physics, International Commission on Non–Ionizing Radiation, Paris 2002) 11–1–11–17.

[3.25] H.–D. Reidenbach, J. Hofmann, K. Dollinger, et al.: A critical consideration of the blink reflex as a means for laser safety regulations, paper8c5, IRPA 11, Madrid 2004, ed. by Spanish Radiation Protection Society (Spanish Radiation Protection Society, Madrid, Spain 2004) 805–811.

[3.26] D. A. Stamper, D. J. Lund, J. W. Molchany, et al.: Human pupil and eyelid response to intense laser light: Implications for protection, Percept. Motor Skills **95**, 775–782 (2002).

[3.27] H. D. Reidenbach, J. Hofmann, K. Dollinger: *Active Physiological Protective Reactions should be used as a Prudent Precaution Safety Means in the Application of Low–Power Laser Radiation*; World Congr. Med. Phys. Biomed. Eng. 2006, August 27–September 1, COEX Seoul, Korea; IFMBE Proc. Vol. 14, p.2569–2572.

[3.28] H. D. Reidenbach: Local susceptibility of the retina, formation and duration of afterimages in the case of Class 1 laser products, and disability glare arising from high－brightness light emitting diodes, J. Laser Appl. **21**, 46－56 (2009).

[3.29] H. D. Reidenbach, G. Ott, M. Brose, et al.: New methods in order to determine the extent of temporary blinding from laser and LED light and proposal how to allocate into blinding groups, Proc. SPIE **7562**, 756215 (2010).

[3.30] H. D. Reidenbach: Disturbance of visual functions as a result of temporary blinding from low power lasers, Proc. SPIE **7700**, 77000N－1－77000N－12 (2010).

[3.31] American National Standards Institute: ANSI Z136.6－2005, American National Standard for the Safe Use of Lasers Outdoors (The Laser Institute of America, Orlando USA 2005).

[3.32] U. S. Food and Drug Administration－Center of Devices and Radiological Health (FDA/CDRH): Code of Federal Regulations. Title 21－Food and Drugs, sec. 1040.10 Laser products (21CFR1040.10) (revised as of April 1, 2009) (U. S. Food, Drug Administration, Rockville 2009).

[3.33] International Electrotechnical Commission: IEC/TR 60825－14 ed1.0: 2004－02, Safety of laser products－Part 14: A user's guide(IEC, Geneva 2004)

[3.34] American National Standards Institute: ANSI Z136.1－1973: American National Standard for the Safe Use of Lasers (The Laser Institute of America, Orlando 1973).

[3.35] American National Standards Institute: ANSI Z136.1－2007: American National Standard for the Safe Use of Lasers (The Laser Institute of America, Orlando 2007).

[3.36] U. S. Food, Drug Administration－Center of Devices and Radiological Health (CDRH/FDA): Laser products－conformance with IEC 60825－1, Am. 2, IEC 60601－2－22; Final guidance for industry, FDA, Laser Notice 50 (2007) (document issued on June 24, 2007).

[3.37] International Electrotechnical Commission: IEC 60601－2－22 Ed. 3.0: 2007: Medical electrical equipment－Part 2－22: Particular requirements for basic safety and essential performance of surgical, cosmetic, therapeutic and diagnostic laser equipment (IEC, Geneva 2007).

[3.38] International Electrotechnical Commission/International Standards Organization: IEC/ISO 11553－1: Safety of machinery－Laser processing machines－Part 1: General safety requirements. I (EC/ISO, Geneva 2005).

[3.39] International Electrotechnical Commission: IEC 60825－2 ed 3.1 Consol. with am1: 2007: Safety of laser products－Part 2: Safety of optical fibre communication systems (OFCS) (IEC, Geneva 2007).

[3.40] International Electrotechnical Commission: IEC 60825-4 Ed. 2.1: 2009: Safety of laser products-Part 4: Laser guards (IEC, Geneva 2009).

[3.41] International Electrotechnical Commission: IEC 60825-12: 2004: Safety of laser products-Part 12: Safety of free space optical communication systems used for transmission of information (IEC, Geneva 2004).

[3.42] Commission Internationale de L'Eclairage (CIE): CIE S 009/E: 2002: Photobiological Safety of Lamps, Lamp Systems (CIE Central Bureau, Vienna 2002).

[3.43] International Electrotechnical Commission/Commission Internationale de L'Eclairage: IEC 62471/CIE S 009: 2002, First Edition 2006-07, Photobiological Safety of Lamps, Lamp Systems (IEC, Geneva 2006).

[3.44] International Electrotechnical Commission: IEC/TR 62471-2: 2009: Photobiological safety of lamps and lamp systems-Part 2: Guidance on manufacturing requirements relating to non-laser optical radiation safety (IEC, Geneva 2010).

[3.45] Berufsgenossenschaft der Feinmechanik und Elektrotechnik: Unfallverhütungsvorschrift BGV B2 Laserstrahlung vom 1. April 1988 in der Fassung vom 1. Januar 1997 mit Durchführungsanweisungen vom Oktober 1995, Aktualisierte Nachdruckfassung April 2007 (C. Heymanns, Köln 2007), in German.

[3.46] B. Edwards, B. Sams: Overview of the Board of Laser Safety's professional certification programs for Laser Safety Officers, Med. Laser Appl. **25**, 70-74 (2010).

[3.47] H. D. Reidenbach: The Laser Safety Officer-Current and future regulations in Germany, Med. Laser Appl. **25**, 75-83 (2010).

[3.48] Verordnung zur Umsetzung der Richtlinie 2006/25/EG zum Schutz der Arbeitnehmer vor Gefährdungen durch künstliche optische Strahlung und zur Änderung von Arbeitsschutzverordnungen, BGBl. I vom 26. Juli 2010, S. 960 (2010), in German.

[3.49] European Council: COUNCIL DIRECTIVE of 21 December 1989 on the approximation of the laws of the Member States relating to personal protective equipment, 89/686/EEC, Off. J. Eur. Union **L 399**, p.18 (30/12/1989).

[3.50] European Committee for Standardization: EN 207: 2009: Personal eye-protection equipment-Filters and eye-protectors against laser radiation (laser eye-protector) (CEN, Bruxelles 2009).

[3.51] European Committee for Standardization: EN 208: 2009: Personal eye-protection-Eye-protection for adjustment work on lasers and laser systems (laser adjustment eye-protectors) (CEN, Bruxelles 2009).

[3.52] Council of the European Union: Council Directive 89/391/EEC of 12 June 1989 on the introduction of measures to encourage improvements in the safety and health of workers at work, Official Journal **L 183**, 0001–0008 (29/06/1989).

[3.53] Verordnung optische Strahlung–VOPST und änderung der Verordnung über die Gesundheitsüberwachung am Arbeitsplatz und der Verordnung über Beschäftigungsverbote und–beschränkungen für Jugendliche [CELEX–Nr.: 32006L0025], 221. Verordnung, Bundesgesetzblatt BGBl. Ⅱ Nr. 221/2010 vom 8. Juli 2010, Anhang B, in German.

[3.54] Radiation Protection Division, Health Protection Agency: A Non–Binding Guide to the Artificial Optical Radiation Directive 2006/25/EC, Contract VC/2007/0581, Health Protection Agency, Centre for Radiation, Chemical and Environmental Hazards Radiation Protection Division Chilton, Didcot, Oxfordshire OX11 0RQ (2010).

[3.55] R. Henderson, K. Schulmeister: *Laser Safety* (Institute of Physics, Bristol 2003).

[3.56] D. H. Sliney, M. L. Wolbarsht: *Safety with Lasers and Other Optical Sources* (Plenum, New York 1980).

[3.57] D. H. Sliney (Ed.): *Selected Papers on Laser Safety*, SPIE Milestone Series, Vol. MS 117 (SPIE Press, Bellingham 1995).

[3.58] International Commission on Non–Ionizing Radiation Protection (ICNIRP): ICNIRP statement on laser pointers, Health Phys. **77**, 218–220 (1999).

[3.59] W. T. Ham Jr., W. J. Geeraets, H. A. Mueller, et al.: Retinal burn thresholds for the helium–neon laser in the rhesus monkey, Arch. Ophthalmol. **84**, 797–809 (1970).